蜱螨与疾病概论

李朝品◎主编

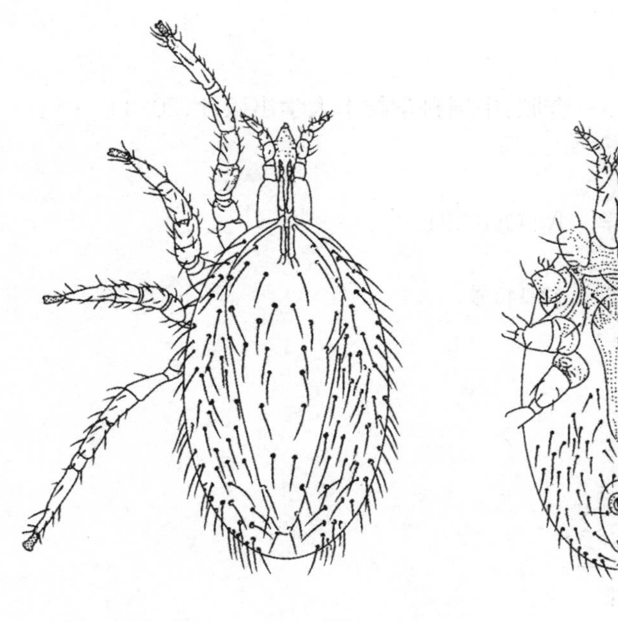
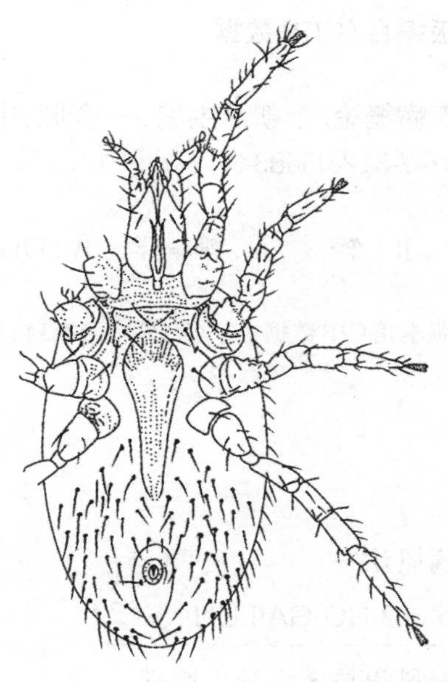

中国科学技术大学出版社

内 容 简 介

全书共11章,含插图230余幅,概要介绍了常见蜱螨及其与疾病的关系。第一章蜱螨的形态特征与分类,概述了蜱螨的外部形态特征、内部结构及蜱螨的分类;第二章生物学与生态学,阐述了蜱螨的生物学(包括生殖方式、交配与产卵、个体发育和生活史、生活习性)和生态学(个体生态、种群生态、群落生态)等;第三章蜱螨与人类疾病,介绍了蜱螨对人类的危害、蜱螨性疾病的流行病学、蜱螨性疾病的特征与诊断、蜱螨性疾病的防治和蜱螨控制等;第四章、第五章、第六章、第七章、第八章、第九章、第十章分别介绍了蜱螨及其媒性疾病,内容包括重要的医学蜱螨种类,蜱螨媒性疾病的种类和蜱螨传病原理;第十一章医学蜱螨标本采集与制作,简要介绍了蜱螨标本的采集和制作。

本书适合生物学、农学、预防医学、流行病学、医学(卫生)检验和临床医学等专业的高校师生使用,也可供科技工作者,海关检验检疫、疾病预防控制和虫媒病防治等专业技术人员参考。

图书在版编目(CIP)数据

蜱螨与疾病概论/李朝品主编.—合肥:中国科学技术大学出版社,2023.8
ISBN 978-7-312-05683-3

Ⅰ.蜱…　Ⅱ.李…　Ⅲ.蜱螨学　Ⅳ.Q969.91

中国国家版本馆CIP数据核字(2023)第105145号

蜱螨与疾病概论

PIMAN YU JIBING GAILUN

出版　中国科学技术大学出版社
安徽省合肥市金寨路96号,230026
http://press.ustc.edu.cn
https://zgkxjsdxcbs.tmall.com

印刷　安徽省瑞隆印务有限公司
发行　中国科学技术大学出版社
开本　787 mm×1092 mm　1/16
印张　36.5
字数　909千
版次　2023年8月第1版
印次　2023年8月第1次印刷
定价　168.00元

编　委　会

主　编　李朝品

副主编　叶向光　于志军

编　委（以姓氏笔画为序）

于志军　河北师范大学
王卫杰　河北医科大学
王美莲　中国医科大学
王赛寒　合肥海关
木　兰　内蒙古医科大学
方　强　蚌埠医学院
石　泉　合肥海关
叶　彬　重庆医科大学
叶向光　合肥海关
吕　艳　大理大学
刘小绿　合肥海关
闫　毅　山东农业大学
杜凤霞　齐齐哈尔医学院
李朝品　皖南医学院
杨邦和　皖南医学院
吴　伟　北京大学
张　伟　新疆农业大学
张　静　重庆医科大学
陈　泽　河北师范大学
国　果　贵州医科大学
周怀瑜　山东大学
郑敬彤　吉林大学
赵金红　皖南医学院
秦元华　大连医科大学
热比亚·努力　新疆医科大学
贾默稚　北京大学
夏超明　苏州大学
陶　宁　皖南医学院/肥西县第二人民医院
蒋　峰　皖南医学院
湛孝东　皖南医学院

前　言

蜱螨是一类小型节肢动物,隶属节肢动物门(Arthropoda)、蛛形纲(Arachnida)、蜱螨亚纲(Acari),与人类的生活、健康、经济等各方面都有十分密切的关系。蜱螨种类多、分布广,在形态特征和生活习性上差异很大,孳生环境和繁殖方式多种多样。有些蜱螨可通过叮刺、吸血、寄生、传病和引起变态反应等危害人体健康。例如:全沟硬蜱(*Ixodes persulcatus* Schulze,1930)能在人兽之间传播森林脑炎病毒(*Encephalophilus silvestris*)引起森林脑炎(forest encephalitis);柏氏禽刺螨(*Ornithonyssus bacoti* Hirs,1913)叮刺吸血可造成局部皮肤损害并能传播汉坦病毒(Hantaan virus)引起肾综合征出血热(hemorrhagic fever with renal syndrome);人疥螨(*Sarcoptes scabiei hominis* Hering,1834)寄生于人体皮肤表皮层内引起疥疮(scabies);屋尘螨(*Dermatophagoides pteronyssinus* Trouessart,1897)的排泄物、代谢产物、尸体都是很强的过敏原,可以引起人的过敏疾病,如过敏性皮炎(allergic dermatitis)、过敏性鼻炎(allergic rhinitis)、过敏性哮喘(allergic asthma)等。

既往有关蜱螨的书出版过许多部,这些书为教学、科研和蜱螨控制奠定了基础,为我国人才培养作出了贡献,谨此向古今中外从事蜱螨学研究工作的专家、学者和劳动者致敬,我们将永远传颂他们辉煌的历史业绩,特别是我国当代和近代从事蜱螨学研究工作的专家、学者所做出的重要贡献,值得我们永远铭记,并向他们致以崇高的敬意。

本书主要基于各位编者积累的长期研究工作成果,并参考国内外有关论文和专著编撰而成。本书在编写过程中主要参考了《蜱螨学》(李隆术、李云瑞编著)、《中国恙螨》(黎家灿等编著)、《蜱螨与人类疾病》(孟阳春、李朝品、梁国光主编)、《中国经济昆虫志(第三十九册)·蜱螨亚纲·硬蜱科》(邓国藩、姜在阶编著)、《中国经济昆虫志(第四十册)·蜱螨亚纲·皮刺螨总科》(邓国藩、王敦清、顾以铭等编著)、《中国粉螨概论》(李朝品、沈兆鹏主编)、《蜱类学》(刘敬泽、杨晓军主编)、《医学蜱螨学》(李朝品主编)、《农业螨类学》(洪晓月主编)、*A Manual of Acarology*(G. W. Krantz、D. E. Walter 主编)、*The Mites of Stored Food and Houses*(A. M. Hughes 主编)和 *Allergens and Allergen Immunotherapy*(R. F. Lockey、S. C. Bukantz、D. K. Ledford 主编)等专著,因此本书既是全体编者辛勤劳动的结晶,也是本领域专家学者的智慧凝集。

本书的编写还得到了刘敬泽、洪晓月、郭宪国、王庆林、于丽辰、郑小英、赵亚娥、刘冬、杨举、杨庆贵、贺骥等专家教授的关心和帮助,值此出版之际,谨向他们表示衷心的感谢。

全书共11章,含插图230余幅,概要介绍了常见蜱螨及其与疾病的关系。第一章蜱螨的形态特征与分类,概述了蜱螨的外部形态特征、内部结构及蜱螨的分类;第二章为生物学与生态学,阐述了蜱螨的生物学(包括生殖方式、交配与产卵、个体发育和生活史、生活习性)和生态学(个体生态、种群生态、群落生态)特征等;第三章为蜱螨与人类疾病,介绍了蜱螨对人类的危害、蜱螨性疾病的流行病学、蜱螨性疾病的特征与诊断、蜱螨性疾病的防治和蜱螨控制等;第四章、第五章、第六章、第七章、第八章、第九章、第十章分别介绍了蜱螨及其媒性疾病,内容包括重要的医学蜱螨种类,蜱螨媒疾病的种类和蜱螨传病原理;第十一章为医学蜱螨标本采集与制作,简要介绍了蜱螨标本的采集和制作。

本书为保证编写质量、统一全书风格,编委会先后在线召开了3次视频会议,各位编者踊跃参会,有些编者身处"抗疫一线"也在百忙中出席会议,实在是难能可贵。会上大家集思广益,对本书的编写提纲提出了诸多建设性意见,最终确定了编写内容,并落实了各编者的职责和义务。同时全体编者共同约定,各编写内容均标明编者,以示负责,各编者对自己编写的内容全权负责。

限于我们的学术水平,难免对以往学者的文献、资料有取舍不当之处,特恳请原著者谅解。在编写过程中,尽管编者、审稿者齐心协力,力图少出或不出错误,但限于学术水平,资料来源与取舍不同,插图和文字也难免出现错漏,在此,我们恳请广大读者批评指正,以利再版时修订。

李朝品

2022年10月于芜湖

目　　录

引　　言

蜱螨是隶属节肢动物门(Arthropoda)、蛛形纲(Arachnida)、蜱螨亚纲(Acari)的小型节肢动物,种类繁多,形态特征和生活习性差异很大,宿主或孳生物、生殖方式和孳生环境多种多样。据Radford(1950)估计,全球蜱螨约有3万种,隶属于1 700属;Evans(1992)估计,自然界中蜱螨超过60万种,但Walter和Proctor(1999)统计,现今已描述并认定的蜱螨物种仅有5 500种。Krantz和Walter(2009)在书中记述,迄今全球已知的蜱螨约有5 500属1 200亚属,隶属于124总科540科。由此可见,蜱螨是节肢动物中一个庞大的类群,其物种数将随着研究工作的不断深入而逐渐增加。

蜱螨的生境几乎遍布全球,如陆地、山脉、水域、森林、土壤和废墟等,孳生繁衍的踪迹可见于山巅、海底、沙漠、江河、湖泊,甚至北极冻土带。虽然蜱螨分布广泛,但大多孳生于土壤、植物、动物、动物巢穴、圈舍和居室内尘埃中,与人类健康关系密切。

蜱螨外形通常呈圆形、椭圆形或蠕虫状,体长一般为0.1～0.2 mm,幼虫、若虫则更小。蜱螨最小的是跗线螨科(Tarsonemidae)的伍氏蜂盾螨(*Acarapis woodi*),雄成螨体长约为0.09 mm;最大的是一种痘疱钝缘蜱(*Ornithodoros acinus*),雌蜱吸血后体长可超过30 mm。蜱螨成虫与若虫有4对足,而幼虫仅有3对足。一般蜱较大,螨较小;雌性个体大于雄性。

蜱螨(ticks & mites)与具颚类(Mandibulata)昆虫不同。蜘蛛、蜱螨和昆虫在分类上并非属于同一分类阶元(taxonomic category)。昆虫隶属于节肢动物门(Arthropoda)昆虫纲(Insecta)。蜘蛛与蜱螨同属于蛛形纲,分别属于蜘蛛亚纲(Araneae)和蜱螨亚纲(Acari)。蜘蛛、蜱螨、昆虫在形态上有明显的差别(图0.1,表0.1)。

表0.1　蜘蛛、蜱螨与昆虫的形态区别

	蜘蛛	蜱螨	昆虫
体躯	分为头胸和腹两部分	头胸腹合一	分为头、胸、腹三部分
腹节	无明显分节	无明显分节	有明显分节
触角	无触角,有螯肢齿并为口器附肢	无触角	有触角,与口器无关
眼	仅有单眼	有的有单眼	有单眼和复眼
口器	吮吸口器	吮吸、刺吸口器	刺吸或咀嚼口器
足	成体4对	成体4对	成体3对
翅	无	无	多数有1或2对,少数无翅
呼吸器	以肺为主兼行气管呼吸	气管呼吸	气管呼吸
纺器	成蛛有复杂纺器	无	多数无纺器

蜘蛛的特征为头胸部及腹部或头胸腹愈合为一体,无翅亦无触角,仅具单眼,成体具4对足,口器着生在头胸部前方。

蜱螨的特征为头、胸、腹合一,形成体躯。体躯一般分为颚体(gnathosoma)和躯体(idiosoma)两部分,足体和末体合成袋状躯体,躯体不分节或分节不明显,足着生在足体上,口器着生在颚体中。

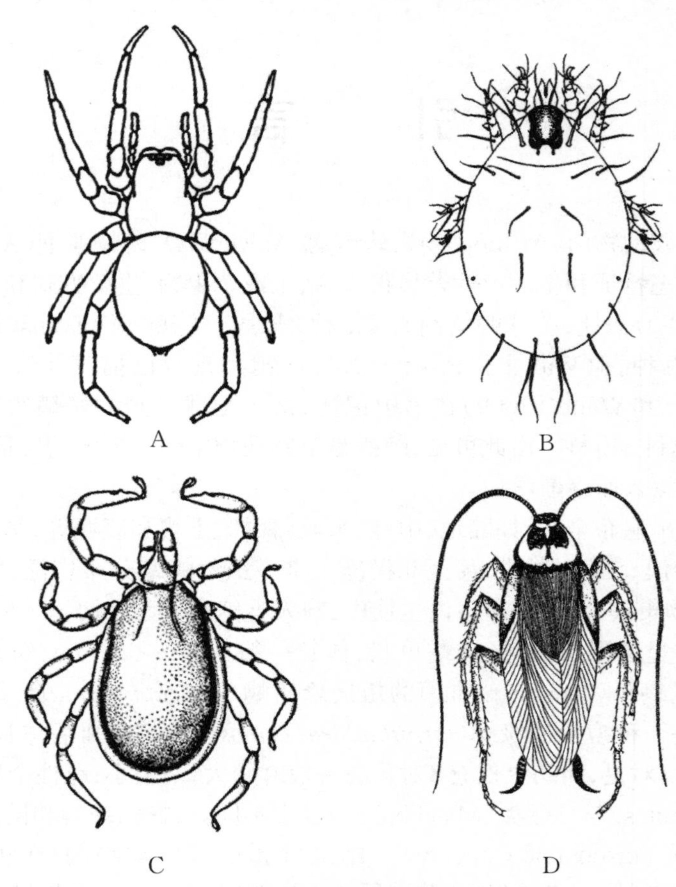

图0.1　蜘蛛、蜱螨与昆虫的形态区别

A. 蜘蛛；B. 粉螨；C. 硬蜱；D. 蜚蠊

仿 李朝品(2016)

昆虫的特征为虫体左右对称，分头、胸、腹3部分。胸部由前胸、中胸和后胸3个体节组成，每节有足1对。除双翅目、虱目、蚤目和半翅目的短翅型种类外，后两节背侧各有翅1对，分别为前翅与后翅。

蜱螨的一生一般需经过卵、幼虫、若虫以及成虫多个时期，生活史中有产卵、产幼虫、产若虫、产成虫、“化蛹”、“静息期”和“休眠期”等现象，其类型因种而改变。蜱螨产出的卵有单个的，也有成块的。卵孵出的幼虫具3对足。幼虫蜕皮发育为4对足的若虫，若虫期一般1～3个，但若虫期也有更多的。若虫体小，无生殖孔，体毛少。从第Ⅰ若虫至第Ⅲ若虫，个体渐大，体毛数增多。若虫蜕皮发育为成虫，成虫开始繁殖下一代。蜱螨的生活史类型通常包括无幼虫期的、无若虫期的、有一个若虫期的、有两个若虫期的、有三个若虫期的、有休眠体的、有多个若虫期的和卵胎生的(图0.2)。

蜱螨生殖方式主要为两性生殖，有些种类也进行单性生殖，即孤雌生殖(parthenogenesis)。有些种类在生活史中交替进行两性和单性生殖。所谓单性生殖是指未受精的卵发育为成虫的生殖方式，包括：① 产雄单性生殖(arrhenotoky)。② 产雌单性生殖(thelytoky)。③ 产两性单性生殖(amphoterotoky)。蜱螨交配习性(mating habits)因种而异，但可归纳为两种类型：① 直接方式，即雄虫以骨化的阳茎把精子导入雌虫受精囊中。② 间接方式，也就是雄虫产生精包(spermatophore)或精袋(sperm packet),再以各种不同的方式传递到雌虫的生殖孔中。

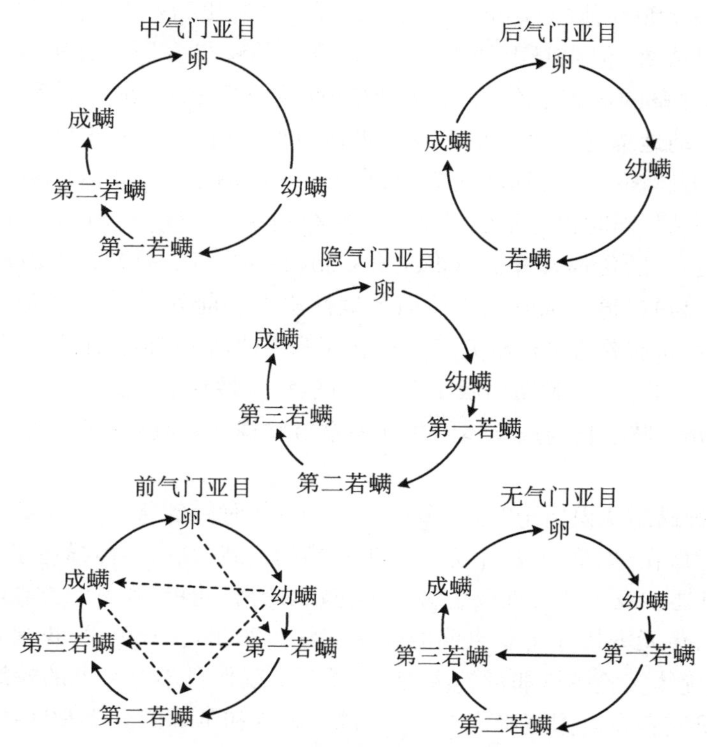

图0.2　蜱螨生活史类型图解

仿 忻介六(1984)

蜱螨生活习性不同,有些种类营自生生活,植食性、腐食性、菌食性或捕食性;有些种类则营寄生生活,寄生于无脊椎动物或脊椎动物(包括人)体内或体表。根据蜱螨与人类的关系,可以把蜱螨分为益螨、害螨和益害关系不明的三类。有的种类为害储藏物、农作物、果树和林木等,例如粉螨、叶螨、瘿螨等都是害螨;有的种类可用来防治农业害螨,例如植绥螨、长须螨和巨须螨等都是益螨;有的种类的分泌物、排泄物、代谢物和蜕下的皮屑,死螨的螨体、碎片和裂解物,可引起人体过敏(过敏性哮喘、过敏性鼻炎、过敏性咳嗽等),例如粉螨;有的种类能寄生人体引起疥疮和蠕形螨病,例如疥螨和蠕形螨;有的种类能传播疾病,例如硬蜱、软蜱、革螨、恙螨和甲螨等。

对蜱螨的起源,不同学者的观点各不相同,Sharov(1966)认为,螨类由从泥盆纪(距今4亿~3.6亿年前)中期的须肢动物演化而来。Woolley(1961)对蜱螨螯肢形态等研究表明,蜱螨亚纲与盲蛛亚纲(Subclass Opilions)极为相似,认为蜱螨是盲蛛进化而来的。甲螨化石约在3 750万年前泥盆纪(Devonian)的泥岩中发现,并推测其中的某一支系演化为无气门(Astigmata=Acaridida)螨类。从食性变化看,在中生代(Mesozoic)晚期和新生代(Cenozoic)早期,人们就发现了不少螨类,这与被子植物的大量出现有关。当被子植物分化后,各种螨类分别适应了不同的植物,它们在各自的生境中得以快速繁衍,此即早期出现过的"螨类-植物"联系。直到人类开始储藏食物后,有些螨类便迁徙至储藏食物中大量繁殖,因此,亦有学者认为蜱螨的演化与其食物种类的发展变化有关。

人类在公元前就发现了蜱螨和由其而引起的疾病。如古埃及人在公元前1550年就发现了蜱热(tick fever);公元前850年,荷马史诗中描述了一种狗(Ulysses dog)身上寄生的蜱;公元前355年,Aristotle在他的*Historia Animalium*(《动物史》)中曾记述了"蜱类孳生于茅根草丛,驴身上无虱或蜱,但牛身上两者都有,狗身上的蜱最多";公元前200年,M. Porcius Cato记载了蜱对禽畜的危害。公元77年,罗马博物学家Pliny在其所著的*Nature History*(《自然史》)中,生动地描述了蜱的宿主及其吸血习性。Smith和Kilbore(1893)证实牛巴贝斯虫病(bovine babesiasis)是由具环扇头蜱(*Rhipicephalus* (*Boophilus*) *annulatus*)经卵传播的,该扇头蜱(原牛蜱)同时也是牛巴贝斯虫的储存宿主。Meek和Smith(1897)发现硬蜱是羊跳跃病(louping ill)的传播媒介。Wilson和Chowning(1902~1904)提出蜱可传播落基山斑点热。Hirst(1914)报道革螨叮咬人可引起螨性皮炎。前苏联在20世纪二三十年代即开展蜱媒回归热和森林脑炎的调查研究工作和仓储螨类的研究,20世纪40年代又创立了自然疫源学说(1944,1946),这一时期出版了《人类自然疫源性疾病及边远流行病学》《人类自然疫源性疾病》《媒介节肢动物与病原体的相互关系》《软蜱及其流行病学意义》和《革螨的医学意义及防制》等。

我国学者对蜱螨的认识始于1 600多年前,葛洪在《肘后备急方》中记载了沙虱的相关内容。1578年,李时珍在《本草纲目》中亦有关于蜱螨的记载,其中不但描述了蜱螨的简单形态和发育过程,而且还涉及生活习性及危害。王充在《论衡·商虫》和巢元方在《诸病源候论》中对疥螨均有记载,巢元方描述了恙虫病的临床症状。20世纪30年代,我国学者冯兰洲和钟惠澜用回归热螺旋体实验感染非洲钝缘蜱,才开始了现代科学意义上的蜱螨学研究。20世纪五六十年代,研究者在全国范围内开展了对蜱、恙螨和革螨的分类和区系调查,并相继开展了蜱螨媒性疾病的流行病学研究。如蜱类作为森林脑炎的传播媒介及其储存病毒的机制研究;从硬蜱体内分离斑疹伤寒立克次体和森林脑炎病毒等病原体的实验研究;革螨体内出血热病毒的分布、肾综合征出血热(hemorrhagic fever with renal syndrome)的传播途径和发病机制等研究;恙虫病流行规律、恙螨传播病原体机制、恙虫病媒介控制等。在这一时期,蜱类、恙螨和革螨防制方法与策略,以及蜱螨媒性疾病的流行与防治等研究都取得了丰硕的研究成果。在此基础上,蜱螨学在我国真正发展成为一门现代科学。20世纪七八十年代,医学蜱螨除继续开展蜱、恙螨和革螨的上述研究外,对蠕形螨和粉螨的形态学、生态学、致病性、诊断方法、治疗和流行病学的调查也在全国各地展开,蠕形螨致病性和粉螨过敏等都取得了世人瞩目的成就。20世纪90年代以来,我国蜱螨与疾病的研究向更广泛、更深入的领域发展。这一时期研究工作的另一特点是新技术与新方法在蜱螨与疾病研究上的应用。如生物化学和分子生物学技术、细胞学技术、疫苗制备技术、基因文库构建技术、酶体外定向分子进化技术、分子系统学技术等现代生物学技术广泛应用于蜱螨与疾病的研究,这一时期蜱类和革螨的染色体核型,蜱螨基因组多态性,恙虫立克次体的基因序列的扩增、鉴定及克隆,粉螨疫苗、粉螨过敏的实验诊断与防治等都成果斐然。应用Hennig的支序分类的原理和方法提出的螨类原始祖先体躯模式的十八节新假说,在我国蜱螨学的理论研究方面迈出了新的一步,受到了国内外同行的高度评价。

目前,蜱螨与疾病的研究日益受到国际社会的关注,由医学蜱螨传播的虫媒传染病在全球呈现加剧趋势,新的病种不断被发现、原有病种的流行区域不断扩展、疾病流行的频率不断加大,似有蔓延全球的趋势。回眸近半个世纪以来的新发和再发传染病(emerging and re-emerging infectious disease)，蜱螨媒性疾病占了相当大的比例，譬如肾综合征出血热(hemorrhagic fever with renal syndrome)、登革出血热(dengue hemorrhagic fever)、莱姆病(Lyme disease)、单核细胞埃立克体病(human monocytic ehrlichiosis)和人粒细胞埃立克体病(human granulocytic ehrlichiosis)等。此外，由屋尘螨(*Dermatophagoides pteronyssinus* Trouessart，1897)的排泄物、代谢产物、尸体等引起的人过敏性疾病也已被视为当今人类健康和公共卫生安全的主要生物威胁。因此，蜱螨与疾病的研究在虫媒病和人过敏性疾病的流行病学中具有重要意义。

（李朝品）

第一章　蜱螨的形态特征与分类

蜱螨体小，大多数在1 mm以下，偶有数毫米的。体躯通常以围颚沟(perignathosomal groove)为界分成颚体(gnathosoma，又称假头capitulum)和躯体(idiosoma)两部分。颚体位于躯体前方或前部腹面，为口器部分；而躯体是虫体的主要部分，可再划分为有4对足的足体和足后面的末体两部分。足体又可分为前足体(足Ⅰ、足Ⅱ体段)和后足体(足Ⅲ、足Ⅳ体段)。在前足体和后足体之间，一般有背沟为界。也有把整个螨体分为前后两部分的，前者称前半体，后者称后半体，前半体包括颚体和前足体，后半体包括后足体和末体(图1.1，表1.1)。

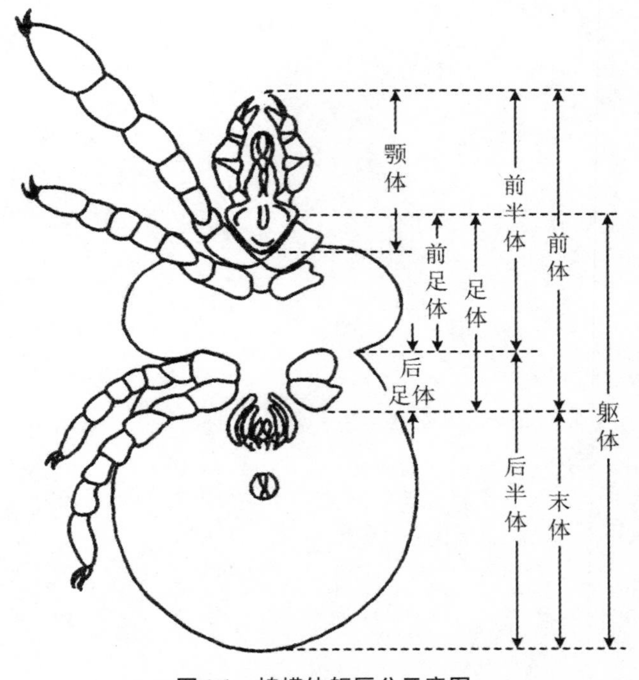

图1.1　蜱螨体躯区分示意图

仿 陈心陶(1965)

表1.1　蜱螨体躯区分名称表

<table>
<tr><td>足前体段</td><td>足Ⅰ、Ⅱ体段</td><td>足Ⅲ、Ⅳ体段</td><td>足后体段</td></tr>
<tr><td rowspan="3">颚体
(gnathosoma)</td><td colspan="3">躯体(idiosoma)</td></tr>
<tr><td>前足体(propodosoma)</td><td>后足体(metapodosoma)</td><td rowspan="3">末体
(opisthosoma)</td></tr>
<tr><td colspan="2">足体(podosoma)</td></tr>
<tr><td colspan="3">前体(prosoma)</td></tr>
<tr><td colspan="2">前半体(proterosoma)</td><td colspan="2">后半体(hysterosoma)</td></tr>
</table>

历史上研究蜱螨分类的学者众多，但迄今蜱螨的分类尚不完善，分类研究仍处在“百家争鸣”的状态。

第一节　蜱螨的形态特征

蜱螨躯体表面的“沟”和“缝”，有些种类有，有些种类无。通常以这些沟为界将蜱螨分成若干体段，例如以围颚沟为界将蜱螨分成颚体和躯体(图1.2)。这些沟和缝与昆虫的头、胸、腹各部分的“体节沟”意义完全不同。蠕形螨和跗线螨等螨类后半体上的轮状纹也不是真正的体节“沟”，只是体壁附着肌肉在体表面显露的“痕迹”。

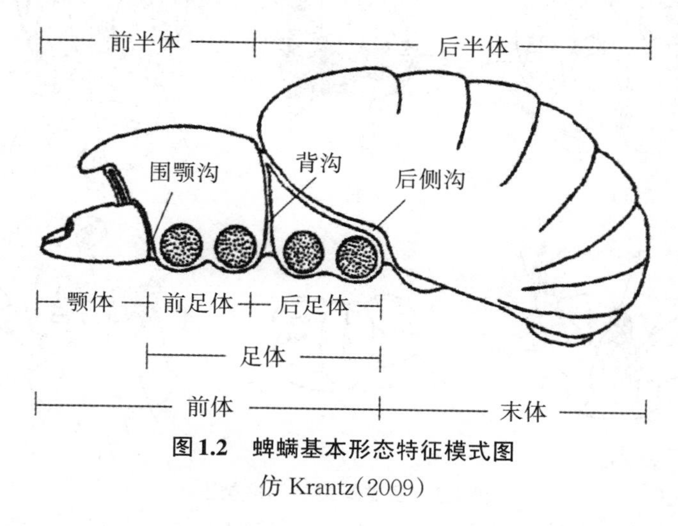

图1.2　蜱螨基本形态特征模式图

仿 Krantz(2009)

一、外部形态特征

蜱螨的外部形态特征非常复杂，不同种类差异很大，但其基本特征是相同的，在进行物种分类鉴定时具有重要意义。

(一) 颚体(gnathosoma)

颚体一般位于躯体的前端，少数位于躯体前端腹面或颚基窝(camcrostome)内，由颚基(gnathobase)、螯肢(chelicera)、须肢(palpus)、口下板(hypostome)和颚盖(gnathotectum)等构成(图1.3)。背面为螯肢，两侧为须肢，下面有口下板，上面有颚盖。不同种类的蜱螨颚体各具特征(图1.4)，但脑和眼都不在颚体上，二者都着生在后方的前足体上。

1. 螯肢(chelicera)

是颚体两对附肢中位于中间的一对，通常由螯基、中节和端节构成，其外侧是须肢，与须肢同为取食器官。大部分螨类的螯肢前端为钳状，其背侧为定趾，腹侧为动趾，钳状螯肢是螯肢的原始形状，有把持与撕碎食物的功能。由于要适应不同的取食方式，各种螨类螯肢的形状变化很大(图1.5)，有的螯基与中节愈合，有的分成两个小节，有的没有定趾，有的钳状部分消失，有的变成尖利的口针。叶螨是螯肢形态多变的螨类之一，螯肢左右基部愈合，形

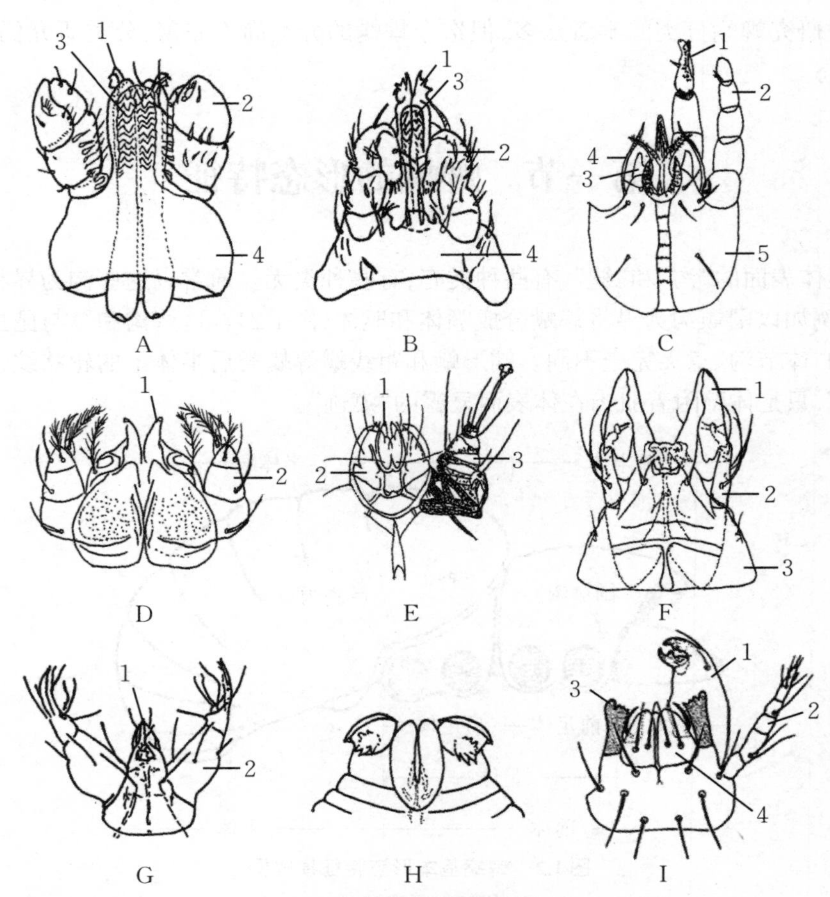

图1.3　各类蜱螨的颚体类型

A. 硬蜱颚体腹面：1. 螯肢，2. 须肢，3. 口下板，4. 颚基；B. 软蜱颚体腹面：1. 螯肢，2. 须肢，3. 口下板，4. 颚基；C. 革螨颚体腹面：1. 螯肢，2. 须肢，3. 颚角，4. 涎针，5. 颚基（环）；D. 恙螨颚体背面：1. 螯肢，2. 须肢；E. 疥螨颚体腹面：1. 螯肢，2. 须肢，3. 足Ⅰ；F. 粉螨（食甜螨颚体腹面）：1. 螯肢，2. 须肢，3. 颚基；G. 肉食螨颚体背面：1. 螯肢，2. 须肢；H. 蠕形螨颚体腹面；I. 甲螨颚体背面：1. 螯肢，2. 须肢，3. 螯楼，4. 口侧骨片

A，B，C，D. 仿 姚永政和许先典（1982）；E. 仿 徐芳南和甘运兴（1978）；F. 仿 Krantz（2009）；G. 仿 忻介六（1988）；H. 仿 刘素兰（1983）；I. 仿 Krantz（2009）

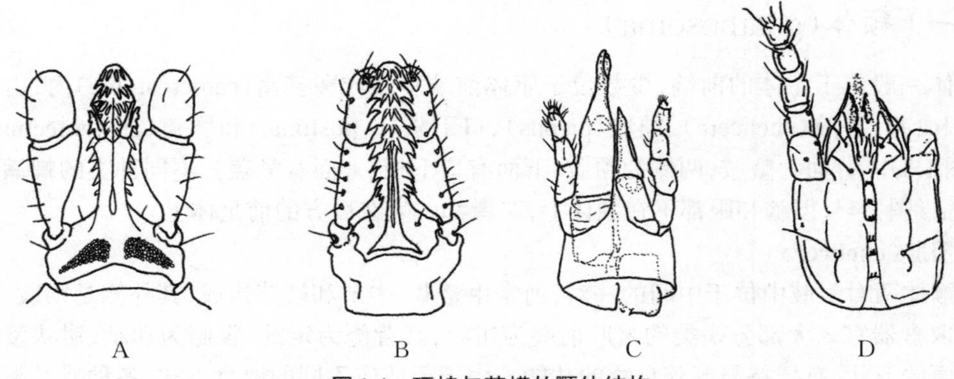

图1.4　硬蜱与革螨的颚体结构

A. 硬蜱颚体背面；B. 硬蜱颚体腹面；C. 革螨颚体背面；D. 革螨颚体腹面

A，B. 仿 Smart（1948）；C，D. 仿 邓国藩（1989）

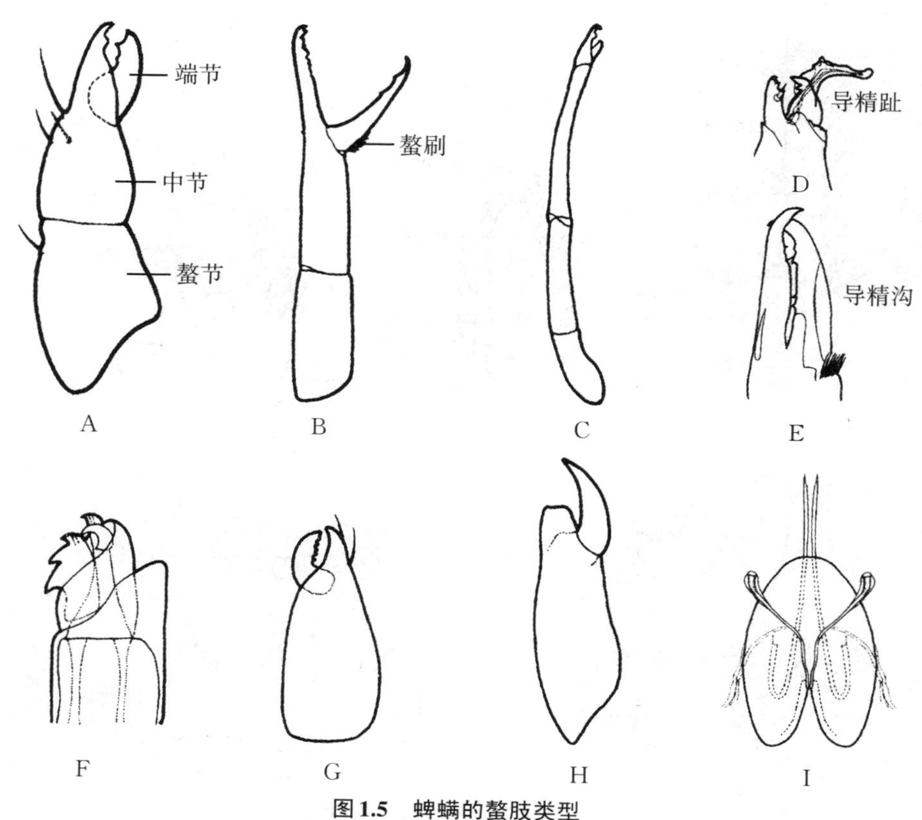

图1.5　蜱螨的螯肢类型

A. 节腹螨目;B～E. 中气门目;B. 皮刺螨亚目;

C. 尾足螨总科;D. 皮刺螨亚目雄螨;E. 寄螨科雄螨;F. 蜱目;G～I. 绒螨目

A. 仿 Krantz(1978);B～E,G,H. 仿 Walter(2006);F. 仿 Balashov(1972);G～I. 仿 洪晓月(2011)

成单一的针鞘,端部形成一对长针状的口针。在停止取食或饥饿的情况下,螯肢可以缩在前足体中央的口针窝中,口针的功用是刺破植物组织吸取营养物质。此外,螯肢还有其他功能,如中气门亚目的植绥螨雄螨,动趾上生有导精趾,用以传递精包至雌性生殖孔。

2. 须肢(palpus)

是颚体的第二对附肢,一般有1～5个活动节,位于螯肢外侧,构成颚体的侧面和腹面的部分。须肢具有趋触毛,具有感觉和抓握食物的功能,有的是用于取食之后清洁螯肢。有些种类的雄螨在交配时用须肢抱持雌螨,因而雄螨须肢往往比雌螨的粗壮。须肢形状因种类而异(图1.6),其节数、各节刚毛数、形状以及刚毛的排列等常常用于蜱螨的分类。

3. 口下板(hypostome)

位于颚体中央下方,基部具有特殊排列的毛,通常被螯肢与须肢覆盖。蜱的口下板突出呈针状,并有倒齿(图1.7),齿数与排列方式有分类意义。革螨亚目的大多数螨类口下板有一对称为基突(corniculi elongate)的角状突起。

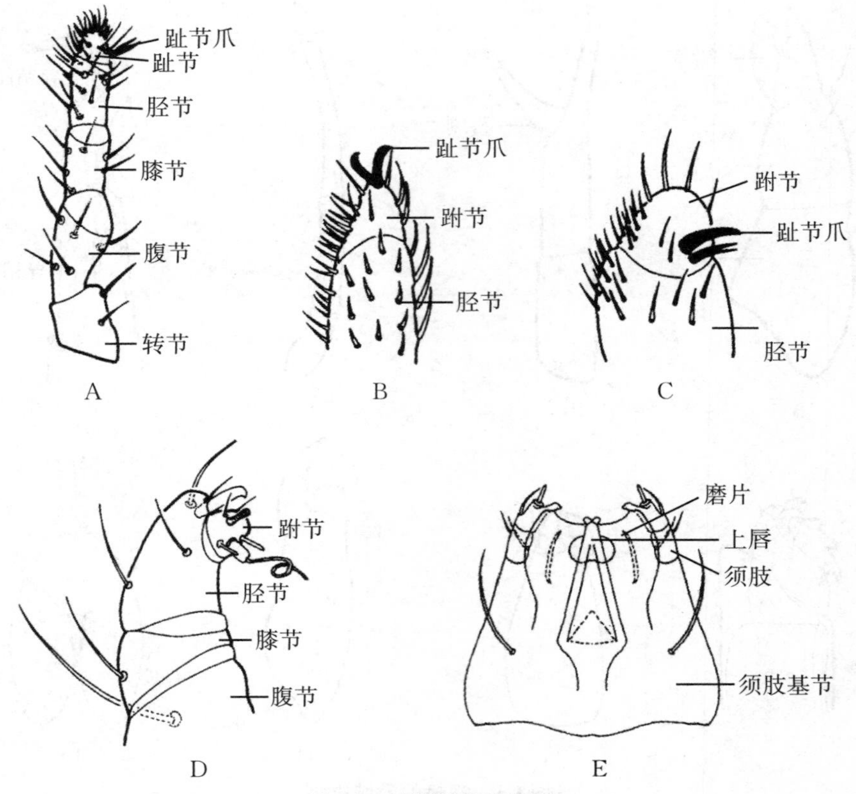

图 1.6 蜱螨的须肢类型

A. 中气门目;B. 节腹螨目;C. 巨螨目;D. 绒螨目叶螨科;E. 疥螨目粉螨科

A,C,D. 仿 Krantz(1978);B. 仿 Walter(2006);E. 仿 李朝品(1996)

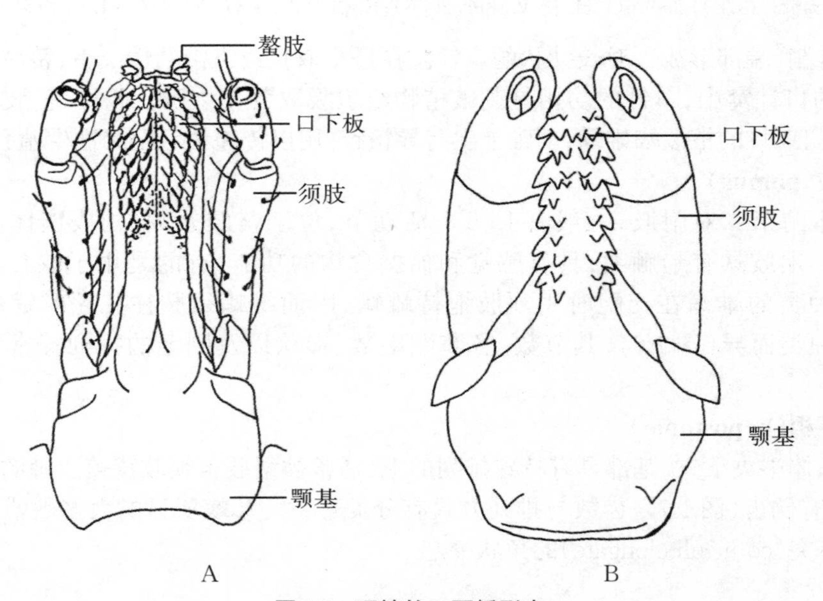

图 1.7 硬蜱的口下板形态

A. 钝眼蜱(Amblyomma hebraeum);B. 一种硬蜱

A. 仿 Castellani et Chalmers(1965);B. 仿 Gregson(1956)

4. 颚盖（gnathotectum）

又称口上板，是从颚基背壁向前延伸的部分（图1.8），为膜状物，位于颚体背面的中央，前缘突出呈弧状、锯齿状、针状，或凹入，形状因种而异（图1.9）。颚盖为覆盖颚体的膜质物，很多螨的颚盖呈透明状，需用相差显微镜观察才能看到。

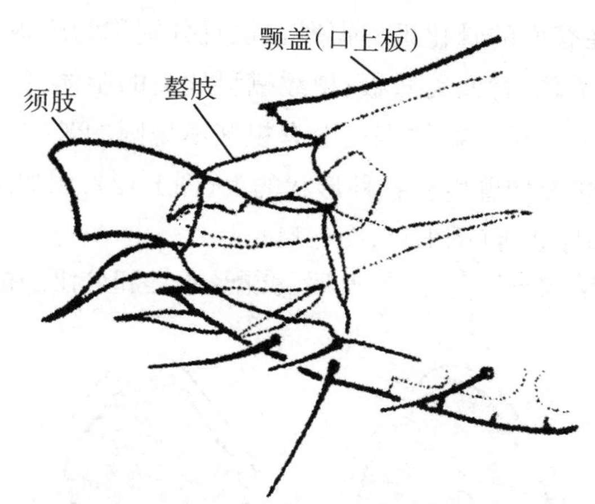

图1.8　革螨颚盖（侧面观）

中气门目颚基

仿 Evantz et Till（1979）

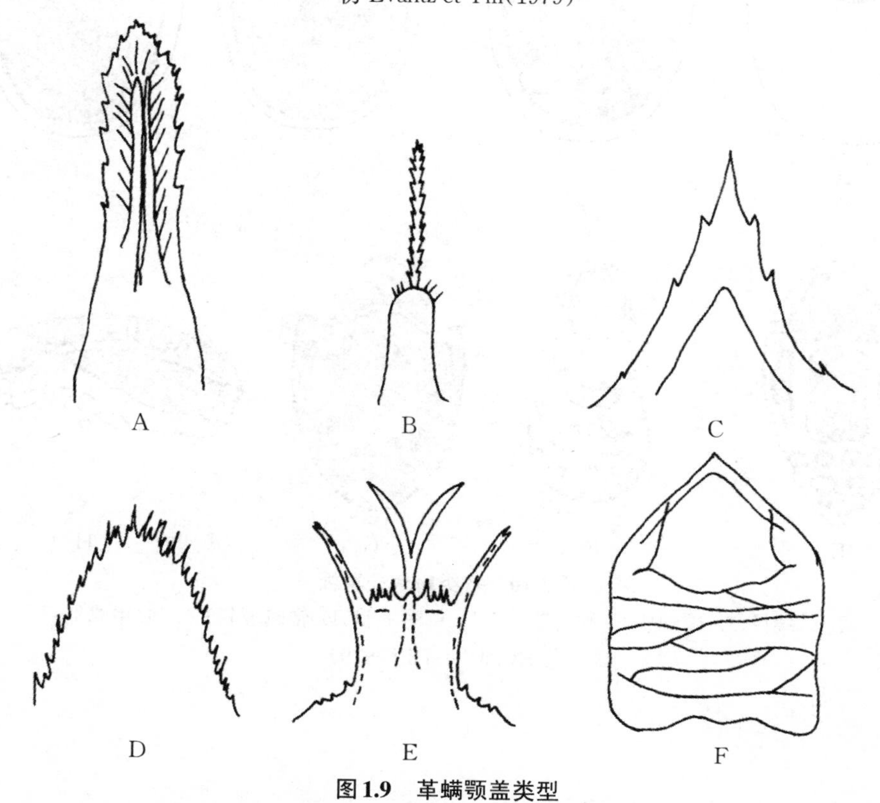

图1.9　革螨颚盖类型

A. 平盘螨科；B. 犹伊螨科；C. *Arctecarus* sp.；D. 厉螨科；

E. 巨螯螨科；F. 真蚧螨科

仿 李隆术和李云瑞（1988）

（二）躯体（idiosoma）

躯体位于颚体的后方，多为囊状，背面观多呈椭圆形。有的种类为蠕虫状，例如瘿螨和蠕形螨。螨类躯体表皮有的较柔软，有的则形成不同程度的骨化板（图1.10，图1.11），在背面的称为背板或盾板，在腹面的骨化板根据所在位置分别称为胸板、腹板、生殖板、肛板等。例如叶螨科螨类的表皮柔软，背面无盾板；植绥螨科螨类的躯体背面覆盖着大型盾板；甲螨躯体全部覆盖着很坚硬的骨板。躯体表皮上有粗细不规则的皱纹，有时形成各种形状的刻点和瘤突。躯体背面与腹面均着生有各种形状的毛（图1.12），例如刚毛状、分支状、棘状、羽毛状、栉状、鞭状、叶状和球状等（图1.13，图1.14）。

躯体上主要的外部结构分别与运动、呼吸、交配、感觉和分泌功能有关。

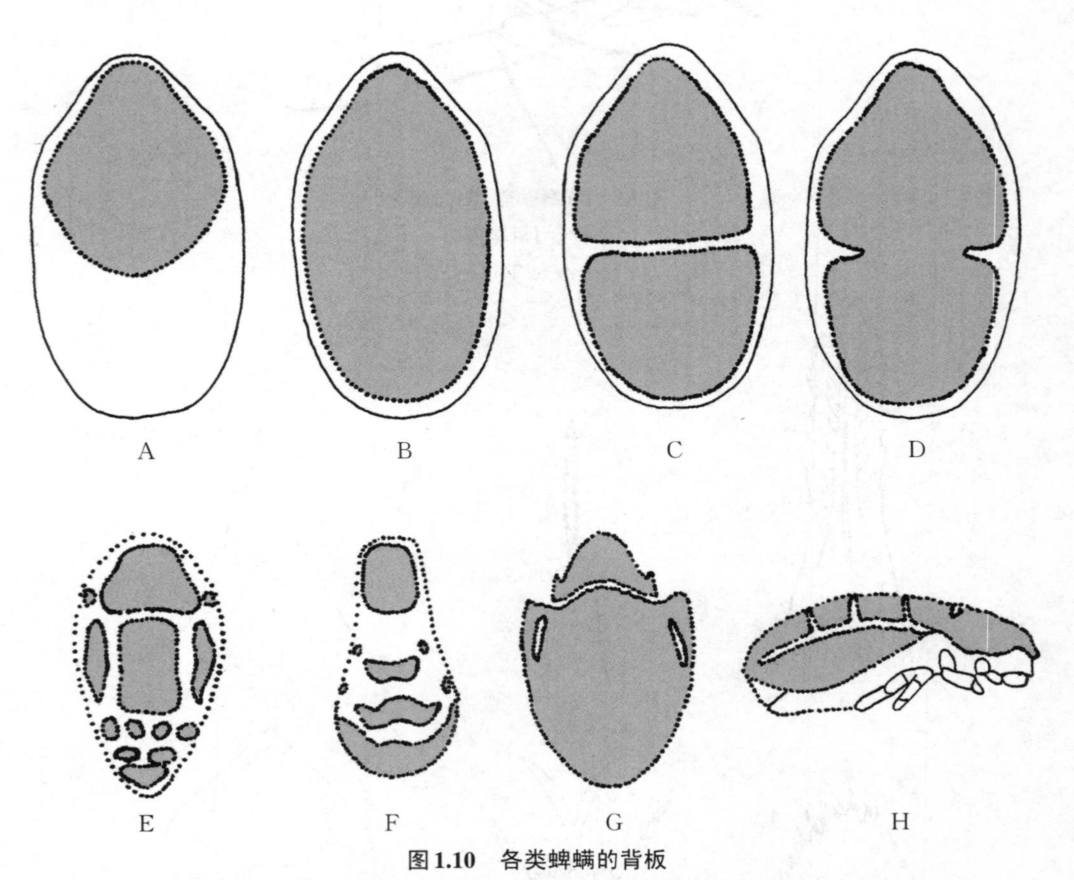

图1.10　各类蜱螨的背板

A，B. 蜱目（A. 硬蜱♀，B. 硬蜱♂）；C，D. 革螨亚目；E. 辐螨亚目；F～H. 甲螨亚目

仿 Evantz et Till（1979）

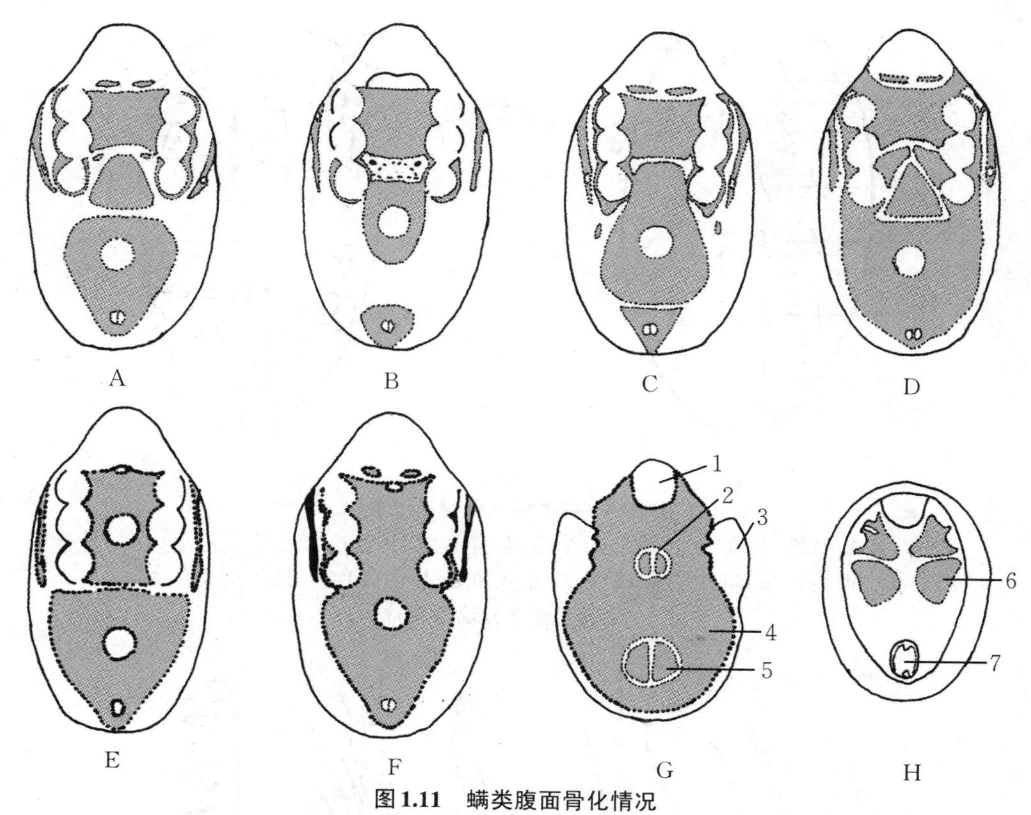

图1.11　螨类腹面骨化情况

A～D. 革螨♀；E，F. 革螨♂；G. 甲螨：1. 颚基窝，2. 生殖瓣，3. 翅形体，4. 腹板，5. 肛瓣；H. 辐螨：6. 基节，7. 殖肛瓣

仿 Evantz et Till(1979)

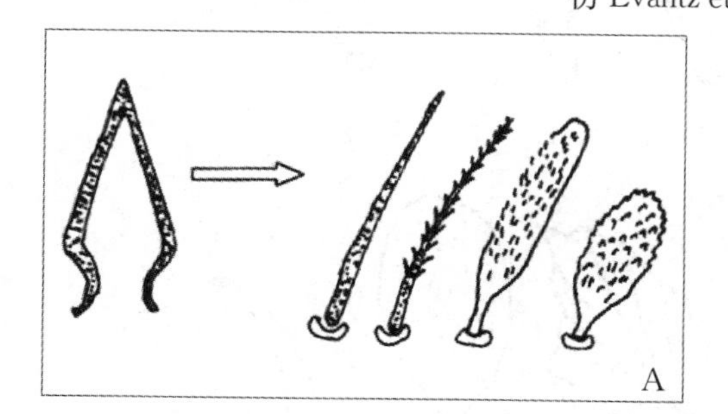

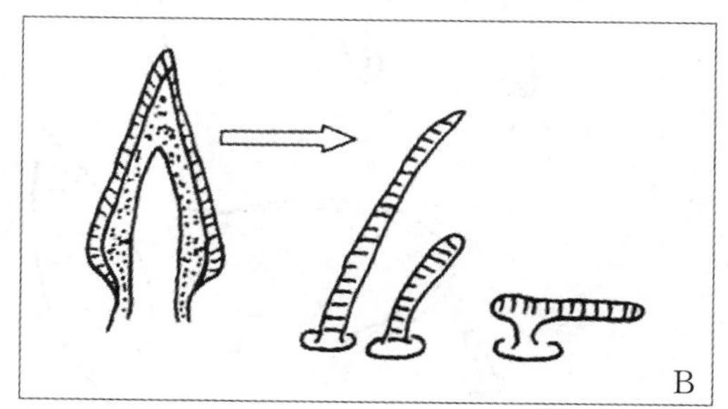

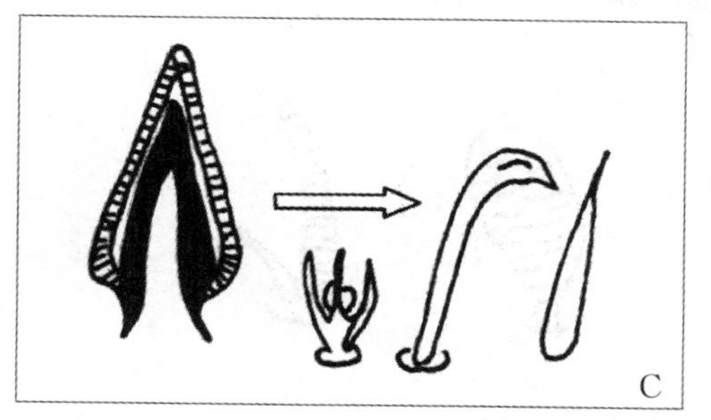

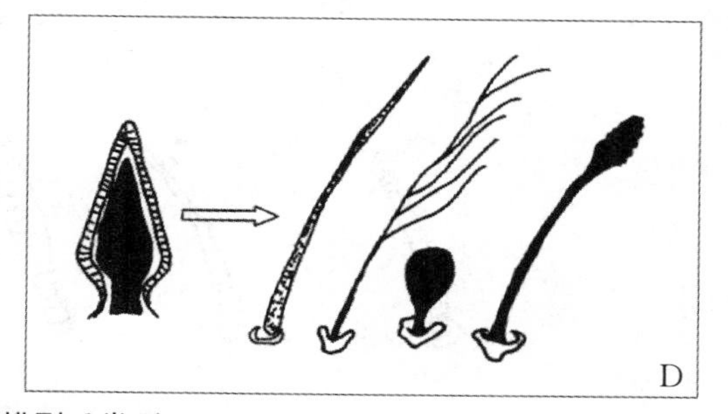

图1.12　蜱螨刚毛类型

A. 感觉刚毛(中空)；B. 感棒(原生质髓)；C. 荆毛(左)与芥毛(右)，周围有光毛质的髓(绘成黑色)；D. 盅毛，有光毛质的髓

仿 Krantz(2009)

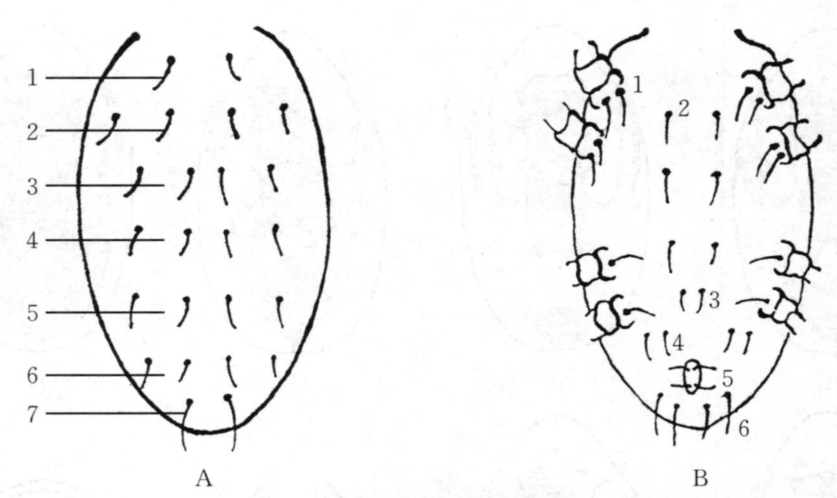

图1.13　螨类背毛和腹毛位置

A. 背毛：1. 顶毛，2. 胛毛，3. 肩毛，4. 背毛，5. 腰毛，6. 骶毛，7. 尾毛；

B. 腹毛：1. 基节毛，2. 基节间毛，3. 前生殖毛，4. 生殖毛，5. 肛毛，6. 肛后毛

仿 李隆术和李云瑞(1988)

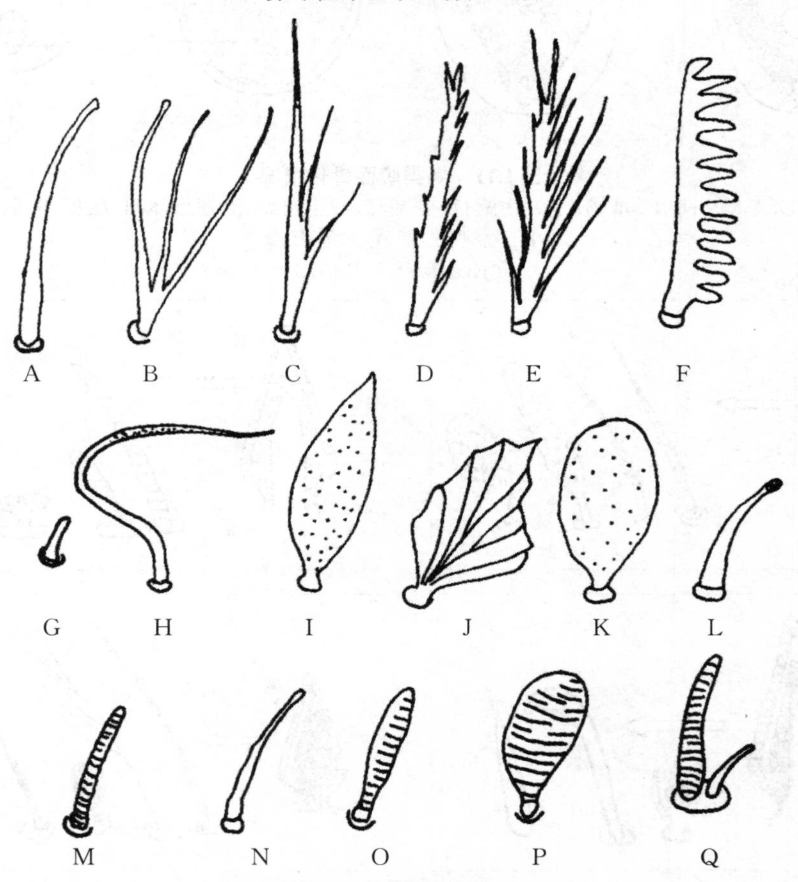

图1.14　蜱螨各种刚毛

A～L. 为普通刚毛(A. 无枝毛，B. 叉毛，C. 分枝毛，D. 细枝毛，E. 羽状毛，F. 栉状毛，G. 微毛，H. 鞭状毛，I. 叶状毛，J. 扇状毛，K. 球状毛，L. 棘状毛)；M～Q. 各种感觉毛

仿 忻介六(1984)

1. 足（leg）

着生在足体腹面，通常分为6节，即基节、转节、股节、膝节、胫节、跗节，跗节末端有爪和爪间突（又称趾节）（图1.15，图1.16）。成螨与若螨有足4对，幼螨足3对，幼螨蜕皮后成为第一若螨时增加的一对足为足Ⅳ。蜱螨的足主要司运动功能，但多数种类的足Ⅰ不参与真正的步行，而是作为感觉器官。雄性的足Ⅰ在交配时有抱持雌性的作用。不同类群螨足的节数也不同，有的转节、股节再分成两节，有的节数减少；足上有形状各异的毛，其排列方式称为毛序（chaetotaxy），毛的形状、数量与毛序因种而异。

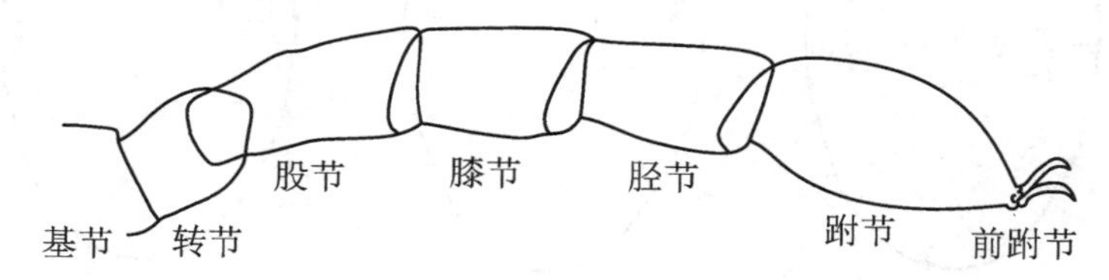

图1.15　足的构造

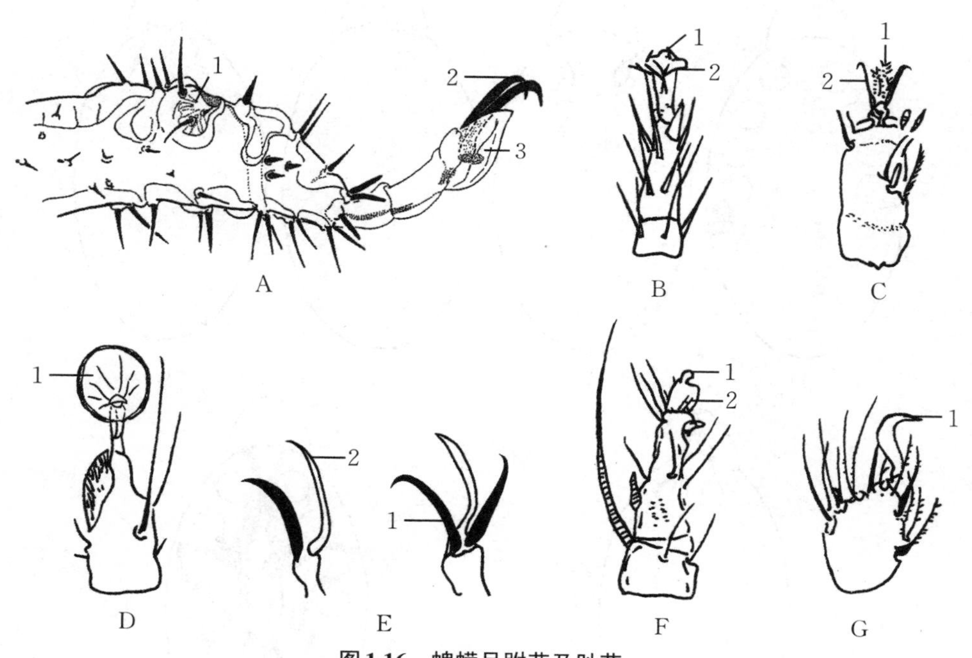

图1.16　蜱螨足跗节及趾节

A. 蜱目（硬蜱）足Ⅰ跗节：1. 哈氏器，2. 爪，3. 爪垫；B. 革螨亚目（革螨）：1. 爪垫，2. 爪；C. 辐螨亚目（蒲螨）：1. 爪间突，2. 爪；D. 辐螨亚目（肉食螨）：1. 爪间突吸盘；E. 辐螨亚目（绒螨）：1. 爪，2. 爪间突；F. 粉螨亚目（粉螨）：1. 爪间突爪，2. 爪垫；G. 甲螨亚目（甲螨）：1. 爪间突爪

A. 仿 Krantz（2009）；B，C. 仿 李隆术和李云瑞（1988）；D～G. 仿 忻介六（1988）

2. 气门（stigma）

大多数种类躯体上有气门（图1.17），藉以与外界相通。气门的有无及其位置是种类鉴别的主要特征之一。蜱目（Ixodida）的气门位于足Ⅳ基节稍后方，革螨亚目（Gamasida）气门位于躯体中侧方，辐螨亚目（Actinedida）的气门位于螯肢基部或躯体“肩”上，甲螨亚目（Oribatida）的螨类气门间隙隐藏在基节区，且常有一对假气门器（pseudostigamatic organ），粉螨亚

目(Acaridida)多数无气门。寄螨总目(Parasitiformes)中有些种类的气门周围有气门板(stigmal plate),自气门向前方延伸的沟称气门沟(peritrematal canal)。

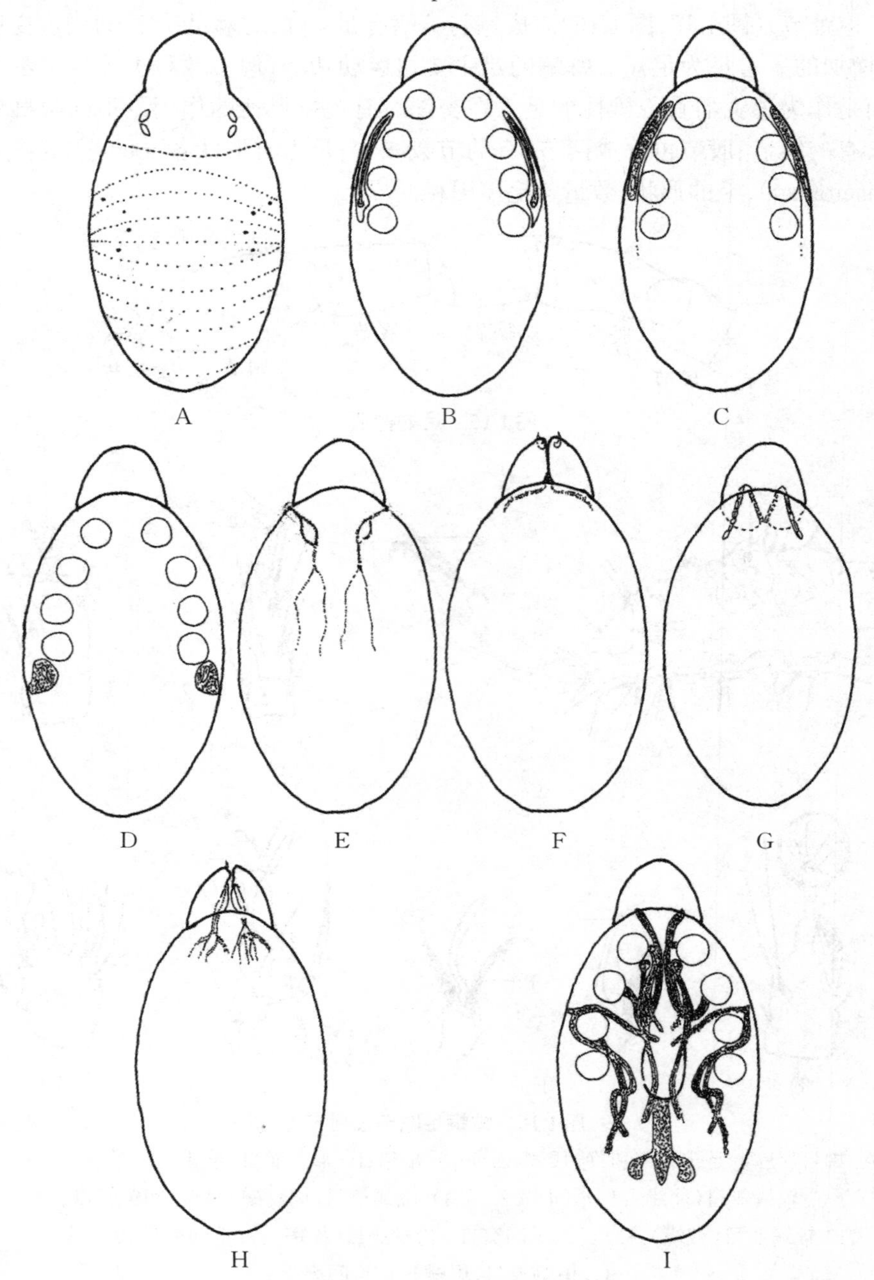

图1.17　蜱螨的气门类型

A. 节腹螨亚目;B. 中气门亚目;C. 巨螨亚目;D. 蜱目;E. 前气门亚目(异气门总股);
F. 前气门亚目(缝颚螨总科);G. 前气门亚目(叶螨总科);H. 前气门亚目(寄殖螨股);
I. 甲螨亚目(复合气管系统)
仿 Krantz(2009)

3. 外生殖器(genitalia)

雌性生殖孔(图1.18)的位置因种类而不同,雌螨外生殖器的形态是重要的分类特征。

寄螨总目(Parasitiformes)的生殖孔位于足Ⅳ基节之间或之前,真螨总目(Acariformes)的生殖孔位置多种多样,一般开口于足Ⅱ至足Ⅳ基节之间。雌性的外生殖器是生殖孔或交配囊,只有成螨有生殖孔(图1.18),而在若螨期尚不明显。因此,生殖孔是区别成螨和若螨的标志。雄性的外生殖器是阳茎(图1.19),阳茎的形状和构造在种类鉴别上有重要意义。中气门亚目螨类的雄性没有阳茎,而有各种类型的交配囊,雌性有交配孔1对,位于躯体腹面足Ⅲ和足Ⅳ基节之间,精包从生殖孔转移到雄螨螯肢上的导精趾,然后压入雌螨的交配囊,导精趾和交配囊的形状在分类上具有重要意义。

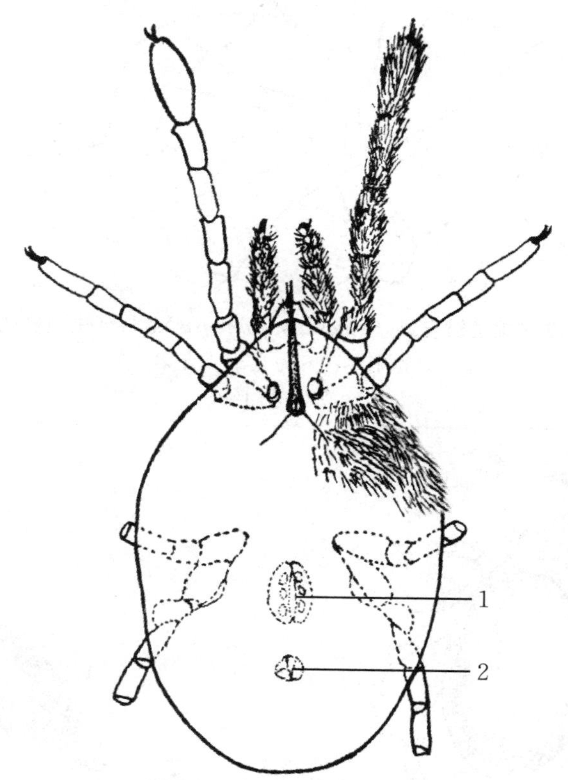

图1.18　绒螨科的生殖孔和肛门

1. 生殖孔;2. 肛孔

仿 李隆术和李云瑞(1988)

4. 肛门(anus/anal opening)

通常位于末体的后端(图1.18),是消化道的末端出口。由于种类不同,肛门的着生位置也有差别,有的位于末端,有的位于末体腹面近后缘,有的位于躯体背面。肛门两侧有肛板(anal shield),周围通常有肛毛。

5. 感觉器官(sensory organ)

蜱螨躯体上着生多种刚毛,有些刚毛与螨类的感觉有关。除刚毛以外,蜱螨有些种类还具有眼、格氏器、哈氏器和琴形器等。螨类的眼是单眼,无复眼。大多数螨类(革螨亚目除外)有单眼1~2对,位于前足体的前侧。中气门亚目的螨类无眼,有时在足Ⅰ的步行器上有光感受器。无气门亚目螨类大多无眼。粉螨的格氏器(Grandjean's organ)是一种温度感受器,位于足Ⅰ基节前方紧贴体侧。蜱的哈氏器(Haller's organ)是嗅觉器官,也是湿度感受器,位于足Ⅰ跗节背面(图1.20),有小毛着生于表皮的凹处。跗感器(tarsal sensilla)类似哈氏器，位于中气门螨类足Ⅰ跗节背面末端。琴形器(lyrate organ)又称隙孔(lyriform pore)，可能与分泌性激素有关，是螨类体表许多微小裂孔中的一种隙孔。

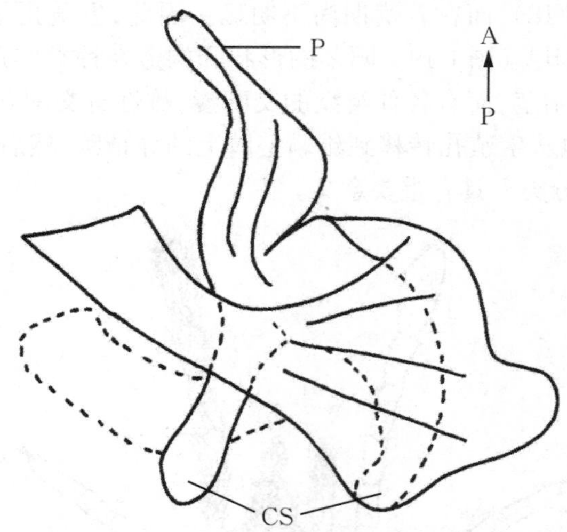

图1.19　棉兰皱皮螨(*Suidasia medanensis*)雄性外生殖器侧面

P为阳茎；CS为几丁质支架

引自 李朝品(1996)

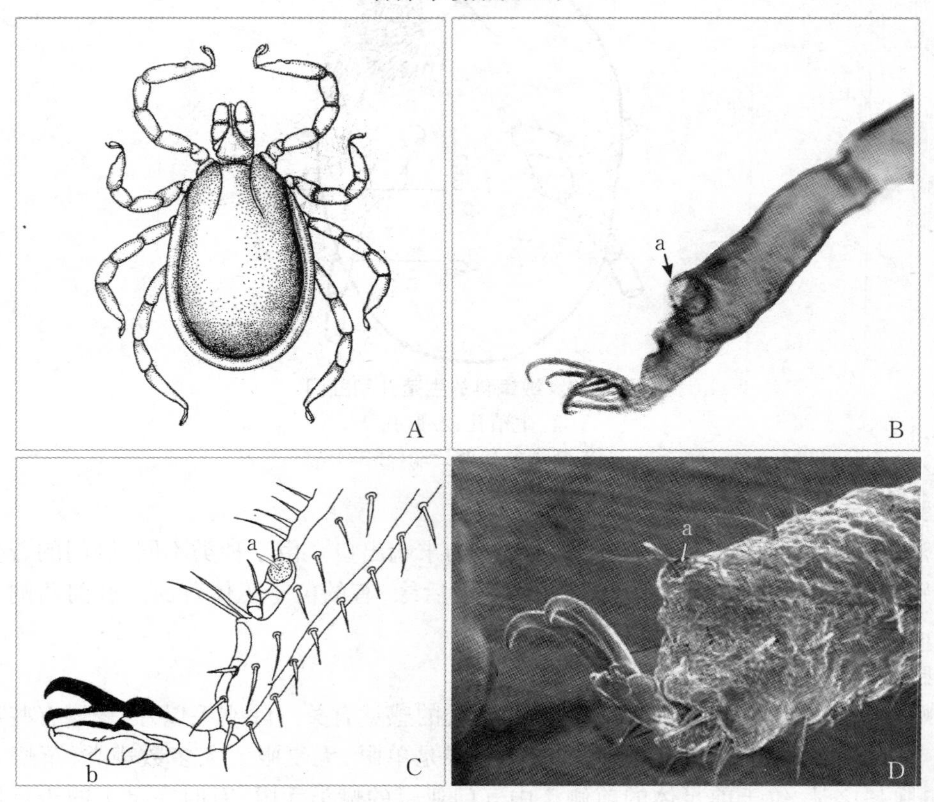

图1.20　硬蜱的哈氏器

A. 硬蜱；B. 足Ⅰ跗节光镜照片(a.哈氏器)；C. 足Ⅰ跗节：a. 哈氏器，b. 爪间突；D. 足Ⅰ跗节电镜照片(a.哈氏器)

A. 仿 于心(1997)；B. 原图；C. 仿 李隆术和李云瑞(1988)；D. 引自 Tyler Woolley(2013)

(三)螨与蜱的外部形态区别

由于不同种类的生活环境和生活方式各异,为了竞争生存空间以繁衍生息,蜱和螨在形态与构造上也发生了非常复杂的适应性变化,其形态特征也不尽相同(图1.21,表1.2)。

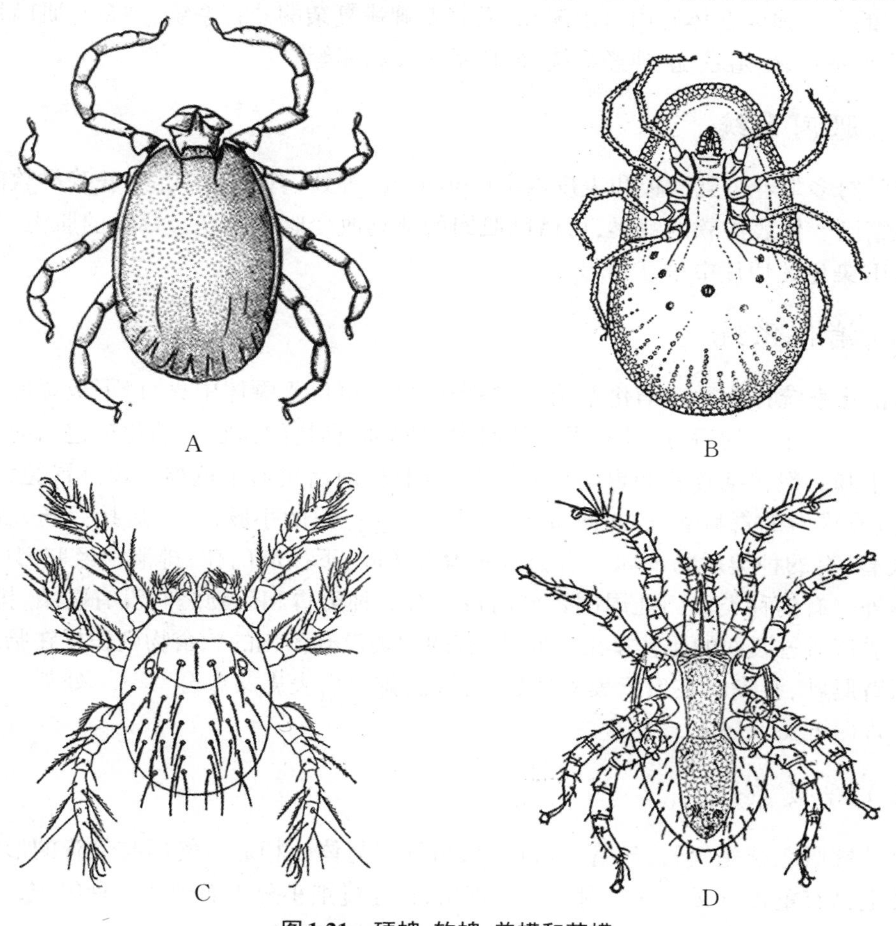

图1.21　硬蜱、软蜱、恙螨和革螨

A. 硬蜱;B. 软蜱;C. 恙螨(幼虫);D. 革螨

A. 仿 于心(1997);B,C. 仿 徐芃南和甘运兴(1978);D. 仿 Hirst(1922)

表1.2　螨与蜱的形态区别

	螨	蜱
体形	一般较小,通常用显微镜观察	一般较大,肉眼可见
体壁	薄,多呈膜状	厚,呈革质状
体毛	多数全身遍布长毛	毛少而短
口下板	隐入,无齿,或无口下板(自生生活螨类有齿)	显露,有齿
须肢	分节不明显,有的螨几乎不分节	分节明显
螯肢	发育不充分,多呈叶状或杆状	角质化
气门	有前气门,中气门或无气门等	后气门在足Ⅲ或足Ⅳ基节附近
气门沟	常有	缺如

二、内部结构

由于蜱螨食性极为多样化，内部结构差异较大。蜱螨的内部器官浸在血腔（haemocoel）中，血腔中的无色血浆在体腔内自由流动，滋养着蜱螨复杂的器官系统，主要有肌肉系统、消化系统、呼吸系统、生殖系统、神经系统、循环系统及腺体等。

（一）肌肉系统

蜱螨肌肉多附着于肥厚板和表皮内突（apodeme）等处，有的附着在皮肤等柔软部分，可在体外观察到。体表柔软的螨类，可借助肌肉的活动改变躯体形态。螨类的肌肉组织呈嗜酸性，在HE染色的切片中呈红色。

（二）消化系统

蜱螨消化系统称为后口消化系统，有各种变异。口位于颚体中央、口下板背面、螯肢起点的下方。咽位于口的后方，具有强壮的肌肉，是吸取食物的器官。消化道包括前肠、中肠和后肠。中肠一般包括食管和胃两部分。食管细长，前后贯通中枢神经块。胃腔大和上皮发达，多数有成对的胃盲囊（gastric caeca），胃下面为一短的小肠，小肠后接后肠，后肠上有12对马氏管，有的种类后肠缺如。后肠后面为直肠腔，下接肛门孔，排泄物经肛门（anus）开口排出体外。有的种类肛门孔周围具肛门板。有的种类胃和后肠之间没有联结，排泄物由另外的排泄道通过腹面的尾孔排出。此外，有的种类没有消化的剩余物则积累在肠细胞中，再移至后背肠叶，装满时在后背表皮处裂口排出，排出后表皮又愈合留下一处裂痕，这种行为称为裂排（schizeckenosy）。

（三）呼吸系统

蜱螨的呼吸系统是气管，气管一般成对，由气门与体外相通。气门与气管的形状，在蜱螨的分类上具有重要意义。气门附近的气管粗，再经过细小分支而到达各种组织，与细胞进行气体交换。有的种类无气管和气门，气体交换通过体壁进行。

（四）生殖系统

雌性生殖系统由卵巢、输卵管、子宫、阴道、受精囊和附属腺等组成（图1.22）。有些螨类有产卵管。卵巢成对或不成对，因种而异。雌螨卵巢成对或单个。卵通过输卵管至不成对的子宫内，卵巢与受精囊相连，而交配囊则开口入受精囊内。

雄性生殖系统由睾丸、输精管、射精管和附属腺等组成（图1.23）。有的种类睾丸成对，有的不成对。有的种类具有阳茎。附属腺一般远比雌螨发达，其数量和形态多种多样。

（五）神经系统

中央神经系统位于体前端食道下面，包括大脑、食道上神经节和食道下神经节以及由此生出的一系列放射状神经，神经通向足、消化道、肌内和外生殖器等。体背前方内面有神经结，支持口器的活动。皮下有神经支持皮上的感觉毛接受外部的刺激。

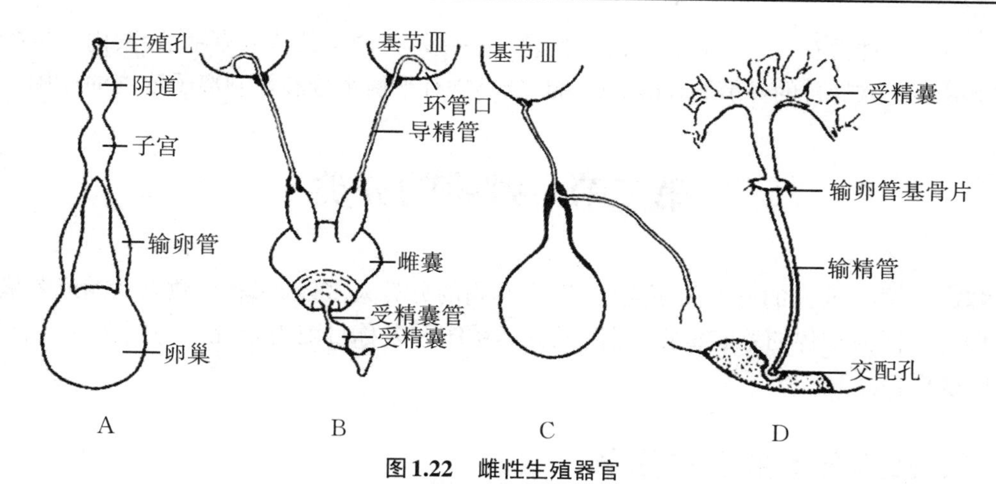

图1.22　雌性生殖器官

A,B,C. 仿 Evans et Till(1979);D. 仿 Fan et Zhang(2007)

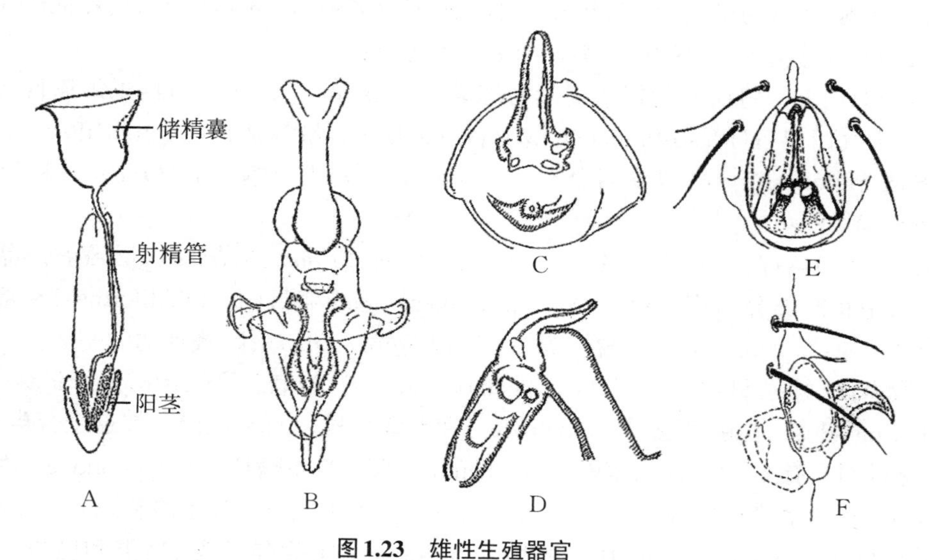

图1.23　雄性生殖器官

A. 叶螨科;B. 缝颚螨科;C. 粉螨科根螨属;D. 粉螨科食酪螨属;

E. 食甜螨科(害嗜鳞螨腹面);F. 食甜螨科(害嗜鳞螨侧面)

A,B. 仿 Hong(2012);C. 仿 Fan et Zhang(2004);D. 仿 Fan et Zhang(2007);

E,F. 仿 李隆术和李云瑞(1988)

(六) 循环系统

蜱螨的循环系统是开放式的,血液无色,流遍各内脏器官和肌肉等处。体内背面有一扁平的具有心门的心脏,通过背腹肌的作用,使血腔不断收缩和扩张,体液循环全身,起到送氧和营养以及排废的作用。

(七) 腺体

蜱螨类的腺体多种多样,其分泌物对调节生理机能有重要作用。寄螨总目(Parasitiformes)螨类的腺体比较简单,一般在前足体背区有一对唾液腺(salivary gland)通向口腔帮助消化。

革螨亚目一些种类有一对球状腺通向胃盲囊。一些蜱类的头状体内有唾液腺,内含抗凝素,有助于吸血。软蜱科的基节腺(coxal gland)分泌物有平衡水分和控制离子浓度的作用。

第二节　蜱螨的分类

蜱螨亚纲(Acari)的分类尚不完善,迄今蜱螨的分类大多以成螨(少数以幼螨或若螨)的外部形态特征为物种的鉴定依据,目阶元分类系统和名称目前尚未统一,科、属阶元上存在的分歧就更多。

一、蜱螨分类的历史沿革

研究蜱螨分类的学者众多,历史上Baker等(1958)、Hughes(1976)、Krantz(1978)和Evans(1992)的分类系统对蜱螨分类曾产生过重要影响。

Baker等(1958)将所有的蜱螨划归为蜱螨目(Acarina),下设5亚目:爪须亚目(Onychopalpida)、中气门亚目(Mesostigmata)、蜱亚目(Ixodides)、绒螨亚目(Trombidiformes)和疥螨亚目(Sarcoptiformes)。疥螨亚目(Sarcoptiformes)又分成甲螨总股(Oribatei)和粉螨总股(Acaridides)。

Hughes(1948)在*The Mites Associated with Stored Food Products*(《贮藏农产品中的螨类》)一书中将螨类分为疥螨亚目(Sarcoptiformes)、恙螨亚目(Trombidiformes)和寄螨亚目(Parasitiformes)。Hughes(1961)在*The Mites of Stored Food*(《贮藏食物的螨类》)一书中将粉螨总股内设5个总科:虱螯螨总科(Pediculocheloidea)、羽螨总科(Listrophoroidea)、尤因螨总科(Ewingoidea)、食菌螨总科(Anoetoidea)和粉螨总科(Acaroidea)。在这个分类系统中,前4个总科均只有1个科,即虱螯螨科(Pediculochelidae)、羽螨科(Listrophoridae)、尤因螨科(Ewingidae)、食菌螨科(Anoetidae)。而粉螨总科下设13个科,其中除粉螨科(Acaridae)和表皮螨科(Epidermoptidae)外,其余的均为寄生性,宿主为哺乳类、鸟类和昆虫。Hughes(1976)在*The Mites of Stored Food and Houses*(《贮藏食物与房舍的螨类》)一书中将原属粉螨总股的类群提升为无气门目(Astigmata)或称粉螨目(Acaridida)。在该目下设粉螨科(Acaridae)、食甜螨科(Glycyphagidae)、果螨科(Carpoglyphidae)、嗜渣螨科(Chortoglyphidae)、麦食螨科(Pyroglyphidae)和薄口螨科(Histiostomidae)。此外他还对1961年提出的粉螨总科的分类意见做了很大的修正,即将原来的食甜螨亚科提升为食甜螨科,将原属于食甜螨亚科的嗜渣螨属和果螨属分别提升为嗜渣螨科和果螨科,把原属食甜螨亚科脊足螨属(*Gohieria*)的棕脊足螨(*G. fusca*)列为食甜螨科的钳爪螨亚科,把原来属于表皮螨科的螨类归类为麦食螨科。

Krantz(1970)将蜱螨目提升为亚纲,得到全世界蜱螨学家的公认。他将蜱螨亚纲下设3目7亚目69总科。其中的无气门亚目(Acaridida)又分为粉螨总股(Acaridides)和瘙螨总股(Psoroptides)。粉螨总股下设3个总科,分别为粉螨总科(Acaroidea)、食菌螨总科(Anoetoidea)和寄甲螨总科(Canestrinioidea)。Krantz(1978)又将蜱螨亚纲(Acari)分为2目7亚目,即寄螨目(Parasitiformes)和真螨目(Acariformes),其中寄螨目包括4亚目:节腹螨亚目(Opilioacarida)、巨螨亚目(Holothyrida)、革螨亚目(Gamasida)和蜱亚目(Ixodida)。真螨目(Acariformes)包括3亚目:辐螨亚目(Actinedida)、粉螨亚目(Acaridida)和甲螨亚目(Oribatida)。同时,Krantz(1978)将蜱螨亚纲分类系统中各阶元拉丁名称的词尾做了统一规定,只要看到蜱螨分类阶元的拉丁名称的词尾,其所属的分类阶元便一目了然。该分类各阶元的词尾如下:

蜱螨亚纲分类阶元拉丁名称词尾(Krantz,1978)

目的词尾— -formes
亚目的词尾— -ida
总股的词尾— -ides
股的词尾— -ina
亚股的词尾— -iae
群的词尾— -idia
总科的词尾— -oidea
科的词尾— -idae
亚科的词尾— -inae
族的词尾— -ini

Evans(1992)沿用Krantz蜱螨亚纲的概念,在该亚纲下设3总目7目:① 节腹螨总目(Opilioacariformes)下设节腹螨目(Opilioacarida)。② 寄螨总目(Parasitiformes)下设巨螨目(Holothyrida)、中气门目(Mesostigmata)和蜱目(Ixodida)。③ 真螨总目(Acariformes)下设绒螨目(Trombidiformes)、粉螨目(Acaridida)和甲螨目(Oribatida)。

Krantz和Walter(2009)把蜱螨亚纲重新分为2个总目,下设125总科,540科。即寄螨总目(Parasitiformes)和真螨总目(Acariformes),其中寄螨总目包括4个目:节腹螨目(Opilioacarida)、巨螨目(Holothyrida)、蜱目(Ixodida)和中气门目(Mesostigmata)。真螨总目包括2个目:绒螨目(Trombidiformes)和疥螨目(Sarcoptiformes)。以前的粉螨亚目(Acaridida)被降格为甲螨总股(Desmonomatides = Desmonomata)下的无气门股(Astigmatina)。为了解不同蜱螨分类学家的分类见解,特将Evans(1992)和Krantz和Walter(2009)分类系统做简要对比(表1.3)。

表1.3　蜱螨亚纲的2个分类系统比较

Evans(1992)	Krantz et Walter(2009)
蜱螨亚纲 Acari	蜱螨亚纲 Acari
非辐几丁质总目(暗毛类)Anactinotrichida	寄螨总目 Parasitiformes
背气门目 Notostigmata	节腹螨目 Opilioacarida
巨螨目 Hologhyrida	巨螨目 Holothyrida
中气门目 Mesostigmata	中气门目 Mesostigmata
蜱目 Ixodida	蜱目 Ixodida
辐几丁质总目(亮毛类)Actinotrichida	真螨总目 Acariformes
前气门目 Prostigmata	绒螨目 Trombidiformes
无气门目 Astigmata	疥螨目 Sarcoptiformes
甲螨目 Oribatida	

每年蜱螨新种新属不断被发现,分类研究仍处在“百家争鸣”的状态。各个学者因采用

的标本和研究方法不同,研究结论也不尽相同。随着研究工作的不断进展,同一学者的分类结论也会不断修正。

二、本书采用的分类体系

鉴于目前蜱螨分类系统仍处在不断完善的过程中,本书的编写参照Krantz和Walter(2009)蜱螨亚纲的分类系统(表1.4),并继续沿用既往的编排习惯,采用蜱、革螨、恙螨、粉螨、蠕形螨、疥螨和其他螨类的编写顺序,以便于读者阅读。

表1.4 蜱螨亚纲分目检索表

(引自 洪晓月)

1. 各足基节与躯体腹面体壁愈合;足Ⅱ基节后方无可见的气门(;前足体背面常有盅毛等感器;头足沟常明显……………………………………真螨总目(Acarifomes) ……………………………………… 2

各足基节游离;足Ⅱ基节后方外侧或背面有1对或4对气门;前足体背面无盅毛等感器;无头足沟……………………………………………寄螨总目(Parasitiformes) ………………………………………… 3

2. 跗节爪间突呈爪状或吸盘状;螯肢动趾与定趾常形成钳状构造;无可见的气门;后半体C区着生的毛数常为3~4对 …………………………………………………………………………… 疥螨目(Sarcoptiformes)

跗节爪间突着生有黏毛或呈垫状;螯肢动趾钩状或针状;若有气门则位于足Ⅱ基节背面前方;后半体C区着生的毛数常少于3对 ………………………………………………………………… 绒螨目(Trombidiformes)

3. 有4对气门,位于躯体背面;须肢趾节爪位于跗节末端;躯体末体分节痕迹可见;口下板前方外侧有助螯器 ……………………………………………………………………………………… 节腹螨目(Opilioacarida)

通常有1对气门,位于足Ⅲ与足Ⅳ基节外侧或足Ⅳ基节后方;须肢趾节爪有或无,若有则不位于跗节末端;末体无分节痕迹;口下板前方外侧无助螯器,但常有颚角 ………………………………………… 4

4. 口下板密生倒齿,特化为刺器;须肢无趾节爪 …………………………………………………… 蜱目(Ixodida)

口下板无倒齿,无特化的刺器;须肢有趾节爪(一些内寄生种类中退化) ………………………………… 5

5. 口下板刚毛不多于3对;一般有胸叉;肛瓣至多着生有3根刚毛;气门后方无大型腺体开口…………
……………………………………………………………………………………………… 中气门目(Mesostigmata)

口下板刚毛多于3对,通常为6对;胸叉严重退化或消失;肛瓣着生2对以上刚毛;气门后方有大型腺体(Thon's organ)开口 ………………………………………………………………………… 巨螨目(Holothyrida)

(李朝品)

参考文献

叶向光,2020.常见医学蜱螨图谱[M].北京:科学出版社.
李朝品,叶向光,2020.粉螨与过敏性疾病[M].合肥:中国科学技术大学出版社.
李朝品,2019.医学节肢动物标本制作[M].北京:人民卫生出版社.
李朝品,沈兆鹏,2018.房舍和储藏物粉螨[M].2版.北京:科学出版社.
郭天宇,许荣满,2017.中国境外重要病媒生物[M].天津:天津科学技术出版社.
湛孝东,段彬彬,洪勇,等,2017.屋尘螨变应原Der p2T细胞表位疫苗对哮喘小鼠的特异性免疫治疗效果[J].中国血吸虫病防治杂志,29(1):59-63.
湛孝东,段彬彬,陶宁,等,2017.户尘螨Der p2T细胞表位融合肽对哮喘小鼠STAT6信号通路的影响[J].中国寄生虫学与寄生虫病杂志,35(1):19-23.

李朝品,沈兆鹏,2016.中国粉螨概论[M].北京:科学出版社.
李朝品,2015.医学蜱螨学[M].台湾:合记图书出版社.
刘敬泽,杨晓军,2013.蜱类学[M].北京:中国林业出版社.
朱琼蕊,郭宪国,黄辉,等,2013.云南省黄胸鼠体表恙螨地域分布分析[J].中国寄生虫学与寄生虫病杂志,31(5):395-399,405.
赵莉,杨燕,史丽,2013.山东省变应性鼻炎患者变应原皮肤点刺试验结果分析[J].山东大学耳鼻喉眼学报,27(3):22-24.
洪晓月,2012.农业螨类学[M].北京:中国农业育出版社.
李朝品,2009.医学节肢动物学[M].北京:人民卫生出版社.
李朝品,2008.人体寄生虫学实验研究技术[M].北京:人民卫生出版社.
于心,叶瑞玉,龚正达,1997.新疆蜱类志[M].乌鲁木齐:新疆科技卫生出版社.
张智强,梁来荣,洪晓月,等,1997.农业螨类图解检索[M].上海:同济大学出版社.
黎家灿,1997.中国恙螨:恙螨病媒介和病原体研究[M].广州:广东科技出版社.
孟阳春,李朝品,梁国光,1995.蜱螨与人类疾病[M].合肥:中国科学技术大学出版社.
陆联高,1994.中国仓储螨类[M].成都:四川科学技术出版社.
邓国藩,姜在阶,1991.中国经济昆虫志(第三十九册)·蜱螨亚纲·硬蜱科[M].北京:科学出版社.
李隆术,李云瑞,1988.蜱螨学[M].重庆:重庆出版社.
忻介六,1988.农业螨类学[M].北京:农业出版社.
马恩沛,沈兆鹏,陈熙雯,等,1984.中国农业螨类[M].上海:上海科学技术出版社.
陈国仕,1983.蜱类与疾病概论[M].北京:人民卫生出版社.
陈心陶,1965.医学寄生虫学[M].2版.北京:人民卫生出版社.
徐岗南,甘运兴,1965.动物寄生虫学(上下册)[M].北京:高等教育出版社.
LIU Z, GUO X G, FAN R, et al., 2020. Ecological analysis of gamasid mites on the body surface of Norway rats (Rattus norvegicus) in Yunnan Province, Southwest China[J]. Biologia, 75(9):1325-1336.
WILCOCK J, ETHERINGTON C, HAWTHORNE K, et al., 2020. Insect bites[J]. BMJ, 370:m2856.
CHEN X, LI F, YIN Q, et al., 2019. Epidemiology of tick-borne encephalitis in China, 2007—2018[J]. PLoS One, 14(12):e0226712.
LIMA-BARBERO J F, SÁNCHEZ M S, CABEZAS-CRUZ A, et al., 2019. Clinical gamasoidosis and antibody response in two patients infested with Ornithonyssus bursa (Acari: Gamasida: Macronyssidae) [J]. Exp. Appl. Acarol., 78(4):555-564.
LOWE R, BARCELLOS C, BRASIL P, et al., 2018. The Zika virus epidemic in Brazil: From discovery to future implications[J]. Int. J. Environ. Res. Public Health, 15(1):96.
PENG P Y, GUO X G, JIN D C, 2018. A new species of *Laelaps* Koch (Acari: Laelapidae) associated with red spiny rat from Yunnan province, China[J]. Pakistan J. Zool., 50(4):1279-1283.
ABBAR S, SCHILLING M W, PHILLIPS T W, 2016. Time-mortality relationships to control *Tyrophagus putrescentiae* (Sarcoptiformes: Acaridae) exposed to high and low temperatures[J]. J. Econ. Entomol., 109(5):2215-2220.
ERBAN T, KLIMOV P B, SMRZ J, et al., 2016. Populations of stored product mite *Tyrophagus putrescentiae* differ in their bacterial communities[J]. Front. Microbiol., 12(7):1046.
PENG P Y, GUO X G, SONG W Y, et al., 2015. Analysis of ectoparasites (chigger mites, gamasid mites, fleas and sucking lice) of the Yunnan red-backed vole (Eothenomys miletus) sampled throughout its range in Southwest China[J]. Med. Vet. Entomol., 29(4):403-415.
HAGSTRUM D W, KLEJDYSZ T, SUBRAMANYAM B, et al., 2013. Atlas of Stored-Product Insects and Mites[M]. St. Paul: AACC International Press.

EDWARDS D D, JACKSON L E, JOHNSON A J, et al., 2011. Mitochondrial genome sequence of *Unionicola parkeri* (Acari: Trombidiformes: Unionicolidae): molecular synapomorphies between closely-related Unionicola gill mites[J]. Exp. Appl. Acarol., 54:105-117.

ZHANG Z Q, HONG X Y, FAN Q H, 2010. Xin Jie-Liu centenary: progress in Chinese acarology[M]. Zoosymposia, 4:1-345.

KRANTZ G W, WALTER D E, 2009. A Manual of Acarology[M]. 3rd ed. Lubbock: Texas Tech Univerity Press.

SMART J, 1948. A Handbook for the Identification of Insects of Medical Importance[M]. 2nd ed. London: British Museum (*Natural History*).

第二章　生物学与生态学

生物学研究的是生物个体的生命规律，而生态学研究的是个体生物、生物种群、生物群落及生物圈内生命系统与环境之间的相互作用规律。医学蜱螨的生物学和生态学非常复杂，而且与传播疾病密切相关。掌握医学蜱螨的生物学特点及其与周围环境的相互作用规律，可为综合防制提供科学依据，以便于采取针对性措施，控制或消灭危害性较大的医学蜱螨，对于保障人民生命健康具有重要意义。

第一节　生　物　学

蜱螨的生物学主要包括个体生长发育、生殖、各发育阶段的生活习性、行为特征等方面。研究医学蜱螨的生物学，是掌握其生物学特性及制定防制策略必不可少的重要资料。

一、生殖方式

根据受精机制不同，蜱螨的生殖方式可分为两性生殖和孤雌生殖(parthenogenesis)。

(一)两性生殖

蜱螨为雌雄异体，主要进行两性生殖，即雌虫和雄虫交配后，卵子受精成为受精卵，才能正常发育成新个体。两性生殖还可分为卵生(oviparity)和卵胎生(ovoviviparity)两类。

(二)孤雌生殖

有些蜱螨的卵细胞不经过受精也能发育成正常的新个体，这种生殖方式称为孤雌生殖，又称为单性生殖。孤雌生殖对虫种广泛分布起着重要作用，尤其在遇到不利环境条件而造成虫体大量死亡时，具有孤雌生殖的蜱螨更容易保留种群。所以，孤雌生殖是蜱螨在长期为生存而斗争的过程中适应环境的结果，对种群繁衍起重要作用。孤雌生殖大致分为以下3种类型。

1. 经常性孤雌生殖(constant parthenogenesis)

又称永久性孤雌生殖，指某些蜱螨一般没有雄虫或雄虫极少，完全或基本上以孤雌生殖方式进行繁殖，根据所产后代雌雄不同，又包括3种：① 产雄孤雌生殖(arrhenotoky)，由未受精卵产生单倍体的雄螨，而这些雄螨还可以和母代回交，产下受精卵发育成雌螨和雄螨，但以雌螨占绝对优势，如革螨亚目(Gamasida)和前气门亚目(Prostigmata)的一些螨类。② 产雌孤雌生殖(thelytoky)，即后代全为雌性虫体，常见于有些革螨及辐螨亚目(Actinedida)中，而在硬蜱及某些甲螨中亦可出现。③ 产两性孤雌生殖(amphoterotoky)，即产生雄性或雌性的后代，只在辐螨亚目中有报道。

2. 周期性孤雌生殖(cyclical parthenogenesis)

又称循环性孤雌生殖,即两性生殖和孤雌生殖随季节变迁而交替进行,通常在1次或多次孤雌生殖后,再进行1次两性生殖。

3. 偶发性孤雌生殖(sporadic parthenogenesis)

某些蜱螨在正常情况下行两性生殖,偶尔出现未受精卵发育成新个体的生殖现象。

二、交配与产卵

行两性生殖的蜱螨交配后产卵,一生交配1～9次,个别可达到10次。

(一) 交配

不同种类的蜱螨交配习性有所不同,但主要有两种方式。

1. 直接方式

雄螨以骨化的阳茎把精子直接导入雌螨受精囊中,比如粉螨亚目(Acaridida)的粉螨科(Acaridae),辐螨亚目的肉食螨科(Cheyletidae)、叶螨科(Tetranychidae)等均以这种方式传递精子。

2. 间接方式

某些虫种的雄虫没有阳茎,不能进行真正意义上的交配,但可通过其他方式把精子传递至雌虫的生殖孔中,间接完成交配。如蜱目(Ixodida)用口器传递精子,革螨亚目用螯肢将精子传递并压入生殖孔中,辐螨亚目及甲螨亚目(Oribatida)雄螨产生有柄的精包(spermatophore)(图2.1,图2.2)。大多数硬蜱在宿主体表吸血时进行交配,雄蜱射出精包于雌蜱生殖孔内进行受精。蒲螨为卵胎生(图2.3),所产出的螨即为性成熟的雌、雄成虫,母体内发育成熟的雄螨先产出,并爬到生殖孔处,在母体膨大的末体上刺吸寄生,并等待与雌螨交配。

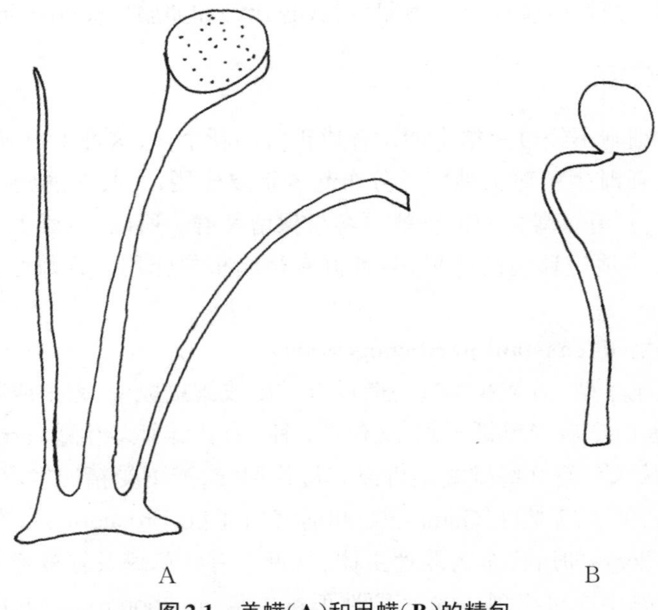

图2.1 恙螨(A)和甲螨(B)的精包

仿 杨庆爽和染来荣(1986)

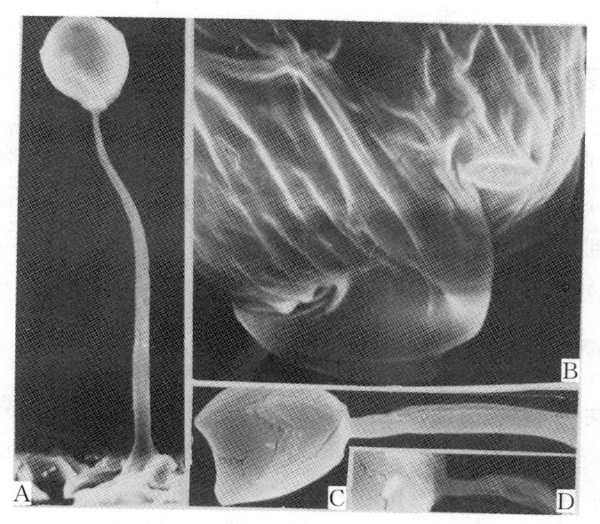

图2.2　地里纤恙螨精包的超微结构

A. 精包(全貌,树立)(×1 900);B. 薄膜内摺,下部可见突凸小孔(×4 000);

C. 精珠薄膜有裂缝,珠顶有凹,精丝有裂沟(×1 600);

D. 精丝有精珠:有扭转,不规则的裂口,上接分叉托座(×1 300)。

引自 黎家灿(1997)

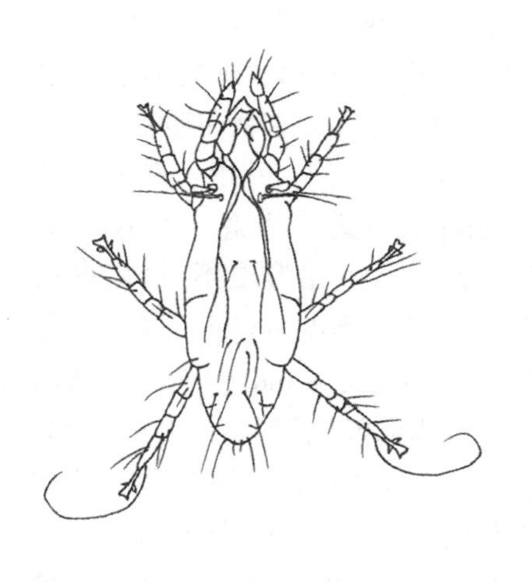

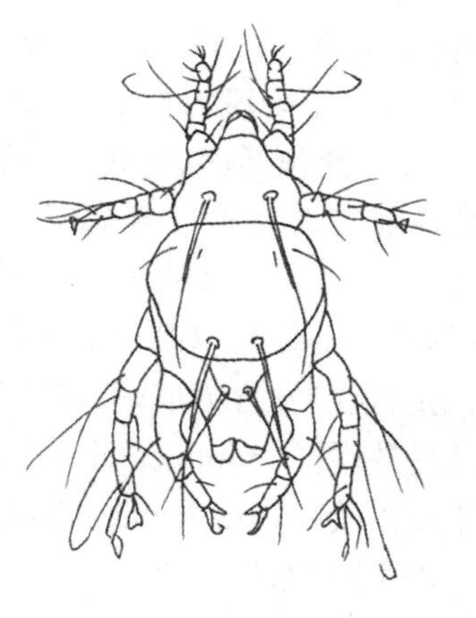

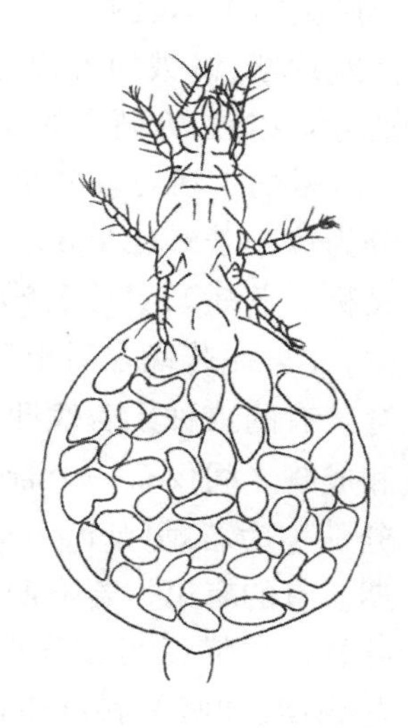

图2.3　蒲螨的卵胎生

仿 杨庆爽和染来荣(1986)

(二) 产卵

雌虫产卵量因种而异,主要取决于虫种遗传性,同时也受气候和食料等外界条件的影响。例如硬蜱一生仅产卵1次,产卵量及持续天数因种类及吸血量不同而异,一般持续4～30天,产卵量可达到数百个至数千个。软蜱一生产卵多次,每次吸血后和夏秋季产卵,每次50～200个不等,一生进行多次生殖营养周期,一生产卵数一般不超过1 000个。雌疥螨一生可产卵20～50个。恙螨雌螨一生可产卵100～600个。

三、个体发育和生活史

个体发育通常以胚胎发育(embryonic development)为基点,分为3个阶段:① 胚前发育(pre-embryonic development),指胚胎发育前卵和精子的形成期。② 胚胎发育,指雌、雄成虫交配使卵受精、卵裂到发育为幼虫的过程。③ 胚后发育(post-embryonic development),指胚胎发育完成后到性成熟的过程,可因虫种不同而呈现较大差异。

(一) 生活史

蜱螨在一定时间内个体发育的全部过程,即为生活史。蜱螨发育属于不完全变态(hemimetabola),通常较为复杂,一般包括卵(egg)、幼虫(larva)、若虫(nymph)和成虫(adult)4个时期,但种类不同,生活史也不尽相同。

蜱的生活史包括卵、幼蜱、若蜱及成蜱4个阶段。硬蜱只经一期若蜱即吸血蜕皮为成蜱,而软蜱有多期若蜱,一般经1~7个若蜱期才可发育为成蜱,如乳突钝缘蜱(*Ornithodoros papillipes*)有3~6个若蜱期,非洲钝缘蜱(*Ornithodoros moubata*)可达8个若蜱期。受精雌蜱吸血后离开宿主,经过一段时间后产卵,此发育过程称产卵前期或孕卵期,需1~4周。卵产出后经2~4周孵出幼蜱,此发育过程称为卵期或孵化期。幼蜱孵出后需经过数天休止期,再爬到宿主体表吸血,经2~7天吸饱血后落地蜕皮为若蜱,此期称为蜕皮期。经过特定时间的蜕皮期,饥饿的若蜱再侵袭宿主吸血,并落地蜕皮为成蜱。幼蜱、若蜱和成蜱的形态及生活方式相似,为渐进的发育过程,这三个阶段为自由活动阶段,均可寻找适宜宿主吸血。

螨的生活史较复杂,发育过程一般包括卵、幼螨、若螨及成螨多个时期,其中若螨期又可分为第一若螨(protonymph,又称前若螨)、第二若螨(deutonymph)及第三若螨(tritonymph,又称后若螨),具体若螨期数因虫种而异。有的虫种在遇到食物缺乏、温湿度不适、杀虫剂时,在第一若螨之后出现休眠体(hypopus),以抵抗恶劣环境,但环境情况好转时,再继续发育。有的虫种无若螨期,可从幼螨直接发育为成螨,如跗线螨科(Tarsonemidae)。有的幼螨和成螨之间仅有一个若螨期,如恙螨科(Trombiculidae),但在若螨期前、后各有一个静止期,分别称为若蛹(nymphochrysalis)和成蛹(imagochrysalis),相当于是第一若螨期和第三若螨期。有的有第一若螨期和第二若螨期,如革螨亚目、辐螨亚目的叶螨、粉螨亚目的一部分;但叶螨的雄螨无第二若螨期,从第一若螨蜕皮直接发育为成螨。有的幼螨与成螨之间有3个若螨期,如吸螨科(Bdellidae)、镰螯螨科(Tydeidae)。有些直接产出幼螨或第一若螨,行卵胎生,如蒲螨科(Pyemotidae)、厉螨科(Laelapidae)。

蜱螨的生活史周期因虫种和环境不同而差异明显。蜱类生活史发育一代所需时间较长。硬蜱在实验室适宜条件下,可自6~7周到8~9个月不等;在自然界可由2个月到3年,甚至5年不等。如微小扇头蜱(*Rhipicephalus microplus*)在华北地区整个生活史需65~84天,而嗜群血蜱(*Haemaphysalis concinna*)完成一代发育则需要2年。全沟硬蜱(*Ixodes persulcatus*)在自然环境中的生活史周期最短需要3年,而如果幼蜱在温暖季节后半段取食,或者因环境不适,整个生活史可延长至5年。软蜱完成生活史所需时间差异更大,可由2.5个月到2年,有时常因条件不适,可从3~4个月延长至15~18年之久。

恙螨只有幼虫营寄生生活,其他各期均营自由生活,并在每个活动期前必须经过一个静止期。比如地里纤恙螨(*Leptotrombidium deliense*)通常完成一代约需3个月，在自然界每年可完成1～2代，若在实验室培养条件下(温湿度适宜、食物足量)一年可传3～4代。成螨寿命的长短因种而异，一般为3个月到400余天。革螨由卵发育至成螨时间少则5～7天，长则1月以上。疥螨完成整个生活史需8～17天。粉螨发育一个世代，一般均在1个月以内。

(二)滞育和休眠

在严冬或盛夏季节，蜱螨的生长发育往往有一段时间内出现停滞，即为越冬或越夏。这是虫体长期演化所形成的一种高度适应，以安全度过寒冷、干旱、药剂等不良环境，有利于其种群延续。根据引起和消除这种停育现象的条件及本质不同，分为滞育(diapause)和休眠(dormancy)两种类型。

1. 滞育

滞育可表现为变态期延迟、吸血延迟及产卵延迟，虽然是环境条件所引起的，但并非不利的环境条件。因为在不利条件还远未到来之前，虫体就已经滞育；而一旦滞育，即使给以最适宜的条件，虫体也不会马上恢复发育。所以滞育具有一定的遗传稳定性，这也是对重复出现的环境条件长期适应的结果。滞育又可分为专性滞育(obligatory diapause)和兼性滞育(facultative diapause)。

(1) 专性滞育：又称绝对滞育。不论外界环境条件如何，每年只要到了各自的滞育虫态，都进入滞育。专性滞育的诱导期有时很难认出，仅取决于遗传性，似与外界因素无关。

(2) 兼性滞育：滞育可出现在不同的世代，并随地理环境、气候和食料等因素而变动。这些虫体常在后期开始形成滞育的世代，有部分早发生的个体可继续发育为下一代，形成局部世代。

光周期(photoperiod)是影响滞育的最重要因素。蜱螨对光周期的反应包括3种类型：① 短日照滞育型，指一般冬季滞育的蜱螨，如边缘革蜱(*Dermacentor marginatus*)雌蜱和嗜群血蜱幼蜱。② 长日照滞育型，指一些夏季滞育的蜱螨，如蓖子硬蜱(*Ixodes ricinus*)。③ 长日照和短日照交替型，指光周期过短或过长均能引起滞育，仅在很窄的光周期范围内才能发育，如蓖子硬蜱。

滞育蜱螨在恢复发育前常需要一定时间和条件以完成特殊的生理变化，这段时间称为滞育进展期。此期的最适温度及其历时长短，和蜱螨的地理分布有密切关系。分布在低温地区的蜱螨，其滞育进展期的适温比较低，时间比较长；分布在温暖地区的蜱螨，其滞育进展期的适温较高，并且历时较短。

2. 休眠

休眠常常是由非致死的不良环境条件直接引起的，温度是主要影响因素。随着气温降低，食物减少，虫体内便会产生一系列的生理变化，如体内脂肪和糖类等贮存物质的积累，水分含量减少，呼吸缓慢，代谢降低，虫体处于暂时的静止状态，出现冬眠(hibernation)。另外，高温干旱也可引起休眠，即夏蛰(aestivation)。具有休眠特性的蜱螨，有的以特定虫态休眠，有的则任何虫态均可休眠。

四、生活习性

生物体的生活习性反映了对外界环境所具有的主动调节能力。了解蜱螨的生活习性对制定防制策略、实施具体措施具有重要意义。

(一) 习性类型

蜱螨的生活习性非常复杂,主要分为两种类型:自由生活型(free-living form)和寄生型(parasitic form)。

1. 自由生活型

除蜱目外,其他目都有自由生活的种类,主要生活在土壤、苔藓、腐败有机物、动植物残屑、储藏物、干果等环境中,营自由生活。

2. 寄生型

各亚目螨类都有寄生于人畜体上的种类,可直接引起机械性损伤或作为媒介传播疾病,对人畜造成较大危害。根据寄生蜱螨取食部位不同,可将其分为外寄生类和内寄生类。

(1) 外寄生类:主要寄生于脊椎动物包括人类体表上。虽然各种蜱螨寄生的专化性有所不同,但均可通过皮肤穿孔或侵入宿主表皮以吸食血液、淋巴液、皮脂分泌物或消化组织等。如恙螨幼虫吸食被溶解的宿主表皮组织,蜱吸血等。

(2) 内寄生类:多数内寄生螨往往寄生于宿主的呼吸系统及相近部位,如革螨亚目的喘螨科(Halarachnidae)常寄生于海豹和海象的鼻腔内,内刺螨科(Entonyssidae)的螨类寄生于爬行动物的肺部或气囊中,而粉螨亚目的锥痒螨科(Turbinoptidae)同样也寄生于海鸥的肺部。除了寄生于呼吸系统外,内寄生螨类还可寄生于脊椎动物的其他部位,如皮膜螨科(Laminosioptidae)只寄生于家禽的表皮下。人和脊椎动物也可偶尔吞入活螨,因活螨在消化道等处生存繁殖,造成体内肠螨病。此外,某些螨类还可入侵人体呼吸系统、泌尿系统而引起肺螨病、尿螨病。

(二) 孳生场所

蜱类可栖息于陆地上几乎所有的自然地带,但主要分布在热带和亚热带,其孳生场所多属牧场型,包括:① 森林灌木地带,如全沟硬蜱多见于高纬度针阔混交林带。② 草原、荒漠或半荒漠地带,如草原革蜱(*Dermacentor nuttalli*)生活在半荒漠草原。③ 野外和农耕地区的家畜圈舍。软蜱的孳生场所多属窝巢洞穴型,如钝缘蜱生活于半荒漠和荒漠地带,通常栖息于啮齿动物、刺猬等小型兽类的洞穴、岩窟内,或住房、牲畜的棚圈等处;锐缘蜱则生活于鸡窝、鸟巢中。

革螨分为自由生活和寄生生活两类。自由生活的革螨常栖息于草丛、巢穴、土壤或枯枝烂叶下、朽木上等处;寄生生活的革螨,有些大部分时间寄生于宿主(以啮齿类动物最常见)体表,有的寄生于宿主的腔道内,如鼻腔、呼吸道等,有些大部分时间生活于宿主巢穴中,只有吸血时才在寄主体上,饱食后即离开。恙螨孳生既需要有自由生活环境,又必须有宿主可以寄生的环境,如溪流河沟的两岸,沼泽和水塘的边沿,草原和耕地的边缘地带及地势低洼的居民点内,常形成孤立的、较分散的孳生点,称为螨岛(miteisland)。尘螨孳生于居室的尘埃中,如地面、床垫、枕头、沙发、空调隔尘网等的尘埃里,面粉厂的粉尘、地脚粉和棉纺厂的棉尘中,以粉末性物质为食。人体蠕形螨寄生于人体皮肤的毛囊及皮脂腺中,以额面部为主。疥螨寄生于宿主表皮角质层下,尤其是皮肤嫩薄处。粉螨孳生于各种谷物、谷粉、干果、砂糖、乳制品、腌腊鱼肉制品、中药材等,以粗短齿状螯肢刮食凿食其孳生场所的各种储藏食物和谷物。肉食螨、跗线螨及甲螨常与粉螨同栖于粮库、中药材等处。此外,甲螨还可以大量生存于土壤中,跗线螨生存于菌类及其他植物上。蒲螨寄生于谷类或棉花的蝶蛾类昆虫的幼体上刺吮其组织液,也可刺吮人体组织液。

(三)群居与活动

螨常以群居方式生存,但因食物、地理环境等条件不同而形成不同的种群(population)。不同的螨类种群对环境条件的适应性和可塑性不同,并且随着环境条件改变经常发生变化,导致种群的数量变动。对螨类种群与活动的研究,有利于制定综合防制策略。

蜱的活动能力有限,范围一般在数十米之内,垂直距离一般为60～100 cm,若要远距离扩散,必须依赖宿主活动。恙螨幼虫的活动范围很小。在外界环境较为稳定的情况下,恙螨幼虫出生后一般只在出生地半径3 m、垂直距离10～20 cm的狭窄范围内移动,大范围迁移主要靠宿主的携带及暴雨、洪水等来实现。在房舍和仓库储藏物中的螨类常常是多种种群孳生在一起,常见的种群有粗脚粉螨(*Acarus siro*)、腐食酪螨(*Tyrophagus putrescentiae*)、家食甜螨(*Glycyphagus domesticus*)等。

(四)食性

食性(feeding habits)即取食习性,基本上由遗传性所决定。不同蜱螨、不同发育阶段,食性有所不同,可能与虫体口器的大小、活动、捕食能力、消化器官的结构和功能、消化酶分泌等因素相关。

按照食物性质,蜱螨食性可分成6种类型:① 植食性(phytophagous),主要以谷物、干果、中药材等植物为食,如粉螨亚目的粉螨科、食甜螨科(Glycyphagidae)等。② 肉食性(carnivorous),以小型节肢动物及其卵、线虫等动物为食,如巨螯螨科(Macrochelidae)、囊螨科(Ascidae)、肉食螨科等。③ 腐食性(saprophagous),以土壤中腐烂的死虫、植物碎片、粪便、苔藓等为食,多数螨类能够腐食,如伯氏嗜木螨(*Caloglyphus berlesei*)、刺足根螨(*Rhizoglyphus echinopus*)等。④ 菌食性(fungivorous),常取食真菌、藻类、细菌等各种菌类,除蜱亚目外,与人类疾病相关的其他亚目都有食菌螨种,如粉螨科、蒲螨科、皮刺螨科(Dermanyssidae)等。⑤ 杂食性(omnivorous),以粮食、食品、皮毛、植物纤维、动植物标本等非腐烂物品为食,兼有植食性和肉食性特点,如粉螨。⑥ 寄生性(parasitic),指寄生在人畜体内外,以血液、组织等为食,如蜱、蠕形螨、疥螨等。

研究发现,食性也可以通过后天训练来获得。当某些单食性虫体在缺乏正常食物时,可能会被迫改变食性。它们常常以大量死亡来换取一个新的适应,而且会遗传到下一代。由此可见,食性虽具有稳定性,但并非绝对,尚存在一定的可塑性。

(五)昼夜活动规律

蜱螨在长期进化过程中,形成了与自然界昼夜变化规律相吻合的生物钟节律。绝大多数蜱螨的取食、交配、产卵和孵化等活动均有其昼夜节律,有利于其生存和繁育。昼夜活动规律表面上看似乎只受日光的影响,其实昼夜间湿度的变化、食物成分的变化、异性释放外激素的生理条件等都将影响蜱螨的昼夜活动规律。由于自然界中昼夜长短随季节变化,所以蜱螨的活动节律也呈现季节性。

（六）假死

假死(death feigning)是动物受到某种外界刺激(如天敌刺激)或震动时，身体突然蜷缩不动，自发进入强直静止状态，或从停留处跌落下来，呈“死亡”状态，稍停片刻后即恢复正常而离去的现象，是动物在长期进化中保留下来的一种先天适应性反应，以逃避敌害。假死行为广泛存在于动物界，以昆虫纲最为普遍。目前除了盾螨科(Scutacaridae)螨具有假死现象外，其他种类的蜱螨尚未见报道。

（七）趋性

趋性(taxis)是蜱螨对外界刺激(如光、温度、湿度和某些化学物质等)产生定向活动的一种无条件反射现象，对蜱螨的生存具有必要性。根据反应方向，趋性可分为正趋性(或趋向)和负趋性(或背向)；根据刺激源不同，趋性又可分为趋光性、趋化性、趋热性、趋湿性、趋声性、趋地性等，其中以趋光性和趋化性最为普遍和重要。

1. 趋光性

趋光性(phototaxis)是蜱螨对光刺激所产生的趋向或背向活动，趋向光源的反应，称为正趋光性；背向光源的反应，称为负趋光性。虽然不同种类对光照强度和光照性质的反应不同，但通过其视觉器官，均有一定的趋光性。有趋光性的蜱螨对光的波长和照度也是有选择的，如大多数粉螨具有负趋光性。

2. 趋化性

趋化性(chemiotaxis)是蜱螨通过嗅觉器官对一些化学物质的刺激所表现出的反应，通常与觅食、求偶交配、避敌、寻找产卵场所等有关。虫体可以在未交配前，由腺体分泌性外激素，引诱异性前来交配；而某些虫体可以通过对气味的趋化性找到宿主。根据蜱螨对不同化学物质的趋性反应，人们可以应用诱杀剂、诱集剂和驱避剂来进行防制。目前已有人工提纯或合成的性外激素，在测报和防制中得到了应用。

不论哪种趋性，往往都是相对的，对刺激的强度或浓度有一定的选择性。当虫体同时遇到若干种温度时，总是向它最适宜的温度移动，而避开不适宜的温度。另外，化学刺激反应也是相对的，如过高浓度的性引诱剂不但达不到引诱作用，反而会成为抑制剂。因此，正确认识和利用蜱螨的趋性，对提高防制效率大有裨益。

第二节 生 态 学

生态学是一门宏观的、多学科性的自然科学，从细胞、器官、个体、种群、群落、生态系统、复合系统7个水平上来研究生命系统与环境系统的相互作用规律及其机理。蜱螨生态学是研究蜱螨与其生存环境关系的学科，按其不同的生态组织水平，可分为个体生态、种群生态和群落生态。

一、个体生态

个体生态主要研究蜱螨生长、发育、繁殖、食性、越冬、寿命、滞育、栖息等生理行为与环境因素的相互关系。影响个体生态的因子分为两类：① 生物因子，指生活在同一环境中生物间的相互关系，主要指种间关系，如天敌（捕食者、寄生物）、病原微生物、食物等生物因素。② 非生物因子，如温度、湿度、光照、气流等环境因素。下面主要从气候因素、生物因素和食物因素方面介绍不同因素对蜱螨个体生态的影响。

（一）气候因素

气候是温度、光照、雨量、气压、气流、雪等条件联合作用所形成的综合效应，具有规律性，常用年、月平均温度及平均湿度等平均数据来表示。气候因素决定着蜱螨的分布和一般生态特征，同时还影响着土壤特性、水体大小、河流形成、地表植被、取食植物或其他寄主等。

1. 光照

光是一切生物所必需的，直接影响蜱螨的生命活动，比温度、湿度更稳定。光强度和光源方向的改变均可影响蜱螨的生活周期、昼夜活动节律、取食和栖息活动等。

螨类对不同波长光线作用反应大小不同，在接近紫外区（波长为375 nm）处最大，其次为黄绿色区（波长为525～550 nm），当波长大于600 nm时，则无反应或出现负反应。蜱螨有趋光性，不同种类、性别或发育阶段，趋光性有所差别。大多数粉螨具负趋光性，在很少有光照的储藏物仓库内，一定的温度和湿度条件下，粉螨可大量繁殖。因此，人们可利用此特点来防制和分离粉螨，例如可采用暴晒方法去除谷物中的粉螨。革螨一般喜好停留于与自然界鼠巢相仿的黑暗环境中。

2. 温度

蜱螨体躯小、体壁薄，调节体温的能力较弱，因此，自身无稳定体温，属于变温动物，其新陈代谢的速度在很大程度上受外界环境温度的影响。温度明显地影响着蜱螨的发育和繁殖，主要表现为影响蜱螨性成熟、交配、产卵速度及数目、虫卵孵化率等。在适宜的温区内，虫体发育速率最快，寿命最长，繁殖力也最强；反之，超出范围，发育速率受阻，甚至导致死亡。如冬季的低温能减少蜱螨的种群数，早春温暖气候之后非季节性的低温也能引起蜱螨死亡。春季气温对越冬卵孵化率的影响也非常大，若能在适宜的气温中短时间内迅速孵化，其孵化率达到最高。如有些螨类的种类与品系中存在不越夏的世代，与其所处的环境温度密切相关，这就是这些种类具有不同分布及季节周期现象的原因。

3. 湿度

蜱螨和其他节肢动物一样，一切新陈代谢都是以水为介质，故环境湿度也是影响蜱螨生长发育的重要因素。相对湿度增加或降低，均会影响虫体的生长发育速度、孵化率、成熟速度及寿命。一般来说，蜱螨喜湿，如革螨对干燥耐受性差，恙螨幼虫活动有一定的向湿性，在阴天潮湿的自然情况下，寻找恙螨孳生地较容易。有的螨类没有气门及气门沟，其呼吸是通过皮肤进行的，因而环境的湿度变化将明显影响其发育速度，甚至决定了其能否生存。在不同湿度条件下，地里纤恙螨幼虫的生存时间存在明显差异，且随着相对湿度的增加，其幼螨和若螨的体重也相应增加。

在自然界中,温度和湿度总是并存且共同作用的。评价温度与湿度的联合作用,常采用温湿度比值,即温湿度系数来表示。但需注意的是:由于不同的温湿度组合可得出相同的温湿度系数,因此温湿度系数的作用必须限制在一定的温湿度范围内,不同温度及湿度的组合,各自的作用差异很大。

(二)生物因素

生物因素是指环境中能直接或间接影响蜱螨生命活动的所有生物,包括蜱螨个体间的相互影响,主要涉及捕食性天敌、寄生性天敌和各种病原微生物等。

1. 捕食性天敌

蜱螨的生长往往受到周围环境中生物天敌的影响,因此,人们可以利用这些天敌来控制某些医学蜱螨的孳生。早在1912年,Ewing就认识到肉食螨能够降低储藏物中螨的种群数量,此后,有关以螨防螨的研究逐渐深入。比如有研究发现革螨可吃掉全沟硬蜱的卵。

除了天敌螨类的捕杀作用外,自然界中一些昆虫、禽类、啮齿类、爬行类等动物亦可捕食某些蜱螨。如蚁狮可捕食璃眼蜱、革蜱、扇头蜱等硬蜱,猎蝽科(Reduviidae)昆虫若虫可侵袭小亚璃眼蜱(*Hyalomma anatolicum*)和囊形扇头蜱(*Rhipicephalus bursa*)。

捕食者与被食者的关系是两个不同营养阶层之间的相互关系。若捕食者与被食者共同生活在一个有限的环境内,那么被食者的增长速率将会下降,其下降的量决定于捕食者的种群密度。反之,捕食者的增长速率也由被食者的种群密度所决定。

2. 寄生性天敌

某些节肢动物在宿主体内或体表产卵,幼虫在孵化后,从宿主的组织中摄取营养,直至发育成熟或成虫羽化,这种寄生方式往往导致宿主死亡,一般称为"寄生性节肢动物",作用类似于捕食性节肢动物。

有研究先后发现有5种膜翅目跳小蜂可寄生于蜱体内,它们将卵产在若蜱体内,待发育为成虫后才从蜱体内飞走。每个若蜱体内可寄生1至多个卵,一般于寄生后不久若蜱即死亡。

3. 病原微生物

自然界中存在大量的病原微生物可使蜱螨致病甚至死亡,主要包括真菌、细菌、病毒和原虫等。

近年来,有不少关于真菌类寄生于蜱螨的报道。如真菌布尔弗雷德耳霉(*Conidiobolus brefeldianus*)可寄生于速食酪螨(*Tyrophagus perniciosus*)体上,引起螨群体死亡。在边缘革蜱和网纹革蜱(*Dermacentor reticulatus*)体上发现17种真菌,在亚洲璃眼蜱(*Hyalomma asiaticum*)等4种璃眼蜱体上也发现有5种曲霉、5种青霉及头孢子菌类、新月菌类等。我国使用白僵菌类和绿僵菌类杀灭残缘璃眼蜱(*Hyalomma detritum*)的若蜱,用烟曲霉(*Aspergillus fumigatus*)灭蜱均收到明显效果。

除真菌外,其他微生物也可寄生于螨体内,若螨感染了螨类病毒,其繁殖和寿命都会受到影响,平均产卵期和寿命将会缩短一半以上。此外,原生动物中的微孢子虫能寄生于螨类并对其产生伤害,如史太奥斯微孢子虫(*Nosema steinhousi*)能使粮食中的腐食酪螨患微孢子虫病而死亡。

（三）食物因素

蜱螨和生活条件中营养的联系，是生态学的重要部分之一。食物内的蛋白质、脂肪、碳水化合物、盐类、维生素等营养物质，与蜱螨的新陈代谢及生长繁殖都有密切关系。

一般来说，螨种不同，食性不同，而单一食性的螨类在缺乏它所要选择的食物时，就会影响正常发育。因此，可以利用螨类对食物有选择性的特点，在仓库里轮流存放不同品种的粮食，来抑制螨类发生。

二、种群生态

种群是同一物种在一定空间和一定时间内所有个体的集合体，是构成物种的基本单位。种群生态研究内容十分丰富，主要包括种群的性比和年龄结构、种群动态、种群调节、出生率、死亡率、时空格局等。

（一）性比和年龄结构

性比是种群中雄性与雌性个体数的比例。种群的性比与个体发育阶段相关。一般来说，种群中雌性个体的数量适当地多于雄性个体，有利于提高虫种的生殖力。如绝大多数革螨的雌性比例高于雄性。

种群的年龄结构是种群中各年龄期个体在种群中所占的比例。如大多数革螨在宿主体表均以成虫为主，幼若虫比例较低。

（二）种群动态

种群呈动态变化，既关系到密度、空间分布、习性、虫龄组成、性比等形式上的结构因素，也涉及行为、产卵能力和死亡率等功能上的结构因素。一般来说，种群动态主要研究下列问题：① 有多少（数量和密度）。② 哪里多，哪里少（空间分布）。③ 何时多，何时少（时间分布）。④ 怎样变动（数量变动和扩散迁移）。⑤ 为什么这样变动（种群调节）。

（三）种群调节

种群调节泛指在来自种群外部及内部的各种因素作用下，种群的数量变动及其机制。引起种群数量变动的因素与个体生态的影响因素相似，包括气候因素、生物因素（包括种间竞争、捕食性天敌、病原微生物等）、食物因素及微生境因素（即孳生或栖息的局部较狭小的生态环境）等。其中，种间竞争是发生在同一营养阶层个体间的相互关系，当两个物种被迫竞争同一有限资源时，一般情况下，总有一个种的种群在竞争中被淘汰，而另一个种群得到发展。

三、群落生态

群落生态的研究对象为栖息在相同地域内不同蜱螨总体，由于彼此间直接或间接存在着竞争、寄生、捕食以及其他对抗性的生物学关系，因而在个体数量上相互制约，使群落中各成员之间往往保持一定数量的对比关系，所以群落生态与个体生态密切相关。

群落生态的研究内容非常广泛，包括群落的组成和结构、丰富度、均匀度、多样性、稳定性、种多度分布、相似性、数量分类、发展与演替等内容，较个体和种群生态研究更为错综复杂。下面就群落的组成和结构、发展和演替及多样性做简要描述。

（一）群落的组成和结构

群落中一般有一些重要的优势种（dominant species），是群落中的关键性物种。它们在群落中不仅占有的生境范围广、资源利用多，而且能量容量较大、数量密度高。除优势种外，还有亚优势种（subdominant species）、伴生种（companion species）、罕见种（rare species）等。在群落生态结构研究中，经常将群落中的各物种按其重要性依次加以排列，有目的地对群落结构加以调整，使其向着对人类有利的方向转变。

群落空间结构取决于两个要素，即群落中各物种的生活型（life form）和相同生活型的物种所组成的层片（synusia），它们可看作群落的结构单元。生活型是生物对外界环境适应的外部表现形式，同一生活型的生物，不但体态相似，而且在适应特点上也相似。层片作为群落的结构单元，是在群落产生和发展过程中逐步形成的。

（二）群落的发展和演替

群落演替是一个动态的过程，即随着时间的推移，一些物种取代另一些物种，一个群落取代另一个群落的过程。在自然条件下，群落的演替遵循客观规律，一般是从先锋群落经过一系列演替阶段而达到顶极群落，然后通过不同途径往气候顶极或最优化的生态系统发展。演替是发生在时间和空间上不可逆变化的发展过程，当第一个有强适应力的先驱物种侵入某一环境后，使土壤、小气候等条件发生变化，从而为第二个物种和第三个物种的进入创造了条件。而第二、三个物种在继续改变环境条件的同时，也可能会抑制，甚至排挤先驱的物种，导致群落的进一步改变。所以群落的演替是由构成群落的物种内因和环境外因共同作用的结果。变化过程中，种群间梯度的变化与环境梯度的变化交织在一起而形成了群落特征梯度的变化。从这个意义上说，演替就是时间上生态群落的梯度。

（三）群落的多样性

群落的多样性是生物多样性的基础和核心，能够反映群落生物的结构特征及其变化趋势，常用丰富度指数、多样性指数、均匀度指数等进行描述。群落多样性与生存环境等因素密切相关，如体外寄生革螨群落结构复杂，室内环境中革螨种类少、多样性低、优势种突出；而野外环境下革螨种类丰富、多样性高、优势种不突出。

我国幅员辽阔，蜱螨生物的多样性极其丰富，应进一步开展蜱螨的区系调查，为保护蜱螨多样性及其持续利用，不断提供新的、基础性的研究资料。同时，引入新技术、新方法、新理论，强化蜱螨生物多样性研究。

（王卫杰）

参考文献

叶向光,2020.常见医学蜱螨图谱[M].北京:科学出版社.

李朝品,沈兆鹏,2016.中国粉螨概论[M].北京:科学出版社.

吴观陵,2013.人体寄生虫学[M].4版.北京:人民卫生出版社.

李照会,2011.园艺植物昆虫学[M].2版.北京:中国农业出版社.

李朝品,2007.医学昆虫学[M].北京:人民军医出版社.

李朝品,2006.医学蜱螨学[M].北京:人民军医出版社.

孙新,李朝品,张进顺,2005.实用医学寄生虫学[M].北京:人民卫生出版社.

陈品键,2001.动物生物学[M].北京:科学出版社.

黎家灿,1997.中国恙螨(恙螨病媒介和病原体研究)[M].广州:广东科技出版社.

李朝品,武前文,1996.房舍和储藏物粉螨[M].合肥:中国科学技术大学出版社.

孟阳春,李朝品,梁国光,1995.蜱螨与人类疾病[M].合肥:中国科学技术大学出版社.

忻介六,1988.应用蜱螨学[M].上海:复旦大学出版社.

李隆术,李云瑞,1988.蜱螨学[M].重庆:重庆出版社.

忻介六,1984.蜱螨学纲要[M].北京:高等教育出版社.

林琳,吴胜会,江斌,等,2022.球孢白僵菌对鸡皮刺螨体外杀灭效果试验[J].福建畜牧兽医,44(4):31-33.

李会娟,杨开朗,王倩,等,2021.昆虫假死行为研究进展[J].环境昆虫学报,43(1):79-92.

李戎,葛钊宇,刘星,等,2020.三种捕食螨对温室草莓二斑叶螨的防治效果[J].南方农业,14(25):15-19.

郑亚强,余清,莫笑晗,等,2017.斯氏钝绥螨对马铃薯上腐食酪螨的捕食效应研究[J].云南农业大学学报(自然科学版),32(2):43-47.

孙恩涛,谷生丽,刘婷,等,2016.椭圆食粉螨种群消长动态及空间分布型研究[J].中国血吸虫病防治杂志,28(4):422-425.

赵金红,孙恩涛,刘婷,等,2012.粉尘螨种群消长及空间分布型研究[J].齐齐哈尔医学院学报,33(11):1403-1405.

张丽芳,刘忠善,瞿素萍,2010.不同温度下刺足根螨实验种群生命表[J].植物保护,36(3):100-102.

黄丽琴,郭宪国,2010.我国医学革螨生态学研究概况[J].安徽农业科学,38(6):2971-2973.

刘婷,金道超,郭建军,2007.腐食酪螨实验种群生命表[J].植物保护,33(3):68-71.

夏斌,罗冬梅,邹志文,2007.普通肉食螨对椭圆食粉螨的捕食功能[J].昆虫知识,44(4):549-552.

陶莉,李朝品,2007.腐食酪螨种群消长与生态因子关联分析[J].中国寄生虫学与寄生虫病杂志,25(5):394-396.

刘婷,金道超,郭建军,2006.腐食酪螨在不同温度和营养条件下生长发育的比较研究[J].昆虫学报,49(4):714-718.

陶莉,李朝品,2006.腐食酪螨种群消长及空间分布型研究[J].南京医科大学学报(自然科学版),26(10):944-947.

王慧勇,李朝品,2005.粉螨系统分类研究的回顾[J].热带病与寄生虫学,3(1):58-60.

邹志文,夏斌,龚珍奇,等,2003.纳氏皱皮螨消长及空间分布型研究[J].科学技术与工程,3(6):565-567.

夏斌,龚珍奇,邹志文,等,2003.普通肉食螨对腐食酪螨捕食效能[J].南昌大学学报(理科版),27(4):334-337.

王慧芙,金道超,2000.中国蜱螨学研究的回顾和展望[J].昆虫知识,37(1):36-41.

郭宪国,叶炳辉,1996.医学节肢动物生态研究现状[J].大理医学院学报,5(1):49-51.

张艳漩,林坚贞,黄敬浩,等,1992.食用菌重要害螨:腐食酪螨的研究[J].福建省农科院学报,7(2):91-94.

KRANTZ G W, WALTER D E, 2009. A manual of acarology[M]. 3rd ed. Texas Tech University Press: Lubbock, TX.

EVANS G O, 1992. Priciples of acarology[M]. London: CABI Publishing.

ABBAR S, SCHILLING M W, PHILLIPS T W, 2016. Time-mortality relationships to control *Tyrophagus putrescentiae* (Sarcoptiformes: acaridae) exposed to high and low temperatures [J]. J. Econ. Entomol., 109 (5):2215-2220.

ERBAN T, KLIMOV P B, SMRZ J, et al., 2016. Populations of stored product mite *Tyrophagus putrescentiae* differ in their bacterial communities[J]. Front. Microbiol., 12(7):1046.

COLLINS D A, 2012. A review on the factors affecting mite growth in stored grain commodities[J]. Exp. Appl. Acarol., 56(3):191-208.

LEE C H, PARK J M, SONG H Y, et al., 2009. Acaricidal activities of major constituents of essential oil of *Juniperus chinensis* leaves against house dust and stored food mites[J]. J. Food Prot., 72(8):1686-1691.

XIA B, LUO D M, ZOU Z W, et al., 2009. Effect of temperature on the life cycle of *Aleuroglyphus ovatus* (Acari: acaridae) at four constant temperatures[J]. Journal of Stored Products Research, 45(3):190-194.

ANDERSON J F, MAQNARELLI L A, 2008. Biology of ticks[J]. Infect. Dis. Clin. North. Am., 22(2): 195-215.

ASPALY G, STEJSKAL V, PEKÁR S, et al., 2007. Temperature-dependent population growth of three species of stored product mites (Acari: acaridida)[J]. Exp. Appl. Acarol., 42(1):37-46.

第三章　蜱螨与人类疾病

蜱螨属节肢动物门、蛛形纲、蜱螨亚纲，其种类繁多，形态和生活习性多样，孳生地广泛，与人类的生活、健康、经济等关系密切。蜱螨大多数营自由生活，有些取食植物，有的不仅在人的体表或体内暂时或永久寄生，而且蜱螨是多种疾病的传播媒介，严重危害人类健康，也严重威胁畜牧业的发展。在医学上有重要意义的蜱螨包括寄螨总目中的蜱类和革螨、真螨总目中的恙螨、疥螨、蠕形螨、尘螨和粉螨等。

第一节　蜱螨对人类的危害

蜱螨对人类的危害是多样化的，主要包括两大类：一类是直接危害，即由蜱螨直接的叮咬、吸血、毒害、寄生和致过敏反应所引起的疾病，一般称其为蜱螨源性疾病（acaro disease），如疥疮、螨性哮喘等。另一类是间接危害，即由蜱螨作为媒介传播病原体所引起的疾病，一般称其为蜱螨媒性疾病（acari-borne disease），如森林脑炎、蜱媒回归热、莱姆病、Q热、恙虫病等。这两类疾病统称为蜱螨性疾病。

一、直接危害

蜱螨对人体的直接危害包括叮咬和吸血、毒害作用、过敏反应和寄生等。

（一）叮咬和吸血

蜱螨在叮刺吸血时，宿主多无痛感，但由于其螯肢、口下板同时刺入宿主皮肤，可造成局部充血、水肿和急性炎症反应，还可引起继发性感染。蜱吸血量大，饱血后虫体可胀大数十倍甚至百倍。另外，一些以啮齿类动物和鸟类为正常宿主的螨类，偶尔可攻击人类，如鸡皮刺螨（*Dermanyssus gallinae*）、柏氏禽刺螨（*Ornithonyssus bacoti*）、囊禽刺螨（*Ornithonyssus bursa*）和毒厉螨（*Laelaps echidninus*）等。

（二）毒害作用

由于蜱螨的叮刺及分泌的毒素注入人体而受其毒害，如恙螨幼虫叮咬后，含有消化酶类物质的涎液注入皮下组织，使宿主的局部皮肤组织出现凝固性坏死，出现炎症反应，引起局部皮肤焦痂和溃疡。

蜱的唾腺可分泌毒素，使宿主产生厌食、体重减轻和代谢障碍。有些种的蜱在叮咬吸血过程中，其涎液分泌的毒素作用在宿主的神经肌肉接头处，阻断乙酰胆碱递质的释放，导致传导阻滞，使宿主产生上行性肌肉麻痹，可导致呼吸衰竭而死亡，称蜱瘫痪（tick paralysis）。蜱瘫痪一般发生于蜱连续叮咬吸血大约4天后，宿主开始表现的症状为后肢无力及共济失调，经数小时至2～3天后，迅速向前发展至前肢（臂）、胸部、头部和咽喉部，终因心脏和呼吸中枢麻痹而死亡。若能及时发现，迅速摘掉正在吸血的蜱，症状即可消除。若已发生蜱瘫痪，即使较早地除掉叮咬的蜱，仍不免发生死亡或需较长的恢复时间。

引起蜱瘫痪的蜱种，因地区有所不同。已知的蜱种和地区列举如下：红润硬蜱（*Ixodes rubicundus*，南非）、全环硬蜱（*I. holocyclus*，非洲）、蓖子硬蜱（*I. ricinus*，克里特岛）、草原硬蜱（*I. crenulatus*，欧洲）、毛茸硬蜱（*I. pilosus*）、安氏革蜱（*Dermacentor andersoni*，美国和加拿大）、变异革蜱(*D. variabilis*)、美洲花蜱（*Amblyomma americanum*，美国）、缺角血蜱(*Haemaphysalis inermis*)、刻点血蜱（*H. punctata*，欧洲和前苏联地区）、埃及璃眼蜱（*Hyalomma aegypticum*，前南斯拉夫地区）、盾糙璃眼蜱(*Hy. scupense*，前苏联地区）、血红扇头蜱(*Rhipicephalus sanguineus*，非洲）、囊形扇头蜱(*R. bursa*)、萼氏扇头蜱(*R. eversi*)、拉合尔钝缘蜱（*Ornithodoros lahorensis*，前苏联地区）、具环扇头蜱[*R.* (*Boophilus*) *annulatus*]、无色扇头蜱[*R.* (*Boophilus*) *decoloratus*]。

（三）过敏反应

由蜱螨本身及其分泌物、排泄物、蜕皮和死亡的虫体为抗原而引起的过敏反应，如粉尘螨（*Dermatophagoides farinae*）、屋尘螨（*D. pteronyssinus*）、梅氏嗜霉螨（*Euroglyphus maynei*）、腐食酪螨（*Tyrophagus putrescentiae*）等引起人体过敏性哮喘、过敏性鼻炎、过敏性皮炎等；粗腐食酪螨、脚粉螨（*Acarus siro*）、纳氏皱皮螨（*Suidasia nesbitti*）、甜果螨（*Carpoglyphus lactis*）、家食甜螨（*Glycyphagus domesticus*）、粉尘螨、屋尘螨、革螨（*Gamasida*）、蒲螨（*Pyemotes*）、跗线螨（*Tarsonemus*）等可引起人体螨性皮炎（acaro dermatitis）。

尘螨是一种分布广泛的强烈过敏原，有60％～80％的过敏性疾病患者对尘螨过敏，甚至在有些地区，超过80％的儿童或青年哮喘患者对尘螨变应原呈阳性反应。一般认为，尘螨过敏原进入机体后可选择诱导特异性B细胞产生特异性的IgE抗体，此类抗体与肥大细胞和嗜碱性粒细胞的表面相结合，使机体处于对尘螨过敏原的致敏状态。当机体再次接触尘螨过敏原后，通过与致敏的肥大细胞和嗜碱性粒细胞表面的抗体特异性结合，使这些细胞释放组胺、缓激肽、嗜酸粒细胞趋化因子、前列腺素D2、白三烯和血小板活化因子等生物活性介质。这些物质作用于相应的效应组织和器官，引起局部或全身的病理反应，这一过程属于典型的Ⅰ型变态反应。早期反应主要由组胺引起，通常在接触过敏原数秒钟内发生，可持续数小时，晚期反应由白三烯、血小板活化因子等引起，在过敏原刺激后6～12小时发生反应，可持续数天。

人疥螨可以导致敏感人群的皮肤病和IgE介导的过敏反应，它与尘螨有较强的交叉反应性。此外，一些蜱类的唾液中含有某些蛋白质，人类在被它们叮咬后可能导致过敏。

（四）寄生

由于螨类本身作为病原体寄生于人体而致病。

1. 疥螨

为永久性寄生螨类，在宿主表皮角质层下寄生，啮食角质层组织。如人疥螨寄生于人体皮肤表皮层内，多寄生于皮肤薄嫩处，引起疥疮（scabies）。其致病作用主要表现为两方面：一是机械刺激出现皮损，系因疥螨在皮肤角质层挖掘隧道和产卵引起的；二是毒素作用，由疥螨的排泄物和分泌物引起人体的过敏反应。剧烈瘙痒是疥疮最突出的症状。

2. 恙螨

其幼虫营寄生生活，叮刺宿主时先以螯肢插入皮肤注入涎液，分解周围组织，形成吸管即茎口（stylostome），通过吸管吸入分解的组织和淋巴。幼虫在刺吸过程中，一般不更换部位，也不中途转换宿主。若虫和成螨营自由生活，主要以昆虫卵为食。

3. 蠕形螨

是一种小型永久性的寄生螨类，主要寄生于哺乳动物及人的毛囊和皮脂腺或内脏等组织中，可引起皮炎、睑腺炎和动物内脏等病变。不仅影响人类健康，而且能引起家畜和珍贵动物发生蠕形螨病，严重时可导致动物死亡。如人体蠕形螨寄生于人体皮肤的毛囊或皮脂腺，以面部为主，躯体也有分布，引起蠕形螨感染或蠕形螨病（图3.1）。

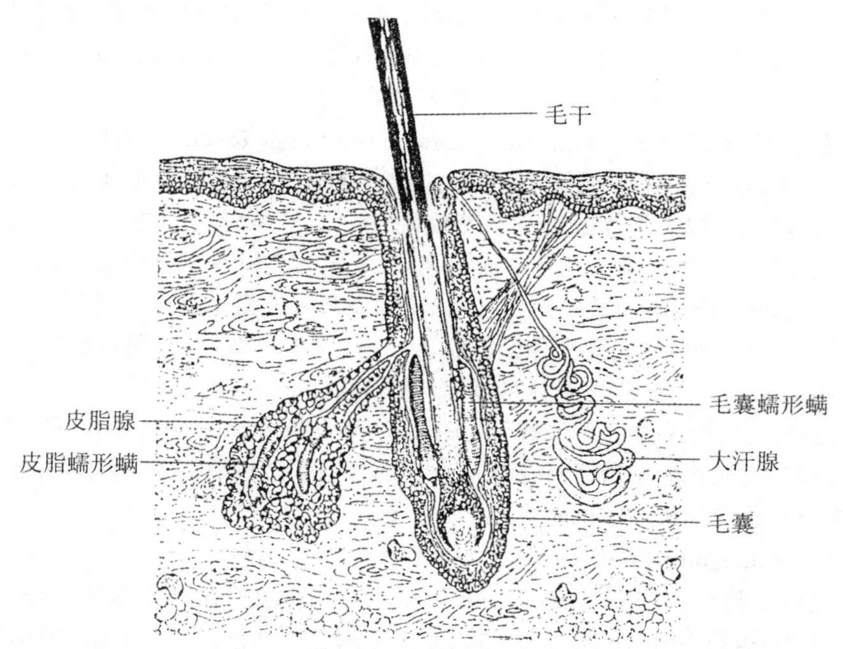

图3.1　人蠕形螨寄生在毛囊和皮脂腺内

4. 粉螨、跗线螨

粉螨包括粉尘螨、屋尘螨、热带无爪螨（*Blomia tropicalis*）、梅氏嗜霉螨、腐食酪螨、粗脚粉螨、家食甜螨等。有的螨类可非特异侵入肺部、肠道或尿路暂时性"寄生"，引起肺螨病（pulmonary acariasis）、肠螨病（intestinal acariasis）或尿路螨病（urinary acariasis）。

二、间接危害

蜱螨对人类危害最严重的是间接危害，即蜱螨能够传播疾病，不但能在人与人之间传播，也能在动物与动物之间、动物与人之间传播。

由蜱螨传播病原体、间接危害人类健康的主要疾病，列举如下：

1. 森林脑炎（forest encephalitis）

森林脑炎是由森林脑炎病毒引起的以中枢神经系统病变为特征的急性传染病，又称蜱传脑炎（tick-borne encephalitis，TBE），为森林地带的自然疫源性疾病。该病首先在俄罗斯远东地区发现,以春夏季发病为主,故曾被称为俄罗斯春夏脑炎(Russian spring-summer encephalitis)、东方蜱传脑炎等。以突然高热、意识障碍、脑膜刺激征与瘫痪为临床特征,常留有后遗症,病死率较高。主要经蜱叮咬传播。常见蜱种有全沟硬蜱(*Ixodes persulcatus*)、嗜群血蜱(*Haemaphysalis concinna*)、日本血蜱(*Haemaphysalis japonica*)和森林革蜱(*Dermacentor silvarum*)。蜱是森林脑炎病毒主要传播媒介,又是长期储存宿主。

2. 莱姆病(Lyme disease,LD)

莱姆病是一种由不同基因型的伯氏疏螺旋体(*Borrelia burgdorferi*)感染所引起,以蜱为主要传播媒介的自然疫源性传染病,因首次发现于美国康涅狄格州的莱姆(Lyme)镇而得名。临床表现为慢性炎症性多系统损害,除慢性游走性红斑和关节炎外,还常伴有心脏损害和神经系统受累等症状,导致严重后果。主要媒介为硬蜱属、血蜱属和革蜱属共计40余种,其中我国北方地区主要传播蜱种为全沟硬蜱、粒形硬蜱(*Ixodes granulosus*)等硬蜱,南方地区为二棘血蜱(*Haemaphysalis bispinosa*)和粒形硬蜱等。

3. 克里米亚-刚果出血热(Crimean-Congo hemorrhagic fever,CCHF)

克里米亚-刚果出血热是由克里米亚-刚果出血热病毒(Crimean-Congo hemorrhagic fever virus)引起的、以蜱媒传播的一种自然疫源性烈性传染病,在欧洲、亚洲、非洲都有分布。本病因在克里米亚和刚果相继发现而得名,在我国首先发现于新疆巴楚,故称其为新疆出血热(Xinjiang hemorrhagic fever,XHF)。临床表现与其他型出血热相似,以发热、头痛、出血、低血压休克等为典型特征,致死因素包括脑出血、重度贫血、重度脱水和休克,病人可死于多器官衰竭。蜱类为主要传染源,包括璃眼蜱(*Hyalomma*)、扇头蜱(*Rhipicephalus*)、花蜱(*Amblyomma*)和扇头蜱属中的原牛蜱(*Boophilus*)种类等,共计25种,经蜱叮咬而感染是最主要的传播途径,带病毒的饥饿成蜱在吸血过程中将病毒随唾液注入机体而引起感染,故克里米亚-刚果出血热又称为蜱媒出血热。

4. 恙虫病(tsutsugamushi disease)

恙虫病又称丛林斑疹伤寒(scrub typhus),是由恙虫病立克次体引起的一种急性自然疫源性传染病,因恙螨幼虫叮咬而得名。临床上以起病急骤、叮咬部位焦痂或溃疡形成、持续高热、局部或全身浅表淋巴结肿大、皮疹及外周血白细胞减少等为特征。恙螨幼虫是本病的传播媒介,也是恙虫病立克次体的原始储存宿主。鼠类是主要的传染源,由感染的啮齿动物传播至人。能传播本病的恙螨有数十种,在我国最主要的是地里纤恙螨和小盾纤恙螨。

5. 蜱媒回归热(tick-borne relapsing fever)

蜱媒回归热是由包柔螺旋体引起的、以周期性反复发作为特征的急性疫源性传染病,又称地方性回归热,流行于亚洲中部、非洲以及美洲。其临床表现为阵发性高热伴全身疼痛,肝脾大,短期热退呈无热间歇,数日后又反复发热,发热期与间歇期交替反复出现,故称回归热。病原体包柔螺旋体有10余种,亚洲流行的为波斯包柔螺旋体(*B. persica*)及拉迪什夫包柔螺旋体(*B. tatyshevi*)等。鼠类等啮齿动物既是蜱媒回归热主要传染源,又是储存宿主。传播媒介主要为软蜱科的钝缘蜱属,经蜱叮咬人体而感染。

6. 发热伴血小板减少综合征(severe fever with thrombocytopenia syndrome,SFTS)

发热伴血小板减少综合征是由新布尼亚病毒引起的一种新发蜱传自然疫源性疾。2010年我国科学家最早在河南、湖北和安徽三省结合部发现。主要临床表现为急性发热、血小板和白细胞减少,同时伴有消化道症状和神经症状等,严重者会因多脏器功能衰竭而死亡。主要通过蜱叮咬传播，媒介蜱种为长角血蜱（*Haemaphysalis longicornis*）、微小扇头蜱（*Rhipicephalus microplus*）等。此外，急性期患者及尸体的血液和血性分泌物等也具有传染性，可通过直接接触感染。

三、蜱螨与病原体的关系

在蜱螨传播病原体的过程中，蜱螨与病原体之间形成特异的生物性关系。蜱螨不仅为病原体提供营养和发育繁殖的场所，而且起到长期储存病原体的作用。有些蜱螨寿命很长，且能长期保存病原体，如乳突钝缘蜱能保存回归热病原体长达25年。病原体可在蜱螨体内发育繁殖至感染期，经各种途径感染人，其中蜱螨可作为重要的传播媒介。

（一）蜱螨传播病原体的种类

蜱螨传播的病原体有多种，包括病毒、立克次体、螺旋体、细菌、真菌、衣原体和寄生虫等，主要病原体见表3.1。

表3.1　蜱螨传播病原体的主要种类

病原体		病媒生物	传播疾病
病毒	森林脑炎病毒（远东亚型）（forest encephalitis virus）	全沟硬蜱（*Ixodes persulcatus*）、森林革蜱（*Dermacentor silvarum*）、嗜群血蜱（*Haemaphysalis concinna*）、（日本血蜱 *Haemaphysalis japonica*）	森林脑炎（forest encephalitis）
	森林脑炎病毒（欧洲亚型）（forest encephalitis virus）	蓖子硬蜱（*Ixodes ricinus*）、边缘革蜱（*Dermacentor marginatus*）、网纹革蜱（*Dermacentor reticulatus*）、刻点血蜱（*Haemaphysalis punctata*）、缺角血蜱（*Haemaphysalis inermis*）、嗜群血蜱（*Haemaphysalis concinna*）、六角硬蜱（*Ixodes hexagonus*）	森林脑炎（forest encephalitis）
	苏格兰脑炎病毒（louping ill virus）	蓖子硬蜱（*Ixodes ricinus*）等	苏格兰脑炎（Scotland encephalitis）
	汉坦病毒（Hantaan virus）	小盾纤恙螨（*Leptotrombidium scutellare*）革螨：柏氏禽刺螨（*Ornithonyssus bacoti*）、格氏血厉螨（*Haemolaelaps glasgowi*）、上海真厉螨（*Eulaelaps shanghaiensis*）、厩真厉螨（*Eulaelaps stabularis*）、鼠颚毛厉螨（*Tricholaelaps myonyssognathus*）和鸡皮刺螨（*Dermanyssus gallinae*）等	肾综合征出血热（hemorrhagic fever with renal syndrome，HFRS）
	发热伴血小板减少综合征病毒（severe fever with thrombocytopenia syndrome virus，SFTSV）	硬蜱属（*Ixodes*）、花蜱属（*Amblyomma*）、革蜱属（*Dermacentor*）、血蜱属（*Haemaphysalis*）	发热伴血小板减少综合征（severe fever with thrombocytopenia syndrome，SFTS）

续表

	病原体	病媒生物	传播疾病
	鄂木斯克出血热病毒(Omsk hemorrhagic fever virus)	网纹革蜱(*Dermacentor reticulatus*)、边缘革蜱(*Dermacentor marginatus*)	鄂木斯克出血热(Omsk hemorrhagic fever)
	克里米亚-刚果出血热病毒(Crimean-Congo hemorrhagic fever virus)	璃眼蜱属(*Hyalomma*)	克里米亚-刚果出热(Crimean-Congo hemorrhagic feve)
	科罗拉多蜱媒热病毒(Colorado tick fever virus)	革蜱属(*Dermacentor*) 安氏革蜱(*Dermacentor andersoni*)等	科罗拉多蜱媒热(Colorado tick fever)
	伊塞克湖病毒(Issyk-Kul virus)	硬蜱属(*Ixodes*)简蝠硬蜱(*Ixodes simplex*)、锐缘蜱属(*Argas*)蝙蝠锐缘蜱(*Argas vespertilionis*)	伊塞克湖热(Issyk-Kul fever)
	淋巴细胞脉络丛脑膜炎病毒(lymphocytic choriomeningitis virus, LCMV)	革螨:敏捷厉螨(*Laelaps agilis*)、柏氏禽刺螨、血红异皮螨、阿尔及利亚厉螨(*Laelaps algericus*)和鼷鼠赫刺螨(*Hirstionyssus musculi*)等	淋巴细胞脉络丛脑膜炎(Lymphocytic choriomeningitis, LCM)
	内罗毕绵羊病病毒(Nairobi sheep disease virus, NSDV)	花蜱属(*Amblyomma*)、扇头蜱属(*Rhipicephalus*)具肢扇头蜱(*Rhipicephalus appendiculatus*)	内罗毕绵羊病(Nairobi sheep disease)
	波瓦桑病毒(Powassan virus)	革蜱属(*Dermacentor*) 安氏革蜱(*Dermacentor andersoni*)、森林革蜱(*Dermacentor silvarum*)等 硬蜱属(*Ixodes*)谷氏硬蜱(*Ixodes cookei*)、马氏硬蜱(*Ixodes marxi*)、棘须硬蜱(*Ixodes spinipalpusm*)、全沟硬蜱(*Ixodes persulcatus*)、血蜱属(*Haemaphysalis*) 长角血蜱(*Haemaphysalis longicornis*)	波瓦桑脑炎(Powassan encephalitis)
	凯萨努尔森林病毒(Kyasanur forest disease virus)	距刺血蜱(*Hemaphysalis spinigera*)为主要媒介,其次是斑鸠血蜱(*Hemaphysalis paraturturis*)	凯萨努尔森林病(Kyasanur forest disease)
立克次体	立克次体(*Rickettsia*)	扇头蜱属(*Rhipicephalus*)、血蜱属(*Haemaphysalis*)、花蜱属(*Amblyomma*)、璃眼蜱属(*Hyalomma*)	南欧斑疹热(spotted fever)
	鲁氏立克次体(*Rickettsia rutchkouskyi*)	蓖子硬蜱(*Ixodes ricinus*)	阵发性立克次体病(paroxysmal rickettsiosis)
	非洲立克次体(*Rickettsia africae*)	花蜱属(*Amblyomma*)、扇头蜱属(*Rhipicephalus*)、血蜱属(*Haemaphysalis*)	南非蜱媒立克次体病/南非蜱咬热(African tick-bite fever, ATBF)

续表

	病原体	病媒生物	传播疾病
	恙虫病立克次体(*Rickettsia tsutsugamushi*)	地里纤恙螨(*Leptotrombidium deliense*)、小盾纤恙螨(*L. scutellare*)、高湖纤恙螨(*L. kaohuense*)	恙虫病(tsutsugamushi disease)/丛林斑疹伤寒(scrub typhus)
	螨型立克次体(*Rickettsia akari*)	革螨:血红异皮螨(*Allodermanyssus sanguineus*)、柏氏禽刺螨和毒厉螨(*Laelaps echidninus*)	立克次体痘(rickettsial pox)
	斑疹热组立克次体(*Rickettsia*)	革蜱属(*Dermacentor*)、血蜱属(*Haemaphysalis*)、硬蜱属(*Ixodes*)	日本斑疹热(Japanese spotted fever)
	贝氏立克次体(*Rickettsia burneti*)(贝氏柯克斯体*Coxiella burnetii*)	硬蜱科(Ixodidae)及软蜱科(Argasidae)各属;血厉螨、血革螨属等革螨	Q热(Q-fever)
	伯纳特立克次体(Q热立克次体)(*Rickettsia burneti*)/贝纳柯克斯体(*Coxiella burneti*)	革蜱属(*Dermacentor*)、扇头蜱属(*Rhipicephalus*)	昆士兰热(Queensland fever),Q热
	北亚立克次体(西伯利克次体)(*Rickettsia sibirica*)	硬蜱科(Ixodidae)及软蜱科(Argasidae)各属及革螨的一些种	北亚蜱媒斑点热(North-Asian tick-borne typhus)又名西伯利亚蜱媒斑疹伤寒(Siberian tick typhus)
	立氏立克次体(*Rickettsia rickettsii*)	硬蜱科(Ixodidae)及软蜱科(Argasidae)各属、安氏革蜱、变异革蜱(*D. variabilis*)	落基山斑点热(Rock Mountain spotted fever)
	康诺尔立克次体(*Rickettsia conorii*)	硬蜱科(Ixodidae)各属及钝缘蜱属(*Ornithodoros*)	纽扣热(boutnnncuse)(马塞热,Marscillcs fevers)
	埃立克体(*Ehrlichia*)	硬蜱属(*Ixodes*)、花蜱属(*Amblyomma*)、革蜱属(*Dermacentor*)、血蜱属(*Haemaphysalis*)、血红扇头蜱(*Rhipicephalus sanguineus*)	人埃立克体病(human ehrlichiosis)
螺旋体	伯氏包柔螺旋体(伯氏疏螺旋体)(*Borrelia burgdorferi*)	硬蜱:肩突硬蜱、全沟硬蜱(*Ixodes persulcatus*)、蓖子硬蜱(*Ixodes ricinus*)等,血蜱属(*Haemaphysalis*)嗜群血蜱(*Haemaphysalis concinna*)	莱姆病(Lyme disease)
	钩端螺旋体(*Leptospira*)	革螨:柏氏禽刺螨、土耳克厉螨(*Laelaps turkestanicus*)和脂刺血革螨(*Haemogamasus liponyssoides*)	钩端螺旋体病(leptospirosis)
	包柔螺旋体(*Borrelia*)	钝缘蜱属(*Ornithodoros*)	蜱媒回归热(tickborne recurrens;spirochaetosi)

续表

	病原体	病媒生物	传播疾病
细菌	土拉弗朗西斯菌(*Francisella tularensis*)	花蜱属(*Amblyomma*)、革蜱属(*Dermacentor*)网纹革蜱(*Dermacentor reticulatus*)、血蜱属(*Haemaphysalis*)、硬蜱属(*Ixodes*)	土拉菌病(野兔热)(tularemia)
	布鲁菌(*Brucella*)	革螨:克氏真厉螨(*Eulaelaps kolpakovae*)、黄鼠血革螨(*Haemogamasus citelli*)、鼹鼠赫刺螨和子午赫刺螨(*Hirstionyssus meridianus*)等	布鲁菌病(brucellosis)
衣原体	鹦鹉热嗜衣原体(*Chlamydia psittaci*)	革螨:鸡皮刺螨	鹦鹉热(psittacosis)
寄生虫	巴贝斯虫(*Babesia*)	硬蜱属(*Ixodes*) 蓖子硬蜱(*Ixodes ricinus*)、全沟硬蜱(*Ixodes persulcatus*)等、扇头蜱(*Rhipicephalus*)	巴贝斯虫病(babeseosis)
	嗜吞噬细胞无形体(*Anaplasma phagocytophilum*)	硬蜱属(*Ixodes*) 肩突硬蜱(*Ixodes scapularis*)、蓖子硬蜱、全沟硬蜱等	无形体病(human granulocytic anaplasmosis,HGA)
	扩张莫氏绦虫(*Moniezia expansa*) 多头绦虫(*Multiceps multiceps*) 黄鼠栉带绦虫(*Ctenotaenia citelli*) 梳状莫斯绦虫(*Mosgovoyia pectinata*) 立氏副裸头绦虫(*Paranoplocephala ryjikovi*) 横转副裸头绦虫(*Paranoplocephala transversaria*)	甲螨(Oribatid mite)	绦虫病(cestodiasis)(扩张莫氏绦虫病、多头绦虫病、黄鼠栉带绦虫病、梳状莫斯绦虫病、立氏副裸头绦虫病、横转副裸头绦虫病等)
	卡氏拟棉鼠丝虫(*Litomosoides carinii*)	革螨:柏氏禽刺螨(*Ornithonyssus bacoti*)	拟棉鼠丝虫病

蜱作为严格的吸血性节肢动物,几乎可以叮咬陆地上所有的动物,且吸血时间长、吸血量大、生活史复杂,这些特点使蜱携带了最广泛的病原体种类。已知蜱可携带83种病毒、20种立克次体、17种回归热螺旋体、14种细菌、32种原虫、钩端螺旋体、鸟疫衣原体、霉菌样支原体、犬巴尔通氏体、鼠丝虫和棘唇线虫等。在我国,已证实的经蜱传播的病原体有:森林脑炎病毒(全沟硬蜱)、新疆出血热病毒(亚洲璃眼蜱)、Q热立克次体(亚洲璃眼蜱)、北亚蜱媒斑点热立克次体(嗜群血蜱)、精河蜱媒斑点热立克次体(边缘革蜱、草原革蜱)、新疆南部的蜱媒回归热螺旋体(乳突钝缘蜱)、新疆北部的蜱媒回归热螺旋体(特突钝缘蜱)、鼠疫杆菌

（草原硬蜱）、驽巴贝斯虫（草原革蜱、森林革蜱、银盾革蜱、中华革蜱）、马巴贝斯虫（草原革蜱、森林革蜱、银盾革蜱、镰形扇头蜱）、双芽巴贝斯虫（微小扇头蜱）、环形泰勒虫（残缘璃眼蜱）、瑟氏泰勒虫（长角血蜱）、羊泰勒虫（青海血蜱）。自1982年以来，我国已陆续报道将近40种新发蜱媒病原体，包括8种新发斑点热群立克次体；7种无形体，其中嗜吞噬细胞无形体分布地区最广、感染蜱种最多；6种伯氏疏螺旋体，该病原体被证实在我国25个省份的26种蜱中广泛分布；11种巴贝斯虫，其中3种病原体可引起人群感染；2010年首次发现于中部地区淮阳山的布尼亚病毒导致的发热伴血小板减少综合征，病例呈高度散发；2017年首次发现于内蒙古呼伦贝尔地区的阿龙山病毒等。

螨的种类繁多，据估计全球约有50万种螨类，目前记载的螨类约有48 200种。大部分种类的螨营自由生活，一部分寄生在人和动物体上，可携带某些病原体，是一些人兽共患病的重要传播媒介。例如恙螨可携带立克次体和东方体传播恙虫病，革螨能够传播土拉菌病（兔热病）和立克次体痘，鸡皮刺螨可携带沙门菌、巴斯德菌、丹毒杆菌、立克次体、螺旋体、李斯特菌等20多种病原体。在鼠螨、血次脂螨和柏氏禽刺螨中分离到斑疹伤寒立克次体，在血次脂螨、柏氏禽刺螨、鸡皮刺螨、厩真历螨、阳厉螨属和血革螨中发现胞内寄生的伯氏立克次体，在柏氏禽刺螨、巨型刺螨、厉螨、厩真厉螨、宽寄螨属、真革螨属、血革螨属发现螺旋体、伯氏疏螺旋体。另外，柏氏禽刺螨、赫刺螨属、血革螨和厉螨中分离到土拉弗朗西斯菌。

1. 病毒

常见的蜱传病毒主要涉及9个病毒科，分别是黄病毒科、正粘病毒科、呼肠孤病毒科、弹状病毒科、非洲猪瘟病毒科、内罗病毒科、周布尼亚病毒科、白纤病毒科和尼亚玛尼病毒科。硬蜱可传播森林脑炎病毒（forest encephalitis virus）、西方蜱媒脑炎病毒（encephalophilus occidentalis）和双波脑膜脑炎病毒（diphasic febrile meningoencephalitis virus）等，引起蜱媒脑炎（tick borne encephalitis）。另外，一些少见的病毒，如内罗毕绵羊病病毒、苏格兰脑炎病毒、波瓦桑病毒、凯萨努尔森林病毒等由蜱传播。

革螨、厉螨及恙螨等可以传播汉坦病毒，引起肾综合征出血热（流行性出血热）。

2. 立克次体

蜱螨可传播多种立克次体，如恙螨传播恙虫病立克次体，引起恙虫病；革螨传播螨型立克次体，引起立克次体痘；硬蜱传播北亚立克次体，引起北亚蜱媒斑疹伤寒；硬蜱和软蜱可传播伯氏立克次体，引起Q热。

3. 螺旋体

硬蜱可传播伯氏疏螺旋体，引起莱姆病。革螨可传播钩端螺旋体，引起钩端螺旋体病。软蜱可传播包柔螺旋体，引起蜱媒回归热。在我国，蜱媒回归热病例仅记载于新疆，由乳突钝缘蜱传播。

4. 细菌

硬蜱、革蜱和革螨等可传播土拉弗朗西斯菌，引起土拉弗朗西斯菌病，简称土拉菌病，俗称兔热病或野兔热。

5. 衣原体

革螨中鸡皮刺螨可传播鹦鹉热嗜衣原体，引起鹦鹉热。

6. 寄生虫

硬蜱可传播巴贝斯虫(*Babesia* spp.),引起巴贝斯虫病。甲螨可传播一些少见的绦虫,如扩张莫氏绦虫、多头绦虫等,引起绦虫病。

(二)蜱螨与病原体的关系

蜱螨与病原体的关系大多为生物性关系。病原体在蜱螨体内需经过生长、发育和繁殖,包括发育式、繁殖式、发育繁殖式等,才能具有感染性,然后通过合适途径传播给人,使人因感染而生病。有些蜱螨寿命很长,且能长期保存病原体,成为多种自然疫源性疾病病原体的储存宿主,在某些自然疫源地的保存中有着特殊的重要意义。同时,蜱螨是重要的传播媒介,可传播包括病毒、立克次体、螺旋体、细菌、衣原体和寄生虫等上百种病原体,引起蜱螨媒性疾病。

因此,蜱螨传播的疾病具有以下特点:① 传播人兽共患疾病和某些人类疾病。② 病原体多数可以经卵传递到下一代。③ 所传疾病通常呈散发性流行。④ 蜱螨既是一些人兽共患病和某些人类疾病的传播媒介,又是某些病原体的长期储存宿主。

(三)蜱螨媒介传病方式

1. 机械性传播

蜱螨对病原体仅起携带、传递作用。病原体在蜱螨体表或体内没有发育、繁殖,其数量和形态均不发生变化,但保持其活力,病原体只是机械地从一个宿主传给另一个宿主。例如粉螨在花生等谷物中机械传播黄曲霉菌(*Aspergillus flavus*)。

2. 生物性传播

蜱螨传播疾病大多属于生物性传播。从病原体入侵蜱螨体内,到具有感染力的过程所需时间称为外潜伏期(extrinsic incubation period)。外潜伏期的长短与病原体本身的生物学特性、蜱螨种类、易感性以及周围环境因素,尤其是温度和湿度密切相关。病原体进入适宜的蜱螨体内后,可经过多种不同形式的变化。

(1) 发育式:病原体在蜱螨媒介体内经过一定时间的发育,达到感染期阶段才能传播,虽有生活史形态的循环变化,但并不繁殖,即病原体仅有形态结构及生理生化特性变化,而无数量上的增加,多见于动物的疾病,例如卡氏拟棉鼠丝虫(*Litomosoides carinii*)在柏氏禽刺螨(*Ornithonyssus bacoti*)体内的发育,司氏伯特绦虫(*Bertiella studerri*)为猴和其他灵长类常见的寄生虫,其虫卵在甲螨类的滑菌甲螨(*Scheloribates laevigatus*)和棍棒菌甲螨(*S. zatipes*)体内的发育,卵内的六钩蚴发育为似囊尾蚴,终宿主摄入含有似囊尾蚴的螨类而感染,但人体感染较罕见。

(2) 繁殖式:病原体在蜱螨体内,进行个体发育繁殖,只有数量上的增加,而无形态上的变化。如病毒、立克次体、细菌、螺旋体等病原体,必须在其易感蜱螨媒介体内增殖至一定数量时,才具有传播能力。例如蜱媒回归热的病原体波斯疏螺旋体在软蜱体内繁殖,通过蜱的叮咬等方式进行传播(图 3.2)。

(3) 发育繁殖式:病原体在蜱螨体内,不但经过生活史的循环变化,而且通过繁殖使数量不断增加。例如巴贝斯虫在硬蜱体内进行发育和繁殖的过程,既有形态的变化,又有数量的增加,使宿主和人感染(图 3.3)。

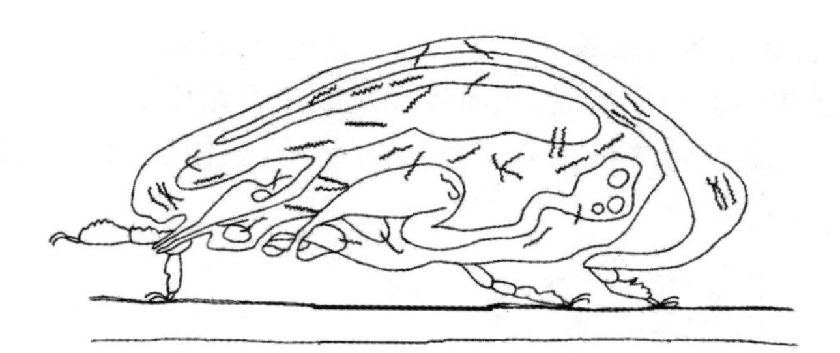

吸血后4小时内大量螺旋体侵入体内

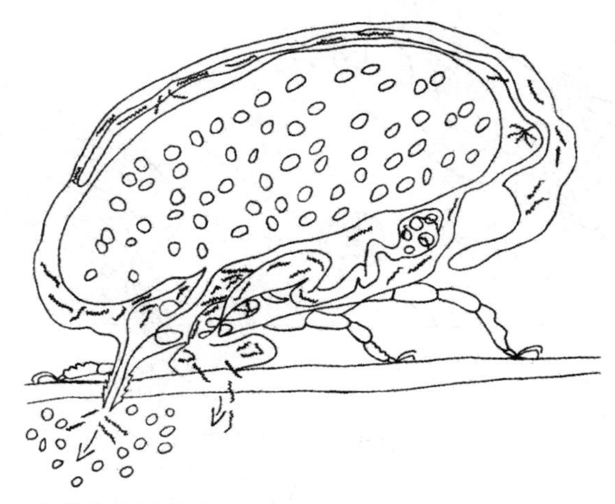

螺旋体由唾液腺及基节腺进入宿主体内

图3.2　繁殖式-螺旋体

仿 Burgdorfer(1982)

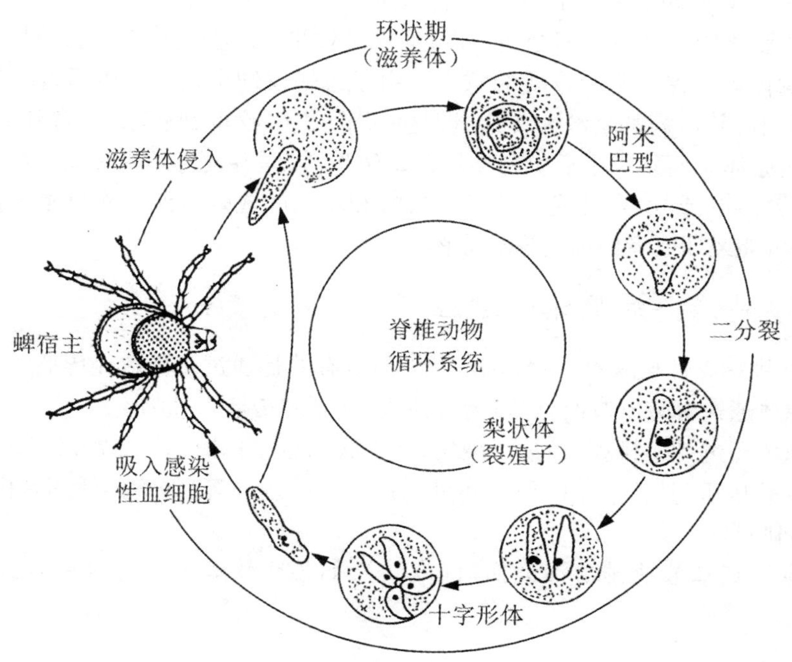

图3.3　发育繁殖式-巴贝斯虫

仿 左仰贤(2002)

(4) 经卵传递式:病原体在蜱螨体内繁殖,并通过雌性蜱螨经卵传到下一代进行传播。例如恙螨幼虫感染恙虫病的病原体后,病原体经过成虫产卵传给下一代幼虫,幼虫叮咬人体时使人感染(图 3.4)。全沟硬蜱传播森林脑炎病毒,软蜱传播回归热疏螺旋体,均可经卵传递。

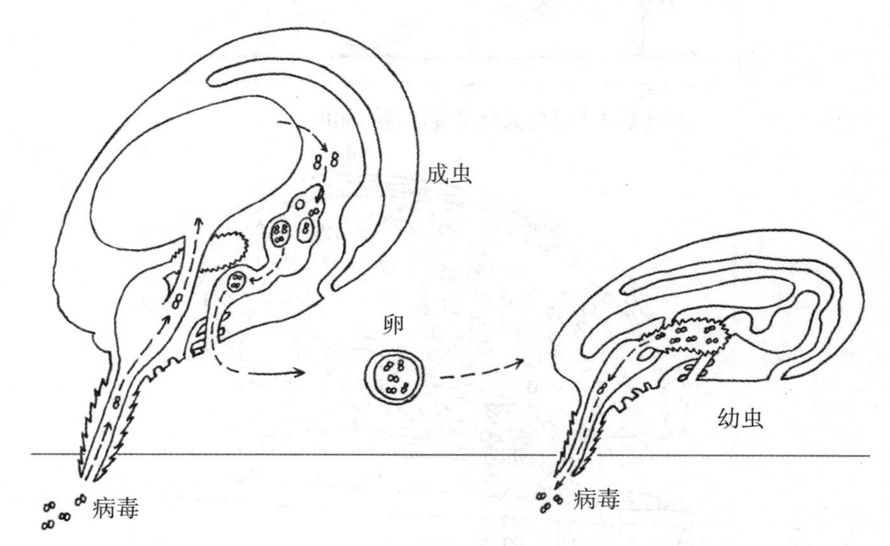

图 3.4　经卵传递式

仿 李朝品(2009)

(5) 经期(变态)传递式:病原体在蜱螨体内繁殖,并能通过蜱螨变态为下一个发育期传递,当下一期吸血时传播病原体。例如硬蜱的幼蜱期或若蜱期感染森林脑炎病毒,当它们分别变态为若蜱或成蜱期时,再吸血时传播病原体。

蜱螨对病原体的经卵传递和经期传播,不仅对病原体的垂直传播,而且对它的水平传播和长期在蜱螨体内的保存都有重要的意义。由于恙螨仅幼虫营寄生生活,而且终生只有幼虫叮刺宿主吸血,其传病都是经卵传递,即这一代幼虫叮咬得到病原体,直到下一代幼虫叮咬时才传出病原体。而硬蜱生活史各期均营寄生生活,但各发育期只吸血一次,故其传病方式均为经期传播和(或)经卵传递。软蜱的成蜱和革螨的成螨也能多次反复吸血,故均可经叮咬传播,并可能经期或者经卵传递病原体。

(四) 蜱螨传播病原体的途径

通常一种蜱螨媒性疾病有一种传播途径,但也有的是通过多种途径传播的。

(1) 病原体通过蜱螨叮咬时,经过涎液注入,如硬蜱传播森林脑炎。

(2) 病原体经过蜱螨排粪,通过污染伤口(皮肤)而致病,如蜱传播蜱媒斑疹伤寒。

(3) 蜱螨被挤压,其体液中病原体污染伤口、皮肤、黏膜等,如蜱传播落基山斑疹热和软蜱传播蜱媒回归热。

(4) 病原体经基节液排出污染伤口(皮肤),如某些软蜱可通过这种方式传播蜱媒回归热。

（五）病媒蜱螨的判定标准

一种蜱螨能否作为传播某种疾病的媒介，除了自身的形态结构、生理、生态等方面具有与该种病原体及其宿主相适应的特性外，还须符合以下证据才能判断为病媒蜱螨。

1. 生物学证据

（1）病媒蜱螨必须是当地的优势种或常见种，至少有一定的种群密度，以增加与易感宿主的接触机会，而不是罕见的种类。

（2）病媒蜱螨与人的关系密切，刺吸人血的蜱螨最为重要，吸血频率越高，传病的机会更多。

（3）病媒蜱螨必须有较长的寿命，能够保证病原体在蜱螨体内完成生长发育或繁殖所需的时间。

2. 流行病学证据

病媒蜱螨的地理分布和季节消长与所传疾病的流行区和流行季节相符，有时还需要结合多种因素（如人的接触机会、储存宿主的数量等）加以分析。在蜱螨媒性疾病的流行季节或地区进行杀灭措施后，蜱螨密度下降，疾病的发病率也相应下降。

3. 病原学证据

（1）自然感染的证据：从自然界捕获可疑的蜱螨，能从其体内分离到病原体，或证明其存在病原体，或查获病原的感染期。

（2）实验感染的证据：用实验方法对蜱螨进行人工感染时，病原体能在其体内繁殖，并能完成其传播环节，或在其体内完成感染期发育，或完成其生活史中的一个环节。

总之，判定一种蜱螨为某种虫媒病的传播媒介须是优势种或常见种，数量庞大，与人关系密切，其地理分布和季节分布与发病相关，存在自然感染和实验传播证据。同一种虫媒病的传播媒介，在不同地区可能相同，也可能不同。在同一个地区的一种虫媒病，其传播媒介可能只有一种，也可能有几种。当有几种传播媒介存在时，又分为主要传播媒介和次要传播媒介。在判断传播媒介和主要传播媒介时，必须要有充分的调查研究并取得足够的证据，综合上述几方面的资料并加以分析和论证。

四、蜱螨引起的主要疾病

由蜱螨引起的蜱螨性疾病可分为两大类，即蜱螨源性疾病和蜱螨媒性疾病。

（一）蜱螨源性疾病

蜱螨源性疾病是由蜱螨直接引起的，其主要蜱螨源性疾病见表3.2。

（二）蜱螨媒性疾病

蜱螨媒性疾病是由蜱螨传播病原体而引起的，其主要蜱螨媒性疾病见表3.3。

表3.2 主要蜱螨源性疾病一览表

疾病	病原	分布
蜱瘫痪(tick paralysis)	蜱瘫毒素	中国、美国、加拿大、澳大利亚、非洲、英国、法国、前苏联地区等
疥疮(scabies)	疥螨(*Sarcoptes*)	世界性
蠕形螨病	毛囊蠕形螨、皮脂蠕形螨	世界性
螨性酒糟鼻	毛囊蠕形螨、皮脂蠕形螨	世界性
肺螨病(pulmonary acariasis)	粉螨、跗线螨、革螨(西密肺刺螨 *Pneumonyssus simicola* 和窦氏肺刺螨 *Pneumonyssus duttoni*)、肉食螨、尘螨	日本、中国等
肠螨病(intestinal acariasis)	粉螨、尘螨	广泛
尿螨病(urinary acariasis)	粉螨、跗线螨、蒲螨	比利时、中国等
螨性哮喘	尘螨、粉螨	世界性
螨性皮炎	蜱、恙螨、革螨、蒲螨(*Pyemotes*)、粉螨、尘螨、肉食螨(*Cheyletus*)、跗线螨(*Tarsonemus*)	世界性
过敏性鼻炎	尘螨、粉螨	广泛
组织螨病(organic acariasis)	人跗线螨(*Tarsonemus hominis*)、谷跗线螨(*Tarsonemus granarius*)	广泛
谷痒症(grain itch)	赫氏蒲螨(*Pyemotes herfsi*)、麦蒲螨(*Pyemotes tritici*)	广泛

表3.3 主要蜱螨媒性疾病一览表

传播疾病	病原体	媒介	媒介与病原体、人之间的关系
森林脑炎(forest encephalitis)	森林脑炎病毒(远东亚型)(forest encephalitis virus)	全沟硬蜱、森林革蜱、嗜群血蜱、日本血蜱	病原体在蜱肠细胞和其他组织内繁殖,并经期传递、经卵传递,人兽因被蜱叮刺而受染
森林脑炎(forest encephalitis)	森林脑炎病毒(欧洲亚型)(forest encephalitis virus)	蓖子硬蜱、边缘革蜱、网纹革蜱、刻点血蜱、缺角血蜱、嗜群血蜱、六角硬蜱	病原体在蜱肠细胞和其他组织内繁殖,并经期传递、经卵传递,人兽因被蜱叮刺而受染
苏格兰脑炎(Scotland encephalitis)	苏格兰脑炎病毒(louping ill virus)又称羊跳跃病病毒(louping ill virus, LIV)	蓖子硬蜱等	病原体在蜱体内繁殖,人因被蜱叮刺而受染

续表

传播疾病	病原体	媒介	媒介与病原体、人之间的关系
波瓦桑脑炎(Powassan encephalitis)	波瓦桑病毒(Powassan virus)	革蜱、硬蜱、血蜱属的一些种,如安氏革蜱、谷氏硬蜱(*Ixodes cookei*)、全沟硬蜱、长角血蜱、马克斯革蜱、库克硬蜱、刺须硬蜱	病原体在蜱组织中繁殖、并经期传递,人因被蜱叮刺而受染
内罗毕绵羊病(Nairobi sheep disease)	内罗毕绵羊病病毒(Nairobi sheep disease virus,NSDV)	花蜱属(*Amblyomma*)、扇头蜱属(*Rhipicephalus*)具肢扇头蜱(*Rhipicephalus appendiculatus*)	人被带毒硬蜱叮咬引起感染,并能经变态传递,经卵传递
凯萨努尔森林病(Kyasanur forest disease)	凯萨努尔森林病毒(Kyasanur forest disease virus)	血蜱属距刺血蜱(*Hemaphysalis spinigera*)、斑鸠血蜱(*Hemaphysalis paraturturis*);鼯鼠硬蜱、锡兰硬蜱、金泽革蜱、镰形扇头蜱	病原体在蜱体内繁殖,并经期传递,经卵传递,可叮刺播,为媒介和储存宿主
发热伴血小板减少综合征(severe fever with thrombocytopenia syndrome)	发热伴血小板减少综合征病毒(severe fever with thrombocytopenia syndrome virus,SFTSV)	硬蜱属(*Ixodes*)、花蜱属(*Amblyomma*)、革蜱属(*Dermacentor*)、血蜱属(*Haemaphysalis*)	人由蜱叮咬传播
淋巴细胞脉络丛脑膜炎(lymphocytic choriomeningitis,LCM)	淋巴细胞脉络丛脑膜炎病毒(lymphocytic choriomeningitis virus,LCMV)	革螨:敏捷厉螨(*Laelaps agilis*)、柏氏禽刺螨、血红异皮螨、阿尔及利亚厉螨(*Laelaps algericus*)和鼷鼠赫刺螨(*Hirstionyssus musculi*)等	病毒可通过乳液、唾液、尿和机械方式传播。直接接触感染动物的尿或被尿污染的媒介物可成为最主要的传播方式;吸入或黏膜接触病毒是最常见的感染途径。其中革螨可能通过叮咬活动参与本病的循环
肾综合征出血热(hemorrhagic fever with renal syndrome,HFRS)	汉坦病毒属(*Hantavirus*)	格氏血厉螨、柏氏禽刺螨(*Haemolaelaps glasgowi*)等革螨、小盾纤恙螨(*Leptotrombidium scutellare*)	本病为多途径传播,其中动物源性传播为主要传播途径,包括通过伤口、呼吸道和消化道传播等。病原体在螨体内繁殖,并经期传递、经卵传递,可叮刺传播,恙螨经卵传递,有媒介和储存宿主作用
克里米亚-刚果出血热(Crimean-Congo hemorrhagic fever)(蜱媒出血热)	克里米亚-刚果出血热病毒	璃眼蜱属(*Hyalomma*)的一些种	病原体在蜱肠细胞等组织内繁殖,并经期传递、经卵传递,人因被蜱叮咬而受染,蜱为媒介并兼储存宿主

续表

传播疾病	病原体	媒介	媒介与病原体、人之间的关系
鄂木斯克出血热(Omsk hemorrhagic fever)	鄂木斯克出血热病毒	硬蜱、血蜱、革蜱属的一些种，如沼泽硬蜱、泰加硬蜱、网纹革蜱(*Dermacentor reticulatus*)、边缘革蜱(*Dermacentor marginatus*)	病原体在蜱肠细胞等组织内繁殖，并经期传递、经卵传递，人因被蜱叮咬而受染，蜱为媒介并兼储存宿主
科罗拉多蜱媒热(Colorado tick fever)	科罗拉多蜱媒热病毒(Colorado tick fever virus)	革蜱属(*Dermacentor*)安氏革蜱、西方革蜱、白纹革蜱、盾孔革蜱，沼兔血蜱、耳蜱属等	人因被蜱叮咬而受染
伊塞克湖热(Issyk-Kul fever)	伊塞克湖病毒(Issyk-Kul virus)	硬蜱属(*Ixodes*)简蝠硬蜱、锐缘蜱属(*Argas*)蝙蝠锐缘蜱	经蜱叮刺传播
Q热(Q-fever)	贝氏立克次体(*Rickettsia burneti*)(贝氏柯克斯体Coxiella burnetii)	硬蜱科(Ixodidae)及软蜱科(Argasidae)各属；血厉螨、血革螨属等革螨	病原体在肠细胞及其他组织内繁殖，并经期传递、经卵传递，人因被蜱叮咬、蜱粪污染而受染，但一般多因接触感染性动物而受染，蜱、革螨为媒介和储存宿主
北亚蜱媒斑点热(North - Asian tick - borne typhus)(西伯利亚蜱媒斑疹伤寒，Siberian tick typhus)	北亚立克次体(*Rickettsia sibirica*)	硬蜱、软蜱及革螨的某些种类	病原体在肠细胞及其他组织内繁殖，并经期传递，经卵传递，人因被蜱叮咬、蜱粪污染而受染，但一般多因接触感染性动物而受染，蜱、革螨为媒介和储存宿主
落基山斑点热(Rock Mountain spotted fever)	立氏立克次体(*Rickettsia rickettsii*)	硬蜱科(Ixodes)及软蜱科(Argasidae)各属 安氏革蜱、变异革蜱	病原体在蜱肠细胞及其他组织内繁殖，并经期传递、经卵传递，人因被蜱叮咬而受染
纽扣热(boutnnncuse)(马塞热，Marscillcs fevers)	康诺尔立克次体(*Rickettsia conorii*)	硬蜱(Ixodidae)属及钝缘蜱属(*Ornithodoros*)	病原体在蜱肠细胞及其他组织内繁殖，并经期传递、经卵传递，人因被蜱叮咬而受染
南欧斑疹热(spotted fever)	立克次体(*Rickettsia*)	扇头蜱属(*Rhipicephalus*)、血蜱属(*Haemaphysalis*)、花蜱属(*Amblyomma*)、扇头蜱属(*Rhipicephalus*)、璃眼蜱属(*Hyalomma*)	人因被蜱叮咬而受染
日本斑疹热(Japanese spotted fever)	斑疹热组立克次体(*Rickettsia*)	革蜱属(*Dermacentor*)、血蜱属(*Haemaphysalis*)、硬蜱属(*Ixodes*)	人因被蜱叮咬而受染

续表

传播疾病	病原体	媒介	媒介与病原体、人之间的关系
立克次体痘(rickettsial pox)	螨型立克次体(*Rickettsia akari*)	革螨：血红异皮螨、柏氏禽刺螨(*Ornithonyssus bacoti*)和毒厉螨(*Laelaps echidninus*)	病原体在螨肠内细胞或其他组织内繁殖，并经期传递、经卵传递，人因被螨或若螨叮咬而受染，或通过食入被螨污染的食物而受染
人埃立克体病(human ehrlichiosis)	埃立克体(*Ehrlichia*)	硬蜱属(*Ixodes*)、花蜱属(*Amblyomma*)、革蜱属(*Dermacentor*)、血蜱属(*Haemaphysalis*)血红扇头蜱	人因被蜱叮咬而受染
北昆士兰蜱媒斑疹伤寒(tick-borne typhus)	澳大利亚立克次体	硬蜱属(*Ixodes*)紫环硬蜱	人因被硬蜱叮咬而受染
南非蜱媒立克次体病(南非蜱咬热)(African tick-bite fever, ATBF)	非洲立克次体(*Rickettsia africae*)	花蜱属(*Amblyomma*)、扇头蜱属(*Rhipicephalus*)、血蜱属(*Haemaphysalis*)	病原体在蜱组织繁殖，并经期传递，经卵传递，人因被蜱叮咬而受染
阵发性立克次体病(paroxysmal rickettsiosis)	鲁氏立克次体(*Rickettsia rutchkouskyi*)	蓖子硬蜱(*Ixodes ricinus*)	病原体在蜱体内繁殖，人因被蜱叮咬而受染
恙虫病(tsutsugamushi disease)	恙虫病立克次体(*Rickettsia tsutsugamushi*)	纤恙螨(*Leptotrombidium*)地里纤恙螨(*Leptotrombidium deliense*)、小盾纤恙螨(*L. scutellare*)、高湖纤恙螨(*L. kaohuense*)	病原体在螨肠细胞等组织中繁殖，经卵传递，人经恙螨幼虫叮咬而受染
蜱媒回归热(tick-borne recurrens, spirochaetosi)	包柔螺旋体(*Borrelia*)	钝缘蜱(*Ornithodoros*)	病原体在蜱肠外(卵巢、涎腺、基节腺等)多种器官组织中繁殖，经卵传递多代，人经蜱叮咬或经基节液污染而受染。蜱并为储存宿主
莱姆病(Lyme disease)	伯氏疏螺旋体(*Borrelia burgdorferi*)	硬蜱：肩突硬蜱、全沟硬蜱(*Ixodes persulcatus*)、蓖子硬蜱(*Ixodes ricinus*)等，血蜱属(*Haemaphysalis*)、嗜群血蜱(*Haemaphysalis concinna*)	病原体在蜱肠内繁殖，人被蜱叮咬而受染

续表

传播疾病	病原体	媒介	媒介与病原体、人之间的关系
钩端螺旋体病(leptospirosis)	钩端螺旋体(*Leptospira*)	革螨:柏氏禽刺螨、土耳克厉螨(*Laelaps turkestanicus*)和脂刺血革螨(*Haemogamasus liponyssoides*)	主要传播方式是人与污染的水源间接接触,也可经胎盘、消化道、直接接触及其他方式传播。革螨可能通过叮咬、吸血活动传播病原体
布鲁菌病(Brucellosis)	布鲁菌(*Brucella*)	革螨:克氏真厉螨(*Eulaelaps kolpakovae*)、黄鼠血革螨(*Haemogamasus citelli*)、鼷鼠赫刺螨和子午赫刺螨(*Hirstionyssus meridianus*)等	主要传播途径为直接接触皮肤而感染,也可通过呼吸道黏膜、眼结膜和性器官黏膜感染。媒螨可能通过叮咬传播病原体
土拉菌病(兔热病)(tularemia)	土拉弗朗西斯菌(*Francisella tularensis*)	花蜱属(*Amblyomma*)、革蜱属(*Dermacentor*)、血蜱属(*Haemaphysalis*)、硬蜱属(*Ixodes*)	病原体在蜱肠和马氏管内繁殖,垂直传播,人经蜱叮咬或蜱粪污染伤口而受染
鹦鹉热(psittacosis)	鹦鹉热嗜衣原体(*Chlamydia psittaci*)	革螨:鸡皮刺螨	主要感染途径是禽鸟类吸入随粪便干末、尘埃四处飞扬的衣原体,还可通过消化道、皮肤侵入和吸血昆虫叮咬感染。鸡皮刺螨可能通过叮咬传播病原体
巴贝斯虫病(Babeseosis)	巴贝斯虫(*Babesia*)	硬蜱属(*Ixodes*)蓖子硬蜱(*Ixodes ricinus*)、全沟硬蜱(*Ixodes persulcatus*)等,扇头蜱属(*Rhipicephalus*)	病原体在蜱肠细胞、卵巢等组织中繁殖,垂直传递,人经未成熟蜱的叮咬而受染
无形体病(human granulocytic anaplasmosis, HGA)	嗜吞噬细胞无形体(*Anaplasma phagocytophilum*)	硬蜱属(*Ixodes*)肩突硬蜱(*Ixodes scapularis*)、蓖子硬蜱等	蜱叮咬携带病原体的宿主动物后再叮咬人,病原体可随之进入人体
拟棉鼠丝虫病	卡氏拟棉鼠丝虫(*Litomosoides carinii*)	革螨:柏氏禽刺螨(*Ornithonyssus bacoti*)	当媒介螨吸血时,微丝蚴即进入螨胃,一段时间后进入血腔,在血腔或脂肪体内发育。当阳性螨叮咬宿主时,感染期幼虫即从被螨口器刺破的皮肤伤口钻入皮下而感染

续表

传播疾病	病原体	媒介	媒介与病原体、人之间的关系
绦虫病(cestodiasis)(扩张莫氏绦虫病、多头绦虫病、黄鼠栉帮绦虫病、梳状莫斯绦虫病、立氏副裸头绦虫病、横转副裸头绦虫病等)	扩张莫氏绦虫(*Moniezia expansa*) 多头绦虫(*Multiceps multiceps*) 黄鼠栉帮绦虫(*Ctenotaenia citelli*) 梳状莫斯绦虫(*Mosgovoyia pectinata*) 立氏副裸头绦虫(*Paranoplocephala ryjikovi*) 横转副裸头绦虫(*Paranoplocephala transversaria*)	甲螨	人误食虫卵而感染

第二节　蜱螨性疾病的流行病学

蜱螨流行病学是研究蜱螨性疾病的发生、发展、分布规律及其影响因素，并制定预防、控制或消灭蜱螨性疾病的对策和措施的科学。其流行过程的基本环节和基本特征均有自身的规律性，并受自然因素和社会因素的影响。若能正确认识蜱螨性疾病流行过程的规律性，及时采取有效措施，即可阻止疾病的流行，从而达到控制甚至消灭疾病的目的。

一、流行环节

蜱螨性疾病的流行与传播必须具备传染源、传播途径和易感人群三个环节。缺少其中的任何一个环节，新的传染就不会发生，也不可能形成流行。同样，三个环节若孤立存在，也不能引起疾病的传播。所以三个环节必须同时存在、相互联系，方能构成疾病的流行。

(一)基本环节

1. 传染源(source of infection)

传染源是病原体赖以繁衍其种属的宿主机体。凡在体内有病原体寄生繁殖、且能以某种方式排出病原体的人或动物，即是传染源，包括病人、病原携带者和受感染的动物。

蜱螨性疾病常以受感染的人作为传染源，如蠕形螨感染者和患者、疥疮患者，其病原体常可经直接接触或间接接触而传播。有些蜱螨媒性疾病常以受感染的动物作为传染源，而且多以野生动物作为主要传染源，如森林脑炎、莱姆病、蜱媒回归热、蜱媒出血热、恙虫病等。

2. 传播途径(route of transmission)

传播途径是病原体从传染源体内排出后并侵入另一易感宿主机体之前在外界环境中停

留和转移所经历的全过程。病原体在外环境中必须依附于一定的媒介物(如空气、食物、水、蝇、日常生活用品等),这些参与病原体传播的媒介物称为传播因素。各种疾病在传播过程中所借助的传播因素可以是单一的,也可以是多因素的。一般有以下几种:

(1) 经接触传播(contact transmission):包括直接接触传播和间接接触传播。通过接触带有病原体的排泄物、分泌物及其污染的物品等,可经破损的皮肤、黏膜而感染。如疥螨可经直接接触患者皮肤而传播;鹦鹉热(psittacosis)多因接触鸟类或羽毛制品而感染;接触粉螨、蒲螨、跗线螨、肉食螨等引起皮炎。经直接接触传播大多引起散在的病例发生,病例的多少与接触的频繁程度有关。

(2) 经空气传播(air-borne transmission):包括经飞沫传播、经飞沫核传播、经尘埃传播3种方式。如吸入粉螨、跗线螨、尘螨等引起肺螨病,吸入尘螨、粉螨性过敏原,引起过敏性哮喘、过敏性鼻炎。疾病的流行强度往往与人们的居住条件、人口密度、人群中易感人口所占的比例及卫生条件等因素密切相关。

(3) 经食物传播(food-borne transmission):食物传播的作用与病原体的特性、食物的性质、污染的程度、食用方式及人们的生活习惯等因素有关。如食入被粉螨类污染的食物而引起的肠螨症。

(4) 经媒介传播(vector-borne transmission 或 vector transmission):蜱螨媒性疾病均为媒介传播,其传播方式因各媒介生活史、吸血习性以及病原体排出方式的不同而有所差异。如硬蜱各发育期只吸血1次,故其传病方式均为经期传递和(或)经卵传递,主要经叮刺注入病原体,少数病原体还可经蜱粪污染而感染。软蜱由于成蜱可多次吸血,故可经叮刺传播及经期传递、经卵传递;并且有的软蜱还可经基节腺排出病原体污染伤口传播。革螨成螨多次吸血,可传播病原体,亦可经期传递、经卵传递病原体。

3. 易感人群(susceptible population)

易感人群是对病原体缺乏免疫力或免疫力低下而处于易感状态的人群。一般说来,人体对蜱螨性疾病为普遍易感。因此,控制易感人群进入流行区,采取有效防控措施,积极研制疫苗,进行预防接种,做好个人和集体防护都是很有必要的。

(二) 流行因素

影响蜱螨媒性疾病流行过程的因素复杂,可概括为自然因素和社会因素两个方面。

1. 自然因素

包括气候(温度、雨量、光照等)、地理、土壤、动物及植物等,其中最明显的是气候因素与地理因素。由于蜱螨媒性疾病一般都有地方性和季节性的特点,即与这些因素有关。

气温既影响蜱螨的活动、发育、滞育和越冬,也影响病原体在媒介体内的发育,如森林脑炎的媒介全沟硬蜱在我国东北地区从3月上、中旬起,越冬成蜱开始活动,5月为活动高峰。研究认为,温度的升高可能加速蜱发育、延长蜱发育周期、增加蜱产卵量等,以增加蜱密度,从而影响蜱媒性疾病发病率,甚至会改变疫源地分布范围。在荷兰,气候变化可影响蜱的数量进而可导致莱姆病与立克次体病发生率的增加。

地理因素包括地形、地貌、植被、海拔和纬度等对蜱螨媒性疾病的流行也有影响。例如,沿河川小溪的河谷可能是蜱媒脑炎、肾综合征出血热(流行性出血热)、钩端螺旋体病的自然疫源地;沿湖、沼泽多的地段和草原及森林和草原结合的地方,可能同时存在蜱媒脑炎、蜱媒回归热和钩端螺旋体病的自然疫源地。地貌主要通过海拔高度和坡向影响水热的再分配，进而对媒介蜱及其宿主动物的分布产生影响。植被除了能够为宿主和媒介提供适宜的生活环境外，还可为部分宿主动物提供丰富的食物。蜱密度与森林类型和林型结构密切相关，落叶林和针阔混交林中蜱密度较高，针叶林和无林覆盖区中蜱密度则较小。

2. 社会因素

包括人们的生产或生活活动、经济状况、居住环境、卫生条件、风俗习惯、医疗设施和交通运输及旅游交往等，对流行过程有很大影响。如森林脑炎在我国东北林区多见于林业工人、林区放牧人员等，然而近年随副业的发展，妇女儿童进山采集蘑菇、木耳、山果等，发病率也有增长；又由于旅游业的兴起，到森林野营、野餐、游览者也常被感染。又如在某些省区冬季兴修水利及露宿有可能感染肾综合征出血热(流行性出血热)。

社会因素不仅能促进蜱螨媒性疾病的传播蔓延，而且也能有效地防治和控制这些疾病的流行。总之，自然因素和社会因素常相互作用，共同影响蜱螨媒性疾病的传播流行。

二、流行特征

蜱螨媒性疾病的流行过程在自然因素和社会因素的影响下，表现出多种流行病学特征。有关重要的蜱螨媒性疾病的流行特征概括于表3.4。

表3.4　重要蜱螨媒性疾病的流行特征

病名	分布	流行季节	易感人群
森林脑炎	俄罗斯远东地区、亚洲北部、朝鲜、马来西亚、中国的东部及新疆地区、美洲	春夏	进入林区人员
波瓦桑脑炎	加拿大、美国、北欧、俄罗斯东部	夏季	儿童
苏格兰脑炎	苏格兰、北爱尔兰、威尔士、爱尔兰	春夏	牧羊、剪羊毛人员
克里米亚-刚果(新疆)出血热	前苏联、保加利亚、希腊、土耳其、匈牙利、前南斯拉夫、法国、埃及、葡萄牙、尼日利亚、埃塞俄比亚、坦桑尼亚、乌干达、肯尼亚、津巴布韦、中非、南非、伊拉克、伊朗、阿富汗、巴基斯坦、印度、中国等30多个国家和地区	3~6月	青壮年牧民
恙虫病	东南亚、澳大利亚、南太平洋地区、中国	南方：夏季 北方：秋冬	接触草地人员
Q热	分布广泛，中国	多途径传播、无季节性	接触家畜羊羔及其皮、毛、肉、奶的人员
落基山斑点热	南北美洲	夏季	在森林里的工作者
立克次体痘	美国、前苏联地区、朝鲜	全年有，春夏季多	城镇媒介螨接触者

续表

病名	分布	流行季节	易感人群
蜱媒斑疹伤寒	地中海、黑海里海地区、东南亚、南亚、非洲	夏季	犬蜱接触者
北亚蜱媒立克次体病	前苏联地区、太平洋沿岸到乌拉尔山地区、蒙古国、印度、中国	3～11月	鼠蜱接触者
土拉菌病	北半球:前苏联地区、美国、中国	多途径传播、无季节性	猎人,皮、毛、肉加工人员、农牧民
蜱媒回归热	亚洲、非洲、欧洲、美洲	春夏	筑路、水利工作、野营
莱姆病	美洲、欧洲、亚洲、非洲、大洋洲	夏季	户外:林区
巴贝斯虫病	苏格兰、爱尔兰、法国、美国、墨西哥、前南斯拉夫地区	春季	进入牛、马巴贝斯虫流行区
凯萨努尔森林病	印度卡纳塔克邦的热带雨林	旱季	进入森林区
鄂木斯克出血热	俄罗斯鄂木斯克地区、西伯利亚和新西伯利亚地区、库尔干、哈萨克斯坦	5～9月,春、秋高峰	湖泊森林草原地区的青壮年农民
肾综合征出血热(流行性出血热)	欧洲、亚洲	秋冬 春夏	户外作业:野鼠型 家里:家鼠型

(一)地方性

蜱螨媒性疾病的流行常具有一定的地方性或区域性。这是因为这些疾病的分布与媒介蜱螨的分布相一致。例如蜱媒回归热有严格的地区性,大多限于有钝缘蜱属的软蜱地区,我国仅见于新疆及西部边缘省份。又如莱姆病在世界上广泛分布于分隔地区,即有媒介硬蜱的地区。另外,主要储存宿主的分布和密度也与疾病的地区性有关。

(二)季节性

蜱螨媒性疾病的流行往往有明显的季节性,原因是引起疾病流行的病原体或其宿主活动有季节性,同时人类活动随着季节变化而接触病原体的机会有季节性。

一些蜱螨媒性疾病的传播流行季节与媒介蜱螨出现的季节和消长相关。例如,我国东北林区的森林脑炎主要由全沟硬蜱传播,全沟硬蜱每年3月末或4月初出现,5月中旬达高峰,以后渐下降,8月便很少见。与此同时,森林脑炎病人常由4月末开始出现,5月份病例数开始增多,一般在6月上、中旬达高峰,以后渐下降,7月后病人即少见。恙虫病在我国南方诸省均属夏季型,以7、8月发病最多,与南方的主要传播媒介地里纤恙螨的季节消长相关。而近年江苏、山东等地北方发现的恙虫病属秋冬型,9月开始发现病人,10～11月达最高峰,12月直线下降以至消失,与当地小盾纤恙螨的季节消长相一致。发热伴血小板减少综合征(SFTS)主要分布于我国河南、湖北、安徽、山东、江苏、辽宁等省份的山地丘陵地区,该病发病时间分布与蜱的活跃季节高度吻合,多发于4～10月,高峰期为5～7月。

（三）周期性

有些蜱螨媒性疾病（如肾综合征出血热、钩端螺旋体病）经过一个相当规律的时间间隔，呈现规律性的流行，此现象称为周期性。通常每隔1、2年或几年后发生一次流行。周期性流行间隔的长短，取决于易感人群补充积累的速度及病原体变异的速度，速度愈快周期愈短。发生周期性的条件是可以变动的，因此周期性也可以变动或消失。

（四）自然疫源性

自然疫源性是指某些疾病的病原体在某一特定地方的自然条件下，即使没有人类或驯养动物的参与，也能因存在某种特有的传染源、传播媒介和易感宿主动物而长期在环境中存在，而人或驯养动物对这类病原体在自然界的存在来说不是必要的。例如森林脑炎存在于原始森林中，其病原体森林脑炎病毒在全沟硬蜱和某些动物宿主中循环往复，当人进入森林时若被带有病毒的蜱叮咬而感染，这种现象称为疾病的自然疫源性。

1. 自然疫源学说

20世纪30年代后期，前苏联生理学家巴甫洛夫斯基从远东地区开垦原始森林的伐木工人感染蜱传森林脑炎等疾病调查研究的基础上，结合前人的经验，首次提出了虫媒疾病的自然疫源性学说，即"虫媒疾病的自然疫源性是一种生物学现象，即病原体、特异性传播媒介和动物储存宿主三者在它们的世代更迭中都无限期地存在于自然环境之中，它们的存在无论是在以往的进化过程中，还是在进化的现阶段都不取决于人类"。这些病原体在自然条件下，没有人类的参与，通过媒介（绝大多数是吸血节肢动物）感染宿主（主要是野生脊椎动物，尤其是兽类、啮齿类和鸟类）造成流行，并长期在自然界循环延续其后代。当有人类介入时，病原体可感染人类并可能发生疾病，甚至在人类形成疾病流行。

从生物进化观点来看，可以将自然疫源性看作是生物进化演变的产物，病原体的祖先在进化演变过程中与某些特定的生物群落发生了联系，从自由生活方式逐步寄生于特定的宿主，进而获得寄生于人体的能力。在过去，自然疫源性的疾病都是指虫媒传染病，但现在已不限于虫媒传染病。某些非虫媒传染病，例如钩端螺旋体病、血吸虫病、布鲁菌病、狂犬病等也列为自然疫源性疾病。其传播媒介也不限于节肢动物，可以是钉螺、非生物（如水、空气等），或者说是一种生态条件。

自然疫源学说具有重要的医学和生物学意义。首先，可用于流行病学预测。人们可根据某种地形地貌、一定的地理条件中存在的生物群落，来预测有无某种自然疫源性疾病存在的可能。例如，我国东北地区，森林脑炎的地区分布与硬蜱，尤其是全沟硬蜱的分布相吻合，而原始的针、阔叶混交林乃是本病的原始自然疫源地。因而，在开发任何原始的针阔叶混交林前，应查明是否存在森林脑炎的自然疫源地，以便采取措施做好预防工作。其次，可指导人们从事经济开发活动，一方面避免导致新的自然疫源地的形成，另一方面有计划地破坏以至消灭原有的自然疫源地。

2. 自然疫源地

在一定自然环境下，存在自然疫源性疾病的地域称为自然疫源地（natural epidemic focus）。它是特定自然景观中由病原体、传播媒介和宿主动物构成的特殊生态系统。在自然疫源地内，某些野生动物体内长期保存着某些传染性病原体，即使没有人类的参与，也能通过特殊媒介感染易感宿主动物造成流行，并长期在自然界中循环延续。当人类进入这些地区可能受到感染并发病，甚至在人与人之间流行。

过去认为自然疫源地的存在与人类活动无关，但现在公认自然疫源地与人类活动的关系非常密切。从生物学角度来说，自然疫源地中的病原体、传播媒介和动物宿主都是一定地理景观中生物群落的一部分。它们在长期的进化过程中，相互联系，彼此影响，并保持相对平衡。假如这个特定生物群落的相对平衡被破坏，势必导致宿主动物和媒介数量的下降，甚至完全消灭，此时病原体也即随之消失，自然疫源地也将不复存在。例如森林脑炎的自然疫源地的特点是在一定的气候季节，一定的植被、土壤及适宜的微小气候中栖息的蜱作为媒介、体内储存森林脑炎病毒的啮齿动物及正常啮齿动物。在这样的地理景观中，蜱、森林脑炎病毒、啮齿动物形成特定的生物群落，病原体得以在蜱和啮齿动物间循环。森林被砍伐后，植被、土壤、光照等一系列自然因素都随之发生显著改变，继而导致啮齿动物和蜱类的种群数量大幅度下降，原来的森林脑炎自然疫源地也随之消失。但有时亦可使疫源地扩大，结果形成所谓的“经济疫源地”。例如，美国森林保护和野生动物保护规划的实施，使莱姆病媒介蜱类的动物宿主(野鹿)大量繁殖，并将媒介蜱带到人类活动区域，造成莱姆病自然疫源地的扩大和在人群中的广泛流行。

根据疫源地存在历史的久暂以及人类活动介入时间的长短和影响的程度，可将自然疫源地分为原发型自然疫源地和继发型自然疫源地。

(1) 原发型自然疫源地：存在历史久远、人类未曾到达或基本未曾涉足、完全未曾受过或基本未曾受过人类活动影响的原始地区(如原始森林、荒漠、荒原等)的自然疫源地称作原发型自然疫源地。在这种疫源地内，病原体只在其宿主和病媒生物中不断地循环、繁衍，当有人类因各种原因而偶然进入这一地区时，就可能受到感染甚至参与到保存病原体的循环中。原发型自然疫源地内一般都存在着许多基础疫源地，在动物病流行的间歇期，基础疫源地的数目可能逐渐减少，但到动物病再次暴发流行时，则又可能波及整个疫源地内，并重新形成若干新的基础疫源地。对鼠疫、蜱媒脑炎、利什曼病等一些已经了解较多的自然疫源性疾病，相对而言能够较容易地发现并界定其原发型疫源地的范围。而对登革热、弓形虫病、血吸虫病等自然疫源性疾病，虽然流行已久，但是因近年来研究逐渐深入，人们提高了对疾病的认知，才被确定为具有自然疫源性的疾病，已经较难发现其原发型疫源地的存在了。

(2) 继发型自然疫源地：与原发型自然疫源地相反，因受人类活动影响而形成的自然疫源地称作继发型自然疫源地。人类由于生产、生活的需要，不断地开垦荒地，或兴修水利、建房筑路、饲养家畜家禽，从而在或大或小的范围内改变了一个地区原来的自然面貌和生态环境。这种改变可能使某种自然疫源性疾病的原发型疫源地面积缩小甚至彻底消失，也可能相反，使原有的疫源地面积扩大甚至形成新的疫源地。在这种疫源地内，病原体不仅在野生动物中循环，而且也在家畜家禽和与人居关系密切的野生动物中循环。继发型自然疫源地常见于牧区和广大的熟垦区，例如，村镇型蜱媒回归热、流行性乙型脑炎等的疫源地。

人类活动对原发型疫源地的破坏可能导致以下4种结果：① 原发型疫源地中的宿主动物携带着病原体(可能还有其病媒生物)向周围地区扩散，在适应新环境的过程中可能又会有新的宿主动物与病媒参与进来，从而形成继发型疫源地。② 环境改变导致的宿主动物携带着病原体及病媒生物的外迁影响到家畜或新的动物群体，进而发生病原体主要宿主的转移，形成与原来的疫源地内容不同的继发型疫源地。③ 原有生态环境的改变导致周围地区其他类群的动物“入侵”,与“土著种”共享同一生态空间,随着时间的推移逐渐改变了原有的生物群落结构,从而形成了内容不同的继发型疫源地。④ 人为地、不经意地将自然疫源地中携带有病原体的动物和/或病媒生物引入到具有对该病原体高度易感的动物和人群的地区,从而导致这种疾病的迅速传播,甚至形成新的继发型疫源地。随着交通运输便捷、人员物资交流频繁、经济日益全球化的迅速发展,对人类的经济活动可能造成的某些自然疫源性疾病继发型疫源地产生的危险需提高警惕。

3. 自然疫源性疾病及其特点

自然疫源性疾病(disease of natural focus)是指病原体不依赖于人类即能在自然界生存繁殖,并只在一定条件下通过病媒生物才能传染给人或家畜的疾病,如狂犬病、日本乙型脑炎、布鲁菌病和钩端螺旋体病等。

按照原始定义,自然疫源性疾病必须既是人兽共患病(zoonosis),又是一种狭义的病媒生物性疾病。狭义的病媒生物性疾病是指传染病流行的三个环节中的生物性传播因素,即有关的医学节肢动物。人兽共患病、病媒生物性疾病及按原始定义的自然疫源性疾病三者之间的关系,可以概括为:病媒生物性疾病与自然疫源性疾病是整体与部分的关系,后者是前者的一部分;病媒生物性疾病与人兽共患病是绝大部分重叠的关系。长期以来,自然疫源性疾病的概念并未被欧美学者所接受和应用,在英文文献里也很少检索到“disease of natural focus”相关文献,取而代之的是人兽共患病。1959年,世界卫生组织(WHO)与粮农组织(FAO)联合成立的人兽共患病专家委员会(The Expert on Zoonoses),将人兽共患病定义为:在人类和脊椎动物之间自然传播的疾病和感染,即人类和脊椎动物由共同病原体引起的、在流行病学上又有关联的疾病。目前,自然疫源性疾病的概念仅在俄罗斯与我国使用,而且我国对该概念的使用已远远超出其原始定义的范围。

与其他感染性疾病或传染病相比较,自然疫源性疾病主要有以下特点:① 病原体能够寄生的宿主是在长期进化过程中形成的,可感染动物(家畜、野生动物),也可感染人,但以感染动物为主。② 病原体在自然界中原就存在、并非人为所致。③ 人类感染或该病流行对自然界保存和维持病原体并非必不可少的因素。④ 在自然条件下可通过媒介传给健康动物宿主(主要是野生脊椎动物,尤其是兽和鸟),而使疾病在动物间长期流行或携带病原体长期循环延续。

在流行病学上,自然疫源性疾病具有明显的区域性、季节性、职业性、新发和突发性、临床表现多样性和高危害性,并受人类活动的影响。

(1) 明显的区域性:由于自然疫源性疾病的病原体只在特定的生物群落中循环,而特定的生物群落又只存在于一定的地理景观的范围之内,受气温、季风、雨水丰沛度等气候条件和江河湖海、森林等影响,形成了特定的生态环境,而特定生态环境与特定自然疫源性疾病的流行相关联。因此,自然疫源性疾病具有非常明显的地域性,甚至表现为严格的地域性。例如森林脑炎病原体在硬蜱与小型兽类间循环,而这个循环存在于北半球寒温带森林;新疆出血热的病原体在璃眼蜱与小型兽类间循环,这个循环存在于南北疆胡杨、红柳荒漠地带。

(2) 明显的季节性:由于自然疫源地的生态系统随季节的变化而变化,从而形成了自然疫源性疾病的季节性。另外,自然疫源性疾病的发生与宿主动物及媒介节肢动物的密度、活跃程度关系密切,而这一切又多与季节密切相关。因此,自然疫源性疾病有明显的季节性。例如森林脑炎的流行与媒介全沟硬蜱的季节消长相关,主要发生在5~8月,6月为流行高峰；克里米亚-刚果出血热（新疆出血热）患者集中于3月下旬至6月初，与亚洲璃眼蜱活动季节一致；恙虫病流行季节与媒介恙螨季节变化相关，地里纤恙螨为媒介的恙虫病发生于夏秋季节，小盾纤恙螨为媒介的恙虫病发生于秋冬季节。

（3）明显的职业性：多数自然疫源性疾病多发生于边远且人迹罕至的地区，因而也就多发于流动性大、野外作业多的人群。例如，森林脑炎多见于伐木工人及进入林区的人员。但也有许多例外，如钩端螺旋体病则因农民、渔民接触水较多而高发；布鲁菌病多发于牧民；发热伴血小板减少综合征发病人群以田间劳动和野外活动较多的中老年为主。

（4）新发与突发性：严重危害人类健康的新发传染病，如以埃博拉病毒病、马尔堡出血热、克里米亚-刚果出血热、沙拉出血热和肾综合征出血热为代表的病毒性出血，艾滋病、SARS、人感染禽流感、军团菌病、莱姆病等均为自然疫源性疾病。自然疫源性疾病的病原体可长期存在于人类不接触的特殊自然疫源地，人类偶然接触并感染发病，特别是某些自然疫源性疾病一旦感染人类，人类可作为传染源，人传人，具有强烈的传染性，从而造成该病的暴发流行，2003年的SARS和2014年开始的西非埃博拉病毒流行就是典型的例证。

（5）临床表现多样性：自然疫源性疾病的流行区，人类长期与其病原体接触，可表现为隐性感染和临床发病，部分疾病隐性感染率非常高，布鲁菌病90%以上为隐性感染。即使临床发病，轻重不一，大部分自然疫源性疾病为轻症患者。相对新流行区，老流行区随着流行时间延长，人类对其免疫力越强，发病人数越少，临床表现越轻。

（6）受人类经济活动影响显著：人类的活动和行为可以影响自然生态环境，而生态环境的变化可以直接影响野生动物群落，使病原体赖以生存、循环的宿主、媒介出现变化，导致自然疫源性的增强、减弱或消失，甚至引来从前在本地并不存在的新的自然疫源性疾病。例如森林被采伐破坏，导致森林脑炎病例减少或消失；连年兴修水利、建设排灌系统，大面积推广水稻种植，给黑线姬鼠栖息、繁殖提供了有利条件，数年之后上升为当地优势鼠种。由于鼠密度上升，继而就可能出现肾综合征出血热的发生和流行。自然疫源性疾病本来只存在于野生动物中，但当人类从事饲养家畜、家禽等经济活动之后，一些自然疫源性疾病的病原体可随着野生动物的驯化，渐次以家畜、家禽为主要宿主，不再依赖野生动物，布鲁菌病和钩端螺旋体病就是典型例子。

4. 自然疫源性疾病与生态的关系

由于自然疫源性疾病的发生、发展、持续保存和演变，都遵循着一定的生物学规律，并时刻受到疫源地中自然环境，即生态系统（ecosystem）变化的制约和影响。生态系统是在一定空间中共同生活的所有生物（即生物群落）与其环境之间通过不断地进行物质循环和能量转换而联合在一起的集合体，是有序作用的整体。

在长期的进化过程中，生物群落中某些原本营自由生活的微生物与同一群落中的一些高等动物发生了营养层面上的联系，逐渐形成了相对固定的寄生关系，后者成为前者的宿主，自由生活的微生物演变为寄生于宿主的病原体，并通过病媒生物，以三者共同适应的同一生态环境为依托往复循环。因此，自然疫源性疾病一般都具有地方性和景观性的特征。致病生物群落中的病原体、病媒生物和宿主动物三者之间及其种群活动节律的同步性、明显的季节性和对一定空间的共享分布，决定了自然疫源性疾病的流行病学特征。

通常年份中，在保存着某种自然疫源性疾病的疫源地内，各种生物成分的构成（病原体、宿主、媒介及环境因子中的其他动植物和微生物的内容和比例）一般处于相对平衡的状态，疾病的流行强度处于中下水平。然而，由于生态系统是一种开放性的系统，能量与物质不断地流入与流出，虽然系统本身有一定的自我调节能力，通常情况下可以保持相对的平衡与稳定，但当影响系统的各种自然的和(或)人为的因素发生剧烈变化时，常会打破系统的动态平衡，从而影响到处于该系统中的自然疫源性疾病的流行强度和发展态势。

(1) 气候因素的影响：由于长期和短期的气候变化都会作用于病原体、媒介和宿主，可影响病原体的存活、变异，在一定程度上决定了宿主和媒介的生活范围，使自然疫源性疾病谱的格局和流行病学特征发生改变，也会影响自然疫源性疾病的发生与流行。随着全球气候变暖，生态系统发生了很大的变化，不仅改变了一些病媒生物的种群数量、组成、地理分布及动态，还有利于病原体和病媒生物的繁衍与孳生，使许多自然疫源性疾病的分布范围不断扩大，如以前仅在热带地区传播的自然疫源性疾病频频出现在亚热带，甚至是温带地区。近年来，“暖冬”现象越来越明显，一些原本不能越过冬季存活的病媒生物，也在温暖的条件下生存，并成功越冬，这将进一步增加自然疫源性疾病发生和流行的风险。

(2)人为因素的影响：人类的大规模经济活动对自然疫源地所处生态系统的影响也不可小觑。例如农业开垦过度、无节制的砍伐森林、兴修水利以及生态旅游的开发建设都会不同程度地破坏或改变原有生态系统中各种生物成分的构成，使病原体赖以生存、循环的宿主、媒介发生了改变，进而导致自然疫源性的增强、减弱、甚至消失，不可避免地扩大和延展了疫源地的范围，也有可能产生新的疫源地，最终影响到处于该系统中的自然疫源性疾病的传播与流行。我国曾多次发生由于垦荒、兴修水利、筑路和森林采伐等而引起的肾综合征出血热的报道。同时，人们越来越热衷于野外探险、原生态旅游，加大了与野生动物以及病媒生物的接触机会，也增加了自然疫源性疾病发生的潜在风险。例如莱姆病的发生就是在1975～1976年人们到美国康涅狄格州的老莱姆地区砍伐后的再生林区度假，接触蜱的机会增多而造成感染发病，至今美国每年就有超过4万多病例报告，而实际感染人数可能要高出十倍。

5. 蜱螨与自然疫源性疾病

据不完全统计，目前已知的自然疫源性疾病有180余种，其病原体有8类，包括病毒、立克次体、细菌、螺旋体、原虫、蠕虫、衣原体和真菌，且新的自然疫源性疾病的病原体不断被发现。

(1) 自然疫源性病毒病：森林脑炎(蜱传脑炎)、流行性乙型脑炎、狂犬病、肾综合征出血热、裂谷热、白蛉热、登革热、黄热病、淋巴细胞脉络丛脑膜炎、苏格兰脑炎、委内瑞拉马脑炎、东方马脑炎、西方马脑炎、克里米亚-刚果出血热、鄂木斯克出血热、阿根廷出血热、玻利维亚出血热、拉沙热、禽流感、埃博拉出血热、寨卡病毒病、基孔肯雅病等。

(2) 自然疫源性立克次体病：恙虫病、流行性和地方性斑疹伤寒、Q热、地中海斑疹伤寒、亚洲立克次体热、落基山斑点热等。

(3) 自然疫源性细菌病：鼠疫、沙门菌病、结核病、李斯特菌病、土拉菌病、炭疽、非结核分枝杆菌病、布鲁菌病、鼠咬热、类鼻疽等。

(4) 自然疫源性螺旋体病：各型钩端螺旋体病、莱姆病、亚洲蜱媒回归热、非洲蜱媒回归热、波斯蜱媒回归热等。

(5) 自然疫源性原虫病：皮肤利什曼病、内脏利什曼病(黑热病)、疟疾、非洲锥虫病、美洲锥虫病、弓形虫病、隐孢子虫病、巴贝斯虫病等。

(6) 自然疫源性蠕虫病：旋毛虫病、血吸虫病、包虫病、华支睾吸虫病、肝片形吸虫病、后睾吸虫病、并殖吸虫病(肺吸虫病)、姜片虫病、曼氏迭宫绦虫病和裂头蚴病、丝虫病、广州管圆线虫病等。

(7) 自然疫源性真菌病:皮肤癣菌病、组织胞浆菌病等。

(8) 自然疫源性衣原体病:鹦鹉热。

在这些自然疫源性疾病中,蜱螨作为传播媒介和储存宿主,起着非常重要的作用,可携带并传播病原体,引起各种严重的自然疫源性疾病,如森林脑炎、苏格兰脑炎、莱姆病、恙虫病、钩端螺旋体病、肾综合征出血热、淋巴细胞脉络丛脑膜炎、立克次体病、克里米亚-刚果出血热(蜱媒出血热)、鄂木斯克出血热、落基山斑点热、Q热、布鲁菌病、土拉菌病(兔热病)、鹦鹉热、巴贝斯虫病等,给人类健康及畜牧业带来很大危害。

第三节 蜱螨性疾病的特征与诊断

蜱螨性疾病的临床表现复杂多样,其临床诊断依据主要包括流行病学资料、临床表现与特点和相关实验室检查,其中病原学检查、病原体分离和鉴定及血清免疫学检查为诊断的可靠依据。

一、蜱螨源性疾病的临床特征和诊断

蜱螨源性疾病的病程一般发展较慢,无明显的规律性。如疥疮的潜伏期通常需1个月;挪威疥疮的整个病程发展较慢,通常为1年左右,而后持续多年。如尘螨性哮喘,可有先兆症状,发作突然,持续时间短,常反复发作,病程延续可长达数十年;蒲螨性皮炎,与球腹蒲螨接触30分钟到数小时,即可出现皮疹。蠕形螨病,发病缓慢,从症状初现到后期皮肤病变是长期发展的结果,也有相当多蠕形螨感染者,临床上无自觉症状。

(一) 蜱源性疾病

蜱源性疾病的诊断首先应从流行病学角度入手,确切了解患者被蜱叮咬的病史。其次,应由患者或其亲属描述叮刺患者的病媒生物形态特征,如能取到叮刺患者的病媒生物,可进一步鉴定。

1. 临床特征

尽管蜱对宿主选择的专性程度和侵袭部位因虫种而异,但它们均常常侵袭那些不易被宿主搔抓部位的嫩薄皮肤。例如,全沟硬蜱叮刺宿主的颈部、耳后部、腋窝、阴部、腹股沟及大腿内侧等。有时,硬蜱还可钻入外耳道。通常,硬蜱对宿主的侵袭比软蜱严重,因为硬蜱的活动范围广泛,多在白天吸血,且叮刺吸血时间较长(1天~数天);而软蜱的活动场所局限,多在夜间侵扰宿主,叮刺吸血时间亦较短(仅几分钟~1小时),很少有持续叮刺吸血达到数天的。但无论是硬蜱还是软蜱,在它们叮刺吸血时宿主多不感到疼痛,故往往不容易及时发觉。蜱叮刺的局部皮肤可逐渐出现红肿甚至瘀斑,有明显痒感,常因搔抓而致继发感染,有的还可进一步发生化脓灶或溃疡。

有的硬蜱叮咬宿主后在其神经肌肉接头处分泌一种涎液毒素(神经毒素),可致宿主运动神经传导阻滞，产生上行性神经肌肉麻痹，出现“蜱瘫痪”，严重的可引起呼吸衰竭而死亡。有时蜱瘫痪可作为首发症状。

2. 诊断

蜱较大，通常为2～13 mm，虫体为类圆形或卵圆形，肉眼即可辨认。根据蜱的背盾板有无及其形态、大小和躯体背面的特征，可初步作出鉴定结果。若进一步确定虫种，则需在显微镜下观察其有无眼、气门和气门板的位置及其形状、颚体的位置及颚基形状、口下板腹面的齿及齿数等。

（二）螨源性疾病

螨的种类繁多，侵袭宿主时引起的直接危害亦多种多样。

1. 粉螨非特异侵染

(1) 临床特征：粉螨对宿主的直接危害表现多种多样：① 粉螨叮刺后，可致螨性皮炎（俗称谷痒症）、荨麻疹。② 若误食被粉螨污染的食品，则可致肠螨症，在临床上表现为腹痛、腹泻、肛门烧灼感，全身乏力，精神萎靡，甚至出现消瘦等症。③ 若吸入悬浮在空气中的粉螨，还可致肺螨症，临床症状酷似支气管炎。④ 有时粉螨可侵袭泌尿道，引起尿螨症，患者出现尿路刺激症状或夜尿症等，甚至可发生尿路继发感染。

(2) 诊断：除了详细询问病史、进行体检外，在体表、粪便、痰液或尿液中找到粉螨是确诊的依据。因粉螨大多为白色粉末状，大小仅0.5 mm左右，故需在镜下鉴别。粪便检查可用直接涂片法或浓集法（如水洗沉淀法），必要时也可作结肠壁黏膜活组织检查；痰液检查一般是收集8～24小时的痰，加等量5%～7%氢氧化钠溶液，置30 ℃环境下消化2～3小时，然后离心沉淀，取沉淀物作涂片、镜检；尿液检查则可直接取新鲜尿液作离心沉淀、镜检。

2. 粉螨性变态反应疾病

(1) 临床特征：粉螨的虫体及其排泄分泌物中含有多种抗原或变应原物质，可致过敏性鼻炎、过敏性皮炎及过敏性哮喘等疾病。① 过敏性鼻炎，有明显阵发性发作和突然消退的临床特征。患者鼻腔奇痒，往往连续地打喷嚏；鼻涕水样、量大，在镜下可见嗜酸性粒细胞，且数量较多；过敏性鼻炎的发作与缓解反复无常，往往与环境因素有密切关系。② 过敏性皮炎，多发生于婴幼儿，主要表现为面部湿疹样皮炎，并常具有明显遗传倾向；成人的过敏性皮炎主要发生在四肢的屈面、肘窝及腋窝等处，局部出现湿疹或苔藓样变，好发于冬季，有时可多年迁延不愈。③ 过敏性哮喘，本病多在幼儿时期初发，为一种吸入性哮喘，患者可有婴幼儿湿疹史，常经久不愈；其临床特征为突然发作和反复发作，表现为胸闷气短，不能平卧，呼吸缓慢、困难，严重时可出现发绀。发作时间短暂，常突然缓解。

(2) 诊断：常有典型的病史（过敏史或家族史等），发病与季节、生活环境有一定关系，并可有典型的征候群。采用皮内试验（ID）、黏膜激发试验、ELISA及RAST等免疫学方法可作辅助诊断。

3. 疥疮

(1) 临床特征：疥螨仅致直接危害，可引起疥疮。其临床特征主要为皮损部位（如手指间、脚趾间、腋部、腹股沟等）出现丘疹、水疱及隧道，通常呈对称性分布，并有剧烈的痒感，尤以夜间为甚；有时因搔抓而破溃，还可致继发感染，引起毛囊炎、疖肿或脓肿等。

(2) 诊断：依据病史、临床特征特别是皮损特点可初步考虑疥疮的可能。然后再用消毒针头挑破隧道顶端取出疥螨；亦可用矿物油（消毒）滴在皮损部位，再用消毒刀片轻轻地刮拭，将刮取物置载玻片（加1滴甘油）在镜下检查，找到疥螨或其虫卵即可确诊。

4. 蠕形螨病

(1) 临床特征：蠕形螨仅致直接危害，可引起蠕形螨病。其临床特征主要为皮损部位（毛囊或皮脂腺）充血，出现血疹或红斑，甚至出现毛囊扩张或角化，致过敏反应，引起弥漫性潮红。局部可有轻度痒感或刺痛感，有时还可发生继发性感染，出现疖肿或脓肿，然后结痂、脱屑等。部分感染者可发生丘疹脓疱性酒糟鼻或肉芽肿样酒糟鼻。个别病例，可有外耳道毛囊蠕形螨病表现。

(2) 诊断：可采用透明胶纸粘贴法，既简便，检出率又高，并有一定的治疗作用。也可用刮螨器或手指（指甲）刮拭或挤压局部毛囊或皮脂腺，将刮下的皮屑或皮脂腺分泌物置载玻片上镜检。

5. 革螨源性疾病

(1) 临床特征：革螨叮刺后，可致革螨皮炎，局部皮肤出现红色丘疹、奇痒，有时还可有荨麻疹出现。若同时有很多革螨叮咬时，局部可出现大片疹状皮炎。

(2) 诊断：根据病史和皮损特点如疑为革螨皮炎，可就地从鸡舍、鸟巢或鼠窝等革螨孳生地取标本鉴定。如能从患者体表取到革螨标本，则更有利于鉴定和确诊。

6. 恙螨源性疾病

(1) 临床特征：恙螨幼虫叮刺吸血时，由于虫体涎液内有溶解宿主组织细胞的物质（溶组织酶），故可致局部皮肤发生凝固性坏死，引起恙螨性皮炎。首先出现皮疹，并在皮损部形成茎口，继之形成水泡焦痂，痂皮脱落后形成浅表溃疡，焦痂和溃疡是恙螨致皮损的主要特征。另外，淋巴结肿大也是恙螨侵袭最常见的体征之一。

(2) 诊断：根据病史或流行病学史，结合典型的皮损特征不难诊断。

二、蜱螨媒性疾病的临床特征和诊断

由于蜱螨可携带并传播多种病原体，导致人体不同的蜱螨媒性疾病，也就有相应的不同的症状表现。有的症状具有明显的特点，有的症状很不典型，表现为常见的发烧、乏力、皮疹等，如果不结合蜱螨叮咬史，很容易被误诊。

蜱螨媒性疾病与其他传染病一样，其发生、发展及转归过程可分为4期：① 潜伏期，是指病原体侵入人体起至出现症状前的时间，长短各异，如蜱螨所传播的病毒性脑炎、病毒性出血热及立克次体病等的潜伏期多在7～14天。② 前驱期，是潜伏期末至发病期前，病原体侵入人体生长繁殖，可引起乏力、头痛、微热、皮疹等非特异性轻微症状，一般历时短暂，仅1～2天，多数传染病看不到前驱期，如恙虫病起病急骤，无前驱期。③ 发病期（症状明显期），是不同传染病特有的症状和体征陆续出现的时期，症状由轻而重，由少而多，逐渐或迅速达高峰，进入极期。④ 恢复期，是病原体完全或基本消灭，临床症状基本消失的时期，多为痊愈而终局，但少数疾病如森林脑炎等可留有后遗症。

（一）蜱媒性疾病

蜱媒性疾病是一类由蜱传播的自然疫源性疾病，病死率高，致残率高。近20年来由于埃立克体病、莱姆病、斑点热等一系列新的蜱媒传染病相继出现，且流行区域不断扩大和发病率不断上升，已受到世界各国的普遍关注和重视。

1. 森林脑炎

森林脑炎（forest encephalitis）的病原体为森林脑炎病毒，由硬蜱传播。

（1）临床特征：潜伏期一般为7～12天，最短2天，长者可达35天。大多数患者表现为隐性感染，少数患者为显性感染。主要临床表现：① 发热，一般起病2～3天发热达高峰（39.5～41 ℃），大多数患者持续5～10天，然后阶梯状下降，经2～3天下降至正常。② 全身中毒症状，高热时伴头痛、全身肌肉痛、无力、食欲缺乏、恶心、呕吐等。③ 意识障碍和精神损害，半数以上患者有不同程度神志、意识变化，如昏睡、表情淡漠、意识模糊、昏迷，亦可出现谵妄和精神错乱。④ 脑膜刺激症状明显，头痛剧烈，伴恶心、呕吐、颈项强直、脑膜刺激征，如不及时治疗，多在3天内出现昏迷，并常在麻痹症状出现之前死亡。⑤ 肌肉瘫痪，以颈肌及肩胛肌与上肢联合瘫痪最多见，瘫痪多呈弛缓型，一般出现在病程第2～5天，大多数患者经2～3周后逐渐恢复，少数留有后遗症而出现肌肉萎缩，成为残废。⑥ 神经系统损害的其他表现，部分患者出现锥体外系统受损征，语言障碍，吞咽困难等。⑦ 少数患者可留有后遗症，如失语、痴呆、吞咽困难、不自主运动，还有少数病情迁延达数月或1～2年，患者表现为弛缓性瘫痪、癫痫及精神障碍。

（2）诊断：根据流行季节（春秋季5～7月），在疫区曾有蜱叮咬病史或饮生奶史，临床表现为突然高热、头痛、恶心、呕吐、颈肌和肩胛肌弛缓性瘫痪、意识障碍及脑膜刺激症状，白细胞计数升高，脑脊液压力增高，细胞数及蛋白质轻度增加等可作出初步诊断。病原学诊断主要有病毒分离培养和血清学试验（如ELISA、血凝抑制试验、中和试验和补体结合试验等）阳性，或RT-PCR检查阳性。

2. 克里米亚-刚果出血热

克里米亚-刚果出血热（Crimean-Congo hemorrhagic fever，CCHF）亦称蜱媒出血热，病原体为克里米亚-刚果出血热病毒。蜱既是CCHF的传播媒介也是其储存宿主。在我国新疆塔里木河流域较多见，故又称新疆出血热，主要由硬蜱科中的璃眼蜱传播，如亚洲璃眼蜱（*Hyalomma asiaticum*）、小亚璃眼蜱（*Hyalomma anatolicum*）等。

（1）临床特征：潜伏期2～12天。起病急骤，但少数患者可在发病前1～2天有头昏、乏力、食欲不振等前驱症状。主要临床表现：① 发热期，患者畏寒或寒战，继而出现高热，体温上升至39～41 ℃，头痛剧烈，颜面呈痛苦表情，周身肌痛，四肢关节酸痛剧烈，甚至难以行走，全身乏力等。② 极期，颜面和颈项部皮肤潮红，眼结膜、口腔黏膜以及软腭均见明显充血，呈醉酒貌；全身中毒症状和毛细血管损害征象依病情轻重而定；在发病后2～3天出现出血症状，首先是软腭和颊黏膜出现瘀斑，少数患者还可发生鼻出血，然后进一步在上胸部、腋下及背部出现瘀点或瘀斑；严重时连续大量呕血，同时发生血尿和血便，可见柏油样大便；重症病程短，仅2～3天即可死于严重出血、休克及神经系统并发症。③ 恢复期，出血征象减轻或消失，血压回升，消化道症状缓解，食欲好转。病程共10～15天，多无肾性少尿期和多尿期经过。

（2）诊断：根据流行病学资料特别是蜱叮咬史以及可疑的接触史，在临床上有急骤发病、寒战、高热、头痛、腰痛、黏膜皮肤出血瘀斑以及腔道大出血的急性发作症状等，本病临床诊断不难。

3. 北亚蜱媒斑疹伤寒

北亚蜱媒斑疹伤寒（North-asian tick-borne typhus）亦称北亚蜱媒立克次体病（tick-borne rickettsiosis in Nortern Asia）、北亚蜱媒斑点热、西伯利亚蜱媒斑疹伤寒（Sibaian tick-borne typhus），病原体为西伯利亚立克次体，多种蜱均可为媒介及储存宿主，其中主要是纳氏硬蜱、森林革蜱、边缘革蜱、嗜群血蜱及长棘血蜱。

（1）临床特征：潜伏期2～7天。主要临床表现：① 发热，发病后第3～4天体温迅速上升至40 ℃或更高，多为弛张热，可持续发热8～10天。② 原发病灶，在蜱叮咬部位出现1 cm × 2 cm大小的棕色焦痂，周围有红晕，原发病灶位置可因不同蜱叮咬而不同，常见于腹部、头颈部及肩脚部等处。③ 淋巴结肿大，在焦痂邻近部位的淋巴结肿大。④ 皮疹，在发病后4～5天出现，全身出现玫瑰红色多形性斑丘疹，这是本病的重要临床特征，3～4天后随着体温下降而逐渐消退，可短期留有色素沉着。⑤ 神经系统症状，常有剧烈头痛，并伴有腰痛或肌痛等症状。⑥ 其他症状，可并发结膜充血、结膜炎、肝脾大、肺炎、心肌炎、肾炎及脑膜脑炎等，本病呈良性经过，病人康复较慢，但无后遗症，亦不复发。

（2）诊断：根据流行病学史资料和急性发热、蜱叮咬处原发病灶及皮疹等临床表现，不难诊断。OX2和OX19阳性或用纯化抗原进行补体结合试验，以及进行病原体分离均有助于诊断。

4. 蜱媒回归热

蜱媒回归热（tick-borne relapsing fever）又称地方性回归热，病原体为包柔螺旋体，以软蜱属中的乳突钝缘蜱和特突钝缘蜱为主要传播媒介。除了蜱叮刺吸血传播外，蜱基节腺分泌物污染叮刺的伤口亦可致回归热。

（1）临床特征：潜伏期2～15天，有的可长达3周。主要临床表现：① 前驱期，少数患者可在发病前1～2天感到头痛、乏力、关节痛、精神萎靡等。② 发热期，患者突然畏寒或寒战、发热、体温在1～2天内升高至40～41 ℃，为稽留热型，可持续4～6天，症状类似重感冒；少数患者可有皮疹、黄疸等症状；然后大汗淋漓，退热；间歇期为2～10天，伴全身乏力、轻度头痛、肌痛及肝脾大等。③ 皮疹，在蜱叮刺处出现隆起的紫红色斑丘疹，刺口有出血或小水疱，疹退后可留下暗褐色的色素沉着，并伴痒感，常持续1～2周，局部淋巴结可肿大。④ 发作期与间歇期交替不甚规则，长短不一，但在病程末期的发作期变短，且症状亦较轻，整个病程一般为5～8周，发作次数为3～9次不等；但半数患者只复发1次，复发3次以上者极少见。

（2）诊断：根据发病季节、流行地区及蜱叮咬史等流行病学资料，结合典型临床表现，从尿、血及脑脊液中仔细寻找螺旋体，或利用免疫学试验及PCR技术即可作出诊断，应注意与虱传回归热加以鉴别。

5. Q热

Q热（Q fever）是由贝氏立克次体引起的自然疫源性疾病。1937年Derrick在澳大利亚的昆士兰（Queensland）发现并首先描述，因当时原因不明，故称该病为Q热。

（1）临床特征：潜伏期12～39天，平均18天。起病大多急骤，少数较缓。主要临床表现：① 发热，初起时常伴畏寒、头痛、肌痛、乏力，发热在2～4天内升至39～40 ℃，呈弛张热型，持续2～14天。② 疼痛,剧烈头痛是本病突出特征,多见于前额、眼眶后和枕部,常伴有全身肌痛,以腰肌及腓肠肌疼痛最为明显,有时可伴有关节痛。③ 肺炎,30%～80%病人有肺部病变,于病程第3～5天开始干咳、胸痛,但常缺乏明显体征。④ 肝炎,肝脏受累较为常见,有纳差、恶心、呕吐、右上腹痛、肝大、肝区压痛、黄疸等。⑤ 心肌炎或心内膜炎,偶尔出现心肌炎或慢性心内膜炎,表现为长期不规则发热,疲乏、贫血、杵状指、心脏杂音、呼吸困难等;慢性Q热是指急性Q热后病程持续数月或一年以上者,是一多系统疾病,可出现心包炎、心肌炎、心肺梗死、脑膜脑炎、脊髓炎、间质肾炎等。

(2) 诊断:根据流行病学史和临床资料,结合实验室检验结果诊断并不困难。发热患者如有与牛羊等家畜接触史,当地有本病存在时,应考虑Q热的可能性。若伴有剧烈头痛、肌痛、肺炎和肝炎等症状,外斐试验(+)、冷凝试验(+),应高度警惕本病的可能。

6. 莱姆病

莱姆病(Lyme disease)病原体为伯氏疏螺旋体(*Borrelia burgdorferi*)引起的自然疫源性疾病。本病临床表现多种多样,是以某一器官或某一系统的反应为主的多器官、多系统受累的炎性综合征,主要特征为慢性游走性红斑(erythema chronicum migrans,ECM)。

(1) 临床特征:潜伏期3～32天,平均为7天。典型的临床特征可分为3期:① 局部皮肤损害期(第1期),游走性红斑、慢性萎缩性肢端皮炎和淋巴细胞瘤是莱姆病皮肤损害的三大特征;起初为充血性红斑,由中心逐渐向四周呈环形扩大,直径8～52 mm,边缘色鲜红而中心色淡,扁平或略隆起,表面光滑;慢性游走性红斑不仅出现在蜱叮咬处,全身各部位的皮肤均可发生红斑,多见于腋下、腹部、腹股沟及大腿等处,在3～4周内消退;多伴有全身不适、乏力、发热、头痛,甚至有呕吐及肌痛等感冒样症状。② 播散期感染期(第2期),出现在病后2～4周,主要表现为神经和心血管系统损害,15%～20%的患者有脑膜炎、脑炎、舞蹈病、小脑共济失调、脑神经炎、运动及感觉性神经根炎以及脊髓炎等神经系统受累表现;约80%患者在皮肤病变后3～10周发生心肌炎、心包炎、房室传导阻滞、左心室功能障碍等心血管系统损害表现。③ 持续感染期(第3期),此期主要特点是关节损害,60%的患者在发病几周至2年出现关节病变、慢性萎缩性肢端皮炎、嗜睡、痴呆甚至昏迷、共济失调等。

(2) 诊断:莱姆病的临床表现复杂多变,且偶尔在局部地区发生流行或散发存在,故常易误诊或漏诊。主要根据生活在流行区或数月内曾到过流行区或有蜱叮咬史等流行病学资料,皮肤慢性游走性红斑损害和神经、心脏与关节等受累临床表现和实验室检查结果进行诊断。分离培养到伯氏疏螺旋体或检测特异性抗体可以确诊。

7. 布鲁菌病

布鲁菌病(brucellosis)是由布鲁菌属(*Brucella*)的细菌引起的一种人兽共患病,该病1860年始发于地中海,也称为"地中海热"或"波状热"等。

(1) 临床特征:潜伏期7～60天,通常为1～3周,平均2周,也可长至数月甚至1年以上。临床上可分为急性感染和慢性感染:① 急性感染,病程在6个月以内,多缓慢起病,主要临床表现为发热、多汗、乏力、肌肉和关节疼痛、睾丸肿痛,并可有神经系统、泌尿生殖系统症状及肝、脾、淋巴结肿大等;发热多为不规则热,仅5%～20%出现典型波状热。② 慢性感染,病程在6个月以上,表现多种多样,有的患者表现为全身性非特异性症状,类似神经症(neurosis)和慢性疲劳综合征,有的患者表现为器质性损害,如大关节损害、肌腱挛缩、周围神经炎、脑膜炎、睾丸炎、卵巢炎等;在疫区有的患者并无明显临床症状,仅在普查(血清学检查)时发现为布鲁菌感染。

(2) 诊断:根据流行病学资料、临床表现和实验室检查结果,诊断并不困难。急性感染可通过① 流行病学接触史:有传染源密切接触史或疫区生活接触史。② 具有该病的临床症状和体征并排除其他疑似疾病。③ 实验室检查:病原分离、试管凝集试验、ELISA等检查阳性。凡具备①、②项和第③项中的任何一项检查阳性即可确诊为布鲁菌病。慢性感染者诊断有时相当困难,获得细菌培养结果最为可靠。

8. 土拉菌病

土拉弗朗西斯菌病(tularemia)又名土拉弗氏菌病,俗称野兔热,简称土拉菌病,是由土拉弗朗西斯菌引起的一种自然疫源性急性传染病。

(1) 临床特征:潜伏期约1周,但有时亦可短至数小时或长至2~3周。起病急,有畏寒、发热,体温很快升至39~40 ℃,伴有乏力、剧烈头痛、全身肌痛、肝脾肿痛,继而可出现烦躁甚至谵妄或昏迷等。根据感染途径和临床表现,可分为7型:① 溃疡型,占50%~60%。② 腺型,占10%~15%。③ 眼腺型,较少。④ 咽腺型,以渗出性咽炎为主,亦较少见,多发于儿童。⑤ 胃肠型,偶可致腹膜炎。⑥ 肺型,比较凶险,若不及时治疗或未经对症治疗,死亡率可高达30%。⑦ 全身型,全身中毒症状明显,颇似"伤寒",此型诊断比较困难,往往因误诊而延误病情。

(2) 诊断:根据流行病学资料和临床特征,结合实验室检查结果,还要结合病理变化给予临床确诊。

9. 巴贝斯虫病

巴贝斯虫病是由寄生于红细胞内的巴贝斯虫感染引起的新发人兽共患寄生虫病,主要通过蜱叮咬传播。蓖子硬蜱被认为是其主要传播媒介,白足鼠、白尾鹿等是巴贝斯虫的主要宿主。

(1) 临床特征:潜伏期为1~4周。人感染巴贝斯虫后,常无特异性临床症状,表现较为复杂多样,部分患者发展为隐性感染者而成为潜在传染源。临床症状轻重主要取决于多种因素,如巴贝斯虫虫种,患者年龄、身体状况和免疫力等。部分患者尤其是免疫力低下者可从流感样症状发展为致命性疾病,感染初期常见症状包括发热、头痛、寒战、肌痛和疲劳等,急性发病时颇似疟疾;严重时可出现溶血性贫血、黄疸、呼吸窘迫、血小板减少、血红蛋白尿和肝肾衰竭,甚至死亡。

(2) 诊断:由于多数患者感染后无特异性临床特征,易发生漏诊和误诊。主要通过临床表现、实验室检测,结合流行病学史如是否到过流行区、有无蜱叮咬史、输血史等进行诊断。诊断技术主要包括血涂片镜检、血清学检测和分子生物学检测。因该病临床表现无特异性症状,故实验室检测具有重要作用。

蜱媒性疾病除以上传染病外,波瓦桑脑炎、苏格兰脑炎、鄂木斯克出血热、克洛拉多热、内罗毕绵羊病、伊塞克湖热、纽扣热、北昆士兰蜱媒斑疹伤寒、落基山斑点热、马赛热、鼠疫等疾病也可经蜱传播。

(二) 螨媒性疾病

1. 肾综合征出血热

肾综合征出血热(hemorrhagic fever with renal syndrome, HFRS)以往亦称流行性出血

热，病原体为汉坦病毒，其传染源主要为多种啮齿类动物，以鼠类为多见。传播途径包括多种，主要有呼吸道传播、消化道传播、接触传播和垂直传播等。研究发现，格氏血厉螨、柏氏禽刺螨和厩真厉螨可作为肾综合征出血热的媒介和储存宿主。

(1) 临床特征：潜伏期长短不一，为7～46天，一般为2～3周。高热、出血和肾功能损害为本病的三大典型特征。典型临床经过分为5期：① 发热期，主要表现为感染性病毒血症和全身毛细血管损害引起的症状；多为急性发病，有发热(39～40 ℃)，伴有"三痛"(头痛、眼眶痛、腰痛)、皮肤黏膜"三红"(面部、颈部和上胸部皮肤潮红)，全身乏力，眼结膜充血，重者似酒醉貌，并可出现消化系统等症状。② 低血压期，多在发热4～6日，患者体温开始下降时或退热后不久，主要为失血浆性低血容量休克的表现。患者出现多汗、血压下降，脉压减小，心慌，重者发生休克；此时"三痛"症状及皮肤黏膜瘀点、瘀斑尤为明显，有严重出血倾向。③ 少尿期，患者每日尿量不足400 mL，甚至尿闭(每日尿量少于50 mL)，尿蛋白、细胞和管型增多，甚至出现氮质血症，血中尿素氮增高；同时，头痛、恶心、呕吐加剧，还可出现高血容量及DIC症状，有的可并发脑水肿或电解质紊乱、心衰等。④ 多尿期，肾脏组织损害逐渐修复，但由于肾小管回吸收功能尚未完全恢复，以致尿量显著增多；第8～12日多见，持续7～14天，尿量每天4 000～6 000 mL，极易造成脱水及电解质紊乱。⑤ 恢复期，随着肾功能的逐渐恢复，每日尿量逐渐控制在2 000 mL之内，尿比重和血尿素氮正常，复原需数月，尿量、症状逐渐恢复正常。

(2) 诊断：一般根据流行病学史、临床特征和实验室检查，在排除其他疾病的基础上，进行综合性诊断，对典型病例诊断并不困难。但在非疫区、非流行季节，以及对不典型病例确诊较难，必须经特异性血清学诊断方法确诊。分为疑似病例、临床诊断病例、确诊病例。

2. 立克次体痘

立克次体痘(rickettsial pox)是由小株立克次体(*Rickettsia akari*)所致的水痘样自限性疾病，又称疱疹性立克次体病，传播媒介主要为革螨中的血红异皮螨。

(1) 临床特征：潜伏期10～24天。① 皮肤原发性红斑，初在螨叮咬处出现一小的坚实丘疹，5～15 mm大小，后扩大为圆形或椭圆形的水疱，后干燥结痂。② 发热，有畏寒或寒战，体温38～40 ℃，伴全血乏力、食欲不振及头痛、肌痛、畏光等，淋巴结肿大，发热可持续1周左右。③ 发病第5～6天全身出现散在皮疹，但掌趾不累及，偶发于口腔黏膜；基本损害为丘疹或丘疱疹，四周绕以小水疱，皮损的外观类似水痘，数日后局部可因干枯而形成痂皮，脱落后不留瘢痕。

(2) 诊断：根据患者有革螨叮咬史，临床表现为发热、头痛、背痛和全身性丘疹、水疱等，结合实验室检查结果，可以作出诊断。

革螨除传播上述传染病外，还可能与蜱媒回归热、Q热、森林脑炎和土拉菌病(兔热病)等疾病的传播有关。

3. 恙虫病

恙虫病为恙螨媒性疾病，病原体是恙虫病立克次体，由恙螨幼虫叮咬传播。

(1) 临床特征：潜伏期4～21天，一般为10～14天。① 起病急骤，体温迅速上升，1～2天内达39～41 ℃，多呈弛张热型，常伴有寒战、相对缓脉、剧烈头痛、全身酸痛、食欲不振、乏力、恶心、呕吐，体征可有颜面及颈胸部潮红、结膜充血、焦痂或溃疡、淋巴结肿大、皮疹、肝脾大等。② 病情加重期，病程进入第2周后，病情常加重，可出现神经系统、循环系统、呼吸系统的症状，可表现为谵妄、嗜睡甚至昏迷等；少数患者可有广泛的出血现象；危重病例呈严重的多器官损害，出现心、肝、肾衰竭及循环衰竭，还可发生弥散性血管内凝血；但病情平稳者，于第3周后体温渐降至正常，症状减轻至消失，并逐渐康复。③ 皮肤焦痂与溃疡，为本病之特征，在恙螨幼虫叮咬部位首先出现红色丘疹，继而出现水疱，然后形成暗红色焦痂，痂皮脱落后即成溃疡。④ 其他症状，在出现皮肤焦痂的同时，可有淋巴结和肝脾大等。

(2) 诊断：根据流行病学资料、临床表现和实验室检查结果，确诊本病并不困难。发病前3周内是否到过恙虫病流行区，在流行季节有无户外工作、露天野营或在林地草丛上坐卧等。起病急、高热、颜面潮红、焦痂或溃疡、皮疹、浅表淋巴结肿大、肝脾大。尤以发现焦痂或特异性溃疡最具临床诊断价值。外斐反应凝集效价≥1∶160有辅助诊断价值。检测患者血清特异性抗体IgM具早期诊断价值，PCR技术可检测细胞、血液标本中的恙虫病东方体DNA，小白鼠腹腔接种可培养并分离病原体。

恙螨除能传播恙虫病外，在局部地区（如陕西）还可能传播肾综合征出血热等传染病。

第四节　蜱螨控制和蜱螨性疾病的防治

对蜱螨性疾病的防控工作包括对蜱螨控制和蜱螨性疾病防治两个方面，两者相辅相成，缺一不可。蜱螨种类庞大，寄生的宿主种类多样，分布区域广泛，在防制上应采取“媒介综合治理”，即从媒介与生态环境和社会条件的整体观点出发，根据标本兼治而以治本为主，因地和因时制宜，采取综合防制措施。把媒介种群控制在不足为害的水平，并争取予以清除，以保护易感人群，从而达到除害灭病或减少骚扰的目的。同样，对蜱螨性疾病的防治应采取综合性的措施，一般遵循以下原则：以贯彻预防为主、从实际出发的原则；以影响健康的主要问题为出发点；以全球卫生战略为依据。

一、蜱螨控制

蜱螨控制包括环境防制、物理防制、化学防制、生物防制、遗传防制、法规防制和个人防护及集体防护等方面。

（一）环境防制

环境防制是指根据蜱螨的生态习性和生物学特点，通过改造、处理蜱螨的孳生地环境或消灭其孳生场所，造成不利于蜱螨生长、繁殖和生存的条件，从而达到防制的目的。环境防制是通过环境改造和环境治理来实现的。

1. 环境改造

结合经济建设的开发，有计划地清除自然疫源地，清除蜱螨孳生环境。如森林开发为经济活动区，彻底改变地貌，消灭硬蜱孳生条件。又如软蜱栖息于人室及畜舍的石隙中，难以杀灭，须结合房屋、畜舍改造更新，彻底重建，家畜厩舍、牛栏、鸡舍等均应远离住房修建。

2. 环境治理

如消除恙螨、革螨的孳生地，须铲除居住区及作业场地的杂草，填平坑凹，增加日照，降低湿度，使螨不易生长繁殖，并使其动物宿主鼠类无隐蔽栖息场所，进行灭鼠。结合垦荒清除灌木杂草，采用牧地轮放制，堵洞嵌缝等措施防止、减少硬蜱和软蜱的孳生。必要时还可采用敌敌畏、马拉硫磷和敌死蜱等化学杀虫剂喷洒蜱螨孳生地，以杀灭蜱螨。房屋建筑应注意通风、采光、干燥，仓库应通风良好，减低湿度，保持清洁，室内保持清洁除尘，吸除床垫被褥的尘土，以防制尘螨、粉螨、肉食螨、跗线螨、蒲螨等。

（二）物理防制

物理防制是指利用机械力、热、光、声、放射线等物理学的方法捕杀、隔离或驱走蜱螨，使其不能伤害人体或传播疾病。

1. 干燥

大多蜱螨需一定湿度，蜱螨在干燥环境中易于死亡，革螨一般生活力与相对湿度(RH)呈正相关，如茅舍血厉螨100% RH活77天，20% RH仅活2.8天；尘螨喜80% RH，低于33% RH则导致失水死亡。所以在实际应用中可将铺草、床垫等暴晒，室内、粮库和食品保持干燥，防制革螨、尘螨与粉螨。

2. 温度

由于革螨在60 ℃ 5分钟死亡，尘螨70 ℃ 1小时死亡，所以对革螨、尘螨、疥螨等污染的衣物可开水烫洗，粉螨类污染的食物可高温杀螨。粮仓也可用微波加热器，处理数分钟仓螨即全部死亡，远红外线照射谷物，使谷物内部分子运动加剧，迅速转变为热能而升温干燥，以杀灭虫螨。冬季可将螨类污染的衣物，用冷冻方法杀螨，根据实际观察发现尘螨于－18 ℃下24小时可全部被杀死，疥螨于－15 ℃可被冷冻杀死。对于仓储螨类的防治，常用10 ℃以下冷藏方法，既保持粮食食品的新鲜，又能使害螨不繁殖。

（三）化学防制

化学防制是指使用天然或合成的杀虫剂，通过不同的剂型和途径，以毒杀、驱避或诱杀蜱螨。虽然有些杀虫剂存在媒介抗药性和环境污染等问题，但它具有使用方便、见效快和适于大量生产等优点，而且具有合适的残效，既可大规模应用，也可小范围喷洒，所以化学防制仍然是病媒综合防制的重要措施。

1. 杀虫剂的作用

杀虫剂经消化道、表皮、气孔等途径侵入虫体，麻痹神经，抑制体酶，破坏生理功能而使其中毒死亡。

(1) 触杀作用：将杀虫剂直接喷洒在病媒生物的体表、经常活动或栖息的场所，毒剂透过病媒生物的体表进入体内，使其中毒死亡。

(2) 熏蒸作用：利用药物熏蒸后产生的气体，经呼吸系统进入病媒生物体内，产生毒杀作用。

(3) 胃毒作用：将杀虫剂喷洒在病媒生物喜吸食的植物的茎、叶、果实和食饵的表面或混合在食饵中，当吸食这些植物或食饵时，便会将药物一同吸进消化道里。药物在消化道内分解吸收，使虫体中毒而死。

(4) 烟雾作用：利用物理、化学原理，使液体或固体杀虫剂转变为烟雾状态而起杀虫作用称为烟雾杀虫法。发生烟雾的药剂称烟雾杀虫剂，其发生装置称烟雾发生器。杀虫剂转变为烟雾状态后，可通过病媒生物的呼吸系统渗入虫体而产生毒杀作用。

(5) 驱避作用：有些药物的作用能使病媒生物回避，因此当人或畜体上涂有这种药物或衣裤上浸泡这种药物时，即可避免病媒生物的侵袭，免受其害。具有这种作用的药物称为驱避剂、忌避剂或避虫剂。

(6) 诱虫作用：有些药物作用与驱避剂相反，有引诱病媒生物的作用。当病媒生物聚集时，可以捕杀或毒杀之。具有引诱作用的药物称为诱虫剂，诱虫剂与胃毒剂混用，甚为有效。

2. 杀虫剂的剂型

杀虫剂有原粉和原油，为充分发挥药效，节约用药，防止中毒，一般加工成各种剂型，以供不同需要选用。通过不断更新改进杀虫剂的剂型，以达到提高杀虫效果，提高功效，减少环境污染，这在防制上也起重要作用。

(1) 粉剂：是由杀虫药物与惰性粉按一定比例共同研磨混合而成。粉剂的杀虫作用较油剂、乳剂慢，但作用持久，对人畜毒性低，不易为皮肤吸收，不污染衣物。适于喷洒地面、床铺，杀灭蜱螨等。

(2) 可湿性粉剂与水悬剂：可湿性粉剂是杀虫剂与润湿剂、助悬剂，按比例混合研磨而成的粉状物。此种粉剂加水后易被水润湿，能均匀悬浮于水中，成为水悬剂。其特点是：可配成水悬剂使用，药物不被处理表面吸收，药效持久，运输储藏容易，节省有机剂，价格低廉，但药效不如油剂、乳剂快速。适用于粗糙表面的滞留喷洒。

(3) 乳油与乳剂：杀虫剂原药加入有机溶剂与乳化剂成为均匀透明的油状液体，称为乳油。使用时加水稀释即得乳剂。其特点是：① 喷于表面，黏附展着性好，药效持久。② 易渗透到蜱螨体内，杀虫效力大、作用快，但乳油成本高，对油漆表面有损坏作用。③ 便于储藏运输，使用方便，应用较广泛。

(4) 溶液：多数杀虫剂不溶于水，而溶于有机溶剂和油类中，故可制成煤油、酒精等溶液用于室内快速杀虫。特点是高效、快速、用量少，但价格贵，易着火，易损坏油漆表面。

(5) 缓释剂：是将杀虫药物吸附或包藏于一定载体（吸收物质）内，使之缓慢放出，以达延长药效、降低毒性、减少环境污染的目的。

(6) 烟剂：烟是由许多微小固体颗粒分散在空气中，形成气溶胶，其颗粒大小为0.3～2 μm。烟剂由杀虫剂与可燃物质（如锯末、炭末、面粉等）、助燃剂（如氯酸钾、硝酸钾等）及降温剂（氯化铵、硫酸铵等）等几种成分混合而成。杀虫剂藉烟剂燃烧产生的热迅速蒸发气化，弥散到空中，杀虫剂分散的烟变成微粒时，其表面积大为增加，常为原药的数十万倍，杀虫效力大为提高。烟剂有粉状烟剂、块状烟剂、纸烟剂、蚊香及杀虫烟罐。常用敌敌畏烟剂灭鼠洞内革螨等节肢动物（并可同时灭鼠）；敌敌畏烟剂、敌百虫烟剂用于室内灭革螨；六六六杀虫烟罐等用于森林、灌木丛等地灭蜱等。

(7) 气雾剂：是由许多微细液滴均匀分散在空气中形成的气溶胶，其颗粒直径为1～400 μm。这种气溶胶在气流稳定，温湿度适宜的情况下，可维持较长时间而不散。气雾剂由于雾粒细小，表面积相对增大，且多由速效杀虫药物和有机溶剂配成，故其杀虫作用极强，具有用量少、杀灭快、使用方便等优点。气雾剂的种类有：① 热气雾剂：用喷烟机、汽车排气管等高热气流，把杀虫剂溶液化为气雾微粒。② 冷气雾剂：是藉压缩空气或液化气体的压力产生高速气流，通过喷嘴小孔把杀虫剂溶液液化为气雾微粒。对大面积林区、灌木、草原、荒漠等蜱螨孳生地，采用地面超低容量喷洒或飞机超低容量喷洒，能达到比较理想的效果。

3. 常用的化学杀虫剂

（1）有机氯类：为最早应用的合成杀虫剂，化学结构简单，合成方便，价格低廉，同时具有广谱、高效、长效及对哺乳动物低毒等优点，如DDT、六六六、林丹、狄化剂等，对蜱和恙螨均有良效（但对革螨基本无效）。由于广泛、大量使用有机氯类，不少病媒生物产生了抗药性，且在自然界中降解迟缓，引起环境污染，并可在人畜的肝和脂肪中蓄积，引起慢性中毒，现已逐渐被其他杀虫剂所替代。2002年5月，我国已明令禁止使用此类杀虫剂。

（2）有机磷类：是继有机氯之后应用最广的杀虫剂。具有广谱杀虫、快速触杀和胃毒作用，有的亦有熏杀、内吸和（或）空间触杀作用。这类杀虫剂在自然界易水解或生物降解，因而可减少残留和污染。在碱性条件下，均易分解失效。对哺乳动物的毒性因品种不同有很大差别，用于防制病媒多选用低毒者。如用敌百虫（trichlorfon）、敌敌畏（dichlorvos）、马拉硫磷（malathion）、杀螟松（sumithion或杀螟硫磷fenitrothion）、倍硫磷（baytex）、杀虫畏（gardone）等喷洒或烟熏对蜱、革螨、恙螨均有高效。常用马拉硫磷、辛硫磷（phoxim）、杀螟松、害虫敌（actellic）、倍硫磷、毒死蜱（dursban）、皮蝇磷（ronnel）等喷涂畜体或进行药浴灭蜱。亦可将皮蝇磷拌入饲料喂家畜，通过药物内吸作用毒杀畜体上的吸血蜱类。

（3）氨基甲酸酯类：该类杀虫剂是20世纪50年代末发展起来的有机合成杀虫剂。主要是触杀毒，击倒快，残效长，多数兼有胃毒和（或）空间触杀作用。对人畜的毒性一般较有机磷杀虫剂低，在动物体和土壤中，亦能较快地代谢为无害物质，不造成体内的积蓄，不污染环境。有的品种对有机氯及有机磷杀虫剂有抗性的害虫也有效。主要品种有残杀威（propoxur）、速灭威（tsumacide）、混灭威（meobal＋macbal），对革螨有较好的杀灭效果。

（4）拟除虫菊酯类：具有广谱、高效、击倒快、对哺乳动物毒性低、生物降解快等优点，但有些菊酯对革螨的击倒作用好，而杀灭效果差。目前常用的溴氢菊酯（decamethrin）和奋斗呐（fendona）对恙螨有一定作用。顺式氯氰菊酯（alphamethrin）、氯氟氰菊酯及苯百树菊酯能有效地降低蜱的数量。

（5）生长调节剂：生长调节剂的作用不是直接杀死媒介，而是在其发育时期阻碍或干扰其正常发育，抑制表皮几丁化，阻碍内表皮形成，使其不能正常脱皮，导致死亡或阻止生殖。其特点是毒性低，对人畜安全，活性高，用量少，易在环境中降解，不造成环境污染。不足之处是只局限于某一特定的发育阶段，且作用缓慢。用生长调节剂杀螨，仅有少量研究。国外曾用一种保幼激素ZR-856（十六炭烷基-环丙烷-羧基化合物）处理高水分小麦后，结果降低了腐食酪螨的种群。人工合成保幼激素类似物altosid和altozar，少量混入粉尘螨食料中，相应可抑制第三期若螨化为成螨，同时成螨发育时间也延长。用prococene Ⅰ、prococene Ⅱ抗保幼激素防治大蜂螨有效。

（6）驱避剂（repellent）：又称为避虫剂，本身无杀虫作用，但挥发产生的蒸气具有特殊的使病媒生物厌恶的气味，能刺激病媒生物的嗅觉神经，使其避开，从而防止病媒生物的叮咬或侵袭。目前使用的驱避剂有：① 邻苯二甲酸二甲酯（dimethylphthalate，DMP）防蚊油。② 避蚊胺（DETA，Deet）。③ 驱蚊灵（dimethylcarbate）。④ 驱蚊剂42号。⑤ 防蚊叮（癸酸及癸酸酯、癸酸胺）。⑥ 野薄荷精油（右旋-8-乙酰氧基别二氢葛缕酮）。⑦ 乙酰基四氢喹啉。⑧ F 036-驱避剂复方：为驱蜱复方，组成成分是：倍硫磷5%，敌敌畏5%，乙酰基四氢喹啉10%，桃醛10%，表面活性剂2%，乙醇18%。主要用于野外驱蜱，用时将药液喷洒或涂抹于袖口、裤脚、领口等处。

（四）生物防制

生物防制（biocontrol）是利用某种生物（天敌）或其代谢物来消灭另一种有害生物的防制措施，其特点是对人畜安全，不污染环境。近年来，由于滥用杀虫剂，导致杀虫剂的污染越来越重，同时随着媒介医学节肢动物抗药性的逐渐增强，使得生物防制的研究有逐渐加强的趋势。这一防制手段越来越受到WHO相关机构的重视。

农业害螨中的叶螨已大量采用捕食螨、植绥螨进行生物防制，但在医学蜱螨中仅在试验研究中观察到捕食性革螨如寄螨科、囊螨科、巨螯螨科等能捕食寄生性革螨，如格氏血厉螨、鼠颚毛厉螨（*Tricholaelaps myonyssognathus*）等，特别是易于捕食它们的幼虫和若虫。利用普通肉食螨（*Cheyletus eruditus*）在仓库中预防仓储害螨。

其他微生物如真菌、细菌、原虫在防制昆虫方面已有很多研究，而在防制螨类方面则仅是开始。如曾研究一种真菌（*Conidiobolus brefeldianus*）可以寄生在尘食酪螨（*Tyrophagus perniciosus*）体上，引起螨群体死亡。一种白僵菌（*Beauveria bassiana*）可以寄生一种跗线螨（*Tarsonemus spirifed*）。原虫中一种微孢子虫病能伤害螨类，如史太奥斯微粒虫（*Nosena steinhousi*）能使谷物中的腐食酪螨患微粒子病而死亡。白僵菌、绿僵菌（*Metarrnizum anisopiiae*）及黄曲霉（*Aspergillus flavus*）均能引起软蜱的高死亡率。烟曲霉（*A. fumigatus*）和食虫青霉（*Penicillium insectivorous*）能侵袭波斯锐缘蜱（*Argas persicus*）、翘缘锐缘蜱（*Argas reflexus*）、边缘革蜱、残缘璃眼蜱、全沟硬蜱、蓖子硬蜱等的卵、幼蜱、若蜱和成蜱。对蜱类的天敌跳小蜂，如胡氏小猎蜂（*Hunterellus hookerz*）和得克萨斯食蜱小蜂寄生在硬蜱和软蜱体上，可利用防制蜱类。

利用小杆线虫杀死传播原虫和绦虫的大翼甲螨，实验研究斯氏线虫和异小杆线虫能杀死硬蜱。

（五）遗传防制

遗传防制是通过改变或移换病媒生物（包括蜱螨）的遗传物质，以降低其自然种群繁殖势能或生存竞争力，从而达到控制或消灭一个种群的目的。遗传防制具有靶标专一、环境友好和高效的特点，比一般常用的防制方法可能更有效。

遗传防制可以通过两种途径来实现：一是人工大量释放超过自然种群的经过绝育的雄虫与自然种群的雌虫交配，产生未受精卵，从而使种群的数量得到有效控制。二是用雌雄生殖细胞的胞质不亲和性（不育）、杂交不育、染色体倒位、性畸变、半致死因子等遗传学现象，培育有遗传缺陷的病媒生物，从而达到替换或防制自然种群的目的。

另外，用于生物防制的益螨如捕食螨等，可采用遗传改良，使其对杀虫剂产生抗性，以使它在综合防制中不被杀虫剂杀死，而充分发挥其捕食害虫害螨的作用。

（六）法规防制

法规防制是指利用法律或条例规定，防止病媒的传入，对某些重要害虫实行监管，或采取强制性措施消灭某些病媒的工作。这通常包括检疫、卫生监督和强制防治三方面。

随着国际交往的增加，特别是贸易的发展，一些病媒、储存动物以及病原体可以通过货物、交通运输工具、出入境人员和行李等传入或输出。因此，加强国境卫生检疫，将病媒、宿主动物及病原体拒国门之外。对海港及进口口岸的检疫、监督和强制性杀虫杀螨处理，以防止在国际交往及国际贸易中的虫媒和虫源性疾病，包括蜱螨媒及螨源性疾病从外传入，如对进口的砂糖、谷物等检查是否污染螨类，各种货物是否夹带蜱螨。并在边境地区加强对动物的控制管制措施，防止游窜动物对蜱螨的扩散。对农业生产、森林开发、能源发展及水利建设等结合除害防病实行卫生监督、媒介蜱螨的预测和防制等，也都有十分重要的意义。

（七）个人防护和集体防护

可以通过个人防护、健康教育、预防接种或口服预防药物、群防群治等综合手段来预防人体感染。

1. 个人防护

由于蜱、革螨、恙螨的孳生地广泛，不可能全部杀灭，故进入这些地区工作，进行驱避和防护非常重要。在蜱螨媒区域作业时，要做好个人防护，应穿五紧服或防疫服，穿防护靴，戴防护帽和防护手套，或把裤脚、袖口、领、腰部扎紧以防蜱螨侵入。外露肢体部分应涂抹驱避剂（如避蚊胺、邻苯二甲酸二甲酯等），严防蜱螨叮咬。驱避剂对蜱、革螨和恙螨的驱避效果良好，涂于织物上或浸于棉织纱网上有长效，无毒、无刺激，对衣物无污染和腐蚀性。在蜱螨孳生的草地、灌木或动物洞巢、鸟巢附近，尽量减少坐卧，不得摆放衣物，并及时检查是否有蜱螨爬上。因工作需要进入自然疫源地时，事先要搞好勘察。指导进入人员有针对性地采取预防措施，必要时要对作业区域进行标记，用杀虫剂杀灭媒介昆虫。作业过程中，应随时摘掉爬到衣服上的蜱，有蜱叮咬时，用杀虫剂杀死吸血蜱，被叮咬者视情况服用预防药物。返回住地时应及时更换衣服，进一步检查有无蜱叮咬，必要时对衣物和工具作消毒、杀虫处理。

加强家畜、家禽管理，提倡圈养，防止人畜混住。饲养人员要做好个人防护，定期进行身体检查，不要在疫区放牧。

2. 集体防护

（1）健康教育：通过健康教育可以提高人们的健康知识水平和自我保健能力，促使人们改变不良的行为和习惯，这是国内外公认的一种低投入、高收益的措施。

近年来，随着经济建设的发展，常涉及野外活动，如探险、地质勘探、修筑铁路及开发新的旅游区等，在施工、作业或旅游人员需要进入情况不明地区时应做好集体防护。选择暂驻地、露营地时，应选择在向阳通风且无杂草的地域，搞好内部及周边环境的治理，做好防鼠及消毒灭虫工作。要经常向常住疫源地或与疫源地邻近的群众宣讲自然疫源性疾病的存在方式、传播途径、感染发病后的临床表现及基本防治方法，使群众了解其危害和平时应注意的事项。

（2）服药预防：对来自疫区人员进行医学观察，必要时予以留验，服药预防。有些疾病如Q热、蜱媒回归热、巴贝斯虫病等，当需要进入疫区时，可进行药物（病原治疗药物）预防。

3. 预防接种

预防接种是将生物制品接种到人群，使机体产生对传染病的特异性免疫力，保护易感者，预防传染病的发生与流行，是预防、控制甚至消灭传染病的一种特异性预防措施，是消灭传染病的重要手段之一。

（1）森林脑炎：国外采用森林脑炎减毒活疫苗，国内现用森林脑炎灭活疫苗。灭活疫苗非常有效,可在许多流行地区和旅行诊所使用。

(2) 北亚蜱媒斑疹伤寒:可采用灭活和减毒活疫苗,西伯利亚立克次体减毒活疫苗可注射接种。

(3) Q热:可采用贝氏立克次体灭活疫苗或减毒疫苗。减毒活疫苗作皮肤划痕或用其糖丸口服进行预防,无不良反应,效果较好。灭活疫苗的局部反应大,故少用。

(4) 布鲁菌病:采用减毒活菌苗作皮下注射或行皮肤划痕,也可用气溶胶吸入,或饮入菌液,均有一定预防效果。对流行区家畜普遍进行菌苗接种可防止本病流行。

(5) 土拉菌病(兔热病):接种减毒活疫苗效果较好,是预防人间土拉菌病的主要手段,接种一次保护性免疫作用长达5年。

(6) 肾综合征出血热:我国研制的沙鼠肾细胞灭活疫苗(Ⅰ型)、金地鼠肾细胞灭活疫苗(Ⅱ型)和乳鼠脑纯化汉坦病毒灭活疫苗(Ⅰ型)均已在流行区使用,88%~94%能产生中和抗体,但持续3~6个月后明显下降,1年后需加强注射。近年,我国研制的由沙鼠肾原代细胞、金地鼠肾细胞和Vero-E6细胞制备的纯化精制双价(含Ⅰ型和Ⅱ型)也在应用中,不仅副作用轻,且仅需注射2针即可取得良好的保护效果。

(7) 落基山斑点热:疫苗接种可降低发病率,一旦发病也可使患者症状减轻。

二、蜱螨性疾病防治

蜱螨性疾病的防治包括一般疗法、对症和支持疗法、免疫治疗和病原或特效疗法。

(一) 蜱螨源性疾病的防治

蜱螨源性疾病的防治多较容易,有时只要及时去除叮刺皮肤或在皮肤内寄生的蜱螨即可收到满意疗效。若不慎被蜱螨叮刺,应及时就医,首先将蜱螨除去,然后再作必要的对症处理或特殊治疗。

1. 蜱螫伤

发现停留在皮肤上的蜱时,切勿自行用力撕拉,以防撕伤组织或口器折断而产生皮肤继发性损害。应及时就医,由专业人员用镊子夹住蜱的口部,直接拔出。对伤口进行消毒处理,如口器断入皮内应行手术取出。若出现全身中毒症状,给予对症处理,及时抢救。不建议使用凡士林、指甲油或打火机强行"逼"出蜱。

2. 螨性皮炎

革螨、蒲螨、粉螨、尘螨、肉食螨、跗线螨引起的皮炎,均以局部治疗为主,可采用灭滴灵或硫磺软膏外搽,或用薄荷、炉甘石洗剂、樟脑酒精、氟氢可的松霜等。

3. 疥疮

治疗目的是杀虫、止痒和避免引发其他并发症,首选药物是含硫软膏。常用的外用药有20%氧化锌硫软膏、5%~10%硫软膏、3%水杨酸软膏、灭滴灵软膏、敌百虫软膏等。此外,伊维菌素(ivermectin)治疗疥疮也有好的效果。

4. 蠕形螨病

缺乏特效药,停药后易复发。目前临床常用药物有伊维菌素、甲硝唑、克罗米通、苯甲酸苄酯等。多西环素、硫磺硼砂乳膏、扑灭司林、茶树油制剂等也有治疗效果。此外,要注意同步治疗，避免相互扩散，减少复发。

5. 尘螨性哮喘

用尘螨浸液脱敏治疗，但所需疗程长。药物色甘酸二钠可预防哮喘发作，对发作状态的病人宜先喷吸平喘气雾剂以提高肺通气量后，再应用色甘酸二钠吸入给药。

6. 肺螨病

有人试用卡巴胂、灭滴灵治疗，有一定疗效。

（二）蜱螨媒性疾病的防治

蜱螨媒性疾病的防治往往较为复杂。病毒性疾病大多尚无特效药物，如新疆出血热、森林脑炎、苏格兰脑炎和波瓦桑脑炎等。由于病毒的专性细胞内寄生，病毒只含一种核酸，无细胞壁，亦无完整的酶系统，必须在活细胞内繁殖，只干扰病毒而不影响宿主细胞的药物尚少。这些疾病主要依靠对症和支持疗法。抗生素和磺胺药是治疗细菌性感染、立克次体病和螺旋体病的重要药物。

1. 森林脑炎

目前没有针对森林脑炎的特异性抗病毒治疗。感染早期使用大剂量丙种球蛋白、免疫血清或干扰素行抗病毒治疗对该病有一定疗效。由该病导致的神经系统症状和脑损伤需要根据病情的严重程度进行支持治疗，在特定情况下，可以考虑使用甾体抗炎药来缓解症状。严重时可能需要行气管插管或呼吸机支持。

（1）对症处理及一般治疗：① 保持环境安静，加强护理。② 注意精神状态，及时测呼吸、脉搏、体温、血压，观察瞳孔变化。③ 给予足够营养（含维生素），注意水电解质及酸碱平衡。④ 必要时使用呼吸兴奋剂、血管扩张剂（如山莨菪碱）、脱水剂（如甘露醇或山梨醇）及肾上腺皮质激素。

（2）免疫治疗：① 血清抗体，发病3天内用恢复期森林脑炎患者血清20～40 mL肌注，亦可用5～10 mL注入椎管内。② 丙种球蛋白，每天用6～9 mL作肌注，待体温降至38 ℃以下后再停用。③ 抗病毒治疗，可试用病毒唑和干扰素、转移因子治疗。

2. 克里米亚-刚果出血热（蜱媒出血热）

本病目前尚无特效治疗，原则应采取综合治疗措施，而以控制出血和抗休克为主。

（1）一般处理和对症治疗：① 隔离观察，严密监测脉搏、体温及血压、呼吸。② 给予足够营养，补充适量的维生素，高热时宜用物理降温。③ 注意水电解质及酸碱平衡。④ 必要时使用糖皮质激素，以缓解全身中毒症状，改善机体应激能力。

（2）抗病毒治疗：① 首先用高效价免疫球蛋白肌注，用前应做过敏试验，每次肌注5～10 mL，必要时于12～24小时后再肌注一次。② 抗病毒药利巴韦林有一定的疗效。

（3）并发症治疗：① 及时治疗低血压、休克。② 及时抗出血治疗。③ 及时作抗凝血治疗，防止DIC的发生。

3. 北亚蜱媒斑点热

（1）一般治疗：① 加强护理，防止褥疮发生。② 补充足够的养料和维生素。③ 高热时应以物理降温为主。

（2）病原治疗：用金霉素或氯霉素作病原治疗有较好效果，亦可联合使用甲氧苄胺嘧啶，以增强疗效。

4. 蜱媒回归热

(1) 对症处理和一般治疗:① 卧床休息,给予高热量流质饮食,补充足量液体和所需电解质。② 高热时宜用物理降温,大量出汗时,应严密注意观察血压、脉搏、呼吸等。③ 有神经系统症状时,应酌情给予镇静药,有出血倾向时应给予适量维生素K、C及安络血等。④ 毒血症状严重者,可适当应用肾上腺皮质激素。

(2) 病原治疗:① 四环素为首选药物,成人2 g/d,分4次服,热退后减量为1.5 g/d,疗程7~10天。② 可用多西环素,第1日0.2 g,以后每日0.1 g,连用7天。③ 首次用药剂量不宜过大,以防因抗生素大量杀死螺旋体后而引起赫氏反应。若反应已经发生,则需及时采用肾上腺皮质激素治疗。

5. Q热

(1) 对症处理和一般治疗:① 高热时应物理降温,头痛剧烈时应服解热镇痛剂。② 给予高热量、高蛋白流质或半流质饮食。③ 补充足量维生素B、C。

(2) 病原治疗:① 四环素族及氯霉素对本病有特效,亦可口服强力霉素。② 复方新诺明或林可霉素、红霉素、利福平、喹诺酮等均有一定疗效。

6. 莱姆病

(1) 对症处理和一般治疗:① 患者应卧床休息,维持热量及水电解质平衡。② 发热、皮损部位疼痛者,给予解热止痛剂治疗;高热及全身症状重者,可给肾上腺皮质激素治疗。

(2) 病原治疗:① 早期(第1期)患者,成人可选用多西环素、阿莫西林、红霉素、头孢呋辛酯,口服,疗程3~4周;儿童首选阿莫西林治疗,口服,疗程3~4周。② 中期(第2期)患者,若出现脑膜炎,成人可选用头孢曲松钠治疗,也可应用头孢噻肟钠或青霉素治疗;儿童可给予头孢曲松钠或头孢噻肟钠治疗,疗程均为2~4周。③ 晚期(第3期)患者,若有严重心脏、神经或关节损害者,可采用静脉滴注青霉素或头孢曲松钠治疗,疗程均为14~21天。

7. 布鲁菌病

(1) 对症处理和一般治疗:① 注意休息,在补充营养的基础上,给予对症治疗。② 高热者可用物理方法降温,持续不退者可用退热剂。③ 高热、出汗时应补足液体,注意水电解质和酸碱平衡。

(2) 病原治疗:应选择能进入细胞内的抗菌药物,并且治疗原则为早期、联合、规律、适量、全程,必要时延长疗程,防止复发和慢性化,减少并发症的发生。① 急性期,可用多西环素(强力霉素)、利福平、链霉素、卡那霉素、氨苄青霉素、红霉素、氯霉素或复方新诺明等治疗,WHO推荐首选多西环素(强力霉素)(每次100 mg,每天2次,口服,6周)联合利福平(每次600~900 mg,每天1次,口服,6周)或多西环素(每次100 mg,每天2次,口服,6周)。② 慢性期,强力霉素或红霉素等需继续使用6周以上。对慢性患者还可考虑使用菌苗。

8. 土拉菌病(兔热病)

(1) 对症处理和一般治疗:① 首先应严格隔离患者,对其排泄物、分泌物及用具等均应消毒。② 高热时注意降温,并补充液体,调节水电解质和酸碱平衡。③ 补充足够的营养和维生素,给予必要的支持治疗。

(2) 病原治疗:① 链霉素为治疗的首选药物,0.5 g每12小时1次肌内注射,直至体温正常。② 庆大霉素是适宜的替代药物,肌内注射或静脉注射也有效。③ 必要时可选用氯霉素、四环素、卡那霉素或头孢噻肟,联合用药。

9. 肾综合征出血热

(1) 治疗原则:① 以综合疗法为主,早期应用抗病毒治疗,中晚期则针对病理生理进行对症治疗;治疗中要注意防治休克、肾衰竭和出血。② "三早一就"即早发现、早期休息、早期治疗和就近治疗的早期治疗,把好"四关"(休克、出血、肾衰竭、感染)是治疗本病的重要原则。

(2) 抗病毒治疗:① 利巴韦林(病毒唑)对病毒有一定抑制作用,宜早期进行,最好在起病3～5天内用药。② α干扰素、阿糖胞苷亦有一定疗效。

(3) 对症处理和辅助治疗:可试用γ干扰素、胸腺素、转移因子、聚肌胞等免疫调节剂,以提高细胞免疫,调节体液免疫反应;免疫球蛋白或血浆有减轻病毒血症、减少免疫损害及提高治愈率的作用;及时治疗低血压、休克、心衰和肾功能损害,必要时可作血液或腹膜透析;在多尿期要防止脱水及电解质紊乱,注意护理,严防继发感染。

10. 立克次体痘

本病为良性自限性经过,即使不用药物,预后也很好。

(1) 对症处理和一般治疗:① 发热时注意降温,做好皮肤护理。② 头痛、肌痛剧烈时,应适当给予解热镇痛药和镇静剂。

(2) 病原治疗:氯霉素、四环素、多西环素(强力霉素)等均有相当疗效。四环素、多西环素可缩短热程并促进痊愈。痊愈后无复发。

11. 恙虫病

(1) 对症处理和一般治疗:① 宜卧床休息,给予对症处理。② 进食易于消化的食物,补充高蛋白,高热量营养和维生素。③ 加强观察,及时发现各种并发症和合并症,采取适当的治疗措施。

(2) 病原治疗:① 多西环素有特效,每日0.2 g,连服5～7天。② 氯霉素、四环素和红霉素对本病有良好疗效,用药后大多在1～3天内退热;热退后剂量减半,再用7～10天,以防复发。③ 罗红霉素(roxithromycin)、阿奇霉素(azithromycin)、诺氟沙星(norfloxacin)、甲氧苄啶(TMP)等,对本病亦有疗效。

(周怀瑜)

参考文献

毕田田,李钦峰,2022.疥疮的临床诊疗研究进展[J].现代诊断与治疗,33(2):177-179.
陈国仕,1983.蜱类与疾病概论[M].北京:人民卫生出版社:77-178.
陈木新,薛靖波,艾琳,等,2022.我国巴贝虫病流行现状与研究进展[J].热带病与寄生虫学,20(3):149-157.
崔新华,梁枫,2007.全球气候变化与传染病[J].中华医学研究杂志,7(12):1136-1138.
邓国藩,王慧芙,忻介六,等,1989.中国蜱螨概要[M].北京:科学出版社:1-104.
郭瑞玲,刘莹莹,秦磊,等,2016.自然疫源性疾病防治[M].石家庄:河北科学技术出版社.
韩焕美,张玉磊,彭健,等,2021.医学媒介生物蜱虫与病毒性传染病概述[J].中国口岸科学技术,3(10):4-11.
韩婧,贺真,邵中军,2022.常见蜱传立克次体的研究进展[J].中华卫生杀虫药械,28(1):86-89.
贺骥,李朝品,2005.储藏物螨类危害与防治[J].热带病与寄生虫学,3(2):121.

黄长形,2016.新发与再发自然疫源性疾病[M].北京:人民卫生出版社.
江佳佳,李朝品,2005.我国食用菌螨类及其防治方法[J].热带病与寄生虫学,3(4):250.
黎家灿,1997.中国恙螨(恙螨病媒介和病原体研究)[J].广州:广东科技出版社,197-560.
李朝品,王慧勇,贺骥,等,2005.储藏干果中腐食酪螨孳生情况调查[J].中国寄生虫病防治杂志,18(5):382.
李朝品,2001.医学节肢动物学[M].北京:人民卫生出版社:179-193.
李朝品,2007.医学昆虫学[M].北京:人民军医出版社:1-417.
李朝品,2006.医学蜱螨学[M].北京:人民军医出版社:1-182.
李兰花,张仪,2019.我国蜱传寄生虫病流行现状及防控[J].中国血吸虫病防治杂志,31 (1):58-62.
李兰娟,任红,2018.传染病学[M].9版.北京:人民卫生出版社.
李立明,2015.流行病学:第2卷[M].北京:人民卫生出版社.
李隆术,李云瑞,1988.蜱螨学[M].重庆:重庆出版社.
李淑梅,邓保国,孟志芬,等,2017.人与动物寄生螨携带细菌的多样性研究进展[J].中国人兽共患病学报,33(8):741-743.
李一凡,王卷乐,高孟绪,2015.自然疫源性疾病地理环境因子探测及风险预测研究综述[J].地理科学进展,34(7):926-935.
梁姝怡,周明浩,2014.蜱媒传染病研究进展[J].中华卫生杀虫药械,20 (1):77-81.
刘涓,董娜,张云智,2020.引起人类疾病的蜱传病毒研究进展[J].中国公共卫生,36(4):646-649.
罗成旺,刘起勇,2007.自然疫源性疾病流行因素分析及对策[J].中国媒介生物学及控制杂志,18(4):293-297.
孟阳春,李朝品,梁国光,1995.蜱螨与人类疾病[M].合肥:中国科学技术大学出版社:1-42.
裴伟主,2019.蜱螨与健康[M].广州:中山大学出版社.
邵中军,2021.我国重要蜱传疾病及传播媒介研究概述[J].中华卫生杀虫药械,27(4):293-299.
唐家琪,2005.自然疫源性疾病[M].北京:科学出版社:3-42.
汪诚信,2002.有害生物防制(PCO)手册[M].武汉:武汉出版社:122-142.
王帆,江佳富,田杰,等,2021.人巴贝虫病的临床特征及诊疗研究进展[J].中国血吸虫病防治杂志,33(2):218-224.
王慧勇,李朝品,2005.粉螨危害及防制措施[J].中国媒介生物学及控制杂志,16(5):403.
王丽娟,万康林,2000.首次调查发现山东省存在莱姆病自然疫源地[J].中华流行病学杂志,21(4):292.
王晓艳,王洪田,王学艳,2020.尘螨的生物学特性与除螨措施及其效果[J].中华耳鼻咽喉头颈外科杂志,55 (7):720-725.
吴海霞,刘小波,岳玉娟,等,2020.2019年全国蜱类监测报告[J].中国媒介生物学及控制杂志,31(4):417-422.
忻介六,1984.蜱螨学纲要[M].北京:高等教育出版社:2-71.
忻介六,1988.应用蜱螨学[M].上海:复旦大学出版社:1-221.
徐肇玥,陈兴保,徐麟鹤,1989.虫媒传染病学[M].银川:宁夏人民出版社:230-305.
许隆祺,余森海,徐淑惠,1999.中国人体寄生虫分布与危害[M].北京:人民卫生出版社:1-928.
许隆祺,2016.图说寄生虫学与寄生虫病[M].北京:科学技术出版社.
杨庆贵,李朝品,2005.尘螨变应原的分子生物学研究进展[J].中国寄生虫学与寄生虫病杂志,23(6):467.
虞以新,2005.统筹区域发展中不可忽视的特殊生态系统-自然疫源地与自然疫源性疾病[J].科技导报,23(3):20-23.
郑学礼,2011.全球气候变化与自然疫源性、虫媒传染病[J].中国病原生物学杂志,6(5):384-387.
周明浩,陈红娜,2019.我国新发蜱媒病原体研究概述[J].中华卫生杀虫药械,25(3):193-198.
周永兴,陈勇,2001.感染病学[M].北京:高等教育出版社:37-337.
BRACKNEY D E, ARMSTRONG P M, 2016. Transmission and evolution of tick-borne viruses[J]. Current

Opinion in Virology, 21:67-74.

BUMBACEA R S, CORCEA S L, ALI S, et al., 2020. Mite allergy and atopic dermatitis: Is there a clear link?[J]. Exp. Ther. Med., 20(4):3554-3560.

CAO H, LIU Z, 2020. Clinical significance of dust mite allergens[J]. Mol. Biol. Rep., 47(8):6239-6246.

LI C P, CUI Y B, WANG J, et al., 2003. Acaroid mite, intestinal and urinary acariasis[J]. World Journal of Gastroenterology, 9(4):874.

CHEN Z, LIU J, 2022. A review of argasid ticks and associated pathogens of China[J]. Front. Vet. Sci., 9: 865664.

DEJACE J, 2022. The role of the infectious disease consultation in Lyme disease[J]. Infect. Dis. Clin. North. Am., 36(3):703-718.

FERNÁNDEZ-CALDAS E, IRAOLA V, CARNÉS J, 2007. Molecular and biochemical properties of storage mites (except Blomia species)[J]. Protein Pept. Lett., 14(10) :954-959.

GONZÁLEZ-PÉREZ R, EL-QUTOB D, LETRÁN A, et al., 2021. Precision medicine in mite allergic rhinitis[J]. Front Allergy, 2:724727.

GUPTA N, WILSON W, NEUMAYR A, et al., 2022. Kyasanur forest disease: a state-of-the-art review [J]. QJM, 115(6):351-358.

JAVED S, KHAN F, RAMIREZ-FORT M, et al., 2013. Bites and mites: prevention and protection of vector-borne disease[J]. Curr. Opin. Pediatr., 25(4):488-491.

KUMAR A, O'BRYAN J, KRAUSE P J, 2021. The global emergence of human babesiosis[J]. Pathogens, 10(11):1447.

LIPPI C A, RYAN S J, WHITE A L, et al., 2021. Trends and opportunities in tick-borne disease geography [J]. J. Med. Entomol., 58(6):2021-2029.

LIU A, 2021. Tick-borne illnesses[J]. Pediatr. Ann., 50(9):e350-e355.

MADISON-ANTENUCCI S, KRAMER L D, GEBHARDT L L, et al., 2020. Emerging tick-borne diseases[J]. Clin. Microbiol. Rev., 33(2):e00083-18.

MEAD P, 2022. Epidemiology of Lyme disease[J]. Infect. Dis. Clin. North. Am., 36(3):495-521.

SHI J M, HU Z H, DENG F, et al., 2018. Tick-borne viruses[J]. Virologica Sinica, 33:21-43.

SHOWLER A T, SAELAO P, 2022. Integrative alternative tactics for ixodid control[J]. Insects, 13(3):302.

SILVA-PINTO A, SANTOS MDE L, SARMENTO A, 2014. Tick-borne lymphadenopathy, an emerging disease[J]. Ticks and Tick-Borne Diseases, 5(6):656-659.

WAWSZCZAK M, BANASZCZAK B, RASTAWICKI W, 2022. Tularaemia - a diagnostic challenge[J]. Ann. Agric. Environ. Med., 29(1):12-21.

WELCH E, ROMANI L, WHITFELD M J, 2021. Recent advances in understanding and treating scabies [J]. Fac. Rev., 10:28.

第四章 蜱与疾病

蜱(Ticks)隶属蛛形纲(Arachnida)、蜱螨亚纲(Acari)、寄螨总目(Parasitiformes)、蜱目(Ixodida),包括硬蜱科(Ixodidae)、软蜱科(Argasidae)、纳蜱科(Nuttalliedae)和恐蜱科(Deinocrotonidae)。目前世界已知蜱类960种,我国已描述定名124种。蜱作为专性吸血的外寄生动物,可寄生哺乳动物、鸟类、爬行动物和两栖动物,能够传播病毒、细菌、立克次体、螺旋体、原虫等多种病原体而导致疾病,是仅次于蚊类的第二大人类疾病传播媒介,对人类健康、畜牧业生产和野生动物危害极大。本章着重介绍蜱类的形态特征及其引发的蜱媒疾病。

第一节 蜱类形态特征

蜱俗称草爬子、狗鳖子、狗豆子、牛鳖子、草瘪子、鸡瘪子、八脚子、壁虱、扁虱等,是广泛寄生于陆地脊椎动物(包括人)体表的一类吸血节肢动物。鉴于蜱类的形态识别和准确鉴定是有效防控蜱及蜱媒疾病的重要前提,本节重点介绍蜱类的形态特征。

蜱体型较大,身体呈囊形且高度愈合,无头、胸、腹之分,由假头(capitulum)和躯体(idiosoma)两部分构成。躯体上着生足。表皮革质,背面、腹面或具几丁质板。假头位于躯体前端或腹面前方;口下板(hypostome)具成列倒齿;须肢(palp)能伸缩或正常。气门板位于末对足基节前外侧(软蜱)或后外侧(硬蜱);第Ⅰ对足跗节(tarsus)背面有一感觉器官——哈氏器(haller's organ);所有跗节均具趾节(apotelus)。蜱在未吸血时背腹扁平,背面稍隆起;吸血后除硬蜱科的雄蜱及软蜱科的若蜱和成蜱无明显变化外,其他虫体在饱血后身体明显增大。

一、外部形态

蜱无头、胸、腹之分,表皮革质。从外形上可分为假头和躯体两部分。

(一)硬蜱外部形态

成蜱体型大小因种类不同和吸血与否差异很大,未吸血个体一般呈椭圆形或卵圆形,背腹上下扁平,背面稍隆起;吸血后,雄蜱稍有膨大,雌蜱饱血后极度膨大,体型可增大几十倍到上百倍。

1. 假头

假头(图4.1)位于躯体前端,背面可见,向前突出。其结构包括以下几部分:

假头基(basis capituli):假头基部一个分界明显的几丁质区。其形状因属种不同而异,呈矩形、六角形、三角形、梯形等。后缘两侧或具向后的角突,称基突(cornua)。雌蜱假头基上有由许多小凹点汇聚而成的一对孔区(porose area),具感觉功能。孔区形状多为圆形或椭圆形,其大小及间距常因种类不同而异。假头基腹面,前部靠侧缘或具一对角突,称耳状突(auricula),其形状和发达程度因种而异,一般呈齿状或角状,有的退化为脊状。中部有时具一细浅的横缝(transverse suture)。后部两侧有时收窄,后缘或呈脊状或腹角,即腹脊(ventral ridge)。

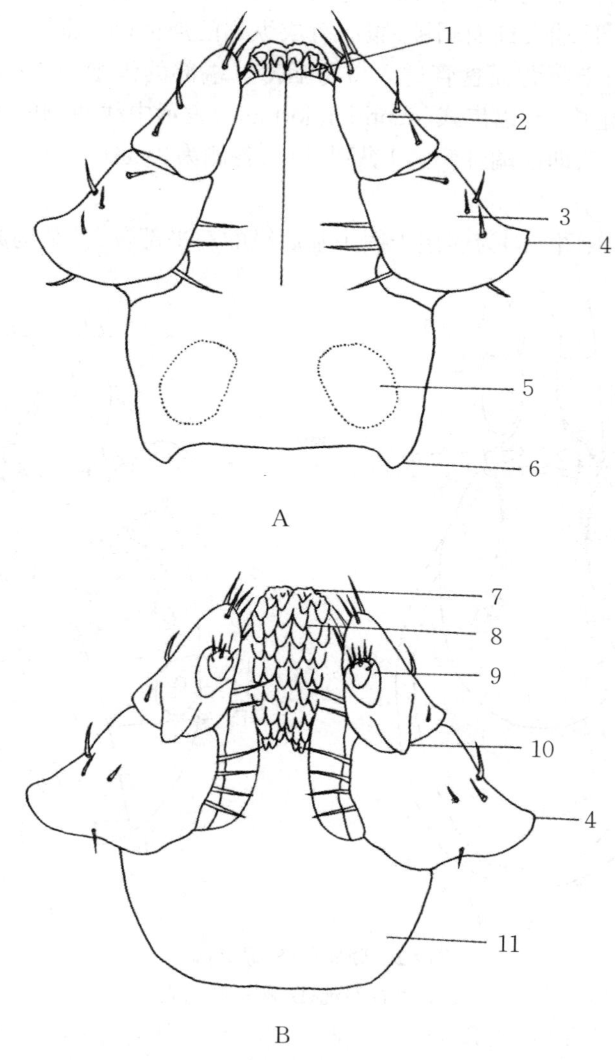

图4.1　硬蜱形态(血蜱属)

A. 雄蜱假头背面观;B. 雄蜱假头腹面观

1. 螯肢;2. 须肢第3节;3. 须肢第2节;4. 须肢第2节后缘外侧;5. 孔区;6. 基突;7. 口下板;8. 齿列;9. 须肢第4节;10. 须肢第3节腹侧;11. 假头基

仿 陈国仕(1983)

须肢(palp):一对,位于假头基前方两侧的分节结构,是蜱探寻最适吸血位点的重要工具。须肢的长短与形状因种属不同而异。须肢共分为4节:第1节很短,环状或具突起;第2、3节较长,外侧缘直或凸出形成侧突,背面或腹面有时具刺(spine);第4节短小,镶嵌于第3

节亚端的腹面，其顶端有粗短的感觉毛。当蜱吸血时，整个须肢起辅助口器、固定和支撑蜱体的作用。

螯肢(chelicera)：位于假头正中向前伸出的一对杆状结构。其末端具定趾(靠内侧)与动趾(靠外侧)，两趾都具大的锯齿，用来切割宿主皮肤。每一螯肢外面有螯肢鞘包被，末端裸露。

口下板(hypostome)：位于螯肢腹面，与螯肢合拢形成口腔，形状和长短因种类而异(剑状、矛状或压舌板状)，顶端尖细而圆钝，腹面有成纵列的逆齿(denticle)，为吸血时穿刺与固着的器官，血液随蜱口下板背面食管进入口与咽部。端部的齿细小，称齿冠(corona)，主杆的齿较大。在分类鉴定中，常以齿式(dentition formula)表示中线两侧的齿列数，如3|3，即各侧具3纵列，又如3-4|4-3，即前端各侧具4纵列，以后各侧为3纵列。

2. 躯体

躯体(图4.2，图4.3，图4.4)为连接于假头基后缘的扁平部分，其结构如下：

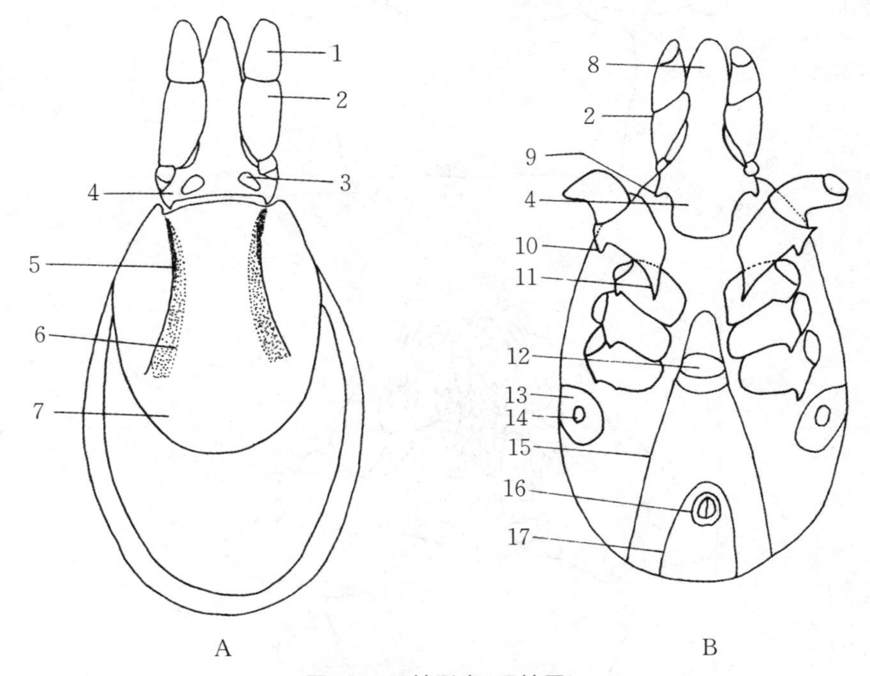

图4.2 硬蜱形态(硬蜱属)

A. 雌蜱背面观；B. 雌蜱腹面观

1. 须肢第3节；2. 须肢第2节；3. 孔区；4. 假头基；5. 侧沟；6. 颈沟；7. 盾板；8. 口下齿列；9. 耳状突；10. 外距；11. 内距；12. 生殖孔；13. 气门板；14. 气门；15. 生殖沟；16. 肛门；17. 肛沟

仿 陈国仕(1983)

背面(dorsum)：最明显的结构是几丁质的盾板(scutum)。雄蜱盾板覆盖整个背部，雌蜱以及幼蜱和若蜱盾板只占背面前半部。其形状因种类而异，一般为椭圆形、卵圆形、心形或其他形状。盾板上布有点窝状的刻点，其大小、深浅、数目及稀密程度在分类上亦具有一定意义。盾板或具色斑(如革蜱属、花蜱属等)。盾板前缘靠假头基处凹入，即缘凹(emargination)，内有蜱类特有的吉氏器(Gené's organ)；盾板两侧向前突出，形成肩突(scapula)。有些蜱属具眼(eye)一对，位于盾板侧缘。颈沟(cervical groove)自缘凹后方两侧向后伸展，其深

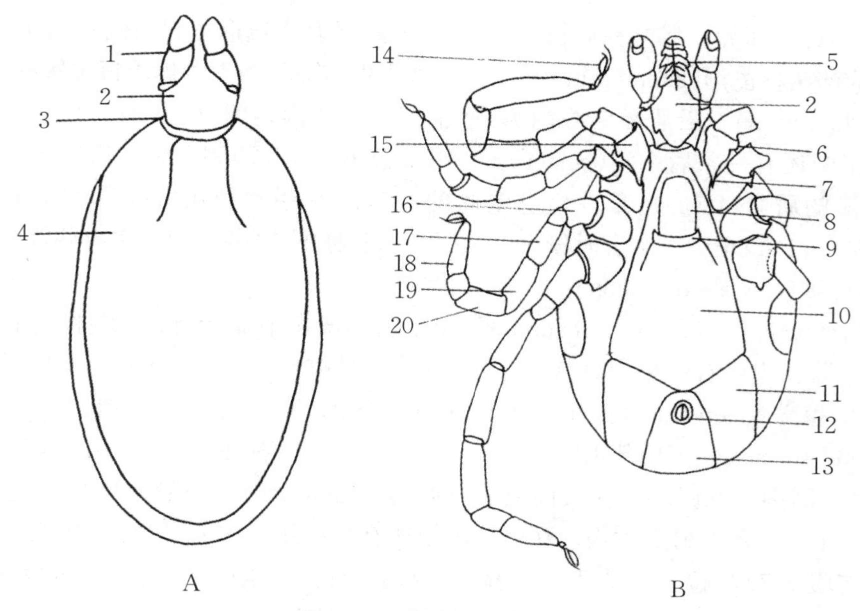

图4.3　硬蜱形态(硬蜱属)

A. 雄蜱背面观;B. 雄蜱腹面观

1. 须肢;2. 假头基;3. 肩突;4. 盾板;5. 口下板;6. 外距;7. 内距;8. 生殖前板;9. 生殖孔;10. 中板;11. 肛侧板;12. 肛门;13. 肛板;14. 爪垫;15. 基节;16. 转节;17. 股节;18. 跗节;19. 胫节;20. 后跗节

仿 陈国仕(1983)

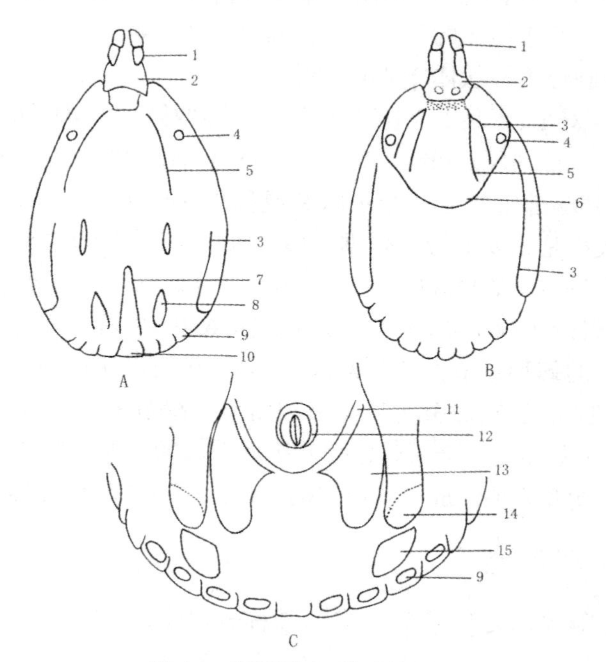

图4.4　硬蜱形态(璃眼蜱属)

A. 雄蜱背面观;B. 雌蜱背面观;C. 雄蜱腹面后部

1. 须肢;2. 假头基;3. 侧沟;4. 眼;5. 颈沟;6. 盾板;7. 后中沟;8. 后侧沟;9. 缘垛;10. 中垛;11. 肛沟;12. 肛门;13. 肛侧板;14. 副肛侧板;15. 肛下板

仿 陈国仕(1983)

浅、长度亦因种类而异。雌蜱在盾板前部靠近侧缘,或有直线形隆起的侧脊(lateral carina),其内侧所成的沟称侧沟(lateral groove)。在雄蜱盾板前部相当于雌蜱盾板位置的部位,称假盾区(pseudoscutum)。沿盾板侧缘内侧,通常有一对侧沟,其长度及深度在分类上亦很重要。后部正中还有一条后中沟(posterior median groove),其两侧有一对后侧沟。靠近中部有一对圆形的盾窝(fovea),是性信息素腺的通口。有些蜱种在后缘具方块形缘垛(festoon),通常为11个,正中一个有时较大,色淡而明亮,称中垛(parma)。也有些蜱种躯体末端突出,形成尾突(caudal protrusion)。

腹面(venter):生殖孔(genital aperture)位于前部或靠中部,形状因蜱种不同有所差异,有些雌蜱生殖孔边缘有细小的翼状突(alae)或称生殖帷(genital apron),也有些具厣状的覆盖物或称生殖盖(operculum)。在生殖孔前方和两侧,有一对向后伸展的生殖沟(genital groove)。肛门(anus)位于后部正中,是由一对半月形肛瓣构成的纵裂口,在肛瓣上有纤细的肛毛1~5对,周围为肛门环。在其前或后有肛沟(anal groove),一般为半圆形或马蹄形;有时在肛沟正中之后还有肛后中沟。在雄蜱腹面还有几块几丁质板,其数目因蜱属不同而异。如硬蜱属有腹板7块:位于生殖孔之前者为生殖前板;位于生殖孔与肛门之间者称中板;位于体缘两侧的一对为侧板;肛板一块,位于肛门周围,紧靠中板之后;肛侧板一对,位于肛板外侧。有些蜱属腹面只有一对肛侧板和位于其外侧的一对副肛侧板,如扇头蜱属。璃眼蜱属除肛侧板和副肛侧板外,在肛侧板下方还有一对肛下板,也有些蜱属腹面无几丁质板,如革蜱属和血蜱属。此外,腹面有气门板(peritreme)一对,位于第4对足基节的外侧面。其形状因种而异,多为逗点形、卵圆形、圆形或其他形状,有的向后延伸成背突,是分类的重要依据。在气门板中部有一几丁质化的气门斑(macula),气门(stigma)半圆形,裂口即位于其间。在气门斑周围由许多圆形的杯状体(goblet)围绕。

足(leg):成蜱有4对足,每足由6节构成,位于腹面两侧,由体侧向外为基节(coxa)、转节(trochanter)、股节(femur)、胫节(tibia)、后跗节(metatarsus)和跗节(tarsus)。基节固着于腹面体壁,不能活动。其端部常具1~2个齿状突或称距(spur),靠内侧的称内距,靠外侧的称外距。距的有无和大小是重要的分类依据。转节及以下各足节均能活动。转节短,其腹面或具发达程度不同的距。在某些蜱属(如革蜱属、血蜱属)第一对足转节背面有向后的背距。其他足节均较细长,腹侧边缘不整齐,常呈齿状或角突状,并着生呈序列的刚毛、小齿或距,背侧缘较为光滑。有的蜱种足节上的色素浓淡不一,显现出淡色的纵纹或环纹带。跗节为最后一节,其上有环形假关节,故分为后跗节和跗节。跗节末端具爪(claw)一对,爪基有发达程度不同的爪垫(pulvillus)。第一对足跗节接近端部的背缘有哈氏器(Haller's organ),为嗅觉器官,由前窝、后囊及刚毛组成。哈氏器的细微结构可作为种类鉴别特征。

(二)软蜱外部形态

软蜱科蜱类整个躯体均无几丁质板覆盖,故称软蜱(图4.5)。

1. 假头

位于躯体腹面前端,若有头窝(camerostome),假头通常坐落其间,在头窝两侧有一对叶状突,称颊叶(cheek)。口下板与螯肢间由上唇(labrum)相隔,从外表难以看到。须肢圆柱形,端部向后下方弯曲,从外形上看更像足。须肢由4节组成,无端趾或亚端毛。各节较为柔软,约等长,第Ⅳ节不陷进第Ⅲ节的端部腹面。成蜱和若蜱的假头均位于腹部,背部不可

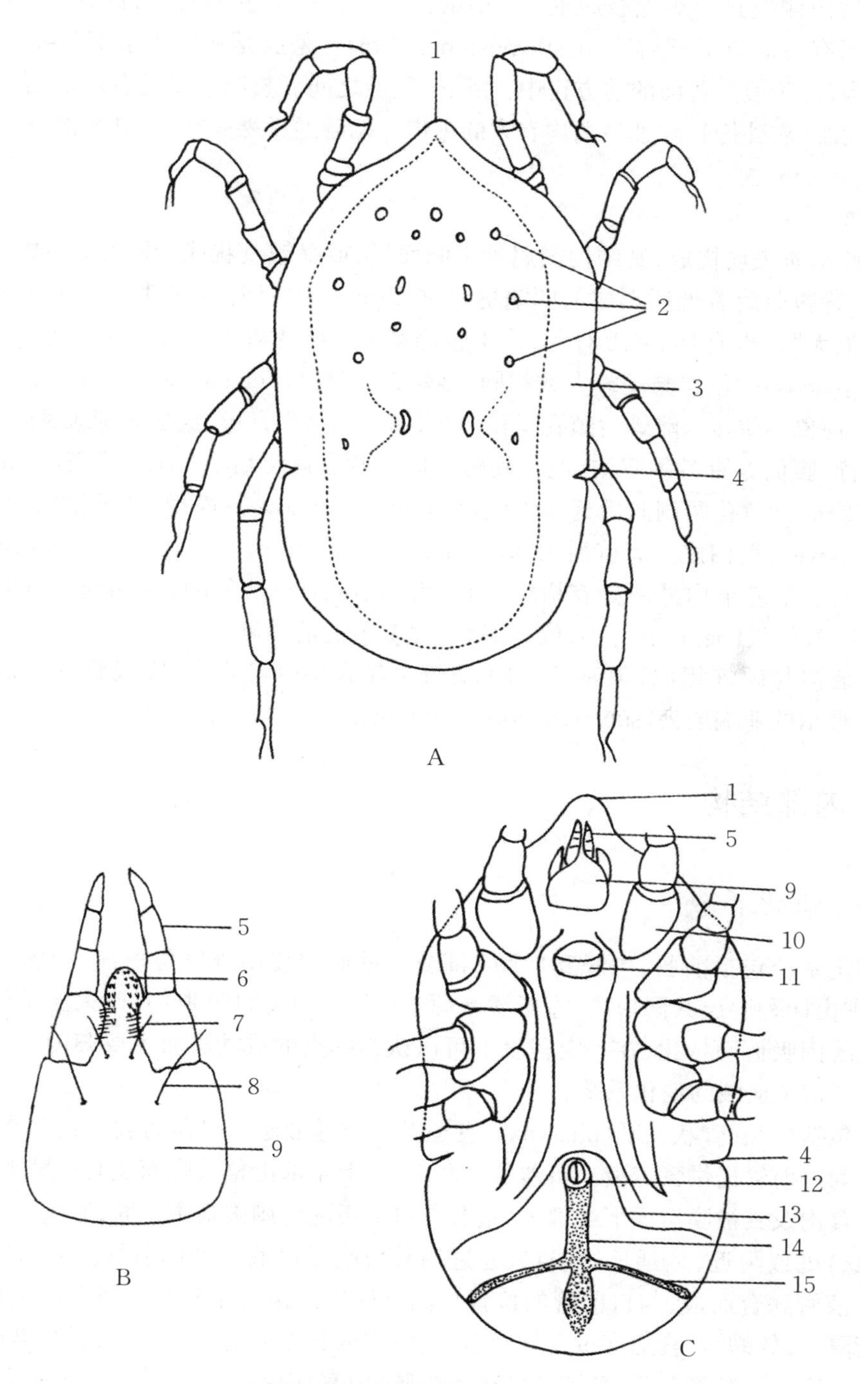

图4.5　软蜱形态(钝缘蜱属)

A. 背面观;B. 假头;C. 腹面观

1. 顶突;2. 盘窝;3. 缘褶;4. 背腹沟;5. 须肢;6. 口下板;7. 口下板后毛;8. 须肢后毛;9. 假头基;10. 基节;11. 生殖孔;12. 肛门;13. 肛前沟;14. 肛后中沟;15. 肛后横沟

仿 陈国仕(1983)

见。须肢后内侧或具一对须肢后毛(postpalpal hair)。口下板不发达,具有小齿甚至无齿。口下板基部有一对口下板后毛(posthypostomal seta)。螯肢是从假头基部向前伸出的一对长杆状结构,位于假头背面的前方正中,在两个须肢之间。螯肢末端具有定趾(靠内侧)和高度灵活的动趾(靠外侧),两趾顶端均有大的锯齿。两趾通常裸露在外,其余部分包在螯肢鞘(cheliceral sheath)内。

2. 躯体

由弹性革质表皮构成,其结构因属种不同而异,或呈皱纹状或为颗粒状,或具乳突或有圆形陷窝,背腹肌附着处所形成的凹陷称盘窝(disc)。腹面前端有时突出,称顶突(hood)。大多数种类无眼,也有具1或2对者,位于腹侧第1、2对足基节外侧。生殖孔(genital opening)和肛门(anus)的位置与硬蜱大致相同,雄蜱无生殖帷(genital apron)。性二态(sexual dimorphism)现象不明显。雌蜱生殖孔呈横沟状,雄蜱则为半月形,这是区别雌雄的主要依据。

躯体背、腹面亦有各种陷沟,但与硬蜱不同。约在体缘后1/3处有背腹沟(dorsoventral groove)。腹面生殖孔两侧向后延伸为生殖沟(genital groove);横行于肛门之前者为肛前沟(preanal groove);肛门之后有肛后中沟(medianpostanal groove)和肛后横沟(transverse postanal groove)。沿基节内外两侧有褶突,内侧为基节褶(coxal fold),外侧为基节上褶(supracoxa fold)。气门板(peritreme)小,位于第4对足基节的前外侧。

足的结构与硬蜱相似,但基节无距,跗节(有的及后跗节)背缘或具几个瘤突(dorsal hump),靠近爪的亚端瘤突(subapical dorsal protuberance)一般比较明显。爪垫退化或付缺。

二、内部结构

(一)消化系统

蜱消化系统包括前肠、中肠和后肠3部分。前肠表皮由外胚层形成,中肠由内胚层形成,后肠则由两种胚层共同形成,直肠囊来源于内胚层,而直肠(肛门管)来源于外胚层。蜱类消化系统因吸血而特化,在一定程度上可以认为蜱类的成功吸血主要归因于发育了高效获取和处理宿主血液的消化系统。

前肠包括口腔(管状)、咽(pharynx)、食道及一对唾液腺。口器为刺吸式口器,可刺穿宿主皮肤并为口前管提供营养液。口器分为两部分,上半部由螯肢腹面及其外鞘组成,口下板背面的摄食沟及其被膜形成下半部分,螯肢与口下板配合刺破宿主皮肤,制造吸血点。咽在假头基融合处或附近,呈延长的梭状,通过咽有力吮吸血液流进口前管。唾窦(salivarium)由成对唾液管融合而成,与口前管的位置相同(硬蜱)或由一个延长的可移动上唇(labrum)与口前管隔开(软蜱)。食道穿过合神经节,前段进入身体的前背部末端,后段出现在后腹部表面附近。穿过合神经节后,食道背转进入中肠(中室)中部。入口处是一个肌肉质的褶,形成前胃瓣,可阻止宿主血液回流进入前肠。

中肠位于食道与直肠之间,体积大,分枝多,占据体腔大部分。硬蜱中肠由胃主体、一对前侧叶和一对后侧叶组成。前、后侧叶由胃主体分枝形成,各自再分枝形成盲管。其中,胃主体是一根位于体腔前部宽的中央管,其前端在合神经节之后,与食道相连;其余部分位于雌蜱阴道或雄蜱附腺的背面。在食道和胃的连接处有瓣膜,可减少胃内容物回流。前侧叶一对，从胃主体前侧发出，由此分成5对盲管，其中第一对和第二对向前延伸，位于唾液腺前背面；第三对盲管有的直接伸向后侧方，有的先伸向后侧方然后再弯曲向前，视种类而异，也位于唾液腺背面。第四对盲管自第五对的上侧方发出，在唾液腺的后1/5处伸向其前腹面。以第五对盲管为最长，沿唾液腺内下侧方伸向体后侧缘，然后反曲向腹面，沿唾液腺内侧、精巢或卵巢的腹面、雄蜱附腺或雌蜱阴道两侧，经过合神经节腹面或两侧伸向前方。后侧叶一对，从胃主体后端发出，每一后侧叶再分外枝和内枝两个盲管，外枝较短，在卵巢和精巢后外侧之上，至体缘向内弯曲于直肠囊两侧。内枝长于外枝，在雄蜱精巢后端内侧和直肠囊之上，或在雌蜱卵巢横轴和直肠囊之上，至体后缘反曲，经过直肠囊腹面到达雌蜱阴道颈部或雄蜱附腺腹面。

后肠由直肠管、直肠囊、直肠和肛门内(外)括约肌组成，非洲钝缘蜱(*Ornithodoros moubata*)和萨氏钝缘蜱(*Ornithodorus salahi*)缺少直肠管。直肠囊位于身体后端腹部中线，是一个较大的球状薄膜囊，其组织学与中肠相似，但根据其运输排泄废物的生理学功能，将其归类为后肠。直肠或者肛管呈导管状，由一薄层覆盖在基底膜上的上皮细胞构成，该导管具有表皮内层，是直肠囊和肛门孔之间的一段狭窄连接。直肠末端连接肛门，肛门由成对的表皮副翼环绕，伸入到副翼和直肠上的肌肉控制肛门活动。直肠囊充满时副翼肌肉收缩让肛门打开，排出废物。

(二)排泄系统

排泄系统主要分为马氏管和基节腺两个部分。

1. 马氏管

蜱类的马氏管连接直肠囊。在组织学上马氏管的内壁和直肠囊相似，是一种简单的立方形上皮细胞。不同于昆虫的多管系统，蜱类只有一对马氏管，这些极长的狭窄管道在体腔的其他器官和组织间环绕和扭曲，以便与每个器官或组织紧密接触。管中收集的含氮废物不断积累和固化，主要以鸟嘌呤晶体的形式，通过直肠囊同其他废物一起排出体外。

马氏管是蜱排出含氮废物的主要器官，由内胚层发育而来，包括一薄层立方形上皮细胞，真皮鞘和薄层的平滑肌细胞。蜱在饥饿状态下，马氏管内腔消失，细胞也变得非常小，此阶段马氏管的直径为50～70 μm。蜱吸血或饱血后，马氏管内腔填充了大量白色鸟嘌呤晶体，内腔增大，并且其细胞也会越来越肥大。因此，马氏管直径大幅增大。根据上皮细胞超微结构的不同，马氏管可分为前、中、后三部分。其中，马氏管前、中两部分的上皮细胞非常相似，内腔表面有微绒毛形成的刷状缘，与直肠囊的刷状缘很相似。而在这两部分细胞基部，有由基片形成的迷路，像直肠囊一样，这种亚细胞的特殊分化增加了马氏管表面积。此外，蜱在吸血过程中，马氏管细胞内线粒体大量增加，且当肝糖原充足时，马氏管细胞变得肥大，并且会凸入到马氏管内腔。与此同时，腔内有各种形状的鸟嘌呤晶体，且有很明显的碾压痕迹，最大直径可达80 μm。软蜱的马氏管和硬蜱的几乎相同。

2. 基节腺

基节腺是瓶颈状结构，包括囊状的过滤腔和基节管。基节管分为两部分：近端管和远端管(末端连有外基节孔)。在外基节孔附近的基节管处有一小的多核附腺，可能是蜱性信息素的来源。过滤腔是高度卷曲成网状结构的膜腔，大大提高了过滤的有效面积。基节腺中的废液排入近端管细胞。肌肉束与过滤腔相连接,当肌纤维收缩时,过滤腔体积增大,使血淋巴中的水和离子进入腔内,因而过滤腔可看作是一个快速收集水分、可溶性小分子和离子的过滤系统。基节管可选择性重吸收一定的离子,特别是钾离子。基节管具有两种细胞类型——位于管末梢的长柱形足细胞和管近端的立方形足细胞,和其他动物的足细胞具有很多相似性。这两种足细胞结构也相似,都具有高度折叠的基膜、一定量的内质网和溶酶体以及大量微管。长柱形足细胞生有少量短的微绒毛,立方形足细胞生有大量长的微绒毛。

(三)呼吸系统

蜱类呼吸系统由一组管状系统组成,气管系统包括与外界相通的一对呼吸孔或气门,气门位于身体侧面由体表特化形成的气门板上,气门具有进行气体交换和调节体内水分平衡的功能。气门板受到表皮折叠的限制,呈卵圆形或椭圆形,具有许多小的类似圆形结构的杯形体,形成凹斑或空腔结构。软蜱与硬蜱气门板位置有所差异,同时,杯形体的大小、形状、数量、排列方式以及气门板的其他细小特征可作为蜱形态学分类的重要依据。若蜱和成蜱有较发达的气管系统,且雌蜱体内具有比雄蜱分布更广的气管系统。幼蜱以体表进行呼吸,无气管系统。

硬蜱气门板中间或沿板边缘有一小气门斑与气门裂(ostium)相接。气门斑呈平滑状或带有小刻点状。扫描电镜显示,杯形体呈开放的空腔状并与其下的组织有细胞连接。杯形体是由犬牙交错的二级突起支柱构成,一层薄薄的表皮覆盖在气门板表面。气门板表皮下的气体空间也与前室相连。二级突起支柱为圆形柱状而不是隔膜,可使不同杯形体间的气洞相互贯通。每个杯形体内部由加厚的内表皮层构成,里面充满狭窄的表皮很薄的输气管。杯形体的功能目前仍不清楚。气门斑临近与气门裂相连的部分称为小柱(columella),构成上唇。这些小柱靠一根窄茎与表皮内层相连,从而支撑起二级突起支柱。气门下有块小的门下空间,围绕着小柱的一小部分。这块空间直接延伸至前室。气门的开闭受肌肉控制,但血淋巴的液压也可以关闭气门。肌肉附着在前室壁上,而不是在气门板上。

软蜱气门板在结构上更为简单,加厚的气门斑位于表皮与气门板的分界线上,缝隙样气门裂位于气门板的一侧,气门的开闭主要靠血淋巴的液压来完成,当液压上升时,引起加厚气门斑与气门板相结合,从而关闭气门。在气门下的空间之间有一个类似瓣膜的结构,它通过前室肌肉控制气体通向中庭。

许多软蜱的幼蜱只有简单的呼吸系统。树栖锐缘蜱(*Argas arboreus*)在基节Ⅰ和基节Ⅱ的维管折叠区具有裂孔式气门腔,开口通过一个窄而垂直的前庭与前庭腔连接,只有一根主气管通到中庭并延伸到唾液腺,然后,主气管通过分支气管与体内各组织连接。没有气瓣膜,气体进出主要通过前庭壁上的许多微小突起相互连接以及由肌肉收缩形成前庭腔内陷来控制。这种简单的呼吸系统在幼蜱蜕皮期将随着外骨骼一起脱落。在若蜱期蜕裂形成的气门腔被基节孔代替,最后发育形成基节腺。

(四)循环系统

蜱具有开放循环系统,由一个心脏、大动脉、短动脉导管和几个血窦组成。心脏是一个相对简单的延长管,位于身体背中线、背凹的稍前方(躯干的前2/3处),被一个围心窦包围,呈亚三角形,后端有心门,血淋巴从此进入心脏。心脏向前连接主动脉,在前端包围合神经节,形成围神经血窦。血淋巴从心脏沿着延长的背大动脉(前大动脉)流到环绕合神经节的围神经节血窦。从这里又分配到足动脉、环绕足神经干的薄壁导管以及前血窦和腹血窦。头动脉从这些血窦运送血淋巴到口器、假头基并从腹面回到体腔。血淋巴是通过循环导管流动并注入体腔和假头的循环液。所有器官和组织都浸泡在血淋巴中。血淋巴的量在蜱不同生理阶段变化很大,尤其在吸血期大大增加,但相对于蜱体重的百分浓度则保持相对恒定。

(五)神经系统

蜱类神经系统是一个高度密集、融合的神经团,由脑神经节、腹神经链连同各节段的神经节愈合形成一个围咽的合神经节,位于Ⅰ、Ⅱ足基节的水平线。合神经节被血管鞘包围,为合神经节提供新鲜血淋巴。合神经节由上食道区与下食道区两部分构成。合神经节被外部的脑皮层区与内部的神经纤维网组成的膜性复合物包被。蜱类外周神经起于各神经节,几乎全部由轴突构成,周围是神经胶质细胞,由一层薄的无定形神经膜包被,分布至各器官。

(六)感觉器官

蜱类通过多种周边感觉系统(peripheral sensory organ)感受外界环境变化。最常见的是刚毛,遍布全身包括足和口器等部位。无孔型刚毛有触觉功能,可以感触栖息的土层、裂缝,及各种震动、空气震荡或类似机械变化,这种感觉器官称为机械感受器。有孔型刚毛可以识别环境中的化学物质。多孔型感受器(multiporose sensilla)相当于嗅觉器官,可以在瞬间识别气味。顶孔型感受器(tip pore sensilla)通常用来鉴别味觉,可识别液体、脂类及其他化合物。在蜱第1对附肢的跗节近端部背缘有一个嗅觉和味觉感受器,称为哈氏器。同昆虫舞动触角一样,蜱通过挥动第1对附肢,利用高效的哈氏器感受环境中的气味。在须肢末端也分布大量味觉感受器,可以识别宿主散发的气味,甚至在螯趾(cheliceral digit)(长期以来被认为是仅供切割皮肤用)上也存在味觉感受器。其他的感觉器官分布在体表,同刚毛一样具有基盘和表皮沟,但没有外露的毛干。这些器官作为内感器发挥作用,偶尔也具有机械感受器的功能。

(七)生殖系统

硬蜱科和软蜱科生殖系统有所差异,但基本相似。雌蜱生殖系统由卵巢、输卵管、连接管、阴道颈部、受精囊、管状附腺、阴道前庭和叶状附腺、吉氏器组成。饥饿幼蜱的卵巢是一小段简单的管状结构。饥饿若蜱卵巢如同一个新月形的管状结构,随着若蜱蜕皮为成蜱,卵巢也相应成熟。在硬蜱雌蜱生殖系统中,卵巢位于体后部,单一的卵巢呈管状、带状或弯曲呈"U"形。卵巢末端与输卵管相连。输卵管一对,卷曲、折叠状。未吸血时雌蜱输卵管管壁的上皮细胞为有核的立方形细胞,吸血后,上皮细胞进行多次分裂与增殖,细胞质中细胞器增加,如粗面内质网、胞浆、溶酶体等。连接管是一段分布有薄层表皮的细管,未吸血或吸血未交配雌蜱,连接管的内腔逐渐消失,腔壁折叠形成一个迷路。两输卵管末端汇合形成子宫,通过一肌肉质连接管连于阴道。阴道分为颈部和前庭。阴道颈部背方有一囊状结构为受精囊。未吸血的蜱受精囊囊壁折叠,内腔消失,吸血后内腔扩大。在颈部和前庭交界处有一管状附腺,另外,在阴道前庭周围还有一对叶状附腺。与硬蜱相比,软蜱缺少连接管、叶状附腺、纵沟和受精囊。吉氏器开口于雌蜱假头窝内,由输出管、角突和腺体构成,角突在前沟类硬蜱为4个;后沟类硬蜱和软蜱均为2个。产卵时,假头向躯体腹面弯曲,靠近生殖孔,吉氏器翻出,由生殖孔产出的卵被角突抓住,角突收缩后将卵黏附在口下板上,当假头复位时,将卵带到蜱体背面前方,如此反复进行,卵在前端堆积成山。吉氏器分泌蜡-脂类物质附于卵外,具有防失水、抑菌等作用,同时孔区内的腺体亦进行分泌,其分泌物可抑制类固醇氧化。

雄蜱生殖系统包括:① 管状精巢一对,U形或旋绕,两个精巢后端通过桥或峡部连接。② 一对旋绕的输精管。③ 生殖腔。④ 射精管一对。⑤ 复杂的多叶状附腺。

1. 精巢

蜱类精巢结构基本相似,但随种类不同有所差异。亚洲璃眼蜱(*Hyalomma asiaticum*)精巢伸展在身体两侧,从中心神经团后端一直延伸到气门板边缘,中部盘绕,后1/3处加厚;嗜群血蜱(*Haemaphysalis concinna*)和长角血蜱(*Haemaphysalis longicornis*)精巢为微弯的管状;森林革蜱(*Dermacentor silvarum*)和草原革蜱(*Dermacentor nuttalli*)精巢在后1/3处呈双折状弯曲并明显变粗;波斯锐缘蜱(*Argas persicus*)和乳突钝缘蜱(*Ornithodoros papillipes*)精巢末端聚合形成马蹄状。

2. 输精管

输精管为成对短管,在进入生殖腔处汇合。

3. 射精管

射精管位于生殖腔前端,呈短小而扁平的管状。从生殖腔前腹部延伸,在中央神经团下方通过生殖孔开口于体外,其前部被腹部体壁表皮形成的生殖帷覆盖。

4. 附腺

附腺位于射精管背部、合神经节后部和中肠壶腹部的腹面。随种类不同,附腺形状明显不同。雄蜱附腺包括中叶(背中叶、前背叶和后背叶)和侧叶(背侧叶、后侧叶和后腹叶)。

软蜱科雄蜱附腺的叶仅在位置和直径上有所不同。乳突钝缘蜱背中叶最大,背中叶前端直接伸入射精管,末端部分在前端背部盘绕。中叶两侧是小而成对的侧叶,另外一个不成对的侧叶(腹叶)在腺体和射精管连接处下方伸出。3个成对的侧叶和一个成对的后背叶从中叶边缘后端伸出。后腹叶比其他侧叶更向后伸展,与其他侧叶的区别在于它是一个乳白色、海绵状结构,而其他侧叶是半透明的。

第二节 蜱类生物学

蜱类作为专性吸血的外寄生动物,在全球范围内广泛分布,生活史复杂。了解蜱类的生物学特征对于后续蜱及蜱媒疾病的综合防控具有重要意义。本节主要针对蜱类的生物学特性、个体发育及生活史、蜱类的宿主类型以及蜱类的耐饥能力及寿命进行介绍。

一、生活习性

专性吸血是蜱类重要的生物学特征。蜱类的生长发育及生殖与其吸血营养密切相关，没有足够的摄血量，蜱就不能完成变态发育和繁殖。除卵外，硬蜱的各发育阶段均需吸血，且每个阶段仅吸血一次，这一过程至少持续几天。但也有例外，如缺角血蜱(*Haemaphysalis inermis*)幼蜱和成蜱仅需1～2小时就能饱血。硬蜱科的其余种类，幼蜱吸血期最短而成蜱吸血期最长。蜱类吸血期变化很大，甚至在同样环境条件下，来自同一亲本的不同个体都有很大差异。吸血完成后，雌蜱由于吸取了大量宿主血液，躯体常变得异常大。如希伯来花蜱(*Amblyomma hebraeum*)饱血雌蜱体重达到其饥饿体重的100倍左右。

硬蜱吸血过程可分为三个阶段，即预备期、缓慢吸血期和快速吸血期。预备期由开始叮咬宿主到血液进入中肠，时间一般为24～36小时，此期蜱体重并不增加或增加不明显。缓慢吸血期为血液进入蜱中肠到蜱从宿主动物体上脱落前的12～24小时，此期占吸血过程的大部分时间，蜱体重均匀增长。最后12～24小时为快速吸血期，多数硬蜱一般发生在交配后，该阶段吸血量最大，蜱体极度胀大，体重也飞速增长。

蜱类吸血的持续时间，硬蜱较软蜱长。硬蜱幼蜱吸血需持续2～5天，体重增长10～20倍；若蜱吸血需3～8天，体重增长20～100倍；雌蜱吸血需4～16天，体重增长80～120倍；雄蜱吸血持续时间多有变化，但体重增加并不明显。软蜱吸血持续时间则不同，幼蜱持续时间长，若蜱次之，雌蜱似最短。波斯锐缘蜱幼蜱需时为5～10天，有的若蜱只要15～40分钟或1～2小时，雌蜱则需15～40分钟。有时波动大，如波斯锐缘蜱成蜱需10～210分钟。

宿主在很大程度上影响蜱类能否成功吸血以及吸血期长短。如澳大利亚分布的长角血蜱成蜱在牛体吸血时，需3～6天，而在狗体吸血时，需6～11天，中国分布的长角血蜱成蜱在兔体吸血需要7～11天。蜱类吸血部位也可能影响其吸血期。蜱类吸血首先选择宿主皮薄、毛少、血管丰富且不易受到干扰的部位。叮咬时先以螯肢刺破皮肤，然后将口下板插入，并将逆齿张开以固着于宿主体上(图4.6)。

图4.6　蓖子硬蜱(*Ixodes ricinus*)正在吸血

引自 李朝品(2009)

昼夜节律会影响蜱的吸血及脱落方式，如微小扇头蜱(*Rhipicephalus microplus*)交配后雌蜱在夜间快速饱血，但直到清晨宿主离开巢穴觅食过程中才会脱落，因此有利于饱血雌蜱在宿主生境的分布。一些三宿主蜱饱血和脱落发生在傍晚宿主离开巢穴开始觅食时，因此有利于其返回到开阔生境。很多软蜱吸血则倾向于宿主在巢穴和草丛休息时。

雌蜱只有吸血量超过卵发育所必需的最低限度时，才能产卵。有些蜱类存在临界体重(critical weight)，即如果未交配雌蜱吸血体重低于临界体重时不能产卵或产的卵不能正常发育，且雌蜱可再次叮咬吸血。如希伯来花蜱临界体重约为其饥饿体重的10倍。蜱类完成变态发育所需要的最低吸血量，随蜱的种类和发育阶段不同而异。硬蜱科种类如中华革蜱(*Dermacentor sinicus*)幼蜱和若蜱蜕皮所需要的最低吸血量一般要达到其饱血体重的50%～60%；而软蜱科波斯锐缘蜱和乳突钝缘蜱、特突钝缘蜱(*Ornithodoros tartakovskyi*)的吸血量只要达到其饱血体重的20%～35%，即满足蜕皮时营养消耗的最低需要量。亚洲璃眼蜱若蜱和幼蜱由宿主体强行拔掉的话，暂不能完成蜕皮，但能再次侵袭宿主吸血。当幼蜱和若蜱的吸血量达正常饱血状态的20%时，就能继续发育完成正常蜕皮过程。自体营养繁殖现象也有发生，如乳突钝缘蜱在耐受长期饥饿后，不依赖吸血营养，仅利用末龄若蜱的营养储备完成雌蜱的卵胚形成与卵黄发育，然后产卵。

蜱类多数营有性生殖，也有孤雌生殖现象，如长角血蜱存在二倍体两性生殖种群、非整倍体孤雌生殖种群和三倍体专性孤雌生殖种群。成蜱一般没有功能性的外生殖器，交配方式比较特殊，交配时雄蜱爬到雌蜱体上，腹面相对，雄蜱将口器伸入雌蜱生殖孔中，通过螯肢将形成的精包推进雌蜱生殖孔中使雌蜱受精(图4.7)。交配一般在雌蜱吸血过程中进行，多数在宿主体上边吸血边交配，交配对雌蜱吸血起刺激作用。如未能交配，雌蜱的吸血量会明显降低，吸血期也大大延长。一般情况下，硬蜱雌蜱仅交配1次，在宿主体上进行，雄蜱可多次交配；而多数软蜱可多次交配，一般在栖息地进行交配。硬蜱一生仅产卵一次，软蜱则可多次产卵。产卵时，雌蜱从生殖孔排出卵后，由位于假头基和背部前缘交界处的吉氏器伸出突起推送至背部假头后端，堆积成卵块将假头包埋在内(图4.8)。

图4.7　雌、雄中华硬蜱(*Ixodes sinensis*)正在交配

(贺骥供图)

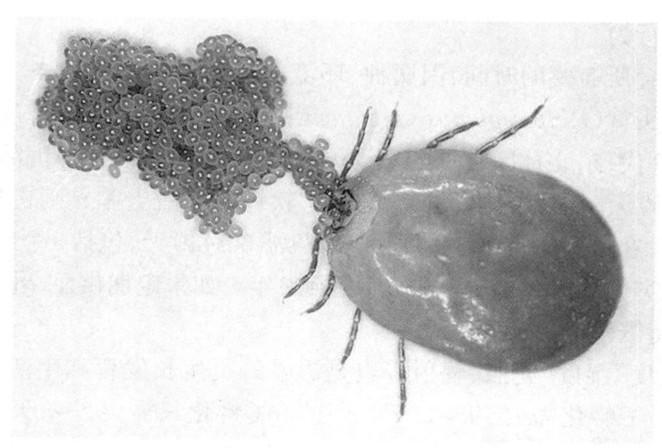

图4.8　蓖子硬蜱(*Ixodes ricinus*)正在产卵
引自 李朝品(2009)

蜱类产卵能力是其繁殖力的重要标志,但蜱属间、种间乃至种内个体之间的产卵能力相差悬殊。如硬蜱属产卵2 000～3 000粒,扇头蜱属(原牛蜱属部分种类)产卵3 000～5 000粒,革蜱属产卵2 000～8 000粒,璃眼蜱属产卵4 000～16 000粒,花蜱属产卵多达1 000～2 0000粒;软蜱饱血1次可产卵50～300粒,一般在1 000粒左右。

二、个体发育和生活史

蜱类生活史包括卵、幼蜱、若蜱和成蜱,后面三个阶段为自由活动阶段。其中若蜱在形态上与成蜱相似,但生殖器官未成熟,所以性别的二态性在成蜱阶段才能明显表现,因此当提及蜱类雌、雄时,就表明此个体已经是成蜱。大多数种类在每个自由活动阶段都要寻找合适的宿主吸血,然后脱离宿主在自然环境中继续发育。软蜱科蜱类在发育到成蜱之前有多个若蜱期,其正常的生长发育阶段包括一个幼蜱期、三个若蜱期和一个成蜱期。软蜱科雌蜱交配后多次饱血且多次产卵,具有多个生殖营养循环。而硬蜱科蜱类,仅经一个若蜱阶段就直接发育为成蜱,雌蜱吸取宿主大量血液,饱血后产下成千上万粒卵,然后死亡,因此极大缩短了其生活史周期,即具有单生殖营养循环。

吸血完成并从宿主脱落后,饱血的幼蜱和若蜱即寻找庇护微生境开始蜕皮。硬蜱科蜱类,蜕皮场所多在沙地、土壤、落叶层、森林中的落叶堆、草地或者其他可以找寻宿主的开阔生境等。软蜱科蜱类则多在缝隙、墙壁或岩石裂缝、具纤维或类似结构的宿主巢穴等地蜕皮。

蜱类蜕皮比较缓慢,并且依赖于周围温度。如21 ℃时,安氏革蜱(*Dermacentor andersoni*)饱血幼蜱蜕皮期为10～11天,饱血若蜱为14～15天。在实验室27 ℃,相对湿度92%(光周期16小时光照:8小时黑暗)条件下,饲于家兔的嗜驼璃眼蜱(*Hyalomma dromedarii*)若蜱蜕皮期为19.8天。温度是影响蜕皮的主要因素。27 ℃时,变异革蜱饱血幼蜱和若蜱蜕皮期分别为8天和17天。温度降低,蜕皮相应推迟。在15 ℃和18 ℃时,幼蜱和若蜱则不会发生蜕皮。温度在蜕皮中的决定作用限制了蜱类向气候寒冷地区扩散。凯氏钝缘蜱(*Ornithodoros kelleyi*)蜕皮期伴随着连续的发育阶段而不断增长,从幼蜱至若蜱的四个阶段(N_1～N_4)分别为3.8天、12.1天、15.3天、22.4天和29天。和硬蜱一样,软蜱的宿主种类和温度同样影响其蜕皮行为。

蜱类生活史发育所需要的时间,因属种、环境条件等因素不同而异。我国广泛分布的微小扇头蜱和血红扇头蜱(*Rhipicephalus sanguineus*)完成整个生活史约需50天;草原革蜱和森林革蜱1年只繁殖1代;东北林区常见的全沟硬蜱(*Ixodes persulcatus*)生活史相当长,在25 ℃实验条件下需要250天,在野外则需要2~3年。软蜱的生活史差异则更加悬殊。波斯锐缘蜱生活史相对较短,在最适条件下,由卵至成蜱只需30~40天,包括3个龄期的若蜱阶段;分布在新疆南部的乳突钝缘蜱生活史一般5个月到2年。如果定期供血,乳突钝缘蜱能存活23年之久,且仍可保持繁殖能力。

环境因素如温度、湿度、光照、辐射等也是影响蜱类生长发育和生活史的重要因素。如微小扇头蜱卵在15 ℃孵化需要19~39天,而在25 ℃孵化只需要2~3天。湿度对产卵也有一定影响。如全沟硬蜱在23 ℃、相对湿度100%时,饱血7天后就可以产卵;而在相对湿度70%、温度不变条件下,则需经9~14天才开始产卵。另外吸血时机也是一个重要的影响因素。如日本血蜱(*Haemaphysalis japonica*)由卵到成蜱,4~5月份吸血需要167~296天,在6月份吸血则需要119~170天。滞育与越冬也是影响生活史长短的重要因素。随着季节变化,蜱类有规律地在某些或某个发育阶段发生滞育,因种属不同而异。

三、宿主多样性

蜱类专性吸血,体外寄生,宿主十分广泛。由于蜱类各活动期均需吸血,所以完成生活史过程至少需要一个或数个宿主动物。通常情况下,依据蜱类完成生活史需要更换宿主的次数和蜕皮场所,蜱的宿主类型大体分为4种:一宿主蜱(单宿主蜱)、二宿主蜱、三宿主蜱和多宿主蜱。硬蜱科和软蜱科蜱类宿主类型存在明显差异。

(一)硬蜱科

硬蜱科蜱类只有一个若蜱期。若蜱饱血后蜕皮为成蜱,雌蜱在吸血期间身体不断变大,并在宿主体上边吸血边进行交配(后沟型蜱)。除硬蜱属外,其他属的种类都需要饱血后才进入生殖营养循环,雌蜱饱血后离开宿主,然后在落叶层、腐烂植被和一些自然形成或人为造成的裂缝等隐蔽微环境经过一段短暂的生殖前期后开始产卵。雌蜱卵期持续20~45天,一般能够产几千粒卵(少数具有滞育的雌蜱除外)。如长角血蜱平均每头雌蜱每次产卵2 143粒,森林革蜱平均产卵5 116粒。产卵速度很快,一般从开始产卵经过3~4天即可达到产卵高峰,然后速度逐渐下降,大约90%的卵块在前十天产出。雌蜱产完卵后立即死亡。不同种类产卵量存在很大差异,雌蜱饱血后50%以上的体重能够转化为卵。纳氏花蜱(*Amblyomma nuttalli*)单头雌蜱产卵可以达到22 891粒。可见,硬蜱由于具有较高的产卵能力而成为节肢动物中生殖能力较强的类群。

1. 三宿主蜱生活史

图4.9描述了三宿主型硬蜱的典型生活史。卵产出后开始孵出幼蜱,幼蜱分布到植被或动物巢穴开始寻找宿主,此宿主为第一宿主。叮咬到第一宿主后,幼蜱吸血过程较为缓慢,几天后完成饱血。饱血幼蜱从宿主体脱落蜕皮为若蜱,若蜱再寻找宿主吸血,此宿主为第二宿主(一般与幼蜱宿主相同),饱血若蜱再次离开宿主落入自然环境蜕皮为成蜱,成蜱再寻找

新的宿主叮咬饱血之后，雌蜱脱落并寻找附近隐蔽环境开始产卵，完成其生活史，这种在个体发育三个阶段都需要寻找新宿主吸血的生活史模式即为三宿主生活史。三宿主模式是硬蜱科大多数种类最普遍和典型的发育模式，在有利的自然环境条件下，三宿主蜱从幼蜱寻找宿主开始到下一代幼蜱寻找宿主大约需要不到一年的时间。在实验室条件下，由于食物来源、温度以及相对湿度都是可控的，其完成一代的时间可以减少到3或4个月。如在温度为(27±1)℃和6小时光照：18小时黑暗的光照周期条件下，长角血蜱完成一个生活史平均需要135.8天，森林革蜱需87.5天，钝刺血蜱(*Haemaphysalis doenitzi*)需109天，亚洲璃眼蜱需151天。然而，气候条件和滞育可能延迟蜱找寻宿主的行为、发育和产卵，在这种环境条件限制下，蜱完成一个生活史可能需要多达几年的时间。如在野外森林革蜱完成一代需1年，而嗜群血蜱、伍氏硬蜱(*Ixodes woodi*)完成生活史需2年，海鸦硬蜱(*Ixodes uriae*)在野外完成生活史需要2～3年；全沟硬蜱则需要3～4年才能完成其生活史(图4.9)。

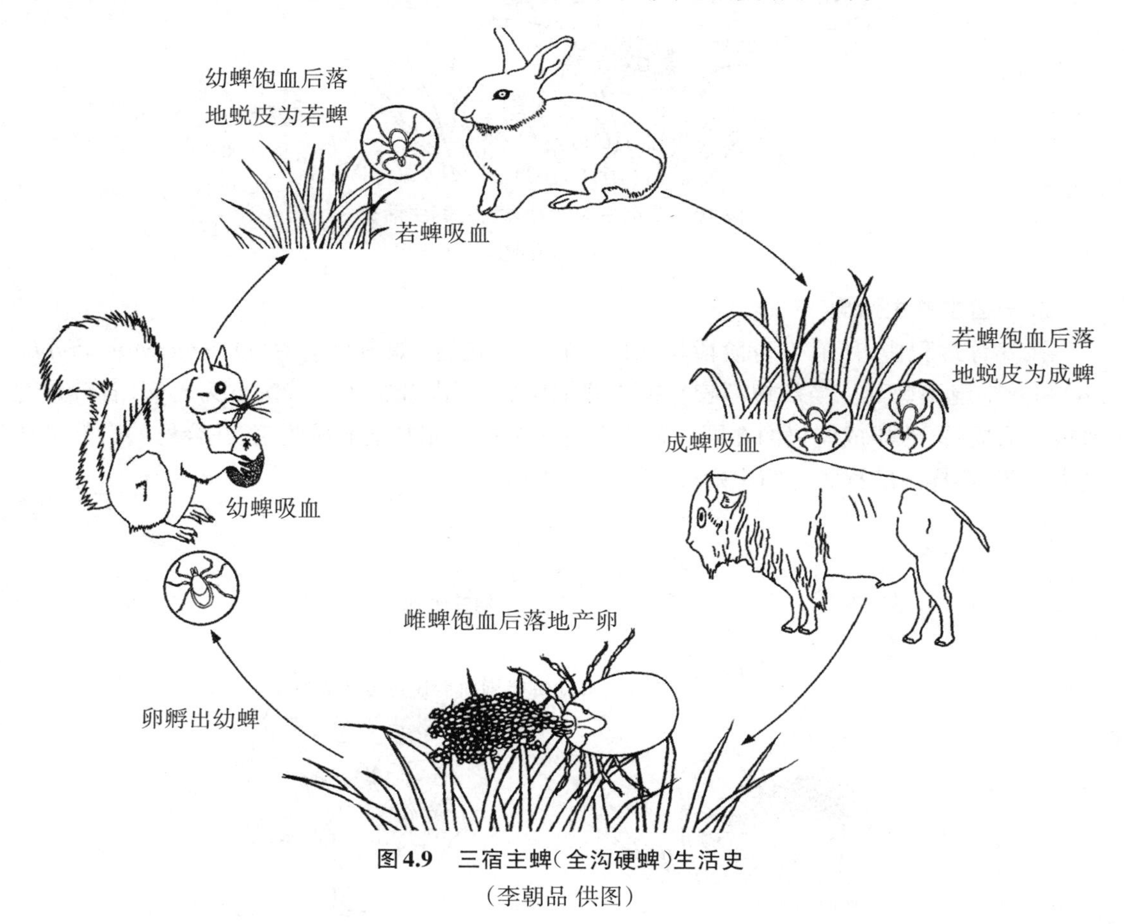
幼蜱饱血后落
地蜕皮为若蜱
若蜱吸血
若蜱饱血后落
地蜕皮为成蜱
成蜱吸血
幼蜱吸血
雌蜱饱血后落地产卵
卵孵出幼蜱

图4.9　三宿主蜱(全沟硬蜱)生活史
(李朝品 供图)

2. 二宿主蜱生活史

不同种类的硬蜱发育模式也存在差异，如囊形扇头蜱(*Rhipicephalus bursa*)发育过程中，幼蜱饱血后蜕皮为若蜱，若蜱饱血后才离开宿主，脱落后蜕皮为成蜱，然后成蜱再寻找另一宿主吸血，一个生活史周期需要两个宿主，这样的蜱称为二宿主蜱(图4.10)。

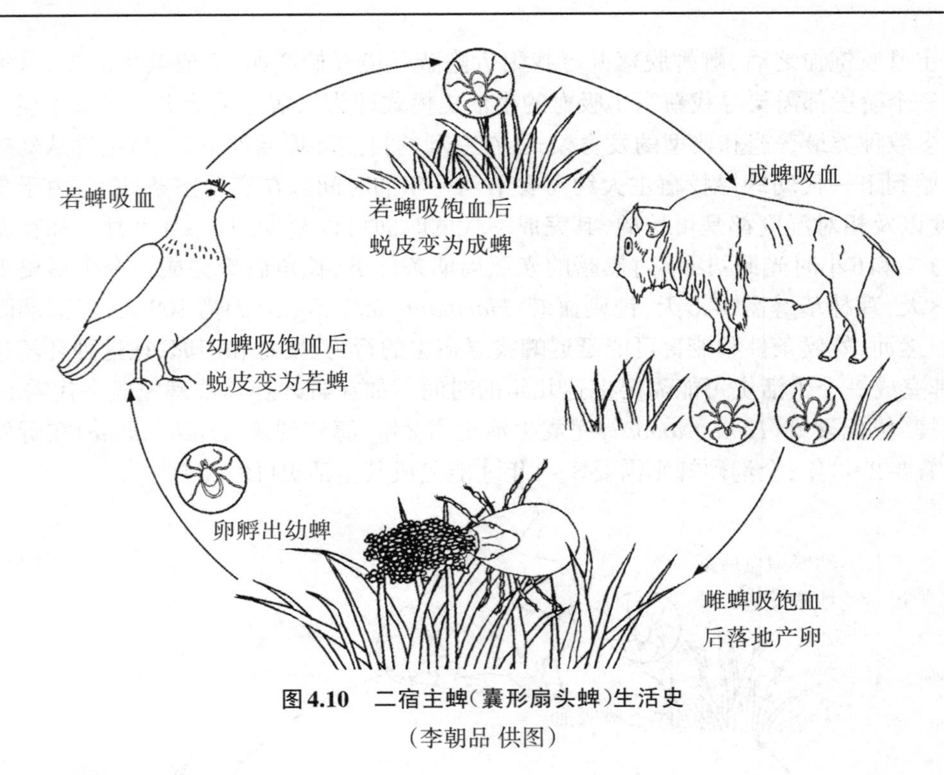

图4.10　二宿主蜱(囊形扇头蜱)生活史

(李朝品 供图)

3. 一宿主蜱生活史

在发育过程中,所有发育阶段均在同一宿主上进行,如白纹革蜱(*Dermacentor albipictus*)和微小扇头蜱等。当幼蜱叮咬到宿主并饱血后,不离开宿主直接蜕皮为若蜱,若蜱再饱血蜕皮为成蜱,雌雄成蜱仍旧在同一宿主上完成饱血。雌蜱饱血后脱落,在合适的自然微环境中产卵,这样的蜱称为一宿主蜱(图4.11)。

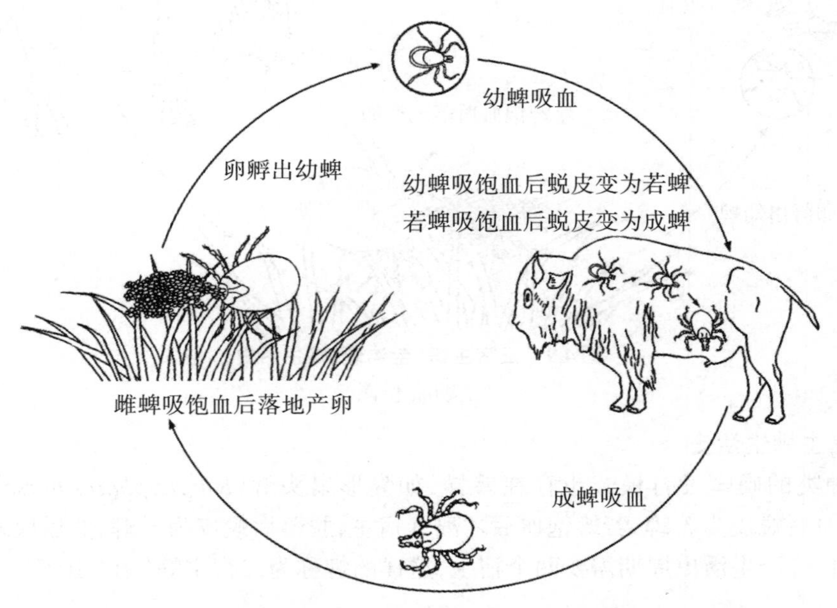

图4.11　一宿主蜱(微小扇头蜱)生活史

(李朝品 供图)

硬蜱属蜱类的交配和发育模式与硬蜱科其他属蜱类存在较大差别。硬蜱属蜱类属于前沟型，配子发育发生在若蜱蜕皮为成蜱过程中，即刚蜕出的成蜱在饥饿期就表现出活跃的交配行为，交配经常发生在吸血之前，有时也会发生在宿主体。如在爱尔兰，超过70%的硬蜱属成蜱在植被落叶层交配，然而硬蜱属的一些巢居种类的雄蜱并不在宿主身上，原因是这些种类的雄蜱口下板上的小齿发育不太完全，不能叮咬宿主。但也有例外，如硬蜱属坚蜱亚属(*Ixodiopsis*)的雄蜱一般都具有正常口下板，并且具有叮咬吸血能力，但仍旧不能叮咬宿主，这可能是蜱类发育繁殖的一种适应性进化，目的是确保雌蜱在耐受一个较长饥饿期后，仍旧能够产下可育性卵。

(二) 软蜱科

软蜱的发育和吸血模式与硬蜱差异显著，其生活史存在多个若蜱期。软蜱吸血速度很快(除了某些锐缘蜱属和钝缘蜱属的幼蜱)，并且雌蜱的吸血和产卵频率都很高；单次产卵量比较低，每个生殖周期产卵量一般不超过500粒；几乎所有软蜱都为多宿主寄生模式。多数种类的软蜱寄生在哺乳动物(包括蝙蝠)或鸟类体表，幼蜱寻找到合适的宿主之后在15～30分钟内快速饱血，然后脱离宿主蜕皮，沙地、土壤、落叶层、森林中半腐烂的落叶堆、草地或者其他可以找寻宿主的开阔生境等都可以成为其蜕皮场所。幼蜱饱血后蜕皮为第一个若蜱期(N_1)，此时，蜱身体特征类似于微小的成蜱，尤其是具有坚硬的、多突状体表，但是生殖孔和性别差异尚未显现。处于N_1阶段的若蜱也像幼蜱一样叮咬宿主并快速饱血，然后在与幼蜱类似的蜕皮环境中发生蜕皮。决定若蜱快速吸血能力的一个重要因素是其代谢上次所吸血液中水分的能力大小，水分的排出主要是在吸血过程中或之后的一个短暂时期内以基节液的形式从基节腺排出体外。若蜱饱血后再次蜕皮进入另一个若蜱期(N_2)，N_2阶段的蜱接着找寻宿主、饱血、蜕皮到新的若蜱阶段，如此循环多个若蜱期。一些种类的蜱在发育至成蜱前具有5～7个若蜱期，最多的可达8个。同种蜱若蜱期的个数有时也不相同，这主要决定于营养因子尤其是前一阶段的吸血量，且雄蜱的若蜱期通常比雌蜱少1～2个。一般情况下，若蜱期体重较轻的倾向于蜕皮为雄蜱，体重较高的倾向于蜕皮为雌蜱，这种情况与硬蜱科的一些种类相似，其若蜱吸血前后的体重与成蜱性别存在着一定的线性关系。

软蜱生命周期也存在一些特例。以蝙蝠作为宿主的许多钝缘蜱属的种类，幼蜱饱血后仍旧叮咬在宿主体上，其吸血方式跟硬蜱类似，这种吸血模式也存在于以鸟类作为宿主的软蜱种类。如迷糊钝缘蜱(*Ornithodoros amblus*)主要是以鹈鹕、鸬鹚和其他一些海鸟作为宿主，幼蜱长时间叮咬有利于鸟类将其携带到其他地区，从而实现蜱的大范围扩散，这也许是蜱长期进化形成的一种传播方式。另外，这种蜱的幼蜱缺乏基节腺，不能将所吸血液中的水分有效排出体外，所以，将吸血期延长正好能使其有足够时间来解决这个问题，主要途径与硬蜱所采用的方式基本相同，即通过唾液腺将血液中的水分排出。幼蜱大量吸血也能使其有足够的营养来完成两次蜕皮：第一次蜕皮后进入若蜱N_1期，第二次蜕皮后进入若蜱N_2期。除了上述幼蜱期长短不同外，生活史的其他阶段都和大多数种类相同。

梅氏耳蜱(*Otobius megnini*)的生活史也有一些特异性，仅有两个若蜱期，且具有高度的宿主及寄生部位偏爱性，为一宿主寄生模式。在一些主要的亚洲软蜱中，特突钝缘蜱的若蜱和成蜱寄生在宿主体上越冬，按照一宿主寄生模式吸血和发育蜕皮，到第二年天气变暖时才从宿主脱落。与梅氏耳蜱相反，特突钝缘蜱是一种特殊的多宿主寄生蜱类。

大多数寄生于蝙蝠和鸟类的软蜱其幼蜱吸血时间较长，吸血速度较慢，然而也有特例，如寄生在海鸟身上的胡瓜锐缘蜱（*Argas cucumerinus*），其幼蜱能够在7～25分钟内饱血。

四、宿主寻觅和活动范围

蜱类宿主范围十分广泛，但不同蜱类对于宿主具有不同程度的特异性，且蜱类所处的生活史阶段不同其对宿主的选择也存在差异。寻找合适的宿主吸血，能够加快发育速度，对于其种群维持及传播扩散具有重要意义。多数硬蜱科蜱类以被动方式找寻宿主，即通过与经过的宿主直接接触，进行叮咬吸血。

（一）宿主选择

蜱类嗅觉敏锐，对动物的汗臭和CO_2很敏感，当与宿主相距15 m时即可感知，相距5 m时蜱类则四肢平展呈进攻姿态。一旦接触宿主即攀登而上。如栖息在森林地带的全沟硬蜱，成蜱寻觅宿主时，多聚集在小路两旁的草尖及灌木枝叶的顶端等候，当宿主经过并与之接触时即爬附宿主体上。全沟硬蜱成蜱多爬上植物茎或叶距离地面25～70 cm高度，少数高达1 m，在细长枝条较多的灌丛，个别成蜱偶尔可爬到2 m高度，若蜱常在草本植物茎叶约50 cm高度，幼蜱在20 cm高度。栖息在荒漠地带的亚洲璃眼蜱，多在地面活动，主动寻觅宿主。栖息在牲畜圈舍的蜱种，多在地面或爬上墙壁、木柱寻觅宿主。

有些蜱类主动找寻宿主。这些种类的蜱一般栖息在其生境的地面，一旦有宿主接近常主动爬向宿主，主动攻击。蜱活动范围不大，一般为数十米。随机自主活动的情况下，以亚洲璃眼蜱活动能力较强，释放1个月后，大部分蜱可在25～100 m范围内捕获。通过释放回收实验表明，在400 m处可回收10%～25%，只有个别成蜱可达到500 m。全沟硬蜱成蜱多在2 m以内，或半径不超过5 m，只有个别的远达10～40 m。蓖子硬蜱释放1个月后，80%的蜱类在2 m以内活动，5～10 m捕获的仅占1.3%，10 m以外的很少。在宿主诱引下，夏季只要在有边缘璃眼蜱的生境停留5分钟，2 m以外的成蜱即已向宿主爬来。蜱类远距离扩散必须依赖宿主的活动，候鸟的季节迁移对蜱类的散播起着重要作用。

（二）宿主刺激

蜱类可以识别来自宿主的许多刺激信号，而这些刺激信号又可以激发蜱类的找寻行为，使蜱爬向宿主或在等待位置接触宿主等。气体无疑是目前研究的最透彻且最重要的刺激信号。宿主产生的气体可以为蜱类提供特定的信息，如果被风携带，还可以提供方向信息。电生理研究表明，微小扇头蜱幼蜱可以很好地区分牛体表释放的气体与干燥空气，且对前者有强烈反应。人的呼吸同样可以引起蜱的反应，但远不如牛体释放的气体强烈。在宿主释放的气体中，最重要的是CO_2（动物呼吸的主要成分）和NH_3（动物尿液和排泄废物常见成分），CO_2和NH_3使饥饿的蜱准备接近潜在宿主，进而使短距离范围内宿主释放的其他气体如丁酸和乳酸的刺激变得有效。辐射热的微量增加对某些种类的蜱也有刺激作用，可以激发其找寻行为，并与气体协同发挥作用。近距离范围内的刺激包括辐射热（比如宿主体温）、汗液的气味特征、其他身体气味（如丁酸和乳酸）和接触。可以激发蜱类找寻宿主行为的其他刺激因子还包括视觉线索和摇摆。对于部分主动找寻宿主的蜱来说，视觉影像可能是最重要的，它可以在亮的天空背景下区分阴影。许多种类的找寻蜱会对明显的阴影作出反应，如蜱附肢会伸展，找寻蜱快速奔向宿主。摇摆也有刺激性。蜱类栖息的杂草茎秆的晃动会引起它们典型的抓附行为，即第一对附肢伸展准备抓附在经过的宿主体上。有些蜱类可以接受一定频次范围的声音，如微小扇头蜱对80～800 Hz范围内的声音高度敏感，这些频次通常由取食的牛发出。血红扇头蜱则对狗的叫声敏感。

（三）生境和分布

硬蜱科蜱类几乎可以适应各种类型生境，但大多数种类仅在某一最适生境最为丰富，如落叶林或类似生境。在蜱类活跃季节最适环境、宿主、降雨量和冬季高于存活阈值的温度等是蜱类出现的主要因子，且影响蜱类的地理分布。有些蜱类可以适应不同的生境，如森林、小的牧场和其他空旷地、草地、草原和半荒漠或荒漠地区，这些生境可为它们提供更多接触宿主的机会，且可防止蜱类受干燥、冬季低温或其他不利环境条件的影响。对于特定生境的适应包括防止体内水分损失、温度耐受以及滞育等。有些种类的蜱可以适应两三种甚至更多的生境类型，能有效利用气候条件和宿主。其他种类的蜱则占据相对较少的生境类型。

五、耐饥力和寿命

蜱类具有较强的耐饥能力，这是蜱类对宿主搜寻能力较弱的一种独特的生理适应。在饥饿条件下，软蜱耐饥能力强于硬蜱。如乳突钝缘蜱1龄若蜱耐饥存活可长达2年，2龄若蜱4年，3龄若蜱及成蜱可耐饥存活5～10年，个别成蜱耐饥达10～14年。拉合尔钝缘蜱（*Ornithodoros lahorensis*）幼蜱可耐饥存活1年，成蜱耐饥长达4～10年。全沟硬蜱成蜱在4 ℃可耐饥存活3年，但在18～22 ℃时能存活1～9个月，在25 ℃只能存活1～7个月。可见，蜱类的寿命长短由种属、营养和环境条件差异决定。

硬蜱不同种类或同一种类不同时期或不同生理状态其寿命存在明显差别。饥饿状态下成蜱寿命最长，一般可生活1年；而幼蜱和若蜱寿命较短，通常只能生活2～4个月。实验室条件下银盾革蜱成蜱最长能存活455天；金泽革蜱（*Dermacentor auratus*）成蜱寿命最长为173天，若蜱存活接近1年（362天）。冬季孵出的豪猪血蜱（*Haemaphysalis hystricis*）幼蜱只能活111天，而在夏季孵出的大多数幼蜱可活6～7个月；微小扇头蜱幼蜱可存活264天，甚至长达1年；亚洲璃眼蜱幼蜱寿命可长达280天左右。饱血成蜱寿命较短，雄蜱一般可存活21个月左右，而雌蜱在产完卵后1～2周内即死亡。长角血蜱个别饱血雌蜱产卵后仍能存活45天，金泽革蜱可存活42天。

影响硬蜱寿命的主要因素是温度。温度低时，蜱类代谢活动降低，有利于其存活。草原革蜱成蜱在9 ℃时可存活660天，幼蜱为447天；全沟硬蜱成蜱在18～22 ℃下，最多能存活9个月，而在4 ℃下可长达3年。在4 ℃条件下，边缘革蜱成蜱可存活3年，嗜群血蜱成蜱可存活2年10个月。硬蜱寿命长短与湿度也有关系。如蓖子硬蜱幼蜱在25 ℃、相对湿度为95%时可生存3个月以上，相对湿度为70%时仅存活4～8天。

硬蜱对不良环境条件的抗性较强。它们对高温和低湿有一定抗性，由于其上表皮有蜡-类脂层保护，使其能保持体内水分平衡。蜡-类脂层的临界温度比其生存的临界温度还高。适于荒漠地区生活的亚洲璃眼蜱，生命活动的高温阈值为48～50 ℃，到52 ℃时水分蒸发速度突然增加数倍，蜱因脱水死亡。分布于草原或灌丛的网纹革蜱临界温度为44 ℃。硬蜱的耐热性在不同发育阶段和不同生理状态下有一定差异，若蜱次之，幼蜱最低。饱血个体比饥饿个体耐热性高。

当环境湿度超过一定范围（临界平衡湿度）时，饥饿蜱能从环境吸收水蒸气，以补偿其失去的水分，保持其体内水分平衡。硬蜱主要靠假头和气门吸收水分。各种硬蜱的临界平衡湿度不同，相对湿度为75%～96%。如嗜驼璃眼蜱为75%，亚洲璃眼蜱为80%，而蓖子硬蜱高达92%。同一种蜱各发育期的临界平衡湿度也不相同，如嗜驼璃眼蜱成蜱和若蜱的临界平衡湿度在75%以下，而幼蜱较高。亚洲璃眼蜱对低湿的抗性较强，饥饿成蜱在26 ℃、相对湿度为0～25%时还可以生存1个月以上。一些硬蜱还能耐受高湿，如微小扇头蜱的卵在水中浸泡1个月仍能孵化；幼蜱浸泡在水中能生存3个月以上。

第三节　蜱类生态学

蜱类宿主范围广泛、生活史复杂，栖息环境多样，但其栖息环境一般需具备较适宜的温湿度和较充足的供血宿主，根据蜱栖息环境的不同可将其划分为巢居性蜱（nidicolous）和非巢居性蜱（non-nidicolous）。非巢居性蜱多占据开阔、暴露的生境。大多数硬蜱或其生活史的某些阶段均属此类。它们多活动在森林、草原、低矮灌木丛、杂木林和草场植被等地，如森林革蜱常见于次生林、灌木林和森林边缘草地；长角血蜱主要分布于温带次生林、山地及丘陵边缘地带。巢居性蜱则多生活在其宿主的洞穴、巢穴及周围隔离地带，其微生境条件相对温和，几乎所有的软蜱及前沟型硬蜱属的许多种类均属此类。如左氏钝缘蜱（*Ornithodoros tholozani*）常见于住宅和厩舍墙壁的缝隙；拉合尔锐缘蜱（*Argas lahorensis*）和盾糙璃眼蜱（*Hyalomma scupense*）主要生活在家畜厩舍。

一、地理分布与栖息地

蜱类分布于世界陆地所有的自然地带（包括南极），尤其是热带、亚热带和温带地区，蜱类分布范围广，种类多。我国整个疆域都适于蜱类分布。蜱类的栖息场所、地理景观多样，生境类型复杂。硬蜱分布与自然环境（如森林、灌木丛、草原、半荒漠地带）有关，而不同蜱种的分布又与气候、宿主和植被有关，如全沟硬蜱多见于高纬度针阔混交林带，而草原革蜱则生活在半荒漠草原，微小扇头蜱分布于农耕地区。在同一地带的不同蜱种，其适应的环境有所不同，如黑龙江林区全沟硬蜱多见于针阔混交林带，而嗜群血蜱则多见于林区草甸。软蜱则栖息于隐蔽的场所，包括兽穴、鸟巢及人畜住处的缝隙。硬蜱的地理分布与生态环境有密切关系。全沟硬蜱适应低温高湿的生态条件，因此在温带林区最适宜其生存。草原革蜱适宜生活在干旱的半荒漠草原地带。在同一分布区，硬蜱种类对不同生境的适应也有不同，如在东北林区，全沟硬蜱在海拔700～1 000 m的针阔混交林带密度最高，而日本血蜱（*Haemaphysalis japonica*）在海拔高度400～700 m的阔叶林带密度最高。软蜱都在宿主动物的居处或巢穴生活。由于各种动物洞穴内的小气候（温度与湿度）比较稳定，较适宜其生活与繁殖。

二、季节消长与生物节律

(一)季节动态

多数硬蜱,尤其是生活在温带和亚热带地区的种类,寻找宿主的过程有明显的季节周期。多数种类的蜱在温暖地区的春、夏、秋季活动,如全沟硬蜱成蜱活动期在4~8月,高峰在5~6月初,幼蜱和若蜱的活动季节较长,从早春4月持续至9~10月间,一般有两个高峰,主峰常在6~7月,次峰在8~9月。有些种类在炎热地区的秋、冬、春季均活动,如盾糙璃眼蜱春季以若蜱寄生在宿主体,到夏季成蜱出现一个活动高峰。软蜱因多在宿主洞巢内,终年都可活动。蜱类不同发育阶段的季节消长似与各期的宿主动物活动季节密切相关。嗜群血蜱各期在4~10月间均能活动,但其活动高峰都在夏季,基本上是夏季活跃的种类;成蜱活动高峰在5~7月,若蜱为7~8月,幼蜱为6~7月。日本血蜱各期在4~10月活动,成蜱活动高峰在4月;若蜱在4月、次峰在9月;幼蜱在5月,次峰在8月。森林革蜱成蜱在3~6月活动,高峰在4~5月,有的地方9~10月间或有小峰;若蜱高峰为7~8月;幼蜱为6~7月。乳突钝缘蜱成蜱在野生动物洞窟深处终年活动,幼蜱和若蜱在3~9月活动。拉合尔钝缘蜱成蜱多在冬末和早春活动,幼蜱和若蜱于10月至翌年4月活动,而12月至翌年1月为活跃月份。特突钝缘蜱成蜱和若蜱均在3~10月活动,幼蜱多在5~8月活动。锐缘蜱全年可见活动,幼蜱多在5~9月活动,整个夏季可在鸟巢见到各发育阶段的锐缘蜱。

(二)找寻活动的昼夜节律

硬蜱的活动一般在白天,活动规律因种类而不同。如6月中旬在四川针阔混交林,长角血蜱仅有一个活动高峰,在午后14:00~15:00(图4.12)。全沟硬蜱的活动有两个高峰:午后12:00~14:00和下午18:00~20:00。这一活动规律也反映出全沟硬蜱生境小气候特点。早晨过于高湿低温,不适宜该蜱活动,正午又高温低湿,活动也受一定影响。卵形硬蜱的活动

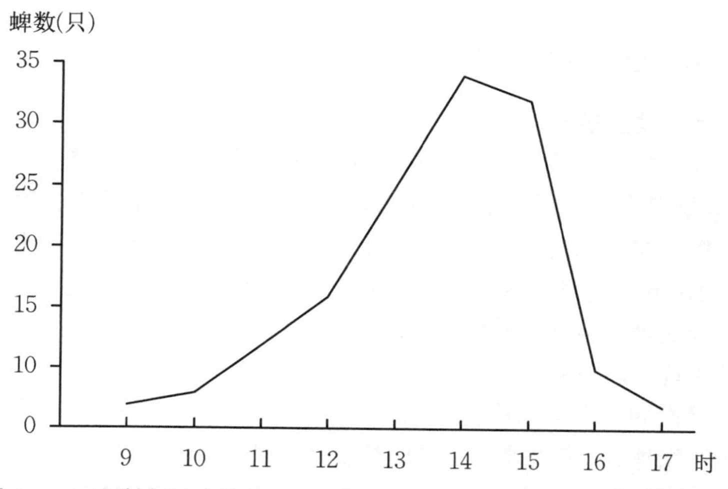

图4.12　四川针阔混交林地6月中旬晴天布旗法捕获长角血蜱的数量变化

引自 李优良等(2001)

也有两次高峰,一般在上午10:00~11:00呈现小峰,在下午18:00~19:00呈现大峰。草原革蜱整个白天均见活动,但上午8:00~10:00和下午14:00~16:00最为活跃,呈现两个高峰。亚洲璃眼蜱也是全日活动型,为了寻找宿主动物,可耐受夏日炎热干燥的气候,长时间活动在荒漠地上。

(三)吸血和脱落节律

蜱类在不同宿主吸血持续时间不同,如杆足璃眼蜱(*Hyalomma truncatum*)和边缘璃眼蜱(*Hyalomma marginatum*)在不同宿主吸血时间有很大差别。有些蜱类在一天当中特定的时间段可以快速吸血,这在微小扇头蜱表现得最为明显,夜间微小扇头蜱咽泵的吸血活动最活跃,日间则仅占其吸血周期的1%~3%。在吸血后期,伴随着交配的进行,日落可以加速吸血导致雌蜱在夜间饱血脱落。

蜱类从宿主饱血脱落的时间具有重要的生态学意义。如丽表花蜱(*Amblyomma lepidum*)与希伯来花蜱和囊形扇头蜱有类似脱落节律,即饱血后存在两个脱落高峰,大多数饱血幼蜱和成蜱在上午6:00~10:00脱落,高峰出现在8:00左右;大多数饱血若蜱在晚上18:00~24:00脱落,高峰出现在22:00左右。但也有些种类当宿主在巢穴或灌丛中不活动时脱落,还有一些种类在宿主最活跃时脱落。对非巢居性蜱来说,这种脱落节律与宿主的行为协调一致,有利于蜱类在下一阶段找寻宿主,并且有利于其寻找最适的生境进行发育与繁殖。

三、越冬与滞育

蜱类在长期进化过程中形成了一系列低温适应机制,这些机制大致可以分为两类:一是行为机制或生态适应机制,即当冬季低温来临前,蜱类寻找庇护微生境躲避暂时低温;二是生理或生化机制,即蜱类经寒冷锻炼后耐寒性提高或进入滞育状态,在微生境或直接在宿主体滞育越冬等,这些越冬机制会因蜱的种类、环境条件及宿主种类的不同而存在差异,同时也会对蜱类的生活史、地理分布和种群动态等产生明显影响。

(一)蜱类的越冬对策与耐寒性

1. 蜱类越冬行为适应机制

蜱越冬地主要为枯枝落叶层或树洞及地隙等处,如全沟硬蜱以幼蜱、若蜱和饥饿成蜱在自然界越冬,主要栖息在林区雪被下的枯枝落叶层,亚洲璃眼蜱生活史各阶段均能在枯枝落叶层或树洞及地隙越冬。卡宴花蜱(*Amblyomma cajennense*)雌蜱越冬时能进入丛生草根周围的土壤,深度约5 cm。森林革蜱以饥饿成蜱在植被落叶层越冬,越冬成活率达90%,长角血蜱以饥饿若蜱或成蜱在植被落叶层越冬。

2. 蜱类越冬生理适应机制

蜱作为专性吸血的外寄生动物,生活史大部分时间处于非寄生阶段,生活史各阶段均不能忍受体液或组织结冰,但多数蜱类具有相对较高的过冷却耐受能力,表明其通过不耐结冰型耐寒机制抵御零度以下低温。

蜱类的生理年龄和生活史阶段对其低温耐受性也有一定影响。如边缘革蜱饥饿成蜱在−10 ℃下,半致死时间为4～5个月,而幼蜱和若蜱仅几天,且−15 ℃为各阶段蜱的致死温度。在10 ℃及低于10 ℃时饱血幼蜱和若蜱不发生蜕皮,成蜱不产卵,但在10 ℃时产卵能力可持续6个月,5 ℃时5个月,0 ℃时3个月,−10 ℃时其产卵量仍不会大幅度减少,可育性卵的数量也不会大量减少,表明边缘革蜱以饥饿或饱血成蜱度过极端恶劣的冬季,而不会影响种群密度,对于维持种群稳定具有重要作用。

(二) 蜱类的滞育及其调控

蜱类由于扩散能力较弱,在温带地区季节转换显著,周期性变化的环境条件、生境类型及宿主种类等是限制其种群发展的重要因素。为使其生活史与最适环境条件同步,蜱类形成多种生理及生态适应对策,滞育是最主要的形式。

1. 蜱类滞育的表现形式

蜱类有行为滞育和形态发生滞育两种形式,滞育使蜱的发育和寄主找寻活动与最适环境条件同步,可使蜱避免或较少暴露于脱水或冰冻状态。在中欧和北欧,滞育使蓖子硬蜱若蜱蜕皮发生在一年中最温暖的时期,从而使蜕皮时间缩短,并最大限度提高成蜱的水分积累。然而,滞育会导致生命周期延迟,进而影响生殖适合度,因此只有在环境条件威胁到蜱生存时才发生滞育。

形态发生滞育比较少见,包括饱血过程延迟、饱血雌蜱产卵延迟、饱血幼蜱和若蜱发育延迟和卵期胚胎发育延迟等。饱血过程延迟又称吸血停滞,表现为蜱类在宿主体吸血时间延长,很久才能饱血。如森林革蜱雌蜱在6月的饱血时间约是其在3～5月饱血时间的4.1倍。

发育延迟又称发育滞育,指卵期胚胎发育延迟或者幼蜱和若蜱饱血后并不立即进行蜕皮,需要延迟一段时间,这种类型在硬蜱科蜱类普遍存在,如蓖子硬蜱和全沟硬蜱秋季产出的卵和饱血的幼蜱和若蜱都会停止发育,以卵或饱血状态越冬,至第二年春季继续发育,孵化出幼蜱或蜕皮产生若蜱或成蜱。软蜱科中仅在翘缘锐缘蜱幼蜱和部分若蜱发现发育延迟。

产卵延迟又称生殖滞育,表现为饱血雌蜱延缓卵子发生,推迟开始产卵的时间,广泛存在于硬蜱科和软蜱科蜱类,如彩饰花蜱(*Amblyomma variegatum*)饱血后置于短日照条件下,产卵前期明显延长,而边缘革蜱和网纹革蜱的产卵滞育在夏季末期到秋季这段时间起始,幼蜱和若蜱以及吸血前期处于长日照周期(18小时光照:6小时黑暗)条件下的雌蜱饱血后产卵延迟很长,106～361天不等。自然条件下边缘革蜱雌蜱具有行为滞育和形态发生滞育两种形式,且形态发生滞育多集中在产卵延迟。

2. 蜱类滞育与生态因子的关系

蜱类滞育是对环境因素的反应,如光周期变化、温度等。根据蜱类对光周期的反应,可将其分为长日照反应型、短日照反应型和两步反应型。红润硬蜱(*Ixodes rubicundus*)是典型的长日照反应型,少于13.5小时的光照可诱导其滞育起始,使其延迟生长发育,但其发育过程并不受光周期控制,与此相似的还有亚洲璃眼蜱和美洲花蜱等。具肢扇头蜱(*Rhipicephalus appendiculatus*)幼蜱则是典型的短日照反应型,在长日照(>12小时)下,幼蜱停止宿主找寻活动,发生行为滞育。肩突硬蜱(*Ixodes scapularis*)若蜱的发育受复杂的两步光周期反应控制,饱血若蜱在长日照和短日照下都能进入滞育,这可能是由于其存在短日照-滞育和长日照-滞育两种类型。短日照-滞育是饱血若蜱对短日照的直接反应,其滞育期较稳定,无发育现象产生。而长日照-滞育是由饥饿若蜱饱血后再置于长日照条件下产生的反应,表现为蜕皮期延长。与此相似的还有蓖子硬蜱和全沟硬蜱等。

温度在蜱类滞育的诱导、维持和终止过程中也发挥着重要作用,如蓖子硬蜱幼蜱具有明显的温度依赖型光周期反应,温度升高时,其临界光周期阈值降低,在自然界中5~7月温度和降雨量的季节性波动可以改变肩突硬蜱饱血幼蜱或若蜱的临界光周期。低温对蜱类的滞育具有重要调节作用,其影响因蜱种不同而异,如低温可终止银盾革蜱和森林革蜱饱血成蜱的滞育,但可诱导翘缘锐缘蜱幼蜱和红润硬蜱若蜱的滞育起始。温度对蜱类滞育的详细调控机制尚不明确。

蜱类的生理年龄对滞育也有一定影响,随着生理年龄不断增加,其对光周期的敏感性逐渐降低。如在吸血前或吸血过程中暴露于10 ℃的红润硬蜱若蜱对光周期的敏感明显低于在20 ℃时。即使若蜱在吸血前和吸血过程中置于10 ℃后再置于20 ℃,其蜕皮成功率也有明显差异。低温(10 ℃)对红润硬蜱具有明显的滞育诱导效应,且仅可通过延长暴露于高温和长光周期条件(13.5小时)下的时间可终止滞育。翘缘锐缘蜱幼蜱在温度低于阈值时开始滞育,而此温度阈值会随生理年龄的增加而增加。

3. 蜱类滞育的生理基础

滞育是蜱类适应气候变化的重要机制。Belozerov认为,蜱对季节信息的处理有三个主要步骤:① 外界信号的感知,如光周期(或暗周期)。② 这种信息在大脑中的积累。③ 这种信息通过神经分泌细胞转化为激素信号,阻止或启动变态。短光周期诱导滞育的红润硬蜱若蜱,滞育个体比非滞育个体有更强的耐干旱性,能够有效保持身体水分平衡,而在滞育结束时会重新吸收水蒸气,与此相似的还有蓖子硬蜱,这种变化可能是蜱类在极端干旱条件下体表脂类积累的结果。此外,在蜱类滞育与非滞育期间,中肠会发生相似或同步的变化。如银盾革蜱滞育雌蜱除不存在外分泌细胞外,其他的细胞类型与非滞育雌蜱相同,滞育初期消化细胞积累大量的脂滴和核内体,卵黄细胞内的内质网分离,随着滞育深入,消化活动停止,消化细胞内的残余体减少,大量血餐储存在中肠腔内,随着滞育的解除,肠腔内的血餐通过细胞内消化快速分解,消化细胞内的残余体大量增加,糖原颗粒聚积,同时卵黄细胞内充满并行排列的内质网,卵黄细胞迅速发育。

(于志军)

第四节 中国重要医学蜱类

蜱是各种陆地脊椎动物的体表寄生虫,亦会侵袭人,其中与医学关系密切的是硬蜱科和软蜱科的种类。在我国已知分布硬蜱科和软蜱科9属124种,其中重要的医学蜱类达34种,主要集中在硬蜱科的硬蜱属(*Ixodes*)、血蜱属(*Haemaphysalis*)、花蜱属(*Amblyomma*)、璃眼蜱属(*Hyalomma*)、革蜱属(*Dermacentor*)和扇头蜱属(*Rhipicephalus*);软蜱科的锐缘蜱属(*Argas*)和钝缘蜱属(*Ornithodoros*)。

一、硬蜱科

(一) 硬蜱属

1. 锐跗硬蜱[*Ixodes acutitarsus*(Karsch,1880)]

(1) 形态

① 雌蜱:须肢窄长,前端圆钝。第Ⅰ节外侧呈结节状凸出;第Ⅱ节长约为第Ⅲ节的2倍。口下板剑形,主部齿式2|2,中部有较宽的隆脊分隔,每纵列具齿约10枚。假头基近似倒置梯形。无基突。孔区卵圆形,向内斜置。假头基腹面宽阔,中部收窄,横缝明显;无耳状突。躯体呈卵圆形;中部稍后最宽。缘沟深;缘褶肥大,后端稍窄。盾板近似心形。颈沟浅而明显。侧脊不明显。盾板表面光亮,其上散布小刻点,中部稀少,周围稍密。生殖孔位于基节Ⅳ水平线;生殖沟向后外斜。肛沟近似马蹄形,两侧近似平行。足长,各足相似。基节Ⅰ具2个长距,内距弯,指向生殖孔。跗节Ⅰ亚端部略收窄,跗节Ⅳ亚端部逐渐细窄。各足爪垫短,约达爪长的1/2。气门板大,亚圆形(图4.13)。

② 雄蜱:须肢较长,前端圆钝。第Ⅰ节外侧呈结节状凸出;第Ⅱ节外缘略直,内缘浅弧形凸出;第Ⅲ节两侧缘向前弧形收窄。第Ⅱ节长约为第Ⅲ节的2倍。口下板剑形,比雌蜱略短,主部齿式2|2,每纵列具齿约7枚。假头基近似倒置梯形,两侧向后略收窄,后缘略直。基突付缺。假头基两侧缘向后收窄,后缘较平直。耳状突不明显。躯体呈卵圆形。缘沟深;缘褶肥大,后端稍窄。盾板缘凹宽浅,肩突粗短。颈沟浅,前段向后内斜,后段向后显著外斜。盾板表面光亮,其上散布小刻点,中部稀少,颈沟外侧稍多而明显。生殖孔位于基节Ⅲ之间水平线。生殖前板长形;中板近似六边形;肛板宽短,前端圆钝,两侧向后外斜。足与雌蜱相似。气门板大,卵圆形(图4.13)。

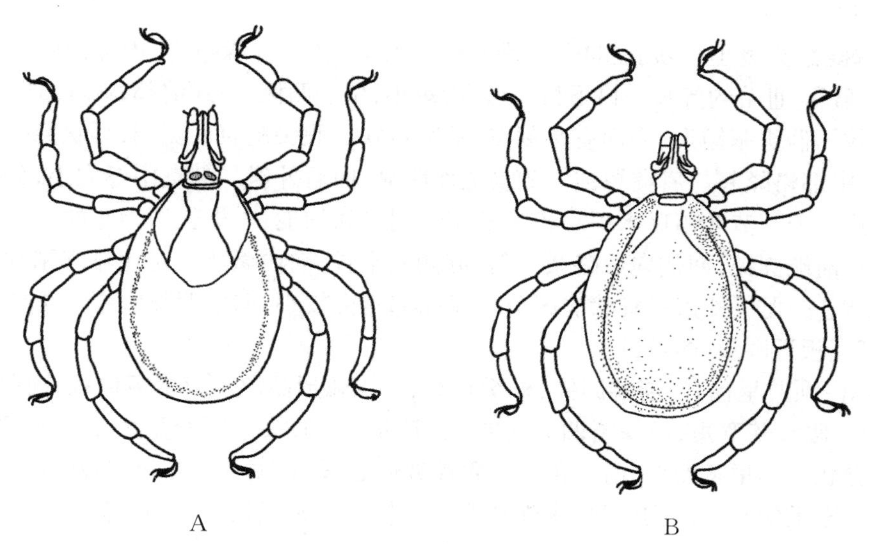

图4.13 锐跗硬蜱(*Ixodes acutitarsus*)成蜱

A. 雌蜱背面观;B. 雄蜱背面观

仿 邓国藩和姜在阶(1991)

③ 若蜱:须肢细长。口下板顶端圆钝,呈棒状。假头基腹面后缘平直,在耳状突后略为收窄。耳状突较大,宽三角形。躯体前端稍窄,呈卵圆形。基突末端尖细,指向后方,中等大小。盾板表面光滑,呈长卵形。肩突圆钝。侧脊明显。刻点和刚毛稀少。颈沟前段向后内斜,以后转向外斜,最后几乎达到侧脊末端。气门板近圆形。肛毛3对。

④ 幼蜱:须肢窄长。口下板窄长,末端尖细。假头基腹面的耳状突粗钝,呈四边形;两侧缘在耳状突后略收窄。身体前端稍窄,呈卵圆形。盾板亚圆形。颈沟前段内斜,向后转为外斜。假头三角形。假头基基突小,斜向后侧方,后缘平直。

(2) 分布

国内分布于甘肃、湖北、台湾、西藏(易贡、樟木、聂拉木、波密)、云南(保山、双江)、四川等;国外分布于缅甸、尼泊尔、日本、泰国、印度、越南。

(3) 宿主

黄牛、犏牛、犬、驴、野猪、山羊、岩羊、斑羚、大熊猫、黑熊、林麝、红嘴蓝鹊,也侵袭人。

(4) 医学重要性

国内在西藏曾分离出土拉弗氏菌。

2. 草原硬蜱(*I. crenulatus* Koch,1844)

(1) 形态

① 雌蜱:须肢粗短,前端窄钝,外缘较直,内缘弧形凸出。在第Ⅱ、Ⅲ节分界处最宽。口下板发达,棒状,齿式端部3|3,后部2|2。假头基宽短,后缘中部略向前凸入,侧缘向前略外斜;孔区大而深陷,椭圆形,基突付缺。假头基腹面中部稍窄,后缘圆弧形;耳状突呈脊状。身体呈卵圆形。缘褶明显,后部明显较宽。颈沟浅,末端达盾板后侧缘。侧脊明显。刻点较大而浅,散布整个表面。盾板近似心脏形,不光滑,偶有不规则皱纹。生殖孔位于基节Ⅱ稍后水平线。生殖沟除中部外,两侧缘大致平行;肛沟长,前端圆钝,两侧近于平行。足长适中。基节无距。跗节Ⅳ亚端部具明显隆突,向前骤然收窄。爪垫不及爪长的1/3。气门板长圆形(图4.14)。

② 雄蜱:假头短小。须肢粗短,前端窄钝,中部最宽。外缘略直,内缘浅弧形凸出。第Ⅰ节明显,第Ⅱ、Ⅲ节约等长。口下板长形,齿短小,位于两侧,齿式前部3|3,后部2|2,每纵列具齿8~9枚。假头基矩形,表面有小刻点;基突付缺。假头基腹面宽阔,耳状突呈脊状。盾板卵圆形,中部略隆起。肩突短钝。颈沟宽而明显,向后外斜。刻点中等大小,分布大致均匀。生殖孔位于基节Ⅱ稍后水平。腹板散布小刻点和细毛;中板长约为宽的1.3倍,前窄后宽;肛板长,前端圆钝,两侧向后略微外斜;肛侧板窄长,向内微弯。足比雌蜱稍细短。基节无距。基节Ⅱ~Ⅳ后外角呈脊状。跗节Ⅳ亚端部隆突较小,向前明显收窄。爪垫不及爪长的1/3。气门板近圆形(图4.14)。

③ 若蜱:须肢呈棒状,前端圆钝,外缘较直,内缘弧形凸出。口下板棒状,前部齿式4|4,中后部2|2。假头基宽短,后缘略凹向前方;基突付缺。假头基腹面宽阔,后中部明显收窄;耳状突呈脊状。体呈宽卵形,前端稍窄。盾板近似心形,长宽基本等长,前部约1/3处最宽,后缘最窄。刚毛短小。颈沟明显,末端达盾板后侧缘。刻点较小,分布稀疏。缘凹宽浅,肩突粗短。足长中等,基节无距。爪垫不及爪长的1/3。

④ 幼蜱:须肢粗短,前端圆钝,外缘较直,内缘浅弧形凸出。口下板粗短,顶端中间凹入,齿式端部4|4或3|3,中后部2|2。假头基似三角形,基突付缺。假头基腹面前宽后窄,后侧

缘呈圆弧形;耳状突付缺。体呈宽卵形,前端稍窄。盾板类似心形,长宽约等,前1/3处最宽,随后渐窄。颈沟较长,不甚明显,基本达到盾板后侧缘。刻点稀疏,具5对短小的刚毛。缘凹宽浅,肩突短钝。足长适中,各基节无距。爪垫很短,不及爪长的1/3。

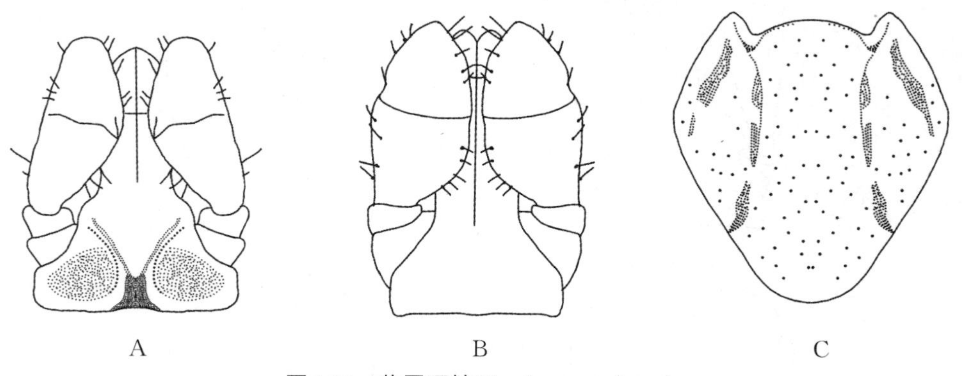

图4.14　草原硬蜱(*Ixodes crenulatus*)

A. 雌蜱假头背面观;B. 雄蜱假头背面观;C. 雌蜱盾板

仿 邓国藩和姜在阶(1991)

(2) 分布

国内分布于甘肃、黑龙江、吉林、内蒙古、宁夏、青海、四川、山东(莱阳)、新疆(阿合奇、巴楚)、西藏(布朗)、辽宁等;国外分布于阿富汗、埃及、巴勒斯坦、保加利亚、波兰、丹麦、德国、法国、克什米尔地区、黎巴嫩、罗马尼亚、蒙古国、前苏联地区、瑞士、西班牙、匈牙利、伊朗、意大利、印度、英国等。

(3) 宿主

长尾黄鼠、普通刺猬、喜马拉雅旱獭、天山旱獭、土拨鼠、獾、草狐、云雀、麻雀、紫翅椋鸟、香鼬、高原兔,也寄生于犬。

(4) 医学重要性

1963年国内在新疆精河分离出一株鼠疫杆菌,在青海分离出63株鼠疫杆菌,在甘肃分离出3株鼠疫杆菌。

3. 粒形硬蜱(*I. granulatus* Supino,1897)

(1) 形态

① 雌蜱:须肢窄长,外缘略直,内缘弧形凸出,两端显著细窄。假头基近三角形,后缘平直;孔区大,呈卵圆形;基突付缺。口下板窄长,末端尖细,齿式3|3,每纵列具齿10～11枚。假头基腹面宽阔,后缘略外弯;耳状突呈脊状。体呈长卵形。缘沟深而明显;缘褶较大,后端稍窄。盾板呈卵圆形,中部最宽。颈沟很浅,前段向后内斜,后段浅弯,向后外斜,达不到盾板后侧缘。侧脊可见,亦达不到盾板后侧缘。颈沟与侧脊之间形成浅陷,前部稍宽于后部。生殖孔位于基节Ⅳ水平线。生殖沟向后分离,末端达不到躯体后缘。肛沟前端圆钝,两侧缘近似平行。足较长。基节Ⅰ内距长,末端尖,外距短;基节Ⅱ～Ⅳ外距粗短,无内距,基节Ⅳ外距最短;基节Ⅰ、Ⅱ靠后缘有半透明附膜,约占基节的1/3。各跗节亚端部明显收窄,向端部逐渐细窄。足Ⅰ爪垫长,达到爪端;其余爪垫略短,将近达到爪端。气门板近圆形(图4.15)。

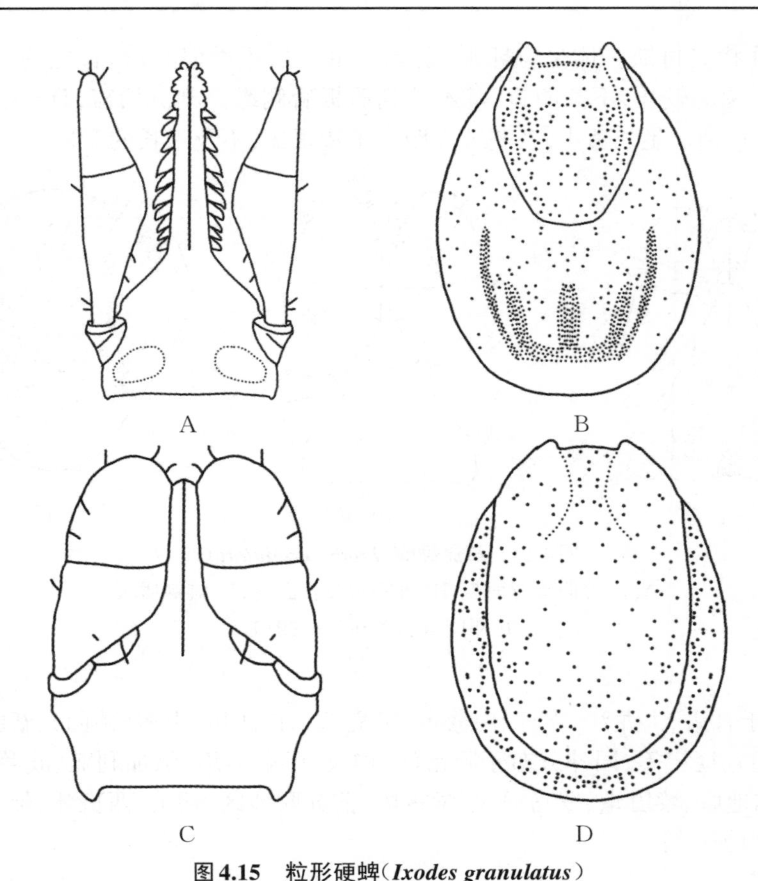

图4.15　粒形硬蜱(*Ixodes granulatus*)

A. 雌蜱假头背面观;B. 雌蜱躯体背面观;C. 雄蜱假头背面观;D. 雄蜱躯体背面观

仿 邓国藩和姜在阶(1991)

② 雄蜱:须肢长约为宽的2倍,前端圆钝,外缘直,内缘浅弧形凸出,中间部位最宽。第Ⅱ节的长度与第Ⅲ节约等。假头基两侧缘平行,后缘直;基突粗短;表面有小刻点。口下板短,两侧缘几乎平行,前端平钝,中部有浅凹且有隆脊分隔,齿式3|3,每纵列具齿7~9枚,最后一对齿强大。假头基腹面宽短,两侧向后略收窄,后缘略内凹;耳状突呈脊状。体呈卵圆形,前端稍窄,后部圆弧形。缘褶较窄。盾板呈窄卵形,两侧缘近于平行;粗刻点较多,分布均匀。肩突粗短。缘凹窄小。颈沟浅,但明显,前段内斜,后段显著外斜。生殖孔位于基节Ⅲ之间。中板两侧缘向后外斜,后缘弯曲形成钝角。肛板近椭圆形,中部最宽,两端稍窄。肛侧板长,前部宽度约为后部的1.5倍。足与雌蜱相似,但基节Ⅰ内、外距短钝,约等长。气门板卵圆形(图4.15)。

③ 若蜱:须肢窄长,前端圆钝。口下板前端尖细,齿式端部3|3,中部与后部2|2。假头基呈亚三角形,后缘平直;基突中等大小,末端尖细。假头基腹面宽阔,耳状突粗短。体呈卵圆形,前端稍窄,后部宽圆。盾板呈亚圆形,前1/3处最宽,后部宽圆。肩突短小。颈沟浅弧形,前段向后内斜,以后转向外斜,末端将近达到后侧缘。刻点分布不均匀且稀疏。缘凹浅平。侧脊可见,未达到盾板后侧缘。气门板近圆形。肛沟马蹄形,前端圆钝,两侧几乎平行。足长中等,爪垫达到爪端。

④ 幼蜱:须肢为细长棒状,前端圆钝,两侧近似平行。口下板前端尖窄,齿式2|2。假头基呈亚三角形,基突付缺,腹面宽阔,后缘浅弧形;耳状突呈钝齿状。体呈椭圆形,中部最宽,

前后两端稍窄。盾板亚圆形，前1/3最宽，长略小于宽。肩突不明显。颈沟细浅，前端内斜，向后转为外斜，末端将近达到后侧缘。侧脊不明显。刻点稀疏且不均匀分布。缘凹平。足长中等，爪垫达到爪端。

(2) 分布

国内分布于福建(泉州、邵武、厦门、漳州)、海南(大茅洞、毛祥、通什、文昌、西瑁)、四川(米易)、云南(耿马、昆明、潞西、勐腊、双江、思茅、盈江、芒市)、浙江(临安)、甘肃、广东、广西、贵州、湖北、台湾、西藏等；国外分布于朝鲜、菲律宾、柬埔寨、老挝、马来西亚、缅甸、尼泊尔、日本、泰国、印度、印度尼西亚、越南等。

(3) 宿主

主要寄生于小型哺乳动物，如黑线姬鼠、仓鼠、长吻松鼠、黑腹姬鼠、社鼠、白腹鼠、大家鼠、针毛鼠、黄胸鼠、黑腹绒鼠、树鼩、獴、臭鼩鼱等，也寄生于黄牛与山羊。

(4) 医学重要性

国内，从福建、贵州的本种蜱分离出莱姆病螺旋体，是南方林区莱姆病的重要媒介；国外1956年从马来西亚乌鲁地方兰加特森林保护区鼠类检获的该种蜱中分离出兰加特病毒。

4. 卵形硬蜱(*I. ovatus* Neumann，1899)

(1) 形态

① 雌蜱：须肢窄长，前端圆钝。须肢第Ⅰ节短小，背、腹面均可见；第Ⅱ节与第Ⅲ节的两节分界明显。假头基近五边形。孔区大，近似卵圆形；基突短小，不明显。口下板窄长，剑形，端部齿式4|4，主部齿式2|2，每纵列多数具齿8枚。假头基腹面宽阔，中部隆起，后缘浅弧形向后弯曲；耳状突呈脊状。身体呈卵圆形，中部最宽，后部圆弧形。缘沟在身体两侧明显，后部无。盾板呈亚圆形，中部最宽。刻点小，分布不均，靠后部稍密。肩突很短，不甚明显。颈沟浅，前段向后内斜，后段浅弯，向后外斜，末端达到盾板后1/3处；侧脊明显，自肩突向后延伸至盾板后侧缘。生殖孔位于基节Ⅲ与基节Ⅳ之间水平线。生殖沟前端圆弧形，两侧向后侧方外斜。足中等大小。基节Ⅰ内、外距均不明显；基节Ⅱ～Ⅳ内距亦不明显；基节Ⅱ、Ⅲ无明显外距；基节Ⅳ具粗短外距。跗节亚端部逐渐收窄，向端部渐细。各足爪垫几乎达到爪端。气门板卵圆形(图4.16)。

② 雄蜱：须肢粗短，前端圆钝，外侧缘较直，内侧缘弧形凸出，中部最宽。口下板粗短，顶端圆钝，端部齿式3|3，中、后部为2|2。假头基呈倒梯形；基突付缺。假头基腹面宽短，中部隆起，横脊明显。无耳状突。盾板呈长卵形，中部最宽，两侧缘近于平行。刻点较大，遍布整个盾板，分布不均匀。细长毛散布盾板表面。肩突短钝。缘凹窄小。颈沟宽而浅。无侧脊。生殖孔位于基节Ⅲ之间水平线。中板窄长，近似五边形，前侧缘向后外斜，后侧缘与后缘连接成钝角，后缘弧度较深；肛板前窄后宽，两侧显著外斜；肛侧板较短，前部宽度约为后部的2倍。足中等长度。基节Ⅰ内距短钝，与后缘连接，后外角窄长，从背面可见。基节Ⅱ、Ⅲ无距；基节Ⅳ仅有粗短外距。基节Ⅰ～Ⅲ后部具半透明附膜。转节Ⅰ～Ⅲ有短小腹距。跗节Ⅳ亚端部逐渐细窄。各足爪垫将近达到爪端。气门板卵圆形(图4.16)。

③ 若蜱：须肢棒状，前端圆钝，基部收窄，外缘直，内缘浅弧形凸出，前1/3处最宽。口下板棒状，齿式2|2。假头基宽短，近似五边形；基突为明显的三角形。假头基腹面宽阔，后缘弧形凸出；耳状突呈钝齿状。身体呈卵圆形，后部宽圆，前端稍窄，躯体后1/3处最宽。盾板前窄后宽，长小于宽，后缘宽圆形。肩突短。颈沟和侧脊浅，弧形，末端均未达到盾板后侧

缘。刻点分布不均匀，细小。缘凹浅平。气门板为圆形。肛沟前端圆钝，两侧向后外斜。肛瓣具有3对肛毛。足中等长度，爪垫长，约达爪端。

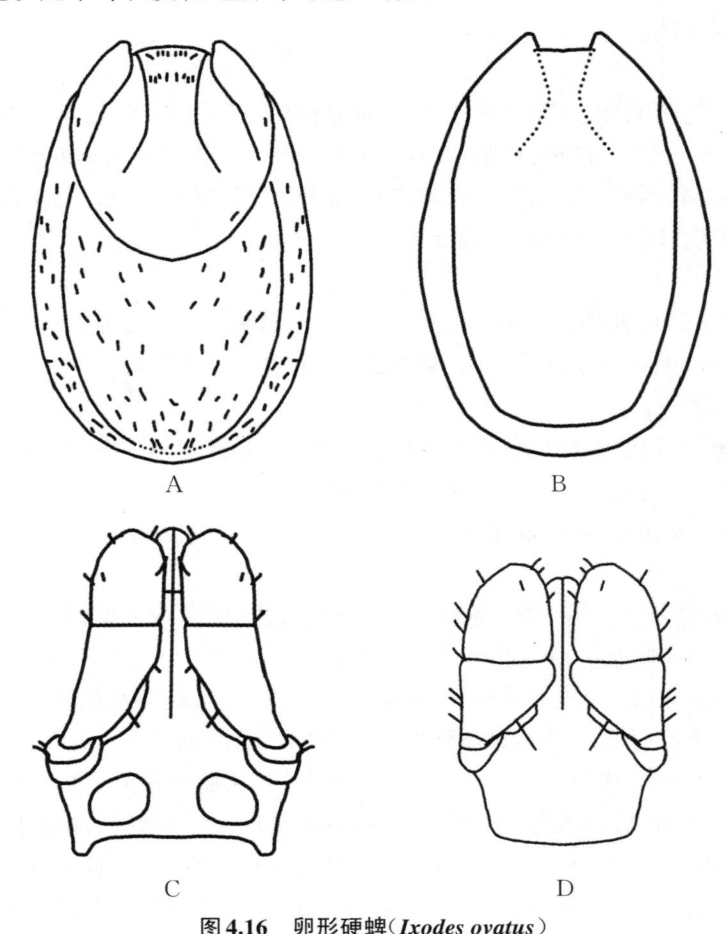

图4.16　卵形硬蜱（*Ixodes ovatus*）

A. 雌蜱背面观；B. 雄蜱背面观；C. 雌蜱假头背面观；D. 雄蜱假头背面观

仿 邓国藩和姜在阶（1991）

④ 幼蜱：须肢纺锤形。口下板棒状，齿式2|2。假头基近似三角形，后缘平直；基突呈三角形。假头基腹面前宽后窄，后缘浅弧形向外弯曲；耳状突呈三角形。身体呈卵圆形，前端稍窄，后端圆钝。盾板中部稍后最宽，后缘圆钝，宽约为长的1.3倍。颈沟浅，末端约达盾板后侧缘。侧脊不明显。刻点小，数量稀少且分布不均匀。肩突短小，不甚明显。肛沟拱形，前端圆钝，两侧向后外斜。足中等长度，各足爪垫将近达到爪端。

(2) 分布

国内分布于广西（睦边）、湖北、青海、陕西、四川（巴塘）、西藏（东之、康布、亚东、易贡）、云南（保山、耿马、昆明、勐腊、双江、腾冲、中甸）、甘肃、贵州、台湾；国外分布于老挝、缅甸、尼泊尔、日本、泰国、印度、越南。

(3) 宿主

牦牛、黄牛、犬、山羊、马、驴、绵羊、斑羚、猪、毛冠鹿、豹、熊、大熊猫、林麝、獐子、马麝、黄鼬，也侵袭人。

(4) 医学重要性

国内1991年从云南该种蜱分离出蜱媒脑炎病毒。

5. 全沟硬蜱(*I. persulcatus* Schulze,1930)

(1) 形态

① 雌蜱:须肢窄长,第Ⅱ节端部稍后最宽,前端圆钝,外缘直,内缘浅弧形凸出。须肢第Ⅰ节短小,背、腹面均可见。口下板窄长,端部齿式4|4,中部为3|3,基部为2|2;每纵列具齿5~9枚。假头基近五边形,孔区大,近似圆角矩形或圆角三角形;基突短小,不明显。假头基腹面宽阔,中部略微收窄,后缘浅弧形向后弯曲;耳状突短粗,钝齿状。身体呈卵圆形。缘沟明显,身体末端的缘褶较窄。盾板呈椭圆形,中部最宽;表面着生少数细毛,明显少于异盾区。刻点中等大小,分布不均。颈沟窄,前浅后深,末端达不到盾板后侧缘;侧脊不明显。生殖孔位于基节Ⅳ中部靠后水平线,裂孔平直。生殖沟前端圆弧形,两侧向后侧方外斜。肛沟呈马蹄形,前端圆钝,两侧缘几乎平行。足中等大小。基节Ⅰ内距相当细长,末端达到基节Ⅱ前部的1/3处;基节Ⅱ~Ⅳ无内距;基节Ⅰ~Ⅳ外距粗短,大小约等。各基节靠后缘均无半透明附膜。跗节Ⅰ亚端部骤然收窄;跗节Ⅳ亚端部逐渐收窄。足Ⅰ爪垫达到爪端;足Ⅱ~Ⅳ爪垫将近达到爪端。气门板亚圆形(图4.17)。

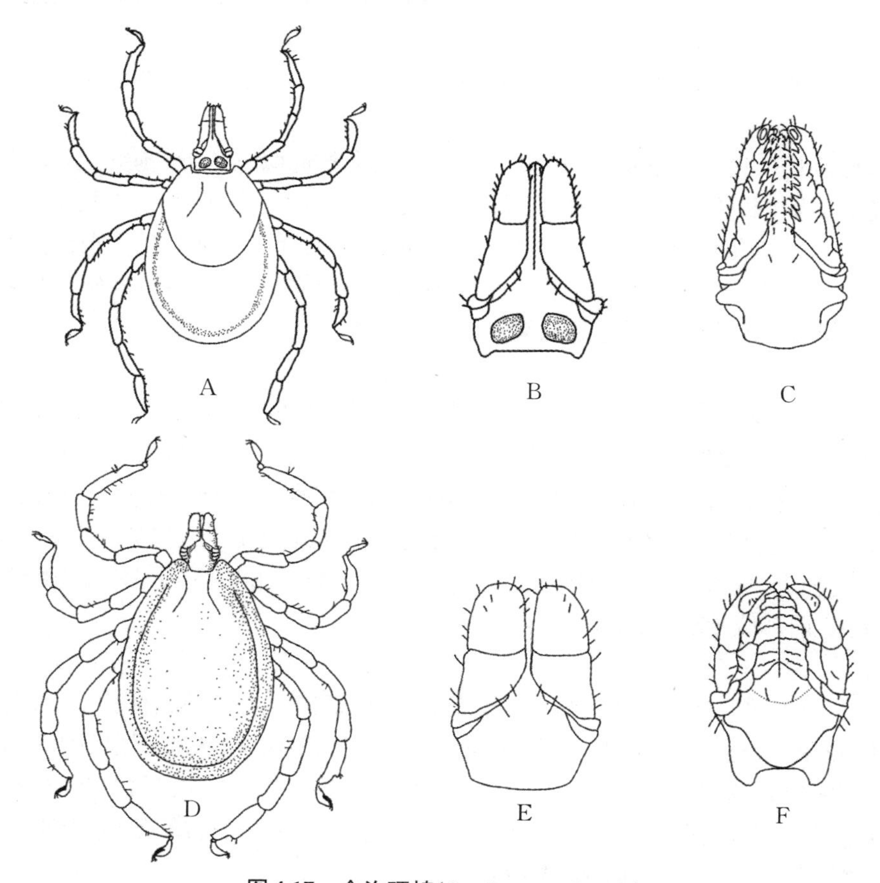

图4.17 全沟硬蜱(*Ixodes persulcatus*)

A. 雌蜱背面观;B. 雌蜱假头背面观;C. 雌蜱假头腹面观;D. 雄蜱背面观;E. 雄蜱假头背面观;F. 雄蜱假头腹面观

仿 邓国藩和姜在阶(1991)

② 雄蜱：须肢粗短，前端圆钝，外侧缘较直，内侧缘弧形凸出，中部最宽。假头基呈五边形，两侧向后内斜，后缘略呈弧形凸出；基突付缺；后半部表面分布细小刻点。口下板粗短，顶端中部稍凹，长度略短于须肢；齿小不明显，呈波纹状排列，每纵列具齿6～7枚，最后一对外列齿最强大，向后侧方延伸。假头基腹面宽短，横脊明显，向后凸出呈圆角状。耳状突明显，呈钝齿状。身体呈长卵形，中部靠后最宽，向前逐渐收窄，后缘圆弧形。缘沟明显，缘褶窄小，中后部宽度均匀。盾板呈长卵形，中部最宽且在中央部位略微隆起；表面着生稀少细毛。刻点浅，遍布整个盾板，分布均匀。肩突短钝，呈钝齿状。缘凹窄小，向前浅弧形凸出。颈沟浅，前段短且不甚明显，后段长，向后外斜。侧脊不明显。生殖前板长形；中板窄长，前侧缘向后外斜，后侧缘与后缘连接成钝角，后缘弧度较深；肛板短，前端圆钝，两侧向后渐宽；肛侧板向后弧形收窄；各腹板刻点稠密，表面着生密集细毛。足中等长度。基节Ⅰ内距略短于雌蜱，末端略超出基节Ⅱ前缘；基节Ⅱ～Ⅳ内距短小甚至不明显；基节Ⅰ～Ⅳ外距粗短，大小约等。足的其他特征与雌蜱相似。气门板卵圆形(图4.17)。

③ 若蜱：须肢窄长。口下板剑形，长约为宽的3倍。假头基宽短，近似五边形；基突明显，呈三角形。假头基腹面宽阔，中部收窄；耳状突呈尖齿状。身体呈卵圆形，前端稍窄，后部宽圆。盾板椭圆形，长略大于宽，中部最宽，后缘弧形。颈沟浅弧形，末端将近达到盾板后侧缘。侧脊明显，自肩突向后延伸几乎达到盾板后侧缘。刻点细小，分布不均。肩突细短。缘凹浅平。气门板亚圆形。肛沟前端圆钝，两侧近似平行，似马蹄形。肛瓣肛毛2对。爪垫长，约达爪端。

④ 幼蜱：须肢棒状。口下板剑形，前端圆钝。假头基近似三角形；基突粗短。假头基腹面中部收窄，后缘比较平直；耳状突粗齿状，末端稍尖。身体呈卵圆形，前端稍窄，后端圆钝。盾板亚圆形，长与宽约等，中部最宽，后缘圆钝。颈沟和侧脊浅，不明显。刻点小，数量稀少且分布不均匀。肩突短小。缘凹浅平。肛沟拱形，前端圆钝，两侧向后外斜。肛瓣刚毛一对。足中等长度，各足爪垫将近达到爪端。

(2) 分布

国内分布于黑龙江(虎饶、牡丹江、海林、东宁、桦南、伊春、通河、铁力、勃力、尚志、嫩江、佳木斯、黑河)、吉林(安图、大石头、和龙、蛟河、汪清、长春、九台、桦甸、舒兰、延吉、珲春、敦化、通化、浑江、抚松、长白、辉南、集安、靖宇、梨树)、新疆(博乐、霍城、呼图壁、精河、玛纳斯、察布查尔、沙湾、乌鲁木齐、温泉、新源、昭苏、木垒、奇台、吉木萨尔、阜康、富蕴、福海、哈巴河、特克斯、尼勒克、巩留、昌吉)、西藏、辽宁、山西(庞泉沟)、甘肃、宁夏、陕西；国外分布于波兰、朝鲜、韩国、前苏联地区、日本。

(3) 宿主

黄牛、犬、山羊、马、猪、狍、鹿、熊、狐、黑线姬鼠、林姬鼠、小林姬鼠、棕背䶄、红背䶄、灰仓鼠、林睡鼠、花鼠、普通田鼠、东方田鼠、小家鼠、鼹形田鼠、松鼠、天山蹶鼠、中鼩鼱、天山林䶄。水鹨、斑胸短翅莺、朱雀、短翅树莺、原鸽、岩鸽、寒鸦、灰头鸦、白眉鸫、灰脊鸰、北灰翁、星鸦、穗即鸟、灰蓝山雀、白脸山雀、树麻雀、北红尾鸲、黄眉柳莺、喜鹊、黑喉岩鹨、黑喉石䳭、普通䴓、紫翅椋鸟、灰莺、榛鸡、矶鹬、赤颈鸫。

(4) 医学重要性

国内全沟硬蜱是森林脑炎和北方林区莱姆病的主要传播媒介。在吉林、黑龙江和新疆均从此蜱体内分离出森林脑炎病毒。从黑龙江、吉林、辽宁、河北、内蒙古和新疆的本种蜱分离出莱姆病螺旋体。2000年从内蒙古的该种蜱检出查菲埃立克体；从黑龙江、新疆的全沟硬蜱中检出粒细胞埃立克体；内蒙古的该种蜱存在查菲埃立克体和粒细胞埃立克体的复合感染。2001年从该种蜱中检出类似人粒细胞埃立克体。2007年检测发现黑龙江省部分林区的本种蜱存在人巴贝斯虫、斑点热的自然感染。国外，自然感染：森林脑炎病毒、鄂木斯克出血热病毒、波瓦桑病毒、兰加特病毒、克麦罗沃病毒、Q热立克次体、北亚蜱媒斑点热立克次体、土拉弗氏菌、鼠伤寒沙门氏菌、鼠疫杆菌、伯氏疏螺旋体、牛巴贝斯虫、分歧巴贝斯虫、边缘无浆体。实验感染与传播：森林脑炎、鄂木斯克出血热、莱姆病（慢性游走性红斑症）、牛巴贝斯虫病、边缘无浆体病、分歧巴贝斯虫病。

（二）血蜱属

6. 铃头血蜱（*Haemaphysalis campanulata* Warburton，1908）

（1）形态

① 雌蜱：须肢第Ⅰ节短小，背、腹面可见；第Ⅱ节外侧显著突出，向前弧形收窄，腹面后缘深弧形向后弯曲；第Ⅲ节宽稍大于长，无背刺，腹刺粗短而钝，约达第Ⅱ节前缘。假头基矩形；孔区大，卵圆形，前部内斜，两孔区间具一长形浅陷；基突粗短而钝。口下板略短于须肢，齿式4|4，每纵列具齿约9枚。假头基腹面宽短，侧缘向后弧形收窄，后缘较直。体呈褐黄色，卵圆形。盾板亮褐色或黄色；近似心形。刻点小而浅，分布稀疏且不均匀。颈沟明显，外弧形弯曲，末端约达盾板后1/3处。生殖孔大，位于基节Ⅱ之间。足粗壮。各基节无外距。内距粗短，三角形，各内距均略向外斜，基节Ⅰ内距位于后内角端部；基节Ⅱ～Ⅳ内距位于后缘中部。各转节腹距不明显。跗节Ⅳ亚端部向端部显著斜窄，背缘在收窄之前略隆起；假关节位于近端2/5；腹面端齿不明显，无亚端齿。爪垫未达到爪长之半。气门板亚圆形（图4.18）。

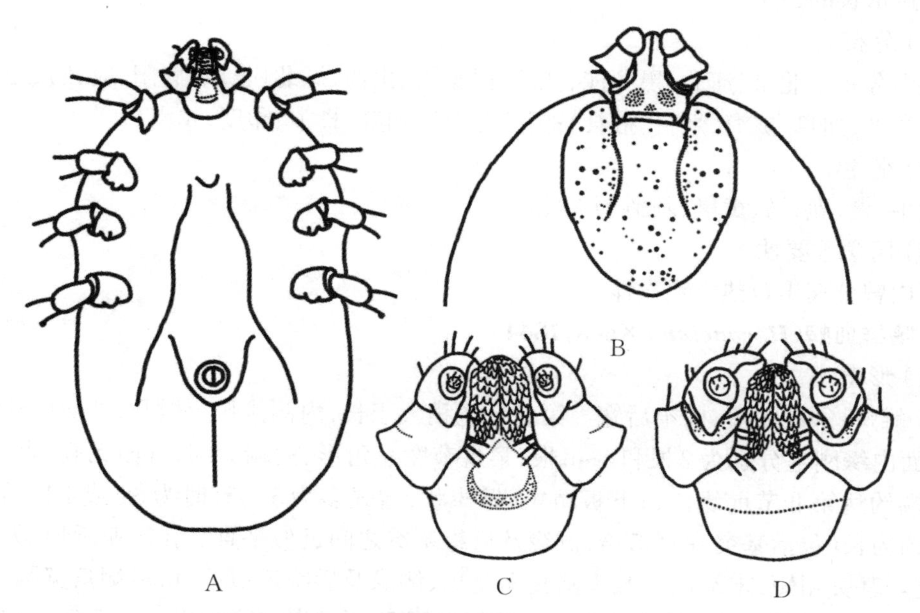

图4.18　铃头血蜱（*Haemaphysalis campanulata*）

A. 雌蜱假头及躯体腹面观；B. 雌蜱假头及盾板；C. 雌蜱假头腹面观；D. 雄蜱假头腹面观

仿 邓国藩和姜在阶（1991）

② 雄蜱：须肢粗短。第Ⅰ节短小，不明显；第Ⅱ节外侧显著突出，向前弯曲收窄，腹面后缘向后突出，呈圆角；第Ⅲ节宽大于长，前端圆钝，后缘较直，无背刺，腹刺粗大，指向后方，略超过第Ⅱ节前缘。口下板与须肢长度约等，齿式4|4，每纵列具齿约8枚，最外列的齿最粗。假头基矩形，宽约为长（包括基突）的1.6倍，表面散布小刻点；基突粗短，宽三角形。假头基腹面宽短，侧缘向后弧形收窄，后缘略直。体呈卵圆形，前端稍窄，后部圆弧形。褐黄色，腹面色泽较浅。盾板呈卵圆形，前端稍窄，中部略隆起，后部圆弧形。刻点细而稍密，分布大致均匀。颈沟深，浅外弧形。侧沟明显，自气门板背突水平向后延伸到基节Ⅱ水平线。缘垛窄长而明显，共11个。足粗壮。各基节无外距，基节Ⅰ内距呈短锥形，末端稍尖；基节Ⅱ～Ⅳ内距略粗短，位于后缘中部。各转节腹距略呈脊状。跗节Ⅳ相当粗短，亚端部向端部骤然收窄，斜度大；假关节位于该节中部；腹面端齿不明显。爪垫略超过爪长之半。气门板短逗点形，背突短，末端窄钝（图4.18）。

③ 若蜱：须肢粗短，后外角略微凸出。假头基矩形，两侧缘及后缘均直，宽约为长的2倍。基突不明显。假头基腹面宽阔，向后渐窄，无耳状突和横脊。口下板与须肢约等长，齿式3|3，每纵列具齿8～10枚。体呈卵圆形，前端稍窄，后部圆弧形。盾板呈心形，长宽约等。颈沟明显，前段平行，较深，后段渐浅，向外略弯，末端将近达到盾板后侧缘。刻点少，散布于后中区和两侧区。肩突短钝。缘凹宽浅。气门板圆角三角形，背突宽短，末端圆钝。足较粗壮，爪垫超过爪长2/3。

④ 幼蜱：须肢长棒状，后外角不明显。口下板略长于须肢，齿式2|2，每纵列具齿约6枚。假头基呈矩形，无基突。假头基腹面向后收窄，后缘弧形凸出，无横脊。体呈卵圆形，前端稍窄，后部圆弧形。盾板心形，宽大于长，前部最宽，后端圆钝。颈沟可辨，向后略外斜，末端将近达到盾板后侧缘。刻点少，不明显。缘凹宽浅。肩突圆钝。足中等大小，各基节无外距。爪垫约达爪长的2/3。

(2) 分布

国内分布于北京、河北、黑龙江、江苏、内蒙古、山西、湖北（长风、襄阳、应城）、辽宁、山东（长岛、青岛、曲阜、威海、烟台、掖县）；国外分布于朝鲜、日本、印度、越南。

(3) 宿主

黄牛、犬、鹿、马、黄鼠、刺猬、大家鼠。

(4) 医学重要性

国内曾分离出Q热立克次体。

7. 嗜群血蜱（*H. concinna* Koch，1844）

(1) 形态

① 雌蜱：须肢粗短，前窄后宽。第Ⅱ节宽稍大于长，内侧浅弧形微凸，外侧向外略突出。背、腹面内缘刚毛分别为2根和4～5根；第Ⅲ节宽三角形，前端尖细，背面无刺，腹面的刺粗短，末端约达第Ⅱ节前缘。口下板粗短，呈棒状，齿式多为5|5，有时为6|6或4|4。假头基矩形，宽约为长（包括基突）的2.5倍，侧缘及后缘基突之间近似平直。孔区亚圆形，大而浅，间距稍宽。基突粗短，末端钝。假头基腹面宽短，侧缘及后缘近似平直，后侧角宽圆。体呈黄褐色，卵圆形，前端稍窄，后部圆弧形。盾板近圆形，表面有光泽；刻点小而密，分布较为均匀。颈沟浅，间距较宽，弧形外弯，末端约达盾板长的2/3。足中等大小。各基节无外距。基节Ⅰ内距较长，呈锥形，末端尖细；基节Ⅱ～Ⅳ内距粗短而钝。各转节腹距呈脊状。跗节Ⅳ

亚端部向前逐渐收窄，具端齿，无亚端齿。爪垫约达爪长的2/3。气门板大，亚圆形，背突相当粗短(图4.19)。

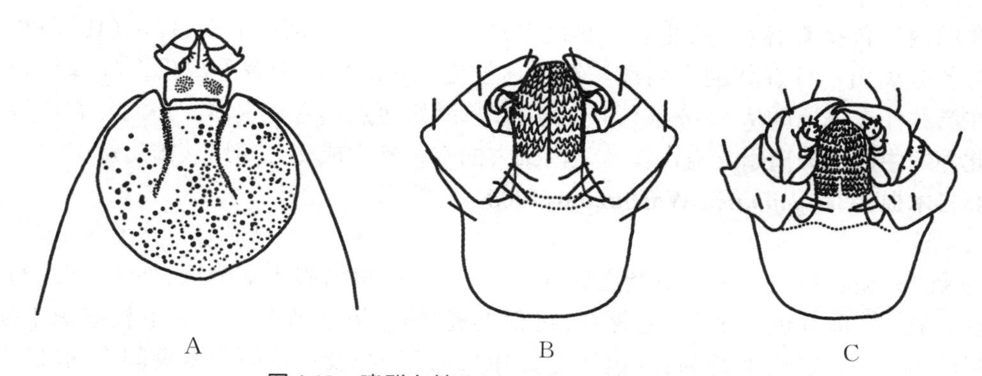

图4.19　嗜群血蜱(*Haemaphysalis concinna*)

A. 雌蜱假头及躯体背面观；B. 雌蜱假头腹面观；C. 雄蜱假头腹面观

仿邓国藩和姜在阶(1991)

② 雄蜱：须肢粗短。第Ⅰ节短小，背、腹面可见；第Ⅱ节宽大于长，内侧浅弧形微凸，外侧向外略突出，与后缘形成锐角，背、腹面内缘各具刚毛3根；第Ⅲ节宽显著大于长，顶端延长向内侧弯曲，须肢合拢时交叠呈钳状，背面无刺，腹面的刺短锥形，末端略超出第Ⅱ节前缘；第Ⅳ节位于第Ⅲ节腹面的凹陷内。口下板明显短于须肢，齿式6|6，内侧齿与外侧齿大小约等。假头基矩形，基突强大，长约等于其基部之宽，末端尖细。假头基腹面宽短，无耳状突和横脊。体色黄褐。体呈卵圆形，前端稍窄，后部圆弧形。盾板呈卵圆形，刻点小而稠密，分布均匀。颈沟短浅。侧沟明显，自基节Ⅱ水平向后延伸并封闭第Ⅰ缘垛。足较粗且长。各基节无外距。基节Ⅰ内距窄长，末端尖细；基节Ⅱ～Ⅳ内距粗短，大小约等。转节Ⅰ的腹距略微窄长，转节Ⅱ～Ⅳ的腹距圆钝。跗节Ⅳ亚端部向端部逐渐收窄，端齿小。爪垫约达爪长的2/3。气门板近似椭圆形，背突宽短，不明显(图4.19)。

③ 若蜱：须肢后外角显著突出。口下板与须肢约等长，齿式2|2，每纵列具齿6或7枚。假头基宽约为长(包括基突)的2.25倍；基突粗短，末端略尖。假头基腹面宽阔，向后渐窄，后缘略弧形后弯。体呈卵圆形，前端稍窄，后部圆弧形。盾板呈亚圆形，长宽约等，中部最宽，向后逐渐收窄，末端圆钝。颈沟浅弧形，末端约达盾板后1/3。刻点稀少。气门板亚圆形，背突圆钝，不明显。足中等长度，各基节无外距。爪垫将近达到爪端。

④ 幼蜱：须肢前端尖窄，后外角明显超出假头基侧缘。假头基矩形，宽约为长的2倍，基突宽短，末端钝。假头基腹面宽阔，无耳状突和横脊。口下板略长于须肢，前端圆钝，齿式2|2，每纵列具齿6枚。体呈卵圆形，前端稍窄，后部圆弧形。盾板近似心形，宽约为长的1.2倍，前1/3处最宽，向后渐窄，末端窄钝。颈沟浅弧形外弯，末端略超过盾板的1/2。刻点稀少。足略长，各基节无外距。爪垫将近达到爪端。

(2) 分布

国内分布于黑龙江、辽宁、内蒙古、山西、吉林(长白山、敦化、和龙、蛟河、汪清、延吉)、新疆(精河、哈巴河)；国外分布于保加利亚、波兰、朝鲜、德国、法国、捷克、斯洛伐克、罗马尼亚、前南斯拉夫地区、俄罗斯、日本、土耳其、匈牙利、伊朗。

(3) 宿主

黄牛、山羊、狍、鹿、黑线姬鼠、林姬鼠、棕背䶄、红背䶄、花鼠、东方田鼠、斑胸短翅莺、短翅树莺、灰头鹀、白眉鹀、灰鹡鸰、大山雀、北红尾鸲、普通䴓、榛鸡。

(4) 医学重要性

在国内能传播森林脑炎、北亚蜱媒斑点热。在黑龙江柴河(1955)、桦南(1957)和通河(1958)各分离出一株森林脑炎病毒。在吉林敦化采获的标本中曾分离出多株森林脑炎病毒。在黑龙江虎饶地区从37份标本中分离出7株蜱媒斑点热立克次体。1983年在绥芬河采集的此种蜱中成功分离出立克次体。从内蒙古的本种蜱中成功分离出莱姆病螺旋体。

8. 日本血蜱(*H. japonica* Warburton, 1908)

(1) 形态

① 雌蜱:须肢粗短。第Ⅱ节背面后外角明显突出,超出假头基侧缘,外缘浅凹,与第Ⅲ节外缘连接;第Ⅲ节短三角形,无背刺,腹刺粗短,约达第Ⅱ节前缘。口下板略短于须肢,齿式4|4。假头基宽短,宽约为长(包括基突)的2倍,侧缘及后缘两个基突间直;孔区大,椭圆形,前部内斜。基突粗短而钝。假头基腹面宽阔,后缘弧形向后略弯,无耳状突和横脊。体呈卵圆形,前端稍窄,后部圆弧形。盾板黄褐色,有光泽;呈亚圆形,刻点小而明显,分布均匀。颈沟宽浅,弧形外弯,末端约达盾板长的2/3。足粗细中等。各基节无外距。基节Ⅰ内距呈锥形;基节Ⅱ宽大于长;基节Ⅲ长宽约等,基节Ⅳ长大于宽;基节Ⅱ~Ⅳ的内距较基节Ⅰ的略粗短,位置偏向各节后缘中部。各转节腹距呈脊状。跗节Ⅳ较后跗节Ⅳ窄长,亚端部向末端逐渐收窄,腹面端齿尖细。爪垫约达爪长的2/3。气门板大,短逗点形,背突圆钝(图4.20)。

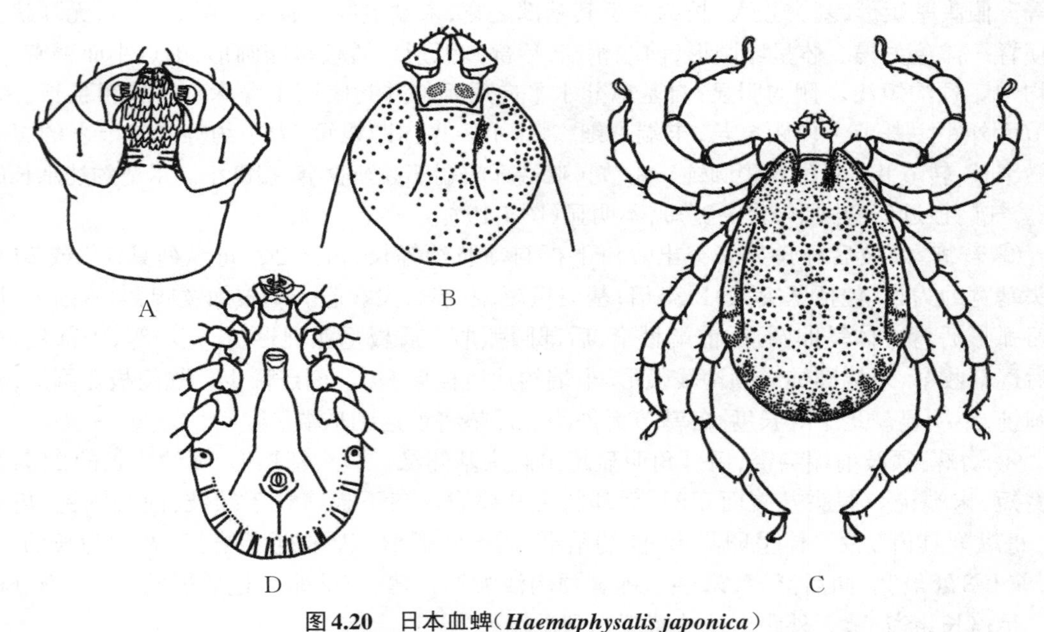

图4.20 日本血蜱(*Haemaphysalis japonica*)

A. 雌蜱假头腹面观;B. 雌蜱假头及躯体背面观;C. 雄蜱背面观;D. 雄蜱腹面观

仿 邓国藩和姜在阶(1991)

② 雄蜱:须肢粗短。第Ⅱ节背面后外角明显突出,超出假头基侧缘,外缘很短,与第Ⅲ节外缘连接成弧形;第Ⅲ节相当宽短,三角形,无背刺,腹刺粗短,约达第Ⅱ节前缘。口下板短小,齿式5|5。假头基矩形,宽为长(包括基突)的1.6倍;基突发达,三角形,末端尖细。假头基腹面宽短,侧缘及后缘两个基突间近于直。雄蜱体呈褐色,卵圆形,前端稍窄,后部圆弧

形。盾板呈卵圆形，向前逐渐收窄，后端圆钝；表面有光泽；刻点小而浅，分布不均匀。颈沟短，深陷。侧沟细窄，自基节Ⅲ水平向后延伸至第Ⅰ缘垛。足粗壮。基节窄长（按躯体方向），基节Ⅳ最显著。各基节无外距。基节Ⅰ内距稍窄长，末端尖细；基节Ⅱ～Ⅳ内距粗短，三角形。各转节腹距呈脊状。跗节Ⅳ较后跗节Ⅳ窄长，亚端部向末端逐渐细窄，腹面端齿尖细。爪垫将近达到爪端。气门板短逗点形，背突窄小（图4.20）。

③ 若蜱：须肢宽短，钝楔形。第Ⅰ节短小，背面不明显；第Ⅱ节背面宽短，后缘略弯，向前侧方斜伸，与外缘相交形成角突，外缘短，斜向内侧，与第Ⅲ节外缘相连，腹面后缘浅弧形，斜向前侧方；第Ⅲ节三角形，前端尖窄，无背刺，腹刺短小，末端未达到该节后缘。口下板较须肢短，齿式2|2，每纵列具齿约7枚。假头宽短。假头基矩形，宽约为长（包括基突）的2倍；两侧缘近似平行，后缘两个基突间平直；基突粗短，末端稍钝。假头基腹面宽阔，两侧向后逐渐收窄，后缘微弯，无耳状突和横脊。体呈卵圆形，前端稍窄，后部圆弧形。盾板宽圆形，中部最宽，向后最窄，末端圆钝。刻点稀少。肩突圆钝。缘凹略深。颈沟浅弧形外弯，末端略超过盾板中部。足中等大小，足Ⅰ较粗。各基节无外距。基节Ⅰ内距窄三角形，中等大小，末端稍尖；基节Ⅱ、Ⅲ内距较粗短，末端钝；基节Ⅳ的内距略窄小。各转节腹距不明显。跗节Ⅰ粗大；跗节Ⅱ～Ⅳ较小，亚端部向末端逐渐收窄。跗节Ⅰ爪垫几乎达到爪端，其余各跗节爪垫约达爪长的2/3。气门板亚圆形，背突极短，不明显。

④ 幼蜱：须肢楔形。第Ⅰ节短小，背面不明显；第Ⅱ节背面宽明显大于长（约1.8:1），外缘短，浅凹，与第Ⅲ节外缘连接，与后缘相交成锐角，后缘平直，背、腹面内缘各具刚毛1根；第Ⅲ节宽略胜于长，前端宽钝，后缘较为平直，无背刺，腹刺短小，末端钝。口下板与须肢约等长，齿式2|2，每纵列具齿6或7枚。假头宽短。假头基矩形，宽约为长（包括基突）的2.6倍；两侧缘浅弧形，后缘两个基突间平直或微弯，与侧缘连接成圆角；无基突。假头基腹面宽阔，近似半圆形，后缘浅弧形凸出，无耳状突和横脊。体呈卵圆形，前端稍窄，后部圆弧形。盾板宽短，宽约为长的1.36倍，中部最宽，向后弧形渐窄，后缘宽圆。刻点明显。肩突很短，平钝。缘凹宽浅。颈沟短，窄而浅，末端略超过盾板中部。足中等大小。各基节无外距。基节Ⅰ内距粗短，隆突状；基节Ⅱ内距脊状；基节Ⅲ无内距。转节Ⅰ背距短小，不明显；各转节无腹距。各足跗节粗壮，亚端部向末端逐渐收窄。爪垫约达爪长的2/3。

（2）分布

国内分布于甘肃、河北、黑龙江、吉林、辽宁、宁夏、青海、山西、陕西；国外分布于朝鲜、俄罗斯（远东地区）、日本。

（3）宿主

幼蜱和若蜱寄生于鸟和啮齿动物。成蜱寄生于马、山羊、牦牛、黑熊、虎、麅子、野猪等大中型哺乳动物，也侵袭人。

（4）医学重要性

该蜱可携带新布尼亚病毒；在若蜱-成蜱阶段可经期传播田鼠巴贝斯虫。同时，该蜱可携带*Rickettsia heilongjiangensis*、*Rickettsia canadensis*等多种立克次体。

9. 长角血蜱（*H. longicornis* Neumann，1901）

（1）形态

① 雌蜱：假头宽短。须肢向外侧中度突出，呈角状，略超出假头基侧缘；第Ⅱ节背面外缘短，与第Ⅲ节外缘不相连，背、腹面后缘弧形，背面内缘刚毛3根，腹面内缘刚毛4或5根；

第Ⅲ节背刺粗短，三角形，腹刺长，锥形，其末端约达第Ⅱ节中部。口下板棒状，顶端圆钝，齿式5|5，每纵列具齿8～11枚。假头基矩形，宽约为长(包括基突)的2.2倍；孔区中等大小，卵圆形；基突短而稍尖，长小于其基部宽。假头基腹面宽短，侧缘向后浅弧形收窄，与后缘连接成弧形，无耳状突和横脊。雌蜱体呈褐黄色，卵圆形，前端稍窄，后部圆弧形，中部最宽，边缘均匀呈弧形微波状。刻点中等大小，较为稠密，分布均匀。颈沟明显，弧形外弯，末端达到盾板后1/3处。足粗细中等。各基节无外距。基节Ⅰ内距发达，呈锥形，末端稍尖；基节Ⅱ～Ⅳ内距较粗短，明显超出各节后缘。各转节腹距呈脊状。跗节亚端部向末端逐渐细窄。爪垫约及爪长的2/3。气门板近圆形，背突短钝(图4.21)。

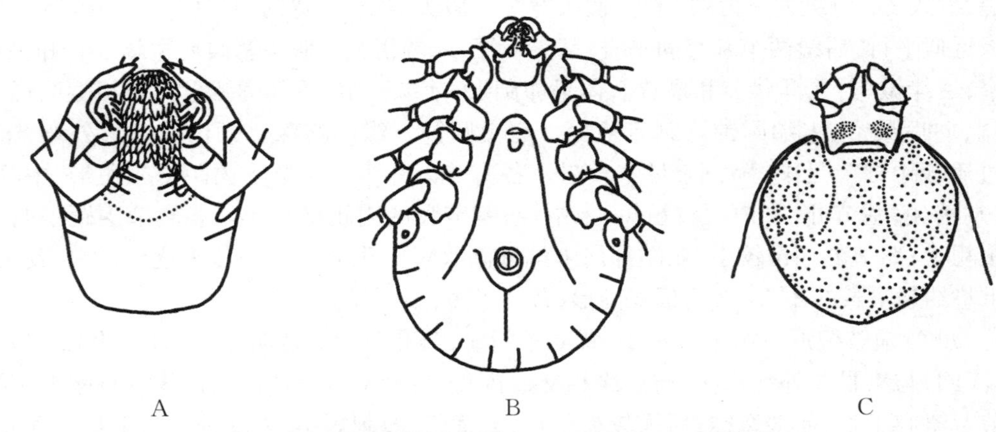

图4.21　长角血蜱(*Haemaphysalis longicornis*)雌蜱

A. 假头腹面观；B. 腹面观；C. 假头背面及盾板

仿 邓国藩和姜在阶(1991)

② 雄蜱：假头短小。须肢向外侧中度突出，呈钝角，略超出假头基外侧；第Ⅱ节外缘短，与第Ⅲ节外缘不相连，背、腹面后缘弧形，背面内缘刚毛2根，腹面内缘刚毛4根；第Ⅲ节背刺宽三角形，腹刺长，其末端约达第Ⅱ节前1/3。口下板棒状，顶端圆钝，齿式5|5。假头基矩形，宽约为长(包括基突)的1.7倍；侧缘几乎平行，后缘两个基突间直；基突强大，三角形，末端尖。假头基腹面宽短，无耳状突和横脊。体呈长卵形，前端稍窄，后部圆弧形。盾板长卵形，中部最宽。刻点中等大小，稠密而均匀。颈沟短小，略呈弧形。侧沟窄而明显，自盾板前1/3处向后延伸至第Ⅰ缘垛。足中等粗细。各基节无外距。基节Ⅰ内距长，呈锥形，末端略尖；基节Ⅱ～Ⅳ内距较粗短，末端稍钝，除基节Ⅳ的略粗短外，其余的大小约等。爪垫略超过爪长的2/3。气门板略呈卵圆形，背突短钝，不明显(图4.22)。

③ 若蜱：须肢粗短。口下板棒状，略短于须肢，前端圆钝，齿式为3|3，每纵列具齿6～7枚。假头基矩形，宽约为长的2倍(包括基突)；基突三角形。假头基腹面宽阔，向后逐渐收窄，无耳状突和横脊。盾板宽圆形，宽约为长的1.2倍。颈沟窄短，两侧近似平行，末端约达盾板的1/2。刻点稀少。气门板亚圆形，背突短小。各基节无外距。爪垫几乎达到爪端。

④ 幼蜱：口下板与须肢约等长，顶端圆钝，齿式2|2，每纵列具齿5～7枚。假头基矩形，宽约为长(包括基突)的2.6倍。基突短小，向后外缘略为凸出。假头基腹面短，无耳状突和横脊。盾板宽短，宽约为长的1.6倍，中部最宽。颈沟短小，两侧几乎平行，末端约达盾板的1/2。刻点相当稀少。各基节无外距。爪垫几乎达到爪端。

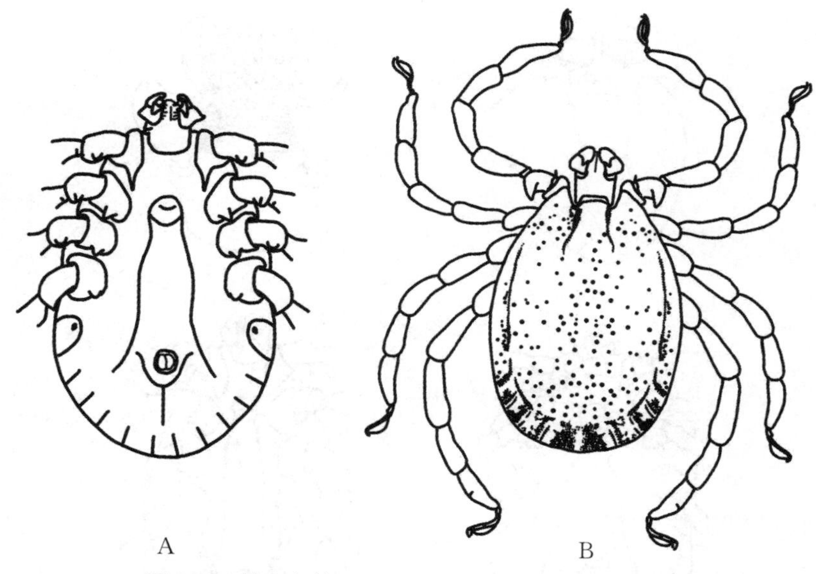

图4.22 长角血蜱(*Haemaphysalis longicornis*)雄蜱

A. 腹面观;B. 背面观

仿 邓国藩和姜在阶(1991)

(2) 分布

国内分布于北京、河北、黑龙江、河南、山西、山东、陕西、台湾、辽宁(岫岩);国外分布于澳大利亚、朝鲜、斐济、前苏联地区、日本、汤加、新喀里多尼亚、新赫布里底群岛、新西兰及南太平洋一些岛、美国。

(3) 宿主

黄牛、犬、山羊、驴、马、鹿、绵羊、猪、熊、獾、狐、兔。

(4) 医学重要性

为我国发热伴血小板减少综合征的主要传播媒介。1991年从北京地区和山东的该种蜱中分离出伯氏疏螺旋体。从河南的本种蜱中肠检出莱姆病螺旋体。国外,1972年在前苏联滨海地区分离出波瓦桑病毒。

10. 刻点血蜱(*H. punctata* Canestrini et Fanzago,1878)

(1) 形态

① 雌蜱:假头短。须肢长大于宽,前窄后宽。第Ⅰ节短小,背、腹面可见;第Ⅱ节宽大于长,背面外侧中部微凹,向后呈圆角突出,腹面内缘刚毛粗大而密,呈窄叶状;第Ⅲ节较第Ⅱ节短小,呈三角形,前端尖窄,两侧向后渐宽,后缘较直,无背刺,腹刺短小,末端不超过第Ⅱ节前缘;第Ⅳ节位于第Ⅲ节腹面的凹陷内。口下板棒状,略短于须肢,齿式5|5,每纵列具齿9～11枚。假头基呈矩形,宽约为长(包括基突)的2倍;孔区近圆形,中央有一浅陷;无基突。假头基腹面宽短,无耳状突和横脊。体呈长卵形,前端稍窄,中部最宽,后部圆弧形。盾板近似盾形,小刻点稠密,分布不均匀。颈沟明显,弧形外弯,末端约达盾板的2/3。足较粗壮。各基节无外距。基节Ⅰ内距中等长,末端钝;基节Ⅱ、Ⅲ内距粗短,末端钝;基节Ⅳ内距粗大,斜向外侧。各转节腹距呈脊状。跗节亚端部向末端逐渐收窄,腹面端齿尖细。爪垫将近达到爪端。气门板亚圆形,背突短小(图4.23)。

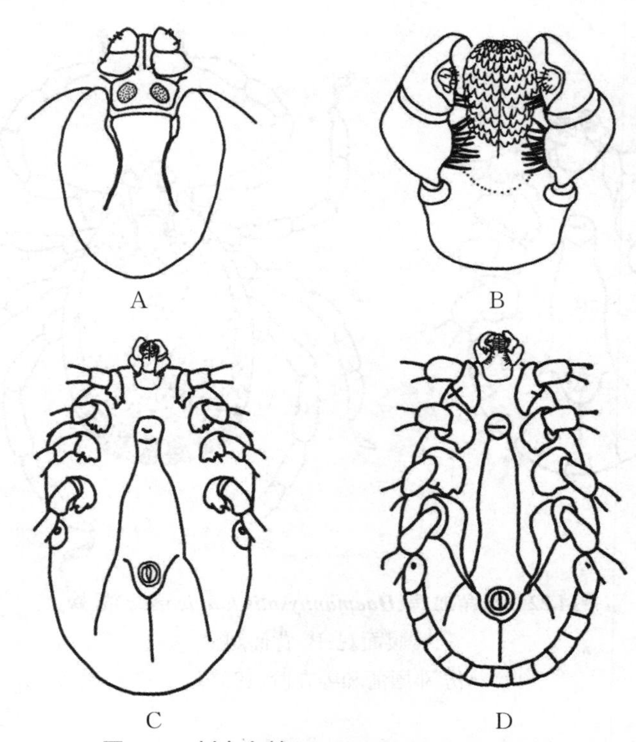

图 4.23　刻点血蜱(*Haemaphysalis punctata*)

A. 雌蜱假头及盾板;B. 雌蜱假头腹面观;C. 雌蜱腹面观;D. 雄蜱腹面观

仿 邓国藩和姜在阶(1991)

② 雄蜱:假头宽短。须肢粗短,长稍大于宽。第Ⅰ节短小,背、腹面可见;第Ⅱ节宽显著大于长,背面外缘很短,较直,后外侧缘显著突出,呈圆角,内缘浅弧形略微凸出,腹面内缘刚毛粗大,窄叶状,排列紧密,约10根。口下板棒状,与须肢约等长,齿式5|5,每纵列具齿8或9枚。假头基矩形,宽约为长(包括基突)的1.5倍;基突粗壮,末端稍尖。假头基腹面宽短,无耳状突和横脊。体呈暗褐色。盾板长卵形,前部收窄,后部较宽,最宽处在气门板附近。小刻点密布整个表面。颈沟明显,弧形外斜。侧沟长,自基节Ⅱ水平向后延伸达到第Ⅲ缘垛。缘垛宽短,不甚明显,共11个。足较粗壮。各基节无外距。基节Ⅰ内距短小;基节Ⅱ、Ⅲ内距显著较粗;基节Ⅳ内距特别长,约等于该节的长度(按躯体方向)。各转节腹距呈脊状。跗节亚端部向末端逐渐收窄,腹面具端齿。爪垫将近达到爪端。气门板大,卵形,背突短而圆钝;气门斑小,位置靠前(图4.23)。

③ 若蜱:须肢钝楔形。口下板棒状,前端圆钝,齿式2|2,每纵列具齿7~9枚。假头基六角形;两侧突出呈尖角状;无基突。假头基腹面宽短,无耳状突和横脊。体呈长卵形,前端稍窄,后部圆弧形。盾板近似心形,长宽约等。颈沟近似平行。刻点很少。肩突圆钝。缘凹宽浅。气门板亚圆形,背突短,圆钝。各基节无外距。爪垫将近达到爪端。

④ 幼蜱:须肢前窄后宽,似锥形。口下板棒状,长与须肢约等,前端圆钝,齿式2|2,每纵列具齿6~7枚。假头基腹面宽短,侧缘中部略凹陷。体呈卵圆形,前端稍窄,后部圆弧形。盾板近似心形,宽约为长的1.3倍。颈沟较深。刻点稀少。肩突短钝。缘凹很浅。各基节无外距。爪垫将近达到爪端。

(2) 分布

国内分布于新疆(巩留、哈巴河、霍城、察布查尔、新源、昭苏);国外分布于阿尔及利亚、埃及、丹麦、德国、法国、荷兰、罗马尼亚、前苏联地区、瑞典、土耳其、西班牙、希腊、匈牙利、伊朗、意大利、英国。

(3) 宿主

黄牛、马、绵羊、秃鼻乌鸦、白鹡鸰、喜鹊、山斑鸠、槲鸫。

(4) 医学重要性

国内，1978年在新疆霍城从血淋巴曾检出蜱媒斑点热立克次体(间接荧光抗体染色)。国外，自然感染：西方蜱媒脑炎病毒、落基山斑点热立克次体、Q热立克次体、土拉弗氏菌、羊型布鲁菌。实验感染与传播：落基山斑点热立克次体、北亚蜱媒斑点热立克次体、羊型布鲁菌、鼠疫杆菌。

11. 距刺血蜱(*H. spinigera* Neumann，1897)

(1) 形态

① 雌蜱：须肢宽短，明显超出假头基外侧缘。第Ⅱ节背面外缘直，向前内斜，后外角显著突出，后缘波状弯曲，有时略呈2个角突，末端粗钝，腹面后外角向后突出，形成粗大的锐角突；第Ⅲ节三角形，前端窄钝，两侧向前收窄，背刺为窄三角形，腹刺锥形，末端约达第Ⅱ节中部。口下板棒状，略短于须肢，前端圆钝，两侧向后略微收缩，齿式4|4，每纵列具齿10或11枚。假头基略呈矩形，宽约为长(包括基突)的2倍，两侧缘向后略内斜，后缘在基突间平直；表面两侧略隆起，中部有长圆形浅陷。孔区卵圆形。基突发达，三角形，末端稍尖。假头基腹面宽阔，无耳状突和横脊。体呈黄褐色，卵圆形，前端稍窄，后部圆弧形。盾板呈亚圆形，宽稍大于长，中部最宽。刻点小，分布不均匀，侧区的较为稠密。颈沟浅，近似平行，末端约达盾板后1/3处。足稍细长。各基节无外距。基节Ⅰ内距窄长，末端尖细；基节Ⅱ、Ⅲ内距较短，基节Ⅲ的最短。各转节腹距短小，末端钝。跗节亚端部向末端逐渐细窄，腹面端齿短小。爪垫将近达到爪端。气门板长圆形，背突很短而圆钝(图4.24)。

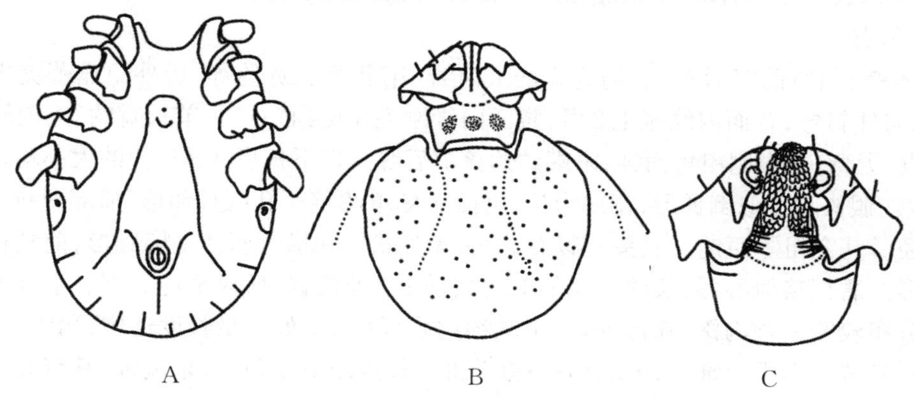

图4.24　距刺血蜱(*Haemaphysalis spinigera*)雌蜱

A. 躯体腹面观；B. 假头及盾板背面观；C. 假头腹面观

仿 邓国藩和姜在阶(1991)

② 雄蜱：须肢宽短。第Ⅱ节背面后外角强度突出，后缘波纹状，明显超出假头基外侧缘，腹面后外角形成强大的锥状刺；第Ⅲ节略似三角形，宽显著大于长，前端圆钝，背刺为窄三角形，腹刺强大，末端显著超过第Ⅱ节前缘，背面后外侧无刺；第Ⅳ节位于第Ⅲ节腹面的凹陷内。口下板略短于须肢，侧缘略外弯，齿式5|5，每纵列具齿9或10枚。假头基呈矩形，宽约为长(包括基突)的1.6倍。基突强大，长约等于其基部之宽，末端尖细。假头基腹面短，无耳状突和横脊。体呈

黄褐色,卵圆形,前端稍窄,后部圆弧形。盾板卵圆形,长约为宽的1.5倍。小刻点遍布整个表面,较为稠密。颈沟短,近似平行。侧沟短,自基节Ⅲ之前水平线向后延伸至气门板后缘水平线。足略粗壮,长度适中。各基节无外距。基节Ⅰ内距窄长,末端尖细;基节Ⅱ、Ⅲ内距长三角形,按节序渐短;基节Ⅳ内距细长。各转节腹距略呈三角形,转节Ⅰ的稍短,其余的约等长。跗节亚端部向末端逐渐收窄,腹面具端齿。爪垫约达到爪端。气门板长圆形,背突短,末端圆钝。

③ 若蜱:须肢前窄后宽。口下板略长于须肢,前端圆钝,齿式2|2,每纵列具齿8~10枚。假头基宽约为长(包括基突)的2倍。基突较大,三角形,末端尖窄。假头基腹面短,无耳状突和横脊。体呈卵圆形,前端稍窄,后部圆弧形。盾板呈亚圆形,宽略大于长,中部最宽。颈沟前深后浅,弧形外弯,末端约达盾板的2/3。刻点稀少。气门板卵形,背突粗短,末端尖。足长适中,稍粗,各基节无外距。爪垫大,约达到爪端。

④ 幼蜱:须肢前窄后宽,长约为宽的1.3倍。口下板略长于须肢,齿式2|2,每纵列具齿7或8枚。假头基宽约为长(包括假头)的2倍,两侧缘几乎平行,后缘在基突间直。基突短三角形,末端略尖。假头基腹面宽阔,无耳状突和横脊。体呈卵圆形,前端稍窄,后部圆弧形。盾板近似心形,宽大于长,中部最宽,向后骤然收窄,末端窄钝。颈沟较短,几乎平行向后延伸,末端约达盾板的1/2。刻点小,不甚明显。足中等大小,爪垫约达爪端。

(2) 分布

国内分布于云南(耿马、勐腊);国外分布于柬埔寨、老挝、尼泊尔、斯里兰卡、印度、越南。

(3) 宿主

黄牛、水鹿、豹、虎。

(4) 医学重要性

国外,1957年在印度首次分离出凯萨努森林病毒。

12. 草原血蜱(*H. verticalis* Itagaki, Noda et Yamaguchi, 1944)

(1) 形态

① 雌蜱:须肢前窄后宽,长约为宽的1.6倍。第Ⅱ节长宽约等,后外角显著突出,呈钝角,后缘向外斜弯,背面内缘刚毛2根,腹面内缘刚毛3或4根;第Ⅲ节长宽约等,前端细窄,后缘略直,无背刺,腹刺粗短而钝,末端约达该节后缘。口下板齿式3|3,齿的大小均匀,每列约具8枚。假头基近似倒梯形,宽约为长(包括基突)的2倍。孔区长卵形,前部内斜,间距略大于长径。基突粗短而钝。假头基腹面宽阔,无耳状突和横脊躯体呈卵圆形,前端稍窄,后部圆弧形。盾板略似心形,长约为宽的1.2倍,前1/3处最宽,后缘窄钝。刻点中等大小,在两侧区分布较密。颈沟深,弧形外弯,末端约达盾板后1/3处。足长度适中,稍粗。各基节无外距。基节Ⅰ内距短锥形,末端稍钝;基节Ⅱ~Ⅳ内距短三角形,末端钝;基节Ⅱ、Ⅲ的长度约等,基节Ⅳ的略长。各转节腹距呈脊状。跗节稍粗短,亚端部背缘略微隆起,向末端逐渐收窄,无端齿。爪垫约达爪长的2/3。气门板卵圆形,背突短钝,不甚明显(图4.25)。

② 雄蜱:须肢前窄后宽。第Ⅱ节宽大于长,外缘浅凹,后外角显著突出呈锐角,后缘向外弧形斜弯,背面内缘刚毛2根,腹面内缘刚毛3根;第Ⅲ节短三角形,宽略大于长,约达第Ⅱ节前缘。口下板棒状,与须肢约等,两侧向后渐窄,齿式3|3,每纵列具齿约7枚。假头基矩形,宽约为长(包括基突)的1.6倍;两侧缘平行,后缘在基突间平直;基突粗壮,三角形,末端稍尖;表面具有少数小刻点。假头基腹面宽短,无耳状突和横脊。盾板呈卵圆形,长约为宽的1.4倍,在气门板前最宽。刻点小且分布稀疏。颈沟短而深,向后略内斜。侧沟明显,自基

节Ⅲ水平向后延伸至第Ⅰ缘垛。足长度适中，稍粗。各基节无外距。基节Ⅰ内距中等长，窄而钝；基节Ⅱ、Ⅲ内距粗短，三角形；基节Ⅳ较基节Ⅲ的内距稍窄长，末端略尖。各转节腹距呈脊状。跗节亚端部背缘略隆起，向末端渐窄，腹面无端齿。爪垫约达爪长的2/3。气门板近似卵圆形，向背方渐窄，背突短钝。

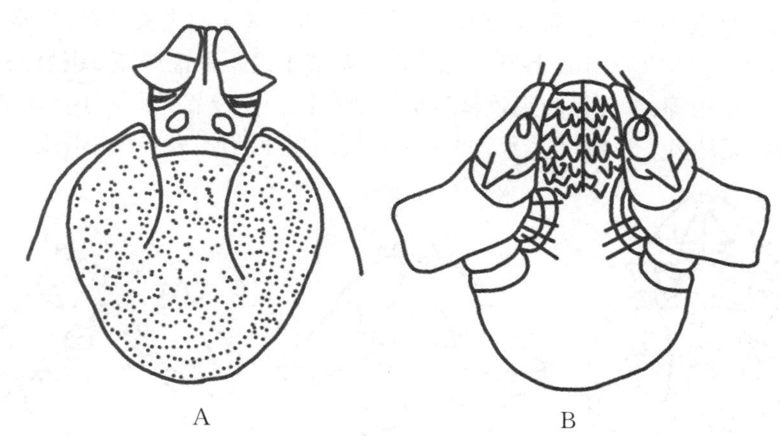

图4.25　草原血蜱（*Haemaphysalis verticalis*）雌蜱假头及盾板

A. 假头背面观；B. 假头腹面观

仿 邓国藩和姜在阶（1991）

③ 若蜱：须肢长形，后外角略突出，长约为宽的2倍。口下板略长于须肢，齿式2|2，每纵列具齿7～9枚。假头基近似矩形，宽为长（包括基突）的2.1倍；基突短，宽三角形，末端略钝。假头基腹面后缘宽圆，无耳状突和横脊。体呈卵圆形，前端稍窄，后部圆弧形。盾板近似心形，长约为宽的1.1倍，中部最宽，向后显著内斜，末端圆钝。颈沟窄而直，两侧近似平行，末端略超过盾板中部。刻点稀少，不明显。肩突窄钝。缘凹较宽。各基节无外距。气门板亚卵形，背突不明显。爪垫达到爪端。

④ 幼蜱：须肢长形，后外角略突出，长约为宽的2倍。口下板长于须肢，齿式2|2，每纵列具齿6～8枚。假头基近似矩形，宽约为长的2.3倍；基突不明显。假头基腹面后缘圆弧形，无耳状突和横脊。体呈卵圆形，前端稍窄，后部圆弧形。盾板呈心形，长宽约等。颈沟窄而直，两侧平行，末端约达盾板中部。刻点很少。肩突短钝。缘凹宽浅。盾板外缘前半段显著凸出，后半段显著内斜，后缘圆钝。各基节无外距。爪垫较大，将近达到爪端。

（2）分布

国内分布于河北、黑龙江、山西、吉林（白城）、内蒙古（赛汗塔拉）、陕西（西安）；国外分布于蒙古国。

（3）宿主

黄牛、犬、五趾跳鼠、草原黄鼠、黑线仓鼠、大仓鼠、刺猬、蒙古兔、旱獭、长爪沙鼠、沼泽田鼠、香鼬、艾虎、草原鼢鼠、麻雀。

（4）医学重要性

国内曾在吉林省白城获5株鼠疫杆菌，长岭县获1株鼠疫杆菌。

13. 微形血蜱（*H. wellingtoni* Nuttall et Warburton，1908）

（1）形态

① 雌蜱：须肢第Ⅱ节后外角显著突出，明显超出假头基外侧缘，后缘浅弯，外缘长，与第Ⅲ

节外缘连接,腹面后缘凸出,略呈圆角;第Ⅲ节短于第Ⅱ节,前端圆钝,后缘内侧具一三角形背刺,腹刺锥形,略向内斜,末端略超出第Ⅱ节前缘。假头基宽短,宽约为长的2.5倍;两侧缘向后略外斜,后缘弧形浅凹。孔区卵圆形,中部有一亚圆形浅陷。基突不明显。假头基腹面前部稍宽,无耳状突和横脊。口下板约与须肢等长,中部稍宽,齿式4|4,每纵列具齿约11枚。盾板椭圆形,长宽约等。刻点中等大小,前半部稍稀疏,后半部较密。颈沟长而较深,略为外弯,末端约达盾板后1/3处。足中等大小。各基节无外距。基节Ⅰ内距呈锥形,末端稍钝;基节Ⅱ、Ⅲ内距粗短而圆钝,大小约等;基节Ⅳ内距较基节Ⅲ的稍窄长。各转节腹距短小。跗节亚端部向末端逐渐细窄,腹面无端齿。爪垫将达到爪的末端。气门板亚圆形,背突很不明显(图4.26)。

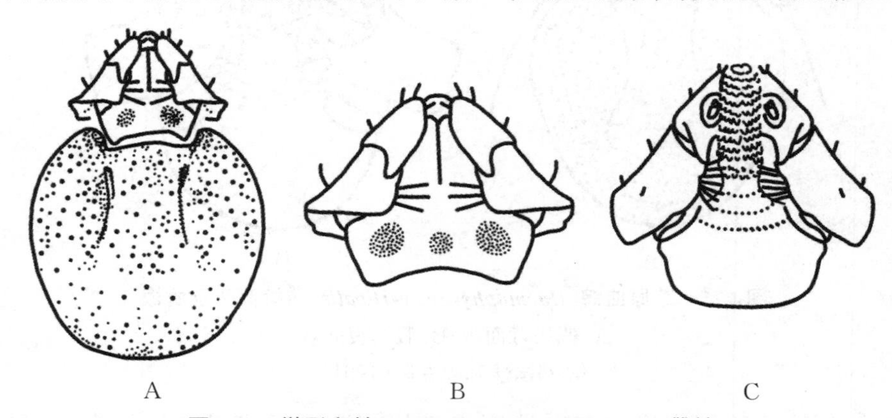

图4.26 微形血蜱(*Haemaphysalis wellingtoni*)雌蜱

A. 假头及盾板背面观;B. 假头背面观;C. 假头腹面观

仿 邓国藩和姜在阶(1991)

② 雄蜱:须肢第Ⅱ、Ⅲ节大致等长,其外缘相互连接。第Ⅱ节后外角显著突出,明显超出假头基外侧缘,外缘浅凹,后缘向外略斜,腹面后缘弧形凸出;第Ⅲ节亚三角形,前端圆钝,后缘内侧有一三角形粗刺,腹刺锥形,略向外斜,末端超过第Ⅱ节前缘。口下板与须肢约等长,外缘浅弯,齿式4|4,每纵列具齿7~9枚。假头基宽约为长(包括基突)的1.6倍。基突粗短,末端稍尖。假头基腹面宽短,无耳状突和横脊。盾板卵圆形,前部向前收窄,后缘宽圆;长约为宽的1.26倍。小刻点多分布在盾板后部2/3,前1/3多为大刻点但数量较少。颈沟短而深,互相平行。侧沟明显,自盾板前1/3处向后延伸至第Ⅰ缘垛。缘垛长大于宽,共11个,其前半部有稀疏刻点。足略粗壮。各基节无外距。基节Ⅰ内距长度适中,末端稍钝;基节Ⅱ~Ⅳ内距略粗短,大小约等,末端钝。各转节腹距短小。跗节亚端部向末端逐渐收窄,腹面无端齿。爪垫几乎达到爪端。气门板近似卵圆形,向背方明显收窄,背突短小而圆钝。

③ 若蜱:须肢粗短。口下板压舌板形,与须肢约等长,齿式2|2,每纵列具齿约6枚。假头基宽短,两侧缘向后略内斜,后缘在基突间平直。基突短,三角形,长小于其基部之宽。假头基腹面宽阔,无耳状突和横脊。体呈卵圆形,前端稍窄,后部圆弧形。盾板呈亚圆形。颈沟明显,两侧几乎平行,末端约达盾板长的2/3。气门板卵形,背突短,末端圆钝。各基节无外距。爪垫几乎达到爪端。

④ 幼蜱:须肢粗短,前端圆钝,后外侧略为突出,略超出假头基外侧缘。口下板压舌形,与须肢约等长,齿式为2|2。假头基两侧缘近似平行,无基突。假头基腹面宽阔,无耳状突和横脊。体呈卵圆形,前端稍窄,后部圆弧形。盾板宽短,近似心形。颈沟短,不明显,两侧几乎平行,末端约达盾板中部。肩突相当短,呈宽圆形。缘凹相当浅。各基节无外距。爪垫约

达爪长的2/3。

(2) 分布

国内分布于海南(蜈歧州)、云南(耿马);国外分布于巴布亚新几内亚、柬埔寨、老挝、马来西亚、缅甸、尼泊尔、日本、斯里兰卡、印度、印度尼西亚、越南。

(3) 宿主

水牛、犬、鸦鹃、家鸽、地鹃。

(4) 医学重要性

国外,在印度自然感染凯萨努森林病毒,也能实验传播。

(三) 璃眼蜱属

14. 亚洲璃眼蜱(*Hyalomma asiaticum* Schulze et Schlottke, 1929)

(1) 形态

① 雌蜱:须肢窄长。第Ⅰ节短,背、腹面可见;第Ⅱ、Ⅲ节内、外侧大致平行,两节分界明显,第Ⅲ节颜色深于第Ⅱ节。口下板棒状,齿式3|3。假头基背部向后侧缘凸出,略呈角状;后缘近于直或弧形略凹;孔区窄卵形,间距等于或略小于其短径,当中有隆脊分割。基突不明显。假头基腹面宽短,无耳状突和横脊。体呈长卵形,两端收窄,中部最宽。盾板呈黄色至红褐色,无珐琅斑。盾板有光泽,大刻点相当稀少,中、小刻点数量变异较大。颈沟很深,末端达到盾板后侧缘。足中等大小。各关节处有明亮淡色环带,在背缘也有同样淡色的连续纵带。基节Ⅰ内、外距均发达,长度约等,或内距长于外距,末端渐细;基节Ⅱ~Ⅳ外距粗短,按节序渐小。跗节从亚端部向末端逐渐收窄,具端齿和亚端齿。爪垫短小,不及爪长的1/2。生殖帷舌形,前端明显隆起。气门板逗点形,背突向背部弯曲,背缘有几丁质增厚区。气门板上刚毛稀少。眼半球形凸出,约在盾板中部水平线(图4.27)。

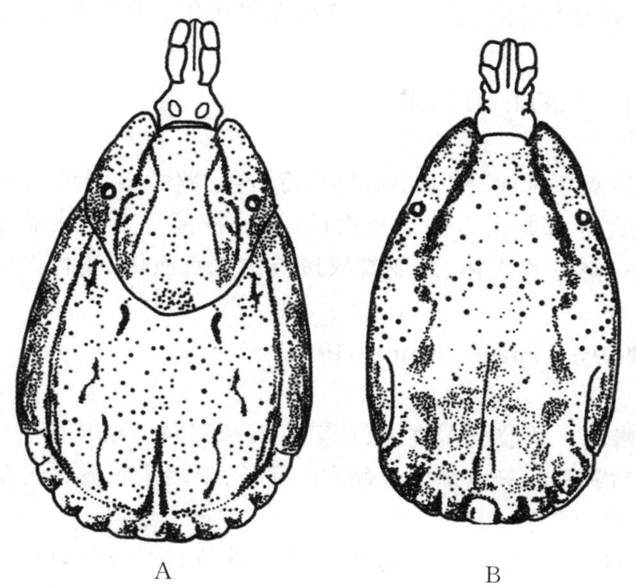

图4.27 亚洲璃眼蜱(*Hyalomma asiaticum*)

A. 雌蜱背面观;B. 雄蜱背面观

仿 邓国藩和姜在阶(1991)

② 雄蜱：须肢窄长。第Ⅰ节短，背、腹面可见；第Ⅱ、Ⅲ节内、外侧大致平行，两节分界明显。假头基不向外侧突出，后缘呈角状内凹；基突粗大而钝。口下板棒状，齿式3|3。假头基腹面宽短，无耳状突和横脊。盾板黄色到红褐色，无珐琅斑，盾板为卵圆形，中部最宽，在气门板处渐窄，后缘钝圆；大刻点稀少，仅分布在中侧部及后部；中刻点和小刻点数目变异较大，尤其在后中沟及后侧沟之间。颈沟很深，末端延伸至盾板1/2处。侧沟短而深，末端达到盾板的1/3。后中沟末端达不到中垛；后侧沟明显。中垛呈明亮的淡黄色或暗褐色，为三角形或长方形。肛侧板窄长，前端渐窄，后端圆钝，侧缘略凸出，内缘中部有发达的凸角；副肛侧板长形；肛下板位于肛侧板下方，其大小和形状变异较大，通常中等大小，近似于纵向椭圆形。足在关节处有淡色环带，背缘也有同样淡色的连续纵带。基节Ⅰ内、外距发达，长度约等或内距长于外距，末端渐细；基节Ⅱ～Ⅳ外距粗短，按节序渐小。爪垫不及爪长的1/2。气门板背突窄长，呈中度宽阔或非常窄向背后方斜伸(图4.27)。

③ 若蜱：口下板棒状，齿式2|2，每纵列具大齿6或7枚。假头基背面观近似六角形，侧突较尖，锐角形；无基突。腹面后缘向后角状凸出，无耳状突和横脊。体呈长卵形，两端收窄，中部靠前最宽。盾板中部最宽。前侧缘近似平直，后缘宽弧形，中部向外凸出，后外侧缘弧形内凹。颈沟明显，无侧沟。眼大近圆形，位于盾板侧角处。气门板近似椭圆形，背突较明显，顶端圆钝。

④ 幼蜱：须肢长，近圆柱形。口下板呈棒状，齿式2|2，每纵列具齿4～5枚。假头基近六角形，侧突末端稍向前，无基突。腹面观侧突明显，无耳状突和横脊。体呈卵圆形，前端收窄，后端圆弧形。盾板后缘浅弧形外弯。

(2) 分布

国内分布于甘肃(永昌)、新疆(阿克陶、博乐、霍城、喀什、察布查尔、疏勒、叶城)；国外分布于阿富汗、亚美尼亚、阿塞拜疆、伊朗、伊拉克、哈萨克斯坦、吉尔吉斯斯坦、蒙古国、巴基斯坦、俄罗斯、叙利亚、塔吉克斯坦、土耳其、土库曼斯坦和乌兹别克斯坦。

(3) 宿主

黄牛、骆驼、山羊、马、刺猬、野兔、绵羊。

(4) 医学重要性

国外，自然感染：克里米亚-刚果出血热病毒、西尼罗病毒、卡尔希病毒、瓦德迈达尼病毒、Q热立克次体、北亚蜱媒斑点热立克次体、鼠疫杆菌。实验感染与传播：森林脑炎病毒、乙型脑炎病毒、Q热立克次体、北亚蜱媒斑点热立克次体、流行性斑疹伤寒(感染)、布鲁菌。

15. 盾糙璃眼蜱(*Hy. scupense* Schulze，1918)

(1) 形态

① 雌蜱：体型略小。须肢前端宽圆，从第Ⅲ节基部向后渐窄。盾板近椭圆形，暗赤褐色；表面光滑或具有横皱褶；刻点稀少。颈沟浅而长，末端达盾板后侧缘。侧沟不明显或付缺。眼半球形凸出，明亮(图4.28)。

② 雄蜱：须肢与雌蜱相似，后中沟深而直，甚至中垛；后侧沟窄长三角形。中垛明显，淡黄色。须肢前端宽圆。假头基亚三角形，基突付缺；孔区较大而浅，椭圆形。肛侧板较短；副肛侧板稍窄。气门板逗点形或曲颈瓶形。足较短，赤褐色，肢节短细，背缘淡色纵带不完整或付缺，关节附近无淡色环带。基节Ⅰ外距基部粗大，末端尖细；基节Ⅱ～Ⅳ外距粗短，按节

序渐小。爪垫不及爪长之半(图4.28)。

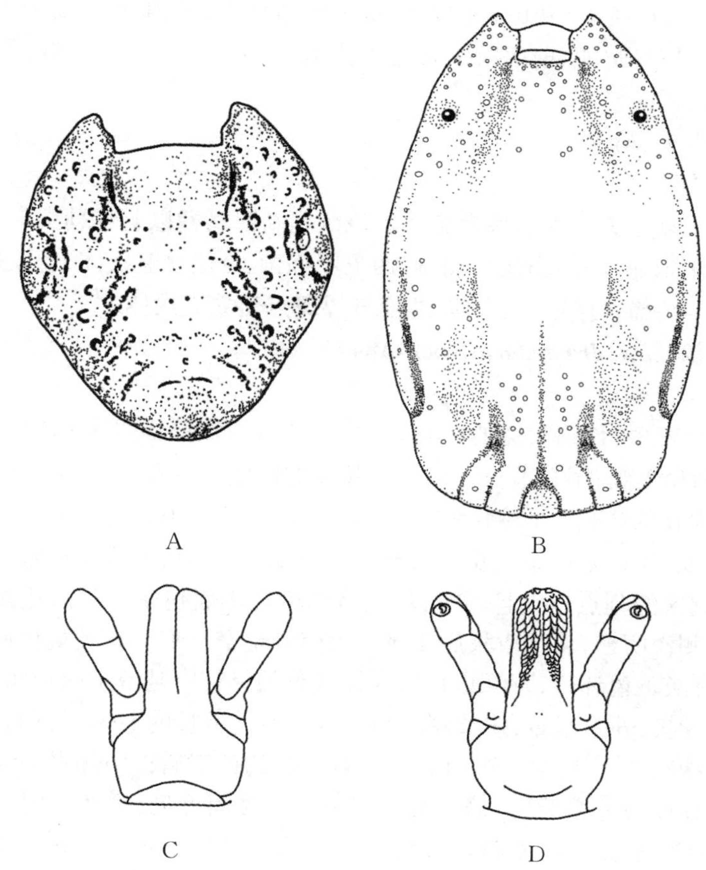

图4.28 盾糙璃眼蜱(*Hyalomma scupense*)成蜱

A. 雌蜱盾板;B. 雄蜱盾板;C. 假头背面观;D. 假头腹面观

A. 仿 邓国藩和姜在阶(1991);B. 仿 Apanaskevich et al.(2010);

C. 仿 Apanaskevich et al.(2010);D. 仿 Apanaskevich et al.(2010)

③ 若蜱:须肢窄长,长约为宽的4.5倍。第Ⅰ节短,背、腹面均可见;第Ⅱ节最长,长度是第Ⅲ节的2倍多,基部收窄;第Ⅲ节无背刺和腹刺;假头基背面观六角形,侧突稍尖。无基突及耳状突。口下板棒状,齿式2|2,每纵列具齿约7枚。体呈卵圆形,前端收窄,后端圆弧形。盾板中部最宽,后缘圆弧形。颈沟明显,末端约达到盾板后侧缘。基节Ⅰ外距发达。跗节Ⅰ较粗,自亚端部向末端逐渐收窄。气门板近圆形,外缘杯状体约30个。眼大,位于盾板侧角处。

④ 幼蜱:须肢长,近圆柱形。第Ⅰ节短,背、腹面均可见;第Ⅱ、Ⅲ节分界不明显;第Ⅳ节位于第Ⅲ节腹面的凹陷内。口下板棒状,齿式2|2,每纵列具齿5或6枚。假头基背面观近六角形,侧突呈钝角。无基突和耳状突。体呈卵圆形,前端收窄,后端圆弧形。盾板中部最宽,向两端收窄,后缘弧度较大。颈沟深陷,未达盾板中部。基节Ⅰ内距不明显,末端圆钝,无外距。眼着生于盾板外侧最宽处。

(2) 分布

国内分布于北京、河北、黑龙江、吉林、辽宁、内蒙古、山西、贵州(贵阳)、湖北(均县、应城、郧县)、江苏(苏州)、山东(济南、青岛、蓬莱、益都)、新疆(阿克苏、博乐、霍城、精河、玛纳斯、察布查尔、奇台、石河子、和田);国外分布于保加利亚、法国、哈萨克斯坦、捷克、斯洛伐克、吉尔吉斯斯坦、罗马尼亚、前南斯拉夫地区、尼泊尔、塔吉克斯坦、希腊、印度。

(3) 宿主

黄牛、骆驼、山羊、马、猪。

(4) 医学重要性

国内,甘肃、宁夏分离出莱姆病螺旋体。该蜱是新疆焉耆以北泰勒虫病的主要媒介。国外,自然感染:克里米亚-刚果出血热病毒、西尼罗病毒、Q热立克次体、北亚蜱媒斑点热立克次体。实验感染与传播:Q热立克次体、北亚蜱媒斑点热立克次体。

16. 嗜驼璃眼蜱(*Hy. dromedarii* Koch,1844)

(1) 形态

① 雌蜱:须肢较短,长约为宽的2.3倍。第Ⅰ节短,背、腹面可见;第Ⅱ节明显长于第Ⅲ节;第Ⅲ节无背刺和腹刺;第Ⅳ节位于第Ⅲ节腹面的凹陷内。口下板压舌板形,齿式3|3。假头基宽短,宽约为长的2.4倍;两侧缘弧形凸出,后缘平直。孔区小,卵圆形,间距小于其短径。无基突。盾板宽阔,宽约等于或稍大于长,中部最宽,向后明显弧形收窄,后缘圆钝。刻点分布均匀,前侧区的刻点较大且稀少;后中区的刻点小而稍密。颈沟宽而明显,末端延伸至盾板后侧缘。侧沟明显,伸达盾板后侧缘。生殖帷呈窄V形。足黄褐色或赤褐色,中等大小;各关节附近有淡黄色环带,背缘也具有同样淡色的纵带。基节Ⅰ内距粗大,外距窄长;基节Ⅱ~Ⅳ内距呈脊状,外距粗短,按节序渐小。爪垫不及爪长的1/2。气门板逗点形,背突尖窄,弯向背方,背缘有几丁质增厚区。眼半球形凸出,约位于盾板中部水平线。

② 雄蜱:须肢长约为宽的2.5倍。第Ⅰ节短,背、腹面可见;第Ⅱ节明显长于第Ⅲ节;第Ⅲ节无背刺和腹刺;第Ⅳ节位于第Ⅲ节腹面的凹陷内。口下板齿式3|3。假头基宽约为长(包括基突)的1.9倍。基突粗短而钝。盾板卵圆形,中部最宽,前部渐窄,后缘圆弧形,表面平滑,有光泽。刻点较大,中部相当稀少,靠盾板边缘稍多;小刻点多分布在后中沟与后侧沟之间。颈沟明显,斜弧形,末端延伸至盾板中部。侧沟短而明显,前端约达盾板后1/3处。后中沟与后侧沟明显;后中沟较窄而深,末端达到中垛,后侧沟略似长三角形,向后与缘垛相连。中垛明显,淡黄色。肛侧板外缘与后缘弧形,内缘凸角窄长。肛下板大,较副肛侧板宽,位于副肛侧板下方或稍偏内。足黄褐色或赤褐色,按足序渐粗;在各关节附近具淡黄色环带,背缘具淡黄色纵带。基节Ⅰ外距窄长,端部略外弯,内距粗大;基节Ⅱ~Ⅳ外距粗短,按节序渐小,内距呈脊状。爪垫很小。气门板匙形,背突窄长,末端达到盾板边缘(图4.29)。

③ 若蜱:须肢窄长。口下板棒状,齿式2|2,每纵列具齿7或8枚。假头基背面观六角形,侧突较尖,锐角形。无基突及耳状突。体呈卵圆形,前端收窄,后端圆弧形。盾板中部最宽且向外侧凸出,后缘圆弧形,侧缘稍有些弧形内陷。颈沟浅而前端窄、后端宽,末端约达盾板后缘;无侧沟。眼大,近圆形,位于盾板侧角处。气门板短,逗点形,无几丁质增厚区。

④ 幼蜱:须肢长,近圆柱形,长约为宽的2.9倍。口下板呈棒状,齿式2|2,每纵列具齿5或6枚。假头基近六角形,侧突长,呈尖锐角形,无基突。假头基腹面宽阔,无耳状突。体呈卵圆形,前端收窄,后端圆弧形。盾板后缘弧度较大,但中部近平直,有时向内凹陷。眼着生于盾板最外侧。

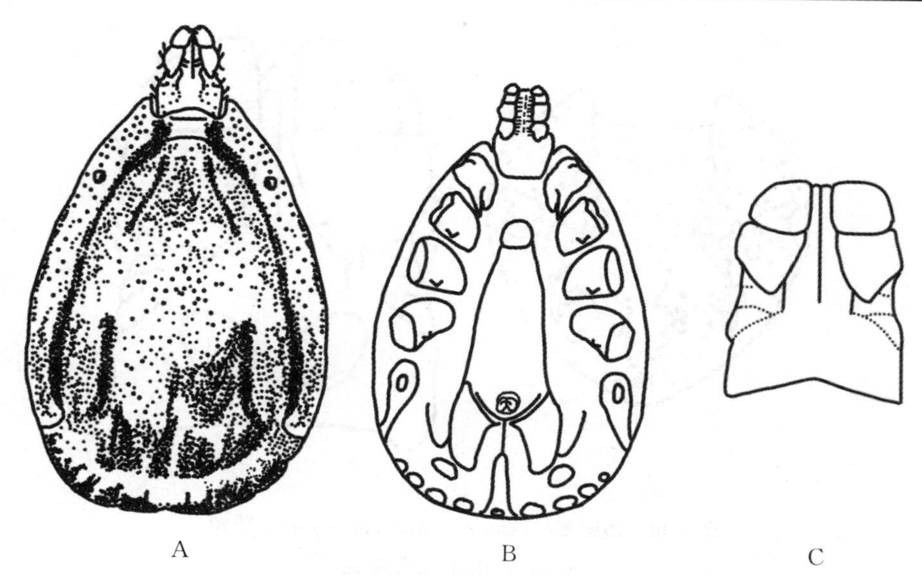

图4.29 嗜驼璃眼蜱(*Hyalomma dromedarii*)雄蜱

A. 假头及盾板背面观;B. 假头及盾板腹面观;C. 假头背面观

仿 邓国藩和姜在阶(1991)

(2) 分布

国内分布于新疆(喀什、疏勒);国外分布于阿富汗、阿拉伯联合酋长国、巴基斯坦、巴勒斯坦、前苏联地区、沙特阿拉伯、土耳其、也门、伊拉克、伊朗、印度及非洲一些国家。

(3) 宿主

黄牛、骆驼、犬、马、绵羊。

(4) 医学重要性

国外,发现该蜱在前苏联地区自然感染克里米亚-刚果出血热病毒、北亚蜱媒斑点热立克次体、Q热立克次体,在埃及自然感染Q热立克次体。

(四) 革蜱属

17. 边缘革蜱[*Dermacentor marginatus* (Sulzer,1776)]

(1) 形态

① 成蜱:须肢粗短,前端圆钝。刻点小而稀疏。第Ⅱ节后缘背刺不甚发达。口下板齿式前段4|4,后段3|3。假头短,珐琅斑淡而少。假头基呈矩形,宽约为长(包括基突)的2倍;基突粗短,长小于基部之宽。孔区呈卵圆形,大而深陷。盾板近圆形,在盾板前1/3处最宽;前侧缘弧形凸出,后侧缘向后明显收窄,后缘窄呈圆角状凸出。盾板珐琅斑淡,在眼周围及其向后沿盾板边缘、盾板中后部、颈沟区留下很多不规则的褐色底斑;表面刻点大小及分布不均匀。颈沟前深后浅,并向外斜伸。生殖孔有翼状突。各足粗细相似,珐琅斑很淡。足转节Ⅰ背距较粗短,末端尖。各足基节多数无珐琅斑。足跗节末端有一个小的端齿。跗节Ⅰ短,长为宽的2.5倍。气门板逗点形,背突短钝。多数气门板具几丁质增厚区。眼位于盾板两侧,呈椭圆形,略微凸出(图4.30)。

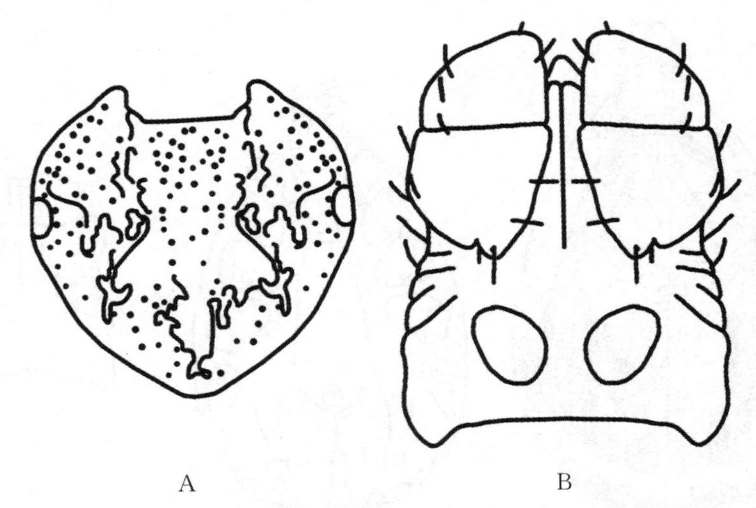

图4.30 边缘革蜱(*Dermacentor marginatus*)雌蜱

A. 盾板;B. 假头背面观

仿 邓国藩和姜在阶(1991)

② 雄蜱:假头短,珐琅斑淡而少。须肢外缘圆弧形,无角状凸出。口下板齿式3|3。假头基呈矩形,宽约为长(包括基突)的1.3倍;基突粗短。体呈长卵形。盾板珐琅斑淡,表面留下大量褐色底斑;两侧缘珐琅斑未达到第Ⅰ缘垛前缘,之间被2~3褐斑断开。盾板表面刻点大小不一,小刻点很多,散布整个表面。颈沟前深后浅。侧沟窄长而明显,后端伸至第Ⅰ缘垛前角。中垛最小,其他缘垛大小约等,表面均有大小不等的珐琅斑。足粗壮。足转节Ⅰ背距较短,末端尖。基节Ⅰ两距约等长或外距较内距稍短;基节Ⅱ~Ⅳ的外距粗短、约等长,基节Ⅳ向后方显著延伸,外距较窄长,其末端略微超过该节后缘。各足跗节末端有一明显尖齿。气门板长逗点形;背突周缘多数有几丁质增厚区。眼圆形,略微凸出(图4.31)。

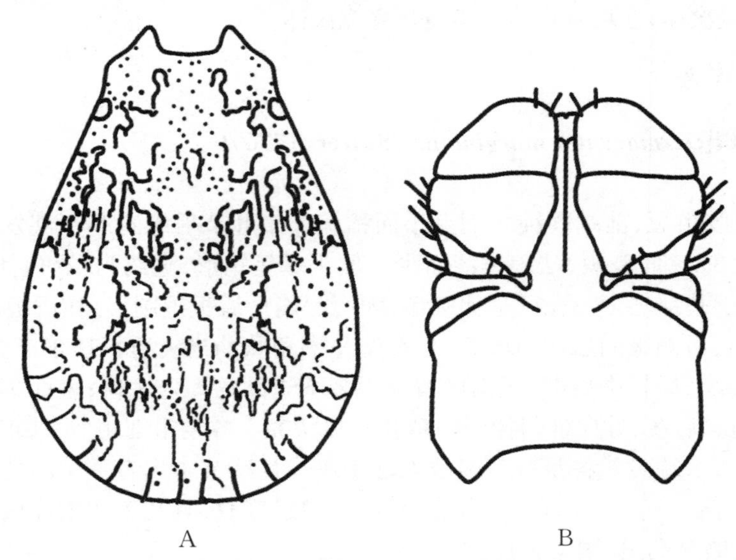

图4.31 边缘革蜱(*Dermacentor marginatus*)雄蜱

A. 盾板;B. 假头背面观

仿 邓国藩和姜在阶(1991)

③ 若蜱：须肢较粗短。假头基背面呈六角形，无基突。耳状突明显，呈角状。口下板粗短，呈棒状。身体呈卵圆形，前端稍窄。盾板心形。

④ 幼蜱：须肢较长。假头基背面呈六角形。耳状突不明显。口下板棒状。身体呈卵圆形，前端稍窄。盾板略呈菱形。

(2) 分布

国内分布于吉林、内蒙古、山西、新疆(阿勒泰、博乐、布尔津、巩留、哈巴河、霍城、察布查尔、石河子、塔城、新源、昭苏、和田)；国外分布于阿富汗、前苏联地区、土耳其、叙利亚、伊朗、其他欧洲和北非的一些国家。

(3) 宿主

黄牛、骆驼、驴、绵羊、小林姬鼠、天山林鼾、普通田鼠、小家鼠、天山蹶鼠。

(4) 医学重要性

国内，为森林脑炎的传播媒介。新疆新源(1974)从100头蜱中分离出2株森林脑炎病毒。1978年在新疆察布查尔从蜱血液中检出5株蜱媒斑点热立克次体，同年从阿勒泰分离出一株(仅分离一组蜱)斑点热立克次体；1983年在塔城分离出一株似立克次体，和一株土拉弗氏菌。国外，自然感染：森林脑炎病毒、西方蜱媒脑炎病毒、马脑脊髓炎病毒、鄂木斯克出血热病毒、克里米亚-刚果出血热病毒、鸟疫衣原体、落基山斑点热立克次体、康氏立克次体、北亚蜱媒斑点热立克次体、Q热立克次体、土拉弗氏菌、羊型布鲁菌、牛型布鲁菌、鼠伤寒沙门氏菌、泰勒虫。实验感染与传播：西方蜱媒脑炎病毒、马脑脊髓炎病毒、鄂木斯克出血热病毒、兰加特病毒、口蹄疫病毒、落基山斑点热立克次体、北亚蜱媒斑点热立克次体、Q热立克次体、普氏立克次体(实验感染)、绵羊巴贝斯虫、绵羊泰勒虫、绵羊无浆体、驮巴贝斯虫。

18. 银盾革蜱(*D. niveus* Neumann，1897)

(1) 形态

① 雌蜱：须肢粗短，第Ⅱ节长度约为第Ⅲ节的2倍，其后缘具短小的背刺；第Ⅲ节宽大于长，内缘较直，外缘弧形。口下板齿式前段为4|4，以后为3|3。假头基矩形，长宽比(包括基突)约为1/2；基突粗短，长小于基部之宽，末端钝。孔区卵圆形，大而深陷。盾板近似长圆形，在盾板中部稍前处最宽，后缘圆钝或略尖窄。珐琅斑浓厚，几乎覆盖全部表面，仅在缘凹后缘、颈沟附近及眼周围留下成对的窄长褐斑。表面刻点大小及分布均不均匀，小刻点多，分布整个表面。颈沟明显，前端深陷。生殖孔有翼状突。各足粗细相似。足转节Ⅰ背距发达，末端尖细。基节Ⅰ外距较内距稍短。各足基节多数无珐琅斑。足Ⅱ～Ⅳ胫节和后跗节端部无强大腹距。各足跗节末端有一个小的端齿。气门板逗点形，后缘近于直，背突短，末端细窄，背缘有几丁质增厚区，其上带珐琅斑。眼位于盾板两侧，呈椭圆形，略微凸出(图4.32)。

② 雄蜱：须肢宽短，外缘圆弧形，无角状凸出。第Ⅱ节宽略胜于长，后缘背刺较长；第Ⅲ节短于第Ⅱ节，宽大于长，前缘圆钝，外缘几乎与内缘平行。口下板棒状，齿式3|3。假头基呈矩形，宽约为长(包括基突)的1.3倍，表面具珐琅斑和刻点；基突粗大，末端尖细。盾板卵圆形；珐琅斑浓厚且后面2对彩斑与缘垛连接；表面刻点大小不一，小刻点多，散布整个表面，夹杂少数大刻点。颈沟明显，前端深陷。侧沟窄长而明显，混杂大刻点，由假盾区延至第Ⅰ缘垛前角。缘垛表面有大小不等的珐琅斑。足粗壮。转节Ⅰ背距发达，末端尖细。基节Ⅰ外距短于内距，其基部粗大，末端钝；基节Ⅱ、Ⅲ外距较细长，末端尖，内距略呈角状；基节

Ⅳ向后方显著延伸，外距较窄长，其末端超出该节后缘。各足跗节末端有一明显尖齿。足Ⅱ～Ⅳ胫节和后跗节端部无强大腹距。气门板近似长卵形，中部纵向平行；背突短钝且向背方弯曲，背缘具几丁质增厚区，其上具珐琅斑。眼圆形，略微凸出（图4.33）。

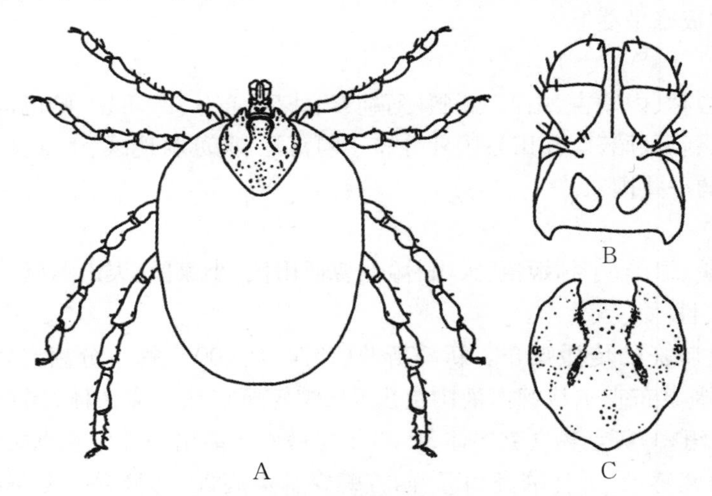

图4.32　银盾革蜱（*Dermacentor niveus*）雌蜱

A. 背面观；B. 假头背面观；C. 盾板

仿 邓国藩和姜在阶（1991）

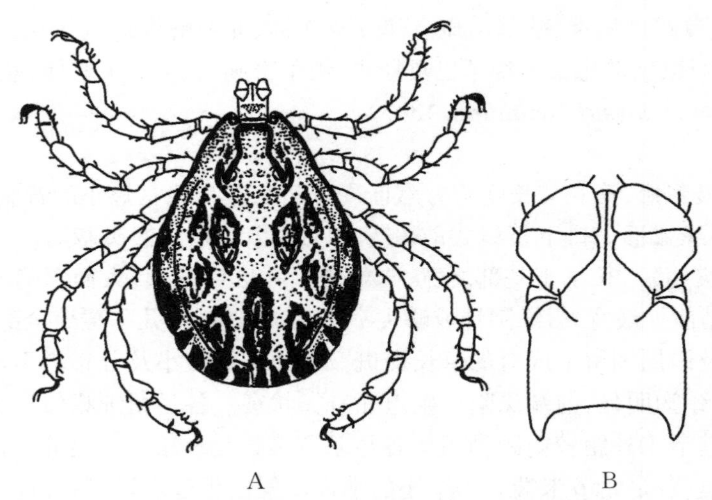

图4.33　银盾革蜱（*Dermacentor niveus*）雄蜱

A. 背面观；B. 假头背面观

仿 邓国藩和姜在阶（1991）

③ 若蜱：假头基背面呈六角形，无基突。耳状突明显，呈角状。口下板粗短，呈棒状，齿式前部3|3，后部2|2。身体呈卵圆形，前端稍窄。盾板心形，宽略大于长。盾板上刚毛总数为20～36根。气门板椭圆形，外缘杯状体24～44个。

④ 幼蜱：须肢较短。口下板棒状，齿式2|2。假头基背面呈六角形。耳状突不明显，位置接近假头基后侧缘。身体呈卵圆形，前端稍窄。盾板略呈菱形。

（2）分布

国内分布于新疆(巴楚、疏附、和田)、西藏;国外分布于阿富汗、蒙古国、前苏联地区、土耳其、伊朗和其他欧洲的一些国家。

(3) 宿主

黄牛、骆驼、马、绵羊、野猪、大耳猬、塔里木兔、子午沙鼠。

(4) 医学重要性

国内,新疆发现此蜱为蜱媒斑点热媒介。1978年在新疆霍城和裕民从蜱血淋巴中检查出蜱媒斑点热立克次体。1984年在哈巴河县分离出斑点热立克次体。

19. 草原革蜱(*D. nuttalli* Olenev,1929)

(1) 形态

① 雌蜱:须肢粗短,前端圆钝,外缘圆弧形。第Ⅱ节背面后缘无刺;第Ⅲ节宽大于长,内缘较直,外缘弧形。口下板齿式前段为4|4,后段为3|3。假头基呈矩形,长宽比(包括基突)约为1/2;基突粗短甚至不明显。孔区卵圆形,大而深陷,向外斜置,间距小于其短径。盾板大,近似盾形。珐琅斑浓厚,几乎覆盖全部表面,仅在缘凹后缘、颈沟附近及眼周围留下成对的窄长褐斑;盾板后1/3中央处有时还留下不规则的褐斑。表面刻点小,分布较均匀,其间混杂少量大刻点。颈沟明显,前端深陷。生殖孔有翼状突。各足粗细相似。足转节Ⅰ背距短钝。基节Ⅰ小,外距末端粗钝,其长度约等于或略小于内距;基节Ⅱ～Ⅳ外距约等长,基节Ⅳ无内距,外距末端不超出该节后缘。各足基节无珐琅斑。足Ⅱ～Ⅳ胫节和后跗节端部无强大腹距。各足跗节末端有一个小的端齿。气门板近似椭圆形,背突极短而钝,背突前缘无几丁质增厚区。眼位于盾板两侧,多数为圆形,较为凸出(图4.34)。

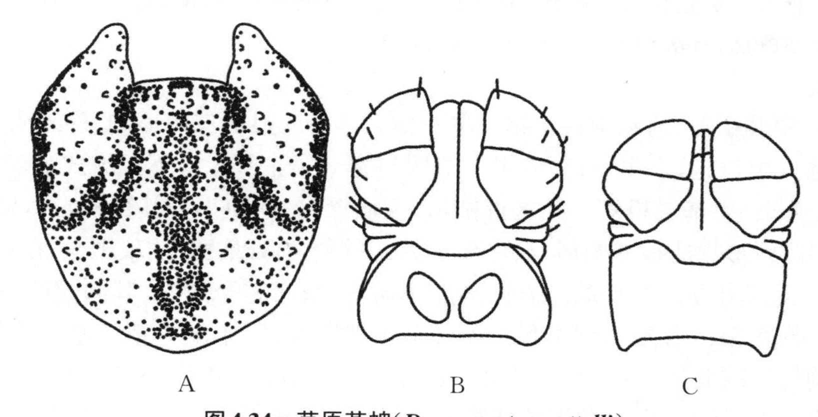

图4.34 草原革蜱(*Dermacentor nuttalli*)

A. 雌蜱盾板;B. 雌蜱假头背面观;C. 雄蜱假头背面观

仿 邓国藩和姜在阶(1991)

② 雄蜱:须肢宽短,外缘圆弧形,无角状凸出。第Ⅱ节宽略胜于长,后缘背刺细小;第Ⅲ节短于第Ⅱ节,宽大于长,前缘圆钝,外缘几乎与内缘平行。口下板棒状,齿式3|3。假头基呈矩形,宽约为长(包括基突)的1.5倍,表面具珐琅斑和刻点;基突短小。体呈卵圆形,在盾板2/3水平处最宽,前端稍窄,后部圆弧形。盾板卵圆形,珐琅斑一般较浅,在前侧部及中部较浓,盾板侧缘靠近缘垛处无珐琅斑。颈沟明显,前端深陷。侧沟窄长而明显,混杂有刻点,由假盾区延至第Ⅰ缘垛前角。缘垛表面有大小不等的珐琅斑。足粗壮,除基节、跗节外各节背面均有珐琅斑。转节Ⅰ背距短而圆钝。基节Ⅰ外距约等于或短于内距,其基部粗大,末端钝。各足跗节末端有一明显尖齿。足Ⅱ～Ⅳ胫节和后跗节端部无强大腹距。气门板短逗点

形，背突直而短，前缘亦无几丁质增厚区。眼圆形，略微凸出（图4.34）。

③ 若蜱：须肢窄长，长约为宽的3.5倍。口下板粗短，呈棒状，齿式前部3|3，后部2|2，最外一纵列具齿7～15枚。假头基背面呈六角形，无基突，侧突较尖，后缘直。耳状突明显，呈角状。身体呈卵圆形，前端稍窄。盾板心形，长宽约等。盾板上刚毛总数为21～35根。气门板椭圆形。

④ 幼蜱：须肢较短，长约为宽的2.5倍。口下板棒状，齿式2|2，每纵列具齿6～7枚。假头基背面呈六角形，后缘较直，侧突较尖。耳状突不明显。身体呈卵圆形，前端稍窄。盾板略呈菱形，前窄后宽，后缘凸出。肛门环近圆形，具刚毛1对。

（2）分布

国内分布于新疆（巴楚、疏附、和田）、北京、甘肃、河北、黑龙江、吉林、辽宁、内蒙古、宁夏、青海、陕西；国外分布于朝鲜、蒙古国、前苏联地区（西伯利亚）。

（3）宿主

黄牛、骆驼、马、山羊、草原黄鼠、黑线仓鼠、蒙古兔、艾虎、寒鸦、紫翅椋鸟、槲鸫。

（4）医学重要性

该蜱是中国新疆北部地区蜱媒斑点热的重要媒介。在精河曾从幼、若、成蜱各发育期均检查出立克次体，1984年在塔城分离出斑点热立克次体，在吉林省白城分离出1株鼠疫杆菌。2000年从新疆的本种蜱中检出粒细胞埃立克体；从内蒙古的本种蜱中发现查菲埃立克体和粒细胞埃立克体的复合感染。国外，自然感染：北亚蜱媒斑点热立克次体、土拉弗氏菌、布鲁菌、驮巴贝斯虫。实验感染与传播：森林脑炎病毒、Q热立克次体、普氏立克次体（感染）。

20. 网纹革蜱[*D. reticulatus*（Fabricius，1794）]

（1）形态

① 雌蜱：须肢粗短，前端圆钝。第Ⅱ节背面后缘有明显的三角形刺，外缘明显凸出成角状；第Ⅲ节宽大于长，呈三角形；须肢第Ⅱ节明显宽于第Ⅲ节。口下板齿式前段为4|4，后段为3|3。假头基矩形，基突粗短。孔区近圆形，大而深陷，间距小于其长径。体呈卵圆形，前端稍窄，后部圆弧形。盾板卵圆形，长略大于宽，中部之前处最宽；珐琅斑少，在颈沟附近、眼周围、后中区及其附近留下褐斑。表面刻点小而浅，散布整个盾板，其间混杂少量大刻点。颈沟明显，前端深陷。各足粗细相似。足转节Ⅰ背距发达，末端尖细。基节Ⅰ外距末端细窄，其长度约等于或略短于内距；基节Ⅱ～Ⅲ外距三角形，末端稍尖；基节Ⅳ无内距，外距粗短，末端超出该节后缘。生殖孔无翼状突。各足基节无珐琅斑。足Ⅱ～Ⅳ胫节和后跗节端部无强大腹距。各足跗节末端有一个小的端齿。气门板长卵圆形，背突短钝，背突前缘无几丁质增厚区。眼位于盾板两侧（图4.35）。

② 雄蜱：须肢粗短。第Ⅱ节宽略胜于长，外缘明显突出成角状，后缘有发达的尖刺，伸向后方。口下板棒状，齿式3|3。假头基矩形，表面具珐琅斑和刻点；基突强大，末端略钝。盾板卵圆形，珐琅斑较浓厚，两侧缘珐琅斑未达到第Ⅰ缘垛前缘，中间有2对褐斑。盾板表面刻点大小不一，小刻点浅而密，散布整个表面，之间混杂大刻点。颈沟前深后浅。侧沟深，自假盾区向后延伸至第Ⅰ缘垛前角。中垛最小，缘垛表面分布少量珐琅斑甚至无珐琅斑。足粗壮，背面覆盖珐琅斑。转节Ⅰ背距发达，末端尖细。基节Ⅰ外距约等于或短于内距，其基部粗大，末端钝；基节Ⅱ～Ⅳ外距三角形，末端尖；基节Ⅳ向后方显著延伸，外距末端超出该节后缘。各足跗节末端有一明显尖齿。足Ⅱ～Ⅳ胫节和后跗节端部无强大腹距。气门板

长卵形，背突短而宽，背缘无几丁质增厚区，杯状体细小。眼近圆形，略微凸出。

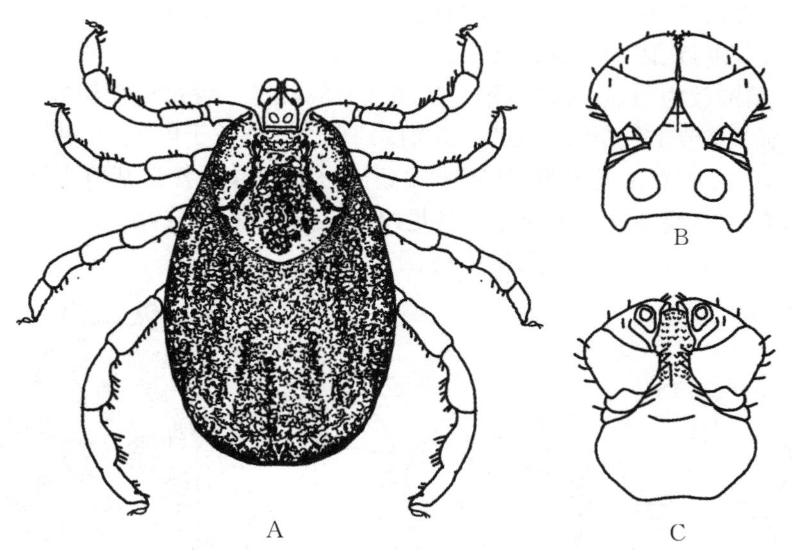

图4.35 网纹革蜱（*Dermacentor reticulatus*）雌蜱

A. 背面观；B. 假头背面观；C. 假头腹面观

仿 邓国藩和姜在阶（1991）

③ 若蜱：须肢窄长，长约为宽的3.1倍。口下板粗短，呈棒状，顶端圆钝，齿式前部3|3，后部2|2，最外一纵列具齿7～9枚，内列具齿3～5枚。假头基背面呈六角形，有基突，侧突尖，后缘直。耳状突明显，呈角状。身体呈卵圆形，前端稍窄。盾板心形，长宽约等。盾板的刚毛总数为23～56根，外缘的杯状体数目为38～84个。气门板小，近似椭圆形。

④ 幼蜱：须肢较短。口下板棒状，齿式2|2，每纵列具齿5～6枚。假头基背面呈六角形，侧突尖。耳状突明显，位于假头基腹面1/2水平。身体呈卵圆形，前端稍窄。盾板略呈菱形，前窄后宽，后缘凸出。

（2）分布

国内分布于内蒙古、新疆（哈巴河）；国外分布于比利时、波兰、德国、法国、捷克、斯洛伐克、罗马尼亚、前南斯拉夫地区、前苏联地区、瑞士、西班牙、匈牙利、英国。

（3）宿主

除牛、马、羊、犬等家畜外，还有野猪、狐、野兔、刺猬等野生动物。

（4）医学重要性

国外，自然感染：西方蜱媒脑炎病毒、鄂木斯克出血热病毒、太特浓病毒（暂无组群蜱媒病毒）、北亚蜱媒斑点热立克次体、落基山斑点热立克次体、Q热立克次体、康氏立次体、土拉弗氏菌、羊型布鲁菌、牛型布鲁菌、结核非典型株、单核细胞增多性李司忒氏菌、鼠伤寒沙门氏菌、红斑丹毒丝菌。实验感染与传播：乙型脑炎病毒、西尼罗病毒、辛德毕斯病毒、流行性斑疹伤寒、普氏立克次体、犬巴贝斯虫。

21. 森林革蜱（*D. silvarum* Olenev，1931）

（1）形态

① 雌蜱：须肢粗短，表面具珐琅斑和刻点。前端圆钝，外缘圆弧形。第Ⅱ节背面后缘刺不明显；第Ⅲ节宽大于长，呈三角形。口下板齿式前段4|4，后段3|3。假头基矩形，宽约为长

(包括基突)的2倍;基突粗短,末端钝。孔区呈卵圆形,深陷,向外斜置,间距小于其短径。体呈卵圆形,前端稍窄,后部圆弧形。盾板近圆形,中部稍前最宽;珐琅斑淡,几乎覆盖整个盾板,在颈沟及其附近、眼周围、后中区及盾板侧缘留下褐斑。盾板表面大、小刻点混杂,分布较为稠密。颈沟较为明显,前端深陷。生殖孔有翼状突。各足粗细相似。足转节Ⅰ背距发达,末端尖细。基节Ⅰ外距末端细窄,其长度约等于或略长于内距,内距很宽;基节Ⅱ~Ⅳ外距发达,末端尖;基节Ⅳ无内距,外距末端超出该节后缘。各足基节多数无珐琅斑。足Ⅱ~Ⅳ胫节和后跗节端部无强大腹距。各足跗节末端有一个小的端齿。气门板逗点形;背突粗短,末端钝;背突前缘无几丁质增厚区(图4.36)。

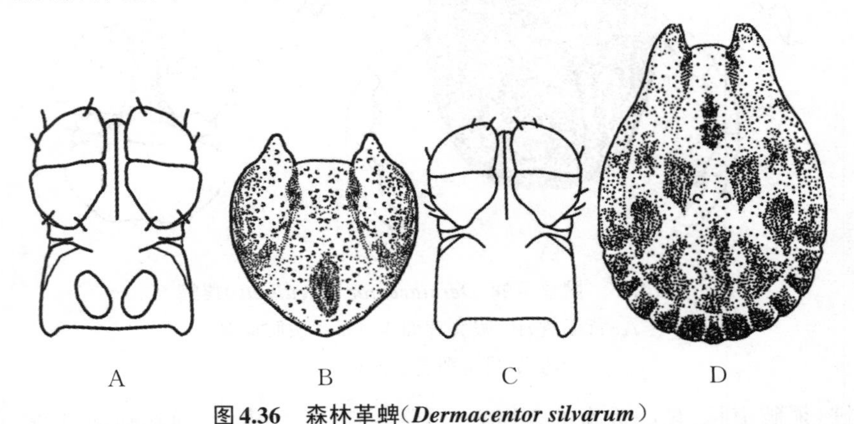

图4.36　森林革蜱(*Dermacentor silvarum*)

A. 雌蜱假头背面观;B. 雌蜱盾板;C. 雄蜱假头背面观;D. 雄蜱盾板

仿 邓国藩和姜在阶(1991)

② 雄蜱:体呈卵圆形,在盾板中部稍后的水平处最宽,前端稍窄,后部圆弧形。须肢粗短。第Ⅱ节宽略胜于长,后缘背刺很短;第Ⅲ节略短于第Ⅱ节,近三角形,内缘直,外缘略弯,前端较窄,腹面短刺不明显。口下板棒状,齿式3|3。假头基矩形,表面具珐琅斑和刻点;两侧缘近似平行,后缘平直或微凹;基突强大,末端略钝。盾板卵圆形,珐琅斑较淡,两侧缘珐琅斑达到第Ⅰ缘垛前缘,中间有很小的褐色斑点或几乎无褐斑。褐斑的边界不明显。盾板刻点稠密,小刻点稠密,大刻点混杂其中。颈沟短,前深后浅。侧沟浅,自假盾区向后延伸至第Ⅰ缘垛前角。足粗壮,背面覆盖珐琅斑。转节Ⅰ背距发达,末端尖细。基节Ⅰ外距约等于或略长于内距,其基部粗大,末端钝;基节Ⅱ~Ⅳ外距较长,末端尖;无内距或不明显。基节Ⅳ向后方显著延伸,外距末端超出该节后缘。各足跗节末端有一明显尖齿。足Ⅱ~Ⅳ胫节和后跗节端部无强大腹距。气门板长逗点形,背突较长,并向背方弯曲,末端约达盾板边缘;背缘无几丁质增厚区。眼近圆形,略微凸出(图4.36)。

③ 若蜱:须肢窄长,长约为宽的3.5倍。口下板粗短,棒状,顶端圆钝,齿式前部3|3,后部2|2,最外一纵列具齿7~10枚。假头基背面呈六角形,侧突尖,后缘直。身体呈卵圆形,前端稍窄。盾板心形,长宽约等。盾板的刚毛总数为19~36根。异盾上单侧背中毛5~12根,两侧背中毛、间毛及亚缘毛的总和多于27根。躯体腹面单侧侧毛7~18根。气门板近圆形,外缘杯状体37~61个。

④ 幼蜱:须肢较短,长约为宽的2.5倍。口下板棒状,齿式2|2,每纵列具齿6~7枚。假头基背面呈六角形,后缘较直,侧突尖。耳状突不明显。身体呈卵圆形,前端稍窄。盾板略呈菱形,前窄后宽,后缘凸出。

(2) 分布

国内分布于北京、河北、辽宁、内蒙古、山西、贵州(贵阳)、黑龙江(虎林)、吉林(和龙、九台)、山东(平度、青岛、栖霞、潍坊、掖县)、新疆(阿勒泰、新源);国外分布于蒙古国、前苏联地区(西伯利亚)。

(3) 宿主

黄牛、山羊、马、绵羊等家畜和野生动物。

(4) 医学重要性

国内,1955年在黑龙江柴河地区标本中分离出3株森林脑炎病毒,1983年在绥芬河分离出斑点热立克次体。从内蒙古的本种蜱中分离出莱姆病螺旋体。2000年从内蒙古的本种蜱中检出查菲埃立克体和粒细胞埃立克体。国外,自然感染:森林脑炎病毒、波瓦桑病毒、驮巴贝斯虫、马巴贝斯虫、北亚蜱媒斑点热立克次体、Q热立克次体、土拉弗氏菌。实验感染与传播:森林脑炎病毒、北亚蜱媒斑点热立克次体、鼠疫杆菌(感染)、绵羊无浆体、绵羊泰勒虫、刺猬巴贝斯虫。

22. 中华革蜱(*D. sinicus* Schulze,1931)

(1) 形态

① 雌蜱:须肢略长,长宽比约3:2。前端圆钝,外缘圆弧形。第Ⅱ节后缘背刺明显;第Ⅲ节内缘较直,外缘弧形,略呈三角形。口下板齿式前段4|4,后段3|3。假头基呈矩形,宽约为长(包括基突)的2倍;侧缘平行,基突不明显甚至无。孔区卵圆形,深陷,向外斜置,间距小于其短径。体呈卵圆形,前端稍窄,后部圆弧形。盾板近似盾形,长大于宽,约为宽的1.2倍;前缘宽圆,后侧缘及后缘略呈角状。盾板珐琅斑淡,在颈沟、两颈沟间及其附近、眼周围、后中区及盾板侧缘留下褐斑。盾板表面大、小刻点混杂,靠近边缘小的居多,中部的较大而密。颈沟明显,前端深陷。生殖孔无翼状突。各足相似,中等粗细。足转节Ⅰ背距明显,末端尖细。基节Ⅰ内、外距端部明显分离,外距末端略钝,其长度稍大于内距,内距很宽;基节Ⅱ～Ⅳ外距发达,末端尖;基节Ⅱ的最大;基节Ⅳ无内距,外距末端超出该节后缘。各足基节多数无珐琅斑。足Ⅱ～Ⅳ胫节和后跗节端部无强大腹距。各足跗节末端有一个小的端齿。雌蜱的气门板逗点形,背突较长,末端钝,前缘无几丁质增厚区或不明显(图4.37)。

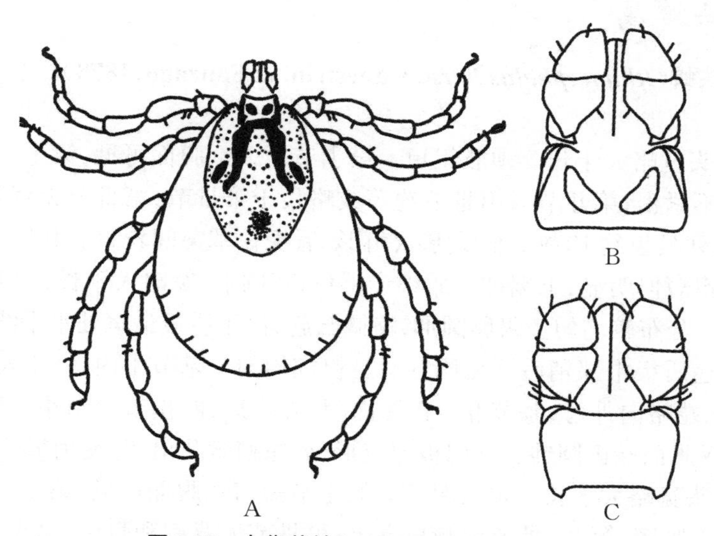

图4.37　中华革蜱(*Dermacentor sinicus*)

A. 雌蜱背面观;B. 雌蜱假头背面观;C. 雄蜱假头背面观

仿 邓国藩和姜在阶(1991)

② 雄蜱：须肢比雌蜱的略短。外缘弧度浅，不明显凸出。第Ⅱ节宽略胜于长，后缘背刺明显；第Ⅲ节近三角形，内缘直，外缘略弯，前端圆钝。口下板棒状，齿式3|3。假头基呈矩形，宽约为长（包括基突）的2倍；两侧缘向后略微内斜，后缘平直；基突短，长小于其基部之宽，末端略钝。盾板呈卵圆形，珐琅斑少而淡，仅在盾板前侧及中部较为明显。盾板刻点稠密，多为小刻点，大刻点混杂其中。颈沟短，前深后浅。侧沟短，不明显，末端向后延伸至第Ⅰ缘垛前角，中垛最窄。足粗壮，背面珐琅斑浅。转节Ⅰ背距明显，末端尖细。基节Ⅰ外距长于内距，两距端部明显分离；基节Ⅳ向后方显著延伸，外距末端不超出该节后缘。各足跗节末端有一明显尖齿。足Ⅱ～Ⅳ胫节和后跗节端部无强大腹距。气门板近似匙形，背突长，末端达到盾板边缘且略微弯曲，前缘无几丁质增厚区。眼近圆形，略微凸出（图4.37）。

③ 若蜱：假头长约为宽的3.25倍。假头基背面呈六角形，侧突尖，后缘直。口下板粗短，棒状，顶端圆钝，齿式前部3|3，后部2|2，最外一纵列具齿7～8枚。身体呈卵圆形，前端稍窄。盾板心形，盾板的刚毛总数为16～24根，异盾上单侧背中毛3～7根，单侧亚缘毛3～8根，两侧背中毛、间毛及亚缘毛的总和21～31根。躯体腹面单侧侧毛5～8根。气门板近圆形。

④ 幼蜱：须肢较短。假头基背面呈六角形，后缘较直，侧突尖。耳状突明显。口下板棒状，齿式2|2，每纵列具齿6枚。身体呈卵圆形，前端稍窄。盾板略呈菱形，前窄后宽，后缘凸出。假头长约为宽的2.4倍。

（2）分布

国内分布于北京、河北、吉林、辽宁、黑龙江、山东、山西、新疆。

（3）宿主

黄牛、马、绵羊、刺猬、野兔、山羊。

（4）医学重要性

国外，实验感染与传播：羊型和牛型布鲁菌。

（五）扇头蜱属

23. 囊形扇头蜱（*Rhipicephalus bursa* Canestrini et Fanzago，1878）

（1）形态

① 雌蜱：假头宽略大于长。须肢粗短。第Ⅰ节短，背、腹面可见，第Ⅰ、Ⅱ节腹面内缘刚毛细而少，排列不紧密；第Ⅱ节与第Ⅲ节约等或略长于第Ⅲ节；第Ⅲ节无背刺和腹刺。口下板齿式3|3，每纵列具齿约10枚。假头基六角形；后缘在基突间较直。孔区大，卵圆形，前部向外略斜；基突粗短但明显，末端钝。盾板赤褐色；亚圆形，宽略大于长，后1/3处最宽；多为大刻点且密度大，分布较均匀。眼卵圆形，略微凸起，位于盾板最宽处水平线。颈沟明显，弧形外斜，末端约达盾板中部稍后。无侧脊。足粗细均匀。基节Ⅰ内、外距长度约等，内距粗壮，外距细长，末端略向外弯；基节Ⅱ～Ⅳ无内距，外距短钝，按节序渐小。跗节Ⅰ无腹面无端齿；跗节Ⅱ～Ⅳ腹面端齿圆钝。气门板逗点形，后缘稍微凸出，背突稍窄（图4.38）。

② 雄蜱：假头宽略大于长。须肢粗短。第Ⅰ节短，背、腹面可见，第Ⅰ、Ⅱ节腹面内缘刚毛细而少，排列不紧密；第Ⅱ、Ⅲ节后侧角突出；第Ⅲ节无背刺和腹刺；第Ⅳ节位于第Ⅲ节腹面的凹陷内。口下板短，齿式3|3，每纵列约8枚。假头基宽短，呈六角形，后缘在基突间较直。基突粗短，末端圆钝。盾板红褐色到暗褐色；宽卵形，前部略窄，后缘宽钝；大刻点多，分

布稠密而均匀。颈沟前部深陷,呈卵形,向后逐渐变浅,弧形外斜,末端约达盾板前1/3处。侧沟窄长而深,自眼后延伸到第Ⅱ缘垛的1/2。后中沟长,约为盾板的1/3,后端延至中垛。后侧沟短,呈不规则椭圆形。尾突付缺。肛侧板尤其是末端相当宽,长不到宽的2倍,呈不规则三角形;内缘下部凸角明显;后缘略平钝。副肛侧板短小,末端尖细。足基节Ⅰ外距窄长,末端向外略弯。该节前端显著凸出,从背面可见。跗节Ⅰ腹面无端齿,跗节Ⅳ腹面具端齿和亚端齿。气门板曲颈瓶形,背突窄长,向背方斜伸。眼卵圆形,略微凸起。

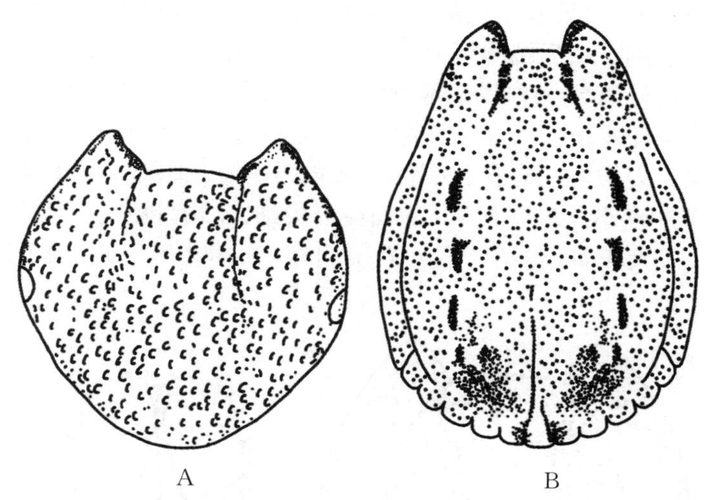

图4.38 囊形扇头蜱(*Rhipicephalus bursa*)成蜱

A. 雌蜱盾板;B. 雄蜱盾板

仿 邓国藩和姜在阶(1991)

③ 若蜱:须肢较粗短。口下板棒形,齿式2|2,每纵列具齿7~8枚。假头基侧突短而稍钝,无基突。腹面宽阔,无耳状突。体呈卵圆形,前端收窄,后端圆弧形。盾板长略大于宽。眼大,卵形,位于盾板两侧。气门板为不规则圆形,其上杯状体大小较一致,排列无序,无气门斑和几丁质增厚区。

④ 幼蜱:须肢较窄短,顶端略尖。口下板短棒状,齿式2|2,每纵列具齿5~6枚。假头基近似矩形,两侧缘近似平行,后缘较直;无基突;假头基腹面宽短,近似矩形,无耳状突。体呈卵圆形,前端收窄,后端圆弧形。盾板宽短,中部最宽,向后弧形收窄,后缘圆弧形。眼卵形,位于盾板侧角。刻点小而均匀。缘垛分界明显,中垛较其他缘垛窄。跗节Ⅰ爪垫几乎达到爪端,跗节Ⅲ爪垫将近达爪的1/2。

(2) 分布

国内分布于新疆、云南;国外分布于前苏联地区、东南欧其他国家、中东和北非一些国家。

(3) 宿主

绵羊。

(4) 医学重要性

国外,自然感染:克里米亚-刚果出血热病毒、托高陶病毒、斑贾病毒、Q热立克次体、布鲁菌、巴贝斯虫、隐伏刚得虫。实验感染与传播:森林脑炎病毒(实验感染)、乙型脑炎病毒(实验感染)、Q热立克次体、布鲁菌、蜱媒回归热螺旋体(实验感染)、绵羊巴贝斯虫、蜱瘫毒素。

24. 镰形扇头蜱(*R. haemaphysaloides* Supino,1897)

(1) 形态

① 雌蜱:须肢粗短,前端略窄且相当平钝,中部稍宽。第Ⅰ节短,背、腹面可见,第Ⅰ、Ⅱ节腹面内缘刚毛粗,排列紧密;第Ⅱ节与第Ⅲ节长度约等,两节外侧缘不连接;第Ⅲ节顶端窄钝,无背刺和腹刺;第Ⅳ节位于第Ⅲ节腹面的凹陷内。口下板顶端圆钝,齿式3|3,每纵列具齿10或11枚。假头基宽短,近似六边形,后缘在基突间较直;宽约为长的2.2倍;孔区呈直立卵形,间距约为短径的1.5倍;基突粗短,末端钝。假头基腹面侧缘向后收窄,无耳状突和横脊。体呈卵圆形,前端收窄,后端圆弧形。盾板赤褐色到暗褐色,表面光滑,长宽约等,中部最宽,向后弧形收窄,后侧缘波纹状,后缘圆钝;大刻点少,小刻点多,分布不均匀。颈沟前端深陷,向后内斜,后端变浅,向后外斜,末端将达到盾板边缘。侧沟明显,其上散布大刻点,末端延伸至眼后。足粗细均匀。基节Ⅰ外距直,较内距稍短;基节Ⅱ～Ⅳ内距极不明显或呈脊状,外距粗短,按节序渐小。跗节Ⅱ～Ⅳ腹面端齿尖细,亚端齿短钝。爪垫约及爪长的1/2。气门板短逗点形,长大于宽(包括背突),背突粗短,末端几乎平钝。眼长卵形,略微凸起(图4.39)。

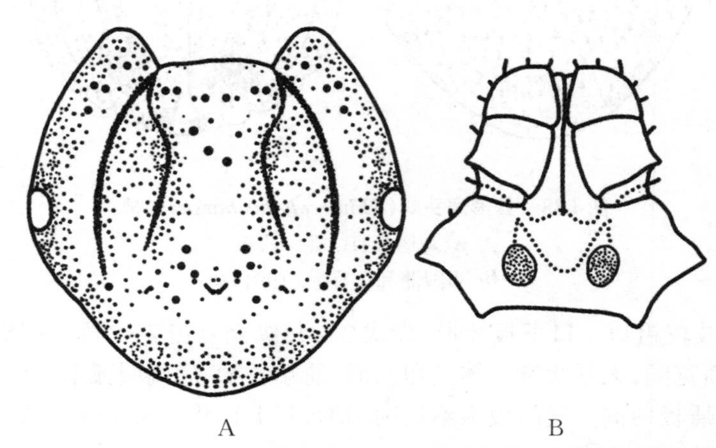

图4.39 镰形扇头蜱(*Rhipicephalus haemaphysaloides*)雌蜱

A. 盾板;B. 假头背面观

仿 邓国藩和姜在阶(1991)

② 雄蜱:须肢粗短,中部稍宽,前端略窄钝。第Ⅰ节短,背、腹面可见,第Ⅰ、Ⅱ节腹面内缘刚毛粗且排列紧密;第Ⅱ节与第Ⅲ节外侧缘约等长;第Ⅲ节顶端窄钝,无背刺和腹刺;第Ⅳ节位于第Ⅲ节腹面的凹陷内。口下板顶端圆钝,齿式3|3,每纵列具齿9或10枚。假头基呈宽六角形,宽约为长的2.2倍,侧角明显,约位于假头基前1/3水平线,后缘在基突间较直;基突相当粗大,末端稍尖。盾板赤褐色到暗褐色,呈卵圆形。眼大,大刻点少,小刻点多,分布不均匀。颈沟前深后浅,弧形外弯,末端伸至延后。侧沟窄而深,其上散布大刻点,自眼后延伸至第Ⅱ缘垛。后中沟前窄后宽,自盾板后1/3处延伸,末端达到中垛。后侧沟短,呈不规则的三角形。在后中沟前方两侧,各有一小的浅陷。肛侧板镰刀形,长为宽的1.6~1.9倍。内缘中部强度凹入,其下方凸角窄而内弯;后外缘浅弧形弯曲。副肛侧板短小,末端尖细。足稍粗壮。基节Ⅰ外距较内距短;基节Ⅱ、Ⅲ内距呈脊状,外距粗壮;基节Ⅳ内、外距均短小。跗节Ⅱ～Ⅳ腹面具端齿和亚端齿。爪垫约及爪长的1/2。气门板大,长逗点形,背突粗短,末端圆钝,具几丁质增厚区。卵圆形,略微凸起。

③ 若蜱:体呈卵圆形,前端收窄,后端圆弧形。盾板长大于宽,盾板后1/3处最宽。前侧缘几乎直,向后外斜,后缘宽弧形。颈沟明显,前深后浅,弧形外弯,末端达眼的水平。盾板表面具细裂纹状。盾板上背中毛较短而细。眼大而凸出,长椭圆形,位于盾板最宽处。缘垛分界明显,共11个。假头基宽短,侧角尖窄,基突十分短钝,不明显。假头基腹面宽短,具耳状突,无横脊。须肢狭长,顶端略呈锥形,基部稍宽。口下板棒状,齿式2|2,每纵列具齿8~9枚。气门板长椭圆形,背突不明显。

④ 幼蜱:须肢略呈圆锥形,顶端尖。口下板棒状,齿式2|2,每纵列具齿5~6枚。假头基宽短,近似长矩形,侧角不明显。假头基腹面两侧向后略收窄,耳状突宽圆,无横脊。体呈宽卵形,前2/3处最宽。盾板短宽,中部最宽,后缘圆弧形。颈沟短,前深后浅。缘垛分界明显,共11个。爪垫短小。

(2) 分布

国内分布于福建(泉州、厦门)、海南(保山、霸王岭、大茅洞、吊罗、琼中、三农、通什)、湖北(应城)、江苏、台湾、西藏、浙江、云南(保山、车里、耿马、河口、昆明、蛮耗、孟腊、双江、思茅、西盟);国外分布于缅甸、斯里兰卡、印度、印度尼西亚及中南半岛。

(3) 宿主

黄牛、水牛、犬、山羊、马鹿、野兔、绵羊、野猪、穿山甲、狗熊。

(4) 医学重要性

国内,曾在实验室从成蜱体内分离到恙虫立克次体,但以相同方法感染幼蜱未获成功;国外,疾病媒介:边缘无浆体和马巴贝斯虫。

25. 短小扇头蜱(*R. pumilio* Schulze,1935)

(1) 形态

① 雌蜱:须肢短宽。第Ⅰ节短,背、腹面可见,第Ⅰ、Ⅱ节腹面内缘刚毛粗而长,排列紧密;第Ⅱ节明显长于第Ⅲ节,两节外侧缘相连;第Ⅲ节顶端平钝,基部最宽,向前渐窄,无背刺和腹刺;第Ⅳ节位于第Ⅲ节腹面的凹陷内。口下板顶端圆钝,齿式3|3,每纵列具齿约10枚。假头基宽短,呈六角形,侧角位于前1/3水平线;孔区亚圆形,间距略大于其直径。基突短,末端圆钝。体呈长卵形,两端收窄,中部最宽。盾板亮褐色到赤褐色;长大于宽,略呈椭圆形;刻点大小不一,大刻点少而零散,小刻点多而密。颈沟前深后浅,弧形外弯,末端达不到盾板边缘。侧沟明显,末端约达到盾板后侧缘。足稍细长。基节Ⅰ距裂窄,内、外距较发达,外距直,长于内距;基节Ⅱ~Ⅳ内距呈脊状,外距粗短,按节序渐小。跗节Ⅱ~Ⅳ腹面具端齿和亚端齿。爪垫短小。气门板逗点形,长约等于宽(包括背突),背突较长,后缘直或略微外弯,具几丁质增厚区。眼明显,略微凸出(图4.40)。

② 雄蜱:须肢宽短,前端稍宽而平钝。第Ⅰ节短,背、腹面可见,第Ⅰ、Ⅱ节腹面内缘刚毛粗而长,排列紧密;第Ⅱ节略长于第Ⅲ节;第Ⅲ节无背刺和腹刺;第Ⅳ节位于第Ⅲ节腹面的凹陷内。口下板顶端圆钝,齿式3|3,每纵列具齿约8枚。假头基宽短,呈六角形,侧角位于中部之前,后缘在基突间较直;基突粗大,末端圆钝。盾板长卵形,前部收窄,后端圆钝,刻点大小不一,小刻点多,大刻点较少,分布不均。颈沟前深后浅,弧形外弯,末端约达盾板前1/3处。侧沟细长,自眼后延伸至第Ⅱ缘垛。后中沟粗短,前端约达盾板后1/3处;在后中沟前方两侧,各有1个浅陷。后侧沟短,近卵形。足略粗壮。基节Ⅰ内、外距较发达,外距比内距长,末端直或略外弯;基节Ⅱ、Ⅲ内距呈脊状;基节Ⅳ内距短钝,基节Ⅱ~Ⅳ外距粗短,按节序

渐小。跗节Ⅱ～Ⅳ腹面具端齿和亚端齿。爪垫短小。肛侧板前窄后宽,长约为宽的2倍,外缘及后缘较直,内缘上中部浅凹,内缘齿突明显,且指向肛门方向;副肛侧板短小,末端窄钝。气门板逗点形,背突较窄长,向背方斜伸。眼卵圆形,略微凸起。

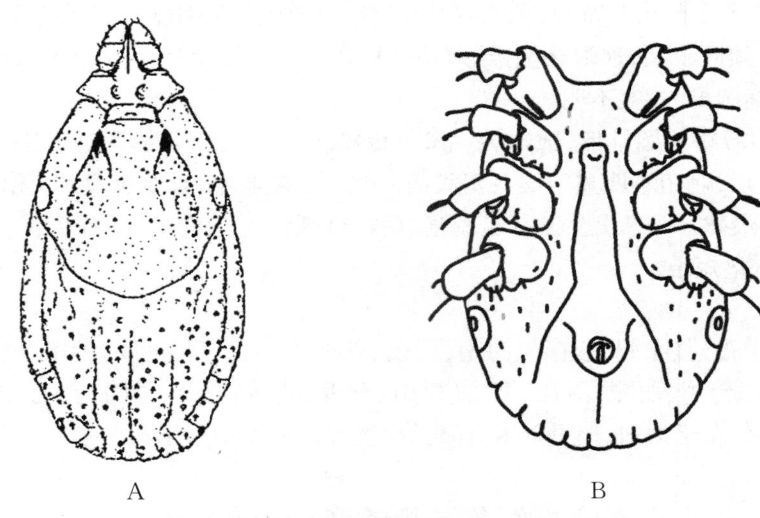

图4.40　短小扇头蜱(*Rhipicephalus pumilio*)

A. 雌蜱背面观;B. 雌蜱腹面观

仿 邓国藩和姜在阶(1991)

③ 若蜱:须肢窄长。第Ⅰ节短,背、腹面可见,第Ⅰ节腹面内缘具1长羽状刚毛;第Ⅱ节明显长于第Ⅲ节,第Ⅱ节长大于宽,内缘具2根羽状刚毛;第Ⅲ节近三角形,顶端尖,无背刺和腹刺;第Ⅳ节位于第Ⅲ节腹面的凹陷内。口下板棒状,齿式2|2,每纵列具齿6枚。假头基中部具有较尖的侧角,无基突。假头基腹面宽阔,后侧缘具耳状突,末端窄钝。躯体长卵圆形,前端收窄,后端圆弧形。缘垛分界明显,共11个。盾板宽略大于长,两侧缘较直,向后渐宽,后缘弧形。眼卵形,位于盾板侧角。盾板上背中毛较短。气门板宽卵形。

④ 幼蜱:须肢顶端尖。第Ⅰ节短,背、腹面均可见,第Ⅱ、Ⅲ节分界不明显;第Ⅱ节腹面内缘具1个羽状刚毛;第Ⅲ节呈锥形,无背刺和腹刺,第Ⅳ节位于第Ⅲ节腹面的凹陷内。假头基呈六角形,侧突较尖;无基突。口下板短棒状,齿式2|2,每纵列具齿5或6枚。躯体宽卵圆形,前端稍窄,末端圆弧形。缘垛分界明显,共9个,中垛较其他缘垛窄。盾板宽短,中部最宽,向后弧形收窄,后缘宽圆。跗节Ⅰ爪垫约为爪长的1/2,跗节Ⅲ爪垫更为短小。眼位于盾板两侧。

(2) 分布

国内分布于内蒙古、新疆;国外分布于前苏联地区、克什米尔地区。

(3) 宿主

幼蜱和若蜱寄生于塔里木兔、大耳猬和子午沙鼠等小型哺乳动物。成蜱多寄生于塔里木兔、大耳猬等小型野生动物,也寄生于猫、绵羊、山羊、牛、驴、双峰驼、犬等,在鹅喉羚、狼、艾鼬、大沙鼠等野生动物上也有寄生,有时也侵袭人。

(4) 医学重要性

该蜱携带斑点热群立克次体和无形体。

26. 血红扇头蜱[*R. sanguineus*（Latreille，1806）]

(1) 形态

① 雌蜱：须肢粗短，中部最宽，前端稍窄，略圆钝。第Ⅰ节短，背、腹面可见，第Ⅰ、Ⅱ节腹面内缘刚毛长而粗大，排列紧密；第Ⅱ节与第Ⅲ节约等长；第Ⅲ节无背刺和腹刺；第Ⅳ节位于第Ⅲ节腹面的凹陷内。口下板棒状，齿式3|3，每纵列具齿约10枚。假头基宽短，六角形，侧角明显，后缘在基突间较直；孔区卵圆形，前部向外略斜，间距约等于其短径；基突粗短，末端钝。体长卵圆形，前端稍窄，后端圆弧形。盾板赤褐色，有光泽；长大于宽，后侧缘微波状，后缘圆钝；小刻点多，几乎遍布表面；大刻点少，主要在前侧部及中部。颈沟弓形，末端约达盾板中部稍后。侧沟明显，延伸至盾板后侧缘。足稍细长。基节Ⅰ两距较发达，距裂窄，外距直，与内距约等长；基节Ⅱ～Ⅳ内距不明显，呈脊状或特别短小；外距粗短，按节序渐小。跗节Ⅰ无端齿；跗节Ⅱ～Ⅳ腹面端齿尖细，亚端齿短钝。爪垫仅为爪长的1/3。气门板逗点形，长大于宽(包括背突)，背突较长，明显伸出。眼卵圆形，位于盾板最宽部(图4.41)。

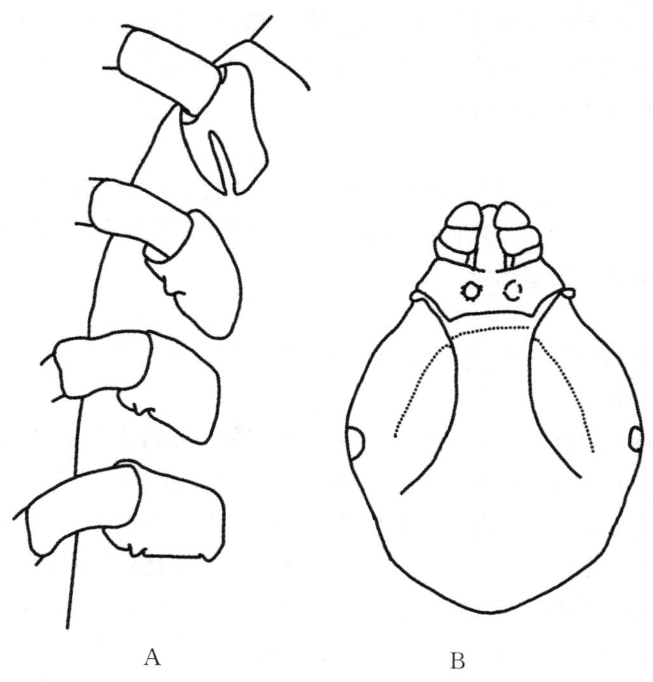

图4.41 血红扇头蜱(*Rhipicephalus sanguineus*)雌蜱

A. 基节；B. 假头背面观及盾板

仿 邓国藩和姜在阶(1991)

② 雄蜱：须肢粗短。第Ⅰ节短，背、腹面可见，腹面片状突明显，第Ⅰ、Ⅱ节腹面内缘刚毛粗大而长，排列紧密；第Ⅱ节与第Ⅲ节约等长；第Ⅲ节无背刺和腹刺；第Ⅳ节位于第Ⅲ节腹面的凹陷内。口下板顶端圆钝，齿式3|3，每纵列具齿7或8枚。假头基宽短，六角形，侧角明显，后缘基突之间平直；基突为三角形，末端钝。盾板赤褐色，有光泽；长卵形，前部渐窄，后缘圆钝。小刻点多，遍布表面；大刻点少，零散分布。眼卵圆形，略凸起。颈沟短，深陷，略呈长卵形。侧沟窄长而明显，自眼后方延伸至第Ⅰ缘垛。后中沟稍宽；在后中沟前方两侧，各有一明显的浅陷。后侧沟短，略似半圆形。缘垛长稍大于宽，分界明显，共11个，中垛稍宽。生殖孔位于基节Ⅱ水平线。肛侧板近似三角形，长为宽的2.5～2.8倍，内缘中部稍凹，其下

方凸角不明显或圆钝，后缘向内略斜。副肛侧板锥形，末端尖细。足依次渐粗。基节Ⅰ两距较发达，距裂很窄，内距宽，外距窄，末端直或微弯，其长与内距约等；基节Ⅱ～Ⅳ内距不明显，呈脊状或特别短小；外距粗短，按节序渐小。跗节Ⅰ无端齿；跗节Ⅱ～Ⅳ腹面端齿尖细，亚端齿短钝。气门板长逗点形，背突较长，基部较宽，向后渐窄。

③ 若蜱：须肢窄长。口下板棒状，齿式2|2，每纵列具齿6～7枚。假头基宽短，两侧突尖窄，无基突。假头基腹面宽阔，耳状突位于后侧缘，指向后外侧，无横脊。体呈长卵形，前端收窄，靠近中部最宽，后端圆弧形。盾板中部稍后最宽，前侧缘几乎直，向后外斜，后缘宽弧形，末端圆钝。眼卵圆形，略微凸出，位于盾板最宽处的两侧。盾板表面略成细裂纹状，背中毛较短。颈沟明显，前深后窄，末端约达眼的水平。气门板椭圆形，背突短，末端圆钝。杯状体大小不等，有气门斑。

④ 幼蜱：假头基宽短，两侧突角较粗短，位置靠前，后缘直；无基突。假头基腹面宽弧形，无耳状突和横脊。口下板短棒形，齿式2|2，每纵列具齿4～5枚。体呈卵圆形，前端收窄，后端圆弧形。盾板长中部最宽，两侧缘向后外斜，略直，后缘浅弧形，中段弧度较明显。颈沟宽浅而明显，浅弧形外弯，末端略超过盾板中部。眼大而扁平，位于盾板最宽处。盾板表面3对细刚毛。肛沟不明显。爪垫仅达爪长的1/3。

（2）分布

国内分布于北京、福建、广东、河北、河南、辽宁、山西、台湾、贵州（贵阳）、江苏（苏州）、新疆（巴楚、喀什、疏附、塔城）、云南（西双版纳）；国外分布于日本、印度等亚洲一些国家及欧洲、大洋洲、非洲和美洲很多国家。

（3）宿主

黄牛、犬、绵羊、大耳猬、塔里木兔、子午沙鼠。

（4）医学重要性

国内，青海分离出鼠疫杆菌一株。1998年从广东犬体寄生的本种蜱检测出犬埃立克体。国外，自然感染：克里米亚-刚果出血热病毒、狂犬病毒、瓦德迈达尼病毒、Q热立克次体、北亚蜱媒斑点热立克次体、落基山斑点热立克次体、康氏立克次体、克什米尔蜱媒斑疹伤寒立克次体、鼠疫杆菌、犬钩端螺旋体、杜氏利什曼原虫。实验感染与传播：森林脑炎病毒（实验感染）、羊跳跃病毒、蜱瘫毒素、Q热立克次体、落基山斑点热立克次体、康氏立克次体、皮珀立克次体、犬欧利希体、犬钩端螺旋体、犬巴尔通氏体、马巴贝斯虫、驮巴贝斯虫、犬巴贝斯虫、杜氏利什曼原虫、伊氏锥虫、路氏锥虫。

27. 图兰扇头蜱（*R. turanicus* Pomerantzev，1940）

（1）形态

① 雌蜱：须肢粗短，前端略圆钝。第Ⅰ节短，背、腹面可见，第Ⅰ、Ⅱ节腹面内缘刚毛粗大而长，排列紧密；第Ⅱ节略长于第Ⅲ节；第Ⅲ节近似三角形，无背刺和腹刺；第Ⅳ节位于第Ⅲ节腹面的凹陷内。口下板齿式3|3，每纵列具齿约10枚。假头基宽短，呈六角形，侧角明显，后缘在基突间略浅凹或直；孔区亚圆形，间距约等于其直径；基突短小，末端圆钝。体呈卵圆形，前端收窄，后端圆弧形。盾板赤褐色，有光泽，长大于宽，后侧缘微波状。盾板小刻点多，遍布表面，混着少量大刻点（图4.42）。颈沟浅，弧形外弯，末端约达盾板的2/3。侧沟较短，达不到盾板后侧缘。生殖孔U形。足稍细长。基节Ⅰ距裂窄，外距略短于内距；基节Ⅱ～Ⅳ无内距或呈脊状，外距粗短，按节序渐小。爪垫短小。气门板短逗点形，背突相当粗

短，末端几乎平钝，有几丁质增厚区。眼卵圆形，略微凸起。

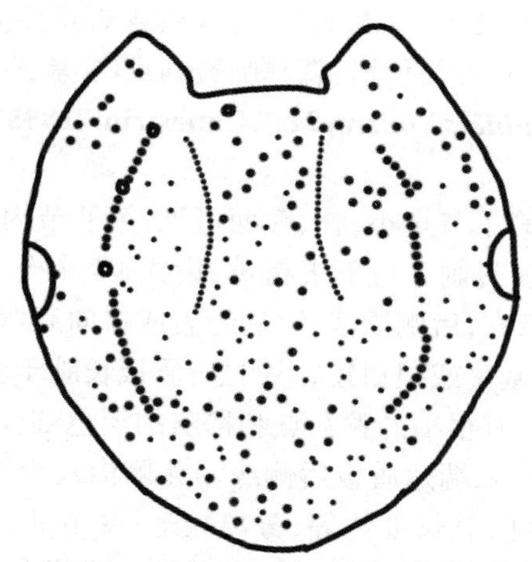

图4.42　图兰扇头蜱(*Rhipicephalus turanicus*)雌蜱盾板
仿 邓国藩和姜在阶(1991)

② 雄蜱：须肢粗短，前端略圆钝。第Ⅰ节短，背、腹面可见，第Ⅰ、Ⅱ节腹面内缘刚毛粗大而长，排列紧密；第Ⅱ节略长于第Ⅲ节；第Ⅲ节近似三角形，无背刺和腹刺；第Ⅳ节位于第Ⅲ节腹面的凹陷内。口下板齿式3|3，每纵列具齿约8枚。假头基宽短，呈六角形，侧角明显，后缘在基突间略浅凹或直；基突稍长，末端窄钝。盾板卵圆形，前部渐窄，后部圆钝；小刻点多，遍布表面，混着少量大刻点。颈沟短而深陷，半月形。侧沟窄长，相当明显，自眼后延伸至末端达到第Ⅱ缘垛。后中沟稍宽而长，与中垛相连。在后中沟前方两侧，各有一不大的浅陷。后侧沟短，呈不规则的卵圆形。身体末端具尾突，吸血后明显。肛侧板窄长，长为宽的2.8～3.0倍，后缘向内显著倾斜，后内角延至后方；内缘中部浅凹，其后方的凸角明显。副肛侧板短小，呈锥形。足较粗壮。基节Ⅰ内、外距约等长；基节Ⅱ～Ⅳ无内距或呈脊状，外距粗短，按节序渐小。爪垫短小。气门板长卵形；背突相对粗而长，向背方急剧弯曲；有几丁质增厚区。眼卵圆形，不明显凸出。

③ 若蜱：须肢窄长。假头基侧突长而尖，位于中部以后水平，无基突。口下板棒形，齿式2|2，每纵列具齿6～7枚。假头基腹面具耳状突。体长卵形，前端收窄，后端圆弧形。盾板长稍大于宽，中部稍后最宽；前缘平直，向后略外斜，后缘近似弓形。眼卵圆形，略凸出于盾板侧缘最宽处。盾板上背中毛长显著长于扇头蜱的其他种类。跗节Ⅰ爪垫几乎达到爪端，跗节Ⅳ爪垫仅达爪的1/2。气门板卵圆形。

④ 幼蜱：须肢顶端尖，无基突。口下板短棒状，齿式2|2，每纵列具齿5枚。体呈宽卵圆形，前端稍窄，后端圆弧形。盾板宽短，侧缘直，向后外斜，后缘浅弧形，中段弧度较明显。眼位于盾板最宽处。颈沟宽而明显。缘垛在身体末端，共9个，中垛较其他缘垛窄。跗节Ⅰ爪垫几乎达到爪端，跗节Ⅲ爪垫不及爪长的1/2。

(2) 分布

国内分布于新疆(巴楚、喀什、霍城、和田)；国外分布于尼泊尔、前苏联地区、伊朗、印度及其他一些中亚、欧洲和北非国家。

(3) 宿主

兔、绵羊。

(4) 医学重要性

国外,自然感染:西尼罗病毒、马纳瓦病毒、北亚蜱媒斑点热立克次体、Q热立克次体、驮巴贝斯虫、马巴贝斯虫。实验感染与传播:森林脑炎病毒(实验感染)。

28. 微小扇头蜱[*R.*(*Boophilus*)*microplus*(Canestrini,1888)]

(1) 形态

① 雌蜱:须肢很粗短。第Ⅰ节短小,背、腹面可见;第Ⅱ节内缘中部略现缺刻,向侧方延伸形成短沟;第Ⅲ节无背刺和腹刺。口下板粗短,齿式4|4,每纵列有8或9枚齿。假头宽大于长。假头基六角形,前侧缘直,后侧缘浅凹,后缘直或略向后弯;孔区大,卵圆形,向前显著外斜,间距略大于其短径;无基突或很粗短,不明显;盾板长胜于宽,前侧缘稍凹,后侧缘微波状,后角窄钝。无刻点。表面有很细的颗粒点和稀疏的淡色细长毛。肩突粗大而长,前端窄钝。缘凹深。颈沟较宽而浅,末端达盾板后侧缘。无侧沟及缘垛。足中等大小。基节Ⅰ亚三角形,内、外距粗短,末端钝,其长度约等,分离较远;基节Ⅱ、Ⅲ无明显内距,外距相当粗短,宽显著大于长,呈脊状;基节Ⅳ无内距,外距不明显。跗节Ⅰ长,中部较为粗大,腹面具端齿;跗节Ⅱ~Ⅳ较细长,腹面具细长的端齿和稍短的亚端齿。爪垫不及爪长的1/2。气门板长圆形。眼小,卵圆形,略微凸起,约位于盾板前1/3最宽处的边缘(图4.43)。

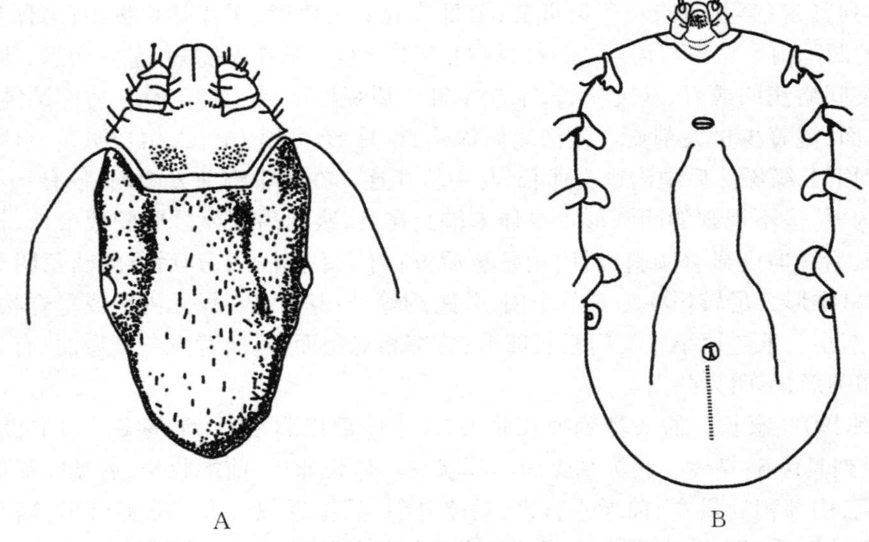

图4.43　微小扇头蜱[*R.*(*Boophilus*)*microplus*]雌蜱

A. 背面观;B. 腹面观

仿 邓国藩和姜在阶(1991)

② 雄蜱:须肢粗短,未超出假头基外侧缘。第Ⅰ节短,背、腹面均可见;第Ⅱ、Ⅲ节外侧缘不连接;第Ⅳ节位于第Ⅲ节腹面的凹陷内。第Ⅰ~Ⅲ节腹面后内角向后凸出,呈钝突状。口下板短,齿式4|4,每纵列具齿约8枚。假头短。假头基六角形;后缘在基突间平直;基突短,三角形,末端稍钝。盾板黄褐色或浅赤褐色,表面有很细的颗粒点和淡色细长毛。刻点中等大小,数量稀少,在颈沟之间稍多。眼小,扁平。颈沟浅而宽,呈向外的浅弧形,末端约达到盾板前1/3处。后中沟较宽而深;后侧沟深,略呈窄三角形,前部向内倾斜,指向后中沟前端。无侧沟和缘垛。尾突明显,三角形,末端尖细。肛侧板长,后缘内角向后伸出成刺突,其外角也略凸出成短钝的刺突;副肛侧板短,外缘弧形凸出,后缘末端尖细。足依次渐粗。

基节Ⅰ前角显著突出，从背面可见，内、外距略呈短三角形，长度约等；基节Ⅱ的内、外距粗短，末端圆钝，内距较外距稍宽；基节Ⅲ的距与基节Ⅱ的相似，但较短；基节Ⅳ无距。跗节Ⅰ长而粗，亚端部骤然收窄，具端齿；跗节Ⅱ～Ⅳ较短而细，亚端部逐渐收窄，具端齿和亚端齿。爪垫不及爪长之半。气门板长圆形，无背突和几丁质增厚区。

③ 若蜱：假头基背面呈六角形，基突短小或不明显。假头基腹面宽短，后缘呈弧形，无耳状突和横脊。口下板粗短，齿式3|3，每列具齿6～8枚。躯体前1/3处最宽，向后渐窄，后缘弧形。盾板呈五边形，长宽约等。缘凹深。颈沟浅，向后外斜。假头短小，螯肢鞘长。盾板表面光滑，刻点极少，布有数根细毛。眼小，卵形，位于盾最宽处。肩突略钝，明显突出。气门板小，圆形。足粗短。爪垫稍超过爪长的1/2。

④ 幼蜱：须肢粗短，棒状。口下板宽短，齿式2|2，每纵列具齿5或6枚。口下板后毛细小。假头基侧缘与后缘连接呈弧形，后缘较短，平直。无基突。体宽卵形。盾板宽大于长，中部最宽。颈沟短而浅，略呈弧形，末端约达到盾板中部。眼小，位于盾板最宽处侧缘。盾板表面光滑，有稀疏细毛。足粗短，爪垫将近达到爪端。

(2) 分布

国内分布于安徽、福建、广东、海南、广西、贵州、河北、河南、湖北、湖南、江苏、江西、辽宁、陕西、山东、山西、四川、台湾、西藏、新疆、云南；国外分布于澳大利亚、巴布亚新几内亚、菲律宾、柬埔寨、马来西亚、缅甸、日本、印度、印度尼西亚、越南及美洲和南非的一些国家和地区。

(3) 宿主

黄牛、水牛、犬、山羊、水鹿、驴、马、绵羊、猪。

(4) 医学重要性

国内，已证实该蜱分离出Q热立克次体（福建龙海）及莱姆病螺旋体（广西）。四川从本种蜱的中肠检出莱姆病螺旋体。1998年从广西山羊体寄生的本种蜱中检测出犬埃立克体，并证实本病在广西存在。2000年从西藏本种蜱检测出查菲埃立克体。国外，自然感染：克里米亚-刚果出血热病毒、克麦罗沃病毒群、瓦德迈达尼病毒和实里达病毒、Q热立克次体、莫氏立克次体、牛螺旋体。实验感染与传播：分歧巴贝斯虫、边缘无浆体、牛螺旋体。

二、软蜱科

（一）钝缘蜱属

29. 乳突钝缘蜱（*Ornithodorus papillipes* Birula，1895）

(1) 形态

须肢长，按节序逐变窄。假头离腹面前端较近。假头基呈矩形，宽稍大于长。口下板的一对后毛和须肢的一对后毛长度大致相等。顶突发达，向下方伸出，顶端圆钝。颊叶呈不规则的四边形或三角形，与顶突分离，其游离的边缘具细浅缺刻；雄蜱的颊叶一般没有雌蜱发达。躯体近似卵圆形，顶端尖窄突出，后部边缘宽圆，两侧缘几乎平行，边缘略呈微波状。体缘有较宽的缘褶，吸血后缘褶近乎消失，在背腹沟处体缘形成小缺刻，有时不大明显。体表的皱褶为网络状，上着生短毛，靠近前缘的较明显；表皮粗糙，遍布大量小颗粒，分布不均匀，一般连成链条状，在体后半部常连成环状。体表的盘窝较小、分布不均匀。生殖孔位于基节

Ⅰ后缘水平，雌蜱呈横裂状，雄蜱为半圆形。气门板较小，呈新月形，无眼。肛前沟明显，两侧向后强度弯曲。肛后横沟微波状，约位于肛门至躯体后端的中点，与肛后中沟垂直或略斜相交。肛后中沟通常将近达到躯体后缘，其末端显著变宽。足细长，爪正常，爪垫退化（图4.44）。

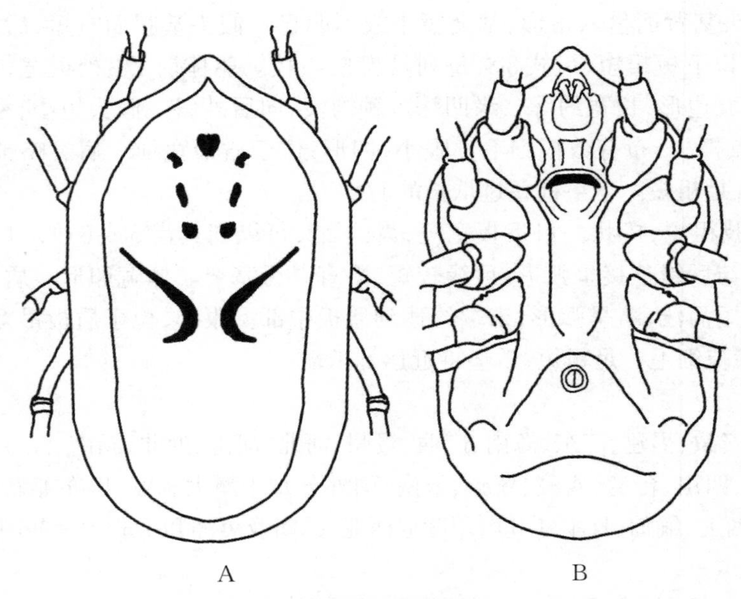

图4.44 乳突钝缘蜱（*Ornithodorus papillipes*）

A. 背面观；B. 腹面观

仿 邓国藩（1978）

（2）分布

国内分布于新疆（阿图什、喀什、疏附）、山西；国外分布于阿富汗、俄罗斯、伊朗、印度。

（3）宿主

蟾蜍、兔、草狐、刺猬、野鼠。

（4）医学重要性

国内，为南疆蜱媒回归热媒介，自然感染率约为80.6%，传播方式是经蜱叮咬传播。螺旋体能够在该蜱体内经卵传递2代。

30. 特突钝缘蜱（*O. tartakovskyi* Olenev，1931）

（1）形态

须肢长，按节序渐窄。口下板后毛与须肢后毛长度大致相同。顶突发达，前端圆钝。颊叶与顶突连接或分离，略呈四边形或三角形，在雄蜱有时不明显；其前缘及下缘呈波浪状或具缺刻；雄蜱的颊叶一般没有雌蜱发达。假头位于腹面前端。假头基宽稍大于长，呈短矩形。成蜱体表遍布粗细大致均匀的小颗粒，体形小，呈宽卵形；前部逐渐变窄，其边缘微波状，顶端长而窄钝，后部边缘宽圆。两侧缘几乎平行。体表有稀少细毛，靠近前端较多而明显。背面的缘褶吸血后不明显，在背腹沟处呈现小缺刻。背腹沟向下伸展，至基节上沟后端。盘窝中等大小或较小，分布不均匀，在后部一般较少。基节Ⅰ后缘水平处有生殖孔，雌蜱生殖孔呈横裂状，雄蜱生殖孔为半圆形。肛前沟两侧臂向后强度弯曲，中部向前弧形凸出。肛后横沟窄而深，于肛门至体后端的中间点与肛后中沟相交，相交处略偏近肛门一边时，形成一对锐形相交角。肛后中沟深而宽，其后半段逐渐更宽；末端将近达到体后缘。气门板小，新月形，雌蜱比雄蜱略小。无眼。该蜱足细长，爪垫退化(图4.45)。

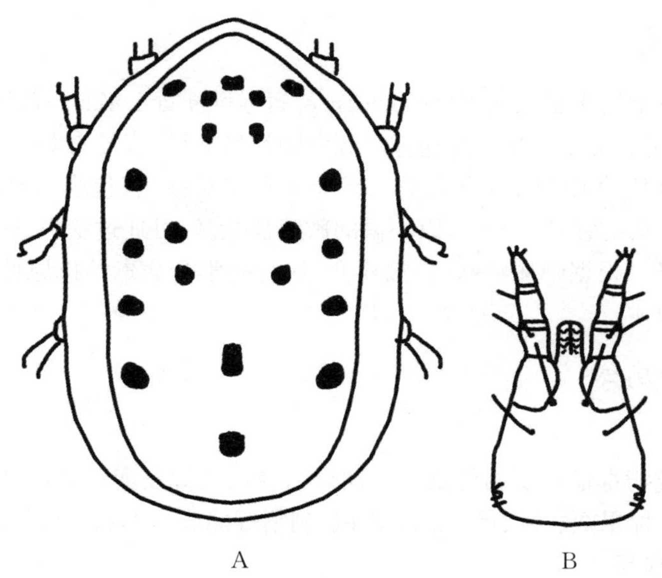

图4.45　特突钝缘蜱(*Ornithodorus tartakovskyi*)

A. 背面观；B. 假头腹面观

仿 邓国藩(1978)

(2) 分布

国内分布于新疆(昌吉)；国外分布于俄罗斯、乌兹别克斯坦。

(3) 宿主

刺猬、大沙鼠、乌龟。

(4) 医学重要性

国内，为北疆蜱媒回归热媒介，自然感染率为7.01%，该蜱只栖藏于野外洞穴内。

(陈　泽)

第五节　蜱与疾病的关系

蜱是多种病原体的传播媒介和储存宿主，严重危害人和动物的健康。据报道，蜱传染的病原体达200多种，包括病毒126种、立克次体20种、细菌14种、螺旋体18种、原虫和衣原体32种，给人类、畜牧业及野生动物带来极大危害。

一、森林脑炎

森林脑炎(forest encephalitis)以蜱为传播媒介，通常称为蜱传脑炎(tick-borne encephalitis)。因该病首先在俄罗斯远东地区的原始森林中发现，以春夏季发病为主，故又称为俄罗斯春夏脑炎(Russian spring-summer encephalitis，RSSE)。森林脑炎是由森林脑炎病毒(forest encephalitis virus)感染所致的以中枢神经系统严重受累为特征的自然疫源性疾病,以突然高热、意识障碍、脑膜刺激征与瘫痪为临床特征,常留有后遗症,病死率较高。

(一) 病原学

森林脑炎病毒隶属于虫媒病毒(arbovirus)黄病毒科(Flaviviridae)黄病毒属(*Flavivirus*)蜱媒脑炎病毒群,是一类小型嗜神经病毒。病毒颗粒呈球形,直径为40~70 nm,核酸为单正链RNA,基因组全长约12 kb,核衣壳呈二十面体立体对称,有包膜,包膜上含有糖蛋白刺突。森林脑炎病毒动物感染范围广,以小鼠的敏感性最高,可通过脑内、腹腔、皮下或鼻腔接种等多种途径感染。根据临床症状、传播媒介、流行病学和病毒的抗原性不同,可将本病分为远东型和中欧型。

(二) 流行病学

1. 传染源

蜱是森林脑炎病毒最重要的传染源。幼蜱、若蜱、成蜱及卵都能携带病毒。狼、獐、狍、熊、鹿、旱獭、野兔、棕果蝠、缟纹鼠、松鼠、田鼠、刺猬等能成为本病的传染源。鸟类是蜱最活跃的宿主,带毒率很高。

2. 传播途径

蜱既是传播媒介又是储存宿主,人类被带毒蜱类叮咬而感染。远东型的主要媒介蜱类是全沟硬蜱,其次为森林革蜱、嗜群血蜱和日本血蜱。欧洲型的主要媒介蜱类是蓖子硬蜱,其次是边缘革蜱、网纹革蜱、刻点血蜱、缺角血蜱、嗜群血蜱和锥头硬蜱等。

病毒亦可通过胃肠道传播,饮用生鲜牛羊奶或未经消毒的乳制品等均可感染。此外,实验室工作人员、与感染动物密切接触者还可通过气溶胶感染。

3. 易感人群

人群普遍易感,但多数为隐性感染。感染者可获得持久免疫力。

4. 流行特征

(1) 地区分布:森林脑炎分布广泛,主要流行于中欧、北欧、东欧、前苏联地区、日本和中国。我国森林脑炎主要分布于东北的长白山、大兴安岭、小兴安岭及云南、新疆等原始森林区。其中黑龙江省的林区是我国森林脑炎发病最早、最多的地区。

(2) 季节分布:主要流行于春夏季,其他季节偶有发病。

(3) 人群分布:感染者多与林区作业有关,青少年及强劳力壮年感染者多,男性病例较女性多。

(三) 发病机制和病理

1. 发病机制

病毒进入人体后经历三个时期:

(1) 隐性感染期:病毒首先在感染处皮下组织细胞、浅表淋巴结中繁殖,再经区域性淋巴结随淋巴液和血液扩散到肝、脾、消化道等组织器官。

(2) 内脏繁殖期:病毒在肝脾等内脏及其他网状内皮系统进行复制,并不断释放到血液形成病毒血症。

(3) 神经系统受损期:病毒侵入周围神经间隙或神经膜,与神经束和神经干直接接触,再到达硬膜外腔,通过硬膜外腔和蛛网膜下腔进入脊髓液,大量病毒进入中枢神经系统,在神经细胞内进行增殖并引起病理改变。

2. 病理变化

森林脑炎病理改变的特点是神经系统广泛的炎症性损伤,表现为弥漫性充血、淤血、出血、水肿和凝固性血栓,广泛的炎症细胞浸润、胶质细胞增生和神经细胞变性坏死。病变累及大脑半球灰质、白质和脑膜,以脊髓、脑桥、中脑及基底神经节病变最为严重。脑、脊髓各部位均可见软化灶,病灶内出现大量颗粒细胞。在急性期死者的海马回细胞内可发现嗜酸性核内包涵体。

(四) 临床表现

森林脑炎是一种中枢神经系统的急性传染病,大多数感染者表现为隐性感染,少数经7～14天的潜伏期后突然发病,出现高热、头痛、呕吐、颈项强直、昏睡以及肢体弛缓性瘫痪等症状。重症患者可出现发音困难、吞咽困难、呼吸及循环衰竭等延髓麻痹症状,病死率一般为20%～30%,痊愈的患者中30%～60%残留有后遗症。

(五) 实验室检查

1. 血常规检查

发热急性期白细胞计数有中度增加,为$(12\sim18)\times10^9/L$,中性粒细胞占70%～85%,嗜酸性粒细胞减少甚至消失。血沉加快。

2. 脑脊液检查

澄清而透明,压力偏高,细胞数增多,为$(30\sim50)\times10^6/L$,以淋巴细胞、单核细胞为主,蛋白含量稍高,糖与氯化物均正常。

3. 血清学检测

常用的方法有酶联免疫吸附试验、血凝抑制试验、补体结合试验及中和试验等,其中以酶联免疫吸附试验应用最为多见,用ELISA IgM捕获法检测IgM抗体,适用于本病的早期诊断。

4. 病毒分离

取患者血液、脑脊液或脑组织标本制备成悬液,接种至易感的实验动物脑内,2～4日龄的乳鼠是分离森林脑炎病毒最敏感的动物,一般以脑腹联合接种(脑内0.02 mL,腹腔0.05 mL)效果较好。森林脑炎病毒在鸡胚中生长繁殖良好,一般选择7天左右的鸡胚卵黄囊接种。鸡胚成纤维细胞和猪肾细胞能使微量病毒培养成功,并可产生细胞病变和空斑。

5. 基因检测

目前常用的方法为逆转录聚合酶链反应检测森林脑炎病毒的RNA,其敏感性及特异性均较高。

(六) 诊断和鉴别诊断

诊断本病的主要依据是临床表现及流行病学特点,确诊需依靠血清学检查或病毒分离结果。应注意与其他蜱媒病毒性脑炎、各种蜱媒出血热、蜱媒斑点热等相鉴别,还应考虑到多种蜱媒疾病复合感染发生的可能。

（七）防治

1. 治疗

目前森林脑炎尚无特效治疗方法，主要采取一般支持疗法和对症治疗。所有患者均应收容住院进行治疗。发热期患者严格执行卧床规定，确保患者绝对安静和充分休息。

（1）一般疗法：对患者应加强护理，注意营养饮食。给予富含高蛋白、可提供足够热量的流质膳食，发热期应给予清凉饮料和流质饮食，给予维生素B和C剂，适当补充液体以维持热量消耗及保持水、电解质平衡。

（2）对症治疗：对持续高热患者可采用物理降温或酌用解热剂。为缓解脑水肿，可使用甘露醇及速尿等利尿剂。可酌用抗生素以预防继发感染。当出现心搏过速时，可使用强心剂和血管药物。患者发生呼吸困难时，可吸氧或使用呼吸中枢兴奋剂。剧痛难忍时应给予止痛剂，病人有惊厥、烦躁或痉挛发作时，可用镇静剂。

（3）免疫疗法：对重症脑膜炎型及中度局灶型患者，必要时可有选择地使用恢复期血清。为防止转成迁延性，可皮下接种森林脑炎疫苗，还可于发病后1～5天内注射高效丙种球蛋白。另外，干扰素、转移因子、免疫核糖核酸等均可酌情采用。

（4）后遗症治疗：对有萎缩性肌瘫痪或麻痹等后遗症者，早期被动运动与按摩肢体可以防止或减轻肌肉萎缩，尽早鼓励病人床上活动或下床活动；积极采用针灸治疗，有助于肢体功能恢复。

2. 预防

疫区应采取灭蜱灭鼠措施，并加强个人和集体防护。疫苗接种是预防森林脑炎的有效措施。不饮用生鲜牛羊奶及没有严格消毒的乳制品。

二、苏格兰脑炎

苏格兰脑炎（Scotland encephalitis）是由苏格兰脑炎病毒（Scotland encephalitis virus）引起的一种人兽共患病。病毒主要侵犯羊等动物和人体中枢神经系统，临床表现以发热、共济失调、肌肉震颤、痉挛、麻痹为特征。绵羊患苏格兰脑炎后因中枢运动神经障碍而表现类似在山地蹒跚，呈现特异的跳跃步态，故称为跳跃病（louping ill）。因患病绵羊肌肉常有抽搐和震颤，又称“震颤病”。

（一）病原学

苏格兰脑炎病毒隶属虫媒病毒黄病毒科黄病毒属蜱媒脑炎病毒群，分为4个亚型。该病毒对热耐受力弱，60 ℃ 2～5分钟可灭活，能被乙醚和去氧胆酸钠灭活。在干燥状态下可存活数年，在50％甘油中可保存6个月。

（二）流行病学

1. 传染源

带病毒的蓖子硬蜱、绵羊、牛、马、犬、猪、马鹿、红松鸡、小林姬鼠、普通鼩鼱、雪兔、獾、马鹿、欧洲狍等均可作为传染源。

2. 传播途径

主要是被带病毒的硬蜱尤其是蓖子硬蜱叮咬吸血传播。病毒可在蓖子硬蜱经期和经卵传递。传播多发生在春秋两季。也可经接触带毒的家畜及实验室内或屠宰场内的带毒气溶胶被吸入经呼吸道感染。

3. 易感人群

人群普遍易感,但以与媒介蜱类、宿主动物以及家栖式自然疫源接触多者所受威胁最大。人感染后一般可获得牢固的免疫力。

4. 流行特征

本病有明显地区性,分布较局限,主要发生于苏格兰、北英格兰、威尔士和爱尔兰所有崎岖不平的丘陵放牧区。发病季节与蜱的活动季节、接羔剪毛月份密切相关。

(三)发病机制和病理

病毒主要侵犯中枢神经系统,病理改变为脑皮质、髓质和脊髓血管周围细胞浸润,尤以小脑受累严重。浸润细胞大多为单核细胞,在弥散性和局灶性细胞反应中常见有小神经胶质细胞。运动神经首先受累,致使活动障碍,平衡失调。出现脑神经麻痹或瘫痪,并有视神经乳头水肿。

(四)临床表现

人大多为隐性感染,显性感染者可表现为顿挫型,仅有流行性感冒样症状,典型病例也可呈现双相体温曲线。经过4~7天的潜伏期,出现第一期流感样症状,患者表现为发热、头痛、恶心、呕吐、肌肉关节痛或紧张、嗜睡或失眠、怕光、结膜炎、复视、出汗过多、运动失调、步态蹒跚、不能独自站立、腱反射亢进、眩晕、意识障碍。经过3~5天,病情略有改善后,出现第二期脑膜脑脊髓炎症状,患者表现为剧烈头痛、发热、呕吐、心动过缓、嗜睡甚至昏迷、精神错乱、有时谵妄、全身震颤或运动失调。体征可有颈项强直、Kernig征阳性、反射消失、视神经乳头水肿、运动失调和锥体束征。随病情恶化,最终昏迷而死亡。

(五)实验室检查

第一热期外周血白细胞数可略有减少;但在第二热期可见白细胞轻度增高,细胞计数为(10~12)$\times10^9$/L。脑脊液细胞计数增多,为(50~500)$\times10^6$/L,以淋巴细胞为主。将患者血液或脑脊液接种小白鼠可分离病毒。利用患者血清作补体结合试验、中和试验及血凝抑制试验,检测患者血清抗体以确诊。

(六)诊断和鉴别诊断

根据临床症状和流行病学特征可作出初步诊断,病毒分离和血清学检测的阳性结果有助于确诊。应与其他中枢神经受累的脑炎及出现脑膜症状的疾病鉴别。

（七）防治

1. 治疗

目前尚无有效的特异性治疗方法，主要靠对症处理和支持治疗。

2. 预防

防止被媒介蜱叮咬。特异性预防措施是接种疫苗。

三、波瓦桑脑炎

波瓦桑脑炎（Powassan encephalitis）是由波瓦桑病毒（Powassan virus）引起的自然疫源性疾病，是分布于北美的一种传染病。主要经蜱类传播，多侵犯儿童，特征为发病急，并伴有持续高热、头痛，随之出现中枢神经症状，有时出现肢体强直或偏瘫。我国未见波瓦桑脑炎病例报告。

（一）病原学

波瓦桑病毒隶属虫媒病毒黄病毒科黄病毒属蜱媒脑炎病毒群。病毒颗粒呈球形，直径为37～45 nm。具高度嗜神经性，病毒常存在于中枢神经系统，分布在神经元、神经胶质细胞和细胞间隙。病毒可以产生血凝素，使红细胞在4 ℃ pH 6.6的环境下发生凝集。

（二）流行病学

1. 传染源

本病毒在自然界和家畜中都有储存宿主，蜱类既是传播媒介又是储存宿主。主要传染源是带病毒的蜱类，其次为红松鼠、旱獭、野兔、鼬、棕狐等野生哺乳类以及鸟类、两栖类和爬行类等。家畜中马、牛、山羊、犬和猫等也可带病毒。

2. 传播途径

主要通过蜱叮咬而感染，其次是通过接触传播，与带毒的宿主动物接触，或剥皮时被含病毒的动物血液或组织所感染。也可通过饮用带病毒的生山羊奶或未经消毒的乳制品等经消化道感染。人与人不直接相互传播。

3. 易感人群

人群普遍易感。发病以儿童和青少年为主，乡村居民及农业人口多发。病后可获得牢固的免疫力。

4. 流行特征

本病主要分布于加拿大、美国、北欧及俄罗斯远东滨海地区。多发生于春夏季或6～9月，此时也是蜱类与宿主动物传播病毒的高峰。

（三）发病机制和病理

病毒侵入机体后，显示出高度的嗜神经性，分布于神经元、神经胶质细胞和细胞间隙，常导致中枢神经系统广泛病变，尤以皮层灰质、脑干尾部、颈椎及上胸部脊髓受侵犯为甚。前庭小脑呈退行性病变，而小脑的炎症病变是与森林脑炎的主要病理区别。脑组织有典型的血管周围细胞浸润和局限性细胞浸润。

（四）临床表现

潜伏期为2～21天，起病急骤，体温上升达38～40 ℃，发热持续4～8天。患者普遍有头痛、头胀、眨眼、眩晕、恶心、全身无力、不适等症，偶可发生呕吐，出现脑膜刺激症状及神志失常等症状，可发生肢体强直或偏瘫。根据临床表现分为局灶型、脑膜脑炎型、发热及轻症型。前两型中较多见的症状是意识障碍、脑膜刺激症状及小脑功能障碍，出现共济失调、痉挛、肌萎缩性麻痹和瘫痪。

（五）实验室检查

急性发热期外周血白细胞计数有中度增加，中性粒细胞比例上升，淋巴细胞减少。脑脊液中细胞数增多，以淋巴细胞、单核细胞为主。患者血清脑内或腹腔内接种乳鼠可分离病毒。可用血凝抑制试验或中和试验检测患者血清抗体，也可用荧光抗体技术检测患者血液白细胞中的病毒抗原。

（六）诊断和鉴别诊断

诊断可根据临床表现、流行病学资料和实验室检查结果，病毒分离阳性可以确诊。血清学检测阳性结果也是确诊的依据。临床表现易与蜱媒脑炎群其他疾病相混淆，但因小脑严重受累而出现的相关症状对鉴别诊断有一定帮助。

（七）防治

1. 治疗

本病无特异疗法，主要通过对症治疗或支持疗法，预后一般良好。少数病人恢复后遗留语言障碍或肢体麻痹等后遗症。

2. 预防

疫区应做好防蜱灭蜱工作，注意个人防护，尽量避免与带毒野生动物和家畜直接接触，不饮用生鲜牛羊奶和食用没有严格消毒处理的乳制品。

（杜凤霞）

四、蜱媒脑炎群其他病毒病

（一）根岸病毒脑炎

根岸病毒脑炎由黄病毒科黄病毒属蜱媒脑炎群根岸病毒（Negishi virus）感染所致。有研究报道发现根岸病毒在核酸和氨基酸水平与羊跳跃病病毒有高度同源性。感染可能出现发热、头痛、呕吐、惊厥、意识障碍及脑膜刺激征，严重者出现呼吸衰竭。蜱为其重要的传播媒介。

（二）兰加特病毒

兰加特病毒(Langat virus)是1956年在马来西亚从颗粒硬蜱分离出的。1964年从西西伯利亚的秋明地区一名被蜱叮咬过的健康人血液中分离出1株对小鼠致病的Еланцев株，经研究确认该毒株的抗原性与兰加特病毒极其相近。此后于1975年又从东西伯利亚萨彦一舒申水电站附近沿叶尼塞河一带采获的全沟硬蜱中，分离出8株在抗原性上与兰加特病毒(TP-21株)极相近的病毒株。1976年在泰国国家公园从巴布亚血蜱分离出I病毒株(T-1674)，其抗原性似兰加特病毒原株(TP-21株)。兰加特病毒和Еланцев株都是天然的弱毒力，有较好的免疫原性，因而被看作是有希望的活疫苗株。在日本北海道从牛血清中不仅检测出根岸病毒抗体，也检出兰加特病毒抗体阳性。

（三）卡尔希病毒

卡尔希病毒(Karshi virus)属于黄热病毒科黄热病毒属。中国新疆的亚洲璃眼蜱分离出卡尔希病毒，该地区蜱感染率为4.96%，绵羊和旱獭抗原阳性率为2.43%和2.56%。

（四）羊跳跃病病毒

羊跳跃病病毒(Louping ill virus)属于黄热病毒属，通过蜱叮咬传播。主要传播媒介为蓖子硬蜱。主要储存宿主为绵羊，还有牛、马、英国红公鸡、獐鹿和啮齿类动物，人也会感染。人感染的主要临床表现为发热、脑膜脑炎。

（五）皇家农场病毒

皇家农场病毒(Royal farm virus)是从阿富汗的翘缘锐缘蜱中发现自然感染，对其研究相对较少。

（热比亚·努力）

五、凯萨努尔森林病

凯萨努尔森林病(Kyasanur forest disease，KFD)是人、猴共患，可引起发热及出血的一种严重自然疫源性病毒症，以蜱为传播媒介。临床以出现蜱媒脑炎症状，但并无中枢神经受累症状为特点。我国未见凯萨努尔森林病病例报告。

（一）病原学

凯萨努尔森林病毒隶属虫媒病毒黄病毒科黄病毒属蜱媒脑炎病毒群，为球形颗粒，直径40 nm左右，有包膜，对乙醚、氯仿、去氧胆酸盐等脂溶剂敏感。紫外线、胰蛋白酶、离子和非离子去垢剂都可使病毒灭活。

（二）流行病学

1. 传染源

距刺血蜱(*Haemaphysalis spinigera*)与带病毒猴是主要的传染源，其次是斑鸠血蜱

(*Haemaphysalis turturis*)。大多数蜱种能经期传递病毒。鼯鼠硬蜱(*Ixodes kuntzi*)能经卵传递病毒。

2. 传播途径

主要经蜱传播。在带毒蜱叮咬吸血过程中,通过皮肤、黏膜、破损伤口感染,也可吸入气溶胶经呼吸道感染。

3. 易感人群

人群普遍易感,大多数病人有森林接触史,病例集中在中青年男性。

4. 流行特征

本病主要发生于旱季,流行期从12月到次年5月,其他季节也偶有发病者。距刺血蜱为重要媒介,也是优势种。

(三)发病机制和病理

病毒侵入机体后随血液循环散布至各器官,出现病毒血症。病毒直接侵犯血管内皮,致使毛细血管扩张,通透性增高,胃、胸见有大量出血点,脑及脑膜充血。肝组织呈灶性坏死,kupffer细胞有中度至明显的增大,有时可见多核及红细胞吞噬现象。肾小球充血,肾小球囊呈现瘀积,肾皮质曲微管有不同程度的退行性病变,肾小管变性。肺实质可出现硬斑块,并伴有毛细血管扩张。肺大块实变者,肺泡内有浆液,有红细胞及白细胞的大量渗出,伴毛细支气管炎。组织病理学的改变则较轻微,仅见有血细胞外渗、水肿和小血管内存在血栓。

(四)临床表现

潜伏期2～8天,起病急骤,体温可升高至39 ℃,相对缓脉。头痛剧烈、恶心、呕吐、四肢及腰背肌痛,可出现腹泻和语言障碍,严重病例可出现脱水,部分病人可出现衰竭。进入第3～4天,病情可能明显恶化,出现结膜和巩膜充血,畏光,软腭出现丘疱疹。发生鼻出血、齿龈出血、黑便或呕血,有白细胞减少、血小板减少和蛋白尿,有时颈及腋下淋巴结可肿大。一半以上病例有肺炎或出血性肺水肿,其中部分病人因呼吸衰竭而死亡。伴有肝脾大和神经症状。神经症状主要有震颤、头晕、假性脑膜炎、反射异常和精神改变等。

(五)实验室检查

外周血白细胞数减少,为(2.0～3.5)×10^9/L,分类无明显变化,轻度血小板减少和贫血。尿检发现白细胞中度增多及脱落的肾上皮细胞。脑脊液透明,且有少量蛋白;细胞数(3～9)×10^9/L,蛋白0.1～0.2 g/L,糖及氯化物正常。血清转氨酶水平升高。患者急性期和恢复期双份血清作补体结合试验、血凝试验及血凝抑制试验,抗体滴度达4倍增高时有诊断意义。

(六)诊断和鉴别诊断

流行病学资料结合临床表现对诊断有重要意义。确诊依赖于急性期血标本病毒分离或者血清学检查。利用患者血液接种小鼠做病毒分离,以确诊。应与其他临床上有出血症状的疾病(如肾综合征出血热、登革出血热、新疆出血热等)相鉴别。

（七）防治

1. 治疗

本病没有特异治疗药物。调理营养饮食、对症和支持疗法，是本病治疗的首要方案。患者应住院卧床，为缓解中毒和出血症状，宜按病情补液。疼痛剧烈时，可酌情给予止痛剂。

2. 预防

重点对人员采取防护措施，防止被蜱叮咬，高危人群接种疫苗。

六、鄂木斯克出血热

鄂木斯克出血热（Omsk haemorrhagic fever，OHF）是鄂木斯克出血热病毒（Omsk haemorrhagic fever virus）引起的一种急性传染病，以高热、头痛、口腔咽部黏膜损害及出血为临床特征。

（一）病原学

鄂木斯克出血热病毒属于虫媒病毒黄病毒科黄病毒属蜱媒脑炎病毒群，是一种分节段的单正链RNA病毒。病毒颗粒呈球形，直径45 nm，核衣壳呈二十面体立体对称，外被脂质双层膜，对乙醚、氯仿及去氧胆酸盐敏感。病毒耐干燥，在冻干条件下可存活数年。病毒经56 ℃ 30分钟或煮沸2分钟可灭活。病毒对70％乙醇、1％次氯酸钠和紫外线均敏感。

（二）流行病学

1. 传染源

啮齿类动物、蜱、野兽、禽类及家畜均可感染本病毒。网纹革蜱和边缘革蜱可经卵和经期传递病毒，既是传播媒介，又是储存宿主。

2. 传播途径

主要是经带毒蜱叮咬吸血而感染。带毒麝鼠或水鼩产生的气溶胶，或猎获、剥皮过程中接触其污染物，也可经呼吸道和消化道引起感染。

3. 易感人群

人群普遍易感，但以与自然疫源接触者被感染或发病为多。病后免疫力持久。

4. 流行特征

一些鸟类、啮齿类动物是病毒的储存宿主，除网纹革蜱、边缘革蜱外，尚证实全沟硬蜱及嗜群血蜱等的自然感染。本病多春夏季节发病，秋冬时期发病与狩猎麝鼠有关。不同年龄组男女均可感染发病。

（三）发病机制和病理

1. 发病机制

病毒先在局部增殖，随血流扩散到各器官，形成病毒血症。由于血管通透性增加，液体渗出，导致血红蛋白含量和红细胞数相对增加，而血浆外流却使血中蛋白质含量降低。病毒可累及植物神经系统、肾上腺及造血器官等，导致全身中毒及出血症状。病毒代谢产物中毒性成分的作用和神经系统的缺氧，是导致神经细胞和实质性脏器变性发生的主要原因。

2. 病理

体表及内脏毛细血管扩张及损害，浆液性水肿和出血，软腭出现丘疹和水疱疹。中枢神经系统还可见单个神经细胞受损，并有粟粒状坏死、神经胶质细胞局灶性增生等。

（四）临床表现

潜伏期为2～7天，起病急骤，伴有高热（39～40 ℃）、呕吐、腹泻等中毒症状。头痛剧烈，腰背和四肢肌痛，全身疲惫无力，颜面潮红，巩膜、结膜及咽部充血。第3～4天呈现出血征候，出现呕血、便血、尿血及皮下出血等症状。全身淋巴结压痛明显，严重者肝脾大。发生鼻出血和齿龈出血，严重时可有肺及子宫出血，还可发生支气管炎和肺炎，心肌炎和心律不齐也较常见。

（五）实验室检查

1. 血常规检查

在发病初期红细胞和血红蛋白增高，发热末期出现低血红蛋白性贫血，白细胞减少至4×10^9/L，中性粒细胞相对增多，伴有核左移现象，血小板减少。尿蛋白阳性，有大量红细胞、白细胞及透明管型出现。大便潜血阳性。

2. 病毒分离

小鼠脑内接种患者血液以分离毒株，也可接种豚鼠或鸡胚。脑脊液中也可分离到病毒。

3. 血清学检查

取双份血清进行补体结合试验、血凝试验、血凝抑制试验及中和试验，恢复期血清抗体滴度增高≥4倍，则可确诊。

4. 分子生物学检测

RT-PCR法检测病毒核酸，可辅助早期诊断。

（六）诊断和鉴别诊断

根据流行病学特征和临床症状，初步诊断不难。实验室病原学和血清学的阳性结果可确诊。应注意与其他出血性疾病相鉴别。

（七）防治

1. 治疗

本病尚无特效疗法，主要是采取对症和支持疗法，以缓解中毒和出血症状，必要时进行输血和血清治疗。尽早卧床休息，充分补液并给予营养丰富易消化的食物。缓解中毒症状和防止低血压，可按病情补液。疼痛剧烈时，可给予止痛剂。

2. 预防

对疫区人群接种疫苗可提高免疫力。防止被蜱叮咬，采取灭蜱、灭鼠等措施。

（杜凤霞）

七、克里米亚-刚果出血热

克里米亚-刚果出血热(Crimean-Congo hemorrhagic fever)是一种蜱媒自然疫源性疾病，病原体是克里米亚-刚果出血热病毒。本病在国内首先发现于新疆巴楚，故又称新疆出血热。

(一) 病原学

克里米亚-刚果出血热病毒属于布尼亚病毒科(Bunyavinde)内罗病毒属(*Nairovirus genus*)。病毒颗粒呈圆形、椭圆形，直径为85～120 nm，外被包膜，单个或成群出现。光学显微镜下在鼠脑感染组织中可见到吉姆萨染色呈嗜碱性的有如红细胞大小的胞质包涵体，在电镜下可辨认包涵体所集聚的核糖体样致密颗粒，颗粒排列不规则，其外围常围以扩大的粗面内质网池，这些可能是抗原或病毒亚单位结构。

(二) 流行病学

1. 传染源

患者和动物宿主均为传染源，动物宿主既是蜱的寄生宿主，也是病毒的储存宿主。迄今已知20多种大、中、小型哺乳动物可感染本病毒。家畜也有不同程度的感染。一些蜱类是本病的传播媒介，已知7属30多种蜱感染本病毒。

2. 传播途径

人群感染主要通过蜱叮咬传播。此外，接触患者血液、分泌物、排泄物也可感染。

3. 人群易感性

人群普遍易感，但以青壮年为多。

4. 流行特征

(1) 地理分布：本病分布广泛，横跨欧、亚、非三大洲的30多个国家和地区。古北界、东洋界和埃塞俄比亚界三大动物地理区域内的草原、热带草原、半荒漠等多种生境，有其广泛的自然疫源。

(2) 季节分布：本病具有明显的季节性，一般从5月开始流行至10月消失，6～7月为发病的高峰期，这与蜱类的活动密切相关，但不同地区发病季节略有差别，其原因主要与当地气候、海拔、植被等因素有关。

(3) 人群分布：我国新疆的患者主要是荒漠牧场放牧的牧民、兽医、进入牧场打柴、狩猎及挖甘草者，以及剪羊毛、屠宰工人等，还有一部分是抢救治疗患者的医护人员。多数是青壮年。男女均可感染，但男性多于女性。

(三) 发病机制与病理

本病发病机理尚不清楚，病毒侵入机体后造成血管内壁损伤较严重，毛细血管扩张，通透性增高，发生皮疹、脱水、凝血功能障碍乃至极度贫血。重要器官出现病变;肺、肝、肾等细胞变性或坏死，发生肺水肿、肝脏大面积坏死、脑实质水肿、脑出血等。可见肺和肾功能障碍。

（四）临床表现

潜伏期为2～12天。起病突然，高热战栗、体温高、头痛剧烈，尤以前额和颞部剧痛难忍，以致患者眼睑下垂闭合、怕光、颜面呈痛苦表情。全身肌痛，四肢关节和腰酸痛剧烈，甚至难以行走。病程早期面部和颈部皮肤潮红，虹结膜、口腔黏膜以及软腭均见明显充血，呈醉酒面容。黏膜和皮肤在早期即可见到出血或淤血斑。口干、心跳过缓和低血压。起病后2～3天即出现鼻出血，有时持续数日，并有眩晕、恶心、食欲不振、呕吐或腹泻等症状。病程中期见有呕血，严重时连续大量呕血，同时发生血尿和柏油样血便。多有肝大，但脾大者少见。重症病程短，仅2～3天即可死亡。有些患者可发生脑膜炎而伴有颈项强直，神志不清乃至昏睡。

（五）诊断和鉴别诊断

本病较容易诊断。依据临床表现和流行病学资料，如表面黏膜和皮肤出现的出血点、淤血斑以及大出血的急性发作症状、来自疫区及在流行季节。鼻出血不止及易出血均属早期常见症状，对诊断有一定价值，如结合用患者血液早期进行乳鼠接种分离病原体，补体结合试验、间接血凝试验或间接荧光抗体试验为阳性者，即可确诊。本病血常规检查白细胞有显著减少，血小板减少。尿常规检查多有蛋白尿和血尿。

（六）防治

应采取综合治疗措施，患者必须卧床休息，以控制出血和抗休克为主。本病尚无特效药物，重点做好对症处理，为防止出血可输入血小板、血浆，并用止血剂。阿司匹林以及有抗血小板或抗凝血的药物均应禁用。对易引起继发感染的处理措施要加强监控，尽量避免采取静脉内给药途径、导管及类似措施。注意保护心肺，预防并发症，需要时给予输氧。对脱水、低血压和休克应采取得力措施，适当补充液体和电解质，以免因心肌损害而发生水肿。多巴胺是抗休克的有效药物，但应慎重使用。应恰当使用强心剂。目前尚无疫苗。

（木 兰）

八、落基山斑点热

落基山斑点热（Rocky mountain spotted fever）又称美洲斑疹热（American spotted fever）。病原体是立氏立克次体（*Rickettsia rickettsii*），是某些硬蜱传播引起的发热、出疹的自然疫源性急性传染病。

（一）病原学

立氏立克次体属于专性细胞内寄生的斑点热组A组的一种立克次体。平均长1 μm，宽0.2～0.3 μm，类似小的肺炎双球菌，两端稍尖，常成对排列。感染的组织标本经吉姆萨或麦氏等染色，可在显微镜下检出立克次体。

立氏立克次体产生1种毒素和溶血素，能被特异性免疫血清所中和。根据致病力不同，可分4种毒株（R、S、T和U），目前已从蜱中全部分离出，但在病人血中仅分离到2种毒株（R

和T)。

(二)流行病学

1. 传染源

小型哺乳动物的啮齿目、兔形目是主要传染源。人和家畜只是偶尔感染。对人群来说,犬是重要的传染源,犬在自然疫源地被蜱叮咬感染,形成立克次体血症,再经蜱在犬中传播,犬将蜱带至居民点而使人感染。硬蜱感染后,可携带立克次体达数年之久,并可经卵传递,也可视为储存宿主。

2. 传播途径

硬蜱是本病的传播媒介。自然感染立氏立克次体的硬蜱种类很多,一些蜱类在其生活史的任一吸血阶段,都可接受并传播立氏立克次体,或经卵垂直传递,或与其他动物间发生水平传播。自然情况下,人和家畜只是偶尔感染。不可能从人直接传染给人,也不会经咳嗽产生的飞沫传播。人感染本病的主要途径为:① 被感染蜱叮咬。② 通过皮肤(特别是破损皮肤)和黏膜受染。

3. 易感人群

人群对立氏立克次体普遍易感,从1个月的婴儿到89岁的老人均有发病报告,主要为与犬接触较多而易遭狗蜱叮咬的儿童和妇女;易受林蜱侵袭的农民、牧民、伐木工、筑路工、矿工、森林管理人员及其他野外工作者。

4. 流行特征

(1) 地理分布:除美国外,加拿大、墨西哥、哥斯达黎加、巴拿马、哥伦比亚、巴西等国也有流行,但迄今为止本病未超出西半球范围,故有将本病改名为“西半球斑点热”之建议。

(2) 季节分布:本病多见于温暖季节,和蜱的活动季节相关。主要媒介安氏革蜱的活动季节是春季和初夏,变异革蜱的活动季节是6～7月,美国83%的病例发生在4～8月,但全年都有散发病例。

(3) 人群分布:不同年龄、性别、职业的人群均有发病,在美国西部受感染者主要是农民、从事畜牧者、地质人员、护林员、伐木工人及猎人,多为壮年男性。

(三)发病机制和病理变化

以立克次体侵害全身小血管为主要特征。立氏立克次体进入人体后,首先侵入毛细血管内皮细胞的胞核,并迅速大量繁殖,引起内皮细胞水肿、变性和坏死,此后病变沿毛细血管内膜向较大的小血管扩展并累及该处血管的中层平滑肌细胞,形成坏死而导致血管破裂出血。由于血管壁上皮细胞和中层平滑肌病变,造成血管内膜及其中层坏死,引起血管血栓形成及梗死。

(四)临床表现

该病潜伏期为2～14天,平均为7天,愈短者病情愈重。患者大多有近期与蜱接触被叮咬后出现皮疹经历。该病往往发病急骤,先有畏寒或寒战,继之发热伴有全身不适、剧烈头痛、肌肉关节酸痛等。此外,有的患者还可出现消化功能紊乱、肌痛、畏光、呼吸道症状等不典型临床表现。

发病初期,患者脉搏快而充实,至第2周时,脉快而弱,血压偏低,易发生休克和肾衰竭。有时出现颈项强直、癫痫、谵妄、昏睡等神经症状。肝脾均可肿大。

皮疹一般在发病后第2~6天出现。皮疹初为淡红色斑疹,直径为1~5 mm,加压可退色。继而皮疹呈出血性,加压不退色,直至退热时开始变为棕色并开始脱屑。

(五) 实验室检查

病程早期白细胞多正常或稍偏低,但至病程中期白细胞常轻度增多至(12~15)$\times 10^9$/L,少数可于后期出现轻度贫血。心电图检查可示低电压,S-T段轻度下降及P-R间期延长等非特异性心肌受损的表现。脑脊液多清,生化检查也多正常,单核细胞偶尔轻度增多,血浆白蛋白常略降低。少尿或无尿的病人可出现氮质血症。

(六) 诊断和鉴别诊断

依据流行病学资料,结合病情、皮疹的分布、外观以及外斐反应、补体结合试验等,典型病例不难诊断。在立克次体病地方性流行区,根据跳蚤、虱子的侵染或蜱的叮咬史,以及典型的皮疹、发热等症状,考虑落基山斑点热;非典型病例易与其他感染性疾病如风疹、脑膜炎球菌败血症以及其他立克次体病如恙虫病、Q热、登革热、流行性斑疹伤寒及地方性伤寒等相混淆,尤其是同时存在斑疹伤寒的地区,更需仔细鉴别。

(七) 防治

氯霉素及四环素类药物为治疗本病的首选药物,不能服药者可行静脉注射。孕妇应首选氯霉素治疗;而对于儿童多首选用四环素类,将氯霉素作为二线药物。青霉素、磺胺及链霉素等对本病均无效。

(木　兰)

九、北亚蜱媒斑点热

北亚蜱媒斑点热(North-Asian tick-borne typhus),又名西伯利亚蜱媒斑疹伤寒(Siberian tick typhus),病原体是西伯利亚立克次体(*Rickettsia sibirica*)。

(一) 病原学

西伯利亚立克次体属于蜱媒斑点热组A亚组,在光学显微镜下,形态多样,呈杆状、卵形或纺锤形,杆状为(0.7~25) μm×0.3 μm,卵形立克次体为0.2~0.5 μm,以双球菌状存在,8~22 μm的纺锤形,着色性强。对西伯利亚立克次体标准株及中国分离株的超微结构研究发现:中国株与标准株的外部形态很相似。

(二) 流行病学

1. 传染源

小型啮齿动物如普通田鼠、东方团鼠(黑龙江虎饶地区)、长尾黄鼠、仓鼠、旅鼠等20余种动物,家畜如牛、羊、马或狗及野生动物等成蜱宿主,都可成为主要传染源。

2. 传播途径

主要通过蜱叮咬传播，其次是带病原的蜱被捻碎或压破以及随蜱排泄物排出的立克次体，通过皮肤黏膜、伤口引起感染。

3. 易感人群

人群普遍易感，受染后可获得强而持久的免疫力。不同年龄、性别和职业的人都可感染，发病与接触机会和免疫状态有关，隐性感染可形成免疫人群。重复感染尚未见报道。

4. 流行特征

(1) 地理分布：在我国，除东经80°～135°、北纬40°～50°的北方广大地区存在北亚蜱媒斑点热的自然疫源地外，在我国南方部分地区人和鼠血清中亦发现北亚热的血清学线索，如福建、广东和海南等地区。

(2) 季节分布：本病发病具有一定的季节性，季节分布与媒介蜱的消长相一致，一般多见于3～11月。尤其是春季，为蜱活动的高峰季节，人群野外作业亦较繁忙，故是北亚蜱媒斑点热的发病高峰期。

(3) 人群分布：不同年龄、性别和职业的人均有发病，发病多少主要与疫源接触机会和个人免疫状况有关。

(三) 发病机制和病理

人被带病原蜱叮咬的局部皮肤，可形成溃疡，呈现烧灼样中心点坏死的焦痂，周围有红晕及明显的炎性浸润，并伴局部淋巴结炎。镜下可见脓性纤维性出血性渗出物与坏死组织。病原体经蜱叮咬而侵入人体，引起立克次体血症，继而引发全身血管炎及血管周围淋巴结炎，病理损伤多发生于小动脉、静脉和毛细血管内膜；血管壁可有纤维样坏死性变，血管呈显著充血，有时出血。

(四) 临床表现

潜伏期平均为4～7天，有时可达13天，有近期蜱咬史，或出现头痛、肌痛以及全身不适和食欲不振等前驱症状。若为急性发作病例，则无前驱症状。整个病程良好，也无复发情况。本病的主要临床表现为发热、初疮、皮疹、神经症状、局部淋巴结肿大、心血管系统症状。

(五) 实验室检查

发热期，血液检查，血小板减少，白细胞计数呈中等度增多伴中性粒细胞升高。红细胞和血红蛋白常降低10%～15%，引起轻度贫血。血沉可在正常范围，亦可增快。淋巴细胞在疾病初期减少，而在恢复期增多。外斐反应检验有助于诊断，个别病例于发病第3天即出现阳性结果。

(六) 诊断和鉴别诊断

根据流行病学史，如发病地区、蜱叮咬史和流行季节以及患者近期与自然疫源的接触情况，结合临床表现，容易诊断。可行血清学及分子生物学检验等实验室检查。本病应与斑疹伤寒、麻疹、流行性脑脊髓膜炎等鉴别。

（七）防治

强力霉素、四环素、土霉素和氯霉素等均有良好疗效。四环素、氯霉素每天2 g或多西环素（强力霉素）每天0.2 g。疗程为5～7天。服药后1～3天病人体温渐退至正常。

（木　兰）

十、纽扣热

纽扣热（boutonneuse fever）亦称马赛热（Marseille fever）及地中海斑点热（Mediterranean exanthematous fever），病原体是康诺尔立克次体（*Rickettsia conorii*），是一种蜱传播的自然疫源性和经济疫源性共存的传染病。

（一）病原学

康诺尔立克次体形态及染色性质均类似立氏立克次体，可同时在宿主细胞的胞质及胞核中生长繁殖，但在胞质中数量较多。在鸡胚卵黄囊感染康诺尔立克次体后所见形态，一般呈杆状（0.27～0.37）μm×（0.401～0.93）μm。其超微结构和染色体与斑点热群其他立克次体相似。

（二）流行病学

1. 传染源

森林中鼠类以及犬在传染源中所起的作用值得重视，犬为蜱的主要寄主，使疫源地的蜱得以生存并有利于蜱与人的接触。自然感染的啮齿动物至少有15种，在埃塞俄比亚从绵羊血、南非家鼠中也曾分离到立克次体。

2. 传播途径

各期感染蜱通过叮咬人传播本病，此为人体被感染的主要途径。蜱粪或研碎的含立克次体的蜱也可经眼结膜或破损皮肤进入人体。实验室工作人员操作不慎亦可感染，提示经呼吸道感染的可能性。寄生于犬体的变异革蜱、血红扇头蜱为本病最常见的传播媒介。

3. 易感人群

人群普遍易感，病后可有相当持久的免疫力。

4. 流行特征

（1）地理分布：本病广布于欧、亚、非三洲的热带和温带地区。

（2）季节分布：本病全年都可发病，但随各地气候对媒介蜱类活动影响的差异，不同月份出现不同感染趋势。

（3）人群分布：不同年龄组，不同性别和不同职业均可受感染，但以频繁接触两类型疫源地中的家犬、啮齿动物和蜱类的人员高发。

（三）发病机制和病理

在被蜱叮咬部位可见肉芽肿样原发病灶。皮疹的主要病变为毛细血管及小动脉和小静脉的内皮细胞肿胀、增生及退变。发生血管栓塞，在血管栓塞周围有单核细胞和浆细胞浸润。

（四）临床表现

潜伏期为5～7天，偶可长达2周多。大多起病急骤，畏寒，寒战，继而体温高达40 ℃，伴乏力、剧烈头痛、肌肉关节痛、全身软弱、畏光、眼结膜充血。重者常出现烦躁不安以致谵妄等症状。初疮典型，蜱叮咬处常出现一直径为2～5 mm的焦痂，其中央为黑色坏死灶，四周有红晕，覆以深色焦痂。局部淋巴结常肿大。如蜱叮咬眼部，则可产生眼结膜炎或角膜结膜炎。于发热的第4天左右先自臂部出现浅红色斑丘疹，随即涉及躯干、面、手掌及足底以至全身。

（五）实验室检查

采用纯化的康诺尔立克次体抗原作补体，结合试验OX2与OX19阳性，急性期和恢复期双份血清滴度升高4倍或以上。

（六）诊断与鉴别诊断

根据患者是否来自纽扣热病流行区、有无蜱等叮咬、有无家犬和啮齿动物接触史以及接触本病病原体的既往史进行诊断；也可根据特殊黑斑，纽扣样的皮疹，疼痛的淋巴结炎等临床特征进行诊断。

（七）防治

可采用广谱抗生素治疗，如氯霉素、土霉素或四环素。病情较轻者服药2～3天后体温可恢复正常；病情较重者要采用支持疗法和对症治疗。

（木　兰）

十一、昆士兰蜱媒斑疹伤寒

昆士兰蜱媒斑疹伤寒（Queensland tick typhus，QTT）1946年发现于澳大利亚昆士兰，属斑点热组的一种轻型发热性立克次体病，临床特征颇似纽扣热。

（一）病原学

病原体是斑点热组的澳大利亚立克次体（*Rickettsia australis*），基因组全长约1.29 Mb，其抗原和生物学特点与斑点热组的其他立克次体相似。

（二）流行病学

一般认为有袋类动物（袋鼠）、牛、家犬和某些啮齿动物（鼠类）是本病原体的储存宿主与传染源，角突硬蜱（*Ixodes cornuatus*）、全环硬蜱（*Ixodes holocyclus*）和沓氏硬蜱（*Ixodes tasmani*）为本病的主要媒介。人被携带澳大利亚立克次体的硬蜱叮咬后可引起感染。本病常发生于媒介蜱类活动的高峰季节。

（三）发病机制和病理

蜱叮咬的局部，出现皮肤血管炎和血管血栓形成，进一步导致病灶焦痂。在病灶局部，澳大利亚立克次体在上皮细胞、巨噬细胞等靶细胞内增殖。T细胞免疫抑制允许立克次体在细胞内进一步增殖。立克次体入侵血管上皮细胞，导致血管内壁损伤和血管周围淋巴细胞和巨噬细胞的浸润。严重时，导致器官内血管炎和血栓的形成。

（四）临床表现

潜伏期为7～10天。起病徐缓，表现为全身不适、头痛、眼眶后和双侧颞部剧痛，在蜱叮咬的局部原发病灶呈现焦痂，并伴有淋巴结炎和淋巴结肿大。体温中度升高，呈弛张热或稽留热，持续1周或10天左右可降至正常。起病1～6天内常出现皮疹，其颜色、大小及分布情况不一，恢复期皮疹即行消退。脾可轻度肿大。少数感染可以发展为严重的脓毒血症伴多器官衰竭。

（五）实验室检查

对缺乏原发灶及皮疹者，可进行外斐试验，在恢复期其OX19及OX2均可阳性。目前，通过间接免疫荧光法利用立克次体斑点热组抗原检测相应抗体是诊断QTT的金标准。补体结合试验亦有助于诊断。可取患者发热期血液接种于豚鼠或乳鼠腹腔以分离病原体。

（六）诊断和鉴别诊断

据流行病学史和临床表现不难诊断。本病需与恙虫病及鼠型斑疹伤寒等鉴别。

（七）防治

用氯霉素或四环素族治疗。预防措施主要是灭蜱、灭鼠、防蜱叮咬与管理好袋鼠。

（热比亚·努力）

十二、阵发性立克次体病

阵发性立克次体病（paroxysmal rickettsiosis）是一种分布局限的蜱媒自然疫源性立克次体病。以起病急骤，伴有反复的短暂发作和肌痛症状，而无原发病灶和局部淋巴结炎为临床特征。

（一）病原学

阵发性立克次体病的病原体是鲁氏立克次体（*Rickettsia rutchkovskyi*），形态与染色特点均与战壕热立克次体相似。

（二）流行病学

1. 传染源

带毒的蓖子硬蜱及其幼蜱的宿主棕背䶄（*Clethrionomys rufocanus*）都是传染源。

2. 传播途径

病原体在蜱体内繁殖，通过媒介蜱类叮咬人体时传播感染。媒介蜱类在自然疫源地可经卵传递立克次体，故也是储存宿主。啮齿目和食虫目动物可能是储存宿主。

3. 人群易感性

人群普遍易感，但以在林区或野外从事活动的人感染机会多。

4. 生态与流行特征

感染或发病多在春夏季蜱类活动的季节，人与自然疫源的接触和被蜱叮咬机会决定感染的可能性。以散发病例为多见。

（三）发病机制和病理

蜱吸血时将病原体注入人体，随血液扩散到全身各器官，以中枢神经系统受损害为主，其他器官病变轻微。

（四）临床表现

潜伏期为7～10天。起病急骤，体温突然升高至39～40 ℃，持续高温5～6天，体温到正常。经2～3天后，再次发作2～3天，可反复发作1～3次。无初发病灶，也无局部淋巴结炎，偶有一过性玫瑰样斑疹。剧烈头痛和腰腿部肌痛，眼球有压痛感。

（五）实验室检查

发热期有蛋白尿，发病初血象的白细胞减少，恢复期前白细胞则有中度增加。对外斐试验所用变形杆菌各株抗原均呈阴性反应，凝集反应呈阳性，滴度在1∶(100～400)。补体结合试验敏感。

（六）诊断和鉴别诊断

注意与其他斑疹伤寒组和斑点热组蜱媒立克次体病鉴别诊断。

（七）防治

四环素、土霉素或氯霉素均有疗效。

（热比亚·努力）

十三、Q热

Q热（Query fever）是伯氏柯克斯体（*Coxiella burnetii*）感染所致人兽共患的自然疫源性传染病。临床以发热、头痛为主，呈多样表现，全身器官受累的急性或慢性经过为特征。

（一）病原学

伯氏柯克斯体（贝纳柯克斯体）隶属于立克次体科立克次体族柯克斯体属，为革兰阴性。我国惯称Q热立克次体。病原呈短小球形或杆状的多形性，大小为0.2～1.5 μm，无鞭毛或荚膜。超微结构由外表层（微荚膜和细胞包膜）、外周层（含核糖体颗粒）及中心致密体所组成。伯氏柯克斯体为细胞内专性寄生，在宿主细胞质空泡内繁殖，其繁殖方式为二分裂增殖。但在宿主细胞内定位不同，立克次体分布于胞浆内或核内，而柯克斯体位于细胞内吞噬溶酶体。巨噬细胞是其主要宿主细胞。柯克斯体有芽孢样形成，代谢最适pH为4.5，而立克次体无芽孢形态，代谢最适pH为7.2。伯氏柯克斯体的大分子结构包括脂多糖、蛋白质、肽聚糖和核酸，基因组全长约5 Mb，其中与毒力相关的编码蛋白有160余个，且多为膜蛋白。伯氏柯克斯体的基因型超过30种。

（二）流行病学

1. 传染源

Q热宿主种类多样，包含啮齿动物、鸟类、蜱、反刍动物和人等，其中牛、羊、马、犬等为主要传染源。迄今发现自然感染Q热的野生动物有90余种，鸟类70余种，蜱类70余种。经济疫源地的宿主动物，除常见的大牲畜牛、羊、骆驼外，狗、猫、猪等也有暂时宿主的作用，鸟类和家禽也可能参与Q热的传播。自然疫源地的宿主动物与经济疫源地的宿主动物，极可能生活在同一牧区草场、山缘、草地，又由于经济疫源地宿主动物产品流通较远，造成了Q热分布广泛。患者通常并非传染源，但病人血、痰中均可分离出Q热立克次体，曾有住院病人引起院内感染的报道，故应予以重视。

2. 传播途径

Q热病原体可经多途径感染给人，其中主要是呼吸道和消化道，皮肤黏膜的接触感染次之。蜱为Q热的重要传播媒介，全世界分离到Q热病原体的蜱类有70余种，分布在我国的有19种，即草原硬蜱、粒形硬蜱、全沟硬蜱、边缘革蜱、网纹革蜱、铃头血蜱、刻点血蜱、嗜群血蜱、亚洲璃眼蜱、亚东璃眼蜱、残缘璃眼蜱、嗜驼璃眼蜱、囊形扇头蜱、血红扇头蜱、图兰扇头蜱、短小扇头蜱、特突钝缘蜱、乳突钝缘蜱、微小扇头蜱，其中在铃头血蜱(*Haemaphysalis campanulata*)(四川)、亚洲璃眼蜱(新疆、内蒙古)、微小扇头蜱(海南)和毒厉螨(*Laelaps echidninus*)(福建)中分离出贝氏柯克斯体。各种蜱均能携带伯氏柯克斯体，通过吸血叮咬传给其他动物。病原体在蜱中肠细胞及其他组织内繁殖，并经期和经卵传递，含有大量病原体的蜱粪便、蜱基节液及组织，污染了动物皮毛或人的衣物后，再形成气溶胶，经呼吸道或接触感染。

3. 人群易感性

普遍易感。年龄与性别在感染或发病上的某些差异可能与人群接触疫畜和禽的不同情况有关。特别是屠宰场肉品加工厂、牛奶厂、各种畜牧业、制革皮毛工作者受染概率较高，受染后不一定发病，血清学调查证明隐性感染率可达0.5%～3.5%。

4. 生态与流行特征

Q热几乎遍布全球。已知90余种野生哺乳动物、70余种鸟类及70余种蜱类自然感染Q热立克次体。Q热在自然界和家栖环境有分布广泛、种类繁多的储存宿主，包括野生动物、鸟类、家畜和蜱类。蜱类除可经卵和经期传递Q热立克次体外，Q热立克次体还可在蜱体内存活数年至十年而不自净，在干燥蜱粪中可存活586天，有的甚至在死蜱体内还能存活10～14年。蜱类是传播媒介也是储存宿主。

（三）发病机制和病理

Q热病原体可经任一传播途径进入人体，但对侵入部位从不造成病变，而是很快进入血液循环中，造成全身立克次体血症，播散到全身各组织、器官，造成小血管、肺肝等脏器病变。侵犯网状内皮系统及结缔组织细胞，并破坏细胞代谢，在细胞内增殖，出现细胞过度增生。在胞浆内形成含有立克次体的空泡，细胞破裂后向细胞间所释出的病原体又侵犯邻近的组织细胞、巨噬细胞、周细胞以形成病灶过程。血管病变主要有内皮细胞肿胀，可有血栓形成。血管外膜受累产生血管周围炎，使小血管通透性增强，伴随细胞质流向炎性灶的中性粒细胞。由于中性粒细胞无力完全吞噬并消化所有立克次体，残余部分集聚在组织中而流向血液循环，再次形成立克次体血症，死亡后被溶解的立克次体所释出毒素导致临床上出现全身中毒症状。随病变的发展，机体出现过敏症及自身免疫过程，继而导致病程慢性迁延化。肺部病变与病毒或支原体肺炎相似。小支气管肺泡中有纤维蛋白、淋巴细胞及大单核细胞组成的渗出液，严重者类似大叶性肺炎。国外近年来有关于Q热立克次体引起炎症性假性肺肿瘤的报道。肝脏有广泛的肉芽肿样浸润。心脏可发生心肌炎、心内膜炎及心包炎，并能侵犯瓣膜形成赘生物，甚或导致主动脉窦破裂、瓣膜穿孔。其他脾、肾、睾丸亦可发生病变。

（四）临床表现

临床表现潜伏期通常为12～39天（平均18天）。起病急骤，恶寒战栗，体温迅即升高达39～40 ℃，呈弛张热，持续5～14天后分利下热。有时发热与无热期可交替出现。恶心，呕吐，剧烈头痛，腰肌和腓肠肌痛，眼眶、关节、胸部疼痛也时有发生。较少伴发肺炎、肝炎，个别有腹泻，或偶见皮疹。可并发脑炎、脑膜脑炎、心包炎、心肌炎、心内膜炎等，而出现临床上的相应症状。Q热会增加妊娠早期流产的风险，并增加妊娠后期早产或胎儿宫内死亡的风险。少数患者还可复发。

（五）实验室检查

1. 血象

白细胞计数正常或略低，或有所增高；中性粒细胞减少，相对淋巴细胞及单核细胞增加，通常可见4%～5%的浆细胞。血沉缓慢，红细胞、血红蛋白及血小板计数均可正常。

2. 血清学试验

常用补体结合试验、微量凝集试验、间接免疫荧光技术及酶联免疫吸附试验（ELISA）等。恢复期血清抗体滴度高于急性期4倍，即可确立诊断。补体结合试验显示Q热患者血清中IgM抗体高峰在第10～14病日，约持续10周后下降，单份血清现症诊断的抗体滴度需在1∶64以上为阳性。采用微量凝集试验可在病程初期检出IgM抗体，通常滴度在1∶8以上时为阳性。抗体仅可维持10周，故对确认近期感染有用。间接免疫荧光法适于发病早期检测，滴度高峰出现于发病第4～8周，通常在第二周即可检出特异性IgM，一般滴度在1∶16以上为阳性，而单份血清则需1∶128以上。ELISA法可适于发病第2～8周时检测IgM抗体。

3. 病原体分离

将患者血液或其他标本（痰、尿或脑脊液）悬液接种给豚鼠腹腔或皮下以分离病原体。将新分离株在动物体内连续传代或传给鸡胚，以利繁殖立克次体并作进一步鉴定。光学显微镜下初步检查,以便从所检标本中发现立克次体。

(六)诊断和鉴别诊断

Q热临床表现的多型以及多种并发症的可能出现,给临床诊断带来一定困难。应在排除伤寒、流感、肺炎等感染性热病和布鲁菌病、鸟疫及其他相关的动物源性疾病的前提下,突出与Q热感染有关的生态流行病学因素分析和实验室血清学、病原学的检查结果,加以综合判断而作出诊断。急性Q热应与流感、布鲁菌病、钩端螺旋体病、伤寒、病毒性肝炎、支原体肺炎、鹦鹉热等鉴别。Q热心内膜炎应与细菌性心内膜炎鉴别:凡有心内膜炎表现,血培养多次阴性或伴有高胆红素血症、肝大、血小板减少($<100\times10^9$/L)应考虑Q热心内膜炎。补体结合试验Ⅰ相抗体>1/200,可予诊断。

(七)防治

1. 一般疗法

住院卧床休息。针对所出现的并发症,采取对症治疗,可酌予5%葡萄糖液及对症处置。

2. 抗生素疗法

首选四环素。可选用金霉素、氯霉素。有心脏瓣膜病变者,可行人工瓣膜置换术。

3. 患者应隔离,痰及大小便应消毒处理

注意家畜、家禽的管理,使孕畜与健畜隔离,并对家畜分娩期的排泄物、胎盘及其污染环境进行严格消毒处理。屠宰场、肉类加工厂、皮毛制革厂等场所,与牲畜有密切接触的工作人员,必须按防护条例进行工作。灭鼠、灭蜱,对疑有传染的牛羊奶必须煮沸10分钟方可饮用。对家畜和接触家畜机会较多的工作人员可予疫苗接种,以防感染。死疫苗局部反应大;弱毒活疫苗用于皮上划痕或糖丸口服,无不良反应,效果较好。

(热比亚·努力)

十四、土拉弗氏菌病

土拉弗氏菌病(Tularaemia)或称野兔热、鹿蝇热,是一种急性、感染性人兽共患自然疫源性传染病,属于我国二类动物疫病。其致病菌是土拉弗朗西斯菌(*Francisella tularensis*,简称土拉弗氏菌)。

(一)病原学

土拉弗氏杆菌为革兰染色阴性的球杆菌,(0.2~0.7) μm×(0.2~0.5) μm,不形成芽孢,嗜氧。在含有葡萄糖-胱氨酸-血琼脂培养基中生长良好。本菌在水中存活能力强,可在13~17 ℃的自来水或井水中存活3个月,4 ℃水中存活5个月以上。可耐受−30 ℃低温,可在冻肉中存活3个月,咸肉中也能存活1个月。日光直射30分钟,60 ℃加热10~20分钟均可达到物理灭菌效果。本菌对消毒剂敏感,0.1%升汞水或1%煤酚皂溶液30秒均可杀菌。1%三甲酚溶液2分钟可杀死脾组织中的细菌。根据其生化特性,动物流行病学和对兔的毒力测定可分为二个主要亚种,A型即土拉热亚种(*F. tularensis* subsp. *tularensis*)和B型又叫全北区亚种(*F. tularensis* subsp. *holarctica*)。此外还有中亚亚种(*F. tularensis* subsp. *mediaasiatica*)只分布于中亚地区;新凶手亚种(*F. tularensis* subsp. *novicida*)分离株很少,只能使免疫力低下的个体患病。其中土拉弗氏菌A型主要见于北美洲,是该地区的主要土拉弗氏菌亚种。通过蜱、蝇叮咬或接触有传染性的动物传播。毒力强,死亡率曾高达5%~10.9%。皮下接种或吸入3~4个细菌即能发病,但一般不在人群间传播。土拉弗氏菌B型常见于北半球欧洲各国,主要发生于水生啮齿动物(海狸、麝鼠)、北美的野鼠及欧亚大陆的兔类和啮齿类动物。主要通过与动物直接接触,吸入气溶胶,摄入污染的食物、水或被节肢动物叮咬(主要是虱子和蚊子)而感染,对人和家兔的致病性较小。近年来在我国新疆北部地区分离出的菌株属欧亚变种。

(二)流行病学

1. 传染源

本病传染源可归纳为3类,即以兔形目和啮齿目为主的水陆栖哺乳动物,污染水体、草垛、动物皮毛、猎物,以及蜱、虻、蠓(库蠓属 *Culicoides*)、蚤(犬栉首蚤 *Ctenocephalides canis*)等媒介。主要传染源是野兔与鼠类。

2. 传播途径

病原体在蜱中肠和马氏管内繁殖,垂直传播,人经蜱叮咬或蜱粪污染伤口而受染。兔热病传播方式多样,破损皮肤直接接触到带菌的猎物,例如在剥制、加工皮毛及肉类的过程中;从事运草、移垛、打谷等农业活动;进食半熟肉和污染生水;与污染的水体接触乃至吸入感染性气溶胶等都可引起感染。通过蜱、虻等媒介节肢动物吸血叮咬而造成的感染,也颇多见。土拉弗氏杆菌侵入人体的途径有皮肤、口腔及眼部黏膜、呼吸道以及消化道等。经直接或间接接触传播、消化道及呼吸道等途径也可传播本病。

3. 人群易感性

人群不分年龄、性别和职业均呈中度易感。男性、猎人、屠宰工人、肉类皮毛加工厂工人、牧民等的发病率较高,这与接触机会较多有关。得病后多有持久的免疫力,再感染者少见。

4. 生态与流行特征

兔热病广泛分布于北半球。我国曾分别从患者、黄鼠、野兔、锐跗硬蜱和边缘革蜱分离出菌株,确认在通辽、嫩江、西藏、青海和新疆等地有本病或其自然疫源存在。

患者带菌量不多,对其周围几乎无传播危险。但本病多形态的自然疫源却对人类和动物具有经久性的威胁。自然疫源的分布区有森林、草原、荒漠与河谷、岸滩以及沼泽地。在美国,由安氏革蜱、变异革蜱、美洲花蜱及沼兔血蜱等媒介蜱类传播者占27%~56%。本病在前苏联地区的主要媒介蜱类为蓖子硬蜱、边缘革蜱、网纹革蜱和刻点血蜱等,欧洲的主要媒介蜱类为蓖子硬蜱等,日本则为褐黄血蜱和日本硬蜱。

(三)发病机制和病理

病原体经皮肤或黏膜侵入机体后,多数患者在局部引起原发的溃疡病灶。细菌首先顺淋巴管达到局部淋巴结,引起炎性反应,以致淋巴结肿大;一部分细菌被吞噬细胞消灭;其他细菌则侵入血循环,引起菌血症,细菌随血液循环散布至各器官,引致心、肝、肺、脾、肾等脏器出现一系列病变。受侵害的局部皮肤形成溃疡，扩及深部组织则发生干酪样坏死。溃疡周围通常集聚有多形核白细胞及上皮样细胞，用荧光抗体染色法可在单核细胞、大吞噬细胞及多形核白细胞内检出细菌。与溃疡相联通的深部和浅部淋巴结多被侵犯而呈局灶性坏死和化脓，但不发生腺周炎。肺部病变可见肺叶的实质性损害与胸膜下坏死灶的融合，并可发生脓肿。肝、脾、肾上腺可能肿大。咽喉、食管、胃、结肠、回肠、阑尾、肾、肾上腺、心包、脑与脑膜以及骨髓等均可发生肉芽肿，偶可发生中心坏死或化脓。

（四）临床表现

潜伏期通常为1周，短者仅数小时，长者2～3周。根据细菌的毒力、数量和进入体内的途径以及人体的免疫力等不同，临床症状变化较大。无临床症状的病例占所有病例的4%～19%。起病急骤，体温迅速上升达39～40 ℃，全身乏力，畏寒、头痛、背痛、全身肌痛。继病情发展，出现谵妄、昏睡、烦躁不安等急性全身中毒症状，患者体温再次上升，高热持续2～3周，徐缓下降。细菌侵入部位的局部淋巴结首先有痛感。2天内皮肤呈现原发病灶，多发生于手或手指。开始呈红丘疹，继而发生脓疱，破溃后形成中心性坏死，逐渐变成边缘较硬的溃疡。肿大的局部淋巴结亦可破溃，病程一般持续3～4周，恢复缓慢，需2～3月或更长。B型土拉弗氏菌病的症状较轻，一般不致死；而A型土拉弗氏菌病可导致横纹肌溶解、败血症和休克等。本病症状通常分为以下6型：

1. 溃疡腺型

此型最常见，占50%～80%。一般症状同前，大多为轻症，少数严重者表现有毒血症状。

2. 腺型

占患者的10%～15%。细菌虽多由皮肤侵入，但并不出现皮肤原发性病灶，主要是淋巴结肿大与发热，一般全身症状轻微。

3. 眼腺型

病原体侵入眼结膜而致结膜炎，局部明显充血，眼睑水肿，出现羞明、流泪及弱视等症状，严重者角膜可出现溃疡导致失明。耳前腺和颈部淋巴结可见肿大。

4. 咽腺型

以渗出性咽炎为多见。扁桃体上出现假膜和脓点，颈部淋巴结常见肿大。吞咽运动发生障碍，出现高热，病情严重者可因气管阻塞而致死。多发于儿童。

5. 胃肠型

常呈急性发作，体温升高，伴有痉挛性腹痛和水泻。偶可引起腹膜炎、呕吐、黑便等。

6. 伤寒型（全身型或胸膜肺型）

通常无原发病灶和局部淋巴结肿大。病菌进入血流而引起败血症，故全身中毒症状严重，临床与伤寒颇相似。有时伴有胸闷、肺部的严重感染以及腹泻，未经治疗时病死率可达30%。

（五）实验室检查

1. 周围血象

起病初期白细胞增多，为$(10\sim12)\times10^9$/L，以中性粒细胞增多为主。病程后期白细胞减少，淋巴与单核细胞比例上升，有杆状核中性粒细胞。

2. 细菌培养

将局部溃疡分泌物、肿大淋巴结、痰、洗胃液或急性期血液等标本，培养于葡萄糖脱氨酸血液琼脂培养基上，经48小时后可分离出病原菌。

3. 动物接种

将上述标本接种于小白鼠或豚鼠皮下或腹腔，一般于1周内死亡。病理解剖可发现肝、脾中有肉芽肿病变，从脾中可分离出病原菌。

4. 血清学试验

① 血清凝集试验：在病程第二周开始出现抗体阳性，1～2月后滴度达高峰，最高可达1∶1 280，抗体可持续数年。凝集效价1∶100或更高或者急性期和恢复期双份血清的抗体滴度升高4倍时具有诊断意义，并可以此排除布氏杆菌间的交叉反应。② 反向间接血球凝集试验：具有早期快速诊断的特点，经1～2小时可出结果。③ 免疫荧光抗体法：可用于早期快速诊断，特异性和灵敏性较好，1～2小时可出结果。

5. 皮肤试验

用稀释的死菌悬液或经提纯的抗原制备土拉菌素。接种0.1 mL菌素于前臂皮内，经12～24小时观察结果，呈现红肿为阳性反应，第3～5病日可出现反应。主要用于流行病学调查，对临床诊断不能排除以往患过本病的可能性。

（六）诊断和鉴别诊断

在本病多发地区，根据流行病学和临床表现似不难作出诊断，病原学检查有确诊价值。需与结核、真菌感染、鼠疫、炭疽、细菌性肺炎、淋巴瘤、布氏杆菌病、伤寒、斑疹伤寒、白喉、流感以及肺癌等相鉴别。

（七）防治

1. 抗菌治疗

链霉素为适于临床各型治疗的首选药物，其抑菌浓度低于0.4 mg/mL。成人每天1～2 g，分2次肌肉注射，共10～14天。治疗后24～48小时，淋巴结和皮肤溃疡中即不见细菌，但局部淋巴结肿大需数周后才消失。凡临床上疑似患者均应及早使用链霉素，这有利于防止并发症和降低病死率。庆大霉素是适宜的替代药物，剂量为每日每千克体重5 mg，它有与链霉素同样的疗效。四环素亦有效，日剂量为2 g，分4次口服，连用14天。对重症可用四环素注射液，开始2～3天内剂量为每日每千克体重30～50 mg，以后可减少至10～15 mg。氯霉素疗效亦好，儿童每日每千克体重30 mg，成人每日2～3 g，口服或静脉滴注，连用10～14天。对重症患者也可合并应用上述药物，以防产生耐药性。

2. 一般治疗

全身支持疗法也很重要。病人应予隔离，其排泄物、分泌物、用具等应进行消毒。肿大淋巴结如无脓肿形成，不可切开引流。

3. 预防

接种减毒活疫苗是有效的个人预防措施，接种一次，其免疫保护作用可长达5年。防止蜱、虻等吸血节肢动物和啮齿类动物叮咬。

（热比亚·努力）

十五、莱姆病

莱姆病(Lyme disease,LD)又称莱姆疏螺旋体病(Lyme borreliosis),是由伯氏疏螺旋体(*Borrelia burgdorferi*)感染所致人畜共患的蜱媒自然疫源性疾病。本病主要是通过硬蜱传播,一些哺乳动物和鸟类为该种螺旋体的储存宿主。莱姆病是一种侵害人体较多系统而呈现多种多样临床症状,具有由急性到慢性经过的全身性疾病。其特征为初发性皮肤损害,呈慢性游走性红斑,继而出现心脏损害、神经症状、关节炎等。

(一)病原学

伯氏疏螺旋体属非光能原核原生生物亚界(Scotobacteria)螺旋体纲(Spirochaetales)螺旋体目(Spirochaetaleslxt)螺旋体科(Spirochaetaceae)疏螺旋体属(*Borrelia*)。具有大而稀疏的螺旋3~10个以上,两端渐细,螺距为2.1~2.4 μm,菌体大小为(10~30) μm×(0.18~0.25) μm,鸟嘌呤与胞嘧啶比率为28%~30.5%,至少含有30种不同蛋白。细胞结构由表层、外膜、原生质体和鞭毛四部分构成。表层由含碳水化合物成分组成。外膜由脂蛋白微粒组成,具有抗原性的外膜蛋白(outer surface protein)有OspA、OspB、OspC等,其中OspA免疫人体可产生特异性抗体,具有保护作用;OspC具有高度异质性和强抗原性,能在感染后引起早期免疫反应抗原性强。伯氏疏螺旋体的可变膜蛋白E(variable major protein-like sequence expressed E,VlsE)也具有较强免疫原性。

伯氏疏螺旋体有三种基因分型,分别是狭义伯氏疏螺旋体(*B. burgdorferi sensu stricto*)、阿氏疏螺旋体(*Borrelia afzelii*)和伽氏疏螺旋体(*Borrelia garinii*),以及仅在北美流行的梅奥疏螺旋体(*Borrelia mayonii*)。欧洲中部和北部地区的蜱主要携带阿氏疏螺旋体,欧洲西部地区的蜱主要携带伽氏疏螺旋体,亚洲地区的蜱主要携带阿氏疏螺旋体和伽氏疏螺旋体。

(二)流行病学

1. 分布

本病在欧、亚、美、大洋、非五大洲80个国家都有分布。中国近30个省、市、自治区有此病的报道。我国莱姆病疫区主要在东北部、西北部和华北部分地区。已发现自然感染的蜱种有全沟硬蜱,自然感染率为22.9%及43%(黑龙江、吉林、内蒙古、新疆),以及日本血蜱(黑龙江,曾被误定为嗜群血蜱)、长角血蜱(北京)、残缘璃眼蜱(宁夏)、微小扇头蜱(广西)。在黑龙江省海林县林区从大林姬鼠、棕背䶄、花鼠、普通田鼠中发现了自然感染。在新疆证实天山林䶄,天山蹶鼠、普通田鼠及小林姬鼠的自然感染。肩突硬蜱、太平洋硬蜱、蓖子硬蜱等媒介蜱类均已证实经卵传递本螺旋体,它们兼为储存宿主。

2. 传染源

储存宿主为啮齿类动物和蜱类,它们及患病与带菌动物都是传染源。

3. 传播途径

病原体在蜱中肠内繁殖,人和易感动物皆因被携带螺旋体的蜱叮咬引起感染乃至发病。

4. 人群易感性

人群普遍易感,男性稍高于女性。

5. 流行特征

本病有明显的季节性,多发于5~8月间,春夏之交乃发病高峰期,这与媒介蜱类的活动高峰和季节消长相符合。发病似与年龄、性别无关,与人群的林区活动和职业特点有密切关系,主要取决于进入多发地区与自然疫源媒介兼储存宿主的蜱类实际接触的时间长短和频率高低。

(三) 发病机制和病理

伯氏疏螺旋体随媒介蜱吸血而注入人体,伴随血流散布至体内任何部位。游走至皮肤表面者引发慢性游走性红斑,从受侵害的皮肤红斑和血液中均查出过螺旋体。发病后数月仍有螺旋体存在于脑脊髓液和关节滑液中,以致临床症状持久绵延。侵入到各器官组织的螺旋体,可存活至病程晚期,致使恢复迟缓。

1. 发病机理

莱姆病发病机理尚未完全清楚,可能与以下因素有关。

(1) 基因型:基因型不同的伯氏疏螺旋体在致病性上有差异,临床表现亦不同,如狭义伯氏疏螺旋体主要引起与关节炎有关的疾病,而伽氏疏螺旋体与神经系统症状有关,阿氏疏螺旋体主要引起慢性萎缩性皮肤病变,但三种基因型均能引起慢性游走性红斑。

(2) 免疫病理损伤:病人可出现循环免疫复合物阳性、抑制性T细胞活性低下及白细胞介素-1(IL-1)活性增加等免疫学异常。感染早期,OspC抗原等刺激机体产生IgM,数周后冷沉淀球蛋白阳性,应用免疫组化法检测组织中IgG及莱姆病螺旋体抗体均显示阳性。此外,伴慢性关节炎病人的B细胞同种抗原DR3和DR4的频率增加。

由于免疫复合物沉积于组织中引起机体的慢性炎症和组织损害,表现类似关节炎的各种症状,所以临床表现常以莱姆病关节型多见。伯氏疏螺旋体细胞外膜中的脂多糖(LPS)刺激巨噬细胞产生IL-1、IL-6和肿瘤坏死因子(TNF-α)等。IL-1和TNF-α可诱导滑膜细胞释放胶原酶和前列腺素,前者可溶解关节中的胶原纤维引起关节侵蚀,后者可加重疼痛,感染后体内产生特异性抗体与抗原形成免疫复合物,激活补体使吞噬细胞释放各种针对免疫复合物的酶,如胶原酶、蛋白酶等,这些酶侵蚀骨骼组织引起类似关节炎的症状。TNF-α和硝基酪氨酸对神经鞘细胞和轴索有直接损伤。此外,病人的T细胞功能低下,IL-2水平下降,可能参与发病过程。

2. 病理特点

(1) 皮肤病变:早期为非特异性组织病理改变,组织充血,表皮淋巴细胞浸润。晚期以浆细胞浸润为主,见于表皮和皮下脂肪。皮肤红斑组织切片仅见上皮增生,轻度角化伴单核细胞浸润及表层水肿,无化脓性及肉芽肿反应。在皮下胶原纤维、小血管内及其周围可查到螺旋体。

(2) 神经系统:主要为进行性脑脊髓炎和轴索性脱髓鞘病变。病变处血管周围见淋巴细胞浸润,血管壁变厚,脑脊液中可查到螺旋体。

(3) 关节病变:滑膜绒毛肥大,纤维蛋白沉着,单核细胞浸润。关节炎病人滑膜囊液中含淋巴细胞及浆细胞。关节内皮及周围可见少数螺旋体存在。少数病人可发生类似于类风湿性关节炎的病理改变如滑膜、血管增生、骨及软骨的侵蚀等慢性损害。

(4) 内脏病变:病后几周内可出现心脏受累,在心肌血管周围有大量淋巴细胞浸润。其他可能受累的脏器有肝、脾、脑、肾、膀胱、淋巴结等。表现非化脓性细胞浸润，在病变局部可查到Bb-DNA。

(5) 眼病变：可累及角膜、巩膜、葡萄膜、玻璃体和视神经等，眼底改变为视乳头色淡、黄斑间有渗出物等。

(四) 临床表现

临床表现潜伏期长短不等，3～32天(平均7天)或更长。本病临床可分为3期，各期症状单独出现时多，但也有几期症状一起出现者。如一些患者仅有慢性游走性红斑，而在另一些病人并无此损害，但有神经和心脏受损害以及关节炎。

1. 第一期(局部皮肤损害期)

主要是出现慢性游走性红斑，见于大多数病例。以皮肤损害开始，常见于被蜱叮咬处出现红色丘疹和斑疹，约1周后扩大至平均直径8～10 cm，2周则达12～17 cm，2～4周其平均直径可达18～27 cm，个别有增至50～70 cm者，平均直径15 cm以上的环形红斑多见。典型者，中心淡浅，呈绯红色或苍白色硬块；非典型者，中心可起水泡或坏死。约半数患者可有多处皮肤损害，17%患者可出现2～36个红斑，即呈多斑性。皮肤损害可发生于体表的任何部位，而以大腿、腹股沟和腋下为最常见的发生部位。一般无痛感，可有灼热或瘙痒感。有时尚有局部或全身荨麻疹、面颊部皮疹以及继发性红斑等，红斑等皮肤症状平均约持续3周。病初常伴有发热、头痛、畏寒、乏力，轻度颈项强直，可有咽炎、关节痛、肌痛、腹痛、恶心、呕吐等症状。周身和局部淋巴结肿大也颇常见。偶有脾大、肝炎、结膜炎等。

2. 第二期(感染播散期)

病程数周至数月以后，出现的神经系统和心脏明显损害分别占15%和8%。神经侵害包括无菌性脑膜炎、脑炎、颅神经炎、脊髓的运动和感觉神经根炎、神经丛炎或脊髓炎等，这些病变可能反复持续数月之久，进而导致慢性神经异常。心脏异常表现为房室传导阻滞、心肌炎、心包炎、心肌肥大以及左心室功能障碍等，心脏改变通常可持续3天至6周，且可复发。

3. 第三期(持续感染期)

表现为慢性萎缩性软骨炎、莱姆病性关节炎和莱姆病性脑膜炎。约60%病人发生急性关节炎。一般是突然发作的单关节炎，或是游走性波及任何关节。可在感染后数周或数年内，间歇性反复发作。通常多侵犯大关节，特别是膝关节易受损害。可出现与类风湿性关节炎相似症状。

(五) 实验室检查

1. 血液检查

血沉加快，血清总免疫球蛋白M(IgM)增加，AST升高。

2. 脑脊液检查

在第二期时，脑脊液淋巴细胞、蛋白均增加，糖正常或稍低。

3. 镜检螺旋体

可疑标本(含蜱血淋巴)用光学显微镜暗视野直接检查螺旋体，可能阳性。

4. 细菌培养

将第一二期患者全血或脑脊液接种于BSK培养基中，置28～33 ℃温箱连续培养21天。

第10天可检查一下,至少传三代可阳性。按同样程序,也可将同种蜱10头制成悬液接种于BSK培养基中。

5. 动物接种

将可疑感染的动物剖杀,取其肝、蜱、肾等脏器作悬液,将悬液0.3 mL接种给金黄地鼠或小白鼠腹腔可分离出本螺旋体。

6. 检测抗体

血清学试验是全世界比较认可的莱姆病实验室诊断手段。对患者血清用免疫荧光抗体法或ELISA测特异性抗体,可阳性。在美国,莱姆病的诊断通常基于其特征性的临床表现结合血清学检查。美国CDC建议疑似莱姆病患者采用两步血清法检测,第一步使用IFA或者ELISA进行初筛,若检测阳性或者可疑,须进行第二步确证检测,即免疫印迹法。免疫印迹法采用重组伯氏疏螺旋体蛋白或人工合成的多肽作为抗原靶标,提高了抗原抗体反应的特异性。值得注意的是,有文献报道,仅20%～50%的患者在急性感染的早期阶段呈莱姆病IgM抗体阳性,直到抗生素治疗后2～3周的恢复期内,70%～80%的患者才呈现出莱姆病IgM抗体阳性。如果怀疑患有早期莱姆病,患者血清学阴性,则在患者急性期和恢复期血清学检查进一步确诊。晚期莱姆病患者血清对伯氏疏螺旋体抗原具有强烈的IgG免疫应答。

7. 分子生物学检测

分子水平的检测主要集中于以用聚合酶链式反应(polymerase chain reaction,PCR)技术为基础的方法,但也应注意伯氏疏螺旋体的DNA分子在螺旋体被杀死后依然会残留核酸片段,可能导致假阳性。

病媒接种诊断(Xenodiagnosis)、噬菌体靶向PCR技术、脑脊液趋化因子CXCL13水平分析、优化从全血提取培养伯氏疏螺旋体的方法等先进诊断技术也用于莱姆病诊断。

(六)诊断和鉴别诊断

本病早期发现并治疗及时,在游走性红斑期预后良好;在中晚期出现良性淋巴细胞增生或慢性萎缩性肢端皮炎时,则长期不愈,侵犯心脏严重时偶可致死。在本病流行病学特征基础上,明确患者的蜱咬史及自然疫源接触史,并发现皮肤有游走性红斑类的典型症状,一般在多发季节似不难作出临床诊断。对临床疑似患者及症状不典型者须作进一步实验室检查,如从患者、媒介蜱类、储存宿主动物的标本中分离本螺旋体;血液标本作间接荧光免疫试验或酶联免疫吸附试验等,阳性可以确诊。实验室检查结果应注意与梅毒等其他螺旋体感染相鉴别。

(七)防治

1. 抗生素疗法

(1) 第一期:口服四环素,成人每次250 mg,每天4次;儿童每天每千克体重30 mg,分4次服。或苯氧甲基青霉素,成人每次500 mg,每天4次;儿童每天每千克体重50 mg,分4次服。或红霉素,成人每次250 mg,每天4次;儿童每天每千克体重30 mg,分4次服。疗程均为10～20天,这几种抗生素对早期患者均有效,必要时可交替使用。

(2) 第二期:成人静脉滴注青霉素G,每天2 000万U,疗程为10天;口服四环素,每次500 mg每天4次,疗程为30天。儿童静脉滴注青霉素G,每天每千克体重3万U,疗程为

10天。

(3) 第三期：静脉滴注青霉素G，每天2 000万U，疗程为10天；或肌肉注射苄星青霉素G每周240万U，疗程为3周。对青霉素耐药或疗效不佳者，宜改用第三代头孢菌素。静脉滴注头孢噻肟2～3 g/d，疗程为10天；或肌肉或静脉注射头孢三嗪，1～2 g/d，每天2次，疗程为14天。

2. 其他疗法

非甾体抗炎药用于莱姆病关节炎的治疗，如消炎痛、芬必得等。糖皮质激素适用于莱姆病脑膜炎或心脏炎患者，症状改善后逐渐减量至停药。严重房室传导阻滞患者应积极对症处理。严重的关节炎可行滑膜切除。

3. 预防

避免或减少出入蜱的高密集区，从而减少蜱叮咬的可能性；疫苗研制是控制莱姆病在人群传播的有效途径，人用重组蛋白疫苗(OspA、OspC)正在临床试验中。

（热比亚·努力）

十六、蜱传回归热

蜱传回归热(tick borne relapsing fever)，是由疏螺旋体引起的一种人兽共患蜱媒传染病，存在于荒漠、半荒漠地带。该病临床上以多次反复发热为特征。

（一）病原学

蜱传回归热病原体是螺旋体科疏螺旋体属中的约20种螺旋体。病原体外形呈柔弱螺旋丝状，大多数种类全细胞均匀一致，两端尖，色略淡，一般长8～50 μm，宽0.25～0.4 μm，呈半圆形体，具有4～12个螺旋。沿体轴还有宽达0.1 μm的波状膜。在蜱体内多变得比较粗短。除上述典型特征外，还常见半卷曲状或全卷曲缠绕成团者。

（二）流行病学

1. 传染源

蜱传回归热螺旋体的媒介兼储存宿主为20余种钝缘蜱。在我国新疆的南疆灰仓鼠、大耳猬、小家鼠及家兔为储菌宿主。绵羊是南疆农村蜱的主要供血宿主。乳突钝缘蜱可长期携带病原体，蜱个体间时常发生叮食现象，可导致疏螺旋体在蜱间水平传播，乳突钝缘蜱能经卵传递波斯疏螺旋体，可导致螺旋体在蜱间的垂直传播，故蜱也是螺旋体的储存宿主。

2. 传播途径

通过媒介蜱直接叮咬传播为其主要传播途径，蜱吸血时螺旋体随血液进入人体血淋巴并扩散到各脏器内繁殖，蜱感染后3～10天能在唾液腺、基节腺、卵巢和体液内查见螺旋体。当染毒蜱叮咬人、动物或互相叮咬时，螺旋体随唾液进入创口，传播本病。偶有因接触基腺液或被压碎蜱体的液体，经破损皮肤受染。

3. 易感人群

人群对蜱传回归热普遍易感。因无先天免疫，进入自然疫源地的人群尤为易感。

4. 流行特征

本病分布比较广泛，除澳洲外，散布于亚、非、欧、美洲的热带、亚热带与部分温带地区，多发生于4～8月，并有两个高发期，4月和6～7月间，这与当地气温、媒介生态习性及人群活动等因素有关，前一个高峰是出蛰后的越冬蜱吸血引起，后一个高峰则和当年孵化的蜱传播有关。冬季气温低于6～11 ℃，蜱蛰伏不吸血，病例很少；但室内温度在14 ℃以上时，蜱仍可吸血，所以冬季仍可见个别病例。

（三）致病机制与病理

螺旋体侵入人体后随血行循环散布到各器官进行增殖而引起高热并反复发作。在体内抗体作用下部分螺旋体被凝集和溶解，留下的抵抗力强的螺旋体继续增殖，然后再引起新的高热发作。螺旋体引起内脏器官的变化及其变化过程，在呼吸器官可发生支气管炎、支气管周围炎、肺炎及肺气肿等；脑室和大脑组织发生血管丛内皮变性及出血性病灶，由于出现大量螺旋体与血小板凝集成块所致脑毛细血管血栓及软脑膜血管栓塞；内脏器官明显伴有心、肝、肾的蛋白与脂肪营养不良及肾上腺皮质细胞变性。

（四）临床表现

潜伏期为5～20天，通常为11～12天。患者在第一次无热期可见皮肤瘀斑或发疹，有时出现前驱症状，但以突发高热多见，体温上升至39～40 ℃，伴有恶寒、战栗、脉速。头痛剧烈，小腿肌痛，可出现呕吐，个别可有谵语及意识障碍。若突然降热而伴发低血压、虚脱、心衰时，则可致死。

（五）实验室检查

可有贫血、白细胞增高、单核细胞增多、嗜酸性细胞减少、血沉加快。从血液及脑脊液中可查出螺旋体。镜检阴性时可接种患者血液0.5～1.0 mL于豚鼠皮下或腹腔内，以分离螺旋体（1～5天后可采豚鼠血检查）。

（六）诊断与鉴别诊断

根据患者所在高危疫区、发病季节性、与自然疫源接触史、家栖环境出现钝缘蜱及有蜱叮咬史等一系列生态流行病学资料，综合本病发作的临床症状和实验室检查结果，可作出诊断。但在出现间歇性发作之前，需与斑疹伤寒、出血热、布鲁菌病、钩端螺旋体病以及疟疾相鉴别。

（七）防治

（1）一般疗法：卧床休息，给高热能饮食及充分液体，根据并发症给予治疗。准备应急处置以防病情恶化。

（2）抗生素疗法：每4小时肌注青霉素25万～30万U，疗程为5～7天。四环素或土霉素2 g/d，分4次服，连服7～10天。发作停止后，仍需在病房继续观察2周。

（3）预防措施：防止被蜱叮咬，搞好住所环境卫生，以防软蜱孳生、栖息。

（木　兰）

十七、人巴贝斯虫病

巴贝斯虫病(Babesiosis)是由巴贝斯虫属(*Babesia*)的多种原虫寄生于动物和人引起的一类血液原虫病的总称。原虫通过蜱类媒介寄生于宿主的红细胞内,在哺乳动物中间传播感染。多见于牛、马、羊等家畜、啮齿类动物及其他野生动物。巴贝斯虫病以蜱作为传播媒介,肩突硬蜱、蓖子硬蜱、全沟硬蜱以及扇头蜱属中的牛蜱亚属等为主要传播媒介。人巴贝斯虫病是由牛巴贝斯虫、马巴贝斯虫、啮齿类的微小巴贝斯虫等病原体感染所致。急性发病时似疟疾,临床上主要以发热、溶血性贫血、脾大、黄疸、血红蛋白尿和死亡为特征,近年亦有因输血致感染的报道。

(一)病原学

巴贝斯虫隶属原生物亚界(Protozoa)顶端复合物门(Apicomplexa)孢子纲(Sporozoa)梨浆虫亚纲(Piroplasmia)梨浆虫目(Piroplasmida)巴贝斯虫科(Babesiidae)巴贝斯虫属(*Babesia*)。主要有四大类巴贝斯虫具有人兽共患的能力,第一类为微小巴贝斯虫;第二类为杜氏巴贝斯虫(*Babesia duncani*);第三类包括双芽巴贝斯虫(*Babesia divergens*)和类双芽巴贝斯虫(*Babesia venatorum*);第四类为巴贝斯虫KO1型。巴贝斯虫依虫体大小可分为小型(1.0～2.5 μm)和大型(2.5～5.0 μm)两类,目前仅知小型种类可引起人巴贝斯虫病。

(二)流行病学

1. 传染源

传染源主要是病畜、啮齿动物以及媒介蜱类。

2. 传播途径

人被带原虫的蜱叮咬而感染。不同种的巴贝斯虫与蜱的种类有直接相关性。美国东北部以肩突硬蜱为主要媒介,将感染于啮齿类的微小巴贝斯虫传播给人;西南部以有环牛蜱为主要媒介,将感染于牛的双芽巴贝斯虫传播给人。欧洲发生的人巴贝斯虫病主要是由牛巴贝斯虫和双芽巴贝斯虫感染所致,媒介蜱类主要为蓖子硬蜱、全沟硬蜱以及牛蜱等。输入带虫者的血液亦是传播途径之一。

3. 易感人群

不分种族、年龄、性别,普遍易感。从非流行区进入流行区的动物或人容易感染巴贝斯虫病。

4. 流行特征

人巴贝斯虫病一般发生于畜间流行之后。家畜通过蜱类可感染给人。农牧场为本病好发地点。

(三)发病机制和病理

1. 发病机制

巴贝斯虫在红细胞内繁殖,因机械性损伤和掠夺营养,造成红细胞大量破坏,发生溶血性贫血;大量胆红素进入血流,引起黏膜、腱膜及皮下蜂窝组织的黄染。红细胞的减少引起机体所有组织供氧不足,造成氧化-还原过程破坏,稀血症、组织缺氧及血液中毒素的作用使毛细血管壁通透性增加,因而呈现溢血现象。血浆渗透压的降低和酸碱平衡的障碍导致机体内淤血和水肿的发生。肺循环内的淤血现象通常导致发绀和呼吸困难。体循环的淤血影响肝脏的活动,促进胃肠道病理过程发生。肝脏的解毒机能破坏促进了毒素的形成和蓄积,加剧了对大脑皮质功能的损害;肝脏糖代谢功能障碍,表现为血糖量显著下降。肾脏由于血液循环障碍、缺氧和中毒引起肾小管上皮的原发性退行性变化,表现为少尿及蛋白尿。激肽原酶产物可使血管通透性增高和血管舒张,从而导致循环障碍和休克,最后因严重贫血、缺氧、全身中毒和肺水肿而死亡。

2. 病理

主要表现为心、肺、肝、脾、肾等内脏器官充血、水肿和出血,脏器内有血栓形成,各内脏器官均被黄染,在肝脾中常可看到吞噬红细胞现象。皮下组织、肌肉结缔组织和脂肪呈黄色胶样水肿状。全身淋巴结肿大、柔软,尤以脾、肝淋巴结最为明显。脾和淋巴结的生发层中央和淋巴细胞衰竭。

(四)临床表现

以牛源和马源巴贝斯虫引起的临床症状最为明显和严重,主要表现为发热、寒战、溶血性贫血、出汗、肌痛、关节痛、恶心、呕吐以及衰竭等。人感染田鼠巴贝斯虫,症状较轻。症状的严重程度与人的年龄、原虫血症水平、机体免疫水平以及是否去脾密切相关。

(五)实验室检查

1. 血常规检查

红细胞计数显著减少,血小板明显下降,白细胞计数正常,血沉加快,高胆红素血症,乳酸脱氢酶增高。

2. 病原学检查

在体温升高的第1~2天,采取静脉血作涂片,吉姆萨染色,如镜检发现有典型虫体;血红蛋白尿出现时,可在血液中发现较多的梨籽形虫体。

3. 血清学检测

间接荧光抗体试验和酶联免疫吸附试验可用于染虫率较低的带虫动物检疫和疫区的流行病学调查。

4. 动物试验

将患者血液1.0 mL接种于金黄地鼠腹腔,在12~14天内可产生原虫寄生血症,1个月后采尾血,可见病原体。

5. 分子生物学诊断技术

包括核酸探针技术和聚合酶链反应,因敏感性高、特异性强、操作简便、耗时短等优点,目前已被应用于巴贝斯虫病的诊断。

(六)诊断和鉴别诊断

1. 诊断

应根据流行病学资料、临床症状、病理特征进行诊断。确诊需结合实验室检查结果判定。

2. 鉴别诊断

本病应注意与疟疾、立克次体病、其他伴有黄疸的疾病和病毒性肝炎等相鉴别。

(七) 防治

1. 治疗

应尽量做到早确诊,早治疗。除应用特效药物杀灭虫体外,还应针对病情给予对症治疗。

(1) 一般与对症疗法:注意休息、饮食。有高热剧痛者予以解热、镇痛处理。有明显溶血者,可予输血。

(2) 抗病原疗法:氯林可霉素为首选药物,对早产婴儿及已摘除脾脏的成人患者可加用奎宁。严重病例可采用换血治疗。

2. 预防

应尽早发现、隔离及治疗感染的家畜,并应灭鼠。防蜱灭蜱是预防本病的主要环节。对巴贝斯虫病除应用疫苗进行预防外,还可应用咪唑苯脲进行药物预防。

(杜凤霞)

十八、人埃立克体病

人埃立克体病(human ehrlichiosis)也称无斑疹落基山斑点热(Spotless Rocky Mountain spotted fever),是一种危害较大的人兽共患的自然疫源性疾病。

(一) 病原学

埃立克体隶属立克次体科的埃立克体族(Ehrlichiae),包括埃立克体(*Ehrlichia*)、考德里体(*Cowdria*)和新立克次体(*Neorickettsia*)3个属。目前所知,使人类致病的埃立克体主要有3种,第1种是侵犯人单核吞噬细胞引起腺热埃立克体病(*Sennetsu ehrlichiosis*,SE)的腺热埃立克体(*Ehrlichia sennetsu*,ES),第2种是引起HME的EC,第3种是致人粒细胞埃立克体病(human granulocytic ehrlichiosis,HGE)的人粒细胞埃立克体(*human granulocytic ehrlichia*,HGEa)。

埃立克体革兰染色阴性,用Romanowsky染色,呈蓝色或紫色;菌体呈球形、卵圆形、梭标状以及钻石样等多种形态;菌体平均长度为0.5~1.5 μm;多个菌体成串位于细胞质内,靠近细胞膜,集合成簇,在光学显微镜下状似桑葚包涵体,亦可见单个菌体存在细胞的胞质内。电镜下可见埃立克体存在于细胞膜相连的胞质空泡。

(二) 流行病学

本病的传染源是带埃立克体的典型或非典型的埃立克体病患者,隐性感染者也可成为主要传染源。研究发现小型啮齿动物是埃立克体的主要携带者,通过蜱将埃立克体传给人类。经人工感染试验,埃立克体也能使马、水牛、黄牛、羊、鹿、犬等动物感染致病。

HME和HGE的病原体在自然界脊椎动物的保存宿主尚不清楚,野生动物、家畜和小型啮齿动物可能是人埃立克体病的重要保菌宿主。

蜱叮咬携带埃立克体的野生动物、家畜动物和小型啮齿动物后，再次叮咬人时可将埃立克体注入人体引起人类埃立克体病。

(三) 临床表现

HME与HGE症状基本相同。发病急骤，高热，平均体温达39 ℃，可有头痛、乏力、肌肉疼痛、恶心、呕吐、厌食、不适等症状。严重时可出现剧烈头痛、神志不清、嗜睡、头面部神经麻痹、癫痫样发作、视力模糊、反射亢进、颈项强直或共济失调等。SE的临床表现一般较轻，从低热到寒战、头痛和关节痛，病人可有全身淋巴结肿大和轻度肝脾大，但以外周血的单核细胞计数和非典型淋巴细胞计数升高为SE的主要特征。

(四) 实验室检查

1. 常规检查

白细胞、淋巴细胞、血小板减少；约90%的HME和HGE患者肝功能异常；约一半患者血红蛋白水平或血细胞容积下降。

2. 特异性检查

(1) 白细胞内包涵体检查：采用少量外周血做血液涂片检查，25%～80%的HGE患者早期血片中的粒细胞胞质内可观察到埃立克体生长形成的桑葚样包涵体(Morulae inclusion body)，但HME患者的血涂片单核细胞胞质内桑葚样包涵体比例则很少。

(2) 血清学检查：将体外巨噬细胞或单核细胞培养的EC和粒细胞培养的HGEa制成抗原片，用IFA方法测定患者血清中与抗原对应的抗体，急性期的抗体效价与恢复期相差4倍以上。

(3) 分子生物学方法：从患者血液标本中分离出的白细胞中提取DNA作模板可使PCR检测的阳性率大为提高，特异性为100%。

(4) 病原体培养分离：动物接种，取可疑病人血接种小鼠腹腔，观察小鼠发病情况并采取直接血液涂片染色、IFA、PCR扩增等检查小鼠血液和脏器，确诊是否有埃立克体感染。

(五) 诊断与鉴别诊断

人埃立克体病是蜱传疾病，可询问发病前3周左右是否有与蜱接触或被叮咬史、是否来自埃立克体病流行区，有无与犬或其他宠物密切接触史以及患者有可能接触本病的既往史。发热是本病最常见症状之一，即急性埃立克体病的最主要症状是发热，而且常常是高热。

鉴别诊断：从本病临床表现看，类似于流行性感冒和莱姆病早期的患者，也与无形体病、土拉菌病等许多蜱传播疾病有相近之处，应注意鉴别。

(六) 防治

埃立克体对四环素类抗生素药物敏感。治疗HME和HGE首选强力霉素，亦可用四环素、青霉素，也可选用利福平。埃立克体病的全血细胞减少等症状可在抗生素治疗控制后消失，故在治疗时不需应用肝素。

(木　兰)

十九、人粒细胞无形体病

人粒细胞无形体病(human granulocytic anaplasmosis,HGA),曾称人粒细胞埃立克体病(human granulocytic ehrlichiosis,HGE),是由嗜吞噬细胞无形体(*Anaplasma phagocytophilum*)引起的一种经蜱传播的新发的动物疫源性传染病。

(一) 病原学

嗜吞噬细胞无形体属立克次体目(Rickettsiales)无形体科(Anaplasmataceae)无形体属(*Anaplasma*),是一类主要感染白细胞的专性细胞内寄生革兰阴性小球杆菌。

1. 形态结构及培养特性

嗜吞噬细胞无形体菌体呈球形、卵圆形、梭形等多种形态,直径为0.2～1.0 μm,革兰染色阴性,主要寄生在粒细胞的胞质空泡内,以膜包裹的包涵体形式繁殖,常多个菌体成串位于胞浆靠近细胞膜的部位,成簇聚集排列,每个包涵体含有数个到数十个菌体。用吉姆萨染色,嗜吞噬细胞无形体包涵体在胞质内染成紫色,呈桑葚状,直径一般为1.5～2.5 μm。嗜吞噬细胞无形体为专性细胞内寄生菌,主要侵染人中性粒细胞。

2. 遗传及表型特征

嗜吞噬细胞无形体的基因组大小约为1.47 Mb。G+C含量为41.6%,含有1 369个编码框。特征性基因为nⅢsp2以及AnkA基因,100%的菌株具有msp,2.70%的菌株具有AnkA基因。

3. 理化特性与生物学特性

嗜吞噬细胞无形体有专性细胞内寄生的特点,在活细胞外保存菌株唯一有效的方法是通过低温保存受感染细胞。嗜吞噬细胞无形体对土霉素和多西环素敏感,而对青霉素、氯霉素、链霉素及氨苄西林有抗性。

(二) 流行病学

1. 传染源

患者和动物宿主是HGA的主要传染源。病人具有传染性,动物宿主持续感染是病原体维持自然循环的基本条件。嗜吞噬细胞无形体的宿主种类有很多,小型啮齿动物是最主要的储存宿主,野生大动物也可作为储存宿主。我国东北、华中、华南等牧区的羊群为嗜吞噬细胞无形体重要的传染源;新疆地区羊、牛、马等家畜动物也存在嗜吞噬细胞无形体感染;南方的犬中也检测到了嗜吞噬细胞无形体。

2. 传播途径

(1) 蜱媒传播:蜱叮咬携带病原体的宿主动物后,再叮咬人时,病原体可随之进入人体引起发病。国外报道,嗜吞噬细胞无形体的传播媒介主要是硬蜱属的某些种。我国曾在黑龙江、内蒙古及新疆等地的全沟硬蜱中检测到嗜吞噬细胞无形体核酸,为主要媒介蜱类;东北以及华北地区森林革蜱、草原革蜱、嗜群血蜱也可自然感染嗜吞噬细胞无形体,其媒介作用还需要进一步调查研究。

(2) 接触传播:直接接触危重患者的血液、分泌物或带菌动物的血液、体液、内脏等,有可能会导致传播，但具体传播机制尚需进一步研究证实。

(3) 垂直传播：患有HGA的孕妇，通过围产期感染给新生婴儿的文献记载，提示存在母婴垂直传播的可能性。

(4) 血源传播：健康人群中存在一定比例的AP隐性感染者，国外已发现0.4%～0.9%义务献血者的血液中含有抗AP的抗体，说明存在通过输血传播HGA的风险。

3. 易感人群

人群对HGA普遍易感，各年龄组均可感染发病。

4. 流行特征

(1) 地理分布：HGA分布比较广泛，发病地域主要集中在浅山区与丘陵地带。

(2) 人群分布：不同年龄、性别、职业人群对HGA普遍易感。中国CDC培训资料显示发病年龄最大为78岁，最小19岁，40～60岁居多，但以50～59岁人群最多；我国不同地区男女HGA患者略有差异，总体男女之比为1∶2.7；其中农牧民发病率最高，约为94.2%，其次为林业工人、居民、旅游者、医护人员和军人。

(3) 季节分布：该病全年均有发病，发病季节主要集中在5～8月，其中6～8月为高发期，不同国家略有差异，多集中在当地蜱活动较为活跃的月份。

(三) 发病机制和病理变化

1. 发病机制

该病是人粒细胞无形体浸染人末梢血中性粒细胞引起的，经微血管或淋巴道进入血液和脏器，导致肝、脾、骨髓和淋巴等多系统、多脏器组织感染而发病，是严格细胞内生活的。其致病机理可能与基因调控、蛋白表达、抗原逃避D31及中性白细胞功能降低等相关，有待继续探究。

2. 病理变化

AP主要靶细胞为成熟的粒细胞，发现血液、脾脏、肺脏、肝脏等器官的嗜中性粒细胞中存在AP，被感染器官组织有较明显的病理改变，包括多脏器周围血管淋巴组织炎症浸润、坏死性肝炎、脾及淋巴结单核吞噬系统增生等，主要与免疫损伤有关。嗜吞噬细胞无形体感染中性粒细胞后，可影响宿主细胞基因转录、细胞凋亡，细胞因子产生紊乱、吞噬功能缺陷，进而造成免疫病理损伤。

(四) 临床表现

该病潜伏期一般为7～14天(平均9天)，临床表现多数轻微或无症状。有症状者表现为急性起病，主要症状为发热(多为持续性高热，可高达40 ℃以上)、头痛、乏力、肌肉酸痛以及恶心、呕吐、厌食等。部分患者有咳嗽、咽痛、腹泻、腹胀、呕血、便红、畏寒、结膜充血等。严重患者有意识障碍。少数患者(5%～7%)可出现严重的并发症，甚至病死。老年患者及免疫缺陷者感染该病后病情多较危急。

(五) 诊断与鉴别诊断

1. 临床诊断

(1) 了解流行病学史：如在发病前2周内有无被蜱叮咬史和直接接触过危重患者的血液

等体液。

(2) 临床表现:例如急性起病,主要症状为发热、全身不适、乏力、头痛、肌肉酸痛,以及恶心、呕吐、厌食、腹泻等。个别重症病例可出现皮肤瘀斑、出血,伴多脏器损伤、弥散性血管内凝血等。

(3) 实验室检测结果:如患者外周血涂片在中性粒细胞中找到桑葚体或IFA检查单份血清特异性抗体滴度升高≥1:80或血PCR检测阳性,为可疑诊断;患者血中培养分离到AP为确诊。结合上述3个要点综合分析给予临床诊断。

2. 鉴别诊断

HGA临床表现错综复杂,很容易漏诊误诊,需与人单核细胞埃立克体病(HME)、斑疹伤寒、斑点热、恙虫病、莱姆病、流行性出血热、登革热、伤寒、急性胃肠炎、病毒性肝炎、血小板减少性紫癜、粒细胞减少、骨髓异常增生综合征、皮肌炎、系统性红斑狼疮、风湿热、支原体感染、钩端螺旋体病、鼠咬热和药物反应等疾病相鉴别。

(六) 实验室检查

1. 血常规与生化检查

HGA患者的外周血白细胞和血小板减少,严重者呈进行性减少,异型淋巴细胞增多。谷丙(丙氨酸氨基转移酶,ALT)和/或谷草(天冬氨酸氨基转移酶,AST)转氨酶升高,一般高2~4倍。急性期患者外周血涂片用Wright's染色,在光学显微镜下桑葚体可见于中性粒细胞胞浆中,偶见于嗜酸性粒细胞;桑葚体形态大小不一,结构粗糙,颜色比邻近中性粒细胞更深、更蓝,有别于中毒颗粒;在20%~80%的急性期患者外周血涂片中可见到桑葚体,能否发现桑葚体与阅片者的经验及采血时间有关,一般认为在起病7天后很难找到。桑葚体对HGA有诊断价值,但其特异度高、灵敏度低。

2. 血清与病原学检测

急性期血清间接免疫荧光抗体(IFA)检测嗜吞噬细胞无形体IgM抗体阳性;急性期血清IFA检测嗜吞噬细胞无形体IgG抗体阳性;恢复期血清IFA检测嗜吞噬细胞无形体IgG抗体滴度较急性期升高4倍及以上。

全血或血细胞标本PCR检测嗜吞噬细胞无形体特异性核酸阳性,且序列分析证实与嗜吞噬细胞无形体的同源性达99%以上;免疫组织化学检测显示,活体组织检查或尸体组织检查证实存在无形体抗原;临床标本分离培养病原体,主要用HL60细胞进行分离培养。

(七) 防治

选用四环素类抗生素药物,首选强力霉素,对轻症患者口服即可,重症患者可考虑静脉给药;四环素有效,住院患者主张静脉给药,若对强力霉素过敏或不宜使用四环素类抗生素者,选用利福平。另外,体外研究发现,左氧氟沙星、氧氟沙星、环丙沙星有一定的抗菌活性,但目前在临床应用这些药物或其他氟喹诺酮类药物有效的依据不足。左磺胺类药有促进病原体繁殖作用,应禁用。

(木　兰)

二十、发热伴血小板减少综合征

发热伴血小板减少综合征(severe fever with thrombocytopenia syndrome,SFTS)是一种急性传染性疾病,由发热伴血小板减少综合征病毒(severe fever with thrombocytopenia syndrome virus,SFTSV)引起,又称淮阳山病毒(*Huaiyangshan virus*,HYSV),简称新布尼亚病毒。该病毒属于布尼亚病毒科(Bunyaviridae)白蛉病毒属(*Phlebovirus*)。主要传播媒介为长角血蜱,临床症状与人粒细胞无形体病极为相似,属于自然疫源性传染病。

(一)病原学

1. 病毒结构

SFTSV呈球形或椭圆形,直径为80～100 nm,病毒颗粒外有5～7 nm的双层脂质包膜,膜内凸起有5～10 nm长的糖蛋白棘突(Gn和Gc组成),内有病毒基因组和蛋白组成的核衣壳结构。基因组包含大(L)、中(M)、小(S)3个单股负链RNA片段:L片段全长有6 368个核苷酸;M片段全长有3 378个核苷酸;S片段全长有1 744个核苷酸。

2. 病毒属性及理化性质

SFTSV属于布尼亚病毒科白蛉病毒属,白蛉病毒属原有白蛉热病毒组和吴孔尼米病毒组2个组。病毒基因组末端序列高度保守,与白蛉病毒属其他病毒成员相同,可形成锅柄状结构。该病毒与布尼亚病毒科白蛉病毒属的Bhanja病毒的氨基酸同源性约为40%,与Uukuniemi病毒的氨基酸同源性约为30%。布尼亚病毒科病毒抵抗力较弱,不耐酸,易被热、乙醚、去氧胆酸钠和常用消毒剂及紫外线照射等迅速灭活。

3. 病毒在宿主体内作用特点

SFTSV具有广嗜性,可感染肝、肺、肾、子宫和卵巢等多种器官,以及免疫系统来源的细胞系,但不能感染T和B淋巴细胞源细胞系。有研究认为,树突细胞特异性细胞间黏附分子3结合非整合素因子(DC-SIGN)为SFTSV的可能受体。也有研究显示,不表达DC-SIGN的细胞也能被白蛉病毒属相应病毒感染,表明还有其他细胞受体存在。

(二)流行病学

1. 传染源

新布尼亚病毒可感染牛、羊、狗等脊椎动物和蜱等节肢动物,牛、羊、狗等动物血清中SFTS特异性新布尼亚病毒抗体检出率高,可能为储存宿主。

2. 传播媒介

(1) 蜱传播:目前蜱被认为是SFTSV的主要传播媒介,主要为长角血蜱,属中国优势蜱种。长角血蜱可携带SFTSV并经期和经卵传播,提示长角血蜱可能是SFTSV的自然宿主和储存宿主;SFTSV还可在长角血蜱和染毒小鼠之间相互感染,即从感染的动物体内获得病毒后又传播给动物,证实长角血蜱是传播媒介。部分病例发病前有明确的蜱叮咬史。

(2) 人与人传播:我国多地报告了SFTSV可通过人-人传播,主要通过直接接触患者血液、分泌物或通过黏膜接触方式造成,表明急性期病人及尸体血液和血性分泌物具有传染性,少数存在空气传播,续发病例临床症状轻,病死率低,早期诊治预后良好。近年来我国多地报道了SFTSV人传人的聚集性疫情，且首发病例均死亡。

(3) 饲养或野生动物传播：我国开展了大量的SFTSV血清学阳性筛查，发现SFTSV在小家鼠和褐家鼠中的感染率为8%，在黑线姬鼠中的感染率为7%。流行地区的家畜动物中广泛存在SFTSV，其感染率可能与蜱接触机会和自身易感性有关。

3. 易感人群

人群对SFTSV普遍易感，在丘陵、山地、森林等地区生产生活的劳动者，以及赴该类地区户外活动的旅游者感染风险较高。

4. 流行特征

(1) 地理分布：主要为散发，但具有较明显的地区聚集性。目前世界上有发热伴血小板减少综合征病例报道的国家有中国、美国、日本和韩国。中国约有23个省份报告了SFTS病例。SFTS多发生在植被良好、草木茂盛、气候湿润的山区和丘陵地带的农村地区，病例高度散发，多为一村一例。

(2) 季节分布：季节分布明显，不同地区的高发季节与发病高峰存在略微差异。发病季节主要集中在4～11月，5～7月为主要高峰期，9～10月为次高峰期。发病高峰期可能与气候及当地的农业活动如采茶等有关。同时，由于该病经蜱传播，优势蜱种为长角血蜱，该病的季节分布可能与长角血蜱的季节消长相关。

(3) 人群分布：人群普遍易感，该病与人类的生产活动密切相关，在丘陵、山地、森林等地区生产生活的劳动者，以及赴该类地区户外活动的旅游者感染风险较高，80%以上的病例为农民，男性患者多数是从事农业生产的农民和伐木工人，女性则大多与采茶、采野菜、摘蔬果等有关，部分病例有明确的蜱叮咬史。发病及死亡病例中，中老年人所占比例较大，年龄越大，病死率增高。我国大部分地区男性患者多于女性，这是因为种地、锄草、放牧等农活主要由男性来承担。河南省病例女性多于男性，可能与当地女性更多从事茶叶采摘有关。

（三）发病机制

目前，SFTS患者器官损伤变化的病理机制仍不清楚。通过对SFTSV感染模型鼠研究发现，脾是SFTSV的主要靶器官，肝、肾也是其靶器官，然而脾是SFTSV复制的场所，肝、肾中尚未发现SFTSV的复制。在接种SFTSV后1周内，脾内红髓区域的淋巴细胞明显减少，2周后开始恢复正常；进一步研究发现，脾内聚集了大量巨噬细胞和血小板，SFTSV和血小板共同存在于脾红髓区域的巨噬细胞胞质。体外试验表明SFTSV黏附血小板，有利于巨噬细胞吞噬血小板。这一发现指出SFTSV引起血小板计数减少是因为脾源性巨噬细胞清除了被SFTSV黏附的血小板。

（四）临床表现

典型的SFTSV感染一般经历4期：潜伏期、发热期、多器官功能不全期和恢复期或死亡。通过人传人感染模式潜伏期为6～15天；经蜱传播患者常因无法确定被蜱叮咬及确切时间，故潜伏期推测为5～14天。发热期是指最初起病的1周。多器官功能不全期是指发病的第7～13天。发病2周后开始进入恢复期，症状逐渐好转，检测指标逐渐恢复。

在发热期，主要为急性起病，主要临床表现为发热，体温多在38℃以上，重者持续高热，可达40℃以上，部分病例热程可长达10天以上，伴随有头痛、乏力、肌肉酸痛、腹痛、腹泻、淋巴结肿大等非特异性症状，查体部分病例有颈部及腹股沟等浅表淋巴结肿大伴压痛、上腹部压痛及相对缓脉。实验室检查可发现外周血白细胞计数减少，血小板降低，尿常规半数以上病例出现蛋白尿，生化检查可出现不同程度乳酸脱氨酶(LDH)、谷草转氨酶(AST)、谷丙转氨酶(ALT)、肌酸激酶(CK)、肌酸激酶同工酶(CK-MB)等升高。重症病例病毒载量急剧增加，病情发展迅速，如进展到多器官功能不全期，患者肝酶和心肌酶明显升高，可出现明显蛋白尿和出血，严重患者会出现多脏器功能衰竭和弥散性血管内凝血，常因肝肾功能障碍、呼吸衰竭和中枢神经系统症状等多脏器功能衰竭而死亡。进入恢复期后，所有的症状、体征和实验室检查指标逐渐恢复至正常。大部分病例预后好，少数病例会出现危重病情。血小板和白细胞降低是最早出现的实验室检测标志，且呈进行性降低，可作为SFTS早期诊断的依据之一。

(五) 诊断和鉴别诊断

可用病毒分离方法。SFTSV分离需要1～3周时间。IFA和ELISA可检测发病早期的IgM 抗体及恢复期的 IgG 抗体。此外，可用核酸检测方法，该法成本高，适合于患者早期诊断。

(六) 防治

到目前为止，SFTS 尚无特异性治疗方法，主要是常规进行支持和对症治疗。在体外细胞培养，利巴韦林可抑制SFTSV的复制，可酌情选用。但有研究表明，利巴韦林对SFTS患者的血小板数量和病毒载量并没有明显影响。在感染的急性期，多种促炎因子血清水平明显增高，血浆置换也许可以减轻患者细胞因子的失衡。有报道血必净注射液能降低发热伴血小板减少综合征的DIC评分，使血小板恢复正常。

(木　兰)

二十一、蜱媒立克次体病

南非蜱媒立克次体病(South African tick bite fever，ATBF)又名南非蜱咬热或南非蜱媒斑点热，1911年首先发现于安哥拉。

(一) 病原学

病原体是斑点热组纽扣热亚组的非洲立克次体(*Rickettsia africae*)，因在血清学上难与康诺尔立克次体鉴别，有人认为两者是分布于不同地区的同一病。但从它们的流行病学、媒介以及临床表现分析，又不尽相同。

(二) 流行病学

本病主要分布在南非，通常由幼蜱和若蜱传播，媒介蜱类有希伯来花蜱和血红扇头蜱等。血红扇头蜱通过实验室感染证实能经期和经卵传递立克次体，人被带毒蜱叮咬而感染。家畜牛作为主要储存宿主。野生动物保护区的游客、猎人、士兵和农民均为高危人群。

（三）发病机制和病理

蜱叮咬皮肤焦痂活检显示，皮肤表皮和真皮出现层楔形凝固性坏死，周围血管出现坏死性血管炎。

（四）临床表现

本病的潜伏期为1～2周。可有轻症、重症及慢性经过。主诉均有头痛、关节痛和肌痛等。可出现原发病灶及被蜱叮咬部位的出现多个焦痂、淋巴结炎和淋巴管炎。有低热或高热，可达39～40 ℃，可持续10～14天。头痛剧烈，颈项强直，眼结膜发炎，一般可在第5病日出现瘀点样皮疹。

（五）实验室检查

血清学用间接血凝试验和特异性微量免疫荧光法检测。外斐试验和PCR可以用于进一步检测。

（六）诊断和鉴别诊断

诊断根据流行病学特点及临床表现，并参照血清学和病原学检查（同组扣热方法）结果来确诊。注意与南欧斑疹热、疟疾鉴别。

（七）防治

治疗和预防同组扣热。治疗主要用四环霉素、强力霉素、氯霉素等。

（热比亚·努力）

二十二、内罗毕绵羊病

内罗毕绵羊病是由布尼亚病毒科内罗病毒属内罗毕绵羊病病毒（Nairobi sheep disease virus，NSDV）经蜱类媒介感染侵犯绵羊消化道等引起出血的病症。

（一）病原学

内罗毕绵羊病病毒属于内罗病毒科布尼亚病毒目。

（二）流行病学

该病毒能在具肢扇头蜱（*Rhipicephalus appendiculatus*）经期和经卵传递。目前该疾病主要流行于非洲东部乌干达、肯尼亚等国家和中国、印度等亚洲国家。该疾病的流行与畜牧业、气候变化、媒介蜱的自然分布有一定关系。

（三）临床表现

人群血清中有抗体，也有患者出现。发生过实验室感染，患者极度疲惫，出现恶心、呕吐、头疼等症状，发热48小时后恢复。绵羊感染后出现发热、急性胃肠炎、消化道出血和呼吸症状。妊娠母羊体温升高持续7～9天,常发生流产。

(四) 实验室检查

通过血清学ELISA、间接免疫荧光法和分子生物学RT-PCR等方法检测。

(五) 防治

积极研发兽用疫苗。加强个人防护,减少蜱叮咬的可能性。

(热比亚·努力)

二十三、伊塞克湖热

伊塞克湖热(Issyk-Kul fever)是布尼亚病毒科伊塞克湖病毒(Issyk-Kul virus)感染所致,1970年5月首次从褐山蝠(*Nyctalus noctula*)及蝙蝠锐缘蜱(*Argas vespertilionis*)分离得到伊塞克湖病毒。截至1974年在吉尔吉斯斯坦已从蝙蝠锐缘蜱分离出13株。1982年在塔吉克斯坦从蝙蝠锐缘蜱中分离出1株。1981年5～8月间发现首例患者。1983年在塔吉克斯坦西南部农村发生的一次流行中约有患者20例。人群血清中抗体阳性地区,除塔吉克斯坦外,尚有吉尔吉斯斯坦和土库曼斯坦。

(杜凤霞)

二十四、蜱瘫

部分蜱的唾液腺可以分泌能抑制肌神经乙酰胆碱释放的神经毒素,造成运动神经传导障碍,引起急性上行性肌萎缩性麻痹,称为"蜱瘫"。世界900多种蜱中,已描述55种硬蜱和14种软蜱会导致蜱瘫,且导致瘫痪的硬蜱多于软蜱。蜱瘫仅发生在蜱相对较长的吸血期,软蜱仅在幼蜱和若蜱期发生。

神经毒素分泌与硬蜱科雌蜱特定的饱血期一致。萼氏扇头蜱(*Rhipicephalus evertsi*)的毒性发生在吸血第4～5天,体重为15～21 mg。全环硬蜱(*Ixodes holocyclus*)引起的蜱瘫发生在吸血第4～5天之后,而变异革蜱发生在叮咬后6～8天。沃氏锐缘蜱(*Argas walkerae*)仅幼蜱导致蜱瘫,发生在吸血后第5～6天。这些表明蜱瘫与快速饱血期相一致,此时唾液腺会产生并分泌大量蛋白。蜱瘫主要是由于神经系统的功能削弱,导致全身无力、四肢瘫痪。这些是常见症状,多数神经毒素均有自己的特性,与其他蜱种的毒素相区别。目前,蜱瘫是蜱中毒研究最广泛、最深入的类型。

(一) 病原学

蜱瘫毒素是蜱唾液腺分泌的一种蛋白质,是一种神经毒素(holocyclotoxin),其蛋白组分还未确定,但初步实验证明其可能是含有大量脯氨酸的糖蛋白。它们不能被链霉蛋白酶(可以消化多种蛋白的蛋白水解酶)消化,原因是链霉蛋白酶没有脯氨酸酶活性。免疫细胞化学研究表明毒素来自于蜱唾液腺Ⅲ型腺泡的B细胞。有研究推测蜱瘫毒素可能存在于卵巢,在饱血后期卵开始发育时进入唾液腺。

几乎硬蜱科的所有属均会引起蜱瘫。一般来说，由全环硬蜱引起的蜱瘫不同于革蜱属和扇头蜱属引起的蜱瘫。① 硬蜱属：目前为止，多数引起蜱瘫的蜱几乎都来自硬蜱属，呈世界性分布，主要包括全环硬蜱、红润硬蜱、肩突硬蜱、蓖子硬蜱、棕色硬蜱（*I. brunneus*）、隆跗硬蜱（*I. gibbosus*）。最初记录的雷氏硬蜱（*I. redikorzevi*）引起的蜱瘫可能是其他类型的蜱中毒，表现为发烧和曲颈。② 血蜱属：已记录8种血蜱会引起蜱瘫。然而，仅喀奇血蜱（*Haemaphysalis kutchensis*）和刻点血蜱（*H. punctata*）确定会引起蜱瘫。在很多其他病例中，在宿主身上发现了其他属中能引起蜱瘫的种类，因此当评估蜱瘫的临床报告时，混合蜱种的叮咬是遇到的最大难题。③ 花蜱属：能引起蜱瘫的花蜱种类较多，主要包括斑体花蜱（*Amblyomma maculatum*）、卵形花蜱、阿根廷花蜱（*Am. argentinae*）。④ 革蜱属：已记录10种革蜱会引起蜱瘫，确定的是安氏革蜱、变异革蜱、犀牛革蜱（*D. rhinocerinus*）和西方革蜱（*D. occidentalis*）。⑤ 璃眼蜱属：杆足璃眼蜱（*Hyalomma truncatum*）是璃眼蜱中唯一确定引起蜱瘫的种类。此外，还会引起蜱瘫以外的其他中毒事件，如汗热病。⑥ 扇头蜱属：扇头蜱引起的蜱瘫病例多数已被证实，包括萼氏扇头蜱、突眼扇头蜱（*R. exophthalmos*）、瓦氏扇头蜱（*R. warburtoni*）。具环扇头蜱（*R. annulatus*）（原为具环牛蜱*Boophilus annulatus*）是牛蜱亚属中唯一种能引起蜱瘫的种类。扇头蜱属中，具肢扇头蜱和微小扇头蜱还能引起其他形式的蜱中毒。

软蜱中，沃氏锐缘蜱幼蜱能诱发雏鸡发生蜱瘫。从沃氏锐缘蜱吸血幼蜱体内分离出的毒素是两种蛋白质，可使数日龄的小鸡瘫痪，而饥饿幼蜱或饱血后的幼蜱则提取不到这种毒素，可见蜱瘫毒素仅在蜱吸血的过程中存在并发挥作用。软蜱导致的蜱瘫仅发生在未成熟阶段，导致的蜱瘫与硬蜱不同。① 锐缘蜱属：锐缘蜱属的非鸽锐缘蜱（*A. africolumbae*）、树栖锐缘蜱（*A. arboreus*）、拉合尔钝缘蜱（*Ornithodoros lahorensis*）、波斯锐缘蜱（*A. persicus*）、辐射锐缘蜱（*A. radiatus*）、桑氏锐缘蜱（*A. sanchezi*）和沃氏锐缘蜱的幼蜱，在实验室条件下可导致家禽瘫痪。所有的蜱瘫病例中，均与快速饱血期相一致（5～6天），并且一直持续到所有幼蜱饱血或终止寄生阶段。这种症状会随着幼蜱数量的减少而减轻，并且幼蜱全部脱落后症状消失。尽管没有关于锐缘蜱属的种类导致人类瘫痪的记录，但有记载人被翘缘锐缘蜱叮咬后会造成严重伤害。最近欧洲报道了多例人被翘缘锐缘蜱叮咬后会导致过敏反应。有趣的是，锐缘蜱中含有一种重要的过敏原并确定为一种lipocalin（Arg r1），与从塞氏钝缘蜱（*O. savignyi*）中分离的lipocalins具有同源性，这些均与蜱中毒有关。② 钝缘蜱属：尚无证据表明钝缘蜱和枯蜱能导致蜱瘫，但有些种类能引起宿主严重的其他中毒反应，包括疼痛、水泡、局部发炎、水肿、发烧、瘙痒、炎症反应等。这些种类包括：迷糊钝缘蜱（*O. amblus*）、好角钝缘蜱（*O. capensis*）、锥头钝缘蜱（*O. coniceps*）、糙皮钝缘蜱（*O. coriaceus*）、戈氏钝缘蜱（*O. gurneyi*）、塞氏钝缘蜱和长喙钝缘蜱（*O. rostratus*）。

（二）生态学和流行病学

蜱瘫是侵袭畜牧业的主要疾病之一。蜱瘫的诱因及症状的持续性和严重程度与雌蜱（体重达15～21 mg）的数量有关。活动地理区域广的蜱均具有毒性。红润硬蜱所导致的蜱瘫决定于被感染蜱的数量，而澳大利亚的全环硬蜱和美国北部的革蜱，仅单头蜱就足以引起麻痹和死亡。

在北美洲常有关于人和家畜发生蜱瘫的报道。自蜱瘫被认识后，发现安氏革蜱已造成上千只羊和家畜患病。在美国东部变异革蜱经常引起蜱瘫，尤其在6、7月份当其成蜱达到高峰时。另外有报道表明美国东部的斑体花蜱和肩突硬蜱也可导致狗患蜱瘫。

（三）发病机制和病理

与其他类似的具有麻痹症状的疾病相比，蜱瘫恶化迅速，可在几天内致命。麻痹与致瘫的机理是抑制了与神经肌肉接头处神经递质的分泌。一些学者认为蜱瘫毒素的麻痹致病与运动神经纤维尤其是较小纤维的传导阻滞有关，不是影响乙酰胆碱的生物合成，而是阻滞了乙酰胆碱的分泌释放，主要发生在神经肌肉接头和郎飞氏小结部位。

尽管全环硬蜱与一些革蜱所造成的蜱瘫最终表现相似，但其毒素的作用机制在某种程度上并不相同。全环硬蜱携带的蜱瘫毒素拮抗乙酰胆碱的分泌似乎依赖于温度，高温时更容易发生，当高于30 ℃时可完全阻断乙酰胆碱的分泌，这种毒素主要与神经末梢的离子通道相结合，从而阻断神经递质的释放，然而当毒素一旦被去除，这种阻断将会终止，即可恢复正常功能。

（四）临床特征

蜱瘫的显著症状是运动不协调。经过5～7天的潜伏期，此症状即可出现。在潜伏期会出现一些不确定的前期症状，如全身不适、食欲差、头痛、呕吐等，通常先由肢体远端开始麻痹，表现为弛缓性麻痹、运动性共济失调、肌无力、踝关节、膝关节及腹壁反射减弱等。随后逐渐呈上行性扩散，影响前肢，最后累及身体上部。然后四肢持续性麻痹及感觉减弱，最终因胸部肌肉麻痹而导致呼吸衰竭死亡。在发病过程中，体温和血压通常无变化。在北美，人类蜱瘫的潜伏期最长在8天后出现，但一般进展很快，病人运动不协调，四肢不能活动，不能屈伸，经常出现语言、呼吸、咀嚼和吞咽困难。对个别病例，尤其儿童，可能在症状出现后24～48小时内死亡。体温可能会升高，在延髓受累之前呼吸可维持正常，之后呼吸困难、不规则。在澳大利亚，被全环硬蜱叮咬后瘫痪的病人，其症状常在去除蜱后的24～48小时达到高峰，几周后才能恢复正常（与其他蜱类叮咬后症状相反）。有蹄类动物则表现为游走摇摆，然后迅速瘫倒或死亡。后肢最先受累，随后累及前肢，颈部及头部。总之，澳大利亚的全环硬蜱引起的蜱瘫在去蜱后症状反而快速恶化，甚至导致死亡，具体原因尚不清楚。其他蜱引起的蜱瘫在去除蜱后，症状可改善并可以完全康复。

（五）实验室检查

检查发病个体的体表是否有蜱寄生，并借助显微镜进行种类鉴定。

（六）诊断和鉴别诊断

由于蜱叮咬的宿主有多种类型，如人、犬、猫、牛、羊、兔、鼠等，故在诊断是否为蜱瘫时需要确定媒介蜱，以便与脑膜炎、狂犬病、脑性巴贝斯虫病、脑性泰勒虫病等相区分。

蜱常躲藏在体毛长或皮肤具有褶皱并难以触及的地方。多数病例发生在3～7月，这时蜱最为活跃。患者在蜱叮咬的4～7天，会感到不适、虚弱，并导致神经功能受损，同时出现复视、吞咽困难、共济失调等其他症状，以上症状常被误诊为格林-巴雷综合征。蜱瘫患者可以通过经肌电图和神经传导检查后确诊。患者去除蜱后，一般情况下1小时内症状明显减轻，并在24～48小时内可完全恢复。蜱瘫应与以下疾病相鉴别：Barre综合征（Guillain-Barre syndrome）、小脑性共济失调（cerebellar ataxia）、脊髓受压（spinal cord compression）、横贯性脊髓炎（transverse myelitis）、小儿麻痹症（poliomyelitis）、肉毒杆菌中毒（botulism）、有机磷中毒（organophosphate poisoning）、重症肌无力（myasthenia gravis）、脑脊髓炎（encephalomyelitis）、周期性瘫痪（periodic paralysis）、电解质疾病（electrolyte disorders）、白喉（diphtheria）、重金属中毒（heavy metal poisoning）、卟啉症（porphyria）、溶剂吸入（solvent inhalation）、胸骨麻痹（hysteric paralysis）等。目前，确诊蜱瘫的最好方法是在有前面描述的症状和体征的患者身上找到蜱。

（七）治疗与预防

在澳大利亚，发现蜱瘫后立刻静脉注射抗毒素，并且要在清除蜱之前注射，使抗毒素有足够的时间在体内循环，目的是在不干扰蜱叮咬的情况下，在原处杀死蜱来阻止唾液分泌。通过对比若干药品，发现盐酸酚苄明（一种α肾上腺素）治疗效果较为显著。

在蜱瘫预防方面已有许多商品疫苗生产。从蜱的唾液腺中提取的牛痘接种疫苗可以减少或预防过敏症状发生。平时应避免在有蜱的地方逗留。

（陈　泽）

第六节　蜱防制原则

目前蜱类的防制仍以化学防制为主。化学杀虫剂，如果使用正确，不仅有效而且符合成本效益；然而，由于使用不当，化学杀虫剂的抗性已成为严重的全球性问题，另外食品中的化学残留也日益成为消费者关注的问题。生物防制制剂在原则上是非常理想的，但是其在功效、生产、应用和稳定性方面遇到严重挑战。抗蜱疫苗作为一个单独的解决方案仍缺乏有效性。目前，针对蜱类防制尚没有任何单一的、理想的解决办法。国内外研究者在蜱类防制方面做了大量的工作，并取得了一定成效。但由于蜱的宿主种类繁多，分布区域广泛，生活习性多样，在防制上应根据蜱类的生物学和生态学特性，因地制宜，采取综合措施，才能取得良好效果，在此领域尚需开展更为深入的研究。

一、一般措施

（一）化学防制

利用药物灭蜱一直是控制蜱的主要途径。最早广泛应用的杀虫剂是砷，通过阻断ATP的合成和细胞呼吸杀死蜱。第二次世界大战以后，二氯二苯三氯乙烷（dichloro-diphenyl-trichloroethane，DDT）和六氯化苯得到广泛应用。DDT作用于膜上的钠通道，使其保持开放状态，不久蜱的神经系统被瓦解，导致死亡。有机氯制剂能在蜱体内长期残留，但也能长期沉积在野生动物体内，特别是鱼类和鸟类，通过食物链威胁人类健康。有机磷制剂应用于蜱类防制，主要通过抑制乙酰胆碱酯酶来阻断神经传递，引起蜱的迅速瘫痪或死亡。此类化合物毒性较小,但比有机氯化合物稳定性低,遇水和紫外线易分解。有机磷制剂对其他野生动物较安全,但大剂量会导致哺乳动物体内胆碱酯酶的活性下降。曾使用过的杀蜱剂还包括有机氮制剂(塔克蒂克、氨丙喂等)。上述药物虽然有效,但考虑到人畜安全和环境污染等问题,有的现已被禁用或限制使用。目前多采用拟除虫菊酯类化合物(如灭净菊酯类)和毒素类药物(如伊维菌素)。

由于化学杀虫剂的长期使用,使蜱对某些药物产生明显的抗药性。蜱已对环双烯、六氯化苯和一些有机氮杀虫剂产生抗药性,并且发现英国的一种蜱对当前使用的合成除虫菊酯类化合物有广谱抗药性,抗药性的产生大大降低了杀虫剂的作用效果,因此常用转换和混合用药来控制。

随着杀虫剂的应用,有关杀虫剂抗性的适当规划管理还有许多工作要做。蜱对一些杀虫剂的抗性会持续存在许多年,但并不是对所有的杀虫剂都这样。因此,很有必要从长远考虑,在利用现有化学品防制的基础上,进一步开发和研究实用安全和有效的化学新制剂。

(二) 免疫学防制

第一个商业发布的疫苗距今已有几十年,它是一个用来防制微小扇头蜱的重组抗原Bm86。这种疫苗可以减少饱血雌蜱的数量,减少蜱的体重,降低蜱的生殖力,即减少了下一代幼蜱的数量。一般地,疫苗只能在蜱的下一代中才能见到效果,因此在进行疫苗防治的同时必须使用杀虫剂来缓解短期的蜱类危害。疫苗野外施用的效果仅有简短报道。如在澳大利亚的一个奶制品牧场,抗牛蜱疫苗野外施用使蜱的数量在一代内减少56%,实验室条件下蜱的产卵力降低了72%。然而,现有的疫苗对实际防制的影响是比较小的,这既有科学上的原因也有商业上的原因,其中主要原因是杀虫剂本身的实用性。

由此产生的问题是如何改进目前的疫苗或创造替代疫苗。可以通过蜱抗原鉴定,如重组蛋白质,使疫苗达到一个有价值的保护水平,这包括单独或与数量有限的其他抗原合并。优化重组体Bm86使蜱的生殖力降低了90%,但对蜱直接死亡率的影响很小。如果这是公认的最低执行标准,那么目前几乎没有任何其他抗原达到此目标。疫苗的功效小于Bm86很常见。几种有一定效果的抗原的混合物可能会达到良好的保护效果,但是这一观点尚未得到深入研究。通过组合抗原可明显提升效能。虽然对一系列蜱种额外抗原的鉴定已经完成,但是大多数不是在实际应用中评估,而是在模式宿主上进行评估。

蜱目标抗原的研究迄今仍局限在功能类蛋白。其中包括结构蛋白(尤其是来自唾液腺)、水解酶以及其抑制剂(尤其是与止血过程密切相关的)和功能不明确的膜联合蛋白。其他的功能性蛋白如跨膜受体和离子通道是化学防制制剂主要攻击的目标,作为潜在疫苗目标尚未得到充分开发利用。家兔接种由两种肽一起构成的"voraxin",把正常交配过的雌蜱喂在被免疫的兔子上,74%的雌蜱吸血失败,体重未超过正常饱血体重的十分之一。

抗蜱疫苗在蜱类防制中具有很大的潜能,比传统的化学防制更具应用前景,但目前尚未实现大面积应用,主要原因是对疫苗的认识尚十分缺乏、技术不成熟和成本等问题。所以研究重点应集中在纯化、鉴定与蜱类生理功能密切相关的目标抗原,筛选抗原基因并应用分子生物学方法使该基因在微生物如酵母中表达以产生重组抗原,从而实现规模化应用。

（三）生物防制

生物防制是利用害虫的捕食性天敌、寄生虫或病原体对其防制，已广泛应用于有害昆虫的防制，并取得了显著成效。但在蜱类防制中的应用很少，最典型的实例是在马萨诸塞州西部利用寄生蜱的胡氏小猎蜂（*Hunterllus hookeri*）防治变异革蜱。有关蜱类生物防制的研究主要有下列几方面。

1. 病原真菌

真菌是蜱类的主要病原体，具有分布广、宿主范围宽、能穿过角质层进入宿主体内等特点。在自然界中，与蜱有关的真菌包括11种曲霉属（*Aspergillus*）、3种白僵菌属（*Beaveria*）、3种镰刀菌属（*Fusarium*）、1种瓶梗青霉属（*Paecilomyces*）和3种轮枝孢属（*Verticillium*）。欧洲的一些研究发现，真菌的感染会导致革蜱属、硬蜱属和其他蜱50%以上的死亡率。昆虫病原真菌（10^9孢子体/mL）能杀死具肢扇头蜱和彩饰花蜱的全部幼蜱、80%～100%的若蜱和80%～90%的成蜱，可使无色扇头蜱（*Rhipicephalus decoloratus*）的饱血雌蜱40%～50%死亡，使其卵的孵化率降低68%（白僵菌*B. bassiana*）或48 %（绿僵菌*Metarhizium anisopliae*）。用剂量为1 010孢子体/牛耳的白僵菌或绿僵菌喷洒叮有具肢扇头蜱的牛耳，分别导致76%/85%的死亡率，使其卵的孵化率减少了48%/75%。

2. 寄生线虫

在昆虫病原线虫（斯氏线虫属和异小杆线虫属）的侵染期，线虫体内携带有共生菌*Xenorhabdus* spp.，线虫进入宿主体内后，将共生菌释放到宿主血腔中而杀死蜱。研究发现，昆虫病原线虫对蜱也有一定的致死效应，线虫能有效地杀死具环扇头蜱（*Rhipicephalus annulatus*）的饱血雌蜱，其他种类的饱血雌蜱也能被这些线虫杀死。昆虫病原线虫能有效地杀死广泛分布于中国的森林革蜱和长角血蜱。长角血蜱雌蜱被线虫感染后其血淋巴总蛋白含量和酯酶发生变化，这种变化可能与蜱的防御和对昆虫病原线虫的适应有关。

3. 寄生蜂

发现有5种膜翅目小猎蜂属（*Hunterellus*）和嗜蜱蜂属（*Ixodiphagus*）昆虫能拟寄生于蜱，即胡氏小猎蜂（*Hunterellus hookeri*）、塞拉小猎蜂（*Hunterellus thellerae*）、多毛嗜蜱蜂（*Ixodiphagus hirtus*）、德州嗜蜱蜂（*Ixodiphagus texanus*）和麦索嗜蜱蜂（*Ixodiphagus mysorensis*）。它们将卵产在蜱体内（多为幼蜱），待发育为成虫后，从蜱体内钻出。若蜱体内也可寄生一至多个卵，寄生后不久，蜱即死亡。

4. 捕食性天敌

自然界某些动物能捕食蜱，如一些鸟类、啮齿类、蜥蜴、蚂蚁等。在新疆和河北发现蚁狮捕食硬蜱（璃眼蜱、革蜱、血蜱及扇头蜱），它们用上颚钳住蜱，2分钟后蜱即呈麻醉状态而死去。猎蝽科昆虫的若虫侵袭小亚璃眼蜱和囊形扇头蜱，将口器插入盾板下或假头基与躯体相连处，使蜱很快死亡。在房舍内，有的蜱往往陷入蜘蛛网内而死亡。全沟硬蜱的卵曾被革螨吃掉，饱血幼蜱曾被多足类消灭。据报道，外来红火蚁能有效杀死饱血雌蜱和卵，也能捕食幼蜱，引进此蚂蚁会使蜱的数量明显减少，但它们也会袭击其他动物，所以大量散放不现实。在肯尼亚的鲁多加岛和卡洛尼地区，分别在牛体和植物上用鸡进行了6次和5次捕食蜱类的实验，结果证明，鸡是蜱类的天然捕食者，在其他地区有可能用鸡作为蜱生物防制的一种手段。

（四）其他防制

随着科技进步和经济发展，蜱类的危害得以减轻，但要长期控制蜱类，使其达到不危害人、动物的水平，还比较困难。其原因主要有：① 蜱类生存、繁衍自然条件客观存在，与人类活动息息相关，大范围彻底消除其孳生场所是不可能的。② 目前盛行的化学防制中，大量化学杀虫剂的使用，既污染环境，又导致蜱类抗药性产生与发展。③ 随着社会发展，退耕还林、还草等生态保护工程的实施，促使适应蜱类的新环境不断涌现，日益频繁的物贸流通和人员流动又为其扩散创造了条件。④ 温室气体大量排放和全球变暖也为蜱类的快速繁殖和病原体的变异提供了机会，成为威胁人类健康的主要原因之一。这些都要求人们不断调整、改进和研发新的控制策略。

1. 植物驱蜱

一些植物能有效地杀死幼蜱，如糖蜜草（*Melines minutiflow*）、热带豆（*Stylosanthes hamata*）和粗糙笔花豆（*Stylosanthes scabra*）能捕杀微小扇头蜱的幼蜱。热带豆能分泌一种黏性物质，将幼蜱粘住，散发一种有毒气体将蜱毒死。据报道，肯尼亚东部地区大量生长的灌木丛植物（白花菜）对部分蜱类的幼蜱、若蜱和成蜱具有驱避和杀灭的特性，在野外调查中发现距离该植物2～5 m的区域内见不到蜱，因此认为在条件差的农场可用该植物对蜱作综合性的防治，前景可观。

近年来，已在许多药用植物中发现了多种生物活性成分，其中精油作为环保型候选杀蜱剂受到广泛关注，可在一定程度上控制蜱和蜱传疾病。如利用浓度为50 mg/mL和60 mg/mL的香茅草（*Cymbopogon citratus*）精油分别处理长角血蜱成蜱和若蜱，24小时后成蜱和若蜱死亡率分别为98.33%、100.00%和95.00%、100.00%，而幼蜱经40 mg/mL和80 mg/mL香茅草精油处理后，死亡率分别为93.66%和96.31%。成蜱、若蜱和幼蜱的LC50分别为29.21（25.90～32.58）mg/mL、28.18（23.78～32.25）mg/mL和28.06（25.57～30.90）mg/mL。肉桂（*Cinnamomum cassia*）粗提物处理24小时对长角血蜱饥饿幼蜱和若蜱的半致死浓度分别为11.56 mg/mL和49.18 mg/mL。肉桂精油、肉桂醛（肉桂精油活性成分）和氰戊菊酯（阳性对照）对饥饿幼蜱和若蜱具有明显的杀灭活性，对饱血幼蜱和若蜱也有杀灭活性。在若蜱吸血驱避实验中，33.86 mg/L的肉桂醛具有明显的驱避作用。

2. 不育防治

野外小规模实验表明，在蜱栖息环境中释放不育蜱，可有效防制其种群。该方法要求释放个体必须能保持一定的活力和竞争力，使不育蜱有充足的机会与异性接触交配。已证实利用^{60}Co照射雌蜱可使其完全绝育，所需剂量因种类而异，如微小扇头蜱、血红扇头蜱为10戈。中国曾用^{60}Co对小亚璃眼蜱进行照射，35戈以上能抑制其发育。

另外可通过杂交选育不育个体，这种技术在牛蜱防治中有报道。具环扇头蜱和微小扇头蜱易发生种间杂交，杂交后代中雄蜱不育，雌蜱可育。不育雄蜱与雌蜱交配后，能破坏雌蜱的生殖，减少蜱的再感染。对两种扇头蜱的杂交研究表明，具环扇头蜱雄蜱和微小扇头蜱雌蜱的杂交不育雄蜱有很强的杂交活性，平均1头雄蜱能与2 612头雌蜱交配。即使大多数雌蜱能饱血和产出大量的卵，但卵的孵化率几乎为零。因此，对于有种间交配现象的扇头蜱，大量释放杂交个体是可以考虑的防治方法。

化学不育也已用于蜱类防制研究。近年来，引起关注的一类化合物是早熟素Ⅱ。用这种化合物熏蒸变异革蜱的卵，导致卵孵化出的雌蜱部分或全部不育。用三胺硫磷处理微小扇头蜱可抑制饱血雌蜱产卵。用甲基涕巴处理变异革蜱，会使雄蜱活力减弱。用处理的雄蜱与未处理的雌蜱交配，可使卵的孵化率降低。

利用不育方法防制蜱类，仅仅停留在实验室阶段。考虑到其技术可操作性困难、步骤繁琐和费用高等因素，此方法在实际应用中可行性不大。

3. 基因组的应用

目前肩突硬蜱、全沟硬蜱、长角血蜱、森林革蜱、血红扇头蜱、微小扇头蜱、亚洲璃眼蜱的基因组已完成测序，为后续深入研究蜱类的系统进化关系、生理适应机制、蜱与蜱媒病原体的相互作用以及蜱类防治等提供便利。但由于蜱蛋白质知识的缺乏，蜱类基因组数据将成为蜱蛋白质组学研究的一个至关重要的组成部分，而且基因数据对挖掘潜在的疫苗或药物靶点具有十分重要的意义。

现阶段，利用基因组和生物信息学对细菌病原体疫苗靶点识别的成功率很小，主要原因可能是缺乏创建新疫苗靶点的相关知识。因此，继续鉴定和筛选当前蜱类的抗原序列非常重要。鉴定和辨别可能的疫苗抗原和杀虫剂靶点的新的分子生物学技术将会继续得到应用，如应用RNA干扰的方法鉴定美洲花蜱中组胺结合蛋白的功能。随着蜱类基因组信息的不断丰富和生物信息学技术的不断发展，疫苗组学(vaccinomics)将在蜱类疫苗开发研究中发挥越来越重要的作用。

二、综合治理

病虫害综合防制(integrated pest management，IPM)，是指系统的应用两种或两种以上的技术来控制有害生物种群，最终目的是防治害虫或寄生虫，实现比单一技术更可持续性、环境相容性和成本效益比更加合理的状态。对于蜱类的综合治理，就是把蜱类的控制视为一种管理系统或系统工程。这不仅涉及蜱类种群本身及其内部关系，以及它们与外部环境包含生物的和非生物的相互关系，而且在治理过程中，将所采取的各种措施(技术的、行政的、经营与管理的或生产建设的)与方法(生态学、生物学、物理学、化学、农业或环境的防制法等)视为有机的、统一的整体，讲求相互间的结合与协调，达到安全、有效、经济、简便的目的。因此，因时、因地、因种制宜，控制蜱类赖以生存的自然生态系统，使蜱类的种群数量维持在不足以造成危害的水平，从而达到保障人、禽、畜、野生动物资源、作物、森林植被、自然环境的安全和促进生产发展的目的。

综合治理是以生态系统作为管理单位，并注重合理调整系统内部各组成部分的相互关系，远远超越蜱类本身。其最终目标是要控制蜱类赖以生存的自然生态系统，使其种群维持在不足以造成危害的水平以下。因此，在蜱类综合治理原则的指导下，蜱类仅仅是控制的对象和目标，而不是全部内容。其中，更重要的是对其孳生地与栖息场所的治理。这就要求将蜱类孳生地、栖息场所和寄生宿主等进行无害化处理，促进和培育无蜱孳生的良好环境。

综合治理是一项复杂的系统工程，重视发挥生态系统中与蜱类种群数量变化有关自然因素的控制作用。蜱类与人和动物息息相关，在长期进化中形成十分密切的寄生共栖关系。因此，可以根据长期的定位研究资料，应用物候学、种群生态学和群落生态学的原理和方法，分析和确定主要和次要的治理对象，治理的时机、方法与适宜的治理范围，分析被治理的生态系统中各组分的功能、反应及它们之间的相互关系，了解系统中各个因素对蜱类影响的性质和程度，弄清它们在该生态系统中的地位和作用，以期揭示主要(优势)蜱种生活史或生态适应方面的薄弱环节及关键的自然控制因子，为设计重点打击“薄弱环节”，充分利用和扩大自然控制因子作用的防制对策提供可靠依据。

综合治理强调以预防为主。把握蜱类的孳生规律及其生物学特性是控制蜱类的关键步骤，因此，作为传染病防控的关键环节之一，提前预防，认真做好监测预警，才能有的放矢地做好控制工作。

蜱类综合治理策略强调整体效益，尽可能协调地综合各种安全、有效、经济、简便的治理措施。在综合治理的设计中，首先要分析不同措施、方法的有效控制对象、时限、范围及其影响因素，充分发挥不同措施或方法的优势特点。在具体运用上，要因时、因地、因种制宜，力求安全、有效、经济、简便，以期最大限度发挥措施协调的功能和取得最大的社会、经济与生态效益。

(于志军)

参考文献

辛昱娴，刘东霞，冯杰，2022.莱姆病诊断及治疗方法研究进展[J].国外医药抗生素分册，43(1)：10-16.

魏伟，2022.莱姆病的临床特点及处置要点[J].中国工业医学杂志，35(4)：340-342.

陈泽，杨晓军，2021.蜱的系统分类学[M].北京：科学出版社.

张培培，王毓秀，孙翔翔，2021.Q热病原学和流行病学特点及其防控[J].中国动物检疫，38(1)：81-86.

倪寅凯，路喆鑫，赵金龙，等，2020.Q热立克次体感染性心内膜炎一例[J].中华传染病杂志，38(3)：173-174.

赵清，逯军，潘翔，2020.人感染立克次体致病研究现状[J].中国热带医学，20(6)：583-588.

徐翠平，王玲，官文焕.莱姆病的临床与免疫[J].中国病原生物学杂志，2020，15(11)：1363-1365.

郝琴，2020.莱姆病的流行现状及防制措施[J].中国媒介生物学及控制杂志，31(6)：639-642.

田秀君，辛德莉，2020.莱姆病的诊断与治疗进展[J].传染病信息，33(2)：109-111.

苗广青，张琳，2020.中国莱姆病螺旋体PD91外膜蛋白A肽段的克隆表达及其免疫保护性的初步研究[J].中华微生物学和免疫学杂志，40(3)：218-224.

陈泽，刘敬泽，2020.蜱分类学研究进展[J].应用昆虫学报，57(5)：1009-1045.

周晓翠，孙翔翔，张喜悦，2019.土拉杆菌病特征及其国内外流行状况[J].中国动物检疫，36(4)：53-57.

刘思彤，尹家祥，2019.Q热立克次体主要宿主动物、媒介及其疾病影响因素[J].重庆医学，48(24)：4261-4264.

史晓敏，黄婷，2019.莱姆病的实验室诊断及研究进展[J].中华检验医学杂志，42(10)：890-893.

李朝品，2019.医学节肢动物标本制作[M].北京：人民卫生出版社.

刘增加，郑龙，张爱勤，等，2018.人粒细胞无形体病临床流行病学与防治研究现状[J].中华卫生杀虫药械，24(5)：417-421.

郑龙，刘增加，2018.埃立克体病流行病学研究及防治现状[J].西北国防医学杂志，39(5)：295-302.

王宇明，李梦东，2017.实用传染病学[M].4版.北京：人民卫生出版社.

许明，芦乙滨，2017.发热伴血小板减少综合征研究进展[J].河南医学研究，26(11)：1971-1973.

于志军，刘敬泽，2015.蜱传疾病及其媒介蜱类研究进展[J].应用昆虫学报，52(5)：1072-1081.

刘敬泽，杨晓军，2013.蜱类学[M].北京：中国林业出版社.

里奇曼，惠特利，海登，等，2012.临床病毒学[M].3版.陈敬贤，周荣，彭涛，等，译.北京：科学出版社.

陈雪洁,2012.两种血蜱的生物学特性及系统发生关系分析[D].石家庄:河北师范大学.

陈泽,孙文敬,罗建勋,2011.蜱类毒素与蜱中毒的研究进展[J].中国兽医科学,41(10):1085-1091.

文心田,于恩庶,徐建国,等,2011.当代世界人兽共患病学[M].四川:科学技术出版社.

许诺,李凤,许正文,2010.纽扣热病的研究现状[J].医学动物防制,26(3):215-216.

刘增加,2010.蜱传染疾病防治手册[M].北京:军事医学科学出版社.

李朝品,2009.医学节肢动物学[M].北京:人民卫生出版社.

李朝品,2006.医学蜱螨学[M].北京:人民军医出版社.

唐家琪,2005.自然疫源性疾病[M].北京:科学出版社.

王宇明,胡仕琦,2005.新发感染病[M].北京:科学技术文献出版社.

贺联印,许炽熛,2004.热带医学[M].2版.北京:人民卫生出版社.

陆宝麟,吴厚永,2002.中国重要医学昆虫分类与鉴定[M].郑州:河南科学技术出版社.

于心,叶瑞玉,龚正达,1997.新疆蜱类志[M].乌鲁木齐:新疆科技卫生出版社.

刘增加,1997.莱姆病[M].兰州:兰州大学出版社.

孟阳春,李朝品,梁国光,1995.蜱螨与人类疾病[M].合肥:中国科学技术大学出版社.

陈国仕,1993.蜱媒感染性疾病[M]//陈菊梅.新编传染病诊疗手册.北京:金盾出版社.

邓国藩,姜在阶,1991.中国经济昆虫志(第三十九册)·蜱螨亚纲·硬蜱科[M].北京:科学出版社.

刘蔼年,胡运韬,1991.Lyme病及其眼表现[J].国外医学:眼科学分册,15(6):346-349.

陈国仕,1990.克里米亚-刚果出血热、蜱传斑疹伤寒、北亚蜱媒斑点热、落基山斑点热、兔热病、莱姆病、巴贝虫病[M]//黄玉兰.实用临床传染病学.北京:人民军医出版社.

柳支英,陆宝麟,1990.医学昆虫学[M].北京:科学出版社.

邓国藩,1987.中国经济昆虫志(第十五册)·蜱螨目·蜱总科[M].北京:科学出版社.

陈友绩,1987.军队流行病学[M].3版.北京:人民军医出版社.

陈国仕,1983.蜱类与疾病概论[M].北京:人民卫生出版社.

陆宝麟,1982.中国重要医学动物鉴定手册[M].北京:人民卫生出版社.

耿贯一,1979.流行病学:第2卷[M].北京:人民卫生出版社.

AGWUNOBI D O, 2022. Acaricidal effects of the essential oil of *Cymbopogon citratus* and its mechanism of action on *Haemaphysalis longicornis*[D]. Shijiazhuang:Hebei Normal University.

NWANADE C F, 2022. Acaricidal activity of plant extracts and essential oil and their isolated compounds against *Haemaphysalis longicornis*[D]. Shijiazhuang:Hebei Normal University.

ANDO N, KUTSUNA S, TAKAYA S, et al., 2022. Imported african tick bite fever in Japan:a literature review and report of three cases[J]. Intern. Med., 61(7):1093-1098.

BAI Y, ZHANG Y, SU Z, et al., 2022. Discovery of tick-borne karshi virus implies misinterpretation of the tick-borne encephalitis virus seroprevalence in northwest China [J]. Front. Microbiol., 13:872067.

BELTZ L A, 2021. Zika and other neglected and emerging flaviviruses: the continuing threat to human health [M]. Elsevier.

BECHELLI J, RUMFIELD C S, WALKER D H, et al., 2021. Subversion of host innate immunity by *Rickettsia australis* via a modified autophagic response in macrophages[J]. Front. Immunol., 12:638469.

HARTLAUB J, GUTJAHR B, FAST C, et al., 2021. Diagnosis and pathogenesis of nairobi sheep disease orthonairovirus infections in sheep and cattle[J]. Viruses, 13(7):1250.

GHANEM-ZOUBI N, PAUL M, 2020. Q fever during pregnancy:a narrative review[J]. Clin. Microbiol. Infect., 26(7):864-870.

MATTINGLY T J , SHERE-WOLFE K, 2020. Clinical and economic outcomes evaluated in Lyme disease: a systematic review[J]. Parasit. Vectors, 13(1):341.

APOSTOLOVIC D, MIHAILOVIC J, COMMINS S P, et al., 2020. Allergenomics of the tick *Ixodes rici-*

nus reveals important α-gal-carrying IgE-binding proteins in red meat allergy[J]. Allergy, 75(1):1-4.

DIAZ J H, 2020. Red meat allergies after lone star tick (*Amblyomma americanum*) bites[J]. Southern Med. J., 113(6):267-274.

GHANEM-ZOUBI N, PAUL M, 2020. Q fever during pregnancy: a narrative review[J]. Clin. Microbiol. Infect., 26(7):864-870.

JIA N, WANG J, SHI W, et al., 2020. Large-scale comparative analyses of tick genomes elucidate their genetic diversity and vector capacities[J]. Cell, 182:1-13.

MARENDY D, BAKER K, EMERY D, et al., 2020. *Haemaphysalis longicornis*: the life-cycle on dogs and cattle, with confirmation of its vector status for *Theileria orientalis* in Australia[J]. Vet. Parasitol., 277: 100022.

MARTINS T F, TEIXEIRA R H, BENATTI R, et al., 2020. Life cycle of the tick *Amblyomma humerale* (Parasitiformes: Ixodida) in the laboratory[J]. Int. J. Acarol., 46(5):351-356.

MADISON-ANTENUCCI S, KRAMER L D, GEBHARDT L L, et al., 2020. Emerging tick-borne diseases[J]. Clin. Microbiol. Rev., 33(2):1-34.

MATTINGLY T J, SHERE-WOLFE K, 2020. Clinical and economic outcomes evaluated in Lyme disease: a systematic review[J]. Parasit. Vectors, 13:341.

PARK Y, KIM D, BOORGULA G D, et al, 2020. Alpha-gal and cross-reactive carbohydrate determinants in the n-glycans of salivary glands in the lone star tick, *Amblyomma americanum*[J]. Vaccines, 8:18.

XU Z M, YAN Y J, ZHANG H S, et al, 2020. A serpin from the tick *Rhipicephalus haemaphysaloides*: involvement in vitellogenesis[J]. Vet. Parasitol., 279:109064.

KRASTEVA S, JARA M, FRIAS-DE-DIEGO A, et al, 2020. Nairobi sheep disease virus: a historical and epidemiological perspective[J]. Front. Vet. Sci., 7:419.

DEHHAGHIM, KAZEMI SHARIAT PANAHI H, HOLMES E C, et al., 2019. Human tick-borne diseases in Australia[J]. Front. Cell. Infect. Microbiol., 9:3.

HENNEBIQUE A, BOISSET S, MAURINA M, 2019. Tularemia as a waterborne disease: a review[J]. Emerg. Microbes. Infect., 8(1):1027-1042.

FREAN J, GRAYSON W, 2019. South african tick bite fever: an overview[J]. Dermatopathology (Basel), 6(2):70-76.

CHEN X, LI F, YIN Q, et al., 2019. Epidemiology of tick-borne encephalitis in China[J]. PLos One, 14(12):e0226712.

HENNEBIQUE A, BOISSET S, MAURINA M, 2019. Tularemia as a waterborne disease: a review[J]. Emerg. Microbes. Infect., 8(1):1027-1042.

HIRSCHMANN J V, 2019. The discovery of q fever and its cause[J]. Am. J. Med. Sci., 358(1):3-10.

KEMENESI G, BÁNYAI K, 2019. Tickborne flaviviruses, with a focus on Powassan virus[J]. Clin. Microbiol. Rev., 32:e00106-17.

MANS B J, FEATHERSTON J, KVAS M, et al., 2019. Argasid and Ixodid systematics: Implications for soft tick evolution and systematics, with a new argasid species list[J]. Ticks Tick-Borne Dis., 10(1):219-240.

RAJAIAH P, 2019. Kyasanur forest disease in India: innovative options for intervention[J]. Hum. Vacc. Immunother., 15(10):2243-2248.

SAIJO M, 2019. Severe Fever with Thrombocytopenia Syndrome[M]. Singapore: Springer.

YANG L E, ZHAO Z, HOU G, et al., 2019. Genomes and seroprevalence of severe fever with thrombocytopenia syndrome virus and nairobi sheep disease virus in *Haemaphysalis longicornis* ticks and goats in Hubei, China[J]. Virology, 529:234-245.

YOSHII K, 2019. Epidemiology and pathological mechanisms of tick-borne encephalitis[J]. J. Vet. Med.

Sci., 81(3):343-347.

MILLER J R, KOREN S, DILLEY K A, et al., 2018. A draft genome sequence for the *Ixodes scapularis* cell line[J]. F1000Research, 7:297.

SHAH S Z, JABBAR B, AHMED N, et al., 2018. Epidemiology, pathogenesis, and control of a tick- borne disease-Kyasanur Forest Disease: Current Status and Future Directions[J]. Front. Cell. Infect. Microbiol., 8:149.

STEWART A, ARMSTRONG M, GRAVES S, et al., 2017. *Rickettsia australis* and queensland tick typhus: a rickettsial spotted fever group infection in Australia[J]. Am. J. Trop. Med. Hyg., 97(1):24-29.

PEÑALVER E, ARILLO A, DELCLÒS X, et al., 2017. Ticks parasitised feathered dinosaurs as revealed by Cretaceous amber assemblages[J]. Nat. Commun., 8:1924.

GULIA-NUSS M, NUSS A B, MEYER J M, et al., 2016. Genomic insights into the *Ixodes scapularis* tick vector of Lyme disease[J]. Nat. Commun., 7:10507.

KIM T K, RADULOVIC Z, MULENGA A, 2016. Target validation of highly conserved *Amblyomma americanum* tick saliva serine protease inhibitor 19[J]. Ticks Tick-Borne Dis., 7(3):405-414.

SHIME A, 2016. Nairobi sheep Disease: A Review[J]. J. Biol. Agr. Health, 6(19):7-11.

WEN T H, CHEN Z, ROBBINS R G, 2016. *Haemaphysalis qinghaiensis* (Acari: Ixodidae), a correct original species name, with notes on Chinese geographical and personal names in zoological taxa[J]. Syst. Appl. Acarol., 21(3):267-269.

ATKINSON B, MARSTON D A, ELLIS R J, et al., 2015. Complete genomic sequence of Issyk-Kul virus [J]. Genome Announc., 3:e00662-15.

BOGOVIC P, STRLE F, 2015. Tick-borne encephalitis: A review of epidemiology, clinical characteristics, and management[J]. World J. Clin. Cases, 3:430-441.

BRITES-NETO J, DUARTE K M, MARTINS T F, 2015. Tick-borne infections in human and animal population worldwide[J]. Vet. World, 8(3):301-315.

WALKER P J, WIDEN S G, FIRTH C, et al., 2015. Genomic characterization of Yogue, Kasokero, Issyk-Kul, Keterah, Gossas, and Thiafora viruses: Nairoviruses naturally infecting bats, shrews, and ticks[J]. Am. J. Trop. Med. Hyg., 93:1041-1051.

YU Z J, WANG H, WANG T H, et al., 2015. Tick-borne pathogens and the vector potential of ticks in china [J]. Parasit. Vectors, 8:24.

NELSON C, HOJVAT S, JOHNSON B, et al., 2014. Concerns regarding a new culture method for borrelia burgdorferi not approved for the diagnosis of Lyme disease[J]. MMWR, 63(15):333.

BANETH G, 2014. Tick-borne infections of animals and humans: a common ground[J]. Int. J. Parasitol., 44(9):591-596.

BURGER T D, SHAO R, BARKER S C, 2014a. Phylogenetic analysis of mitochondrial genome sequences indicates that the cattle tick, *Rhipicephalus* (*Boophilus*) *microplus*, contains a cryptic species[J]. Mol. Phylog. Evol., 76 (1):241-253.

BURGER T D, SHAO R, LABRUNA M B, et al., 2014b. Molecular phylogeny of soft ticks (Ixodida: Argasidae) inferred from mitochondrial genome and nuclear rRNA sequences[J]. Ticks Tick-Borne Dis, 5(2):195-207.

CHEN Z, LI Y, LIU Z, et al., 2014. Scanning electron microscopy of all parasitic stages of *Haemaphysalis qinghaiensis* Teng, 1980 (Acari: Ixodidae) [J]. Parasitol. Res., 113:2095-2102.

NELSON C, HOJVAT S, JOHNSON B, et al., 2014. Concerns regarding a new culture method for *Borrelia burgdorferi* not approved for the diagnosis of Lyme disease[J]. MMWR, 63 (15):333-333.

WALKER A R, BOUATTOUR A, CAMICAS J L, et al., 2014. Ticks of domestic animals in Africa: a guide to identification of species (Revised Edition) [D]. Edinburgh: The University of Edinburgh.

AL'KHOVSKIĬ S V, L'VOV D K, MIU S, et al., 2013. The taxonomy of the Issyk-Kul virus (Iskv, Bunyaviridae, Nairovirus), the etiologic agent of the Issyk-Kul fever isolated from bats (Vespertilionidae) and ticks *Argas* (*Carios*) *vespertilionis* (Latreille, 1796) [J]. Vopr. Virusol., 58(5): 11-15.

DE LA FUENTE J, OCTAVIO M, 2013. Vaccinomics, the new road to tick vaccines [J]. Vaccine, 31 (50): 5923-5929.

PFÄFFLE M, LITTWIN N, MUDERS S V, et al., 2013. The ecology of tick-borne diseases [J]. Int. J. Parasitol., 43(12/13): 1059-1077.

SONENSHINE D E, ROE R M, 2013. Biology of ticks: volume 2 [M]. 2nd ed. New York: Oxford University Press.

ZHENG H, LI A Y, FIELDEN L J, et al., 2013. Effects of permethrin and amitraz on gas exchange and water loss in unfed adult females of *Amblyomma americanum* (Acari: Ixodidae) [J]. Pest. Biochem. Physiol., 107(2): 153-159.

CHEN X J, YU Z J, GUO L D, et al., 2012. Life cycle of *Haemaphysalis doenitzi* (Acari: Ixodidae) under laboratory conditions and its phylogeny based on mitochondrial 16S rDNA [J]. Exp. Appl. Acarol., 56(1): 143-150.

CHEN Z, YANG X J, BU F J, et al., 2012. Morphological, biological and molecular characteristics of bisexual and parthenogenetic *Haemaphysalis longicornis* [J]. Vet. Parasitol., 189: 344-352.

YU Z J, THOMOSON E L S, LIU J Z, et al., 2012. Antimicrobial activity in the egg wax of the tick *Amblyomma hebraeum* (Acari: Ixodidae) is associated with free fatty acids C16: 1 and C18: 2 [J]. Exp. Appl. Acarol., 58(4): 453-470.

ZHENG H Y, YU Z J, ZHOU L F, et al., 2012. Seasonal abundance and activity of the hard tick *Haemaphysalis longicornis* (Acari: Ixodidae) in North China [J]. Exp. Appl. Acarol., 56(2): 133-141.

ZHENG H Y, ZHOU L F, YANG X L, et al., 2012. Cloning and characterization of a male-specific defensin-like antimicrobial peptide from the tick *Haemaphysalis longicornis* [J]. Dev. Comp. Immunol., 37(1): 207-211.

YU X J, LIANG M F, ZHANG S Y, et al., 2011. Fever with thrombocytopenia associated with a novel bunyavirus in china [J]. N. Engl. J. Med., 364(16): 1523-1532.

YU Z J, ZHENG H Y, YANG X L, et al., 2011. Seasonal abundance and activity of *Dermacentor silvarum* Olenev (Acari: Ixodidae) in northern China [J]. Med. Vet. Entomol., 25: 25-31.

ZHENG H Y, YU Z J, ZHOU LF, et al., 2011. Development and biological characteristics of *Haemaphysalis longicornis* (Acari: Ixodidae) under field conditions [J]. Exp. Appl. Acarol., 53(4): 377-388.

ALJAMALI M N, BIOR A D, SAUER J R, et al., 2010. RNA interference in ticks: a study using histamine binding protein dsrna in the female tick *Amblyomma americanum* [J]. Insect Mol. Biol., 12(3): 299-305.

CHEN Z, YANG X J, BU F J, et al., 2010. Ticks (Acari: Ixodoidea: Argasidae, Ixodidae) of China [J]. Exp. Appl. Acarol., 51(3): 393-404.

GUGLIELMONE A A, ROBBINS R G, APANASKEVICH D A, et al., 2010. The Argasidae, Ixodidae and Nuttalliellidae (Acari: Ixodida) of the world: A list of valid species names [J]. Zootaxa, 2528: 1-28.

RŮŽEK D, YAKIMENKO V V, KARAN L S, et al., 2010. Omsk haemorrhagic fever [J]. The Lancet, 376(9758): 2104-2113.

YU Z J, ZHENG H Y, CHEN Z, et al., 2010. The life cycle and biological characteristics of *Dermacentor silvarum* Olenev (Acari: Ixodidae) under field conditions [J]. Vet. Parasitol., 168 (3/4): 323-328.

第五章　革螨与疾病

革螨隶属于蜱螨亚纲(Acari)、寄螨总目(Parasitiformes)、中气门目(Mesostigmata)、单殖板亚目(Monogynaspida)、革螨股(Gamasina),是蜱螨亚纲中多样性丰富、世界性分布的大类群,无论是生活方式、生境类型,都具有极高的多样性。其中,大部分的革螨类群是非寄生性的捕食者(Karg,1993),以真菌、花粉或花蜜为食的革螨种类相对较少(Walter et Proctor,1999)。还有一些革螨是在哺乳动物、鸟类、爬行动物或节肢动物身体营寄生或共生(Strandtmann et Wharton,1958;Treat,1975;Walter et Proctor,1999),如皮刺螨总科(Dermanyssidea)的部分种类,具有一定的医学意义,它们不但可以直接叮刺人体引起皮炎,还可以作为多种人兽共患病的传播媒介或潜在传播媒介。

本章主要记述具有医学意义的革螨类群及其相关研究内容,这些革螨也常被称为医学革螨(medical gamasid mite)。需要注意的是,不是所有的“皮刺螨总科”的革螨都具有医学意义,有相当多的种类是自由生活(free living)的捕食性螨类(predatory mite),以捕食其他小型节肢动物等为生,它们有时也生活在与小型哺乳类动物(简称小兽类)相关联的栖境中,比如小兽的窝巢、洞道土,甚至体表的毛发中。

第一节　革螨形态特征

革螨形态学是研究革螨的结构、功能、起源、发育及进化的科学。了解革螨的形态特征不仅是识别革螨、对革螨进行系统分类和进化研究的基础,而且是研究革螨生物学及医学革螨防制等的必要前提。

一、外部形态

革螨外部形态特征是对革螨进行分类鉴定的主要根据。革螨的分类鉴定,主要以雌雄成虫的外部形态特征为依据,尤其是雌成虫。由于季节等原因,有时若虫(第一若虫和第二若虫)和幼虫采获较少,所以尚未普遍开展若虫和幼虫的分类研究。革螨在形态上有明显的雌雄异形(sexual dimorphism)现象。雄螨的螯肢上具导精趾,生殖孔位于全腹板的前方,而雌螨的生殖孔呈横裂,位于胸板之后的足Ⅳ基节水平处。

根据革螨的以下形态特征,可以将革螨与蜱类和其他螨类区别开来:① 气门孔(stigma)1对,位于足基节Ⅲ～Ⅳ水平外侧,向前延伸形成气门沟(peritreme),多数革螨种类的气门沟由足基节Ⅳ向前延伸至基节Ⅱ,甚至基节Ⅰ前端。② 口下板毛(hypostomatic setae)3对。③ 多数躯体腹面前方具有胸叉(tritosternum),由原三胸板(tritosternum)演化而来,常具有分2叉的叉丝,有些革螨胸叉退化(无叉丝)或完全消失,如某些体内寄生革螨。④ 须肢跗节内侧具有叉毛状的趾节(palpal apotele),须肢膝节毛6根,少数种仅有5根或更少。⑤ 成螨及若螨的足Ⅳ股节有刚毛6根。⑥ 足Ⅰ胫节腹面刚毛3根,少数2或4根。⑦ 雌螨生殖孔位于胸板的后方,雄螨生殖孔则位于胸板前缘。⑧ 雄螨螯肢的动趾演变为导精趾(spermatodactyl或spermatophoral process),但异螨科例外,其导精趾位于定趾上,或缺如。⑨ 口下板端部有角状颚角(corniculus)1对,颚盖(或头盖gnathotectum)有的简单,有的较复杂。⑩ 螯肢定趾基部有钳基毛(cheliceral seta),端部内侧有钳齿毛(pilus dentilis)。在革螨的上述特征中,气门的位置十分重要,在多数情况下仅仅根据气门的位置就可以迅速将革螨与其他螨类区别开来。

(一) 成虫

螨体呈卵圆形或椭圆形,长0.2~0.5 mm,颜色呈黄色、黄褐色、褐色、鲜红色或暗红色。螨体具骨化的骨板,无骨板处为膜质。革螨螨体可分颚体(gnathosoma),躯体(idiosoma),足体(podosoma),末体(opisthosoma),前半体(proterosoma),后半体(hysterosoma),前足体(propodosoma),后足体(metapodosoma)(图5.1)。

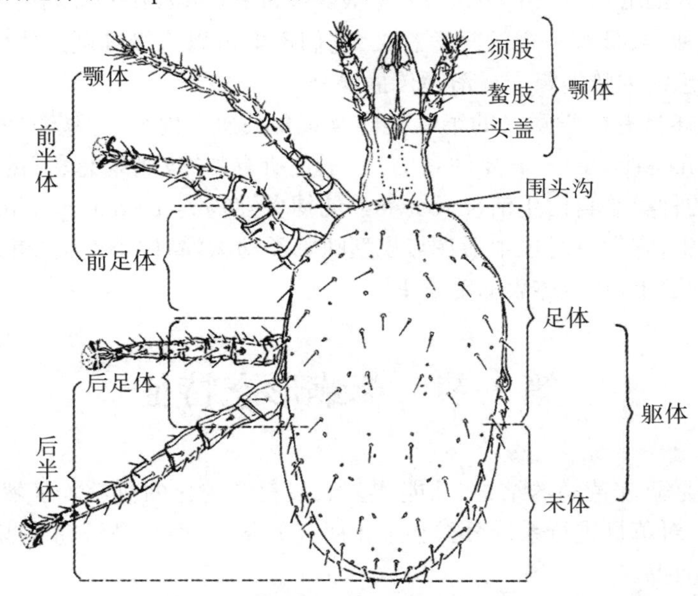

图5.1 革螨成虫螨体分区示意图

仿 潘锭文和邓国藩(1980)

1. 颚体(gnathosoma)

位于螨体前端,包括口器和一些附肢(图5.2,图5.3)。

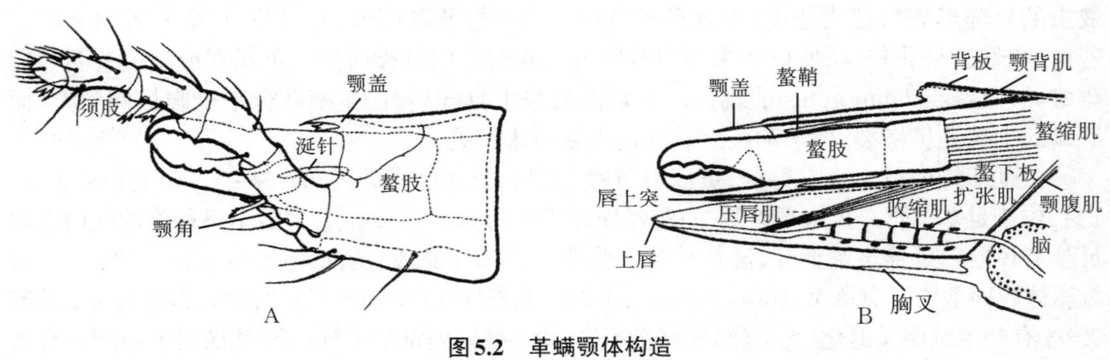

图5.2 革螨颚体构造

A. 侧面观;B. 侧面模式图

仿 Evans et Till(1979)

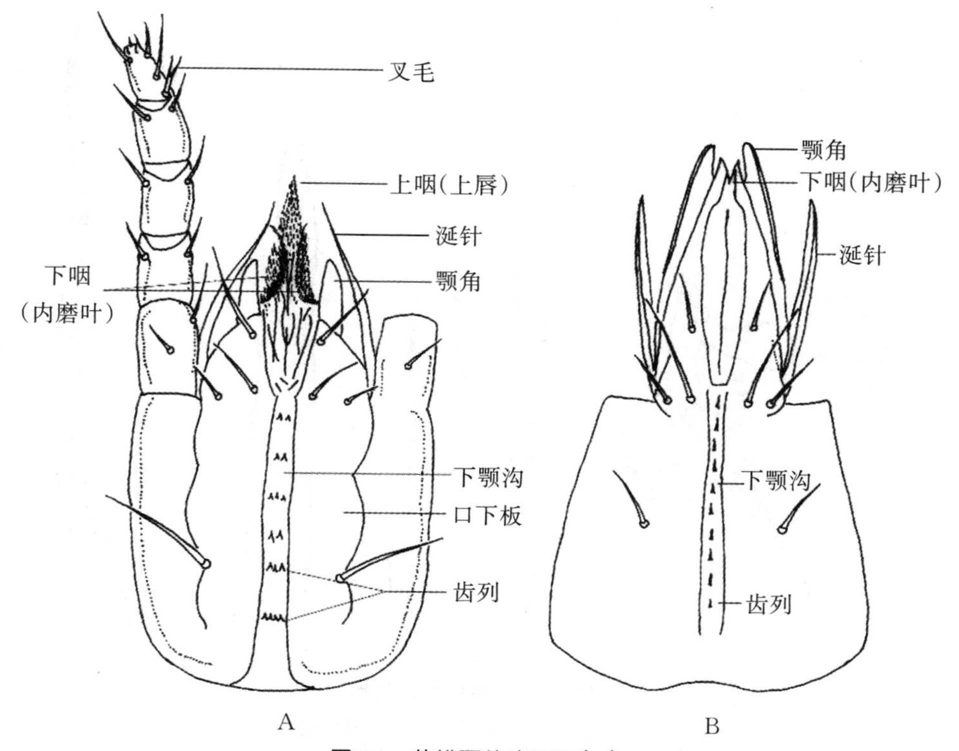

图5.3　革螨颚体腹面图(♀)

A.兼性寄生螨类;B.专性寄生螨类

仿 邓国藩等(1993)

(1) 须肢(palp):位于颚体前端两侧,呈长棒状,一对;其基部与颚基融合,仅有转节、股节、膝节、胫节和跗节。跗节内侧具有叉毛状的趾节(palpal apotele),分2叉或3叉,但少数类群不分叉或退化消失。

(2) 螯肢(chelicera):由螯杆和螯钳组成。螯钳(chela)分动趾(movable digit)和定趾(fixed digit),螯肢形状不一,寄生性类型呈鞭状或剪状,而自由生活类群则呈钳状,螯钳内缘具齿。定趾齿内缘端部具有钳齿毛(pilus dentilis),其形状不一,有的呈蝶翅状,有的呈针状等,具有分类意义。定趾基部具有钳基毛(pilus basalis)。雄螨的螯钳演变为导精趾(spermatophoral process),导精趾具有外生殖器的作用,特征恒定,可作为分类依据(图5.4)。

(3) 颚盖(gnathotectum):也称头盖,指从颚基背壁向前延伸的部分,为膜状物,它的前缘形状具有分类意义(图5.5)。

(4) 口下板(hypostome):是颚基前外侧的一突出部分,呈三角形,板上常着生3对毛。

(5) 颚角(corniculi):位于口下板外缘前方,呈角形,其形状、大小及顶端会聚与否具有分类意义。

(6) 下咽(hypopharynx):在口下板前方的突出部分,分左右两叶,端部边缘呈锯齿状。

(7) 上咽(epilpharynx):位于咽的背面,舌状,边缘具纤毛。

(8) 涎针(salivary stylet):位于口下板与须肢之间,为一对狭长而几丁质化较弱的构造。

(9) 颚沟(gnathosomal groove):位于颚基中部的一条纵沟,内有若干横列的小齿。

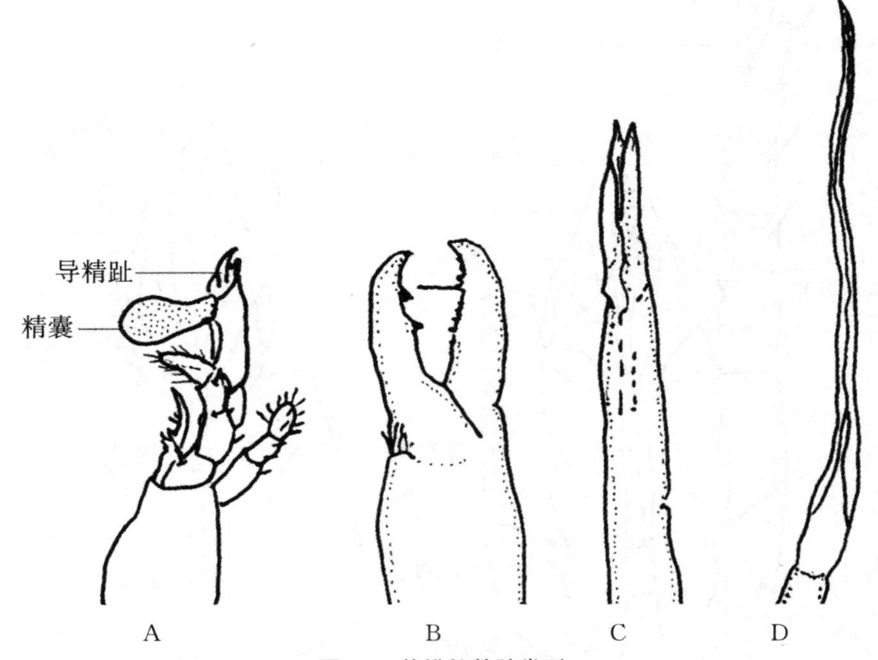

图5.4 革螨的螯肢类型

A. 雄螨螯肢;B. 钳状;C. 剪状;D. 鞭状

仿 诸葛洪祥(2006)

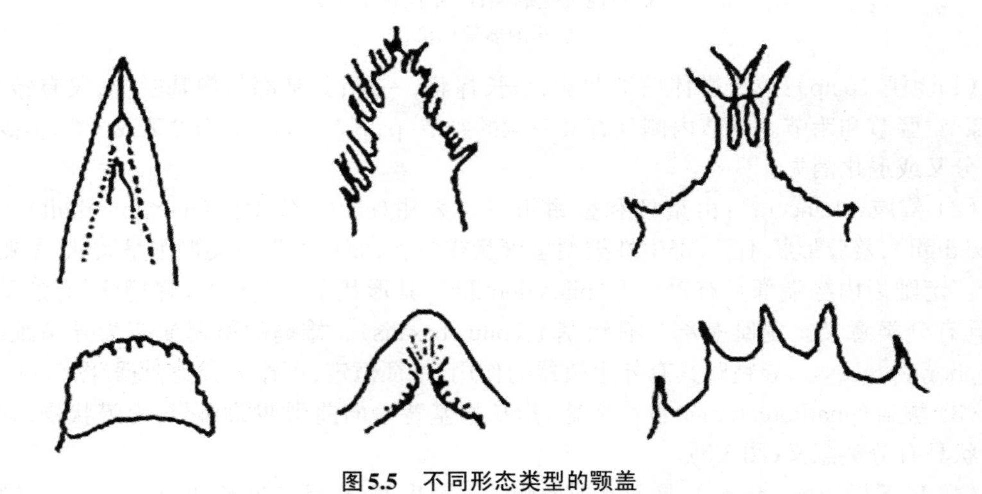

图5.5 不同形态类型的颚盖

仿 诸葛洪祥(2006)

2. 躯体(idiosoma)

一般呈卵圆形或椭圆形,背部明显隆起,腹面略向外凸,背腹交界处的侧缘通常无明显的界限。

(1) 背板(dorsal shield):背板覆盖于背部表皮,几丁质化较强。不同的类群,其背板数目不同。有些类群如寄生于蝙蝠的拟弱螨属(*Paraperiglischrus*)背板退化,往往不易辨认。背板上的刚毛,因种类而异,多数种类表现为有一定规律的毛序。

① Zachvatkin(1948)毛序系统:以厉螨属(*Laelaps*)为基础提出的毛序(图5.6)。

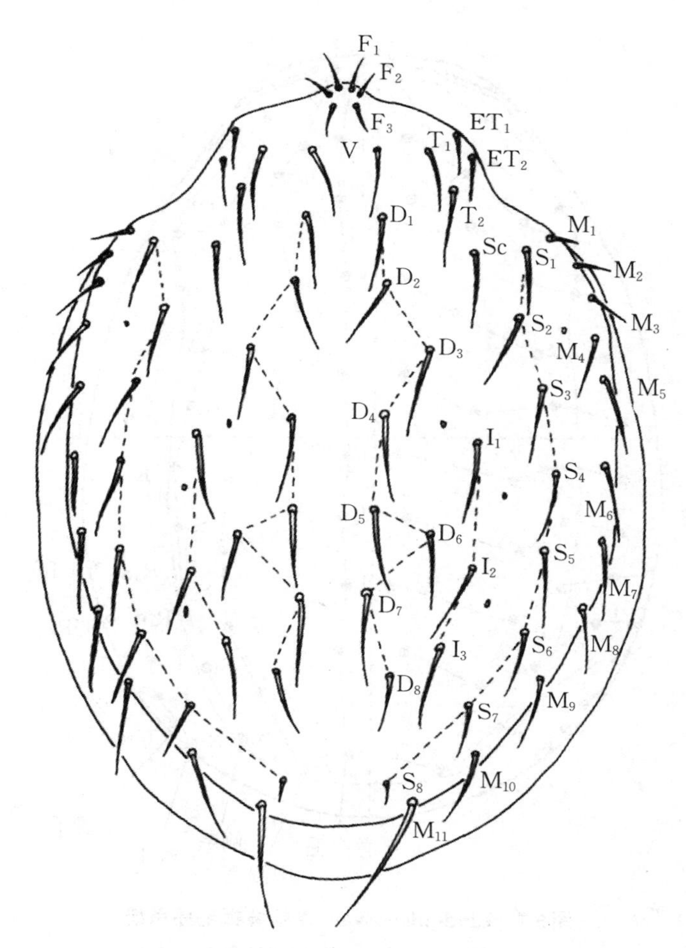

图5.6　革螨背板毛序系统Zachvatkin(1948)

仿 邓国藩等(1993)

额毛(frontal setae):位于顶端,3对,即F_1～F_3。

外额毛(extratemporal setae):接近于顶端的侧缘,2对,即ET_1、ET_2。

内颞毛 (tenproal setae):在ET的内侧,2对,即T_1、T_2。

顶毛(vertical setae):位于F_3的后方,1对,即V。

缘毛(submarginal setae):位于M毛的内侧,8对,即S_1～S_8。

胛毛(scapular setae):位于S_1的内侧,1对,即S_C。

中背毛(dorsal setae):位于V毛之后,沿背板中线两侧向后8对,即D_1～D_8。

间毛(intermedial setae):位于S毛与中背毛之间,3对,即I_1～I_3。

② Lindquist-Evans(1965)毛序系统(图5.7):螨体背面具4纵列的背毛系,即背中毛(dorsocentral setae),代号j和J,小写j是位于足体背板上的毛,大写J是位于末体背板上的毛;中侧毛(mediolateral setae)(z和Z);侧(lateral)毛(s和S);边缘毛(marginal setae)(r和R)。除此以外,还具1列附加纵毛,叫亚缘毛(submarginal setae)(UR),仅分布于背部的末体区内。

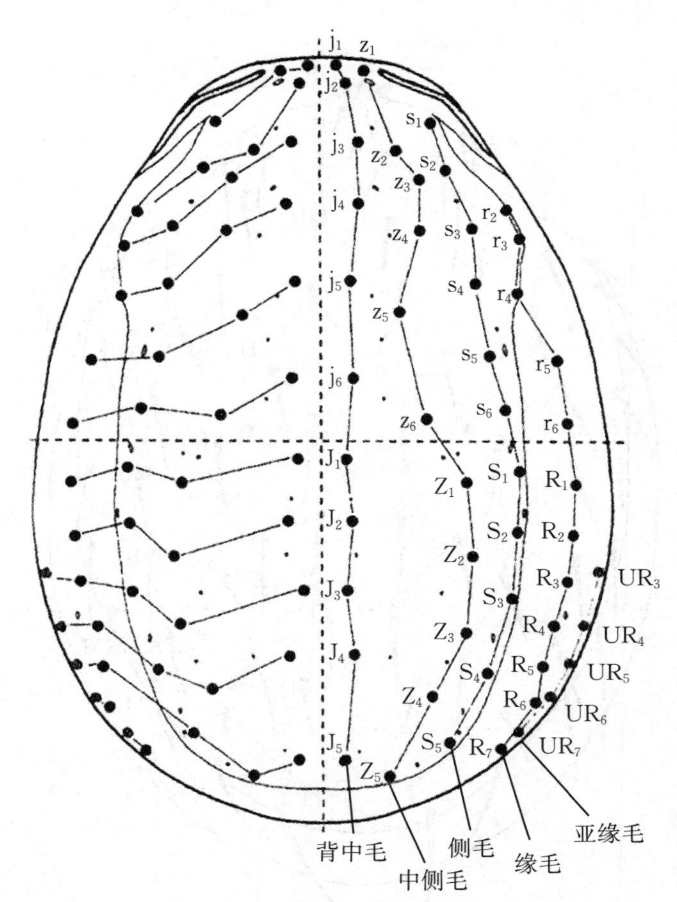

图5.7 Lindquist-Evans革螨背板毛序系统

仿 Lindquist et Evans(1965)

(2) 胸叉(tritosternum):位于躯体腹面(图5.8),近颚体后缘中部。除蝙蝠科(Spinturnicidae)和内寄生类群革螨,绝大多数革螨具胸叉。

(3) 颈板(jugular plate):位于胸叉与胸板之间,具刚毛1对。

(4) 前内足板(pre-endopodal plate):有些类群有该结构,位于胸叉与胸板之间。

(5) 胸板(sternal plate):位于颈板之后,上面具有3对刚毛(S_{t1}~S_{t3})。有些革螨还有副刚毛。板上具有2~3对隙状器(lyriform organ)。

(6) 生殖板(genital plate):位于胸板之后,具刚毛1对。有很多革螨的生殖板与腹板愈合为生殖腹板(genito-ventral plate),其上具刚毛4对(V_1~V_4)或更多。

(7) 腹板(ventral plate):位于生殖板之后,其上分布若干刚毛。

(8) 肛板(anal plate):位于腹板之后,板上有肛孔和3根刚毛。也有一些类群的肛板与腹板愈合为腹肛板(ventrianal plate)。

(9) 胸后板(metasternal plate):位于胸板后侧,1对,各具刚毛1根。

(10) 足后板(metapodal plate):位于基节Ⅳ后方,1对。一些类群很发达,而有些类群则退化或消失。

(11) 气门及其附属结构:气门(stigma)位于基节Ⅲ与Ⅳ之间的外侧,1对;气门沟(peritreme)是一条从气门向前延伸的沟管,长度因种而异;气门板(peritrematal plate)是围绕气门和气门沟的骨板。

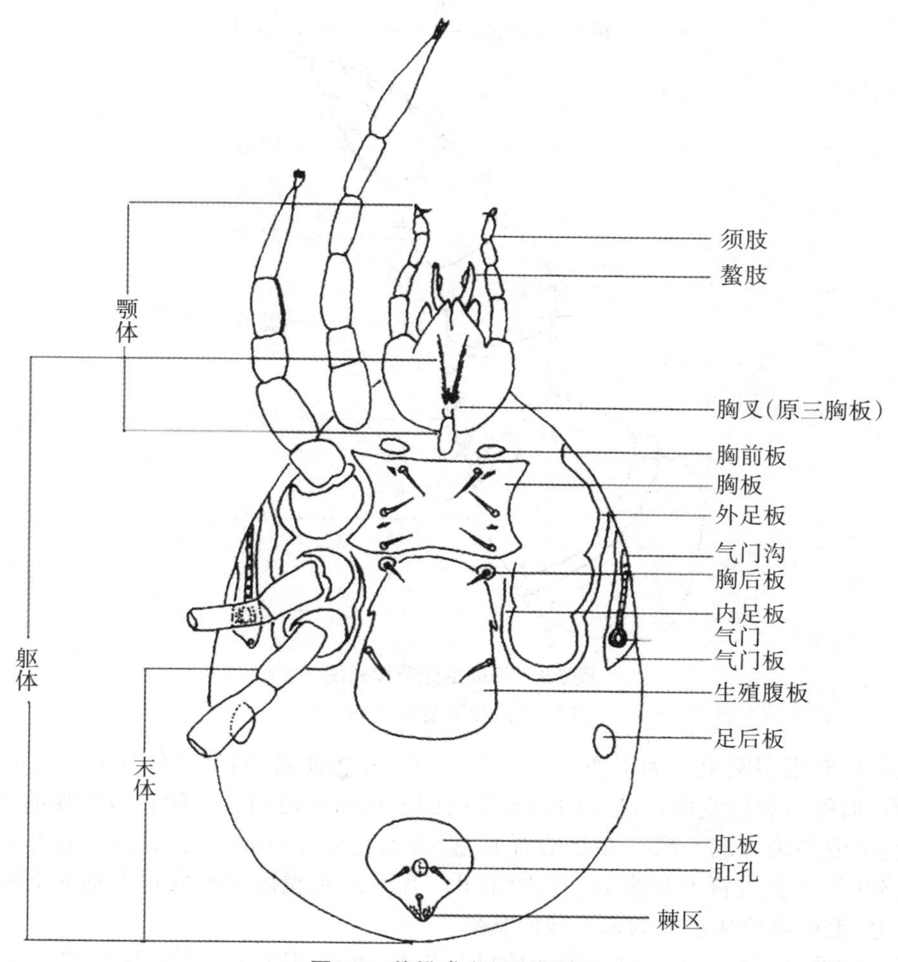

图5.8 革螨成虫(♀)腹面观

引自 殷绥公等(2013)

(12) 全腹板(holoventral plate):雄螨由胸板、生殖板、腹板、肛板、胸后板等愈合成一整块;也有些种类分为两块,即胸生殖板,腹肛板或胸生殖腹板与肛板。

(13) 生殖孔(gential opening):雌螨的生殖孔呈横隙缝状,位于胸板之后,被生殖腹板覆盖。雄螨生殖孔位于胸板前缘,呈漏斗状。

(14) 侧足板(parapodal plate):位于足基节与气门板之间,有些种类的侧足板与气门板愈合在一起。

(15) 内足板(endopoda plate):位于足基节Ⅲ、Ⅳ与胸后板之间,1对。

(16)足(leg):分为基节(coxa)、转节(trochanter)、股节(femur)、膝节(genu)、胫节(tibia)、跗节(tarsus)(图5.9)。基节上有刺,距刺的数目可列为基节刺式,具有分类意义。一些类群足Ⅱ的股节、膝节、胫节具有距或刺,在分类上是可靠特征。在跗节末端一般均具1对爪和1个爪垫。蝠螨科的爪非常发达,而巨螯螨足Ⅰ的爪退化消失。

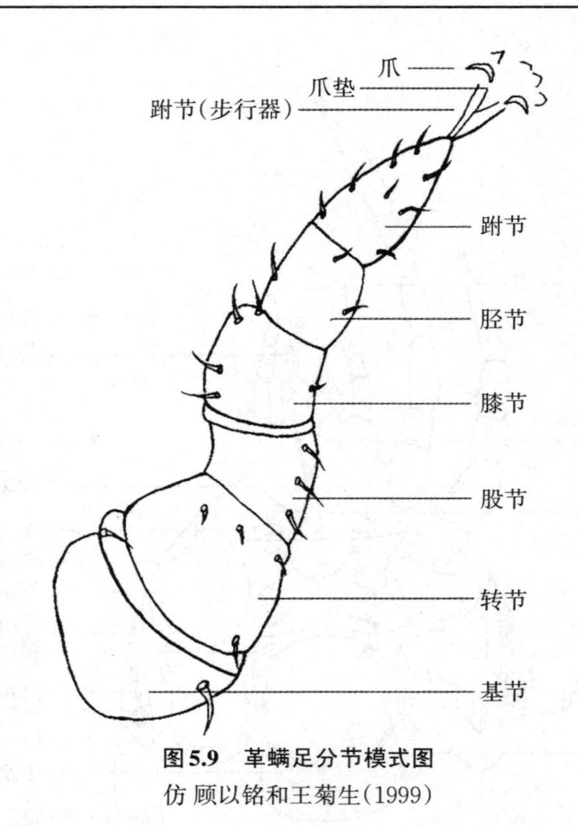

图5.9 革螨足分节模式图

仿 顾以铭和王菊生(1999)

各足均具有很多刚毛。为了便于对足毛序的研究和命名,通常将各足节分为4个面,即背面、腹面、前侧面和后侧面。足节的前面和后面是根据各足向侧方伸直与体纵轴垂直时定方向的,它与躯体的方向一致。在足的背面、腹面的毛可分为前列毛和后列毛,在不能分为前列和后列时,就称为背毛和腹毛。在跗节Ⅱ~Ⅳ背面和腹面的不成对毛则分别称为中背毛和中腹毛,毛的顺序从足节的末端数向基部。

在鉴定螨种时需要了解各足节毛的数目及分布,可以用以下方式来表示(图5.10)。

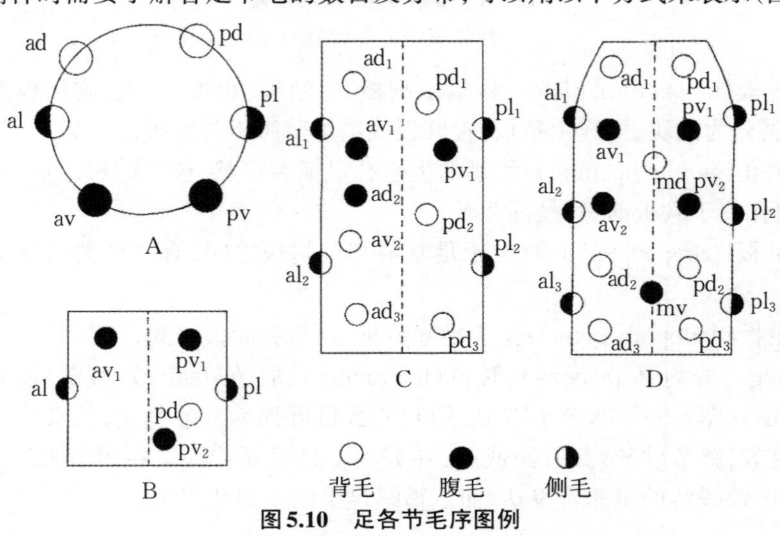

图5.10 足各节毛序图例

A. 足节横断面;B. 转节;C. 膝节;D. 跗节

仿 潘琮文和邓国藩(1980)

① 转节和股节：

$$\text{前侧毛(al)}-\frac{\text{背毛(d)}}{\text{腹毛(v)}}-\text{后侧毛(pl)}$$

② 膝节和胫节：

$$\text{前侧毛(al)}-\frac{\text{前背毛(ad)}}{\text{前腹毛(av)}},\frac{\text{后背毛(pd)}}{\text{后腹毛(pv)}}-\text{后侧毛(pl)}$$

③ 跗节Ⅱ～Ⅳ：

$$\text{前侧毛(al)}-\frac{\text{前背毛(ad)}}{\text{前腹毛(av)}},\frac{\text{中背毛(pd)}}{\text{中腹毛(pv)}},\frac{\text{后背毛(pd)}}{\text{后腹毛(pv)}}-\text{后侧毛(pl)}$$

（二）幼虫

幼虫具3对足(图5.11)。气门及其附属结构均缺，幼虫用体表进行呼吸。自由生活型的幼虫躯体具骨板，螯肢清楚；寄生型的幼虫无骨板，至多只有肛板，螯肢不发达，软弱。

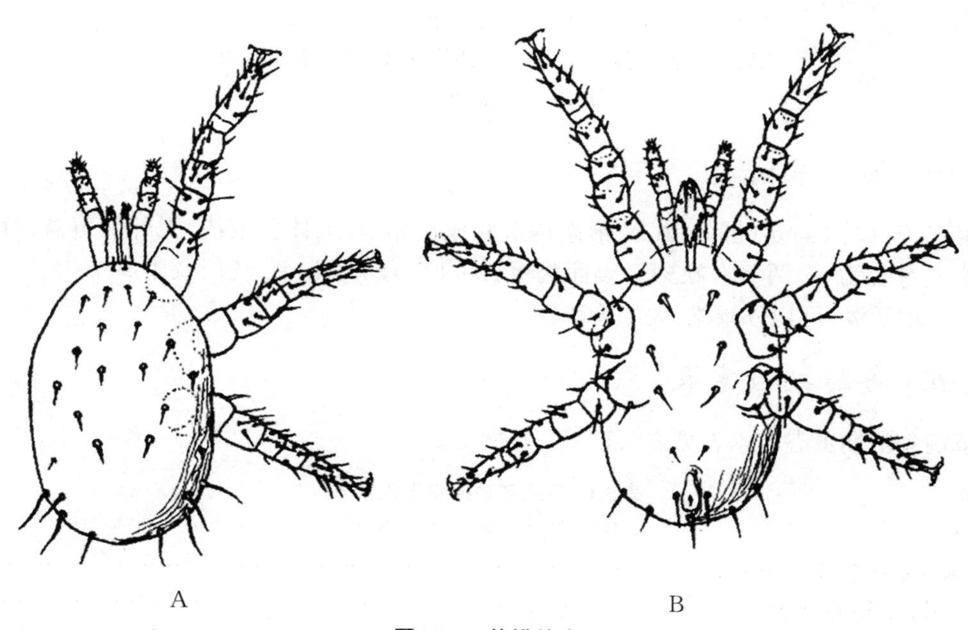

图5.11　革螨幼虫

A. 背面；B. 腹面

仿 Strandtmann et Wharton(1958)

（三）第一若虫

第一若虫具4对足(图5.12A、B)。背板分为两大块，其间，具若干岛状小骨板。胸板具3对刚毛。气门沟和气门板都很短。

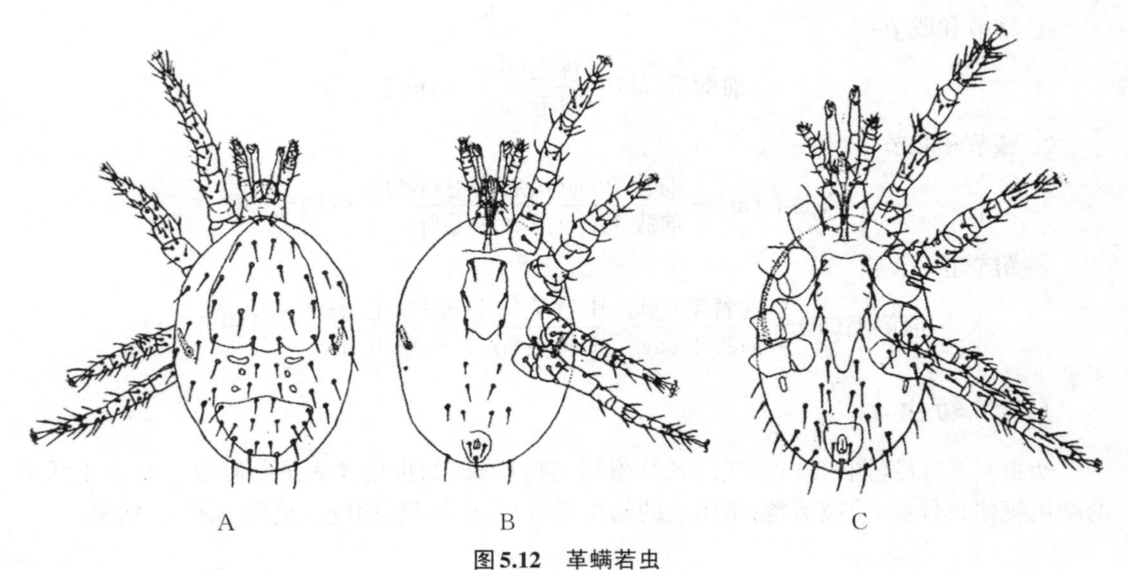

图5.12　革螨若虫

A. 第一若虫背面;B. 第一若虫腹面;C. 第二若虫腹面

仿 Strandtmann(1949)

(四) 第二若虫

第二若虫具4对足(图5.12C),形态构造和成虫相似,但体色较浅,无外生殖器,背上盾板二块或愈合为一,两侧有缺刻。腹面胸板长舌形,有4对胸毛,气门及附属结构也与成虫相似。行动活泼,可初分雌雄,大的为雌性。

(五) 各龄期检索表

革螨各龄期虫态检索表见表5.1。

表5.1　革螨各龄期虫态检索表

(引自 周洪福和孟阳春,2006)

1. 足3对,无气门……………………………………………………………………………………… 幼螨
足4对,有气门 ……………………………………………………………………………………… 2
2. 生殖孔位于胸板前缘,螯肢演变为导精趾………………………………………………………… 雄成螨
生殖孔不在胸板前缘,螯肢正常 …………………………………………………………………… 3
3. 胸板与肛板之间具生殖板,或胸板与腹肛板之间具生殖板 ……………………………………… 雌成螨
仅有胸板与肛板,两板之间无其他骨板…………………………………………………………… 4
4. 胸板刚毛3对,两块背板之间尚具数块岛状骨板 ………………………………………………… 第一若螨
胸板刚毛4对,背板与其成螨相同 ………………………………………………………………… 第二若螨

二、内部结构

革螨的种类繁多,不仅外部形态多样,其内部结构也各不相同,但这些形形色色的变异都可归纳成某个基本模式,或者说这些变异起源于某种原始模式。革螨的内部结构由不同的内脏系统构成,如消化系统(digestive system)、呼吸系统(respiratory system)、循环系统

(circulatory system)、神经系统(nervous system)、肌肉系统(muscular system)、生殖系统(reproductive system)和排泄系统(excretory system)等。研究革螨的内部结构和内部器官的形态,可以为阐明革螨的营养、呼吸、循环、应激、运动、生殖和排泄等生理生化过程提供形态学依据,同时对揭示病原体在螨体内的分布和增殖等也有帮助。目前对革螨内部构造的研究还不多,许多方面还未得到充分阐明。除特殊情况外,革螨的内部结构一般不作为分类特征。

(一) 消化系统

寄生性革螨的消化管道相对简单,包括口(mouth)、咽(pharynx)、食道(esophagus)、中肠(midgut)及盲囊(cecae)、后肠(hindgut)、直肠囊(rectal sac)和肛门(anus)。口位于颚体中央、口下板的背面和螯肢(chelicerae)基部之下。口腔连接咽,上咽和下咽紧贴,咽部肌肉及咽作为泵,咽泵使食物通过食道进入中肠。4个大的盲管(diveticulae)或盲囊,从中肠稍后发出的盲囊2个弯曲向前,2个向后,前面的分支达基节Ⅰ,后部分支向足Ⅲ基节方向,然后向后,分别达躯体末端(图5.13)。

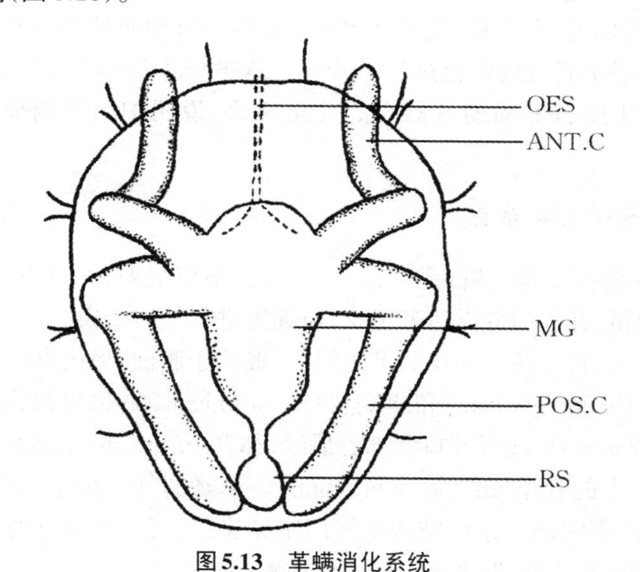

图5.13　革螨消化系统

OES:食道;ANT.C:前肠;MG:中肠;POS.C:后肠;RS:直肠囊

仿 Crossley(1951)

Crossley(1951)发现一些种在4个盲囊上有附盲囊或有分叉。*Haemogamassus hirsutus* 和 *H. horridus* 雌螨有2对前盲囊和2对后盲囊,然而雄性的 *H. horridus* 仅有1对后盲囊。诸葛洪祥和孟阳春(1993)观察雌性柏氏禽刺螨(*Ornithonyssus bacoti*)有3对盲囊,在中肠前部有2对,其中内侧1对较小,外侧1对略大,而中肠后方的1对盲肠特别大。在吸饱血后占螨体的大部分。孟阳春(1964)证实了茅舍血厉螨(*Haemolaelaps casalis*)的中肠构造,该螨的中肠是由胃及前、后背和后腹3对盲囊组成。革螨的后肠为短管状,直肠为类椭圆形,呈不透明乳白色,直肠内含黑色黏稠物质。其末端开口于肛门。

用冰冻切片、马洛赖氏三色染色显示咽为浅黄色,咽周一些用于吸血的肌肉染成粉红色。这些横纹肌有明显的明暗条纹。唾腺位于中枢神经团的前外上方,腺细胞内有蓝色的大细胞核及粉红色的胞浆。这些大的分泌细胞组成了唾腺，唾腺通过唾液管，通向螯针（stylets）并开口于体外。唾腺可能分泌抗凝素（anticoagulant）和血液流动促进剂（stimulant）。

有关革螨血液消化过程的研究，可通过吸血后的柏氏禽刺螨背面观察到该螨肠管内充满血细胞的含铁血红素。诸葛洪祥（1987）建立冰冻厚片透明法对柏氏禽刺螨做切片，证实了该螨吸血后各期中肠及盲囊腔内被消化后的血细胞含铁血红素的分布。吸血后1小时内，中肠壁四周开始出现被消化了的血细胞色素颗粒，直径在10 μm左右，随后这些颗粒逐渐变大，增多48小时后，前盲囊内血液基本消化完毕，色素颗粒融合成一片。至72小时，整个中肠及盲囊色素颗粒融合成一片。这样可以从含铁血红素分布的位置、大小和形状与消化后剩余血液的比例来判别中肠各部分血液消化过程。胃前盲囊内的血液先消化完毕，胃后盲囊内的血液最后消化。在盲囊内的血液消化是从近管壁开始。在23 ℃的温度条件下，72小时后整个中肠内血液基本消化完毕。

专性吸血的革螨种类的生殖营养周期的研究：用冰冻厚片透明法观察中肠内血液消化后含铁血红素颗粒形成过程与血液消化相一致。马氏管在吸血后24小时的时候发育到最粗，96小时后恢复到原先状态，说明吸血后24小时时螨体内代谢最为旺盛；吸血后卵巢及孕卵迅速发育，吸血后24小时孕卵发育至类圆形，至48小时孕卵呈椭圆形，72～96小时卵巢恢复到原状。从吸血后中肠血液消化过程中，卵巢、孕卵与马氏管的形态变化和中肠的含铁血红素的增加，符合生殖营养周期各器官的变化规律，说明柏氏禽刺螨生殖营养周期的协调性。

（二）呼吸和循环系统

革螨的呼吸系统主要是气管（图5.14）。气管一般以成对的气门（stigma）与外界相通。近气门处的气管较粗，并逐渐分支达各组织，与细胞进行气体交换。

革螨的气门一对，位于第Ⅲ～Ⅳ对足之间，一般位于腹面，但内寄生螨开口于侧面，甚至背面，如鼻刺螨科（Rhinonyssidae）和蝠螨科（Spinturnicidae）；也可以向前到第Ⅱ对基节位置，如羽刺螨属*Ptilonyssus*，或者开口背部近后缘，如*Paillinyssus candistigmus*。

气门是一个突出的管道或凹窝（depression）。革螨的气门位于气门沟（peritreme）的后端，气门沟的功能尚不明确。这些结构与气门室相连，气门室是中空的腔和环状加厚的壁。通常它向前延伸到足Ⅰ基节，但也可以长一些或短一些。

柏氏禽刺螨几乎整个螨体布满了气管，气门开口在足Ⅲ、Ⅳ基节之间，从气门向内的气管膨大形成气门室（stigmal chamber），从气门室向前端发出前气管干，其前端的分支达螯肢和须肢的末端，两根前气管干向内侧发出一些分支，以中枢神经团为中心的左右前气管的内侧分支吻合成蜘蛛网状气管网，从气门室向后发出五级气管，分别是主气管干（main tracheal truck）、副主气管干（accossory main tracheal trunk）、细气管（fine trachea）、微细气管（tiny trachea）和微气管（capillary trachea）。在主气管内向外侧分出1支达足Ⅳ末端，向后分出2支副主气管，分别走向螨体中背面和腹面的器官；从细气管的远端再分出3～5支细支气管，从细支气管远端分出10～14支微细气管；微细气管的远端再分出许多根微气管，部分微气管呈叉状分支，微气管直接分布到螨体组织细胞周围。

革螨的循环系统和其他节肢动物一样，为开放式。无色的血淋巴流动于内部各器官间。血细胞似变形虫。血淋巴借身体的运动，尤其是背腹肌肉的活动在体内循环。中气门亚目中若干种螨类有简单的心脏,心脏搏动促进血液循环。

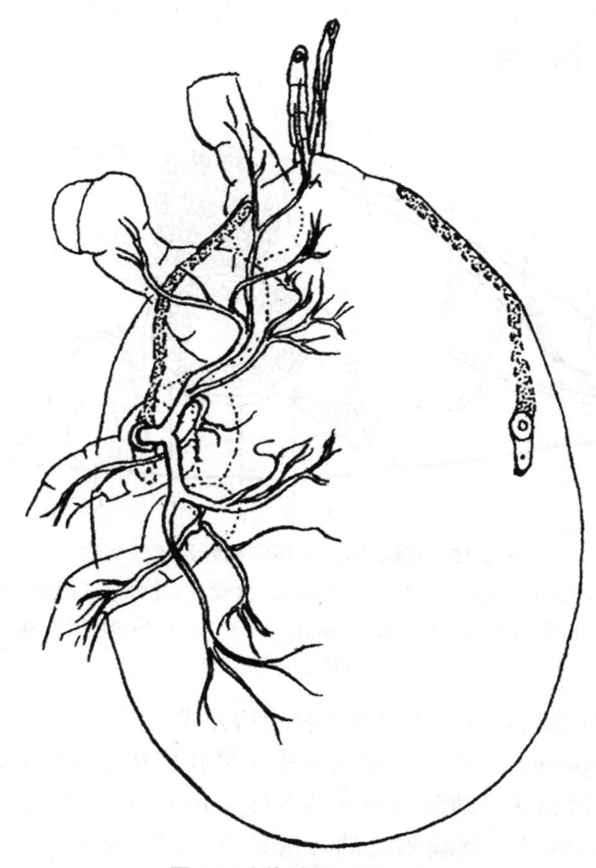

图 5.14　革螨的呼吸系统

仿 Strandtmann et Wharton(1958)

(三) 神经和肌肉系统

革螨的体节合并也反映在神经系统上,革螨的神经节极度愈合。中枢神经系统由多个神经节合并成团(图 5.15D),即中枢神经团(central nervous mass)。食道从神经团中贯穿,食道上中枢神经团有神经通向咽、眼、螯肢和须肢;食道下中枢神经团发出的神经至足、消化道、生殖器官及其他内部脏器。成对的神经节每个部分包含着感觉和运动纤维两部分。

寄生性革螨的肌肉系统研究不多,最常见的是曲肌,在螯肢有伸肌和曲肌,以致钳爪被打开和关闭。在咽部有1对扩张肌和收缩肌,用以吸取动物宿主的血液。革螨的肌肉包括咽肌都是有横纹的。

(四) 生殖系统

革螨的生殖系统不成对,其构造因种而异。生殖孔单个开口于足Ⅳ基节附近。雌性柏氏禽刺螨的生殖系统有卵巢、输卵管、子宫、受精囊、阴道和生殖孔各1个,另外有附腺1对。卵巢呈球形,位于螨体末或螨体中背部。卵巢向前发出单管形输卵管。输卵管的前端开口于子宫(图 5.15 L),子宫中存在发育中的或成熟的螨卵。螨卵为单个类圆形或长椭圆形,后者为接近成熟的螨卵，卵的大小可达螨体纵截面的四分之一。子宫的前端为阴道，并开口于生殖孔。生殖孔位于生殖板前缘（图5.15 H）。此外，生殖孔两侧有1对玉米棒状的附腺（图5.15 J）。受精囊1个，呈袋状。

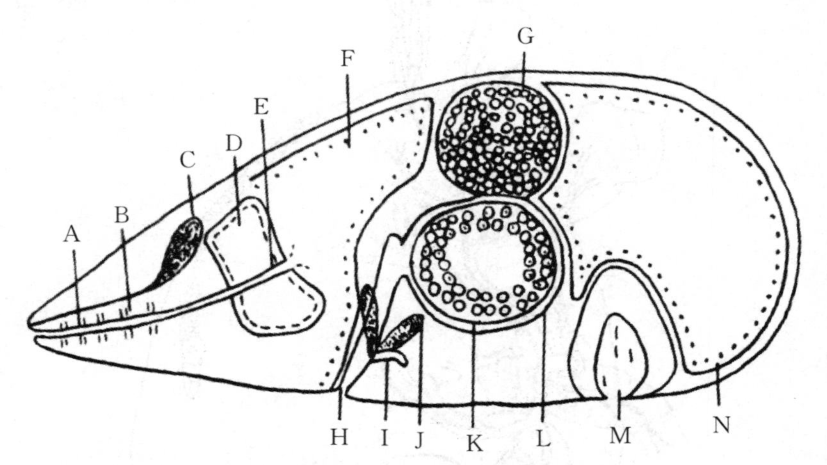

图5.15 革螨消化、生殖和神经系统矢状面

A. 咽肌；B. 咽；C. 唾腺；D. 中枢神经团；E. 食管；F. 中肠；G. 卵巢；H. 生殖孔；I. 受精囊；J. 附腺；K. 孕卵；L. 子宫；M. 直肠；N. 后盲囊

仿 诸葛洪祥(2006)

革螨与其他中气门螨类一样，主要有两种受精方式：一种是产精生殖(tocospery)，另一种是足精生殖(podospermy)。产精生殖的雄螨用螯肢从其生殖孔中将精包的颈部夹在螯肢杆中间，或将精包颈部穿过动趾上的导精沟(spermatotreme)输送到雌螨的生殖孔。也可以用须肢或足Ⅰ来输送。雌螨阴道的背壁是由不同程度角化形成的内殖器(endozynum)，它可能起到抓握精包的作用，该处有发达的受精囊(receptaculum)（图5.15 I）。在寄螨科(Parasitidae)中有一些值得注意的例外情形，一些种类的雌螨进行产精生殖来受精，其生殖孔位于胸生殖板(sternogential plate)内，通常在足Ⅱ和足Ⅲ基节区内，其螯肢动趾不适用于输送精子。产精生殖受精方式出现在革螨股(Gamasina)表刻螨科(Epicridae)和蚖螨科(Zerconidae)以及尾足螨股(Uropodina)、小雌螨股(Microgyniina)、绥螨股(Sejina)和角螨股(Antenophorina)等螨类。

足精生殖受精方式是大多数革螨股螨类的受精方式，这种方式是含有精子的物质通过米氏器(Michael's organ)，后者为一种与卵巢相连接的受精囊器官，它的体外开口环管进入雌螨体内。环管在体两侧各有1个，位于足Ⅲ基节血腔内，有时靠近足Ⅳ基节或在足Ⅲ的转节或股节上。精包由雌螨两螯肢之间被带到环管口，含有精子的物质再通过雄虫导精趾插入环管口内。米氏器基本上包括3个通常呈带状的小管(tubulus)，它上通环管口，下连角状的分支(ramus)，到达小囊(saculus)的成熟精子袋中。精子通过输精管(sperm duct)由小囊传送到卵巢。有些种类在输精管之后尚具类似受精(spermatheca)的储精囊(sperm reservior)。因此这类雌螨的生殖孔仅仅作为产卵用。这类具有足精生殖的螨类，雄螨的生殖孔位于胸生殖板的前胸板区上，螯肢的动趾具有一个导精趾。

革螨具有两种形式的米氏器，一种是植绥螨式(phytoseiid-type)，另一种是厉螨式(laelapid-type)。前者有两个小囊和两个分开的输精管，它们之间不相通，后者螨体中部具有1个小囊，呈囊状或裂瓣状，具单一的输精管(图5.16)。

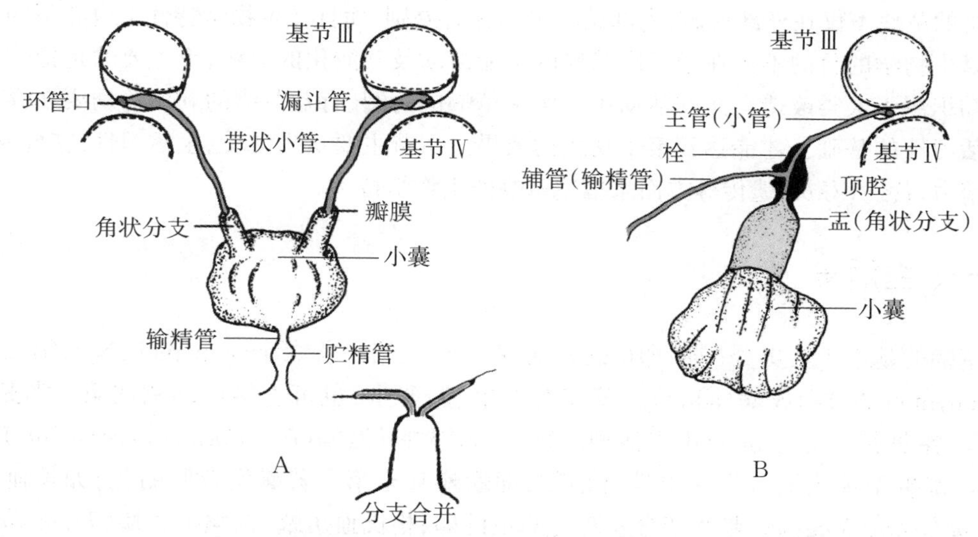

图5.16　革螨米氏器的位置和两种形式

A. 厉螨式；B. 植绥螨式

仿 Evans et Till(1979)

米氏器可能由体腔衍生而来的，也可能改变了的基节腺。Michael(1892)观察到小囊和小分支内有内渗透和外渗透的功能。Young(1959)提出小囊和分支在皮刺螨类的寄生螨的雌螨吸入大量液体之后，起着调节水分和储藏水分的作用。米氏器在革螨的低级分类中提供了有用的标准，而且在植绥螨科的分类中有广泛的应用。

雄螨的生殖系统包括精巢、输精管、射精管、附腺等。附腺一般较雌螨发达，功能尚不清楚。

革螨的精巢有成对的，也有单个的，尾足螨股有管状精巢1对，精巢的一端合并成单管和生殖孔相接。革螨股中有些种类的两个精巢合为1个；有些种类两个精巢几乎独立，仅仅有些连接，但输精管都是1对。

(五) 排泄系统

寄生型革螨的排泄系统由2根管道组成，前部达足Ⅰ基节，后部末端开口于直肠。Vitzthum(1941)通过切片证实了这些管道由单层的六角形细胞(rhomboial)围绕组成。其细胞如此之大，以至3个(很少有4～5个)细胞就能围成一圈，这些细胞的排泄物进入管腔，该管的前部进入足Ⅰ基节，有时进入股节，偶然进入膝节。整个管子被一层薄的肌肉鞘所覆盖。这些管子显示蠕动运动(peristatic movements)。管子起源于内胚层，所以与昆虫的马氏管不同。排泄的产物通过管腔进入直肠，并伴随粪便通过肛门排出体外。排泄物主要为鸟嘌呤类和不透明的油状物。

第二节　革螨生物学

革螨生物学是研究革螨个体发育中生命现象和生物活动规律的科学，主要包括革螨的生殖、生长发育、生命周期、各发育阶段的习性及行为、某一段时间内的发生特点等方面。不同种类的革螨不仅在外部形态、内部结构上存在着差别,而且在生物学特性上也有不同。研究革螨生物学的目的不仅在于了解革螨的生命活动及其演化的奥秘,更主要的是把革螨生物学知识用于人类改造自然的活动中。医学革螨的防制、有益革螨的利用等均要在弄清革螨生活习性的基础上才能达到事半功倍的效果。本节主要从生活史,生活习性,交配、受精与繁殖力,食性,寿长,遗传等方面来描述革螨的生物学特性。

一、生活史

革螨的基本生活史分5期:卵(egg)、幼螨(larva)、第一若螨(protonymph, N_1)、第二若螨(deutonymph, N_2)和成螨(adult)。革螨有卵生、胎卵生,也可直接产幼螨或第一若螨(图5.17)。各期发育完全,是自由生活型的特点,如埋岬异肢螨(*Poecilochirus necrophori*)和钝绥螨。寄生型革螨缩减生活史发育期数,即幼螨甚至第一若螨发育胚胎化,如长血厉螨(*Haemolaelaps longipes*)雌螨产含发育为幼虫的卵;格氏血厉螨、鼠颚毛厉螨(*Tricholaelaps myonyssognathus*)产卵极少,且无生活能力,产幼螨是主要生殖方式;毒厉螨都是直接产幼螨;茅舍血厉螨以产第一若螨为主,有时产幼螨,产卵极少。孟阳春(1959)观察个别饲养的70只已交配的雌螨,一个月共产116只第一若螨、51只幼螨和4只卵。子午赫刺螨(*H. meridianus*)幼螨或第一若螨均在产出的卵内发育,其第一个胚胎后期即是第二若螨。缩减发育期可以降低幼期死亡率,首先是胚胎化期以细胞营养方式,即以卵黄为营养,减少饿死机会,减少摄食过程遭到宿生或其他捕食者吞食等危险机会;其次各幼期对于干燥和其他不良环境抵抗力弱,胚胎化也可减少死亡。革螨生活史已有不少报道,19种革螨各期发育时间列于表5.2。

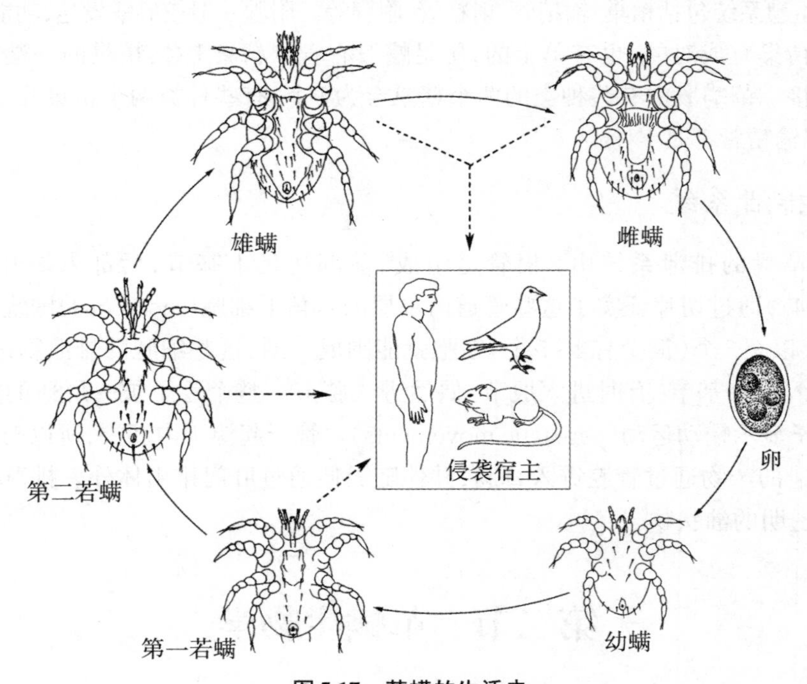

图5.17 革螨的生活史

引自 李朝品(2013)

表5.2　革螨各期发育天数

（引自 周洪福和孟阳春，2006）

种名	温度(℃)	卵期	幼螨	N_1	N_2	♀生殖前期	卵→成螨	资料来源
毒厉螨	25	—	1	5	4～5	3～6		李英杰1965
	30		1	3～11	3～9	5～6	12	Owen 1956
格氏血厉螨	25	1	1	4～8	3～5	8～14		孟阳春1975
						4～28		刘淑贞1963
茅舍血厉螨	25～30	1～2	1～2	4～7	4～10	7～14	15～27	孟阳春1959；1964
长血厉螨	20～25	1～8	2～3	4～9	6～14			Мороэова 1957
半漠血厉螨	24～26		1	4～5	2～3	7～11		Reythlat 1965
中心血厉螨	27	1.75	1.16	3	2.66		10～11	Furman 1966
鼠颚毛厉螨	25	1	1	3～17	2～17	5～30		王敦清1965
	30	1	1	4	5～8			Mitchell 1957
厩真厉螨	22～25	—	1	2～3	2～3			Коэлова 1957
巴氏真阳厉螨*	18～20			3～4	7～10			Volkova 1975
血红异皮刺螨	25～28	5	2～3	6	5～6	3～13		Волчане-цьая等1955
鸡皮刺螨	26.5～28	1～2	1	1	2		8～9	Sikes等1954
林禽刺螨	25.6～28	1	1	1～1.5	1		5～7	Sikes等1954
囊禽刺螨	25.6～28	1.5～2	1	1.5～2	1		5～7	Sikes等1954
柏氏禽刺螨	25～30	1～2	1	1～2	1～2	2～10		Нельзина1951
子午赫刺螨	20～25	1～8	2～3	4～9	6～14			Сенотру-сова1958
钝绥螨	25	1.7	0.9	1	1	1～2		广东省昆虫研究所1978
埋岬异肢螨		1～1.5	1.5～3	2.5～3	3～4			Белозеров 1957
家蝇巨螯螨	20～25	1	0.4～0.6	0.6～1	1	2～3		薛瑞德1988
江苏巨螯螨	20～25	0.5～1	1	1～3	2～4	4～9		孟阳春1985

注：* 马氏真阳厉螨（*Euandrolaelaps pavlovskii*）同物异名：巴氏阳厉螨（*Androlaelaps pavlovskii*）。

二、生活习性

革螨种类繁多，按生活方式分为自由生活类群和寄生生活类群。前者以腐败的有机物或捕食其他昆虫、螨类、线虫等为食，可见于朽木、烂叶堆和土壤中，有时在花盆中和食用菌菇房里也可发现；寄生生活类群常寄生在小兽类、禽鸟、昆虫等多种动物的体表或巢穴中，并可借助于这些宿主动物的活动而将革螨带到各处，特别是鼠窝中革螨尤多，因此，鼠类的觅食、迁移等活动，是革螨扩散的重要因素。

革螨总共有卵、幼螨、第一若螨、第二若螨和成螨5个生活史时期，有卵生、胎卵生，也有可直接产幼螨或第一若螨。各种革螨交配方式基本类同，雌雄两性在成熟后24小时内进行交配。不同螨种适应的温度不同，寄生于哺乳动物的革螨，适应温度比寄生于蛇类的高。寄生于鸟类的革螨，适应温度更高。

大多数革螨整年活动，但有明显繁殖高峰季节，其季节消长除温度因素外，还取决于宿主活动变化、宿主巢穴微小气候条件、宿主在巢穴居留时间长短等。如格氏血厉螨、耶氏厉螨的螨种密度一般在10～11月出现高峰。柏氏禽刺螨呈春末夏初和秋冬双峰型。喜湿，对干燥耐受性很差，RH均以90%以上最适合，不适宜在水中生活；喜停留于黑暗环境，与自然界鼠巢等环境相仿，爬行活动不受光照影响，对人呼出的气体刺激最活跃。

三、交配、受精与繁殖力

各种革螨的交配方式大体相似，雌雄两性在成熟后24小时内进行交配。但有的革螨，如鼠颚毛厉螨在第二若螨刚发育为成螨时即可进行交配，而体表高度角质化且色泽较深的老龄螨，未见交配现象。交配过程大致可分3个阶段：① 交配前期：开始时，雄螨一直跟随雌螨爬行，接着，雄螨第1对足搭在雌螨背上，搭在背毛D_4～D_5和I_1之间，到一定时候，雄螨爬到雌螨背上，并用足拨雌螨背部，有烦躁不安表现。② 交配期：雄螨从雌螨的后缘或侧缘转到腹面，两者腹面相对抱在一起，前后方向一致，雄螨用足抱住雌螨躯体，这时雌螨仍然带着雄螨爬行，由于雌螨比雄螨的体型大，如果使用体视显微镜观察，似乎只有1只大而厚的螨，往往不易看清雌螨腹下的雄螨。③ 交配后期：一般交配2～3分钟后，雌雄两性即分开离去。

革螨主要有两种受精方法：一种叫产精生殖（tocospermy），雄螨用导精趾把精包从雄生殖孔转移到雌生殖孔而受精。转移精包的方法，大多使用螯肢，少数可用须肢和足Ⅰ。螯肢把精包颈部抓握在螯肢杆中间，或将精包颈部穿过动趾上的导精沟（spermatotreme）输送到雌螨的生殖孔。雌螨阴道背壁呈不同程度的骨化，形成内殖器（endogynum），大概起容纳抓握精包的作用，通常有一个很发达的受精囊（receptaculum）。有些革螨例外，如寄螨科，这些螨类雄螨的生殖孔位于雄生殖板（sternogenital plate）内，通常在足Ⅱ和足Ⅲ基节区内，但螯肢的动肢不适合转移精子。

另一种叫足精生殖（podospermy），是大多数革螨的受精方法。精液通过与卵巢相连的受精器官米氏器的外生殖器——环管口（solenostome）而进入雌螨体内。环管口有2个，位于躯体两侧足Ⅲ的基节臼腔内各1个，偶尔位于近基节Ⅳ，或在转节Ⅲ或股节Ⅲ上。雄螨把精包夹在两螯肢间，带到雌螨环管口，含有精子的物质再通过导精趾插入环管口内，精液不从雌生殖孔而由足窝米氏器管口进入体内，故名足纳精。足纳精型雌螨的生殖孔仅产卵，不受精。精液从小囊经精液管通至卵巢。有些革螨的储精囊，其功能为储藏精液。米氏器可能代表改良的基节腺。Michael（1982）观察到该小囊及其分支有内渗透和外渗透作用，血食性皮刺螨还具有内渗透压和储藏水分的功能。

革螨繁殖力较强，从野外采来的黑线姬鼠窝，1窝中通常有革螨几百至几千只，如江苏丹阳市卫生防疫站检查40个鼠巢，在适宜季节平均每窝有590只革螨。实验室观察格氏血厉螨的繁殖情况，每缸放100只螨，经过1个月可繁殖13～14倍。寄生型革螨虽然一般每次产卵或幼螨1只，1只雌螨一生产卵或子代几个至几十个，最多百余个。如鸡皮刺螨一生可有5～7个生殖营养周期，每次可产卵2～20个。柏氏禽刺螨一生产卵52～92个，蛇刺螨最高产卵达104个。厩真厉螨 *Eulaelaps stabularis* 雌螨一生平均产15.2只幼螨，最多27只。茅舍血厉螨、格氏血厉螨、巴氏阳厉螨、鼠颚毛厉螨和裴氏厉螨，雌螨平均产子代依次为7～26只、94只、13只、12只和11.7只。钝绥螨人工繁殖8天可增长10倍。鸟巢中囊禽刺螨开始每巢仅几只螨，经过一个繁殖季节可增至数千只，最多5万只。蛭状皮刺螨在燕窝孵燕的过程中，温度增高，摄食增加，螨繁殖极快，最多1巢有螨约10万只。

四、食性

革螨基本上可分为自由生活与寄生生活两个类型。营自由生活者为捕食和腐食；营寄生生活者，可分专性血食、兼性血食和体内寄生。分述如下：

（一）捕食和腐食

自由生活螨类，螯肢一般粗壮，齿发达，用来捕捉、钳碎捕获物，足粗壮，并有距或粗刺，协助捕食。有些以食小型昆虫、螨类、线虫等为主，兼食有机质；有些栖息于枯枝烂叶下，朽木上或土壤里，以腐败有机物为主，也食小的节肢动物。如巨螯螨科、寄螨科、囊螨科、维螨科、植绥螨科、厚厉螨科等螨种。在畜粪或鸡粪中，通常存在着大量家蝇巨螯螨，这种螨能捕食蝇类的幼虫，使86%～99%蝇卵死亡。孟阳春等（1987）在体视显微镜（解剖镜）下观察巨螯螨的捕食情况，当蝇蛆放入螨饲养管后，螨立即活跃起来，迅速爬上蝇幼虫，并用螯肢敏捷地刺入其表皮，蝇蛆欲逃，螨也不放松，透过蝇蛆体壁，可见螨的螯钳不断开闭，搜括吸食组织液，雌螨、雄螨和若螨均善于捕食。螨对蝇卵也迅速趋向，用螯肢刺入卵壳，吸入内容物。经一昼夜后，饲养管中滤纸上尽是蝇蛆的头咽骨及空瘪的卵壳。家蝇巨螯螨捕食绿蝇幼虫进行3组试验，雌螨数分别为10只、10只、9只，放入100只、40只、40只1龄蝇蛆，各经4天、1天、1天捕食光。又在捕食绿蝇卵3组试验中，每组10只螨，分别放入50粒、60粒、100粒卵，经1天、2天、4天捕食后，大多成为空卵壳及部分干瘪卵。对麻蝇早期幼虫也有捕食能力。另一种江苏巨螯螨，也有较强的捕食绿蝇1龄幼虫和麻蝇1龄幼虫的能力。薛瑞德等（1986）报道，家蝇巨螯螨对腐食性蝇类，如家蝇（*Musca domestica*）、厩腐蝇（*Muscina stabulans*）、夏厕蝇（*Fannia canicularis*）等具有较强的侵袭力，当螨附着于蝇体超过10只时，蝇的卵巢滤泡发育受抑制，寿命缩短。每只雌螨平均每天消耗2粒蝇卵；每4只雌螨每天平均消耗1条1龄蝇类幼虫，捕食幼虫时往往数只螨同时侵袭同一条幼虫饲食。

四毛双革螨（*Digamasellus quadrisetus*）雌螨吸食甲虫的血淋巴或昆虫组织，钝绥螨捕食害螨、介壳虫的幼虫、植物花粉、真菌孢子等，幼螨嗜食叶螨（红蜘蛛）卵，若螨食叶螨幼螨和若螨，以螯肢刺破猎获的叶螨，吸吮其体液，使之死亡。钝绥螨捕食能力强，以该螨为主作柑橘红蜘蛛的综合防制已取得很好效果。兵帕厉螨（*Stratiolaelaps miles*＝兵下盾螨 *Hypoaspis miles*＝兵广厉螨 *Cosmolaelaps miles*）也是典型的捕食者，喜食昆虫或腐败有机物，不喜食滴血，若给虫与血的混合营养，每月平均产卵则从3.3只降至2.2只；孟阳春等也观察到该螨喜食粉螨，在人工巢穴内喜在腐败有机物中。凹缘宽寄螨也喜食粉螨及其他革螨成螨或若螨的组织液和昆虫组织。上述这类革螨已被用为生物防制其他害螨、害虫。

革螨的捕食行为也存在很大差异（Walter et Proctor，1999）。有的种类巡回追捕（Cruise or Pursuit），有的种类伏击（Ambush or Sit-and-Wait），还有的种类表现为一系列的活动与停息，即休闲搜捕（Saltatory Search）（O' Brien et al.，1990）。巡回追捕者通常捕食行动笨重、体型幼小的猎物(Greene,1986),如线虫;伏击的螨类通常捕食较大的猎物,如弹尾虫(Enders,1975)。土壤中革螨间也会相互捕食,甚至存在同种自残现象(Cannibalism)。拟特拉毛绥螨(*Lasioseius subteraneus*)在感染了根结线虫的植物的根际土壤中的密度可达400只/L,其体型较另一些捕食螨大且可以其为食,但当更大、更具攻击性的殖厉螨属(*Gaeolaelaps* = *Geolaelaps*)的革螨存在时,其数量明显下降。革螨中的自残现象,有人认为可能与同系交配和孤雌生殖有关。自残现象多发生在同种的成螨和幼若螨间,同种的成螨可能由于骨化体壁的保护及体形相当,很少自残。

食物(猎物)能够调节革螨的种群水平。几乎任何一种革螨的生长发育和繁殖都受到食物的影响。猎物的种类、龄期、数量以及不同的猎物种类组合等都会影响其种群繁育(Carrillo et al.,2015;Zhang et al.,2022)。例如,张娜等人研究了两种猎物——黑腹果蝇(*Drosophila melanogaster*)的卵和麦蛾(*Sitotroga cerealella*)的卵——对日本毛绥螨(*Lasioseius japonicus*)亲代和子代种群繁育的影响。通过日本毛绥螨的生命表研究,发现以黑腹果蝇卵为食物时,该螨种群的内禀增长率(r)为0.261天$^{-1}$,净增值率(R_0)是57.761,周限增长率(λ)为1.3天$^{-1}$,平均世代周期(T)为15.49天;以麦蛾卵为食物时,该螨种群的内禀增长率(r)是0.157天$^{-1}$,净增殖率(R_0)为20.957,周限增长率(λ)是1.17天$^{-1}$,平均世代周期(T)为19.408天。基于上述两种食物,张娜等人模拟了日本毛绥螨的期望寿命和种群增长趋势。以黑腹果蝇卵为食物的日本毛绥螨明显优于麦蛾组,表明日本毛绥螨取食黑腹果蝇的卵更有利于螨种群的生长繁殖(Zhang et al.,2020)。

对于目前研究最多的土栖革螨——剑毛帕厉螨(*Stratiolaelaps scimitus*),食物同样是影响其种群繁育最大的因素之一。谢丽霞等在实验室条件下[(25±1) ℃,(80±5)% RH,24小时(D:0小时)]研究了四种食物——地中海粉螟(*Ephestia kuehniella*)卵,*Artemia* sp.,香蒲花粉和*Tyrophagus curvipenis*(一种粉螨)——对剑毛帕厉螨生长、发育和繁殖的影响。研究发现,地中海粉螟卵和粉螨(*T. curvipenis*)非常适合剑毛帕厉螨种群的繁育,从卵期发育至成虫阶段存活率超过90%,而取食*Artemia*. sp. 和香蒲花粉的存活率很低,仅有11.1%和50%。当剑毛帕厉螨取食地中海粉螟卵和粉螨时,成熟前期分别为9.67天和9.08天,而当取食*A*. sp. 和香蒲花粉时,成熟前期显著延长,分别为21.39天和18.26天。因此,地中海粉螟卵和*T. curvipenis*是非常有利于剑毛帕厉螨种群的生长发育和繁殖,可作为该螨的替代猎物(Xie et al. 2018)。

(二) 专性血食

一类寄生性革螨,这些革螨的螯肢剪状或细长针状,适于刺吸血液,一生均多次反复吸血,如皮刺螨科、巨刺螨科、蝠螨科、厉螨科及血革螨亚科中部分螨。例如子午赫刺螨,从卵孵出第二若螨,吸血1次者发育为雄螨;吸血2次则蜕皮变为雌螨。雌螨多次(4~5次)吸血,吸饱后才产卵,不存在发育营养协调和生殖营养协调规律。鸡皮刺螨嗜吸鸡及其他鸟类血,第一、二若螨均经吸血后进行下阶段发育,存在发育营养协调规律。雌螨1次大量吸血后产卵,吸血量大产卵亦多,也存在生殖营养协调规律。柏氏禽刺螨实验室中嗜吸小白鼠、大白鼠、长爪沙鼠和豚鼠等血液;在褐家鼠、黄胸鼠、小家鼠、社鼠,麝鼩等体上检获的螨,多数也是吸了血的。在20~25 ℃经7~10分钟,当15~18 ℃经20~35分钟吸饱血,存在发育营养和生殖营养协调规律。鸡皮刺螨和柏氏禽刺螨1次吸血量可达螨本身体重的8~12倍,同时适于1次大量吸血，其形态上亦有变化，表现为体表几丁质骨化区缩小，表皮区增大。

（三）兼性血食

自由生活向寄生生活、捕食向血食的过渡类型。各种革螨向血食过渡程度不一，食性较广，取食频繁，既可刺吸宿主血液和组织液，又可食游离血、血干，有的还可捕食昆虫，或食动物性废物和有机质。这类革螨如厉螨科，它们能否叮刺吸血是能否传播疾病的生物学基础。

苏州医学院用格氏血厉螨做叮咬小鼠试验，分10组共337只螨，刺吸率为61.7%；又做9组每组3～5只螨叮咬试验，刺吸率为72.2%。通过镜检法观察到有58.2%的螨透过背板见到肠内有血迹。通过示踪法观察到有88.6%的螨呈阳性。观察该螨叮咬小白鼠尾部皮肤的伤口，并进行组织切片，表皮缺损，皮肤表面有一层蛋白性渗出物，下为中性粒细胞、淋巴细胞及组织细胞浸润，侵入真皮层及皮下脂肪层，血管充血，见出血灶，在血管周围有肥大细胞浸润。进一步采用免疫学方法做单个螨试验，159只螨叮咬小白鼠尾部后与兔抗小白鼠血清做对流免疫电泳，阳性118只，阳性率为74.2%（孟阳春等，1980）。

武汉医学院流行病学教研室用同位素示踪法和刺吸感染鼠疟原虫的小白鼠方法，来研究观察革螨是否有刺吸小白鼠血液的能力。试验螨种用的是格氏血厉螨（*Haemolaelaps glasgowi*）的成虫和稚虫，厩真厉螨的成虫和鼠颚毛厉螨（*Tricholaelaps myonyssognathus*）的成虫。在温度10～15 ℃，湿度85%～95%的环境中饲养。试验前饥饿3～5天。结果发现，格氏血厉螨可以通过正常皮肤刺吸血液，以鼠疟原虫为观察指标，证明其成虫和稚虫的吸血率分别为15%和30%，在I^{131}示踪试验中亦证明试验组与对照组有显著性差异。

孟阳春等（1977）用格氏血厉螨、厩真厉螨、鼠颚毛厉螨等黑线姬鼠优势螨种叮咬小白鼠完整皮肤的试验，用镜检法、原子示踪法、对流免疫电泳法检查均证明有一定的叮吸血液及组织液的能力。根据其现场的调查与研究，观察到黑线姬鼠窝有大量格氏血厉螨、厩真厉螨、鼠颚毛厉螨，同时雌、雄若虫均有相当数量自然吸食黑线姬鼠血液和组织液。又见到茅舍血厉螨和格氏血厉螨侵袭人群的情况，以及对出血热疫区在流行季节收集到游离螨，经血清学检测发现有吸人血或组织液的格氏血厉螨。

南京军区后勤部卫生防治所（1973）先后以格氏血厉螨在黑线姬鼠和小白鼠腹部、尾部及人体（自己）做试验，证明此螨能通过正常皮肤吸血，尤易在皮肤破损处吸血。将一只在人体吸血的螨压碎作涂片染色镜检，找到尚未消化的人体红细胞、白细胞，并在叮刺部位遗留一红褐色的小出血点。安徽省卫生防疫所报告格氏血厉螨刺吸人体（自身）实验，实验者8人中7人有被刺感觉，51只螨中29只刺吸了血液，10只刺吸了组织液，刺吸率为4.47%。厩真厉螨试验27只，吸食率为11.11%，并在皮肤上观察到小出血点，又经与兔抗人免疫血清做环状沉淀反应呈阳性。

Ман（1959）曾对茅舍血厉螨的食性进行过实验研究，该螨具有血食-食虫-杂食的混合营养特性。喜食粉螨、昆虫卵和幼虫，活蚊和蚋（去掉翅和足），硬蜱和软蜱的幼虫、若虫以及革螨的卵、幼虫、若虫；能吃动物性废物如蚤、硬蜱的粪、螨和小型昆虫的蜕皮和尸体、又喜食游离血、干血（血膜上吃食后留有长条的痕迹），也可从成鸟、雏鸟和幼鼠的完整皮肤上吸血。雌螨在食物中加上血食则增高产殖量，但最高的产殖量是混合营养而不是单一血食时；与兼性血食相联系，螨取食频繁而一次吸血量仅为体重的40%～60%，若虫消化血与蜕皮间没有协调关系，雌螨也没有生殖营养协调关系。孟阳春等（1975）又进一步研究，做6组叮咬小鼠尾部完整皮肤试验共338只雌螨,刺吸率为60%~80%,少量革螨每组3~5只螨的叮咬试验12组,刺吸率为71.2%,12只鼠中有10只被叮咬。解放军某部稻草营房曾发现大量革螨叮咬战士,见螨体变红有血,经鉴定为茅舍血厉螨。

厩真厉螨也是兼性吸血者,Козлова(1959)实验研究认为此螨的营养是以食虫方式为主,食蚤卵和幼虫、泥土中线虫、粉螨和植绥螨,血食通过刺吸啮齿类动物的完整皮肤者极少,给血食或虫食两者对第一、第二若虫的发育时间没有差别,但雌螨的寿命血食时可有50%活5个月,10%活8个半月,而虫食和腐食则活55.3天。

有关鼠颚毛厉螨的嗜血性,王敦清与廖灏溶(1965)曾通过观察发现该螨吸血量较大,单用罗赛鼠或小白鼠脱纤维血液喂养效果良好,而用羊血、兔血和金黄地鼠的血液效果较差。在饲养过程中用5%的水化蛋白水溶液喂螨,20天后螨濒于死亡,以后立即改用鼠血喂养,螨又重新活跃起来,一周后产下幼螨;也观察到雌螨有吸干其幼螨体液的现象,不食蚊卵、蝇卵、蚤卵,但吸食剖开的蚤幼虫。Mitchell(1968)曾用鼠颚毛厉螨的雌螨进行三种方式试验:第一,通过绸布的枸橼酸人血;第二,观察刺破活宿主的完整皮肤;第三,喂饲在宿主擦破的皮肤上,使螨接触至少10分钟;结果吸抗凝人血和破损皮肤血,而6只螨都未刺吸人前臂、人手指和成鼠去毛腹部的完整皮肤。

Wharton和Cross(1957)观察毒厉螨、纳氏厉螨及格氏血厉螨三种食性,经丝膜喂以全血和各种血液成分如血细胞悬液、血清、血浆,结果三种螨大部分吸食,吸食条件喜高温75~95 ℉和低温22% RH,而对鼠、小鸡和人的完整皮肤则除2只毒厉螨刺吸鼠外,其他螨均未食,但对破损的人皮肤均吸食。Furman(1959)试验厉螨和血革螨6种,结果除脂刺血革螨为专性血食外,5种均为兼性血食者,按步血革螨(*Haemogamasus ambulans*)有普遍化的味感,食血液、血干、蚤粪,活或死的节肢动物,单血食或食虫均可生殖,叮刺动物宿主皮肤极少。拱胸血革螨(*Haemogamasus pontiger*)食游离血,但拒食血干和穿刺皮肤。半漠血厉螨喂血雌螨每月产9.1个子代,只喂节肢动物不进行生殖,混合营养则产子代每月7.9个(Reythlat,1965)。中心血厉螨(*Haemolaelaps centrocarpus*)可经小鼠完整皮肤吸血,很多螨来叮咬处挤食使伤口渐扩大,也食游离血、自己的卵、幼虫和其他螨(Furman,1966)。巴氏阳厉螨除幼虫外,各期均捕食节肢动物,动物性营养发育最好,血与动物性混合营养若在适温适湿下第一若虫2~4天发育完成,而单纯血食则延长为17~35天,雌螨动物性营养产13个卵,混合营养产4.4个卵,只血食不产后代(Volkova,1975)。黄鼠血革螨(*H. citelli*)当只喂节肢动物时仅能正常繁殖2~3周,然后停止产卵。当只喂血食则经3~4周后吸血变差,产卵减少,刺吸宿主困难。巢栖血革螨(*H. nidi*)只给血食产卵持续5个月,当血食改喂粉螨时只在头5天产卵,然后停止产卵。

从兼性血食革螨资料,进一步证明关于革螨寄生于陆生脊椎动物是由捕食逐渐向寄生生活过渡的观点。从流行病学看,兼性血食革螨有下列4种方式获得和传播病原体的可能:① 自宿主得到病原体,经叮咬传播给脊椎动物。② 从脊椎动物得到病原体,当被其他脊椎动物所食时而传播。③ 从外界环境中得到病原体,当叮咬时传播给脊椎动物。④ 从外界环境中得到病原体,当被其他动物所食而传播。

(四) 体内寄生

腔道寄生革螨,如鼻刺螨科(Rhinonyssidae)寄生于鸟类鼻腔内;内刺螨科(Entonyssidae)

寄生于蛇的呼吸道。内寄生革螨以寄主的血液或体液为食。肺刺螨属、鼻刺螨属、中刺螨属的革螨，螯肢较细，显然不能穿过黏膜，但在螨的消化道发现有宿主的红细胞和上皮细胞，证明能吸食。曾有人观察到中刺螨属的吉斯中刺螨(*Mesonyssus gerschi*)通过第1对足爪钻刺而后吸血；多毛中刺螨(*M. hirsutus*)刺进黏膜不深而食黏膜表面，证明也是由爪来帮助钻孔的；鼻刺螨(*Rhinonyssus colymbicola*)第1对足爪较小，但强度弯曲，也可深刺鼻黏膜而血食。其他种鼻刺螨，爪呈刃斧形，能切开鼻黏膜，第一若螨取食，其第1对爪发达，并且第1对足有感觉小丘，可嗅到取食部位和食物性质，第二若螨则无爪而不食。有人用电镜研究寄生于猴肺黏膜的猴肺刺螨，证实该螨能食黏膜的衰退细胞和表面分泌物，能消化宿主的红细胞，有时在螨体中发现病毒样颗粒。

五、寿长

革螨的寿命(life span)和耐饿力较长是巢穴寄生型革螨的特性，如茅舍血厉螨在足够湿度(90%～100% RH)下，20～25 ℃第一若螨与第二若螨平均耐饿11～11.5天，雌螨耐饿力强，平均11周，最长20周；温度低耐饿力更强，15～20 ℃平均耐饿12周，最长22周；5～15 ℃平均耐饿15周，最长25周。20～25 ℃下雌螨寿命混合营养活120～220天，只给血食活120～187天。

厩真厉螨在血食后18～22 ℃有50%的螨活5个月，10%螨活到8个半月。耐饿力在4～9 ℃为1.5天，3～4 ℃最长为340天，18～22 ℃为110天，23～26 ℃为86天。通过实验室观察证实，雌螨在4 ℃冰箱中50%耐饿14周，最长56周，20 ℃下50%螨耐饿5周，最长20周(孟阳春，1982)。此螨在5～10 ℃下20只螨平均耐饿177.5天，25～30 ℃下16只螨平均耐饿52.9天，34～36 ℃下仍可活1个月之久。该螨寿命5～10 ℃下很长，20～25 ℃可活半年以上，25～30 ℃下8只螨平均活109天(湖北省卫生防疫站等，1975)。周慰祖(1992)也对厩真厉螨的耐饿力和寿命进行了研究，研究表明：5～10 ℃下，12只雌螨耐饿时间为60～248天，平均为177.5天，其中50%个体在5个月内死亡。25～30 ℃下，16只雌螨为15～98天，平均为52.9天，40%的个体在1个月内死亡。34～36 ℃下，最长可活1个月。40 ℃，1天内死亡。数字表明，该螨的耐饿力是相当强的。5～10 ℃下，20只雌螨中的25%在9个月内死亡，75%在1年内死亡。20～25 ℃下，最短的活2个月，其他活6个月以上。25～30 ℃下，8只雌螨寿命为64～145天，平均为100天，1只雌螨活68天。30～35 ℃下，2只雌螨分别活50天和70天，1只雄螨活24.7天。表明寿命随温度升高而缩短，雄螨较雌螨寿命短。

格氏血厉螨在适湿适温下耐饿约2个半月，在冬季低温3～4 ℃可达9～10个月。实验观察在20 ℃足够湿度下，50%雌螨耐饿10周，最长达16周，而在4 ℃下50%螨耐饿36周，最长76周以上(孟阳春，1982)。

鸡皮刺螨在无食环境中，在6～12月份，10～32.7 ℃，可活33周；25 ℃，RH 80%，能活9个月。该螨平时在鸡体刺吸血液仅1～2小时，然后均在鸡舍缝隙中隐居。柏氏禽刺螨于20～25 ℃寿命大部分可活5～6个月，最长9个月，耐饿30～49天，15～20 ℃耐饿119～141天。

长血厉螨在18～25 ℃足够湿度下耐饿最长者达221天，大多于30天后死亡，雌螨长期饥饿后不取食，渐失去取食能力。按步血革螨等一些血革螨的寿命为9个月。

有些革螨似属于从巢穴寄生向体表寄生的过渡型，如黄鼠血革螨在冰箱中耐饿80天，

20～25 ℃可活40～50天。巢搜血革螨与前者相似。

在30 ℃,90% RH条件下,鼠颚毛厉螨的寿命为,8只雌螨活25～74.9天,平均39.9天;72只雄螨活17～75.7天,平均44.9天。在20 ℃足够湿度下多数耐饿存活2～4周,最长84天;4 ℃下饥饿螨多数在1周内死亡,最长28天。巴氏阳厉螨在饱和湿度,2～4 ℃雌螨可活105天,18～20 ℃活70天。子午赫刺螨在20～25 ℃雌螨耐饿35～40天,5～10 ℃耐饿4个月。雄螨20～25 ℃耐饿20～25天,5～10 ℃耐饿2个月。对裴氏厉螨实验室饲以家蝇碎组织,雌螨平均活75.5天,雄螨活72.5天。

张娜等人(2022)收集自1959年以来厉螨科(Laelapidae)革螨寿长信息的文献共70篇(图5.18),分析了不同因素对厉螨科寿长的影响。在29种已报道寿命/发育数据的厉螨科革螨中,剑毛帕厉螨有14项研究,尖狭殖厉螨(*Gaeolaelaps aculeifer*=尖狭下盾螨*Hypoaspis aculeifer*)有11项研究,是研究最多的两个种。从已有文献数据可知,寿命最长的厉螨科革螨可以存活500天以上(例如,*Androlaelaps fahrenholzi*)(Meng等人,1982),而寿命短的一种仅存活2天(例如,亮热厉螨*Tropilaelaps clareae*)(Shen,2018)。通过数据分析显示,以下因素会影响厉螨科革螨的寿命和发育时间:① 温度会极大地影响螨的生物学参数。茅舍血厉螨是一个典型的例子:在19 ℃下,该螨从卵发育成至成虫需要15.6天,而在31 ℃时,仅需6.8天,雌成虫性的寿命也遵循这个规律。对温度的响应,厉螨科中的其他螨类也表现出相同的反应,如厩真厉螨、*Laelaspis astronomicus*、乌苏里土厉螨等。② 相对湿度也会改变厉螨科螨类的种群动态(Pfingstl et Schatz,2021)。不同种类的革螨对湿度有不同的反应:在较高的湿度下(90% vs. 75%),敏捷厉螨(*Laelaps agilis*)的寿命明显更长,但黔广厉螨(*Cosmolaelaps chianensis* =*Hypoaspis chianensis*)则相反。③ 寿命和几乎所有厉螨科螨的发育时间和寿命都会受到食物(猎物)的影响,这是研究最多的影响因素。厉螨科可以捕食各种各样的猎物,不同的猎物种类或阶段都可能影响寿命(Zhang et al.,2022)。

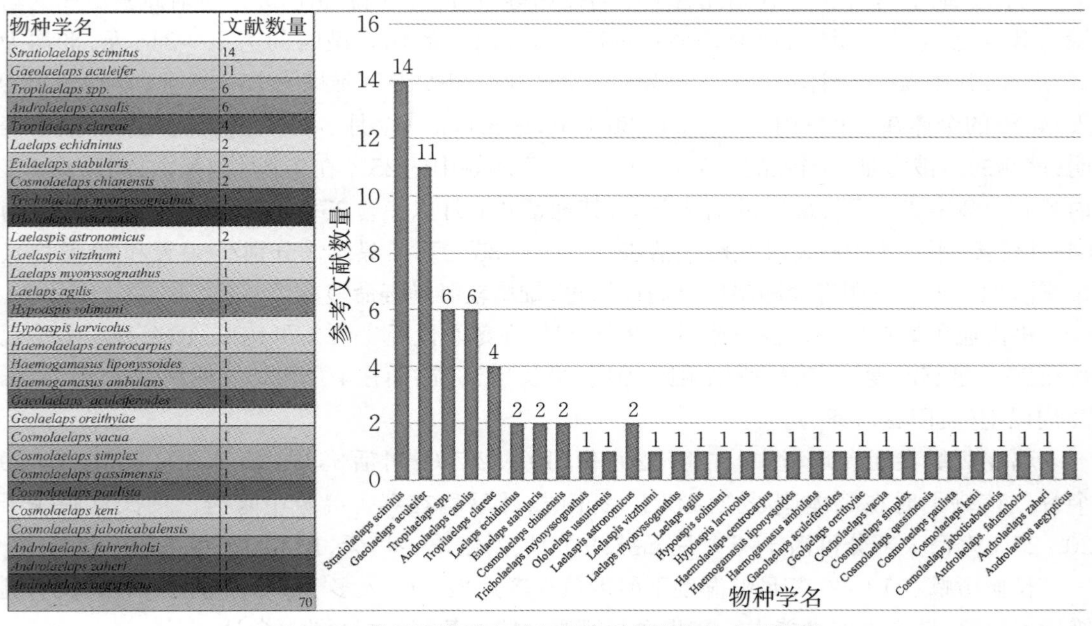

物种学名	文献数量
Stratiolaelaps scimitus	14
Gaeolaelaps aculeifer	11
Tropilaelaps spp.	6
Androlaelaps casalis	6
Tropilaelaps clareae	4
Laelaps echidninus	2
Eulaelaps stabularis	2
Cosmolaelaps chianensis	2
Tricholaelaps myonyssognathus	1
Ololaelaps ussuriensis	1
Laelaspis astronomicus	2
Laelaspis vitzthumi	1
Laelaps myonyssognathus	1
Laelaps agilis	1
Hypoaspis solimani	1
Hypoaspis larvicolus	1
Haemolaelaps centrocarpus	1
Haemogamasus liponyssoides	1
Haemogamasus ambulans	1
Gaeolaelaps aculeiferoides	1
Geolaelaps oreithyiae	1
Cosmolaelaps vacua	1
Cosmolaelaps simplex	1
Cosmolaelaps qassimensis	1
Cosmolaelaps paulista	1
Cosmolaelaps keni	1
Cosmolaelaps jaboticabalensis	1
Androlaelaps. fahrenholzi	1
Androlaelaps zaheri	1
Androlaelaps aegypticus	1
	70

图5.18　关于厉螨科寿长和发育时间研究的文献数据

引自 Zhang et al.(2022)

张娜和谢丽霞(2021)通过收集1965～2021年发表的文献,分析了不同因素对蠊螨科(Blattisociidae)革螨未成熟阶段(从卵期到成螨期)发育时间和成螨寿长的影响。共收集相关文献57篇,数据显示在400种已知的蠊螨科革螨中,仅有16种被研究了未成熟阶段的发育时间和寿长。温度、食物和杀虫剂是影响蠊螨科寿命的三大主要因素,其中低温会显著延长蠊螨科的寿命和未成熟阶段的发育时间;不同猎物的种类或龄期也会显著影响蠊螨科的发育时间和寿命。例如,当跗蠊螨(*Blattisocius tarsalis*)以地中海粉螟的卵为食时,不同温度下成螨的寿命显著不同。在15 ℃下,雌成螨和雄成螨分别能存活22.4天和21.4天,而在25 ℃下,它们只能分别存活7.0天和7.1天。当猎物的种类不同时,寿命和发育时间也不同。例如,当*Blattisocius mali*捕食*Rhabditis sccanica*(一种线虫)和罗宾根螨(*Rhizoglphus robini*)时,雌成螨的寿命有显著差异,分别为27.87天和29.46天(Zhang et Xie,2021)。

体表寄生型则与上述巢穴型革螨截然相反,寿命较短,耐饿力较差。如林禽刺螨整个生活史均在鸡体上完成,经常吸血,当置于适温且适湿的试管中,无食物条件下雌螨只活3周,不超过4周。毒厉螨在30 ℃,81% RH下,雌螨寿命为61～69天,平均78.8天,雄螨为57～76天。第一若螨耐饿6～7天,第二若螨7～12天,雌螨为7～8天。在25 ℃,100% RH条件下,该螨平均耐饿17天,最长23天;30 ℃平均耐饿11天,最长15天;35 ℃平均耐饿7天,最长11天。

自由生活型的寿命和耐饿力也很短,如埋岬异肢螨雌螨寿命只有9～10天,幼螨的耐饿力平均4天,最长11天;第一若螨平均6天,最长21天;雌螨平均6天,最长7天。钝绥螨雌螨寿命为23.8天。

巢穴寄生型和过渡型革螨的寿命和耐饿力较强,起到保存疫源地的作用。如淡黄赫刺螨、鼷鼠赫刺螨两种螨,能较长时间(75天)保存森林脑炎病毒,并从动物传给动物。实验证明鼷鼠赫刺螨吸血感染土拉伦斯菌后,细菌在螨体保存期限与温度有关,在18～20 ℃可保存20～30天,在4～6 ℃保存达93天。这种情况在流行病学上有重要意义。

六、遗传

20世纪60年代以来,革螨细胞遗传研究发展较快,已扩展到生化遗传、生态遗传、群体遗传和分子遗传等领域。下面讨论进展较快的4个方面:染色体、分带、生殖方式和性别决定。

(一) 染色体

1982年,国内发表第一篇革螨染色体的文章,迄今已记载10科94种革螨的核型(karyotype),其中我国报道10种(表5.3)。革螨染色体的数目3～18条不等,绝大多数革螨的核型为单二倍体(haplodiploid),即雄螨为单倍体(n),雌螨为二倍体($2n$)。目前所知革螨的染色体为单着丝粒,根据着丝粒位置或臂指数不同,可分为中、亚中、亚端和端着丝粒,依次称为等臂、异臂、头臂和单臂染色体,着丝粒指数(短臂/全长)分别≤50%、37.5%、25%和12.5%;臂指数(长臂/短臂)依次≥1.0%、1.7%、3.0%和7～∞。

表5.3 革螨染色体的数目

（引自 周洪福和孟阳春，2006）

科名	物种学名	2n(♀)	n(♂)
囊螨科(Ascidae)	*Blattisocius patagiorum*	6或8	
皮刺螨科(Dermanyssidae)	*Dermanyssus gallinae*[*]	6	3
	D. progenphilus	6	3
厉螨科(Laelapidae)	*Eulaelaps shanghaiensis*[*]	16	8
	Haemolaelaps casalis[*]	14	7
	H. glasgowi[*]	10	5或7
	Hypoaspis aculeifer	14	7
	H. lubrica[*]	14	7
	H. miles[*]	14	7
	Laelaps echidninus[*]	14	7
	L. sp.	14	7
	Tricholaelaps myonyssognathus[*]	12	6
巨螯螨科(Macrochelidae)	*Areolaspis bifoliatus*	10	5
	Macrocheles muscaedomesticae	10	5
	M. penicilliger	10	—
	M. pisentii	10	5
	M. plumiventris[*]	10	5
	M. vernalis	10	5
巨刺螨科(Macronyssidae)	*Ophionyssus natricis*	18	9
	Ornithonyssus bacoti[*]	16	8
	O. sylviarum	16	8
寄螨科(Parasitidae)	*Amblyogamasus septentrionalis*	12	
	Eugamasus kraepelini	12	
	E. magnus	10	
蛾螨科(Otopheidomenidae)	*Dicrocheles phalaenodectes*	6或4	
足角螨科(Podocinidae)	*Pergamasus brevicornis*	12	
	Podocinum pacificum	10	
	P. sagax	10	
瓦螨科(Varroidae)	*Varroa jacobsoni*	14	7
植绥螨科(Phytoseiidae)	60种	8	4
	5种	6	3

注：* 我国已报道的革螨染色体。

革螨染色体数目存在多态现象。国外有研究证明，鸡皮刺螨的核型$n=3$(♂)，$2n=6$(♀)，但有时某些胚胎含有4条或5条，或者既有3条又有6条染色体。原苏州医学院证明5种革螨染色体数目有多态现象(表5.4)。

表5.4　5种革螨的染色体数目及多态现象
(引自 周洪福和孟阳春,2006)

种名	正常核型		多态现象	
	n	$2n$	n	$2n$
上海真厉螨	8(75.76%)	16(87.84%)	7~10(24.24%)	15~19(12.16%)
茅舍血厉螨	7(70.58%)	14(70.8%)	3~9(29.42%)	10~15(29.2%)
格氏血厉螨	5(72.12%)	10(86.96%)	4~8(27.88%)	9~16(13.04%)
鼠颚毛厉螨	6(84.42%)	12(89.19%)	5~9(15.58%)	10~16(10.81%)
溜下盾螨	7(83.58%)	14(85.19%)	5~9(16.42%)	10~18(14.81%)

(二) 分带

细胞遗传在革螨的遗传改良、生物防制和遗传工程等技术中的应用,分带研究已引起国内外蜱螨学和遗传学工作者的关注。Hoy(1985)在有关革螨遗传论著中指出,现代细胞学技术,例如C分带和G分带尚未进行详细研究。苏州医学院(1986)通过改进制片、染色,建立了蜱螨染色体C带方法(表5.5),开展了G带、R带和Q带研究。分带研究在蜱螨亚纲中首报成功,蜱螨细胞遗传研究从常规核型提高到分带水平;光镜与扫描电镜相结合,蜱螨染色体研究从显微水平提高到亚显微水平。

表5.5　5种革螨C带染色体类型
(引自 周洪福和孟阳春,2006)

种名	单倍体数目	染色体类型
鸡皮刺螨	3	lm,lsm,1st
上海真厉螨	8	3m,3sm,2T
茅舍血厉螨	7	3sm,lst,1t,2T
格氏血厉螨	5	1sm,4T
鼠颚毛厉螨	6	2m,lsm,lst,2T

(三) 生殖方式

1. 孤雌生殖(Parthenogenesis)

又称单性生殖,是未受精卵发育的个体,即由雌配子产生胚胎,雄配子没有加入。革螨的自然孤雌生殖有:

(1) 产雄孤雌生殖(arrhenotoky):未受精卵发育为单倍体的雄性个体,受精卵发育为二倍体雌性个体。产雄孤雌生殖在革螨股中并不是偶然发生的现象,在一些种上分类阶元(属、亚科、科),如巨螯螨科、巨刺螨科和厉螨科,是普遍的、主要的生殖类型。以柏氏禽刺螨为例,其卵子发生为正常的减数分裂过程,而精子发生为发育不全减数分裂。后者精原细胞经第一次成熟分裂形成单极纺锤体,染色体不分裂,数目不减半,基本上为有丝分裂性质,第二次成熟分裂是正常的有丝分裂,它与通常的减数分裂不同,不产生4个而只有2个精细胞。

(2) 产雌孤雌生殖(thelytoky):未受精卵全部发育为雌螨,雄螨可能不存在,雌雄两性一般都是二倍体,因此与亲代有完全相同的基因型。如簇毛巨螯螨(*Macrocheles peniclliger*)和刺毛巨螯螨(*M. peniculatus*)为专性产雌孤雌生殖,另6种巨螯螨仅见有雌螨。

(3) 雌核发育(gynogenesis):需要精子(激素)的刺激而使卵子活化的孤雌生殖,精核未加入。应指出,雌核发育必须与雄螨交配后才能产卵。

2. 父系染色体组丢失(paternal genome loss,简称PGL,Bull,1983)

又称类单倍体(Parahaploidy)。类单倍体的定义(Harti et Brown,1970):合子生殖的种,雄性只遗传母套染色体,父套染色体在发育过程中被排除或异染色质化。雄性后代来源于受精卵,但并不传递父系染色体组。PGL与产雄孤雌生殖的区别见表5.6。

表5.6 父系染色体组丢失与产雄孤雌生殖的异同点

(引自 周洪福和孟阳春,2006)

	父系染色体组丢失		产雄孤雌生殖	
	雄螨	雌螨	雄螨	雌螨
来源	受精卵	受精卵	受精卵	未受精卵
遗传	父源和母源染色体组	父系和母系双亲基因	与PGL雌螨相同	只遗传母系染色体组

关于PGL仅对植绥螨中的西方后绥伦螨(*Metaseiulus occidentalis*)进行了细胞遗传学研究。在22 ℃卵期大约4天,全部卵的发育必须是雌雄配子的有性生殖,故产后6~24小时的早期卵,胚细胞有丝分裂中期和后期都是二倍体,$2n=6$,24~48小时的卵,大约一半卵为二倍体,经有丝分裂发育为雌螨,另一半卵发育为雄螨。中期(metaphase)有6条染色体,中期前后似乎发生染色体配对,形成3单位类似减数分裂双线期染色体,同源染色体各3条,分两套,H套和E套。H套着色深,嗜碱性,收缩多;E套着色浅,嗜酸性,收缩少。后期(anaphase),3H和3E分开,收缩仍不同,细胞质未见分裂,H套可能是雄性亲代3条染色体,似乎从细胞排除了,染色体数目减半,成为单倍体,$n=3$。末期(telophase),E套染色体解除收缩,恢复间期(interphase)核形态。雄螨可能只遗传雌性亲代E套3条染色体。其他植绥螨,以前认为是产雄孤雌生殖,也可能是PGL。

20世纪60年代以前,认为植绥螨和鸡皮刺螨是有性生殖,因为当时用人工隔离饲养法观察,未交配的雌螨不产卵。Hansell等(1964)发现植绥螨为单二倍体核型,Wysoki等(1968)进一步指出,产雄孤雌生殖发生在相当多的植绥螨中。以后又认为鸡皮刺螨属于单二倍体雌核发育。20世纪70年代末至80年代初,细胞遗传学进一步证明为类单倍体或PGL。综上所述,植绥螨和鸡皮刺螨的生殖方式,大致经历了有性生殖→产雄孤雌生殖→雌核发育→PGL等认识过程。

(四) 性别决定

细胞遗传学认为,性别决定的内因,取决于受精过程中染色体的分离组合情况。蜱类和高等动物,包括人类,由特殊分化的性染色体,如XX-XY,ZZ-ZW等性别决定系统。革螨缺乏特殊分化的性染色体,其性别一般由核型单倍体、二倍体所决定,即雄螨为单倍体,雌螨为二倍体;雄螨由未受精卵发育而成,雌螨由受精卵发育而成。就性别遗传而言,革螨的整套染色体,好比高等动物的性染色体。

De Jong等(1981)研究尖狭殖厉螨和兵帕厉螨染色体时,发现这两种螨的最长一条染色体都具有一条异染色质臂,推测可能是性染色体的遗迹,异染色质臂可能代表异形性的性染色体系统向"专一的"产雄孤雌生殖进化的一种形式。

第三节　革螨生态学

生态学是生物学的一个分支，是一门研究生物与环境相互作用机理与规律的科学。革螨生态学是蜱螨学的一个分支，是专门研究革螨类群与环境相互作用机理与规律的科学，是进行有害医学革螨科学防控和有益革螨高效利用的基础，在实践中具有重要的现实意义。

一、革螨的生态类型

革螨是从自由生活向寄生生活过渡的螨类。根据国内外学者对革螨生态学的研究，革螨可分为5个生态类型(表5.7)。生态分型对比较寄生虫学的研究，阐明革螨与人类及传病的关系，防制害螨和利用益螨都颇有意义。

表5.7　革螨的生态类型

(引自 周洪福和孟阳春，2006)

生态类型	自由生活型	牧场型	巢穴寄生型		体表寄生型		腔道寄生型
栖息地	植物叶，枯枝落叶层、草堆等	宿主栖息的旷野	巢穴 洞穴 室内		宿主体表		宿主鼻腔、呼吸道及肺，外耳道
宿主	无	广泛	广泛		严格		严格
食性	捕食、腐食	专性血食	兼性血食	专性血食	兼性血食	专性血食	专性吸食
*摄食：幼虫	+	−	−	−	−		−
第一若螨	+	+	±	+	±		+
第二若螨	+	−	+	±	+		±
次数	多次	1～2	多次	1	多次		多次
吸食量(体重倍数)	?	>20	1～2	10～16	1/2	1～4	?
耐饿力	数日	数月	数月	数月	数周		数小时
生殖营养协调	−	+	−	+	−		−
**雌螨一生产殖量	++++	+++	+	++	+		?
代表种类	植绥螨科 巨螯螨科	蛇刺螨属	血厉螨属 真厉螨属	皮刺螨属 禽刺螨属	厉螨属 一些种	赫刺螨 蝠螨	鼻刺螨属 肺刺螨属

注：*+ 摄食　− 不摄食；　** + 少量　++ 较多　+++ 多　++++ 大量。

二、气候因子对革螨的影响

（一）温度

革螨不耐热，活动与温度有关，不同螨种适应的温度不同。蛇刺螨（*Ophionyssus natricis*）喜在20～23 ℃处停息，高于低于此温度则逃避或行动不正常。其活动速度随温度（30～40 ℃）增高而加快，超过40 ℃，速度大大降低，45～50 ℃则昏迷，50～55 ℃经5秒钟全部死亡。

寄生于哺乳动物的革螨，适应温度比寄生于蛇类的高。毒厉螨喜欢在23～35 ℃处停息；裴氏厉螨则选22.4～24.8 ℃。寄生于鸟类的螨，适应温度更高，如鸡皮刺螨，体外用鸟皮膜喂食的最适温度为40～41 ℃。

实验观察茅舍血厉螨和蛭状皮刺螨的高温阈、低温阈、自然运动、能动反应、个别肢体活动停止的高温阈，前者依次为45 ℃、46 ℃、49 ℃，后者分别为51 ℃、52 ℃、53 ℃；前者低温阈依次为6 ℃、3 ℃、−1 ℃，后者分别为8 ℃、6 ℃、0 ℃。结果表明：该两种螨均能适应高温，而后者更喜热。从爬行速度试验也可见，在20 ℃时，茅舍血厉螨较蛭状皮刺螨爬得快，而当温度升高到25～40 ℃时，蛭状皮刺螨的爬速明显逐步加快，这与它们在自然界生活情况一致，蛭状皮刺螨专性血食，栖居于鸟巢外层，当温度较低时仍活跃地爬行摄食（图5.19）。马立名（1987）报道，寄生于小哺乳动物的格氏血厉螨对温度的选择，试验10只螨，每只10次共100只次，其中93只次始终活动于10～25 ℃，7只次活动于5～10 ℃或25～30 ℃，均未爬至5 ℃以

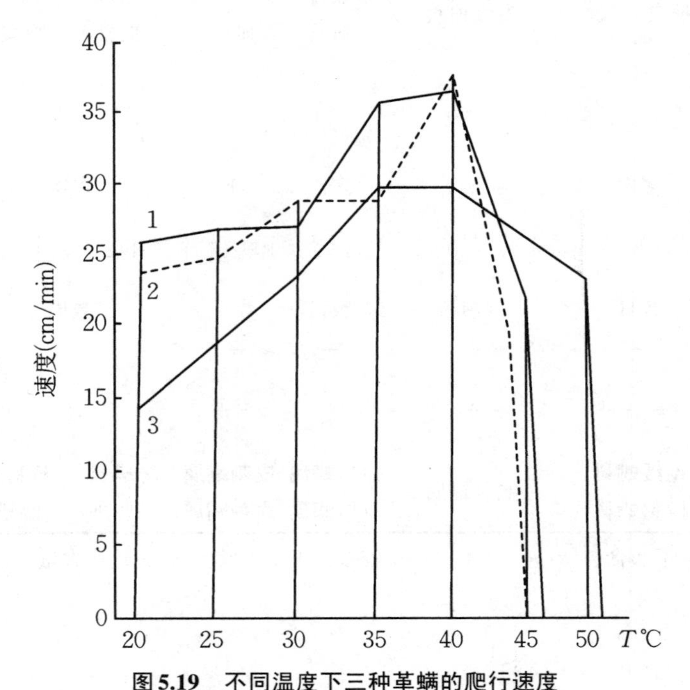

图5.19　不同温度下三种革螨的爬行速度

1. 格氏血厉螨；2. 茅舍血厉螨；3. 蛭状皮刺螨

引自 周洪福和孟阳春（2006）

下和30 ℃以上的地方。爬行速度与温度呈抛物线形，即30 ℃以下时，爬行速度随温度的上升而加快，30～35 ℃时爬速最快，35 ℃以上时爬速随温度上升而减慢。

日本毛绥螨是一种土栖的自由生活革螨，已知可捕食多种害虫害螨，具有生物防制农业害虫的应用潜力。温度是影响节肢动物种群动态的最重要因素之一，Zhang等(2022)在室内条件下(相对湿度为75%，光周期L0:D24小时)喂食腐食酪螨，研究了7个温度——19 ℃、22 ℃、25 ℃、28 ℃、31 ℃、34 ℃和37 ℃——对日本毛绥螨的发育、生存和繁殖的影响。结果表明该螨可以在19～34 ℃的温度下完成发育和繁殖，但在37 ℃时不能正常发育。温度升高缩短了未成熟阶段的发育时间和平均发育历期(T)。生命表参数表明在22～31 ℃的温度下，该螨的发育和繁殖速率最高：在22 ℃、25 ℃、28 ℃和31 ℃时，平均繁殖力(F)分别为81.7、88.0、102.0和86.8。在31 ℃时，日本毛绥螨的内禀增长率最高(r)(0.341)，周限增长率(λ)为1.407。

大多数革螨整年活动，但有明显繁殖高峰季节。其季节消长除温度因素外，还取决于宿主活动变化、宿主巢穴微小气候条件、宿主在巢穴居留的时间长短等因素。秋冬型如格氏血厉螨、耶氏厉螨，螨密度一般在9月以后逐渐增高，10～11月出现高峰。柏氏禽刺螨呈春末夏初和秋冬双峰型。

(二) 湿度

革螨一般喜湿，对干燥耐受性很差。如毒厉螨、厩真厉螨、鼠颚毛厉螨、茅舍阳厉螨、巢搜血革螨，RH均以90%以上最适合。据报道，雌性毒厉螨在25 ℃时，RH分别为53%、73%、93%，每周喂血或有色水1～3次，证明93% RH最适宜。鼠颚毛厉螨在30 ℃，80% RH时幼虫死亡率为73.5%；在90% RH时，其死亡率降低至29.4%。巴氏阳厉螨成螨在50%～70% RH时，活1.4天；80% RH活53天；95%～100% RH则活76天。茅舍阳厉螨以90%～100% RH为适宜，雌螨平均活60天以上，对低湿耐受性很差，在75%、60%、40%、20%和0% RH时，分别平均存活19.3天、18.9天、4.8天、2.8天和1.8天；其若螨最适RH为100%，平均活28天，若螨对低湿更不耐受，在90%、75%、60%、40%、29%和0% RH下，依次活6天、2.5天、1.7天、1.7天、1.4天和1天。柏氏禽刺螨在室温20～25 ℃，光照4 lux条件下，用33%～92% RH阶梯选择结果，偏好85%～92% RH高湿环境，饥饿和产卵后的雌螨，更加偏向高湿，但对低湿耐受性较强，在90%，75%，60%，40%，20%和0% RH下，依次活21.8天、19.2天、12.1天、9.4天、7天和5.2天。巢搜血革螨喜湿，对干燥耐受力很差，在95%、75%、60%、40% RH下，依次活17.8天、3.2天、1.1天、1.1天。森林地区棕背鼾窝巢的革螨，如厩真厉螨、巢仿血革螨、脂刺血革螨、按步血革螨等均喜高湿，其窝草含水量达69.4%。仓鼠赫刺螨对干有一定耐受，饲养在20～25 ℃下，50%～60% RH繁殖很好。寄生于鼠、兔的血红异皮螨也耐低湿。寄生于鸟类的革螨一般均较耐低湿，如林禽刺螨以75.5%～80% RH为最适宜，在53%以下易于死亡，当98% RH时亦易死亡。革螨卵一般均喜高湿，如林禽刺螨卵在30 ℃下，20%、40%、60%、80%和100% RH，平均孵出率依次在为74.2%、83%、93.3%、95.7%和94.4%。在湿试管饲养革螨过程中，螨卵多产于RH 100%最高的一端。

革螨虽喜湿，但不适宜在水中生活。实验观察格氏血厉螨在20 ℃水中，经4小时、8小时、12小时、24小时和48小时的死亡率分别为1.8%、3.7%、14.9%、73.8%和98.6%，即螨浸2天接近全部死亡。厩真厉螨在水中经12小时和24小时，死亡率为22.58%和33.33%。鼠颚毛厉螨在水中浸12小时和24小时,死亡率分别为21.43%和54.44%。

(三)光照

革螨一般喜停留于黑暗环境,与自然界鼠巢等环境相仿。柏氏禽刺螨在照度30~1 500 lux范围,分成8个阶梯选择,结果饱食和产卵期雌螨呈现明显的负趋光性,有35.2%的螨选择了照度最低的30 lux,但随着产卵过程的结束及饥饿的开始,负趋光性逐渐减弱。螨不选择介于4 320~6 950 Å波长间8种有色光。在41 ℃和高湿下,放进小白鼠,螨均不主动趋向。当室温21 ℃和85%RH,光照0 lux条件下,宿主对饥饿雌螨具有吸引力。螨的爬行活动不受光照影响,一张白纸半边在电灯光下,另半边遮住灯光,格氏血厉螨的爬行活动在有光和无光两边相同。在背光处、日光下和电灯光下,不同温度分别观察10分钟,格氏血厉螨的爬行方向基本相同,绝大多数螨绕圈爬行,少数螨爬行方向不规则(马立名,1987)。

第四节 中国重要医学革螨种类

据Krantz和Walter(2009)的分类系统,革螨股的皮刺螨总科(Dermanyssoidea),包括15个科。医学上有重要意义的寄生性革螨是与啮齿动物密切相关的厉螨科(Laelapidae)、巨刺螨科(Macronyssidae)和皮刺螨科(Dermanyssidae)3个科。

一、厉螨科

厉螨科Laelapidae Berlese,1892螯钳多为钳状(少数为剪状),具齿或不具齿。口下板毛3对。叉毛一般为2分叉。背板一块,覆盖背面大部分。生殖腹板大小不一,呈滴水状、囊状或其他形状。气门沟发达程度不一,典型种类很发达而且长,但少数种类付缺。胸叉发达,具叉丝。胸板刚毛一般为3对,或具若干根副刚毛。有的种类足基节上有距状毛或隆突;没有后跗节。雄螨腹面为一整块全腹板,很少分裂为胸殖腹板和肛板;其螯钳一般演变为导精趾(少数例外)。营自由生活,兼性寄生或专性寄生。

由于厉螨科下某些属的定义和分类地位一直稳定,不同学者对其属级阶元和亚属阶元分类各持己见,例如,Evans与Till(1966)、Van Aswegen与Loots(1970)、Tenorio(1982)以及Karg(1993)的分类观点。本书采用厉螨科9个亚科分类系统[厉螨亚科(Laelapinae)、血革螨亚科(Haemogamasinae)、下盾螨亚科(Hypoaspidinae)、赫刺螨亚科(Hirstionyssinae)、鼠刺螨亚科(Myonyssinae)、蜂伊螨亚科(Melittiphinae)、阿厉螨亚科(Alphalaelapinae)、中厉螨亚科(Mesolaelapinae)和棘钳螨亚科(Acanthochelinae)],下设144属790余种。其中以厉螨亚科、血革螨亚科、下盾螨亚科和赫刺螨亚科的种类最多,也最常见。我国已知有5个亚科,除上述常见的4亚科外,还记录有鼠刺螨亚科。

(一)厉螨属(*Laelaps* Koch,1836)

Laelaps Koch, 1836, Deutschl. C. M. A. 4: 19; Koch, 1843, Arachniden systems 3: 88; *Echinolaelaps* Ewing, 1929, Manual of External Parasites: 10 and 185; *Macrolaelaps* Ewing,

1929, Manual of External Parasites：185；*Myolaelaps* Lange，1955，Opred. Faune SSSR. 59：328；*Rattilaelaps* Lange，1955，Opred. Faune SSSR. 59：328；*Microtilaelaps* Lange，1955，Opred. Faune SSSR. 59：329。

厉螨属系Koch于1836年建立，他同时记述了厉螨属2个种，即敏捷厉螨（*L. agilis* Koch，1836）和活跃厉螨（*L. hilaris* Koch，1836），但他并未指定模式种；直至1842年，才指定活跃厉螨（*L. hilaris*）为该属的模式种（Oudemans，1936；Willmann，1952）。后来该属的属征和定义一直比较混乱，因此分类学家们对本属的分类的意见也不统一，但多数学者（Strandtmann et Wharton，1958；Evans et Till，1966，1979；Domrow，1987等）认为应当以Koch最早指定的敏捷厉螨（*L. hilaris*）作为属模。Zumpt（1950）提出Ewing（1929）所建立的棘厉螨属（*Echinolaelaps*）和巨厉螨属（*Macrolaelaps*）没有存在的意义。尤其是Tiptom（1960）、Evans与Till（1966，1979）、Domrow（1967，1987）等，以及国内的李英杰（1965）、孟阳春和蓝明杨（1974）、路步炎（1975）及潘錝文和邓国藩（1980）等仍将棘厉螨属（*Echinolaelaps*）归入厉螨属（*Laelaps*）。

属征：中型或大型螨，体长可超过1 mm；体色黄或褐。背板宽阔，中央部分常有矛状或十字形深色斑；通常具39对刚毛。胸板宽大于或小于长。生殖腹板具刚毛4对。肛板三角形或卵圆形。雄螨腹面为一整块的全腹板，在基节Ⅳ之后膨大；也有少数种类肛板分离。体毛和足毛往往粗大呈针状或刺状，基节上若干刚毛呈锥状。雌螨螯肢钳状，螯钳内缘具齿。雄螨螯钳往往演变为导精趾。

模式种：活跃厉螨（*Laelaps hilaris* Koch，1836）。

分布：分布于世界各地，主要寄生于鼠类。本属为寄生性螨类中的一大类群，有些种类已经被确定与传播疾病有关。

全世界已报道57种，中国已知26种都在小兽的体表被发现。厉螨属为寄生性螨类中的一大类群，分布于世界各地，主要在啮齿动物巢穴内或鼠体上，有些种类与传播疾病有关。

1. 耶氏厉螨（*Laelaps jettmari* Vitzthum，1930）

Laelaps jettmari Vitzthum，1930，Zool. Jahrb. 60（3-4）：405。

同物异名：巴氏厉螨（*Laelaps pavlovskyi* Zachvatkin，1948），Паразитол. Сбор. 10：66；淮河厉螨（*Laelaps huaihoensis* Wen，1962），中国昆虫学会1962年学术讨论会会刊。

雌螨：体长723 μm，宽565 μm。螯钳内缘具齿，钳齿毛不明显。背板几乎覆盖整个背面，长655 μm，宽463 μm；J5极细小，长度仅为Z5的1/5。胸板前缘中部凸出，后缘内凹，具后庇，胸毛3对，隙孔2对。胸后板梭形，具1根刚毛。生殖腹板在基节Ⅳ之后略膨大，具刚毛4对，Vl1间距较Vl4间距为大。肛板呈倒梨形，长115 μm，宽138 μm；Ad细短，约等于肛门之长。气门沟短，前端约达基节Ⅱ中部。腹表皮毛10对左右，近体后缘的较长。足基节Ⅰ～Ⅲ腹面各具一根刺状毛（图5.20）。

雄螨：体长587 μm，宽395 μm。全腹板具9对刚毛（肛毛除外）和3对隙孔；Ad与肛门约等长。跗节Ⅱ～Ⅳ具粗短刺状肛毛；跗节Ⅱ 3根，跗节Ⅲ 2根。跗节Ⅳ 5根（除端部3根，在基部和中部各1根较长）（图5.20）。

生境与宿主：黑线姬鼠、大林姬鼠、齐氏姬鼠、大耳姬鼠、黄胸鼠、小家鼠、锡金小鼠、巢鼠、巢鼠片马亚种、褐家鼠、绒鼠、黑腹绒鼠、沼泽田鼠、莫氏田鼠、松田鼠、长尾仓鼠、大仓鼠、嗜谷绒鼠、喜马拉雅旱獭；鼩鼱；间颅鼠兔等。

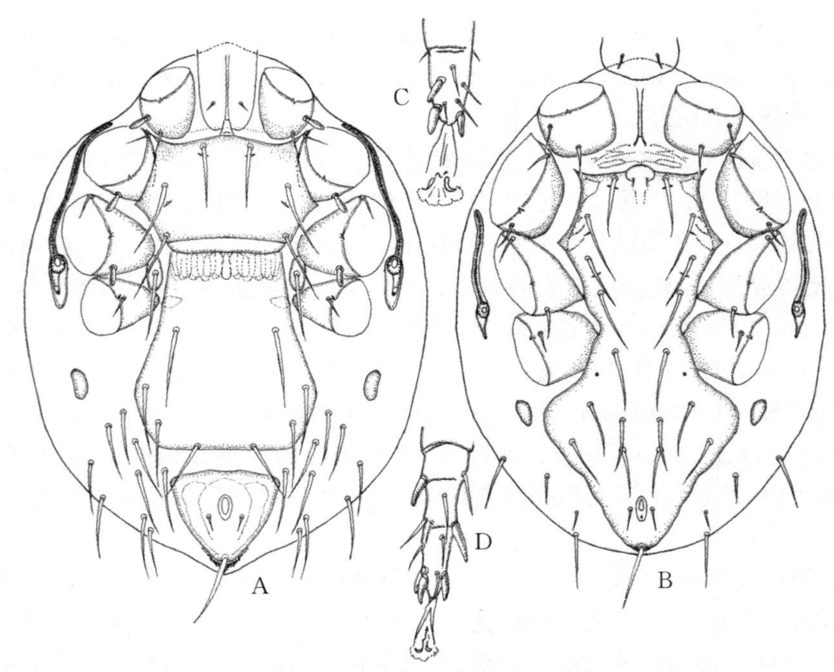

图5.20 耶氏厉螨（*Laelaps jettmari* Vitzthum，1930）
♀：A. 躯体腹面；♂：B. 躯体腹面；C. 跗节Ⅱ；D. 跗节Ⅳ
仿 邓国藩（1993）

与疾病的关系：北野政次等1942年经试验认为革螨是出血热的媒介，而前苏联学者认为，耶氏厉螨是最可能的传播媒介。因为林区的林姬鼠和非林区的黑线姬鼠是HFRS病毒的储存宿主，耶氏厉螨为优势螨种，季节消长与野鼠型HFRS流行曲线特征一致。1953年韩国报道了2 070例HFRS，经流行病学调查发现，耶氏厉螨在HFRS动物流行病学上起一定作用。后来我国学者证实黑线姬鼠巢内的耶氏厉螨，自然携带HFRS病毒。此外，研究人员曾经从耶氏厉螨体内分离出森林脑炎病毒和Q热立克次体。

地理分布：国内分布于黑龙江、吉林、辽宁、内蒙古、宁夏、青海、河北、山西、江苏、安徽、湖北、湖南、福建、台湾、广东、四川、贵州、云南；国外分布于朝鲜、日本、前苏联地区。

2. 毒厉螨（*Laelaps echidninus* Berlese，1887）

Laelaps echidninus Berlese，1887，Acari，Myr. Scorp. Ital. fasc. 39，no. I。

同物异名：毒棘厉螨（*Echinolaelaps echidninus* Strandtmann et Mitchell，1963），*Pacific insects*. 5：547。

雌螨：体型较大，卵圆形，棕深色，长1 238～1 250 μm，宽877～885 μm。螯肢发达呈钳状，动趾内缘具2齿，定趾具一齿突，钳齿毛较细长，末端呈钩状。背板几乎覆盖整个背部，长宽为（1 159～1 164）μm×（820～826）μm，板上刚毛39对，皆呈针状；J5长91～93 μm，Z5长173～175 μm。胸板长大于宽，长290～295 μm，最窄处宽257～260 μm，具刚毛3对，隙孔2对。胸后板呈滴水状，上具刚毛1根。生殖腹板在Vl1后极为膨大，宽480～487 μm，后缘向内深凹，上具4对刚毛，Vl4位于生殖腹板的亚末端，与板的后缘有一定的距离，Vl1间距较Vl4间距为小。生殖腹板与肛板的间距小于肛门之长，呈一狭沟。肛板前端宽圆，后端尖窄，长宽为（201～202）μm×（228～231）μm，Ad位于肛门后端水平之后，其末端达到刚后毛的基部，长 90～92 μm，PA 较肛侧毛明显粗长，长 168～171 μm。足后板较小，滴水状。气门沟前端达足基节Ⅰ的后部。足Ⅰ～Ⅳ基节各具一根刺状刚毛，基节Ⅳ上的刺状毛较短小，跗节Ⅱ～Ⅳ腹面刚毛较粗长（图 5.21）。

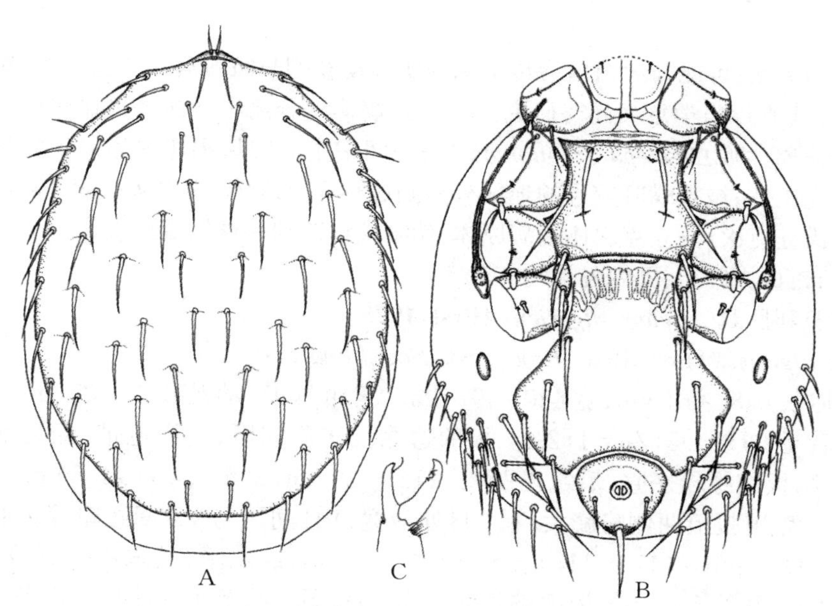

图 5.21　毒厉螨（*Laelaps echidninus* Berlese，1887）（♀）
A. 躯体背面；B. 躯体腹面；C. 螯肢
仿 邓国藩（1993）

雄螨：螯钳无齿突，动趾长 101～102 μm，导精趾较宽。背板几乎覆盖整个背部，被毛 39 对。全腹板在基节Ⅳ后明显膨大，长宽为（682～685）μm×（172～176）μm，板上除围肛毛外，具刚毛 10 对，胸区具刚毛 4 对，隙孔 3 对，生殖腹区刚毛 6 对，Ad 长 71～72 μm，PA 长 139～141 μm。气门沟延伸至基节Ⅱ前缘。所有足跗节上均无棘状刚毛。

后若螨：螯肢同雌螨，动趾长 52～55 μm。背板几乎覆盖整个背部，（874～877）μm×（502～505）μm，两侧缘中部具有小缺刻，具刚毛 39 对。胸板长宽为（430～432）μm×（166～169）μm，具 4 根刚毛及 3 对隙孔。肛板倒梨形，（149～150）μm×（154～156）μm，Ad 位于肛门后缘水平，长 75 μm，PA 长（166～168）μm。气门沟前缘达基节Ⅰ后 1/3 处。足上毛序同雌螨。

前若螨：螯肢钳状，动趾长 44～46 μm，具 2 齿，定趾具 1 齿。前背板（442～445）μm×（370～373）μm，具 11 对刚毛；后背板（189～192）μm×（348～351）μm，具 8 对刚毛，边缘的 3 对具有小分支。两板之间有 3 对小骨板及 4 对刚毛。胸板（253～256）μm×（160～163）μm，具刚毛 3 对及隙孔 2 对。肛板（129～130）μm×（122～124）μm，Ad 在 PA 后缘水平，长 76～78 μm，PA 长 143～144 μm。气门沟达基节Ⅲ中部。足毛多较粗，呈刺状，在股节Ⅰ、Ⅱ上及足Ⅳ膝、胫、跗节的背面有特别长的刚毛。

生境与宿主：宿主主要为黄毛鼠、针毛鼠、褐家鼠、黄胸鼠、社鼠、青毛鼠、小泡巨鼠、小家鼠、黑线姬鼠、大家鼠、齐氏姬鼠、小林姬鼠、大绒鼠、大足鼠、卡氏小鼠、锡金小鼠、巢鼠、白腹鼠板齿鼠；无鳞短尾鼩、灰麝鼩、大臭鼩；树鼩。

毒厉螨常孳生于鼠巢内，尤其是窝草下浮土上，以鼠体后背部多见，腹面较少。实验室人工饲养用大白鼠喂血，吸取血液或伤口的渗出液或其他分泌液。该螨为卵胎生，吸血后直接产幼螨，幼螨不摄食，第一期和第二期若螨均需吸血。在25 ℃从幼螨发育至成螨平均为11～12天。雌螨可孤雌生殖，其子代都是雄螨。染色体核型为单二倍体，$n=7$(♂)，$2n=14$(♀)。

与疾病的关系：可能与大白鼠为传染源的实验动物型HFRS病毒传播有关，疑为鼠类间的传播媒介，其流行病学意义尚待研究。曾从该螨体内分离出阿根廷出血热病毒。毒厉螨还可作大白鼠寄生原虫(*Hepatozoon muris*)的中间宿主。曾从福建鼠体采到的毒厉螨分离出恙虫病立克次体；被该螨叮咬过的地鼠分离到Q热立克次体；还曾从该螨分离出地方性斑疹伤寒的莫氏立克次体、立克次体痘病原体、伪结核杆菌和一株钩端螺旋体。

地理分布：世界广布，国内各地均有分布。

3. 阿尔及利厉螨(*Laelaps algericus* Hirst，1925)

Laelaps algericus Hirst，1925，*Proc. Zool. Soc. Lond.*，4：57。

雌螨：体长648～661 μm，宽480～497 μm。螯钳具齿，动趾长32～35 μm。背板完全覆盖背部，背毛39对，J5：Z5=1：2.4。板的边缘几丁质加厚，呈深色带，此为本种的重要特征之一。胸板前缘较平直，后缘内凹，长112～126 μm，最窄处155～158 μm，具胸毛3对及隙孔2对。生殖腹板两侧略膨大，在Vl3处最宽，Vl1间距与Vl4间距略等。肛板前缘较平直，(106～113) μm×(114～118) μm，Ad位于肛门后缘水平，其末端达到或略超过PA毛基；PA较Ad为粗长。气门沟前端达到基节Ⅰ后部。基节Ⅰ～Ⅲ腹后缘各具1根粗刺状刚毛(图5.22)。

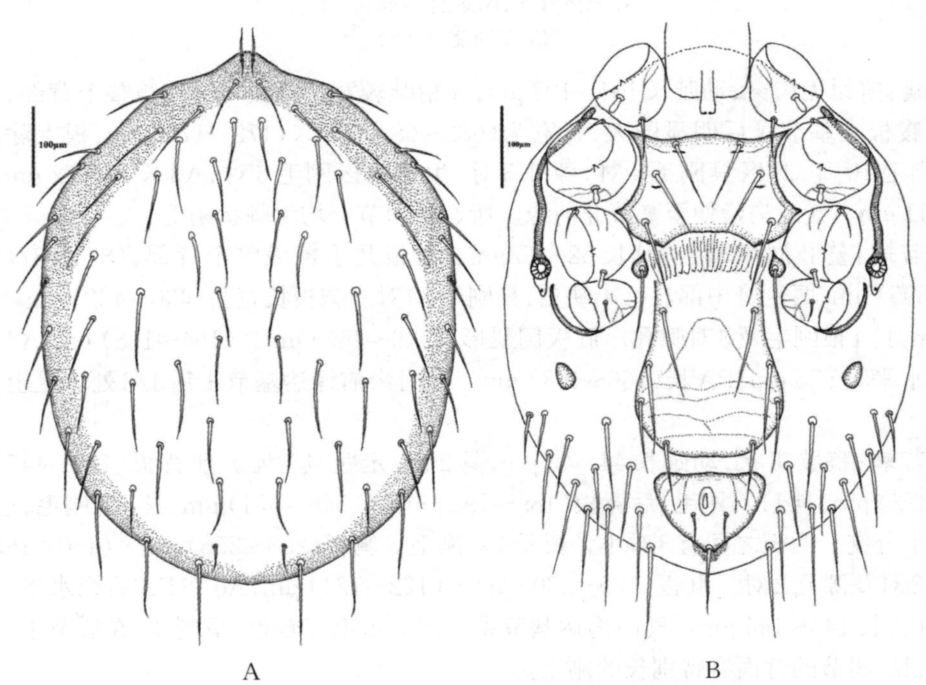

图5.22 阿尔及利厉螨(*Laelaps algericus* Hirst，1925)(♀)

A. 躯体背面；B. 躯体腹面

仿 邓国藩(1993)

生境与宿主：小家鼠、锡金小鼠、黄胸鼠、大林姬鼠、卡氏小鼠、褐家鼠、巢鼠。

与疾病的关系：曾经从包括该螨在内的混合螨种中分离出淋巴球性脉络丛脑膜炎，可能参与淋巴球性脉络丛脑膜炎的循环；也曾从该螨中分离出鼠疫病原体（邓国藩等，1993）。

地理分布：国内分布于云南、贵州、辽宁、新疆、宁夏、山西、福建；国外分布于前苏联地区、阿尔及利亚、埃及。

4. 鼾厉螨（*Laelaps clethrionomydis* Lange，1955）

Laelaps clethrionomydis Lange，1955，клещ грыэунов фануы СССР，59：330。

雌螨：体长583～592 μm，宽469～474 μm。螯钳具齿，定趾长21～23 μm，动趾长30～32 μm，钳齿毛细长。上咽末端略钝，中部较宽。背板卵圆形，未完全覆盖背部，长宽为（539～546）μm×（390～398）μm，Z5约为J5长的3倍。胸板宽显著大于长，前缘较平直，后缘内凹，具近等长的胸毛3对及隙孔2对。胸后板梭形，具刚毛1根。生殖腹板在基节Ⅳ后膨大，Vl2前面最宽（173～197）μm×（256～263）μm，后端截平；具刚毛4对，Vl1间距较Vl4的显著为大。肛板倒梨形，长宽为（95～97）μm×（100～102）μm，Ad位于肛门后缘水平，末端超过PA的毛基部。气门前端伸至足基节Ⅰ后缘。腹表皮毛18～20对。其中靠近生殖腹板后缘的呈粗短刺状，近体后缘的细长，这是鉴别本种的重要特征之一。足基节Ⅰ～Ⅲ各具粗刺状刚毛一根（图5.23）。

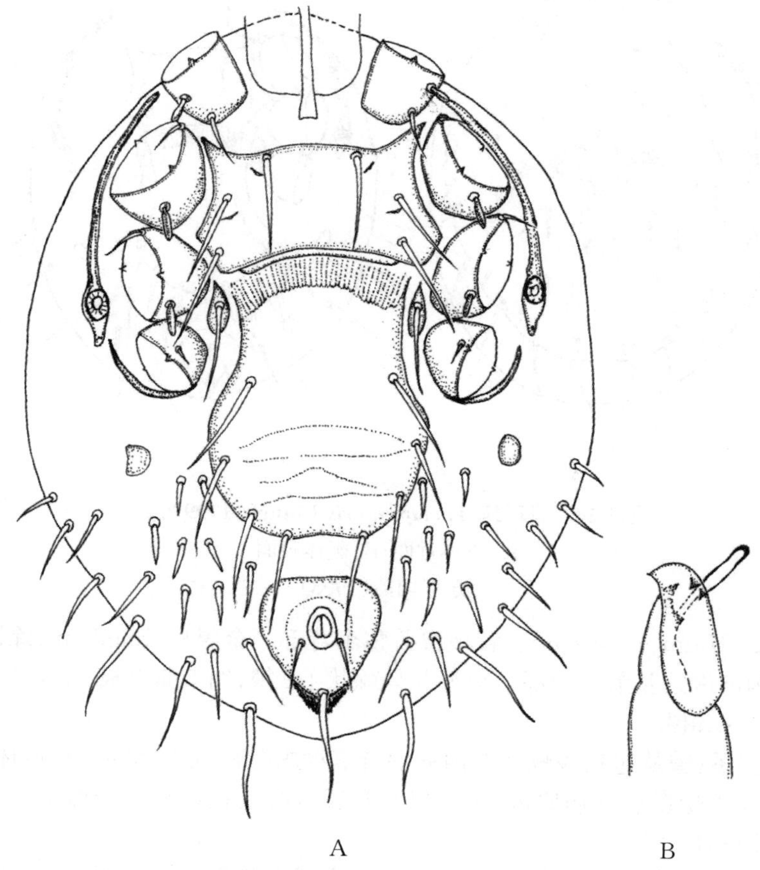

图5.23　鼾厉螨（*Laelaps clethrionomydis* Lange，1955）（♀）

A. 躯体腹面；B. 螯肢

仿 邓国藩（1993）

生境与宿主：沼泽田鼠、莫氏田鼠、黑线姬鼠、棕背䶄、红背䶄、花鼠。小纹背鼩鼱、多齿鼩鼹；高黎贡鼠兔。

与疾病的关系：曾从包括该螨种在内的混合螨种中分离到肾综合征出血热病原体，另有记载从该螨分离出土拉伦菌病的病原体、森林脑炎病原体(邓国藩等，1993)。

地理分布：国内分布于黑龙江、吉林、内蒙古、河北、台湾、四川、云南；国外分布于朝鲜、日本、前苏联地区。

5. 鼠厉螨(*Laelaps muris* Ljungh，1799)

Acarus muris Ljungh，1799，Nova Act. Reg. Soc. Sci. Uppsala，6：10。

雌螨：体长683 μm，宽526 μm。螯钳内缘具齿，动趾长30 μm；钳齿毛呈窄柳叶状。背板未完全覆盖背部，长宽为560 μm×452 μm。背毛大都粗短呈锥状，S4、S5、Z5较粗长；J5∶Z5=1∶5.4。胸板前缘稍凸出，后缘略凹入，长129 μm，最窄处185 μm；3对胸毛粗短，st1与st2约等长，st3最长；具隙孔2对。生殖腹板在Vl2稍上方膨大，宽212 μm，后端圆钝，Vl1间距明显大于Vl4间距。肛板长宽约相等，97 μm，前缘圆钝；Ad位于肛门后缘水平，其末踹达到或略超过PA基部，PA粗长，弯曲。气门沟前端达足基节Ⅰ后部。腹表皮毛11对。膝节Ⅳ的2根后侧毛，pl1较pl2明显粗长(图5.24)。

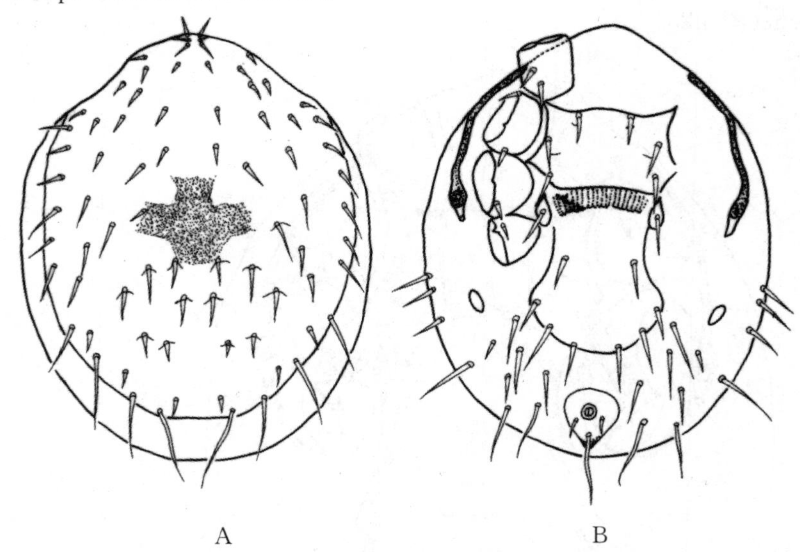

图5.24　鼠厉螨(*Laelaps muris* Ljungh，1799)(♀)

A. 躯体背面；B. 躯体腹面

仿 邓国藩(1993)

雄螨：体长637 μm，宽480 μm。背板覆盖整个背部。全腹板长563 μm，除围刚毛外具刚毛9对。气门沟前端达基节Ⅰ后部。跗节Ⅱ具棘状毛4根，跗节Ⅲ 3根，跗节Ⅳ2根。

生境与宿主：水䶄。

与疾病的关系：曾从包括该螨种在内的混合螨种内分离到森林脑炎病原体；也有记载从该螨中分离出土拉伦菌病的病原体，也可保存和通过叮咬在动物中传播土拉伦菌病的病原体(邓国藩等，1993)。

地理分布：国内已知分布于新疆；国外分布于前苏联地区、英国、德国、荷兰、澳大利亚。

6. 活跃厉螨(*Laelaps hilaris* Koch，1836)

Laelaps hilaris Koch，1836，Deutsch. Crust.，Myriap. und Arachnidan. 4：20。

雌螨：体长707 μm，宽519 μm。螯钳动趾长33 μm，具2齿，定趾具1齿，钳齿毛长，端部膨大并有一尖突。颚沟具横齿6列，每列有小齿1～2枚。背板长636 μm，宽456 μm，具39对针状刚毛，位于背板边缘的较板中部的稍大，特别是近体后部的，还具有稀小分枝；板上具网纹。背表皮刚毛9对，均具小分支。胸板长102 μm，宽186 μm，具3对刚毛及2对隙孔，st1末端达板的后缘。胸后毛在梭形的小板上，板的前内侧有一隙孔。生殖腹板后部膨大呈瓶状，宽135 μm，具4对刚毛，Vl1间距114 μm，大于Vl4间距80 μm。肛板长宽为105 μm×114 μm，肛侧毛位于肛门后端水平，端部超过肛后毛基部，长66 μm，肛后毛较粗，长96 μm。气门沟前端达基节Ⅰ后缘。腹表皮毛13对，较粗，刺状，有的着生在小板上。足Ⅳ膝节具2根后侧毛。跗节Ⅱ、Ⅲ各具3根(al1，pl1与av1)较粗的毛。每一基节有一根刺状毛(图5.25)。

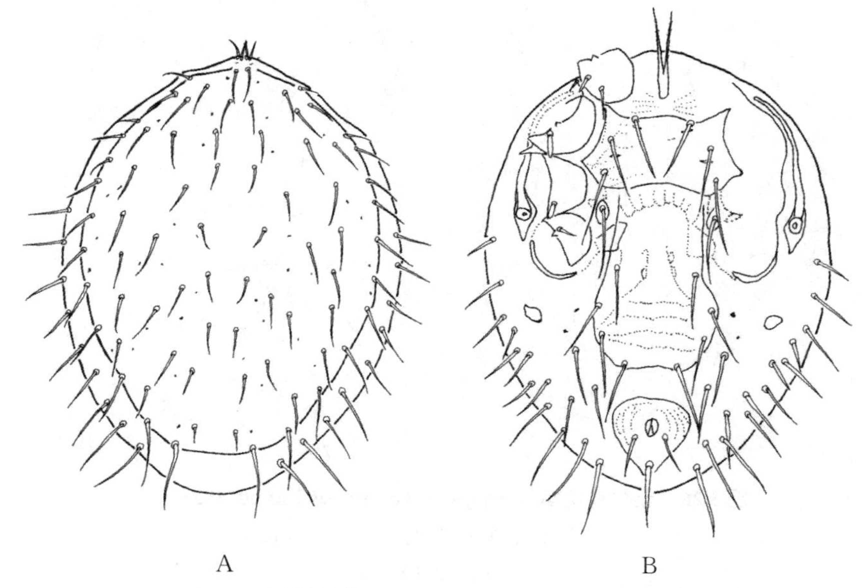

图5.25　活跃厉螨(*Laelaps hilaris* Koch，1836)(♀)
A. 躯体背面；B. 躯体腹面
仿 邓国藩(1993)

雄螨：体长669 μm，宽478 μm。螯钳动趾长50 μm，导精趾长70 μm，两趾均无齿，钳齿毛形状与雌蹒相同。颚沟具6列模齿，每列有小齿1～3枚。背板几乎覆盖整个背部，长宽为648 μm×456 μm，具39对刚毛。背表皮刚毛7对。全腹板长516 μm，宽144 μm，板上除围肛毛外具10对刚毛，肛侧毛较小，位于门中横线上，长45 μm，肛后毛较粗，长84 μm。气门沟前端达基节Ⅰ后缘；气门板前端与背板融合，后端游离。腹表皮毛9对，近体后缘的长大，具小分支。基节Ⅲ后毛呈刺状，其他基节刺状毛不明显。跗节Ⅱ、Ⅲ各具4根(al1，pl1，av1与av2)短刺状毛，跗节Ⅳ具2根(al1与pv1)。

生境与宿主：小家鼠、黑线仓鼠、田鼠。

与疾病的关系：曾从该螨中分离出土拉伦菌病病原体(邓国藩等，1993)。

地理分布：国内分布于黑龙江；国外分布于前苏联地区、美国、欧洲地区。

7. 土尔克厉螨(*Laelaps turkestanicus* Lange，1955)

Laelaps turkestanicus Lange，1955，Клещ Грызунов Фауны СССР，59：328。

雌螨：体长587 μm，宽384 μm。螯钳内缘具齿，定趾较动趾短；钳齿毛末端稍膨大。背板几乎覆盖整个背部，519 μm×316 μm，J5细小，长度仅为Z5的1/6。胸板后缘较平直，后缘内凹，具等长的刚毛3对及隙孔2对。胸后板梭形，具刚毛1根。生殖腹板后半部增宽，宽138 μm，具4对刚毛，Vl1间距等于或略大于Vl4间距。肛板倒梨形，长宽为101 μm×72 μm，Ad短，末端未达PA的基部。气门沟前端达基节Ⅰ后缘。足厚板略呈肾形。腹表皮毛约9对。足基节Ⅰ后缘具粗刺状刚毛2根，这是鉴定本种的重要特征之一。基节Ⅱ、Ⅲ各具1根粗刺状刚毛(图5.26)。

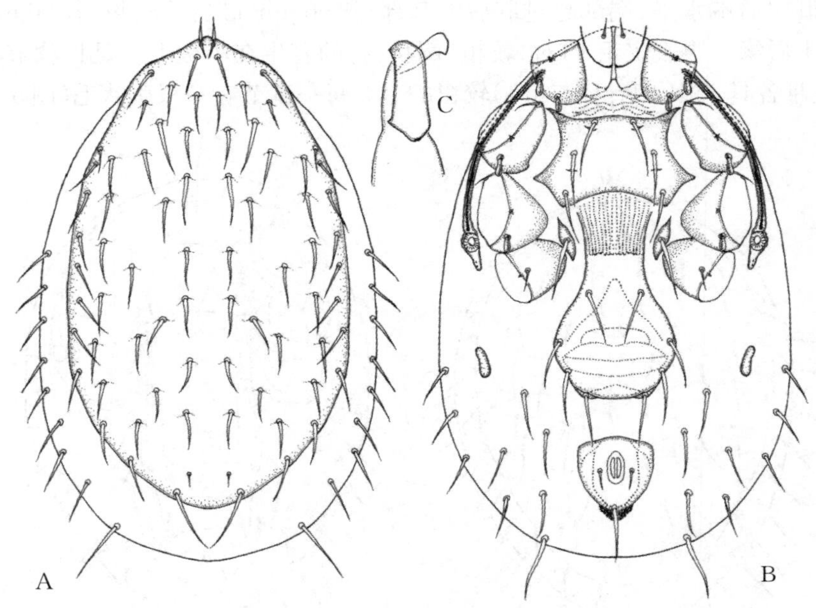

图5.26 土尔克厉螨(***Laelaps turkestanicus*** **Lange，1955**)(♀)

A. 躯体背面；B. 躯体腹面；C. 螯肢

仿 邓国藩(1993)

雄螨：背板几乎覆盖整个背部，长450～510 μm。J5细小，长度仅为Z4的1/8～1/5。全腹板在基节Ⅳ后膨大。Ad约与肛门纵径等长，PA针状，长度为Ad的1.5～2.5倍。腹表皮毛5对。气门沟前端达基节Ⅰ后部。跗节Ⅳ内侧端处有一短刺状毛；跗节Ⅲ具4根刺状毛(端部2根，亚端部2根)；跗节Ⅱ也具4根(端部2根，亚端部及中央各1根)。

后若螨：有两性异型现象，即分体毛较长的变雌后若螨与体毛较短的变雄后若螨。体长442～474 μm，宽260～291 μm。背板(428～459) μm×(245～275) μm，背毛39对，由前向后渐短，变雌后若螨的j4长25～28 μm。胸板后端钝突，长228～231 μm，前缘宽82～85 μm。st4较其他胸毛短。肛板长宽为(53～68) μm×(57～71) μm。Ad长11～18 μm，PA长14～25 μm。腹表皮刚毛10对，位于体后缘的一对粗而长。气门沟达基节Ⅰ后缘。

前若螨：体长384 μm，宽245 μm。前背板长231 μm，宽192 μm，具11对毛。后背板长89 μm，宽149 μm，具8对毛。背表皮刚毛11对。Z5粗长，其他毛细小。胸板长174 μm，前缘宽68 μm。肛板近圆形，长43 μm，宽46 μm，Ad长11 μm，PA长14 μm。Vl1短。体后缘有1对刺状毛。

生境与宿主：针毛鼠、社鼠、褐家鼠、黄毛鼠、黄胸鼠、大足鼠、黑线姬鼠、齐氏姬鼠、林姬鼠、大耳姬鼠、白腹巨鼠、黑腹绒鼠、猪尾鼠；鼩鼱；乌鸦。卡氏小鼠、赤腹鼠、小林姬鼠、锡金小鼠、针毛鼠、青毛鼠、麻背大鼯鼠、灰腹鼠、橙足鼯鼠、珀氏长纹松鼠、赤腹松鼠、待定鼠；灰麝鼩、大臭鼩、白尾梢麝鼩、麝鼩、短尾鼩；黄鼬；树鼩。

与疾病的关系：曾从该螨中分离出恙虫病的病原体(邓国藩等，1993)。

地理分布：国内分布于河北、江苏、湖南、福建、台湾、广东、海南、广西、四川、贵州、云南；国外分布于前苏联地区。

8. 多刺厉螨(*Laelaps multispinosus* Banks，1990)

Laelaps multispinosus Banks，1990，*Proc. Ent.* Soc. *Wash.* 11：136。

雌螨：体长785 μm，宽581 μm。螯钳内缘具齿，动趾长32 μm，钳齿毛窄长。背板未完全覆盖整个背部，后缘平直或略内凹，长宽为655 μm×397 μm，板上大部分刚毛粗短，锥形。Z5细长，J5长仅为Z5长的1/6。胸板前缘略外凸，后缘平直，长138 μm，最窄处194 μm；具胸毛3对，其中st1、st2粗短，略呈锥状。生殖腹板后部膨大，宽203 μm，后缘平直；具4对刚毛，Vl1间距较V4的稍大。肛板长椭圆形，长宽为166 μm×92 μm，Ad细短，其长度未及肛门宽度，PA呈粗短刺状。气门沟前端达基节Ⅰ中部。跗节Ⅱ末端具粗刺3根(图5.27)。

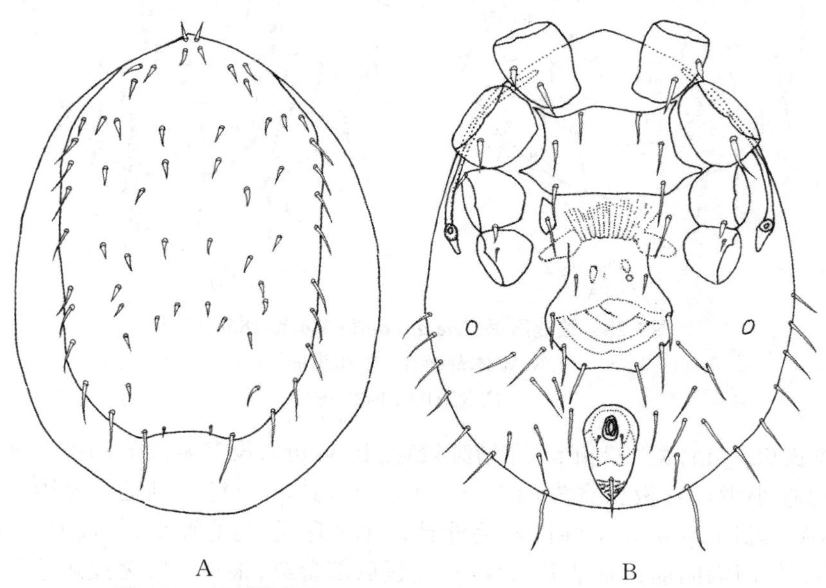

图5.27 多刺厉螨(*Laelaps multispinosus* Banks，1990)(♀)

A. 躯体背面；B. 躯体腹面

仿 邓国藩(1993)

生境与宿主：麝鼠。

与疾病的关系：该螨能保存和经叮咬动物传播鄂木斯克出血热。曾从该螨中分离出土拉伦菌病病原体。

地理分布：国内分布于辽宁、新疆；国外分布于前苏联地区、德国、加拿大、美国。

9. 敏捷厉螨(*Laelaps agilis* Koch，1836)

Laclaps agilis Koch，1836，Deutsch. Crust.，Myriap. und Arachnidan，4：19。

雌螨：体长728 μm，宽545 μm。螯钳动趾长33 μm，具2齿，定趾具1齿，钳齿毛短，毛状。颚沟具7列横齿，每列1～2枚小齿。背板长宽为636 μm×456 μm，具39对针状刚毛，Z5明显较粗长，板上具网纹。背表皮毛9对。胸板长宽为123 μm×192 μm，具后庇，板上具3对刚毛及2对隙孔。胸后毛着生在梭状小板上，前内侧具1隙孔。生殖腹板后部膨大呈瓶状，宽168 μm，具4对刚毛，Vl1间距126 μm大于Vl4间距72 μm。肛板长宽为110 μm×144 μm，前缘较平直，肛侧毛短小，长仅27 μm，肛后毛粗大，长105 μm。气门沟前端达基节

Ⅱ前1/3处，气门板的前端与背板融合，后端游离，但很短。足后板近圆形。腹表皮刚毛约16对，近体后端的较长大。足膝节Ⅳ具1根后腹毛，2根后侧毛。股节Ⅰ背毛很长。跗节Ⅱ、Ⅲ分别具2根和3根粗刺状毛，跗节Ⅳ的al1和pv1较pl1和av1为粗壮(图5.28)。

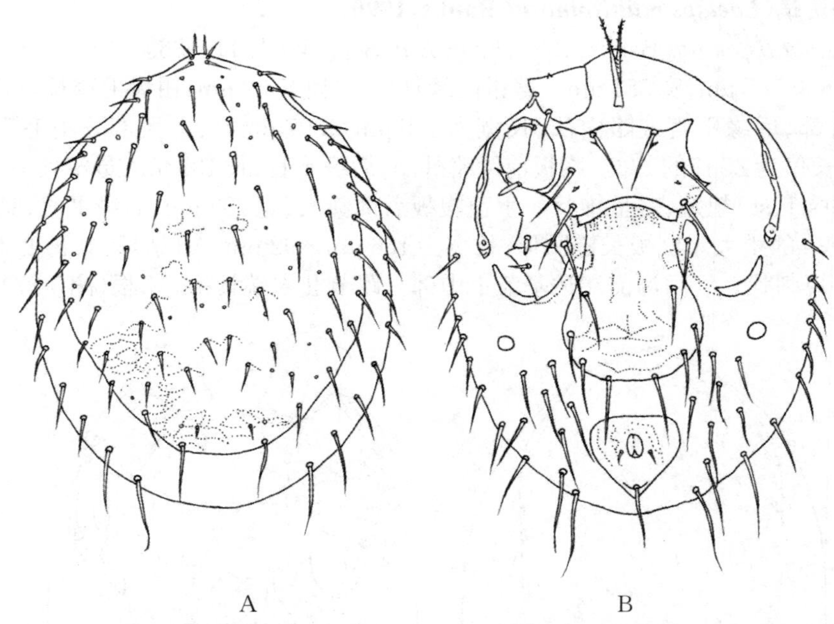

图5.28　敏捷厉螨(*Laelaps agilis* Koch，1836)(♀)

A. 躯体背面；B. 躯体腹面

仿 邓国藩(1993)

雄螨：体长687 μm，宽492 μm。导精趾较宽，长84 μm，没有游离的动趾。颚沟具6列横齿，每列1～2枚小齿。背板长宽为612 μm×432 μm，具39对针状刚毛。全腹板长516 μm，基节Ⅳ后膨大，宽162 μm，板上除围肛毛外具9对刚毛，肛侧毛细小，长仅18 μm，肛后毛粗长，达70 μm。气门沟向前达基节Ⅱ后缘，气门板后部游离，很短。腹表皮刚毛10对，最后一对较长。足毛序同雌螨。

生境与宿主：黄喉姬鼠、林姬鼠。

与疾病的关系：曾从该螨中分离出淋巴脉络丛脑膜炎病原体。

地理分布：国内分布于台湾；国外分布于前苏联地区、英国、欧洲、冰岛。

10. 金氏厉螨(*Laelaps chini* Wang et Li，1965)

Laelaps chini Wang et Li，1965，*Acta Zootax. Sin.* 2 (3)：234。

雌螨：体长684～693 μm，宽483～491 μm。螯肢较粗壮，螯钳具齿；钳齿毛细长。上咽呈矛头状，末端较尖。头盖呈膜状突起，无分支或须裂。背板未完全覆盖背部，(610～619) μm×(399～408) μm，板上具39对中等长度的针状毛。J5长34～37 μm，Z5长102～106 μm，J5约为Z5长的1/3。胸板长105～109 μm，st3处宽161～166 μm，具3对胸毛和2对隙孔，st1的末端可超过st3的基部；板的前缘中部界限不明显，且具有网状纹。生殖腹板近花瓶形，长270～274 μm，最宽处163～167 μm，后缘略平直，上具4对刚毛，Vl1间距约为Vl4间距的1.8倍。肛板长宽为(107～111) μm×(96～99) μm，Ad位于肛门后缘水平，长度约为PA的1/3。足后板呈麦粒形。气门沟延至足基节Ⅱ前缘。腹表皮毛16～18对。足Ⅰ～Ⅲ基节各具1根粗刺状刚毛(图5.29)。

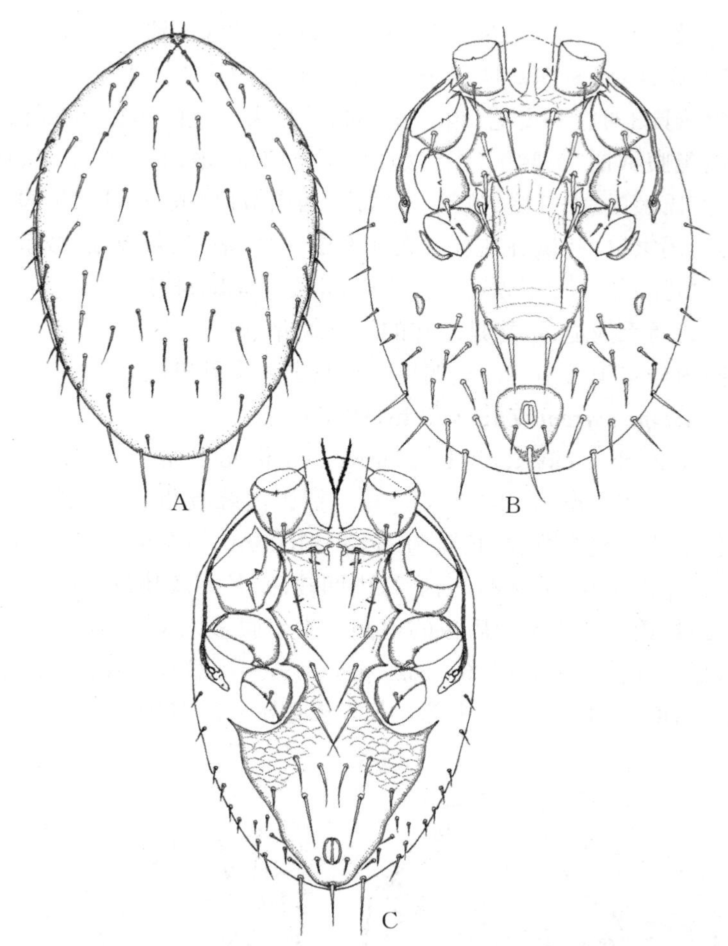

图5.29　金氏厉螨（*Laelaps chini* Wang et Li，1965）

♀：A. 躯体背面；B. 躯体腹面；♂：C. 躯体腹面

仿 邓国藩（1993）

雄螨：体长507～513 μm，宽296～304 μm。颚体长122～124 μm，宽80～84 μm。螯肢粗壮，导精趾较粗，长56～59 μm，末端圆钝，具一小弯钩。背板几乎覆盖整个背部，仅两侧中部有少许裸露部分，被毛39对，Z5长66～72 μm，J5长15～17 μm。全腹板长403 μm，st2间宽146～149 μm，基节Ⅳ后膨大，其侧角尖突，宽259～265 μm，板上具有网纹，除围刚毛外具有9对针状刚毛和3对隙孔。Ad位于肛门后缘水平，长20～22 μm，PA长72～74 μm。气门沟延伸至基节Ⅰ后远处。腹表皮毛13～14对。基节Ⅰ～Ⅲ后毛较粗，但不呈棘状。跗节Ⅱ、Ⅳ、Ⅲ分别具棘状毛4、3、2根。

后若螨：体长482～487 μm，宽296～301 μm。螯肢形同雌螨。背板覆盖整个背部，具39对针状刚毛，Z5长74～77 μm，J5长14～16 μm。胸板长190～195 μm，st2处宽100～106 μm，板的前缘不清晰，具4对针状毛，3对隙孔。肛板倒梨形，(90～94) μm×(67～69) μm，Ad位于肛门后1/4水平，长15～18 μm，PA长35～37 μm。气门沟前端达基节Ⅰ后缘。腹表皮毛16对。

前若螨：体长、宽为(384～398) μm×(257～261) μm。背板整块，覆盖整个背部，仅在j6与J1间具有一横纹，两端未达板侧缘，板上刚毛29对，Z5长35 μm，J5长8～10 μm。胸板前区具有网纹。胸板长140～143 μm，st2处宽90～93 μm，前缘不清晰，具3对胸毛及2对隙孔。肛板倒梨形，(73～75) μm×(47～49) μm，Ad位于肛门后1/4水平，长16～17 μm，PA长22～23 μm。肛板前具3对腹表皮毛；侧后方1对，较粗大。气门沟短，前端仅达基节Ⅲ中部。

生境与宿主：黑腹绒鼠、黄胸鼠、黑线姬鼠、东方田鼠、根田鼠、松田鼠、针毛鼠、巢鼠、黄毛鼠、趋泽绒鼠、齐氏姬鼠、大绒鼠、绒鼠、滇绒鼠、西南绒鼠、玉龙绒鼠、黑腹绒鼠、大足鼠、卡氏小鼠、锡金小鼠、褐家鼠、社鼠、白腹鼠、大耳姬鼠、中华姬鼠、灰腹鼠；绒鼠窝；中国鼩蝟；灰麝鼩、大臭鼩、小纹背鼩鼱、高山鼩鼱、多齿鼩鼹、印度长尾鼩；树鼩。

与疾病的关系：尚无报道，可能是潜在的医学媒介革螨。

地理分布：国内分布于云南、青海、四川、贵州；国外未见报道。

11. 极厉螨(*Laelaps extremi* Zachvatkin，1948)

Laelaps extremi Zachvatkin，1948，Паразитол. сбор. зоол. инст. АН СССР 10：17。

雌螨：体长642～647 μm，宽840～848 μm。螯钳内缘具齿，定趾长29～31 μm，动趾长35～39 μm。背板未覆盖整个背部，长宽为(607～610) μm×(449～454) μm；J5极细小，长仅为Z5的1/5。胸板宽大于长，前缘略凸，后缘内凹较深，其凹底超过st3水平。3对胸毛以st1为最短；具隙孔2对，第3对位于胸后板的内侧。生殖腹板以Vl2处最宽，181～186 μm；Vl1间距大于Vl4间距。肛板长宽为(126～132) μm×(97～102) μm；Ad细短，其长度小于肛门之长。气门沟较短，前端伸至基节Ⅱ中部。腹表皮毛8～10对(图5.30)。

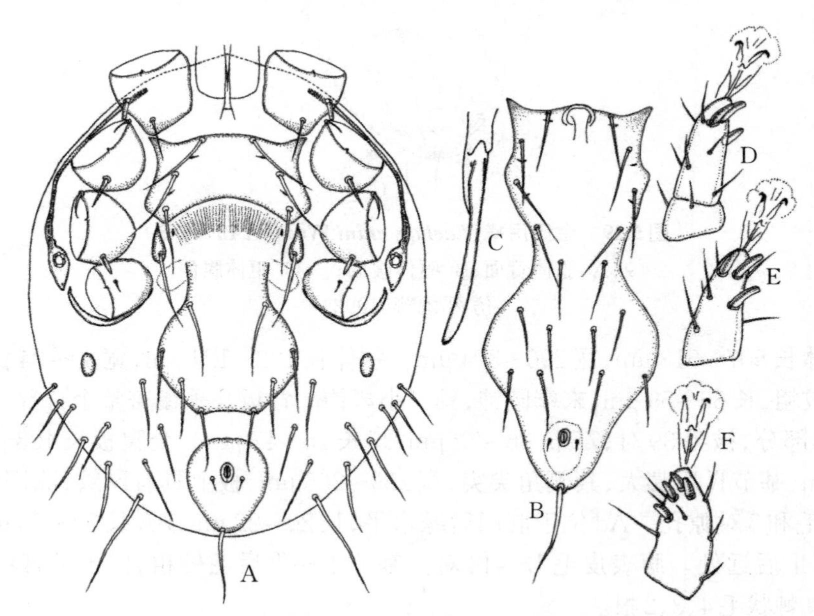

图5.30　极厉螨(*Laelaps extremi* Zachvatkin，1948)

♀：A. 躯体腹面；♂：B. 全腹板；C. 螯肢；D. 跗节Ⅳ；E. 跗节Ⅲ；F. 跗节Ⅱ

仿 邓国藩(1993)

雄螨：体长638～646 μm，宽482～487 μm。背板几乎覆盖整个背部，长宽为(607～613) μm×(459～465) μm。全腹板除围肛毛外具刚毛9对。Ad与雌螨相似，极细小。跗节Ⅱ～Ⅳ各具棘状刚毛：Ⅱ为4根，Ⅲ为3根，Ⅳ为3根(图5.30)。

生境与宿主：仓鼠、中华姬鼠；印度长尾鼩。

与疾病的关系：尚无报道，可能是潜在的医学媒介螨类。

地理分布：国内分布于云南、新疆；国外分布于前苏联地区。

（二）血厉螨属（*Haemolaelaps* Berlese）

异名：阳厉螨属 *Androlaelaps* Berlese，1903。

中型螨，骨化较强。雌螨螯钳具齿，胸板宽大于长，后缘常内凹。生殖腹板具1对刚毛。各足基节无刺状刚毛，足Ⅰ股节没有与周围不同的长刚毛，各足不粗壮，均具1对爪。雄螨通常为全腹板，少数种类肛板分离。

1. 茅舍血厉螨（*Haemolaelaps casalis* Berlese，1887）

Iphis casalis Berlese，1887，Fasc. ⅩⅩⅩⅧ，No. 8。

同物异名 *Hypoaspis freemani* Hughes，1948；*Haemolaelaps magaventralis* Strandtmann，1949；*Haemolaelaps haemorrhagicus* Asanuma，1952。

雌螨：体长738（700～793）μm，宽522（480～602）μm。动趾与定趾各具2齿；钳齿毛细长，末端直，有时弯曲。头盖呈丘状，前缘光滑。背板具网纹，几乎覆盖整个背部，长717（689～757）μm，宽483（452～532）μm；板上除39对主刚毛外，在J2～J4间尚有2根副刚毛。胸板前缘不很清晰，较平直，后缘微内凹，中部长94 μm，最狭处133 μm；具刚毛3对，隙孔2对，st1在板的前缘上。生殖腹板后部膨大，其宽度明显大于肛板的宽度，宽139（123～153）μm，具刚毛1对。肛板近三角形，长、宽几乎相等，107（91～117）μm×109（99～115）μm；Ad位于肛门中横线上，长33 μm，PA较长45 μm。气门沟前端达基节Ⅰ中部。足后板约5对，最大的一对呈长杆状，次大的一对呈"〉"形，其凹面朝向外侧后方，这是鉴别本种的重要特征之一（图5.31）。

雄螨：体长535 μm，宽375 μm。导精趾具槽，较直。全腹板在基节Ⅳ后膨大，板上除肛毛外具10对刚毛。

生境与宿主：广泛，可寄生于黄毛鼠、针毛鼠、社鼠、褐家鼠、小家鼠、黑尾鼠、黑线仓鼠、隐纹花松鼠华南亚种、黄胸鼠、齐氏姬鼠、大足鼠、板齿鼠等鼠类和家燕等鸟类，也生活于鸡窝、草堆、稻谷、大麦、小麦、米糠、白糖等处。

与疾病的关系：本种螨是巢栖型兼性吸血螨。曾有大量该螨叮螯人引起皮炎的报道。能够通过进食储存森林脑炎病毒；曾从该螨中分离出过Q热、北亚脾性斑疹伤寒的病原体；也曾与其他螨类的混合种中检出过鸟疫病原体。

地理分布：世界各地广布。国内在云南、贵州等省份均有分布记录。

2. 格氏血厉螨（*Haemolaelaps glasgowi* Ewing，1925）

Laelapsglasgowi Ewing，1925，*Proc. Entom. Soc. Washington*，27：1-7。

同物异名 *Haemolaelaps microti* Oudemans，1926；*Haemolaelaps morhrae* Oudemans，1928；*Haemolaelaps scalopi* Keegan，1946。

雌螨：体长687（625～757）μm，宽452（411～527）μm。螯钳具齿，钳齿毛基段膨大，端部细小并弯曲成钩状，这是鉴定本种的重要特征之一。头盖的前缘光滑。背板几乎覆盖整个背部，长650（609～690）μm，宽398（346～453）μm；背毛38对，z3缺如。胸板长109（91～111）μm，最窄处136（124～146）μm，前缘平直，后缘内凹；st1位于胸板前缘，具隙孔2对。生殖腹板较短，Vl1后稍膨大，宽119（115～132）μm，具刚毛1对。肛板倒梨形，长宽为97（82～115）μm×112（103～123）μm；Ad位于肛门中横线上，长51 μm，PA较长，64 μm。

最大的一对足后板呈肾形。气门沟前伸达基节Ⅰ中部(图5.32)。

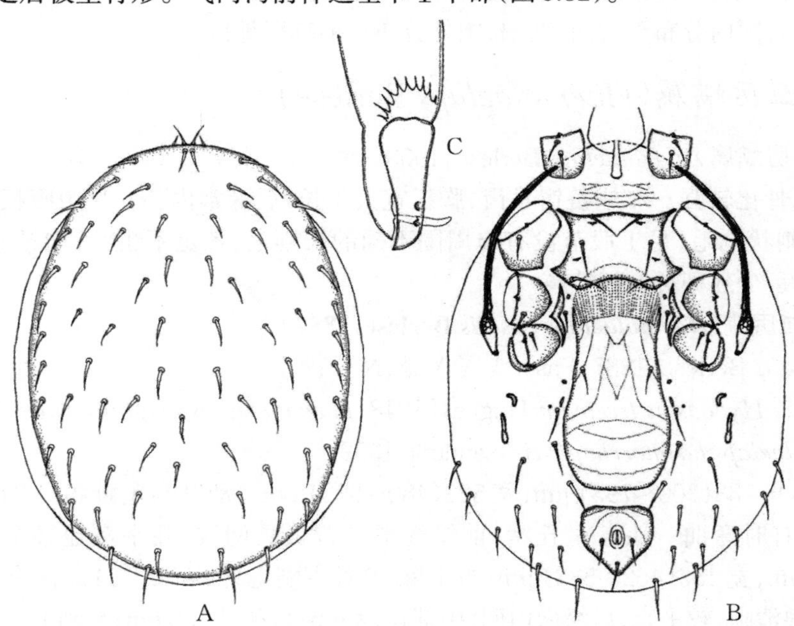

图5.31 茅舍血厉螨(*Haemolaelaps casalis* Berlese,1887)(♀)
A. 躯体背面;B. 躯体腹面;C. 螯肢
仿 邓国藩(1993)

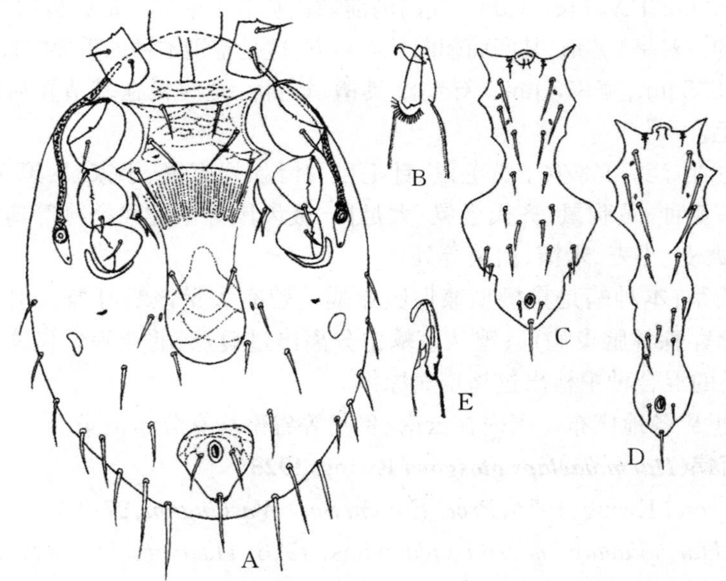

图5.32 格氏血厉螨(*Haemolaelaps glasgowi* Ewing,1925)
♀:A. 躯体腹面;B. 螯肢;♂:C. 小型全腹板;D. 大型全腹板;E. 螯肢
仿 邓国藩(1993)

雄螨:分大小两型。大型雄螨的体长640～740 μm,宽360 μm。全腹板窄长,胸侧在基节Ⅳ之后略为膨大,板上除肛毛外具刚毛9对。小型雄螨体长610 μm,宽384 μm。全腹板在基节Ⅳ之后极为膨大,几乎覆盖整个末体的腹面,除肛毛外具刚毛10对(图5.32)。

生境与宿主:相当广泛,多寄生于黑线姬鼠、黄胸鼠、褐家鼠、黄毛鼠、小家鼠、麝鼩、黑线仓鼠、大仓鼠、子午沙鼠、长爪沙鼠、毛足鼠、达乌尔黄鼠、根足鼠、五趾跳鼠、三趾跳鼠、花鼠、岩松鼠、齐氏姬鼠、小林姬鼠、大绒鼠、玉龙绒鼠、大足鼠、针毛鼠、麻背大鼯鼠、绒鼠窝；无鳞短尾鼩等啮齿类以及鼠兔等。此外，在鸟类、蝙蝠、小的食肉动物（黄鼬、香鼬）上也能发现。

该螨是巢栖型螨类，以杂食为主，兼营吸血。可叮刺小白鼠和人体完整皮肤，摄食多种哺乳类动物的血液、血干、内脏、新鲜或腐败组织。实验室人工饲养，用套颈圈的小白鼠喂血，并定期补充离体血膜或内脏。还可摄食人头皮屑、跳蚤粪等。该螨生殖方式以产幼虫为主，可进行孤雌生殖，产出的均为小型雄螨。染色体核型为单二倍体。未受精的单倍体卵发育为雄螨，受精的二倍体卵发育为雌螨。

与疾病的关系：① HFRS：早在20世纪40年代，前苏联科学家曾从姬鼠体上采到的格氏血厉螨等革螨，研磨悬液，注射"志愿者"后，引起典型症状，确定了该螨能保持病原体达一年之久，并能传给后代。近年来，我国学者研究表明，格氏血厉螨与野鼠型肾综合征出血热有关。该螨季节消长与发病曲线基本一致，可通过正常黑线姬鼠、小白鼠及人体完整皮肤叮刺，吸取血液和组织液，在鼠与鼠间传播病毒，主要起保存和扩大疫源地作用。南京军区医研所曾做动物传播试验，将人工感染的格氏血厉螨，经5天和12天后，分别叮咬健康黑线姬鼠，用FA检测，发现阳性。② 淋巴细胞脉络丛脑膜炎：实验证明，本螨不仅可自然带毒，实验感染和动物传播试验亦获成功，格氏血厉螨可作淋巴脉络丛脑膜炎病毒的媒介。③ 森林脑炎：曾从该螨分离到病毒。④ 北亚蜱媒斑点热：前苏联南部滨海岛上，从疫源地田鼠巢穴中，收集的格氏血厉螨与另一种混合螨分离出该立克次体（*R. sibirica*）。⑤ Q热：用格氏血厉螨做Q热立克次体动物传播试验成功。⑥ 土拉伦菌病：前苏联科学家曾从该螨分离出4株土拉伦菌，并有长期保菌能力，让感染革螨叮咬大白鼠，可传播土拉伦菌病，该作者根据本螨的生物学特性，认为是土拉伦菌病自然疫源地内啮齿类之间的传播者。⑦ 可叮咬人体引起皮炎。

地理分布：国内分布于各地；国外分布于日本、朝鲜、前苏联地区及欧洲、美洲、大洋洲的一些国家。

（三）上厉螨属（*Hyperlaelaps* Zachvatkin）

Hyperlaelaps Zachvatkin，1948，Паразит. Сб. 10：61。

Zachvatkin（1948）最初提出上厉螨（*Hyperlaelaps*）是作为厉螨属的一个亚属，有的学者（Strandtmann et Wharton，1958；Tipton，1960）未接受这一意见。Evans和Till（1966）详细地研究了上厉螨种类的毛序，认为与厉螨属的种类有所不同，应独立为一个属。

属征：小型或中型螨类，体长500～600 μm。雌螨螯钳动趾具2齿；钳齿毛长，端部不膨大。须肢跗节叉毛2叉。颚沟具6或7横列小齿，每列具1或2齿。头盖前缘圆弧形或叶片状，边缘不具齿裂。背板一整块，具刚毛37对（缺Ⅰ2和Ⅰ3）或38对（缺Ⅰ3），背毛大小不一，多数粗短，近似刺状。雌螨胸板后缘深凹，呈半圆的弧形；板上具刚毛3对和隙状器2对。生殖腹板后部膨大；具刚毛4对。肛板前缘平钝；具肛毛3根。具足后板。

雄螨：胸生殖腹板与肛板分离，具刚毛10对。螯钳动趾与外侧的导精趾完全愈合；定趾明显退化，不具齿突。

模式种：*Tetragonyssus microti* Ewing，1933。

该属种类不多，主要分布于古北区。中国已知3种，都报道于鼠类的体表。

田鼠上厉螨（*Hyperlaelaps microti* Ewing，1933）

Tetragonyssus microti Ewing，1933，*Proc. U. S. nat. Mus.*，82（30）：9。

同物异名：*Hyperlaelaps aravalis* Zachvatkin，1948。

雌螨：体椭圆形，长678 μm，宽497 μm。螯肢动趾较定趾长，内缘具2齿。钳齿毛细窄，末端略呈钩状。颚沟具6横列。小齿，每列1或2齿。头盖呈丘状。背板不完全覆盖背部，长宽为587 μm×463 μm；具刚毛37对（只具Ⅰ1）或38对（具Ⅰ1、Ⅰ2），刚毛大部分短刺状，但S1-5、Z5较长，呈针状。胸板前缘微凸，后缘强度内凹，凹底几乎达st2基部水平线；长73 μm（中部），宽179 μm（最窄处）；具刚毛3对，st2和st3较st1明显短粗而钝；具隙状器2对。生殖腹板在基节Ⅳ后膨大，宽207 μm；具刚毛4对，Vl1粗短，其余细长；Vl1间距101 μm，Vl4间距46 μm。肛板圆三角形，前缘平直；肛侧毛位于肛门后部两侧，肛后毛较肛侧毛明显长。气门沟前端伸至基节Ⅰ中部。足Ⅰ股节被内侧具1对刚毛（ad1，pd1），内侧的一根（ad1）较外侧的（pd1）长3倍。足Ⅱ股节ad1之间长为pd1的3倍（图5.33）。

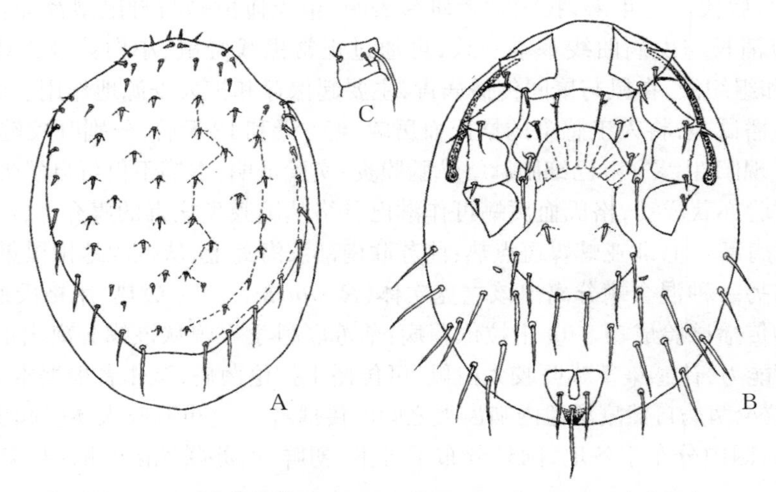

图5.33　田鼠上厉螨（*Hyperlaelaps microti* Ewing，1933）（♀）

A. 躯体腹面；B. 螯肢；C. 股节Ⅰ

仿 邓国藩（1993）

雄螨：体长576 μm，宽418 μm。背板长宽为508 μm×372 μm；板上刚毛与雌螨相似。胸生殖腹板长316 μm；板上具刚毛10对。肛板游离，形状与雌螨的相似。气门沟前端达基节Ⅱ前缘。

生境与宿主：莫氏田鼠、沼泽田鼠、黑线姬鼠、大绒鼠、黑腹绒鼠、中华姬鼠、克氏田鼠；高黎贡鼠兔；多齿鼩鼹、印度长尾鼩。

与疾病的关系：该螨可能具有潜在的医学媒介意义，尚未见报道。

地理分布：国内分布于云南、黑龙江、吉林、辽宁、内蒙古、新疆；国外分布于前苏联地区、英国等。

（四）毛厉螨属（*Tricholaelaps* Vitzthum，1926）

Tricholaelaps Vitzthum，1926，*Troubia* 8(1-2)：69。

属征：中型或大型螨类。骨化较弱，体各部分刚毛均细长；足Ⅰ股节背面无突出的长刚毛，各足基节无刺状刚毛。生殖腹板具4对刚毛。雄螨全腹板完整。

模式种：长毛毛厉螨（*Tricholaelaps comatus* Vitzthum，1926）。

本属系Vitzthum（1926）根据马来西亚的长毛毛厉螨建立的厉螨属中的新亚属。Ewing

(1929)将其独立成属。但Zumpt与Patterson(1951)及Baker与Wharton(1952)又都认为是一亚属。Tipton(1960)再次认为本属应是一个独立的属。分布于亚洲和非洲,是鼠类体表的寄生虫。

鼠颚毛厉螨(*Tricholaelaps myonyssogathus* Grochovskaya et Nguen-Xuan-Hoe,1961)

Laelaps myonyssogathus Grochovskaya et Nguen-Xuan-Hoe,1961,*Зоол. Журн.* 40(11):1640。

雌螨:体长849~1 070 μm,宽563~800 μm。螯肢较细长,螯钳具齿,动趾长34 μm,钳齿毛细短,呈杆状。叉毛2叉。背板几乎覆盖整个背部,背毛39对,除j1、z1之外,其余刚毛均较长,末端超过下一刚毛的基部,r2-5,s6,S1-5,Z5,s3-5,Z1-4,J5都呈微羽状。背表皮毛约20对,微羽状。胸板宽度略大于长度,前缘平直,后缘略内凹,长139 μm,最窄处162 μm,具刚毛3对,隙孔2对。生殖腹板较长,后半部稍膨大,后端圆钝;Vl1位于板内,Vl2与Vl3位于板的边缘与腹壁之间,Vl4位于板外。肛板圆三角形,前缘平直,后端尖窄,长宽为162 μm×156 μm,Ad位于肛门后缘水平稍后,PA较Ad为长。气门沟前端达基节Ⅰ;气门板后端游离。足后板近圆形。腹表皮刚毛约25对,微羽状。股节Ⅰ背面没有与周围不同的长刚毛。各足基节上均无刺状刚毛。各足跗节上的刚毛均呈针状(图5.34)。

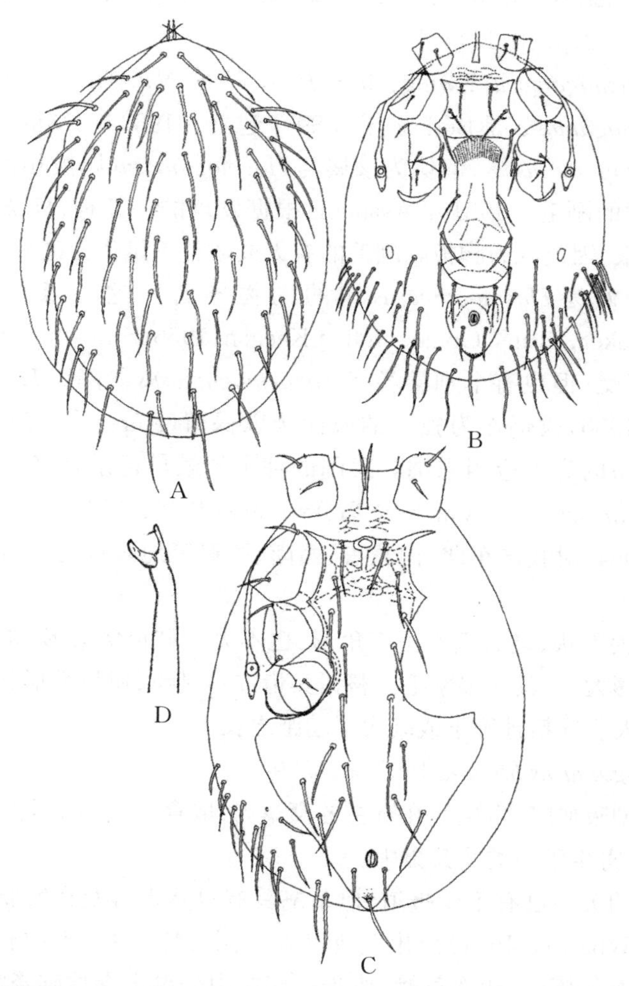

图5.34 鼠颚毛厉螨(*Tricholaelaps myonyssognathus* Grochovskaya et Nguen-Xuan-Hoe,1961)

♀:A. 躯体背面;B. 躯体腹面;D. 螯肢;♂:C. 躯体腹面

仿 邓国藩(1993)

雄螨：螯肢上的定趾较短，导精趾很长。背板上除39对正常刚毛之外，两侧缘上有11～14对副刚毛，微羽状。全腹板除刚毛外，尚有10对刚毛，Ad较长，其末端超过板的后缘。体上的刚毛均超过下一根刚毛的毛基。腹表皮刚毛20对左右，微羽状。各足基节上均无刺状刚毛（图5.34）。

生境与宿主：黄毛鼠、针毛鼠、大足鼠、社鼠、黄胸鼠、褐家鼠、黑线姬鼠、白腹巨鼠、黑尾鼠、臭鼩、齐氏姬鼠、卡氏小鼠、巢鼠；绒鼠窝；白尾梢麝鼩。

与疾病的关系：该螨在自然界中，绝大部分的鼠颚毛厉螨繁殖并活动在黄毛鼠的洞穴内，嗜吸血且具有较强的耐饥力，是属于巢栖型的革螨。该螨能保存并经吸血传播肾综合征出血热，也曾从该螨中分离出Q热病原体。

地理分布：国内分布于云南、贵州、湖北、湖南、福建、台湾、广东、四川；国外分布于越南。

（五）血革螨属（*Haemogamasus* Berlese，1889）

Haemogamasus Berlese，1889，Acari，Myriapoda et Scorpiones hucusque in Italia：Mesostigmata，Fasc. 52，No. 2，p. 10，124。

同属异名：*Euhaemogamasus* Ewing，1933，*Proc. U. S. Nat. Mus.* 82：1-14。

血革螨属 *Haemogamasus* 是 Berlese 于1889年建立。1933年Ewing根据胸板刚毛数目的不同另立 *Euhaemogamasus* 属，但认为该属与 *Haemogamasus* 属极相似，主要区别前者胸板仅具4或6根成对的刚毛。1951年Asanuma根据发现的一新种，*H. kusumotoi*，胸板副刚毛变异范围为0～6根，因此认为胸板副刚毛的有无或数目不足作为区分属的依据，故建议将 *Euhaemogamasus* 属列为 *Haemogamasus* 属的同物异名。这一意见为以后多数学者（Брегетова，1956；Baker，Evans，Gould，Hull et Keegan，1956；Strandtmann et Wharton，1958；Costa，1961等）所接受，但也有个别学者将 *Euhaemogamasus* 属降为 *Haemogamasus* 属的一亚属（Wormersley，1956）或仍作为独立的属而予以保留（Aured，1957）。邓国藩与潘鋕文（1964）认为Asanuma的意见应当采纳。我国的种类的最早记录是Vitzthum（1930年）报道从东北采到的 *H. mandschuricus* Vitzth，以后Asanuma（1948，1951，1952），王凤振等（1962），邓国藩与潘鋕文（1964）对我国东北、内蒙古、西南、西藏等地采集的血革螨进行了大量分类研究。

属征：头盖长，尖舌状，足后板不呈三角形，也不大。肛板倒梨形，常具多根副刚毛。生殖腹板一般不显著膨大，上具很多刚毛。螯钳具齿或步具齿，钳齿毛形状不一。雌螨全腹板在基节Ⅳ后相当膨大。导精趾等于或略大于动趾之长。

模式种：*Haemogamasus hirsutus* Berlese，1889。

本属螨为巢栖型吸血螨，常生活在寄主的窝巢内，取食时爬到寄主体上。寄主以小型哺乳动物为主，少数可寄生于鸟类及其巢中。

血革螨与疾病的关系已有不少报道，血革螨具有自然带毒及在实验条件下传播病原体的作用。Baker与Wharton（1951）指出其能传播鼠疫、肠伤寒、土拉伦斯病等。Земская（1967）报告自赛氏血革螨、巢栖血革螨、按步血革螨中分离出森林脑炎病毒，巢栖血革螨中分离出淋巴脉络丛脑膜炎和土拉伦斯病的病原体，拱胸血革螨中分离到鹦鹉热病毒，东北血革螨中分离出Q热和北亚蜱性斑疹伤寒立克次体。在实验室中东北血革螨能接受鼠疫杆菌和出血性无黄疸型钩端螺旋体；黄鼠血革螨能接受布氏杆菌等病原体。

1. 按步血革螨（*Haemogamasus ambulans* Thorell，1872）

Dermanyssus ambulans Thorell，1872，Oefv. vet. Ak. 29：164。

雌螨：体长921（900～1 070）μm，宽611（520～720）μm。螯钳具齿，动趾长47 μm；钳齿毛窄柳叶状，末端微弯；钳基毛顶端达螯钳的1/2。颚沟约具9列横齿。头盖火舌状。叉毛2叉。背板长椭圆形，未完全覆盖背部，长宽为900（850～1 000）μm×500（460～650）μm。胸板前区横纹具小刺。胸板前、后缘内凹，长138 μm，最窄处166 μm；st1羽状，st2、st3光滑，副刚毛27根，其中2根位于或靠近前缘；隙孔3对。生殖腹板在基节Ⅳ后略膨大，宽162 μm，板的后半部密布刚毛。肛板倒梨形，前端宽圆，后端尖窄，157 μm×111 μm；Ad位于肛门中部水平，较PA短小，副刚毛5根。足后板椭圆形。气门沟前端达基节Ⅱ后部；气门板后端与基节Ⅳ的侧足板相连（图5.35）。

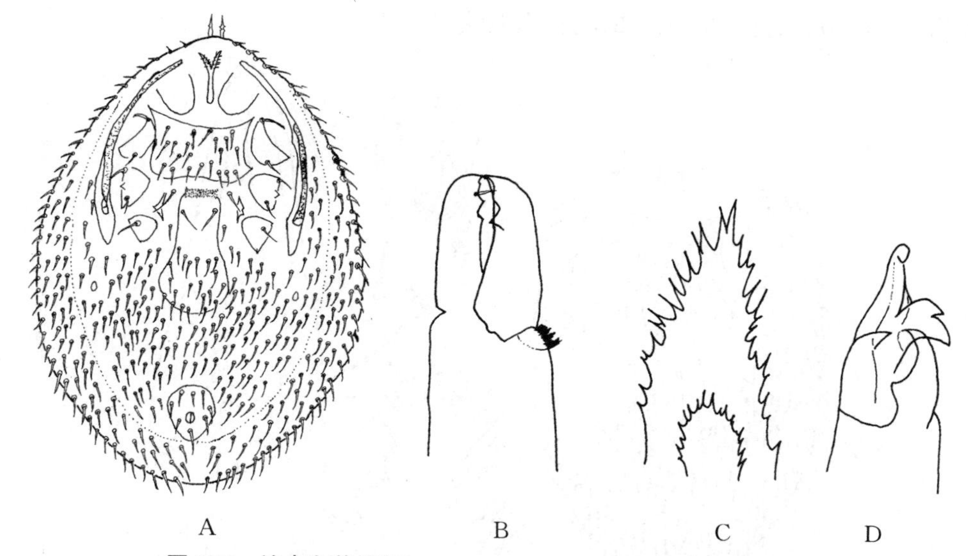

图5.35　按步血革螨（*Haemogamasus ambulans* Thorell，1872）

♀：A. 躯体腹面；B. 螯肢；C. 头盖 ♂：D. 螯钳

仿 邓国藩等（1993）

雄螨：体长703（690～730）μm，宽404（380～450）μm。螯钳大，定趾短于动趾，无齿，近端部有一细小的钳齿毛。动趾长大，有一巨大的齿。导精趾明显超出动趾，其顶部向下弯曲，状似小钩。头盖火舌状。背板几乎覆盖整个背部，板上密被刚毛，j1毛大而呈羽状，j3毛也呈羽状，其余刚毛部分呈微羽状。背表皮刚毛也多呈微羽状。全腹板整个密被刚毛，其中4对毛（st1-4）较大而明显，仅st1羽状，其余光滑。副刚毛始于st1基部，大都光滑，仅基节Ⅳ后部两侧的刚毛略羽状。板上隙孔3对。气门板同雌螨。足Ⅱ没有粗刺状刚毛。除跗节外各足节刚毛大部分呈羽状（图5.35）。

生境与宿主：棕背䶄、红背䶄、莫氏田鼠、沼泽田鼠、黑线仓鼠、长尾仓鼠、黑线姬鼠、大林姬鼠、草原鼢鼠、东北鼢鼠、花鼠、褐家鼠。

与疾病的关系：Земская（1967）报告从按步血革螨中分离出森林脑炎病毒。

地理分布：国内分布于黑龙江、吉林、辽宁、内蒙古、青海；国外分布于朝鲜、日本、前苏联、欧洲、北美。

2. 东北血革螨（*Haemogamasus mandschuricus* Vitzthum，1930）

Haemogamasus mandschuricus Vitzthum，1930，*Zool. Jahrb.*，*Jena* 60：397。

雌螨：体长978 μm，宽618 μm。螯钳具齿，动趾长65 μm；钳齿毛叶状，基部较宽，末端尖细；钳基毛约为螯钳长度的1/2。头盖略呈长三角形，边缘齿裂多分叉。颚沟具横齿12列。叉毛2叉。背板未完全覆盖背部，两侧在足基节Ⅱ水平之后明显变窄，末端狭窄；板上密被刚毛，板后端的若干对粗长，呈羽状。胸板前区横纹具小齿。胸板前、后缘内凹，长130 μm，最窄处176 μm；st1羽状，st2、st3光滑，副刚毛8～18根，分布在第一对隙孔之后；隙孔3对，第3对最小，位于板的后缘上。生殖腹板后部略膨大，宽162 μm；前面细窄部分仅具2对刚毛，其余部分刚毛密布。肛板窄梨形，长宽为130 μm×84 μm；Ad位于肛门中部水平，PA羽状，较Ad为长，副刚毛5根。足后板粗短。气门沟前端达基节Ⅰ后部；气门板后端与基节Ⅳ的侧足板相连。跗节Ⅳ背面具1根长的羽状刚毛（图5.36）。

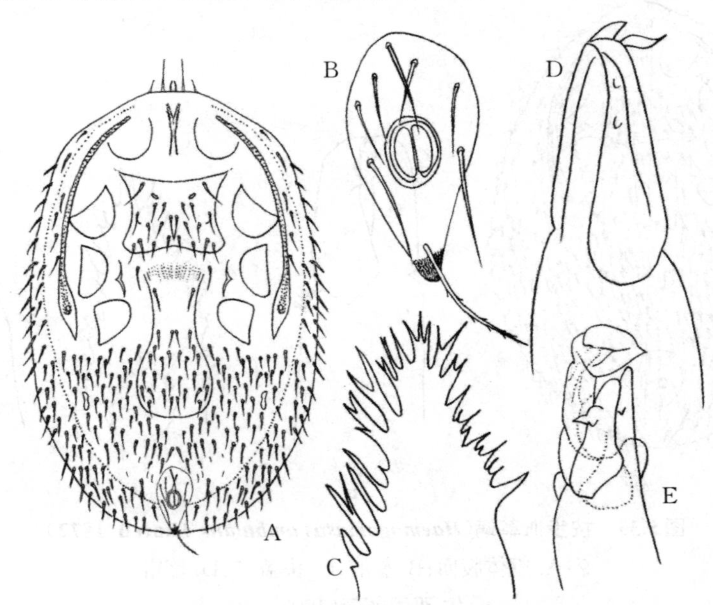

图5.36　东北血革螨（*Haemogamasus mandschuricus* Vitzthum，1930）

♀：A. 躯体腹面；B. 肛板；C. 头盖；D. 螯肢；♂：E. 螯钳

仿 邓国藩等（1993）

雄螨：体长710～850 μm，宽390～450 μm。螯钳大，定趾基部较端部宽，中部具一齿，钳齿毛较细小而直，动趾略超过定趾，具一齿。导精趾超过动趾，端部略似鸡头。头盖如雌螨。背板几覆盖整个背部，板上密被刚毛，j1大而呈羽状，板前部毛较中部的稍长，后端刚毛与前端的几相等，许多刚毛为微羽状。体后缘的一些刚毛也呈微羽状。全腹板上4对刚毛（st1-4）较大，其中仅st1羽状，余均光滑。副刚毛始于st1与st2之间水平，st4水平之前较稀疏，st4以后密被刚毛，均光滑。板上具隙孔3对。气门沟向前延伸至基节Ⅰ前。足Ⅱ没有粗大的刺状刚毛（图5.36）。

后若螨：体平均长610 μm，宽540 μm。螯肢构造同雌螨。背板长宽为570 μm×540 μm，密被刚毛，j1大而呈羽状。胸板上具4对毛，仅st1为羽状。Vl1在胸板后外侧。腹后部表皮密被刚毛，肛后毛较长而易认出。

生境与宿主：宿主种类很广，绝大多数都为鼠类。黑线仓鼠、背纹仓鼠、大仓鼠、长尾仓鼠、长爪仓鼠、五趾跳鼠、三趾跳鼠、布氏田鼠、东方田鼠、根田鼠、松田鼠、达乌尔黄鼠、阿拉善黄鼠、黑线姬鼠、大林姬鼠、小家鼠、褐家鼠、棕背䶄、红背䶄、花鼠、北社鼠、小毛足鼠、中华鼢鼠、东北鼢鼠、草原鼢鼠、子午沙鼠、喜马拉雅旱獭、黄兔尾鼠；藏鼠兔、高原鼠兔、间颅鼠兔。

与疾病的关系：Земская(1967)报告从该螨体内分离出Q热和北亚蜱性斑疹伤寒立克次体。

地理分布：国内已知在黑龙江、吉林、辽宁、内蒙古、宁夏、甘肃、青海、新疆、河北、山西、四川、云南均有分布；国外分布于日本、前苏联地区。

3. 拱胸血革螨(*Haemogamasus pontiger* Berlese，1903)

Laelaps(*Eulaelaps*) *pontiger* Berlese，1903，*Redia* 1:260。

同物异名：奥氏血革螨(*Haemogamasus oudemansi* Hirst，1914)，*Bull. Entom. Res.* 5(2)：119-124。

雌螨：体长960 μm，宽554 μm。螯钳具齿，动趾长48.6 μm，钳齿毛短窄，针叶状。叉毛3叉。背板椭圆形，未完全覆盖背部，长宽为814 μm×441 μm。胸板前区横纹具小刺。胸板呈拱桥形，前缘中部浅凹，后缘强度内凹，凹底达st1与st2之间的中部水平；板的中部长22 μm，最窄处宽133 μm；具刚毛3对，st1呈羽状，另2对光滑；具隙孔3对。生殖腹板略膨大，后端钝圆，宽189 μm，板上刚毛较少，13～20根。肛板呈倒梨形，长宽为109 μm×111 μm，有时具副刚毛2根。气门沟短，前端达足基节Ⅱ与Ⅲ之间；气门板近末端具一圆孔。跗节Ⅳ背侧具一细长刚毛(图5.37)。

生境与宿主：黑家鼠巢、黄胸鼠、褐家鼠。

与疾病的关系：Зemckar(1967)报告从该螨中分离到鹦鹉热病毒。

地理分布：国内分布于云南、安徽、湖南等地；国外分布于前苏联地区、欧洲、北美、非洲和大洋洲一些国家。

4. 赛氏血革螨(*Haemogamasus serdjukovae* Bregetova，1949)

Euhaemogamasus serdjukovae Bregetova，1949，Паразцтол. Сб. 11:172。

雌螨：体长940～1 100 μm，宽510～750 μm。螯钳较粗大，动趾超过定趾，长55 μm，具2趾；定趾具2齿和1齿突，钳齿毛分支，呈丛枝状。头盖狭窄，有许多齿突，仅前端的齿突分叉。颚沟具12列横齿，每列2～6枚小齿。颚毛均呈羽状。背板卵圆形，未完全覆盖整个背部，长宽为1 062 μm×576 μm，板上密被光滑刚毛，唯j1长大，羽状，板后端也有一对较大、微羽状的刚毛。胸板前区横纹具小刺。胸板近梯形，前缘较平直，后缘略直或凹入，板上网纹明显；具胸毛3对，st1羽状，st2、st3光滑，无附加毛；具3对隙孔，第3对最小，在板的后缘。生殖腹板在基节Ⅳ后略膨大，宽226 μm，板上密布刚毛。肛板倒梨形，具附加毛5根，有时6根，Ad稍长，位于肛门中部水平，PA长大，微羽状。足后板长卵形。气门沟前端延及基节Ⅰ前。跗节Ⅳ背面前侧具一长羽状刚毛。各足大部分刚毛羽状(图5.38)。

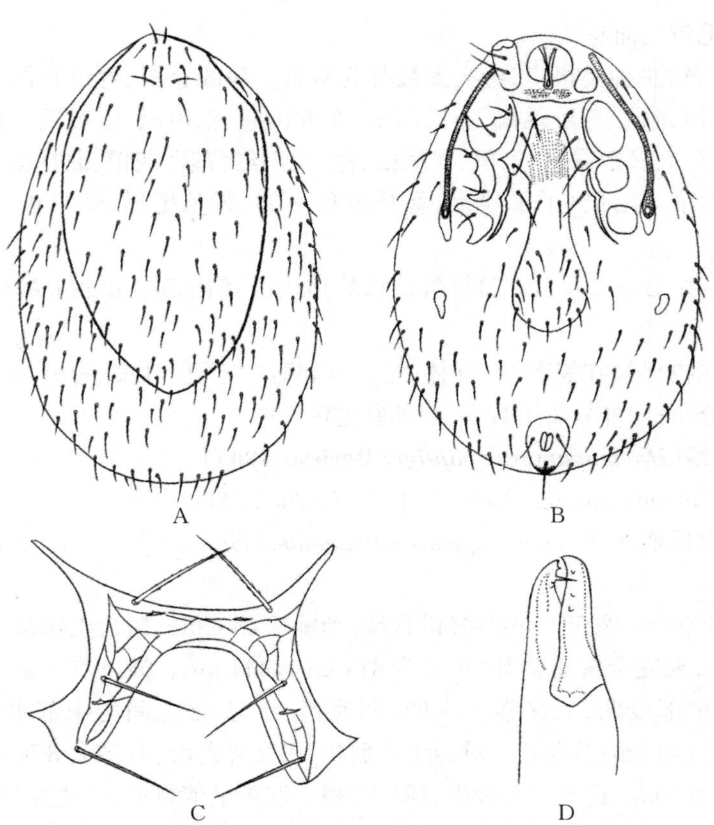

图5.37　拱胸血革螨(*Haemogamasus pontiger* Berlese, 1903)(♀)

A. 躯体背面;B. 躯体腹面;C. 胸板;D. 螯肢

仿 邓国藩等(1993)

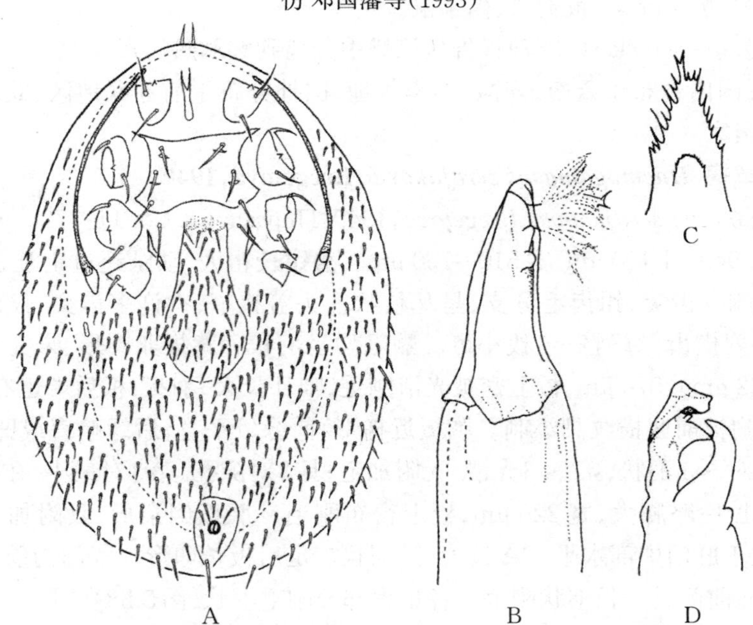

图5.38　赛氏血革螨(*Haemogamasus serdjukovae* Bregetova, 1949)

♀:A. 躯体腹面;B. 螯钳;C. 头盖 ♂:D. 螯钳

仿 邓国藩等(1993)

雄螨：体长770～840 μm，宽440 μm。螯钳动趾具一巨大的齿，定趾基部较宽，呈镰刀状弯向动趾。导精趾在动趾上弯向定趾。颚毛均呈羽状。全腹板上有4对刚毛较大而明显，其中仅st1呈羽状，其余光滑。板的前缘无附加毛，附加毛始于st3水平或稍前方，自st2至st3水平处毛较稀少，此后刚毛密被。具3对隙孔。足Ⅱ较粗，除具光滑和羽状刚毛外，还有尖而粗大的刚毛，其分布为股、膝、胫节各1根，跗节2根（图5.38）。

生境与宿主：棕背䶄、红背䶄、大耳姬鼠、沼泽田鼠、社鼠、黑线仓鼠、黑线姬鼠、大林姬鼠、花鼠、东北鼢鼠、草原鼢鼠、林跳鼠、根田鼠、褐家鼠、背纹仓鼠、洮州绒鼠；乌鸦。

与疾病的关系：Земская（1967）报告从该螨中分离出森林脑炎病毒。

地理分布：国内分布于黑龙江、吉林、辽宁、青海、河北、山西、四川；国外分布于前苏联地区。

5. 达呼尔血革螨（*Haemogamasus dauricus* Bregetova，1950）

Haemogamasus dauricus Брегетова，1950，Паразμт. сбор. 12：15。

雌螨：体长990（830～1 200）μm，宽620（450～774）μm。螯钳具齿，动趾长51 μm；钳齿毛叶状，中部膨大，末端尖细、弯曲；钳基毛短，仅及螯钳长度之1/2。颚沟约具横齿11列，每列2～4齿。头盖火舌状。叉毛2叉。背板未完全覆盖背部，前端宽阔，两侧自基节Ⅳ水平之后向内收窄，末端狭窄，长宽为941 μm×554 μm。胸板前区横纹具小刺。胸板前缘中部及后缘内凹，长116 μm，最窄处172 μm；st1呈羽状，st2、st3光滑，副刚毛1～4根或缺如；隙孔3对。生殖腹板在基节Ⅳ后略膨大，末端圆钝，后半部刚毛密布。肛板长宽为139 μm×102 μm，Ad位于肛门中部水平，具副刚毛5根。气门沟前端达基节Ⅰ中部；气门板后端游离。足后板卵圆形。跗节Ⅳ前缘具羽状长刚毛一根（图5.39）。

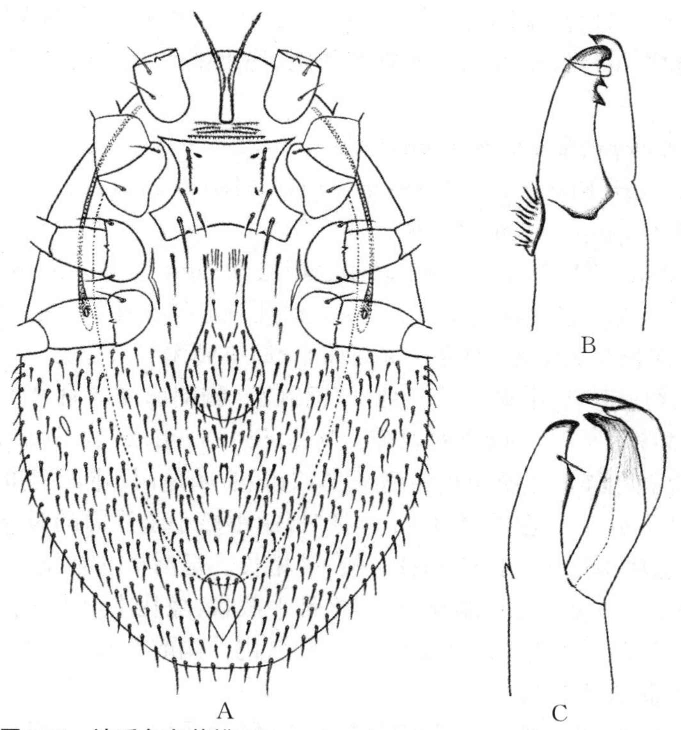

图5.39　达呼尔血革螨（*Haemogamasus dauricus* Bregetova，1950）

♀：A. 躯体腹面；B. 螯钳；♂：C. 螯钳

仿 邓国藩等（1993）

雄螨：体长760～850 μm，宽420～460 μm。螯钳动趾无齿，定趾具一细小的齿和钳齿毛。导精趾无齿状突起。颚毛均呈羽状。全腹板上4对刚毛(st1-4)明显较其他刚毛长大，其中st1羽状，余均光滑。副刚毛始于st1与st2之间，往后密被刚毛，仅板的最前端无副毛。足Ⅱ具粗刺状刚毛，股、膝和胫节各1根，跗节为2根(图5.39)。

生境与宿主：褐家鼠，红背䶄，东北鼢鼠，草原鼢鼠。齐氏姬鼠、中华姬鼠、大绒鼠、克氏田鼠；多齿鼩鼹、高黎贡鼠兔。

与疾病的关系：该病曾被在土拉伦菌病疫原地分离到病原体(诸葛洪祥，许菊，孟阳春，2006)。

地理分布：国内分布于贵州、云南、吉林、青海、四川；国外分布于前苏联地区。

(六) 真厉螨属(*Eulaelaps* Berlese，1903)

Eulaelaps Berlese，1903，*Redia* 1：299。

属征：体毛密布。后足板显著大，呈三角形。生殖腹板在基节Ⅳ之后显著膨大。肛板宽短，呈三角形。气门板宽阔，后端膨大。头盖具毛状边缘，螯钳具齿，雄螨全腹板在基节Ⅳ后也非常膨大。

模式种：*Eulaelaps stabularis* Koch，1836。

本属为寄生性兼杂食性种类，常在寄主的窝巢内生活。分布于世界各地。

属中厩真厉螨与疾病的关系研究得最多，曾报道从其体内分离出森林脑炎、淋巴球性脉络丛脑膜炎病毒及Q热立克次体等病原体，并做实验传播成功。近年我国学者证明本螨可作为野鼠型流行性出血热鼠间的传播媒介，并可能兼有储存宿主的作用，对在野鼠间传播流行性出血热和维持疫源地方面起着重要作用，还可能是此病在鼠-人之间的传播途径之一。

厩真厉螨(*Eulaelaps stabularis* Koch，1836)

Eulaelaps stabularis Koch，1836，Deutsch. Crust.，Myriap.，und Arachn.，Heft 4：13。

егетова，1950，Паразμт. сбор. 12：15。

雌螨：体长904 μm，宽610 μm。颚基较小，狭长，183 μm×158 μm，后缘较圆钝，颚沟有横齿10列，每列6～8齿。螯钳较短小，长58 μm，动趾与定趾各具2齿突。钳齿毛呈短刺状。头盖较狭长，侧缘伸长而无锯齿，前缘刺突短而小，简单而无二级分支。须转节小。背板覆盖整个背面，背毛约300根，中央区较其他部分稀疏。胸部前缘平直，中央略隆起，后缘内凹，凹底未达st3基部水平；具刚毛3对及隙孔2对，长143 μm，宽175 μm(最窄处)。胸后毛着生于表皮并与隙孔相连。生殖腹板两侧缘在V11后有明显而不同程度的内陷，呈沟状；腹毛数50根左右，其中央区无毛；宽401 μm；与肛板的距离小于肛门的长度。肛板略呈三角形，前缘平直，长宽为106 μm×198 μm；PA较Ad稍长。足后板非常发达，略呈三角形。气门板在气门水平最宽56 μm，往后略狭，后端略带平截状，隙孔小而偏于内侧，外圈结实、卵形，内孔偏于外缘，气门后方有2条纵纹通达后缘，气门外侧前方有4条横纹近似直线。气门沟前端达基节1后部(图5.40)。

雄螨：体长836 μm，宽508 μm。颚沟具横齿12列，每列3～8齿。动趾内缘亚末端具一巨齿变，定趾内缘无齿。钳齿毛呈短刺状。全腹板长621 μm，宽395 μm，板上在基节Ⅳ之后具刚毛40根(肛毛除外)。气门沟前端达基节Ⅱ后部。

生境与宿主：黄毛鼠、黄胸鼠、北社鼠、褐家鼠、小家鼠、黑线姬鼠、大林姬鼠、黑线仓鼠、长尾仓鼠、背纹仓鼠、大仓鼠、东方田鼠、棕背䶄、花鼠、齐氏姬鼠、大足鼠、卡氏小鼠、小林姬鼠、中华姬鼠、玉龙绒鼠等啮齿类。此外，在仓库储藏物如大米、米糠中也能发现。

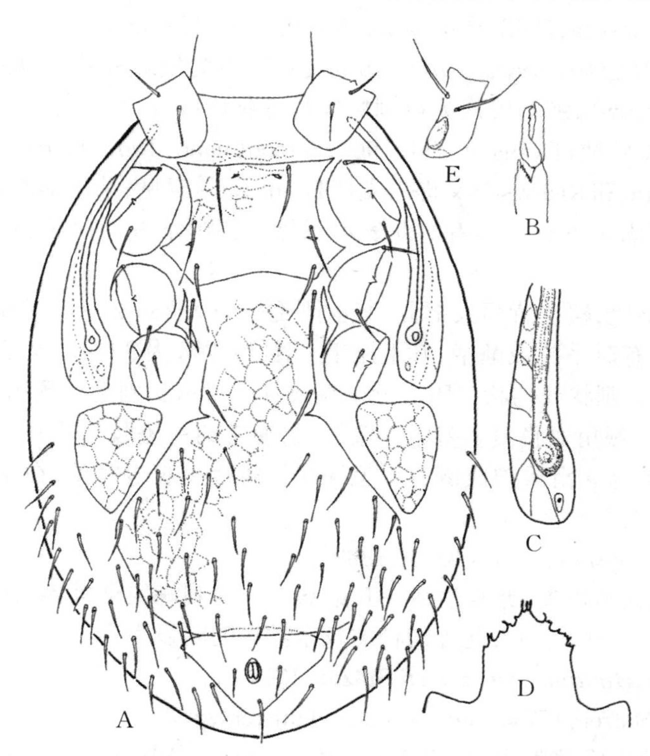

图5.40　厩真厉螨（*Eulaelaps stabularis* Koch，1836）（♀）
A. 躯体腹面；B. 螯钳；C. 气门沟；D. 头盖；E. 须转节
仿 邓国藩等（1993）

生活史共有5期，卵胎生，产幼螨或第一期若螨，产卵极少见，且无生活力。最适宜温度为20～25 ℃。幼螨、一期若螨、二期若螨发育起点温度分别为6.27 ℃、9.36 ℃和7.92 ℃；有效积温常数依次为11.53日度、38.87日度和48.14日度。在25 ℃时，从幼虫发育到成虫平均为5.9（4.6～7.4）天（周慰祖，1992）。

与疾病的关系：① HFRS：南京军区医研所做动物传播试验，将人工感染病毒的厩真厉螨，经5天后，叮咬黑线姬鼠，用FA检测，发现阳性。苏州医学院将人工感染病毒的厩真厉螨，饲养8天后研磨悬液，接种2～3日龄小白鼠乳鼠，用IFA检测，结果4/4阳性；后又接种细胞培养，亦分离出HFRS病毒。② 森林脑炎：前苏联鞑靼自治共和国境内，曾从厩真厉螨体内分离出病毒，是自然带毒的实例。有些学者用10%森林脑炎鼠脑乳剂，加入脱纤维血液，喂养厩真厉螨，结果证明病毒在革螨体内不能繁殖，但厩真厉螨比所试的其他几种革螨保毒时间较长，可达18天。③ 淋巴细胞性脉络丛脑膜炎：前苏联学者证明，革螨为其媒介，曾从厩真厉螨分离出病毒，用该螨作传播试验亦获成功。④ Q热：实验证明，本螨可经吸血得到立克次体，并可经叮刺传播给其他动物。⑤ 土拉伦菌病：有人曾从含有厩真厉螨的混合革螨组中分离出土拉伦杆菌。

地理分布：国内分布于大多数省份；国外在亚洲、欧洲、北美、北非都有记录，如日本、朝鲜、蒙古国、前苏联地区、英国、德国、瑞士、挪威、美国、加拿大和埃及等。

（七）赫刺螨属（*Hirstionyssus* Fonseca，1948）

Hirstionyssus Fonseca，1948，*Proc. Zool. Soc. Lond.* 118：266。

Fonseca（1948）以 *Dermanyssus arcuatus* Koch，1839 为模式种建立赫刺螨属（*Hirstionyssus* Fonseca）。Domrow（1963）曾认为赫刺螨属是棘刺螨属（*Echinonyssus*）的同属异名，这一意见未被多数学者采纳（Evans et Till，1966；Strandtmann，1967；Herrin，1970；Mo，1979）。直至1979年，Tenorio 和 Radovsky 又提出支持 Domrow 的意见，并从形态研究及与寄主关系方面加以论述。但尚未见有关学者对此表示意见。我国学者仍把赫刺螨属作为一个独立的属。

属征：背板一整块，覆盖背面大部分，其上刚毛一般为23～27对。胸后板付缺。生殖腹板舌形，后缘钝圆，有时平钝或渐窄，其上刚毛1对（极少数为2对）。基节常有距刺，基节Ⅱ前缘刚毛有时特化为刺状或勾状。跗节近末端或具一对爪状刚毛。颚沟小齿一般为11～18横列，每列1～4齿。颚角似膜质。螯钳一般较长，通常约占螯肢长的1/3，内缘不具齿，无钳齿毛。头盖长形，前缘光滑或裂成倒刺或毛缘状。雄螨全腹板完整，在基节Ⅳ后略为膨大。螯钳动趾与导精趾完全愈合。

模式种：*Dermanyssus arcuatus* Koch，1839。

该属主要寄生在啮齿类，亦常生活在其巢窝内。赫刺螨属全世界已记录120余种，我国已报道的种类约有43种，其中古北界的种类较东洋界的明显为多。

1. 仓鼠赫刺螨（*Hirstionyssus criceti* Sulzer，1774）

Acarus criceti Sulzer，1774，Vers. Naturg. Hamsters，p. 33。

雌螨：体宽卵形，后部膨大，长700 μm，宽497 μm。螯钳呈剪状，内缘不具齿；动趾长46.6 μm。颚沟具小齿15横列，每列1或2齿。背板狭长，不完全覆盖背面，长宽为576 μm×282.5 μm，前端宽圆，两侧平直，自Z1之后逐渐收窄，末端尖狭；板上具刚毛26对，边缘的刚毛较长，中部的明显较细短。胸板拱形，前缘略凸，后缘内凹，凹底达st2的水平线；长32 μm（中部），宽133.6 μm（最窄处）；板上具刚毛3对和隙孔2对。生殖腹板呈舌状，在基节Ⅳ水平之后略膨大，后端宽圆；具生殖毛1对。肛板倒梨形，前端宽圆，后端尖窄；长宽为119.8 μm×69 μm；肛侧毛位于肛门中部水平线之前，其长与肛后毛约等。气门沟前端达基节Ⅰ中部，气门板后端绕基节Ⅳ后缘达内缘中部。腹部表皮具刚毛22对，其长与肛毛约等。足Ⅰ、Ⅱ较足Ⅲ、Ⅳ粗壮。基节刺式为0-2-2-1。基节Ⅱ腹刺大小与背刺约等；基节Ⅲ的两刺靠近后缘；基节Ⅳ的刺细短。跗节Ⅱ近末端具爪状刚毛一对（图5.41）。

生境与宿主：大仓鼠、达乌尔黄鼠、棕背䶄、红背䶄。

与疾病的关系：多次从该螨分离出Q热的病原体。实验证明该螨在动物体上吸血时，也能传播土拉伦菌病的病原体（诸葛洪祥，许菊，孟阳春，2006）。

地理分布：国内分布于黑龙江、吉林、辽宁、内蒙古、河北、山西、新疆；国外分布于前苏联地区和德国等欧洲国家。

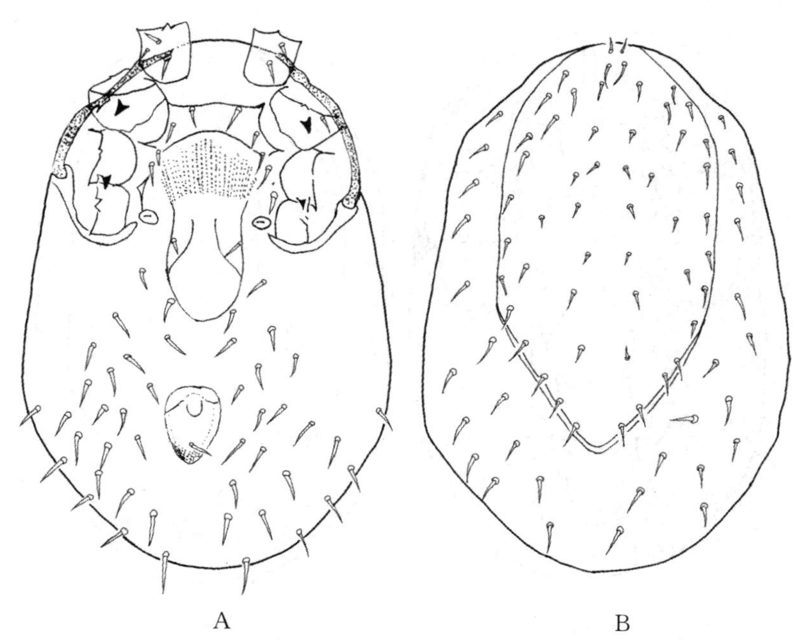

图5.41　仓鼠赫刺螨(*Hirstionyssus criceti* Sulzer,1774)(♀)

A. 躯体腹面;B. 躯体背面

仿 邓国藩等(1993)

2. 鼷鼠赫刺螨(*Hirstionyssus musculi* Johnston,1849)

Dermanyssus musculi Johnston,1849,*Hist Proc. Berwick Nat. Club.* 2:365。

雌螨:体椭圆形,长531 μm,宽327.7 μm。螯钳呈剪状,内缘不具齿;动趾长44 μm。颚沟具小齿14横列,每列1或2齿。背板近似六边形,前端圆钝,两侧大致平行,自Z2以后逐渐变窄,末端窄钝;长宽为519.8 μm×271.9 μm;板上具刚毛26对,靠近两端的刚毛一般较长,在中部的较短。胸板拱形,前缘几乎平直,后缘内凹,凹底约达st2水平线;长27.6 μm(中部),宽115 μm(最窄处);板上具刚毛3对和隙孔2对。生殖腹板舌形,在生殖毛Vl1之后略为膨大,末端圆钝;具生殖毛1对。肛板倒梨形,前部宽圆,后部收窄,末端窄钝;长宽为101 μm×59.9 μm;肛侧毛位于肛门中部两侧,肛后毛较肛侧毛长。气门沟达基节Ⅰ前部,气门板后端绕过基节Ⅳ后缘达后缘中部。腹部表皮具刚毛20~24对,其长度一般与肛后毛约等。足Ⅰ、Ⅱ较足Ⅲ、Ⅳ粗壮。基节刺式为0-2-2-1。基节Ⅱ腹刺中等大小,三角形;基节Ⅲ内侧刺较外侧刺大;基节Ⅳ的刺细小。跗节Ⅱ近末端具爪状刚毛1对(图5.42)。

生境与宿主:黑家鼠、小家鼠、褐家鼠、沼泽田鼠、大仓鼠、黑线仓鼠、长尾仓鼠、黑线姬鼠。

与疾病的关系:该螨被记载与森林脑炎、淋巴脉络丛脑膜炎、Q热、土拉伦菌病、布氏杆菌病的病原体的传播有关(诸葛洪祥,许菊,孟阳春,2006)。

地理分布:国内分布于黑龙江、吉林、辽宁、河北、山西、青海、新疆;国外分布于前苏联地区,尼泊尔及欧洲一些国家。

附记:Tenorio(1984)认为本种系 *Hirstionyssus butantanensis*(Fonseca,1932)的同物异名,但不少学者仍采用本种名称。

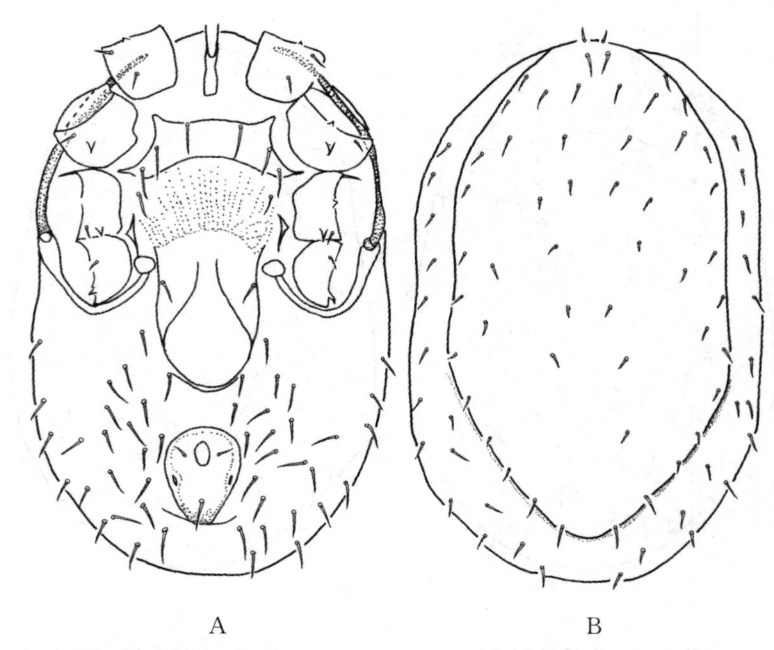

图5.42 鼷鼠赫刺螨(*Hirstionyssus musculi* Johnston, 1849)(♀)

A. 躯体腹面;B. 躯体背面

仿 邓国藩等(1993)

3. 鼩鼱赫刺螨(*Hirstionyssus sunci* Wang, 1962)

Hirstionyssus sunci Wang, 1962, *Acta Zool. Sin.* 14 (3): 413。

同物异名:*Hirstionyssus sinicus* Teng et Pan, 1962. 昆虫学报, 11(3): 278; *Hirstionyssus apodemi* Zuevsky, 1970。

雌螨:体椭圆形,长562~570 μm,宽340~382 μm;两侧缘几乎平行,前侧缘呈漫波状微凸,后侧缘斜向端部,末端圆钝。螯钳呈剪状,内缘无齿;动趾长33 μm。颚沟小齿14横列,每列1或2齿。背板几乎覆盖全部背面,形状与体形相似,但两侧中部微凹;长555~563 μm,宽295~323 μm;表面有细网状,在中部不甚明显。背板刚毛共24对,前方及边缘的刚毛长大(j1除外),中部的(j4、j5、z5、j6、J1、J2、J3)较为细短;在前端j2外侧有一对隙状器。背部表皮具刚毛5~7对。胸板前缘略微凸出,前侧角刺状突出,后缘呈弧形内凹,其中部凹底将近达到第2对胸板刚毛的水平线。胸板刚毛3对,长度约等,第1对位于胸板前缘;隙孔2对,明显。胸板与胸前叉之间有网纹。生殖腹板舌形,两侧缘在基节Ⅳ之后略微凸出,后缘宽圆。肛板卵圆形,长106.7 μm,宽80.1 μm,两侧缘后半部略向内斜,后端较为平钝;肛侧毛位于肛门中部两侧,肛后毛较肛侧毛长。气门沟前端达基节Ⅰ前半部;气门板后端沿基节Ⅳ后缘而达内缘中部。腹面表皮具刚毛26~30对。足Ⅰ、Ⅱ较足Ⅲ、Ⅳ稍粗长。基节刺式为0-2-2-1。基节Ⅱ两刺大小约等;基节Ⅲ内侧的刺较外侧的显著粗大;基节Ⅳ的刺较其他基节的刺小。跗节Ⅱ近末端腹面具爪状刚毛1对(图5.43)。

雄螨:体长510~542 μm,宽307~339 μm。全腹板狭长,两侧在基节Ⅳ之后膨大,长395 μm;板内除3根肛毛外具8对刚毛。腹部表皮具长刚毛16~20对。气门沟前端达基节Ⅰ中部。基节刺式为0-2-2-1,各刺形状和位置与雌螨相似。

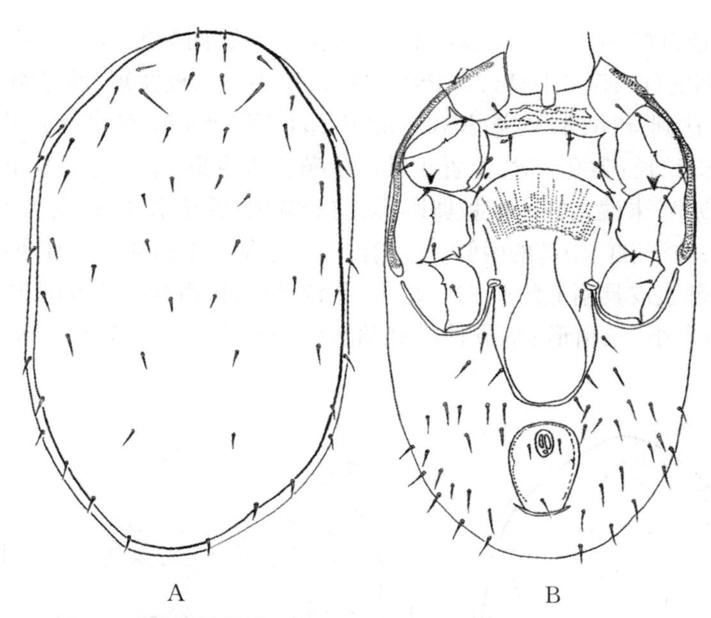

图5.43　鼩鼱赫刺螨（*Hirstionyssus sunci* Wang，1962）（♀）

A. 躯体背面；B. 躯体腹面

仿 邓国藩等（1993）

后若螨：体长410～440 μm，宽260～280 μm。背板肩部最宽，向后渐窄；板上刚毛22对，末端的一对最长，其余均较细短。胸殖腹板前宽后窄，末端约达基节Ⅳ后缘水平；其上具刚毛4对，前3对长度约等，末一对较短小。肛板近于圆形，肛侧毛位于肛门前部两侧，肛后毛较肛侧毛短。气门板向前达基节Ⅰ后缘水平，但气门沟不超过基节Ⅱ前缘。腹部表皮具刚毛约18对。足基节Ⅲ后缘外侧不具刺；基节刺式为0-2-1-0。

生境与宿主：臭鼩、灰麝鼩、褐家鼠、白腹巨鼠、施氏屋顶鼠、黄胸鼠、北社鼠、大足鼠、小家鼠、锡金小鼠、巢鼠、黑线仓鼠、大仓鼠、黑线姬鼠、林姬鼠、大林姬鼠、大耳姬鼠、齐氏姬鼠、大绒鼠、绒鼠、黑腹绒鼠、卡氏小鼠、小林姬鼠、针毛鼠、青毛鼠、绒鼠窝；无鳞短尾鼩、长吻鼩鼱、灰麝鼩、大臭鼩、短尾鼩、麝鼩、白尾梢麝鼩；树鼩；黄腹鼬。寄主范围广泛，在幼鼠体上及巢窝内数量较多。

与疾病的关系：据记载1962年在江苏东山采集鼠体革螨时，曾有人员遭受该螨叮咬，引起皮炎（诸葛洪祥，许菊，孟阳春，2006）。

地理分布：鼩鼱赫刺螨分布广泛，也较常见。国内分布于贵州、云南、福建（模式产地）、黑龙江、辽宁、河北、浙江、四川、广东、海南、广西、台湾；国外分布于日本、朝鲜、前苏联、尼泊尔。

附记：原前苏联学者报道的*Hirstionyssus apodemi* Zuevsky，1970经日本学者Uchikawa（1975）核对标本，证实为本种的同物异名。

4. 淡黄赫刺螨（*Hirstionyssus isabellinus* Oudemans，1913）

Liponyssus isabellinus Oudemans，1913，*Ent. Ber. Amst.* 3：384。

雌螨：体椭圆形，长520 μm，宽305 μm，两侧缘中段大致平行，前、后端圆钝，宽度大约相等。螯钳内缘无齿；动趾长53 μm。颚沟小齿14横列，每列1或2齿。背板几乎覆盖全部背面，前端宽阔，两侧大致平行，自Z1之后逐渐变窄，后端窄钝；长宽为508 μm×281 μm；板上具刚毛26对，在前部的(s1-s2、z1-2、z4、s3-s4、j2、j3)较长，两侧的(s4、s5、Z1-4、J5、J4、Z5)向后逐渐加长，中部的(j5-z5-j6-J1-J2-J3、Px1-2)均较短小。胸板宽短，前缘略外凸，后缘内凹，凹底达到或将近达到st2的水平线；长32 μm(中部)，宽106 μm(最窄处)；其刚毛3对，st1紧靠前缘，较st2、st3稍长；隙孔2对，位置正常。生殖腹板舌形，生殖毛处宽106 μm，向后略为变宽，端部逐渐收窄，末端稍钝。肛板卵圆形，前端宽圆，后端窄钝，长宽96.8 μm×69 μm；肛侧毛较肛后毛短，位于肛门中部的两侧。气门沟前端达基节Ⅰ前部，气门板向后绕过基节Ⅳ后缘而达内缘。腹部表皮具刚毛约17对。足Ⅰ、Ⅱ较足Ⅲ、Ⅳ粗壮。基节刺式为0-2-2-0。基节Ⅱ腹面的刺中等大小，三角形；基节Ⅲ内侧刺较外侧刺为大。跗节Ⅱ近末端腹面无爪状刚毛(图5.44)。

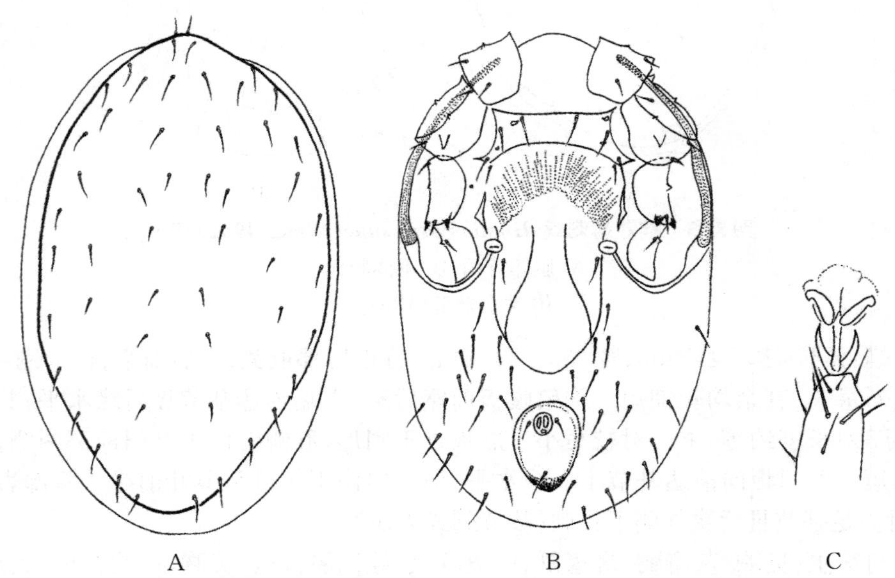

图5.44　淡黄赫刺螨(*Hirstionyssus isabellinus* Oudemans，1913)(♀)

A. 躯体背面；B. 躯体腹面；C. 跗节Ⅱ

仿 邓国藩等(1993)

生境与宿主：黑线姬鼠、林姬鼠、莫氏田鼠、沼泽田鼠、根田鼠、大仓鼠、黄胸鼠。

与疾病的关系：据记载，该螨与森林脑炎、肾综合征出血热、淋巴脉络丛脑膜炎、北亚蜱性斑疹伤寒、土拉伦菌病的病原体传播相关(诸葛洪祥，许菊，孟阳春，2006)。

地理分布：广布于古北区和新北区。国内在云南、黑龙江、吉林、内蒙古有记录；国外分布于前苏联地区、朝鲜、日本、德国、荷兰、英国、加拿大、美国。

附记：在我国东北地区，此种螨一年中的数量高峰在5、6月间，呈单峰型。

二、皮刺螨科

皮刺螨科(Dermanyssidae Kolenati)体型中等大小，但若虫和雌虫吸食后体可膨胀到很大。头盖常狭长而尖。雌螨螯肢第2节窄长，远超过第1节之长，呈刺针状，其端部具细小的螯钳，颚角膜质化不明显。躯体后缘宽圆。背板一整块或分为两块，具胸叉，边缘常有透明细齿。胸后板退化。肛板上具3根围肛毛，气门沟细长。各足具前跗节、爪垫及爪。

寄生于哺乳动物及鸟类的体表。

（一）皮刺螨属

Dermanyssus Duges，1834. *Ann. Sci. nat. zool.* 1：18。

雌螨螯肢狭长，末端具很细小的螯钳。背板一块，不能覆盖住体背的全部，板的两侧缘及后缘裸露，板上刚毛较少。胸板宽度远大于长度，略呈拱形，上具1～2对胸毛。生殖腹板前缘较宽，后缘钝圆，上具1对刚毛。肛板呈圆盾形，肛门位于板的后半部。雄螨全腹板不分开，仅在足Ⅳ基节之后由一横线分为两部分。雌雄体表均具明显的线纹。寄生于鸟类。

模式种：鸡皮刺螨（*Dermanyssus gallinae* Degeer，1778）＝（*Pulex gallinae* Redi，1674）。

鸡皮刺螨（*Dermanyssus gallinae* Degeer，1778）

Acarus gallinae Degeer，1778，Memoires pour servur a l' histoire des Insectes 7：111。

雌螨：体卵圆形，长824～870 μm，宽380～553 μm。背板整块，前半部略宽，后半部略窄，后缘平直，板长678 μm，宽282 μm，上具15对刚毛。背部题壁上具24对刚毛。胸板宽明显大于长，前缘中部外突，后缘向上凹，板上具2对约等长的胸毛st1和st2，而st3位于板外。生殖腹板宽，呈舌状，末端钝圆而接近肛板，具1对生殖毛。肛板圆盾形，长152 μm，宽101 μm，肛门位于板的后半部近后缘处，肛侧毛位于肛门中部横线上，长度与肛后毛略等，腹面体壁上具13～14对刚毛（图5.45）。

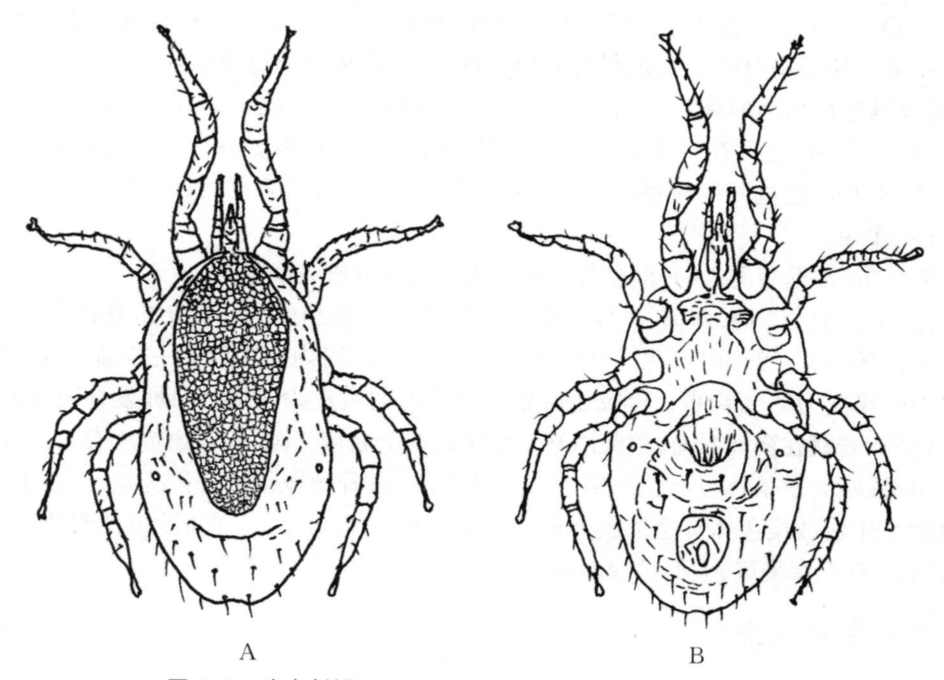

图5.45　鸡皮刺螨（*Dermanyssus gallinae* Degeer，1778）（♀）

A. 背面；B. 腹面

仿 邓国藩（1993）

雄螨：体较雌螨小，长560 μm，宽320 μm。螯肢长，不动指短小，动指长约不动指的2倍。背板整块，不能覆盖体背面的全部，两侧缘及后部裸露，板上具18对刚毛，板的前缘较雌螨宽，后缘钝圆。体背部体壁上具16～20对刚毛。全腹板在足Ⅳ基节之后有一横线将板分为两部分。胸生殖板上具5对刚毛，腹肛板上除肛侧毛和肛后毛之外尚具2对刚毛。肛侧毛位近肛门中部横线上。腹面体壁上具10对刚毛(图5.45)。

生境与宿主：麻雀，也采自白玉鸟巢内。

与疾病的关系：① 皮炎：是革螨叮咬人体引起皮炎的常见螨种，国外早在1933年就有记录。国内金大雄和李贵真(1952)报告一起身体各部被螨叮刺而起红疹的案例。本病与饲养家鸽及住宅附近的麻雀窝有关，鸽子离巢后，螨处于饥饿状态，侵人更甚。屋檐下的麻雀窝，温湿度适宜，螨大量繁殖，当饥饿时，可大量侵袭人类。② 圣路易脑炎：曾从野外与鸡巢收集的鸡皮刺螨均分离出圣路易脑炎病毒，用感染性螨悬液注射到雏鸡与小白鼠体内，可发生感染，并分离出病毒。有人用感染性螨叮咬鸡体，使鸡感染并获得病原体，病毒在螨体内保存达6个月之久。有人指出，圣路易脑炎病毒在自然界的媒介有两类：一类是革螨，病毒能经卵、经变态传递，起保存病毒作用；另一类是蚊子，从鸟体获得病毒，然后又传给其他脊椎动物，包括人类。但也有人否认鸡皮刺螨作为主要保毒者，经卵传递补充试验也未获成功。③ 西方马脑炎：美国曾在此病流行期间，从鸡皮刺螨分离出病毒，认为本螨在自然情况下，偶尔可以感染病毒，但流行病学上并无多大关系。④ 东方马脑炎：蚊子为媒介。曾从一组鸡皮刺螨分离出病毒，经反复试验，认为革螨在该病毒传播上不起重要作用。⑤ 森林脑炎：曾用鸡皮刺螨进行吸毒试验，结果2组螨感染了病毒，但经过4天后，就不能查出病毒，显然在螨体内没有繁殖。⑥ 乙型脑炎：曾在日本东京地区，用3组鸡皮刺螨分离病毒，结果均为阴性。⑦ Q热：有人用感染豚鼠喂养鸡皮刺螨，从感染1～12天内均可使螨感染，但一般多在第4～5天。用感染10～15天的螨叮咬健康豚鼠，出现典型的Q热病症。⑧ 北亚蜱媒斑点热：曾从该螨分离出病原体*R. sibirica*。⑨ 地方性斑疹伤寒：从含该螨的混合螨组中分离出*R. mooseri*。⑩ 锥虫：可在鸡皮刺螨体内发育，并传给鸟类，鸡皮刺螨可能是鸟类锥虫的媒介。此外，本螨可通过叮刺获得、保存、传播鸡螺旋体；动物实验证明，该螨不能传播也不能长期保存弓形虫。

地理分布：常见螨类之一，世界各大洲和我国大多数省、区均有发现。

附记：生活史分5期，即卵、幼螨、第一若螨、第二若螨和成螨。雌螨饱食血后12～24小时内产卵，卵经48～72小时孵化。幼螨不摄食，24～48小时内蜕皮为第一若螨，吸血后，再经24～48小时蜕皮为第二若螨。再吸血后24～48小时内蜕皮为成螨。自卵发育至成螨为7～9天。成螨和若螨在夜间吸血，白天隐蔽于宿主窝内。耐饿力强，不吸血能生存4～5个月。

核型：雄螨为单倍体，$n=3$，雌螨为二倍体，$2n=6$；着丝粒指数分别为40.5±2.1，32.8±1.5和16.2±1.5；故染色体类型依次为m，sm和st；单倍体NF=6。在最短的3号染色体短臂上，C带染色有一深染区，大概是次缢痕。

(二) 异皮螨属

Allodermonyssus Ewing，1923，*Proc. U. S. Nat. Mus.* 62：13。

异皮螨属(*Allodermanyssus*)雌螨背板分为2块，前背板大，向后渐窄，后背板短小，接近末体端部。胸板长度与宽度近相等。生殖腹板窄而长，后端尖细。雄螨背板一整块，向后逐渐变窄。

模式种：血红异皮瞒(*Allodermonyssus sanguineus* Hirst，1914)。

该属的种类很少，主要寄生在啮齿类动物体上。

血红异皮螨(*Allodermanyssus sanguineus* Hirst,1914)

Dermanyssus(*Liponyssoides*) *sanguineus* Hirst,1914,*Bull. Ent. Res.* 5:210。

雌螨:体卵圆形,长949 μm,宽565 μm。螯肢极细长,呈长鞭状。颚沟上具10个齿。须肢叉毛2分叉。背板分2块,前背板大而长,长600~632 μm,前缘宽阔,两侧在足Ⅱ基节处突出呈锐角;板上具17对刚毛,位于前侧向刚毛具有小分枝。后背板短小,略呈卵圆形,长106 μm,宽69 μm,后端具1对长刚毛。背面体壁上密布长刚毛,其末端超过下一刚毛的基部。胸板中部长96 μm,宽147 μm,前缘呈双峰状突出,后缘稍内凹,板上具三对长胸毛,st1可伸出胸板的后缘;具2对隙孔。胸后毛位于表皮上,其内上方具一隙孔。胸叉基部较宽。生殖腹板窄长,两侧缘向后逐渐内斜,后端窄圆,板上具一对刚毛。肛板长椭圆形,长210 μm,宽100 μm,肛侧毛位于肛门中部略下方,长度与肛后毛近等长。足后板小,近圆形。气门沟伸向足Ⅱ基节后缘(图5.46)。

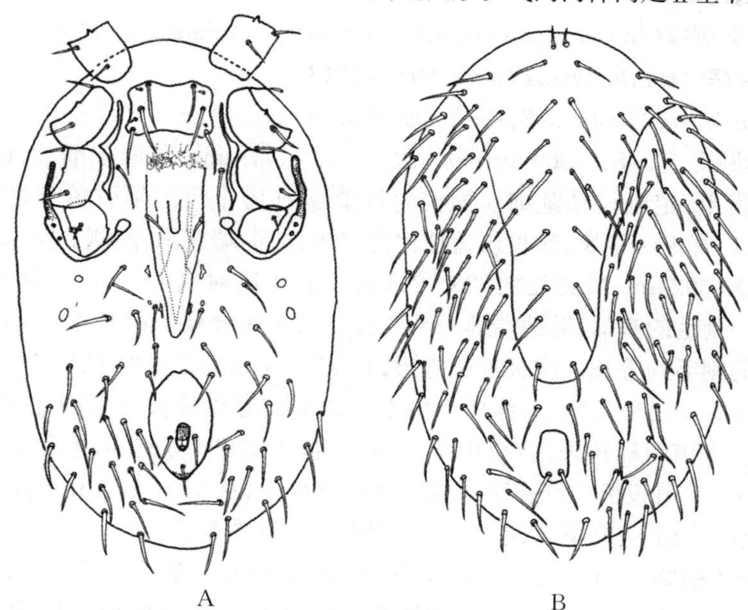

图5.46　血红异皮螨(*Allodermanyssus sanguineus* Hirst,1914)(♀)
A. 躯体腹面;B. 躯体背面
仿 邓国藩等(1993)

生境与宿主:鼠兔。

与疾病的关系:据记载,该螨与淋巴脉络丛脑膜炎、立克次体痘、Q热的病原体传播有关(诸葛洪祥,许菊,孟阳春,2006)。

地理分布:国内在青海省有记录;国外广布于欧洲、非洲、北美洲及前苏联地区。

三、巨刺螨科

对于巨刺螨科(Macronyssidae Kolenati)于1858年以长臂墓蝠巨刺螨(*Macronyssus longimanus* Kolenati,1858)为模式种建立巨刺螨属(*Macronyssus* Kolenati,1958)开始研究。

体型中等大小。雌螨螯肢窄长,上无强度角质化的齿,无钳齿毛。颚角膜质,通常裂成叶突。须肢转节通常具脊状或片状的腹突,叉毛具2分叉。颚沟通常具单列齿。背板一整块或分为前、后2块,后部逐渐收窄。胸后板退化,通常在表皮上具1对胸后毛。肛板上具1

对肛侧毛和1根肛后毛。气门沟细长。足基节Ⅱ前部有一大的距突,其他基节无距突,但有时有小丘突。各足具前跗节、爪垫及爪。

寄生于鸟类、蝙蝠或其他哺乳动物。

地理分布:全世界动物地理区均有分布。

禽刺螨属

Ornithonyssus Sambon,1928,Ann.Trop. Med. Parasitol. 22:105。

禽刺螨属(*Ornithonyssus* Sambon)雌螨背板整块,前方较宽阔,向后逐渐细窄。生殖腹板狭窄,后缘尖锐,板上具1对刚毛。雄螨背板较宽阔、全腹板在足Ⅳ基节之后不膨大。各足基节腹面无刺或距。

模式种:林禽刺螨(*Dermanyssus sylviarum* Canestrini et Fanzago,1877)。

1. 柏氏禽刺螨(*Ornithonyssus bacoti* Hirst,1913)

Leiognathus bacoti Hirst,1913,*Bull. Ent. Res.* 4:119。

雌螨:体卵圆形,长681~969 μm,最宽处宽437~777 μm。螯肢较细长,钳长呈剪状,其内侧无齿和钳齿毛,定趾较动趾细。颚沟内具单纵列10个齿。须肢转节腹面前缘具一突起,叉毛二分叉。背板一整块,狭长仅盖住体前多半部,前端宽圆,两侧自足基节Ⅱ水平向后收窄。板长600~692 μm,最宽处宽223~234 μm,上具18对刚毛,中部的刚毛较长,其末端达到或超过下一刚毛的基部,毛的端部一半处有1~2个小分枝。背部体壁上密布长刚毛,其长度与背板上的刚毛约等长。胸板近长方形,长49~53 μm,st2处宽124~128 μm,板的前缘较平直,st3处向后突出呈角状,后缘中部向上凹,3对胸毛近等长,2对隙孔不甚明显。胸后毛位于表皮上。生殖腹板狭长,后端狭窄,末端尖细,长298~319 μm,上具1对生殖毛,该处板宽60~64 μm。生殖腹板与肛板距离视吸血多寡而定,从58~127 μm,宽77~81 μm,肛侧毛位于肛后缘水平线上或略下方,肛后毛比肛侧毛略长(图5.47)。

雄螨:体较雌螨略小,长533~650 μm,宽405~554 μm。螯肢发达,呈剪状,上无内齿、导精趾。背板整块,长480~490 μm,最宽处宽196~217 μm。全腹板狭长,板上除肛侧毛和肛后毛之外尚具7~8对刚毛,板长422~426 μm(图5.47)。

生境与宿主:褐家鼠、黄胸鼠、小家鼠、齐氏姬鼠、大足鼠、卡氏小鼠;灰麝鼩、大臭鼩;树鼩。

该螨专性吸血,不食离体血膜,也不食伤口渗出液或其他分泌物。耐饥寒,对高温、干燥易死亡。实验室人工饲养繁殖,用套颈圈的小白鼠喂血。生活史分5期:卵、幼螨、第一期若螨、第二期若螨和成螨。雌螨每次吸血后2~3天产卵,卵经1~2天孵出幼螨,不取食,24小时内蜕皮为第一若螨,吸血蜕皮为第二若螨。第二若螨亦不吸血,24~36小时内蜕皮为成螨。雌螨在24~48小时内交配。雌雄螨均吸血,且反复吸血。雌螨平均寿命约62天,平均产卵约98颗。染色体为单二倍体核型,$n=8$(♂),$2n=16$(♀)。未受精的单倍体卵发育为雄螨,受精的二倍体卵发育为雌螨,故属产雄孤雌生殖类型。

与疾病的关系:① 皮炎:柏氏禽刺螨是引起螨性皮炎的主要螨种之一,有关报道很多。苏州医学院动物房两次发生大量柏氏禽刺螨叮咬饲养人员。本螨在鼠类多的纱厂、毛纺厂、居户、宿舍、火车上可侵袭人群。② HFRS:柏氏禽刺螨可作为家鼠型和实验动物型HFRS病毒的传播媒介和保毒宿主,在鼠与鼠间传播病毒,起保存和扩大疫源的作用,也可能是鼠-人间传播途径之一。③ 立克次体痘:血红异皮螨和柏氏禽刺螨是主要传播媒介,经

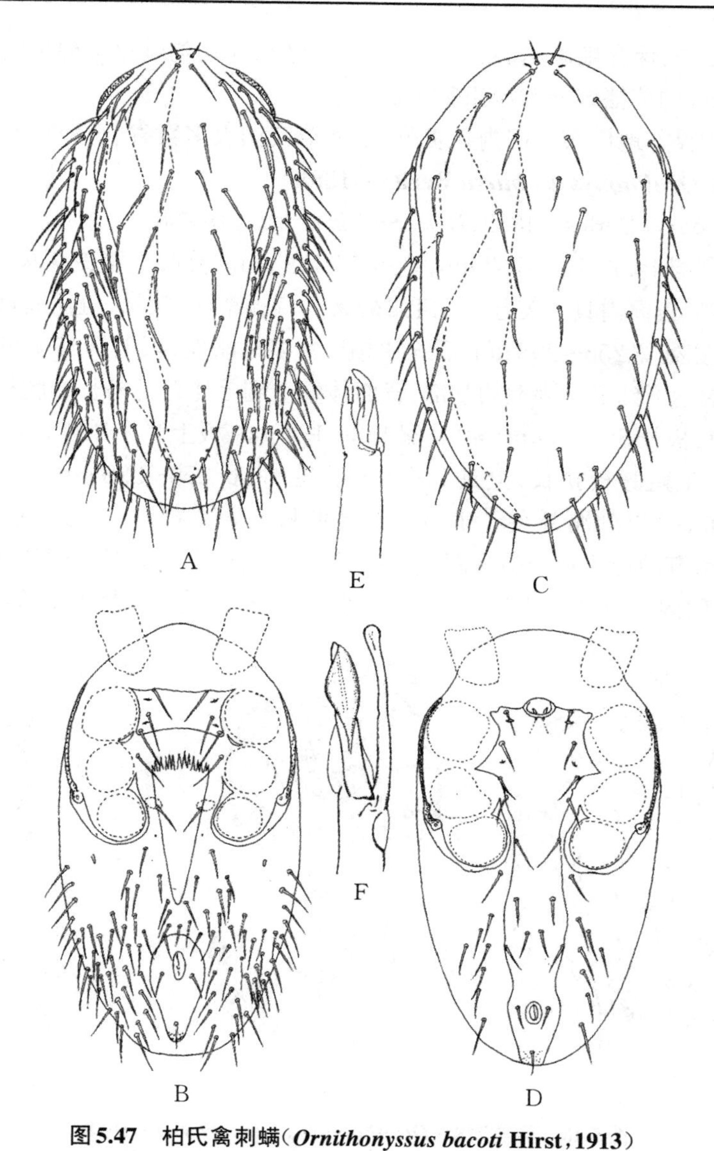

图5.47　柏氏禽刺螨（*Ornithonyssus bacoti* Hirst，1913）

♀:A. 躯体背面;B. 躯体腹面;E. 螯肢;♂:C. 躯体背面;D. 躯体腹面;F. 螯肢

仿 Evants et Till(1979)

叮咬吸血传播，并可经卵、经期传递，病原体在螨体内可保存达74天。④ 森林脑炎：曾用本螨叮咬病鼠，再叮咬健鼠，做传播试验，7组试验中4组传播成功；经卵传递试验14组，2组病毒传至下一代；经变态传递试验10组，有3组前期若螨经2次脱皮，病毒传至成螨，但病毒量较少，动物一般不发病，而可产生免疫。⑤ 淋巴细胞脉络丛脑膜炎：本螨能从病鼠体上得到病毒，并能传给健鼠。⑥ 地方性斑疹伤寒：曾从本螨分离出莫氏立克次体(*R. mooseri*)，并可实验感染动物，可经卵传递。⑦ Q热：雌螨能保存Q热立克次体达6个月，在死螨体内可保存一年之久，用豚鼠做传播试验成功，立克次体可经卵传递2代。⑧ 钩端螺旋体病，在本螨体内的无黄疸性钩端螺旋体，可存活25天之久，并能经叮刺传播给豚鼠。⑨ 蜱媒回归热：螺旋体在本螨体内存活33天，并能经卵传递。⑩ 鼠疫：有人用本螨叮咬病鼠，结果27%螨受染，鼠疫杆菌在螨体内可大量繁殖，并可保菌61～72天。此外土拉伦菌可实验感染此螨，并可经卵、经期传递，保存细菌达12～18个月；本螨还可作动物丝虫拟棉鼠丝虫*Litomosoides carinii*和*L. galizai*的传播媒介和保虫宿主。

地理分布：世界各地广布。国内在贵州、云南等我国大多数省、区均有发现。

2. 囊禽刺螨（*Ornithonyssus bursa* Berlese，1888）

Leiognathus bursa Berlese，1888，*Bull. Soc. Ent. Ital.* 20：208。

雌螨：体呈卵圆形，长660～707 μm，宽405～468 μm。螯肢上螯钳无齿。颚沟上具单列10个齿。须肢转节腹面内具一突起。叉毛2分叉。背板整块，狭长，盖住前背面一半以上，长596～660 μm，最宽处宽256～298 μm，后缘比柏氏禽刺螨略宽，板上具18对刚毛，板中部毛较短，其余刚毛末端达不到下一刚毛的基部，背面体壁上刚毛比背毛略长。胸板近长方形，前缘平直而宽于后缘，板长58～60 μm，st2处宽113～134 μm，板上具3对胸毛和2对隙孔。胸后毛生于表皮上。生殖腹板狭长，上具1对生殖腹毛，板长256～298 μm，生殖腹毛处宽70～75 μm，两侧缘在后1/3处略外突。生殖腹板与肛板间距离68～85 μm。肛板呈水滴状，长134 μm，宽64 μm，肛门位于板的前半部，肛侧毛位于肛门中部与后缘之间的横线上，肛后毛比肛侧毛稍长。气门沟前端可达足Ⅰ基节的后缘处，气门板后端延绕足Ⅳ基节后缘（图5.48）。

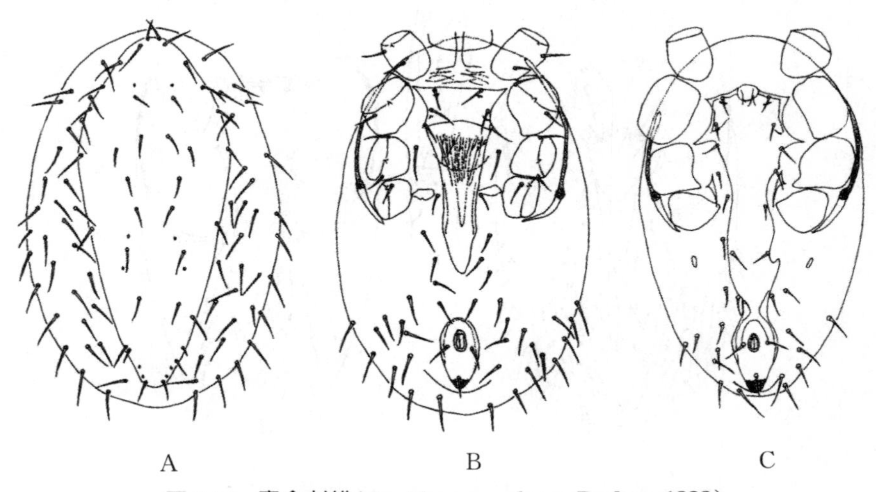

图5.48　囊禽刺螨（*Ornithonyssus bursa* Berlese，1888）

♀：A. 躯体背面；B. 躯体腹面；♂：C. 躯体腹面

仿Berlese（1888）

雄螨：全腹板狭长，在近肛板处两侧向中部凹进，板的两侧不完全对称（图5.48）。

生境与宿主：家鸽、家鸡等家禽和鸟类，有时在家兔体上也能发现。

与疾病的关系：据记载，该螨可能在鸟类与人类之间传播圣路易脑炎（诸葛洪祥，许菊，孟阳春，2006）。

地理分布：我国多数省、区都有记录；国外在温带和热点地区较为常见。

四、喘螨科

喘螨科（Halarachnidae Oudemans，1906）种类均寄生于哺乳动物的呼吸系统，包括5个主要属，但因寄主类群不同会建立新属。我国只记录了一属一种。

科征：雌雄两性背板均为一整块。胸叉付缺。须肢具分叉的爪，或缺；须肢胫节或与跗节愈合，因而须肢只具可动的4节。气门沟很短，前端不超过基节Ⅲ。雌性生殖板付缺（*Pneumonyssus bakeri*例外）。

肺螨属

Pneumonyssus Banks，1901，Geneesk. *Tijdschr. Nederl.-Indie*，41：334。

中型或大型螨。背板后缘与肛板之间不多于3对刚毛。具胸板。须肢腔节与跗节愈合，只具4个可动节，有时股节与转节部分愈合，表现为3个可动节。颚基刚毛不多于3对。主要寄生于灵长类动物的呼吸道。

模式种：猴肺刺螨（*Pneumonyssus simicola* Banks，1901）。

猴肺刺螨（*Pneumonyssus simicola* Banks，1901）

Pneumonyssus simicola Banks，1901，*Geneesk Tidschr. Nederl.-Indie*，41：334。

雌螨：体长椭圆形，长约720 μm，宽270 μm。颚基长方形，长大于宽。须肢粗短，可动节4节。螯肢短，有螯钳。背板窄卵形，长330 μm，宽140 μm，前端圆钝，肩部最宽，向后收窄，末端尖窄；板上具5对刚毛，约等长。背部表皮刚毛稀少，约3对。胸板的长显著大于宽，前缘平直，两侧缘不甚整齐，略近平行，后缘圆钝；板上刚毛3对。生殖板付缺；生殖孔横裂状，位于基节Ⅳ之间。基节Ⅲ后方有一对裂缝状的腺体开口。肛门位于体后端，有围肛毛3根。在基节Ⅳ与肛门之间有一对刚毛。气门沟很短，长约为宽的2倍。足较粗壮。足Ⅰ～Ⅲ跗节爪同等发达，足Ⅳ跗节爪不甚发达。跗节Ⅰ不具前跗节，跗节Ⅱ～Ⅲ前跗节短，跗节Ⅳ前跗节较长（图5.49）。

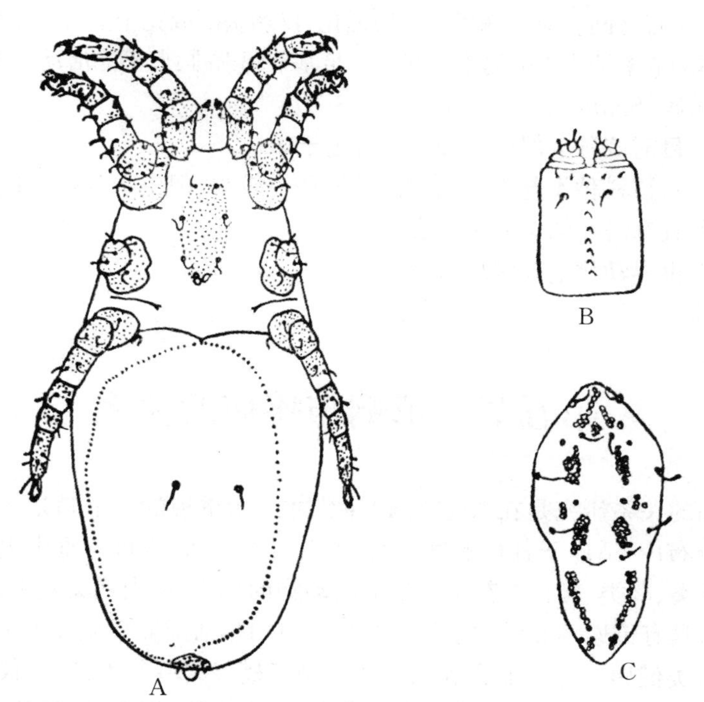

图5.49　猴肺刺螨（*Pneumonyssus simicola* Banks，1901）（♀）

A. 躯体腹面；B. 颚体；C. 背板

仿上川公人等（1980）

生境与宿主:猕猴(*Macaca mulatta*)。在有些国家的动物园和实验动物上也发现了该螨。

与疾病的关系:该螨是体内寄生型,寄生于灵长类动物的肺部和呼吸道,引起动物肺螨病,早在1920年Duncan及1927年Gay就曾报道,在斯里兰卡与印度等热带地区居民也可能患肺螨病(pulmonaryacariasis)。我国先后有高景铭(1956)、张恩铎(1982)及魏庆云(1983)、李朝品(1985)、滕斌(1988)在青岛、黑龙江、安徽、山东关于人肺螨病的报道,但致病原多为自由生活的粉尘螨、跗线螨和肉食螨类,多与工作或生活有关,偶然吸入呼吸道而致,甚可引起肠螨病。患者有似肺结核病的临床表现。

地理分布:国内已知分布于广西;国外分布于东南亚、南亚国家,非洲、欧美国家也有发现。

五、蝠螨科

蝠螨科(Spinturnicidae Oudemans),1902的最早记录见于von Heyden于1826年建立的蝠螨属(*Spinturnix* von Heyden,1826)。蝠螨科研究较早,迄今,该科已知包括12个属,分别是:蝠螨属(*Spinturnix* von Heyden,1826);距螨属(*Ancystropus* Kolenati,1856);裂螨属(*Meristaspis* Kolenati,1857);弱螨属(*Periglischrus* Kolenati,1857);埃螨属(*Eyndhovenia* Rudnick,1960);拟弱螨属(*Paraperiglischrus* Rudnick,1960);拟蝠螨属(*Paraspinturnix* Rudnick,1960);钩螨属(*Oncoscelus* Delfinado et Baker,1963);仿弱螨属(*Periglischrodes* Baker et Delfinado,1964);颚湾蝠螨属(*Cameronieta* Machado-Allison,1965);拟裂螨属(*Parameristaspis* Advani,1981)和鞘尾蝠螨属(*Emballonuria* Uchikawa et Zhang,1994)。

科征:背板1或2块,有时几丁质化很弱。气门在背部;气门沟完全在背部或前端向腹面弯曲,伸至足基节Ⅱ~Ⅲ之间。原三胸板(胸叉)退化,仅剩基部或完全消失。生殖板具肛毛一对。肛板小,肛门在体的亚末端或末端的小突起上。足基节辐射排列,不能活动。爪和爪垫发达。

模式属:蝠螨属(*Spinturnix* von Heyden,1826)。

生境与宿主:目前该科全部已知种类都寄生于蝙蝠。

与疾病的关系:该科种类与人类疾病的关系研究较少,但由于其宿主蝙蝠是多种病毒的载体,因此蝠螨科具有潜在的重要医学意义。

地理分布:全世界动物地理区均有分布。

(闫 毅)

第五节 革螨与疾病的关系

革螨与疾病的关系研究是在20世纪40年代才开始重视的。革螨是一较为庞大的生物类群,数量多,分布广,适应于各种栖息场所,可营自由生活,也可营寄生生活。寄生性革螨主要寄生于哺乳类、鸟类、爬行类甚至其他节肢动物的体表、体内或巢穴中,能携带多种病原体,可反复吸血,具有传递病原体的生物学基础。自由生活或兼性血食型革螨可污染仓储粮食、药品,危害人类健康。专性血食和兼性血食型革螨侵袭叮刺人群,不仅引起螨源性疾病(如革螨性皮炎),还可以通过叮刺传播多种病毒、立克次体、螺旋体、细菌、原虫和蠕虫等人兽共患病原体;体内寄生型革螨,可寄生宿主腔道而致肺螨病等。巢穴型革螨耐饿力强,对某些人畜共患病起保存和扩大疫源的作用。关于革螨与疾病的资料,综合列于表5.8。

表5.8　革螨与疾病的关系

寄生型	营养型	螨种	皮炎	病毒								立克次体					细菌					螺旋体		
				森林脑炎	肾综合征出血热	鄂木斯克出血热	淋巴脉络丛脑膜炎	圣路易脑炎	马脑炎西方	马脑炎东方	鸟疫	立克次体痘	地方性斑疹伤寒	Q热	北亚蜱性斑疹伤寒	恙虫病	土拉弗氏菌病	鼠疫	布氏杆菌病	类丹毒	伪结核	钩端螺旋体病	鸡螺旋体病	蜱媒回归热
巢穴寄生型	捕食型	无色巨螯螨(*M. dccoloratus*)												# *	#									
	兼性吸血者	鼠下盾螨(*H. murinus*)		# *													# *	*						
		格氏血厉螨(*Hl. glasgowi*)	▽	# ○	Θ # ■		# * ○							Θ	#		# Θ							
		茅舍血厉螨(*Hl. casalis*)	▽	○							# *			#	#									
		厩真厉螨(*E. stabularis*)		○	Θ # ■		# * ○																	
		克真厉螨(*E. kolnakovae*)																#	○					
		巢栖血革螨(*Hg. nidi*)		#	#		# * Θ							Θ			# *			#				
		按步血革螨(*Hg. ambulans*)		#																				
		拱胸血革螨(*Hg. pontiger*)	▽								# *													

续表

寄生型	营养型	螨种	皮炎	病毒								立克次体					细菌					螺旋体		
				森林脑炎	肾综合征出血热	鄂木斯克出血热	淋巴脉络丛脑膜炎	圣路易脑炎	马脑炎西方	马脑炎东方	鸟疫	立克次体痘	地方性斑疹伤寒	Q热	北亚蜱性斑疹伤寒	恙虫病	土拉弗氏菌病	鼠疫	布氏杆菌病	类丹毒	伪结核	钩端螺旋体病	鸡螺旋体病	蜱媒回归热
		黄鼠血革螨(*Hg. citelli*)																	○					
		东北血革螨(*Hg. mandachuricus*)		○										#	#									
		赛氏血革螨(*Hg. serdjukovae*)		#													#							
		达呼尔血革螨(*Hg. dauricus*)															#							
	专性吸血者	脂刺血革螨(*Hg. liponyssoides*)																○				○		
		独氏鼠刺螨(*M. dubinini*)		# *																				
		柏氏禽刺螨(*O. bacoti*)	▽	■	■Θ		Θ					# ■	# ■	■			⊕ ■	⊕				Θ		⊕
		囊禽刺螨(*O. bursa*)	▽						#															
		血红异皮螨(*A. sanguineus*)					Θ					# ■		# Θ										
		鸡皮刺螨(*D. gallinae*)	▽	# Θ				■	#	#			# *	# ■	#								# Θ	
		蛭状皮刺螨(*D. hirundinis*)		#																				
		美洲皮刺螨(*D. americanus*)						#	#															
		麻雀皮刺螨(*D. passerinus*)												#	#									

续表

寄生型	营养型	螨种	皮炎	病毒								立克次体					细菌					螺旋体		
				森林脑炎	肾综合征出血热	鄂木斯克出血热	淋巴脉络丛脑膜炎	圣路易脑炎	马脑炎西方	马脑炎东方	乌疫	立克次体痘	地方性斑疹伤寒	Q热	北亚蜱性斑疹伤寒	恙虫病	土拉弗氏菌病	鼠疫	布氏杆菌病	类丹毒	伪结核	钩端螺旋体病	鸡螺旋体病	蜱媒回归热
		林禽刺螨(*O. sylviarum*)	▽					#	#		# *													
经常性体表寄生型	专性吸血者	旅游肪刺螨(*St. viator*)						*																
		淡黄赫刺螨(*Hi. isabellinus*)		Θ	#		# *								#		■							
		鼷鼠赫刺螨(*Hi. musculi*)		Θ			# *							Θ			# ■		○					
		仓鼠赫刺螨(*Hi. criceti*)	▽											# Θ	#		Θ							
		鼩鼱赫刺螨(*Hi. sunci*)	▽																					
		伊洛赫刺螨(*Hi. ellobil*)													#									
		子午赫刺螨(*Hi. meridianus*)																○	⊕					
		鼢鼠赫刺螨(*Hi. myospalacis*)													#									
	兼性吸血者	耶氏厉螨(*L. jettmari*)		#	#									#										
		阿尔及利亚厉螨(*L. algericus*)					# *											#						
		鼾厉螨(*L. clethrionomydis*)		#	○ *												#							

续表

寄生型	营养型	螨种	皮炎	病毒								立克次体					细菌					螺旋体		
				森林脑炎	肾综合征出血热	鄂木斯克出血热	淋巴脉络丛脑膜炎	圣路易脑炎	马脑炎西方	马脑炎东方	鸟疫	立克次体痘	地方性斑疹伤寒	Q热	北亚蜱性斑疹伤寒	恙虫病	土拉弗氏菌病	鼠疫	布氏杆菌病	类丹毒	伪结核	钩端螺旋体病	鸡螺旋体病	蜱媒回归热
		活跃厉螨(*L. hilaris*)															#							
		鼠厉螨(*L. muris*)		○ *													# Θ							
		多刺厉螨(*L. multispinosus*)				Θ											#							
		土耳其厉螨(*L. turkestanicus*)														#								
		敏捷厉螨(*L. agilis*)					#																	
		毒厉螨(*L. echidninus*)			Θ							#		#		#					#	#		
		鼠颚毛厉螨(*T. myonyssognathus*)			# Θ									#										
		田鼠上厉螨(*Hy. arvalis*)																						
		两栖上厉螨(*Hy. amphibius*)		○ *			# *										#							

注：▽叮咬引起皮炎；# 该种螨分离出病原体；○螨进食时可接受病原体；Θ能保存和经叮咬动物传播病原体；⊕能保存并污染传播病原体；■经卵传递、保存、并叮咬传播病原体；# *、○ * 由混合螨种分离。

一、革螨皮炎

由于革螨侵袭人体刺吸血液或组织液而引起皮肤丘疹、瘙痒，称为革螨性皮炎(gamasoidosis)。吸血类螨的螯肢呈剪刀状或细长的刺针状，适于刺吸，一生多次反复吸血。国内自1952年金大雄等首次报道天津市鸡螨叮咬事件后，已有多起报道。被叮咬场所非常广泛，主要涉及厂房、仓库、宿舍、实验室等。

(一)病原学

导致革螨性皮炎的螨种较多，可单独一种侵袭人体，也可以两种或两种以上同时侵袭人体。其中主要为柏氏禽刺螨，占70%左右，其次为鸡皮刺螨、囊禽刺螨、格氏血厉螨、茅舍血厉螨、鼩鼱赫刺螨、纳氏厉螨和巴氏刺脂螨等。

1. 柏氏禽刺螨(*Ornithonyssus bacoti*)

该螨呈世界性分布，为巢穴寄生型革螨，是引起螨性皮炎的主要螨种之一，有关报道很多。本螨在鼠类多的纱厂、毛纺厂、面粉厂、居户、宿舍等处可侵袭人群。美国得克萨斯州在一次该螨袭击中，患皮炎者达200人；前苏联远东某工厂曾因该螨大量繁殖，叮咬了一大批工人，工厂不得不停工处理。我国江苏、山西、河北、辽宁等省曾在纺织厂以及住户中暴发流行由此螨叮刺导致的螨性皮炎，在患者的身上、被褥以及现场捕获的褐家鼠中均查到大量的柏氏禽刺螨。

2. 鸡皮刺螨(*Dermanyssus gallinae*)

此螨多寄生于鸡、鸽的体表，白天隐藏在鸡舍铺草或墙缝和尘埃中，夜间成群爬到鸡或鸟体表叮咬吸血，0.5～1.5小时即可完成吸血，再返回巢穴。故本螨叮咬人体与广泛饲养家禽及住宅附近的鸟窝有关。Williams曾报道此螨由鸽棚引入住宅，侵袭人体，在床铺上有压死该螨的痕迹，并在螨肠内发现有哺乳动物的红细胞。国内上海、天津等地多个住户全家都被鸡皮刺螨叮咬，患者均有皮肤损伤、奇痒，在衣服上获得吸饱血的此螨，在所饲养的鸡及鸡窝都找到大量的鸡皮刺螨。

3. 囊禽刺螨(*Ornithonyssus bursa*)

该螨分布于较暖的地区，为热带的鸟螨，主要寄生在鸡、鸟体表，属于巢栖型寄生革螨，在鸡舍和鸟窝内繁殖。当人们从鸡窝捕捉鸡时，能迅速转移到人体，引起严重的瘙痒，发生奇痒。孟阳春等报道某农场家禽饲养人员接触孵蛋的母鸡后，两手和身上发生瘙痒，抽查两只孵蛋的母鸡，捡到千余只该螨，而鸡窝中则有上万只螨，因孵鸡的高温更适合此螨大量繁殖。此外，林禽刺螨、鸟禽刺螨、拔氏禽刺螨均有叮咬人引起皮炎的报道。

4. 格氏血厉螨(*Haemolaelaps glasgowi*)

长沙市芙蓉区某宿舍楼曾出现一起全家4人全身皮肤瘙痒，四肢及胸腹部出现风团、丘疹和水疱的案例，在患者家床铺、晾在阳台的衣服和洗衣机等处发现有小虫，经鉴定证实为格氏血厉螨，随后在患者家中捕获黄胸鼠。邓汝松等在海军某部家属区捕获11只褐家鼠，在鼠体表上采集到的螨均为格氏血厉螨。格氏血厉螨易在人采集鼠窝时侵袭人体，并吸食淋巴液，可持续20～40分钟。

5. 茅舍血厉螨（*Haemolaelaps casalis*）

荷兰曾观察到住屋有多起茅舍血厉螨大量侵袭人群。孟阳春曾报道，某地战士用稻草新盖营房，有此螨从棚顶落下，不少战士被叮咬。吴海林等报道，延吉市纺织厂皮炎流行，220名工人中165人患病，以搬运棉花及棉花加工的工人患病最多，在患者体表、衣服及棉花包上查获大量此螨。

6. 鼩鼱赫刺螨（*Hirstionyssus sunci*）

赫刺螨属的种类亦能侵袭人，特别当人们从事野外工作与挖鼠洞搜集螨时，遭到叮咬机会更多。苏州医学院寄生虫学教研室教师曾在江苏东山采集鼠体革螨时遭受鼩鼱赫刺螨的叮咬，该螨顺手、臂迅速上爬至腋窝处叮咬。仓鼠赫刺螨（*H. criceti*）的雌螨和后期若虫能刺入皮肤吸取血液和淋巴液，持续15～20分钟，叮咬处周围奇痒。

7. 其他革螨

除上述种类外，还有拱胸血革螨、血红异皮刺螨等亦有叮人引起皮炎的报道。

（二）流行病学

革螨性皮炎与螨的繁殖季节、人的职业、接触方式等因素有关。革螨喜欢在温度较高、阴暗潮湿的环境条件下生活。格氏血厉螨常在夏秋繁殖高峰期间从宿主体（褐家鼠、小家鼠等室内鼠）或窝中游离出来袭击人类，可引起革螨皮炎的暴发流行，其螨的季节消长与皮炎发病率曲线基本一致。鸡皮刺螨多在春秋季节繁殖，成虫耐饥饿，可在不吸血的情况下生活4～5月。叮咬人群常见于养鸡的农民和养鸡场工人，非职业侵害则多见于居住区鸟类（如鸽子）或其他宠物鸟（如金丝雀、鹦鹉），也包括宠物鼠类，如仓鼠和沙鼠。近年来，国外鸡皮刺螨叮咬病例报道增多，以宠物鸟类携带引起的病例为主。我国多起鸡皮刺螨皮炎的报道均来源于鸡或麻雀窝，随着国内城市生活环境的变化，城市家庭较少养鸡，但居住区的麻雀、喜鹊、鸽子等鸟类增多，宠物鸟也很常见。

革螨性皮炎分布于世界各地，中国也广泛分布，据不完全统计，国内曾有16个省（直辖市）有革螨叮咬人事件30余次，被叮咬场所非常广泛，主要涉及毛纺厂、肉联厂、烟厂、车间厂房、仓库、商业大楼、实验室、家庭、学生宿舍，甚至托儿所、病房等。被叮咬人数1个村庄最多可达512人，1个商业大楼173人，1家医院家属区169人。

（三）发病机制和病理

革螨通过直接叮咬人体皮肤吸食血液或组织液，可直接损伤皮肤微血管壁，同时叮咬过程中释放的代谢物及分泌物可使微血管壁通透性增高，血浆蛋白从毛细血管和微静脉壁滤出，毛细血管静脉端和微静脉内的胶体渗透压下降，组织间液的胶体渗透压上升，促使溶质及水分滤出，出现水肿。被叮咬处的皮肤出现瘙痒性红斑、风团、丘疹及水疱等，并可继发湿疹样损害。约经一周损害消失，常遗留色素斑。

（四）临床表现

1. 发病部位

柏氏禽刺螨叮咬部位以腰部为主，其次为胸、腋下、上臂、腹股沟、膝、四肢及较嫩的皮肤等。鸡皮刺螨叮咬部位以腰周、下腹部、颈部、腋窝为主，胸背部、腘窝、阴部次之，婴幼儿周身均可见到皮疹。

2. 皮损形态

被叮咬处皮肤局部发红，有疹块，小的似米粒，大的成片。通常呈红色丘疹、丘疱疹、水疱，间有红斑或风团样损害。有的皮疹顶端可化脓，系丘疹中心咬痕感染造成。多数表现为丘疹性荨麻疹样损害，黄豆至指甲大小，呈圆形、椭圆形或不规则形丘疱疹。轻度感染者丘疹数目十余个，严重者可多达100余个，甚至呈现大片丘疹状皮炎。

3. 临床表现

多数病人有剧烈的瘙痒，尤以夜间为甚，影响睡眠。个别病人可出现头昏、头痛、畏寒、发热、乏力、恶心、呕吐等全身症状，甚至发生眼结膜充血、哮喘等现象。血检白细胞增高尤以嗜酸性粒细胞增高明显，可出现蛋白尿。

4. 病程及预后

病程最短4天，长者可达60天，通常在一周内可痊愈。少数病人丘疹抓破后有继发感染，愈后留有暂时性浅表色素沉着。

（五）实验室检查

1. 形态学鉴定

捕捉的虫体经5%氢氧化钾消化体内血液，75%乙醇固定后用霍氏液（Hoyer's dufion）封片，制成玻片标本。经干燥透明后置光学显微镜下进行标本观察，结果该虫躯体呈椭圆形，颚体发达，可见螯肢和须肢，有4对足，跗节末端叶状爪垫清晰，体表刚毛稠密，可初步判定为革螨。根据革螨形态特征进行文献检索，进一步确定了革螨的具体螨种。

2. 分子生物学鉴定

提取虫体DNA，分别经核糖体ITS区、线粒体16S和线粒体细胞色素C氧化酶亚基Ⅰ3个基因特异性引物进行扩增和测序，与GenBank中革螨序列进行比对，根据比对结果判断螨种。

（六）诊断和鉴别诊断

散发型的螨性皮炎，有时不易与其他皮炎区别。暴发或流行性螨性皮炎，往往数十人甚至数百人同时或先后发病，只要问明职业或接触史，暴露部位发现特有的丘疹性荨麻疹样损害，一般不难诊断。如在患者工作场所或居住场所捕获革螨，即可确诊。必要时将标本固定好后送有关部门做螨种鉴定。革螨性皮炎需与下述疾病相鉴别。

1. 荨麻疹（urticaria）

俗称"风疹块"，是皮肤黏膜血管扩张及通透性增加而出现的一种局限性水肿反应。皮疹呈鲜红或苍白色，一般不发生丘疹、水泡。皮疹出现快，消退也快，与季节关系不大。

2. 水痘（Varicella）

由水痘病毒引起，多见于春季，儿童好发。皮疹特点是基底发红的水泡，而非丘疹性荨麻疹样损害。皮疹多呈向心性分布。病人生活环境中一般查不到病原体。

3. 疥疮（Scabies）

由寄生在人体皮肤表皮层的疥螨引起的一种慢性传染性皮肤病。也有夜间瘙痒显著和以疱疹为主的皮肤损害，但不发生荨麻疹样损害。在疥疮特有的隧道近端，常能查到疥螨。

4. 药疹(drug erupition)

药物经过内服、注射、吸入等途径进入机体后,引起的皮肤黏膜反应称为药疹,又称药物性皮炎。有一定的潜伏期,药疹损害有多种类型,如瘙痒及灼痛感,或伴有发热及内脏损害。药疹无季节性,停药后不久病情好转。一般无集体发病情况。

(七)防治

1. 治疗

革螨性皮炎的治疗原则主要是对症处理,消炎止痒。可采用3%灭滴灵或10%硫磺软膏外搽,每天2次,连用5~7天,可望痊愈。亦可用2%薄荷、15%炉甘石洗剂、5%樟脑乙醇、20%蛇床子乙醇等。少数皮疹严重者,可先用10%硫磺氧化锌软膏外搽,待急性炎症消退后,再用15%炉甘石洗剂,同时配合抗感染治疗。个别皮疹广泛、瘙痒严重者,可给予氯雷他定等抗过敏类药物,必要时以5%葡萄糖氯化钙静注,发现有其他并发症者,给予适当处理。

2. 预防

(1) 灭鼠:鼠是革螨的主要宿主,与人接触的机会亦较密切,故灭鼠是防治革螨的根本措施。采用各种捕鼠器、堵鼠洞、药物毒杀或鼠洞内熏杀等综合方法。死鼠应深埋或焚烧,防止人畜二次中毒和鼠体革螨扩散。

(2) 改造环境:做好环境卫生,消除革螨孳生地,清除动物巢穴,清除鼠窝。在饲养鸡、鸽等的窝里常可能孳生大量的革螨,故而最好不要在住宅内饲养家禽。保持室内清洁、通风和干燥,尽可能不住在厨房、仓库内。做好食品卫生、食品消毒和食品储藏等工作。室内用敌敌畏熏蒸,室外可喷洒杀螨醇或拟除虫菊酯类杀螨剂消灭革螨。

(3) 加强个人防护:在野外工作,袖口和裤脚管口应扎紧,防止革螨叮咬。不要在杂草丛生的地方坐卧休息,换下的衣裤应及时用50 ℃温水清洗。身体的裸露部分,可涂搽驱避剂,或用浸药布袋系于手腕、踝关节等处,防螨侵袭。

二、肾综合征出血热

肾综合征出血热(hemorrhagic fever with renal syndrome,HFRS),又称流行性出血热(epidemic hemorrhagic fever,EHF),病原体为布尼亚病毒科、汉坦病毒属(*Hantavirus*)的各型病毒,是由鼠类、革螨等传播所引起的一种自然疫源性急性病毒性传染病。20世纪30年代初在我国黑龙江流域首先发现本病,当时曾称为“出血性紫癜”“远东出血性肾病肾炎”,1942年命名为流行性出血热。此病在朝鲜被称为朝鲜出血热(Korean hemorrhagic fever,KHF);在前苏联被称为出血热肾病肾炎(hemorrhagic nephroso-nephritis)。随着本病病原学研究的进展,认为上述不同名称的疾病都是由同一种病毒或一种抗原性相同的病毒引起的。1982年世界卫生组织(WHO)在日本东京召开的一次病毒性出血热工作会议上统一命名为肾综合征出血热(HFRS)。1994年我国卫生部决定将流行性出血热改为肾综合征出血热。本病流行十分广泛,以欧洲和亚洲为甚,我国为高发区,绝大多数地方都有流行,传染源主要是鼠类。该病主要有发热、出血倾向、肾脏损害三大症状,主要病变为全身小血管和毛细血管广泛性损害。

（一）病原学

该病毒最早在1976年由韩国学者李镐汪等从黑线姬鼠的肺组织内分离出，并根据分离地点称为汉坦病毒（Hantaan virus）。20世纪80年代初我国学者宋干等从黑线姬鼠的肺内、潜伏期及急性期病人血清中成功分离出温和型和经典型汉坦病毒，证实该病毒为本病病原。而洪涛等首次以特异性抗体进行免疫电镜检测，在电镜下观察到了肾综合征出血热病毒在细胞内的形态；后又有人在早期病人血清及单核细胞内分离出病原体，并用人胚肺二倍体细胞、大白鼠肺原代细胞为病毒传代获得成功。此后，日本、前苏联等国家相继从不同动物及病人体内分离出该病毒。根据此病毒的形态学和分子生物学特征，现已将其归入尼亚病毒科，另设立为一个新属，即汉坦病毒属。

电子显微镜下，汉坦病毒属病毒呈圆形或卵圆形，大小为78～210 nm，平均为122 nm。外有一双层单位膜包裹（也称囊膜），由比较疏松颗粒性线状结构的内浆所组成，表面有突起。与一般布尼亚病毒不同，该病毒内腔呈颗粒性线状无序排列，在细胞内繁殖时，产生大量特殊的包涵体，有三种形状即丝状或丝状颗粒包涵体、松散颗粒包涵体、致密包涵体，这在一般布尼亚病毒中是少见的。

汉坦病毒在蔗糖密度梯度离心中浮密度为1.16～1.17 g/mL，在氯化铯中为1.20～1.21 g/mL。该病毒对脂溶剂很敏感，乙醚、氯仿、丙酮、苯都能将病毒灭活，碘酒、乙醇等常用消毒剂也能灭活病毒。在pH 7.0～9.0条件下相对稳定，在酸性环境中比较敏感，pH 3.0～5.0以下也可使之灭活。对热有一定的抵抗力，4～20 ℃时相对稳定，37 ℃ 1小时，其感染性未受明显影响，而56～60 ℃ 1小时，100 ℃ 1分钟和用紫外线照射都能很快灭活病毒，但仍可保留其抗原性。病毒在4～20 ℃相对稳定，－20 ℃以下低温和超低温可以长期保存。

从血清学方面证实出血热病毒与其他病毒性出血热无关，与已知布尼亚病毒科的4个属病毒也无血清学关系。根据不同国家、不同宿主来源的病毒株的抗原性分析，发现亚洲地区的肾综合征出血热（包括朝鲜出血热和前苏联远东地区的肾综合征出血热）与欧洲地区的流行性肾病患者的免疫学荧光反应存在明显的差异。目前所知由于抗原结构的不同，汉坦病毒至少有30个血清型。其中Ⅰ型汉坦病毒（Hantaan virus），Ⅱ型汉城病毒（Seoul virus），Ⅲ型普马拉病毒（Puumala virus），Ⅴ型希望山病毒（Prospecthill virus）是经过WHO认定的。我国流行的主要是Ⅰ型（黑线姬鼠传播）和Ⅱ型（褐家鼠传播）病毒，免疫荧光反应不能直接区分这两个血清型，但交叉中和、交叉阻断试验均可查见它们之间有明显的抗原差异。近年来在我国还发现了Ⅲ型普马拉病毒。病毒型别不同，引起人类疾病的临床症状轻重有所不同，其中Ⅰ型较重，Ⅱ型次之，Ⅲ型多为轻型。

（二）流行病学

1. 分布

本病流行甚广，世界五大洲80多个国家有汉坦病毒感染，但主要分布在欧亚两大洲，非洲和美洲病例较少。我国开始流行于黑龙江下游两岸，逐渐向南、向西蔓延，目前除新疆和青海未发现本病病例外，其余省（自治区、直辖市和特区）均有过肾综合征出血热病例的报道。我国的肾综合征出血热出现过两个快速上升期，1970～1975年呈现第一个上升期，1979～1986年呈现第二个快速上升期。进入21世纪以来，由于全国各地采取疫苗接种和防鼠灭鼠的防治措施，全国发病呈下降趋势，病例主要集中在东北及华东地区。

2. 传染源

据国内外不完全统计，有170多种脊椎动物能自然感染汉坦病毒，主要是啮齿类，其他动物包括猫、猪、犬和兔等。我国发现50多种动物携带本病毒，以黑线姬鼠、褐家鼠为主要宿主动物和传染源，林区则以大林姬鼠为主(表5.9)。大白鼠是实验室主要传染源。由于肾综合征出血热患者早期的血液和尿液中携带病毒，虽然有接触后发病的个别病例报道，但人不是主要传染源。

表5.9　我国已检出HFRS抗原或汉坦病毒的动物宿主

目	科	种
啮齿目	鼠科	黑线姬鼠、大林姬鼠、小林姬鼠、高山姬鼠、褐家鼠、大白鼠、黄胸鼠、黑家鼠、黄毛鼠、针毛鼠、社鼠、大足鼠、斯氏家鼠、白腹巨鼠、小家鼠、小白鼠、锡金小鼠、巢鼠、板齿鼠
	仓鼠科	大仓鼠、黑线仓鼠、灰仓鼠、长尾仓鼠、棕背䶄、红背䶄、东方田鼠、莫氏田鼠、草原兔尾鼠、滇绒鼠、黑腹绒鼠、大绒鼠、红尾沙鼠、麝鼠
	竹鼠科	银星竹鼠
	松鼠科	花鼠、赤腹松鼠、侧纹岩松鼠、达乌利黄鼠
食虫目	鼩鼱科	中麝鼩、灰麝鼩、臭鼩鼱、四川短尾鼩、无鳞尾鼩
	刺猬科	中华新猬
兔形目	兔科	蒙古兔、家兔
食肉目	猫科	猫
	鼬科	黄鼬紫貂
	犬科	狗
偶蹄目		猪、牛、羊
灵长目	猴科	恒河猴
鸟类		鸡、麻雀

3. 传播途径

本病的传播途径迄今尚未完全阐明，目前发现的传播途径有3类：媒介节肢动物传播(螨媒)、动物源性传播(鼠媒)和垂直传播。

(1) 螨媒传播：出血热明显的季节性和高度散发性符合虫媒传染病的特点。在流行高峰季节，鼠体表面及其巢穴中存在数量最多的体外寄生物是螨类。有关HFRS的生物媒介主要是革螨和恙螨。关于螨媒传播HFRS问题，日本和前苏联曾先后报告分别将从鼠体采集的耶氏厉螨(*Laelaps jettmari*)和格氏血厉螨、巢搜血革螨(*Haemogamasus nidi*)、淡黄赫刺螨(*Hirstionyssus isabellinus*)制成悬液注入人体后引起HFRS。20世纪六七十年代，我国许多HFRS疫区的调查发现，格氏血厉螨、厩真厉螨、耶氏厉螨为当地黑线姬鼠鼠窝的优势螨种，其季节消长基本上属秋冬型，与HFRS发病相关。此后，实验证实革螨可通过叮刺在鼠间传播HFRS抗原，格氏血厉螨等可通过鼠和人的正常皮肤叮刺吸血以及经卵传递汉坦病毒。孟阳春等发现人工感染的柏氏禽刺螨、厩真厉螨和毒厉螨这三种螨可传播汉坦病毒给小白鼠乳鼠，并且该病毒能在螨体内经卵传递。从鼠颚毛厉螨(*Tricholaelaps myonyssognathus*)、厩真厉螨、耶氏厉螨、上海真厉螨和格氏血厉螨等螨体内分离到汉坦病毒。柏氏禽刺螨主要在家鼠、家禽窝巢和体外寄生，属专性吸血螨，分布广，数量多，经常侵袭人群，其季节消长与家鼠型HFRS相符。国内冯心亮等报道，1986年4～6月间河南扶沟县有60万人口，其中被柏氏禽刺螨叮咬后的健康人群中HFRS隐性感染率高达31.58%，发病率为43.9/10万。在病人身上、被褥、鼠体找到大量的柏氏禽刺螨。

以上实验室研究和流行病学调查结果都表明，多种革螨对在鼠间传播汉坦病毒和维持疫源地方面起了重要的作用，还可能是鼠人之间病毒传播途径之一。

(2) 鼠媒传播：肾综合征出血热病毒在宿主动物体内分布广，携带时间长，人类可经接触带病毒的宿主动物及其排泄物、分泌物而受感染。用黑线姬鼠试验，经不同途径接种，以肺内最为敏感，而经口及鼻内滴入也能使动物感染。接种后第10天起动物开始从尿、粪便和唾液向外界排病毒，从尿中排出病毒可达2年以上，从粪便和唾液排毒也能持续1个月左右。头1个月内不仅3个途径同时排毒，而且排出的病毒量也比较大。此时，在感染动物笼内放入易感动物，都能通过密切接触而受感染。病毒在感染动物体内主要分布在肺脏，在感染后的150天内都能查到病毒，在肾、肝和唾液腺内也可存活1个月以上，但在动物血液中病毒存在的时间仅约1周。人工感染大白鼠后，60天内都可以使新放入的动物受感染。带毒排泄物可以污染尘土，在其扬起时经呼吸道感染，或者由排泄物污染食物经消化道感染，也可以由排泄物污染破伤皮肤黏膜而感染。

① 伤口传播：在人工感染的实验研究中，发现经皮肤伤口感染的剂量最低。金朝杭等用无胸腺裸鼠做皮肤划痕实验，剂量相当于1～2 ID_{50}，感染率为85%。流行病学现场调查发现皮肤破损为主要感染因素。Glass现场实验将褐家鼠标记后释放，回收后检测其血清抗体，发现有伤口鼠抗体阳性率(33%)明显高于无伤口鼠(8%)。带病毒的血液1 μL或5 $TCID_{50}$/mL的病毒悬液100 μL，即可通过不明显的皮肤破损使受试鼠感染；用病毒悬液给豚鼠点眼，亦可使其受感染发病。国内外现场调查证明，皮肤破损鼠的病毒抗原、抗体阳性率均显著高于无皮肤破损鼠。

以上研究结果证明鼠感染汉坦病毒后，其血、尿、粪排出体外后在环境中仍有传染作用，微量血即可通过微小破伤使实验鼠受染，表明通过伤口传播较易实现。

② 呼吸道传播：感染动物排泄物污染垫料，病毒抵抗力较强，在干燥的条件下，污染物可能形成粉尘、气溶胶，人因吸入病毒气溶胶而感染。早期有人因住在饲养室对面房间而感染发病，推测由此途径所致。国内有报道从实验动物室内采集的气溶胶中分离到该病毒，并证明病毒在实验动物中间可通过气溶胶传播，动物水平证实了这个途径的存在，也可能是病毒感染的主要传播途径。研究发现，实验鼠接种汉坦病毒后12～360天在肺中有病毒抗原存在，接种后360天仍可发生水平传播。国内外还发生过数十起因实验用大白鼠感染人而患HFRS的报道。Nuzum等实验表明，Hantaan、Seoul及Puumala三株病毒气溶胶均可通过呼吸道感染大白鼠，但经呼吸道感染剂量比经皮感染剂量要大得多，用空斑形成单位(PFU)计量，ID50分别较肌注感染剂量大71.233和18倍。张云等用病毒含量为230 ID_{50}/m^3浓度的气溶胶给黑线姬鼠吸入，至少需要20分钟才能使动物感染，表明气溶胶吸入感染需要较高的气雾浓度和较长的吸入时间。但这种条件在现实环境中不易出现，所以野鼠型出血热的高度散发性也无法以经呼吸道传播为主来解释。

现有研究结果表明汉坦病毒通过呼吸道感染所需剂量较大，一般情况下不易实现。但室内在带毒鼠密集并大量排毒的情况下，所形成的气溶胶可经吸入传播，甚至引起流行。

③ 消化道传播：有研究表明食入被病毒污染的食物是HFRS的传播方式之一。病毒在宿主鼠的唾液阳性及用病毒食饵喂幼鼠发病的实验结果，均支持消化道感染。尤其在野外宿营地，鼠类多出现于厨房，如未做好防鼠工作，食物一旦被病毒污染，可经消化道传播甚至引起HFRS爆发。

(3) 垂直传播：除了在自然感染的革螨中存在经卵传递（垂直传播）外，怀孕妇女患者和人工或自然感染怀孕鼠类中也有本病毒的垂直传播。从孕妇患者所产死婴的肝、肾和肺中检查出病毒抗原并分离到病毒；从人工感染的BALB/C孕鼠的胎鼠脏器中查出病毒抗原及分离出病毒，并在其血液中检测到特异性抗体；从自然界捕捉的怀孕黑线姬鼠的胎鼠及新生乳鼠脏器（脑、肝、脾），查见病毒抗原及从其血液中查见特异性抗原，以上均提示病毒是通过胎盘传播的。垂直传播的存在可能在出血热病毒自然生存及在保证自然疫源地的持续存在方面具有一定的重要意义。

4. 易感人群

人类对本病普遍易感，但一般多见于20～50岁的青壮年，儿童发病者极少。感染后小部分人发病，大部分人群处于隐性感染，持续数周后感染终止。国内监测结果证实，家鼠型疫区人群隐性感染率最高（5.17%），其次为混合型疫区（3.27%），姬鼠型疫区最低（1.11%），三者间存在显著性差异。造成姬鼠型和家鼠型疫区人群隐性自然感染率差异的主要原因，可能与两型毒株的毒力强弱有关。

本病愈后可获得稳固而持久的免疫力，极少见到二次感染发病的报告。IgM抗体发病时即可出现，一般能持续半年之久；而IgG抗体病后2天即可出现，2周左右抗体滴度达高峰，一年之内多数患者的抗体皆能维持在较高水平。一般Ⅰ型病毒感染后特异性抗体可维持1～30年，对Ⅱ型病毒有一定的交叉免疫力。Ⅱ型病毒感染后特异性抗体在2年内消失，且对Ⅰ型病毒免疫力不强。在流行区隐性感染率可达3.5%～4.3%。

5. 流行特征

汉坦病毒引起的疾病在世界范围内流行，HFRS主要发生在亚洲和非洲地区，包括中国、韩国、俄罗斯、瑞典和芬兰等。我国所有省份均曾有过HFRS病例报道，每年报告例数占全球HFRS病例一半以上。

本病有一定的地区性，但可扩展产生新疫区。病例多呈散发性，也有局部暴发，多发生在集体居住的工棚及野营帐篷中。国内疫区有河湖低洼地、林间湿草地和水网稻田三类，以前者为最多。感染与人群的活动、职业等有一定关系，农民占70%～80%，如从事打谷、野外留宿、背运稻草等常为野外感染的原因，天气转冷，粮食进屋，姬鼠跟着入屋，又引起室内感染。野鼠型出血热，男性为女性的2～5倍。

我国流行季节有双峰和单峰两种类型。双峰型系指春夏季（5～6月）有一小峰，秋冬季（10月至次年1月）有一流行高峰；单峰季只有秋冬一个高峰。野鼠型以秋冬季为多，家鼠型以春夏季为多。除季节性流行外，一年四季均可发病。近年的流行趋势以家鼠型流行逐年增加，野鼠型则相对减少，大部分疫区趋向混合型（同一地区内，有野鼠型，又有家鼠型出血热流行）。

HFRS流行病学方面虽已取得一系列重大进展，但仍存在许多有待解决的问题，诸如：除主要宿主鼠种外，其他带毒动物的流行病学作用；不同条件下，野鼠型、家鼠型HFRS在鼠间、鼠人间的主要和次要传播途径；革螨、恙螨对传病给人的媒介作用；自然疫源地的形成、演变及其控制策略；有效控制当前疫情发展的策略和有效措施；疫苗的研制、使用和评价都有待进一步研究解决。

（三）发病机制和病理

1. 发病机理

本病的发病机理尚未完全清楚，现认为病毒作为始动因素，不仅可以直接引起组织的损伤，还诱导机体免疫应答及多种细胞因子和炎症介质释放，进一步导致免疫损伤和机体内环境紊乱。

(1) 病毒直接作用：病毒进入人体后广泛侵及全身小血管和毛细血管，使血管系统造成广泛的功能性和器质性损伤，导致一系列病理和生理的改变。病毒感染人血管内皮细胞后，细胞粗面内质网及核糖体增生，部分细胞的线粒体有不同程度的空泡变性，胞浆及空泡中可见散在的病毒颗粒和包涵体，最终导致血管壁脆性和通透性增加，大量血浆外渗，组织水肿和出血，血液浓缩及微循环障碍。血管内皮的损伤也激活了凝血系统，从而引起播散性血管内凝血。

研究表明，该病毒具有泛嗜性，除了血管内皮细胞和上皮细胞外，还可直接侵犯肾、肝、脾、大脑等全身多个组织器官，引起广泛的组织、细胞损伤。几乎从患者所有的组织中均可检测到病毒抗原和病毒核糖核酸。体外实验不但发现该病毒能导致血管内皮细胞结构和功能改变，减慢细胞周期，抑制细胞增殖，还发现它能引起肾小球系膜细胞、人胚肾小管上皮细胞、原代肝细胞、人骨髓细胞和单核细胞的损伤，证明在无免疫因素参与的情况下，汉坦病毒具有直接的致病作用。

早期应用抗病毒药物病毒唑或特异性免疫血清，均取得较好疗效，能够中断病理损伤，改变病期经过，也说明病毒在发病中的直接作用。

(2) 免疫病理损伤：HFRS患者体内存在体液免疫和细胞免疫功能紊乱，Ⅰ、Ⅱ、Ⅲ、Ⅳ型变态反应均参与了HFRS的发病，其中主要是免疫复合物引起的损伤(Ⅲ型变态反应)。病毒感染后机体细胞免疫受到抑制，体液免疫增强，特异性抗体与抗原病毒形成免疫复合物，沉积于肾小球基底膜及小血管壁，激活补体系统后释放各种因子，加重血管损伤。免疫复合物与血小板或红细胞结合后，引起血小板聚集和破坏，使其数量骤降和功能障碍，进而引起出血和一系列的免疫病理反应。Ⅰ型变态反应主要介导了早期的病理改变。疾病早期患者血清中的IgE抗体水平增高，IgE抗体致敏嗜碱性细胞和肥大细胞在病原抗原的诱导下，可释放组胺等血管活性物质，从而引起小血管扩张、渗出和形成出血热早期的充血、水肿及其他感染性中毒症状。

应用单克隆抗体和流式细胞仪检测均发现HFRS患者T细胞亚群变化表现为$CD4^+$细胞下降，$CD8^+$细胞升高，$CD4^+/CD8^+$比例下降甚至倒置。汉坦病毒能激活自然杀伤细胞的活性，HFRS患者早期自然杀伤细胞的活性明显升高，重型患者升高程度更为明显，提示自然杀伤细胞在清除病毒的同时也参与了免疫损伤。

2. 病理改变

本病的基本病理变化为全身小血管系统包括小动脉、小静脉和毛细血管的广泛性损害，以肾脏、心脏、脑垂体及腹膜后组织最为突出。

(1) 血管：全身小血管内皮细胞肿胀、变性、坏死，管壁不规则收缩、扩张并有微血栓形成，血管淤血，周围有血浆外渗及出血。

(2) 肾：肾除肿大和外周水肿、出血外，切片可见皮质苍白，髓质暗红，极度充血、出血和水肿。镜检肾小球充血，基底膜增厚，肾小囊内有蛋白和红细胞，肾近曲小管上皮有不同程度变性。肾间质高度充血、出血和水肿，压迫肾小管引起狭窄或闭塞。

(3) 心脏：常见右心房出血，心肌纤维变性、坏死，部分可断裂。

(4) 其他器官：脑垂体肿大，前叶充血、出血和坏死，后腹膜和纵隔有胶冻样水肿。肝、胰和脑实质具有充血、出血和坏死。

(四) 临床表现

本病潜伏期一般为7～14天，短者4天，长者可达50多天。有些病例发病前有受凉、过劳、暴饮暴食等诱因。大多数为急性起病，少数有前驱症状。典型病例的临床经过分为5期，即发热期、低血压(休克)期、少尿期、多尿期和恢复期。不典型病例可有“越期”现象，如轻症病例可缺少低血压(休克)或少尿期，而重症患者可出现2期或3期互相交叉重叠，病程通常是4～6周。由于病毒型别或个体反应性不同，临床表现可有显著差异。

1. 发热期

发热期起病急骤，有畏寒、发热、头痛、腰痛、眼眶痛、视力模糊、口渴、恶心、呕吐、腹痛、腹泻等症状。发病后体温急骤上升，一般在39～40 ℃范围，热型以弛张型为主，少数有不规则型或稽留型。热程短者2天，长达16天，多于3～7天自行退热。一般而言，热度愈高或热程愈长，病情愈重，发生休克者愈多。发热同时常有倦怠，头痛、腰痛、眼眶痛(常称为“三痛”)和全身疼痛。伴有胃肠道症状，如食欲不振、恶心、呕吐、腹痛、腹泻、呃逆及口渴等。重者可有嗜睡、烦躁和谵妄等神经精神症状。热退后病情反而加重，尤其是重症病例表现明显，是本病与其他热性病不同之处。

毛细血管损伤主要以皮肤和黏膜的充血、水肿和出血为特征。发热2～3天后，患者颜面及眼眶区有明显充血，似酒醉貌。颈部、上胸部潮红，球结膜水肿、充血，有出血点或出血斑，软腭、腋下可见散在针尖大小的出血点，有时呈条索状或搔痕样。由于毛细血管脆性增加使血浆外溢造成广泛性的腹膜后或腹膜水肿，眼睑和颜面水肿。

2. 低血压期

一般在发病的第4～6天，多见于发热后期或退热同时出现。轻重程度不一，轻者血压略有波动，持续时间短，收缩压低于13.33 kPa，脉压小于3.46 kPa，脉搏增速，球结膜水肿，血红蛋白有增高趋势，可伴有恶心、呕吐和烦躁不安等症状；重者血压骤然下降，甚至不能测出。收缩压低于9.33 kPa，脉压小于2.66 kPa时，出现口唇、指趾苍白发绀，四肢冷，脉细弱以至摸不到，球结膜重度水肿，血红蛋白高于170 g/L，谵妄等休克症状。

如休克严重或持久，可因微循环障碍形成弥散性血管内凝血，导致脏器功能障碍，出现急性肺功能衰竭、心力衰竭、脑水肿、肾脏损害加重，导致休克进入难治阶段。在发热早期进行正确预防性治疗可减少和减轻症状。

3. 少尿期

多数出现在病后6～8天，24小时尿量少于400 mL为少尿，少于50 mL为尿闭。由于水潴留引起水肿和血容量增高，电解质紊乱，出现稀释性低钠、低氯、低钙，而血清钾明显增高，非蛋白氮升高，CO_2结合力下降，出现恶心、呕吐、头痛、谵妄、嗜睡或昏迷不醒，出血加重，可能有腔道大出血。半数病人出现高血压。少尿期持续2～5天，最长达18天。可能并发心衰、肺水肿、脑水肿、脑出血、继发性感染和自发性肾破裂，极易引起死亡。

4. 多尿期

多数出现在病后8～12天。由于新生的肾小管上皮浓缩功能差，体内滞留的液体和代谢产物大量排出而形成多尿。一天的尿量达3 000 mL为多尿，大多数可达4 000～6 000 mL，有的高达10 000 mL。大量水分和电解质随尿排出，可造成脱水和电解质紊乱（低钾及低钠等），病人表现乏力、嗜睡、食欲不振，甚至出现第二次休克而危及生命。多尿期大多持续7～14天，少数长达数月。

5. 恢复期

多数病人于病后3～4周开始恢复，尿量逐渐恢复正常，每日2 000 mL以下。精神、体力、食欲逐渐恢复，但少数患者仍有软弱无力、头昏、食欲不振，腰部酸痛等症状。恢复期一般1～3个月，有的需要半年乃至数年才能逐渐恢复。

（五）实验室检查

1. 一般实验室检查

发热早期白细胞总数多正常，3～4天后逐渐增高，呈类白血病反应。少尿期红细胞和血红蛋白下降，多尿期常有贫血，血小板减少，分类中性粒细胞早期增高，稍后淋巴细胞增多，并出现异型淋巴细胞。尿检有蛋白、红细胞、白细胞、管型等。

2. 特异性实验检查

（1）特异性抗原检查：早期病人的血清及周围血中性粒细胞、单核细胞、淋巴细胞及尿沉渣细胞均可检出出血热病毒抗原。

（2）特异性抗体检查：包括血清IgM和IgG抗体。IgM 1∶20阳性，IgG1∶40阳性，1周后滴度上升4倍或以上有诊断价值。

（3）病毒分离：发热期病人血清、白细胞、尿接种于Ven-E6细胞或A549细胞可分离出汉坦病毒。

（六）诊断和鉴别诊断

1. 诊断

在流行地区、流行季节如有不明原因的急性发热病人，应考虑本病。如病人有以下临床表现应按疑似病人处理：发热伴有头痛、腰痛、眼眶痛和全身痛及消化道症状；球结膜、面、颈及上胸部充血，皮肤、腋下出血点、咽部及软腭充血、瘀点和肾区叩击痛；发热病人早期出现尿蛋白阳性且迅速增加者；血象检查有血小板减少及出现异型淋巴细胞。

经血或尿特异性抗原检测阳性，或血清特异性IgM抗体阳性或双份血清（发热期和恢复期）特异性IgG抗体增高4倍者可以确诊。无特异性诊断条件的医疗单位，在流行病学、临床表现、一般实验室检查和病期经过4项中有3项阳性时，也可确诊本病。

2. 鉴别诊断

应与下列疾病鉴别：急性发热性疾病，包括上呼吸道感染、流行性感冒、败血症、流行性脑脊髓膜炎、钩端螺旋体病、登革热和斑疹伤寒等。血液系统疾病，包括血小板减少性紫癜、过敏性紫癜；肾脏疾病，包括急性肾盂肾炎、肾小球肾炎。对有特殊临床表现的病例应与其相似的疾病，如急性胃肠炎、痢疾、急腹症，其他原因引起的大出血、神经系统疾病等相区别。国内流行的病毒性出血热除了HFRS外，还有新疆出血热和登革出血热，其主要特点为：发热、出血和休克等表现，和HFRS相似，但临床上无肾脏损害，可以与HFRS相鉴别。

（七）防治

1. 治疗

目前对于HFRS尚无特效疗法，主要是支持和对症治疗。近年针对出血热免疫病理变化和临床表现，采取综合性治疗措施，处理原则是“三早一就”（早发现、早休息、早治疗和就近治疗），把好“四关”（即休克、出血、肾衰竭和继发感染）。注意抓好重症病人及各种并发症的治疗，在这方面强调早期预防性治疗。因为早治疗和早期预防性治疗是提高治愈率的关键。

发热期以对症治疗为主，减轻毒血症，使用抗病毒药物，抗渗出、抗出血，预防低血压休克及肾衰竭。早期可应用免疫调节药物，如环磷酰胺、阿糖胞苷等免疫抑制剂及转移因子，干扰素及干扰素诱导剂（poly IC和植物血凝素等）和中药黄芪等增强细胞免疫药物。低血压休克期应积极补充血容量、疏通微循环、纠正酸中毒，预防弥散性血管内凝血和心肾衰竭，力争血压尽快回升。少尿期和多尿期治疗原则为稳定机体内环境，促进肾功能恢复，防制并发症发生。恢复期还应继续注意休息，逐渐增加活动量，加强营养。

2. 预防

由于汉坦病毒的多宿主性及传播途径的多样化，流行因素十分复杂，加上主要宿主鼠种数量大、分布广泛，难以有效控制。因此，流行性出血热的预防最重要的是采取灭鼠灭螨、个人防护和监测等有力措施。此外，对高发病区及其他疫区的高危人群应推行疫苗接种。

灭鼠防控HFRS的关键要点为“大面积，药物为主，交替用药，反复灭”，具体措施包括：① 加强领导，建立组织，实行责任制。② 推广“一役达标”的经验，即：集中力量打歼灭战，短期内达标，然后转入正常性的巩固工作。③ 主要使用缓效灭鼠剂，如0.005%溴敌隆、大隆或杀它仗，0.025%敌鼠钠或杀鼠灵等缓效药配制的毒饵。④ 投毒要求：在较大范围内、全面、同时投毒，投饵量要足，以覆盖率、到位率和保留率作为考核投毒质量的指标。为提高灭鼠效果，可常更换药物，每年至少在春季鼠类繁殖高峰和当地流行高峰到来之前一个月各开展一次大规模灭鼠运动。⑤ 坚持监测，发动群众报鼠情，有鼠就灭，将鼠密度常年控制在3%以下，力争小于1%。灭鼠同时做好防鼠工作，新建改建住宅必须符合防鼠要求，加强防鼠设施建设和管理，防鼠侵入和污染食物。

防螨灭螨，加强个人防护。室内不堆放柴草，铲除住房周围杂草，以减少螨孳生场所和受叮咬机会。高发病区在流行季节，对有螨的宿舍和野外营地等处，可喷洒0.1%敌敌畏、0.025%溴氰菊酯溶液或其他杀螨剂灭螨。野外作业时扎紧衣领、袖口、裤脚口，皮肤暴露部位涂趋避剂；衣服高挂，尽量不坐卧草地草堆；作业完毕拍打衣服，擦洗手脸，检查身体有无螨叮咬。

对HFRS进行流行病学监测是预防HFRS的一项重要措施。对疫区周围2～3 km范围内的鼠间和人间疫情、疫源地和疫区、防制效果等进行监测。内容包括：宿主动物的种类、分布、密度和感染率（出血热病毒抗原、抗体阳性率），人群出血热抗体阳性率和出血热逐月发病率等，开展对疫情的预测预报。前期监测结果发现：① 野鼠型患者病后抗体持续时间比家鼠型患者长。② 黑线姬鼠在4月和12月份带毒率较高，褐家鼠4月份带毒率较高，且褐家鼠带毒率一般较黑线姬鼠高。③ 黑线姬鼠和褐家鼠成年鼠均比幼年鼠带毒率高。④ 灭鼠可以控制发病，其中家鼠型疫区比野鼠型和混合型疫区较易控制。⑤ 主要宿主动物密度和带毒率乘积（简称带毒指数）可作为人群发病率预测的主要指标。

HFRS灭活疫苗的研制已取得重大进展，我国研制的沙鼠肾细胞疫苗（Ⅰ型汉坦病毒）、地鼠肾细胞疫苗（Ⅱ型汉坦病毒），每次1 mL，共注射3次，保护率可达88%～94%。疫苗接种应在流行高峰季节前0.5～1个月内完成。初次免疫一年后应加强接种一次。出现流行或遇特殊情况时，对受威胁人群应作紧急预防接种。疫区如果为混合型或有人口大量流动的情况下，建议接种双价疫苗为宜。

三、立克次体痘

立克次体痘（Rickettsialpox）也称疱疹性立克次体病（Vesicular rickettsiosis）或称国立植物园斑疹热（Kew gardens spotted fever）。该病由螨立克次体或小蛛立克次体（*Rickettsia akari*）病原引起，传染源主要是鼠类，传播媒介主要是血红异皮螨和柏氏禽刺螨。其临床特点为发热、背部和全身肌痛、斑丘疹、水痘、全身淋巴结肿大。

（一）病原学

该病病原体为螨立克次体，吉姆萨氏染色后呈红色双球菌或双杆菌状，与普氏立克次体相似，可同时在宿主细胞的胞质及胞核内生长繁殖。用亚甲蓝、革兰染色不易着色。补体结合试验证明，螨立克次体与斑疹热组其他疾病的病原体如斑疹热立克次体及康纳氏立克次体存在交叉免疫反应，但可用经过洗涤的立克次体悬液制成特异性抗原加以区别。

动物实验表明，非流行区的野生小鼠、小白鼠、豚鼠对螨立克次体易感。将病原悬液接种于鸡胚，可在卵黄囊组织与羊水腔内产生大量立克次体。

（二）流行病学

本病多见于美国东北部，乌克兰南部及南非也有本病存在。从朝鲜捕获的东方田鼠中曾找到螨立克次体。调查发现我国某地区人群中对螨立克次体抗原的补体结合试验呈阳性反应者达26.6%（41/154），提示我国存在本病。

家鼠为本病主要传染源。野鼠及其他啮齿动物也可以作为储存宿主。本病的传播媒介为寄生于家鼠等啮齿动物体表的血红异皮刺螨。该螨的若虫与成虫均需吸血。因其吸血极快，而且常于患者睡眠时叮咬，之后即离开宿主，故常不易为患者所察觉。

在局部流行地区终年均有病例发生，但春夏季病例增多，5～6月发病率最高。多见于城镇内，集中于某一地段、街道或房舍。各年龄组均易感，但发病率取决于接触感染性虫媒的机会。

（三）发病机制和病理

人被鼠螨叮咬后，病原体经皮肤而感染，逐渐生长繁殖而引起立克次体血症，出现发热等一系列临床症状，由于皮肤小血管及血管周围组织的炎性细胞浸润而形成疱疹。

患者局部产生的原发病灶,其外观与恙虫病原发病灶颇相似。起初为一质硬的红色丘疹,渐成为直径0.5～1.5 cm的浅表溃疡,表面有褐色焦痂覆盖,周围有红晕,直径可达2.5 cm。镜下可见真皮层炎性细胞浸润,与恙虫病的原发病灶相比,多形核细胞的浸润较局限而浅表,结缔组织无退行性变,血管病变较轻。血管周围有许多肥大细胞浸润。疱疹是本病的特点,水泡部位的上皮细胞有空泡形成,其下的真皮有多形核细胞及少许弥散单核细胞浸润,基底上皮细胞一般无损害。因疱疹浅表,愈后不留瘢痕。

(四)临床表现

本病的潜伏期为10～24天。一般于被感染性鼠螨咬后7～10天,在叮咬处出现红色丘疹,引起淋巴结肿大。其后丘疹渐增大,直径可达1.0～1.5 cm。经5～10天后发病,出现全身症状,骤起寒战、发热、出汗、头痛、背痛、乏力、畏光等症状,全身淋巴结可肿大并有压痛。体温开始时较低,逐渐升高,每天在36.7～40 ℃范围波动,晨间可略低。病初一般有背痛和全身肌肉痛,且几乎所有病例都有前额或后脑部疼痛,少数病人可有脾大。

常在发病同时或2～4天后,出现特征性皮疹:开始为斑丘疹,稀疏红色,数量多少不等,可散在或分布全身。一般最先见于臂、腿、腹、背、胸等部位,偶可见于口腔黏膜,而手掌与足底很少发疹。数日后丘疹中央形成一水泡,直径2～8 mm,后逐渐干缩形成痂皮,最后脱落,不留瘢痕。

发热及全身症状一般持续7～10天后消退,严重病例病程稍长。轻症病例疱疹维持2～3天,严重病例可达10天。皮肤的原发病灶持续3～4周渐愈。本病预后良好,无任何并发症或后遗症。病后可获得较持久的免疫力,未见再次感染者。

(五)实验室检查

实验室检查白细胞计数正常或偏低,一般在2 400～7 500/mm^{3}范围。血沉略增快。外斐试验呈阴性反应。补体结合试验滴度很高。

(六)诊断和鉴别诊断

根据鼠螨叮咬史,皮肤原发病灶、发热伴淋巴结肿大等全身症状及特征性的疱疹,典型病例的诊断多无困难。疑似本病时,可进行皮疹活组织检查、补体结合试验,或于病人发热期间取血接种于小白鼠或鸡胚分离病原体。

本病应与蜱传斑疹伤寒、水痘和落基山斑疹热等伴皮疹的发热性疾病鉴别。蜱传斑疹伤寒的皮疹常出现在手掌、足底,皮疹极少形成水泡,病程后期外斐反应呈阳性。水痘多见于儿童,全身症状轻微,无原发病灶;皮疹出现较早,呈向心性,整个丘疹逐渐全部变为疱疹。落基山斑疹热病程较长。病情严重,皮疹易融合为大片瘀斑,白细胞计数常轻度增高,外斐试验呈弱阳性反应;以立克次体抗原作补体结合试验可以区别于立克次体痘。

(七)防治

强力霉素及氯霉素治疗可取得良好效果,四环素因其副作用较多目前已不提倡使用。给药后48小时内体温可恢复正常,皮疹迅速消退,其他症状也明显改善。青霉素、链霉素对本病的治疗无效。

本病目前还没有有效的疫苗。对本病的预防措施主要是消灭鼠类储存宿主，消灭螨类等媒介节肢动物。

四、淋巴细胞性脉络丛脑膜炎

淋巴细胞脉络丛脑膜炎(lymphocytic choriomeningitis，LCM)简称淋巴脉络膜炎，是由一种沙粒病毒属的LCM病毒引起的急性传染病。感染后临床表现特征不一，可以是隐性感染，或如流感样，以起病急、发热、头痛、肌痛为主要表现。典型的呈淋巴细胞性脑膜炎综合征，严重者出现脑膜脑炎。病程具自限性，预后良好。本病为动物源性传染病，LCM病毒的天然宿主为褐家鼠。革螨可作为本病的传播媒介，厩真厉螨、格氏血厉螨、巢栖血革螨和淡黄赫刺螨等革螨皆可携带此病毒。

(一) 病原学

LCM病毒为RNA病毒，归属于沙粒病毒属(*Arenavirus*)，病毒呈多形性，直径在50～300 nm范围，含有不定数目的直径20～30 nm的电子稠密颗粒，被认为是核糖体。由于该属病毒在电镜下的表现极似沙粒，故将它们纳为一科，冠名为沙粒病毒。病毒增殖时主要从胞浆膜出芽。LCM病毒在活细胞外或人工实验条件下较不稳定，可以被脂溶剂、甲醛、酸(pH<5.5)、紫外线和γ射线灭活。20 ℃室温下3小时后失去传染力，55 ℃下20分钟灭活。该病毒在鸡胚或鼠胚成纤维细胞组织培养中能生长，实验室感染除鼠外，也可用豚鼠、狗与猴子。在动物中经脑接种系列传代后病毒会发生变异，脑内接种时仍保留致病性，而腹腔接种时致病性减弱。在细胞培养系中，系列传代后产生空斑的能力不一，改变产生缺陷性干扰颗粒的频率后，致病性会显著改变。

人类感染本病毒后，无论是否出现临床症状，都能产生血循环抗体。免疫荧光技术是一种快速、灵敏的方法，在临床症状出现1～6天就能检出LCM病毒抗体，随后数月至数年抗体水平逐渐下降。补体结合抗体在2～3周内出现，维持数月；中和抗体则在约2个月内产生，持续多年。

(二) 流行病学

1. 分布

除大洋洲外，本病呈世界性分布，包括美国、巴西、阿根廷、英国、爱尔兰、法国、意大利、德国、荷兰、罗马尼亚、奥地利、保加利亚、前南斯拉夫地区、前苏联地区、中国、日本、摩洛哥、突尼斯、埃塞俄比亚等。一般呈散发性，以秋冬季为主。国内本病报道不多。

2. 传染源

本病的传染源主要为褐家鼠，田鼠、野生啮齿动物也可作为传染源。在德国和美国，感染的金黄仓鼠(*Mesocricetus auratus*)群落曾被认为是人群中大流行的来源。其他实验动物包括灵长类、犬和豚鼠也曾发现有感染，可能是实验室暴露的结果。

3. 传播途径

病鼠的排泄物，如尿、粪、唾液和鼻的分泌物中都有病毒。直接接触感染尿或尿污染的媒介物如饲养笼等,可能是最主要的传播方式。虽然很多研究表明病毒比较不稳定,但在某些条件它可以在空气中尘埃或微滴中存活,因此可被动物或人吸入。唾液中也有病毒,因此感染仓鼠咬人也能传播疾病。涂抹擦破或完整的皮肤也能感染病毒。节肢动物传播本病毒,在实验室内被证实。革螨作为本病的传播媒介是肯定的。曾从厩真厉螨、格氏血厉螨、巢栖血革螨和淡黄赫刺螨等革螨中分离病毒,证明其有自然带毒。实验室中的柏氏禽刺螨、血异皮刺螨从鼠体感染的病毒能传给健康鼠。

虽然多种途径都可传播,吸入或黏膜接触病毒可能是最常见的感染途径。没有见到从人到人的传播。但如感染者的尿或呼出的飞沫中有病毒,传播也是可能的,因此应注意防止。

4. 易感人群

男女老幼均具有易感性,年长儿童及青壮年的发病率较高;实验室工作者、动物饲养者等的患病机会较多,一次感染后(包括隐性感染)均可获得持久的免疫力。

(三)发病机制和病理

本病的发病机理尚未完全阐明。病毒经呼吸道或消化道侵入人体,可在上皮细胞内大量繁殖,故不少病人表现为上呼吸道感染或“流感样”症状。病毒进入血液循环后即可引起病毒血症,经过血脑屏障入侵中枢神经系统造成脑膜炎或脑膜脑炎。病毒到达中枢神经系统前可能在网状内皮细胞中有生长、繁殖阶段。动物实验显示病毒引起的自体免疫应答是脑膜炎的发病机理。

本病死亡者极少,故很少有关于其病理学改变的报道,主要的病理改变是脑肿胀、脑膜及脉络丛有淋巴细胞及单核细胞浸润,毛细血管出血、坏死等;少数重症病人的脑实质有胶样变性、髓鞘脱失现象。个别死亡病例表现为全身感染,出现肺、肝、肾等病变,并可在内脏中分离出病毒。

(四)临床表现

潜伏期一般为6～13天,虽然症状和体征多种多样,疾病一般有3种形式。

1. 流感样型

起病大多急骤,发热可达39 ℃以上,伴有背痛、头痛、全身肌肉酸痛。部分病人诉有恶心、呕吐、畏光、淋巴结肿痛、腹泻、皮疹或咽痛、鼻塞流涕、咳嗽等症状。病程较短,在1～2周内恢复。病后乏力感可持续2～4周。

2. 脑膜炎型

可出现于“流感样”症状之后,或直接以脑膜炎开始。起病急,表现为发热、头痛、呕吐、脑膜刺激征等,除幼儿外,惊厥少见。神志一般无改变。病程约2周。

3. 其他

脑膜脑炎或脑膜脑脊髓炎型等罕见。表现为剧烈头痛、谵妄、昏迷、惊厥、瘫痪、精神失常等。部分病例有神经系统后遗症,如失语、失聪、蛛网膜炎、不同程度的瘫痪、共济失调、复视、斜视等。本病偶可并发睾丸炎、腮腺炎、肺炎、关节炎、孕妇流产等。

（五）实验室检查

周围血象显示白细胞计数正常或减少，伴淋巴细胞相对增多，有异常淋巴细胞出现。脑膜炎型患者的脑脊液细胞数可增至500×10^6/L，其中90%以上为淋巴细胞；蛋白质增多，但一般不超过1 g/L；糖正常或稍减低，氯化物正常。

临床上淋巴脉络膜炎不易与很多其他病毒感染区分，只能靠分离病毒或血清学检查作出诊断。分离病毒的标本可选用发热初期的全血或刚出现脑膜炎时的脑脊液。分离方法和动物感染时用的方法相同。

最常用的血清学技术是补体结合试验。通常在发病后1周内即可出现补体结合抗体，仅在数周内维持可测出的滴度，因此其存在可高度怀疑有新近的感染。

中和抗体可在感染后维持数年。细胞培养中和试验比小鼠中和试验更敏感并可更快完成。由于中和抗体出现较晚，持续时间很长，因此在流行病学调查中比临床诊断更有用。目前诊断个别病例最有用的方法是间接荧光抗体试验。

（六）诊断和鉴别诊断

病人有感冒样前驱症状，于短暂缓解期后出现脑膜刺激征者，应考虑本病的可能。住处有鼠，近处有同样的病人，更有利于诊断。诊断的确定则有待于血清免疫学反应、荧光抗体测定及病毒分离。

本病流感样型须与流感和其他病毒所致的上呼吸道感染鉴别。其他病毒性脑膜脑炎或脑炎在临床上很难与本病区别，主要依靠血清免疫反应或病毒分离。传染性单核细胞增多症及脊髓灰质炎有时可能与本病混淆。脑膜炎型一般病情较轻，结合脑脊髓液变化，不难与急性化脓性脑膜相区别，但往往与早期结核性脑膜炎的鉴别有困难，后者起病较晚，无特殊治疗时病势逐渐加剧，脑脊液的氯化物及糖量均降低，并可找到结核杆菌。

（七）防治

1. 治疗

人或动物患淋巴脉络膜炎时没有特殊疗法。感染动物应杀灭，不使其成为病毒扩散的来源。病人可对症治疗，不需要隔离，抗生素或磺胺药对本病无任何作用。头痛病人经腰穿或服水杨酸制剂后可望缓解，但腰穿不能作为治疗措施。颅内压显著增高时可应用高渗葡萄糖或其他脱水剂静脉注射。

2. 预防

如果发现有疾病流行，必须弄清传播来源，如果有感染的野生啮齿动物群落，则应采取适当的灭鼠措施。如果流行起源于实验室或商品动物饲养场，则应将这样的动物群落全部处理掉，对场所进行消毒。两者都应确定病毒引入的来源并采取适当的措施。预防感染最好避免暴露于感染的啮齿动物。控制人们住处的家鼠以及避免在自然环境中接触小鼠是重要的预防措施。

在实验室内对啮齿动物种群特别是小鼠和仓鼠进行定期监测，是预防传播的最好方法。供商品出售的仓鼠和小鼠群也应定期抽查，以保证在繁殖的种群中没有本病。实验室和商品动物饲养场都应防止野鼠传入病毒。对人的淋巴脉络膜炎感染不必有规律地监测。对易感的动物种群则应定期(至少每年一次)进行检查。

五、Q热

Q热是一种由贝氏立克次体(*Coxiella burnetii*)引起的全球分布最广泛的人兽共患病之一,感染性强。蜱被认为是Q热最重要的传播媒介,动物之间主要通过蜱相互传播。研究发现,一些革螨能参与Q热自然疫源地病原体的循环,在Q热疫源地从不同生态型革螨中多次分离出自然感染的贝氏立克次体,从巢穴寄生型兼性吸血者茅舍血厉螨和东北血革螨分离出病原体,从巢穴寄生型专性吸血者鸡皮刺螨、血异皮刺螨中分离出病原体,从经常性体表寄生型麻雀皮刺螨(*Dermanyssus passerina*)、旅游肪刺螨(*Steatonyssus viator*)、仓鼠赫刺螨和耶氏厉螨也多次分离出病原体。

于恩庶与王敦清曾将从黄毛鼠洞内收集的革螨,以每组100～457只叮咬地鼠,结果从一组毒厉螨叮咬过的地鼠中分离出一株Q热立克次体。前苏联有人进一步做了传播试验,用感染的豚鼠喂养巢穴寄生型专性吸血的柏氏禽刺螨与鸡皮刺螨,于不同时期均能发生感染;将感染后1～12天的螨叮咬健康豚鼠,豚鼠也出现典型的病症,解剖感染动物的各种脏器,均发生了病理改变。用巢穴寄生型兼性吸血者-格氏血厉螨、厩真厉螨、巢搜血革螨和经常性体表寄生型-鼷鼠赫刺螨、仓鼠赫刺螨进行传播试验,证明以上各种螨均可通过吸血得到病原体,并经叮咬其他动物而传播病原体。鸡皮刺螨和柏氏禽刺螨可经卵传递病原体两代。感染后的雌螨在健康动物饲养时,能保存病原体达6个月之久,立克次体在死亡的感染螨体内可以保存一年之久。

这些资料证明革螨可参与Q热疫源地循环,起保存与扩大疫源地作用。并有实验室动物周期性大量出现柏氏禽刺螨而引起人群感染的报告。

六、森林脑炎

森林脑炎又名蜱传脑炎,是以森林脑炎病毒引起的中枢神经病变为特征的急性传染病,主要传播媒介为全沟硬蜱。研究资料表明,革螨也有可能作为森林脑炎的传播媒介或储存宿主,国外曾从格氏血厉螨、柏氏禽刺螨、巢栖血革螨、鸡皮刺螨、蛭状皮刺螨、淡黄赫刺螨、厩真厉螨、野田厉螨、杜氏鼠刺螨等10多种革螨中分离出自然携带的病毒。我国从长白山林区的革螨中亦分离出自然感染的森林脑炎病毒。实验证明,用含森林脑炎病毒的鼠脑悬液血液喂饲革螨,病毒在厩真厉螨体内保存了18天;在淡黄赫刺螨和鼠赫刺螨体内,可保存75天以上,并可把病毒从受感染动物传播给正常动物。在新西伯利亚森林脑炎疫区,硬蜱经处理已消灭,从野生小哺乳动物和革螨(格氏血厉螨、按步血革螨)分离到几株森林脑炎病毒,认为巢穴寄生革螨对该病毒的循环和保存起一定作用。革螨参与本病毒的循环,可能主要是非流行的秋冬季节,此时硬蜱已消失,兼性血食革螨完成循环和保毒作用。用柏氏禽刺螨做动物传播试验成功,并能经期传递和经卵传递,但该螨传递病毒量较小,动物一般不发病,而可产生免疫力(有关内容见第四章蜱与疾病关系)。

七、北亚蜱媒斑点热

北亚蜱媒斑点热(North-Asian tick-borne Spotted Fever)是由西伯利亚立克次体(*Rickettsia sibirica*)引起的一种自然疫源性疾病,蜱是其主要的传播媒介。革螨亦可作为其病原体的储存宿主与传播媒介。在前苏联许多疫源地中,曾从啮齿动物及巢穴中所采到的革螨中分离出立克次体,从东高加索阿尔泰鼢鼠采到的鼢鼠赫刺螨(*Hirslionyssus miospalacis*)与从仓鼠赫刺螨及膺盾螨属(*Nothrholaspis*)的一种革螨中,均曾分离出病原体。在前苏联南部滨海岛上疫源地,曾从远东田鼠及其巢中搜集的格氏血厉螨与淡黄赫刺螨的混合组亦分离到病原体。其他一些学者也曾从一些革螨(未定型)中分离出这种立克次体(张宗葆,1965)(有关内容见第四章蜱与疾病关系)。

八、土拉弗氏菌病

土拉弗氏菌病又称野兔热病,是一种主要感染野生啮齿动物并可传染给家畜和人类的自然疫源性传染病,病原体是土拉弗氏菌。从1939年起就有人开始对革螨自然感染土拉弗氏菌进行研究,已有数十组试验从革螨中分离到土拉弗氏菌。从经常性体表寄生型革螨如采自水䶄的鼠厉螨和两栖上厉螨(*Hypcrlaelaps amphibious*),从姬鼠体上采的活跃厉螨(*Laelaps hilaris*),麝鼠身上采的多刺厉螨和䶄体上采的䶄厉螨(*L. cletrionomydis*)以及其巢穴的鼷鼠赫刺螨体内分离出病原体;从疫源地水䶄窝中的格氏血厉螨体分离出4株细菌,从达呼血革螨(*Haemogamasus dauricus*)中分离出3株,赛氏血革螨中分离出1株。另外还从一些未定种的混合革螨中亦分离到病原体。

实验研究曾用格氏血厉螨、鼠厉螨、鼷鼠赫刺螨、淡黄赫刺螨、仓鼠赫刺螨和柏氏禽刺螨叮咬有病动物,结果发现这些螨叮咬后均感染。鼷鼠赫刺螨与淡黄赫刺螨对土拉弗氏菌有高度感染性,在吸血过程中有强烈的传播作用。仓鼠赫刺螨在动物体上吸血时亦能传播病原体。淡黄赫刺螨与鼷鼠赫刺螨可经卵传递病原体,病原体在螨体内繁殖。鼷鼠赫刺螨可感染病原体,但不能经叮咬传播,病原体在螨体内不繁殖也不失去毒性。病原体在螨体内保存期限与温度有关,18～20 ℃可保存20～30天,4～6 ℃保存28天。许多学者多次在从冬季疫源地采集的革螨中分离到病原体,在低温下螨体内保存病原体的时间延长,这在流行病学上有重要意义(有关内容参见第四章蜱与疾病关系)。

九、圣路易脑炎

圣路易脑炎(St. Louis encephalitis)是由圣路易脑炎病毒引起的一种急性中枢神经系统传染病,以发热、头痛为首发和主要症状。人对本病普遍易感,感染后可获得持久免疫力。该病的主要传染源是野鸟和家禽,通过蚊虫和革螨叮刺宿主而传播,主要流行于北美洲,中美、南美洲也有发生。

圣路易脑炎病毒属于披盖病毒科B组病毒,呈球形,45～50 nm,有表面突起的囊膜和一个浓缩的核心,耐寒不耐热。人对该病毒普遍易感,患病后,多数人病程较短,表现为低热及剧烈头痛，数日后即完全康复。少数严重病例可突然起病，表现高热、头痛、全身不适、颈强直及寒战，常有恶心、呕吐。在儿童多见有烦躁不安及抽搐；成年人多为嗜睡，辨别方位能力消失。本病康复需较长时间，但一般都可完全恢复健康，后遗症少见。

鸡皮刺螨、美洲皮刺螨，林禽刺螨、囊禽刺螨可能参加疫区的病原循环。有学者曾从野外鸡窝内收集的鸡皮刺螨中分离出该病毒；将感染性螨悬液注到雏鸡和小鼠体内可导致感染并分离出病毒；用感染性螨叮咬鸡，鸡也被感染。病毒在革螨体内可保存6个月之久，鸡皮刺螨还可经卵传递病原体，故而认为该螨是疫源地病毒的保存宿主，是鸟与人之间的传播媒介。

防蚊灭蚊、防螨灭螨是本病的主要预防措施。对鸟类和蚊虫进行圣路易脑炎病毒的血清学监测，有预测本病流行的价值，及早采取有效预防措施。现今尚无疫苗。

十、其他

在国外曾有从鸡皮刺螨、囊禽刺螨及林禽刺螨体内分离出马脑脊髓炎病毒，从茅舍血厉螨及拱胸血革螨和林禽刺螨的混合组中分离出鸟疫病毒，多刺厉螨保存和传播鄂木斯克出血热病毒的实验记录。

（国　果）

第六节　革螨防制原则

在自然生态系统中，与病媒革螨防制关系密切的因子包括：生境与宿主、害螨、天敌和气象因子等。防制原则和方案的制订，有赖于以上诸因子发生、发展规律的明了，因而需要大量的资料积累和艰苦深入的科学研究工作。

一、环境防制

改造革螨的孳生场所，是防制革螨的重要措施之一，也是治本措施。依据革螨生境，清除其孳生地，保持室内清洁干燥，清除鼠巢、鸡窝、鸽窝、燕窝及草堆中的革螨，防制野鼠窜入室内，不要在住宅内饲养家禽，如发现禽巢有革螨，可用药物灭螨。

二、物理防制

革螨对高温和干燥的抵抗力差。在60 ℃，经5～10 min即可杀灭革螨。热力灭螨效果很好，例如，对床垫定期暴晒，是人居住所防螨灭螨的有效方法。

三、化学防制

有机氯、有机磷和菊酯类杀虫剂对革螨均有杀灭作用，如敌敌畏、三氯杀螨醇、杀螟松、马拉硫磷、喹恶硫磷、杀扑磷、溴氰菊酯等，杀灭革螨效果颇佳。氨基甲酸酯类如混灭威、害扑威、巴沙等也有较好效果。合成菊酯类如溴氰菊酯，0.1 g/m^{2}剂量，革螨100%击倒，但复苏率高达87%，不宜单独使用。杀螨剂如打尼克、环丙螨酯，杀革螨效果不佳。有机氯类如二二三、林丹、毒杀酚、艾氏剂、狄氏剂均无杀螨作用。实验发现，将革螨埋在有机氯类药物中，革螨可照常爬出。发育抑制剂苏脲，对格氏血厉螨无效。因此，有机磷类是杀灭革螨高效、价廉的首选药物。

杀灭水泥地面、床板等处的革螨，可用0.1～0.2 mg/m^{2}倍硫磷、杀螟松或敌敌畏配成0.2%水溶液喷洒，杀灭迅速；对草地、泥地深层、稻草堆中隐藏的革螨效果较差，须定期多次喷药；对动物饲养房等室内的革螨，可用敌敌畏原液按0.1 mL/m^{3}加热熏杀，密闭门窗1小时以上或过夜；对小白鼠、大白鼠体表的革螨，可用敌百虫、倍硫磷等药浴杀螨。由于有机磷对革螨卵的杀灭效果不佳，一周后应重复处理一次。

鼠洞灭螨可用敌敌畏烟炮，即使用敌敌畏1份，氯酸钾1份，硫酸铵0.4份，木屑2份，混合后装入纸筒中，一端加引线，使用时点燃引线，将烟炮投入鼠洞，用土堵塞鼠洞口即可。每个鼠洞一般用1～2 mL敌敌畏原液，可杀灭黑线姬鼠巢穴中70%～90%革螨及其他节肢动物，同时兼有灭鼠效果，可达50%～70%。此外氯化苦作鼠洞熏杀，螨和鼠的死亡率亦可达60%～90%。

病媒革螨大多寄生于鼠体或栖息于鼠巢中，故有组织、有计划灭鼠，是防制革螨的重要措施。灭鼠方法主要有机械捕鼠和化学毒饵两类，在此从略。

四、个人防护

接触鼠螨的工作，如捕鼠、做实验和水利工程的从业人员等，应做好防鼠灭螨工作。睡高铺不睡地铺；穿“五紧”防护服，即扎紧领口、袖口和裤脚口；可用驱避剂，如邻苯二甲酸二甲酯（DMP）、避蚊胺（EDTA）、四氢喹啉、驱蚊酊等。将驱避剂药带系在手腕、脚腕、床脚，或涂于鞋口、衣服开口处，防螨侵袭，直接涂肤有效3～7小时，药带用后密闭保存可保持药效数周。

（闫　毅）

参考文献

安徽省卫生防疫所，1977.革螨吸血能力的研究[J].流行病防治研究，(1/2)：60.
曹希亮，曹铁民，1980.柏氏禽刺螨引起皮炎的报告[J].中华预防医学杂志，24(4)：200.
曾智灵，张秀豪，1990.某毛纺厂革螨叮咬皮炎调查[J].中华劳动卫生职业病杂志，8(5)：313.
车凤翔，孟令英，1993.肾综合征出血热病毒气溶胶动物实验感染研究[J].解放军预防医学杂志，11(1)：22
陈春生，孟阳春，1987.二种革螨的酯酶同工酶、苹果酸脱氢酶同工酶和乳酸脱氢酶同工酶的酶谱比较研究[J].苏州医学院学报，7(1)：4.
陈春生，孟阳春，1989.分子生物学在昆虫中的研究与应用[J].昆虫知识，26(2)：116.
陈春生，孟阳春，1987.革螨的染色体、性决定进化和遗传变异[J].昆虫知识，24(4)：247.
陈春生，孟阳春，1987.茅舍血厉螨核型及染色体的C带、G带的研究[J].动物学研究，8(2)：143.

陈春生,孟阳春,1990.蜱螨染色体[J].昆虫知识,27(3):188.
陈春生,孟阳春,1988.蜱螨细胞遗传学的进展[J].生物科学信息,1(1):3.
陈春生,孟阳春,1986.上海真厉螨的染色体组型及其C带研究[J].遗传学报,13(4):295.
陈春生,孟阳春,1988.应用盘状电泳和等电聚焦对三种革螨的酯酶同工酶与蛋白质的研究[J].苏州医学院学报,8(3):186.
陈春生,孟阳春,1987.应用扫描电镜研究革螨染色体的初探[J].苏州医学院学报,7(1):1.
陈兴保,徐麟鹤,1989.虫媒传染病学[M].银川:宁夏人民出版社,230-305.
邓国藩,潘錝文,1964.我国血厉螨属(*Haemolaelaps*)的新种和新纪录(蜱螨目:厉螨科)[J].动物分类学报,1(2):325.
邓国藩,潘錝文,1963.中国赫刺螨属(*Hirstionyssus* Fonseca)小志包括两个新种记述[J].昆虫学报,12(5/6):670.
邓国藩,潘錝文,1964.中国血革螨属(*Haemogamasus*)初记(Acarina:Haemogamasidae)[J].动物分类学报,1(1):107.
邓国藩,王慧芙,忻介六,等,1989.中国蜱螨概要[M].北京:科学出版社:25-63.
邓国藩,王敦清,顾以铭,等,1993.中国经济昆虫志(第四十册)·蜱螨亚纲·皮刺螨总科[M].北京:科学出版社:1-391.
邓国藩,1980.中国肪刺螨属纪要[J].动物分类学报,5(1):59.
邓小昭,岳莉莉,张云,等,2002.革螨、恙螨细胞培养及其特征的初步研究[J].中国公共卫生,18(10):1203.
邓小昭,岳莉莉,张云,等,2002.用原位RT-PCR分子杂交定位检测螨(革螨、恙螨)原代培养细胞内HV-RNA的研究(Ⅱ)[J].中国人兽共患病杂志,18(6):11.
高东旗,阎丙申,2002.蜱螨的防制[J].医学动物防制,18(5):279.
顾以铭,黄重安,1990.毛绥螨属六新种(蜱螨亚纲:裂胸螨科)[J].动物分类学报,15(2):174.
顾以铭,田庆云,1992.中国皮刺螨属二新种和一新纪录(蜱螨亚纲:皮刺螨科)[J].动物分类学报,17(1):32.
顾以铭,王菊生,1999.贵州革螨·恙螨[M].贵州:贵州科技出版社:38-41.
顾以铭,王菊生,1979.厉螨科一新属新种[J].动物分类学报,4(1):63.
顾以铭,王菊生,1991.马陆体上的革螨一新属新种及一新科的建立(蜱螨亚纲:皮刺螨总科)[J].动物分类学报,16(4):428.
顾以铭,王菊生,1985.我国巨刺螨属与浆刺螨属纪要[J].动物分类学报,10(2):156.
顾以铭,1980.革螨袭人五起报告[J].贵阳医学院学报,5(2):176.
郭天宇,许荣满,潘凤庚,2001.北京东灵山地区鼠类体外寄生革螨群落的研究[J].中国媒介生物学及控制杂志,12(5):336.
郭宪国,钱体军,1998.高黎汞山及担当力卡山革螨区系调查[J].地方病通报,13(3):74.
郭宪国,叶炳辉,1996.云南西部小兽革螨群落相似性及分类研究[J].中国寄生虫学与寄生虫病杂志,14(1):42.
侯新生,2016.实用临床感染性疾病学[M].长春:吉林科学技术出版社:153-161.
胡云,马立名,2003.江苏革螨4个新记录种[J].中国媒介生物学及控制杂志,14(2):137.
胡云,吴小华,韩方岸,等,2003.镇江口岸鼠形动物及体表寄生虫种群生态和肾综合征出血热抗原携带情况调查[J].中国媒介生物学及控制杂志,14(1):15.
湖北省卫生防疫站,1967.厩犹厉螨生物学的研究[J].湖北省出血热防治研究专辑:101.
黄丽琴,郭宪国,2010.肾综合征出血热媒介革螨及其宿主动物研究进展[J].中国媒介生物学及控制杂志,21(3):271-274.
江苏省卫生防疫站,丹阳县卫生防疫站,1979.流行性出血热疫区黑线姬鼠体、窝巢革螨调查分析[J].江苏医药,5(10):33.

江苏省卫生防疫站，苏州医学院寄生虫学教研组，1979. 人群生活环境中革螨吸血情况调查[J]. 江苏医药，5(1/2)：53.
蓝明扬，孟阳春，周洪福，等，1984. 从革螨分离流行性出血热病毒的实验研究[J]. 江苏医药，10(10)：6.
蓝明扬，孟阳春，1982. 十种革螨跗感器的扫描电镜观察[J]. 动物学研究，3(增刊)：53.
蓝明扬，周志园，李佩霞，等，1979. 实验观察格氏血厉螨的繁殖情况[J]. 江苏医药，5(1/2)：6.
李朝品，2006. 医学蜱螨学[M]. 北京：人民军医出版社：162-173.
李法卿，吴光华，1986. 从革螨单层细胞培养物中检测和分离出血热病毒[J]. 江苏医药，12(12)：660.
李贵昌，程琰蕾，吴海霞，等，2017. 鸡皮刺螨皮炎病例调查报告[J]. 中国媒介生物学及控制杂志，28(4)：373-375.
李贵生，孟阳春，1990. 格氏血厉螨染色体组型及其C带、G带的研究[J]. 广东医药学院学报，6(1)：34.
李贵生，孟阳春，1990. 溜下盾螨染色体组型及其C带的研究[J]. 动物学研究，11(1)：29.
李贵生，孟阳春，1990. 三种革螨的蛋白质、糖蛋白、脂蛋白的比较研究[J]. 昆虫知识，27(4)：224.
李贵生，孟阳春，1989. 三种革螨同工酶的比较研究[J]. 广东医药学院学报，5(2)：14.
李英杰，1965. 棘厉螨生活史的研究[J]. 寄生虫学报，2(2)：175.
李英杰，1965. 我国厉螨初记[J]. 动物分类学报，2(2)：156.
梁裕芬，李辉，2000. 一起革螨皮炎暴发流行的调查[J]. 广西预防医学，6(1)：57.
罗礼溥，郭宪国，2006. 革螨与疾病关系研究进展[J]. 大理学院学报，5(8)：78-80.
马立名，1987. 格氏血厉螨的生态学研究[J]. 昆虫学报，30(1)：61.
马立名，1996. 小型啮齿动物寄主革螨一些生态特点观察[J]. 昆虫知识，33(5)：270.
孟阳春，蓝明扬，李佩霞，等，1978. 杀虫剂对革螨的毒效观察[J]. 江苏医药，4(2)：9.
孟阳春，蓝明扬，李佩霞，1981. 革螨侵袭人群十起报告[J]. 中华预防医学杂志，15 (1)：59.
孟阳春，蓝明扬，周志园，等，1984. 革螨跗感器的结构和功能[J]. 昆虫学报，27(4)：396.
孟阳春，蓝明扬，周志园，等，1981. 革螨足Ⅰ跗节的化感器：截肢前后的驱避试验和扫描电镜观察[J]. 昆虫学报，24(1)：117.
孟阳春，蓝明扬，周志园，等，1983. 七种防蚊剂对革螨的驱避试验[J]. 昆虫知识，20(2)：84.
孟阳春，蓝明扬，周志园，等，1982. 三种革螨生活力的实验研究[J]. 动物学研究，3 (增刊)：197.
孟阳春，蓝明扬，周志园，等，1980. 应用对流免疫电泳测定革螨的食性[J]. 昆虫学报，23(1)：9.
孟阳春，蓝明扬，1975. 敌敌畏熏杀革螨的效果观察[J]. 昆虫知识，12 (3)：46.
孟阳春，李朝品，梁国光，1995. 蜱螨与人类疾病[M]. 合肥：中国科学技术大学出版社：166-182.
孟阳春，周洪福，蓝明扬，等，1985. 革螨传播流行性出血热的实验研究[J]. 中华流行病学杂志，6(4)：213.
孟阳春，诸葛洪祥，1992. 流行性出血热病毒在革螨体内生存空间和时间的初步研究[J]. 中国公共卫生学报，1(2)：89.
孟阳春，1990. 革螨[M]//柳支英，陆宝麟. 医学昆虫学. 北京：科学出版社：423-436.
孟阳春，1983. 革螨的生物学、与人类的关系和防制的研究进展[M]//江苏省医学情报研究所. 国内外医学进展第一集：56.
孟阳春，1964. 小村血厉螨 *Haemolaelaps casalis* (Parasitiformes：Gamasoides)生活史的实验研究[J]. 昆虫学报，13(3)：436.
孟阳春，1964. 小村血厉螨对理化因素反应的观察[J]. 寄生虫学报，1(2)：185.
朴相根，马立名，1980. 我国西北地区革螨几新种[J]. 白求恩医科大学学报，6(3)：7.
朴相根，1980. 中国血革螨科(Acarina：Haemogamasidae Oudemann，1946)及其两个新种的描述[J]. 白求恩医科大学学报，6(1)：29.
孙昌秀，1983. 柏氏禽刺螨所致二起人体皮炎[J]. 寄生虫学与寄生虫病杂志，1(1)：4.
孙业芸，1984. 柏氏禽刺螨引起皮炎26例报告[J]. 中华皮肤科杂志，17(3)：225.
陶开华，章莉莉，2000. 革螨，恙螨体内HFRSV结构蛋白基因检测[J]. 中国公共卫生，16(1)：17.

田庆云,1993.轻型出血热流行区褐家鼠带螨调查[J].中华流行病学杂志,4(4):218.
汪桂清,杨明瑞,1990.自然条件下HFRS鼠间感染及传播途径的研究[J].湖北预防医学杂志,1(1):7.
王敦清,廖灏溶,1965.鼠颚毛厉螨的饲养方法和生活习性的初步观察[J].寄生虫学报,2(1):81.
王庆奎,张云,董秋良,等,2001.革螨自然感染HFRS病毒的分子生物学检测[J].安徽预防医学杂志,7(2):81.
王西之,魏书凤,1979.红糖螨类污染调查[J].中华预防医学杂志,13(1):44.
吴光华,1991.近年来流行性出血热流行病学研究进展[J].解放军预防医学杂志,9(3):234.
吴建伟,孟阳春,1998.套式反转录:聚合酶链反应检测革螨体内肾综合征出血热病毒的初步研究[J].中国公共卫生,14(3):134.
吴建伟,孟阳春,1998.原位分子杂交检测厩真厉螨经叮刺传播姬鼠型和家鼠型HFRSV的研究[J].中国人兽共患病杂志,14(3):3.
吴建伟,孟阳春,1998.原位分子杂交检测上海真历螨与柏氏禽刺螨体内肾综合征出热病毒的研究[J].中国寄生虫学与寄生虫病杂志,16(6):441.
谢长松,1984.学生宿舍发生革螨引起皮炎的调查[J].湖南医学院学报,9(1):56.
忻介六,徐荫祺,1965.蜱螨学进展[M].上海:上海科技出版社:332.
忻介六,1977.螨学进展[M].上海:上海科技出版社.
徐肇玥,陈兴保,徐麟鹤,1990.虫媒传染病学[M].宁夏:宁夏人民出版社:432.
殷绥公,贝纳新,陈万鹏,2013.中国东北土壤革螨[M].北京:中国农业出版社:1-365.
于恩庶,王敦清,1962.革螨(Gamasoidea)在福建对自然疫源性疾病的作用[J].中国昆虫学会学术讨论会会刊:290.
张连海,张广登,马立名,2001.青海革螨采集及新记录[J].中国媒介生物学及控制杂志,12(3):185.
张咏梅,2002.我国媒介螨虫的研究现状[J].医学动物防制,18(11):594.
张云,陶开华,朱进,等,2000.革螨、恙螨与HFRS传病关系的调查研究[J].中国公共卫生,16(6):525-526.
张云,陶开华,1997.用PCR技术检测革螨,恙螨体内EHFV的研究[J].中国人兽共患病杂志,13(2):23.
张云,王进军,朱进,等,2002.从鼠、螨(革螨、恙螨)和人中分离HV的基因分型研究[J].中国公共卫生,18(7):780.
张云,王心如,1992.吸入流行性出血热病毒气溶胶在大白鼠体内的沉积、转运观察[J].江苏医药,18(6):294.
张云,张家驹,2000.HFRSV在革螨、恙螨体内生存空间和时间的研究[J].中国人兽共患病杂志,16(5):5.
张云,章莉莉,1999.革螨、恙螨体内肾综合征出血热病毒结构蛋白及基因检测[J].中国媒介生物学及控制杂志,10(4):291.
张云,朱进,邓小昭,等,2001.革螨、恙螨传播肾综合征出血热病毒的实验研究[J].中华流行病学杂志,22(5):352.
张云,朱进,邓小昭,等,2002.革螨及恙螨体内肾综合征出血热病毒定位的研究[J].中华预防医学杂志,36(4):232.
张云,朱进,邓小昭,等.用分子生物学方法检测螨体内汉坦病毒的研究[J].中华实验和临床病毒学杂志,2003,17(2):107.
张云,朱进,吴光华,等,2000.从革螨、恙螨单层细胞中分离和检出HFRSV基因的研究[J].中国公共卫生,16(12):1081.
张云,朱进,吴光华,2004.革螨、恙螨感染汉坦病毒最小感染阈值及增长的动态观察[J].中国人兽共患病杂志,20(4):324.
张云,朱进,张家驹,等,2001.革螨、恙螨体内HFRSV-RNA定位检测方法研究[J].中国人兽共患病杂志,17(1):18.
张云,朱进,2000.肾综合征出血热病毒在革螨体内增殖的动态观察[J].中国媒介生物学及控制杂志,

11(6):447.

张云,朱进,1999.野鼠型肾综合征出血热的流行病学与预防研究[J].中国公共卫生,15(5):385.

张云,2001.革螨、恙螨作为肾综合征出血热传播媒介的研究进展[J].中国人兽共患病杂志,17(3):87.

张宗葆,1964.我国血革螨属(*Haemogamasus*)二新种及一新纪录(蜱螨目:血革螨科)[J].动物分类学报,1(2):333.

赵亚娥,2017.一起实验室革螨叮咬人事件报道[J].中国媒介生物学及控制杂志,28(3):304.

周洪福,孟阳春,蓝明扬,1983.蜱螨染色体改良制片法:玻璃纸压片法[J].遗传,5(5):45.

周洪福,孟阳春,1982.两种革螨染色体的研究[J].动物学研究,3(4):478.

周洪福,孟阳春,1990.六类14种杀虫剂对革螨的毒效观察[J].中华预防医学杂志,24(2):93.

周洪福,孟阳春,1991.中国革螨名录[J].中国媒介生物学及控制杂志,2(4):278.

周洪福,1985.革螨的细胞遗传[J].遗传,7(1):43.

周乐明,吴光华,丁世昌,等,1981.流行性出血热传播途径的初步实验研究[J].解放军医学杂志,16(4):206.

周慰祖,1992.厩真厉螨的生物学特性[J].动物学研究,3(1):53.

朱进,张云,陶开华,等,2002.原位RT-PCR检测革螨体内HFRSV的实验研究[J].中国人兽共患病杂志,18(4):61-62.

诸葛洪祥,孟阳春,蓝明扬,等,1987.柏氏禽刺螨叮刺传播和经期、经卵传递流行性出血热病毒的实验研究[J].中华流行病学杂志,8(6):336.

诸葛洪祥,孟阳春,蓝明扬,等,1987.鼠颚毛厉螨和厩真厉螨自然感染和叮刺传播流行性出血热病毒的研究[J].中国公共卫生,6(6):335.

诸葛洪祥,孟阳春,吴建伟,等,1997.螨媒家鼠型HFRS汉城病毒的分子生物学研究及自然感染调查[J].中国媒介生物学及控制杂志,8 (2):124.

诸葛洪祥,孟阳春,朱智勇,等,1996.用PCR检测革螨体内的流行性出血热病毒[J].苏州医学院学报,16(4):569.

诸葛洪祥,孟阳春,1993.柏氏禽刺螨的内部构造[J].中国媒介生物学及控制杂志,4(1):25.

诸葛洪祥,孟阳春,1997.用气干法制备柏氏禽刺螨的染色体[J].中国媒介生物学及控制杂志,8(1):21.

诸葛洪祥,朱智勇,1998.柏氏禽刺螨传播家鼠型汉坦病毒的研究[J].中国寄生虫学与寄生虫病防治杂志,16(6):445.

诸葛洪祥,2006.革螨的形态特征与内部结构[M]//李朝品.医学蜱螨学.北京:军医出报社:117.

BRITTO E P, LOPES P C, MORAES G D, 2012. *Blattisocius* (Acari, Blattisociidae) species from Brazil, with description of a new species, redescription of *Blattisocius keegani* and a key for the separation of the world species of the genus[J]. Zootaxa, 3479(1):33-51.

CARRILLO D, DE MORAES G J, PEÑA J E, 2015. Prospects for biological control of plant feeding mites and other harmful organisms: volume 19[M]. Berlin: Springer.

COONS I B, AXTELL R C, 1973. Sensory setae of the first tarsi and palps of the *Macrocheles muscaedomesticae*[J]. Ann. Ent. Soc. Am., 66(3):59.

DAVIS J C, CAMIN J H, 1976. Setae of the anterior tarsi of the martine mite *Dermanyssus prognephilus* (Acari:Dermanyssidae)[J]. J. Kansas. Ent. Soc., 49(3):441.

DE JONG J H, LOBBES P V, BOLLAND H R, 1981. Karyotypes and sex determination in two species of laelapid mites(Acari: Gamaside) [J]. Genetica, 55:187.

EVANS G O, TILL W M, 1979. Mesostigmatic mites of Britain and Ireland (Chelicerata: Acari-Parasitiformes): An introduction to their external morphology and classification[J]. The Transactions of the Zoological Society of London, 35(2):139-262.

JIANG F, WANG L, WANG S, et al., 2017. Meteorological factors affect the epidemiology of hemorrhagic fever with renal syndrome via altering the breeding and hantavirus-carrying states of rodents and mites: a 9 years' longitudinal study[J]. Emerg. Microbes Infect., 6(11):e104.

KARG W, 1993. Acari (Acarina), Milben. Parasitiformes (Anactinochaeta)Cohors Gamasina, Leach, Raubmilben(Die Tierwelt Deutschlands 59)[M]. New York:Gustav Fischer Verlag.

KOWAL J, NOSAL P, NIEDZIÓŁKA R, et al., 2014. Presence of blood-sucking mesostigmatic mites in rodents and birds kept in pet stores in the Cracow area, Poland[J]. Ann. Parasitol., 60(1):61-64.

KRANTZ G W, 1978. A Manual of Acarology[M]. 2nd ed. Oregon State University Book Stores, INC Corvallis:115.

KRANTZ G W, WALTER D E, 2009. A manual of acarology[M]. 3rd ed. Lubbock, TX:Texas Tech University Press.

LINDQUIST E E, EVANS G O, 1965. Taxonomic concepts in the Ascidae, with a modified setal nomenclature for the idiosoma of the Gamasina (Acarina:Mesostigmata)[J]. The Memoirs of the Entomological Society of Canada, 97(S47):5-66.

O' BRIEN W J, BROWMAN H I, EVANS B I, 1990. Search strategies of foraging animals[J]. American Scientist, 78(2):152-160.

OLIVER JR J H, 1977. Cytogenetics of ticks and mites[J]. Ann. Rev. Ent., 22 (1):407

OLIVER JR J H, 1971. Parthenogenesis in mites and ticks (Arachnid:Acari) [J]. Am. Zoollogist, 11:283.

PFINGSTL T, SCHATZ H, 2021. A survey of lifespans in Oribatida excluding Astigmata (Acari) [J]. Zoosymposia, 20:7-27.

RADOVSKY F J, GETTINGER D, 1999. Acanthochelinae a new subfamily (Acari: Parasiti - formes: Laelapidae), with redescription of *Acanthochela chilensis* Ewing and description of a new genus and species from Argentina[J]. Internat. J. Acarol., 25:77-90.

STRANDTMANN R W, WHARTON G W, 1958. A Manual of mesostigmatid mites parasitic on vertebrates [M]. Institute of Acarology, University of Maryland.

STRANDTMANN R W, 1949. The blood - sucking mites of the genus *Haemolaelaps* (Acarina:Laelaptidae) in the United States[J]. The Journal of Parasitology, 35(4):325-352.

TENORIO J M, 1982. Hypoaspidinae (Acari: Gamasida: Laelapidae) of the Hawaiian Islands[J]. Pacific Insects, 24:259-274.

TREAT A E, 1975. Mites of moths and butterflies[M]. Comstock Publishing Associates, Cornell University Press.

VAN ASWEGEN P I M, LOOTS G C, 1970. A taxonomic study of the genus *Hypoaspis* Canestrini sens. lat. (Acari: Laelapidae) in the Ethiopean Region[J]. Publicações Culturais da Companhia de Diamentes de Angola, 82:169-213.

WALTER D E, PROCTOR H C, 1999. Mite: Ecology evolution and behaviour[M]. Wallingford, Oxon, UK:CAB International.

WALTER D E, PROCTOR H C, 2013. Mites: Ecology, evolution & behaviour: life at a microscale[M]. 2nd ed. Berlin:Springer.

XIE L X, YAN Y, ZHANG Z Q, 2018. Development, survival and reproduction of *Stratiolaelaps scimitus* (Acari:Laelapidae) on four diets[J]. Systematic and Applied Acarology, 23(4):779-794.

YU X J, TESH R B, 2014. The role of mites in the transmission and maintenance of Hantaan virus (Hantavirus:Bunyaviridae)[J]. J. Infect Dis., 210(11):1693-1699.

ZHANG N, XIE L X, 2021. The lifespans of the potential biological control agents in the family Blattisociidae (Acari:Mesostigmata)[J]. Zoosymposia, 20:91-103.

ZHANG N, LIU X Y, LU W Z, et al., 2022. How long do laelapid mites (Acari:Mesostigmata:Laelapidae) live?[J] Zoosymposia, 21:37-57.

ZHANG N, SMITH C L, YIN Z, et al., 2022. Effects of temperature on the adults and progeny of the predaceous mite *Lasioseius japonicus* (Acari: Blattisociidae) fed on the cereal mite *Tyrophagus putrescentiae* (Acari: Acaridae)[J]. Experimental and Applied Acarology, 86 (4): 1-17.

ZHANG N, XIE L X, WU X R, et al., 2020. Development, survival and reproduction of a potential biological control agent, *Lasioseius japonicus* Ehara (Acari: Blattisociidae), on eggs of *Drosophila melanogaster* (Diptera: Drosophilidae) and *Sitotroga cerealella* (Lepidoptera: Gelechiidae)[J]. Systematic & Applied Acarology, 25(8): 1461-1471.

ZHANG Y Z, ZOU Y, FU Z F, 2010. Plyusnin A. Hantavirus infections in humans and animals, China[J]. Emerg. Infect. Dis., 16(8): 1195-1203.

第六章　恙螨与疾病

恙螨(Chigger mites 或 Trombiculid mites)又称恙虫,古称沙虱,属于动物界、节肢动物门(Arthropoda)、蛛形纲(Arachnida)、蜱螨亚纲(Acari)、真螨总目(Acariformes)、绒螨目(Trombidiformes)、恙螨总科(Trombiculoidea)中的恙螨科(Trombiculidae)和列恙螨科(Leeuwenhoekiidae),是恙虫病(tsutsugamushi disease)的唯一传播媒介。恙螨的成虫和若虫营自生生活,幼虫寄生于家畜和其他动物体表,吸取宿主组织液,引起恙螨性皮炎,部分种类可传播恙虫病。除恙虫病外,恙螨还有可能传播流行性出血热、Q热、地方性斑疹伤寒、弓形虫病等疾病。

历史上,我国对于恙螨和恙虫病的发现有着卓越的贡献。我国古代即有恙螨的研究和记载,东晋葛洪《抱朴子》将其称为“沙虱”,描述其分布于袁、潭、处、吉(现江西宜春、湖南长沙、浙江丽水、江西吉安)、岭南、海南等地,并对其分布的地理景观、致病过程、防治等进行了阐述,被认为是有关恙螨最早的科学文献。明朝李时珍在《本草纲目》中记述了沙虱(恙螨)和沙虱传播的恙虫病,并对其形态、生态、致病及症状等进行了描述。

全世界已知恙螨有3 000多种及亚种,分别隶属于300多属和亚属,其中有50种左右可侵袭人体。我国恙螨目前已达500种左右,隶属于40多个属。我国恙螨种类主要属于恙螨科(Trombiculidae)的恙螨亚科(Trombiculinae)、背展恙螨亚科(Gahrliepiinae)和列恙螨科(Leeuwenhoekidae)的列恙螨亚科(Leeuwenhoekiinae)。

第一节　恙螨形态特征

恙螨的生活史包括卵、次卵、幼虫、若蛹、若虫、成蛹和成虫7个期。成虫和若虫营自生生活,幼虫营寄生生活,因此从动物体上采集幼虫较为容易,而成虫和若虫则较难采集。目前,对恙螨幼虫的形态特征了解比较多。尽管已通过培养的方法获得少数种类成虫和若虫进行形态学研究,获得其形态特征,但对多数恙螨种类的若虫和成虫的了解仍不多。所以,目前恙螨的分类仍以幼虫形态特征为主。恙螨的主要特征如下:① 虫体呈囊状,由颚体和躯体两部分构成,虫体色呈红、橙、土黄或乳白色。幼虫3对足,成虫和若虫4对足。② 幼虫躯体呈椭圆形或卵圆形,成虫和若虫呈葫芦形,前足体与后足体间大多有围颈沟,常呈腰隘状。③ 幼虫体毛稀疏可数;成虫和若虫体毛稠密而长,呈绒球状。④ 恙螨躯体前背有盾板,其中央有一对感器。幼虫盾板大,外围有盾板毛。成虫小而呈心形。外围无毛,但与冠嵴相连。⑤ 须跗节生于胫节腹面,呈拇指状,可与须胫节爪(须爪)对握,夹持食物。⑥ 螯肢裸露,无螯肢鞘包围,端节呈爪状,成为刺螯构造。

一、外部形态

恙螨的成虫、卵、次卵、幼虫、若蛹、若虫和成蛹的外部形态描述如下:

（一）成虫

成虫与若虫形态相似，但体较大，刚毛较多，且生殖孔已发育完全，可以辨别雌雄，颚肢爪的基部常有爪形刚毛3根，生殖孔旁各有生殖吸盘3个，且较若虫的为大。

成虫雌性外生殖器与若虫相似，但较若虫外生殖器大，有许多羽状刚毛及生殖刚毛(genital seta)，生殖刚毛4～6根，光裸或分枝，位于生殖板的后1/2或1/3处。雄性生殖孔与雌性的相同，亦有生殖吸板和生殖盘。但雄性生殖板上的刚毛较雌性的为多，雄性的生殖刚毛较粗大。雄性的生殖孔内尚有一个大的阴茎(penis)，略呈卵圆形，其后半部有8根光裸刚毛，排成倒“V”形。

（二）卵

卵近球形，直径约130 μm，但不同种类其直径亦有差异，乳白色至淡土黄色。光镜见卵壳表面具有密集的“痘痕”，即扫描电镜见的孔道开口，这些开口有圆或椭圆或不规则裂沟等形状；在光镜下见有一小裂纹，称破裂线；外壳较厚，内壳为薄的膜。

（三）次卵

次卵(deutovum)近卵形。外形从球形变成卵形，颜色加深变成深黄色，卵壳破裂，则成次卵。卵外壳自破裂线处分裂为两半，内壳显露在两半外壳间，呈环带状，围绕虫卵。成熟的幼虫则孵化而出。

（四）幼虫

恙螨幼虫体长0.2～0.5 mm，经饱食后体长达0.5～1.0 mm，少数大型者可达1.5～2.0 mm。恙螨幼虫形态可因种类不同而略有差异，虫体延展性强，随饱食程度不同而改变，一般呈椭圆形，饱食后在足体之间可能呈现为腰缢状；恙螨虫体颜色可为红色、橙色、黄色或乳白色，未进食幼虫比饱食幼虫体色深。虫体分颚体和躯体两部(图6.1)。恙螨的分类与鉴别主要依据幼虫的形态进行，包括最主要的盾板，其次为躯体长宽、足指数、体毛数量和长度、附肢长度、基节。尤其基节Ⅲ的长宽和特种毛的数量和量度，颚体各部包括触须毛等，都有一定的参考意义。

1. 颚体(gnathosoma)

颚体又称假头或口器，位于身体的前端，包含须肢与螯肢各一对，中间藏有咽(图6.2)。

(1) 螯肢(chelicera，ch)：在颚体的中间，由基节(basal segment)、远节(distal segment)及表皮内突(apodema，AP)三部分构成。基节又称螯基(chelobase，cb)，很大，近三角形，主要组成是肌肉，背面有许多点状构造，称刻点，前内侧有一指状突出，称假螯(pseudochela)，后内侧常有一片状构造，称后侧瓣(lateroposterior flaps)。表皮内突或内骨骼(internal sclerite)近螯基后内侧，为凹陷状，似具有呼吸器官的作用。远节又称螯肢爪(Chelostyle或bladelike stylet，cs)，近弯刀片形，顶端多具有三角冠(tricuspid cap，tc)，能刺入皮肤取食。螯肢爪背缘和腹缘各种不同的齿，其数目、形状与排列可作为分类的特征(图6.2)。

(2) 须肢(paip或palpus，PP)：须肢在螯肢的外侧，分6节，即基节、转节、腿或股节、膝节、胫节和跗节。转节甚小，与基节融合，仅在腹面留有痕迹，故一般只见5节。左、右基节

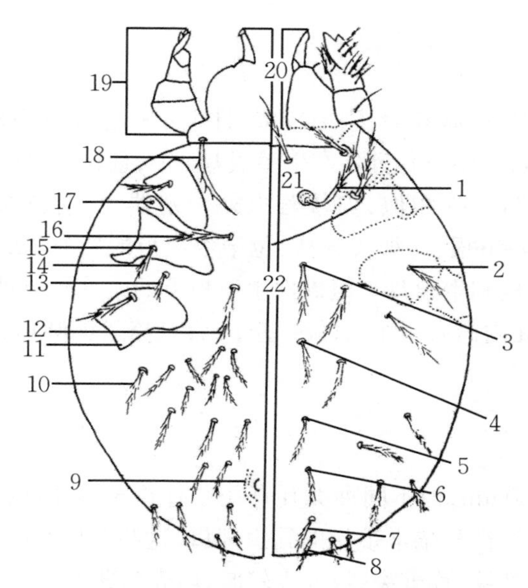

图6.1　恙螨幼虫外形示意图

1. 背板;2. 第一排毛(肩毛);3. 第二排毛;4. 第三排毛;5. 第四排毛;6. 第五排毛;7. 第六排毛;8. 第七排毛;9. 肛孔;10. 腹毛;11. 足Ⅲ基节;12. 后胸毛;13. 肩下毛;14. 基节毛;15. 足Ⅱ基节;16. 前胸毛;17. 拟气孔;18. 基节毛;19. 须肢;20. 颚体;21. 背板;22. 躯体

仿 黎家灿(1997)

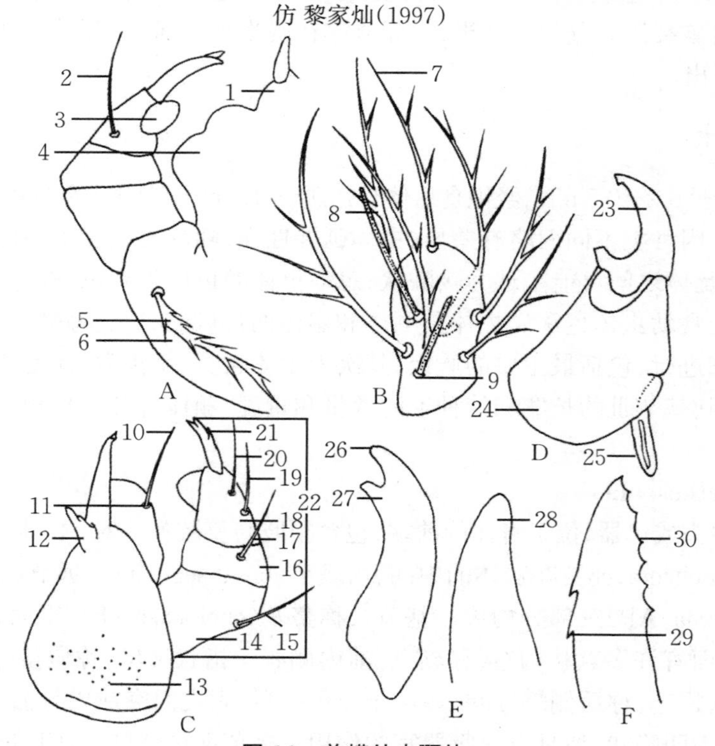

图6.2　恙螨幼虫颚体

A. 颚体腹面观(左半部):1. 颚基内叶,2. 腹胫毛,3. 跗节,4. 螯鞘,5. 基节毛,6. 颚基;B. 颚体跗节:7. 顶刚毛,8. 亚端刚毛,9. 感棒;C. 颚体背面观(右半部):10. 螯鞘毛,11. 螯肢鞘,12. 假螯钳,13. 点头结构,14. 腿节,15. 腿毛,16. 膝节,17. 膝毛,18. 胫节,19. 侧胫毛,20. 背胫毛,21. 爪,22. 须肢;D. 螯肢:23. 螯肢爪,24. 基节,25. 表皮内突;E. 须肢爪:26. 主爪,27. 副爪;F. 螯肢爪:28. 三角冠,29. 齿,30. 齿

仿 黎家灿(1997)

在中间愈合,形成颚基或须床。颚基两侧各有1根羽状刚毛,称基节毛。颚基向前伸展,发出2对叶片,中间一对在腹面,称颚基内叶,外侧一对向背方卷包螯肢基节,形成螯肢鞘(galea),螯肢鞘的一侧有1根分支或光裸的刚毛,称为螯鞘毛。腿节与膝节的背面各有1根长刚毛,分别称为腿毛或股毛和膝毛。胫节的背、侧、腹三面各有1根刚毛,分别称背胫毛、侧胫毛 、腹胫毛,末端并有简单或分2~7叉的爪。跗节在胫节的内腹侧,和须肢爪相对,似拇指状,具有5~8根刚毛,通常是在背面有1~2根羽状刚毛,其余几根均在腹面,多为羽状,某些种类可能有1~2根是光裸的,即亚端毛及1根棒状具横纹的光裸刚毛(在腹外侧),称光裸感棒(solenidion或sensory club,so)或距(spur)(图6.2)。通常用的须肢毛公式:fp=股毛、膝毛、背胫毛、侧胫毛、腹胫毛。例如fp=B—B—BNB。式中B代表刚毛分支,N代表刚毛光裸。此公式为分类鉴定的一个重要依据。

2. 躯体

为颚体以后的部分,呈椭圆形,体壁上具有明显的横纹。躯体包含背板、背毛、腹毛和足等结构。

(1) 背板:又称盾板,是鉴别恙螨最主要的特征结构,鉴别特征包括形状、感器、背板毛等。背板的形状呈长方形、方形、五角形、梯形或舌形等,因种类而异。背板表面有刻点(pc)、亮斑(mc)、陷窝(scr)。有些背板表面还有一个前中突。有的种类盾板上通常着生刚毛3~10根,有的种类盾板上的刚毛可多达20根,一般为5根:即前中刚毛一根,前侧刚毛一对,以上3根刚毛都生在靠近盾板的前缘;后侧刚毛一对,生在背板后缘转角。此外,在背板的中部凹陷有一对圆形感觉毛基(sensillary base),上面有呈丝状、叶片状或球杆状的感觉毛(sensilla)一对。它的形状在各属恙螨中各不相同。背板和感觉毛形状,常被作为分属的特征。盾板的两侧常有眼板一对,上面有眼点1~2对。背板的形状及其上的感觉毛、前后刚毛是恙螨种类鉴定的主要依据之一。

(2) 背毛和腹毛:在背板与体后端间成行排列的刚毛多呈羽状,其长度、数目与位置很固定,且各种间不同,亦作为鉴别种类的特征之一。第一排通常为2根,分列于体最宽处的两侧,又名肩毛,之后依次分别为第二排毛、第三排毛等。常示以背毛公式(dorsal setation formula,fDS),如2. 8. 6. 6. 4. 2。

腹面有胸毛和腹毛、腹面毛。胸毛(sternal formula,fst)通常有2对,有的多于2对。在足Ⅱ、Ⅲ基节间为1~2对或更多的肩下毛或基间肩毛,在足Ⅲ基节后为腹毛,在肛门前的较短小,肛门后的较粗大,亦呈横式排列,但不甚规则,示以腹毛式(ventral setation formula,fVS)。在体后端尚有臀毛。体后端的1/3处有肛门。

(3) 足:腹面有足三对。足分为6或7节,由近端起为基节(coxa)、转节(trochanter)、股节或称腿节(femur)、膝节(genu)、胫节(tibia)和跗节(tarsus)6节;如为7节则股节又分为基腿节(basifemur)与远腿节(telofemur)。前足基节(anterior coxa或coxa1)与中足基节(median coxa或coxa2)相连,其间顶角有一个特殊器官,称拟气孔(urstigma)或基节器(coxal organ),无气管与之相连。后足基节(posterior coxa或coxa3)离开稍远。足Ⅲ基节均与腹壁愈合,不能活动,常具均匀分布的点状构造,并各有羽状刚毛1根以上(Cx1、Cx3、Cx3)。基节以后的各节均能活动,并具有一定数量的羽状刚毛。有些种类的第Ⅲ远腿节上有1根长、光裸、鞭样刚毛,称长腿毛(mastifemorala),各膝节、胫节和跗节还有特殊的光裸刚毛或(和)具横纹短棒状的距(spur)或感棒(solenidion),分类特征的还有足跗胫、膝和腿节长鞭毛数(MT、Mt、MG及MF)等。在各膝节背面有一定数量的光裸刚毛,分别称为前、中、后膝毛(anterior genuala, ga; median genuala, gm; posterior genuala, gp)。各膝毛的数目为属、亚属及组的分类特征之一。在足Ⅰ膝节上还有1根小的微膝毛(microgenuala)。各胫节背面亦有一定数量的光裸刚毛,分别称为前、中、后胫毛(anterior tibiala, ta; median tibiala, tm; posterior tibiala, tp);足Ⅰ胫节尚有1根很小的微胫毛(microtibiala)。足Ⅱ、Ⅲ胫节还可能有似鞭状的长胫毛(mastitibiala)。足的末端有爪1对和爪间突1个(图6.3)。有些种类在虫体腹面有气门,气门如存在,则位于颚基与第一对足基节之间。足的节数,足上的各种刚毛均为分类的依据。

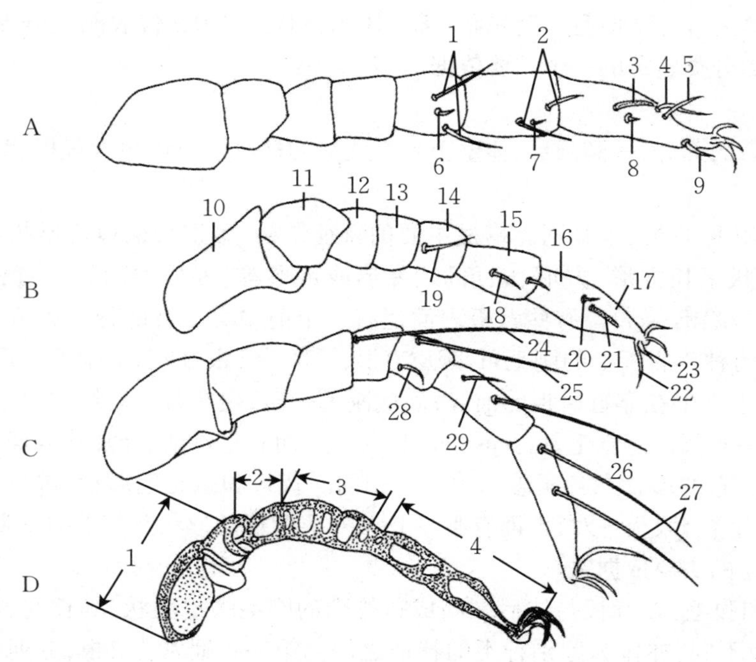

图6.3　恙螨幼虫足

A. 足Ⅰ(pa):1. 膝毛(ga),2. 胫毛(ta),3. 跗毛(sl),4. 副亚端毛(PST),5. 亚端毛(ST),6. 微膝毛,8. 微跗毛,9. 跗前毛(PT);

B. 足Ⅱ(pm):10. 基节,11. 转节,12. 基腿节,13. 远腿节,14. 膝节,15. 胫节,16. 跗节,17. 跗前节,18. 膝毛(gm),19. 胫毛(tm),20. 微跗毛,21. 跗毛(sl),22. 跗前毛(PT″),23. 爪间垫;

C. 足Ⅲ(pp):24. 长腿毛(MF),25. 长膝毛(HG),26. 长胫毛(M),27. 长跗毛(MT),28. 膝毛(qp),29. 胫毛(tp);

D. 足Ⅲ长度:1+2+3+4=PP

仿 黎家灿(1997)

(五) 若蛹

若蛹(nymphochrysalis)体躯饱满,第一对足向上举起,甚至全部伸直搁在"肩"上,随虫体发育,躯体自椭圆形变为狭长,后端突出一个钝圆部分,并在幼虫背板后方的表皮出现一个若蛹的角突,在背板后缘顶破幼虫皮,腹面则呈现若虫的足芽痕迹。随后原来幼虫的附肢均变为空壳,体色亦有改变,例如地里纤恙螨若蛹躯体正中为深红色,前、后端为浅红色。

（六）若虫

若虫(nymph)形态与幼虫基本相似,但有4对足。颚体上的刚毛较幼虫多,螯肢远端背面有一列齿缺;颚床不向前侧面伸展或卷曲,螯鞘前侧缘有一簇短光裸刚毛。颚肢转节有明显的分界,颚肢爪不分支,其基部常有爪形刚毛1对。在Ⅲ、Ⅳ足处,两侧向内陷入,故呈"8"字形,全身密被刚毛。背板分三部分:后端的感觉区具1对感觉毛,中背的中背板为一条狭长的沟道(sclerotiged groove),称为背嵴(crista);前端扩张的前背板常具有刚毛。眼点1对或2对,位于感觉区或背嵴中部之侧。足基节Ⅰ与Ⅱ和足基节Ⅲ与Ⅳ均各相连,而Ⅱ与Ⅲ间有明显的距离。在足基节Ⅳ附近有一个发育不完全的生殖孔(genital opening),其旁各有一块生殖吸盘(genital sucker)。雌雄不易区别。生殖孔之后为肛孔(anal opening)。足有6节,各节都有羽状刚毛,还有膝毛与跗毛等特殊光裸刚毛。跗节Ⅰ扩大。各跗节均具2爪,但无爪间垫。

（七）成蛹

成蛹(imagochrysalis)形态与若蛹基本相似,其个体较若蛹为大,躯体亦为饱满的长椭圆形,第1对足向上举起达肩部,后3对足鼎立。背面出现一个角形突起。表皮包裹幼虫。

二、内部器官

恙螨内部结构研究较少,除成虫外,其他各期未见内部结构的相关文献。现将成虫内部结构描述如下:

（一）消化系统

消化系统(digestive system)由一根主管和几对唾液腺组成。主管由一个咽、食管、中肠、后肠道组成。咽呈U形,食管紧接在咽后面,食管开口于中肠。中肠具一对支囊(Diverticulum)。中肠、后肠间有连接。恙螨只在进食后通过肛口排泄代谢废物,代谢废物呈白色小颗粒,后肠的功能可能是作为排泄器官。唾液腺的管不直接开口于消化道,它们开口于螯肢与螯基间的气室,便于唾液进入宿主的伤口。

（二）循环系统

循环系统(circulatory system)由血液和血腔组成。血液中含有细胞,细胞核大,吉姆萨染色后细胞质内充满略带紫色的小颗粒。肌肉的收缩带动体液的流动。

（三）神经系统

神经系统(nervous system)包括一个实质的脑,位于背板下面。神经元的细胞核小,位于神经基质的外缘。Kawamura(1926)年报道了红纤恙螨(*T. akamushi*)成虫的7对神经:1对螯肢神经,1对须肢神经,4对足神经和1对脏神经。大部分幼虫具眼,某些若虫和成虫也有。眼点通常由镜样的厚角质和一团红色的色素组成。一些感觉刚毛也具有感觉的功能。某些种类的幼虫眼点发育不良或缺失。

（四）生殖系统

雄性生殖(reproduction system)系统由1个分二叶的睾丸和管道组成。具阴茎，较易辨认。雌螨包括1个分二叶的卵巢。两性均具外生殖器和生殖刚毛。

（方　强）

第二节　恙螨生物学

一、生活史

恙螨的生活史虽是卵、幼虫、若虫和成虫四期，但在每一活动期前必须经过一个静止的时期，故分为卵(egg)、次卵(deutovum)、幼虫(larva)、若蛹(nymphichrysalis)、若虫(nymph)、成蛹(imagochrysalis)与成虫(imago，adult)7个时期(图6.4)。从卵到成虫的7个发育时期，总共需2个月左右。在实验室培养条件包括温度、湿度适宜，食物足够等条件，一年可传3～4代。在温带地区，每年传1～2代。实验室恒温、恒湿(25～26 ℃，相对湿度80%～100%)条件下1年可传代2～3代，食物足够时可传4代。

恙螨的成虫营自由生活，主要以昆虫卵如蚤卵为食。成虫在自然界生活于泥土中，在30 cm深处也能找到它们。在实验室培养管内，喜钻入裂缝或小孔，亦有群集的习性。成虫羽化出后1～2天内开始摄食，食性与若虫相同，吸食的成虫腹部膨大，迅速发育长大，直至产置精包。成虫受精后可以辨别雌雄性别。雄螨与雌螨不直接交配。一般雄螨于2～7天内开始产置精包，精包由精珠和精丝两部分构成，日产最多15个，一生产100个，产精包期长达52天(平均30天)。雌螨摘取精珠而受精，受精后18～25天开始产卵，日产10个，可间歇后再产卵，平均产30天，可产卵100～200个，卵产毕后可再活1个月左右。恙螨卵在孳生地泥土表面，在适合的温度与湿度条件下开始发育，最适宜温度为25 ℃，在室温25～30 ℃下，经过4～8天(平均6天)发育，卵内胚胎形成和膨大，从球形变成卵形，颜色由淡黄色加深变成深黄色，卵壳破裂(一般都在卵壳中横部位裂开，即破裂线处破裂)，成为次卵。卵在适宜温度条件下发育膨大，卵壳破裂逸出一个包有薄膜的幼虫。前幼虫呈卵形，不能活动。前幼虫期经7～14天(平均10天)发育成熟后，幼虫才破膜而出。幼虫孵出后即能爬行走动，然后爬至低矮的植被上聚集成簇等待合适宿主。幼虫营寄生生活，一生只寄生1次，可寄生于除鱼类以外的所有脊椎动物体表，其主要宿主为小型哺乳动物(特别是鼠形动物)和鸟类。恙螨幼虫成功攀附宿主后主要迁往皮肤较薄的地方，以螯肢刺入皮肤，先注入含有多种溶组织酶和抗凝血物质的唾液，使局部组织溶解，然后吸取已溶解的组织和淋巴液。一般叮咬2天可达饱食(各种恙螨吸食时间不一，2～10天，如地里纤恙螨只需2天)，体积膨胀，可增大几十倍或更多倍，幼虫饱食后，随即离开宿主，落到地上，寻找缝隙躲藏。但有极少数幼虫也做第2次叮咬。在室温20～30 ℃与相对湿度80%～100%时，经3天逐渐进入不活动状态，4～10天后为静止状态的若蛹期。若蛹躯体饱满，表皮包裹幼虫，经10～16天的发育，原来幼虫的附肢变为空壳，体色发生变化，躯体正中呈深红色，前、后端为浅红色。第1对足向上举起，甚至全部伸直搁在“肩”上，躯体自椭圆变为狭长，后端突出一个钝圆部分，并在幼虫背板后方的表皮出现一个若蛹的角突，齐背板后缘顶破幼虫皮，腹面则呈现若虫的足芽痕迹。12～14天（平均12天）发育成若虫。若虫形状与成虫相似，躯体呈8字形，密布绒毛如红绒球状，营自由生活，若虫十分活跃，喜爬动，其第1对足为感觉器官，其他3对足支持身体和运动，以小昆虫及其卵等为食。在实验室中可饲以蚤卵、蚊卵和弹尾目昆虫及其卵。在室温和有足够食物的条件下，经10～35天（平均17天）的发育，又进入静止期，为成蛹。成蛹发育过程与若蛹基本相似，个体较若蛹大，躯体变为饱满的长椭圆形，第1对足向上举起达肩部，后3对足鼎立。在泥土缝隙中经7～15天（平均12天）发育，背面出现一角形突起，前缘破裂、蜕皮，化为成虫。

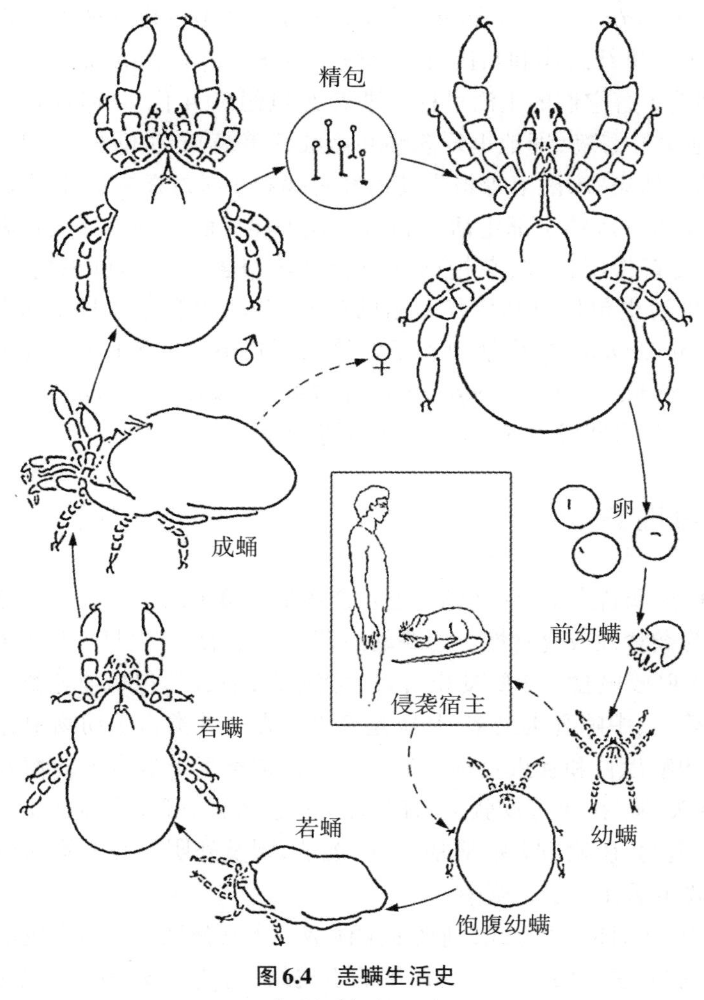

图6.4　恙螨生活史

仿 温廷桓(2013)

自卵发育至成虫，整个生活史在23 ℃环境中需217天，28 ℃环境中需130天。成虫寿命平均为288天，长者可达705天。自然界中，在温带地区，恙螨每年可能会繁殖1～3代，而在热带地区，恙螨生命周期较短，全年内都可连续繁殖。恙螨生活史较长，地里纤恙螨完成一代生活史约需3个月，因此在温带地区每年只能繁殖一代，少数二代。小板纤恙螨完成一代生活史需9个月以上，每年只能繁殖一代。

我国曾利用人工培养的方法对多种恙螨生活史进行了研究。最早是1952年梁伯龄报告一种简单的方法培养地里纤恙螨幼虫至若虫期。1958年徐秉锟等介绍了恙螨不同时期的培养方法,1960年的实验指出,在相同的条件下同一种恙螨各个发育期的时间可以有很大不同,温度是一个很重要的因素;1962年的实验提出了幼虫孵出量与成虫年龄之间的关系。我国至少对13种恙螨的生活史进行了研究,今后如能解决实验室培养的食物,将会获得更多的生活史资料。

恙螨生活史的实验培育成功,对研究恙螨的生态极为重要,徐秉锟等连续报告了6种恙螨的生活史方面的资料包括上述的地里纤恙螨,还有巨螯齿恙螨(*Odontacarus majesticus*)、中华无前恙螨(*Walchia chinensis*),太平洋无前恙螨(*W. pacifica*)、苍白纤恙螨(*L. pallidum*)和印度囊棒恙螨(*A. indica*)等。于恩庶、王敦清等和温廷桓等也开展了恙螨生活史的研究,温廷桓观察证实了地里纤恙螨和与氏螯齿恙螨(*Odontacarus yosonoi*)用间接的方式进行受精,从而比较详细地了解它们的生活过程。进入20世纪60年代后,研究恙螨生活史的有:王敦清等报告2型地里纤恙螨(即地里纤恙螨和微红纤恙螨)的生活史;陈兴保报告条纹纤恙螨(*L. striatum*)的生活史;廖灏溶等报告苍白纤恙螨和小板纤恙螨的生活史;徐秉锟和黎家灿等补充报告了小板纤恙螨全部生活史和增加太平洋无前恙螨生活史资料,对2种恙螨和地里纤恙螨培养发育作了比较;莫艳霞和黎家灿等报告龙洞爬虫恙螨[*Herpetacarus*(*H.*) *longdongensis*]的生活史包括对其传代繁殖的观察;陈成福和黎家灿等报告社鼠棒六恙螨(*Schoengastiella confucianus*)的生活史和子代幼虫叮咬小白鼠传代培育的情况;廖灏溶、林代华和王灵岚报告英帕纤恙螨(*L. imphalum*)和吉首纤恙螨(*L. jishoum*)的生活史,包括两恙螨各虫期发育时间、各虫期成活率、食量和繁殖情况等。

二、生活习性

多数恙螨的成虫和若虫营自由生活,主要食物是土壤中的小节肢动物卵和早期幼虫,也有些种类的食性为杂食性或腐食性。恙螨幼虫营寄生生活,一生只寄生1次,幼虫需爬到动物宿主如鼠类体上叮咬吸食。恙螨幼虫可寄生宿主范围很广,包括哺乳类、鸟类、爬行类、两栖类及节肢动物等,其中哺乳类最多,其次是鸟类。在哺乳类宿主动物中,又以小型哺乳动物(即"小兽")中的啮齿目和食虫目种类最多。恙螨常寄生于啮齿类动物如野鼠的耳窝、耳壳、肛周、阴囊、乳头、眼缘、足等皮肤上;有些种类侵袭人体,叮咬人体部位有后头发缘、颈部前后、前肩、前臂、乳房、腋窝、脐周、腹股沟、膝关节、踝及外阴部等。除幼虫期外,恙螨的其他生活史时期主要生活在表层土壤中。

恙螨幼虫利用"外消化"的方式,刺吸宿主体液。当其螯肢刺入宿主皮肤后,首先分泌唾液(内含抗凝血物质和多种溶酶),溶解周围的表皮组织,使上皮细胞、棘细胞和基细胞等消化,然后吸入,同时使宿主的组织发生上皮细胞、胶原纤维及蛋白变性,而出现凝固性坏死,在唾液周围形成一个环圈。随着唾液继续第二、三……次的分泌,继之出现延伸的第二、三……圈坏死性环圈的增长,逐渐形成一根"吸管",又称为"茎口"(stylostome)。茎口的长短不等,有的可长达饱食幼虫躯体的2~3倍,在幼虫吸饱离去后,宿主茎口反应需经过相当长的时间才被吸收或随表皮脱落。

恙螨幼虫在宿主体上吸饱或刺吸时间的长短与恙螨的种类、宿主的种类、寄生部位以及外界的温度、湿度等有关。一般时间较长，要在1天以上，如红纤恙螨需1～3天才能吸饱，印度囊棒恙螨要2～3天；地里纤恙螨2天，实验室传代常规是恙螨幼虫叮咬小鼠48小时可检获饱食幼虫。幼虫叮稳后转换到另一宿主体上不易进行再叮咬，如鼠耳被剪下后，耳上的幼虫可很快离去，如遇到活鼠时，还可能有再刺吸叮咬的机会。

幼虫吸饱后，即很快离开宿主，有的只要5～15分钟，就跌落到地面，但也可在宿主体上停留较长时间，甚至少数留在宿主体上化为若蛹到若虫。

三、交配与产卵

国内外研究者观察证实，恙螨采用间接交配的方式进行受精。恙螨成蛹羽化为成虫后，经过短暂时间的发育，完成性成熟，雄虫产出精包，雌虫遇到后，活动增加，把躯体高抬，在精包上面爬过去，并以其颚肢向精包触碰，然后把躯体匍匐在精包上，用其外生殖器摘取精珠，进行交配、受精。受精的雌虫约数天后开始在潮湿的土壤中产卵。不同种类恙螨的雄螨产置精包和雌螨产卵情况有所不同；如马来西亚的红纤恙螨，雄螨羽化后2～7天成熟，雌螨羽化后7天开始产卵，产卵期为6～253天，平均75天。一个雌螨每次仅产卵1个，一生可产卵229～4 450个，平均900个。

雌螨产卵情况与恙螨的种类以及外界的温度、湿度、食物来源等有关，一般的雌虫，在(28±1) ℃，相对湿度100％的恒温恒湿及有充分食物的条件下，通常在化出后1周(少数2～3周)开始产卵，一年中的产卵情况比较稳定，无明显的周期性，雌虫产卵数全年平均600多个。在某一限度之内，产卵数量的增长可能大大地超过食物量的增长，如食物供应减少至原来的1/6则全年平均产卵数大约减少到只有原来的1/66。随着雌虫年龄的增大，产卵能力也会逐渐衰退，正常的雌虫一般只有2年的时间生殖力比较旺盛，第三年产卵数量即明显下降，第四年以后还活着的雌虫一般就不产卵了。另外，产卵受温度的影响特别大，如果让成虫化出后立即生活在一种恒温和相对湿度100％的环境中，在18～28 ℃温度范围内，产卵量随温度的上升而下降。温度对产卵和幼虫孵出的影响还表现在产卵量和幼虫孵出的季节性的明显变化。在亚热带地区，冬季成虫虽继续产卵，但幼虫孵出很少。3～5月是全年产卵最多的季节，出现幼虫数量也最多。8、9月间产卵量少，孵出幼虫也显著减少。

四、发育与繁殖

恙螨从产卵发育至成虫，至少需要2个月左右，在温带地区，每年传1～2代。实验室恒温、恒湿(25～26 ℃，相对湿度80％～100％)1年可传代2～3代，食物足够时可传4代。产出的虫卵经一段时间发育为幼虫，攀附并寄生于啮齿类动物等宿主体表；恙螨幼虫以淋巴和组织液为食，饱腹后的幼虫离开宿主，落回地面，至地表泥土缝隙发育，经过4～10天发育为静止的若蛹，再经10～16天发育为自由生活的若虫，经3周后发育为静止的成蛹，再经约12天，发育为成虫。成虫在性成熟后采用间接交配的方式繁殖。繁殖受气温等因素影响，在温带地区每年可繁殖1～3代，而在热带地区，全年内都可连续繁殖。恙螨通常每年繁殖一代，但有世代重叠现象，且恙螨的大多数时期(卵期、幼虫期、若虫和成虫期)都能越冬，而且成虫寿命较长。

五、食性与寿命

恙螨的食性较复杂，至今尚不完全清楚，其对食物有一定的选择性。多数恙螨主要偏好动物性食物，特别是小节肢动物卵和早期幼虫（包括同种和异种恙螨的卵和蛹），也有些种类可能具有明显的杂食性或甚至是单纯的腐食性。国内外曾报告用蚊卵饲养印度囊棒恙螨（*Euschoengastia indica*）成功的案例；用一种弹尾目（*Collembolans*）昆虫（*Sinella curvseta*）可培育多种恙螨，如多齿恙螨属（*Acomatacarus*）、囊棒恙螨属（*Euschoengastia*）、蛤蟆恙螨属（*Hannemania*）、新棒恙螨属（*Neoschengastia*）、恙螨属（*Trombicula*）和无前恙螨属（*Walchia*）等。我国报告地里纤恙螨和巨螯齿恙螨（*Odontacarus majesticus*）非常偏嗜新鲜的蚤卵，目前该实验室对各种恙螨的饲养均采用新鲜猫蚤卵，效果极为理想。在自然界，地里纤恙螨可能以弹尾目和等足目节肢动物作为食物来源。苍白纤恙螨（*L. pallidum*）和背展恙螨属（*Gakrliepia*）的一些恙螨，在实验室内采用蚤卵饲养也获得成功，这些恙螨可以发育、繁殖传代。但有些恙螨采用蚊卵饲养效果并不理想，如地里纤恙螨在饥饿时可吸食蚊卵，但发育、产卵较差，甚至不产卵，寿命短。

成螨的寿命一般为100多天到2年以上，雌螨寿命比雄螨长，但寿命的长短与恙螨种类不同而异，如红纤恙螨的雄虫寿命长达332天，平均116天，雌虫最长443天，平均185天；地里纤恙螨雄螨寿命15～81天，平均44天，雌螨75～107天，平均91天。国内学者在实验室培养的地里纤恙螨从羽化为成虫算起，在25 ℃恒温和相对湿度85%～100%的环境下可活4～5年以上，但3～5年虫龄时已无生殖能力。外界因素，特别是温度对寿命长短的影响很大。

六、遗传

遗传领域，关于恙螨的研究总体较少。恙螨的遗传符合一般的生物学遗传规律，因此，利用遗传特征可将形态很相近的恙螨种类进行区分。例如，红纤恙螨和地里纤恙螨在外形上十分类似，1959年我国研究者将来自我国福建的两种恙螨认为均为地里纤恙螨，根据其外部形态命名为甲型地里纤恙螨和乙型地里纤恙螨。但在后续的研究中发现，所谓的甲型地里纤恙螨和乙型地里纤恙螨如果交配，则繁殖率极低，且产生的后代存在诸多缺陷，存活率很低，即二者存在生殖隔离，是两个独立的种。后经鉴定，乙型地里纤恙螨被确认为地里纤恙螨，而甲型地里纤恙螨则是一个独立的新种，被命名为微红纤恙螨。

随着基因组学的发展，部分恙螨的基因组也被测序。目前，地里纤恙螨、红纤恙螨和苍白纤恙螨等可作为恙虫病传播重要媒介的3种纤恙螨线粒体基因组已测序完成并公布。地里纤恙螨、红纤恙螨和苍白纤恙螨线粒体基因组均为闭合环状，红纤恙螨和地里纤恙螨有2个非编码区，苍白纤恙螨有4个非编码区。控制区是线粒体基因组中最大的非编码区，其进化速度较线粒体DNA其他区域快3～5倍，故其序列常被用于遗传多样性、种类鉴定、种群遗传结构和起源进化等研究。苍白纤恙螨控制区总长度为2 742 bp，远长于红纤恙螨（521 bp）和地里纤恙螨（591 bp）。3种纤恙螨RNA和rRNA基因比其他蜱螨亚纲物种要小很多，COX1基因第三密码子位置的AT-偏斜和GC-偏斜与后生动物典型的链偏向相反。目前，恙螨的基因组研究资料还很少，今后应该不断扩大和丰富包括线粒体基因组的恙螨基因组的测序工作，以深入理解恙螨基因功能和基因调控规律，对恙螨科系统进化甚至是物种起源进行准确分析，进一步加深对恙螨的理解，为更好地进行恙螨传播疾病及恙螨的预测、预警、防控提供支持。

（方　强）

第三节　恙螨生态学

生态学（ecology）是生命科学中一个十分庞大的学科，是研究生物与其环境之间相互关系的科学。自20世纪50年代开始，我国结合防制工作进行了不少恙螨的生态研究。近年来对恙螨生态的研究正一步步深入，许多资料显示，通过生态分析流行规律，具有非常重要的防制意义，例如20世纪50年代以来，在恙虫病疫区，尤其是老疫区，对恙螨的孳生地及幼虫在地面上的分布研究，结合传播和控制的情况，对恙虫病的防治作出了世人瞩目的成就。可见恙螨生态研究已为防制提供了科学依据。国内虽做了不少研究工作，但因恙螨的生活史较复杂，其生态特点尚不完全清楚。

一、地理分布及孳生场所

恙螨在世界各地均有分布，但在亚热带、热带和南温带更为集中，数量大，物种多样性高。其中，东南亚地区的恙螨种类繁多，是世界上恙螨最集中的地区。恙螨在我国的分布极为广泛，北从大兴安岭，南至海南岛，东从台湾，西至云南和西藏均有分布，涉及海岛、平原、丘陵、山区和高原等不同地形地貌区域（黎家灿等，1997）。几乎遍布全国，包括广东、香港、海南、福建、台湾、云南、广西、山东、江苏、上海、浙江、安徽、四川、贵州、江西、湖南、湖北、河北、北京、河南、山西、陕西、青海、甘肃、宁夏、西藏、吉林、辽宁、黑龙江、新疆、内蒙古等32个省、市、地区。其中广东、福建、上海、云南、安徽、贵州、江苏、江西、浙江、山东和内蒙古等省、市、自治区研究比较多。

不同恙螨种类的分布有一定地域性和倾向性，如地里纤恙螨（*Leptotrombidum deliense*）主要分布在中国、斯里兰卡、尼泊尔、孟加拉国、印度、缅甸、越南、柬埔寨、泰国、新加坡、文莱、马来西亚、印度尼西亚、菲律宾、新几内亚、太平洋群岛西南部、北部澳大利亚、巴基斯坦、哈萨克斯坦、乌兹别克斯坦和阿富汗等国家（Santibáñez et al.，2015；Tilak et Kunte，2019）。在我国，地里纤恙螨主要分布于北纬30°以南的浙江、江西、台湾、福建、广东、广西、云南、贵州、四川、西藏等省区，在低海拔的沿海地区、河流沿岸、开阔的河谷平原及山间盆地密度较高（黎家灿等，1997）。近年来，郭宪国课题组发现地里纤恙螨是云南南部低海拔地区的主要优势螨种，而海拔较高的中部和北部地区，则可能主要是印度囊棒恙螨（*Ascoschoengastia indica*）等其他螨种，提示在云南的不同地域，优势螨种存在不同，地里纤恙螨可能仅在云南部分局部地区是恙虫病的主要传播媒介，而非整个云南地区。2013年以前，国内学者普遍认为微红纤恙螨（*Leptotrombidum rubellum*）的地理分布范围较窄，主要分布在福建省的沿海地区；2013年耿明璐等报道微红纤恙螨在云南省的少数地区也有分布，此后蒋文丽等（2017）在更大范围内对微红纤恙螨进行了调查，发现该螨高度集中在纬度较低（北纬22°以南），海拔较低(500～1 000 m)地区。小板纤恙螨(*Leptotrombidum scutellare*)的分布在全球来看,主要分布在日本、中国、韩国、泰国和马来西亚等国家(Santibáñez et al.,2015),在我国的分布目前已知的有云南、广西、广东、福建、浙江、江西、江苏、安徽、上海、山东、河南、河北、内蒙古、陕西等省、市、自治区。

生态环境可为恙螨及其宿主动物的生存繁衍提供条件。在第二次世界大战期间,Audy等(1947)对媒介恙螨与不同栖息地的关系进行了详细调查研究,确定了恙螨孳生的三个主要危险生境:① 农村废弃的空地、花园和种植园,家庭或郊区被荒废的地区,其他人为造成的荒地。② 水草甸、湿地、溪流两岸、田埂、沟渠等。③ 树篱或边缘栖息地(两种栖息地交汇的地方),如森林边缘等生态交错区。恙螨主要孳生于隐蔽、潮湿、多草、多鼠场所,以河岸、溪边、山坡、山谷、林缘、荒芜田园等杂草灌木丛生的地方为多;恙螨还可在城市内比较潮湿、建筑简陋、环境卫生差的地区孳生(黎家灿等,1997)。如微红纤恙螨主要选择温暖、潮湿的河谷坝区环境作为其孳生地。一项对森林和开阔灌木丛样带区的研究发现,被困在生态交错区的啮齿动物体表恙螨数量最多(是远离生态交错区的3倍)。也有恙螨主要分布在丘陵和坝区过渡地带潮湿地区。在中国台湾,闲置耕地里的恙螨数量是耕地里的恙螨数量的3倍,如此丰富的恙螨数量与啮齿动物密度或种类没有关系,而与闲置耕地的微生境具有更多的遮荫、落叶和灌木有关,这样的微生境为恙螨的生存提供了更合适的栖息环境(Kuo et al.,2012)。一些疏松多孔、排水良好、潮湿的土壤也是恙螨适宜的孳生地。恙螨喜欢生活在有植被覆盖的潮湿、中性至微碱性的土壤中,如一些草地和杂草丛生的地区。另外,城市内一些比较潮湿、建筑废弃、环境卫生不好的地区也是适宜的恙螨孳生地。不同恙螨种类在栖息地的选择上也存在不同倾向性和选择差异,如:地里纤恙螨通常出现在灌木丛和森林中,而*L. fletcheri*主要在草地栖息,*L. arenicola*的生境主要在海滩旁的植被中。孳生地常呈点状分布。在外界环境条件相对稳定的情况下,恙螨的孳生地也是比较稳定的,它与鼠的穴居与活动有密切的关系。自然界由于地区间条件如气候因素不同,造成恙螨区系的差异,食物的来源亦可影响一个地区孳生点的分布。

二、活动与环境因素的影响

恙螨喜欢群居,常在其适宜生存的区域形成局部的“螨岛”,或称为“螨灶”(mite focus)或“幼虫灶”(larvae focus),即分布极不均匀,在一些地区大量聚居,而在另外一些地方完全见不到。恙螨幼虫的活动范围很小,只在其孳生地的一定范围内移动(或垂直或水平方向)。通常在稳定的外界环境下,幼虫只在孵化地不超过半径300 cm、垂直距离10～20 cm的范围活动,可攀登到草、石头或地面的某些物体上或深入泥洞中。所以恙螨向更远地方的播散主要依靠宿主携带,宿主迁移或活动的情况决定了恙螨的播散范围。相反,恙螨如果没有接触宿主或者宿主靠得不够近,恙螨幼虫无法攀附,又会迅速返回集群内继续等待宿主的靠近。另外也可随暴雨和洪水引起的泛滥散布各地。

恙螨的生存、活动、繁殖与外界环境的各种因素有关。且各因素对恙螨幼虫的影响是综合、复杂多样的,不同恙螨种类对外界因素的反应也有所不同。如光、温度、湿度等外界因素对恙螨幼虫活动有复杂的影响,不同种类的恙螨对外界因素发生的反应也有所不同。

1. 光对恙螨活动的影响

光强度和光源方向的改变都能影响恙螨幼虫的活动。不同恙螨种类的幼虫对光强度的选择也不相同，秋恙螨具有趋光性，地里纤恙螨有明显的向光性，但当强光与弱光同时存在时，幼虫反集中在光弱的一面。

2. 温度对恙螨活动的影响

温度与恙螨幼虫的生活有密切的关系。恙螨正常活动的温度范围是12～30 ℃，在这一温度范围内，恙螨幼虫的爬行速度和温度间呈直线关系，恙螨的最佳活动温度为25～30 ℃（黎家灿等，1997）。恙螨通常在温度上升到10 ℃以上开始爬行，但在12 ℃以下不活跃。在室温下，地里纤恙螨幼虫每分钟爬行约10 cm，温度降低时，爬行速度随之减慢，当温度降低至13 ℃以下时，幼虫停止活动。恙螨属的一种恙螨（未定种）在26 ℃时每分钟爬行6.4 cm，升高到35 ℃时，可增至每分钟10.5 cm。*Trombicula alfreddugesi*幼虫在10 ℃时呈不动状态，*Euschoengastia peromysci*幼虫在0 ℃时才停止活动，有时甚至可在−5 ℃存活38天之久。有些恙螨能在高温下存活60天，在低温1～2 ℃甚至−20 ℃环境下持续存活一个月。虽然恙螨偏爱温度较高的环境，但在极为炎热的气候条件下，恙螨会爬至地表18 cm以下的土壤中躲避高温，且虫卵的孵化也需偏低的温度；在凉爽潮湿的早晨，恙螨更为活跃。

3. 湿度对恙螨活动的影响

湿度对恙螨生活力亦有重要的作用。恙螨幼虫的活动具有一定向湿性，恙螨生存的最佳相对空气湿度需达80%以上。阴天潮湿的气候条件下，在自然界中更易寻找恙螨孳生地。例如地里纤恙螨在25 ℃，相对湿度90%～100%的环境中能够正常传代培育，但当相对湿度低于50%时，温度仍为25 ℃，恙螨则很快死亡。小板纤恙螨在25～30 ℃、相对湿度100%和充足食物供应的条件下，可存活114～172天（平均145天）（Xiang et Guo，2021）。恙螨可在水中存活2周，随后可进行正常的生存繁殖，这对恙螨的生态学有重要影响，对恙虫病的流行也具有重要意义。不同恙螨种类的幼虫在不同类型水中的发育和生活力均不相同：如印度囊棒恙螨幼虫在海水内可存活6～7天，而在井水中可发育至若虫期。幼虫对水抵抗力的强弱，对恙虫病的流行具有重要意义。地里纤恙螨未进食幼虫，在温度（25±1）℃的恒温环境中，相对湿度为20%时，生存（12.06±0.30）小时，相对湿度30%时，生存（12.37±0.4）小时，生存时间随着相对湿度的增加而延长，愈近饱和湿度延长得愈明显，到相对湿度为100%时，生存时间增至（7.78±0.28）天。

4. 降雨量对恙螨活动的影响

除了温度和湿度是影响恙螨发育的重要因素外，降雨量与恙螨幼虫的生活也有密切的关系。Audy（1947）在印度和缅甸进行的广泛调查显示，旱季恙螨数量明显减少。在马来西亚，旱季啮齿动物体表的恙螨数量比湿季少10倍。在一些热带地区，年温差变化不太明显，降雨量可能对该地区恙螨数量和恙虫病的流行更为关键。在昆士兰州北部热带地区及泰国，恙螨丰富度和恙虫病病例数在雨季达最高。在北纬纬度较高的地区，温度成为影响恙螨生存繁殖的重要因素，冬季太冷，恙螨无法活动。而在纬度偏南的地区，降雨量的影响更为重要，降雨开始后，恙螨数量明显增加（Elliott et al.，2019）。

5. 音响、气流、颜色及物面状况等对恙螨幼虫的影响

巨大的音响可以使不动的恙螨幼虫活动。气流的缓速能影响恙螨的活动，一般气流低时幼虫走动较慢，但太高的气流又可使恙螨停止活动。恙螨幼虫具有群集于尖端的习性。

在实验室内观察到地里纤恙螨在石膏体表面群集的情况，似与锥形石膏体表面的倾斜度及颜色有一定的关系，在一定倾斜度的范围内，倾斜度愈大，幼虫集中的愈多愈快，但若超过一定倾斜限度时，幼虫就会跌落下来。在同样的锥形石膏体上，幼虫在白色比在黑色的锥体面上要集中得多。未进食的恙螨幼虫极易受含有二氧化碳的空气所影响而展开活动，因此藏匿于地面凹处的小板纤恙螨在行人接近时迅速爬上地面等待攀登人体。恙螨幼虫常有向附近物体移动的习性，并且正在走动、尤其是黑色的物体，对它们似有特别的吸引力。恙螨幼虫多在孳生地附近静伏不动，等候和寻觅宿主，对宿主的信息甚为敏感，包括宿主的呼吸、气味、体温、颜色以及宿主活动形成的声响和气流等。对CO_2的反应最明显，当群集静伏的小板纤恙螨受到空气中少量CO_2的刺激即四散。某些恙螨受到附近黑色移动物刺激时，对之具有特别的吸引力，故现场调查可穿黑色胶鞋或置小黑板于孳生地，几秒钟后即有红色的恙螨爬上。小板纤恙螨能在行人接近时，从其地面隐蔽缝隙中迅速爬出等候攀登。

6. 季节消长

恙螨的季节消长除其本身的生物学特点外，还受温湿度和雨量等气候因素的影响，各地区的各种恙螨幼虫发现于宿主体表均有季节消长规律，大致可分为三型：① 夏季型：每年夏季出现一次高峰。一般于5月开始出现，7～9月最多，11月后逐渐减少，如地里纤恙螨。② 春秋型：有春秋两个季节高峰，多数恙螨属此型，如苍白纤恙螨(*Leptotrombidum pallidum*)。③ 秋冬型：出现在10月以后至次年2月，以冬季为高峰，如小板纤恙螨。一般而言，温度适量而湿度大的季节有利于恙螨繁殖和活动。炎热干燥季节不适于恙螨繁殖。恙螨在水中仍能存活。地里纤恙螨、印度囊棒恙螨和巨螯齿恙螨(*Odontacarus majesticus*)幼虫平均在海水存活2～7天、井水存活10～20天、生理盐水存活6～26天，其中巨螯齿恙螨还能在水中发育至若虫。正是由于各种气候因子对恙螨的生存繁殖影响极为重要，所以恙螨在一年中出现的数量有明显的季节变化，且一年中不同时间、不同国家、不同地区出现的恙螨种类也不同。例如，在韩国，小板纤恙螨数量在秋季达到高峰(Park et al.，2018)。日本也报告了小板纤恙螨和苍白纤恙螨是引起秋冬型恙虫病的媒介恙螨，而夏季型恙虫病则是由红纤恙螨(*Leptotrombidum akamushi*)引起。在山东，小板纤恙螨数量在秋冬季达峰值，是9～11月的主要恙螨种，且与恙虫病发病高峰一致。在中国台湾澎湖群岛，地里纤恙螨从4～11月出现，冬季数量几乎为零，并且恙螨数量与恙虫病发病密切相关。在泰国，地里纤恙螨在4～12月的雨季最为丰富。

7. 越冬

由于季节消长的不同，恙螨越冬的形式亦各异。夏季型及春秋型的恙螨常以其若虫和成虫在土壤中越冬，秋冬型的则无越冬现象。

三、宿主选择

恙螨幼虫的宿主非常广泛，没有严格的选择性，包括哺乳类、鸟类、爬行类、两栖类及节肢动物等。相较于其他小兽体表媒介节肢动物，恙螨寄生的宿主范围最广，特异性最低。其中，最为主要的两大类宿主为：① 常见宿主(maintaining hosts)，包括小型哺乳动物(如啮齿动物)和地栖鸟类。② 偶然宿主(incidental hosts)，包括人类在内的大型哺乳动物和其他鸟类。在哺乳动物中，几乎所有种类如牛、羊、马、猴、虎、猫、犬、鼠以及小的食虫动物等都可寄生。根据国内学者报告，恙螨可寄生的宿主动物已达250种以上，其中哺乳类195种，鸟类50种，爬虫类4种与甲壳类1种。多数恙螨种类宿主特异性（host specificity）极低，同一种恙螨可寄生于多种动物宿主体表。如Harrison et Audy（1951）报道显示地里纤恙螨的宿主多达87种。但也有一些种类的幼虫，其宿主特异性比较严格，如蛤蟆恙螨属（*Hannemania*）的种类都寄生在两栖类动物体上，新棒恙螨属的种类寄生在鸟类体上，滑顿恙螨属的绝大多数种类都在蝙蝠体上，真恙螨属（*Eutrombicula*）的某些种类在爬行类动物体上。一般与人关系较密切的恙螨多寄生在小哺乳动物的体上。在我国，地里纤恙螨的宿主范围较宽，宿主特异性较低，其主要寄生宿主往往随地域的不同而存在差异。地里纤恙螨的宿主达30余种，包括啮齿目、食虫目，甚至家畜（家猫、家兔）及一些鸟类，以黄毛鼠（*Rattus losea*）、褐家鼠（*R. norvegicus*）、黄胸鼠（*R. tanezumi*，或*R. flavipectus*）、社鼠（*Niviventer confucianus*）、黑家鼠（*R. rattus*）、黑线姬鼠（*Apodemus agrarius*）、树鼩（*Tupaia belangeri*）、大绒鼠（*Eothenomys miletus*）、斯氏家鼠（*R. brunneusculus*）、臭鼩鼱（*Suncus murinus*）和珀氏长吻松鼠（*Dremomys pernyiflavior*）等为主要宿主（黎家灿等，1997；Lv et al.，2018）。在澳大利亚和马来西亚半岛，柯氏家鼠（*R . colletti*）、滕氏家鼠（*R. tunneyi*）和伯氏裸尾鼠（*Melomys burtoni*）、*R. argentiventer*和*R. tiomanicus*是地里纤恙螨的主要宿主。小板纤恙螨在日本、韩国和俄罗斯的主要宿主为黑线姬鼠、*Apodemus speciosus*和*Crocidura lasiura*（Elliott et al.，2019）。在我国，已记录的小板纤恙螨宿主达48种之多，其宿主特异性也很低，小型哺乳动物（尤其是啮齿动物）是最常见的宿主（Xiang et Guo，2021）。在长江以北的一些地区，小板纤恙螨的主要宿主是黄毛鼠、褐家鼠和黑线姬鼠。然而，在我国西南部，小板纤恙螨的主要宿主是齐氏姬鼠（*Apodemus chevrieri*）和大绒鼠，它们也是高海拔山区的主要野生啮齿动物。当然，也有极少数恙螨宿主特异性较高，当人用手指接触时会拒绝附着，但当鸟类靠近时，会很容易附着并进行取食。迄今为止，国内外对恙螨宿主选择范围的研究大多是一些直观性的观察或定性研究，难以准确阐释某一特定恙螨种类在特定地理区域和生态环境的宿主选择规律。

恙螨幼虫在宿主体上的寄生部位多为毛羽稀少、皮薄而嫩、较湿润之处，但对不同宿主，似有不同程度的选择性，对于啮齿动物宿主，恙螨幼虫可叮咬其耳窝、耳壳、肛门区、睾丸、乳头、眼缘和足；对于鸟类宿主，恙螨幼虫主要叮咬其腹股沟、翼腋下和胸骨两侧；对于爬行类宿主，恙螨幼虫则主要叮咬其鳞片下；而对于节肢动物宿主，恙螨幼虫主要叮咬其节间膜处。有些恙螨种类甚至进入宿主体内固定部位寄生，如珠恙螨属（*Doloisia*）只生活在啮齿动物的鼻腔内；肺恙螨属（*Vataoarns*）只在宿主的肺内。在人类身上，恙螨主要附着在身体暴露的部位和衣服收缩褶皱的部位，而人类只是偶然性宿主。包括头发缘、颈部前后、前肩、前臂、乳房、腋下、脐周、腹股沟、膝关节、踝及外阴等，几乎是全身性的。曾有一妇女肚脐眼内寄生恙螨幼虫的记录。

虽然恙螨在一定的栖息地中可能偏好特定的某种宿主，但是，它们会攻击并寄生于最先遇到的动物宿主。啮齿动物感染恙螨后，宿主动物在栖息地附近活动觅食，可增加其他动物的感染风险，有助于恙螨的急剧增加和繁殖。一些偶然的宿主，如鸟类和猴子，可能将恙螨转移到更遥远的地方，又可形成新的恙螨感染区。宿主的受侵染模式和程度与宿主自身行为和生境开发利用也有非常密切的关系，陆地和平地哺乳动物比树栖哺乳动物更容易感染恙螨，且较为严重。对于媒介恙螨和宿主的关系，有学者用二部网络分析（Bipartite network analysis）进行两者的相互作用研究。该方法有助于揭示物种在疾病传播生态中的重要性

(Bordes et al.,2017)。在中国台湾地区的分析中,地里纤恙螨的数量与其广泛的宿主范围相关,且为当地的主要物种(Elliott et al.,2019)。

(吕　艳)

第四节　中国重要医学恙螨种类

20世纪末,全球已知恙螨有3 000种和亚种,分隶于300多属和亚属。据全国已发表的和有关资料的报道,目前我国恙螨已达500多种和亚种,分隶于3个亚科,分别为恙螨科(Family Trombiculidae)的恙螨亚科(Subfamily Trombiculinae)、背展恙螨亚科(Subfamily Gahrliepiinae);列恙螨科(Family leeuwenhoekiidae)的列恙螨亚科(Subfamily Leewenhoekiinae),共40多个属,其中有些新属是由国内专家所定立,50%以上的种是我国科学家发表的新种或新亚种。

恙螨的分类鉴定对于恙螨及其传播疾病的防控与研究具有重要意义。鉴于恙螨的成虫和若虫营自由生活,幼虫营寄生生活,因此幼虫期从动物体上较容易采集。尽管我国用人工培养的方法,获得少数种类的成虫和若虫进行形态描述,但大多数种类的成虫期资料不易获得,故目前对恙螨的分类仍以幼虫形态特征为依据。恙螨幼虫的标准测量常用符号如下:

AW(前侧毛距):背板前侧毛基间的距离。

PW(后侧毛距):背板后侧毛基间的距离。

SB(感毛基距):背板二感毛基间的距离。

ASB(感毛基前长):背板前缘与感毛基间的距离。

PSB(感毛基后长):背板后缘与感毛基间的距离。

SD(背板长):ASB+PSB。

AP(前后侧毛距):背板前后侧毛基间的距离。

PS:后侧毛与感觉毛基间的距离。

AM:前中毛或前中毛的长度。

AL:前侧毛或前侧毛的长度。

PL:后侧毛或后侧毛的长度。

PPL:后后侧毛或后后侧毛的长度。

S(Sens):感觉毛或感觉毛的长度。

VS:腹毛数。

DS:背毛数。

NDV:背腹毛数。

H:肩毛长。

PLs(后侧线):后侧毛基间的水平线。

fDS:背毛序,即背毛公式。

St:胸毛长。

Cx:足基节长。

Cx1:足Ⅰ基节毛数。

Cx2:足Ⅱ基节毛数。

Cx3:足Ⅲ基节毛数。

Ip(足指数):3对足的长度相加,即P1+P2+P3。

Als(前侧线):前侧毛基间的水平线。

B:分支(毛)。

N:光裸(毛)。

fcx(基节毛式):足基节Ⅰ～Ⅲ毛的数目。

fp(须肢毛式):须肢股节、膝节以及胫节背、侧、腹5根毛的形态(分支或光裸)。

fT(跗毛式):须肢跗节分支与光裸毛数目。

Oc:眼点。

——:表示在同一水平线。

/:表示在水平线上或下。

Ga:螯鞘毛性质,分支或光裸。

Gr:须肢胫节爪分叉数。

ga:足Ⅰ膝毛数。

gm:足Ⅱ膝毛数。

gp:足Ⅲ膝毛数。

tp:足Ⅲ胫毛数。

MT:足Ⅲ跗节长鞭毛数。

Mt:足Ⅲ胫节长鞭毛数。

MG:足Ⅲ膝节长鞭毛数。

MF:足Ⅲ腿节长鞭毛数。

SIF(综合鉴别式):SIF=fT-Ga-Gr-ga,gm,gp,tp-MT,Mt,MG,MF。

fsp:足分节公式。

fst:胸毛公式。

我国现有40多个属,500多种和亚种的恙螨,主要隶属于恙螨科(Family Trombiculidae)的恙螨亚科(Subfamily Trombiculinae)、背展恙螨亚科(Subfamily Gahrliepiinae);列恙螨科(Family leeuwenhoekiidae)的列恙螨亚科(Subfamily Leewenhoekiinae)。恙螨科、亚科、族检索表见表6.1,我国恙螨幼虫分属检索表见表6.2。

表6.1　恙螨科、亚科、族检索表

(引自 黎家灿,1997年)

1. 背板无或具1根前中毛(AM),无前中突………恙螨科(Trombiculidae) ……………………………… 2

背板具2根前中毛(AM=2),或具前中突,或具2根前中毛和前中突 …………………………………………………………………………列恙螨科(Leeuwenhoekkiidae) ……………………………………………… 4

2. 背板无或具1根前中毛,各节足数为6.6.6～7.7.7………恙螨亚科(Trombiculinae) …………………… 3

背板无前中毛,长形,各节足数为7.6.6,足Ⅲ无tp(tp=0) ……… 背展恙螨亚科(Gahrliepiinae)

3. 感毛细毛(简单或丝状,二分叉或三分叉,分支或刺等) ……………………… 恙螨族(Trombiculini)

感毛膨大(轻微或强度,纺锤形,棍棒状,梨形,鳞茎状等) ……………………… 棒感族(Schoengastiini)

4. 各足的节数为6.6.6………………列恙螨亚科(Leeuwenhoekiinae) ……………………………… 5

各足的节数为7.7.7……………阿波螨亚科(Apolonniinae)……………………………… 6

5. 螯肢爪基关节长大于爪长之半,爪上常具背、腹齿,有时二者均有或均无 ……………………………………………………………… 列恙螨族(Leeuwenhoekiini)

螯肢爪基关节长大于爪长的1/4,爪具大背、腹、侧齿如沟状 ……………………… 华螨族(Whartoniini)

6. 感毛细长(简单、分支或刺),背板或半板(PLs在板外)上AM=2或无前中突,或具前中突AM=1或2,有时板上具后后侧毛PPL ……………………………………………… 阿波螨族(Apolonniini)

感毛球状 ……………………………………………………………………… 蜥螨族(Sauracarellini)

表6.2 中国恙螨幼虫分属检索表

(引自 黎家灿,1997年)

1. 背板具2根前中毛或具前中突,或2根前中毛和前中突均有……列恙螨科(Leeuwenhoekiidae)…… 2

背板具1根前中毛或无前中毛,无前中突……………恙螨科(Trombiculidae) ……………………… 7

2. 各足节数为6.6.6……………列恙螨亚科(Leeuwenhoekiinae) ………………………………………… 3

各足节数为7.7.7……………………………………………………………… 阿波螨亚科(Apoloniinae)

3. 螯肢爪基关节长大于爪长之半,爪上常具背齿腹齿,有时二者均无…… 列恙螨族(Leeuwehhoekiini) …… 4

螯肢爪基关节长约等于爪长的1/4,爪上具巨大的背、腹和侧齿,如钩状……… 滑顿螨族(Whartoniini) ……………………………………………………………………………… 滑顿螨属(*Whartonia*)

4. 背板具前中突,具气孔和气管……………………………………………………………………………… 5

背板无前中突,无气孔和管……………………………………………………………………………… 6

5. 背板梯形或亚梯形,AL远离PL,具2AM,2AL,2PL,无PPL,Gr=2~4 ……………………………………………………………………………… 螯齿恙螨属(*Odontacarus*)

背板后缘钝圆,AL接近PL,具1对以上的PPL,SB远离PLS ……………………………………………………………………………… 多毛恙螨属(*Multisetosa*)

6. 背板亚梯形,后缘平直或钝圆,螯肢爪无背齿,有时具腹齿 …………………… 甲梯恙螨属(*Chatia*)

背板具钝圆后缘,SB远离PLs,螯肢爪具三角冠,无背齿和腹齿 …………… 春川恙螨属(*Shunsennia*)

7. 背板通常长大于宽,是五角形或舌形,无前中毛,足节数7.6.6 ……………………背展恙螨亚科(Gahrliepiinae) ……………………………………………… 8

背板宽大于长,具1根前中毛,足节数6.6.6至7.7.7…………恙螨亚科(Trombiculinae) ………… 11

8. 背板毛4根~6根 ……………………………………………………………………………………… 9

背板毛8根或更多 ……………………………………………………………………………………… 10

9. 背板五角形,后缘通常尖突或狭长,有时端部钝圆或具乳状突,背板毛4根,2AL和2PL,感毛棒状,fT=4B …………………………………………………………………… 无前恙螨属(*Walchia*)

背板短舌状或马面状,背板毛6根,2AL,2PL和2PPL,fT=4B或4B·S ……………………………………………………………………………… 棒六恙螨属(*Schoengastiella*)

10. 两感毛基之间具1对间毛 ……………………………………………… 间毛恙螨属(*Intermedialia*)

两感毛基之间无间毛 ………………………………………………………… 背展恙螨属(*Gahrliepia*)

11. 感毛膨大,呈纺锤形,棍棒形,梨形,鳞茎形等…………棒感恙螨族(Schoengastiini) ………… 12

感毛细长,鞭状或丝状,二分叉或三分叉,分枝或具刺…………恙螨族(Trombiculini) ……………… 27

12. 各足跗节具爪和爪垫,无爪间突,fT=7B,fst=2.2.2或2.4 ……………… 埋甲恙螨属(*Mackiena*)

各足跗节无爪垫,具爪间突 ……………………………………………………………………………… 13

13. 两感毛基十分靠近,SB约小于感毛基部的宽度,感毛球状,背板近梯形,后缘突出 ……………………………………………………………………………… 合轮恙螨属(*Helenicula*)

两感毛基之间距大于感毛基部的宽度……………………………………………………………………… 14

14. 背板宽扁,PW>4AP,fT=7B,Gr=3~7,感毛梨状 …………………… 真棒恙螨属(*Euschoengastia*)
背板形状不如上述,PW<4AP …………………………………………………………………………………… 15
15. 螯肢爪粗大,端部呈戟状,背缘和腹缘均有锯齿,背板具前侧肩,PW<6AP ……………………………………………………………………………………………………… 华棒恙螨属(*Huabangsha*)
螯肢爪形状不如上述 ……………………………………………………………………………………… 16
16. tp=0 …… 17
tp=1 …… 19
17. 背板狭窄而小,PL有时在板外,AM/ALs,fT=4B,各足基节多毛 …………… 珠恙螨属(*Doloisia*)
背板较宽,前缘内凹或双凹 ……………………………………………………………………………… 18
18. 背板梯形,前缘、侧缘和后缘均内凹,感毛纺锤形,Gr=3,3AP>PW>2AP ……………………………………………………………………………………………… 凹缘恙螨属(*Schoutedenichia*)
背板宽大于长,后缘外突,PW很宽,4AP>Pw>3AP,螯肢爪三角冠后有腹齿,Gr=3~6 ……………………………………………………………………………………………… 钳齿恙螨属(*Cheladonta*)
19. 背板具前侧肩 …………………………………………………………………………………………… 20
背板无前侧肩 ……………………………………………………………………………………………… 22
20. 背板后缘中部凹入,板的后2/3由表皮纹所覆盖,感毛球状,fT=7B. S,ga=3 ……………………………………………………………………………………………… 新棒恙螨属(*Neoschoengastia*)
21. 背板略大,近梯形,前缘较平直,感毛纺锤形,ga=2 …………………… 副珠恙螨属(*Paradoloisia*)
背板略小,前缘轻凹或轻双凹,感毛棍棒形,Ga=N,PW<4AP ……………………………………………………………………………………………… 囊棒恙螨属(*Ascoschoengastia*)
22. PL不在背板上,感毛狭长近枪锋状,fT=5B或5B.S,寄生在蝙蝠体 ……… 三毛恙螨属(*Trisetica*)
PL在背板上,感毛膨大 …………………………………………………………………………………… 23
23. 背板后缘弧形突出 ……………………………………………………………………………………… 24
背板近梯形 ………………………………………………………………………………………………… 25
24. 螯肢爪具锯齿,AL>PL,感毛梨状,SB较靠近 ………………………… 棒感恙螨属(*Schoengastia*)
螯肢爪无锯齿,PL>AL,感毛纺锤形或球形,SB较宽 ……………………… 爬虫恙螨属(*Herpetacarus*)
25. fT=7B或7B.S ……………………………………………………………………………………………… 26
fT=5B或5B. S,AL>AM,背板近梯形,无前侧肩,后半部为表皮纹所覆盖 ……………………………………………………………………………………………… 禽棒恙螨属(*Ornithogastia*)
26. fT=7B.S,背板后缘平直,感毛纺锤形,AM>>AL …………………………… 毫前恙螨属(*Walchiella*)
fT=7B,背板后缘内凹,有时感毛很细,中部略膨大,PL>>AM……………… 吕德恙螨属(*Riedlinia*)
27. 足Ⅰ前跗毛(PT1)光裸,亚端毛(ST)和副亚端毛(PST)均光裸 ……………………………………… 28
足Ⅰ无亚端毛和副亚端毛,具2根前跗毛,fT=5B,背板具前侧肩 …………… 双棘恙螨属(*Diplectria*)
28. 背板前侧毛粗短,有时前后侧毛均粗短,呈木钉状,背板具前侧肩,fT=7B.S ……………………………………………………………………………………………… 封氏恙螨属(*Fonsecia*)
背板前侧毛和后侧毛不呈粗短木钉状 …………………………………………………………………… 29
29. 背毛和背板后侧毛呈扁平叶片状,背板近长方形,感毛基位近板后缘,无前侧肩,足Ⅲ无长鞭毛 ……………………………………………………………………………………………… 叶片恙螨属(*Trombiculindus*)
背毛和背板后侧毛不呈叶片状 …………………………………………………………………………… 30
30. 背板上具刻点 …………………………………………………………………………………………… 31
背板上具疣状突或网状纹 ………………………………………………………………………………… 45
31. 背板上具5根毛,AM+2AL+2PL …………………………………………………………………… 32
背板上具7根毛,AM+2AL+4PL,fT=7B,Ga=B …………………………………… 徐氏恙螨属(*Hsuella*)
32. 背板后缘中部具明显的乳状突,PL均位于板外,无前侧肩,fT=4B.S,fst=2.2.9,fc=1.2.1 ………

两侧各具约10根腹肩毛…………………………………………………………………… 柳氏恙螨属(*Liuella*)
背板形状和其他特征不如上述 …………………………………………………………………………………… 33
33. 足Ⅲ前4节均具长鞭毛,背板近四方形,具前侧肩,fT=7B.S …………… 长鞭恙螨属(*Lorillatum*)
足Ⅲ仅有MT或Mt,或无长鞭毛 ……………………………………………………………………………… 34
34. 足Ⅲ仅具MT或Mt ……………………………………………………………………………………………… 35
足Ⅲ无长鞭毛…………………………………………………………………………………………………… 39
35. 背板具前侧肩 ………………………………………………………………………………………………… 36
背板无前侧肩 …………………………………………………………………………………………………… 38
36. 背板五角形,后缘尖突,侧缘和后缘常有表皮纹覆盖 ………………………… 斑甲恙螨属(*Blankaartia*)
背板不呈五角形 ………………………………………………………………………………………………… 37
37. 背板近长方形,后缘突出,有时有表皮纹覆盖板侧缘和后缘 ……………… 真恙螨属(*Eutrombicula*)
背板近梯形,fT=4B,足Ⅰ无PST,足Ⅲ无膝毛和胫毛 ………………………… 鼠恙螨属(*Muritrombicula*)
38. 背板五角形,后缘向中部突出成后角,足Ⅲ基节毛2~8根 …………… 五角恙螨属(*Miyatrombicula*)
背板近五边形,后缘有时钝圆,足Ⅲ具长鞭毛,后侧毛和背毛均呈细长的羽状毛 ……… 新恙螨属(*Neotrombicula*)
39. 背板具表皮纹覆盖 …………………………………………………………………………………………… 40
背板无表皮纹覆盖 ……………………………………………………………………………………………… 41
40. 背板后侧角具表皮纹覆盖,颚体腹面基部亦具表皮纹覆盖,感毛基之间的板后部具明显的表皮纹 ……… 纹板恙螨属(*Striatriscuta*)
背板梯形,少数呈矩形,板周缘有表皮纹交联,螯肢爪粗短,爪间突端部如鸭爪状,略扁宽 …… 络板恙螨属(*Rudniccula*)
41. 背板宽大于长,ALs/AM,感毛基位置正常,大都寄生于哺乳类尤其是鼠类体上 ……… 纤恙螨属(*Leptotrombidium*)
背板正方形或矩形,感毛基位置近板前缘或后缘,不寄生在哺乳类体上 ……………………………… 42
42. 寄生在翼手目体上 …………………………………………………………………………………………… 43
寄主非上述 ……………………………………………………………………………………………………… 44
43. 背板矩形或梯形,ASB/PSB=2或3,足Ⅰ具膝毛2根,足Ⅲ具膝毛1或2根,股毛1根或付缺……… ……… 翼手恙螨属(*Chiroptella*)
背板矩形,后缘平直或可突成角,侧缘内陷,SB位于中央,fT=5B ……………………………………… ……… 蝠恙螨属(*Sasatrombicula*)
44. 背板正方形,非常大,AP很大,背板毛短须肢圆筒状,SB靠近ALs ……………… 蜥恙螨属(*Siseca*)
背板长方形,fT=7B,SB宽而靠近板的后缘 …………………………………………… 鸟恙螨属(*Toritrombicula*)
45. 背板无前侧肩 ………………………………………………………………………………………………… 46
背板具前侧肩,无表皮纹覆盖,AM/ALs,fT=6B,MT=1~3 ……………………… 微恙螨属(*Microtrmbicula*)
46. 背板近梯形,板上具刻点或网状纹,Gr=2~3,fT=6B ………………………… 同恙螨属(*Cotrombicula*)
背板略近梯形,板上具刻点或网状纹,SB位于板的后缘,fr=5B …………………… 恙螨属(*Trombicula*)

恙螨对人类的危害主要包括因叮咬人体而导致恙螨性皮炎和作为媒介传播恙虫病、流行性出血热等疾病。就危害而言,其作为传播媒介引起的间接危害重于直接危害(恙螨性皮炎)。目前,病原学和流行病学方面均已证实恙螨可传播的疾病主要为恙虫病和流行性出血热,其他Q热等疾病仅是在恙螨体内发现其病原体,但并未真正确证恙螨可作为其传播媒介。传播恙虫病是恙螨最主要的危害。尽管恙螨也可以传播流行性出血热等疾病,但其作为传播媒介的地位远不如其他媒介。研究已证明地里纤恙螨(*Leptotrombidum deliense* Walch, 1922)、微红纤恙螨(*L. rubellum* Wang et Liao, 1984)、红纤恙螨(*L. akamushi*

Barumpt,1910)、温氏纤恙螨或高湖纤恙螨(*L. wenense* 或 *L. kaohuense* Yang et al.,1958)、小板纤恙螨(*L. scutellare* Nagayo et al.,1921)、海岛纤恙螨(*Leptotrombidium insulare*)、吉首纤恙螨(*L. sialkotense* 或 *L. jishoum*)、苍白纤恙螨(*L. pallidum* Nagayo et al.,1919)、于氏纤恙螨(*L. yui* Chen et Hsu,1955)、英帕纤恙螨(*Leptotrombidium imphalum* Vercammen-Grandjean et Langston,1975)、东方纤恙螨(*Leptotrombidium orientale* Schluger,1948)、须纤恙螨(*Leptotrombidium palpale* Nagayo et al., 1919)、印度囊棒恙螨(*Ascoschoengastia indica* Hirst,1915)、中华无前恙螨(*Walchia chinensis* Chen et Hsu,1955)、巨螯齿恙螨(*Odontacarus majesticus* Chen et Hsu,1955)等自然感染恙虫病东方体,其中目前已确证地里纤恙螨、小板纤恙螨、微红纤恙螨、高湖纤恙螨、苍白纤恙螨、吉首纤恙螨和海岛纤恙螨为我国恙虫病的主要传播媒介。地里纤恙螨和小板纤恙螨分别为我国长江以南和以北的重要传播媒介,前者为夏季型,后者为冬季型的流行型。老流行区如海南、广东等地区和近年发生爆发流行的山东、江苏等地区,分别以地里纤恙螨和小板纤恙螨为优势种传播恙虫病东方体。我国500余种恙螨中,已确证可作为恙虫病传播媒介的恙螨仅占恙螨种类不足2%,而且它们均是纤恙螨属中的种类。此外,目前已知可自然感染恙虫病东方体的恙螨除多隶属于纤恙螨属外,亦有少数种类隶属于恙螨科恙螨亚科囊棒恙螨属、恙螨科背展恙螨亚科无前恙螨属(*Walchia*)和列恙螨科列恙螨亚科螯齿恙螨属。现按其所隶属的科、属分别介绍如下:

一、恙螨科

恙螨科的特征在于其幼虫背板无前中突,无前中刚毛(AM=0)或具1根前中刚毛(AM=1)。恙螨科共有2个亚科,分别为恙螨亚科和背展恙螨亚科。

(一) 恙螨亚科

恙螨亚科主要包括纤恙螨属、叶片恙螨属、新恙螨属、合轮恙螨属、钳齿恙螨属、新棒恙螨属、囊棒恙螨属、毫前恙螨属、爬虫恙螨属、棒感恙螨属、凹缘恙螨属、真棒恙螨属。在我国已明确可作为恙虫病传播媒介的恙螨均属于纤恙螨属。另一部分纤恙螨属和囊棒恙螨属恙螨可自然感染恙虫病东方体,是潜在的恙虫病传播媒介。部分纤恙螨属恙螨还可以作为流行性出血热的传播媒介。

1. 纤恙螨属(*Leptotrombidium*)

在我国已明确可作为恙虫病传播媒介的恙螨均属于纤恙螨属,包括地里纤恙螨、小板纤恙螨、微红纤恙螨、高湖纤恙螨、苍白纤恙螨、吉首纤恙螨和海岛纤恙螨。此外,纤恙螨属的于氏纤恙螨、英帕纤恙螨、东方纤恙螨、须纤恙螨均可自然感染恙虫病东方体,是恙虫病可能的传播媒介。此外,小板纤恙螨已被证实可作为流行性出血热的传播媒介,亦有证据显示苍白纤恙螨、须纤恙螨可能作为流行性出血热的传播媒介。最近,有研究者利用PCR技术在纤恙螨属的部分恙螨中检出发热伴血小板减少综合征病毒(severe fever with thrombocytopenia syndrome bvirus,SFTSV),提示其也有可能作为发热伴血小板减少症的传播媒介。

(1) 地里纤恙螨(*Leptotrombidium deliense*)

地里纤恙螨(*Leptotrombidium deliense*)是Walch于1922年首先命名的一种恙螨,常见于各种鼠类等小型哺乳动物的体表,不仅是东南亚热带地区恙虫病最主要的传播媒介,也是世界上许多地区恙虫病的主要或重要传染媒介,曾被翻译为“地理纤恙螨”。分类地位:绒螨总科(Superfamily Trombidioidea),恙螨科(Family Trombiculidae),恙螨亚科(Subfamily Trombiculinae),纤恙螨属(Genus *Leptotrombidium*)。

① 种名:地里纤恙螨(*Leptotrombidium deliense* Walch,1922)。

② 形态:鉴别特征为活体标本未饱食时呈橘红色,饱食后呈淡红色,SB/PLs,AP=SB,AP>PS,PW/AP=2.6,感毛近基部光裸,油镜下可见少量微小分枝,fDS=2.8.6.6.4.2=28,VS=20~22。

地里纤恙螨幼虫细小,肉眼刚好能见到,活体标本未饱食橘红色,饱食后淡红色,虫体饱食后短胖,近椭圆形,无腰缩,有鲜红色的眼点。体长246~537 μm,宽180~378 μm。体壁上有明显的横纹,上有背板、背毛和腹毛及足。fp=N-N-BNN。背板(图6.5)在躯体背面的前端,略呈长方形,宽大于长,背板刚毛5根(前中毛AM=1,前侧毛AL=2,后侧毛PL=2),后侧毛距(PW)略大于前侧毛距(AW),背板后缘微向后突,中部微凹,两侧缘向内凹。感觉毛丝状,近基部光裸,油镜下可见少量微小分支,端部1/2处有5~6对细长分枝。感毛基(SB)位于后侧毛基水平线(PLs)的上方,前后侧毛距等于感毛基距(AP=SB),前后侧毛距(AP)大于后侧毛基与感毛基间的距离(PS),后侧毛距与前后侧毛距的比例(PW/AP)=2.6。眼点:鲜红色眼点,在背板外两侧,近后侧毛附近,有2对位于眼板上。背毛(DS)为在背板与体后端之间成行排列的刚毛,长度、数目与位置很固定,为鉴别的特征之一。背毛纤细具短小分支,背毛长44~49 μm;背毛排列(背毛公式,dorsal setation formula,fDS)为2.8.6.6.4.2=28(即DS为28根)。腹毛数(VS)=20~22根,腹毛长28~47 μm。足3对,每足分7节。足的末端有爪1对和爪间垫1个。足Ⅲ基节毛位于基节前缘下方,足Ⅰ长243 μm,足Ⅱ长225 μm,足Ⅲ长260 μm。足指数Ip(3对足的长度相加,即$P_1+P_2+P_3$)=728。综合鉴别式(Synthetic Identification Formula,SIF):SIF=7B-B-3-2111.0000。

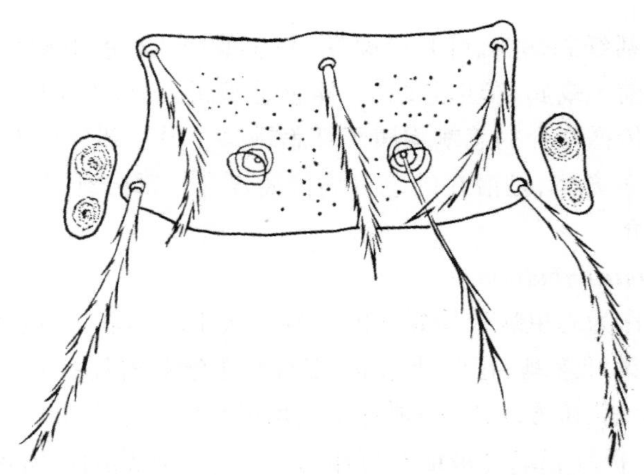

图6.5 地里纤恙螨(*Leptotrombidium deliense*)幼螨背板

仿 黎家灿(1997)

背板各部位测量(单位:μm):前侧毛距(AW)63~67;后侧毛距(PW)77~89;感毛基距(SB)31~33;感毛基前长(ASB)26~28;感毛基后长(PSB)12~15;背板长(SD=ASB+PSB)39~43;前后侧毛距(AP)28~31;前中毛长度(AM)41~48;前侧毛长度(AL)41~43;后侧毛长度(PL)54;感觉毛长度(Sens)54~58。

地里纤恙螨的背毛数目和排列一般比较稳定，也有少数标本的背毛有30根左右，在福建沿海地区采到的标本背腹毛数90%以上稳定，闽东北山区采到的标本稳定者占70%～80%。

③ 生活习性：在自然界地里纤恙螨的繁殖季节为夏秋季，广州地区地里纤恙螨全年均有出现，5～11月保持较高数字。福建4月开始少量出现，6～8月为高峰，9月后逐渐减少，冬季几乎见不到。地里纤恙螨是实验培养成功的一种媒介恙螨，也是在形态、生活史、生理、生态、遗传、经卵传递和经精包传递等方面研究较多的一种媒介恙螨。在实验室条件下，对地里纤恙螨的成虫、幼虫、卵的形态及地里纤恙螨的实验生态较详细的研究，并为控制恙虫病而进行了地里纤恙螨遗传杂交实验研究。在实验室29～34 ℃、相对湿度100%及供给充分食物条件下，虫期各阶段发育时间：产卵前期5～9天，卵期6～10天，次卵期7～10天，幼虫寄生期2～7天，寄生后期1～4天，若蛹期4～11天，若虫期10～32天，成蛹期4～13天，成虫期58～245天以上。完成一代即从前一代幼虫至下一代幼虫需59～135天，平均89天。

④ 生境与孳生物（宿主）：地里纤恙螨宿主范围较宽，宿主特异性较低，宿主达100余种，包括啮齿目、食虫目，甚至家畜（家猫、家兔）及一些鸟类亦偶有携带，其主要寄生宿主往往随地域的不同而存在差异。寄生部位主要在鼠的耳壳内，食虫动物多数寄生在大腿内侧、尾部及生殖器附近。

⑤ 与疾病的关系：地里纤恙螨不仅是东南亚热带地区恙虫病最主要的传播媒介，也是世界上许多地区恙虫病的主要或重要传染媒介。地里纤恙螨是我国南方地区恙虫病的主要媒介。地里纤恙螨自然感染恙虫病东方体已在中国、印度、缅甸、泰国、马来西亚、澳大利亚、新几内亚、巴基斯坦、菲律宾等许多国家发现。我国各个流行区反复从地里纤恙螨分离出恙虫病东方体，感染率很高，已在实验室证明可经卵、经变态期传递恙虫病东方体至少可传2代，并且能传播给健康动物，且能叮咬人，通过叮咬把恙虫病东方体传染给人。幼虫出现季节与恙虫病流行季节相一致，在流行季节里是优势种，因此，地里纤恙螨作为我国南方大部分地区夏季型恙虫病的主要传播媒介已从多方面得到证实。近期，有研究者采用PCR技术在中国青岛地里纤恙螨体内检出SFTSV，提示地里纤恙螨也可能作为发热伴血小板减少症的传播媒介，有必要进行进一步研究与验证。

⑥ 地理分布：国内主要分布于北纬30°以南的福建、广东、广西、浙江、江西、云南、贵州、四川、西藏（察偶、墨脱）、台湾等省区；国外在印度、缅甸、泰国、马来西亚、澳大利亚、新几内亚、巴基斯坦、菲律宾等国家均发现地里纤恙螨自然感染恙虫病东方体。在低海拔的沿海地区及河流沿岸、开阔的河谷平原、山间盆地密度较高。

（2）微红纤恙螨（*Leptotrombidium rubellum*）

微红纤恙螨（*Leptotrombidium rubellum*）是王敦清等在1984年首先命名的一个恙螨种类，常见于鼠类体表，是我国恙虫病的重要传播媒介之一。微红纤恙螨曾被误认为是地里纤恙螨的一个型，被称为“甲型地里纤恙螨”，后正式定名为微红纤恙螨。分类地位：绒螨总科（Superfamily Trombidioidea），恙螨科（Family Trombiculidae），恙螨亚科（Subfamily Trombiculinae），纤恙螨属（Genus *Leptotrombidium*）。

① 种名：微红纤恙螨（*Leptotrombidium rubellum* Wang et Liao，1984）。

同物异名：甲型地里纤恙螨（type A of *Leptotrombidium deliense*）。

② 形态：鉴别特征为活体标本呈深橘红色，PW/SD＝1.73，AP＞PS，SB/PLs，SB＜AP，ASB＞2PSB，fDS＝2.8.6.6.4.2＝28，VS＝20～22。

微红纤恙螨幼虫饱食后体短胖，无腰缩，虫体长246～688 μm，宽176～636 μm。fp＝N－N－BNN。背板（图6.6）后缘微向后突中部略平直，PW/AP＝2.2，PW略大于AW，感毛近基部1/3处无小棘，在油镜下见有微小分枝，端部1/2处有11～14个细长分枝，PL＞AM＞AL。眼点2×2。背毛分枝稀而短小。足Ⅲ基节毛位于基节前缘下方，足Ⅰ长264～268 μm，足Ⅱ长242～246 μm，足Ⅲ长286～293 μm，Ip＝792～807。SIF＝7B－B－3－2111.0000。

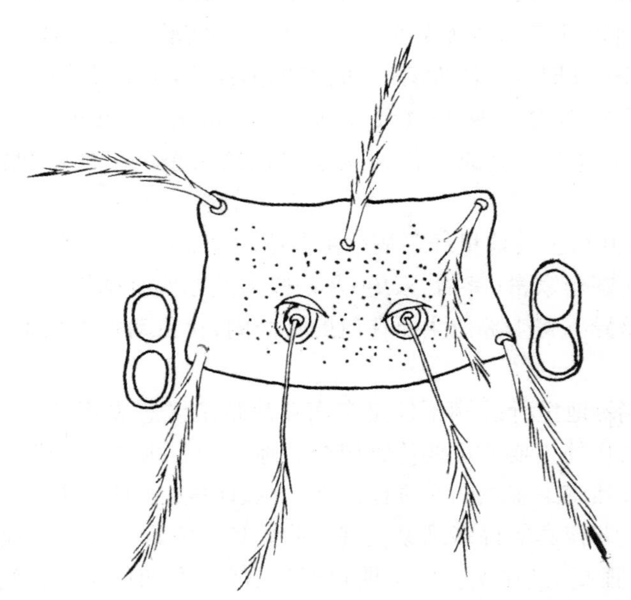

图6.6　微红纤恙螨（*Leptotrombidium rubellum*）幼螨背板
仿 黎家灿（1997）

背板各部位测量（单位：μm）：前侧毛距（AW）53～62；后侧毛距（PW）64～75；感毛基距（SB）22～24；感毛基前长（ASB）26～29；感毛基后长（PSB）11～13；背板长（SD＝ASB＋PSB）37～42；前后侧毛距（AP）29～33；前中毛长度（AM）44～51；前侧毛长度（AL）40～46；后侧毛长度（PL）51～62；感觉毛长度（Sens）48～59。

微红纤恙螨曾被认为是地里纤恙螨的一个型，被称为“甲型地里纤恙螨”。后来根据其外部形态、染色体核型和带型、同工酶、杂交试验及地理分布等特点，将其正式定名为微红纤恙螨。

③ 生活习性：微红纤恙螨的若虫、成虫喜食蚤卵，在实验室饲养条件下的生活力和繁殖力较强。在室温29～34 ℃、相对湿度100％和充足的食物供应条件下虫期各阶段：产卵前期7～8天，卵期11～21天，寄生期3～4天，寄生后期1～6天，若蛹期7～16天，若虫期6～20天，成蛹期5～19天，成虫期64～250天以上。繁殖季节为夏秋季。

④ 生境与孳生物（宿主）：在福建省，微红纤恙螨仅分布于长乐至厦门一带部分沿海地区的海边及傍海江边的草地，主要寄生于黄毛鼠的耳壳内。而在云南省，其主要分布在炎热、潮湿的低纬度、低海拔河谷坝区室外生境，其宿主特异性低（可寄生于黄胸鼠等3目5科7属8种宿主体表），主要倾向于寄生在黄胸鼠等宿主，且呈聚集性。

⑤ 与疾病的关系：微红纤恙螨是恙虫病的传播媒介。有研究证明微红纤恙螨可经卵传递恙虫病东方体，且从不同代数的卵、幼虫、若虫、成虫体内分离出东方体，证实了在各个变态期中均可保持有恙虫病东方体。实验证明可传到4代，并可传播给健康动物。

⑥ 地理分布：仅见于我国福建、云南；国外尚未见分布报道。

(3) 高湖纤恙螨(*Leptotrombidium kaohuense*)

高湖纤恙螨(*Leptotrombidium kaohuense*)是我国学者魏晋举等于1957年在浙江省青田县高湖村发现，由杨哲生等于1958年以正式新种的形式发表命名的一种恙螨，见于鼠类体表，是我国恙虫病的重要传播媒介之一。分类地位：绒螨总科(Superfamily Trombidioidea)，恙螨科(Family Trombiculidae)，恙螨亚科(Subfamily Trombiculinae)，纤恙螨属(Genus *Leptotrombidium*)。

① 种名：高湖纤恙螨(*Leptotrombidium kaohuense* Yang et al.，1958)。

同物异名：温氏纤恙螨(*Leptotrombidium wenense*)。

② 形态：鉴别特征为活体标本未饱食时呈橘红色，饱食后呈淡红色。须肢膝毛长不超过须肢爪。PL长于感毛，背板上各毛及背毛均较短且具浓密分枝，PLS/SB，AP>PS，fDS=2. 8. 6. 6. 4(2). 2(0)=28～32。感毛近基部1/3处具细小棘。足Ⅲ基节毛位于基节亚前缘上。

虫体椭圆形，长323～587 μm，宽237～380 μm，fpN=N－N－BNN。背板(图6.7)近似长方形，后侧角钝圆，后缘平直。PW/SD=1.5，PL位于SD中线上，SB离PLs线较远，约位于SD后1/3线上。眼点2×2。背毛长38(35～40) μm，VS=33～39，长20(18～23) μm。足Ⅰ长185 μm，足Ⅱ长163 μm，足Ⅲ长188 μm，Ip=536。SIF=7B－B－3－2111.0000。

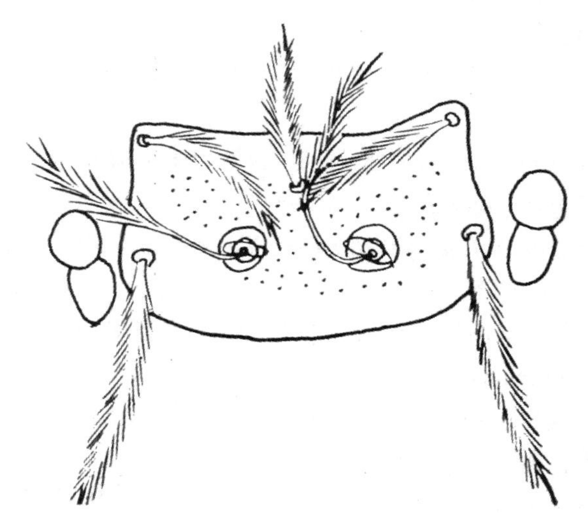

图6.7　高湖纤恙螨(*Leptotrombidium kaohuense*)幼螨背板
仿 黎家灿(1997)

背板各部位测量(单位：μm)：前侧毛距(AW)44～48；后侧毛距(PW)45～50；感毛基距(SB)20～23；感毛基前长(ASB)19～24；感毛基后长(PSB)11～12；背板长(SD=ASB+PSB)30～36；前后侧毛距(AP)12～15；前中毛长度(AM)20～23；前侧毛长度(AL)23～26；后侧毛长度(PL)36～41；感觉毛长度(Sens)27～30。

③ 生活习性：高湖纤恙螨已在实验室人工饲养获得成功，6～9月实验室饲养各虫期：在

温度为28 ℃、相对湿度为80%的条件下饲养，以昆虫卵（果蝇卵、白蚁卵、库蚊卵）饲养高湖纤恙螨，完成一个生活史周期需73～95天（2.5～3个月），平均84天，幼虫孵出率为99.9%，若虫孵出率为44.6%，成虫孵出率为51.1%。从受精卵到幼虫孵出需13～18天。幼虫营寄生生活，寄生期3～5天。幼虫孵出后1～2天开始叮刺，3～5天饱食，体积增大数倍。未饱食幼虫和未食幼虫均可以叮人。未食幼虫最多可以存活128天，保持不发育状态。隔代幼虫可叮刺健康小白鼠。饱食幼虫自动脱落，停止活动3～5天后发育成若蛹，隐于洞穴等光线阴暗处。在温度为28 ℃、相对湿度为80%的条件下，从若蛹发育到若虫需7～10天。若虫具有群居性，常成群地密集于洞隙附近或光线较暗处，同时喜欢钻洞穴。从若虫发育到成蛹需16～20天，成蛹到成虫7～9天，成虫也具有群居性。若虫和成虫以昆虫卵为主要食物来源。雌雄成虫经常成对地一起活动，但雌雄成虫并不直接交配。雄性成虫孵出后19天产出精包（精荚、精球、精珠），并以细丝（精丝）粘于地表，精包由精丝托住，内含精子。雌性成虫通过生殖吸盘摘取地表的精包放入生殖孔受精（间接交配或间接受精）。雌虫成虫发育16～26天后成熟产卵，3个月可繁殖一代。繁殖季节为夏秋季，其中以6月为高峰。

④ 生境与孳生物（宿主）：高湖纤恙螨的主要宿主为社鼠、针毛鼠，此外，黄毛鼠、白腹鼠、黄胸鼠、褐家鼠及臭鼩亦可作为其宿主，主要寄生在鼠类的耳廓（auricle）、外耳道、腹股沟、会阴部等皮肤比较柔软和嫩薄的部位。该螨主要分布在浙江南部和福建东北部的山麓农耕地附近的草地，也可见于沼泽、池塘边和河沟两岸等附近的灌木丛、芦苇地、杂树林等比较阴暗、潮湿和鼠类（啮齿动物）经常出入的地方。

⑤ 与疾病的关系：高湖纤恙螨已经被确证为我国恙虫病的主要媒介恙螨之一。研究者已多次从自然界采到的高湖纤恙螨分离出恙虫病东方体，实验室也证明可经卵传递恙虫病东方体至少2代，并可传给健康动物，具有较强的叮咬人的能力。幼虫出现季节与恙虫病流行季节相符，又是疫区流行季节里的优势种类，是我国浙江、福建夏季型恙虫病的重要传播媒介。

⑥ 地理分布：国内分布于浙江、福建、云南；国外尚未见分布报道。

(4) 小板纤恙螨（*Leptotrombidium scutellare*）

小板纤恙螨（*Leptotrombidium scutellare*）是Nagayo等于1921年首先命名的一种恙螨，常寄生于鼠类体表，是我国秋冬型恙虫病的主要传播媒介，也是流行性出血热的传播媒介之一。分类地位：绒螨总科（Superfamily Trombidioidea），恙螨科（Family Trombiculidae），恙螨亚科（Subfamily Trombiculinae），纤恙螨属（Genus *Leptotrombidium*）。

① 种名：小板纤恙螨（*Leptotrombidium scutellare* Nagayo et al.，1921）。

同物异名：小盾纤恙螨。

② 形态：鉴别特征为fp=N－N－BNN，背板后缘向后作弧形突出，AP>Ps或AP=PS，SB=AP，SB-PLs，感毛近基部无小棘，fDS=2. 10(10～12)…=45～56第一列背毛排列整齐，VS=31～40。

活体标本未饱食时呈橘红色，饱食后全身呈均匀的粉红色，体短胖无腰缩，体长238～377 μm，宽137～238 μm。背板（图6.8）长方形，PW/SD=1. 64，前缘和侧缘微向内凹。感毛近基部1/3处在油镜下可见微小分枝，端部1/2处有7对～8对细长分枝。Oc=2×2，背毛排列2.10.10.2.8.6.6.5.2或2.10.10.4.8.8.3等不甚规则。背板毛及背毛略纤细，分枝较稀且短小。足Ⅲ基节毛位于基节前缘下方，足Ⅰ长279 μm，足Ⅱ长254 μm，足Ⅲ长302 μm，Ip=

835。SIF=7B−B−3−2111.0000。

背板各部位测量(单位:μm):前侧毛距(AW)60~74;后侧毛距(PW)68~82;感毛基距(SB)24~31;感毛基前长(ASB)26~34;感毛基后长(PSB)14~19;背板长(SD=ASB+PSB)40~53;前后侧毛距(AP)26~29;前中毛长度(AM)48~56;前侧毛长度(AL)42~52;后侧毛长度(PL)51~65;感觉毛长度(Sens)60~75。我国的小板纤恙螨与 *L. scutellare*(Nagayo et al.,1920)比较,基本相同,感毛近基部无小棘。陈心陶等(1956年)报道采自大兴安岭的标本感毛近基部有小棘,可能是不同种。

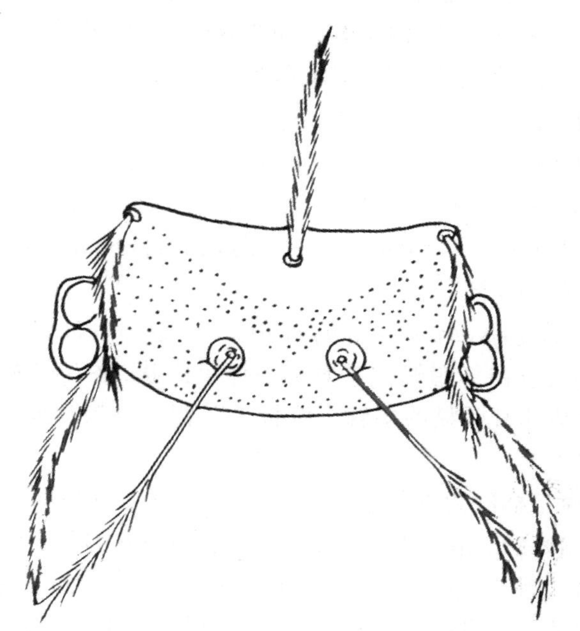

图6.8　小板纤恙螨(*Leptotrombidium scutellare*)幼螨背板
仿 黎家灿(1997)

③ 生活习性:小板纤恙螨分布广泛,宿主多,主要寄生于耕作地栖息和活动的鼠类,其次为靠耕作地的山麓灌木草丛活动的鼠类。寄生部位主要在耳壳内,黑线姬鼠多在耳垂边缘,在白腹巨鼠和青毛鼠的胸部亦有大量寄生。小板纤恙螨的成虫、若虫尚能吸食一些蚕卵,在实验室条件下11月到次年5月,于室温、相对湿度100%供给充分食物,从饱食幼虫至成虫化出需114~172天,平均为145.13天。徐秉锟等(1980年)报道小板纤恙螨在25℃的温箱中,饱食幼虫至成中化出需102~177天,由此推测在自然界绝大多数每年只能出现一代。因小板纤恙螨的若虫、成虫不很喜食蚕卵,在实验室饲养一代后难以继续饲养繁殖。该螨幼虫出现季节在冬春季,福建调查10月开始少量出现,12月到次年2月保持较高数字,4月减少,5月后没见到。陕西调查6~7月出现少量,9~11月指数为18.5~133.4。江苏9月开始出现,10月高峰,1~8月未发现。

④ 生境与孳生物(宿主):小板纤恙螨分布广泛,宿主达26种之多,主要寄生于耕作地栖息和活动的鼠类,如黄毛鼠、黑线姬鼠、斯氏家鼠、大足鼠、白腹鼠、大仓鼠等;其次是靠耕作地的山麓灌木草丛活动的鼠类,如白腹巨鼠、青毛鼠、社鼠、针毛鼠等;在家栖鼠类、松鼠、食虫动物、棕背鼩、东北鼠兔、竹鼠等亦偶有寄生。寄生部位主要在耳壳内,黑线姬鼠多在耳垂边缘,在白腹巨鼠和青毛鼠的胸部亦有大量寄生。

⑤ 与疾病的关系：小板纤恙螨在日本被认为是富士山和八丈岛等地冬季恙虫病的媒介。我国福建、山东、江苏等地发现秋冬季有恙虫病流行，并从疫区的小板纤恙螨分离到恙虫病东方体。江苏采集未吸食的幼虫20～50只为一组，叮咬6只小白鼠，2只分离到恙虫病东方体证明自然感染并能经叮刺传播。此外，小板纤恙螨还可自然感染并能经卵传递和传播流行性出血热病毒，1989～1990年在陕西省得到证实。该螨幼虫的出现季节与当地秋冬型恙虫病、流行性出血热的流行季节相一致，又是当时的优势种，小板纤恙螨既是我国秋冬型恙虫病的主要传播媒介，又是流行性出血热的传播媒介之一。

⑥ 地理分布：国内分布于河北、内蒙古、江苏、浙江、安徽、福建、江西、山东、河南、广东、云南、四川、陕西、台湾等；国外分布于日本、韩国。

(5) 苍白纤恙螨(*Leptotrombidium pallidum*)

苍白纤恙螨(*Leptotrombidium pallidum*)是Nagayo等于1919年首先命名的一种恙螨，常见于鼠类体表，是我国恙虫病重要传播媒介之一。分类地位：绒螨总科(Superfamily Trombidioidea)，恙螨科(Family Trombiculidae)，恙螨亚科(Subfamily Trombiculinae)，纤恙螨属(Genus *Leptotrombidium*)。

① 种名：苍白纤恙螨(*Leptotrombidium pallidum* Nagayo et al.，1919)。

② 形态：鉴别特征：苍白纤恙螨饱食时标本体呈筒状，略有腰缩，AP=PS，PW/SD=1.49，PLs/SB，感毛近基部有明显的小棘。背板毛及背毛略粗壮分枝密长。DS=48～57，VS=52～60。

活体标本未饱食时呈橘红微带黄色，浓密的背毛在体背部呈白色，饱食后淡橘黄色，长201～421 μm，宽151～304 μm，fp=N－N－BNN。背板(图6.9)宽度约为长度的1.5倍，前后缘均较平直，后侧角略钝圆，PW略大于AW，PL位于SD中线略上方，感毛端部2/3处有8对左右细长分枝。眼点2×2。fDS=2.14.11.10.8.6.4或2.12.15.11.7.2.2=48～57，排列不规则。第一列背毛排列不整开，背毛长36～44 μm，腹毛长23～30 μm，fst=2.2，足Ⅲ基节毛位

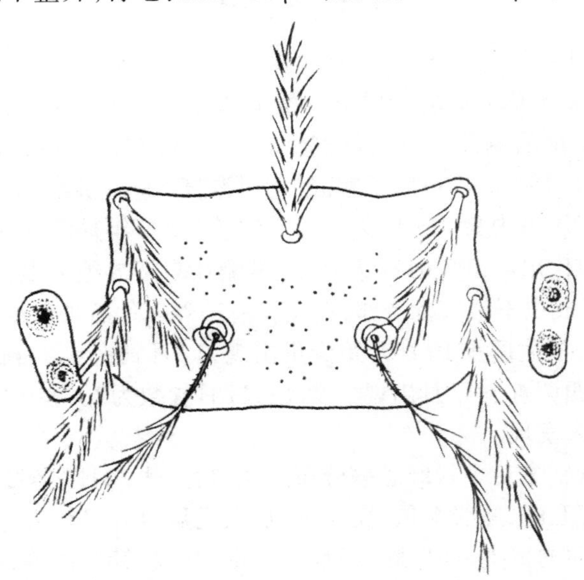

图6.9 苍白纤恙螨(*Leptotrombidium pallidum*)幼螨背板

仿 黎家灿(1997)

于基节前缘下方，足Ⅰ长178～221 μm，足Ⅱ长175～205 μm。足Ⅲ长198～224 μm，Ip=551～650。SIF=7B－B－3－2111.0000。

背板各部位测量(单位：μm)：前侧毛距(AW)50～58；后侧毛距(PW)54～62；感毛基距(SB)24～29；感毛基前长(ASB)24～27；感毛基后长(PSB)12～15；背板长(SD=ASB+PSB)36～42；前后侧毛距(AP)16～17；前中毛长度(AM)32～39；前侧毛长度(AL)27～33；后侧毛长度(PL)44～48；感觉毛长度(Sens)45～53。

③ 生活习性：在实验室里，苍白纤恙螨已成功培养，若虫、成虫能吸食蚤卵，在实验室条件下11月至次年5月于室温(福建)、相对湿度100%，供给充分食物，幼虫寄生后期及若蛹期约3个月，若虫期24～48天，平均为35天，成蛹期11～37天，平均为26天，如果能正常取食夏季仍可继续产卵，但必须到10月下旬才相继出现大量幼虫。苍白纤恙螨幼虫在自然界出现季节为冬春季。

④ 生境与孳生物(宿主)：宿主为针毛鼠、社鼠、黑线姬鼠、黄毛鼠、大足鼠、青毛鼠、白腹鼠、白腹巨鼠、小林姬鼠、褐家鼠、黑家鼠等。

⑤ 与疾病的关系：日本已证实苍白纤恙螨是冬季型恙虫病的传播媒介，亦有研究者认为苍白纤恙螨可能是出血热的传播媒介。

⑥ 地理分布：国内分布于黑龙江、浙江、福建、山东、广东、云南、贵州、台湾；国外分布于日本、韩国。

(6) 海岛纤恙螨(*Leptotrombidium insulare*)

海岛纤恙螨(*Leptotrombidium insulare*)是我国学者魏晋举等于1987年在浙江东矶列岛发现并初步命名的一种恙螨，后于1989年进行正式新种记述命名，仅见于浙江沿海东矶列岛鼠类体表，是我国恙虫病的重要媒介之一。分类地位：绒螨总科(Superfamily Trombidioidea)，恙螨科(Family Trombiculidae)，恙螨亚科(Subfamily Trombiculinae)，纤恙螨属(Genus *Leptotrombidium*)。

① 种名：海岛纤恙螨(*Leptotrombidium insulare* Wei，Wang et Tong，1989)。

② 形态：鉴别特征为PLS/SB，AP≥PS，PW/AP=3.15，SB>AP，感毛近基部有明显的小棘，PLs线位于SD中线上，背板毛及背毛均较粗壮，分枝浓密，fDS=2.10.2.8.10.6.4.2=40～44，VS=41～47。

海岛纤恙螨活体标本呈橘红色，未进食标本长199～204 μm，宽143～157 μm，中等饱食标本长274～330 μm，宽221～231 μm，fp=N－N－BNN。背板(图6.10)长宽之比为1:(1.6～1.8)，前后缘较平直。感毛端部2/3处有8对左右细长分枝，感毛与PL约等长，PL>AM>AL，Oc=2×2，背毛长43～52 μm，腹毛长34～39 μm，fst=2. 2。足Ⅲ基节毛位于基节前缘下方，足Ⅰ长251 μm，足Ⅱ长243 μm，足Ⅲ长271 μm，Ip=765。SIF=7B－B－3－2111.0000。

背板各部位测量(单位：μm)：前侧毛距(AW)62～68；后侧毛距(PW)66～74；感毛基距(SB)28～32；感毛基前长(ASB)24～30；感毛基后长(PSB)13～17；背板长(SD=ASB+PSB)37～47；前后侧毛距(AP)21～26；前中毛长度(AM)40～48；前侧毛长度(AL)33～43；后侧毛长度(PL)46～56；感觉毛长度(Sens)49～56。

③ 生活习性：在实验室用野生型黑腹果蝇(*Drosophila melanogaster*)卵和黑翅土白蚁(*Macrotermes barneyi*)卵饲养海岛纤恙螨已获得成功，在28 ℃及相对湿度80%条件下，完成一个生活史周期需2.5～3个月。在自然界每年6月开始出现，8月下旬达高峰，9月下降。

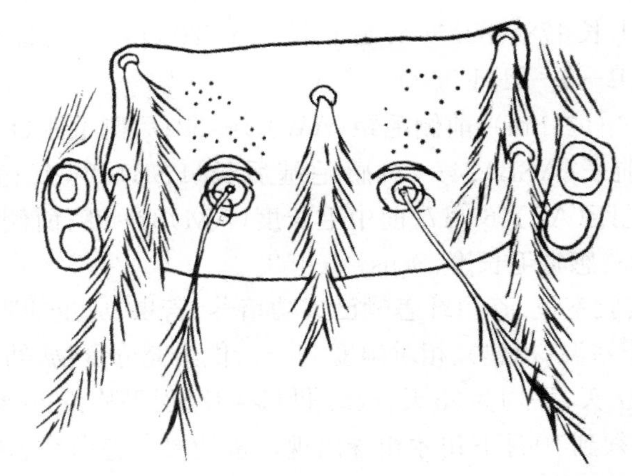

图 6.10 海岛纤恙螨(*Leptotrombidium insulare*)幼螨背板
仿 黎家灿(1997)

④ 生境与孳生物(宿主):海岛纤恙螨目前仅知分布于浙江沿海的东矶列岛等岛屿的恙虫病疫源地内,数量多,平均指数52~129,为当地绝对优势种。宿主为黄毛鼠、褐家鼠、小家鼠。

⑤ 与疾病的关系:已证实海岛纤恙螨能自然感染恙虫病东方体,实验室证明能经卵传递恙虫病东方体,具有较强的叮人传病能力。该螨幼虫出现与恙虫病流行季节相符,为浙东沿海岛屿恙虫病的传播媒介。

⑥ 地理分布:浙江、云南。

(7) 红纤恙螨(*Leptotrombidium akamushi*)

红纤恙螨(*Leptotrombidium akamushi*)是Barumpt于1910年首先命名,可见于鼠类、禽类等动物体表,是恙虫病重要传播媒介之一。分类地位:绒螨总科(Superfamily Trombidioidea),恙螨科(Family Trombiculidae),恙螨亚科(Subfamily Trombiculinae),纤恙螨属(Genus *Leptotrombidium*)。

① 种名:红纤恙螨(*Leptotrombidium akamushi* Barumpt,1910)。

② 形态:鉴别特征为SB/PLs,SB约等于AP,AP>PS,ASB≤2PSB,PW/AP≈2.7,PL=AM,fDS=2.8.6(8)…或2.10.8.8.6.2=32~40,VS=22~36。

红纤恙螨活体标本红色,眼点明显,鲜红色,在背板外两侧,近后侧毛附近,有2对位于眼板上。饱食时体长280(273~298) μm,宽193(182~210) μm,fp=N−N−BNN,背板(图6.11)长方形,宽大于长,前缘颇平直或微呈双凹状,两侧缘向内凹,后缘微向后突,中部微凹。PW>AW,感毛近基部光裸,端部1/2处有6对细长分枝。眼点2×2,前略大于后。背毛在背板与体后端之间成行排列的刚毛,长度、数目与位置很固定,为鉴别的特征之一。背毛纤细具短小分支,长53~23 μm,腹毛长25~39 μm。足3对,每足分7节。足的末端有爪1对和爪间垫1个。足Ⅲ基节毛位于基节前缘下方,足Ⅰ长214 μm,足Ⅱ长219 μm,足Ⅲ长258 μm,Ip=718。SIF=7B−B−3−2111. 0000。

背板各部位测量(单位:μm):前侧毛距(AW)59~65;后侧毛距(PW)70~76;感毛基距(SB)23~31;感毛基前长(ASB)22~26;感毛基后长(PSB)14~16;背板长(SD=ASB+PSB)36~42;前后侧毛距(AP)23~28;前中毛长度(AM)50~51;前侧毛长度(AL)33~36;后侧毛长度(PL)48~51;感觉毛长度(Sens)59~64。

③ 生境与孳生物(宿主):褐家鼠、黄胸鼠、黑家鼠、小家鼠、卡氏小鼠、黄毛鼠、针毛鼠、

黑线姬鼠、东方田鼠、花松鼠、臭鼩、白齿鼩、短尾鼹、鹧鸪、家鸡、小鸦鹃、印度棕三趾鹑，甚至犬、猫、水牛、黄牛等偶有带染。幼虫出现季节在夏季。

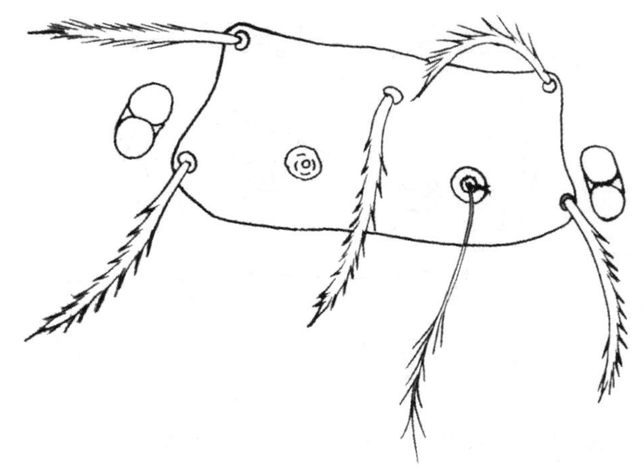

图 6.11　红纤恙螨(*Leptotrombidium akamushi*)幼螨背板

仿 黎家灿(1997)

④ 与疾病关系：在日本已证实红纤恙螨幼虫能自然感染恙虫病东方体，感染率为 2.3%～11%，并能经卵经变态期传递，还能叮咬人，成为日本东北部恙虫病的主要传播媒介。

⑤ 地理分布：国内分布于广东、台湾(澎湖)、云南；国外广泛分布于日本、菲律宾、新几内亚、马来西亚等东南亚一些国家。

(8) 于氏纤恙螨(*Leptotrombidium yui*)

于氏纤恙螨(*Leptotrombidium yui*)是我国陈心陶教授等于1955年首先命名的一种恙螨，见于多种鼠类体表，曾在其体内发现自然感染的恙虫病东方体，故可能为恙虫病传播媒介之一。分类地位：绒螨总科(Superfamily Trombidioidea)，恙螨科(Family Trombiculidae)，恙螨亚科(Subfamily Trombiculinae)，纤恙螨属(Genus *Leptotrombidium*)。

① 种名：于氏纤恙螨(*Leptotrombidium yui* Chen et Hsu，1955)。

② 形态：鉴别特征为活体标本乳白色，PLS/SB，SB＝ASB，PL与感毛近等长，感毛基小棘在油镜下可见。背板前缘平直，后缘弧形突出。fDS＝2.8.6.6.6.4.2＝34，VS＝37～45。

于氏纤恙螨活体标本乳白色，具鲜红色眼点，体长 444～538 μm，宽 272～375 μm，饱食后体膨大略呈圆筒形，腰缩不明显。fp＝N－N－BN，背板(图 6.12)近似长方形，长宽之比为1∶1.6，PW＞AW，AP约等于PS，后侧毛在后侧角上。眼点2×2，前略大于后。背毛略粗壮分枝浓密，背毛长 37～47 μm，腹毛长 21～40 μm，fst＝2. 2，足Ⅲ基节毛位于基节前缘下方，足Ⅰ长 210～234 μm，足Ⅱ长 199～213 μm，足Ⅲ长 221～210 μm，Ip＝630～657。SIF＝fT－Ga－Gr－ga，gm，gp，tp－MT，mt，mG，MF。

背板各部位测量(单位：μm)：前侧毛距(AW)51～59；后侧毛距(PW)56～63；感毛基距(SB)20～27；感毛基前长(ASB)20～26；感毛基后长(PSB)12～14；背板长(SD＝ASB＋PSB)30～34；前后侧毛距(AP)14～18；前中毛长度(AM)32～39；前侧毛长度(AL)25～30；后侧毛长度(PL)45～53；感觉毛长度(Sens)40～51。

③ 生活习性：几乎全年各季节均可见到于氏纤恙螨的出现，春秋季数量稍多。

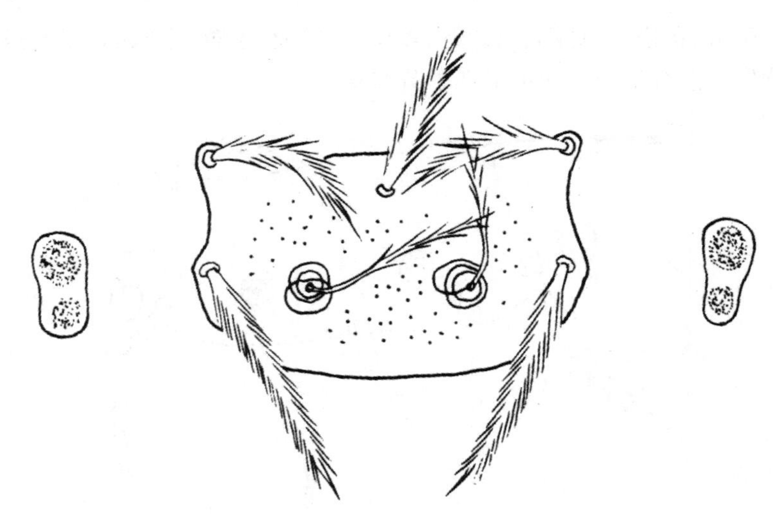

图6.12　于氏纤恙螨(*Leptotrombidium yui*)幼螨背板
仿 黎家灿(1997)

④ 生境与孳生物(宿主):黄毛鼠、黑线姬鼠、大足鼠、白腹鼠、社鼠、针毛鼠、高山姬鼠、大绒鼠、黄胸鼠、褐家鼠、长吻松鼠、树鼩等,其中田栖鼠类是主要宿主。寄生部位在耳壳内,黑线姬鼠多在耳垂边缘和耳壳背面。

⑤ 与疾病的关系:在福建平潭岛发现有自然感染恙虫病东方体。

⑥ 地理分布:国内分布于辽宁、江苏、浙江、福建、江西、广东、云南、四川、上海;国外不详。

(9) 英帕纤恙螨(*Leptotrombidium imphalum*)

英帕纤恙螨(*Leptotrombidium imphalum*)是Vercammen-Grandjean等于1975年首先命名的一种恙螨,常见于鼠类体表,曾在其体内发现自然感染的恙虫病东方体,故可能为当地恙虫病媒介。分类地位:绒螨总科(Superfamily Trombidioidea),恙螨科(Family Trombiculidae),恙螨亚科(Subfamily Trombiculinae),纤恙螨属(Genus *Leptotrombidium*)。

① 种名:英帕纤恙螨(*Leptotrombidium imphalum* Vercammen-Grandjean et Langston, 1975)。

② 形态:鉴别特征为SB/PLs,PW/SD=1.44～1.75,AP>PS,AP≥SB,ASB≥2PSB,感毛近基部无小棘。fDS=2.8.6(7).6(7～8).6～2=30～37,排列不甚规则,VS=21～26。

活体标本淡橘红色体,长221～263 μm,宽163～187 μm,fp－N－N－BNN,螯鞘毛有4～5个(偶有6个)长分枝,背板(图6.13)长方形,后缘有明显的双突或略平直,PLs位于SD靠后缘约1/4处,感毛端部有11～12个细长分枝,多数标本PL>AM>AL,眼点2×2。背毛纤细分枝较稀且短小,背毛长54(48～60) μm,腹毛长32(27～36) μm。足Ⅲ基节毛位于基节前缘下方,距前缘10.2 μm。足Ⅰ长238～265 μm,足Ⅱ长221～238 μm,足Ⅲ长260～275 μm,Ip=751(728～770)。SIF=7B－B－3－2111.0000。

背板各部位测量(单位:μm):前侧毛距(AW)52～65;后侧毛距(PW)63～71;感毛基距(SB)22～31;感毛基前长(ASB)27～32;感毛基后长(PSB)10～15;背板长(SD=ASB+PSB)37～47;前后侧毛距(AP)26～31;前中毛长度(AM)43～61;前侧毛长度(AL)36～48;后侧毛长度(PL)46～61;感觉毛长度(Sens)50～68。

③ 生活习性:在实验室用蚕卵人工饲养获得成功,在月平均室温22.6～32.1 ℃,饱和相

对湿度，并供给充分食物条件下，从卵发育至成虫需23~100天，平均44.5天，完成一代所需时间34~115天，平均57.5天。在实验室由于成虫吸食蚕卵量逐渐减少直至不食，在实验室饲养2~3代后难于继续饲养。

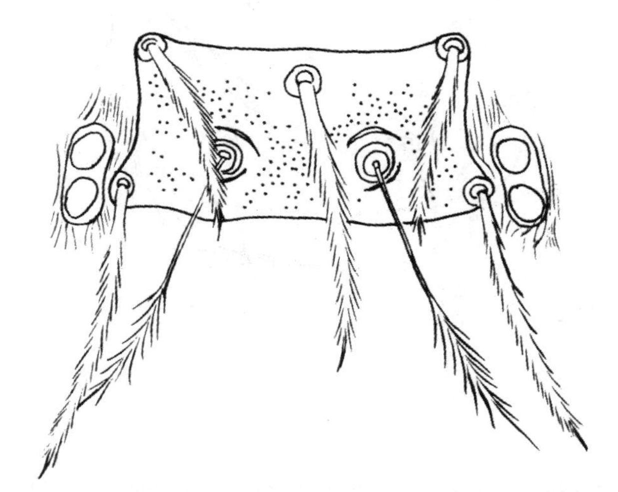

图6.13　英帕纤恙螨(*Leptotrombidium. imphalum*)幼螨背板

仿 黎家灿(1997)

④ 生境与孳生物(宿主)：该螨的宿主为黑家鼠、青毛鼠、大足鼠、黄毛鼠、黄胸鼠。

⑤ 与疾病的关系：1987年云南省采自恙虫病患者住所附近捕获的黄胸鼠耳壳内的英帕纤恙螨分离到恙虫病东方体，故其可能是当地恙虫病的媒介。

⑥ 地理分布：国内分布于福建、台湾、云南、西藏、四川、贵州；国外分布于印度、缅甸、锡兰、巴基斯坦、马来西亚。

(10) 东方纤恙螨(*Leptotrombidium orientale*)

东方纤恙螨(*Leptotrombidium orientale*)是Schluger于1948年首先命名的一种恙螨，见于鼠类体表，在我国东北发现该螨自然感染恙虫病东方体，可能作为该地区恙虫病媒介；分类地位：绒螨总科(Superfamily Trombidioidea)，恙螨科(Family Trombiculidae)，恙螨亚科(Subfamily Trombiculinae)，纤恙螨属(Genus *Leptotrombidium*)。

① 种名：东方纤恙螨(*Leptotrombidium orientale* Schluger，1948)。

② 形态：鉴别特征为fp=N—N—BNB，感毛近基部有小棘，SB明显位于PLs下方，背板(图6.14)后缘突出中部平直，PL位于SD中线略上方，ASB≈2PSB，fDS=2.8.6.6.4.4.2=32，VS=42~48。

东方纤恙螨半饱食到饱食标本体长552~584 μm，宽363~457 μm，PW/SD=1.62~1.75。PL与感毛等长，感毛端部2/3处有10对左右细长分枝。眼点2×2，fst=2.2。足Ⅲ基节毛接近基节前缘中部，足Ⅰ长260 μm，足Ⅱ长248 μm，足Ⅲ长293 μm。Ip=801。SIF=7B—B—3—2111.0000。

背板各部位测量(单位：μm)：前侧毛距(AW)67~68；后侧毛距(PW)70；感毛基距(SB)30~32；感毛基前长(ASB)27~29；感毛基后长(PSB)13~14；背板长(SD=ASB+PSB)40~43；前后侧毛距(AP)14~16；前中毛长度(AM)48；前侧毛长度(AL)34~37；后侧毛长度(PL)56~58；感觉毛长度(Sens)56~58。

③ 生境与孳生物(宿主):东方纤恙螨的宿主为黑线姬鼠、黑线仓鼠、草原鼢鼠。

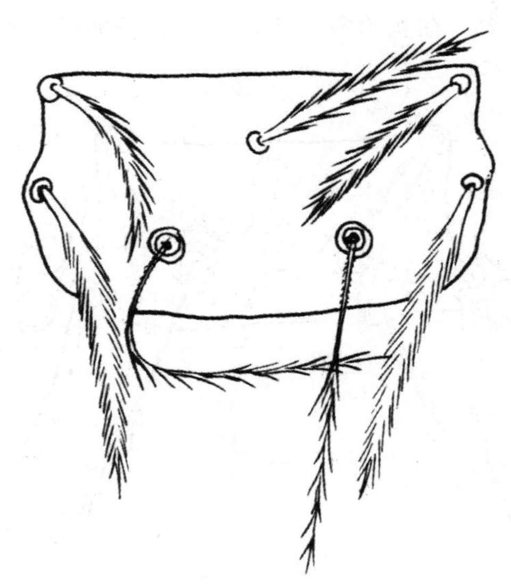

图6.14 东方纤恙螨(*Leptotrombidium orientale*)幼螨背板
仿 黎家灿(1997)

④ 与疾病的关系:在吉林省珲春市敬信地区发现有该螨自然感染恙虫病东方体,可能作为该地区恙虫病媒介。

⑤ 地理分布:国内分布于吉林、辽宁、黑龙江;国外分布于韩国、俄罗斯。

(11) 须纤恙螨(*Leptotrombidium palpale*)

须纤恙螨(*Leptotrombidium palpale*)是Nagayo等于1919年首次命名的一种恙螨,1956年陈心陶等首次记录我国存在该螨,常见于鼠类体表,能自然感染恙虫病东方体,是我国恙虫病可能的媒介之一。分类地位:绒螨总科(Superfamily Trombidioidea),恙螨科(Family Trombiculidae),恙螨亚科(Subfamily Trombiculinae),纤恙螨属(Genus *Leptotrombidium*)。

① 种名:须纤恙螨(*Leptotrombidium palpale* Nagayo et al.,1919)。

② 形态:鉴别特征:活体标本淡橘红色。fp=N-N-BNB。感毛近基部无小棘,在油镜下可见微小分枝。PW/SD=1.53,AP=PS,fDS=2.10.10.10.8…=44~48,VS=39~45。足Ⅲ基节毛位于基节前缘上。

虫体椭圆形略有腰缩,长297 μm,宽183 μm。背板(图6.15)略呈长方形,前缘微内凹,后缘呈弧形突出,但中部平直。感毛端部2/3处有8~12对细长分支。SB位于后侧线略下方。眼点2×2。背板毛及体毛由基部至末端均具密集的分枝,背毛长32~55 μm,腹毛长42~21 μm。足Ⅰ长244 μm,足Ⅱ长230 μm,足Ⅲ长263 μm,Ip=737。SIF=7B-B-3-2111.0000。

背板各部位测量(单位:μm):前侧毛距(AW)53~60;后侧毛距(PW)56~65;感毛基距(SB)24~27;感毛基前长(ASB)24~27;感毛基后长(PSB)14~17;背板长(SD=ASB+PSB)38~44;前后侧毛距(AP)15~19;前中毛长度(AM)36~43;前侧毛长度(AL)30~34;后侧毛长度(PL)46~53;感觉毛长度(Sens)46~53。

③ 生活习性:寄生部位主要在耳壳内,姬鼠在耳垂边缘。出现季节主要在冬春季。上海嘉定县出现在10~3月,12月最高,陕西省1973年调查出现在9~4月,11~12月最高。

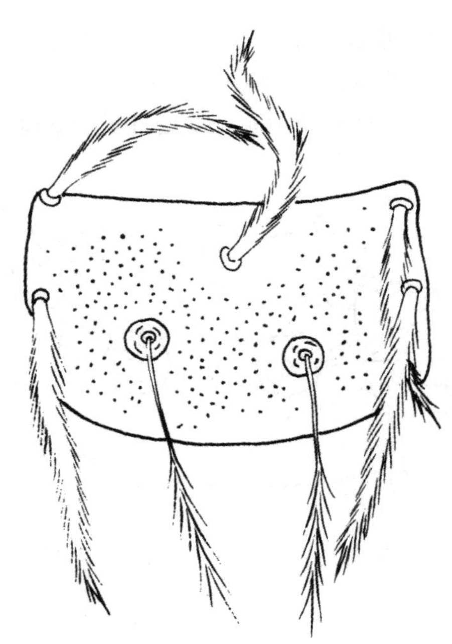

图6.15　须纤恙螨(*Leptotrombidium palpale*)幼螨背板
仿 黎家灿(1997)

④ 生境与孳生物(宿主):主要宿主为黄毛鼠、黑线姬鼠、东方田鼠、小林姬鼠、大仓鼠等田栖鼠类。此外,褐家鼠、黄胸鼠、小家鼠、社鼠、和平田鼠、西南绒鼠、麝鼩等亦可作为其宿主。

⑤ 与疾病的关系:在日本、朝鲜、前苏联远东地区发现须纤恙螨能自然感染恙虫病东方体,可经变态期传递,能叮咬人。国外有研究者用个体接种法证明感染率为37%。我国虽无报道须纤恙螨感染恙虫病东方体,但在冬季型恙虫病疫区除小板纤恙螨外,须纤恙螨也占一定数量,二者活体幼虫区分难度较大,须纤恙螨很可能作为恙虫病媒介,应给予重视。此外,有研究显示须纤恙螨是流行性出血热可能的传播媒介。

⑥ 地理分布:国内分布范围很广,除陕西、甘肃、青海、新疆、西藏、四川外都有检出;国外分布于日本、韩国、朝鲜、前苏联地区。

2. 囊棒恙螨属(*Ascoschoengastia*)

印度囊棒恙螨(*Ascoschoengastia indica*)

印度囊棒恙螨(*Ascoschoengastia indica*)是Hirst于1915年命名的一种恙螨,可见于鼠类、部分鸟类体表,已证实其可携带恙虫病东方体,是恙虫病可能的媒介之一。分类地位:绒螨总科(Superfamily Trombidioidea),恙螨科(Family Trombiculidae),恙螨亚科(Subfamily Trombiculinae),囊棒恙螨属(Genus *Ascoschoengastia*)。

① 种名:印度囊棒恙螨(*Ascoschoengastia indica* Hirst,1915)

② 形态:鉴别特征:腰缩不明显。红色眼点明显,背板小,近梯形,后缘向后端微微突出,AP≥SB,PW/AP=1.9,PL＞AM＞AL。

活标本黄色或金黄色,饱食后体长可达423 μm,宽265 μm,颚体平均77 μm。须肢毛式fp=N(b)－N(b)－NNN(b),须肢爪分3叉。背板(图6.16)小,近梯形,具前侧肩前缘向后凹但中央微向前突,后缘向后端微微突出,PL＞AM＞AL。PW＞AW。AP＞SB,SB位于后侧线上方(SB/PLs)。感毛棒状或球状,但基部并不嵌在峭中,膨大部分有许多小棘。眼点红色明显,2×2。背毛34根,排列为2.8.6.6.6.4.2;腹毛36根。基节毛式1.1.1,足Ⅲ基节毛靠近基节中央。足Ⅰ长198 μm,足Ⅱ长164 μm,足Ⅲ长193 μm,Ip=555。SIF=6B−N−3−3111.1000。

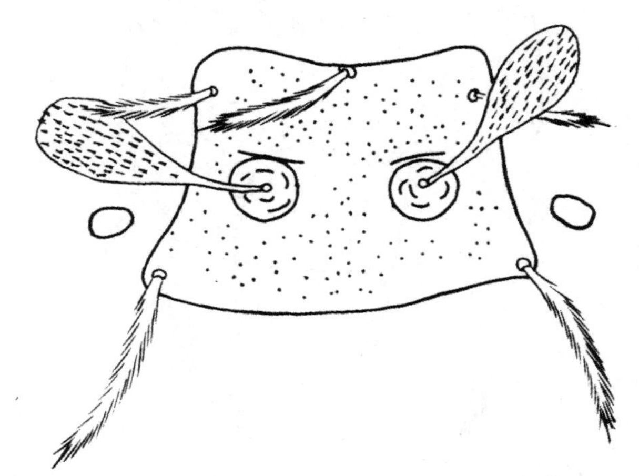

图6.16　印度囊棒恙螨(*Ascoschoengastia indica*)幼螨背板
仿 黎家灿(1997)

背板各部位测量(单位:μm):前侧毛距(AW)34~37;后侧毛距(PW)45~57;感毛基距(SB)20~23;感毛基前长(ASB)21~25;感毛基后长(PSB)18~20;前后侧毛距(AP)25~29;前中毛长度(AM)17~21;前侧毛长度(AL)15~27;后侧毛长度(PL)26~29;感觉毛长度(Sens)28~31。

③ 生活习性:印度囊棒恙螨在实验室培养的条件下,饱食蚴停止活动时间为饱食后3~9天,若蛹出现时间为5~14天,蛹期7~10天。繁殖高峰期为夏秋季,5月以后逐渐增多,8月后减少,冬季则未见到。

④ 生境与孳生物(宿主):印度囊棒恙螨主要寄生于黑家鼠和褐家鼠的耳壳内(在云南的调查发现主要寄生于黄胸鼠)。其宿主还有:海南家鼠、大足鼠、白腹巨鼠、小泡巨鼠、黑尾鼠、缅鼠、赤腹丽松鼠、细腹丽松鼠,普通伏翼蝠,山拟啄木鸟等。在鼠类宿主的寄生部位主要是耳壳内外、脚、尾、生殖器等;在蝙蝠主要寄生部位是头部;在鸟类宿主则在身体各部分都可能发现。

⑤ 与疾病的关系:印度囊棒恙螨已被证明可携带恙虫病东方体。

⑥ 地理分布:国内分布范围较广,在上海、浙江、福建、广东、广西、云南、四川、陕西、香港等地都有发现。

(二)背展恙螨亚科

在我国,背展恙螨亚科恙螨主要包括无前恙螨属、棒六恙螨属、背展恙螨属。其中,无前恙螨属的中华无前恙螨可自然感染恙虫病东方体,是恙虫病可能的传播媒介。

无前恙螨属(*Walchia*)

中华无前恙螨(*Walchia chinensis*)

中华无前恙螨(*Walchia chinensis*)是陈心陶教授等于1955年首先命名的一种恙螨,常见于多种鼠类体表，可携带恙虫病东方体，是我国恙虫病可能的媒介之一。分类地位：绒螨总科（Superfamily Trombidioidea），恙螨科（Family Trombiculidae），背展恙螨亚科（Subfamily Gahrliepiinae），无前恙螨属（Genus *Walchia*）。

① 种名：中华无前恙螨（*Walchia chinensis* Chen et Hsu，1955）。

② 形态：鉴别特征：足Ⅲ基节2根毛，基节Ⅰ、Ⅲ之间无毛。背板较小，PW 28 μm，SD 51 μm，后角呈90°，SD/PW＝1.82，AW与PW近相等，AP明显大于PP，感毛球棒状。

活体标本乳白色，具鲜红色眼点，体小，饱食后椭圆形，有明显的腰缩，体长421 μm，宽301 μm。fp＝N－N－NNN，背板（图6.17）的SB位于AP中线水平，SB靠近AL、PL垂直线。fDS＝2.6.6.6.6.6.4.2＝32～38，背毛长20～26 μm，VS＝42～52，毛长12～23 μm，fcx＝1.1.2。足Ⅰ长164 μm，足Ⅱ长135 μm，足Ⅲ长164 μm，Ip＝463。SIF＝4B－N－3－2110.0000。

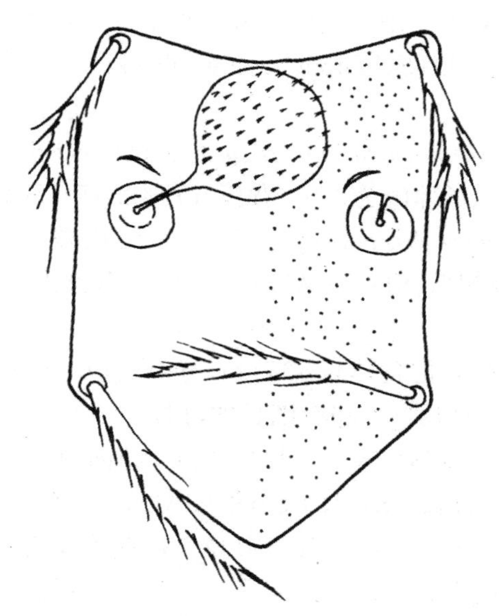

图6.17　中华无前恙螨（*Walchia chinensis*）幼螨背板

仿 黎家灿（1997）

背板各部位测量（单位：μm）：前侧毛距（AW）23～25；后侧毛距（PW）25～31；感毛基距（SB）20～23；感毛基前长（ASB）15～18；感毛基后长（PSB）31～35；背板长（SD＝ASB＋PSB）46～53；前后侧毛距（AP）31～32；前侧毛长度（AL）17～21；后侧毛长度（PL）20～23；感觉毛长度（Sens）20～21。

③ 生活习性：出现季节多在夏秋季，冬季也有少量发现。

④ 生境与孳生物（宿主）：目前已知中华无前恙螨宿主有黄毛鼠、褐家鼠、黄胸鼠、大足鼠、白腹鼠、斯氏家鼠、黑线姬鼠、卡氏小鼠等多种鼠类，寄生部位主要在耳壳内。

⑤ 与疾病的关系：广东和福建均证明中华无前恙螨带有恙虫病东方体，但媒介意义尚不清。

⑥ 地理分布：国内分布于我国的福建、广东、广西、浙江、江西、湖南、湖北、江苏、安徽、云南、贵州、四川等省（区），在福建的分布沿海多于山区，随着海拔逐渐增高，数量逐渐减少；国外不详。

二、列恙螨科

列恙螨亚科

在我国,列恙螨亚科恙螨主要包括螯齿恙螨属、甲梯恙螨属、多毛恙螨属。其中,螯齿恙螨属的巨螯齿恙螨可自然感染恙虫病东方体,是恙虫病可能的传播媒介。

螯齿恙螨属(*Odontacarus*)

巨螯齿恙螨(*Odontacarus majesticus*)

巨螯齿恙螨(*Odontacarus majesticus*)是陈心陶教授等于1955年首先命名的一种恙螨,常见于鼠类体表,亦可见于猫、犬等多种哺乳动物体表,可自然感染恙虫病东方体,是我国恙虫病可能的媒介之一。分类地位:绒螨总科(Superfamily Trombidioidea),列恙螨科(Family Leeuwenhoekiidae),列恙螨亚科(Subfamily Leeuwenhoekiinae),螯齿恙螨属(Genus *Odontacarus*)。

① 种名:巨螯齿恙螨(*Odontacarus majesticus* Chen et Hsu,1955)。

② 形态:鉴别特征:幼虫活体时为白色,背板五角形,AP<SB,PW/SD=1.5,PL>AM。本种与罗氏螯齿螨(*O. romeri* Womersley,1957年)、与氏螯齿螨(*O. yosanoi* Fukuzumi et Obata,1953年)在形态上颇相似,但可以从须肢爪为2叉和感毛有无分枝情况及体毛数进行鉴别。

幼虫虫体肥大,长椭圆形,饱食体长825 μm,宽440 μm,颚体长140 μm。须肢毛式B-B-BBB,胫侧毛分枝细小,而胫腹毛却有细长的分枝。须肢爪分2叉,螯鞘毛羽状分枝,螯肢呈刀形,其背面(凹面)亚末端有6~7个小齿,复面(凸面)1个小齿。背板呈五角形,PW/SD=1.5,前中突顶端较尖,背板(图6.18)毛6根(2AL+2AM+2PL),PL>AL>AM,前后侧毛距小于后侧毛距(AP<PS),AP <SB,SB位于后侧毛一直线上。感毛丝状,由基部至末端均光裸,无分枝。眼点2×2,前眼>后眼,位于眼板上。背毛64~92根,排列为12.9.6.9.6.12.9.9…。胸毛1对,腹毛78~92根,NDV=142~184。足节式6.6.6,fcx=2.1.1,

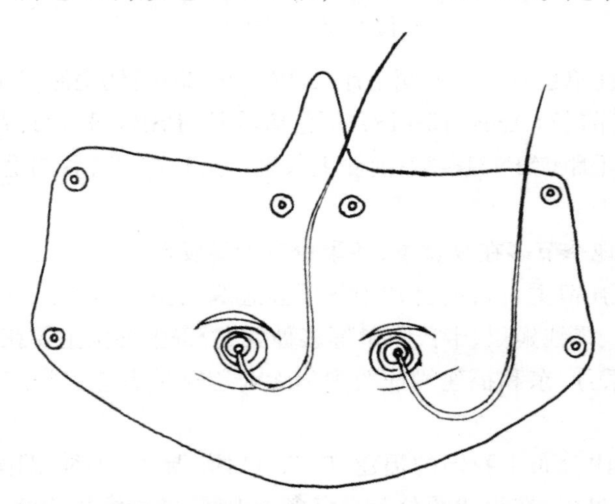

图6.18 巨螯齿恙螨(*Odontacarus majesticus*)幼螨背板

仿 黎家灿(1997)

足膝胫节1.1.1.1。足Ⅰ长331 μm,足Ⅱ长304 μm,足Ⅲ长345 μm,Ip=980。SIF=7B-B-2-1111.0000。

背板各部位测量(单位:μm):前侧毛距(AW)73;后侧毛距(PW)86;感毛基距(SB)26;感毛基前长(ASB35)感毛基后长(PSB)23;前后侧毛距(AP)25;前中毛长度(AM)50;前侧毛长度(AL)51;后侧毛长度(PL)71;感觉毛长度(Sens)71。

③ 生活习性:巨螯齿恙螨5~10月份鼠体寄生率最高,试验证明该螨幼虫、成虫喜食新鲜的蚕卵,用蚕卵培养能正常发育生长。在室温23~33 ℃下,相对湿度100%,饱食幼虫经8~25天的发育后变为若蛹,若蛹期13~19天,若虫期10~25天,成蛹期6~10天,成虫培养26~37天后部分成虫体内可见有卵壳的卵。

④ 生境与孳生物(宿主):巨螯齿恙螨的主要宿主为褐家鼠、黄胸鼠和黑家鼠,其他动物如斯氏家鼠、臭鼠、家犬、家猫、黄鼬、家兔、家猪、山羊亦可以作为其宿主。

⑤ 与疾病的关系:已证实巨螯齿恙螨可自然感染恙虫病东方体。

⑥ 地理分布:国内分布于广东、上海、江苏、浙江、安徽、福建、江西、山东、湖北、湖南、广西、四川;国外不详。

上述的4个属十多种恙螨中,除纤恙螨属中地里纤恙螨、小板纤恙螨、微红纤恙螨、高湖纤恙螨、苍白纤恙螨、吉首纤恙螨和海岛纤恙螨是我国恙虫病的主要传播媒介外,其余恙螨仅发现其可自然感染恙虫病东方体,表明它们可能是恙虫病的传播媒介。而要证明以上这些恙螨是恙虫病的传播媒介,还需要更多的病原学和流行病学证据。但这也说明了自然界中存在多种恙螨有可以作为媒介的条件,地域的限制和种群数量使它们暂时未起到媒介的作用,当环境条件发生改变,使得这些恙螨有机会大量增殖,种群数量增加,幼虫有机会接触叮咬人群,这些恙螨就可能对人们的健康构成威胁。

各种媒介恙螨的生活史基本类似,生活史中均包括7个发育期。只有幼虫期才有叮咬能力,宿主范围相当广泛。实验证明有恙螨幼虫叮咬恙虫病东方体感染的鼠可以获得病原体,而阳性恙螨叮咬动物宿主也可以使其获得感染。因此可以推论恙虫病东方体是通过媒介恙螨幼虫的叮咬活动吸入恙螨体内,通过经卵传递(可能还有经精包传递)到下一代恙螨,再通过子代幼虫的叮咬传递给动物宿主,如此不断循环往复,使恙虫病东方体在恙螨和鼠类宿主之间不断循环,保持了病原体在自然界的种族延续。

随着恙虫病流行区的扩大,新的恙虫病媒介将不断被发现,有些种类不断被证实可以携带恙虫病东方体或有自然感染。如我国和全球的恙螨种类中,由于当时检测技术的限制,大部分种类被发现时均未做病原体的检测。在某些恙虫病流行地区,同时发现几种恙螨,但只有某一种优势种起着媒介恙螨的作用,其他种类则未检测到有恙虫病东方体感染。这些未检测到病原体的恙螨是否真的不能感染东方体?非媒介恙螨生活史与其他媒介恙螨类似,生活史中均有幼虫叮咬阶段,这些幼虫也有机会吸取病原体和传播病原体,但为何检测不到病原体?是否是由于检测技术的限制和检测数量不够而误判?是否当环境有改变时,原来的非优势种变成优势种,那时可检测到病原体,起着传播恙虫病的作用?或者是其体内有抑制恙虫病东方体生长的物质,病原体不能在其体内繁殖发育和经卵传递到子代而不能起到传播疾病的作用?或者恙螨体内存在可以调控抑制病原体发育的基因,媒介恙螨体内存在传病基因,而非媒介恙螨体内则存在可以抑制传病基因活性的物质?这些疑问都有待进一步深入研究。

(方 强)

第五节　恙螨与疾病的关系

恙螨虽然种类繁多，但并不是所有恙螨种类都能够有效传播人类疾病。在全球已经记录的3 700余种恙螨中，目前已经确证能够传播人类疾病的恙螨种类只是少数，约有20种恙螨会引起恙螨性皮炎或作为传播媒介传播人兽共患病。恙螨传播的主要疾病是恙虫病，恙虫病必须通过恙螨幼虫的叮咬才能传播，恙螨幼虫是恙虫病的唯一传播媒介。除了传播恙虫病东方体外，恙螨还可能会传播汉坦病毒、贝氏柯克斯体、莫氏立克次体和弓形虫等病原体。

一、恙螨性皮炎

恙螨性皮炎(trombiculosis)是因恙螨幼虫叮咬人而引起的。恙螨幼虫会迁移到宿主皮肤薄嫩之处，通常会在贴身衣物的边缘聚集，沿着腰带、内衣的内缝、袜子或鞋子上出现几处线形咬伤。咬伤通常是红斑丘疹，可能成簇出现，周围有红斑、小泡，偶尔会形成大疱。恙螨幼虫以螯肢刺入宿主皮肤，以唾液分解和液化宿主上皮细胞和组织，由于上皮细胞变性而出现凝固性坏死，形成一条吸管，称“茎口”。人体被恙螨幼虫叮咬以后6～12小时，刺螯处可出现一个直径3～6 mm的丘疹，中央有一水泡，周围有红晕，并且发痒难忍，有痛感，水泡破裂可导致细菌感染，出现炎性反应。水泡可发生坏死和出血，随后结成黑色痂皮，成为焦痂。瘙痒通常在几天内消退，但可能持续长达2周。世界上欧美地区是恙螨皮炎发生最多的地区，是秋新恙螨叮刺引起的。秋新恙螨幼虫秋季出现高峰，农民下田秋收，常常引起恙螨皮炎暴发，故欧洲称为秋收螨(harvest mite)。

若户外活动后，沿着暴露的皮肤或紧合的衣服周围出现分散的丘疹，应考虑恙螨性皮炎、疥疮、臭虫、蚊子或蚂蚁叮咬所致的虫咬性皮炎。跳蚤的叮咬有时也会沿着紧身的衣服呈线性。由于许多其他感染、自身免疫性疾病或超敏反应引起的皮疹可能具有类似表现，所以户外接触史、症状的季节性特征和无复发是区分恙虫性皮炎和其他皮疹的重要因素。皮肤镜是一种具有偏振光光源的皮肤放大镜，可减少皮肤角质层对光线的折射，便于清楚地看到皮表、表皮、表皮与真皮交界处及真皮乳头层的结构。皮肤镜检查作为一种新的非侵袭性皮肤科检查手段，操作简便，患者无痛无创，结果报告及时快速，且皮肤镜图像采集及保存方便，便于长期随访观察时比较病变的发展变化，有助于多维、立体化把握病变的性状、诊断准确率高。在皮肤病，特别是色素性皮肤病的临床诊断、鉴别诊断、评价疗效、判断预后等方面具有重要的价值。同样，皮肤镜对诊断一些皮肤寄生虫病(例如疥疮、虱病、吸虫病、幼虫移行症、潜蚤病、蝇蛆病和蜱感染)很有用。在训练有素的医生手中，这些技术比传统方法更有效(例如，通过刮取皮肤样品用显微镜检查来鉴定寄生虫)；由于其为非侵袭性检查，易于被患者接受，因而特别适合大规模筛查和治疗后随访。Nasca等(2014)发现皮肤镜对螨性皮炎的诊断也有重要价值，他们报道了一例患者，因被误诊为疥疮而接受了数个月的相关治疗，由于瘙痒症状没有缓解而前来就诊。结果体检发现躯干和下肢多处剥落和细小的红斑散在各处(图6.19A)，但使用普通放大镜未检出疥疮或其他。后通过视频皮肤镜(放大150倍)检查发现，在患者的右胫骨皮肤上附着有一个红色的螨，后经螨种鉴定为一种新恙螨幼虫（图6.19B），从而诊断为恙螨性皮炎。

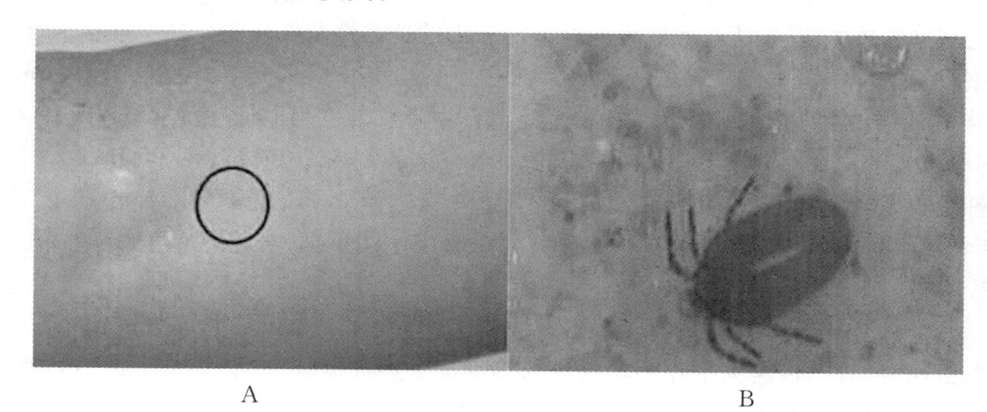

图6.19 电子皮肤镜检测恙螨性皮炎

A. 非特异性皮损；B. 电子皮肤镜显示的附着在皮肤上的恙螨幼虫

引自 Nasca(2014)

二、恙虫病

恙虫病又称丛林斑疹伤寒（scrub typhus）、洪水热（flood fever）、日本江河热（Japanese river fever）、恙螨传立克次体病（chigger-borne rickettsiosis）等，是由恙虫病东方体（*Orientia tsutsugamushi*，Ot）（即：恙虫病立克次体，*Rickettsia tsutsugamushi*）感染人体后引起的一种自然疫源性疾病，其主要临床表现为发热、焦痂或溃疡、淋巴结肿大等。临床特征为突然起病、高热，被恙螨幼虫叮咬处皮肤出现焦痂或溃疡，出现淋巴结肿大及皮疹。

（一）病原学

恙虫病立克次体形态多样，常见者多呈短小球杆菌状，长0.3～0.5 μm，宽0.2～0.4 μm或0.8～1.5 μm。通常分布于大单核细胞质内，大多聚集于核周或排列成双，但细胞破裂时，或可散在于细胞外。革兰染色呈阴性，吉姆萨染色胞质呈淡蓝而核染紫红色，菌体两端浓染紫红色，马氏染色呈蓝色。

只有培养于活组织细胞内，才能生长增殖。有多种组织细胞可供做培养，如在鸡胚、鼠胚、Hela细胞、羊膜细胞、睾丸细胞及肾细胞中均能良好生长。小白鼠是恙虫病东方体的敏感动物，可用于立克次体分离、培养及鉴定。可经腹腔、皮下或呼吸道感染，腹腔感染最敏感。如接种致死量，一般可在接种后4～21天死亡。不同鼠种对同一株恙虫病东方体，或不同株恙虫病东方体感染同一种小鼠，其繁殖和致死性也不同。某些株对小鼠表现为低毒性，可用降低小鼠免疫力的方法，如注射环磷酸胺，或用无胸腺小鼠，可促进东方体的繁殖。鸡胚培养时，多采用7～9日龄，行卵黄囊接种，濒死收获即可获丰富的东方体。恙虫病东方体可适应于各种细胞培养，东方体在不同细胞中的生长速度有异。可用原代和传代细胞株，如原代鸡胚纤维母细胞、地鼠肾细胞、人胚肾细胞；但更为方便的是传代细胞株，如Hela、Vero、BHK 、McCoy、L_{929}等，国内外学者多采用Vero和L_{929}培养东方体。想获得大量的纯净东方体，组织细胞培养则为最佳选择，既可大量生产，又便于浓缩纯化，可用于后续东方体的核酸、蛋白分析及各种分子生物学研究。

恙虫病东方体血清型别多,抗原成分复杂,至少已知8个抗原型。而一个株即可含有2种或更多型的抗原,其毒力与致病性同样存在较大的地区性及毒株间差异。近年来,在病原体分型方面取得了较大进展,除了国际公认的Karp、Kato和Gilliam 3个标准血清型外,1968年从泰国还分离到Fan和Chon 2个新型,其后又发现了3株新型(TA686、TA716和TA763)。日本发现不同于上述型别的Shimokoshi、Kawasaki、Kuroki、lrie和Hirano 5个新型株。韩国也发现了Boryong型等新的基因型/进化支。在中国发现不同于Karp、Kato和Gilliam3个原有血清型,类似Kawasaki和南韩株(Yonchon)的型别,对此尚待进一步研究。

(二)流行病学

恙虫病分布广,横跨太平洋和印度洋的热带及亚热带地区,主要分布在亚洲东南部,西至阿富汗,东南至澳大利亚北部,东北至俄罗斯远东沿海的广大地区,该区域被称为"恙虫病三角"(Tsutsugamushi triangle),其中包括中国在内的东南亚环太平洋国家是恙虫病的重点疫区,每年全球报告发病人数超过100万,仅东南亚就有超过10亿人居住在该病风险区。近年来,已发现在该区域外有恙虫病存在的证据(Tilak et Kunte,2019;李贵昌和刘起勇,2018)。

我国大陆地区恙虫病发病率快速增长,发病区域不断扩大。1986年以前,我国恙虫病疫区仅分布在长江以南,集中在广东、云南、福建和浙江4省,此后东北3省、山东、江苏、天津、山西、河北、江西、贵州、北京、陕西等省(直辖市)也陆续发现病例。2006年后发病数较高的地区有广西、云南、广东、福建、江苏、安徽和山东省(自治区),2016年7个省区的病例数占全部发病数的91.6%。尽管西北地区的新疆、内蒙古、甘肃和青海省(自治区)仅有个别病例报告,但也发现动物恙虫病东方体血清学检测阳性。中国香港恙虫病年发病数为2~30例,有上升趋势,均为本地感染,无死亡病例,全年均有发病,高峰期在5~11月,与广东省流行季节一致。自1970年在中国台湾台东地区花莲县暴发恙虫病以来,每年均有恙虫病病例报道,发病率为1.15/10万,病例分布于全台湾地区,东部和中部山区发病率较高,发病季节以夏秋季为主,冬季有少量病例。总体上看,我国恙虫病的流行区已经从早期的长江以南省份扩大到南北方广泛分布,目前形成了三个主要发病地带:西南部云南、四川地区,南部广东、广西、福建、海南地区以及中东部山东、江苏、安徽地区。

1. 传染源

鼠类是主要传染源和储存宿主,我国恙虫病已知的主要宿主动物有:鼠属(*Rattus*)中的黄毛鼠(*R. losea*)、黄胸鼠(*R. flavipectus*)、褐家鼠(*R. norvegicus*)、社鼠(*R. confucianus*)和大足鼠(*R. nitidus*),小家鼠属(*Mus*)中的小家鼠(*M. musculus*),板齿鼠属(*Bandicota*)中的板齿鼠(*B. indica*),姬鼠属(*Apodemus*)中的黑线姬鼠(*A. agrarius*)和大林姬鼠(*A. apeciosus*),仓鼠属(*Cricetulus*)中的大仓鼠(*C.triton*),以及鼩鼱属(*Suncus*)中的臭鼩鼱(*S. murinus*)等。广东、广西、福建、台湾以黄毛鼠、褐家鼠为主,云南以黄胸鼠、大足鼠为主,浙江以黄毛鼠、社鼠为主,湖南以黑线姬鼠为主,江苏以黑线姬鼠、社鼠、褐家鼠为主,山东以黑线姬鼠、大仓鼠为主,山西以大仓鼠为主,辽宁以大林姬鼠、大仓鼠为主,吉林、黑龙江以黑线姬鼠、大林姬鼠为主,在南方的广东、广西、福建,板齿鼠、臭鼩鼱也是重要的宿主动物。

野兔、家兔、家禽及某些鸟类也能感染恙虫病。鼠类感染后多隐性感染,但体内保存恙虫病东方体时间很长，故传染期较长。人患本病后，血中虽有病原体，但由于恙螨刺螯人类仅属偶然现象，所以患者作为传染源的意义不大。

2. 传播途径

要构成自然界中恙虫病东方体的循环及其种族延续，要有携带恙虫病东方体的鼠，要有恙虫病东方体阳性的恙螨，健康鼠是从阳性恙螨获得恙虫病东方体的，健康恙螨是从携带恙虫病东方体鼠获得感染的，两者条件存在和相互传递及传播构成了自然疫源地。恙螨多孳生于潮湿隐蔽的草丛中，幼虫常集栖于草叶之上，当人类或动物进入草地活动，则可能被感染有恙虫病东方体的恙螨幼虫叮咬而受到感染。恙螨幼虫是恙虫病唯一的传播媒介，主要通过幼虫叮咬把恙虫病东方体传给人或动物宿主如鼠类。恙螨一生通常只叮咬宿主一次，但某些特殊情况如幼虫未达饱食脱离原来的宿主后，则可能再爬到其他宿主进行二次叮咬。所以，恙虫病的传播须经卵传递孵出子代幼虫后，才具有感染性。研究表明，恙虫病东方体在恙螨体内的持续时间和经卵传递代数有一定的限度并与恙螨的感染率、恙虫病东方体数量相关，持续、反复从感染宿主上吸取恙虫病东方体，经变态期、经卵和经精包传递等是保持恙螨代代体内恙虫病东方体长期保持种族的延续和传病的动力。恙虫病东方体进入宿主细胞的第一步是先吸附于宿主细胞表面，通过细胞表面内陷将其吞噬进入宿主细胞内，随后进入细胞质中的吞噬体内，一个吞噬体内可含有1个或几个恙虫病东方体，其吞噬过程于10～20分钟内完成。感染24小时以内处于延迟期，而感染后48～72小时立克次体呈对数增长，繁殖最快，至96小时则出现平缓期，在感染后72小时，恙虫病东方体多聚集于细胞膜下，向外挤压细胞膜，最后以外突出芽式至细胞外，从而完成繁殖周期。

此外，尚有实验证明感染恙虫病东方体发病濒死的小鼠所排出的尿液中，有大量的恙虫病东方体存在，因而有可能通过皮肤伤口引起感染。实验还证明鼠类间的相互残食，也可能造成健康鼠类经由消化道而感染。

确定一种恙螨为媒介，应具备以下4项基本条件：① 流行病学证据，应为当地发病季优势螨种，其季节消长与发病相关。② 有病原体的自然感染。③ 有叮刺和传病能力。④ 能经卵传递病原体。近年来的研究表明，恙螨传播恙虫病东方体与恙螨的茎口长短有密切关系。短茎口型见于居中纤恙螨，茎口仅深达表皮层和真皮层交界处，引起表皮增生；长茎口型，茎口很长，达真皮层，引起真皮炎性反应，如绯纤恙螨；中茎口型，茎口伸过表层而达真皮层的浅表，引起表皮层的表皮增生和真皮层的炎症反应，这类恙螨有地里纤恙螨和沙栖纤恙螨。短茎口型不能成为媒介，长茎口型和混合茎口型均可成为媒介。

世界恙螨种类超过3 000种，我国恙螨种类超过500种，目前已知恙虫病的媒介恙螨主要为纤恙螨属（*Leptotrombidium*）中的一些种类，如地里纤恙螨（*Leptotrombidium deliense*）、红纤恙螨（*L. rubellum*）、*L. arenicola*、英帕纤恙螨（*L. imphalum*）、小板纤恙螨（*L. scutellare*）、苍白纤恙螨（*L. pallidum*）和 *L. pavlovskyi* 是全球恙虫病最为重要的传播媒介（Santibáñez et al.，2015），我国已确证的有地里纤恙螨、小板纤恙螨、微红纤恙螨（*L. rubellum*）、高湖纤恙螨（*L. kaohuense*）、海岛纤恙螨（*L. insularae*）等为恙虫病的主要传播媒介。其次，还有红纤恙螨、苍白纤恙螨、须纤恙螨（*L. palpale*）、古丈纤恙螨（*L. guzhangense*）、于氏纤恙螨（*L. yui*）、东方纤恙螨（*L. orientale*）、姬鼠纤恙螨（*L. apodemi*）、居中纤恙螨（*L. intermedium*）、临淮岗纤恙螨（*L. linhuaikongense*）、富士纤恙螨（*L. fujii*）、英帕纤恙螨、印度囊棒恙螨（*Ascoschoen-*

gastia indica)、中华无前恙螨(*Walchia chinensis*)、太平洋无前恙螨(*W. pacifica*)、巨螯齿恙螨(*Odontacarus majesticus*)等10余种次要或潜在媒介恙螨。地里纤恙螨和小板纤恙螨分别为我国长江以南和以北地区的重要传播媒介，前者为夏季型，后者为秋、冬季型的媒介。老流行区如海南、广东等地区和近年发生暴发流行的山东、江苏、安徽等地区，分别以地里纤恙螨和小板纤恙螨为传播恙虫病东方体的优势种。

我国恙螨种类繁多，分布广，从20世纪90年代以来恙虫病流行区不断扩大北移的事实中，发现在各地有很多潜在的传播媒介，随着恙虫病流行区的不断发现和研究的深入，将有更多的种类被证实是恙虫病的媒介。

3. 人群易感性

人群对本病均易感，但病人以青壮年和儿童居多，这与人群野外活动机会多，受恙螨叮咬的概率大有关。感染后免疫期仅持续数月，最长达10个月，且只能获得对原感染株病原体的免疫力，故可再次感染不同株而发病。

4. 流行特征

本病通常呈散发，当易感人群进入疫源地时，亦可形成暴发。

(1) 地理分布：恙虫病发病人数及频率不断增多，流行范围也不断扩大，现已广泛分布于东起日本、巴布亚新几内亚西到巴基斯坦西部、中亚细亚南部，北自西伯利亚、朝鲜半岛，南至澳大利亚西部的亚洲及西、南太平洋广大区域。

(2) 季节性与地区性分布：恙螨多生活在温暖、潮湿、灌木丛边缘、草莽平坦地带及江湖两岸。由于鼠类及恙螨的孳生和繁殖受气候与地理因素影响较大，本病流行有明显季节性与地区性。我国一年四季均有恙虫病流行，发病主要集中于每年6~8月和10~11月，北方10~11月高发季节，南方则以6~8月为流行高峰，11月明显减少，而台湾、海南和云南因气候温暖，全年均可发病。本病多为散发，偶见局部流行。根据季节特点大体可分为：夏季型、秋季型、冬季型、春季型四型，其中夏季型、秋季型和冬季型为主，但不同地区存在较大差异(表6.3)。长江以南的福建、广东、广西等地区同时存在夏季型和秋季型，以夏季型为主，云南地区季节类型为夏季型，长江以北的江苏、安徽、山东等地区季节类型为秋冬型。

表6.3 我国恙虫病的季节分型

(引自 李朝品，2009)

类型	公布区域	发病高峰	媒介恙螨	传染源	流行特点
夏季型	北纬31°以南	6~8月	地里纤恙螨、微红纤恙螨、高湖纤恙螨，以地里纤恙螨为主	黄毛鼠、黄胸鼠、黑线姬鼠	症状典型，较严重
秋季型	北纬31°以北	9~11月	小板纤恙螨	黑线姬鼠、社鼠、褐家鼠	症状典型，但较轻
冬季型	福建、海南	1~2月	小板纤恙螨	黄毛鼠	症状轻且不典型
春季型	福建	4月	地里纤恙螨	黄毛鼠	尚不清楚

(3) 人群分布：农民、50岁以上年龄组是我国恙虫病的高风险人群，同时女性、10岁以下儿童的发病风险有增大的趋势。

(4) 疫源地类型和特征：

① 按地区分：我国恙虫病疫源地可分为南方疫源地、北方疫源地及其间的过渡型疫源地等。a. 南方疫源地：位于我国北纬31°以南地区，分布东至台湾、福建，西至云南、四川和西藏南部，南至海南、广东和广西，北至浙江和湖南，除贵州和江西两省情况不清外，其他省(区)均有存在，查出带病原体动物有20多种，以黄毛鼠、黑线姬鼠和黄胸鼠(云南)为主，地里纤恙螨为主要传播媒介，主要流行于夏季，北纬25°以南的广东地区全年均有流行。南方疫源地恙虫病东方体感染型别多样，但以Karp型为主，还存在Saitama、TA763、JG、JG-v和类Kato型，并不断有新基因型报道。b. 北方疫源地：位于北纬40°以北与俄罗斯和朝鲜半岛接壤的沿海地区和岛屿。带病原体动物已经证实的有：黑线姬鼠、大林姬鼠和大仓鼠。山西、河北发生过流行，吉林、辽宁、黑龙江、新疆和甘肃发现疫源地。该类疫源地恙虫病东方体的主要流行型别尚无法确定，现有资料表明黑龙江省密山地区鼠感染的东方体存在Gilliam、Karp和Kato三种基因型；吉林省珲春地区鼠和病例感染的东方体分离株血清型为Gilliam型；辽宁省宽甸地区鼠曾分离出Karp型东方体。c. 过渡型疫源地：位于北纬31°～40°，即南北两个疫源地中间地带，山东、江苏、安徽、可能还有天津属于此型。以黑线姬鼠为主要宿主动物，小板纤恙螨为传播媒介。主要流行于秋季。该类疫源地恙虫病东方体主要基因型别为Kawasaki型，此外还存在Karp型(山东、河南省)、类Fuji型、SDM1和SDM2型(山东省)，Yongchon型(山西省)，Kuroki型和Youngwhorl型(安徽省)，Kato型(河南省)；血清学调查表明广泛存在Gilliam型(山东、河南、山西、河北省)，Karp型(山东、河南省和天津市)和Kato型(山东、河南省)。d. 高原气候区疫源地：包括西藏、新疆的南疆、青海、四川的西部，甘肃的南部、云南的南部和西部地区。四川西部西昌地区的主要宿主动物为褐家鼠、媒介为地里纤恙螨。云南南部和西部的主要宿动物为黄胸鼠、媒介为地里纤恙螨。有资料表明内蒙古、新疆地区鼠感染的恙虫病东方体基因型别较为复杂，包括Karp、类Taitung-2和Oishi等。

② 按地理景观分：我国疆域辽阔，景观多样。不同的地理景观地区有着不同的生物群落，不同的生物群落带有不同的病原体，引起的疾病与流行特征也不一致。据调查，在福建、浙江、江苏三省存在景观具有代表性的三型恙虫病自然疫源地，即：a. 沿海岛屿型疫源地：主要分布于福建，主要储存宿主为黄毛鼠，主要媒介恙螨为地里纤恙螨，流行季节为夏季；恙虫病东方体分型：Gilliam型。b. 内陆山林型疫源地：主要分布于浙江，主要储存宿主为社鼠，主要媒介恙螨为高湖纤恙螨，流行季节为夏季；恙虫病东方体分型：Gilliam型。c. 内陆平原丘陵型疫源地：分布于江苏，主要储存宿主为黑线姬鼠、褐家鼠、社鼠、大麝鼩；主要媒介恙螨为小板纤恙螨，流行季节为秋冬季；恙虫病东方体分型：Kawasaki型。

(三) 发病机制与病理

恙虫病东方体随恙螨幼虫叮咬人体时排出的涎液一道注入真皮，伴随组织液汇于淋巴系统而进入血流。最初在被叮咬处皮肤局部引起损害，开始充血及小血管病变，出现丘疹与水肿，继而发展为水疱，逐渐形成暗褐色焦痂或浅表溃疡。焦痂附近淋巴结肿大明显，中央或呈坏死性病灶。

繁殖增多的病原体直接或间接经淋巴系统进入血液，然后到达多数器官，导致受累器官的急性间质炎症、血管炎及血管周围炎。主要病理改变为内皮细胞破坏，血管周围有大单核细胞、浆细胞及淋巴细胞浸润,引起局灶性或弥散性血管炎。脏器普遍充血,肝、脾均有肿大,可出现局灶性和弥漫性心肌炎、出血性肺炎、淋巴细胞性脑膜炎以及间质性肾炎等。胸腔、心包及腹腔中积有浆液纤维蛋白性渗出液。脑、心、肺及肾等血管系统受累明显。

(四) 临床表现

1. 潜伏期

4~21天,一般为10~14天。

2. 症状

毒血症症状:多数患者突然起病,先有畏寒或寒战,继而高热,体温迅速上升,1~2天可达39~41 ℃或以上,呈弛张热型或稽留热型,见有相对缓脉。伴头痛、四肢酸痛、乏力、食欲缺乏、恶心、呕吐、颜面潮红、结膜充血、咳嗽、胸痛、便秘等。第2周若病情加重,则常出现谵妄、嗜睡、重听及昏迷等中枢神经系统症状。尚可伴有血压下降及肌肉痉挛、肝大、脾大等。重症患者可能发生肺炎、脑膜炎、肾炎、心力衰竭以及消化道出血等并发症。病情平稳患者在第2周末已开始退热,并在数日之内迅速降至正常。自然病程为2.5~3周。

3. 体征

(1) 焦痂或溃疡:为本病特征之一,见于80%~100%的患者。被恙螨幼虫叮咬处皮肤先出现红色丘疹,继而发生组织坏死、渗出,结成褐色或黑色的痂,称为焦痂。焦痂呈圆形或椭圆形,周围有红晕,焦痂的大小不一,直径为3~15 mm,通常为5~7 mm,边缘略耸起,一般无痛痒感。有些细心的患者可于发病前或发病期就发现被恙螨叮咬处的丘疹或焦痂。理论上每一个恙虫病患者都应该有焦痂,因为它是病原体入侵的地方。焦痂多数只有1个,但也有多至2~3个甚至10个以上者。一般来说,在疫源地坐卧草地时间较长者,其焦痂可能较多。伴随退热,焦痂自行脱落而形成浅表溃疡面,底部为淡红色肉芽组织,较为光洁,无脓性分泌物。恙螨幼虫好侵袭人体潮湿、气味较浓的部位,故焦痂多见于腋窝、腹股沟、会阴、外生殖器、肛周等处,但头、颈、胸、乳、腹、臀、背、眼睑、四肢、足趾及耳廓等部位也可发现。

(2) 淋巴结肿大:淋巴结肿大出现较早,通常多与焦痂同步,绝大部分患者会出现全身浅表淋巴结肿大,尤以邻近焦痂处的最为明显。一般大小如蚕豆或核桃,有痛感及压痛,可移动而无化脓倾向。已经肿大的淋巴结消退缓慢,直至恢复期尚能触及。

(3) 皮疹:多为斑疹或斑丘疹,呈暗红色,一般为充血性,压之褪色,少数病例可有皮肤瘀点。皮疹大小不一,直径一般为2~4 mm,初发皮疹多见于躯干,后逐渐蔓延至四肢,手掌和足跖无皮疹,颜面部亦罕见。有时可在软硬腭及颊黏膜上发现黏膜疹(内疹)。皮疹的发生率有较大差异,从50%到100%不等,可能与病原体的型别不同、病情轻重、就诊时病程的长短等因素有关。皮疹多于发病第2~8天出现,轻症者仅1~2天即消退,重症或呈出血性或融合为麻疹样皮疹,能持续1周左右,消退时无脱屑现象,但多留有色素沉着。

(4) 其他:肝大病例占20%~40%,脾大占10%~20%,肝大、脾大均属轻度,表面平滑质软或有轻微触痛。此外,部分病例可出现眼结膜或眼底充血、出血,心肌炎、支气管肺炎、脑膜炎等临床表现,睾丸炎及阴囊肿大等也时有发生。若延误诊治,发病2周后则病情明显加重,出现多器官损害、休克、出血等并发症,病人多于病程的第3~4周死亡。

综上所述,本病的临床特点有发热、焦痂或溃疡、皮疹、局部淋巴结肿大及肝大、脾大等。对怀疑患恙虫病的病例应仔细寻找焦痂，因为焦痂的发现对本病的诊断有非常重要的意义。

（五）实验室检查

1. 血常规检查

血象中白细胞总数多减少，最低可达2×10^9/L，亦可正常或增高；分类常有核左移。

2. 病原学检查方法

病原学检查是最早的恙虫病诊断方法之一，有动物接种分离和组织细胞培养分离增殖两种方法。无论采用动物接种分离或是组织细胞培养法分离都存在所需时间长、过程繁琐、成本高等缺点，故一般不用于明确诊断。

3. 免疫学检查方法

（1）抗体检测：东方体表膜抗原中含量最丰富的56 kD型特异性抗原蛋白，以其良好的免疫原性和最易为宿主免疫系统所识别等特点，成为诊断抗原的最佳候选者。① 外斐反应（Weil-Felix test，WF）：病人单份血清对变形杆菌OXK凝集效价OXK≥1∶160或早晚期双份血清效价呈4倍增长者有诊断意义。最早第4天出现阳性，3～4周达高峰，5周后下降。② 免疫荧光试验（immunofluorescence technique，IF）：分为间接法和直接法两种，其中间接荧光法（indirect fluorescent antibodymethod，IFA）较为常用。间接荧光法检测常采用Karp、Kato和Gilliam型东方体作为检测抗原。采用IFA测定血清抗体，一般于起病第1周末出现抗体，第2周末达高峰，阳性率高于外斐反应，抗体可持续数月甚至数年，对流行病学调查意义较大。此法具有较高的敏感性、特异性和重现性，被视为“金标准”。③ 免疫酶染色法（immunoperoxidase technique，IP）：也分为直接法和间接法两种。间接免疫酶染色法（indirect immunoperoxidase technique，IIP）较为常用。此法具有良好的敏感性和特异性，常被各个实验室选为对照。缺点是抗原制备过程较复杂，对实验室和操作人员有一定的要求，不能广泛应用。④ 被动血凝法（passive hemagglutination assay，PHA）：将Ot可溶性抗原致敏于绵羊红细胞表面，与患者血清起凝集反应，从而达到快速诊断的目的，该方法简便、快速特异性和敏感性均较高。⑤ 酶联免疫吸附试验（enzyme-linkecl immuno sorbent assay，ELISA）：具有灵敏、简便、经济等特点。特别是重组抗原的出现，使其在恙虫病诊断中的应用前景更为广泛，比全细胞抗原更适合于实验室的诊断检查。⑥ 斑点印迹法（dot-blot）：该法简易、准确、经济、快速，适合于现场应用，有广阔的应用前景，尤其适合乡村和基层使用。国外已有商业试剂盒出售。⑦ 免疫层析法（immunochrmatography）：该法已应用于恙虫病检测中。为了提高其对不同血清型恙虫病检测的敏感性，现在已经有采用Karp、Kato、Gilliam、Boryong和Kangwon五种血清型东方体的混合重组抗原作为包被抗体的免疫层析法检测试剂盒被研制成功。对恙虫病初次感染的早期诊断，免疫层析法明显优于IFA，但二者对再次感染的检测，则具有相同的敏感性。由于它具有快速、简便、直观以及不需要特殊仪器等特点，已逐步被广泛应用。

（2）抗原检测：运用制备的抗体检测患者血清中的Ot，能有效地在疾病早期抗体还未出现时作出诊断，同时也能进行分型及抗原性分析。迄今报道的有斑点杂交技术、斑点ELISA、抑制ELISA等多种方法来检测Ot。血清学检测抗原的难题是抗体的制备，目前主要采用单克隆杂交瘤技术制备单抗。但其操作复杂，从免疫动物到筛选合适抗体需要几个月时间，以及杂交瘤细胞传代过程中可能发生变异等问题，给单抗的连续大量制备造成了很大的困难。Furuya利用抗Kawasaki株东方体的单克隆抗体建立了抑制ELISA诊断方法，本法敏感度高，阳性率92.5%，能检测同株(Karp株)的最少抗原量为6.7 ng/μL，同时和Kato株抗原也呈阳性反应，且肉眼即可观察结果，结果保存时间长，稳定性好。

4. 分子生物学检查方法

PCR技术和核酸探针技术被引进恙虫病的检测和研究中，大大提高了恙虫病的诊断水平，解决了过去难以解决的问题。

(1) 普通聚合酶链反应(polymerase chain reaction，PCR)技术：目前恙虫病PCR检测靶基因主要为Sta58、Sta56和16S rRNA等。PCR简便快速，高度敏感，是恙虫病早期诊断有价值的方法，但需要专业的人员、相应的设备和严格的操作规范，不适合在基层施用。

(2) 巢式PCR(nested PCR，nPCR)：为提高PCR方法的特异性，目前巢式PCR已普遍取代常规PCR。

(3) 实时荧光定量PCR(real-time fluorescence quantitation PCR，RT-PCR)：用恙虫病东方体56 kD蛋白基因建立RT-PCR检测技术，特异性为100%，敏感性是NPCR的100倍，可检测到10个拷贝以下模板，适合对各种标本进行快速检测。优化的实时荧光定量PCR技术能检测发热3天的早期感染Ot患者，最低能检测到5拷贝/μL的模板DNA，其敏感性、重复性均明显优于普通PCR。

(4) 环介导等温扩增技术(Loop-mediated Isothermal Amplification，LAMP)：检测恙虫病东方体的LAMP技术业已研发成功，其检测下限可达1 mg/mL，具有敏感、特异、快速、等温便捷、可目测等优点。

(5) 核酸分子杂交(molecular hybridization)技术：随着东方体分子生物学研究的深入，如Sta58、Sta56等多个基因序列的测定，为核酸杂交技术用于东方体的检测奠定了基础。核酸杂交以其特异性及敏感性为主要特点，若能和其他方法联合使用，其应用范围应会更加广泛。

(6) 基因芯片(gene chips)技术：它是继单克隆抗体技术和PCR技术之后生命科学中的又一重大技术创新。国内操敏等根据东方体56 kD外膜蛋白基因序列建立的基因芯片，能够检测东方体标准株DNA的特异性荧光，有望应用于东方体多种样本的检测。

(六) 诊断与鉴别诊断

恙虫病的诊断应根据流行地区以及季节、临床表现、实验室检查、影像学改变等一系列综合资料作出诊断。恙虫病诊断标准为：① 流行病学资料：流行季节到过疫区，有野外劳动或与草地接触史。② 临床表现有发热、局部淋巴结肿大、皮疹、肝脾大或多器官损害。③ 查体见皮肤特异性焦痂或溃疡。④ 外裴反应阳性：变形杆菌OXK凝集反应阳性1∶160以上，随病程效价逐渐升高。符合标准3项以上便可临床诊断。

本病应与伤寒、斑疹伤寒、炭疽、钩端螺旋体病、败血症、登革热和流行性出血热等相鉴别。

1. 伤寒

伤寒患者起病缓慢，表情淡漠，相对缓脉，胸、腹皮肤可发现玫瑰疹而无焦痂与溃疡。血培养有伤寒杆菌生长，血清肥达试验阳性，外斐试验阴性。

2. 斑疹伤寒

斑疹伤寒多见于冬春季节，无焦痂和局部淋巴结肿大，外斐试验OX1阳性，OX2阴性。流行性斑疹伤寒患者，用普氏立克次体（*Rickettsia prowazekii*）为抗原的补体结合试验呈阳性。地方性斑疹伤寒患者，用斑疹伤寒立克次体（*R. typhi*）为抗原做补体结合试验呈阳性。

3. 钩端螺旋体病

钩端螺旋体病患者发病前有污水接触史，结膜充血，结膜下出血，腓肠肌疼痛明显，无焦痂、溃疡及皮疹。血清钩端螺旋体补体结合试验和凝集溶解试验阳性。

4. 皮肤炭疽

皮肤炭疽患者有牲畜接触史，病变多见于外露部位，毒血症状较轻，无皮疹，血液白细胞计数多增高，取分泌物染色镜检可发现炭疽杆菌，外斐试验阴性。

5. 败血症

常有原发感染病灶，全身中毒症状明显，可出现休克、四肢发凉、尿少、化脓性迁徙性病灶等。外周血白细胞计数明显增多，核左移。血液培养有致病菌生长。皮肤无焦痂，外斐试验阴性。

6. 登革热

登革热患者急性起病，有高热、头痛、皮肤瘀点。血液白细胞和血小板明显减少，血清中有抗登革病毒的抗体。发病5天内多可从血液标本中分离出登革病毒。

7. 流行性出血热

流行性出血热患者起病急，有高热，头痛、眼眶痛、腰痛，血压下降，尿量减少，高血容量综合征，恢复期可出现多尿。白细胞明显增多，出现较多异形淋巴细胞，血小板明显减少。血清中可出现抗流行性出血热病毒IgM、IgG抗体。

（七）防治

1. 治疗

（1）一般治疗：患者应卧床休息，多饮水，进流食或软食，注意口腔卫生，保持皮肤清洁。高热者可用解热镇痛剂，重症患者可予皮质激素以减轻毒血症状，有心衰者应绝对卧床休息，用强心药和利尿剂控制心衰。恙虫病患者并发多器官功能障碍综合征（Multiple organ dysfunction syndrome，MODS），出现高热、热程长，临床上可加用激素治疗，其作用为及时退热，缩短热程，减少脏器损害并有助于已受损脏器炎症的消退。由于激素在脓毒症中的疗效取决于激素用量和患者病情，激素用量越大死亡风险也越大，大剂量激素增加病死率，而病死率是否降低取决于患者病情，高危死亡患者（需要大剂量血管活性药）可从小剂量、长程激素治疗中获益，反之则有害，因而恙虫病预防控制技术指南（试行）指出应慎用激素，但中毒症状明显的重症患者，在使用有效抗生素的情况下，可适当使用激素。

（2）病原治疗：可选用氯霉素（chloramphenicol），四环素类如强力霉素（doxycycline）、美满霉素（minocycline）或红霉素类如罗红霉素（roxithromycin）、阿奇霉素（azithromycin）和红霉素（erythromycin）作病原治疗。患者多于开始治疗后24～48小时内体温恢复正常。也可用氟喹诺酮类如氧氟沙星(ofloxacin)和环丙沙星(ciprofloxaxin)作病原治疗,但其疗效较前3类药物稍差,常于开始治疗后2~5天内体温才恢复正常。对于儿童和孕妇,不宜用氯霉素、四环素和氟喹诺酮类药物治疗,而应使用阿奇霉素和罗红霉素治疗,以避免由于药物治疗而引起的对婴幼儿的毒副作用。对于病情较重的恙虫病患儿应选用传统的治疗药(氯霉素或多西环素),以免延误病情。多西环素为治疗恙虫病的特效药,疗程一般为7天,但对<8岁的儿童有可能造成牙齿黄染的不良反应,在对<8岁的儿童应用该药时必须对患儿家长讲明,取得家长的同意后方可应用,确保医疗安全。在应用氯霉素时也必须向患儿家长讲明该药的不良反应,取得家长同意后方可应用。

一般病例抗病原治疗药物疗程为7~10天,疗程过短可增加恙虫病复发机会,复发者疗程宜适当延长3~4天。由于恙虫病东方体的完全免疫在感染后两周发生,过早的抗生素治疗使机体无足够时间产生有效免疫应答,故不宜早期短疗程治疗,以免导致复发。有认为磺胺类药有促进恙虫病东方体的繁殖作用,应予慎重。

从20世纪90年代以来,恙虫病药物治疗疗效不佳的病例报道已逐渐增多,恙虫病东方体已开始产生耐药性。1990年在泰国北查那布里从一名病人身上分离出来一株强力霉素敏感性降低菌株(AFSC-4);1996年,Watt等报道在泰国北部恙虫病患者中发现常规的抗生素治疗(200 mg强力霉素)对其治疗效果不佳,相对于泰国西部恙虫病患者,其退热时间延长了,恙虫病东方体的清除时间明显长于泰国西部患者,从泰国北部患者体内分离的恙虫病东方体菌株体外药敏实验也证明其对强力霉素产生了一定的耐药性。此后,关于恙虫病东方体出现药物抗性的报道陆续增多,这需要给予高度的关注。

2. 预防

(1) 消灭传染源:啮齿动物中一些鼠类是恙虫病立克次体的主要储存宿主,它们是自然疫源的经久维持者,也是本病的传染源。故杀灭鼠类是根本性的预防措施。

(2) 切断传播途径:本病由媒介恙螨幼虫叮咬而传播,应采取消除恙螨孳生地的任何可行措施。及时地喷洒杀虫剂灭螨或清除杂草,以使居住周围环境和人群经常活动场所无恙螨栖息。

(3) 集体和个人防护:在媒介恙螨活动季节高峰期,最好不进入疫区或不接触其自然疫源地,必须在疫区活动的群体或个人则应采取切实可行的防护措施。穿着防护服或防螨衣袜,至少应使所穿衣、裤、鞋、袜具有简易的防护作用。不在草丛中坐卧、休息或久留,不任意在草丛上放置脱下的衣、帽等。衣服或外露皮肤可涂抹驱避剂或以安全无毒的少许杀虫剂处理衣服。集体人群应提倡检查有无恙螨幼虫叮咬,进入居室前应换掉外出时着用的衣袜并仔细检螨,做到及时入浴或擦洗身体。确认被叮咬者,必要时也可采取预防性服药。

三、肾综合征出血热

肾综合征出血热(hemorrhagic fever with renal syndrome,HFRS),又称流行性出血热(epidemic hemorrhagic fever,EHF),是由汉坦病毒(Hantaan virus,HV)引起的自然疫源性疾病。约80年前在我国东北地区黑龙江下游发现,称流行性出血热,以后在俄罗斯称肾病肾炎,朝鲜称为朝鲜出血热(俞东征,2009)。1982年WHO将此病定名为HFRS,其临床表现以急性起病、发热、出血、低血压和肾脏损害等为特征。

（一）病原学

本病病原体为汉坦病毒（Hantaan virus），属于布尼亚病毒科（Bunyavidae），汉坦病毒属（*Hantavirus*）。HV通常呈球形，平均直径为80～120 nm，为分节段单股负链RNA病毒，病毒衣壳表面有包膜包被，基因组RNA分为三个节段，小片段（S segment，S）约1 700 bp，主要编码核蛋白（NP），与病毒核酸一起构建核衣壳，在病毒复制过程中起重要的作用，NP具有良好的抗原性，是血清学检测的理想抗体；中等片段（M segment，M）约3600 bp，主要编码病毒包膜糖蛋白（Gn和Gc）的前体蛋白，糖蛋白在病毒包膜表面形成棘突，和病毒受体结合介导病毒进入宿主细胞，糖蛋白上存在中和抗原位点；大片段（L segment，L）为6 500～6 550 bp，编码RNA依赖的RNA聚合酶，RNA依赖的RNA聚合酶为病毒基因组RNA复制及mRNA合成所必须。

经过对该病毒生物学特性，分子结构及抗原抗体的交叉反应等全面比较研究，大致可将来自世界各地的HFRS病毒分成10个不同血清型：汉坦病毒型（Hantaan virus，HTNV）、汉城病毒型（Seoul virus，SEOV）、普马拉病毒型（Puumala virus，PUUV）、希望山病毒型（Prospect hill virus，PHV）、多布拉伐-贝尔格莱德病毒型（Dobrava-Belgrade virus，DOBV）、泰国病毒型（Thailand virus，THAIV）、印度索托帕拉雅病毒型（Thottapalayam virus，TPMV）、无名病毒型（Sin Nomber virus，SNV）和纽约病毒型（New York virus，NYV）或黑溪病毒（Black Creek Canelvirus，BCCV）及1993年在美国新发现的汉坦病毒肺综合征型（Hantaan virus pulmonary syndrome，HPS）。我国至今只发现汉坦型（HTNV）即Ⅰ型和汉城型（SEOV）即Ⅱ型两种血清型的HV。前者以姬鼠为主要宿主，后者以褐家鼠为主要宿主。免疫荧光反应不能直接区分这两个血清型，但交叉中和、交叉阻断试验均可查见它们之间有明显的抗原差异。

（二）流行病学

1. 传染源

肾综合征出血热是多宿主性的自然疫源性动物源性疾病。陆栖动物中的哺乳纲、鸟纲、爬行纲和两栖纲等种类都可自然感染汉坦病毒（HV）。迄今世界上已报道有173种（包括一些亚种、变种）脊椎动物自然感染HV（俞东征，2009），即哺乳纲151种，其中啮齿目106种，兔形目5种，食虫目21种，食肉目9种，偶蹄目6种，灵长目1种，翼手目3种；鸟纲18种；爬行纲2种；两栖纲2种成为宿主动物。HFRS主要宿主动物为啮齿动物。在啮齿目中又以姬鼠属、家鼠属和仓鼠属等为主。我国目前已查出67种脊椎动物携带HV或抗体。HFRS主要宿主动物和传染源是野栖黑线姬鼠和以家栖为主的褐家鼠，其次为小家鼠、黄胸鼠和野栖的黄毛鼠、大仓鼠和黑线仓鼠等。此外还有林区的大林姬鼠、棕背䶄和实验大白鼠等。

2. 传播途径

HFRS在我国分布广泛，发病数多，病死率高，严重危害人类健康。多年的实验研究认为，HFRS存在多种传播途径，主要分为3种：① 动物源性传播（包括通过伤口、呼吸道和消化道3种途径）。② 垂直传播。③ 虫媒传播（螨媒传播）。

(1) 动物源性传播:为HFRS的主要传播途径。鼠类感染HV后,病毒通过血、尿、粪便排出体外,仍可污染环境并保持感染力,可经接触伤口导致感染;另外,鼠类排出体外的病毒可随着尘埃扬起,通过呼吸道感染人群,尤其是在密闭的动物实验室内,更易通过气溶胶感染;也可通过食用被感染鼠偷食或排泄物污染的食物而引起消化道感染,特别是在野外工地的宿营厂所,所以防鼠极为重要。

(2) 垂直传播:从国内研究结果看,有报道从患EHF孕妇流产的死婴肝、肾、肺组织中分离到HV;孕妇感染HV后所产的新生儿也有发病的;从人工感染的怀孕BALB/c小鼠的胎鼠脏器中分离出HV;从自然界捕获的怀孕黑线姬鼠和褐家鼠的胎鼠及新生乳鼠脏器(脑、肺、肝)中检测到HV抗原。可见垂直传播是存在的。

(3) 虫媒传播:通过螨媒叮咬传播HV也已得到实验证实。有研究证明革螨和恙螨能自然感染、叮刺传播和经卵传递HV。目前,需要进一步的研究来探索螨与汉坦病毒的关系,并进一步确定寄生螨是否是汉坦病毒的主要来源或主要媒介,如果螨类假说(mite hypothesis)是正确的,那么它将极大地改变目前人们对人类汉坦病毒感染的流行病学、预防和控制的认知概念(Yu et Tesh,2014)。20世纪50年代,Traub等(1954)认为苍白纤恙螨可能是出血热传播媒介。主要依据朝鲜半岛须纤恙螨等的地理分布、季节消长与该病的流行病学相符。我国吴光华等证明在陕西小板纤恙螨可为媒介,是该病的传播方式之一,可能还起到保存疫源地的作用。有研究证实小板纤恙螨体内有肾综合出血热病毒,可能是HFRSV的媒介。野外采集的小板纤恙螨幼虫在实验室培养,用IFAT检测恙螨体内HFRSV的结果显示,在培养20天、80天、100天和115天后的恙螨均分离到HFRSV,说明该病毒在恙螨体可经期传递。用特异、敏感的Nested RT-PCR检测野外捕获的恙螨体内HFRSV RNA也说明小板纤恙端有自然感染HFRSV。佘建军等对须纤恙螨作为肾综合征出血热传播媒介的可能性做了研究,发现须纤恙螨幼虫孳生地和生境符合HFRS疫源地基本特征,主要分布于流行区,为疫区宿主动物体外优势螨种,幼虫出现的高峰季节(11、12月份)、季节消长与人群HFRS发病基本一致,须纤恙螨幼虫叮咬阳性鼠可以获得感染,说明须纤恙螨具有作为HFRSV传播媒介的先决条件。但能否经卵传递尚须进一步的研究。

3. 易感人群

不同人群、性别、职业及种族对HV具有普遍易感性,感染病毒后大部分人群呈隐性感染状态,只有小部分人群发病。病后患者可获得稳固而持久的免疫力,极少出现二次感染发病。

4. 流行特征

(1) 流行情况与地区分布:HFRS目前已遍及世界各地,世界上有30多个国家存在该病,这些国家主要分布在欧亚大陆,其中发病最多的国家是中国、俄罗斯、韩国、芬兰、挪威、瑞典、丹麦等,美国也存在由汉城病毒引起的HFRS。亚洲发病率最高,发病人数占全世界的90%以上(俞东征,2009),其次为欧洲,而非洲和美洲则极少。迄今HFRS在亚洲和欧洲仍不断暴发或流行,每年总发病数在60 000~100 000例。我国是受汉坦病毒感染危害最为严重的国家,每年发病人数占世界总发病数的90%以上(张玲霞和周先志,2010)。自1931年在黑龙江流域的中、苏边境发现HFRS以来,最初主要在东北地区流行,后来疫区不断扩大,发病率不断升高,特别是1981年我国山西、河南暴发的由家鼠携带的病毒引起家鼠型HFRS后,发病人数大幅度增加,年发病人数最高曾超过10万(1985~1986年),以后虽然逐渐有所下降，但到20世纪90年代仍保持在一个较高的水平，每年发病人数在40 000～60 000例，近年来发病人数有大幅度的下降，每年仍有2 000～30 000例，辽宁、山东、黑龙江、吉林、河北和陕西六省最多。目前我国除青海尚无本地病例外，其他省（直辖市、自治区）均有病例发生，台湾地区也有汉坦病毒感染病例报道，而且新的疫区不断出现，并时有暴发流行，特别是个别省份近年来发病率明显升高，形势不容乐观（俞东征，2009）。

（2）疫区类型：目前已证明，我国能引起HFRS的HV类型及主要宿主动物情况如下：由姬鼠属（*Apodemus*）鼠种为主要宿主动物传播HV的地区，称为姬鼠型疫源地；由林䶄属（*Clithrionomys*）鼠种为主要宿主动物传播HV的地区，称为林䶄型疫源地；由鼠属（*Rattus*）为主要宿主动物传播HV的地区，称为家鼠型疫源地。我国目前主要存在姬鼠型、家鼠型和混合型三种HFRS疫区类型。

（3）周期性与季节性：HFRS的流行周期性与主要宿主动物生态学（包括种群数量变化周期和寿命长短等）和动物流行病学（包括HV在宿主动物种群中传播条件是否具备等）特点有关，同时与易感人群的免疫状况和接触机会也有关系。我国流行的姬鼠型和家鼠型HFRS周期性流行高峰与主要宿主动物黑线姬鼠和褐家鼠周期性密度变化有着密切关系。HFRS一年四季均可发病，但不同年代，不同疫区和不同地理景观地区的流行季节并不完全相同。林䶄型HFRS冬季（11～12月）出现流行高峰；姬鼠型HFRS除冬季（11月至次年1月）出现流行高峰外，夏季（6～7月）也可出现一个流行小高峰，尤在林区经常是夏季流行。混合型疫区冬、春季均出现HFRS流行高峰。

（4）人群分布：尽管不同性别、年龄职业人群对引起HFRS的HV具有普遍易感性，但发病主要集中在男性青壮年农民。男女均可发病，但男性多于女性，比例约为2∶1；16～60岁年龄段人群发病占发病90%；农民占发病人数的80%。

5. HFRS流行病学监测

在全国范围设立监测点，得到如下结果：① 野鼠型患者病后抗体持续时间比家鼠型患者长。② 黑线姬鼠在4月和12月带毒率较高，褐家鼠4月带毒率较高，且褐家鼠带毒率一般较黑线姬鼠高。③ 黑线姬鼠和褐家鼠成年鼠均比幼年鼠带毒率高。④ 灭鼠可以控制发病，其中家鼠型疫区比野鼠型和混合型疫区较易控制。⑤ 主要宿主动物密度和带毒率乘积（简称带毒指数）可作为人群发病率预测的主要指标。⑥ HFRS流行病学监测指标应包括：主要宿主动物构成比、密度、带毒率和抗体阳性率，健康人群隐性感染率和发病率共6项。

（三）发病机制和病理

HFRS症状特点为全身毛细血管和小血管大面积损害、通透性增加，但至今病理机制仍未完全阐明。越来越多的证据表明，汉坦病毒感染的发病机制可能是一个多因素的复杂过程。汉坦病毒可以直接改变内皮细胞功能及通透性，同时影响了机体的固有免疫应答，从而使抗原抗体复合物沉积，导致免疫损伤。

汉坦病毒的直接作用主要体现在汉坦病毒具有广泛嗜性，病毒与细胞膜表面受体结合是病毒感染致病的第一步。除病毒的直接作用外，包括细胞免疫和体液免疫在内的免疫因素也在流行性出血热的发生发展中发挥重要作用。

（四）临床表现

不管是野鼠型、家鼠型还是实验室感染的HFRS，虽然病情轻重不一，但临床经过基本相同。家鼠型通常比野鼠型病程短，病情轻，病死率低，近年来临床有病情转轻的趋势，同时不典型症状增多，如肝功能异常及中枢神经系统症状明显者较多见，要注意避免误诊及延误治疗。HFRS潜伏期4～42天，一般为2周。临床上典型病例有5期经过，分别为发热期、低血压期、少尿期、多尿期及恢复期（具体症状及体征略）。

出血热的典型病例可呈现上述5个时期，但病情较轻者可跳期，如仅有发热期及多尿期，或仅有发热期、少尿期和多尿期。跳期者一般病程较短，而重者可多期重叠，如发热后出现休克，同时合并少尿，谓之三期重叠，其病情重，持续时间长，并发症多，预后差，病死率较高。

（五）实验室检查

1. 常规检查

包括血象、尿常规及血液生化检查。

2. 免疫学检查

包括血清特异性抗体检测及抗原检测。

（六）诊断和鉴别诊断

该病诊断主要依靠特征性临床症状和体征，结合实验室检查，同时参考流行病学史等因素进行诊断。但本病存在很多轻型病例，其临床表现不典型，尤其是家鼠型病毒感染，往往容易漏诊或误诊。

HFRS应根据各个病期不同病情的主要表现与下列疾病相鉴别：① 病毒性上呼吸道感染。② 败血症。③ 急性肾炎。④ 急腹症。⑤ 其他：大叶性肺炎、伤寒、钩端螺旋体病及急性细菌性痢疾等发热性传染病。

（七）防治

1. 治疗

由于其致病机制尚不十分明确，因此尚无特殊治疗方法，但系统的对症治疗是极其重要的。抓好“三早一就”（早诊断、早休息、早治疗、就地或就近治疗）是本病治疗的关键。把好“四关”（休克、肾衰、出血、感染）亦是本病治疗重要环节。

2. 预防

控制HFRS最重要的是采取灭鼠灭螨、个人防护、监测、疫苗接种等有力的预防措施。

四、地方性斑疹伤寒

地方性斑疹伤寒（endemic typhus）也称鼠型斑疹伤寒（murine typhus），是由莫氏立克次体（*Rickettsia typhi*，*Rickettsia mooseri*）引起，通过鼠蚤传播的急性传染病，其临床特征与流行性斑疹伤寒近似，但症状较轻，皮疹很少呈出血性，病程较短，预后好，病死率低。

（一）病原学

莫氏立克次体生物学形状与普氏立克次体相似，多为球杆状或细小杆状，也有呈丝状或链状排列，但不如普氏立克次体常见，大小为(0.3～0.7) μm ×(0.8～2) μm。电镜下观察可见3层细胞壁和3层胞质膜，为典型细菌性细胞的单位膜结构，胞质内可见DNA、核糖体、电子透明区、空泡及膜质小器官。姬姆尼茨染色呈红色，吉姆萨染色呈紫红色，可呈现两极浓染。莫氏立克次体抵抗力较弱，0.5%苯酚和75%的乙醇数分钟可将其杀灭。

（二）流行病学

1. 地理分布

地方性斑疹伤寒散发于全球，多见于热带和亚热带，属于自然疫源性疾病，本病以晚夏和秋季谷物收割时发生者较多，并可与流行性斑疹伤寒同时存在于某些地区。国内以河南、河北、山东、云南、辽宁及北京地区报道的病例较多。

2. 传染源

家鼠如褐家鼠、黄胸鼠等为本病的主要传染源，一般以鼠—鼠蚤—鼠的循环流行。鼠感染后大多并不死亡，而鼠蚤只在鼠死后才离开鼠体吸吮人血而使人感染，患者也有可能作为本病的传染源。

3. 传播途径

鼠蚤通过吸吮病鼠血而致感染，病原体进入鼠蚤肠道内繁殖，当受染鼠蚤吸吮人血时，同时排出含有病原体的粪便和呕吐物，病原体可经抓伤破损的皮肤侵入人体；蚤被打扁压碎后，其体内病原体也可经同一途径侵入，进食被病鼠排泄物污染的饮食也可得病，干蚤粪内病原体偶可成为气溶胶，经呼吸道或眼结膜等使人感染。螨、蜱等节肢动物也可携带病原体，而成为传病媒介的可能(张玲霞和周先志，2010)。曾在印度囊棒恙螨体内分离到莫氏立克次体，表明印度囊棒恙螨亦可能传播地方性斑疹伤寒。

4. 易感人群

对本病普遍易感，某些报道中以中、小学生和青壮年发病者居多，感染后可获得持久免疫力，对普氏立克次体感染也具有交叉免疫力。

（三）发病机制与病理

人被带有莫氏立克次体的蚤或者恙螨等叮咬后，莫氏立克次体先在局部繁殖，然后进入血流，产生立克次体血症，再到达身体各器官组织，出现毒血症临床表现。莫氏立克次体死亡后所释放的毒素为致病的主要因素。斑疹伤寒的组织病理变化主要在血管系统，可见局灶性或广泛性血管炎和血管周围炎，以肺、脑、心、肾最为显著。血管周围可见单核细胞、淋巴细胞、浆细胞浸润。重型患者可见血管内皮细胞水肿及血管壁坏死、破裂。各脏器可发生充血、水肿及灶性坏死，严重者可导致多器官功能障碍综合征(MODS)。

（四）临床表现

潜伏期6～16天，多为12天。少数患者有1～2天的前驱症状如疲乏、纳差、头痛等。

发热是本病主要表现之一，患者体温在39 ℃左右，为稽留热或弛张热，多数患者

(50%～80%)出现皮疹,多见于第4～7病日。皮疹多为充血性斑丘疹,出血性皮疹极为少见。本病神经系统症状较轻,大多仅有头晕、头痛,极少发生意识障碍。心肌很少受累,偶可出现心动过缓。咳嗽见于半数病例,肺底偶闻啰音,部分患者诉咽痛和胸痛。50%患者脾大。

(五)实验室检查

(1) 血常规:发病早期,1/4～1/2的病例有轻度白细胞和血小板减少,近1/3的患者出现白细胞总数升高。

(2) 生化:凝血酶原时间可延长,组DIC较少见,90%患者的血清AST、ALT、AKP和LDH等升高,其他尚有低蛋白血症(45%)、低钠血症(60%)和低钙血症(79%),严重的病例可出现在肌酐和尿素氮升高。

(3) 血清学检测:患者血清也可与变形杆菌OX_{19}株发生凝集反应,效价为1:(160～640),较流行性斑疹伤寒为低,较为灵敏和特异性的试验包括间接免疫荧光抗体检测、血清凝聚试验、补体结合试验、固相免疫测定等,可与流行性斑疹伤寒鉴别。

(4) 病原体分离:将发热患者体液接种于雄性豚鼠腹腔内,但一般实验室不宜进行豚鼠阴囊反应试验,以免感染在动物间扩散和感染实验室工作人员。

(六)诊断和鉴别诊断

本病的临床表现无特异性,且病情较轻,容易漏诊,诊断以流行病学资料、热程、皮疹性质,外斐反应等为主要依据,有条件者尚可进行补体结合试验、立克次体凝聚试验等。该病除与流行性斑疹伤寒鉴别外,还须与伤寒、流感、恙虫病、钩端螺旋体病等区别。

(七)防治

1. 治疗

国内报道多西环素疗效优于四环素。近年来使用氟喹诺酮类,如环丙沙星、氧氟沙星和培氟沙星对本病治疗也有效,有报道阿奇霉素疗效与氯霉素接近,且不良反应少,有望替代氯霉素。本病预后良好,经多西环素等及时治疗后很少死亡。

2. 预防

主要是灭鼠灭蚤,对患者及早隔离,因本病多散发,故一般不进行疫苗接种。疫苗接种对象为灭鼠工作人员及与莫氏立克次体有接触的实验室工作人员。

五、弓形虫病

弓形虫病(Toxoplasmosis)是由刚地弓形虫(*Toxoplasma gondii*)感染导致的一种重要的人兽共患病,具有流行范围广、感染率较高、临床症状复杂等特点,全世界约有20亿人感染过弓形虫,对人类健康造成极大威胁。其病原体弓形虫可寄生于包括人在内的绝大多数温血动物的有核细胞内。

(一)病原学

刚地弓形虫属真球虫目弓形虫科,其终宿主为猫和猫科动物,人和多种动物为中间宿主。其生活史包括5个发育期。在弓形虫5个发育期中,滋养体(速殖子)、包囊和卵囊具有重要的致病及传播作用。

滋养体:又称速殖子,寄生于中间宿主的有核细胞内或游离于腹腔渗出液、脑脊液或血液中。虫体呈新月形或香蕉形,大小为(4~7) μm×(2~4) μm。用吉氏或瑞氏染色后,核呈紫红色,细胞质呈蓝色,有少量颗粒。数个或数十个速殖子群落可被宿主细胞膜包饶,形成假包囊。

包囊:组织内寄生,圆形或椭圆形,直径5~100 μm,内含数百个缓殖子,缓殖子形态与速殖子相似,但个体较小。

裂殖体:寄生于猫小肠绒毛顶端的上皮细胞内;成熟裂殖体内含10~15个裂殖子;裂殖子为新月状。

配子体:有雌雄之分。雄配子体呈卵圆形或椭圆形,直径约10 μm,含12~32个雄配子;雌配子体呈圆形,成熟后称为雌配子。

卵囊:呈圆形或椭圆形,直径为10~12 μm;成熟卵囊内含2个孢子囊,囊内含有4个新月状的子孢子。

(二)流行病学

1. 传染源

感染弓形虫的动物是本病的传染源。有弓形虫感染的哺乳动物至少有140种,其中猫科动物的感染率高,从其粪便中排出的卵囊是人体弓形虫感染的重要来源,猪、牛、绵羊、山羊、狗、马、鹿、骆驼、驴等家畜,鸡、鸭、鹅等家禽以及啮齿类动物均可感染弓形虫,是本病的重要传染源。

2. 传播途径

先天性感染系妊娠期感染者经胎盘垂直传播使胎儿感染,一般以妊娠早期弓形虫感染导致胎儿先天感染者较为多见。获得性感染则以生食或半生食含有包囊的肉类食品,食人被卵囊污染的食物和饮水、密切接触猫、猪、犬等感染动物为主要传播途径。经输血、器官移植感染及实验室感染亦有报告。在非洲曾从勒格纤恙螨(*Leptotrombidium trombicula*,*Leptotrombidium legacy*)和怪异逊盾恙螨(*Schoutedenichia paradoxa*)两种恙螨体内分离出刚地弓形虫。

3. 易感人群

人类对弓形虫普遍易感,幼儿、免疫功能低下人群、兽医、肉类加工人员、动物饲养员、从事弓形虫研究的实验人员等职业人群更易获得感染。

4. 流行特征

本病呈世界性分布,据估计全球约1/3的人口呈弓形虫血清抗体阳性,但感染率具有明显的地域差异。欧美人群弓形虫抗体阳性率为25%~50%,少数国家弓形虫抗体阳性率甚至超过80%。北美洲和亚洲的弓形虫血清阳性率低于南美和非洲一些地区,而欧洲的弓形虫血清阳性率介于二者之间。据最新的资料,我国普通人群弓形虫抗体阳性率不到10%,显著低于世界其他国家。产生这些差异的原因可能与动物传染源的弓形虫感染率、环境中的虫荷量、当地居民的生活习惯、宿主的遗传背景以及某些地区高度恶性虫株的存在等因素有关。由于将食物烹饪至半熟不能杀死弓形虫,但−20 ℃以下冻存3天即可杀死从组织中分离的包囊。因此,不同国家和地区各自的肉类烹制方式和不同的杀死肉类中弓形虫包囊的储存温度,可能也是导致不同地区弓形虫感染率差异的一个原因。

造成本病广泛流行的原因:① 具有感染性的卵囊、包囊、滋养体的抵抗力较强,如猪肉中的包囊活力在冷冻状态下可维持35天,卵囊在常温常湿条件下可存活1～1.5年,血中的滋养体(速殖子)在−2 ℃或−8 ℃条件下可存活30天左右。② 中间宿主广泛。③ 本病为自然疫源性疾病,动物的相互捕食,使虫体在自然界循环不绝。④ 卵囊排放时间长、数量大。⑤ 包囊可长期生存于中间宿主体内。

(三) 发病机制和病理

弓形虫的致病作用与虫株毒力密切相关。弓形虫侵入人体后经淋巴或直接入血,播散到全身组织器官,其滋养体(速殖子)是弓形虫急性感染期的主要致病阶段,感染初期,形成局部组织的坏死病灶,同时伴有以单核细胞浸润为主的急性炎症反应。当宿主特异免疫形成之后,速殖子的增殖减慢并最终形成包囊。

弓形虫病的病理改变主要有:① 速殖子增殖引起的坏死病灶可被新的细胞取代,也可被纤维瘢痕取代。② 包囊破裂后释出缓殖子引起宿主迟发型变态反应,导致组织坏死,并形成肉芽肿病变。③ 弓形虫感染引起的血管炎症可造成血管栓塞,引起组织梗死,此多见于脑部。

(四) 临床表现

弓形虫病分为先天性与获得性两类。胎儿在孕期经胎盘传播感染虫体,引起先天性弓形虫病。弓形虫病常见的临床类型主要有:弓形虫脑病、弓形虫眼病、弓形虫肝病、弓形虫性心包炎、弓形虫性肺炎,其具体临床特征如下:① 弓形虫脑病:临床上表现为脑炎、脑膜炎、脑膜脑炎、癫痫、精神异常等,脑脊液中可查见弓形虫速殖子。② 弓形虫眼病:主要为复发性、局限性、坏死性视网膜脉络膜炎,临床上表现为视力模糊、眼痛、畏光、盲点和流泪等。③ 弓形虫肝病:弓形虫破坏肝细胞引起肝实质炎症浸润和局部坏死,临床上表现为食欲减退、肝区疼痛、腹水、轻度黄疸、肝硬化、脾大等,病程长且易复发。④ 弓形虫心肌心包炎:临床上可出现发热、腹痛、扁桃体炎、眼睑水肿等,常无明显心脏异常症状。⑤ 弓形虫肺炎:临床上表现有咳嗽、咳痰、胸痛、气短、肺部音等,X线检查有炎症浸润灶。肺部病变多合并巨细胞病毒和细菌感染,呈间质性和小叶性肺炎表现。

(五) 实验室检查

1. 病原学检查

涂片染色法:若发现速殖子或包囊可确立诊断。亦可用动物接种法和细胞培养法进行检查。

2. 血清学检查

抗体检测:以完整虫体或虫体胞质成分为抗原检测血清中的特异抗体。抗原检测:常用方法ELISA,具有较高的敏感性和特异性。

3. 基因检测

PCR及DNA探针等基因检测技术具有敏感、特异和早期诊断等优点,已试用于临床弓形虫病诊断,但因存在许多影响因素,对实验结果的判断应有其他资料佐证。

(六)诊断与鉴别诊断

本病临床表现复杂但缺乏特异性指征,单靠临床表现和体征难于诊断,须结合流行病学史、实验室及其他辅助检查结果进行诊断。患者的职业、饮食习惯、有无与猫接触史具有重要参考价值。病原学检出速殖子或包囊为确诊依据,抗原、抗体及基因检测结果可为诊断提供重要依据。

先天性弓形虫病需与巨细胞病毒、疱疹病毒、风疹病毒感染引起的脑病相鉴别。弓形虫性视网膜脉络膜炎需与上述病毒、结核病、梅毒、钩端螺旋体病、布氏菌病、组织胞质菌病和类肉瘤病等引起的眼病相区别。弓形虫性淋巴结炎需与细菌性淋巴结炎及恶性病变的淋巴结转移相鉴别。如伴有其他症状时,应与传染性单核细胞增多症及淋巴瘤相鉴别;尚需考虑与结核病、布氏菌病、野兔热、猫抓热及一些全身性感染相鉴别。

(七)防治

1. 治疗

磺胺嘧啶-乙胺嘧啶联合使用一直是弓形虫病的标准治疗方案。复方新诺明(即复方磺胺甲基异噁唑)也是弓形虫病治疗的有效药物。孕妇则应选用螺旋霉素治疗。近年有报道称复方磺胺甲基异噁唑联合克林霉素治疗弓形虫脑病临床效果较好。我国学者一直致力于从中医药宝库中发掘抗弓形虫药物,现已发现青蒿素及其衍生物、大蒜素、扁桃酸、金丝桃素、白藜芦醇等对弓形虫的增殖均有直接或间接抑制作用,值得进一步深入研究。

2. 预防

疫苗是预防感染性疾病的理想手段。另外,加强对畜、禽饲养、肉类加工的检疫及食品卫生的管理及监测,不食未熟肉类及蛋、乳制品,防止猫粪污染食物、蔬菜及饮水仍是预防弓形虫病的重要手段。定期对孕妇进行血清学检查,一旦发现感染应及时治疗或终止妊娠,防止先天性弓形虫病的发生。

六、Q热

Q热(Q Fever)是由贝氏柯克斯体(*Coxiella burneti*)所致的急性传染病,是一种自然疫源性疾病。Q热主要临床特点是严重头痛、发热、发冷、乏力、肌痛及间质性肺炎。大多为急性,少数为慢性。间质性肺炎是本病与其他立克次体病不同的重要特征。

Q热呈世界性分布,除新西兰外,世界各地几乎都报告有Q热病例。贝氏柯克斯体的主要宿主是家畜,特别是牛、羊。然而,近年来,越来越多的动物被报道可以感染贝氏柯克斯体,包括家养哺乳动物、海洋哺乳动物、爬行动物、蜱和鸟类。我国可感染贝氏柯克斯体的家畜包括黄牛、水牛、牦牛、绵羊、山羊、马、骡、驴、骆驼、狗、猪和家兔等。野生动物中的喜马拉雅旱獭、藏鼠兔、达乌利亚黄鼠、黄胸鼠,禽类中的鸡、鹊雀均可感染贝氏柯克斯体。受染动物外观健康,而分泌物、排泄物以及胎盘、羊水中均含有贝氏柯克斯体。患者通常并非传染源,但病人血、痰中均可分离出贝氏柯克斯体,曾有住院病人引起院内感染的报道,故应予以重视。

贝氏柯克斯体可通过呼吸道、消化道和接触等多种途径使人感染,其中呼吸道是引起Q热爆发和流行的主要传播途径。蜱为贝氏柯克斯体主要传播媒介。恙螨也可能是传播Q热的媒介。在实验室中曾证实秋新恙螨可自豚鼠获得Q热病原体贝氏柯克斯体,并反过来感染健康豚鼠,在自然界从多毛螨体内也曾分离到此菌株。吸入含有贝氏柯克斯体的蜱螨粪便污染尘埃或继发性气溶胶也存在被感染的可能性。与病畜、蜱螨粪便接触,病原体也可通过受损的皮肤、黏膜侵入人体而导致经接触感染。

七、其他

近年来,也有报道称,恙螨除携带 Ot 外,还可携带其他病原体,如伯氏疏螺旋体(*Borrelia burgdorferi* s. l.)、嗜吞噬细胞埃立克体(*Ehrlichia phagocytophila*)、*Orientia chuto*、汉坦病毒(Hantaan virus)、*Rickettsia* sp.、*R. helvetica*、*R. monacensis*、*R.* sp. TwKM02、*R. australis* 和 *R.* sp. Cf15等,特别对伯氏疏螺旋体易感(Antonovskaia,2018;Ehounoud et al.,2017)。纤恙螨属(*Leptotrombidium*)、棒感恙螨属(*Schoengastia*)和 *Blankaartia* 属与 *Bartonella tamiae* 的传播有关。各种新型细菌可能在螨生命周期的重叠世代中与宿主螨一起独特地进化。Ogawa 等从小板纤恙螨体内检出立克次体属(*Rickettsia*)、沃尔巴克氏体属(*Wolbachia*)和 *Rickettsiella* 的细菌。同时进行了同源性搜索和系统发育分析,结果显示立克次体属的部分细菌与人类病原相同或非常接近,如小珠立克次体(*Rickettsia akari*)、埃氏立克次体(*R. aeschlimannii*)、*R. felis* 和澳大利亚立克次体(*R. australis*)(Ogawa et al.,2020)。此前也有报道显示,在中国和韩国的小板纤恙螨中检测到小珠立克次体。王庆奎等(2012)发现小板纤恙螨也可能是发热伴血小板减少综合征病毒(severe fever with thrombocytopenia syndrome virus,SFTSV)的媒介。

恙螨基本上无宿主特异性,它们的动物宿主种类繁多,特别是鼠类,是多种病原体的载体。因此一种媒介恙螨有机会传播几种病原体。我国恙螨种类多,其中蕴藏的媒介能量难以估计,是虫媒病防治中的一大隐患。因此,有必要对恙螨潜在的传播疾病能力和潜在威胁进行全面深入的研究。

(吕　艳)

第六节　恙螨防制原则

恙螨在我国分布广泛,不但是恙虫病的传播媒介,而且还可能是出血热病毒等其他病原体的潜在传播媒介。目前,我国已发现了500多种恙螨,恙螨分布的地形有海岛、平原、丘陵地、山区、高原等各种各样的地区，形成不同疫源地类型。因此恙螨控制对恙螨性皮炎和恙虫病等虫媒病的防治具有重要意义。我国恙螨的防灭工作，累积了丰富的经验，包括消灭孳生地、消灭鼠类、杀灭恙螨、个人防护和集体防护等。对于恙螨的控制，应以综合防治为原则，即从媒介与生态环境和社会条件的整体出发，标本兼治，以治本为主，以安全、无害、有效、经济和简便的原则，因地因时制宜，对防治的对象采用各种合理手段和有效方法，组成一套系统的防治措施，把防治对象的种群数量降低到不足以传播疾病的地步。综合治理强调以预防为主。把握恙螨的孳生规律及其生物学特性是控制螨类的关键，因此，作为传染病防控的关键环节之一，提前预防，认真做好监测预警工作，才能有的放矢地做好控制工作。任何一种治理措施或方法都有其优缺点、专一性或局限性。所以在综合治理的过程中，要分析不同措施、方法的有效控制对象、时限、范围及其影响因素，充分发挥不同措施或方法的优势特点，以期取得最大的社会经济与生态效益。

一、清除恙螨孳生环境

消灭恙螨孳生地是最基本的防治措施。从保护人民的健康出发，在居民点内、附近以及生活和生产活动经常到达的地区范围内，所有媒介恙螨孳生地都应尽快、彻底地清除消灭。要通过改变恙螨的生长环境来控制恙螨种群的数量，根据恙螨的生态习性因地制宜进行。控制要点主要有：① 改变地面的潮湿情况，至少使地面表层完全干燥；如在居民点内，通过修建下水道、开沟渠、填土等方法降低恙螨孳生地所在的地下水位；清除垃圾杂物、瓦砾等；或锄松表层泥土，铺平后压实，最好加一层黄泥或砂石压实，改变遮荫条件，使地面的蒸发加快，破坏恙螨的孳生地。对有些地区，可采用燃烧草地的方法，使地面的潮湿情况暂时改变，不利于恙螨孳生，以达到控制恙螨的目的。② 改善可以形成稳定小气候的环境，在遵循生态平衡原则的前提下，对自然发源地的环境进行改造。如植树造林、开垦种田、新修水利等，以便彻底改变啮齿动物和其寄生螨的生存环境；定期大搞环境卫生，铲除杂草。恙螨在野外主要孳生在杂草丛中，根据某地铲草经验，铲去杂草和表面浮土，恙螨数量可大大降低。清除乱砖堆，也可减少恙螨的孳生。③ 经常变动环境面貌。如组织发动群众，改造禽舍设施、清除鼠巢等，以清除恙螨的孳生地；在野外建筑永久或临时房屋时，可用翻土机翻土，再压实，如果工作的质量好，可达到全部消灭孳生地的目的。不能用这种方法处理的种植地带，尤其是耕作地的边缘地带，应常改变环境，如开垦种植，精耕细作，消灭所有的荒地和半荒地，以达到消灭恙螨孳生地的目的。

二、消灭鼠类宿主

鼠类既是恙螨幼虫的主要宿主，又是恙虫病的传染源，消灭鼠类是恙螨防治的重要环节，也是防治恙虫病的根本方法。在恙螨生活史的七个阶段中，恙螨未食幼虫必须在动物体上吸食，才能继续发育，而鼠类是恙螨幼虫最常见的宿主。没有机会吸食动物宿主的恙螨幼虫，最终因饥饿死亡；另外，媒介恙螨体内之所以不间断地携带恙虫病东方体，特别是恙虫病东方体在恙螨体内消失一定时间和代数后又重新出现，是因为恙螨叮咬携带恙虫病东方体的鼠类时又可以重新获得感染，使恙虫病东方体在恙螨体内能长期维持和代代传递，以致恙虫病的病例不断出现。因此，消灭鼠类是切断恙虫病流行的一个重要环节。灭鼠是消灭恙螨和控制恙虫病东方体传播的一项根本性措施。所以应保持环境干净、整洁，清除适于鼠类取食、筑巢和繁殖的条件，同时做好防鼠工作。主要使用毒饵灭鼠。灭家鼠主要使用缓效灭鼠药，如0.02%～0.03%敌鼠钠盐或杀鼠灵、0.3%～0.04%杀鼠迷、0.005%大隆或溴敌隆；灭野鼠可用0.5%～1.0%毒鼠磷、1%～2%磷化锌、0.05%～1.0%敌鼠钠盐或0.03%～0.04%杀鼠迷(李朝品，2009)。药物应注意交替使用，防止鼠产生拒食性和耐药性。面积过大及管理有困难的地区也可以结合大规模的毒杀小哺乳动物，特别是鼠类等。

三、药物杀螨

采用药物杀螨的方法，费用较高，困难较多，效果也不一致。药物防制是紧急处理手段，虽然化学防制存在着抗药性及环境污染等问题，但因其具有见效快、使用方便以及适于大规模应用等优点，目前仍是对恙螨综合防制中的主要手段。

硫磺是最早使用的杀螨剂，使用剂量通常为每亩地2 268 g粉剂，但效果不及DDT或六六六。在恙虫病流行区，曾大面积使用0.5%丙体六六六粉剂，有一定效果。用6%丙体六六六0.6 g/m²喷洒草地持续时间较长，有效杀螨期可达20天，控制恙螨繁殖达40天。近年实验室应用4种方法对不同药物进行恙螨的毒效试验，认为结果可靠。药物的使用通常有以下方法：① 熏杀法：选择的杀虫剂应是挥发性的。② 药膜法：选择的杀虫剂应是能溶解于丙酮的。③ 液浸法：选择的药物应是溶解于蒸馏水的。④ 内服法：选择的药物对动物的毒性应是极低或无毒的。杀灭恙螨的药物随着年代和抗药性出现，药物亦随之更换，因此，在不同时期都做了些药杀试验。陈心陶等采用药膜法、液浸法和内服法测定了2种国产敌百虫对地里纤恙螨几个生活史期的毒效。试验证明敌百虫对该螨的毒效为：卵＞幼虫＞若虫＞成虫，对未进食的若虫比饱食的若虫好。徐秉锟等还采用滤纸药膜法测定地里纤恙螨未食幼虫对有机磷“1605”与“1059”的敏感性，显示幼虫对“1059”的敏感性大于“1605”。且地里纤恙螨未食幼虫对这2种药物的敏感性又大大地超过国产敌百虫(甲基和乙基)。以上这些结果都是在实验室内试验的，因受外界环境因素的影响，到现场应用起来就更为复杂。另外，利用杀螨剂在大面积地面上杀螨，需要大量的药物，操作麻烦，使用时又受各种条件的限制，而且效果受外界条件的影响很大。因此尽管杀螨效果很好，也不能广泛使用。药物的使用只是为特殊的目的，临时和紧急的任务，或者在小面积范围使用。

杀灭恙螨的试验或研究中最大的难题莫过于杀灭效果的确定。如果测定效果的标准或方法不一致，则试验的结果是完全不可靠的。就野外试验来说，试验地区的选择和对照地区的决定非常重要，特别是对照区如果在观察区之中没有代表性，则试验的结果必然是失败的。因此应首先注意确定试验区和对照区的幼虫密度和活动时间。为了保证试验结果具有充分的说服力，挑选气候条件比较稳定的一段时间进行这一工作也是需要的。幼虫密度的测定应该连续进行3次，每4天1次。3次测定的平均数值不应该差别太大，用碟子法等测定幼虫密度时可以使用这种方法。每次碟子放置的数量应多一些，计算幼虫数目后把幼虫放回原处，不能采用此法的恙螨种类可以采用动物诱集法，这就增加了很多麻烦且准确度不易把控。由于被诱集到的幼虫再放回原处并无意义，因此放置的动物太多，时间太近，地区幼虫的数量可能明显下降，3次诱集结果可能出现明显不同，但太少太远了又很难说明问题。根据地区情况决定诱集动物的数目与3次放置的时间间隔很重要。经过处理之后第二天开始每隔一定时间继续进行同样的3次测定，作为效果的考核。这是指同对照区及试验之前的测定结果对比而言。如果是烟雾剂处理则时间以清早为宜，因为这段时间地面湿度大，烟雾停留在接近地面的时间长久一些，效果好一些，野外药物试验受外界条件的影响很大，重复几次试验是完全必要的。

室内试验比较容易掌握，但温湿度等条件以及用作试验的恙螨个体都必须一致，否则很难说明问题。20世纪80年代采用敌敌畏熏杀地里纤恙螨幼虫的试验，同温度同熏杀作用时间和不同温度不同熏杀时间的结果比较说明，同剂量时在一定温度范围内，温度升高或作用时间延长，则效果增加；在不同温度环境采用或调节适宜剂量和作用时间，敌敌畏熏杀幼虫能在较短时间内死亡，因此，敌敌畏熏杀在急用或临时任务需要时可供使用。

王丽梅(2018)对鸡新棒恙螨防治药物进行筛选发现，化学药物最短杀螨时间为：敌敌畏5分钟、15%哒螨灵5分钟、辛硫磷6.5小时、双甲脒7小时、苦参碱16小时、敌百虫17小时，这6种药物对鸡新棒恙螨杀灭有效，其余测试药物杀螨时间过长，没有实际应用的价值。研究还设计了三种不同的方案以观测防治效果。方案一：使用伊维菌素内服，15%哒螨灵和40%辛硫磷一周一次喷洒鸡舍以及运动场，硫磺粉铺洒于垫料，结果理想，鸡新棒恙螨感染率下降，无新创生成，缺点在于易复发，养殖户工作量大，防控成本较高；方案二：应用15%哒螨灵连续4天喷洒运动场和鸡舍，结果理想，鸡恙螨感染率下降了34%，无新创生成，缺点在于停药后易复发，易使鸡恙螨对15%哒螨灵产生耐药性；方案三：应用艾叶混合垫料铺满鸡舍，结果较理想，一周后感染率下降28%，但发现新创口，缺点在于防螨效果不如化学药物，但持久性较好。

在对新勋恙螨进行防治的过程中，要求在喷药物时，操作人员必须戴口罩、穿水鞋、戴手套和穿比较厚的工作服，做好安全防护工作。新勋恙螨容易产生抗药性，但不同类型药物之间通常无交互性，因此提倡不同作用机制的杀螨剂混配使用或轮换使用。单方用药时，以辛硫磷和阿维菌素透皮剂的杀螨效果最好，其次是敌百虫和氰戊菊酯。敌百虫与高效氯氰菊酯、煤油组合用药也达到了很好的杀螨效果，但敌百虫属有机磷农药，对禽类影响比较大。辛硫磷、氰戊菊酯和阿维菌素的毒副作用要比敌百虫低(古兴林等，2012)。对于鸭勋恙螨病的防治，除了防止野生飞禽进入鸭舍，改善卫生条件，给鸭舍进行罩网，铲除杂草，还应该喷洒杀虫剂，用0.1%～0.5%敌百虫或其他有效药物进行大环境全面除杀。需持续喷洒3～5天，间隔10天再持续喷洒3～5天，否则易复发(许其华和李艳，2016)。

处理疫区时，对草丛可用1‰敌敌畏溶液按100～200 mL/m²喷洒灭螨，1次/7～10天；或用0.5%杀螟松乳剂按100 mL/m²喷洒灭螨；1次/15～20天。对编草垫用的稻草，在地上铺成3～5 cm厚，以2‰敌敌畏溶液按100 mL/m²先喷一遍，翻过来再喷一遍，晒干后用。此外，还必须保持室内干燥和清洁。在人们经常活动的场所喷洒敌百虫等，有较好的灭螨效果。

由于恙螨对很多杀虫剂会产生抗药性，所以杀虫剂种类在不断更新，特别是对人畜毒性大，化学性质不稳定，残效期短，成本高，或对环境污染严重的杀虫剂，不能广泛大量应用。因而不断研制了新型杀虫剂，如人工合成除虫菊酯、植物性杀虫剂等。当前使用的拟除虫菊酯类杀虫剂，杀虫作用强，快速，对人畜安全，残效较长，黎家灿等应用除虫菊酯触杀（药膜法接触1天）地里纤恙螨未食幼虫试验，经接触1%～4%浓度的药膜幼虫在24～48小时死亡率达64%～91%；试验后的药膜滤纸保存155天，幼虫再接触仍有毒杀作用，残效期较长。而后为了寻找高效、低毒和残效期长的杀虫剂，分别进行了溴氰菊酯（deltamethrin）和氯氰菊酯（cypermethrin）对恙螨幼虫的毒效试验（药膜接触1小时），地里纤恙螨未食幼虫的毒效显示，溴氰菊酯1%剂量组24小时的校正死亡率为78.92%，氯氰菊酯0.125%剂量组（即比溴氯菊酯剂量少8倍）24小时的校正死亡率为94.32%，显示氯氰菊酯相比溴氰菊酯有较好的近期效果，而溴氰菊酯可延长接触药膜时间达到较好毒效。认为溴氰菊酯和氯氰菊酯是杀恙螨药剂可选的低毒、效果好的杀虫剂，经过试验还未发现对恙螨产生抗性现象。因此，成为有发展前途的一类新型杀虫剂。昆虫生长调节剂如保幼激素和发育抑制剂等，还处于试验阶段。其通过阻碍或干扰昆虫的正常发育而使其死亡，其优点是生物活性高，有明显的选择性，只作用于一定种类的昆虫，故对人畜安全，对益虫无害，不污染环境。此外，有研究者用阿维菌素防制恙螨成虫进行实验研究，结果显示以阿维菌素滞留喷洒对恙螨成虫有很好的杀灭效果。

四、个人防护和集体防护

个人防护和集体防护虽然比较麻烦，但容易实施，效果较好。

（一）个人防护

是指在疫区野外作业者使用防护剂和防护措施，如捕鼠者、做实验者、水利工程的民工等，应做好防鼠灭螨工作，不直接用手接触鼠类及其排泄物，以防恙螨幼虫叮咬。具体方法有：① 在疫区杂草丛生的野外工作，休息时做好相应防护工作。如做到扎紧裤管、袖口和领口，用三角巾包扎头部和面部，防止恙螨幼虫侵袭人体；宿营时，尽可能睡高铺不睡地铺；不要坐卧在草地上，不在杂草丛中坐卧休息，工作时脱下的衣服不要放在草丛上，避免在草丛、树枝上晾晒衣服和被褥，严禁赤手抓鼠、玩鼠等。② 穿驱虫剂浸泡过的衣服，防恙螨侵袭效果好。早期使用石油油精肥皂和硫磺配置成浸泡液，后来使用丁基苯二酸或苯二甲酸二丁酯或苯二甲酸二甲酯，安息香酸甲苯，二苯基乙二酮或水杨酸二甲噻吩酯；近些年也试用溴氰菊酯浸泡衣服防螨侵袭。衣服可用邻苯二甲酸二丁酯乳剂（以0.5%肥皂水作乳化剂）浸泡衣服（包括袜子），每套约670 mL，浸泡的衣服水洗5次后仍有一定的防护作用。据报告，恙螨在人体皮肤上爬行20～30分钟至1小时，多尚未叮咬。③ 注意保护皮肤，若出现破损，需及时消毒包扎，在条件允许时应紧急接种相应疫苗。外露皮肤亦可涂擦驱虫剂和驱避剂等，防螨叮咬。在皮肤裸露部位，如手、颈、耳后等处以及小腿可涂擦邻苯二甲酸二甲酯、苯甲酸苄酯等，防螨侵袭。邻苯二甲酸二甲酯（避蚊油）有2小时的防护作用，避蚊胺（Deet）有4小时的防护作用，但涉水后均失效；而以邻苯二甲酸二甲酯70%与邻苯二甲酸二丁酯（dibutyl phthalate）30%合剂涂擦，可延长防护作用至8小时，经过3～4次涉水，仍有一定的效力。因此，野外作用后，及时换衣、洗澡或擦澡，重点擦洗腋窝、腰部、会阴等皮肤柔软部位，可减少被恙螨叮咬机会。香茅油与玉桂油有杀灭恙螨幼虫的作用，作个人防护涂抹皮肤之用效果很好。用防护油涂抹皮肤或泡浸布料效果较好。于恩庶以硫化钾溶液（原料为硫磺 450 g，氢氧化钾 450 g，水 3 750 mL，再加 75% 乙醇 15 000 mL、最后按 1% 比例加薄荷和香料）涂擦皮肤，防恙螨幼虫效果好。

（二）集体防护

在进入恙虫病流行区或可能存在本病的地区垦荒、生产、施工、行军、野营、训练等时，应做好流行病学侦察。主要的内容和方法有：① 查阅将进驻地区的流行病学资料。向当地卫生机关了解以往有无疑似病例发生，历年来的发病数、发病率和发病季节，可能受染地点和防治经验等。② 实地观察当地的环境。特别是活动地区、休息场所、宿营地，判断有无可能存在微小疫源地的场所。③ 有条件时可做恙螨与野鼠调查。选择不同类型可能为微小疫源地的地方，用小黑板调查恙螨，同时捕捉野鼠，检查有无携带媒介恙螨。

若进驻地区为流行区，选择宿营地应尽量避开低洼、潮湿、遮荫、多鼠、多草的地点，而选择地势较高、干燥、向阳、灌木丛草稀少，鼠密度较低的地点，搭帐篷前宿营地区及周围 35～50 m 的地面进行清基，清除地面杂草，最好加以焚烧。营区周围挖防鼠沟并喷洒药物建立防护带，尽量做到睡高铺，防螨叮咬。教育全体人员外出作业时扎紧裤脚、袖口；不在草地、沟边或草垛上躺卧；衣物不要放在草地上，防螨爬上；尽量防止皮肤破损，有破损时消毒包扎；不用手直接抓鼠或玩鼠。

在集体防护中，宣传教育也极为重要，应进一步完善与地方卫生行政部门、疾病预防控制中心等相关单位的协作和配合制度，实现优势互补，资源共享。不断完善信息宣传渠道，以期获得关注及支持。全社会的共同关注和参与是我们做好媒介控制工作的基础，防止病媒生物入侵需要政府和社会的支持和参与。大力开展相关的科普宣传活动，使公众对病媒生物与传染病之间的关系、病媒生物的危害有常识性的了解，争取让公众和舆论对检验检疫工作给予配合与支持。提高建设人员卫生意识及自我保护意识，防止传染病特别是虫媒传染病的流行。

（吕　艳）

参考文献

王庆奎，葛恒明，李志锋，等，2012. 从革螨和恙螨中检测到发热伴血小板减少综合征病毒核酸[J]. 中国媒介生物学及控制杂志，23(5)：452-454.

王丽梅. 鸡新棒恙螨感染情况调查及防治药物的筛选与应用[D]. 广州：华南农业大学，2018.

古兴林，罗华新，徐志超，等，2012. 不同药物防治肉鸡新勋恙螨病药效对比试验[J]. 养禽与禽病防（5）：10-11.

刘小虎，任天广，2022. 中国恙螨新种及新纪录名录[J]. 中国热带医学，22(6)：512-516.

许其华，李艳，2016. 鸭勋恙螨病的防治[J]. 水禽世界(6)：16.

李贵昌,刘起勇,2018.恙虫病的流行现状[J].疾病监测,33(2):129-138.
李朝品,2009.医学节肢动物学[M].北京:人民卫生出版社.
杨慧娟,董文鸽,2022.纤恙螨属线粒体基因组研究进展[J].中国人兽共患病学报,38(7):649-656.
吴光华,2005.我国恙虫病媒介恙螨的调查研究[J].中国媒介生物学及控制杂志,16(6):485-487.
张玲霞,周先志,2010.现代传染病学[M].2版.北京:人民军医出版社.
陆宝麟,吴厚永,2003.中国重要医学昆虫分类与鉴别[M].郑州:河南科技出版社.
林上进,郭宪国,2012.我国小板纤恙螨及其与人类疾病的关系[J].安徽农业科学,40(1):188-190.
罗云燕,尹家祥,2019.恙虫病东方体及其宿主和媒介的研究概况[J].疾病监测,34(10):920-923.
相蓉,郭宪国,2020.小板纤恙螨的研究进展[J].中国病原生物学杂志,15(12):1473-1479.
段义农,王中全,方强,等,2015.现代寄生虫病学[M].2版.北京:人民军医出版社.
侯舒心,郭宪国,2006.恙虫病及其媒介恙螨研究进展[J].大理学院学报,5(12):74-77.
俞东征,2009.人兽共患传染病学[M].北京:科学出版社.
黎家灿,王敦清,陈兴保,1997.中国恙螨[M].广州:广东科技出版社出版.
黎家灿,郑小英,奚志勇,等,2002. 45年恙螨与媒介恙螨传播恙虫病的基础研究[J].中山医科大学学报,23(1):1-9.
黎家灿,郑小英,奚志勇,2000.我国恙螨与恙虫病的研究[J].中国公共卫生,16(9):773-775.
ALEXANDER L, BUCKLEY C J, 2020. Chigger bites[M]. Treasure Island (FL):StatPearls Publishing.
ANTONOVSKAIA A A, 2018. Using DNA markers in studies of chigger mites (Acariformes, Trombiculidae)[J]. Entomological Review, 98(9):1351-1368.
BORDES F, CARON A, BLASDELL K, et al., 2017. Forecasting potential emergence of zoonotic diseases in South-East Asia: Network analysis identifies key rodent hosts[J]. Journal of Applied Ecology, 54:691-700.
EHOUNOUD C B, FENOLLAR F, DAHMANI M, et al., 2017. Bacterial arthropod-borne diseases in West Africa[J]. Acta Tropica, 171(3):124-137.
ELLIOTT I, PEARSON I, DAHAL P, et al., 2019. Scrub typhus ecology: a systematic review of *Orientia* in vectors and hosts[J]. Parasites & Vectors, 12(1):513-548.
GU X L, SU W Q, ZHOU C M, et al., 2022. SFTSV infection in rodents and their ectoparasitic chiggers[J]. PLoS Neglected Tropical Diseases, 16(8):e0010698.
KUO C C, HUANG J L, SHU P Y, et al., 2012. Cascading effect of economic globalization on human risks of scrub typhus and tick-borne rickettsial diseases[J]. Ecological Applications, 22(6):1803-1816.
KUO C C, LEE P L, CHEN C H, et al., 2015. Surveillance of potential hosts and vectors of scrub typhus in Taiwan[J]. Parasites & Vectors, 8:611.
LV Y, GUO X G, JIN D C, 2018. Research progress on *Leptotrombidium deliense*[J]. Korean Journal of Parasitology, 56(4):313-324.
NASCA, M R, LACARRUBBA F, MICALI G, et al, 2014. Diagnosis of trombiculosis by videodermatoscopy[J]. Emerging Infectious Diseases, 20(6):1059-1060.
OGAWA M, TAKAHASHI M, MATSUTANI M, et al., 2020. Obligate intracellular bacteria diversity in unfed *Leptotrombidium scutellare* larvae highlights novel bacterial endosymbionts of mites[J]. Microbiology and Immunology, 64(1):1-9.
PARK J W, KIM S H, PARK D W, et al., 2018. Molecular epidemiology of an *Orientia tsutsugamushi* gene encoding a 56-kda type-specific antigen in chiggers, small mammals, and patients from the southwest region of Korea[J]. American Journal of Tropical Medicine & Hygiene, 98(2):616-624.
SANTIBÁÑEZ P, PALOMAR A M, PORTILLO A, et al., 2015. The role of chiggers as human pathogens [J]. An Overview of Tropical Diseases, 173-202.

TILAK R, KUNTE R, 2019. Scrub typhus strikes back: Are we ready? [J]. Medical Journal Armed Forces India, 75(1):8-17.

WEITZEL T, MAKEPEACE B L, ELLIOTT I, et al., 2020. Marginalized mites: Neglected vectors of neglected diseases[J]. PLoS Neglected Tropical Diseases, 14(7):e0008297.

XIANG R, GUO X G, 2021. Research advances of *Leptotrombidium scutellare* in China[J]. The Korean Journal of Parasitology, 59(1):1-8.

YU X J, TESH R B, 2014. The role of mites in the transmission and maintenance of Hantaan virus (*Hantavirus*: Bunyaviridae)[J]. Journal of Infectious Diseases, 210 (11):1693-1699.

ZHOU Q, WANG Z X, TAO J M, et al., 2020. Characterization of *Neoschoengastia gallinarum* from subtropical China by rDNA and identification of two genotypes based on mitochondrial cox1[J]. Parasitology Research, 119(10):3339-3345.

第七章　粉螨与疾病

粉螨隶属于蜱螨亚纲(Acari)、真螨总目(Acariformes)、疥螨目(Sarcoptiformes)、甲螨亚目(Oribatida)、甲螨总股(Desmonomatides或Desmonomata)、无气门股(Astigmatina或Astigmata)。该螨类是营自生生活的小型节肢动物,无气门,嗜湿怕干,具负趋光性,常孳生在隐蔽潮湿的环境中。全球粉螨约有27科430属1 400种,隶属于粉螨亚目(Acaridida)。我国目前已记录的种类有150余种,主要分布在7科,诸如粉螨科(Acaridae)、脂螨科(Lardoglyphidae)、食甜螨科(Glycyphagidae)、嗜渣螨科(Chortoglyphidae)、果螨科(Carpoglyphidae)、麦食螨科(Pyoglyphiae)和薄口螨科(Histiostomidae)。

粉螨生境广泛,在温湿度适宜的条件下可大量孳生,其排泄物、分泌物及其在生长发育过程中留下的皮壳和死亡后的螨体分解成的微粒等均含有异种蛋白质,可成为过敏原。人类生活活动使其悬浮于室内空气中,特应性人群吸入后可引起过敏反应,给患者造成生理和心理痛苦。这类疾病主要包括:特应性皮炎、过敏性鼻炎、过敏性哮喘、各种类型荨麻疹、过敏性咽炎、过敏性紫癜、胃肠道过敏、过敏性咳嗽和湿疹等。

第一节　粉螨形态特征

粉螨亚目的螨类为雌雄异体,椭圆形;躯体柔软,壁薄,呈乳白色或黄棕色,一般无气门,足Ⅰ、Ⅱ胫节背面端部具1根胫感棒,呈长鞭状,伸出跗节端。雄螨具阳茎和肛吸盘,足Ⅳ跗节背面有一对跗节吸盘;雌螨具产卵孔,无肛吸盘和跗节吸盘。一般以围颚沟(circumcapitular suture)为界将体躯分为颚体(gnathosoma)和躯体(idiosoma)两部分。颚体位于前端,与躯体呈一定角度,方便接触食物。躯体位于颚体的后方,是感觉、运动、代谢、消化和生殖等功能的中心,可再划分为着生有4对足的足体(podosoma)和位于足后方的末体(opisthosoma)两部分;足体又以背沟(sejugal furrow)为界,分为前足体(propodosoma)(足Ⅰ、Ⅱ区)和后足体(metapodosoma)(足Ⅲ、Ⅳ区)。末体(opisthosoma)位于后足体的后部,以足后缝(postpedal furrow)为界与后足体分开。有的学者把螨类的体躯分为前半体(proterosoma)和后半体(hysterosoma)。前半体包括颚体和前足体,后半体包括后足体和末体。有的学者把螨类的体躯分颚体、足体(前足体和后足体)和末体(足后区);有的将其分为前体和末体两部分,前体包括颚体和足体(图7.1)。

一、外部形态

(一) 成螨

大小一般在120～500 μm,多呈椭圆形,乳白色或黄棕色。体躯分为颚体和躯体两部分。

躯体骨化程度不高，背面着生刚毛，腹面有足4对，雌雄生殖孔位于躯体腹面。

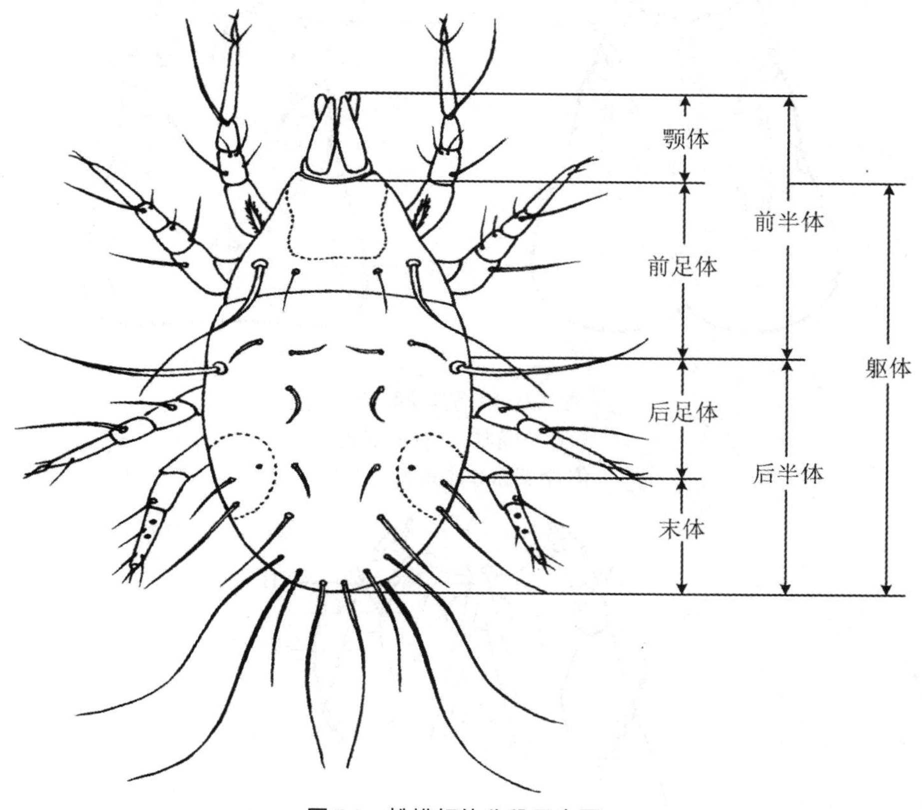

图7.1　粉螨躯体分段示意图

仿 李朝品(1996)

1. 颚体

由一对螯肢、一对须肢及口下板组成。螯肢位于颚体背面，两侧为须肢，下面为口下板。颚体由关节膜与躯体相连，其活动自如并可部分缩进到躯体。螯肢钳状，含三节基节(coxa)和两节端节(distal article)，也是取食器官，两侧扁平，后面较大，构成一个大的基区，基区向前延伸的部分为定趾(fixed digit)，与其关联的是动趾(movable digit)，两者构成剪刀状结构，其内缘常具有刺或锯齿。在定趾的内面为一锥形距(conical spur)，上面为上颚刺(mandibular spine)。根据取食方式，不同螨类的螯肢形状或有差异，有的无定趾，有的钳状部分消失，有的螯肢特化为尖利的口针。螯肢的下方为上唇，中空结构，形成口器的盖。上唇向后延伸到体躯中，成为一块板，其侧壁与颚体腹面部分一起延长，形成开咽肌(dilator muscles of pharynx)。须肢及口下板构成颚体的腹面，主要由须肢的愈合基节组成，向前形成一对内叶(磨叶)，外面有一对由2节组成的须肢。须肢为一扁平结构，其基部有一条刚毛和一个偏心的圆柱体，此可能是第3节的痕迹或是一个感觉器官。雄螨的须肢常比雌螨的粗壮。螯肢和须肢的形态特征是分类的重要依据之一(图7.2～图7.4)。

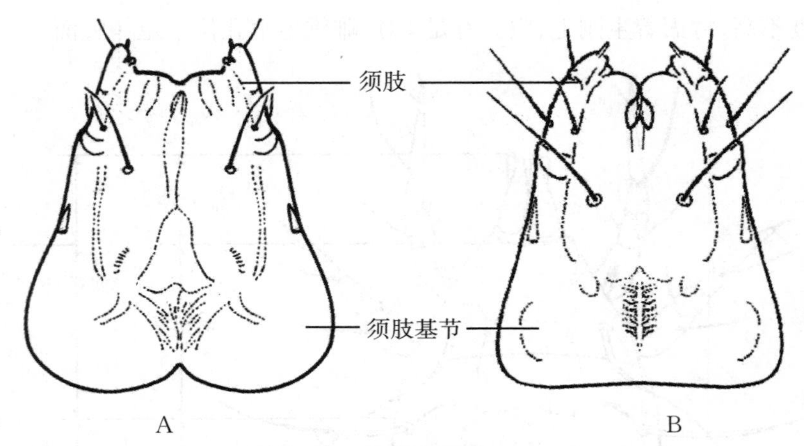

图7.2 粉螨科须肢特征

A. 粉螨属；B. 食酪螨属

仿 李朝品和沈兆鹏(2018)

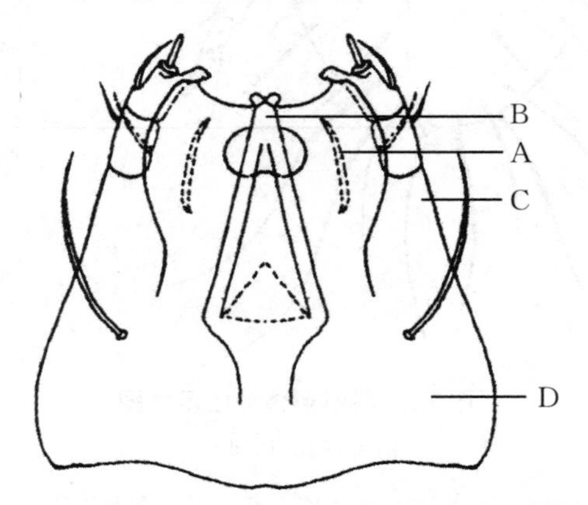

图7.3 粗脚粉螨(*Acarus siro*)除去螯肢的颚体背面

A. 磨片；B. 上唇；C. 须肢；D. 须肢基节

仿 李朝品(1996)

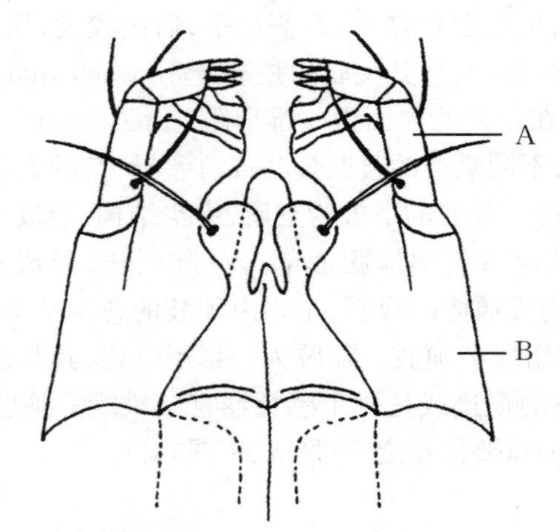

图7.4 害嗜鳞螨(*Lepidoglyphus destructor*)颚体腹面

A. 须肢；B. 须肢基节

仿 李朝品(1996)

2. 躯体

常呈椭圆形，背面前端有一背板，表皮柔软，可光滑、粗糙或有细致的皱纹。多数粉螨背面具背沟，将其分为前足体和后半体。有些螨类的雄螨还具有足后缝将后足体与末体分开，使躯体的分段非常清晰。有些雄螨的躯体后缘有叶状突出，如狭螨属（*Thyreophagus*）和尾囊螨属（*Histiogaster*）。躯体腹面有胸板（sternum）、表皮皱褶（epidermal folds）、表皮内突（apodeme）、基节内突（epimeron）、生殖板（genital shield）和圆形角质环（circular chitinous rings）等。足基节与腹面愈合，跗节端部吸盘状，常有单爪，前足体近后缘处无假气门器。雄螨具阳茎和肛吸盘，足Ⅳ跗节背面具1对跗节吸盘。雌螨具产卵孔，无肛吸盘和跗节吸盘。粉螨躯体背面、腹面、足上均着生各种刚毛，刚毛的形状和排列方式因属、种而不同，因此，刚毛的长短、形状、数量及排序均是粉螨分类的重要依据。

（1）背板与头脊：部分粉螨具有，头脊（crista metopica）一般由背板特化而成，狭长且生有背毛，如食甜螨属（*Glycyphagus*）的螨类（图7.5）。背板与头脊的大小、形状、完整与否及是否有背毛均具分类学意义。

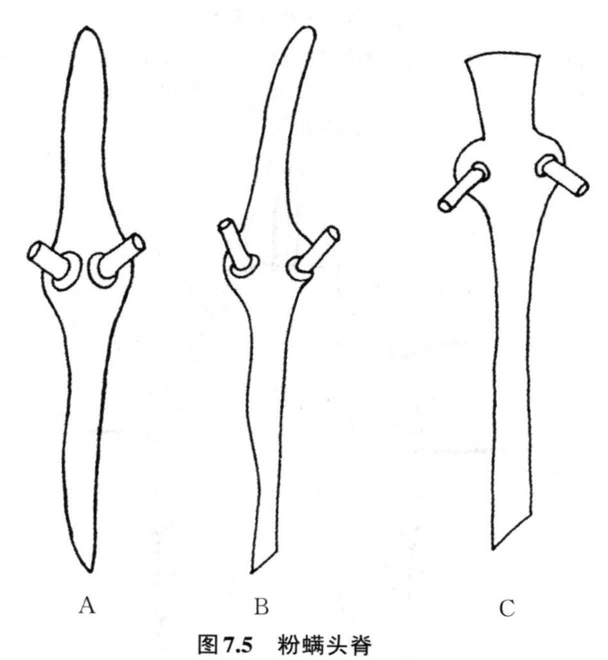

图7.5　粉螨头脊

A. 隆头食甜螨（*Glycyphagus ornatus*）；B. 家食甜螨（*Glycyphagus domesticus*）；
C. 隐秘食甜螨（*Glycyphagus privatus*）
仿 李朝品（1996）

（2）刚毛：粉螨躯体的背、腹面都着生各种刚毛，毛的形状和排列因种属而不同，是分类的重要依据。

① 背毛：粉螨的背毛长短不一、形状各异，在同一类群中，其排列顺序、位置和形状是固定的，因而是分类鉴定的重要依据之一（图7.6）。前足体具4对刚毛，即顶内毛（*vi*）、顶外毛（*ve*）、胛内毛（*sci*）和胛外毛（*sce*）；*vi*位于前足体的前背面中央；*ve*位于螯肢两侧或稍后的位置；*sci*和*sce*排成横列位于前足体背面后缘。这些刚毛的位置、形状、长短及是否缺如等，是粉螨亚目分类鉴定的重要依据，如粉尘螨和屋尘螨的雌雄螨均无顶毛。在后半体前侧缘的

足Ⅱ、Ⅲ间，有1～3对肩毛，分为肩内毛（*hi*）、肩外毛（*he*）和肩腹毛（*hv*）。中线两侧有背毛4对，排成2纵列，从前至后分别为第一背毛（d_1）、第二背毛（d_2）、第三背毛（d_3）、第四背毛（d_4）。躯体两侧有2对侧毛，根据位置分为前侧毛（*la*）、后侧毛（*lp*），前侧毛位于侧腹腺开口之前。在后背缘，有1或2对骶毛，即骶内毛（*sai*）和骶外毛（*sae*）（图7.7）。以椭圆食粉螨（*Aleuroglyphus ovatus*）为例，将躯体背面刚毛及其所在位置列于表7.1。

图7.6　粉螨刚毛类型

A. 光滑或简单；B. 稍有栉齿；C. 栉齿状；D. 双栉齿状；E. 缘缨状；F. 叶状或镰状；G. 吸盘状；H. 匙状；I. 刺状

仿 李朝品（1996）

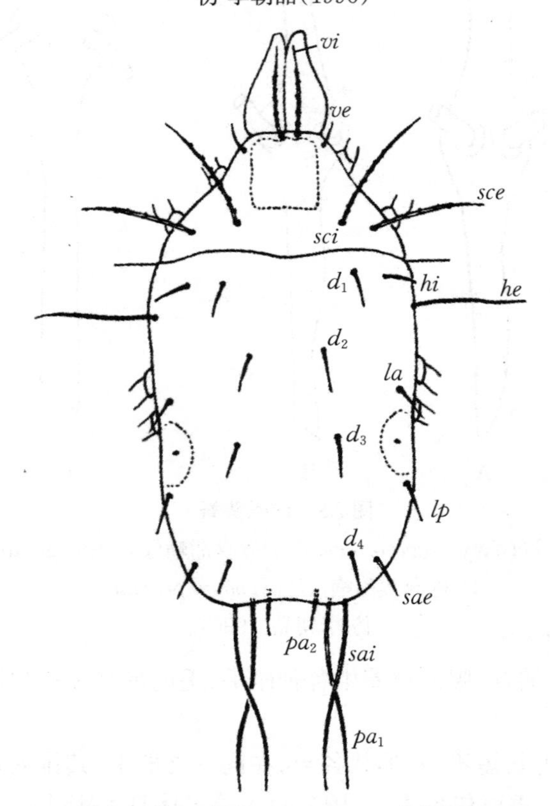

图7.7　粗脚粉螨（*Acarus siro*）背部刚毛

vi：顶内毛；*ve*：顶外毛；*sci*：胛内毛；*sce*：胛外毛；*hi*：肩内毛；*he*：肩外毛；*la*：前侧毛；*lp*：后侧毛；d_1～d_4：背毛；*sai*：骶内毛；*sae*：骶外毛；pa_1，pa_2：肛后毛

仿 李朝品（1996）

表 7.1　椭圆食粉螨躯体背面刚毛

刚毛名称	符号	着生位置
顶内毛	vi	前足体前缘中央
顶外毛	ve	vi后方侧缘
胛内毛	sci	在sce的内侧
胛外毛	sce	前足体后缘
肩内毛	hi	在he的内侧
肩外毛	he	在背沟之后，后半体两侧
第一至第四对背毛	$d_1 \sim d_4$	后半体背面，两纵行排列
前侧毛	la	后半体侧缘中间
后侧毛	lp	在la之后
骶内毛	sai	后半体背面后缘，近中央线处
骶外毛	sae	在sai的外侧

② 腹毛：腹面的刚毛较背毛少且短。主要有基节毛(coxal setae)、基节间毛(intercoxal setae)、前生殖毛(pre-genital setae)、生殖毛(genital setae)、肛毛(anal setae)和肛后毛(post-anal setae)。基节毛(cx)1对，位于足Ⅰ、Ⅲ基节。生殖毛(g)3对，位于生殖孔周围，可分为前、中、后生殖毛(g_1、g_2、g_3或f、h、i)。基节毛和生殖毛的数目和位置是固定的。肛门周围有两个复合群，即肛前毛(pra)1～2对和肛后毛(pa)1～3对，有时这两群肛毛可连在一起称为肛毛。肛毛的数目和位置在种间及性别之间变异很大。如粗脚粉螨雌螨肛门纵裂，周围有5对肛毛($a_1 \sim a_5$)，后侧有2对肛后毛(pa_1、pa_2)。雄螨肛吸盘前方有1对肛前毛，其后有3对肛后毛($pa_1 \sim pa_3$)(图7.8)。雄螨生殖孔外表有1对生殖瓣及2对生殖盘，中央有阳茎(penis)；雌螨相应处是一产卵孔，中央纵裂，两侧具2对生殖盘，外覆生殖瓣，生殖孔两侧有3对生殖毛(g_1、g_2、g_3或f、h、i)。生殖毛与雄螨相同，但在近躯体后缘有一小的隔腔，即交合囊(bursa copulatrix)。以椭圆食粉螨(*Aleuroglyphus ovatus*)为例，将躯体腹面刚毛及其所在位置列于表7.2。

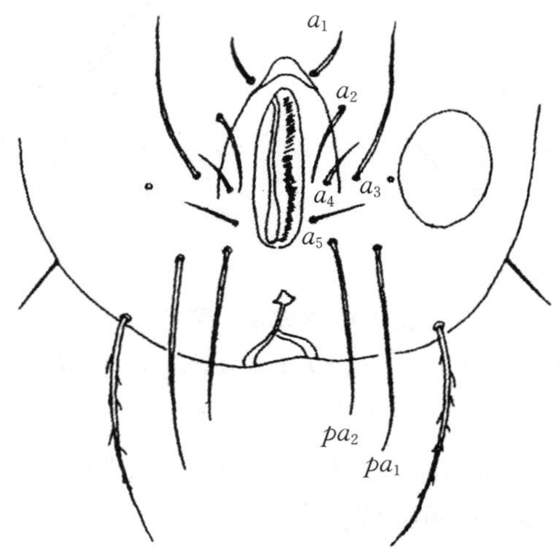

图 7.8　粗脚粉螨(*Acarus siro*)(♀)肛门区刚毛

$a_1 \sim a_5$：肛毛；pa_1，pa_2：肛后毛

仿 李朝品(1996)

表7.2 椭圆食粉螨躯体腹面刚毛

刚毛名称	符号	着生位置
基节毛	cx	足Ⅰ和足Ⅲ的基节上
肩腹毛	hv	后半体腹侧面,足Ⅱ～足Ⅲ之间
生殖毛(前、中、后)	g_1,g_2,g_3或f,h,i	生殖孔周围
肛毛	a	肛门周围
肛前毛	pra	肛门前面
肛后毛(第一、二、三对)	$pa(pa_1,pa_2,pa_3)$	肛门后面

(3) 足:成螨和若螨均具足4对,幼螨仅3对。第一对足可协助取食。每足由基节(coxa)、转节(trochanter)、腿(股)节(femur)、膝节(genu)、胫节(tibia)和跗节(tarsus)组成,其中基部节或基节已与体躯腹面愈合而不能活动,其余5节均可活动。基节的前缘向内部突出变硬形成表皮内突,足Ⅰ表皮内突于中线处愈合成胸板,而足Ⅱ～Ⅳ的表皮内突常是分开的。每一基节的后缘也可骨化而形成基节内突,可与相邻的表皮内突相愈合。足Ⅰ转节背面有基节上腺(supracoxal gland),其分泌液流入颚足沟(podocephalic canal)内。跗节末端为爪,但无爪螨属(*Blomia*)足跗节无爪。雄螨足Ⅳ跗节常有明显吸盘。

足上有许多刚毛状突起(图7.9),跗节上最多,并从足Ⅰ至足Ⅳ逐渐减少。这些刚毛状突起可分为:真刚毛(ture setae)、感棒(solendia)、芥毛(famulus)。

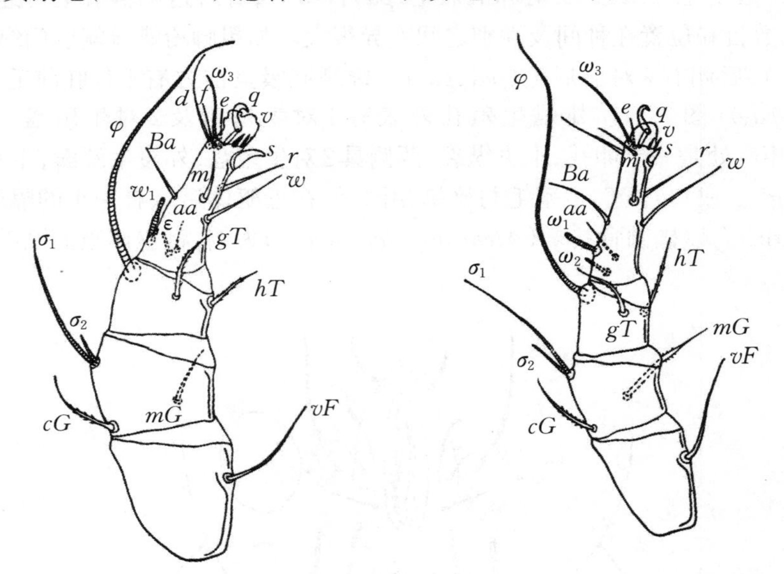

图7.9 雌螨足Ⅰ刚毛

$\sigma_1,\sigma_2,\omega_1,\omega_2,\omega_3,\varphi$:感棒;$Ba,d,e,f,m,r,w,q,v,s,\varepsilon,aa,gT,hT,cG,mG,vF$:刚毛

仿 李朝品(1996)

在粉螨亚目中,足上刚毛和感棒的排列及数目基本相同,但某些刚毛或感棒可以变形、缺如或移位,此可作为分类鉴别的重要依据。

足上的刚毛和感棒多而复杂,尤以足Ⅰ跗节上的最为复杂,但刚毛和感棒的着生位置和排列顺序是有规则的。我国较普遍的椭圆食粉螨躯体和足上的刚毛齐全,故通常会以此螨足Ⅰ跗节为代表进行足上刚毛等结构叙述。该螨足Ⅰ跗节上的刚毛分为三群:基部群、中部群和端部群(表7.3,表7.4)。

表7.3　椭圆食粉螨右足Ⅰ上的刚毛

刚毛名称	符号	着生位置
转节毛	sR	转节腹面前方
股(腿)节毛	vF	股(腿)节腹面中间上方
膝节毛2条	mG,cG	mG在背面,cG在腹面
膝外毛和膝内毛(膝节感棒)	σ_1,σ_2	膝节背面前端的骨片上,长者为σ_1,短者为σ_2
胫节毛2条	gT,hT	侧面为gT,腹面为hT
胫节感棒(鞭状感棒、背胫刺)	φ	胫节末端背面

表7.4　椭圆食粉螨跗节Ⅰ上的刚毛

刚毛名称	符号	着生位置及形状
	基部群	
第一感棒	ω_1	跗节背面近基部,长杆状
芥毛	ε	靠近ω_1,小刺状
亚基侧毛	aa	ω_1右侧,刚毛状
第二感棒	ω_2	aa下方,短钉状
	中部群	
背中毛	Ba	跗节背面中部,毛状
腹中毛	w	跗节腹面中部,毛状
正中毛	m	Ba上方
侧中毛	r	Ba右侧
	端部群	
第一背端毛	d	端部背面,长发状
第二背端毛	e	d的右侧
正中端毛	f	d的左侧
第三感棒	ω_3	跗节背面端部,管状
中腹端刺	s	跗节腹面端部中间,刺状
外腹端刺	p,u或$p+u$	位于s的左侧,刺状
内腹端刺	q,v或$q+v$	位于s的右侧,刺状

足Ⅰ的端跗节端部有8条刚毛,呈圆周形排列,以左足为例:位于中间的为第一背端毛(d),其左、右两侧分别为正中端毛(f)和第二背端毛(e);腹面有呈短刺状的腹端刺(p、q、u、v和s),中间为腹端刺(s),右面为内腹端刺(q、v),左面为外腹端刺(p、u)。所有足的跗节都有这些刚毛和刺。第三感棒(ω_3)仅足Ⅰ跗节有,呈管状,位于跗节背面端部,于最后一个若螨期开始出现。足Ⅰ跗节的中部有4条刚毛,呈轮状排列,背面为1条背中毛(Ba),腹面为1条腹中毛(w),左面和右面分别为正中毛(m)和侧中毛(r)。足Ⅱ跗节同样有这些刚毛,但在足Ⅲ和Ⅳ跗节仅有2条刚毛,即r和w。跗节基部群有刚毛和感棒4条,第一感棒(ω_1)着生在背面,为棒状感觉毛,在各发育期的足Ⅰ、Ⅱ跗节上均有,足Ⅱ跗节的ω_1比足Ⅰ跗节的长;在幼螨期,ω_1尤显长。在足Ⅰ跗节上,芥毛(ε)小刺状,常紧靠感棒ω_1。第二跗节感棒(ω_2)较小,

位于较后的位置，在第一若螨期开始出现，其与亚基侧毛(aa)仅在足Ⅰ跗节上才有。

胫节感棒(φ)，也叫背胫刺或鞭状感棒，除足Ⅳ胫节外，其余胫节背面均有，可在生活史各发育阶段发现。足Ⅰ、Ⅱ胫节腹面有2条胫节毛(gT和hT)，gT位于侧面，hT位于腹面；而足Ⅲ、Ⅳ胫节上只有1条胫节毛(hT)。足Ⅰ膝节背面有2条感棒(σ_1和σ_2)，着生在同一个凹陷上；而足Ⅱ、Ⅲ膝节上仅有1条感棒。足Ⅰ、Ⅱ膝节上有2条膝节毛(cG和mG)，足Ⅲ膝节上仅有1条刚毛nG。在足Ⅳ膝节上，刚毛和感棒都缺如。足Ⅰ、Ⅱ和Ⅲ腿节的腹面均有1条腿节毛(vF)。足Ⅰ、Ⅱ和Ⅳ转节的腹面均有1条转节毛(sR)。

(4) 生殖器和肛门：粉螨雌雄两性的生殖孔位于体躯腹面，在足的基节之间。肛门是螨类消化器官的末端开口，通常位于末体腹面近后端。

① 生殖器：生殖孔仅成螨有，因此是区分成螨和若螨的主要标志。不同螨种的生殖孔位置和形状有差异，但生殖孔一般位于足Ⅱ～Ⅳ的基节之间，呈纵向或横向开口，由1对分叉的生殖褶遮盖，其内侧是1对粗直管状结构的生殖“吸盘”(genital sucker，GS)或生殖乳突。

雄螨生殖孔具生殖瓣1对和生殖吸盘2对，中央为阳茎。阳茎为一几丁质的管子，其着生在结构复杂的支架上，支架上附有使阳茎活动的肌肉(图7.10)。雄螨阳茎形态特征各异，对螨种鉴定有重要意义。雄螨有特殊的交配器，为位于肛门两侧的1对交尾吸盘或肛门吸盘(anal sucker，AS)；或位于足Ⅳ跗节的1对小吸盘；或仅在足Ⅰ和Ⅱ跗节上有1个吸盘。

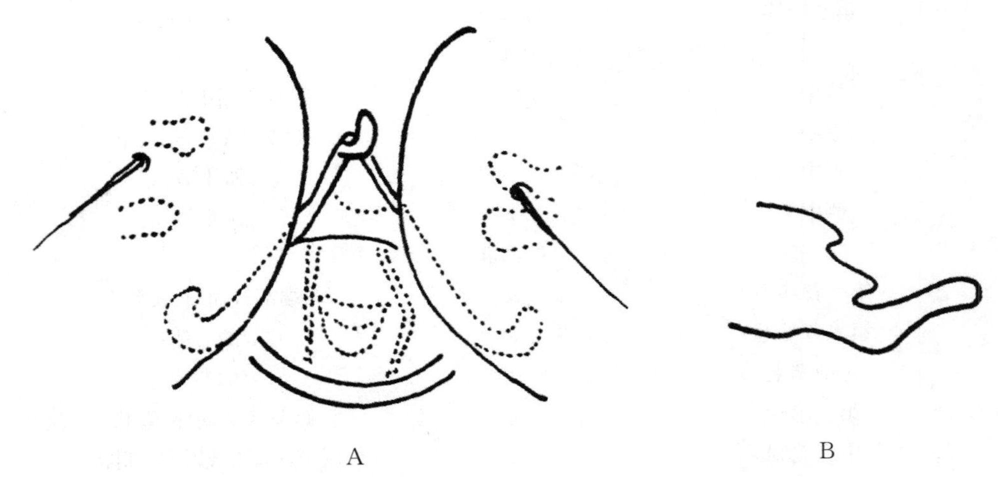

图7.10　腐食酪螨(*Tyrophagus putrescentiae*)(♂)生殖器

A. 外生殖器区；B. 阳茎侧面观

仿 李朝品(1996)

雌螨外生殖器主要包括交配囊(bursa copulatrix)、生殖孔(genital pore)或生殖瓣(genital valve)。生殖孔是条纵向(多数是营自生生活的螨类)或横向(多数为寄生螨类)的裂缝，较大，两侧具生殖乳突2对，外覆生殖瓣，能使多卵黄的卵排出。雌螨体躯末端有交配囊，通常是一个圆形的孔。在内部交配囊通到受精囊(receptaculua seminis)，受精囊与卵巢相通(图7.11)。交配囊的形状因螨种而异，也具有一定的分类意义。

② 肛门：通常位于末体后端，两侧围有肛板(anal shield)。不同螨种，其肛门位置也有差异。雌螨的肛门通常纵裂。

(5) 体壁：即躯体最外层的组织，根据螨种的不同体壁的骨化程度不同。主要由表皮(cuticle)、真皮(epidermis)和底膜(basemement membrane)组成。表皮可分为上表皮(epicu-

ticle)(图7.12)、外表皮(exocuticle)和内表皮(endocuticle)三层。外表皮无色,可用酸性染料染成黄色或褐色,内表皮可用碱性染料染色。真皮层的细胞有管(孔)向外延伸,直至上表皮的表皮质层,并在此分成许多小管。紧贴真皮细胞之下为基底膜,是体壁的最内层(图7.12)。

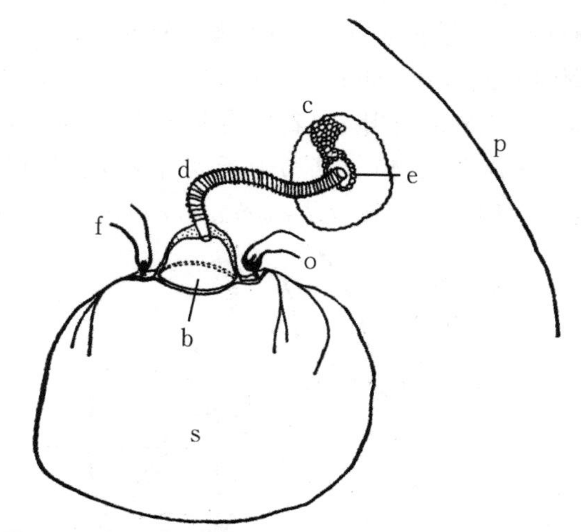

图7.11　粗脚粉螨(*Acarus siro*)(♀)交合囊和受精囊

p:体躯后缘;c:体壁上几丁质凹陷;e:交配囊孔;d:弹性管;b:几丁质球状结构;s:受精囊;o:输卵管

仿 李朝品(1996)

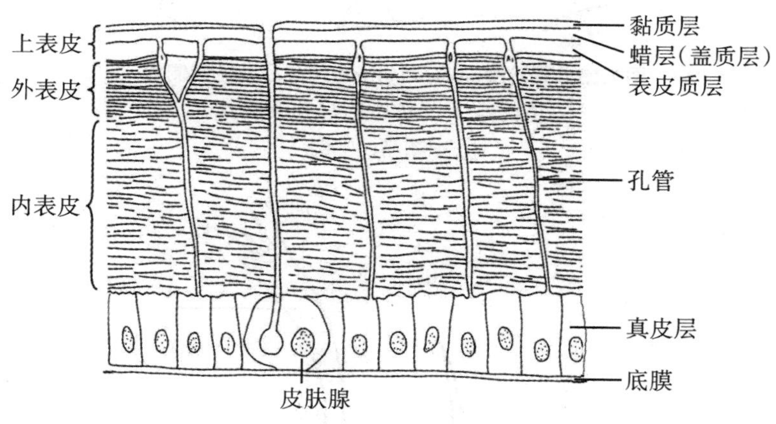

图7.12　体壁横切面模式图

仿 李朝品和沈兆鹏(2018)

体壁具有支撑和保护体躯、呼吸、调节体内水分平衡、防止病原体侵入、参与运动,以及通过感觉毛或其他结构接受外界刺激的功能。体壁具皮腺(dermal gland),如侧腹腺(latero-abdorninal gland)和末体腺(opisthosomal gland)。皮腺的分泌物的分泌,可能与报警、聚集和性信息素的分泌有关,毛和各种感觉器性状和功能都与此相关。粉螨表皮有的比较坚硬,有的相当柔软,有的有花纹、瘤突或网状格等,在分类学上均具有一定的意义。

(6) 感觉器官:主要是须肢和足Ⅰ,由其上着生的各种不同类型的毛和感觉器发挥作用,如触觉毛(tactile setae)、感觉毛(sensory setae)、黏附毛(tenent setae)、格氏器(Grandjean's organ)、哈氏器(Haller's organ)和琴形器(lyrate organ)等。触觉毛较多,遍布全身,多为刚毛状,司触觉,可保护躯体;感觉毛多着生于附肢上,呈棒状,常有细轮状纹,端部钝圆,亦称感棒

(solenidion);黏附毛多在跗节末端爪上着生,其顶端常柔软并膨大,可分泌黏液。感棒一般用希腊字母表示,根据着生部位用不同字母,股节上用θ(theta),膝节上用σ(sigma),胫节上用φ(phi),跗节上用ω(omega)表示。芥毛(famuli)着生在足Ⅰ跗节上,用希腊字母ε(epsilon)表示。

① 格氏器(Grandjean's organ):部分粉螨有。为一个薄膜状骨质板,呈角状突起。环绕在颚体基部,有的很小,有的膨大呈火焰状,如薄粉螨(*Acarus gracilis*)(图7.13)。为一个围绕在足Ⅰ基部向前伸展弯曲的侧骨片(lateral sclerite)。侧骨片后缘为基节上凹陷(supracoxal fossa),亦称假气门(pseudostigma),凹陷内着生有基节上毛(supracoxal seta),也称为伪气门刚毛(pseudostigmatic setae)(图7.14)。基节上毛可呈杆状,如伯氏嗜木螨(*Caloglyphus berlesei*)(图7.15A)或分枝状,如家食甜螨(*Glycyphagus domesticus*)(图7.15B)。

图7.13 薄粉螨(*Acarus gracilis*)右足Ⅰ区域侧面

G:格氏器;*scx*:基节上毛;L:侧骨片

仿 李朝品(1996)

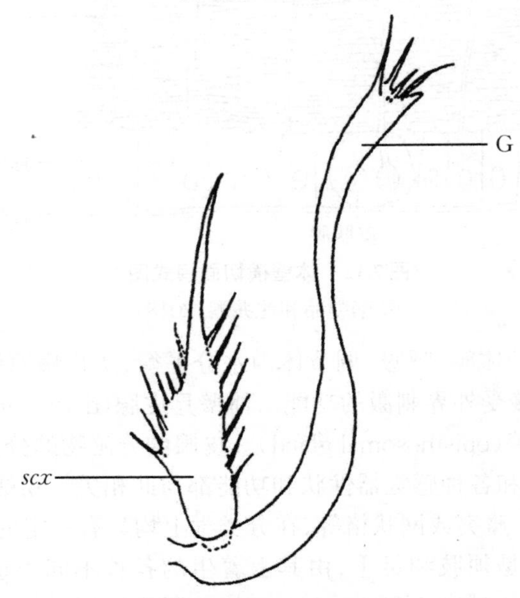

图7.14 粉螨基节上毛和格氏器

G:格氏器;*scx*:基节上毛

仿 李朝品(1996)

图7.15　基节上毛的形状

A. 伯氏嗜木螨(*Caloglyphus berlesei*)基节上毛;B. 家食甜螨(*Glycyphagus domesticus*)基节上毛

scx:基节上毛

仿 李朝品和沈兆鹏(2018)

② 哈氏器(Haller's organ):为嗅觉器官,也是湿度感受器,位于足Ⅰ跗节背面,为小毛着生于表皮的凹窝处。

③ 克氏器(Clapared's organ):又称尾气门(urstigmata),大部分螨类的幼螨具有,位于幼螨躯体的腹面,足Ⅰ、Ⅱ基节之间,是温度感受器。在若螨和成螨时消失,以生殖盘(genital sucker)代替。

④ 琴形器(lyrate organ):又称隙孔(lyriform pore),是螨类体表许多微小裂孔中的一种。

(二) 卵

大小一般为120 μm×100 μm,呈椭圆形或长椭圆形,其卵黄丰富,故较大。颜色多呈白色、乳白色、浅棕色、绿色、橙色或红色;其卵壳多数光滑,半透明,少数有花纹和刻点,如长食酪螨卵(图7.16)。可根据卵表面的特有花纹,进行种类鉴定。

图7.16　长食酪螨(*Tyrophagus longior*)卵

仿 李朝品和沈兆鹏(2018)

（三）幼螨

体型较小，约为成螨的1/2或更小，长度一般为60～80 μm。仅有足3对，生殖器不明显或完全不可见，无生殖吸盘和生殖刚毛等构造。幼螨腹面足Ⅱ基节前有一对茎状突出物，称为胸柄或基节杆（coxal rods，*CR*），为幼螨期所特有。足跗节上刚毛的排列方式和形状、爪垫及爪的形状等具备种类鉴定意义。由于发育不完全，躯体上d_4、*lp*、生殖毛和肛毛缺如，但骶毛特别长。足Ⅰ～Ⅲ转节上无转节毛，足Ⅰ跗节的第二感棒（ω_2）和第三感棒（ω_3）缺如（图7.17）。

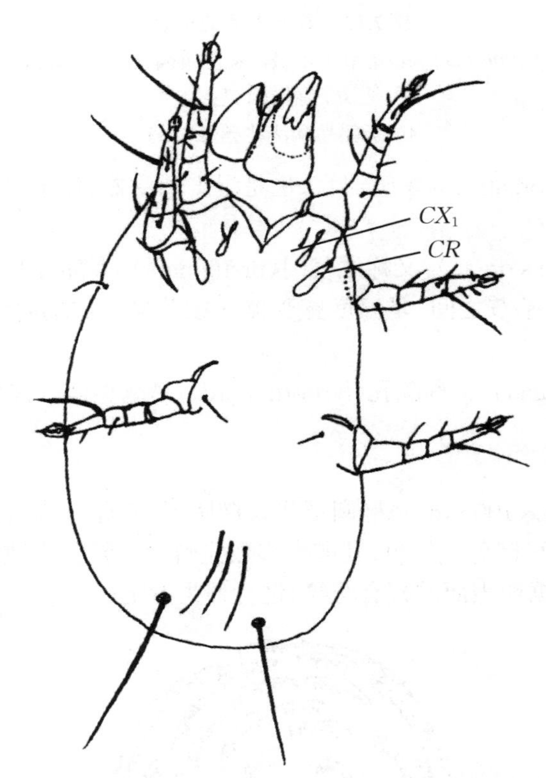

图7.17　棉兰皱皮螨（*Suidasia medanensis*）幼螨侧腹面

CX_1：基节区；*CR*：基节杆

仿 李朝品和沈兆鹏（2018）

（四）若螨

1. 第一若螨

又称前若螨，体形较幼螨稍大，但小于第三若螨。此期开始发育为4对足，基节杆（*CR*）消失。足Ⅰ～Ⅲ转节上无转节毛，此特征可与第三若螨相鉴别。足Ⅳ股节、膝节及胫节上也无刚毛，仅在跗节上有刚毛。生殖孔开始发育但不发达，有1对生殖吸盘、1对生殖感觉器、1对生殖毛和1对侧肛毛；后半体背面开始出现d_4和*lp*。生殖吸盘正中有1纵沟，生殖刚毛位于纵沟两侧，此特征可与第三若螨和成螨区分（图7.18）。此外，躯体的后缘刚毛及肛门刚毛的数目也常较第三若螨和成螨少。

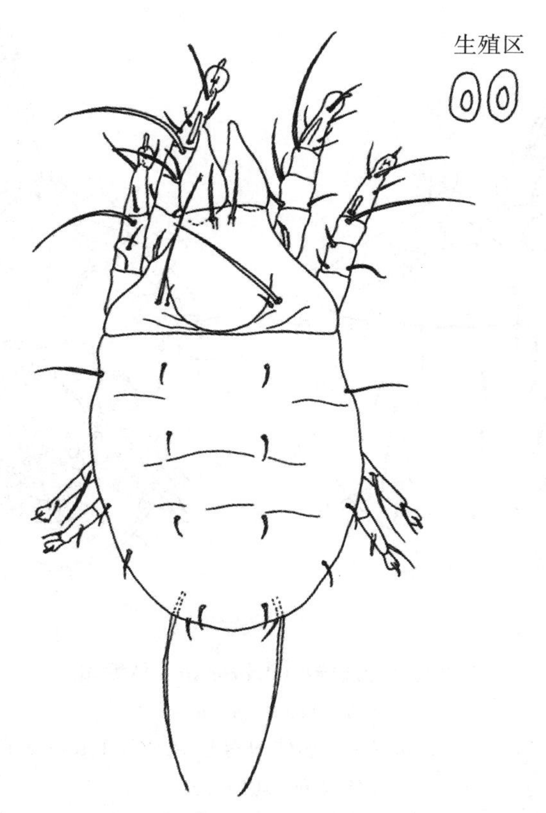

图7.18　纳氏皱皮螨(*Suidasia nesbitti*)第一若螨背面

仿 李朝品(1996)

2. 第二若螨

又称休眠体(hypopus)。是粉螨生活史中一个特殊的发育期。当外界环境恶劣时由第一若螨发育而来,形态与第一若螨和第三若螨明显不同。休眠体期不进食,是一种适于传播及抵抗不良环境的原始形式。相近亲缘关系的螨类,常可有相同的休眠体。一般分为活动休眠体(active hypopus)和不活动休眠体(inert hypopus)。此二种区分不严格,结构上能互相转化。

活动休眠体,能自由活动,表皮坚硬,黄色或棕色。圆形或卵圆形,呈腹凹背凸形,有利于其紧紧贴附在其他物体表面。无口器,颚体退化为一个不成对的板状物,前缘呈双叶状,每叶各有1条鞭状毛。腹面有很明显的基节板。后足体腹面具一很明显吸盘板,构成了吸附结构的重要部分(图7.19)。活动休眠体的吸盘板多孔,吸盘位置向前突出。中央有2个明显的吸盘,为中央吸盘。前方有2个较小的吸盘(I、K),常有辐射状的条纹,为前吸盘;之后,有4个较小的吸盘(A、B、C、D),周围各有一个透明区(E、F、G、H),可能为退化的吸盘,为辅助吸盘(图7.20)。吸盘板前方,有一发育不全的生殖孔,两侧有1对吸盘和1对生殖毛,在中央吸盘之间有肛门孔。活动休眠体的前2对足比后2对足发达,后2对足几乎完全隐蔽在躯体下方,有的可弯向颚体,如薄口螨。有的粉螨足Ⅰ、Ⅱ可在空中做搜寻动作,躯体由后2对足和吸盘板所支撑。足上的刚毛和感棒与其他发育期不同,包括刚毛形状及一些刚毛和感棒的膨大和萎缩。足Ⅳ跗节末端可有1~2条长刚毛以抱握昆虫。

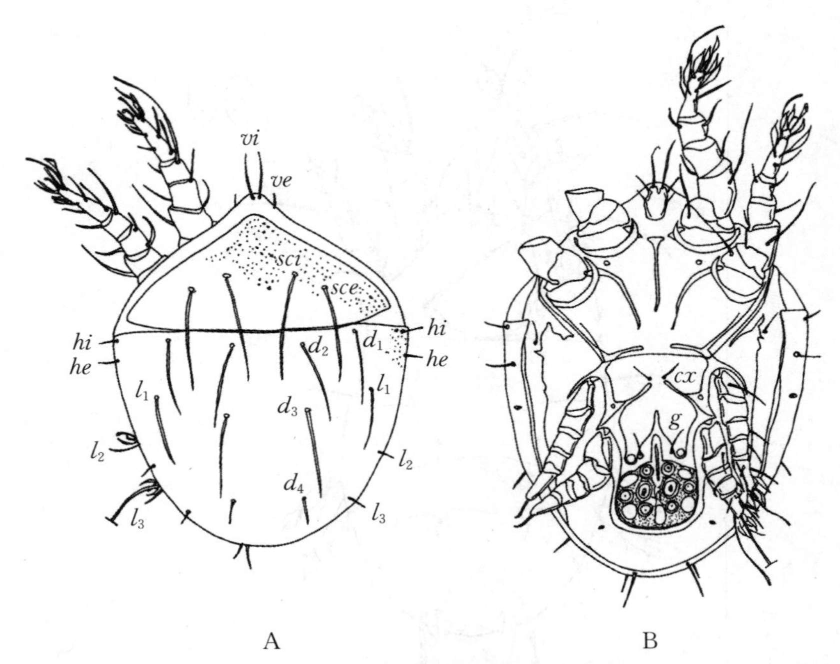

图7.19 粗脚粉螨(*Acarus siro*)休眠体

A. 背面;B. 腹面

$vi,ve,d_1\sim d_4,he,hi,l_1\sim l_3$:躯体的刚毛;$g$:生殖毛;$cx$:基节毛

仿 李朝品(1996)

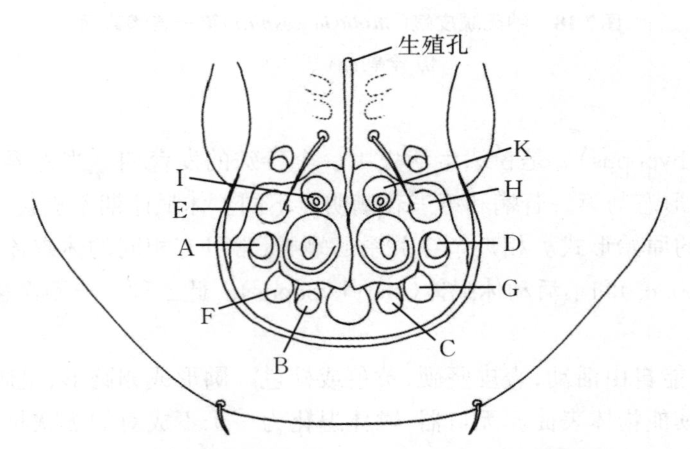

图7.20 小粗脚粉螨(*Acarus farris*)休眠体吸盘板

A～D:吸盘;E～H:辅助吸盘;I,K:前吸盘

仿 李朝品(1996)

仅少数粉螨形成不活动休眠体,如粉螨属、嗜鳞螨属、食甜螨科等,其躯体包裹在第一若螨的皮壳中,几乎不活动。在休眠体内部,肌肉和消化系统退化为无结构的团块,只有神经系统保持其原状,腹面末体处无吸盘。

3. 第三若螨

又称后若螨,体型较成螨稍小。多由休眠体在外界适宜环境下发育而成,或从第一若螨直接发育而来。除生殖器尚未完全发育成熟外,其他结构与成螨相似。生殖器构造与第一若螨相似，生殖孔仅为痕迹状，但生殖吸盘为2对、生殖感觉器为2对、生殖刚毛为3对。其生殖器的位置，雄螨一般位于足Ⅳ基节之间，雌螨不定。足上毛序与成螨相同，足Ⅰ～Ⅲ转节上各有刚毛1根，足Ⅳ则无(图7.21)。足Ⅰ、足Ⅱ和足Ⅳ股节上各有刚毛1根，足Ⅲ股节上则无刚毛。此外，第三若螨肛毛及后缘刚毛长度比例可能与成螨不同。

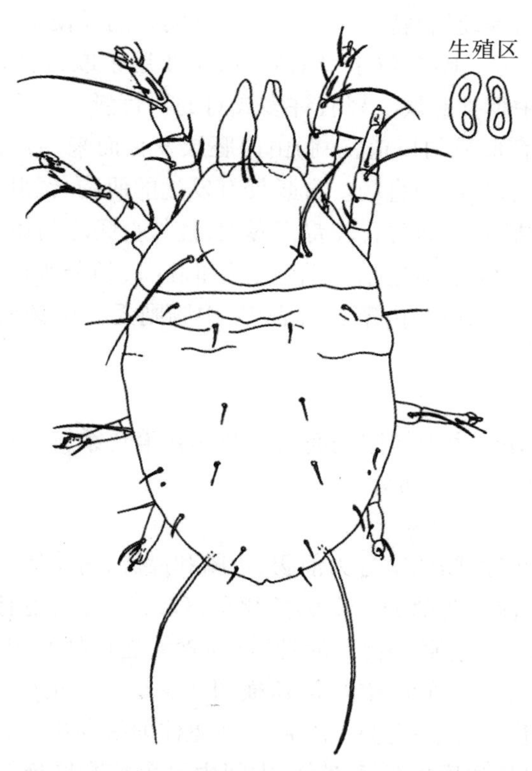

图7.21　纳氏皱皮螨(*Suidasia nesbitti*)第三若螨

仿 李朝品和沈兆鹏(2016)

二、内部结构

由于粉螨食性复杂，不同螨种的内部结构差异也较大。目前，对粉螨形态的研究多聚集在外部形态，有关粉螨的内部形态结构研究相对较少。粉螨躯体内具有复杂的器官系统，主要有消化系统、生殖系统、排泄系统、肌肉系统、神经系统、循环系统和呼吸系统等。目前，专家学者对内部形态结构研究多集中在消化系统和生殖系统，如张莺莺等(2007)用连续切片及HE染色后观察研究了粉尘螨消化系统结构，吴桂华等(2008，2009)用连续切片及HE染色后观察研究了粉尘螨和热带无爪螨的生殖系统结构，王月明等(2013，2014)对粉尘螨用透射电镜观察研究了其消化系统和生殖系统的超微结构。对这两个系统研究较多的原因可能与粉螨变应原定位研究显示特异性抗原多聚集在这两个系统结构有关。如吴桂华等(2009)对热带无爪螨体内特异性变应原定位研究发现热带无爪螨中肠、盲囊、结肠的肠壁和内容物及生殖腺等均有阳性反应，尤其是肠壁组织和肠腔内容物的反应最强烈。李盟等(2007)对粉尘螨2型变应原定位研究也发现在中肠组织及其肠内容物处反应最强烈。刘志刚等(2005)对屋尘螨Ⅰ类变应原的体内定位研究发现该变应原主要存在于螨的肠内容物和中肠组织中。下面以粉尘螨为例,重点介绍消化系统和生殖系统的形态、结构。

(一)消化系统

粉螨的消化系统一般为管状结构,占据其体腔的大部分空间,可见口咽部、前中肠、中肠、两个较大的盲肠、结肠等,肠腔特别是中肠内可见明显的粪便颗粒。口位于颚体中央、口下板背面、螯肢起点的下方。咽多位于口的后方,主要用于取食食物。中肠由食管和胃组成,食管细长,前后贯通中枢神经块。胃有许多成对的胃盲囊。其后面是后肠,壁薄,部分种类有。前肠是外胚层发育形成的口道,中肠由内胚层发育而来,后肠来源于外胚层的肛道,它的前半部分演化为肠,后半部为直肠。盲肠具有发达的肌肉,经肛门开口于体外。粉螨亚目的螨类消化道多属于结肠型,通常胃较胃盲囊大,且与直肠之间还有结肠。

粉尘螨的消化系统主要结构包括口前腔、肠和肛门,肠分为前肠(foregut)、中肠(midgut)、后肠(hindgut)。前肠和后肠内壁具有表皮,中肠则无。中肠前、后段连接处及中肠与后肠连接处均有收缩。

1. 口前腔

口前腔(prebuccalcavity)由颚体围绕而成。颚体是消化系统最前端的一个功能性结构。其结构特征可见上述成螨中颚体部分。

2. 肠

Brody(1972)将粉尘螨的肠依次分为前肠、中肠和后肠,每个肠区又分为前后两段。

(1) 前肠:包括咽和食管两部分。咽的角化程度较高,背面附有几组肌肉,从矢状切面看,其向腹面弯曲,是连接口前咽与食管的管道,与食管连接处有很多褶皱。有厚度均匀一致的表皮覆盖于食管内壁。食管呈褶皱样,从横切面看呈八角星形,这些褶皱之间形成的槽为血腔的组成部分。食管向背端穿过中枢神经,在躯体前端与中肠相连。

(2) 中肠:分为前中肠和后中肠两部分,中间由一个狭窄区连接。前中肠相当于胃,大小约是后中肠的两倍。前中肠向后伸出两个盲肠(caecum)。前中肠肠壁较薄,其形态因充血程度不同而异。中肠的上皮细胞有多种形态。在前中肠近食道段,背侧上皮细胞为鳞片状,体积较小;腹面有两排细胞,体积较大,这些细胞多数向肠腔(gut lumen)伸出或附着在肠壁上,仅有少部分与之相连。有些肠腔中的游离细胞与之形态相似,可能由此而来。前中肠的上皮细胞核仁明显,核较大,细胞间的连接较为复杂,顶部有细胞桥粒。胞质内可见大量粗面内质网,部分胞质内可见大量沉积球粒。肠腔表面有游离的微绒毛,其长度较后中肠表面的微绒毛短。中肠组织中可见少许附着细胞,其基部与肠壁连接处明显变窄。肠腔内的消化物疏松,偶尔可见到其他螨的附肢及表皮样内容物。前中肠后面部分的背、腹面及盲肠腔面为立方上皮。盲肠中的腔隙常因其上皮细胞密度增大而变得狭窄。后中肠经收缩区域与前中肠相区别,收缩区起瓣膜的作用。后中肠呈球形,肠壁除大量鳞状细胞外,也有少量的立方细胞,表面有长而密的微绒毛。腔内明显可见围食膜将食物包成球状,形成早期的粪粒。后中肠通过狭长的开口与后肠相连。

(3) 后肠:后肠由结肠和直肠两部分构成,其内壁由厚约1 μm的表皮覆盖,并有纵向褶皱,腔内可见围食膜包裹的粪粒。结肠背壁形成两个明显的背褶,背褶两边有两团细胞,可能为结肠的腺体。有许多突起由腔面向肠腔内伸入,使内壁呈锯齿状。其表皮上覆盖一层黏液样物质。直肠为管状结构,与后部裂缝样肛门相连接。

3. 肛门

螨类的肛门(anal)通常位于末体的后端,是消化道的末端出口,两侧有肛板(anal shield)围护。由于种类不同,肛门的着生位置也有差别,有的肛门位于末端,有的位于末体腹面近后缘。有些粉螨的雄螨肛门区有肛吸盘1对,肛吸盘附近有肛前毛(pre-anal setae)1对、肛后毛(post-anal setae)3对(pa_1、pa_2、pa_3)。

4. 消化腺

唾液腺(salivary gland)位于螨体脑前方,开口于前口腔,呈不规则形,细胞呈嗜碱性深染。

(二)生殖系统

螨类的生殖系统可因种类的不同而呈现出较大的差异,多数无气门亚目螨的睾丸成对存在,但粉尘螨睾丸为单个,此为尘螨属的重要特征。生殖器官主要来源于胚胎发生期的中胚层。生殖孔一般位于躯体腹面正中,常开口于足Ⅳ水平附近。

1. 雄性生殖系统

雄性粉尘螨的生殖系统一般由睾丸(testis)、输精管(vasa defrentia)、附腺(accessory-gland)、射精管(ejaculatory duct)、阳茎(penis)和附属交配器官(accessory copulatoryorgan)组成,占据粉尘螨血腔后部大部分空间。此外,与生殖系统功能相关的结构还包括肛侧板吸盘(adanal suckers)和第Ⅳ对足的跗吸盘(tarsisuckers)等附属交配器官。

(1) 睾丸:睾丸一般为单个,是精子产生及发育的场所,处于体腔末端直肠的后方,可经HE染色染成蓝紫色,其形态常因充盈度不同而有变化:完全充盈时呈椭圆形,后部可与腹部肌肉相接触,睾丸内不规则排列着发育不同阶段的精子细胞。背侧部是呈不规则形态的精原细胞(spermatogonium),成簇排列,具细胞核;向内排列的是呈圆形的精母细胞(spermatocyte),细胞核嗜碱性,大而圆,细胞质嗜酸性,其形态似精原细胞,但稍大;睾丸前段靠近附腺的位置为精细胞(spermatozoa),较精母细胞小,细胞质嗜酸性。

(2) 输精管:输精管一般为一对,沿睾丸的腹侧部分出二支向前端延伸而成,位于肠、附腺和睾丸之间。成熟雄螨的输精管管腔很大,充盈时可占据体腔后部的大部分空间,和睾丸分界不清,其内有大量成熟精子细胞和后期发育的精子细胞,精子由精母细胞分裂而来,其形态多样,大小及数量不一。精子一般无核膜,核染色质聚集成束,呈管状或颗粒状,周围有大量线粒体聚集,线粒体嵴较少或不典型,胞质透明;精子细胞周边或核染色质附近平行分布许多电子致密薄片。这些电子致密薄片可能是某些精子早期形成时其细胞周边平行排列的细胞表面膜层纵向分裂、分化而来。输精管通过末端与附腺相连来传递成熟精子。

(3) 附腺:附腺为一囊性结构,椭圆形,是雄螨生殖系统中最大的器官,位于体腔中后约1/3处,一端与射精管相连,另一端游离于体腔,附腺的壁由较厚的上皮细胞组成。有些螨类附腺是雌雄共有的结构(Hughes,1959;Witalinski et al.,1990),其功能重要而复杂。

(4) 射精管:射精管为一小的囊状结构,于输精管和附腺连接处发出,沿着腹侧走形,弯曲向前进入阳茎。其细胞壁高度角化。

(5) 阳茎:阳茎为一高度角化细长的器官,位于足Ⅲ、Ⅳ基节之间,着生在骨化的三角形基板上,平时常隐藏在生殖褶下方,只有在交配时才会凸显出来,生殖褶内面有生殖感觉器。阳茎顶部末端为生殖开口。

(6) 附属交配器官:雄螨具有的一对位于肛门两侧的肛吸盘和位于足Ⅳ上的两对跗吸

盘为附属交配器官，雌雄粉螨交配时可借助这些吸盘使二者腹部贴附更加紧密，便于交配。

2. 雌性生殖系统

粉尘螨的雌螨生殖系统主要包括两个部分：第一部分由交配孔（bursa copulatrix）、交配管（ductus bursae）、储精囊（receptaculum seminis）和一对囊导管（ducti receptaculi）组成，开口于后半体肛门左侧，主要用于完成受精。雌雄螨经交配孔交配后精子暂时储存于储精囊，后经一对囊导管传递至输卵管内完成受精。第二部分由一对卵巢（ovary）、一对输卵管（oviduct）、子宫（uterus）、产卵管（ovipositor）和产卵孔（oviporus）组成，主要用于完成产卵。产卵孔开口于足Ⅱ、Ⅲ基节之间。

（1）交配孔和交配管：交配孔是一个开放的圆形小孔，位于肛门裂的左上方，结构和形状具有种特异性（Walzl，1992）。交配孔通过一对交配管向体内延伸与储精囊相连。雄螨在交配时将阳茎插入雌螨交配孔，经交配管将精液传至后端与之相连的储精囊。

（2）储精囊和囊导管：储精囊为一椭圆形囊状结构，具有伸缩性，充盈时囊壁光滑，无精液充盈时囊壁呈褶皱状，是雌雄螨交配后精液暂时储存的场所。常位于血腔末体中部，直肠的上方，其位置可根据充盈度而发生变化，充盈时储精囊的囊壁可抵后部体壁。储精囊经囊导管与输卵管相连。

（3）卵巢：卵巢为一对，呈锥球形，位于肛门裂两侧直肠下方，与囊导管相连接，卵巢内有若干大小不等的无卵黄卵母细胞，细胞间界限不清，相互连成团块状；卵巢组织比较致密，HE染色切片显示为对称深蓝紫色的两叶。卵巢后部背侧有一较大的中央细胞，周围是不同发育阶段的卵母细胞，这些大小不等的卵母细胞通过细胞间索带与中央细胞相连接。中央细胞具多个细胞核，核内有许多聚集成簇的致密染色质，核仁明显。因中央细胞与营养作用有关，又称为营养合胞体细胞。卵母细胞呈圆形，强嗜碱性，通常成簇地聚集在一起，其不同发育阶段细胞体积也不同，发育越成熟的卵母细胞体积越大，卵巢内的卵母细胞在进入输卵管之前均为无卵黄颗粒细胞。

（4）输卵管：输卵管为一对，从卵巢腹侧壁发出，止于子宫末端腹侧，由上皮细胞组成。卵细胞的卵黄生成作用在输卵管内发生，成熟卵细胞体内充满了卵黄颗粒使得其体积达到最大，中央有一核，卵细胞的最外层包裹着非细胞结构物质，成熟卵细胞通过输卵管进入子宫腔。输卵管很细，当无卵存在时光镜下通常不易见到；当有卵存在时管腔膨大，光镜下可见。

（5）子宫：子宫腹侧与输卵管相连接，子宫腔大呈扁平囊状，外壁由较薄的基膜层和肌肉层组成，上皮细胞呈立方形，细胞间界线分明，子宫的形态与腔内存在的内孕卵相关，无孕卵时常皱缩在一起而呈扭曲状；有卵细胞时宫腔充盈膨胀，上方可达直肠壁。子宫的两侧有一对环形肌，具有协助子宫排卵的作用。

（6）产卵管和产卵孔：产卵管沿子宫腹侧向前延伸，经产螨的产卵管为管腔较大的薄壁硬化管，管壁上皮组织稀疏，末端略膨大，其开口为产卵孔，位于足Ⅱ、Ⅲ基节之间。产卵管表皮上皮细胞形态不规则，呈分叶状，胞质内有大量线粒体。在扫描电镜下可见产卵孔呈“人”字形，位于半月形生殖板的下方，生殖板侧缘骨化明显。

（三）排泄系统

1. 基节腺（coxal gland）

是螨类最原始的排泄器官，具有渗透调节的作用，将体内过剩的离子和水排出体外。

2. 马氏管（malpighian tubule）

由内胚层发育而来，一般位于螨的后肠部位。粉螨亚目的螨类无马氏管，但在胃的后面有结肠和后结肠，由它们发挥马氏管的排泄作用。

3. 排泄物

螨类的排泄物主要是鸟嘌呤，是氮素代谢的最终产物。在排泄器官中一般呈块状，具体形状一般根据螨种的不同而有差异。同一种类的螨其排泄物鸟嘌呤块的形状多相似。多数情况下，可从螨的体外辨认排泄器官内鸟嘌呤块，因此，有时可据此辨认螨的排泄器官。

（四）其他

1. 肌肉系统

粉螨肌肉系统的横纹肌发达，多附着在表皮内突及肥厚板等处，有的也附着于柔软的表皮，有些螨类可借助肌肉活动来改变躯体形态。肌肉系统的主要功能是躯体活动，如螯肢、须肢、生殖器、肛板和足的活动。

2. 呼吸系统

粉螨亚目的螨类多数无气门，一般以体壁进行呼吸。螨类一般有成对的气管，通过气门与体外相通，气管构成螨类的呼吸系统。气门附近的气管较粗，再经过细小分支到达全身各组织，与细胞进行气体交换，如食甜螨科的部分螨类。因此，气门和气管的形状，在螨的分类鉴定上具有重要意义。

3. 神经系统

粉螨亚目螨类的中枢神经系统为中枢神经块，由多数神经节高度愈合而成，主要包括食道神经环、食道下神经节、腹神经链和食道上神经节，食管贯通其中。神经节的愈合在若螨期开始明显。位于食道上部的中枢神经集团有成对的脑神经节、螯肢神经节和须肢神经节，脑神经节向咽、眼等处发出神经，螯肢神经向螯肢发出神经，须肢神经通常位于食道进入中枢神经集团的入口处，由横连合与螯肢神经节联结，并且分布神经到须肢和咽。位于食道下神经团的有4对足神经节和1对内脏神经节。足神经节向足和与足有关的肌肉发出神经，内脏神经节向消化系统、生殖系统和其他内脏器官发出神经。内脏神经节可能相当于其他蛛形纲动物腹部神经节的融合体。

4. 循环系统

粉螨的循环系统是开放血管系，血液无色，流经各内脏器官和肌肉等处。血液凭借身体的运动特别是背腹肌的收缩而实现体内循环。蜕皮前的静息期在血液内可见无数阿米巴样的血球。

（陶　宁）

第二节　粉螨生物学

粉螨的生物学问题比较复杂，例如生活史、生殖、交配与受精、遗传与变异、个体发育与变态、滞育、越冬与越夏、发育史类型、生境类型与孳生物、耐饥力与寿命、季节消长、信息素与集聚、分布与传播等。此就与粉螨的生物学特性密切相关的几个问题作简要讨论。

一、生活史过程

螨类的一代或一个世代是指一个新个体(卵或幼体)从离开母体发育至性成熟个体的周期。粉螨生活史是指完成一个世代生长、发育和繁殖的全过程,包括卵、幼螨、第一若螨(前若螨)、第二若螨(休眠体)、第三若螨(后若螨)和成螨几个阶段(图7.22)。整个生活史可分为胚胎发育期和胚后发育期。胚胎发育期是指粉螨自受精后至卵孵化出幼螨,胚后发育期是指粉螨孵化出幼螨后至螨发育至性成熟的成螨。当粉螨孳生在不同的生境和孳生物中时,幼螨发育时间会有显著差异。当温度、湿度、营养及种群密度等因素不利于某些粉螨继续生长时,可形成休眠体(第二若螨),以抵抗不利环境。但当外环境适宜时,休眠体又可继续发育成第三若螨。粉螨由于躯体微小、体壁较薄,调节体温的能力较弱,生长发育常常受外界环境影响,完成一个世代所需要的时间因温度、湿度、食物和光照条件而异。在自然环境中,同一螨种在不同地区完成一代所需要的时间不同。例如在我国南方,温度较高,空气较为湿润,完成一个世代所需要的时间较短,每年发生的代数较多;而在北方,温度较低,空气也较为干燥,完成一个世代所需要的时间较长,每年发生的代数较少。

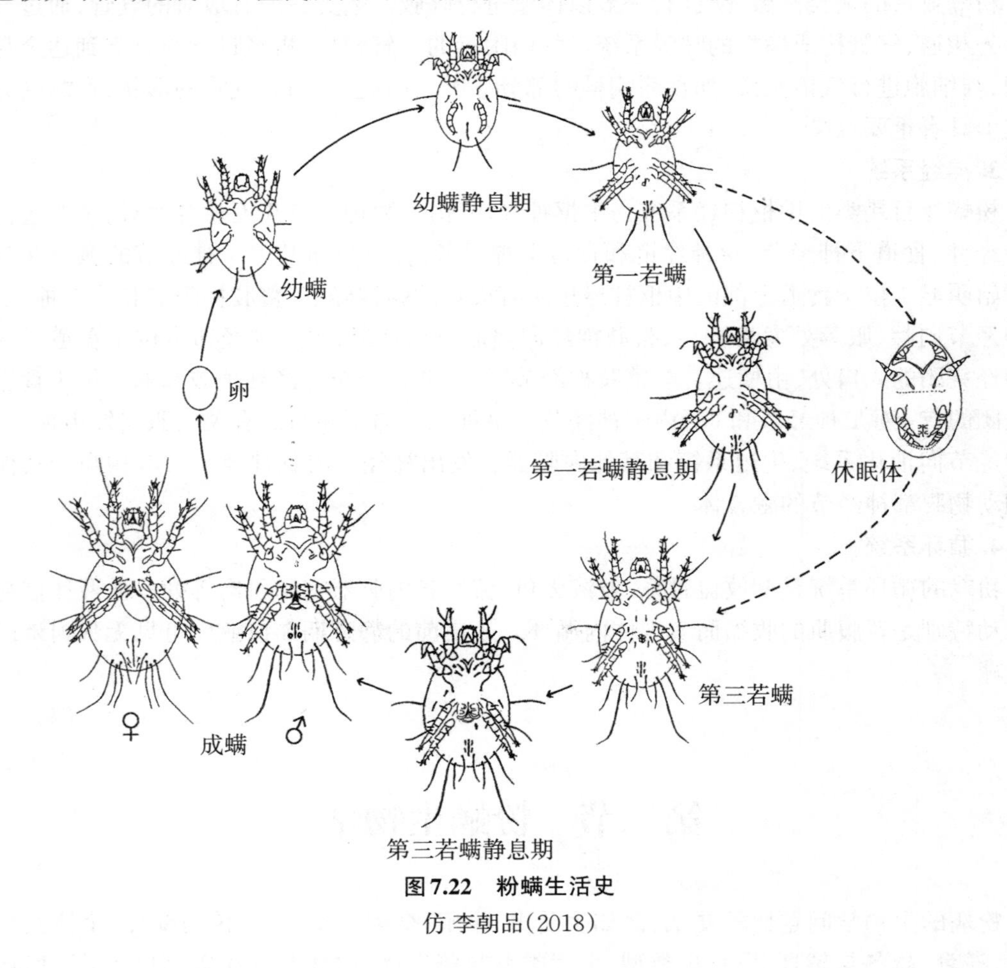

图7.22　粉螨生活史

仿 李朝品(2018)

二、发育

多数营自生生活的粉螨生活史可分为6个发育时期。粉螨产下的卵呈单粒、块状或小堆状排列。产卵方式为单产或聚产，聚产的每个卵块有2～12粒不等，排列整齐或呈不整齐的堆状，产卵开始后3～6天达高峰，产卵持续期内偶有间隔1天不产卵现象。在产卵期间，仍可多次进行交配。如害嗜鳞螨(*Lepidoglyphus destructor*)雌性成螨一生中交配多次，交配后1天内产卵，产卵期可持续9～13天，每雌产卵量通常为58～145粒，日产卵量为1～12粒不等。卵产出后，因外界环境条件不同，其发育期所需时间也不同。一般卵孵化出幼螨的适宜条件为温度25 ℃、相对湿度80%左右。幼螨出壳后即开始取食，但活动比较迟缓。有少数螨种卵在雌螨内可延迟至幼螨或第一若螨后产出。有些粉螨的第二若螨在某种条件下可转化为休眠体，有时可完全消失。在进入第一若螨、第三若螨和成螨之前，各有一短暂的静息期(resting period)，即幼螨静息期(resting period of larva)、第一若螨静息期(resting period of protonymph)和第三若螨静息期(resting period of tritonymph)，蜕皮后发育为下一个时期。静息期螨类不活动也不取食，其特征是口器退化、躯体膨大呈囊状、透明有光泽、足向躯体收缩。第三若螨蜕皮后发育为成螨，成螨有生殖器，与若螨区别较大。成螨有雌性和雄性，即雌螨和雄螨。从卵孵化至成螨，雄性个体的发育过程一般比雌性个体短12～48小时。

粉螨各期的发育时间因螨种、外界环境不同而有差异，如腐食酪螨卵的发育期随温度升高而延长，温度在30 ℃时发育期较在25 ℃时长，原因可能是高温影响卵的发育，在温度25 ℃、相对湿度80%条件下，卵发育期最短，仅需60小时。阎孝玉等(1992)研究证实，椭圆食粉螨(*Aleuroglyphus ovatus*)发育最快的相对湿度和温度分别为85%和30 ℃，平均10天即可完成一代，其中卵期80小时，幼螨期40小时，幼螨静息期22小时，第一若螨期28小时，第一若螨静息期19小时，第三若螨期29小时，第三若螨静息期约为23小时。

三、繁殖

大多数粉螨营两性生殖(gamogenesis)，通常雄螨比雌螨提前蜕皮。当雌性第三若螨尚处于静息期时，雄螨已完成蜕皮，并在性外激素的诱导下伺伏在雌螨周围，待雌螨蜕皮后，便立即进行交配。粉螨的繁殖力很强，在环境适宜时，10～20天可完成一代。粗脚粉螨(*Acarus siro*)在温度25 ℃、相对湿度90%条件下，一年可繁殖10～15代。成螨由第三若螨蜕皮至交配、产卵，常有一定的间隔期。由第三若螨蜕皮到第一次交配的间隔时间称为交配前期，大多数螨类的交配前期很短暂。由第三若螨蜕皮到第一次产卵的间隔时间称为产卵前期，各种螨类的产卵前期常受温度的影响，产卵前期短的为0.5天，长的为2～3天，在温度较低时可长达20天。少数粉螨营孤雌生殖(parthenogenesis)，有些种类还可行卵胎生(ovoviviparity)。有些种类的粉螨可有两种或两种以上的生殖方式，如粗脚粉螨的生殖方式既可为两性生殖，也能行孤雌生殖，孤雌生殖后代为雄性。粉螨科(Acaridae)有些种类雄螨又可分为常型雄螨和异型雄螨两种类型，其中任何一种类型的雄螨都能与雌螨交配。

粉螨的性二型和多型现象，同一种生物(有时是同一个个体)内出现两种相异性状的现象称为性二型现象。如粉螨科的粗脚粉螨，雄螨足Ⅰ股节和膝节增大，股节腹面有一距状突起,使足Ⅰ显著膨大,而雌螨的足不膨大。粉螨亚目(Acaridida)的某些螨类有多型现象,如嗜木螨属(*Caloglyphus*)、根螨属(*Rhizoglyphus*)和士维螨属(*Schwiebea*),有时可发现四种类型的雄螨:① 同型雄螨,躯体的形状和背刚毛的长短很像未孕的雌螨。② 二型雄螨,躯体和刚毛均较长。③ 异型雄螨,很像同型雄螨,但足Ⅲ变形。④ 多型雄螨,躯体形状与二型雄螨相同,但足Ⅲ变形。

四、寿命

雄螨的寿命一般较雌螨短,多数交配之后随即死亡。雄螨的寿命与其本身的生理状态密切相关,越冬雌螨在越冬场所能生存5~7个月,在室温条件下,雌螨寿命100~150天,雄螨60~80天。粉螨的寿命除了与自身遗传生物特性相关外,还与温湿度及饲料的营养成分有关。刘婷等(2007)对腐食酪螨(*Tyrophagus putrescentiae*)的寿命进行了研究,发现腐食酪螨各螨态发育历期与温度呈负相关,即随着温度的升高,腐食酪螨雌成螨50%死亡时间逐渐缩短,平均寿命变短,而随温度的降低平均寿命增长,12.5 ℃时最长为126.35天,30 ℃时最短为22.0天。以啤酒酵母粉和玉米粉作饲料时存在明显差异,在12.5 ℃、15 ℃、20 ℃、25 ℃和30 ℃条件下,用啤酒酵母粉为饲料饲养的腐食酪螨其各个阶段的发育历期均较在相同条件下以玉米粉饲养的腐食酪螨的发育历期短,即发育速率较快。

五、生境与孳生物

粉螨种类多样,生境与孳生物广泛,在一定的条件下可在家居环境、工作环境、储藏场所、畜禽圈舍、动物巢穴和交通工具等场所孳生。

(一) 家居环境

家居环境中的粉螨以屋尘螨(*Dermatophagoides pteronyssinus*)、粉尘螨(*Dermatophagoides farinae*)、纳氏皱皮螨(*Suidasia nesbitti*)、椭圆食粉螨(*Aleuroglyphus ovatus*)、腐食酪螨(*Tyrophagus putrescentiae*)和拱殖嗜渣螨(*Chortoglyphus arcuatus*)等较为常见,常孳生在床垫、沙发、地毯和被褥之中。

(二) 工作环境

粉螨孳在工作环境中多有发现,如面粉厂、碾米厂、制糖厂、纺织厂、食品厂、制药厂、果品厂、食用菌养殖场和食堂等,孳生物主要为地脚粉、地脚米、储藏中药材、干果和菌菇类等。

(三) 仓储环境

在仓储环境孳生的粉螨很多,如谷仓、中药材库、干果库、饲料库和交通工具中,有大量粉螨孳生。在储藏谷物中的粉螨以嗜食稻谷、小麦、小麦仁、大麦仁、玉米和大米中孳生的粉螨主要有腐食酪螨、椭圆食粉螨、害嗜鳞螨、粉尘螨和纳氏皱皮螨等。在中药材中孳生的粉螨有野脂螨、腐食酪螨、扎氏脂螨、伯氏嗜木螨、甜果螨、粉尘螨和伯氏嗜木螨等。在储藏干果孳生的粉螨有甜果螨、家食甜螨、伯氏嗜木螨、粗脚粉螨、害嗜鳞螨和腐食酪螨等。在畜禽饲料孳生的粉螨有粗脚粉螨(*Acarus siro*)、腐食酪螨(*Tyrophagus putrescentiae*)和椭圆食粉螨(*Aleuroglyphus ovatus*)等。在交通工具中滞留的粉螨有腐食酪螨、粗脚粉螨和家食甜螨等。

六、粉螨的细胞遗传

粉螨已报道约3科7属10种螨的染色体,雄性具有XO或XY性染色体。至少6种粉螨和1种食甜螨科的雄性有XO性染色体,2种粉螨科雄性有XY性染色体(表7.5)。

表7.5　粉螨染色体数目和生殖类型

科	染色体数目		生殖类型			
	2*n*	*n*	B	A	P	T
食菌螨科(Anoetidae)	8,14	4,7		×	×	×
粉螨科(Acaridae)	10～18	5～17	×			
食甜螨科(Glycyphagidae)		9	×			

注:生殖类型缩写:B(bisexuality)=两性生殖;A(arrhenotoky)=产雄单雌生殖;P(parahaploidy)=类单倍体;T(thelytoky)=产雌单性生殖。

七、粉螨信息素

信息素是一种微量小分子化学物质,属于化学信息物质(semiochemials),可以影响生物重要生理活动或行为。依据信息素的基本作用性质和功能,将其分为种内的(外激素)和种间的(他感作用物质)。种内的信息素包括性信息素(sex pheromones)(又有性抑制信息素和性诱信息素等)、示踪信息素(trail pheromones)、报警信息素(alarm pheromones)和聚集性信素(aggregation pheromones)等;种间的信息素包括利他素(kairomone)、利己素(allomones)和互益素(synomone)等。

据文献记载,粉螨报警信息素产生于其末体腺(opisthonotal glands),而聚集信息素则被认为是由体壁腺(integumental glands)分泌的。而粉螨信息素的感受器被认为是外胛毛,但有些学者则持否定意见,原因是他们认为外胛毛是普通刚毛,根据普通刚毛的结构和生物学作用,不能作为信息素的感受器。持这一观点者认为信息素感受器应在脑的附近,而螨的"脑"位于第一对足(足Ⅰ)的体中央,最接近脑的唯一可见的感受结构是足Ⅰ基节上毛,其不是普通刚毛。基节上毛位于转节上方、前足体侧缘的基节上凹陷,它的作用包括保护基节腺的孔口或是感觉器官,或有其他功能,被认为是信息素的感受器。另外还有学者认为,跗节(tarsi)包括哈氏器(Haller's organ)也可以作为信息素的感受器。目前关于螨类信息素的分泌和接受了解较少,因此还需要进一步深入研究。

八、传播

在自然环境中,粉螨的栖息地是多种多样的。某些根螨属(*Rhizoglyphus*)的螨类以植物的球茎为食;土壤及土壤表面的阔食酪螨(*Tyrophagus palmarum*)以腐烂植物的残余物为食;有些粉螨可栖息在草地上,也可在谷物堆垛及草堆上发现;还有少数种类是水栖的,甚至生活于污水的表层,如薄口螨属(*Histiostoma*)螨类。

粉螨的足生有爪和爪间突,上具黏毛、刺毛或吸盘等攀附结构,尤其是休眠体更具有特殊的吸附结构,使其易于附着在其他物体上,然后被远距离携带传播。此外,粉螨的身体较轻,还可随气流传至高空,作远距离迁移。

为害储粮和食品的粉螨最初栖息在鸟类和啮齿类巢穴中,鸟类和啮齿类动物的活动把它们从自然环境带到相应的仓库中。有些螨类,如甜果螨(*Carpoglyphus lactis*)和食虫狭螨(*Thyreophagus entomophagus*),它们通过小鼠和麻雀的消化道后还有一部分可以存活,尤其是卵和休眠体的存活率更高。因此,鼠类和麻雀起着传播这些螨类的作用。仓储物流、人工作业等也在不知不觉中为粉螨的传播提供了一定机会。

(蒋 峰 陶 宁)

第三节 粉螨生态学

粉螨的生态学主要研究环境因素与粉螨生长、发育、繁殖、越冬、寿命、产卵、滞育、栖息和食性等生理行为的相互关系以及环境因素对这些生理行为的影响,包括个体生态、种群生态和群落生态等内容,现就粉螨的个体生态学进行讨论。

生态因子分为生物(biotic)的和非生物(abiotic)的两大类,前者是指生活在同一环境中生物间的相互关系,主要指种间关系,如天敌(捕食者、寄生物)、病原微生物、食物等生物因素。后者则是指环境因素包括温度、湿度、光照、气流等。根据环境因素的作用将环境因素归纳为控制性因素(facultative factors)和灾变性因素(catastrophic factors),或反应因素(reactive factors)和非反应因素(non-reactive factors);根据对粉螨密度的影响而把环境因素分为密度制约因素(density dependent factors)和非密度制约因素(density independent factors);从粉螨的分布和丰盛度角度可把环境划分为四个成分,即气候、食物、同种或异种粉螨与生活的场所。此外,从进化角度看粉螨与环境的关系,可将环境分为稳定因素和变动因素。如地磁、太阳辐射等稳定因素主要确定粉螨的居住和分布;变动因素包括春夏秋冬、潮汐涨落等有规律的变动因素和风、降水、疾病和捕食者等无规律的变动因素,前者主要影响粉螨的分布,而后者则主要影响粉螨的数量。

但是从微观的角度来分析,影响粉螨生命活动的因素主要是适宜的温度、湿度、食物、光及其周期等。现从粉螨习性与生境、温湿度、光照、生物因素和季节变化等方面介绍各种因素对粉螨的影响。

一、粉螨习性与生境

粉螨习性和生境实际上是两个密切关联的因素。粉螨习性决定了粉螨栖息场所和环境,而生境是否适合,又会反过来影响粉螨的习性。

（一）食性

在自然界粉螨可孳生在房舍和储藏物中，分布广泛，食性复杂，以人和动物的皮屑、排泄物、霉菌和人（动物）的食物碎屑为食。根据食性，大体可将粉螨分为植食性螨类（phytophagous mites）、菌食性螨类（mycetophagous mites）、腐食性螨类（saprophagous mites）、杂植食性螨类（panphytophagous mites）、尸食性螨类（necrophagous mites）。此外，还有碎粒食性、螨食性（同类相残）、血液或体液食性螨类等。① 植食性粉螨：是以谷物、饲料、中药材、干果和蔬菜等为食，常为害稻谷、小麦、粮种胚芽和各种储藏食物等。② 腐食性粉螨：以腐烂谷物、木材霉菌、甘薯片及其他腐败的有机物质为食。③ 菌食性粉螨：以储藏物上的霉菌及栽培食用菌和野生菇类为食。

（二）生境

粉螨的生态类群主要可分为两类，一类是孳生在沙发、地毯、空调、卧具、被褥、衣物等家具和生活用品中，取食人体皮屑和有机粉尘；一类是孳生在粮食、干果、中药材和储藏蔬菜等储藏物中，取食储藏物及其孳生的微小生物和有机碎屑，包括储藏谷物、畜禽饲料、中药材和中成药、储藏干果、食用菌等。

（三）越冬

多数螨类以雌成螨越冬，也有的以雄成螨、若螨或卵越冬。越冬雌螨有很强的抗寒性和抗水性，其抗寒性与湿度相关，低湿时即使温度不低，也能造成大量死亡。因为在低湿条件下，越冬雌螨体内水分不断蒸发，致其脱水而死。越冬雌螨能在水中存活100小时左右。水体、枯枝落叶、杂草和各种植物等都是粉螨常见的越冬场所。如粗脚粉螨（*Acarus siro*）以雌螨在仓储物内、仓库尘埃下、缝隙及清扫工具等处越冬。罗宾根螨（*Rhizoglyphos robini*）在地温10 ℃以下时，以休眠体在土壤中越冬，越冬深度一般为3～7 cm，但不超过9 cm。

（四）越夏

房舍和储藏物中的粉螨可寻求隐蔽处越夏，夏季可产下抗热卵或越夏卵。自然环境中粉螨孳生在泥块或低矮植物上越夏，夏季可在叶片中找寻避热的场所产下抗热卵或越夏卵，或在树皮、树枝上产卵，但在夏季不孵化，经过夏季炎热及冬季寒冷后，在第二年春季开始孵化。

（五）滞育

滞育是粉螨类为适应不良环境，停止活动而呈静止状态的一种保存螨种延续的生存状态。粉螨的滞育一般分为专性滞育与兼性滞育两种。二者有共同之处，也有不同之处。共同之处在于二者都是对不良环境条件的一种适应，例如，温度过高或过低、水分缺乏、食料恶化、氧不足及二氧化碳过多等都能引起滞育。但二者之间又有原则上的区别，就是专性滞育是在诱发因子长期作用下在一定的敏感期才能形成，生理上已有准备，如体内脂肪和糖等累积、含水量及呼吸强度下降，抗性增强及行为与体色改变等。一旦进入专性滞育，即使恢复对其生长发育良好的条件也不会解除，必须经过一定的低温或高温及化学作用后才能解除；

而兼性滞育，也称休眠(hypopus)，则是在不良因子作用下，立即停止其生长，不受龄期的限制，生理上一般缺乏准备，只要不良因子消除，滞育就会随之解除，螨类可立即恢复生长发育。

螨类的滞育可发生在多个发育阶段，有的以卵期滞育，有的以雌螨滞育。雌螨在有利条件下产不滞育卵，当受不利气候的刺激时，则全部转换产滞育卵。因此，不滞育卵和滞育卵不会同时产出。而粉螨科的有些螨类各个发育期都能发生滞育，如粗脚粉螨、腐食酪螨和害嗜鳞螨在低温干燥的不良环境中若螨可变为休眠体。

二、温湿度对粉螨的影响

温湿度是影响粉螨生长的一个重要因素。粉螨是变温动物，身体微小，体壁薄，保持和调节体内温度的能力较弱。因此，外界环境温度的变化会直接影响其体温，体温变化太大，则会引起粉螨发育的停顿，甚至死亡；同时因其用体壁进行呼吸，湿度似乎比温度更为重要。因为湿度的变化不仅明显影响粉螨的生长发育，还影响粉螨的寿命和生殖，甚至影响到粉螨的存活。在自然环境中，温度和湿度总是同时存在，互相影响，并且综合作用于粉螨。因此，温湿度与粉螨的生长发育有着非常密切的关系。在适宜环境温度下，环境温度升高，体温就相应增高，螨体的新陈代谢作用加快，取食量也随之增大，粉螨的生长发育速度也增快，反之则生长发育减慢。根据温度对粉螨的影响大致可分为5个温区：致死高温区(45～60 ℃)、亚致死高温区(40～45 ℃)、适宜温区(8～40 ℃)、亚致死低温区(－10～8 ℃)、致死低温区(－40～－10 ℃)。在适宜温区粉螨的发育速率最快，寿命最长，繁殖力最强；而在其他温区发育速率受阻，甚至死亡。

粉螨身体的含水量占体重的46%～92%，从幼螨到成螨的发育过程中，螨体含水量逐渐降低。粉螨的营养物质运输、代谢产物输送、激素传递和废物排出等都只有在溶液状态下才能实现。因此当螨体内的水分不足或严重缺水时，会影响粉螨的正常生理活动、性成熟速度及寿命的长短，甚至会引起粉螨死亡。粉螨获取水分的途径主要有：① 从食物中获得水分(最基本的方式)。② 利用体内代谢水。③ 通过体壁吸收空气中的水分。粉螨在活动过程中体内会不断排出水分，其失水途径主要是通过体壁蒸发失水和随粪便排水。粉螨体内获得的水分和失去的水分如不能平衡，其正常生理活动就会受到影响。粉螨的适宜湿度范围很大程度上受温度和其自身生理状况的影响。当螨体失去水分后如不能及时得到补偿，干燥环境对其发育、生殖就会带来不利影响。因此，在防制粉螨时不仅仓库要干燥，储藏物也要干燥，这样才能使粉螨的水分得不到补充，没有适宜的孳生环境。

三、光照对粉螨的影响

粉螨畏光(负趋光性)、怕热，喜欢孳生在阴暗潮湿的地方。光强度和方向的改变能够影响到大多数粉螨的活动。储藏物仓库一般很少有光照，在一定的温湿度条件下，粉螨可大量繁殖，这说明粉螨的生长发育不需要光照。可利用粉螨畏光这一生物学特点对粉螨进行防制，例如，有粉螨孳生的储存粮食，可在日光下暴晒2～3小时；家庭生活用品，如衣物、地毯、床上用品等可采取放在外面晒一晒或勤洗勤换的措施来消灭粉螨。

四、生物因素对粉螨的影响

生物因素是指环境中任何其他生物由于其生命活动而对某种粉螨所产生的直接或间接影响，以及粉螨个体间的相互影响。生物因素包括各种病原微生物、捕食性天敌和寄生性宿主等。

（一）微生物与粉螨的关系

粉螨能够携带、传播如霉菌等微生物。有关粉螨传播霉菌的研究以往报道甚少(Sinha, 1966；Sinha et al., 1968)，张荣波等(1998)曾就粉螨传播黄曲霉菌进行过相关报道。自然界中大量的病原微生物可使粉螨致病，其中主要有三大类群，即病原细菌、病原真菌及病毒。微生物寄生于粉螨体内可导致其死亡，可采用病原微生物防制螨害虫。20世纪70年代，美国开始应用真菌杀螨剂防制柑橘作物螨害。2011年浙江大学生命科学学院首次创制成功两个高效绿色的柑橘害螨的真菌杀螨剂，在一定程度上解决了当前我国柑橘生产中突出的螨害问题，对柑橘的无公害生产具有重要意义。

（二）捕食性螨类对粉螨种群的影响

捕食性螨类如肉食螨(*Cheyletus*)对害螨具有控制和调节作用，国内外学者对此也开展了诸多研究(Barker, 1983；夏斌等，2003)，其中包括肉食螨对粉螨的捕食效能的研究。例如，夏斌等(2007)对鳞翅触足螨(*Cheletomorpha lepidopterorum*)雌雄成螨在6个恒温状态下(12 ℃、16 ℃、20 ℃、24 ℃、28 ℃和32 ℃)对腐食酪螨(*Tyrophagus putrescentiae*)的功能反应进行研究，其结果表明鳞翅触足螨雌雄成螨对腐食酪螨的功能反应均属于Holling Ⅱ型，其中雌成螨的捕食能力强于雄成螨。随着温度的升高，捕食能力也相应提高。在腐食酪螨密度固定时，鳞翅触足螨的平均捕食量随着其自身密度的提高而逐渐减少。此外，李朋新(2008)研究了巴氏钝绥螨(*Amblyseius barkeri*)雌雄成螨在相对湿度85%、5个恒温的实验条件下(16 ℃、20 ℃、24 ℃、28 ℃和32 ℃)对椭圆食粉螨(*Aleuroglyphus ovatus*)的捕食效能，也得到了与之相类似的研究结果。

五、季节变化对粉螨的影响

因为影响粉螨生长发育的温度、湿度、光照、宿主和天敌等相应环境因子因季节发生巨大变化，所以粉螨表现为明显的季节消长。粉螨喜欢栖息于含水量高的谷物中，若温湿度适宜，能很快地繁殖，给储藏物带来严重损害。温湿度等自然因素在不同地区和季节差别很大，因而粉螨的生长发育情况也表现出相应差异。上海地区粉螨大发生的季节是4～5月，此期空气相对湿度大，气温较高，适宜粉螨的生长繁殖；7～9月，由于气温高且空气干燥，粉螨的生长发育受到抑制；到10月之后，温湿度又适宜粉螨的生长发育，粉螨又可大量繁殖。四川省的气候温和潮湿，特别是在4～10月，可经常保持80%的相对湿度，这样的温湿度为粉螨的生长发育创造了有利的条件；12月到次年2月，由于天气寒冷，粉螨的生长发育受到影响，活动减弱。虽然我国东北地区的气温较低，但由于相对湿度大，粉螨的发生也是普遍的。因此，研究温湿度对粉螨生长发育的影响，不仅可以了解粉螨的生物学特性和生活史，而且对于防制储藏物中的粉螨也具有十分重要的价值。

六、其他因素对粉螨的影响

人类活动对粉螨的生长发育与消长等都有着很大的影响。储藏产品收购、储藏、运输、加工、供应环节中，可能会人为地造成害螨传播。实践证明，我国粮食系统推行的“四无粮仓”制度，就是运用人为因子改变储粮及害螨的生态环境条件的原理，创造出的一套行之有效的措施，在储粮工作中收到实效。此外，我国政府颁布了一系列对内、对外的植物检疫法令，经过各级干部和技术人员的努力实施，有效地控制了一些害螨的传播蔓延。

此外，气味、气流、音响、颜色、物面情况等因素也会对粉螨的活动产生影响，如腐食酪螨能被干酪气味和含有1%～5%的乳酸溶液所吸引；肉桂醛和茴香醛浓度低时对腐食酪螨有吸引力，浓度高时对腐食酪螨有驱避作用。

（湛孝东）

第四节　中国重要医学粉螨种类

粉螨个体微小，生境广泛，大多孳生于房舍和储藏物中，例如室内尘埃，沙发、卧具、空调和粮食、干果、储藏中药材等。目前全球已记述的粉螨约有27科430属1 400种，其中我国约有150种。粉螨的排泄物、分泌物、卵、蜕下的皮屑（壳）和死螨分解物等均具过敏原性，不同螨种之间也具交叉过敏原，特应性人群接触后可诱发过敏。粉螨的粪粒易悬浮在空气中成为吸入性过敏原的重要成分，特应性者吸入极易引起过敏。

一、粉螨科（Acaridae Ewing et Nesbitt，1942）

躯体被背沟分为前足体和后半体两部分，常有前足体背板，表皮光滑、粗糙或增厚成板，一般无细致的皱纹（除皱皮螨属外）。躯体刚毛多数光滑，有的略有栉齿。爪常发达，以1对骨片与跗节末端相连，前跗节柔软并包围了爪和骨片；前跗节延长，雌螨的爪分叉。足Ⅰ、Ⅱ跗节的感棒（ω_1）着生在跗节基部。雌螨生殖孔为一条长形裂缝，并为1对生殖褶所蔽盖，在每个生殖褶的内面有1对生殖感觉器；雄螨常有肛吸盘1对和跗节吸盘2对。

（一）粉螨属（*Acarus* Linnaeus，1758）

特征：顶外毛（*ve*）的长度不及顶内毛（*vi*）的一半，第一背毛（d_1）和前侧毛（*la*）均较短。足Ⅰ膝节第一感棒（σ_1）的长度是第二感棒（σ_2）的长3倍。雄螨足Ⅰ粗大，足Ⅰ股节有一个由表皮形成的锯状突起，足Ⅰ膝节腹面有表皮形成的小刺。性二态现象明显。

1. 粗脚粉螨（*Acarus siro* Linnaeus，1758）

同种异名：粗足粉螨 *Acarus siro* var *farinae* Linnaeus，1758；*Aleurobius farinae* var *Africana* Oudemans，1906；*Tyrophagus farinae* De Geer，1778。

形态特征：雄螨体长320～460 μm，雌螨体长350～650 μm。体无色、淡黄色或红棕色，椭圆形。

雄螨：与雌螨相似。螯肢具明显的齿，定趾基部有上颚刺。全身刚毛细。生殖孔位于足Ⅳ基节之间，阳茎为弓形管状物，末端钝。

雌螨：躯体后缘略凹，躯体背面刚毛的栉齿较雄螨的更少（图7.23）。腹面有肛毛5对。生殖孔位于足Ⅲ和Ⅳ基节之间。足Ⅰ未变粗，股节无锥状突起。

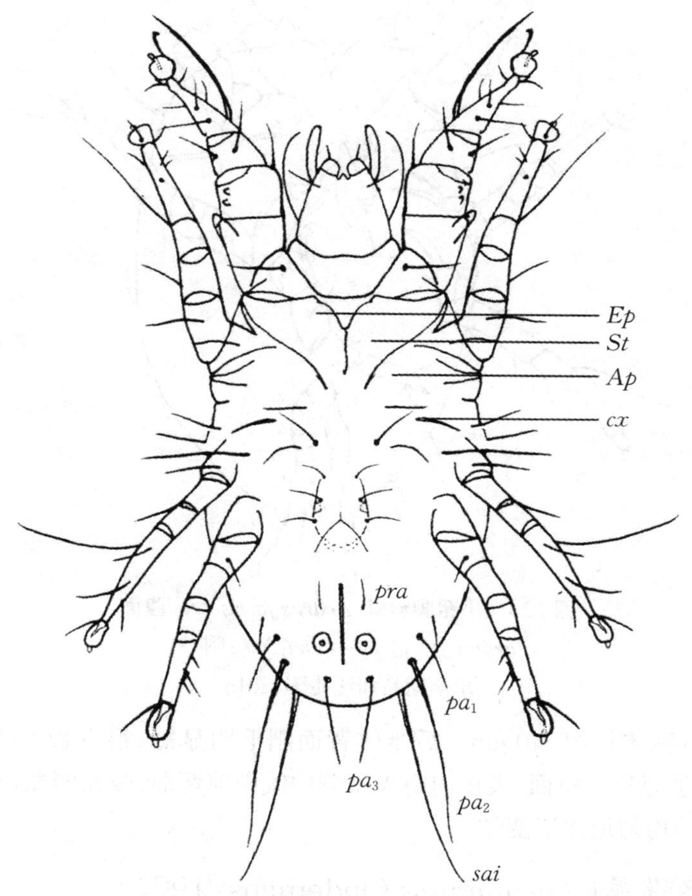

图7.23　粗脚粉螨（*Acarus siro*）（♂）腹面

Ep：基节内突；*St*：胸板；*Ap*：表皮内突；*cx*：基节毛；*pra*：肛前毛；pa_1～pa_3肛后毛；*sai*：骶内毛

仿 李朝品和沈兆鹏（2016）

活动休眠体：躯体长约230 μm，淡红色，背面拱起具小刻点，腹面内凹。前足体背板向前突出，覆盖颚体，并与后半体分离。

2. 小粗脚粉螨[*Acarus farris*（Oudemans，1905）]

同种异名：*Aleurobius farris* Oudemans，1905。

形态特征：雄螨躯体长约365 μm，雌螨较雄螨大。外形与粗脚粉螨相似，但足上有差别。

雄螨：侧面观，足Ⅰ、Ⅱ的第一感棒（ω_1）由基部向顶端稍膨大，于端部膨大为圆头之前略变细，ω_1与跗节背面形成的角度近90°（粗脚粉螨约45°）。足Ⅱ、Ⅲ和Ⅳ跗节的腹端刺（*s*）为其爪长的一半到2/3，*s*顶端尖细。

雌螨：足Ⅰ～Ⅳ跗节的腹端刺(s)约为其爪长的一半到2/3，s顶端尖细；肛毛a_1、a_4和a_5长度相似，a_3最长，是a_1长度的2倍，a_2较a_1长1/3(图7.24)。

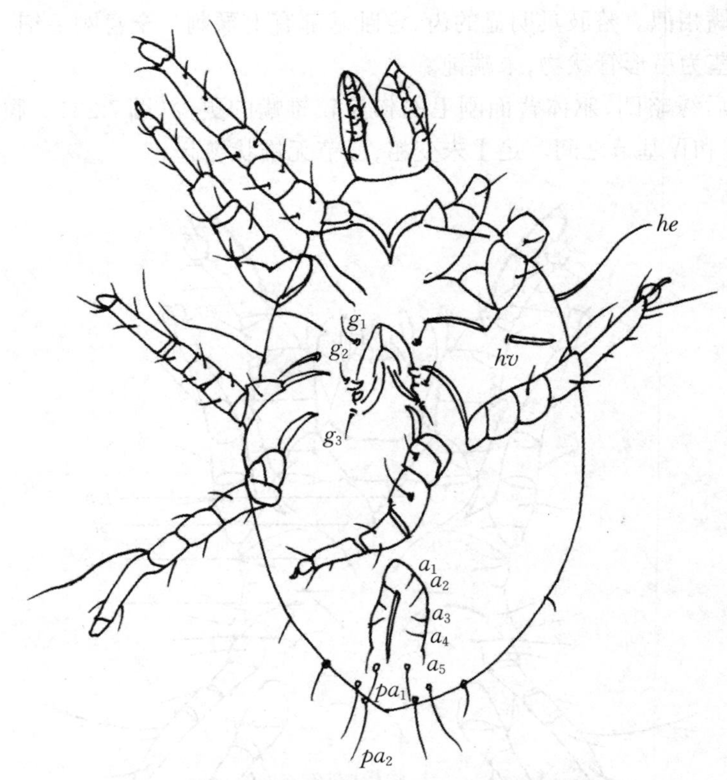

图7.24 小粗脚粉螨(*Acarus farris*)(♀)腹面

he，hv，g_1～g_3，a_1～a_5，pa_1，pa_2：刚毛

仿 李朝品和沈兆鹏(2016)

活动休眠体：躯体长约240 μm。后半体背面刚毛明显短，很少膨大或呈扁平形，背毛d_1、侧毛l_1和d_4几乎等长。腹面，表皮内突Ⅳ朝着中线向前弯曲，吸盘明显位于生殖毛的后外方。第一感棒(ω_1)均匀地逐渐变细。

(二) 食酪螨属(*Tyrophagus* Oudemans，1924)

特征：躯体长椭圆形，体后刚毛较长，表皮光滑。顶内毛(vi)着生于前足体板前缘中央凹处，顶外毛(ve)着生于前足体板侧缘前角处，vi与ve均呈栉状，位于同一水平上，ve比膝节长。胛外毛(sce)比胛内毛(sci)短，前侧毛la约与第一背毛(d_1)等长，但较d_3和d_4短。螯肢较小，有前背板，在足Ⅰ基节处有1对假气门。足较细长，足Ⅰ跗节背端毛(e)为针状，腹端刺5根，其中央3根加粗。足Ⅰ膝节的膝外毛(σ_1)短于膝内毛(σ_2)。足Ⅰ、Ⅱ胫节刚毛较粉螨属短。雄螨足Ⅰ不膨大，股节无矩状突起，足Ⅳ跗节有2个吸盘。体后缘有5对较长刚毛，即外后毛、内后毛各1对及肛后毛3对。

3. 腐食酪螨[*Tyrophagus putrescentiae*(Schrank，1781)]

同种异名：*Tyrophagus castellanii* Hirst，1912；*Tyrophagus noxius* Zachvatkin，1935；*Tyrophagus brauni* E.et F.Turk，1957。

形态特征：螨体无色，肢和足略带红色，表皮光滑，躯体上的刚毛细长而不硬直，常拖在躯体后面。螨体长约300 μm。阳茎支架向外弯曲，形如壶状。

雄螨：躯体长280～350 μm，表皮光滑。躯体较其他种类细长，刚毛长而不硬直（图7.25）。前足体板后缘几乎挺直，向后伸展约达胛毛（*sc*）处。支撑阳茎的侧骨片向外弯曲，阳茎较短且弯曲呈"S"状。

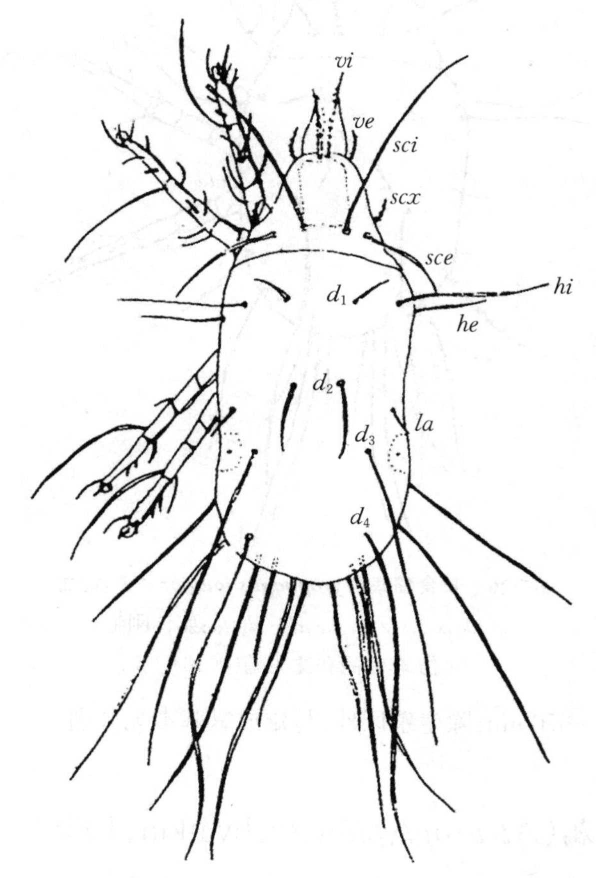

图7.25　腐食酪螨（*Tyrophagus putrescentiae*）（♂）背面

vi：顶内毛；*ve*：顶外毛；*sci*：胛内毛；*sce*：胛外毛；*hi*：肩内毛；*he*：肩外毛；d_1～d_4：背毛；*scx*：基节上毛；*la*：前侧毛

仿 李朝品和沈兆鹏（2016）

雌螨：躯体长320～420 μm，躯体形状和刚毛与雄螨相似。不同点：肛门达躯体后端，周围有5对肛毛；肛后毛pa_1和pa_2也较长。

4. 长食酪螨[*Tyrophagus longior*（Gervais，1844）]

同种异名：*Tyroglyphus infestans* Berlese，1844；*Tyrophagus tenuiclavus* Zachvatkin，1941。

形态特征：长食酪螨体躯较腐食酪螨宽。足和螯肢深色。由于具有较长而细的足，故名长食酪螨。体后毛较长，行动时常拖在地上如一列稀毛。基节上毛（*scx*）弯曲，基部不膨大，两侧有等长的短刺。腹面生殖器官位于足Ⅳ之间。

雄螨：躯体长330～535 μm，螯肢和足颜色较腐食酪螨深，有的螯肢具模糊的网状花纹（图7.26）。支撑阳茎的侧骨片向内弯曲，阳茎向前渐细呈茶壶嘴状。

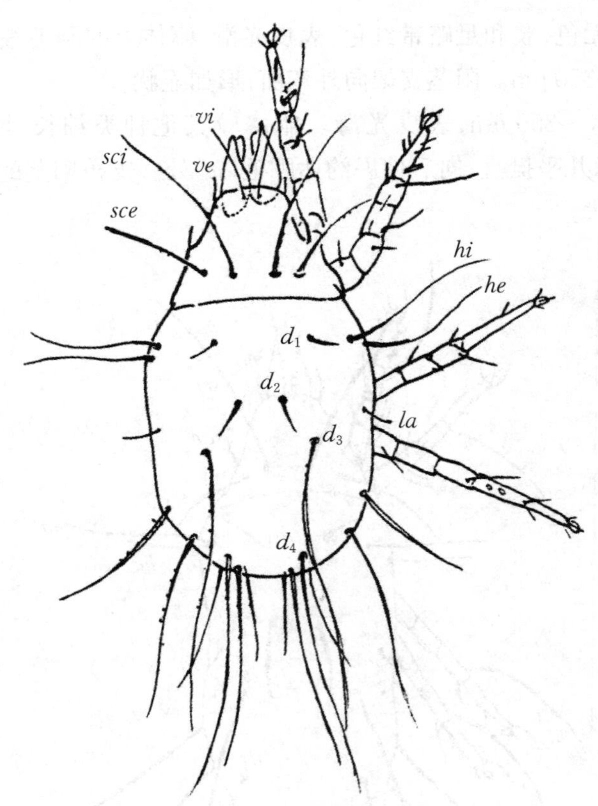

图7.26　长食酪螨(*Tyrophagus longior*)(♂)背面

vi,*ve*,*sci*,*sce*,*hi*,*he*,d_1～d_4,*la*:躯体刚毛

仿 李朝品和沈兆鹏(2016)

雌螨:躯体长530～670 μm,除生殖区外,与雄成螨基本无区别。

(杨邦和)

(三) 食粉螨属(*Aleuroglyphus* Zachvatkin,1935)

特征:顶外毛(*ve*)具栉齿,较长,长度大于顶内毛(*vi*)的1/2,与*vi*处于同一水平。胛外毛(*sce*)长于胛内毛(*sci*)。基节上毛(*scx*)具粗刺。跗节的第二背端毛(*e*)为毛发状,跗节具$q+v$、$p+u$和s三个明显的腹端刺,三者位置较近。

5. 椭圆食粉螨[*Aleuroglyphus ovatus*(Troupeau,1878)]

同种异名:*Tyroglyphus ovatus* Troupeau,1878。

形态特征:雄螨体长480～550 μm,雌螨长580～670 μm。足和螯肢呈深棕色,与躯体其余白而发亮部分对比鲜明,故有褐足螨之称,也易于识别。

雄螨:前足体板为长方形,两侧略凹,表面具刻点。基节上毛(*scx*)为叶状,两侧具长而直的梳状突起。胛外毛(*sce*)长于胛内毛(*sci*)。骶内毛(*sai*)、骶外毛(*sae*)及2对肛后毛(*pa*)为长刚毛,其余较短;所有刚毛均具小栉齿,短刚毛末端常具分叉或扭曲。足短粗,跗节的第二背端毛(*e*)为毛发状,跗节具$q+v$、$p+u$和s三个明显的腹端刺,位于末端2个顶端为钩状。3对肛后毛(*pa*)几乎排列在同一直线上(图7.27)。

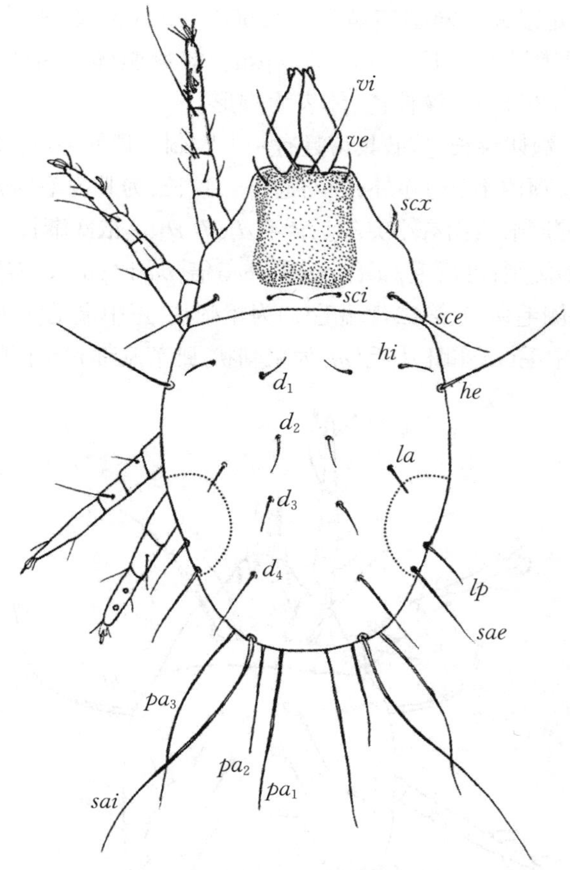

图7.27　椭圆食粉螨(*Aleuroglyphus ovatus*)(♂)背面

vi:顶内毛;*ve*:顶外毛;*sci*:胛内毛;*sce*:胛外毛;*hi*:肩内毛;*he*:肩外毛;d_1～d_4:背毛;
la:前侧毛;*lp*:后侧毛;*sai*:骶内毛;*sae*:骶外毛;pa_1～pa_3:肛后毛;*scx*:基节上毛
仿 李朝品和沈兆鹏(2016)

雌螨:形态类似于雄螨。具4对肛毛(*a*),其中a_2较长。2对肛后毛(*pa*)较长,位于同一直线上。

幼螨:发育不完全,类似于成螨。基节杆为管状,端部钝,足Ⅰ跗节的感棒(ω_1)从基部向顶端膨大,几乎达该节的末端。具1对较长的*pa*。

(四)嗜木螨属(*Caloglyphus* Berlese,1923)

特征:足及螯肢淡褐色。前足体板为长椭圆形,后缘略凹。顶外毛(*ve*)退化为微毛或缺如。胛外毛(*sce*)明显长于胛内毛(*sci*)。后半体背、侧面的刚毛完全,较长的刚毛在基部可膨大。足Ⅰ、Ⅱ跗节的背中毛(*Ba*)不为锥形,与第一感棒(ω_1)相距较远;足Ⅰ跗节具亚基侧毛(*aa*);足Ⅰ～Ⅲ跗节末端的背端毛(*e*)为刺状;侧中毛(*r*)和正中端毛(*f*)常弯曲,端部可膨大为叶状;各跗节有*p*、*q*、*u*、*v*、*s* 5个腹端刺,*s*稍大。常有异型雄螨和休眠体发生。

6. 伯氏嗜木螨[*Caloglyphus berlesei*(Michael,1903)]

同种异名:*Tyloglyphus mycophagus* Menin,1874;*Tyloglyphus mycophagus* Sensu Berlese,1891;*Caloglyphus rodinovi* Zachvatkin,1935。

形态特征：雌雄差异很大。同型雄螨躯体长600～900 μm，纺锤形，无色，表皮光滑具光泽，附肢淡棕色。异型雄螨躯体长800～1 000 μm。雌螨躯体长800～1 000 μm，较雄螨圆润。休眠体躯体长250～350 μm，深棕色，体表为拱形。

同型雄螨(图7.28)：颚体狭长，螯肢具齿且有一上颚刺。顶外毛(*ve*)短小，躯体背面刚毛几乎完全光滑且基部加粗，顶内毛(*vi*)除外；胛外毛(*sce*)较长，为胛内毛(*sci*)长3～4倍；基节上毛(*scx*)明显。格氏器为一断刺，表面有小突起。背毛d_1、d_2、d_3、d_4依次渐长，其中d_4超出躯体末端。基节内突板发达，形状不规则；肛后毛pa_2比pa_1长3～5倍，pa_3比pa_2长；有明显的圆形肛门吸盘。具爪。足Ⅰ跗节具亚基侧毛(*aa*)，第二背端毛(*e*)为粗刺状，正中端毛(*f*)和侧中毛(*r*)为镰状，且顶端膨大呈叶片状。腹中毛(*w*)和正中毛(*m*)为粗刺状，趾节基部有5个明显的刺状突起。

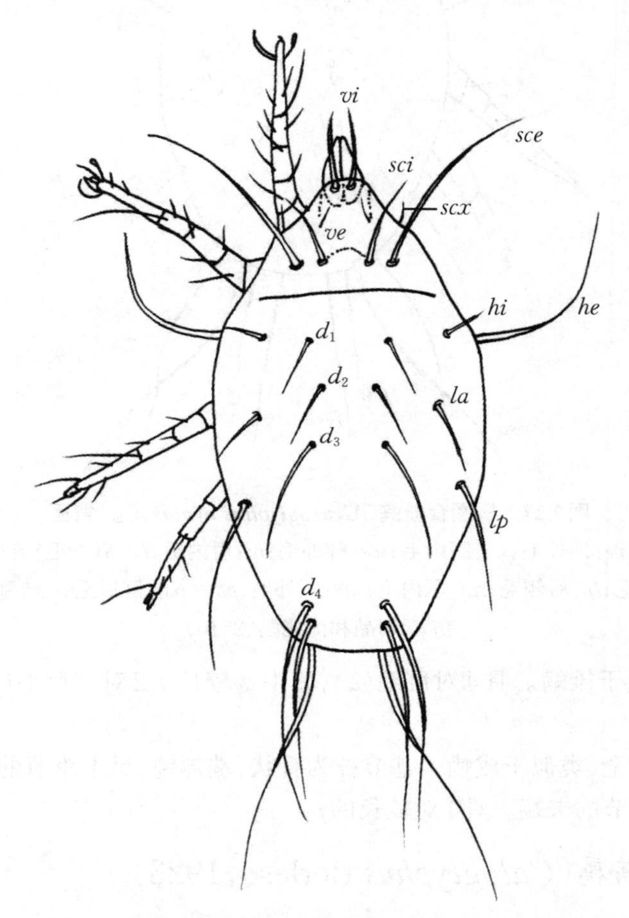

图7.28 伯氏嗜木螨(*Caloglyphus berlesei*)(♂)背面

vi，*ve*，*sci*，*sce*，*scx*，*hi*，*he*，d_1～d_4，*hi*，*la*，*lp*：躯体的刚毛

仿 李朝品和沈兆鹏(2016)

异型雄螨：与同型雄螨相比，刚毛较长，基部加粗。各足末端的表皮内突粗壮，足Ⅲ加粗。

雌螨：与同型雄螨相比，躯体背毛短，d_4具小栉齿比d_3短。6对肛毛(*a*)微小，2对在肛门前端两侧，4对围绕在肛门后端。生殖感觉器大且明显。末端的交配囊被一小骨化板包围，通过一细管与受精囊相通。

(叶向光)

(五)根螨属(*Rhizoglyphus* Claprarède,1869)

特征:体淡色,表面光滑,椭圆形,足及螯肢有厚几丁质。顶外毛(*ve*)退化为微小刚毛,位于前足体板边缘靠近中央处,可缺如。胛内毛(*sci*)较胛外毛(*sce*)短,*sci*或缺如。有基节上毛(*scx*)。前背板后缘不整齐,为长方形。足Ⅰ基部有假气门器2个。足短而粗,足Ⅰ和Ⅱ跗节的背中毛(*Ba*)呈圆锥形,近第一感棒(ω_1);足Ⅰ跗节无亚基侧毛(*aa*),有些跗节端部刚毛末端可稍膨大。雄螨的躯体后侧未形成突出的末体板,足Ⅳ跗节短而粗,吸盘2个位于端部,末端有单爪。雌螨足较细。常发生异型雄螨和休眠体。

7. 罗宾根螨(*Rhizoglyphus robini* Claparède,1869)

同种异名:*Rhizoglyphus echinopus*(Fumouze et Robin,1868)*sensu* Hughes,1961。

形态特征:体椭圆形。颚体结构正常,螯肢齿明显。位于背面的前足体板呈长方形,后缘稍不规则。腹面表皮内突颜色深。各足粗短,末端的爪和爪柄粗壮,前跗节退化并包裹柄的基部。

同型雄螨(图7.29):躯体长450～720 μm,表面光滑,附肢淡红棕色。背刚毛光滑。基节上毛鬃状,较d_1长。足Ⅳ跗节有1对吸盘,位于该节端部的1/2处。生殖孔位于足Ⅳ基节间。肛门孔较短,后端两侧有肛门吸盘,无明显骨化的环。

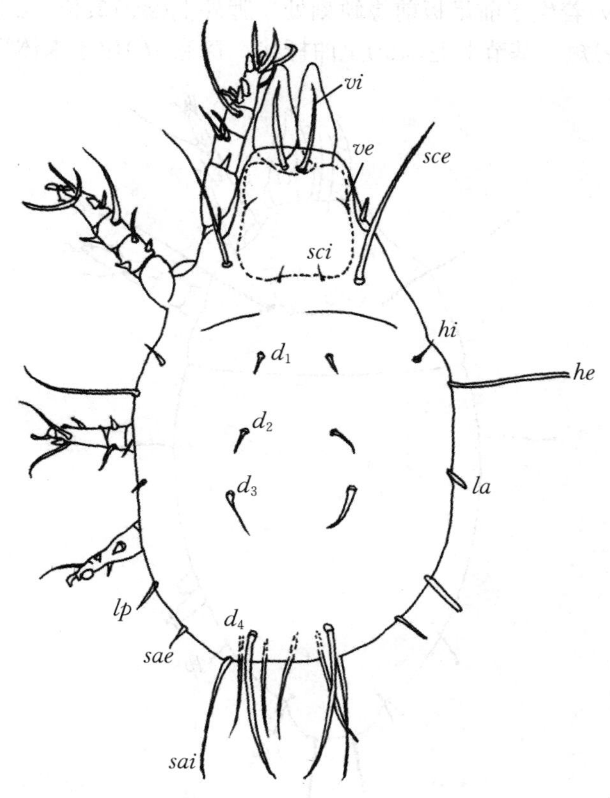

图7.29　罗宾根螨(*Rhizoglyphus robini*)(♂)背面

vi,*ve*,*sce*,*sci*,*hi*,*he*,d_1～d_4,*la*,*lp*,*sae*,*sai*:躯体的刚毛

仿 李朝品(1996)

异型雄螨:躯体长600～780 μm。与同型雄螨的不同点:体形较大,颚体、表皮内突和足

的颜色加深明显。背刚毛均较长。

雌螨：躯体长500～1 100 μm。与雄螨相似，不同点：生殖孔位于足Ⅲ、Ⅳ基节间。

休眠体：躯体长250～350 μm。外形与伯氏嗜木螨的休眠体相似，不同点：颜色从苍白到深棕色，表皮有微小刻点，顶毛周围刻点明显。

（六）狭螨属（*Thyreophagus* Rondani，1874）

特征：椭圆形，体透明，体色随所食食物颜色的不同而变化。颚体宽大。无前背板，体表光滑且少毛，成螨缺顶外毛（*ve*）、胛内毛（*sci*）、肩内毛（*hi*）、前侧毛（*la*）、第一背毛（d_1）和第二背毛（d_2）。雄螨体躯后缘延长为末体瓣，末端加厚呈半圆形叶状突起，位于躯体腹面同一水平。雌螨足粗短，末端具爪。足Ⅰ跗节的背中毛（*Ba*）和前侧毛（*la*）缺如；跗节末端有5个小腹刺。前跗节大，且很发达，覆盖爪的50%。尚未发现休眠体和异型雄螨。

8. 食虫狭螨[*Thyreophagus entomophagus*（Laboulbene，1852）]

同种异名：食虫粉螨（*Acarus entomophagus*）。

形态特征：成螨呈椭圆形或近似椭圆形，体表光滑，雌螨大于雄螨。

雄螨：体狭长，290～450 μm，表皮光滑无色，螯肢、足呈淡红色，体色随消化道中食物颜色的不同而异（图7.30）。前足体板延伸至胛毛处。螯肢定趾与动趾间有齿。腹面有明显尾板为末体瓣。顶内毛（*vi*）着生于前足板前缘缺刻处。胛外毛（*sce*）最长，几乎为体长的50%。后侧毛（*lp*）较肩外毛（*he*）短。基节上毛（*scx*）呈曲杆状。背毛（d_4）位于末体瓣基。末体瓣扁平。

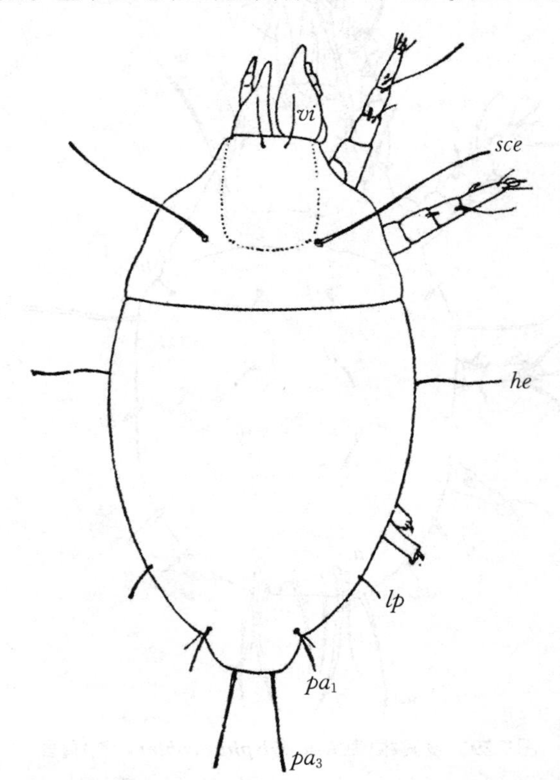

图7.30 食虫狭螨（*Thyreophagus entomophagus*）（♂）背面

vi：顶内毛；*sce*：胛外毛；*he*：肩外毛；*lp*：后侧毛；pa_1，pa_3：肛后毛

仿 李朝品（1996）

雌螨：体比雄螨细长，455～610 μm。末体后缘尖，未形成末体瓣，前足体背毛中顶外毛（*ve*）与胛内毛（*sci*）缺如，顶内毛（*vi*）位于前足体板前缘中央，伸出螯肢末端，胛外毛（*sce*）长约为体长的40%。腹面生殖孔位于足Ⅲ与Ⅳ基节之间，肛门伸展到体躯后缘。

（七）皱皮螨属（*Suidasia* Oudemans，1905）

特征：阔卵形，表皮有细致的皱纹或饰有鳞状花纹。顶外毛（*ve*）为微小毛，着生于前足体板侧缘中央。胛内毛（*sci*）较短小，胛外毛（*sce*）是胛内毛（*sci*）长度的4倍以上，接近*sci*。后半体侧面刚毛完全，刚毛较短，光滑。足Ⅰ跗节顶端背刺缺如，有3个明显的腹刺；第一感棒（ω_1）呈弯曲长杆状。足Ⅱ跗节第一感棒（ω_1）短杆状，顶端膨大。雄螨躯体后缘未形成末体瓣，可能缺交配吸盘。

9. 纳氏皱皮螨（*Suidasia nesbitti* Hughes，1948）

同种异名：*Chbidania tokyoensis* Sasa，1952。

形态特征：雄螨长269～300 μm，雌螨长300～340 μm。表皮有纵纹，有时有鳞状花纹，并延伸至末体腹面，活体时具珍珠样光泽。

雄螨：螯肢具齿，腹面具一上颚刺。基节上毛（*scx*）有针状突起且扁平，格氏器为有齿状缘的表皮皱褶。胛外毛（*sce*）长度为胛内毛（*sci*）长度的4倍以上。肩外毛（*he*）和骶外毛（*sae*）均较长，与胛内毛（*sci*）长度相当；背毛d_1、d_2、d_3、d_4排成直线。腹面表皮内突短。足粗短。肛门孔周围有肛毛3对。阳茎位于足Ⅳ基节间，为一根长而弯曲的管状物。肛门孔达躯体后缘，肛门吸盘缺如（图7.31）。

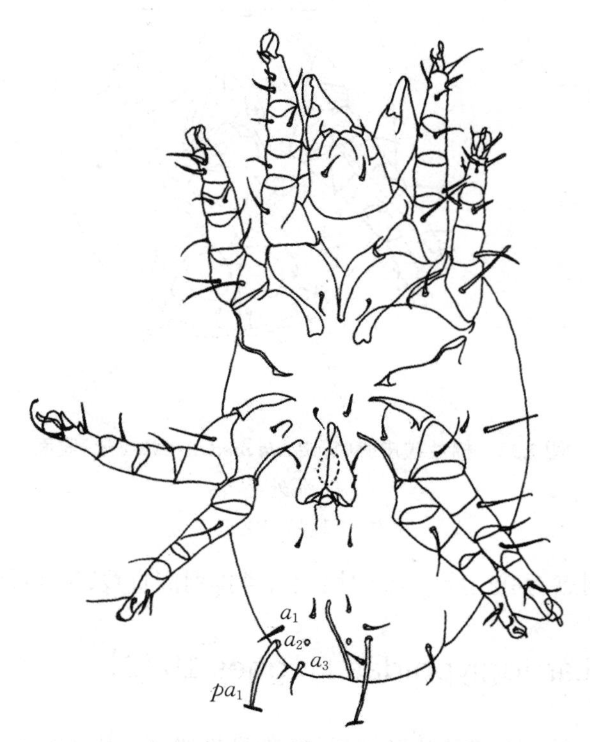

图7.31　纳氏皱皮螨（*Suidasia nesbitti*）（♂）腹面

a_1～a_3：肛毛；pa_1：第一对肛后毛

仿 李朝品（1996）

雌螨：与雄螨相似。不同点：肛门孔周围有5对肛毛，第3对肛毛远离肛门。生殖孔位于足Ⅲ、Ⅳ基节间。肛门孔伸达躯体末端。

10. 棉兰皱皮螨（*Suidasia medanensis* Oudemans，1924）

同种异名：*Suidasia insectorum* Fox，1950；*Suidasia pontifica* Fain et Philips，1978。

形态特征：雄螨长300～320 μm，雌螨长290～360 μm。与纳氏皱皮螨相似。

雄螨：与纳氏皱皮螨不同点为表皮皱纹鳞片状，无纵沟。顶外毛（*ve*）较靠前，位于顶内毛（*vi*）和基节上毛（*scx*）间；肩内毛（*hi*）和肩外毛（*he*）等长。肛门孔位于躯体后端，其周围有肛毛3对，吸盘着生在肛门孔的两侧（图7.32）。足Ⅰ外腹端刺（*u*）、内腹端刺（*v*）和芥毛（*ε*）缺如。

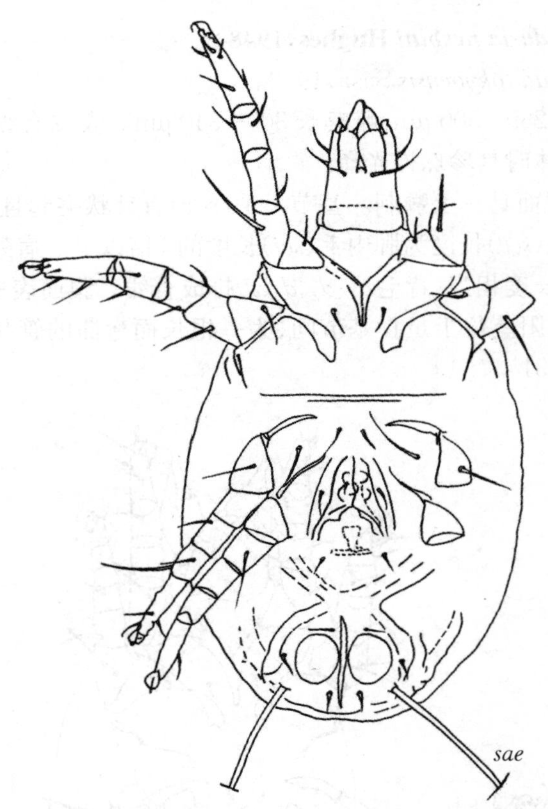

图7.32　棉兰皱皮螨（*Suidasia medanensis*）（♂）腹面

sae：骶外毛

仿 李朝品（1996）

雌螨：与雄螨不同点为肛门周围有5对肛毛，且排列成直线，第3对肛毛远离肛门。

二、脂螨科（Lardoglyphidae Hughes 1976）

特征：雌螨足Ⅰ～Ⅳ各跗节具分叉的爪；雄螨足Ⅲ跗节末端有2个突起。雌、雄至少有1对顶毛；螯肢呈钳状，生殖孔纵裂，在足Ⅰ跗节，ω_1位于该节基部。跗节有2个爪，末端有2个突起。

(八) 脂螨属(*Lardoglyphus* Oudemans，1927)

特征：螯肢色深，呈细长的剪刀状，齿软，无前足体板。顶外毛(*ve*)弯曲具栉齿，约为顶内毛(*vi*)长度的1/2，且与*vi*在同一水平。基节上毛(*scx*)弯曲，有锯齿。胛外毛(*sce*)比胛内毛(*sci*)长。肛门两侧略靠中央各有1对圆形肛门吸盘，每个吸盘前有1根刚毛，肛后毛3对(pa_1、pa_2、pa_3)均较长，其中pa_3最长。所有足细长，都有前跗节，雌螨各足的爪分叉；足背面的刚毛不加粗成刺状。异型雄螨卵圆形，表皮光滑，乳白色。

11. 扎氏脂螨(*Lardoglyphus zacheri* Oudemans，1927)

同种异名：无。

形态特征：雌雄螨表皮光滑呈乳白色，表皮内突、足和螯肢颜色较深。

雄螨：体长多在430～550 μm，后端圆钝(图7.33)。顶内毛(*vi*)前伸达颚体上方，顶外毛(*ve*)位于颚体两侧，栉齿明显。基节上毛(*scx*)短小弯曲，具锯齿。格氏器为不明显的三角形表皮皱褶。胛毛(*sc*)间距离约等长。螯肢细长。足细长，各足前跗节发达，覆盖细长的胫节，与分叉的爪相关联。

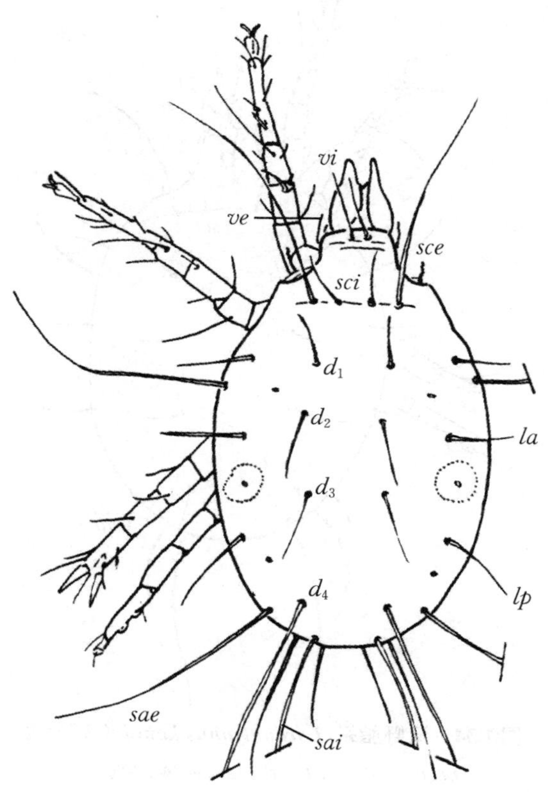

图7.33　扎氏脂螨(*Lardoglyphus zacheri*)(♂)背面

ve，*vi*，*sce*，*sci*，d_1～d_4，*la*，*lp*，*sae*，*sai*：躯体的刚毛

仿 李朝品(1996)

异型雄螨：与雄螨相似。肛门孔两侧有1对圆形吸盘。足Ⅰ的端部有刚毛群，足Ⅲ跗节末端为2个粗刺，足Ⅳ跗节末端为一不分叉的爪，交配吸盘位于中央。

雌螨：体长多在450～600 μm，躯体后端渐细，后缘内凹，表皮内突和基节内突的颜色较雄螨浅。躯体毛序与雄螨基本相同,但其不同点在于:生殖孔位于足Ⅲ和足Ⅳ基节间,为一纵向裂缝。肛门未达到躯体后缘。各足均有爪且分叉,刚毛排列与雄螨相同。

休眠体:体长多在230～300 μm,梨形,呈淡红色至棕色。背面:背部隆起,前足体板有细致鳞状花纹,蔽盖在躯体前部,后部被前宽后窄的后半体板蔽盖。腹面:腹面骨化程度强,足Ⅰ表皮内突愈合成短的胸板,足Ⅱ、Ⅲ和Ⅳ表皮内突在中线分离。

12. 河野脂螨[*Lardoglyphus konoi*(Sasa et Asanuma,1951)]

同种异名:*Hoshikadenia konoi* Sasa et Asanmua,1951。

形态特征:椭圆形,白色,足及螯肢颜色较深。与扎氏脂螨毛序相同,但背毛d_3与d_4几乎等长。雄螨足Ⅰ和足Ⅱ的爪不分叉。

雄螨:体长多在300～450 μm,无前足体背板,与扎氏脂螨毛序相同,但第四背毛(d_4)、骶外毛(*sae*)、肛后毛(pa_1、pa_2)与第三背毛(d_3)几乎等长(图7.34)。螯肢的定趾和动趾具小齿。围绕肛门吸盘的骨片向躯体后缘急剧弯曲。足Ⅰ、Ⅲ和Ⅳ的爪不分叉。足Ⅲ跗节较短,足Ⅳ中央有交配吸盘。

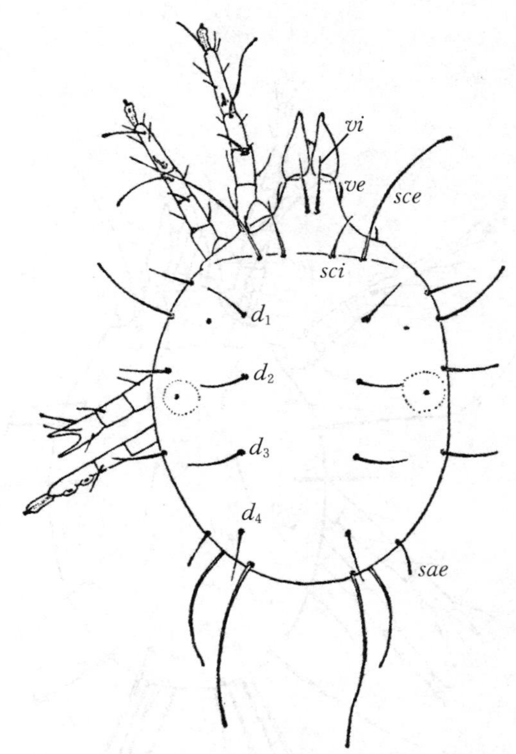

图7.34 河野脂螨(*Lardoglyphus konoi*)(♂)背面

vi,*ve*,*sci*,*sce*,d_1～d_4,*sae*:躯体的刚毛

仿 李朝品(1996)

雌螨:体长多在400～550 μm,躯体刚毛的毛序与雄螨相似。

休眠体:螨体长多在215～260 μm。与扎氏脂螨的主要区别在于:后半体板上的刚毛呈粗刺状。螨体腹面:足Ⅲ表皮内突的后突起向后延伸到足Ⅳ表皮内突间的刚毛。吸盘板的2个中央吸盘较小。足Ⅰ～Ⅲ的跗节细长。

(石 泉)

三、食甜螨科(Glycyphagidae Berlese,1887)

特征:螨体具有较长的刚毛,上着生较密的栉齿;表皮具有微小颗粒。跗节细长,无背脊;足Ⅰ、Ⅱ胫节均着生有1~2根腹毛。雄螨的肛门吸盘与跗节吸盘缺如,阳茎不明显。

(九)食甜螨属(*Glycyphagus* Hering,1938)

特征:前足体背板或头脊狭长;无背沟;足Ⅰ跗节不被亚跗鳞片(ρ)包盖,足Ⅰ膝节的膝内毛(σ_2)长于膝外毛(σ_1),2倍以上,足Ⅰ、Ⅱ胫节着生有2根腹毛。

13. 家食甜螨[*Glycyphagus domesticus*(De Geer,1778)]

同种异名:*Acarus donesticus* De Geer,1778。

形态特征:雌螨比雄螨大,表皮有微小乳突。圆形,乳白色,有深色的螯和足。无前足体背盾,但有一个长而窄的头脊,从螯肢基部延伸到顶外毛(*ve*)的水平。顶内毛(*vi*)长在头脊中间最宽的点。基节上毛(*scx*)分枝大且长而细。足Ⅰ表皮内突相连成短胸板。足细长,止于前跗节和爪。每足的亚跗鳞片(ρ)被位于跗节中心的栉状刚毛*w*所取代。*m*、*Ba*和*r*位于腹中毛(*w*)基部和跗节顶部之间(图7.35)。

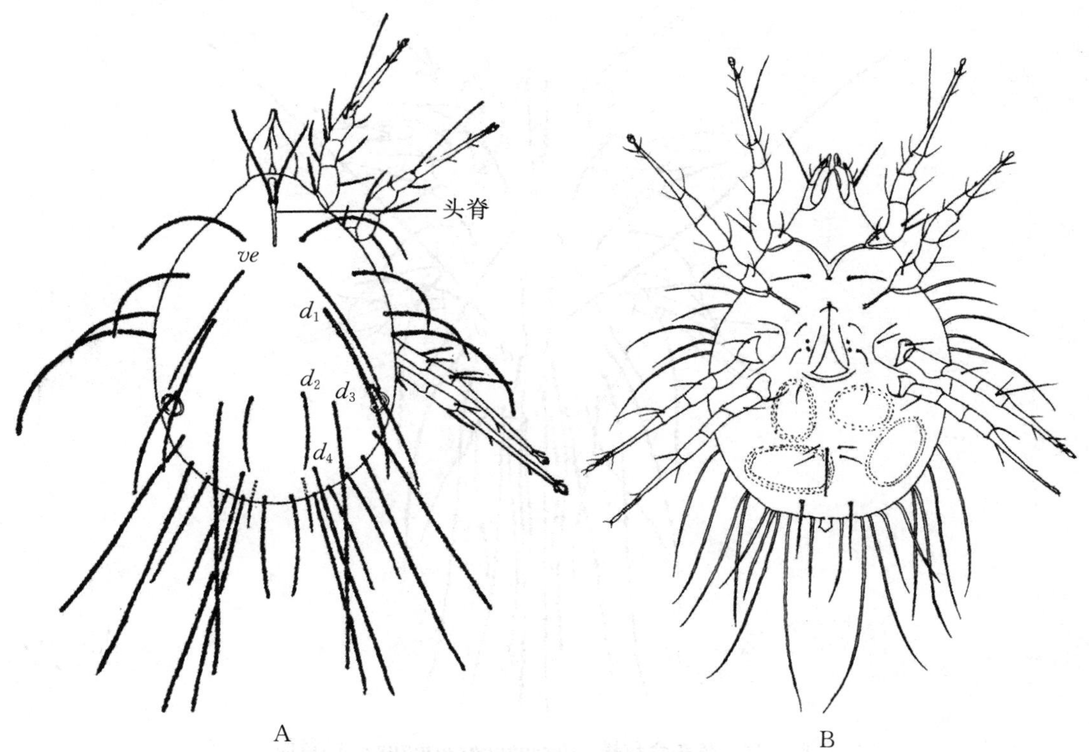

图7.35　家食甜螨(*Glycyphagus domesticus*)(♀)

A. 背面;B. 腹面

ve:顶外毛;d_1~d_4:背毛

仿 李朝品(1996)

雄螨:体长320~400 μm,生殖孔在足Ⅱ、Ⅲ基节间。

雌螨:体长400~750 μm。与雄螨相似,不同之处在于:生殖孔延伸至足Ⅲ基节后缘,长度短于肛门孔前端到生殖孔后端的距离，一个新月形的小生殖板覆盖在生殖褶皱的前端。交配囊管状具有光滑的边缘，突出在躯体的后缘。

休眠体：躯体和皮壳长约330 μm，白色，椭圆形囊状。有芽状附肢，第一若螨的网状表皮包围着休眠体。

14. 隆头食甜螨（*Glycyphagus ornatus* Kramer，1881）

同种异名：无。

形态特征：雌螨比雄螨略大。躯体呈椭圆形，表皮覆盖有细小颗粒，但不清晰。颜色为灰白色或淡黄色。躯体逐渐变宽，在足Ⅱ和Ⅲ之间达到最宽。头脊形状与家食甜螨相似，顶内毛（*vi*）生长在头脊宽阔的中央部位。躯体刚毛长，栉状齿密，刚毛着生处基部明显角化。背毛d_2较短，位于d_3之前或之后；d_3比躯体长，在基部有一个连接肌肉的小内突，可移动。其余的后刚毛也非常长。基节上毛（*scx*）分叉。异于家食甜螨，这种螨有较小的分叉和短而密的分支。足Ⅰ和Ⅱ跗节均弯曲，足Ⅱ跗节弯曲更大。在足Ⅰ和Ⅱ的胫节上，胫节毛（*hT*）为一个三角形梳状，内缘有9～10颗牙齿，足部Ⅱ的胫节毛（*hT*）内缘有4～5颗牙齿。足Ⅰ膝节的膝外毛（σ_1）比膝内毛（σ_2）短（图7.36）。

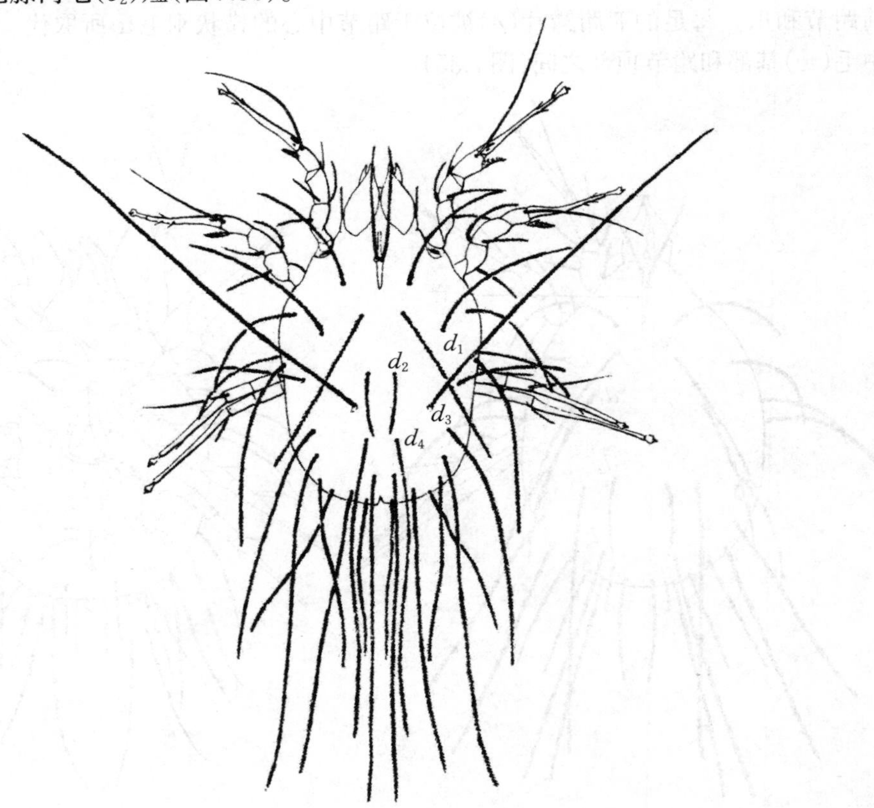

图7.36　隆头食甜螨（*Glycyphagus ornatus*）（♂）背面

d_1～d_4：背毛

仿 李朝品（1996）

雄螨：体长430～500 μm，腹面阳茎直管形。

雌螨：体长540～600 μm。与雄螨不同：生殖孔后缘与足Ⅲ表皮内突在同一水平线上，比肛门孔前缘到生殖孔后缘的距离短。交配囊在其体后端的丘突状顶端开口处突出。足Ⅰ跗节m、r、Ba、w较集中，而家食甜螨较分散。足Ⅰ跗节和足Ⅱ跗节没有弯曲，足Ⅰ胫节段和足Ⅱ胫节段的胫毛(hT)正常。

（十）嗜鳞螨属(*Lepidoglyphus* Zachvatkin，1936)

特征：前足体背面无头脊。各足的跗节均被1个具梳齿的亚跗鳞片(ρ)包裹；足Ⅰ膝节的膝内毛(σ_2)长于膝外毛(σ_1)，2倍以上；足Ⅰ、Ⅱ胫节上着生有2根腹毛。生殖孔着生于足Ⅱ、Ⅲ基节间水平位置。

15. 害嗜鳞螨[*Lepidoglyphus destructor*（Schrank，1781）]

同种异名：*Acarus destructor* Schrank，1781；*Lepidoglyphus destructor* Schrank，1781；*Glycyphayus anglicus* Hull，1931；*Acarus spinipes* Koch，1841；*Lepidoglyphus cadaveum*（Schrank，1781）；*Glycyphayus destructor*（Schrank）sensu Hughes，1961。

形态特征：足Ⅳ以后变窄。表皮灰白色，具微小乳突。背毛栉齿密。vi较长超出螯肢，ve在vi后，两者间距与胛内毛的距离相等。sci与vi等长。scx呈叉状且具分枝。d_2达躯体后缘，d_1长于d_2，d_3位于d_2后外侧，d_1、d_2和d_4位于一直线上。3对侧毛(l)较长，l_1～l_3逐渐加长。sai、sae和3对pa突出在躯体后缘，其中1对肛后毛短而光滑。背毛d_3、d_4，侧毛l_3和sai为躯体最长的刚毛。足Ⅰ、足Ⅱ的表皮内突均发达，足Ⅰ的表皮内突相连成短胸板，足Ⅱ基节内突有1粗壮的前突起；足Ⅲ、Ⅳ表皮内突退化。螯肢细长，动趾具4个大齿，定趾具5个齿；须肢末端有3个小突起。各足均细长，末端为前跗节和小爪。胫、膝、股节无膨大。各跗节被一亚跗鳞片(ρ)包裹，该鳞片具梳齿，位于跗节基部；跗节顶端的d、e、f，3个端刺和ω_3把前跗节包绕；其后是la、Ba、r；跗节基部的感棒ω_1、ω_2和ε相近；ω_1弯杆状，为ω_2长度的2倍。足Ⅰ膝节的σ_2比σ_1长4倍以上，σ_1的顶端膨大。膝胫节腹面刚毛有栉齿。足Ⅲ、Ⅳ胫节的腹毛hT不着生在关节膜的边缘(图7.37)。

雄螨：躯体长350～500 μm。生殖孔位于足Ⅲ基节间，前面有三角形骨板，两侧有2对生殖毛(g_1、g_2)，后缘有1对生殖毛(g_3)。肛门孔前端有1对肛毛，并向后至躯体后缘。

雌螨：躯体长400～560 μm。刚毛与雄螨相似，不同点：生殖褶大部相连，前端有一新月形的生殖板覆盖；第3对生殖毛(g_3)在生殖孔后缘水平，在足Ⅲ、Ⅳ表皮内突间。短管状的交配囊的部分边缘为叶状。肛门伸展到躯体后缘，前端两侧有肛毛2对。

16. 米氏嗜鳞螨[*Lepidoglyphus michaeli*（Oudemans，1903）]

同种异名：*Glycyphagus michaeli* Oudemans，1903。

形态特征：胛内毛(sci)比顶内毛(vi)明显长；足Ⅳ胫节毛hT加粗、多毛，雌雄两性的足Ⅲ腹面刚毛nG膨大成"毛皮状"鳞片。

雄螨：躯体长450～550 μm。一般形状与害嗜鳞螨相似，不同点：躯体刚毛栉齿较密，胛内毛(sci)比顶内毛(vi)明显长。足的各节(尤其是足Ⅳ的胫膝节)顶端膨大为薄而透明的缘，包围后一节的基部。胫节的腹面刚毛多，足Ⅲ、Ⅳ胫节的端部关节膜后伸至胫节毛基部，两边表皮形成薄板，胫节毛着生在一深裂缝的基部。足Ⅲ膝节的腹面刚毛膨大成毛皮状鳞片。

雌螨：躯体长700～900 μm，与雄螨形态相似(图7.38)。与害嗜鳞螨不同点：生殖孔位置较前，前端被一新月形生殖板覆盖，后缘与足Ⅲ表皮内突前端在同一水平，后1对生殖毛远离生殖孔。交配囊为管状，短且不明显。

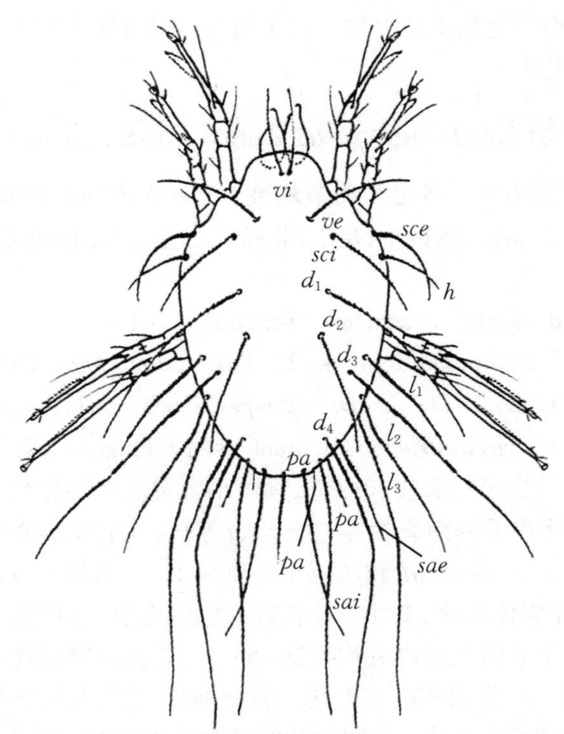

图 7.37 害嗜鳞螨（*Lepidoglyphus destructor*）（♂）背面

$ve, vi, sce, sci, h, d_1 \sim d_4, l_1 \sim l_3, sae, sai, pa$：躯体的刚毛

仿 李朝品(1996)

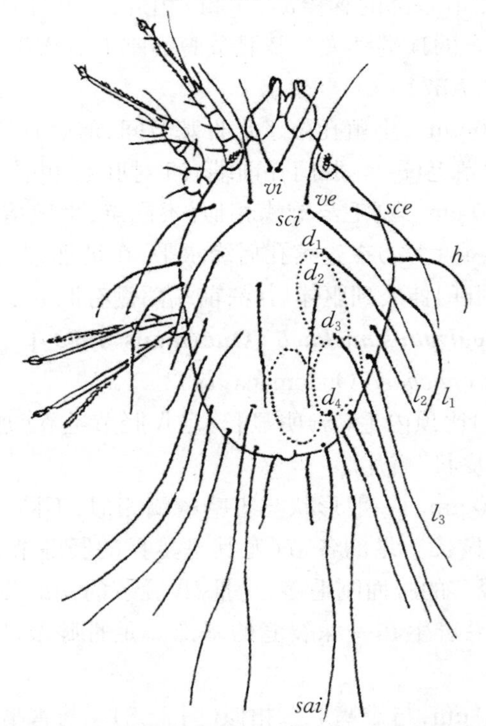

图 7.38 米氏嗜鳞螨（*Lepidoglyphus michaeli*）（♀）背面

$vi, ve, sce, sci, h, d_1 \sim d_4, l_1 \sim l_3, sai$：躯体的刚毛

仿 李朝品(1996)

休眠体：躯体长约260 μm，休眠体为梨形，包裹在第一若螨的表皮中，表皮可干缩并饰有网状花纹。附肢退化，无吸盘板，稍能活动。

（十一）澳食甜螨属（*Austroglycyphagus* Fain et Lowry，1974）

特征：无头脊，无背沟，表皮布有细小颗粒。各足跗节均被1个具栉齿的亚跗鳞片（ρ）包裹，正中毛（m）、背中毛（Ba）和侧中毛（r）着生在跗节基部的1/2处位置。足Ⅰ膝节的膝外毛（σ_1）长度与膝内毛（σ_2）相等。胫节短，为相邻膝节长度的1/2；足Ⅰ、Ⅱ胫节着生有1根腹毛。每个发育阶段，在前侧毛（la）与后侧毛（lp）间的螨体边缘具有侧腹腺体，其内含有红色液体，具有较高的折射率。

17. 膝澳食甜螨[*Austroglycyphagus geniculatus*（Vitzthum，1919）]

同种异名：*Glycyphagus geniculatus* Hughes，1961。

形态特征：表皮有细小颗粒，顶内毛（vi）基部附近表皮光滑，形成前足体板。ve在vi之前并包围颚体两侧。躯体背面刚毛为细栉齿状（背毛d_1光滑）；背毛d_2和d_3等长，成一直线。侧腹腺大。

雄螨：躯体长约433 μm。各足细长，圆柱状；胫节常较短，不到相邻的膝节长度的1/2。各跗节被一有栉齿的亚跗鳞片（ρ）包盖（似嗜鳞螨属）；足Ⅰ、Ⅱ跗节的毛序不同，足Ⅰ跗节的感棒（ω_1）长弯状，紧贴在跗节表面；背中毛（Ba）、正中毛（m）和侧中毛（r）着生在跗节基部的1/2处，la有栉齿，长达前跗节的基部。足Ⅰ胫节感棒（φ）特长，并弯曲为松散的螺旋状；胫节Ⅱ的（φ）短直；足Ⅲ、Ⅳ胫节的（φ）不到跗节长度的1/2，足Ⅰ、Ⅱ胫节的胫节毛缺如。足Ⅰ膝节的膝外毛（σ_1）和膝内毛（σ_2）等长。

雌螨：躯体长430～500 μm（图7.39）。与雄螨相似，不同点：生殖孔位于生殖毛之前；交配囊为短阔的管状。

（王美莲）

（十二）无爪螨属（*Blomia* Oudemans，1928）

特征：无头脊或前足体背板；顶外毛（ve）与顶内毛（vi）的距离较近；无栉齿状亚跗鳞片（ρ）；无爪；足Ⅰ膝节仅有1根感棒（σ）；生殖孔着生于足Ⅳ基节之间。

18. 弗氏无爪螨（*Blomia freemani* Hughes，1948）

同种异名：无。

形态特征：雄螨体长320～350 μm，雌螨体长440～520 μm。似椭圆形，表皮无色，布有微小突起。头脊或前足体背板缺如。螯肢较大且骨化完全，动趾和定趾均具齿。体刚毛具栉齿。

雄螨：基节上毛（scx）呈密集的分支状。骶毛（sai、sae）均较长。足Ⅰ表皮内突相互连接。爪缺如。胫节感棒（φ）明显较长，仅足Ⅰ膝节具1根感棒（σ）。生殖孔隐藏在生殖褶下，位于足Ⅳ基节间。阳茎弯管状，由2块骨片支持。

雌螨：生殖褶斜向生长，可遮蔽生殖孔。2对生殖感觉器着生于生殖褶的下侧，两侧具3对生殖毛。具6对肛毛，其中2对位于肛门之前，4对位于肛门之后。2对肛后毛（pa）较长，具栉齿。交配囊为长管状，管壁薄，末端开裂（图7.40）。

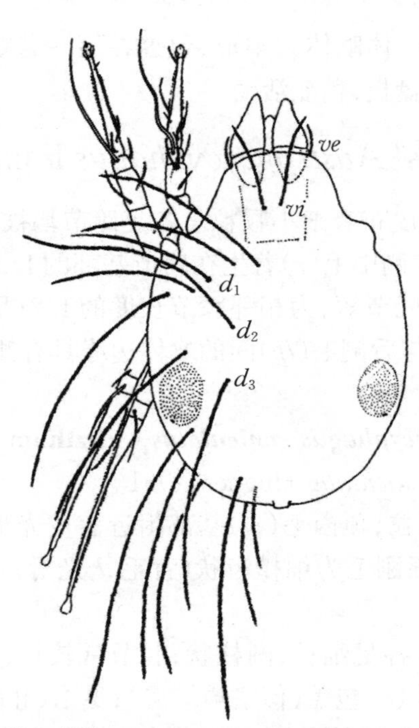

图 7.39　膝澳食甜螨(*Austroglycyphagus geniculatus*)(♀)背面

vi, *ve*, d_1～d_3:躯体的刚毛

仿 李朝品(1996)

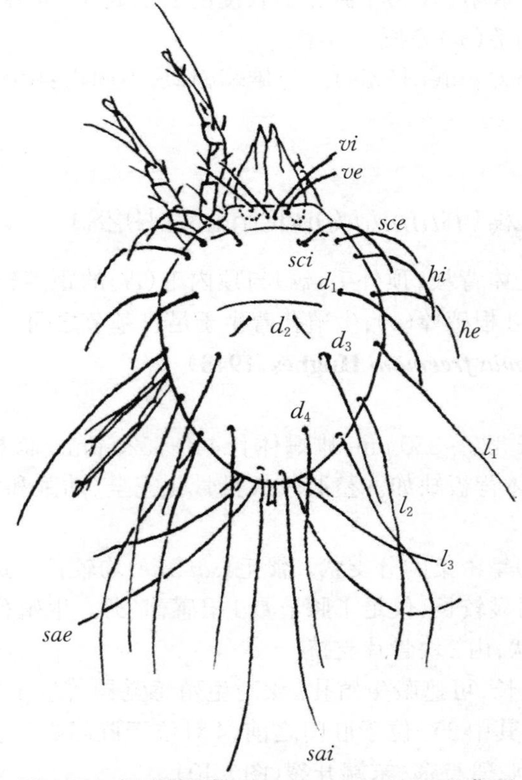

图 7.40　弗氏无爪螨(*Blomia freemani*)(♀)背面

ve, *vi*, *sce*, *sci*, *he*, *hi*, d_1～d_4, l_1～l_3, *sae*, *sai*:躯体的刚毛

仿 李朝品和沈兆鹏(2016)

19. 热带无爪螨[*Blomia tropicalis*（Van Bronswijk，de Cock et Oshima，1973）]

同种异名：无。

形态特征：雄螨体长320～350 μm，雌螨体长440～520 μm。似椭圆形，形态与弗氏无爪螨相似。头脊或前足体背板缺如。

雄螨：顶外毛（*ve*）位于顶内毛（*vi*）之前。足Ⅰ、Ⅱ膝节和胫节腹面的刚毛均有栉齿。足Ⅲ、Ⅳ感棒缺如，足Ⅳ的跗节通常弯曲，刚毛退化。爪缺如。生殖孔着生于足Ⅲ、Ⅳ基节间。具3对生殖毛，其中g_2间的距离较近。阳茎为一弯曲的短管。具2对肛毛（a_1、a_2）。具1对较长的肛后毛（pa_3），具栉齿。

雌螨：生殖褶斜生，可遮蔽生殖孔。2对生殖感觉器位于生殖褶下，具3对生殖毛。肛门周围具6对肛毛，其中2对在前，4对在后。交配囊为弯曲的长管，向末端渐窄（图7.41）。

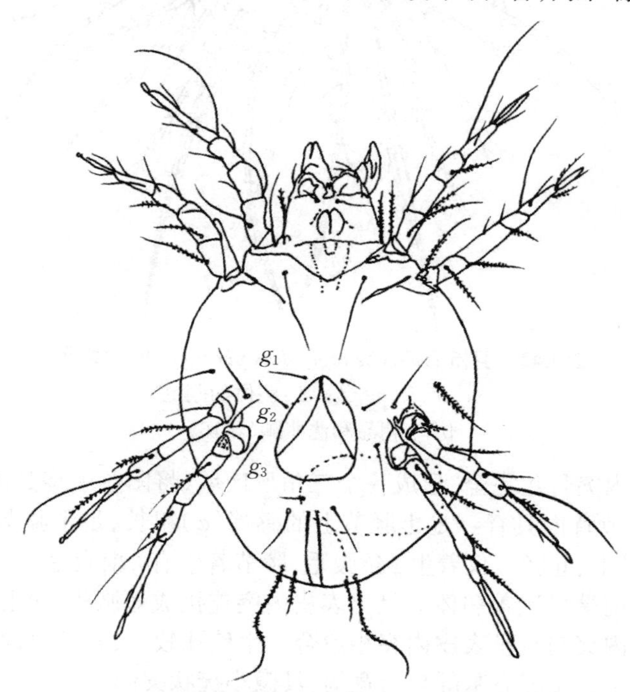

图7.41　热带无爪螨（*Blomia tropicalis*）（♀）腹面

g_1～g_3：生殖毛

仿 李朝品和沈兆鹏（2016）

（十三）栉毛螨属（*Ctenoglyphus* Berlese，1884）

特征：常无背沟，部分螨种具背沟。螨体边缘常为双栉齿状毛，有时为叶状。表皮较为粗糙。足Ⅰ膝节上着生有感棒σ_1和感棒σ_2。性二态现象明显。雄螨较雌螨小，呈圆形，阳茎长。雌螨体较扁平，突出在颚体上。雌螨背上布表皮有不规则的突起。

20. 羽栉毛螨[*Ctenoglyphus plumiger*（Koch，1835）]

同种异名：*Acarus plumiger* Koch，1835。

形态特征：雄螨体长190～200 μm，近似梨形，淡红色，表皮具微小颗粒。雌螨体长280～300 μm，似五角形，表皮具不规则疣状突起（图7.42）。背刚毛均为双栉状，呈辐射状排列。背毛d_3和d_4特别长。

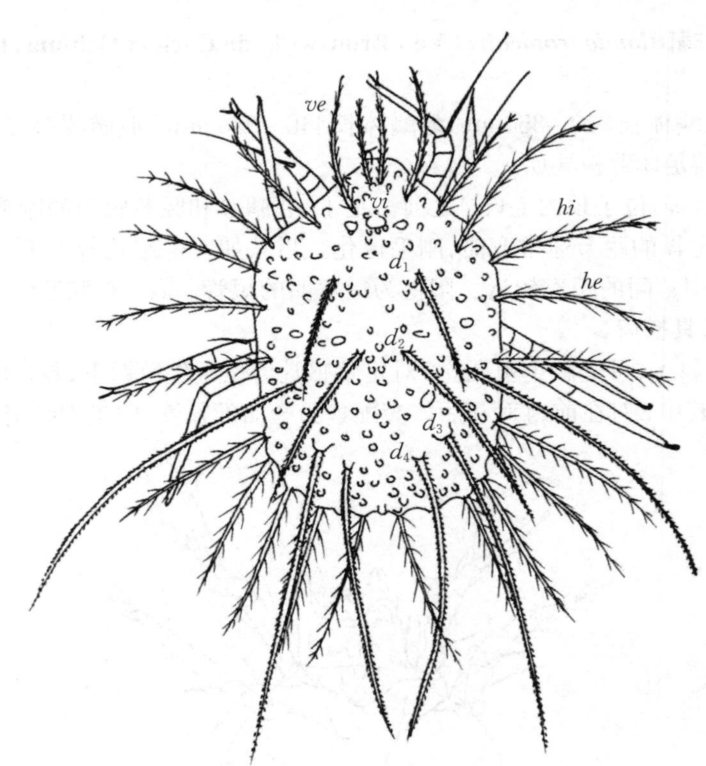

图7.42　羽栉毛螨(*Ctenoglyphus plumiger*)(♀)背面

$vi, ve, hi, he, d_1 \sim d_4$：躯体的刚毛

仿 李朝品和沈兆鹏(2016)

雄螨：各足表皮内突骨化完全，形成一个三角形区域，将阳茎围绕其内。足粗长，具前跗节和爪。足Ⅰ、Ⅱ跗节背面具脊。足Ⅰ胫节上的感棒(φ)粗长，足Ⅰ膝节的感棒(σ_2)明显长于(σ_1)，约为4倍。足Ⅰ、Ⅱ胫节仅着生1条腹毛，膝节着生有2根腹毛。

雌螨：前足体的前端可遮盖颚体。足Ⅰ表皮内突连接成短胸板，足Ⅱ～Ⅳ表皮内突末端相互分离；足Ⅱ基节内突与足Ⅲ表皮内突相愈合。生殖孔较大，较长可向后延伸到足Ⅲ基节臼的后缘，生殖板发达。交配囊基部较为宽阔，具微小疣状突起。

(十四) 脊足螨属(*Gohieria* Oudemans，1939)

特征：性二态现象不明显。前足体形状似三角形，向前延伸并可突出于颚体之上，无前足体板或头脊。表皮近棕色，略骨化，布有光滑的短毛。足表皮内突呈细长状并相互连结，绕生殖孔形成环状物。足膝节与胫节的背面均具明显脊条，股节与膝节的端部均呈膨大状。雌螨有气管(trachea)。

21. 棕脊足螨[*Gohieria fusca*（Oudemans，1902）]

同种异名：*Ferminia fusca* Oudemans，1902；*Glycyphagus fuscus* Oudemans，1902。

形态特征：雄螨体长300～320 μm，似椭圆形，棕色。表皮具有微小突出和光滑的短毛。前足体向前伸可遮盖颚体。雌螨体长380～420 μm，近似方形。

雄螨：后半体背面前缘有一横褶(transverse pleat)。足Ⅰ表皮内突相连形成短胸板，胸板与足Ⅱ～Ⅳ表皮内突愈合成环状物，生殖孔在其内。足粗短，膝节与胫节的背面具脊条，很明显，故称之为脊足螨。足Ⅰ胫节的感棒(φ)特长，膝节感棒(σ_1)长于(σ_2)(图7.43)。

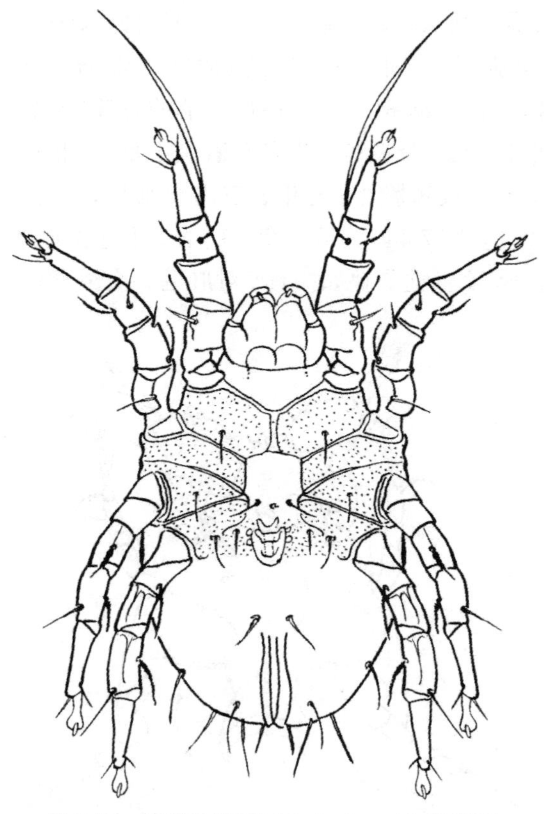

图7.43 棕脊足螨(*Gohieria fusca*)(♂)腹面
仿 李朝品和沈兆鹏(2016)

雌螨:活螨具1对发达气管,内部充满空气。足Ⅰ表皮内突与生殖板愈合;足Ⅱ表皮内突几乎接触围生殖环,足Ⅲ、Ⅳ表皮内突内面相连。生殖褶位于足Ⅰ～Ⅳ基节之间,下侧具2对生殖吸盘,生殖感觉器小。具2对肛毛。

四、嗜渣螨科(Chortoglyphidae Berlese,1897)

螨体呈卵圆形,体壁较坚硬,背部隆起,表皮光亮。刚毛多为光滑的短毛。无背沟,前足体背板缺如。各足跗节细长,具爪较小。足Ⅰ膝节仅着生1根感棒(σ)。雌螨生殖孔着生于足Ⅲ、Ⅳ基节之间,呈弧形横裂纹状,生殖板较大,由2块角化板组成,板后缘呈弓形。雄螨阳茎较长,着生于足Ⅰ、Ⅱ基节之间,具跗节吸盘和肛吸盘。

(十五)嗜渣螨属(*Chortoglyphus* Berlese,1884)

特征:体无前足体与后半体之分,前足体背板缺如。足Ⅰ膝节仅着生有1根感棒(σ)。雌螨生殖孔被2块骨化板覆盖,板后缘呈弓形,着生于足Ⅲ、Ⅳ基节之间。雄螨阳茎长,着生于足Ⅰ、Ⅱ基节之间,具跗节吸盘和肛吸盘。

22. 拱殖嗜渣螨[*Chortoglyphus arcuatus*(Troupeau,1879)]

同种异名:*Tyrophagus arcuatus* Troupeau,1879;*Chortoglyphus nudus* Berlese,1884。

形态特征:雄螨体长250～300 μm,雌螨躯体长350～400 μm。似卵圆形,背部隆起。前足体背板缺如。螯肢大，剪刀状，具齿。基节上毛(*scx*)为杆状，细小且具栉齿。

雄螨：具3对肩毛。无胸板。具肛门吸盘，具1对肛前毛(*pra*)和1对肛后毛(*pa*)。具爪。足Ⅰ跗节的ω_1为杆状略弯曲，与ω_2相距近。各足胫节的感棒(φ)较长，可超过跗节的末端。足Ⅳ跗节基部膨大，中间部位具2个吸盘。生殖孔着生于足Ⅰ、Ⅱ基节间，阳茎基部分叉。

雌螨：足Ⅰ表皮内突愈合成短胸板；足Ⅱ表皮内突细长，平行于足Ⅱ、Ⅲ基节间的长骨片；足Ⅲ、Ⅳ表皮内突不发达(图7.44)。足Ⅳ跗节特长，可超过前两节长度之和。生殖褶宽阔，后缘弧形且骨化明显，生殖感觉器缺如。具5对肛毛。交配囊较小，呈圆孔状。

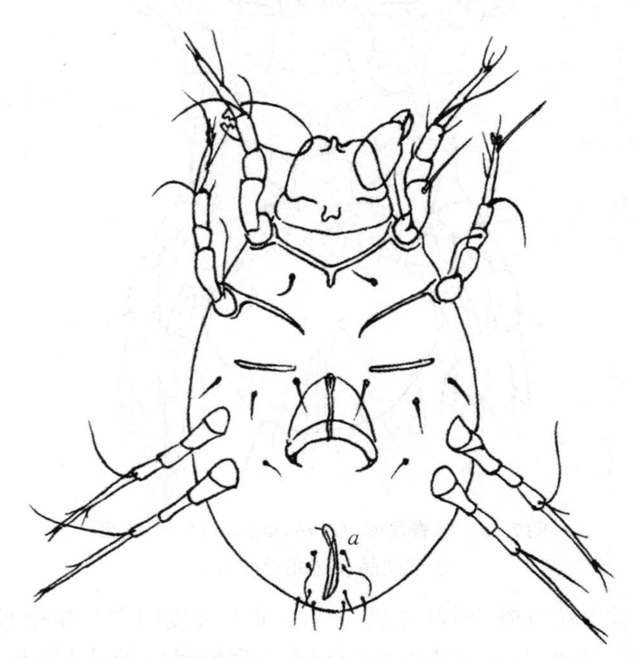

图7.44 拱殖嗜渣螨(*Chortoglyphus arcuatus*)(♀)腹面

a：肛毛

仿 李朝品和沈兆鹏(2016)

五、果螨科(Carpoglyphidae Oudemans，1923)

螨体呈椭圆形，略扁平。表皮光滑，或覆盖有许多骨化的板。雌雄两性的足Ⅰ、Ⅱ表皮内突可相互愈合，形成"X"形胸板；或仅雄性的足Ⅰ、Ⅱ表皮内突愈合成胸板。具爪，较大。前跗节较发达。除体后端的刚毛外，螨体上大多数刚毛均光滑。

(十六) 果螨属(*Carpoglyphus* Robin，1869)

特征：前足体板缺如，无背沟。雌螨与雄螨足表Ⅰ、Ⅱ皮内突相互愈合，形成"X"形胸板。刚毛光滑，顶外毛(*ve*)位于足Ⅱ基节的同一横线上。具3对侧毛(l_1~l_3)。足Ⅰ胫节的中间着生有感棒(φ)。有时可形成休眠体。

23. 甜果螨[*Carpoglyphus lactis*(Linne，1758)]

同种异名：*Acarus lactis* Linne，1758；*Carpoglyphus passularum* Robin，1869；*Glycyphagus anonymus* Haller, 1882。

形态特征：雄螨体长380～400 μm，雌螨体长380～420 μm，为扁椭圆形。表皮光亮或略有颜色。前足体板及背沟缺如。

雄螨：足Ⅰ、Ⅱ表皮内突与胸板愈合成"X"形（图7.45）。足Ⅰ胫节具感棒（φ）。颚体灵活，基部两侧具1对无色素网膜的角膜。侧腹腺内含有颜色的物质，移位到体躯的后角。生殖孔位于足Ⅲ、Ⅳ基节间。生殖感觉器较长。具3对生殖毛，长度约相等。具1对肛毛。体后缘着生2对较长的刚毛（pa_1、sae），为该螨的显著特征。

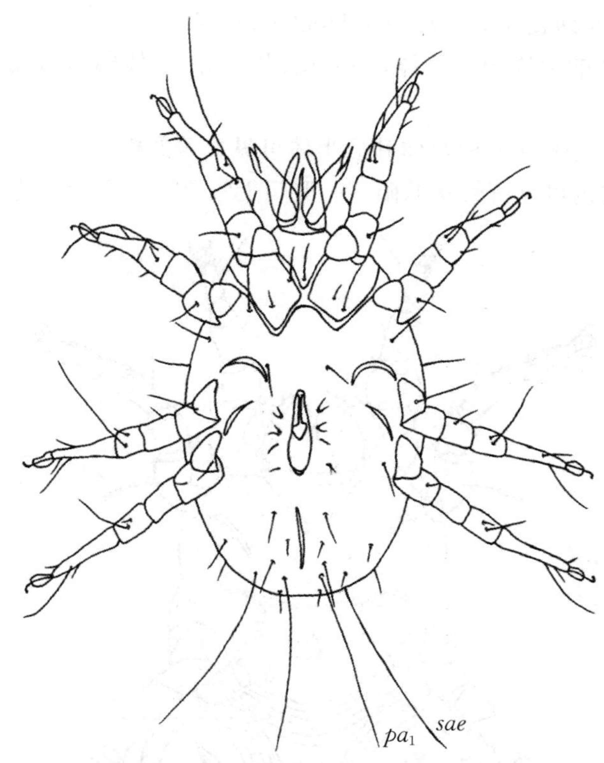

图7.45　甜果螨（*Carpoglyphus lactis*）（♂）腹面

pa_1：第一对肛后毛；sae：骶外毛

仿 李朝品和沈兆鹏（2016）

雌螨：具明显的肩区。体末端呈平直状或略内凹。足Ⅱ表皮内突与胸板愈合成生殖板，可遮盖生殖孔的前端。足细长，前跗节不发达。生殖褶骨化较弱，位于足Ⅱ、Ⅲ基节间。交配囊为圆孔状，位于体后缘。

（王赛寒）

六、麦食螨科（Pyroglyphidae Cunliffe，1958）

前足体前缘延伸至颚体，前足体背面与后半体间有一明显的横沟。无顶毛，有前足体背板。各足末端为前跗节。雄螨的足Ⅲ、Ⅳ几乎等长，肛门吸盘被骨化的环包围；跗节吸盘被一短的圆柱形结构代替。雌螨的足Ⅲ较足Ⅳ稍长，生殖孔内翻呈"U"形；生殖板骨化，并有侧生殖板。足Ⅰ的第一感棒（ω_1），第三感棒（ω_3）及芥毛（ε）着生在跗节的顶端。

(十七) 麦食螨属(*Pyroglyphus* Cunliffe,1958)

特征:本属皮纹较粗,有一背沟将躯体分为前半体和后半体两部分,其中前足体的前缘覆盖颚体,雌、雄螨均无顶毛,胛外毛(*sce*)和胛内毛(*sci*)约等长。足Ⅰ膝节背面有感棒(σ_1、σ_2)2根,足Ⅰ跗节(ω_1)移位于该节顶端。雄螨肛门两侧的肛门吸盘缺如。体躯后缘无长刚毛。

24. 非洲麦食螨[*Pyroglyphus*(*Hughesiella*)*africanus*(Hughes,1954)]

同种异名:*Dermatophagoides africanus* Hughes,1954。

形态特征:前足体的前缘覆盖颚体,胛毛短,几乎等长,体躯后缘无长刚毛,膝节有2条感棒。

雄螨:螨体长250~300 μm,前足体和后半体可见显著的横沟(图7.46),螨体两背板均有刻点,腹面的足Ⅰ表皮内可见弯管状的阳茎。肛门无吸盘也没有骨化的环。

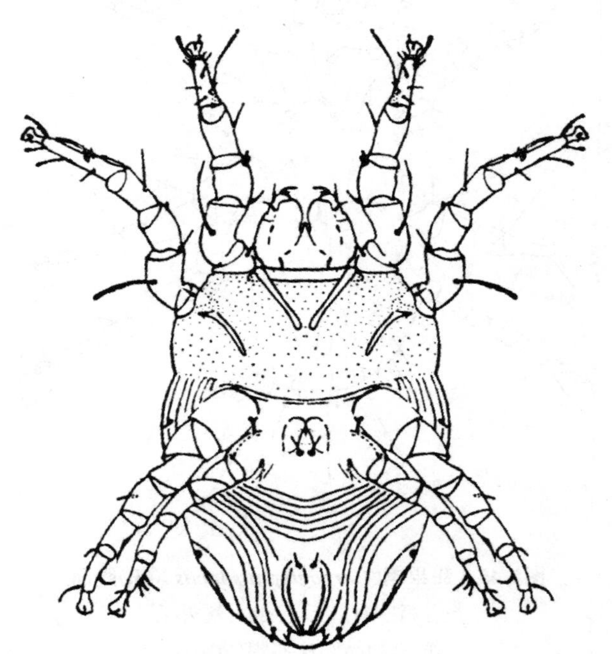

图7.46 非洲麦食螨(*Pyroglyphus africanus*)(♂)腹面

仿 李朝品和沈兆鹏(2016)

雌螨:长350~450 μm,前足体背板覆盖其宽度的1/2,无后半体背板。生殖孔呈内翻的"U"形,生殖板上可见生殖感觉器的痕迹。雌螨交配囊孔位于近肛门后端小囊基部。

(十八) 嗜霉螨属(*Euroglyphus* Fain,1965)

特征:本属螨类表皮皱褶明显,前足体的前缘常有2个突起。足Ⅰ膝节仅有1条感棒(σ)。雌螨的肛后毛短且不明显;足Ⅲ比足Ⅳ短;受精囊骨化明显,呈淡红色。雄螨有明显的肛门吸盘。

25. 梅氏嗜霉螨[*Euroglyphus*(*Euroglyphus*)*maynei*(Cooreman,1950)]

同种异名:*Mealia maynei* Cooreman,1950;*Dermatophagaides maynei* Cooreman,1950。

形态特征：螨体淡黄色呈长椭圆形。

雄螨：螨体长约200 μm；2条长的纵脊延伸到前缘。后半体背板不明显前伸到d_2水平；躯体后缘呈切割状凹陷（图7.47）。阳茎直呈短管状有小生殖感觉器。肛门吸盘被骨化的环包围。除外侧的1对肛后毛外，躯体刚毛均短而光滑。各足的前跗节为球状，足Ⅳ比足Ⅲ略短略窄。足Ⅲ跗节有刚毛5根，足Ⅳ跗节有刚毛3根。

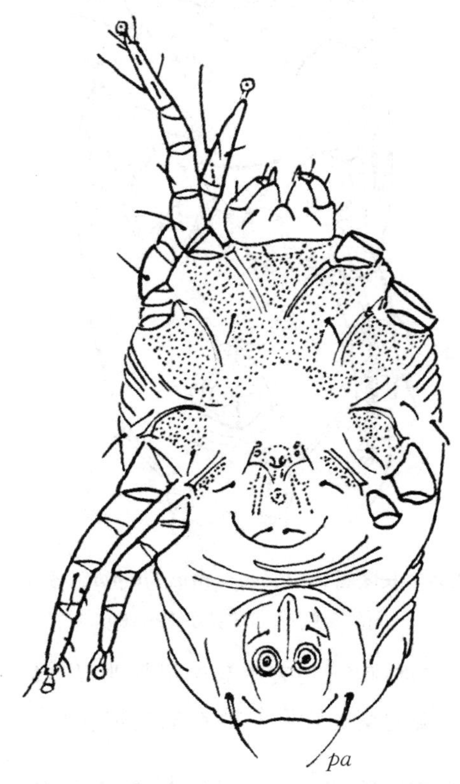

图7.47　梅氏嗜霉螨（*Euroglyphus maynei*）（♂）腹面

pa：肛后毛

仿 李朝品和沈兆鹏（2016）

雌螨：长280～300 μm。前足体背板前缘呈弧形，后半体背板的表皮有刻点无皱褶。足细长，足Ⅲ较足Ⅳ短。生殖板前缘尖，生殖孔部分被生殖板掩盖。受精囊呈球形，交配囊靠近肛门后端。

26. 长嗜霉螨[*Euroglyphus*（*Gymnoglyphus*）*longior*（Trouessart，1897）]

同种异名：*Mealia longior* Trouessart，1897；*Dermatophagaides longiori sensu* Hughes，1954；*Dermatophagaides delarnaesis* Sellnick，1958。

形态特征：螨体呈纺锤状。

雄螨：螨体长约265 μm，前足体呈三角形，后半体背板覆盖大部分背区。背板表皮条纹细致，至边缘褶纹粗糙。胸腹区平滑，腹面后缘延长分裂为二，肛后毛（*pa*）着生其上。各足粗细相同，末端有前跗节和小爪。生殖区位于足Ⅳ基节下缘，生殖孔有3对生殖毛（g_1、g_2、g_3）。（图7.48）。

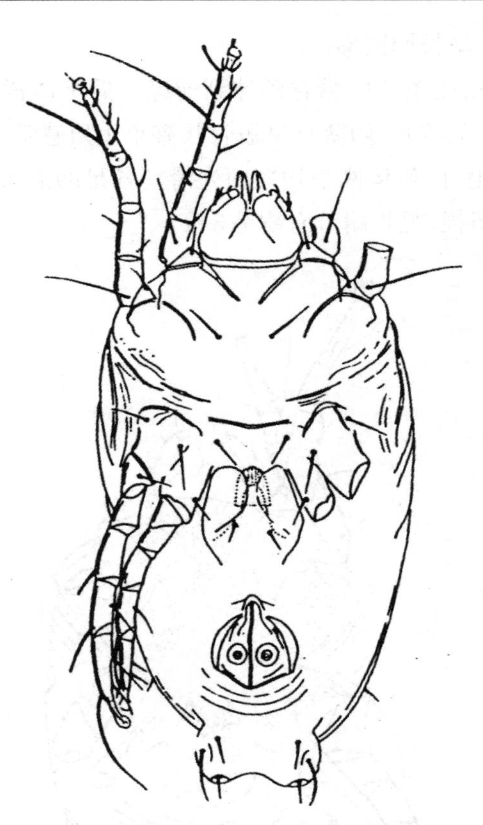

图7.48 长嗜霉螨(*Euroglyphus longior*)(♂)腹面
仿 李朝品和沈兆鹏(2016)

雌螨:长280～320 μm。与雄螨相似,表皮皱褶更加明显。后缘略凹,生殖孔被骨化的三角形生殖板完全遮盖,肛门后端的交配囊孔与卵形的受精囊相通。

(十九) 尘螨属(*Dermatophagoides* Bogdanov,1864)

特征:本属螨类体表骨化程度不及麦食螨亚科(Pyroglyphinae)的螨类明显,表皮有细致的花纹;前足体前缘未覆盖在颚体之上。躯体后缘有2对长刚毛。雌螨的后生殖板中等大小,不骨化,前缘不分为两叉,无后半体背板,足Ⅳ较足Ⅲ细短。雄螨的足Ⅳ跗节有2个圆盘状的跗节吸盘。雌螨的后生殖板中等大小,不骨化,前缘不分为二叉。无后半体背板。

27. 粉尘螨(*Dermatophagoides farinae* Hughes,1961)

同种异名:*Dermatophayoides culine* Deleon,1963。

形态特征:螨体表皮有细致的花纹,前足体前缘未覆盖在颚体。

雄螨:长260～360 μm,前足体和后半体间的背沟不明显。腹面(图7.49)阳茎细长。胛外毛(*sce*)比胛内毛(*sci*)长4倍以上,骶内毛长度超过躯体长的1/2。各足末端前跗节发达,有小爪;足Ⅰ明显加粗,足Ⅲ较足Ⅳ粗长,足Ⅳ跗节末端有1对小吸盘。

雌螨:长360～400 μm。与雄螨相似,无后半体背板。腹面生殖孔呈“人”字形。交配囊孔在肛门区背面,由一细管与受精囊相通。足Ⅰ不膨大,与足Ⅱ相似;足Ⅲ、Ⅳ细且等长。足Ⅳ跗节上有2根短刚毛。

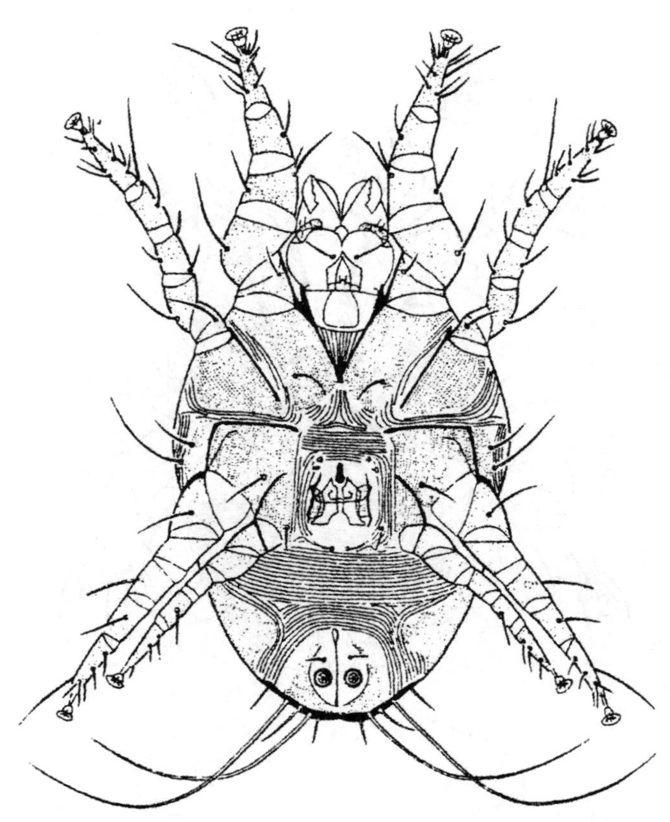

图7.49　粉尘螨(*Dermatophagoides farinae*)(♂)腹面
仿 温廷桓(2013)

28. 屋尘螨[*Dermatophagoides pteronyssinus*(Trouessart,1897)]

同种异名:*Mealia toxopei* Oudemans,1928;*Visceroptes saitoi* Sasa,1984。

形态特征:表皮有细致的花纹,前足体前缘未覆盖颚体。无顶毛。

雄螨:长280～290 μm,前半体两侧深凹,前背板呈长方形,后半体宽大。胛内毛(*sci*)及背毛(d_1)短,胛外毛(*sce*)较胛内毛(*sci*)长6～7倍。腹面足Ⅰ～Ⅳ基节区的骨化程度弱,后生殖毛(*pa*)退化。足Ⅰ不膨大,与足Ⅱ等大。

雌螨:螨体长约350 μm,与雄螨相似,无后半体背板,背毛d_2和d_3着生处的表皮为纵条纹;交配囊孔在肛门后缘一侧(图7.50)。

(刘小绿)

七、薄口螨科(Histiostomidae Berlese,1957)

特征:成螨形态近似长椭圆形,白色稍透明。颚体小,高度特化,螯肢锯齿状,定趾退化。须肢有一自由活动的扁平端节。体背有一明显的横沟,躯体腹面有2对几丁质环,体后缘略凹。该科螨常有活动休眠体,其足Ⅲ,甚至足Ⅳ向前伸展。

图7.50 屋尘螨(***Dermatophagoides pteronyssinus***)(♀)腹面
仿 李朝品和沈兆鹏(2016)

(二十)薄口螨属(*Histiostoma* Kramer,1876)

特征:成螨躯体近长椭圆形,白色较透明。颚体小而高度特化,适于从悬浮液中取食微小颗粒。腹面表皮内突较发达,足Ⅰ表皮内突愈合成胸板,足Ⅱ表皮内突伸达中央,未连接,向后弯。躯体腹面有几丁质环2对,雄螨位于足Ⅱ～Ⅳ基节之间,4个几丁质环相距较近;雌螨前1对几丁质环位于足Ⅱ～Ⅲ之间,后1对几丁质环相距较近位于足Ⅳ基节水平。足Ⅰ跗节所有刚毛,除背毛(d)外,均加粗成刺;足Ⅰ、Ⅱ胫节上的感棒(φ)短,不明显。体背有一明显的横沟。足Ⅰ～Ⅳ基节有基节上毛。每足末端为粗爪。雌螨足较雄螨为细,足毛序雌雄相似。足Ⅰ、Ⅱ跗节Ba位于ω_1之前。足Ⅰ跗节ω_1位于该跗节末端。各足跗节末端腹刺均发达。足Ⅰ、Ⅱ胫节毛较短。膝节σ_1与σ_2等长。雌螨生殖孔为一横缝,位于前一对几丁质环之间,雄螨阳茎稍突出,生殖感觉器缺如。休眠体常有吸盘板,其上有吸盘4对;足Ⅲ、Ⅳ常向前伸展。

29. 速生薄口螨[*Histiostoma feroniarum*(Dufour,1839)]

同种异名:*Hypopus dugesi* Claparede,1868;*Hypopus feroniarum* Dufour,1839;*Histiostoma pectineum* Kramer,1876;*Tyroglyphus rostro-serratum* Megnin,1873;*Histiostoma sapromyzarum*(Dufour,1839)*sensu* Cooreman,1944;*Acarus mammilaris* Canestrini,1878。

形态特征:雄螨体长250～500 μm,雌螨体长400～700 μm,表皮具小突起,具背沟。颚体较小，高度特化。须肢端节为一块二叶状的几丁质板，板上具1对刺，几丁质板能自由活动。

雄螨：足Ⅱ粗大，其跗节具发达的刺。足Ⅰ表皮内突愈合成胸板，足Ⅱ表皮内突未连接，向后弯曲。生殖孔前具2对几丁质环，相距较近；生殖褶不明显，位于足Ⅳ基节之间，其后侧具2块叶状瓣，可能具有交配吸盘的作用。

雌螨：2对侧毛位于侧腹腺之前。各足粗短，具爪。足Ⅰ、Ⅲ具基节毛。各足跗节末端具发达的腹刺，足Ⅰ、Ⅱ跗节的背中毛(Ba)在第一感棒(ω_1)前方，胫节具短感棒(φ)。足Ⅰ膝节感棒σ_1约等长于σ_2。足Ⅱ～Ⅳ表皮内突短。具2对近圆形的几丁质环，分别在足Ⅱ、Ⅲ基节间和足Ⅳ基节水平。具4对肛毛(图7.51)。

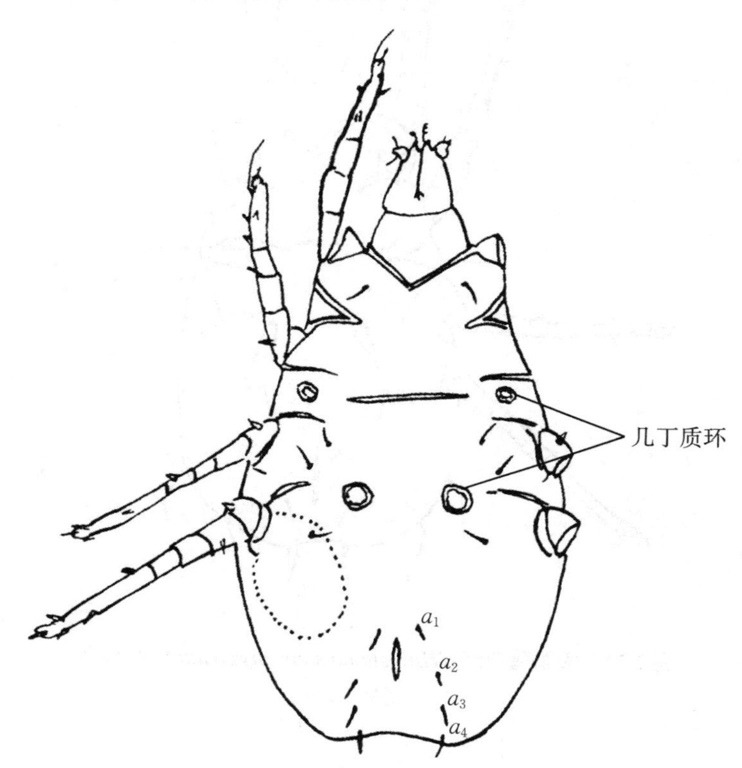

图7.51　速生薄口螨(*Histiostoma feroniarum*)(♀)腹面

a_1～a_4：肛毛

仿 李朝品和沈兆鹏(2016)

30. 吸腐薄口螨[*Histiostoma sapromyzarum*(Dufour，1839)]

同种异名：*Hypopus sapromyzarum* Dufour，1839；*Anoetus sapromyzarum* Oudemans，1914；*Anoetus humididatus* Vitzthum，1927 *sensu* Scheucher，1957。

形态特征：雄螨体长400～620 μm，雌螨体长300～650 μm。无色或淡白色，颚体高度特化，背缘具锯齿。须肢端节扁平且完整，叶突上着生两根刺状长毛，其中一根的长度超过另一根的两倍。

雄螨：颚体高度特化，背缘具锯齿，螯肢从须肢基节形成的凹槽内伸出，可自由活动。须肢端节扁平，具2根长毛，为刺状，其中一根的长度为另一根的两倍多。体背具横缝，将前后半体分开，体末端略凹。体腹具2对肾形几丁质环，分别位于足Ⅱ、Ⅲ之间和足Ⅳ之间。生殖孔横向，位于第1对几丁质环之间。足Ⅰ基节内突在体中线处相接。足Ⅱ和Ⅳ的基节内突短，相距较远。肛孔较小，与体末端相距远。具2对生殖毛。足细短，具爪。

雌螨：与雄螨形态相似，体腹的几丁质环近似卵圆形，中间内凹，形似鞋底(图7.52)。足Ⅰ膝节除σ外皆强化如刺状。足Ⅰ、Ⅱ胫节感棒(φ)短而不明显。

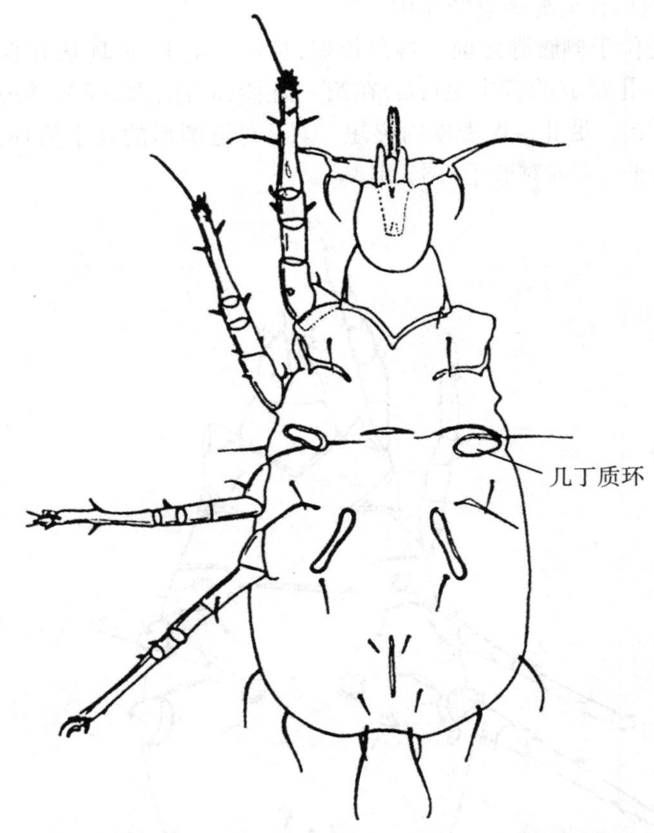

图7.52　吸腐薄口螨(*Histiostoma sapromyzarum*)(♀)腹面
仿 李朝品(1996)

(王赛寒)

第五节　粉螨与疾病的关系

粉螨种类繁多，分布广泛，主要孳生于房舍、粮食仓库、粮食加工厂、饲料库、中草药库以及养殖场等人们生产、生活经常接触的地方，不仅污染和破坏粮食等储藏物，而且对某些农作物的根茎、蘑菇及中药材等造成损害。粉螨的分泌物、排泄物、代谢物、虫卵、螨壳以及死亡螨体等还具有过敏原性，可引起人体过敏；有些生存能力强的，还能在人体内生存，造成非特异性侵染，引起人体内肺螨病、肠螨病、尿螨病等。

一、过敏

粉螨常见于全球各地的房舍和储藏物中，是现代屋宇生态系统中的主要成员。目前记述的粉螨大多对人类具有过敏原性，且不同螨种之间具有交叉过敏原，特应性人群接触粉螨过敏原可诱发过敏，临床上表现为过敏性哮喘、过敏性鼻炎、过敏性皮炎等。

（一）致敏种类

已有报道可导致人体过敏的粉螨20余种（Fernández-Caldas，2007），见表7.6。

表7.6　粉螨（Acaridida）主要致敏螨种

科名Family	属名Genus	种名Species
粉螨科（Acaridae）	粉螨属（*Acarus*）	粗脚粉螨*A. siro*（Linnaeus，1758）
		小粗脚粉螨*A. farris*（Oudemans，1905）
	食酪螨属（*Tyrophagus*）	腐食酪螨*T. putrescentiae*（Schrank，1781）
		长食酪螨*T. longior*（Gervais，1844）
	食粉螨属（*Aleuroglyphus*）	椭圆食粉螨*A. ovatus*（Troupeau，1878）
	嗜木螨属（*Caloglyphus*）	伯氏嗜木螨*C. berlesei*（Michael，1903）
	根螨属（*Rhizoglyphus*）	罗宾根螨*R. robini*（Claparède，1869）
	狭螨属（*Thyreophagus*）	食虫狭螨*T. entomophagus*（Laboulbene，1852）
	皱皮螨属（*Suidasia*）	纳氏皱皮螨*S. nesbitti*（Hughes，1948）
		棉兰皱皮螨*S. medanensis*（Oudemans，1924）
脂螨科（Lardoglyphidae）	脂螨属（*Lardoglyphus*）	扎氏脂螨*L. zacheri*（Oudemans，1927）
		河野脂螨*L. konoi*（Sasa et Asanuma，1951）
食甜螨科（Glycyphagidae）	食甜螨属（*Glycyphagus*）	家食甜螨*G. domesticus*（De Geer，1778）
		隆头食甜螨*G. ornatus*（Kramer，1881）
		隐秘食甜螨*G. privatus*（Oudemans，1903）
	嗜鳞螨属（*Lepidoglyphus*）	害嗜鳞螨*L. destructor*（Schrank，1781）
		米氏嗜鳞螨*L. michaeli*（Oudemans，1903）
	澳食甜螨属（*Austroglycyphagus*）	膝澳食甜螨*A. geniculatus*（Vitzthum，1919）
	无爪螨属（*Blomia*）	弗氏无爪螨*B. freemani*（Hughes，1948）
		热带无爪螨*B. tropicalis*（Van Bronswijk，De Cock et Oshima，1973）
	栉毛螨属（*Ctenoglyphus*）	羽栉毛螨*C. plumiger*（Koch，1835）
	脊足螨属（*Gohieria*）	棕脊足螨*G. fuscus*（Oudemans，1902）
嗜渣螨科（Chortoglyphidae）	嗜渣螨属（*Chortoglyphus*）	拱殖嗜渣螨*C. arcuatus*（Troupeau，1879）
果螨科（Carpoglyphidae）	果螨属（*Carpoglyphus*）	甜果螨*C. lactis*（Linnaeus，1758）
麦食螨科（Pyroglyphidae）	麦食螨属（*Pyroglyphus*）	非洲麦食螨*P. africanus*（Hughes，1954）
	嗜霉螨属（*Euroglyphus*）	梅氏嗜霉螨*E. maynei*（Cooreman，1950）
		长嗜霉螨*E. longior*（Trouessart，1897）
	尘螨属（*Dermatophagoides*）	粉尘螨*D. farinae*（Hughes，1961）
		屋尘螨*D. pteronyssinus*（Trouessart，1897）
		小角尘螨*D. microceras*（Griffiths et Cunmngton，1971）
薄口螨科（Histiostomodae）	薄口螨属（*Histiostoma*）	速生薄口螨*H. feroniarum*（Dufour，1839）

(二) 过敏原及其分布

粉螨的过敏原成分复杂,其中尘螨类的过敏原研究较清楚。尘螨过敏原组成含有30种以上的过敏原成分,它们具有不同的氨基酸序列、分子量、酶活性及与患者特异性IgE结合等特性。

1. 来源

早在20世纪初,就有学者提出螨可能是灰尘中的重要过敏原(Willem Storm van Leeuwen,1924),同期《慕尼黑医学周刊》报道了一个因室内搬进了一件旧沙发诱发哮喘的病例,将该沙发从室内搬走后患儿的哮喘自然缓解。采集该旧沙发内外的积尘,发现积尘中有大量的螨及其皮壳(Dekker,1928)。直到1964年,研究证实尘螨是室内灰尘中过敏原的主要成分(Voorhorst,1964)。家螨死亡后,其尸体等仍具过敏原活性(Mitchell,1969)。

(1) 过敏原性:粉螨是自由生活的小型节肢动物,与人的种间亲缘关系相距甚远,生存繁衍与人的依赖关系很小,绝大多数与人体既不是寄生关系,也不是共生关系。粉螨的整个体躯对人都具有过敏原性,但由于粉螨不同部位的组织结构和生化特性的不同,作用于人体后产生的刺激强度也不同,同时人体对其产生的反应性也不同。换言之,粉螨不同部位过敏原性的强弱存在差异。99%的粉螨过敏原来自其排泄物,其余为发育过程中蜕下的皮壳等(Tovey,1981)。屋尘螨Ⅰ类过敏原(Der p 1)存在于屋尘螨后中肠、口咽等部位以及肠内容物(粪粒)中(Ree,1992)。屋尘螨Ⅱ类过敏原(Der p 2)是屋尘螨雄螨生殖系统的分泌物(Thomas,1995)。总之,粉螨的排泄物、分泌物及其在生长发育过程中留下的皮壳和死亡后的螨体分解成的微粒等均含有异种蛋白质,可成为过敏原。

(2) 过敏原在环境中的分布:粉螨分布于世界各地,栖息环境多种多样,广泛孳生于家居环境、工作场所、储物间和畜禽圈舍,有些螨类甚至可滞留于交通工具中(Voorhorst,1967)。目前业已证实粉螨是我国过敏的重要过敏原之一,60%~80%的过敏由粉螨引起(孙劲旅,2004)。粉螨孳生需要充足的食物和适宜的温度及湿度。适宜螨孳生的环境为温度25~30 ℃、相对湿度75%~80%的场所(Penaud,1975)。

2. 过敏原的命名

可引起过敏反应的粉螨种类繁多,粉螨过敏原种类也复杂多样,因此将不同螨种的过敏原组分按照统一的规则进行命名。

(1) 粉螨过敏原命名原则:粉螨过敏原是根据国际免疫学会联盟(international union of immunological Societies,IUIS)于1986年制定的过敏原命名法进行命名。命名时以粉螨的有效生物种名(拉丁学名)为基础,取其属名的头3个字母和种名的第一个字母,加上鉴定先后顺序的阿拉伯字序号。过敏原名称用正体书写,在属名与种名缩写以及阿拉伯字序号之间空一格。例如腐食酪螨(*Tyrophagus putrescentiae*)的第3类过敏原书写为Tyr p 3,害嗜鳞螨(*Lepidoglyphus destructor*)的第2类过敏原书写Lep d 2,热带无爪螨(*Blomia tropicalis*)的第5类过敏原书写为Blo t 5等。如果两种粉螨同属不同种,属名和种名缩写又都相同,在过敏原的命名时,后记述的过敏原在种名缩写字母后加上一个字母,例如腐食酪螨(*Tyrophagus putrescentiae*)的第4类过敏原与阔食酪螨(*Tyrophagus palmarum*)第4类过敏原分别书写为Tyr p 4和Tyr pa 4。如果两种粉螨不同属,属名和种名缩写又都相同,后记述的过敏原在属名缩写字母后加上一个字母,如长食酪螨(*Tyrophagus longior*)第2类过敏原与线嗜酪螨(*Tyroborus lini*)第2类过敏原分别书写为Tyr l 2和Tyro l 2。

(2) 异构过敏原和过敏原亚型命名原则:同一物种同一组分过敏原具有相同的生物学功能,但可能存在几种形式,同一种过敏原氨基酸序列一致性(identity)达到67%以上者称为异构过敏原(iso-allergen)。每种异构过敏原相同氨基酸序列的多种变异形式,称为过敏原异构体,其命名原则是在其名字后加阿拉伯数字为后缀(01~99),例如Der p 1的异构过敏原命名为Der p 1.01、Der p 1.02、Der p 1.03等。

过敏原编码氨基酸的核苷酸碱基可能会发生突变,这种突变可能是隐性的,或出现1至数个氨基酸的置换,称为过敏原的多态性。过敏原的多态性可用分子变异(molecular variants)或亚型(isoforms)表示,其具有90%以上的一致序列,命名是在异构过敏原后再加2个阿拉伯数字,例如Der f 1有10个亚型,即可命名为Der f 1.0101、Der f 1.0102、Der f 1.0103依次至Der f 1.0110。

(3) 过敏原多肽链、mRNA和cDNA:在命名过程中,过敏原多肽链的名称采用斜体,例如粉尘螨过敏原第4组分的2条多肽链分别命名为*Der f 4A*和*Der f 4B*。而mRNA和cDNA过敏原命名则采用正体,尾数与多型过敏原相同,例如mRNA Der f 4A 0101和cRNA Der f 4A 0101。

(4) 重组过敏原和过敏原合成多肽:

① 过敏原的来源方式有3种,即天然过敏原、重组过敏原和合成过敏原,通过基因重组技术或化学方法合成的用于调控特异性免疫应答的过敏原片段,其命名原则基于天然过敏原。天然过敏原在过敏原名称前加n(常可省略),如nDer f 1.0101或Der f 1.0101;基因重组过敏原则在其过敏原前加“r”,书写为rDer f 1.0101;人工合成过敏原,在其过敏原前加“s”,如sDer f 1.0101。

② 重组或多肽片段衍化物,末尾添加方括号,以表示该肽存在一个类似物氨基酸残基的置换或修饰,用统一标准字码加一上标数字表示修饰的残基位置,如*L*-氨基酸(标准字母用大写);*D*-氨基酸(标准字母用小写)。修饰的残基可以置换、插入或删除的都放在方括号中。命名方法基本上与免疫球蛋白合成多肽序列的命名相同,以sDer p 1.0101(81~100)屋尘螨过敏原第1组分合成过敏原含81~100位残基为例,命名方法见表7.7。如果有较多变化,而本命名法没有括号,则写出全部序列。

表7.7 重组或多肽片段衍化物过敏原命名方法

修饰方法	名称	残基位置
未修饰	sDer p 1.0101(81~100)	
置换	sDer p 1.0101(81~100)[K90]	*L*-赖氨酸90残基被*D*-赖氨酸置换
插入	sDer p 1.0101(81~100)[+K90]	*L*-赖氨酸残基插入90~91间
删除	sDer p 1.0101(81~100)[−K90]	*L*-赖氨酸153残基删除
N端修饰	sDer p 1.0101(81~100)[N−AC]	N端氨基团乙酰化
C端修饰	sDer p 1.0101(81~100)[C−NH_2]	C端羧基团形成羧基酰

(5) 新发现过敏原命名:新发现的过敏原的命名,需要提交国际过敏原命名委员会进行审核,应在提交表格上提供过敏原的完整氨基酸和核苷酸序列,如果没有完整的序列(纯化的天然过敏原未被克隆),必须确定部分氨基酸序列(质谱法)。过敏原蛋白的序列应上传到UniProt或GenBank数据库中,并在申请表中注明加入号。实验确定的蛋白序列,以及确定

的DNA序列，应在提交表格中输入。此外还应包括以下几点：① 分子量测算：十二烷基硫酸钠聚丙烯酰胺凝胶电泳(sodium dodecyl sulfate polyacrylamide gel electrophoresis，SDS-PAGE)，凝胶过滤。② 分子电荷测定：等电聚焦(isoelectric focusin，IEF)，电泳(PAGE，琼脂糖凝胶、淀粉凝胶等)，离子交换色层分析[尤其是高效液相色谱(high performance liquid chromatography，HPLC)，用适合的阴离子或阳离子交换]。③ 免疫化学鉴定：交叉免疫电泳(crossed immunoelectrophoresis，CIE)/交叉放射免疫电泳(crossed radioimmunoelectrophoresis，CRIE)，超免疫抗血清免疫电泳(immunoelectrophoresis，IEP)(至少3只粉螨的抗血清)。④ 疏水性测定：反相 HPLC。⑤ 氨基酸化学测定：氨基酸—NH_2终端测定、氨基酸—COOH终端测定、氨基酸组成测定，每一种测定的条件都要限定，相近的异构过敏原常不易分开，如为异构过敏原的混合液，等电点(pI)或者分子量的范围要写明。

(6) 其他：

① 尽量提供下列物理和化学参数：a. 相对分子量；b. 氨基酸组成和序列；c. 糖的含量和组成(包括交联的位置和类型)；d. 失效系数(包括测试条件)；e. 含氮量；f. 有无辅基、酶或其他生物活性；g. X射线晶体衍射结构；h. 如果有合适的国际参考品，或国家参考品(如IUIS/WHO标准化制品)，要据以换算在参考品中纯化过敏原的含量。

② 过敏原粗制品的企业参考品应与标准参考品对照标准化。

③ 经过特征鉴定或从粗制过敏原提纯的过敏原，需要在小规模人群中做皮肤点刺试验或检测IgE抗体，用以表现该过敏原的重要性。此外，还要提供所用的体内或者体外测试方法，阳性标准及量化的应答性程度。

④ 高纯度的过敏原应将其测试数据提交给国际过敏原命名分委员会主席，分发给其他同行，以便周期性增补更新。

⑤ 已纯化的过敏原要有足量的单种抗体(多克隆或单克隆)给某些资深的专家，以便用作免疫化学鉴定。

3. 过敏原标准化

(1) 过敏原标准化的现状：过敏原标准化的目的在于提高特异性诊断和治疗的可靠性和安全性，但现在不同的国家对过敏原标准化持有不同的标准。

在美国，其标准化过敏原疫苗主要是水溶液剂型及天然的、没有修饰过的过敏原，FDA下属的过敏原制品由生物鉴定和研究中心(center for biologic evaluation and research，CBER)专门管理，FDA规定取得标准过敏原疫苗的生产厂家在发放其产品到市场前，必须用FDA的相应参考品(FDA reference)及FDA许可的或适当的方法对其进行检测以确定效价。这可以保证不同厂家生产出来的标准化提取液有更高的一致性。目前美国已有19种过敏原得到标准化，主要是花粉类、螨类及蜂类过敏原，到目前为止，还没有真菌和食品类的标准化过敏原疫苗，并且大部分在市面上销售的过敏原提取液仍是未标准化的。

欧洲过敏原标准化与美国有较大的差异，由欧洲药典来规范管理，欧洲各生产厂商根据欧洲药典建立各自的企业参考品(in-house reference preparation，IHRP)，通过体内或体外的方法，以IHRP为标准测定提取液的生物活性及主要过敏原的浓度。欧洲没有统一的检测方法，也没有统一的外部标准去保证各厂商产品间的一致性，各具体的检测方法由各厂商自己制定。

我国过敏原标准化起步较晚，仅有50多年的历史。到目前为止，我国开展免疫治疗的医院有1 000多家，但成立过敏反应科的仅20余家。由于我们过敏反应学科专业人员很少，导致脱敏治疗不规范。目前临床上使用的绝大多数为过敏原粗提物，缺少质量控制，基本没有做到标准化。为了尽快改变现状，国家于2008年出台了《变态反应原暂行规定》，并于2003年颁发了《变态反应原（过敏原）制品质量控制技术指导原则》。我国的过敏原标准化工作任重道远。

(2) 过敏原的标准物质：过敏原制剂的标准物质就是为了建立一个有标准定义的、经全面鉴定且性质稳定的参照品，为一种实物标准。早在20世纪70年代，WHO和IUIS意识到用于诊断和治疗的关键是标准化，在1981年建立一个由学术机构和过敏原制造商资助的项目，为生产世界卫生组织认可的过敏原提取物，选定和制备屋尘螨浸液（疫苗），并以此作为国际标准品（international standard，IS），用于比较过敏原产品的特异性活性，使内部标准的一致性和不同厂商测量值的比较成为可能。1985年正式公布为“第一种国际标准过敏原”（WHO first international standard：dermatophagoides pteronyssinus extract 1985，NTBSC 82/518），含100 000 IU，Der p 1为12.5 μg，Der p 2为0.4 μg。目前已有矮豚草（*Ambrosia artemisiifolia*）、梯牧草（*Phleum pratense*）、屋尘螨（*Dermatophagoides pteronyssinus*）、狗（*Canis familiaris*）和白桦树（*Betula verrucosa*）这5种过敏原的国际标准品。每种国际标准品被冻干并分装到3 000～4 000个密封的玻璃安瓿（安瓿可从伦敦生物科学和对照品研究院获取）中，每个安瓿含量人为规定为100 000 IU，作为测量过敏原产品相对校价的标准。美国FDA尘螨疫苗标准品有屋尘螨FDAE-1-Dp，其中Der p 1 46 μg/mL和Der p 2 25 μg/mL；粉尘螨FDAE-1-Df，其中Der f 1 3.5 μg/mL和Der f 2 16 μg/mL。我国国家食品药品监督管理局（State Food and Drug Administration，SFDA）颁发的《变态反应原（过敏原）制品质量控制技术指导原则》中指出，过敏原产品生产商、过敏原研究团体或管理机构都应制备具有代表性的过敏原制剂作为内部参考品（in-house reference，IHR），但需采用适当的方法对IHR进行鉴定，并确定其特异的生物活性（体内、体外生物活性）。

(3) 过敏原标准化的策略：在过敏原提取的过程中，过敏原的原材料的选取是第一步，这直接影响着过敏原的质量，所以过敏原的原材料的质量和组成应尽可能一致。原材料应有专业人员进行鉴别和纯度分析，必要时对过敏原物种进行纯培养，以尽可能减少不必要的污染。根据WHO及我国SFDA颁发的《变态反应原（过敏原）制品质量控制技术指导原则》，在实践中，过敏原标准化主要包括以下4个步骤：① 采用适宜的化学和免疫化学方法分析所有过敏原的组成分析，以确保所有重要致敏蛋白的存在。② 用适宜的蛋白含量分析方法对总蛋白含量进行测定，以确保主要致敏蛋白以恒定的比例存在。③ 制定对每批过敏原制品的总生物活性要求，选用体外的放射变应原吸附抑制实验（radioallergosorbent test，RAST）、直接RAST试验，或体内皮肤点刺实验（按药品注册的相关规定申请临床研究），对过敏原制品总生物活性进行测定，以确保在体内或体外总生物效价一致。④ 过敏原序列的多态性是影响过敏原整体性质和标准化的重要因子，同样影响过敏原与单克隆抗体的反应性，因此使用免疫分析试剂盒进行过敏原鉴定时，有必要考虑过敏原的多态性。

(4) 过敏原提取物中的天然佐剂：在过敏原提取物中除了目标过敏原外还会存在许多可引发天然免疫的物质，如内毒素（endotoxin）、脂多糖（lipopoly saccharide，LPS）、β-聚糖、CPG-DNA等，这些物质可以激活多种免疫细胞，而影响到过敏反应的发生。不同批次的原材料,不同生产地的原材料,不同厂家生产的过敏原提取,内毒素含量变化非常大。尽管内毒素的含量对过敏原提取物的活性没有明显的影响,但是实验表明,低剂量的内毒素会增强Th1应答,而高剂量的内毒素会增加炎症反应的发生及毒性反应的危险性。

(5) 过敏原的生产和标准化管理:获得可靠的、稳定的标准化过敏原要克服很多困难,包括初始原材料的控制、包装材料、生产工艺、变应原组分分析、质量标准研究、标准物质和过敏原稳定性等问题。

4. 过敏原组分

引起人体过敏的粉螨约有几十种,如粉尘螨(*Dermatophagoides farinae*)、屋尘螨(*Dermatophagoides pteronyssinus*)、梅氏嗜霉螨(*Euroglyphus maynei*)、热带无爪螨(*Blomia tropicalis*)、腐食酪螨(*Tyrophagus putrescentiae*)、粗脚粉螨(*Acarus siro*)、家食甜螨(*Glycyphagus domesticus*)、害嗜鳞螨(*Lepidoglyphus destructor*)、拱殖嗜渣螨(*Chortoglyphus arcuatus*)等。这些粉螨的分泌物、排泄物(粪粒)、皮壳和死亡螨体裂解产物中的过敏原可导致人体出现过敏性鼻炎、过敏性哮喘、过敏性皮炎等。根据WHO/IUIS,到目前为止已确定无气门目(Astigmata)的10种粉螨有102种过敏原(表7.8)。这些过敏原共分成39个组分(allergen groups),它们分别具有不同的生化特征(表7.9)。粉螨的过敏原非常复杂,目前已被命名的粉尘螨过敏原组分有35个,包括Der f 1-8,Der f 10、11,Der f 13-18,Der f 20-37,Der f 39(过敏原Der f 17虽然在文献中有报告,但在数据库中的记录不完全,其基因序列没有公布)。屋尘螨的过敏原组分有30个,包括Der p 1-11,Der p 13-15,Der p 18,Der p 20、21,Der p 23-26,Der p 28-33,Der p 36-38。梅氏嗜霉螨包含5个过敏原组分,分别为Eur m 1-4,Eur m 14。腐食酪螨的过敏原组分有9个,分别是Tyr p 2、Tyr p 3、Tyr p 8、Tyr p 10、Tyr p 13、Tyr p 28、Tyr p 34、Tyr p 35、Tyr p 36。将这些粉螨过敏原分为主要过敏原(major-tier allergens),普通过敏原(mid-tier allergens)和次要过敏原(minor-tier allergens)。粉尘螨和屋尘螨是引起过敏反应的主要螨种。其中第1组(Der p 1和Der f 1)和第2组过敏原(Der p 2和Der f 2)研究的最多。主要过敏原包括1、2、23组分。不同螨种的具体过敏原组分及化学特征见表7.9。

表7.8 10种粉螨的过敏原数量

常见粉螨种类	过敏原组分数量	过敏原组分
粗脚粉螨(*Acarus siro*)	1	Aca s 13
腐食酪螨(*Tyrophagus putrescentiae*)	9	见正文
拱殖嗜渣螨(*Chortoglyphus arcuatus*)	1	Cho a 10
热带无爪螨(*Blomia tropicalis*)	14	Blo t 1-8,10-13,19,21
家食甜螨(*Glycyphagus domesticus*)	1	Gly d 2
害嗜鳞螨(*Lepidoglyphus destructor*)	5	Lep d 2,5,7,10,13
粉尘螨(*Dermatophagoides farinae*)	35	见正文
小角尘螨(*Dermatophagoides microceras*)	1	Der m 1
屋尘螨(*Dermatophagoides pteronyssinus*)	30	见正文
梅氏嗜霉螨(*Euroglyphus maynei*)	5	见正文

表7.9　粉螨过敏原组分及其特征

过敏原组分	分子量 kDa	生物化学特征	螨的种类	抗原定位	培养基中的抗原
1	24-39	半胱氨酸蛋白酶	DP,DF,DM,EM,BT	肠	粪便或螨体
2	14	脂结合蛋白	DP,DF,EM,BT,LD,GD,TP	肠或其他细胞	粪便或螨体
3	25	胰蛋白酶	DP,DF,EM,BT,TP	肠	粪便或螨体
4	57	淀粉酶	DP,DF,EM,BT	肠	粪便或螨体
5	15	不明	DF,DP,BT,LD	肠	
6	25	胰凝乳蛋白酶	DP,DF,BT	肠	粪便或螨体
7	25-31	似脂多糖结合蛋白,增加杀菌渗透性家族	DF,DP,BT,LD		粪便或螨体
8	26	谷胱甘肽转移酶	DF,DP,BT,TP	其他细胞	螨体
9	30	胶原溶解酶	DP	其他细胞	粪便或螨体
10	37	原肌球蛋白	DP,DF,BT,LD,CA,TP	肌肉	螨体
11	96	副肌球蛋白	DP,DF,BT	肌肉	螨体
12	14	不明	BT	其他细胞	
13	15	脂肪酸结合蛋白	DF,DP,BT,LD,TP,AS	其他细胞	螨体
14	177	卵黄蛋白,转运蛋白	DP,DF,EM	其他细胞	螨体
15	63-105	几丁质酶	DP,DF	肠	粪便或螨体
16	55	凝溶胶蛋白,绒毛素	DF	其他细胞	螨体
17	53	EF手性蛋白handprotein,钙结合蛋白	DF	其他细胞	
18	60	几丁质结合物Chitinbinding	DP,DF	肠	粪便或螨体
19	7	抗菌肽同源物	BT	肠	
20	40	精氨酸激酶	DP,DF		螨体
21	16	组分5同源物,疏水结合物?	DP,DF,BT	肠	螨体
22	17	MD-2-likeprotein,lipidbinding	DF		粪便或螨体
23	14	围管膜蛋白Peritrophin	DP,DF	肠	粪便或螨体
24	13	泛醌细胞色素C还原酶结合蛋白	DP,DF	其他细胞	
25	34	磷酸丙糖异构酶	DP,DF	其他细胞	粪便或螨体
26	18	肌球蛋白轻链	DP,DF	其他细胞	螨体
27	48	丝氨酸蛋白酶抑制剂	DF	肠	粪便或螨体
28	70	热休克蛋白	DP,DF,TP	肠或其他细胞	粪便或螨体
29	16	亲环蛋白	DP,DF	肠或其他细胞	粪便或螨体
30	16	铁蛋白	DP,DF	其他细胞	螨体
31	15	肌动蛋白素	DP,DF	其他细胞	螨体

续表

过敏原组分	分子量 kDa	生物化学特征	螨的种类	抗原定位	培养基中的抗原
32	35	分泌型无机焦磷酸酶	DP,DF	其他细胞	螨体
33	52	α-微管蛋白	DP,DF	其他细胞	螨体
34	18	肌钙蛋白C,钙结合蛋白	DF,TP	肠或其他细胞	粪便或螨体
35	52	乙醛脱氢酶	DF,TP		
36	14-23	抑制蛋白	DP,DF,TP		
37	29	几丁质结合蛋白	DF,TP		
38	15	细菌溶解酶	DP		
39	18	肌钙蛋白C	DF		

注:DP屋尘螨(*Dermatophagoides pteronyssinus*),DF粉尘螨(*Dermatophagoides farinae*),DM小角尘螨(*Dermatophagoides microceras*),EM梅氏嗜霉螨(*Euroglyphus maynei*),BT热带无爪螨(*Blomia tropicalis*),LD害嗜鳞螨(*Lepidoglyphus destructor*),GD家食甜螨(*Glycyphagus domesticus*),TP腐食酪螨(*Tyrophagus putrescentiae*),CA拱殖嗜渣螨(*Chortoglyphus arcuatus*),AS粗脚粉螨(*Acarus siro*)。

(1) 主要过敏原组分:

① 组分1:Der p 1和Der f 1是尘螨属的第1组过敏原,为主要过敏原组分,来自尘螨消化道的上皮细胞。Der p 1和Der f 1为具有半胱氨酸蛋白酶活性的糖蛋白,与肌动蛋白和木瓜蛋白酶属同一家族,分子量为25 kDa,主要存在于尘螨粪团中,其粪便颗粒的大小适合进入人呼吸道。过敏体质者吸入或长期接触便会产生较多的尘螨特异性IgE抗体而呈致敏状态。Der p 1和Der f 1氨基酸序列同源性约70%,含有222/223个氨基酸残基。Der p 1和Der f 1在第1位氨基酸残基含有谷氨酸盐,而半胱氨酸蛋白酶活性最佳裂解位点是谷氨酸盐,因此可发生自身裂解。屋尘螨变应原经常发生保守性改变,可在5个位置发生单独置换而产生不同组合,即第50位可能是组氨酸/酪氨酸,第81可能为谷氨酸盐/赖氨酸,第124位可能为缬氨酸/丙氨酸,第136位可能为苏氨酸/丝氨酸,第215位可能为谷氨酰胺/谷氨酸盐。

② 组分2:Der f 2 和Der p 2为第2组过敏原蛋白,该组过敏原分存于螨体中,属于附睾蛋白家族,主要由雄螨生殖系统分泌。cDNA序列均能编码129个氨基酸残基,无N端糖基化作用位点。Der f 2和Der p 2的序列同源性为88%,氨基酸序列间的12%差异分布于整个蛋白质中。与第1组变应原比较,它们之间相似性较高,且替代基更保守。通过磁共振测定Der f 2 和Der p 2的4级结构,发现此蛋白一个结构域完全由片层组成,它与谷氨酰胺转移酶凝血因子Ⅷ的3和4级结构域有很近的结构同源性。Der p 2变异常出现于5个位置而导致序列中有1~4个氨基酸残基不同,且这种变异主要位于C端第111、114、127氨基酸残基,T细胞常能识别该区域。

③ 组分23:Der p 23是一种围管膜样蛋白(Peritrophin-like protein),分子量为14 kDa。是中肠围管膜和粪粒表面上的成分,与控制螨的消化有关。在大肠杆菌中表达的Der p 23与347位屋尘螨过敏症患者血清IgE结合率为74%(与Der p 1和Der p 2相似的高结合率)。该组分在螨提取物中的含量低,但近来认为该组分是一种有潜在强致敏作用的过敏原。

(2) 普通过敏原组分:过敏原4,5,7,21组分为普通过敏原。组分4有高度保守序列,可引起令人困惑的交叉反应。尘螨属过敏原组分4为一种分子量56~63 kDa的蛋白,其中Der p 4具有淀粉酶活性,存在于螨的粪粒中。粉尘螨和屋尘螨组分4有86%同源性,和仓储螨有65%的同源性,同昆虫和哺乳粉螨的淀粉酶有50%同源性。

Der p 5(分子量14~15 kDa)氨基酸序列全长由132个残基组成,为尘螨属第5组过敏原,其生物化学功能尚不清楚。过敏原4,5,7,21组分的特征见表7.9。

(3) 次要过敏原:次要过敏原(minor-tier allergens)包括3,6,8,9,10,11,13,15,16,17,18,20组分(表7.9),Der p 3(28/30 kDa)和Der f 3(30 kDa)两者cDNA序列同源性约81%,具有胰蛋白酶活性。尘螨属第3组过敏原组分出现多态性频率较低,但仍可出现几种非保守性置换的过敏原组合。组分6和9为胰凝乳蛋白酶和胶原溶解酶。

5. 过敏原的种间交叉

近年来,对过敏原交叉反应的研究发生了重大变化。从最初使用全螨的提取物和放射过敏原吸附试验(radioallergosorbent test,RAST)抑制技术,发展到最近使用纯化的天然或重组过敏原,表位定位(epitope mapping)和T细胞增殖技术研究交叉反应。8~15个氨基酸小分子肽与特定的IgE结合的部位称为过敏原决定族。交叉反应中不同的过敏原蛋白有一定的同源性,包含相同或相似特定的IgE结合表位。交叉反应某种程度上反映了生物之间系统发生上的关系。如果两个蛋白质之间结构高度同源,则产生交叉反应的可能性就大。在某些低等动物之间,如软体动物、甲壳动物、昆虫、蜱螨和以及某些线虫,如果相互间有类似的蛋白质结构,就可能发生交叉反应。一些高度同源蛋白家族的抗原可以作为泛过敏原(pan-allergens)。泛过敏原具有相当保守的三维结构和相当接近的氨基酸序列。这些泛过敏原包括肌肉收缩蛋白(原肌球蛋白、肌钙蛋白C和肌浆钙结合蛋白)、酶类(如淀粉酶)和微管蛋白等,它们和IgE结合可引起交叉反应。表7.10列出了某些粉螨、甲壳动物、软体动物、昆虫和某些线虫共有的泛过敏原组分。

表7.10　部分粉螨、甲壳动物、软体动物、昆虫和线虫共有的泛过敏原组分

蛋白质	过敏原来源	过敏原组分
原肌球蛋白	螨	Blo t 10,Cho a 10,Der f 10,Der p 10,Lep d 10,Tyr p 10
	甲壳动物	Cha f 1,Cra c 1,Hom a 1,Lit v 1,Met e 1,Pan b 1,Pan s 1,Pen a 1,Pen i 1,Pen m 1,Por p 1,Pro c 1
	昆虫	Aed a 10,Ano g 7,Bla g 7,Bomb m 7,Per a 7,Chi k 10,Copt f 7,Lep s 1
	软体动物	Ana br 1,Cra g 1,Hal l 1,Hel as 1,Mac r 1,Mel l 1,Sac g 1,Tod p 1
	线虫	Ani s 3,Asc l 3
肌钙蛋白C	螨	Tyr p 34
	甲壳动物	Cra c 6,Hom a 6,Pen m 6,Pon l 7
	昆虫	Bla g 6,Per a 6
肌球蛋白	螨	Der f 26
	甲壳动物	Art fr 5,Cra c 5,Hom a 3,Lit v 3,Pen m 3,Pro c 5
	昆虫	Bla g 8
肌浆钙结合蛋白	螨	Der f 17
	甲壳动物	Cra c 4,Lit v 4,Pen m 4,Pon l 4,Scy p 4

续表

蛋白质	过敏原来源	过敏原组分
α淀粉酶	螨	Blo t 4, Der f 4, Der p 4, Eur m 4, Tyr p 4
	昆虫	Bla g 11, Per a 11, Sim vi 4
精氨酸激酶	螨	Der f 20, Der p 20
	甲壳动物	Cra c2, Lit v 2, Pen m 2, Pro c 2, Scy p 2
	昆虫	Bla g 9, Bomb m 1, Per a 9, Plo i 1
几丁质酶	螨	Blo t 15, Blo t 18, Der f 15, Der f 18, Der p 15, Der p 18
	昆虫	Per a 12
谷胱苷肽S转移酶	螨	Blo t 8, Der f 8, Der p 8
	昆虫	Bla g 5, Per a 5
	线虫	Asc l 13, Asc s 13
半胱氨酸蛋白酶	螨	Blo t 1, Der f 1, Der m 1, Der p 1, Eur m 1
	线虫	Ani s 4
丝氨酸蛋白酶	螨	Blo t 9, Der f 9, Der f 25, Der p 9
	昆虫	Api m 7, Per a 10, Pol d 4, Sim vi 2
	线虫	Ani s 1
磷酸丙糖异构酶	螨	Blo t 13, Der f 25, Der p 3, Eur m 3, Tyr p 3
	甲壳动物	Arc s 8, Cra c 8, pen m 8, Pro c 8, Scy p 8
	昆虫	Bla g TPI
胰蛋白酶	螨	Aca s 3, Blo t 3, Der f 3, Der p 3, Eur m 3, Tyr p 3
	昆虫	Bla g 10
脂肪酸结合蛋白	螨	Aca s 13, Arg r 1, Blo t 13, Der f 13, Der p 13, Lep d 13, Tyr p 13
	昆虫	Bla g 4, Per a 4, Tria t 1
热休克蛋白HSP70	螨	Der f 28, Tyr p 28
	昆虫	Aed a 8, Vesp a HSP70
微管蛋白	螨	Der f 33, Lep d 33
	昆虫	Aed ae tub, Aed alb tub, Ano g tub, Bomb m tub, Cul quin tub

(1) 粉螨不同种类过敏原之间的交叉反应：粉螨隶属于粉螨亚目，包括27科430属1 400种，其中我国约有150种，不同粉螨之间有些存在过敏原交叉。早在1968年Pepys等发现屋尘螨和粉尘螨之间抗原性近似，过敏患者对其中一种螨皮试阳性，对另一种螨的反应也为阳性。Mumcuoglu(1977)报道了孳生在瑞士西北地区屋尘中的38种螨，用其中常见的9种粉螨制备过敏原给过敏患者做皮试，皮试阳性率分别为：梅氏嗜霉螨(*Euroglyphus maynei*) 84.5%、粉尘螨(*Dermatophagoides farinae*) 81.0%、屋尘螨(*Dermatophagoides pteronyssinus*) 74.1%、棕脊足螨(*Gohieria fuscus*)24.1%、隐秘食甜螨(*Glycyphagus privatus*)17.2%、害嗜鳞螨(*Lepidoglyphus destructor*)12.1%、拱殖嗜渣螨(*Chortoglyphus arcuatus*)10.3%、腐食酪螨(*Tyrophagus putrescentiae*)8.6%和粗脚粉螨(*Acarus siro*)6.9%。Miyamoto等(1976)从36种螨中筛选出7种螨进行培养和抗原性试验，发现每种螨均具有各自特异性抗原，同时螨种之间具有交叉抗原，其中屋尘螨和粉尘螨抗原性几乎相同。因此，特应性人群接触不同粉螨

的过敏原后可引起同样的过敏反应。

(2) 粉螨与其他螨种之间的交叉反应：粉螨与其他螨类也存在某些过敏原交叉。粉螨过敏原皮试阳性的患者对某些植物寄生螨呈交叉阳性反应，尘螨过敏与人疥螨（*Sarcoptes scabiei*）过敏呈正相关。既往无疥疮病史的尘螨过敏患者对疥螨点刺阳性的比例比对照组高。在疥疮病人患病期间，不管有无过敏情况，均为尘螨IgE阳性。在澳大利亚尘螨和现在及既往的疥螨感染之间存在高度交叉反应（Arlian，1991）。与尘螨同源的不同种的过敏原已经在疥螨和绵羊疥螨体内通过分子克隆技术确定。

(3) 粉螨与其他无脊椎动物之间的过敏原交叉：粉螨皮试阳性的患者与摇蚊、蜚蠊、虾和蟹等的过敏原有一定的交叉反应。如10组分过敏原为原肌球蛋白（tropomyosin），是一种泛过敏原（pan allergen），存在于尘螨、摇蚊、蟑螂、虾和蟹等节肢动物体内。免疫化学研究已经证明来自摇蚊、蟑螂、蜗牛和甲壳类动物的过敏原与室内尘螨的过敏原存在交叉反应。10组分过敏原不仅能引起不同尘螨之间交叉反应，而且也可引起食物性过敏原和吸入性过敏原之间的交叉反应。对尘螨过敏者可能会有食用软体动物、甲壳类动物后出现过敏表现，尘螨过敏者进食蜗牛可能产生哮喘、过敏性休克、全身性荨麻疹和颜面部水肿。临床研究表明，尘螨与虾蟹、蟑螂之间存在着交叉反应，其中原肌球蛋白是起作用的过敏原，但可能高估了交叉反应的重要性。

一些蛋白家族的抗原可以作为泛过敏原，和IgE结合引起交叉反应。表7.10列出原肌球蛋白、肌钙蛋白C、肌浆钙结合蛋白、淀粉酶、精氨酸激酶、几丁质酶、谷胱苷肽S转移酶、丝氨酸蛋白酶和微管蛋白等。螨与软体动物、甲壳动物、昆虫和线虫之间共有的泛过敏原组分。

简单异尖线虫（*Anisakis simplex*）是一种常见的鱼类寄生虫，能作为隐蔽的食物过敏原，诱导IgE介导的反应。这种线虫的Ani s 3过敏原组分与粗脚粉螨、害嗜鳞螨、腐食酪螨和屋尘螨的原肌球蛋白之间的交叉反应已经有报道，但临床上的相关性仍需进一步研究。蛔虫的原肌球蛋白过敏原Asc l 3，也可能与其他无脊椎动物的原肌球蛋白过敏原出现交叉反应。

α-微管蛋白（α-tubulin）是组成微管的基本结构单位，具有高度保守性，α-tubulin为Der f 33，Lep d 33过敏原组分，白纹伊蚊Aed alb tub，按蚊Ano g tub，库蚊Cul quin tub均来自微管蛋白，粉螨与按蚊、库蚊可能存在交叉反应（表7.10）。

(4) 粉螨过敏原与微生物过敏原的关系：研究证实粉螨消化道内有大量的曲霉与青霉孢子，粉螨一颗粪粒中平均含有霉菌孢子10亿个之多。在分析细菌和真菌与螨的关系时表明，交互链格孢菌（*Alternaria alternata*）的孢子和假猪尾草的花粉可能存在于屋尘螨的消化道内（Sinha，1970）。

人的皮屑脱落后，可作为真菌的生长基质，当粉螨取食人的皮屑时，真菌孢子亦随之被摄入消化道，继而通过消化道一起排出，成为尘埃微粒（Bronswijk，1972）。

由此可见，粉螨以真菌孢子和花粉等为食，而这些物质本身都具过敏原性，随粉螨的排泄物（粪粒）排到体外，与粉螨的排泄物一起构成复杂的过敏原。故粉螨的过敏原在自然状态下，亦有可能掺杂着真菌和花粉过敏原在内。因此粉螨过敏原在自然状态下就有可能与霉菌过敏原共同致敏特应性人群。

6. 重组过敏原

粉螨种类繁多，过敏原成分复杂，既有种的特异性过敏原，也有种间交叉过敏原。传统过敏原粗提液的大面积使用，不良反应时有发生；而重组过敏原特别是重组低过敏原具有弱的或无IgE结合特性，不仅能减少过敏反应的发生，还能增加免疫治疗的安全性，是未来替代传统过敏原浸提液的重要形式。

重组过敏原是在分析研究过敏原蛋白组分的基础上，从天然过敏原中提取mRNA，反转录构建cDNA文库，并将其插入到载体，导入宿主细胞中表达、分离、纯化而得到过敏原蛋白。过敏原基因的表达系统主要有原核、CHO细胞真核、酵母和植物4个表达系统，这些表达系统因所需表达载体的差异而有所不同，但前期的重组表达载体构建过程大同小异，其基本流程是：通过RT-PCR或化学合成的方法获得目的基因，将目的基因插入到表达载体后，将其导入到表达系统中进行诱导表达，之后收集细胞，对目的蛋白进行分离纯化鉴定并检测其蛋白浓度，此蛋白即为目的变应原。重组过敏原用基因重组方法制备的只含保护性抗原的纯化抗原，维持抗原免疫原性，降低其变应原性，提高了疗效。

基因重组过敏原与传统过敏原相比有明显的优势，二者的比较见表7.11。

表7.11 重组过敏原与传统过敏原的比较

区别	重组过敏原	传统过敏原
过敏原的来源	通过基因重组方法获得	来自天然的原材料过敏原
过敏原的安全性	可在肽链氨基酸水平上对之进行取代、修饰、缺失而增强其免疫活性，降低其过敏原活性，从而提高免疫治疗的有效性和安全性	成分复杂，含有大量未知成分，容易被其他物质或其他来源的过敏原污染，可能会引发新的过敏反应
过敏原的含量与比例	含量易于控制，可使用基本的通用质量单位，可精确调整过敏原比例	主要过敏原缺失或含量较低，所含过敏原的比例不确定，治疗潜力各不相同
针对患者过敏原的调配	可以针对患者实际的过敏病情调配适宜的脱敏疫苗	无法根据过敏患者的实际情况进行合理调配
过敏原的质量标准	作为疫苗使用时，符合统一的国际质量标准	作为疫苗使用时，不符合国际上的不同质量标准
过敏原的标准化	生产条件恒定、可大量生产、易于纯化，有利于过敏原的标准化	难以标准化
过敏原的品牌、批次间的比较	不同品牌和批次间的产品可以相互比较	不同批次、不同品牌的产品之间无法比较
过敏原的治疗效果及机理阐明	可以精确阐明其脱敏治疗机理，并根据不同的治疗方案设计开发不同性质的重组过敏原	无法精确评价治疗效果和研究其治疗机理

目前的研究结果显示，只要恰当地确定重组过敏原的构成组分及各组分的比例和含量，基因重组过敏原混合物的抗原性与其天然提取液几乎完全相同。

由于重组过敏原所具有的各种有别于传统过敏原的特点和优势，使得重组过敏原的研究成为热点技术和领域。在基础研究中已成功构建粉尘螨Ⅰ、Ⅱ类过敏原cDNA基因的重组表达质粒，并在大肠埃希菌中获得高效表达，为获得重组纯化Der f 1和Der f 2过敏原并用于尘螨过敏的诊治奠定了基础(杨庆贵，2004)。人工合成粉尘螨Der f 11过敏原基因，通过诱导表达和纯化获得高纯度的重组 Der f 11蛋白,并证明Der f 11重组蛋白具有与天然蛋白相似的免疫学活性,为标准化抗原的临床特异性诊断和治疗奠定基础(蒋聪利,2014)。重组过敏原的质量对临床的特异性诊断的准确性和治疗的有效性至关重要,脱敏治疗能够成功取决于过敏原的标准化。

(三)过敏原的致敏机制

现已证实,粉螨过敏是IgE介导的Ⅰ型超敏反应。在1921年,首次证实过敏原特异性致敏能通过注射血清转移到健康的人身上,但直到1966~1967年才证实这个血清因子为IgE。目前,世界各国均有大量的粉螨过敏人群,由此引起的过敏越来越受到关注,就过敏性哮喘而言,全球患病人数约有3亿人。近年来,气道嗜中性粒细胞性炎症被证明是过敏性哮喘的一个亚型,尤其是在重度哮喘患者。Th2细胞产生大量的关键细胞因子(IL-4、IL-5、IL-13)已被证实是很多过敏性哮喘、过敏性鼻炎等发病的病理生理学基础。然而,随着更多辅助性T细胞及其细胞因子的发现,粉螨诱发的过敏性哮喘、过敏性鼻炎等疾病的免疫学机制也在不断丰富。传统意义上,粉螨诱发的过敏被认为是Th1/Th2平衡遭到破坏,研究表明,IL-17家族细胞因子(IL-17A、IL-17F、IL-22)在过敏性哮喘发病过程中大量表达,上皮细胞分泌的细胞因子(IL-25、IL-33、TSLP)及其效应细胞如树突状细胞(dendritic cells,DCs)也在过敏性哮喘发病过程中起到很大作用。除了T细胞及其亚群等参与的适应性免疫之外,在粉螨诱发的过敏反应中,当宿主接触过敏原时,固有免疫细胞的模式识别受体(pattern recognition receptor,PRR)识别与病原体相关的分子模式(pathogen-associated molecular pattern,PAMP),然后再分泌细胞因子和趋化因子,从而募集其他内源性炎性细胞和促炎性细胞因子,增强了粉螨诱发的炎症反应。所以,固有免疫细胞和适应性免疫细胞及其分泌的细胞因子和效应细胞等均参与了粉螨过敏原的致病过程。

1. 致敏过程

过敏原进入机体后,首先诱导炎性细胞聚集,使机体处于致敏状态,当再次接触相同过敏原后,启动活化信号,释放生物学活性介质,作用于效应组织或器官,引起相应组织或器官的过敏反应,具体如下所述:

(1) 致敏阶段:过敏原大多是大分子蛋白质或糖蛋白,进入机体后可诱导适应性免疫T细胞产生针对该过敏原特异性应答的IgG抗体,同时也诱导B细胞产生针对该过敏原特异性应答的IgE抗体(specific IgE,sIgE)。过敏原由特异性 IgE抗体介导,通过呼吸道进入机体后,首先被抗原递呈细胞(APC)(如DC细胞等)识别、加工及处理,传达信息至T细胞,被Th2细胞和抗原提呈细胞所识别,进而释放 IL-4、IL-5和IL-13等一系列细胞因子,在气道中募集炎症细胞如嗜碱性粒细胞(basophils)、嗜酸性粒细胞(eosinophils)、肥大细胞(mast cells)等。

Th2细胞也同时激活免疫系统的B细胞,刺激特异性B细胞产生IgE类抗体,IgE附着在嗜碱性粒细胞、肥大细胞等细胞膜的膜受体上,特异性IgE抗体以其Fc段与嗜碱性粒细胞或肥大细胞表面的FcεRⅠ结合,而使机体处于对该过敏原的致敏状态。表面结合特异性IgE的肥大细胞或嗜碱性粒细胞称为致敏的肥大细胞或致敏的嗜碱性粒细胞。

致敏阶段可持续数月甚至更长,若长期不接触该过敏原,则致敏状态逐渐消失。正常人血清中IgE抗体含量极低,而发生Ⅰ型过敏患者体内IgE抗体含量明显增高,针对粉螨过敏原的特异性IgE是引起Ⅰ型过敏的主要因素,因而说明由粉螨引起的过敏性哮喘的发作与血清免疫球蛋白水平的变化存在相关性。IgE和肥大细胞都集中在黏膜组织中,所以IgE抗体是入侵病原体最先遇到的防御分子之一。IgE抗体在过敏的发病机制中起着关键作用,不仅通过Fab区域识别过敏原,还通过Fc区域与两个不同的细胞表面受体相互作用。IgE充当蛋白质网络的一部分,包括其两个主要受体FcεRⅠ(IgE的高亲和力Fc受体)和FcεRⅡ(也称CD23),以及IgE和FcεRⅠ结合蛋白半乳糖凝集素-3。另外,CD23的功能被几个共受体扩展,它们包括补体受体CD21(也称为CR2),$\alpha_M\beta_2$-整联蛋白(也称为CD18/CD11b或CR3)和$\alpha_X\beta_2$-整联蛋白(也称为CD18/CD11c或CR4),玻璃粘连蛋白受体(也称为$\alpha_V\beta_3$-整联蛋白)和$\alpha_V\beta_5$-整联蛋白。

(2) 激发阶段:① IgE受体桥联引发细胞活化:处于致敏状态的机体,当同种过敏原再次进入机体后,过敏原与嗜碱性粒细胞或肥大细胞表面的IgE特异性结合。单个IgE结合FcεRⅠ并不能刺激细胞活化,只有单个过敏原与致敏细胞表面的2个及以上相邻IgE类分子相结合,引起多个FcεRⅠ桥联形成复合物,才能启动活化信号。活化信号由FcεRⅠ的β链和γ链胞质区的免疫受体酪氨酸活化基序(immunoreceptor tyrosine-based activation motif, ITAM)引发,经过多种信号分子传递,导致颗粒与细胞膜融合,释放生物学活性介质,称为脱颗粒(degranulation)。此外,抗特异性IgE抗体(如IgG)交联细胞膜上的IgE,或抗FcεRⅠ抗体直接连接FcεRⅠ均可刺激嗜碱性粒细胞或肥大细胞活化或脱颗粒,释放生物学活性介质,引起速发型过敏反应以及以嗜酸性粒细胞浸润为主的慢性炎症。② 生物学活性介质的释放:当过敏原与膜受体上的IgE特异性结合后,嗜碱性粒细胞、肥大细胞等被激活并释放组胺、缓激肽、嗜酸性粒细胞趋化因子和过敏性慢反应物质等生物学活性物质,这些物质引发过敏相关的一系列临床症状,如支气管平滑肌收缩、黏液增加、呼吸困难等;嗜酸性粒细胞可通过释放高电荷的颗粒蛋白,脂质介体以及一系列促炎性细胞因子和趋化因子来诱发呼吸道损伤和气道高反应性。同时,肥大细胞分泌的IL-4,刺激B细胞产生更多的特异性IgE,肥大细胞也分泌IL-5来刺激嗜碱性粒细胞和嗜酸性粒细胞释放更多的炎症介质。与FcεRⅠα结合的IgE与多价过敏原的交联导致组胺和其他作用于周围组织的化学介质的释放以及Ⅰ型超敏反应的最常见症状。抗大鼠IgE抗体Fab-6HD5与IgE的Cε2结构域特异性结合,可破坏大鼠肥大细胞表面IgE-FcεRⅠα复合物的稳定性,进而抑制过敏反应(Hirano T, 2018)。

由活化的嗜碱性粒细胞或肥大细胞释放的介导Ⅰ型超敏反应的生物学活性介质包括两类。预存在颗粒内的介质和活化后新合成的介质:① 预存在颗粒内的生物学活性介质:主要包括组胺和激肽原酶(kininogenase),它们是细胞活化后脱颗粒释放的;组胺通过与受体结合后,发挥其生物学效应。4种组胺受体H1、H2、H3、H4分布于不同细胞,介导不同的效应。其中的H1受体可介导肠道和支气管平滑肌收缩、杯状细胞黏液分泌增多和小静脉通透性增加等;H2受体介导血管扩张和通透性增强,刺激外分泌腺的分泌。嗜碱性粒细胞和肥大细胞上的H2受体则发挥负反馈调节作用,抑制脱颗粒。肥大细胞上的H4受体具有趋化作用;激肽原酶通过酶解血浆中激肽原成为有生物学活性的激肽,其中的缓激肽能够引起平滑肌收缩和支气管痉挛,引起毛细血管扩张和通透性增强;此外,还能吸引嗜酸性粒细胞、中性粒细胞等向炎症局部趋化。② 新合成的生物学活性介质:主要包括前列腺素D2(prostaglandin D2, PGD2)、LTs、血小板活化因子(platelet activating factor, PAF)及细胞因子。

PGD2主要引起支气管平滑肌收缩、血管扩张和通透性增加等。LTs通常由LTC4、LTD4和LTE4混合组成，是引起迟发相反应（4～6小时出现反应）的主要介质，除了引起支气管平滑肌强烈而持久性收缩外，也可使毛细血管扩张、通透性增强，黏膜屏障作用减弱，黏液腺体分泌增加。PAF主要参与迟发相反应，凝聚和活化血小板，使之释放组胺、5-羟色胺等血管活性胺类物质，增强Ⅰ型超敏反应。细胞因子IL-1和TNF-α参与全身性过敏反应，增加黏附分子在血管内皮细胞的表达。IL-4和IL-13促进B细胞产生IgE。③ 效应阶段：活化的嗜碱性粒细胞或肥大细胞释放的生物学活性介质作用于效应组织和器官，引起局部或全身性的过敏反应。由肥大细胞的IgE FcεRⅠ复合物介导的即刻过敏反应，也就是过敏反应的早期阶段，包括脱颗粒和脂质介质的合成。在这个早期阶段释放的细胞因子和趋化因子启动了晚期阶段，后者在几个小时后达到高峰，并涉及对过敏原敏感部位炎症细胞的募集和激活。在无明显症状的情况下，过敏原激活经IgE致敏的APC，进而促进B细胞产生IgE，补充过敏反应中消耗的IgE，从而维持肥大细胞和APC的致敏。肥大细胞和APC募集的过程以及黏膜组织中IgE的产生对IgE的功能至关重要。在表达FcεRⅠ之前，肥大细胞前体在骨髓中产生并迁移至黏膜组织。该受体在组织肥大细胞中高表达，可能是由于IgE介导的FcεRⅠ表达上调的结果（Kraft，2007；Gould，2008）。

另外，根据发生过敏反应持续时间的长短和快慢，可分为速发型反应（immediate reaction）和迟发型反应（late-phase reaction）两种类型。速发型反应主要由组胺和前列腺素引起，通常在接触过敏原后数秒内即可发生，可持续数小时，导致毛细血管扩张、血管通透性增强、平滑肌收缩、腺体分泌增加、气道堵塞、吸气和换气失常、支气管收缩、黏液分泌过度、黏膜水肿等。速发型反应中肥大细胞等释放嗜酸性粒细胞趋化因子（eosinophil chemotactic factor，ECF）、IL-3、IL-5和GM-CSF等多种细胞因子。迟发型反应发生在过敏原刺激后4～6小时，可持续数天以上，主要表现为局部以嗜酸性粒细胞、嗜碱性粒细胞、巨噬细胞、中性粒细胞和Th2细胞浸润为主要特征的炎症反应。Th2细胞在变应性气道炎症的发病机制中起重要作用，气道被Th2细胞和嗜酸性粒细胞浸润是晚期哮喘反应的主要特征。嗜酸性粒细胞向气道的迁移是一个多步骤的过程，是由Th2细胞因子（如IL-4、IL-5和IL-13）和特异性趋化因子（如eotaxin）与CCR3联合调控的。除了吸引大量的嗜酸性粒细胞到达反应部位外，还可促进嗜酸性粒细胞的增殖和分化。活化的嗜酸性粒细胞释放的白三烯、碱性蛋白、PAF、嗜酸性粒细胞源性神经毒素等，在迟发型反应中，特别是在持续性哮喘的支气管黏膜炎症反应及组织损伤中发挥重要作用。此外，在肥大细胞释放的中性粒细胞趋化因子作用下，中性粒细胞也在反应部位聚集，释放溶酶体酶等物质，参与迟发型超敏反应。

屋尘螨和粉尘螨是引起人类过敏最重要的尘螨种类，是过敏中持续存在的最重要的危险因子。固有免疫系统中的Toll受体、中性粒细胞、固有淋巴细胞、上皮细胞及其细胞因子；适应性免疫应答中B淋巴细胞产生的IgE抗体，T淋巴细胞中的Th1细胞、Th2细胞及其分泌的细胞因子，$CD4^+CD25^+$T淋巴细胞、Th17/Treg细胞；以及抗原提呈细胞、E-钙黏蛋白、抗原表位、过敏原等均参与了粉螨过敏原的致敏过程，但其具体致敏机制有待于进一步研究。

（四）过敏的临床表现

1. 特应性皮炎

是一种以皮肤瘙痒和多形性皮疹为特征的慢性复发性炎症性疾病，又称“异位性皮炎

(Atopic dematitis, AD)"“遗传过敏性皮炎”。1933年, Wise和Sulzberger为表示该疾病与其他呼吸道特应性疾病(如支气管哮喘和过敏性鼻炎)的密切联系首次创造了这个术语。最新的研究表明, AD已成为一种全球常见疾病,其终生发病率远远超过20%。调查显示,半数以上的AD患儿可伴有哮喘,约75%则伴有过敏性鼻炎。该病的特点是皮肤不同程度瘙痒、皮肤干燥和反复皮肤感染,不同年龄段患者的临床表现不同。该病的病因尚不完全清楚,与遗传、环境和免疫等因素有关,患者常伴有皮肤屏障功能障碍。由于病因复杂,特应性皮炎目前尚无根治手段,只能达到对症控制而不能治愈该病,严重影响患者及其家庭成员的生活质量。

2. 过敏性哮喘

过敏性哮喘又称变应性哮喘(allergic asthma)或特应性(atopic)哮喘,是指由过敏原引起或/和触发的一类哮喘,既往也称为外源性(extrinsic)哮喘,主要受Th2免疫反应驱动,发病机制涉及特应质(atopy)、过敏反应或变态反应(allergy)。过敏性哮喘是由多种细胞(如嗜酸性粒细胞、肥大细胞、T淋巴细胞、中性粒细胞、平滑肌细胞、气道上皮细胞等)和细胞组分参与的气道慢性炎症性疾病。主要特征包括气道慢性炎症,气道对多种刺激因素呈现的高反应性,广泛多变的可逆性气流受限以及随病程延长而导致的一系列气道结构的改变,即气道重构。临床表现为反复发作的喘息、气急、胸闷或咳嗽等症状,常在夜间及凌晨发作或加重,多数患者可自行缓解或经治疗后缓解。根据全球和我国哮喘防治指南提供的资料,经过长期规范化治疗和管理,80%以上的患者可以达到哮喘的临床控制。

3. 过敏性鼻炎

又称变应性鼻炎(allergic rhinitis, AR)或变态反应性鼻炎。鼻炎是泛指包括免疫学机制和非免疫学机制介导的鼻黏膜高反应性鼻病(hyper-reactivity rhinopathy),其中免疫学机制诱发的鼻炎称为过敏性鼻炎。鼻高反应性(nasal hyper-reactivity)是指鼻黏膜对某些刺激因子过度敏感而产生超出生理范围的过强反应,由此引起的临床状态称为鼻黏膜高反应性鼻病。刺激因子可有免疫性(过敏原)、非免疫性(神经性、体液性、物理性)之分,前者即由免疫学机制构成的过敏性鼻炎,后者则是由非免疫学机制引起的非过敏性鼻炎。过敏性鼻炎是发生在鼻黏膜的过敏,是特应性个体接触致敏原后由IgE介导的介质(主要是组胺)释放,并有多种免疫活性细胞和细胞因子等参与的Ⅰ型过敏反应,以鼻痒、喷嚏、鼻分泌亢进、鼻黏膜肿胀等为主要特点。临床常将本病分为常年性过敏性鼻炎和季节性过敏性鼻炎,后者又称为“花粉症”。

4. 过敏性咳嗽

又称变应性咳嗽,主要指临床上某些慢性咳嗽患者具有一些特应性因素,临床无感染表现,抗生素治疗无效,抗组胺药物、糖皮质激素治疗有效,但不能诊断为哮喘、过敏性鼻炎或嗜酸性粒细胞性支气管炎。患者往往有个人或家族过敏症。

5. 过敏性咽炎

又称“变态反应性咽炎”。是指在临床上具有某些特应性因素患者具有发作时咽干、咽痒、刺激性咳嗽、无痰或伴有少量稀薄黏痰,发作时间以夜间或晨起出门时频繁,抗组胺药物及糖皮质激素治疗有效,但又不能诊断为哮喘、过敏性鼻炎或嗜酸粒细胞性支气管炎的一种炎症性咽部疾病。病程时间长,往往达1~2月。部分在内科就诊时对支气管舒张剂效果不佳的干咳患者也是过敏性咽炎,检查时发现咽部黏膜水肿伴后壁淋巴滤泡增生,咽后壁咽液涂片可见嗜酸性粒细胞。

6. 过敏性紫癜

是儿童时期常见的皮肤疾病之一，由IgA介导的累及双下肢细小血管和毛细血管的血管炎，可累及皮肤、关节、肾脏和消化道等多个器官。本病好发于学龄期儿童，男孩多于女孩，一年四季均可发病，以冬春季发病居多。该疾病具有突发性，大多数情况下为良性自限性疾病，平均病程持续数周，但较长的可能长达2年。近年来国内外研究报道HSP的发病率有逐年上升的趋势。

7. 其他过敏

临床上与粉螨有密切联系的过敏还可以见于湿疹、过敏性肠炎、过敏性结膜炎、过敏性中耳炎等。

（夏超明）

（五）粉螨过敏的特异性免疫诊断

粉螨过敏的实验室检查与其他过敏反应诊断的实验室检查一样，包括体内检测和体外检测。

1. 体内检测技术

主要指皮肤试验（skin test），即皮试，是用来确定患者是否过敏的首选方法，包括皮肤点刺试验（skin prick test，SPT）和皮内试验（intradermal test，IDT）。最早的皮肤试验是英格兰医生查尔斯·哈里森·布莱克利（Charles Harrison Blackley）进行的，他在1865年用柳叶刀擦伤自己的一小块皮肤，并将草花粉涂抹在伤处，随后在伤处观察到肿块和红斑，由此证实花粉是自己过敏性鼻炎的“元凶”，同时开创了过敏原皮肤划痕试验（scratch test）。多年后施洛斯（Schloss）利用划痕试验诊断儿童食物过敏，这种试验曾被广泛运用，但由于操作过程会引起患者不适，且试验重复性差，还可能出现残留损害的问题，因此被逐渐取代。1924年，托马斯·刘易斯爵士（Sir Thomas Lewis）首次应用SPT，此方法经技术改进后广泛应用于临床实践。IDT是另一种常用的体内检测方法，其灵敏度高，当SPT结果阴性又强烈怀疑患者存在IgE介导的过敏时可采用这种方法。

（1）SPT：用点刺针插入待检者皮肤上层，滴入一滴过敏原提取物。提取物中的过敏原与结合在细胞膜表面受体上的IgE特异性结合，产生的免疫效应诱发肥大细胞脱颗粒、释放组胺等炎性介质，导致血管扩张、管壁通透性增加，出现组织水肿。临床上表现为风团、伪足和周围红晕。SPT安全、快速，敏感性和特异性均较高，适用于各年龄段的待检者，但婴幼儿和老年人的皮肤反应可能不明显：老年人皮肤萎缩会影响检测结果；婴幼儿（＜2岁）对过敏原的敏感性不如幼儿及成年人。

（2）IDT：将过敏原液注入真皮，与组织中肥大细胞表面相应IgE结合，短时间内可引发组胺等活性物质释放，导致受试处皮肤出现风团及红晕。IDT对操作技术的专业性要求较高，发生不良反应的风险也较大，因此仅限于有急救设施和紧急治疗药物的临床环境中进行。由于IDT的灵敏度很高，因此通常使用稀释后的粉螨过敏原液进行试验。

2. 体外检测技术

对过敏的经典诊断策略首先从临床评估和检查开始，随后进行过敏原提取物的致敏试验，再应用过敏原sIgE试验，最后识别判断过敏原是否与病史相关。当患者因自身原因无法进行皮肤试验，或皮肤试验结果与病史不符时，应考虑使用体外试验。

（1）血清总IgE检测：即测定血清或血浆中的总IgE水平，这种检测只能提供粗略信息，最终需结合患者病史及sIgE的检测结果进行综合分析。在过敏的早期研究中，总IgE含量是鉴别过敏患者的最简单方法，但事实上总IgE水平并非判定过敏状态的可靠标志。血清总IgE中除sIgE之外还含有大量非特异性IgE；并且总IgE水平与年龄有关。IgE水平高于正常值时，提示可能与过敏有关，但并不能确定是过敏。而IgE水平检测结果正常并不能排除过敏的可能，约50%的过敏患者总IgE水平在正常范围内。血清总IgE检测主要有3种方法：放射过敏原吸附试验（radioallergosorbent test，RAST）、酶联免疫吸附试验（enzyme linked immunosorbent assay，ELISA）和间接血凝试验（indirect haemagglutination test，IHA），其中RAST和ELISA在临床应用较广。

（2）过敏原sIgE检测：即测定血清或血浆中的过敏原sIgE。这种检测针对粉螨过敏原及其组分，识别特异性的抗原表位，通过检测粉螨过敏原sIgE来验证SPT的结果，是常用的体外检测方法。对于粉螨sIgE的检测同样可以采用RAST、ELISA和IHA。

① RAST：将纯化的粉螨过敏原与固相载体（如滤纸）结合，加入待检血清及对照，血清中的IgE与抗原识别结合，随后在反应系统中加入同位素标记的抗IgE抗体（二抗）。最后通过测定固相的放射活性，利用标准曲线求出待检血清中IgE的含量。这种方法费用较高、所需时间长，而且不同品牌试剂盒的结果不具有可比性，最主要的是放射性同位素易过期且存在污染和伤害问题。

② ELISA：基本原理与RAST相同，但将放射性标记改为酶标记，提高了操作的安全性。将粉螨过敏原结合到固相载体（凹孔板）表面，随后加入待检血清孵育，使血清中的IgE与抗原充分结合，再加入酶标后的二抗。加入酶反应底物后，底物被酶催化产生颜色反应，借助酶联免疫检测仪（ELISA reader）即酶标仪检测信号计算IgE含量。

③ IHA：将粉螨抗原包被于红细胞表面，成为致敏的载体，再与相应的抗体结合，从而使红细胞出现可见的凝集反应。IHA可在微量滴定板中进行，将待检者血清滴加在反应孔中用生理盐水进行倍比稀释，同时设单纯生理盐水做对照孔。每孔加入经粉螨抗原致敏的醛化红细胞，混匀后置37 ℃温箱1小时或室温1～2小时，观察结果。如红细胞沉积孔底，集中呈一圆点为不凝集“－”；如红细胞发生凝集，则会分布于孔底周围，根据红细胞凝集的程度判断阳性反应的强弱。

（3）嗜碱性粒细胞活化试验（basophil activation test，BAT）：嗜碱性粒细胞源自骨髓造血多能干细胞，在骨髓中发育成熟后进入外周血，其表面有高亲和力IgE Fc受体FcεRⅠ。当机体初次接触过敏原时，浆细胞产生针对过敏原的sIgE，可与嗜碱性粒细胞表面的FcεRⅠ结合，致敏粒细胞。当过敏原再次进入机体，很快便与致敏嗜碱性粒细胞表面的IgE结合，通过交联作用激活致敏细胞，使得细胞脱颗粒并释放胞浆中的炎症介质，诱发不同程度的过敏反应。传统的BAT就是利用嗜碱性粒细胞的特点，在流式细胞术（flow cytometry，FCM）基础上，通过鉴定嗜碱性细胞表面的活化标志物对粒细胞进行定性及定量分析的方法。BAT是在流式细胞仪出现后发展起来的一项重要检测手段，特异性高，但对操作技术要求也高，且对结果的解读尚无统一标准，因此在临床上应用并不广泛，仅限于某些特定情况。

体外sIgE检测对专业性要求不是特别严格，实验室技术人员基本都可以操作；并且由于待检者无需接触过敏原，因此对患者而言比较安全；实验结果也不受患者使用药物的影响，患者无需为了检测而停药。但目前体外检测成本较高，试验难以区分高、低亲和力的免疫反应，检测结果通常需要等几个小时，也不能满足药物过敏检测的需求。

（六）粉螨过敏的防治

WHO对过敏的治疗提出了“四位一体”的综合性方案，即对患者进行健康宣传教育、正确诊断和避免接触过敏原、适当的对症治疗及特异性免疫治疗。

1. 粉螨过敏的预防

控制过敏原是粉螨过敏控制中最基本的方法。粉螨常见于房舍和储藏物中，广泛孳生于粮食、干果、饲料、中药材、衣物、家具和室内尘土里，食性复杂。对粉螨的控制主要是减少活螨数量、降低粉螨过敏原浓度及减少人群暴露。

（1）过敏原的防避：我国变态反应学专家叶世泰教授曾将防避过敏原的方法总结为“避”“忌”“替”“移”四个字。“避”即避开一切已知或者可疑的过敏原；“忌”为忌食用已知可致敏的食物及药物；“替”是替代，如果可致敏的食物或者药物为必须，就改用其他类似但不致敏的食物或者药物来代替；“移”指将引发致敏的过敏原从周围环境中移除。对粉螨过敏原主要采取“避”和“移”的方法：降低所处环境的相对湿度；定期清洗、晾晒床上用品、窗帘等家庭饰品及毛绒玩具；尽量不使用地毯、毛毯，如需使用则注意定期进行强力吸尘、清洁、晾晒；加热和冷冻可杀死粉螨，对家用物品和玩具可酌情处理；使用相对安全的杀螨制剂等。

（2）预防性策略：对过敏患者进行小剂量过敏原疫苗注射，是使机体耐受致敏原的有效方法，副作用小且可以避免长期用药所引发的不良反应。过敏体质被认为是T细胞功能失调，即Th1向Th2的免疫偏向（Th1/Th2比例失衡）。Th2免疫反应通过激活Th2细胞来触发Th2免疫应答，活化的Th2细胞分泌细胞因子（IL-4、IL-5、IL-9、IL-10等），刺激B细胞产生IgE抗体，继而刺激肥大细胞释放组胺。临床上会应用一些免疫调节剂（小牛胸腺肽、卡介菌多糖核酸等）来诱导保护性Th1应答，增强单核巨噬细胞功能，封闭IgE的作用，预防过敏的发展。此外，目前尚属实验阶段的基因疗法也为过敏疾病的预防和治疗提供一条通路。现在认为过敏是一种多基因遗传病，利用DNA重组技术可以修复或调节有缺陷的基因，使细胞恢复正常功能，以达到预防和治疗的目的。

2. 粉螨过敏的治疗

包括特异性治疗和非特异性治疗。

（1）特异性治疗：指过敏原特异性免疫治疗又称特异性免疫治疗（specific immunotherapy，SIT），俗称脱敏治疗，是目前公认可通过调节患者免疫机制来治疗IgE介导的过敏的有效方法。让患者小剂量接触标准化粉螨过敏原，并有规律地逐步增加浓度和剂量，直至患者最大耐受量（维持量）。SIT可以调节Th1/Th2的平衡，减少外周血、皮肤、黏膜中Th2细胞的免疫应答反应进而降低sIgE的滴度，同时诱导产生“封闭抗体”特异性IgG4（specific IgG4，sIgG4）。sIgG4与sIgE竞争结合过敏原，阻断或减少过敏原与致敏嗜碱性粒细胞及肥大细胞表面IgE结合的机会，从而抑制过敏反应。sIgG4还可与抑制性受体结合，抑制效应细胞的脱颗粒和抗原提呈功能。通过SIT还可诱导过敏原特异性调节T细胞（Treg），分泌细胞因子白介素-10（IL-10）和转化生长因子β（TGF-β），发挥免疫抑制作用。

依据给药方式不同，SIT可分为皮下免疫治疗（subcutaneous immunotherapy，SCIT）、舌下免疫治疗（sublingual immunotherapy，SLIT）、淋巴结注射免疫治疗（intralymphatic immunotherapy，ILIT）和经皮免疫治疗（epicutaneous immunotherapy，EPIT）。

① SCIT：是经皮下注射给药的一种传统免疫治疗方法，在临床上已被广泛应用，尤其是对过敏性鼻炎、支气管哮喘等疾病的治疗效果较好。

② SLIT：与传统的SCIT相比，SLIT通过舌下含服给药，治疗方法更为便捷，且安全性好，不良反应多在局部如口腔、胃肠道出现，极少出现系统性过敏反应。目前，SLIT在临床上的应用已日益增多。

③ ILIT：作为一种新的给药方式，ILIT开始逐渐受到关注。其特点是治疗间隔时间长（1个月）、持续时间短，且需使用的粉螨过敏原剂量低，因此患者的依从性比较好。临床研究肯定了ILIT的安全性和有效性，尤其是针对过敏性鼻炎和支气管哮喘的治疗。

④ EPIT：利用激光、微针在表皮及真皮中形成微通道，同时不伤及神经和血管，将抗原和佐剂局部注入，诱导机体产生系统性免疫应答。但目前EPIT尚停留在实验室研究和粉螨实验阶段，要实现临床应用还需更多支撑数据。

（2）非特异性治疗：主要指药物治疗，由于属于对症治疗，因此可以快速缓解粉螨过敏的症状，实施起来简单易行。如抗组胺类药、皮质类固醇类药、肾上腺素类药、白三烯调节剂、肥大细胞膜稳定剂等。

（吴　伟　贾默稚）

二、皮炎和皮疹

由粉螨侵染皮肤引起的过敏性皮炎、皮疹称为粉螨性皮炎（acarodermatitis）、粉螨性皮疹（acarian eruption）。因好发于与谷物接触场所或储藏仓库、杂货店等，故又称为谷痒症（granary itch）或杂货痒症（grocery itch）。患者以仓储工作人员较多，农民亦是好发人群，尤其在作物收割期间有时会出现暴发流行。近年来城市居民夏季因睡草席引起的粉螨性皮炎在全国多地时有发生，如上海、南京等，调查发现，发病原因与粉螨暴露有关。

已报道的能引起螨性皮炎、皮疹的螨种很多，较常见的种类有粗脚粉螨、腐食酪螨和粉尘螨等数十种。当人体接触到螨类的分泌物、排泄物、碎屑及死亡螨体裂解产物等变应原可引起以红斑、丘疹为主要表现的变应性皮肤病。发病既可急性，也可慢性。螨性皮炎和皮疹实验室检查目前常用的方法有皮肤点刺试验、皮内试验、贴斑试验及划痕试验等。

螨性皮炎的发病通常与职业、接触及遗传等因素有关。一般情况下，螨接触概率高的人群，患病率也较高。过敏性皮炎的患者往往有家族性或是过敏体质。周淑君(2004)对上海市大学生螨性皮炎调查发现，人体的手臂、大腿、腰部等与床席接触部位是螨性皮炎丘疹主要病变部位。洪勇(2016)报道了腐食酪螨致皮炎一例，系由于该患者夏季接触凉席导致皮肤被腐食酪螨叮咬而出现皮疹。

三、非特异性侵染

粉螨耐饥饿，生存力强，广泛孳生于谷物、干果、药材和人类的居室中，有较多机会与人接触，除引起螨性皮炎和螨性过敏反应外，有些粉螨还可侵染人体的呼吸系统、消化系统、泌尿系统等，引起人体肺螨病、肠螨病和尿螨病。

（一）肺螨病

肺螨病(pulmonary acariasis)是螨类通过呼吸道非特异性侵入人体肺部引起的一种疾病。有关肺螨病的研究迄今已有百余年的历史。早期研究主要限于粉螨，Duncan(1920)发现猴肺内寄生大量肺刺螨，可使猴子躁动不安，并易感染其他疾病。Gay et Branch(1927)指出引起猴肺螨病的螨类主要是肺刺螨属(*Pneumonyssus*)中的部分种类。直到20世纪30年代后，人们才开始逐步认识人体肺螨病。日本学者平山柴(1935)在2个患者的血痰中首次发现螨。野平(1936)在4个患者的痰液中检出螨。但当时有些学者认为这些螨是在检验操作中带入或从外界混入痰液中。直到井藤(1940)通过粉螨实验证实，体外螨类可通过一定途径侵入呼吸道。此后Carter(1944)、Soysa(1945)、Van Der Sar(1946)、斋藤泰弘(1947)、佐佐学(1947)、田中茂(1949)、彬浦(1949)、北本(1949)等陆续做了很多研究。我国学者高景铭等(1956)首次报道了一例人体肺螨病，随后国内许多学者对肺螨病进行了系统研究。目前引起肺螨病的螨种主要包括粗脚粉螨、腐食酪螨、椭圆食粉螨、伯氏嗜木螨、食菌嗜木螨、刺足根螨、家食甜螨、害嗜鳞螨、粉尘螨、屋尘螨、梅氏嗜霉螨、甜果螨、纳氏皱皮螨、河野脂螨、食虫狭螨等10余种。上述各螨中，以粗脚粉螨、腐食酪螨、椭圆食粉螨等在痰检中出现率较高，是常见的致病种类。环境中的螨类经各级气管、支气管到达寄生部位过程中，常以其足体、颚体活动，破坏肺组织而致明显的机械性损伤，继而引起局部细胞浸润和纤维结缔组织增生。同时螨的排泄物、分泌物、代谢物、螨体等刺激机体也可产生免疫病理反应。肺螨病患者无特殊的临床表现，主要表现为咳嗽、咳痰、胸闷、胸痛、气短、烦躁、乏力及咯血等，少数患者有低热、盗汗、背痛、头痛等。有些患者出现哮喘症状，夜间干咳严重，甚至不能入睡。多数患者体检时可闻肺部有干啰音，少数有哮鸣音。春秋季节温湿度有利于粉螨生长繁殖和播散，故肺螨病多发于春秋两季。肺螨病的发生与患者的职业、工作环境、性别、年龄等有一定关系。工作环境中如粮库、粮站、面粉厂、药材库、中药店和中药厂等螨的密度较高，引起肺螨病的概率较大。若在此环境中工作而无防护措施，粉螨可通过呼吸道感染人体。赵玉强(2009)对山东省肺螨病患者职业年龄和性别的调查显示，粮食加工者感染率最高，达13.80%，粮食搬运工感染率为10.78%，肺螨感染还与工作时间长短有关，且随职工年龄的增加，肺螨病的感染率上升。

（二）肠螨病

肠螨病(intestinal acariasis)为某些粉螨随污染食物非特异性侵入人体肠腔或侵入肠壁引起腹痛、腹泻等一系列胃肠道症状为特征的消化系统疾病。Hinman和Kammeier(1934)首次报道了长食酪螨可引起肠螨病。随后日本学者细谷英夫(1954)从小学生的粪便中分离出粉螨。Robertson(1959)调查发现食酪螨属中的部分粉螨寄生在人体肠道，引起肠螨病。我国有关肠螨病的报道较晚，沈兆鹏(1962)在上海发现，饮用被甜果螨污染的古巴砂糖水后发生腹泻流行，周洪福(1980)报道一起饮红糖饮料引起的肠螨病，李友松(1980)从一例腹泻、腹痛患者粪便中检出螨及螨卵，随后许多国内学者对肠螨病均有报道。迄今为止，能引起人体肠螨病的螨种主要包括粗脚粉螨、腐食酪螨、长食酪螨、甜果螨、家食甜螨、河野脂螨、害嗜鳞螨、隐秘食甜螨、粉尘螨、屋尘螨等10余种，其中以腐食酪螨、甜果螨及家食甜螨最为常见。粉螨进入人体肠道或侵入肠壁后，其螯肢及足爪均对肠壁组织造成机械性的刺激，引起相应部位损伤。螨在肠腔内侵入肠黏膜或更深的肠组织，可引起炎症、溃疡等。同时粉螨的螨体、分泌物、排泄物均为强烈的变应原，可引起变态反应。肠螨病无特殊临床表现，轻者可无症状，也可不治自愈；重者可出现腹痛、腹泻、腹胀、腹部不适、恶心、呕吐、食欲减退、低热、乏力、精神不振、消瘦、肛门灼热感、黏液稀便、脓血便等。

（三）尿螨病

尿螨病（urinary acariasis）又称泌尿系统螨病，是某些螨类非特异性侵入人体泌尿系统引起的一种疾病。尿检发现螨类常与痰螨或粪螨同时出现。Miyaka和Scariba（1893）从日本一名患血尿和乳糜尿患者的尿液中分离出跗线螨。赤星能夫和渊上弘（1894）从患者尿液中分离出粉螨。Trouessart（1900）从患者睾丸囊肿液中分离出大量螨。随后Blane（1910）、Castellani（1919）、Dickson（1921）、Mackenzie（1923）等相继做了很多尿螨病研究。1962年国内就有患儿尿螨阳性的报道，随后徐秉锟和黎家灿（1985）、张恩铎（1984～1991）等从患者尿液中发现粉螨。根据记载能引起尿螨病的粉螨主要包括粗脚粉螨、腐食酪螨、长食酪螨、椭圆食粉螨、伯氏嗜木螨、食菌嗜木螨、纳氏皱皮螨、河野脂螨、家食甜螨、甜果螨、害嗜鳞螨、粉尘螨、屋尘螨、梅氏嗜霉螨等10余种。当螨类侵入人体泌尿道内，其螯肢和足爪对尿道上皮造成机械性刺激，并破坏上皮组织，侵犯尿道疏松结缔组织，引起局部炎症及溃疡。同时螨的代谢产物及死亡螨体裂解物可引起人体变态反应。尿螨病的主要临床症状是夜间遗尿及尿频、尿急、尿痛等尿路刺激症状，少数患者可出现蛋白尿、血尿、脓尿、发热、水肿及全身不适等。

（四）其他

粉螨还可侵入人体耳道内，刘安强（1985）发现一例外耳道及乳突根治腔内感染并孳生粉螨科螨类。常东平（1988）取阴道分泌物镜检见螨体，患者表现为阴道奇痒、白带增多、腰腹疼痛并有下坠感。张朝云（2003）报道了一起儿童食用被粉螨污染的沙嗲牛肉而引起急性中毒案例。此外，粉螨在传播过程中还可传播黄曲霉菌等有害菌种，而黄曲霉素是强烈的致癌物质，对人类健康危害极大。

（赵金红）

第六节　粉螨防制原则

粉螨孳生不仅严重为害储藏物的质量，带来严重的经济损失，同时也可引起各种螨类疾病，给人类生活带来诸多不便。随着社会的发展和人类生活方式的改变，粉螨已是现代生活环境中重要的致病因素，粉螨引起的疾病危害已经成为非常重要的公共卫生问题。因此如何控制生活环境中粉螨孳生，已是环境与健康主题中亟待解决的问题之一，也是粉螨学的主要研究内容之一。粉螨的综合防制方法主要包括环境防制、物理防制、化学防制、生物防制、遗传防制和法规防制六方面。

一、环境防制

环境防制指根据粉螨的生态和生物学特点,通过改造、处理粉螨的孳生地环境或消灭其孳生场所,造成不利于粉螨生长、繁殖和生存的条件,从而达到防制目的。这是防制粉螨的根本办法,也是应用最早的粉螨防制方法之一,主要包括:① 环境改造:对人类环境条件无不良影响的各种永久或长期实质改变的一种措施。如居室装修时选用磷灰石抗菌除臭过滤网。② 环境处理:是指在粉螨孳生地有计划的定期处理,造成暂时不利于其孳生的环境。如保持室内空气清洁干燥。③ 改善人群居住条件:如安装除尘设备,个人戴口罩,室内经常打扫等。

二、物理防制

物理防制指利用机械力、热、光、声、放射线等物理学方法来捕杀、隔离或驱走粉螨,使它们不能伤害人体或传播疾病。主要措施有:① 干燥、通风。② 控制温度:在粉螨适宜的生长季节内,定期对密闭的空间给予超过或低于其生存温度的变化而达到杀螨的目的。③ 进行光照:粉螨具畏光(负趋光性)特性。经常日光下暴晒可达到防制粉螨的目的。④ 缺氧防制:在密闭状态下,通入CO_2或降低O_2的浓度,使螨窒息而死。如自然缺氧法、微生物辅助缺氧法、抽氧补充CO_2法等方法。⑤ 微波、高频加热、电离辐射防制:该方法污染少,在防制粮油、饲料等螨类时应用广泛。以上物理防制方法的优点是无农药残留,比较适于对储藏物粉螨的防制,但其效果可能不如化学防制。

三、化学防制

化学防制是指使用天然或合成的毒物,以不同的剂型,通过不同的途径,毒杀、驱避或引诱粉螨。因其施行方便、见效快、效果佳而且具有合适的残效,成本较低,既可大规模应用,也可小范围喷洒,因此,化学防制仍然是病媒综合防制中的重要组成部分。但需根据粉螨的食性、栖性、活动、种类及对杀螨剂的敏感性,选择最佳杀螨剂,从而达到有效防制粉螨的目的。常用的化学杀螨剂有:① 熏蒸剂:磷化氢、溴甲烷、四氯化碳、溴乙烷、环氧乙烷、二氯化碳等。一般需采用二次低剂量熏蒸才能达到防制目的,间隔时间由当时的气温、螨种及仓库的密闭性等因素决定。② 谷物保护剂:保粮磷(杀螟松和溴氰菊酯复配而成)、马拉硫磷、虫螨磷、杀螟硫磷、毒死蜱、除虫菊酯、灭螨猛等数十种。其中前四种为我国常用的谷物保护剂,对储藏谷物防螨均有较好效果。③ 粉螨生长调节剂:粉螨生长调节剂可阻碍或干扰粉螨正常生长发育而致其死亡,不污染环境,对人畜无害,因而是最有希望的“第三代杀螨剂”。④ 驱避剂(repellent):本身无杀螨作用,但挥发产生的蒸气具有特殊的使粉螨厌恶的气味,使粉螨避开。⑤ 硅藻土:具有很强的吸酯吸蜡能力,破坏粉螨表皮的“水屏障”,使其体内失水,重量减轻,最终死亡。⑥ 芳香油(天然植物提取物):是一种天然的、高效、低毒、环境友好型的防螨剂。⑦ 脱氧剂:某些脱氧剂可以有效杀灭尘螨的成虫和虫卵,可以作为控制尘螨的新措施;这些脱氧剂主要包括铁离子型和抗坏血酸型。

四、生物防制

生物防制是通过利用某种生物（天敌）或其代谢物来消灭另一种有害生物的防制措施，其特点是对人畜安全，不污染环境。目前用于粉螨生物防制的主要是捕食性生物，即粉螨的天敌，是利用天敌捕食或吞食粉螨来达到有效防制目的，如肉食螨。除了利用捕食性天敌来杀螨，也有利用寄生性天敌、细菌、真菌、病毒和原生粉螨来杀螨的，但主要集中在农业害螨中。如白缰菌、苏云金杆菌。还可用激素农药对于储粮仓库中的螨进行防制，激素农药是利用生物体内的生理活性化学物质或人工合成的类似化学物质作用于仓螨抑制或破坏其正常生长发育过程，使其个体生活能力降低、死亡，进而使种群灭绝，从而达到防制的目的，如灭幼脲1号保幼激素。

五、遗传防制

遗传防制是通过各种方法处理以改变或移换粉螨的遗传物质，以降低其繁殖势能或生存竞争力，从而达到控制或消灭种群的目的。遗传防制可以通过两种途径来实现。一种是人工大量释放超过自然种群的经过绝育的雄螨与自然种群的雌螨交配，产生未受精卵，从而使种群的数量得到有效控制。另一种是用雌雄生殖细胞的胞质不亲和性（不育）、杂交不育、染色体倒位、性畸变、半致死因子等遗传学现象，培育有遗传缺陷的要进行防制的粉螨，从而达到替换或防制自然种群的目的。如① 杂交绝育。② 化学绝育。③ 照射绝育。④ 胞质不育。⑤ 染色体易位。

六、法规防制

法规防制是利用法律、法规或条例，保证各种预防性措施能够及时、顺利地得到贯彻和实施，来避免粉螨的侵入或传出到其他地区。如对海港及进口口岸的检疫、卫生监督和强制防制等。

（陶　宁）

参考文献

蔡枫，樊蔚，闫岩，2013.上海地区342例哮喘患者过敏原检测结果分析[J].放射免疫学杂志，26（1）：98-99.

蔡志学，1982.粉螨及其对地鳖虫的危害与防治[J].湖北农业科学（1）：20-21.

曾维英，蓝银苑，2015.2050例慢性荨麻疹患者过敏原检测结果分析[J].皮肤性病诊疗学杂志，22（1）：43-45.

柴强，陶宁，段彬彬，等，2015.中药材刺猬皮孳生粉螨种类调查及薄粉螨休眠体形态观察[J].中国热带医学，15（11）：1319-1321.

常东平，胡兴友，于宁昌，1998.阴道螨症2例[J].人民军医（2）：117.

陈琪，孙恩涛，刘志明，等，2013.芜湖地区储藏中药材孳生粉螨种类[J].热带病与寄生虫学，11（2）：85-88.

陈琪，赵金红，湛孝东，等，2015.粉螨污染储藏干果的调查研究[J].中国微生态学杂志，27（12）：1386-1390.

陈实，王灵，2011. 海南儿童哮喘常见吸入性变应原的调查[J]. 临床儿科杂志，29 (6)：552-555.
丁海明，陈曲波，2012. 广州地区吸入过敏原引起过敏性鼻炎过敏原谱分析[J]. 广东医学，33(14)：2157-2159.
方宗君，蔡映云，2000. 螨过敏性哮喘患者居室一年四季尘螨密度与发病关系[J]. 中华劳动卫生职业病杂志，18(6)：350-352.
郭娇娇，孟祥松，李朝品，2018. 安徽临泉居家常见储藏物孳生粉螨的群落研究[J]. 中国血吸虫病防治杂志，30(3)：325-328.
郭娇娇，孟祥松，李朝品，2018. 农户储藏物孳生粉螨种类的初步调查[J]. 中国血吸虫病防治杂志，30(6)：656-659.
郭娇娇，孟祥松，李朝品，2017. 芜湖市面粉厂粉螨种类调查[J]. 中国病原生物学杂志，12(10)：987-989，986.
贺骥，江佳佳，王慧勇，等，2004. 大学生宿舍尘螨孳生状况与过敏性哮喘的关系[J]. 中国学校卫生，25(4)：485-486.
洪勇，柴强，陶宁，等，2017. 腐食酪螨致皮炎1例[J]. 中国血吸虫病防治杂志，29(3)：395-396.
洪勇，柴强，湛孝东，等，2017. 储藏中药材龙眼肉孳生甜果螨的研究[J]. 中国血吸虫病防治杂志，29(6)：773-775.
洪勇，杜凤霞，赵丹，等，2017. 齐齐哈尔市地脚粉孳生纳氏皱皮螨的初步调查[J]. 中国血吸虫病防治杂志，29(2)：225-227.
洪勇，赵亚男，彭江龙，等，2019. 海口市地脚米孳生热带无爪螨的初步调查[J]. 中国血吸虫病防治杂志，31(3)：343-345.
胡文华，2002. 食用菌制种栽培中菌螨的发生与防治[J]. 四川农业科技，2：25.
华丕海，陈海生，2013. 116 例小儿过敏性紫癜血清过敏原检测结果分析[J]. 吉林医学，34(23)：4773-4774.
江佳佳，贺骥，王慧勇，2005. 46 例肺部感染的旧房拆迁农民工患肺螨病情况的调查[J]. 中国职业医学，32(5)：65-66.
江佳佳，李朝品，2005. 我国食用菌螨类及其防治方法[J]. 热带病与寄生虫学，3(4)：250-252.
黎雅婷，张萍萍，2014. 广州地区儿童过敏性紫癜血清变应原特异性IgE检测分析[J]. 中国实验诊断学，18(6)：942-944.
李朝品，贺骥，王慧勇，等，2005. 储藏中药材孳生粉螨的研究[J]. 热带病与寄生虫学，3：143-146.
李朝品，贺骥，王慧勇，等，2007. 淮南地区仓储环境孳生粉螨调查[J]. 中国媒介生物学及控制杂志，18(1)：37-39.
李朝品，吕文涛，裴莉，等，2008. 安徽省粉螨饲料孳生粉螨种类调查[J]. 四川粉螨，27(3)：403-407.
李朝品，沈兆鹏，2016. 中国粉螨概论[M]. 北京：科学出版社：137-143.
李朝品，唐秀云，吕文涛，等，2007. 安徽省城市居民储藏物中孳生粉螨群落组成及多样性研究[J]. 蛛形学报，16(2)：108-111.
李朝品，陶莉，王慧勇，等，2005. 淮南地区粉螨群落与生境关系研究初报[J]. 南京医科大学学报，25 (12)：955-958.
李朝品，王健，2002. 尿螨病的临床症状分析[J]. 中国寄生虫病防治杂志，15(3)：183-185.
李朝品，2002. 腐食酪螨、粉尘螨传播霉菌的实验研究[J]. 蛛形学报，11(1)：58-60.
李生吉，赵金红，湛孝东，等，2008. 高校图书馆孳生螨类的初步调查[J]. 图书馆学刊，30(162)：66-69.
梁国祥，蔡海燕，2011. 400 例过敏性鼻炎患者吸入性过敏原检测结果分析[J]. 广州医药，42(3)：32-33.
梁裕芬，2019. 尘螨的危害及防制措施概述[J]. 生物学教学，44(6)：4-6.
刘安强，靖卫德，李芳，1985. 粉螨科螨类在外耳道及乳突根治腔内孳生一例报告[J]. 白求恩医科大学学报，11(1)：97-98.
刘桂林，邓望喜，1995. 湖北省中药材贮藏期昆虫名录[J]. 华东昆虫学报，4(2)：24-31.
刘学文，孙杨青，梁伟超，等，2005. 深圳市储藏中药材孳生粉螨的研究[J]. 中国基层医药，12(8)：1105-1106.

孟阳春,李朝品,梁国光,1995.蜱螨与人类疾病[M].合肥:中国科技大学出版社:320-366.
牛卫中,唐秀云,李朝品,2009.芜湖地区储藏物粉螨名录初报[J].热带病与寄生虫学,7(1):35-36,34.
裴伟,林贤荣,松冈裕之,2012.防治尘螨危害方法研究概述[J].中国病原生物学杂志,7(8):632-636.
祁国庆,刘志勇,赵金红,等,2015.芜湖市高校食堂孳生螨类的调查[J].热带病与寄生虫学,13(4):229-230,239.
秦瀚宵,袁冬梅,2016.肺螨病误诊一例[J].中国寄生虫学与寄生虫病杂志,34(2):1.
任华丽,王学艳,2010.北京地区成人过敏性鼻炎吸入过敏原谱分析[J].山东医药,50(22):102-103.
沈莲,孙劲旅,陈军,2010.家庭致敏螨类概述[J].昆虫知识,47(6):1264-1269.
沈兆鹏,1996.粉螨饲料中的螨类及其危害[J].饲料博览,8(2):21-22.
沈兆鹏,2009.房舍螨类或储粮螨类是现代居室的隐患[J].黑龙江粮食,2:47-49.
沈兆鹏,1996.中国储粮螨类种类及其危害[J].武汉食品工业学院学报,1:44-52.
宋红玉,段彬彬,李朝品,2015.某地高校食堂调味品粉螨孳生情况调查[J].中国血吸虫病防治杂志,27(6):638-640.
宋红玉,赵金红,湛孝东,等,2016.医院食堂椭圆食粉螨孳生情况调查及其形态观察[J].中国病原生物学杂志,11(6):488-490.
孙劲旅,陈军,张宏誉,2006.尘螨过敏原的交叉反应性[J].昆虫学报,49(4):695-699.
孙庆田,陈日曌,孟昭军,2002.粗足粉螨的生物学特性及综合防治的研究[J].吉林农业大学学报,24(3):30-32.
孙艳宏,刘继鑫,李朝品,2016.储藏农产品孳生螨种及其分布特征[J].环境与健康杂志,33(6):497.
孙杨青,梁伟超,2005.深圳市肠螨病流行情况的调查[J].现代预防医学,32(8):916-917.
陶金好,曹兰芳,孔宪明,等,2009.上海市郊区儿童过敏性疾病过敏原的研究[J].上海交通大学学报(医学版),29(7):866-868.
陶宁,湛孝东,李朝品,2016.金针菇粉螨孳生调查及静粉螨休眠体形态观察[J].中国热带医学,16(1):31-33.
陶宁,湛孝东,孙恩涛,等,2015.储藏干果粉螨污染调查[J].中国血吸虫病防治杂志,27(6):634-637.
王克霞,杨庆贵,田晔,2005.粉螨致结肠溃疡一例[J].中华内科杂志,44(9):7.
吴清,2015.图书馆尘螨过敏原及危害[J].生物灾害科学,38(1):57-60.
吴泽文,莫少坚,2000.出口中药材螨类研究[J].植物检疫,14(1):8-10.
吴子毅,罗佳,徐霞,等,2008.福建地区房舍螨类调查[J].中国媒介生物学及控制杂志,19(5):446-450.
向莉,付亚南,2013.哮喘患儿家庭内尘螨变应原含量分布特征及其影响因素[J].中华临床免疫和变态反应杂志,7(4):314-321.
肖晓雄,黄东明,2009.屋尘螨脱敏治疗对变应性鼻炎及哮喘患者血清粉尘螨特异性IgG_4抗体的影响[J].中华临床免疫和变态反应杂志,3(1):34-38.
徐朋飞,李娜,徐海丰,等,2015.淮南地区食用菌粉螨孳生研究(粉螨亚目)[J].安徽医科大学学报,50(12):1721-1725.
许礼发,王克霞,赵军,等,2008.空调隔尘网粉螨、真菌、细菌污染状况调查[J].环境与职业医学,25(1):79-81.
杨庆贵,李朝品,2003.64种储藏中药材孳生粉螨的初步调查[J].热带病与寄生虫学,1(4):222.
杨志俊,易忠权,吴海磊,等,2018.出入境货物常见储粮螨类危害与分类鉴定方法[J].中华卫生杀虫药械,24(3):296-298.
于晓,范青海,2002.腐食酪螨的发生与防治[J].福建农业科技,6:49-50.
方宗君,蔡映云,王丽华,等,2000.螨过敏性哮喘患者居室一年四季尘螨密度与发病关系[J].中华劳动卫生职业病杂志,18(6):350-352.
湛孝东,郭伟,陈琪,等,2013.芜湖市乘用车内孳生粉螨群落结构及其多样性研究[J].环境与健康杂志,

30(4):332-334.

张朝云,李春成,彭洁,等,2003.螨虫致食物中毒一例报告[J].中国卫生检验杂志,13(6):776.

张荣波,马长玲,1998.40种中药材孳生粉螨的调查[J].安徽农业技术师范学院学报,12(1):36-38.

赵金红,陶莉,刘小燕,等,2009.安徽省房舍孳生粉螨种类调查[J].中国病原生物学杂志,4(9):679-681.

赵金红,王少圣,湛孝东,等,2013.安徽省烟仓孳生螨类的群落结构及多样性研究[J].中国媒介生物学及控制杂志,24(3):218-221.

赵金红,湛孝东,孙恩涛,等,2015.中药红花孳生谷跗线螨的调查研究[J].中国媒介生物学及控制杂志,26(6):587-589.

赵小玉,郭建军,2008.中国中药材储藏螨类名录[J].西南大学学报:自然科学版,30(9):101-107.

赵玉强,邓绪礼,甄天民,2009.山东省肺螨病病原及流行状况调查[J].中国病原生物学杂志,4(1):43-45.

周海林,胡白,2012.安徽省1062例慢性荨麻疹过敏原检测结果分析[J].安徽医药,16(11):1615-1616.

仝连信,鞠传余,韩鹏飞,2011.3例跗线螨侵染男性肾脏引起血尿的临床分析[J].国际检验医学杂志,32(13):1530.

KIM S H, SHIN S Y, LEE K H, et al., 2014. Long-term effects of specific allergen immunotherapy against house dust mites in polysensitized patients with allergic rhinitis[J]. Allergy Asthma Immunol. Res., 6(6): 535-540.

ARLIAN L G, MORGAN M S, 2003. Biology, ecology, and prevalence of dust mites[J]. Immunology and allergy clinics of North America, 23(3):443-468.

ARLIAN L G, NEAL J S, VYSZENSKI-MOHER D A L, 1999. Reducing relative humidity to control the house dust mite *Dermatophagoides farinae*[J]. Journal of allergy and clinical immunology, 104(4):852-856.

ARLIAN L G, NEAL J S, VYSZENSKI-MOHER D L, 1999. Fluctuating hydrating and dehydrating relative humidities effects on the life cycle of *Dermatophagoides farinae* (Acari: Pyroglyphidae)[J]. Journal of medical entomology, 36(4):457-461.

BALASHOV Y S, 2000. Evolution of the nidicole parasitism in the Insecta and Acarina[J]. Ėntomologicheskoe Obozrenie, 79(4):925-940.

BINOTTI R S, OLIVEIRA C H, SANTOS J C, et al., 2005. Survey of acarine fauna in dust samplings of curtains in the city of Campinas, Brazil[J]. Brazilian Journal of Biology, 65(1):25-28.

FUJITA H, SOYKA M B, AKDIS M, et al., 2012. Mechanisms of allergen-specific immunotherapy[J]. Clin. Transl. Allergy, 2(1):1-8.

KNÜLLE W, 2003. Interaction between genetic and inductive factors controlling the expression of dispersal and dormancy morphs in dimorphic Astigmatic mites[J]. Evolution, 57(4):828-838.

KONISHI E, UEHARA K, 1999. Contamination of public facilities with *Dermatophagoides* mites (Acari: Phyroglyphidae) in Japan[J]. Experimental & Applied Acarology, 23(1):41-50.

LI C, CHEN Q, JIANG Y, et al., 2015. Single nucleotide polymorphisms of cathepsin S and the risks of asthma attack induced by acaroid mites[J]. Int. J. Clin. Exp. Med., 8 (1):1178-1187.

LI C, JIANG Y, GUO W, et al., 2015. Morphologic features of *Sancassania berlesei* (Acari: Astigmata: Acaridae), a common mite of stored products in China[J]. Nutr. Hosp., 31(4):1641-1646.

LI C, ZHAN X, SUN E, et al., 2014. The density and species of mite breeding in stored products in China [J]. Nutr. Hosp., 31(2):798-807.

LI C, ZHAN X, ZHAO J, et al., 2015. *Gohieria fusca* (Acari: Astigmata) found in the filter dusts of air conditioners in China[J]. Nutr. Hosp., 31(2):808-812.

LIC P, YANG Q G, 2004. Cloning and subcloning of cDNA coding for group Ⅱ allergen of *Dermatophagoides farinae*[J]. Journal of Nanjing Medical University (English edition), 18(5):239-243.

LI C P, CUI Y B, WANG J, et al., 2003. Acaroid mite, intestinal and urinary acariasis[J]. World Journal of

Gastroenterology, 9 (4):874-877.

LI C P, CUI Y B, WANG J, et al., 2003. Diarrhea and acaroid mites: a clinical study[J]. World Journal of Gastroenterology, 9 (7):1621-1624.

LI C P, GUO W, ZHAN X D, et al., 2014. Acaroid mite allergens from the filters of air-conditioning system in China[J]. Int. J. Clin. Exp. Med., 7(6):1500-1506.

NEAL J S, 2002. Dust mite allergens: ecology and distribution[J]. Current allergy and asthma reports, 2(5): 401-411.

ROLLAND-DEBORD C, LAIR D, ROUSSEY-BIHOUEE T, et al., 2014. Block copolymer/DNA vaccination induces a strong Allergen-Specific local response in a mouse model of house dust mite asthma[J]. PLoS One, 9(1):e85976.

Stingeni L, Bianchi L, Tramontana M, et al., 2016. Indoor dermatitis due to Aeroglyphus robustus[J]. Br. J. Dermatol., 174 (2):454-456.

VYSZENSKI-MOHER D A L, ARLIAN L G, NEAL J S, 2002. Effects of laundry detergents on *Dermatophagoides farinae*, *Dermatophagoides pteronyssinus*, and *Euroglyphus maynei* [J]. Annals of Allergy, Asthma & Immunology, 88(6):578-583.

XU L F, LI H X, XU P F, et al., 2015. Study of acaroid mites pollution in stored fruit derived Chinese medicinal materials[J]. Nutr. Hosp., 32(2):732-737.

ZHAN X, XI Y, LI C, et al., 2017. Composition and diversity of acaroids mites (Acari: Astigmata) community in the stored rhizomatic traditional Chinese medicinal materials[J]. Nutr. Hosp., 34(2):454-459.

ZHAO J H, LI C P, ZHAO B B, et al., 2015. Construction of the recombinant vaccine based on T-cell epitope encoding Der p1 and evaluation on its specific immunotherapy efficacy[J]. International Journal of Clinical and Experimental Medicine, 8(4):6436-6443.

第八章　疥螨与疥疮

疥螨(*Sarcoptes scabiei*)隶属于蜱螨亚纲(Acari)、真螨总目(Acariformes)、疥螨目(Sarcoptiformes)、甲螨亚目(Oribatida)、甲螨总股(Desmonomatides)、无气门股(Astigmatina),疥螨总科(Sarcoptoidea)、疥螨科(Sarcoptidae)。根据Fain(1968)的分类,疥螨科分为2个亚科共10个属,即疥螨亚科(Sarcoptinae)和背肛疥螨亚科(Notoedrinae)。疥螨亚科包括疥螨属(*Sarcoptes*)、同疥螨属(*Cosarcoptes*)、前疥螨属(*Prosarcoptes*)、鼠疥螨属(*Trixacarus*)和猿疥螨属(*Pithesarcoptes*)5个属;背肛疥螨亚科(Notoedrinae)包括背肛螨属(*Notoedres*)、皱唇蝠疥螨属(*Chirnyssus*)、抢叶蝠疥螨属(*Chirnyssoides*)、翼手疥螨属(*Chirophagoides*)和蝠疥螨属(*Nycterdocoptes*)5个属。引起人体疥疮的病原体主要是疥螨属的人疥螨(*Sarcoptes scabiei* var. hominis De Geer,1778)。

疥螨通常寄生于人和哺乳动物的皮肤表皮角质层,引起的寄生虫性皮肤病俗称"疥疮(scabies)"或"疥癣(mange)",这在所有国家都是一个公共卫生问题。无论社会经济地位如何,在高收入国家,诊断延误可能导致聚集性爆发;在低收入和中等收入国家,难以获得卫生保健将导致疾病治疗不足和长期的系统性后遗症。虽然疥螨感染不致命,但会严重影响生活质量。2010年、2013年、2015年,全世界分别约有1亿、1.3亿和2.04亿人患有疥疮,疥疮已被世界卫生组织列入性传播疾病范围和被忽视的热带病,从发病率看有逐年上升的趋势。因此,加强对疥螨和所致疾病的认识,注重对疥螨的防制,对于保障人类生活质量和良好的生存状态很有必要。

第一节　疥螨形态特征

寄生于不同宿主的疥螨在形态上有细微差异,现主要以人疥螨为代表描述成螨的外形和内部结构,以及若螨、幼螨和卵的主要形态特征。

一、成螨

成螨体近圆形,背面隆起如球状,乳白色半透明;螨体不分节,无眼无气门。有足4对,位于腹面,前后各两对。整个螨体由颚体(gnathosoma)与躯体(idiosoma)组成。雌螨较雄螨大,雌螨体长300～500 μm,横径250～400 μm;雄螨长200～300 μm,横径150～200 μm。

(一)颚体

颚体短小,位于躯体前端,俗称假头,由螯肢、触须和口下板三部分组成。螯肢1对,位于螨体背面中央,呈钳状,其定趾与动趾内缘有锯齿;触须1对,位于螯肢的两侧,由3节组成,各节均具有刚毛,其末端除1根刚毛外,还有1根杆状突起和小刺,可能为感觉器。触须的外缘有一膜状结构，呈鞘状，覆盖于其两侧；口下板1对，位于腹面，由颚基向前延伸而成（图8.1）。

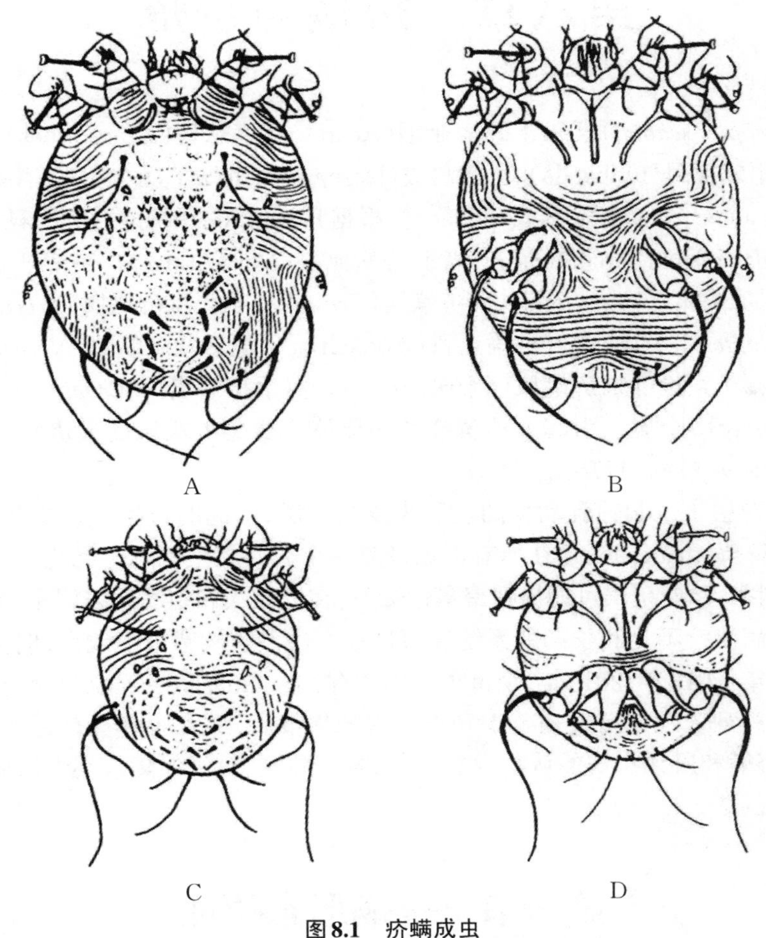

图8.1 疥螨成虫

A. 雌螨背面；B. 雌螨腹面；C. 雄螨背面；D. 雄螨腹面

仿 李朝品(2009)

（二）躯体

疥螨躯体呈囊状，背面隆起，腹面较平，体表有大量波状的横行皮纹，成列的圆锥形皮棘，成对的粗刺和刚毛。躯体背部的前端有盾板。雌螨盾板呈长方形，宽大于长；雄螨盾板则呈盾牌状，在躯体后半部背面有1对后侧盾板。腹面光滑，仅有少数刚毛。躯体的中部表皮突起，形成许多皮棘。雌螨有皮棘约150个，而雄螨较少。肛门位于躯体后缘正中，半背半腹（图8.2）。

疥螨的足粗短，圆锥形，前两对与后两对之间的距离较远，各足基节与腹壁融合成骨化的基节内突。第1对足的基节内突在中央处汇合，然后向躯体后方延伸为一条呈“Y”形的胸骨，第2对内突互不连接。第1、2对足各节，除具刚毛外，在膝节、胫节和跗节上有觫毛，跗节上还有微毛和爪突。跗节端部有一个带长柄的吸垫，为膜质结构，具有吸盘的功能。后2对足的末端雌雄不同，雌性基节的内突相互分离，跗节末端各具1根长鬃；雄性基节的内突互相连接，第3对足的跗节末端各具1根长鬃，第4对足的跗节末端则为长柄吸垫。

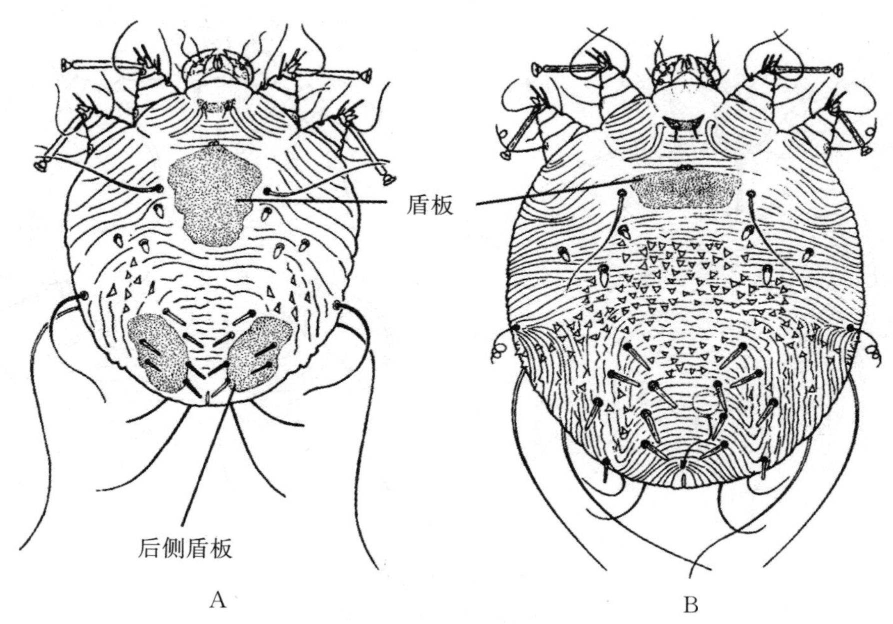

图8.2　疥螨成虫盾板

A. 雄螨；B. 雌螨

仿 李朝品和高兴政(2012)

雄螨的生殖区位于第4对足之间略后处，生殖器骨化明显，呈钟形，前方有一细长的骨质内突，称为生殖器前突，与第3、4对足的基节内突相连，正中有弯钩状的阳茎。雌螨的产卵孔呈横裂状，位于腹面足体中央。在躯体后方紧接肛门的背前端，有一骨化较强的交合突(copuletory papilla)，此突的后缘有一交合孔，经一细弯管通至体内的球形受精囊。

二、若螨

若螨似成螨，但体型比成螨小，生殖器官尚未发育成熟。若螨又分为两期，但由于雄螨第Ⅱ期若螨稍大于第Ⅰ期，在显微镜下不易观察出它们的区别，所以常误认为雄螨只有一个若螨期；而雌螨则有两个若虫期。第Ⅰ期若螨(前若螨)长约0.16 mm，第4对足较第3对足为短，备足无转节毛；第Ⅱ期若螨(后若螨)长0.22～0.25 mm，产卵孔尚未发育完全，但交合孔已生长，可行交配。躯体腹面在第4对足之间有生殖毛两对，第1～3对足各有转节毛1根，第3、4对足端部具长鬃(图8.3)。

三、幼螨

幼螨大小为(120～160) μm×(100～150) μm，形似成螨，但只有足3对，前2对具有吸垫，后1对具长鬃，身体后半部有杆状毛5对，足转节均无毛。生殖器官未发育(图8.4)。

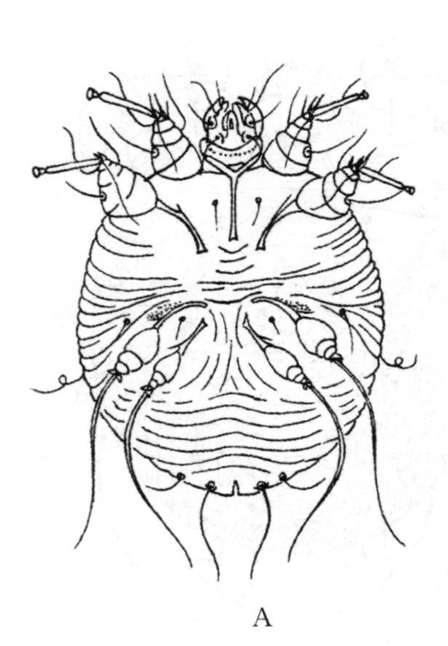
A

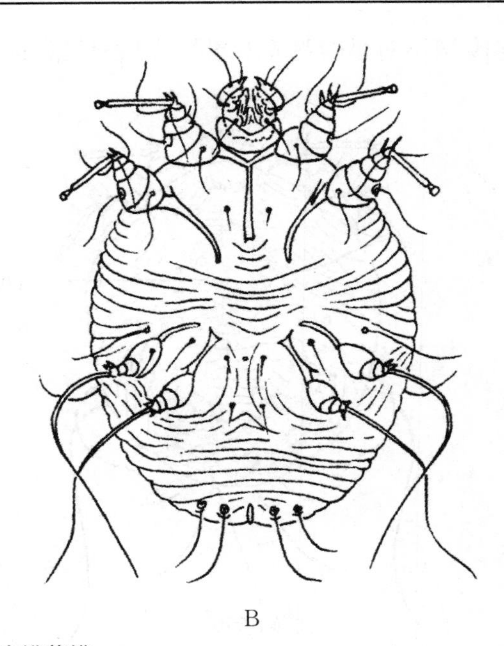
B

图8.3 疥螨若螨

A. 前若螨;B. 后若螨

仿 李朝品和高兴政(2012)

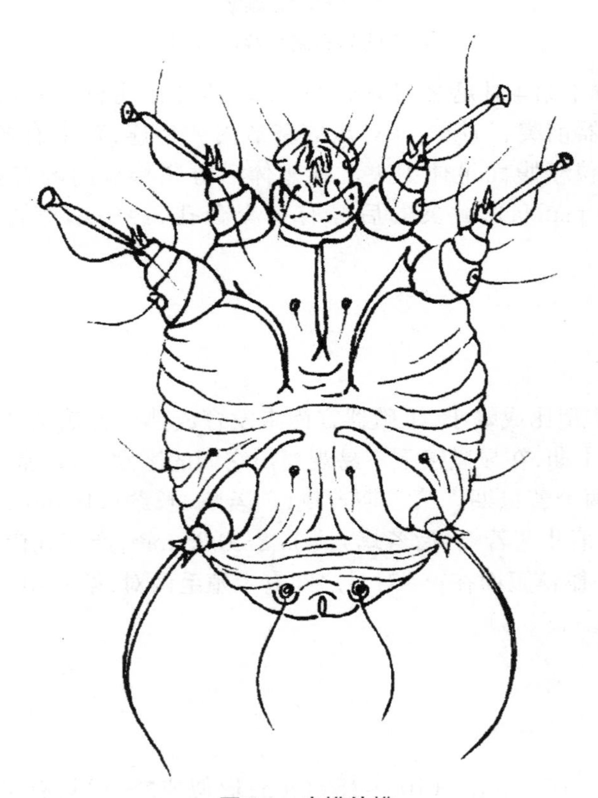

图8.4 疥螨幼螨

仿 李朝品和高兴政(2012)

四、虫卵

疥螨卵呈长椭圆形，淡黄色，壳很薄，大小为180 μm×80 μm，常见隧道内4～6个卵聚集在一处。初产的卵未完全发育，后期的卵可透过卵壳看到发育中的幼虫(图8.5)。

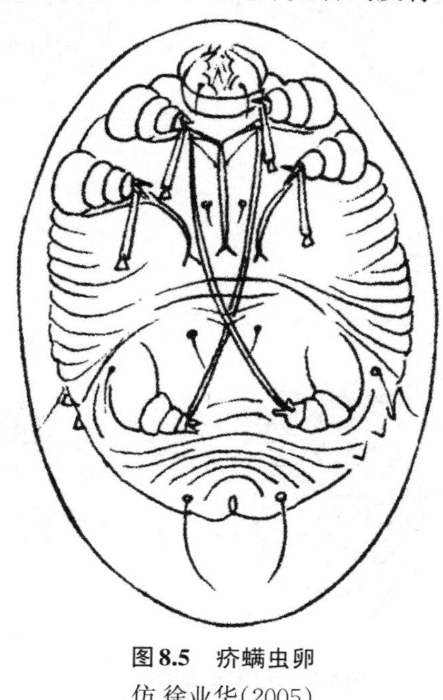

图8.5　疥螨虫卵
仿 徐业华(2005)

第二节　疥螨生物学

疥螨的生物学部分主要介绍疥螨的生活史、寄生习性、离体疥螨存活与传播特点及重复感染性。

一、生活史

疥螨为皮肤永久性寄生螨类，以角质层组织和渗出的淋巴液为食，一生几乎在宿主身上度过，并能在同一宿主完成世代相传。生活史包括卵、幼螨、若螨(前若螨和后若螨)和成螨(图8.6)。雄性若螨经2～3天后蜕皮发育为雄螨，雄螨交配后不久死亡，或筑一短"隧道"短期寄居。雌螨有两个若螨期，前若螨2～3天后变为后若螨。雌性后若螨已经形成成熟的阴道，与雄螨完成交配后重新钻入宿主皮肤内挖掘"隧道"，不久蜕皮为雌性成螨，雌螨非常活跃，用前足跗节末端的爪在宿主的表皮挖凿隧道，平均每天挖2～5 mm，然后逐渐形成与皮肤平行的隧道。每隔一定距离的地方有到达表皮的纵向通道，雌螨2～3天后产卵于"隧道"内，每隔2～3天产卵一次，每次可产卵2～3粒。因此，在"隧道"内可见很多卵成堆聚集在一处(图8.7)，但若外界温度降低，孵化期可延长到10天左右。虫卵对环境有一定的耐受性，

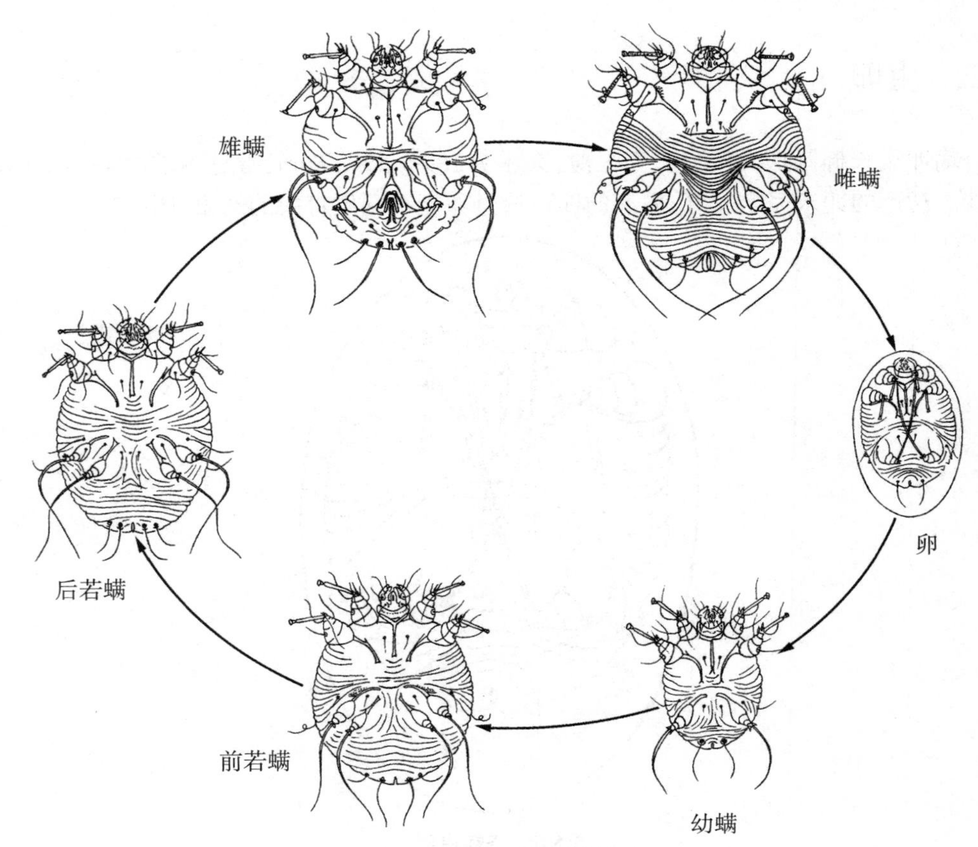

图8.6　疥螨生活史示意图

引自 李朝品

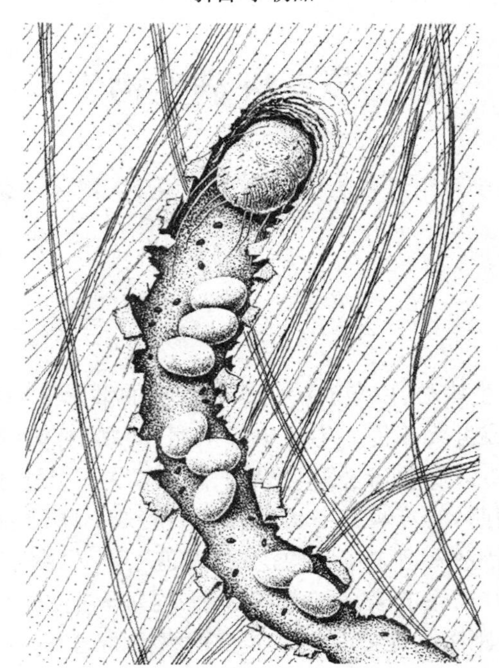

图8.7　疥螨在皮肤内隧道产卵

仿 徐业华(1994)

离开宿主后10～30天仍能发育。幼螨很活跃，致病力很强，有的离开“隧道”爬到宿主皮肤表面，重新再挖掘新“隧道”生活，有的在原来的“隧道”旁挖掘一旁道定居，有的仍在原母体所在“隧道”内寄居。幼螨生活在隧道中，发育3～4天后在定居的“隧道”内蜕皮成若螨。疥螨从卵发育到成螨，一般10～14天。雌螨一生可产40～50粒，寿命通常为6～8周。

二、寄生习性

疥螨广泛寄生于人和多种哺乳动物皮肤，属专性寄生螨。下面主要介绍疥螨侵入皮肤、寄生部位、挖掘隧道、摄取营养、繁殖交配、寻找新宿主等相关生活习性。

（一）侵入皮肤

当疥螨感染宿主时，它们首先必须穿过皮肤表皮角质层。在皮肤表面的疥螨分泌出透明的液体（唾液）可能含有消化酶，例如天冬氨酸蛋白酶（Mahmood et al.，2013）帮助疥螨溶解表皮组织，从而进入到皮肤内。分泌的唾液在疥螨身体周围形成一个水池，皮肤角质层被溶解，螨沉到凹陷的皮肤。当螨下沉时，它的腿像乌龟一样移动、挖掘、爬行，推动着螨向前移动，迅速在角质层中形成一个洞。疥螨挖掘人体皮肤角质层，一般选择在两条以上皮纹沟的柔嫩皱褶处，该处的皮纹沟与表皮常有不同程度的分离。钻皮动作开始时是颚体向下，躯体上翘，螨体纵轴与被侵皮肤呈60°～70°角，颚体左右摆动，前两足跗节交替挖掘，3～4秒后，螨体角度开始慢慢变小。此时，受试者皮肤局部有轻微刺痛感。疥螨在掘进中时挖时停，躯体完全进入皮肤角质层的时间为40～120分钟，平均67分钟。

（二）寄生部位

人疥螨感染通常局限于皮肤表面的特定部位，多见于体表皮肤柔软嫩薄的皱褶处，手指间、手腕和肘部是成年患者最常见的感染部位，腕屈侧、肘窝、腋窝、胸部、脐周、下腹部、背部、腰部、腹股沟、臀间沟、会阴部、外生殖器、股内侧，踝和脚趾间等部位也是常见的感染部位，重者遍及全身；女性患者还可见乳房下、乳晕处感染；儿童全身均可被侵犯。疥螨在人体皮肤的分布特征表明，手和手腕容易感染可能是接触感染者或者处理被螨污染的材料的结果，部分原因是这些部位的皮肤脂质组成相对其他位置特异。疥疮多发生在皮肤薄嫩的部位，可能也与疥螨喜侵犯毛囊皮脂腺单位密度低和角皮层较薄的区域有关。身体不同区域皮肤的脂质含量和脂质混合物有所不同，因此疥螨偏爱身体的某些特定区域的原因目前还不清楚，很可能涉及皮肤多种因素的相互作用，皮肤脂质区域可能有某种吸引力将螨转移到身体的这些有利部位。

（三）挖掘隧道

疥螨寄生在宿主表皮角质层的深处，以螯肢和前两足跗节爪突挖掘，逐渐形成一条与皮肤平行的蜿蜒隧道（图8.8）。“隧道”是疥螨在宿主皮下自掘的寄居和繁殖场所，也是因疥螨的寄生所形成宿主皮肤损伤的特有形态表现，对疥疮的临床诊断和鉴别诊断有着重要价值。雌螨挖掘隧道的能力强，雄螨与雌性后若螨亦可单独挖掘，但能力较弱。前若螨和幼螨不能挖掘隧道，生活在雌螨所挖掘隧道中。当疥螨钻入皮肤角质层后，沿水平方向不断向前挖掘，并啮食角质而形成一条与皮肤平行的线形、弧形、不规则曲线形或呈断断续续虚线形的穴道。用5倍放大镜或肉眼观察，一般新近形成的“隧道”外观比较完整，“隧道”表面的角质层多呈灰白色或浅黑色；陈旧性“隧道”外观则呈棕褐色或黑色干枯，多数表皮脱落或残缺不全。“隧道”的长度与疥螨的螨期及疥螨寄居时间长短有关。一般长3～5 mm，宽0.5～1.0 mm，最长可达10～15 mm，最短者仅遮盖住螨体。幼螨、若螨及雄螨寄居的“隧道”均较雌螨为短。

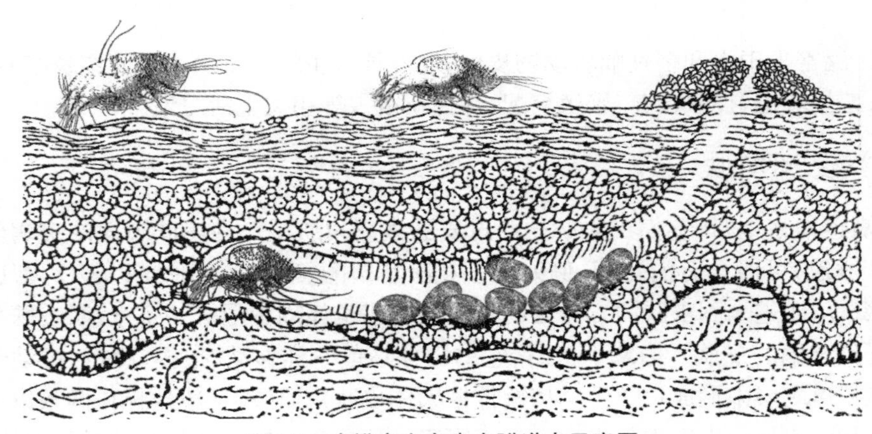

图8.8　疥螨寄生在皮内隧道中示意图
仿 李朝品(2019)

(四) 摄取营养

疥螨居住在哺乳动物的皮肤表皮无生命的角质层中自己挖掘的洞穴，人们曾经认为疥螨以溶解细胞角质层为食。然而，后来的研究提示当它们在角质层深挖时，摄食渗入至疥螨周围洞穴口器下表皮附近的细胞间液体(淋巴)。扫描电子显微镜和光学显微镜显示，疥螨驻留在皮肤角质层的透明层和颗粒层界面，细胞间液在靠近螨的位置可以渗透到洞穴里。螨似乎向真皮挖洞以保持这个位置，因为基底层细胞增殖并且上层干燥的角质层被推向皮肤表面。疥螨“隧道”和中肠存在宿主的IgG抗体表明这些螨吞食了寄主血清，但它们有相对有限的酶活性，似乎无法消化IgG。

(五) 繁殖交配

疥螨的交配现象较为特殊，多于夜间在宿主皮肤表面进行。雄螨钻出“隧道”游离于宿主皮肤表面，寻找配偶，与雌性后若螨交配。受精后的雌性后若螨非常活跃，爬行迅速，是疥螨散播和侵犯宿主的重要时期。它既可感染原宿主，又易感染新宿主，还可以污染被褥、衣服导致间接传播。疥螨能够离开它们的洞穴在皮肤表面移行，即便寄生在宿主的螨数量很少，雄性和雌性还是会找到对方并完成交配。已有报道疥螨能够散发信息素参与这一过程，疥螨可能产生类似的化合物例如鸟嘌呤等嘌呤化合物以及其他含氮废物和酚类化合物。Arlian(1996)将10个含氮代谢物和3个酚类化合物分别提供给犬疥螨生活史过程中各阶段，鸟嘌呤、嘌呤、腺嘌呤、尿囊素、次黄嘌呤、黄嘌呤、尿酸、氯化铵、硝酸铵和硫酸铵都吸引了大量的疥螨，三种酚类化合物2,6-二氯苯酚、水杨酸甲酯和2-硝基苯酚也可吸引疥螨的所有生命阶段；雌疥螨对各种化合物的大部分浓度反应都大，而雄疥螨对小部分浓度有反应，实验证实氮和酚化合物可能作为疥螨的信息素参与受精过程。

（六）寻找新宿主

疥螨在离宿主较近的情况下寻找来自宿主的刺激，因此他们能够离开宿主以及污染宿主的环境，因此，人类和其他哺乳动物可能不需要与感染宿主直接接触就能感染疥螨。Arlian LG等（1984）用犬疥螨进行实验，检测到感知和响应寄主的能力随着离寄主的距离增加而减弱。在这些实验中，引起反应的宿主刺激可能是宿主散发的体味、热量或者呼出的二氧化碳。疥螨会在没有宿主的情况下寻找热刺激源。83％以上的雌螨可寻找5.6 cm以外的热源。然而，当同时让它们选择这两种刺激时，雌螨对人工热刺激和宿主皮肤气味的反应是一样的。在距离两种刺激6.5 cm时，38％的螨选择活的宿主，5％的螨选择人工热刺激，其余57％的螨对任何一种刺激都没有反应，可能是疥螨无法区分从相反方向提供的两种刺激。在其他两种选择实验中，疥螨选择了含有宿主气味没有CO_2的空气，这样就不需要CO_2来诱导反应。将人疥螨置于20～30 ℃的温度梯度中表现出类似的趋温反应，在24 ℃以下，人疥螨向较热的部分移动，因此24 ℃以下区域没有疥螨。这些实验清楚地表明，寄生在宿主附近环境中的疥螨感知到来自宿主的刺激（气味、体温），并会寻找其来源。

三、离体存活与传播

（一）离体存活

根据实验条件下及公共浴池等环境的研究，了解疥螨在各种环境中存活状态有利于针对性地寻找恰当方法灭螨。

1. 公共浴池的疥螨存活状态

屈孟卿等（1986）观察了离体雌性人疥螨在浴池业的各种微小环境中的平均寿命。结果证明，在河南济源市元月份，公共浴池洗澡间昼夜平均温度为16.25 ℃（12～20 ℃），相对湿度为84％～96％，离体雌性活疥螨的平均寿命为3.07天，最长可存活7天，48小时死亡率18.42％；更衣休息间昼夜平均温度为14.87 ℃（11.8～16.8 ℃），相对湿度88％，其平均寿命为3.21天，最长可存活5天，48小时死亡率为57.14％；而置于公共浴池公用湿毛巾中，平均寿命3.41天，最长可生存7天，48小时死亡率为29.26％。在乡镇农村的浴池业态中，一般是床位与床位相邻，衣服多放在床位上，浴巾公用，结合离体疥螨在该场所温度及相对湿度条件，能正常爬行和存活天数较长，又有实验感染成功的事实，因此，公共浴池休息更衣间在疥疮流行病学上的意义值得重视。

2. 实验条件下疥螨的存活状态

1988年，屈孟卿（1988）等设计了三种实验类型观察螨体外存活时间：第一种是离体疥螨暴露于不加盖的干滤纸皿内；第二种是将其置于湿润的带盖的生理盐水湿滤纸皿内；以上两组均放在不同梯度温箱内和冰箱中。第三种是将离体疥螨置于不加盖的玻璃皿内，分别放于浴池洗澡间、更衣室及浴用湿毛巾上。观察记录疥螨离体后，在上述诸条件下的每天存活情况，实验结果显示离体雌性活疥螨的平均寿命，在温度较高及所处环境的相对湿度较低时，寿命较短，各实验组疥螨除生存的最后2天外，均能正常爬行。总的看来，低温高湿或高温低湿对离体疥螨的存活均不利，结果与Arlian等(1984)对犬疥螨和人疥螨的观察是一致的。

(二) 传播

污染物传播是疥螨的重要传播途径。如前所述，脱离宿主的生存时间与环境相对湿度和温度直接相关。从严重感染疥疮的患者睡过的床单上获得的活的人疥螨放置在兔子皮肤表面，在10分钟内可开始渗透，并在31分钟内完全渗透。屈孟卿等认为，暴露在干燥滤纸皿内和放置于生理盐水湿滤纸皿内的疥螨生存条件，与离体后疥螨所处的外界干、湿条件较为接近。若结合疥螨离体后的爬行和钻皮活动与温度关系来分析，并以平均寿命作为离体疥螨存活的有效时限，在外界比较干燥的条件下，估计其有效扩散温度为15～20 ℃，有效扩散时限为1～2.49天；而在外环境较为湿润的条件下，有效扩散温度为15～35 ℃，有效扩散时限为1.05～5.85天。

四、再感染性

屈孟卿等(1989)将从患者“隧道”皮损处获取的雌性活疥螨，随机计数分开包裹于滤纸内，再分别置于不同场所存放一定时间后，按设计进行再感染试验。

(一) 雌疥螨离体不同时间后的感染力

实验结果显示疥螨离开人体时间越短，其存活率越高，再感染的能力越强；反之，离体时间越长，存活率越低，再感染力越差。离开宿主48小时，存活的人疥螨仍有80.64%的感染力。84小时后存活疥螨失去感染能力。说明在冬春季节中，疥螨离开宿主“隧道”，在一般环境条件下，3天后很快失去传播能力。

(二) 雌疥螨离体后于公共浴池更衣间及湿浴巾48小时后的感染力

屈孟卿等的实验表明，在这两种特定的环境下，离体两天的雌性人疥螨仍有75.00%～77.77%的感染能力，离体当天感染力则更高。在患者的指甲污垢中可发现疥螨卵，抓痒后脱落的皮屑中发现活雌疥螨。浴池更衣间在冬春季节的日平均温度在14.9 ℃以上，离体疥螨在此条件下能正常爬行和钻入皮肤角质层引起感染。

(三) 离体后置于棉衣、被窝中若干时间后的感染力

屈孟卿等(1988)将离体雌性活疥螨置于无人穿的棉衣内72小时，虽然其存活率仅为42.47%，但在存活的16只中仍有56.25%的感染力，说明穿患者衣服也是感染疥疮的方式之一。事实上疥疮患者体内的疥螨夜间爬出交配，疥螨常会主动或被动地散布于患者的被窝中或床单上。若与患者同床共被，则是家庭传播的重要方式。另外，离体疥螨在此温度及相对湿度的微环境下，爬行迅速，易于扩散，这可能是造成与患者同住集体宿舍或通铺的人群罹患疥疮的主要原因。出差、旅游后患疥疮者，很可能是使用了患者睡过的床单、被套等被感染的。

第三节　疥螨生态学

疥螨的交配必须在宿主皮肤表面完成，交配后再侵犯原宿主或扩散传播至新宿主，但疥螨离开“隧道”后至再次侵染宿主的这一过程，必然要受到外界诸多因素的影响，疥螨脱离原宿主后继续保持生存和感染力是疥螨在环境中感染新宿主的关键因素。因此，对疥螨离体生态方面的研究，不仅具有重要的流行病学意义，而且对消灭离体疥螨和控制疥疮的流行也有意义。

一、温度

屈孟卿(1988)根据人疥螨的生态特点，从患者皮损处以解剖镜镜检法采集大量雌性活疥螨，挑选活动力强、离体不超过1小时的螨体作为实验对象，对离体疥螨在不同温度下的存活力进行观察。结果显示离体疥螨散播温度为13～40 ℃，最适散播温度为15～31 ℃，在此温度范围内可侵犯宿主，造成人体感染的机会最多。离体雌性活疥螨在50 ℃水温中1分钟内死亡率100%，提示用50 ℃以上热水，浸泡被疥疮患者污染的衣物，是杀死逗留在这些物品上的离体疥螨的较为简便有效的方法之一。

二、光照

光照的强弱与季节变化有关，对疥螨生存力的影响已有报道。为了探索在疥疮流行季节中，晾晒被褥在阻断传播上的作用，屈孟卿(1988)用涤棉布单层包裹离体雌性活疥螨，并分别用透明胶带固定在被褥的被里及被表，置庭院内晾晒，其结果证明，晾晒被褥对杀灭离体疥螨有一定作用，被褥上的疥螨直接暴露于阳光下死亡率较高，同时气温的升高和相对湿度的下降，均不利于疥螨的存活。

三、氢离子浓度(酸碱度)

屈孟卿(1988)将离体雌性活疥螨接触不同氢离子浓度溶液湿滤纸8小时后，观察其死亡率，实验结果表明雌性疥螨耐碱不耐酸，在中性及弱碱性环境下，死亡率较低。据此，屈孟卿等建议将治疥外用药物赋形剂的氢离子浓度调整为pH 4～5或用pH 5的水溶液沐浴后，再涂擦治疥药物，可能会提高药物疗效和缩短疗程。

四、季节消长

关于疥疮门诊患者就诊时间分布，国内外均有研究报道，认为秋季和冬季是疥疮的多发季节。日本某医院皮肤科的门诊病人统计分析发现，病人数以10月至次年3月较多，12月为高峰。在我国，由于研究涉及的省市不同，气候不同，而导致结果存在差异。苏敬泽等

(1983)报告,广东省湛江疥疮门诊患者数量在10～12月以及1～3月高于4～9月。王履新等(1986)对1984年4～7月份新疆石河子医学院附属医院皮肤科193例病人进行了研究,发现疥疮门诊患者春秋两个季节较多,冬夏两个季节较少,他们认为是气温变化对疥螨喜湿怕干的生活习性产生了影响,他们推测是当地春秋两季气温适宜,人们的户外活动较多,相互之间传播导致发病患者较多。屈孟卿等(1988)以河南省济源市疥疮防治门诊1986～1987年各月份初诊疥螨阳性患者的人数、定位采螨指数(只/单侧手腕)、所采雌螨的孕卵比率(制片后逐个检查标本)和各月份平均气温四项作为指标,结合离体疥螨在外界不同温度和不同湿润及干燥条件下的平均寿命,24小时及48小时死亡率等因素加以综合分析,证明该地全年虽均有疥疮初诊病例,但2～5月及10月至次年1月病原阳性患者分别占全年的41.47%和43.85%,而6～9月仅占全年患者的14.7%(表8.1)。这种双峰、季节多发的态势,与相应月份平均气温密切相关。黄淑琼等(2015)收集2011年1月到2013年12月在四川省乐山市人民医院门诊就诊且临床最后确诊为疥疮的3岁以下的婴幼儿共96例,其发病季节分布如下:冬季发病42例(43.75%),春季30例(31.25%),秋季14例(14.58%),夏季10例(10.42%),冬春两季发病率明显高于秋夏两季。

表8.1　1 946例疥疮患者的月分布与平均气温的关系

(屈孟卿等,1988)

月份	2	3	4	5	6	7	8	9	10	11	12	1
阳性数	200	251	222	134	55	74	56	101	124	283	232	214
阳性率(%)	41.47				14.47				43.83			
平均气温(℃)	2.4	6.9	14.7	20.8	25.2	27.0	25.9	21.1	15.1	7.1	1.2	0.8

第四节　中国重要疥螨种类

疥螨是寄生于人和多种哺乳动物表皮内的一类小型永久性寄生螨,具有比较严格的宿主特异性。迄今为止,形态学方法仍然是寄生虫种类鉴定和分类的最主要方法之一,如疥螨形态学特征的差异(如疥螨的大小、外形、雌虫躯体背面上鳞片状皮刺的数量和腹外侧皮刺的多少等)具有鉴别价值,疥螨寄生的动物物种有100多种,来自不同宿主的疥螨存在着明显的生理学差别。人们常把寄生在特定宿主上的疥螨称为变种,如狗疥螨、马疥螨、牛疥螨、绵羊疥螨、山羊疥螨等。但是,很多疥螨也出现了宿主非特异性,如狗疥螨能够持久地感染给新西兰白兔;澳大利亚袋熊身上的疥螨是由狗和狐狸传染而来,所以依据宿主是不能够对疥螨准确分类。另外,很多动物疥螨能感染人类,如犬疥螨、兔疥螨等。鉴于形态学分类存在的难度和一些争议,仅根据形态学特征划分疥螨种类是不够的。随着分子生物学的发展,分子技术为疥螨的分类提供了新的方法,并使昆虫系统学发生了革命,这种技术正在不断地应用于蜱螨类的研究。一些利用形态学和宿主特异性不能分类的疥螨可以通过分子分类技术来实现。目前对疥螨进行分子鉴定和分类主要技术有微卫星DNA分子标记、线粒体DNA分子标记和核糖体DNA分子标记等方法。下面从形态特征介绍几种常见的螨类。

一、人疥螨

人疥螨隶属于疥螨科(Sarcoptidae)的疥螨属(*Sarcoptes*),可通过直接或间接接触而感染。

1. 种名

人疥螨(*Sarcoptes scabiei* var. *hominis*,De Geer,1778)。

2. 形态

成螨乳白或浅黄色,近圆形或椭圆形,背部隆起,腹部扁平。雌螨体长0.3～0.5 mm,颚体短小,基部嵌入躯体内。螯肢钳状,尖端有小齿。须肢分3节。无眼,无气门。躯体背面有波状横纹、成列的鳞片状皮棘及成对的粗刺和刚毛等,后半部有几对杆状刚毛和长鬃。背部前端有盾板,雄螨背部后半部还有一对后侧盾板。腹面光滑,仅有少数刚毛。足4对,粗短呈圆锥形,分前后两组。足的基节与腹壁融合成基节内突。前两对足跗节上有爪突,末端均有具长柄的爪垫,称为吸垫;后两对足的末端雌螨均为长鬃,雄螨均为吸垫。雌螨产卵孔位于后两对足之前的中央(横裂),阴道纵裂位于躯体末端(图8.9)。雄螨比雌螨小,形态与雌螨相似,但足Ⅰ、足Ⅱ、足Ⅳ上有吸盘,足Ⅲ末端有一长刚毛。外生殖器位于第Ⅳ对足之间略后处。

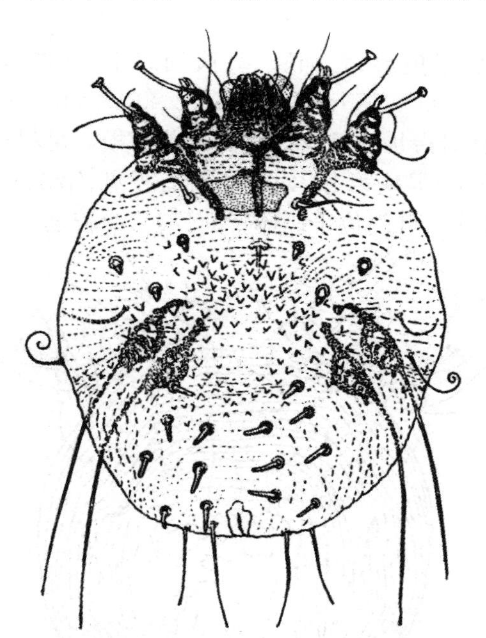

图8.9　人疥螨(*Sarcoptes scabiei* var. *hominis*)(♀)背面

仿 徐芳南和甘运兴(1978)

3. 生活习性

疥螨发育过程包括卵、幼螨、若螨和成虫4期。生活史整个过程均在宿主皮肤角质层自掘的"隧道"内完成。

4. 宿主

不同人种皆可感染。

5. 与疾病的关系

人疥螨感染引起疥疮、疥癣,引起皮疹、瘙痒等。

6. 地理分布

世界各地均有广泛分布。

二、动物疥螨

动物疥螨隶属于疥螨科(Sarcoptidae)的疥螨属(*Sarcoptes*)、膝螨属(*Cnemidocoptes*)和背肛螨属(*Notoedres*)。动物疥螨分布于全世界,至少可寄生于40种哺乳动物,所有种类均为永久性体表寄生螨,其中以马、牛、羊、猪、犬、兔的种类最常见。动物疥螨是人类的兼性体外寄生虫,人可通过与病畜或其污染的物品直接接触而感染,但不能有效地在人类(终端)宿主中完成其生活史,因此,动物疥螨感染人通常是自限性的。

(一) 猫背肛螨

该螨体型较小,多寄生于面部、鼻、耳以及颈部等处。

1. 种名

猫背肛螨(*Notoedres cati* Hering,1838),亦称猫疥螨、猫耳螨。

2. 形态

螨体(图8.10)微黄色,呈龟形,背面隆起,腹面扁平。雌螨体长0.21～0.23 mm,体宽0.16～0.18 mm;雄螨体长0.14～0.15 mm,体宽0.12～0.13 mm。口器呈蹄铁形,为咀嚼式。背部鳞片及棒状刺较少,有拇指状的条纹,无棘,无前背板。足粗短,雄螨第1、2、4对足末端有吸盘,第3对肢末端有刚毛;雌螨第1、2对足末端有吸盘,第3、4对足有刚毛;吸盘柄长,不分节;第3、4对足不突出体缘。肛门位于螨体背面,离后缘较远,肛门周围有环形角质皱纹。

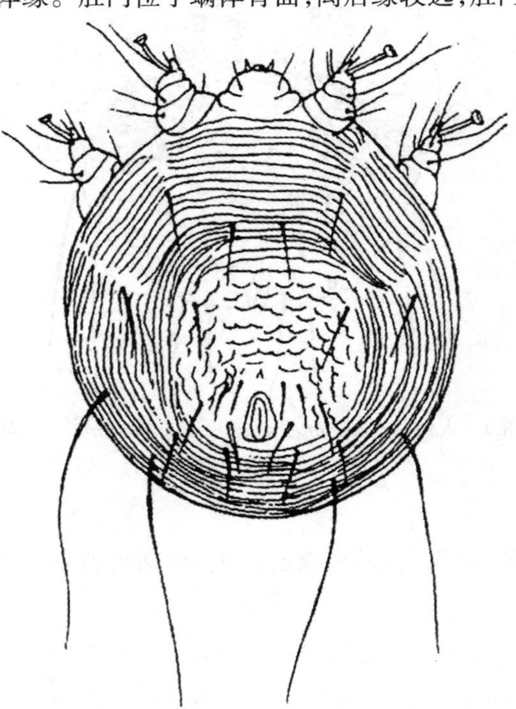

图8.10 猫背肛螨(*Notoedres cati*)背面

仿 Urquhart等(1996)

3. 生活习性

主要寄生在猫的面部、鼻、耳等处，整个发育过程与人疥螨相似，全部在宿主皮肤内完成。

4. 宿主

猫是主要宿主，偶尔也感染人(周宝璋，1991)。

5. 猫疥螨病

可引起猫疥螨病，主要感染猫、兔和狐狸。多寄生于耳、鼻、嘴、面部和颈部背面，严重时可蔓延全身。患部表皮常形成龟裂、增厚成黄色痂，严重者可导致死亡。猫背肛螨寄生在猫的耳、面部、眼睑和颈部等皮内引起患处发生剧烈瘙痒、脱毛、皮肤发红和疹状小结等。

6. 地理分布

世界各地广泛分布。

(二) 犬疥螨

为主要寄于犬的疥螨，形态特征与人疥螨相似。多先寄生于头部、口、鼻、眼、耳和胸部，后遍及全身，以幼犬为甚。

1. 种名

犬疥螨(*Sarcoptes canis* var. *canis* Gerlach，1857)。

2. 形态

螨体(图8.11)浅黄色，近圆形。体表多皱纹，覆以相互平行的细毛，背部稍隆起，腹面扁平。假头后面有一对粗短的垂直刚毛，背胸上有一块长方形的胸甲。躯体可分前后两部，前部为背胸部，有第1、2对足，伸向前方，后部为背腹部，有第3、4对足，伸向后方，足短小，不超过体缘。雌螨半透明白色，体长0.33～0.45 mm，宽0.25～0.35 mm。螨体背面隆起，上有细密横纹、鳞片、锥状突起和刚毛，口器圆锥形，足Ⅰ、足Ⅱ上有吸盘，吸盘为喇叭状，吸盘柄长

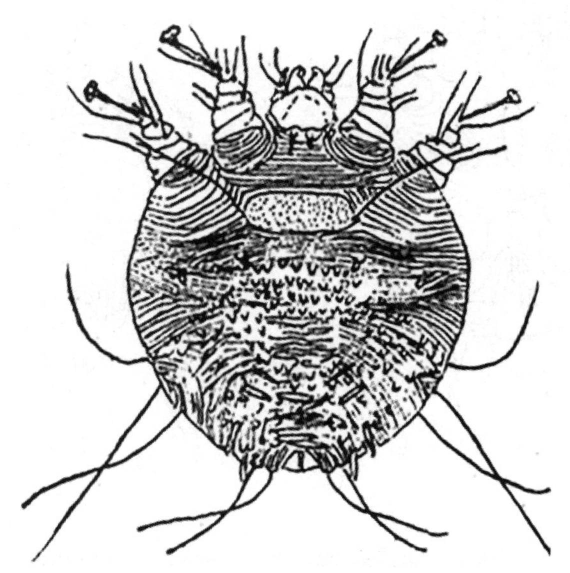

图8.11　犬疥螨(*Sarcoptes canis* var. *canis*)
仿 邱汉辉(1983)

度为吸盘宽的4倍,不分节,无吸盘的足末端均有一根长刚毛。产卵孔位于后两对足之前的中央(横裂),阴道纵裂位于躯体末端。雄螨比雌螨小,体长0.20～0.24 mm,宽0.15～0.19 mm。雄螨形态与雌螨相似。足Ⅰ、足Ⅱ、足Ⅳ上有吸盘,足Ⅲ末端有一长刚毛。外生殖器位于足Ⅲ、Ⅳ基节之间。卵呈椭圆形。

3. 生活习性

同人疥螨,整个发育过程属于不完全变态。

4. 宿主

犬为主要宿主,也可感染人(姜日花等,1995)。

5. 犬疥螨病

犬疥螨寄生于犬皮肤内引起犬的"癞皮病",主要特征为剧痒、脱毛、皮炎、高度传染性等。该螨不同日龄均易感染。犬疥螨病出现时,先由头部、口、鼻、眼、耳部和颈部开始,随后渐渐蔓延至胸部、肩部、背部、体侧以至全身皮肤。

6. 地理分布

世界各地广泛分布。

(三) 猪疥螨

为主要寄生于猪的疥螨,较为常见。多寄生于眼、耳、颈、肩背和尾部等处。

1. 种名

猪疥螨(*Sarcoptes scabiei* var. *suis* Gerlach,1857)。

2. 形态

螨体(图8.12)呈浅灰色或黄白色,椭圆形或龟形。头胸部与腹部融合,背面稍凸,腹面扁平。口器为马蹄形咀嚼式,由一对退化的螯肢和一对须肢组成,须肢分3节,每节有一根

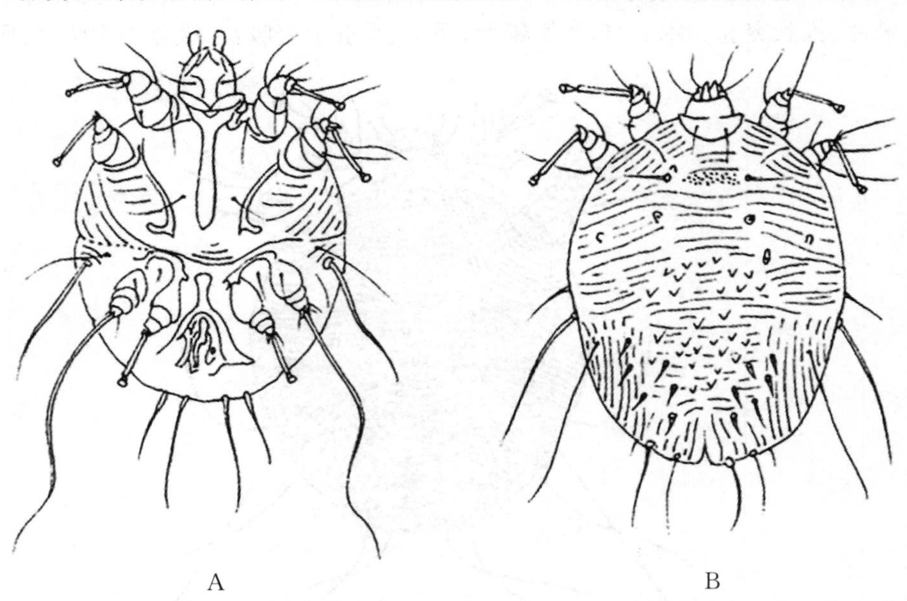

图8.12 猪疥螨(*Sarcoptes scabiei* var. *suis*)成螨

A. 雄螨腹面;B. 雌螨背面

仿 李朝品和高兴政(2012)

毛。体表有波状横纹和几丁质表皮，其上有圆锥形的刺和长鬃毛。腹部有4对短粗足，2对向前，2对向后斜列，基部有角质内突，末端有长刚毛或具柄吸盘。雌螨体长0.31～0.51 mm，体宽0.28～0.36 mm。口器大小为0.06 mm×0.05 mm。体表存在较多皱纹，背部有刺和刚毛。肛门位于体腹面后端中央。足Ⅰ、足Ⅱ跗节末端有一长柄吸盘，足Ⅲ、足Ⅳ跗节末端无吸盘而各有一根长刚毛，吸盘与柄长约0.06 mm。足Ⅰ、足Ⅱ长0.07～0.08 mm，足Ⅲ、足Ⅳ长0.06～0.07 mm。雄螨体长0.19～0.35 mm，体宽0.17～0.29 mm，形态与雌螨相似。口器大小为0.05 mm×0.05 mm。生殖孔位于第4对足间中线上。足Ⅰ、足Ⅱ分为5节，跗节末端有爪和有柄吸盘，吸盘与柄长约0.05 mm；足Ⅲ和足Ⅳ分为4节，足Ⅲ跗节有长刚毛一根，足Ⅳ跗节末端有个较小的带柄吸盘。足Ⅰ、足Ⅱ长约0.07 mm，足Ⅲ长约0.06 mm，足Ⅳ长0.05 mm。

3. 生活习性

同人疥螨，整个发育过程属于不完全变态。

4. 宿主

猪是主要宿主，也可感染人类及其他动物（Chakrabarti，1990）。

5. 猪疥螨病

猪疥螨病是最严重的猪体外寄生虫病，严重影响猪的饲料转化率和猪的生长发育等，对养猪业危害极大。猪疥螨病俗称“猪癞”或“猪疥癣”，感染家猪和野猪，仔猪多发。初期主要发生于眼部、颊部和耳根部，然后蔓延到背部、身体两侧和后肢内侧，患部皮肤出现红斑、结痂、脱毛和皮肤增厚等。

6. 地理分布

广泛分布于世界各地，国内各省市均有猪疥螨病报道。

（四）马疥螨

为主要寄生于马、驴的疥螨，也侵袭其他畜类。多寄生于头、颈、背和尾部等处。

1. 种名

马疥螨（*Sarcoptes scabiei* var. *equi*）。

2. 形态

螨体（图8.13）为黄白色或灰白色，似龟形，口器在螨体前端，头胸腹合为一体，腹面有圆锥形的足4对。卵呈椭圆形，灰白色。

3. 生活习性

同人疥螨，整个发育过程属于不完全变态。

4. 宿主

马为主要宿主，也可感染牛和其他牲畜。

5. 马疥螨病

该病以马的瘙痒不安（表现为倚物摩擦、蹭痒啃咬等现象）和各类型皮肤炎（丘疹、溃疡、脱毛、结痂）为主要特征。常以颈部皮肤的病变最明显，病情严重的可蔓延至全身。

6. 地理分布

在黑龙江、福建、甘肃等地已有报道。

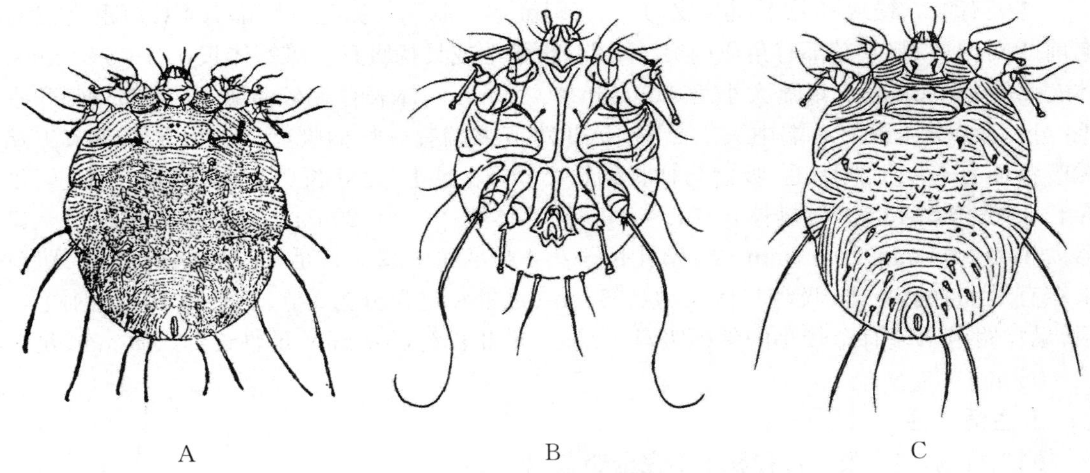

图 8.13　马疥螨（*Sarcoptes* var. *equi*）成螨

A. 雌螨背面；B. 雄螨腹面；C. 雄螨背面

仿 李朝品和高兴政（2012）

（五）牛疥螨

为主要寄生于牛的疥螨，多寄生于面部、颈部、背部、胸部和尾基部等处，密度高时可遍及全身。

1. 种名

牛疥螨（*Sarcoptes scabiei* var. *bovis* Cameron，1924）。

2. 形态

成螨（图 8.14），呈浅灰色或黄白色，近圆形，头、胸、腹部区分不明显。雌螨体长 0.25～0.46 mm，体宽 0.17～0.35 mm。口器大小为（0.06～0.07）mm×（0.05～0.06）mm。口器短，

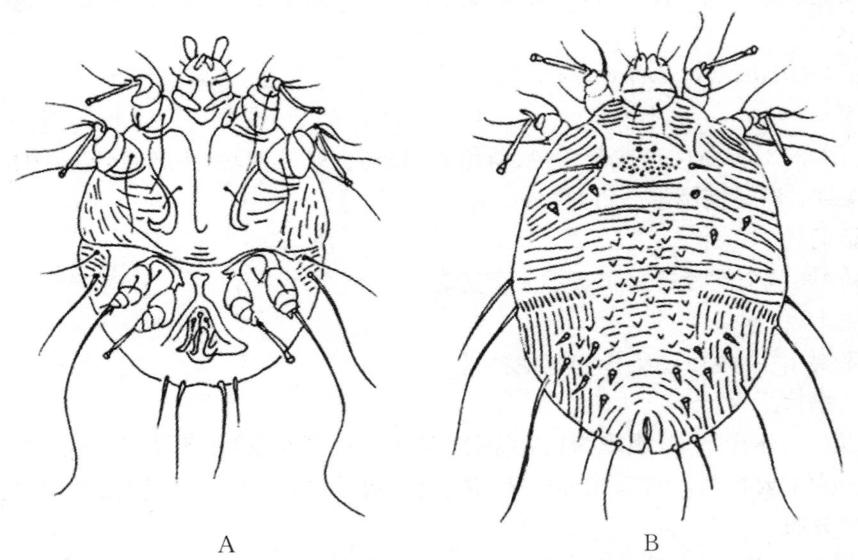

图 8.14　牛疥螨（*Sarcoptes scabiei* var. *bovis*）成螨

A. 雄螨腹面；B. 雌螨背面

仿 李朝品和高兴政（2012）

呈马蹄形；体表有横向和斜向波纹，表皮上具有成排的锥状突和小刺；腹部有短而粗的4对足，前2对斜向伸出体前方，后2对几乎不伸出体外；背面有锥状突和小刺，腹面具有细横纹；产卵孔位于后2对足前面正中央，阴道位于体末端的肛门腹面。雄螨体长0.18～0.23 mm，体宽0.11～0.18 mm，形态与雌螨相似；雄性生殖孔位于第4对足之间，肛门位于体末端，其两侧无性吸盘和尾突。

3. 生活习性

同人疥螨，整个发育过程属于不完全变态。

4. 宿主

牛是主要宿主，亦可侵袭人和其他牲畜（Chakrabarti，1981）。

5. 牛疥螨病

对黄牛、水牛、牦牛和犏牛有致病性，主要寄生于牛的腹下阴囊、会阴等部位，亦可寄生于牛的面部、颈部、背部、腿部等被毛较短的部位，患部可出现一层灰白色的痂皮。牛疥螨也可入侵人体。

6. 地理分布

广泛分布于世界各地，国内牛疥螨病的报道地区甚多。

（六）山羊疥螨

为主要寄生于山羊的疥螨，多寄生于头部、颈部、胸部、腿和生殖器等处，密度高时可遍及全身。

1. 种名

山羊疥螨（*Sarcoptes scabiei* var. *caprae*）。

2. 形态

山羊疥螨（图8.15），呈现龟形，成螨为乳白色，不分节，雌螨的体形一般大于雄螨。由假

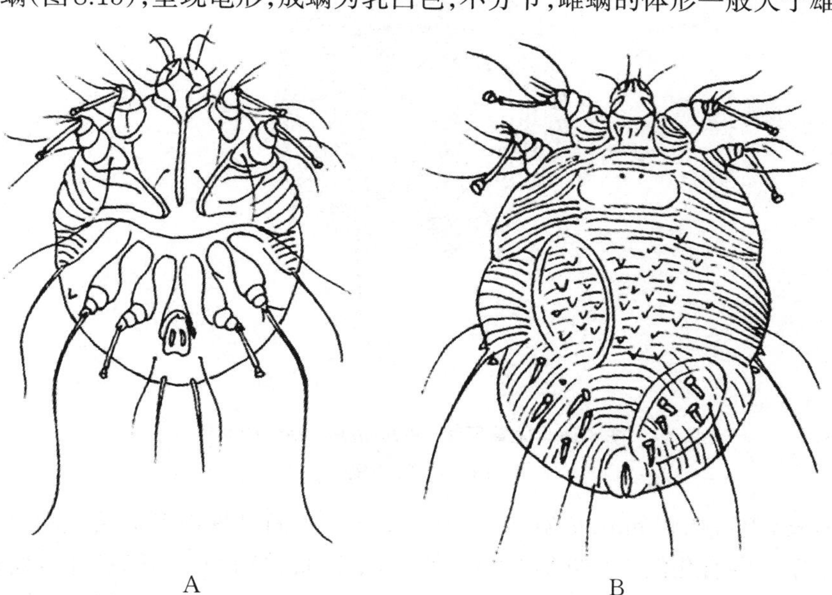

图8.15 山羊疥螨（*Sarcoptes scabiei* var. *caprae*）成螨

A. 雄螨腹面；B. 雌螨背面

仿 李朝品和高兴政（2012）

头部与体部组成,螨体没有明显的横缝,其腹面有足4对,足分5节,前后各两对,末端有吸盘,也有的没有吸盘。卵主要为圆形或者椭圆形,卵壳较薄,一般为淡黄色。

3. 生活习性

同人疥螨,整个发育过程属于不完全变态。

4. 宿主

山羊为主要宿主,还可感染人类及猪、牛等多种家畜(Lastuti,2018)。

5. 羊疥螨病

山羊疥螨多寄生在宿主的皮肤深层,皮肤出现炎症病变。

6. 地理分布

广泛分布于世界各地。

(七) 兔背肛螨

该螨多寄生在头部、鼻、嘴和耳,也可蔓延至腿及生殖器。

1. 种名

兔背肛螨(*Notoedres cati* var. *cuniculi* Gerlach 1857)。

2. 形态

螨体(图8.16)呈龟状,浅黄色,近圆形或椭圆形,背部隆起,腹部扁平。颚体短小,基部嵌入颚基窝内,螯肢和须肢退化明显,螯肢腹面有一呈倒三角形的口下板。躯体肥硕,背面具皮纹,腹面具足4对,末端具有柄不分节的吸盘或长刚毛。

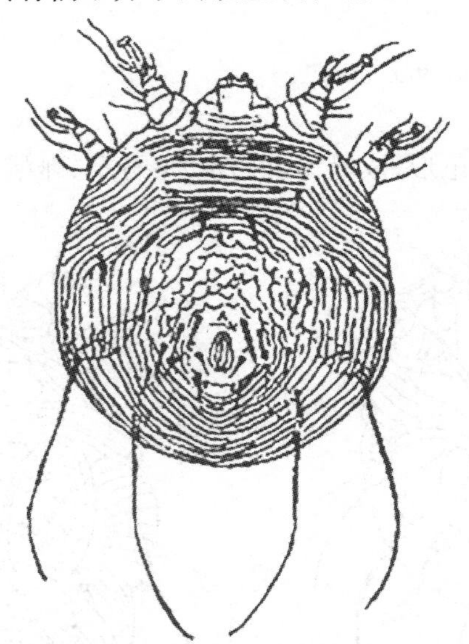

图8.16　兔背肛螨(*Notoedres cuniculi*)(♀)
仿 邱汉辉(1983)

雌螨体长0.25~0.42 mm,体宽0.18~0.32 mm。腹面可见许多横褶,前足体横褶较少,中央颜色较深。生殖孔位于足Ⅱ后方中央处,呈横缝状,横缝上方开口,开口处有10多条生殖围条,上方有颜色较深的生殖吸盘。肛门位于背面。足Ⅰ、足Ⅱ跗节末端有一长柄吸盘,足Ⅲ、足Ⅳ跗节末端有一根长刚毛而无吸盘。

雄螨体长0.17~0.24 mm,体宽0.14~0.19 mm,形态与雌螨相似。生殖孔开口于足Ⅳ之间,肛门位于体末端。4对足呈短粗状,足Ⅰ、足Ⅱ、足Ⅳ跗节末端有一长柄吸盘,足Ⅲ跗节末端有一根长刚毛而无吸盘。

雌螨体长0.25～0.42 mm,体宽0.18～0.32 mm。雄螨体长0.17～0.24 mm,体宽0.14～0.19 mm,形态与雌螨相似。

3. 生活习性

同人疥螨,整个发育过程属于不完全变态。

4. 宿主

主要寄生于兔,也可感染人(国庆芳,1990)。

5. 兔疥螨病

寄生于兔的体表,通常引起家兔"生癞",主要发生于兔的嘴巴、鼻孔周围、脚爪等部位,患部可形成灰白色痂皮,皮肤变厚变硬,兔体消瘦、皮肤结痂和脱毛。兔疥螨可侵入人体皮肤引起皮疹、丘疹或水疱疹。

6. 地理分布

广泛分布于世界各地,国内报道兔疥螨病的地区甚多。

(八) 鼠背肛螨

该螨多寄生在家鼠和大白鼠的耳、鼻、眼和肛周,也可蔓延至其他部位。

1. 种名

鼠背肛螨(*Notoedres muris* Megnin,1877)。

2. 形态

螨体(图8.17)呈近圆形或椭圆形,与兔背肛螨相似。

雌螨体长0.18～0.37 mm,宽0.13～0.27 mm。雄螨体长0.1～0.19 mm,宽0.11～0.15 mm。雌雄均有4对足,前两对足的末端均为短柄状吸盘。雌雄足Ⅲ、足Ⅳ跗节末端均为长刚毛,雌雄足Ⅲ跗节末端为长刚毛,而足Ⅳ跗节末端则为吸盘。

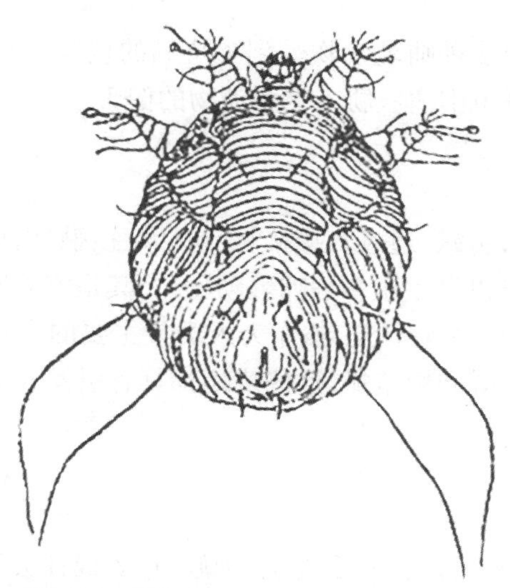

图8.17　鼠背肛螨(*Notoedres muris*)(♀)

仿 邱汉辉(1983)

3. 生活习性

同人疥螨，整个发育过程属于不完全变态。

4. 宿主

鼠是主要宿主。

5. 鼠疥螨病

患部皮肤充血，局部有脱毛现象，皮肤炎症后增厚、表面角质层脱落，而后形成结节连成痂。

6. 地理分布

我国吉林、云南等地已有报道。

第五节　疥螨与疾病的关系

疥疮是人类最早的疾病之一，在希腊、埃及、罗马、中世纪欧洲就有相关的描述；文献上有详细记载是在17世纪左右由意大利医师与药剂师所报告。疥疮病原体在1778年被称为疥螨(Acarus De Geer)。我国对疥疮的认识也很早，《管子·地员篇》已指出“其泉睛，其人坚劲，寡有疥骚”。多因风、湿、热邪郁于皮肤，接触传染而成。《肘后备急方》记载“深者，针挑得蠹子为疥螨”。《诸病源候论》中已描述疥螨为其病原体，该书卷三十五指出“疥疮有数中……人往往以针头挑得，状如水内(疒呙)虫”；又卷五十有“疥疮多生于足指间，染渐生至于身体，痒有脓汁……其疮生有细虫，甚难见”。过去几十年的研究极大地增加了对疥螨的生物学、疥螨与宿主的相互作用及其逃避宿主防御机制的了解。

一、疥疮

人类和家畜在内的100多种哺乳动物受到了疥螨的侵害。目前，疥疮被认为是一种新兴/复发的寄生虫病，在全球范围内威胁人类和动物的健康。

(一) 病原学

疥疮的病原体主要是人疥螨，通过直接接触(包括性接触)而传染，也可通过病人使用过的衣物而间接传染。此病可以发生于多种哺乳动物，尤其是家养宠物，偶尔会传染给与之接触的人，并引起瘙痒和自限性皮炎。犬、猫作为人类最主要的宠物，其皮肤可以藏匿几种疥螨，主要包括犬疥螨、猫背肛螨和姬螯螨，这些疥螨都具有引发人兽共患病的潜在威胁。

(二) 流行病学

1. 流行因素

流行病学研究表明，疥疮的流行不受性别、种族、年龄或社会经济状况的影响，感染疥疮的因素与贫穷、较差的卫生状况、拥挤的居住环境，以及战争、经济大萧条和人员流动等有关。疥疮大多为流行性的案例，少数为偶发性的感染，常发生在较为拥挤的环境，如学校、精神医疗机构、安养院、监狱、军队等场所；另外，战争或饥荒的逃难者、免疫不全的患者、部分饲养宠物的饲主也易感染疥螨；疥螨的传播和感染与亲密接触患者，或性行为，或接触感染者的衣服和被褥有关。

(1) 好发季节：疥疮的好发季节可在春末夏初及秋末冬初之际，即冬天较夏天有较多的疥疮案例发生，可能与冬天人们彼此有较多频繁的接触有关。总体而言，在相对炎热的6～9月，人群可能因勤洗澡、勤换衣物，感染率要低于其他月份。

(2) 发病与气象因素的关系：气象因素的变化影响疥疮发病人数的多少。据古东和姚集建(2002)报告，当月平均气温从15.7 ℃上升至25.6 ℃(1～5月)，疥疮发病人数也从1月逐渐上升至5月最高点，当月平均气温上升至(29.1±1.8) ℃(6～8月)疥疮发病人数急剧降至最低点，当月平均气温下降到9月的27.9 ℃，疥疮发病人数又有所回升。平均相对湿度与疥疮发病人数呈正相关(r=0.0683)，每年3～5月是疥疮患者就诊的高峰期，其平均相对湿度在(81±9)%。日照时数与疥疮发病人数呈负相关(r=－0.0943)，日照时间越长，发病人数越少。

2. 流行周期

20世纪中期，许多学者根据疥疮流行的自然消长情况，认为该病呈周期性流行，其流行规律一般以30年为一周期，每一次流行之间常有15年的间歇，每次流行常持续15年左右。根据我国47个监测点的调查，有37个监测点数据表明本次流行始于1970～1980年，多数在1973～1976年，估计与上一次流行相隔18年左右，与全世界疥疮流行周期相吻合。关于疥疮发生周期性流行的原因还不太清楚，但是有资料提示，免疫学因素可能起着重要作用。当人群中有足够数量的人感染过疥螨后，疥疮就成为一种不常见的疾病，直到没有感染过的新一代成长起来，才会发生再一次的流行。因此，多数学者认为人群免疫力的下降是形成疥疮流行的主要原因之一。

3. 人群特点(发病年龄、性别与职业)

两岁以下儿童和老年人的风险最大。在世界范围内，每年有2亿～3亿人感染疥疮。不同区域的流行率为0.2%～71.4%，发展中国家儿童的平均患病率为5%～10%。关于疥疮的发病年龄，张尚仁等(1989)对疥疮2 951例的分析，任何年龄均可发病，最小者为出生仅7天的婴儿，最大者为79岁的老人。其中1岁以内者占2.61%，1～6岁者为3.22%，7～15岁者为22.47%，16～25岁者为50.32%，26～50岁者为20.50%，61岁以上者为1.46%。从感染疥疮患者的性别分析，有男性患者多于女性患者的趋势。就疥疮患者的职业而论，苏敬泽等(1983)报告，工人为21.12%，农民为13.66%，干部为6.45%，教师为2.36%，学生为38.54%，战士为1.21%，儿童为14.74%，其他为1.91%。张尚仁等(1989)报告，学生为40.66%，农民为33.21%，工人为17.38%，学前儿童为5.83%，干部为2.91%，学生发病率最高，农民及工人次之。

4. 流行地区

疥疮是一种世界性接触传染性皮肤病和重大的公共卫生问题。在许多热带和亚热带地区，如非洲、中美洲和南美洲北部和中部、澳大利亚、加勒比群岛、印度和东南亚，疥疮较为流行。在一些贫穷和人口相对过密的发展中国家，疥螨感染率较高；在发达国家，疥疮以散发的个别病例或公共团体的爆发为主。

（三）发病机制和病理

1. 致病机制

疥螨感染后主要在两方面致病，首先表现为机械性损害，由虫体钻入皮肤及在皮肤内挖掘"隧道"所致；其次表现为免疫损害，由疥螨体的排泄物、分泌物、虫体碎片等刺激机体产生的免疫反应所致，近年来有关疥疮的免疫学研究提示后者对于临床症状的轻重似乎更为重要。Sajad A. Bhat(2017)等发现疥螨及其产物诱发的初始炎症反应，是由大量炎症细胞在局部浸润所致，以致疥疮患者遭受强烈的瘙痒。疥疮具有从轻微到严重的破坏性的广泛临床特征，但尽管该病在世界范围内具有重大影响，但与不同临床表现相关的免疫和炎症反应仍然不明确。目前在对人类普通型疥疮(Ordinary scabies，OS)和结痂型疥疮(Crusted scabies，CS)的研究中，了解到有关疥螨诱发的免疫应答的细胞和分子机制。一般认为，免疫抑制和免疫调节可能是结痂型疥疮的易感因素。免疫缺陷患者常表现为结痂型疥疮，如人类免疫缺陷病毒(HIV)感染、人类T淋巴细胞病毒1(HTLV-1)感染和接受器官移植的患者。此外，在麻风病和发育障碍(包括唐氏综合征)的个体中感染疥螨也有被诊断为结痂型疥疮，免疫缺陷与结痂型疥疮之间的相互关系及作用机制尚未被探索。疥螨感染后的机体免疫反应如下：

(1) 固有免疫反应(先天性免疫反应)：在宿主产生的固有免疫反应中，补体系统和天然免疫系统起着重要作用。① 补体系统：通过对疥疮患者皮肤活检和循环血清的分析，发现了补体成分C3和C4的存在，表明激活的补体系统可能参与了疥疮的早期炎症反应。此外，有证据表明疥螨灭活蛋白酶副肽(SMIPPs)和丝氨酸蛋白酶抑制蛋白(serpin，SMSs)在体外抑制补体激活并促进细菌生长，可能是保护疥螨免受补体介导的破坏。这种抑制分子的产生可能是逃避宿主防御的一种方式，并且通过促进细菌生长可能为疾病的发展提供帮助。② 固有免疫细胞，在普通型疥疮和结痂型疥疮中检测到对疥螨产生反应的各种固有效应细胞包括嗜酸性粒细胞、肥大细胞、嗜碱性粒细胞、中性粒细胞、树突状细胞(dc)和巨噬细胞，这些细胞参与促进炎症和过敏反应，但IL-4、IL-13、TNF和IFN-γ在替代巨噬细胞激活中发挥作用，有人认为，在感染早期，疥螨有抑制巨噬细胞迁移到炎症部位的能力。

(2) 体液免疫应答：在宿主产生的体液免疫应答反应中，对普通型疥疮患者血清的ELISA分析显示在74%的病例中IgM抗体与疥疮抗原结合；与普通型疥疮相比，结痂型疥疮患者表现出更强的IgG反应。Walton等人研究显示，人类和其他动物对疥疮的免疫反应、原发性和继发性感染之间可能存在差异。这些反应也可能受到宿主的性别、人类感染类型(普通型与结痂型)和用于诊断的抗原有效性的影响。

(3) 细胞介导免疫反应：细胞介导免疫反应包括：① T细胞介导的免疫应答，在感染了疥螨的人、猪和犬的皮肤中发现T细胞的渗透。分化集群$CD4^+$T细胞已被证实存在于普通型疥疮炎性皮损中，且$CD4^+$淋巴细胞数量显著增加，此外，皮肤中的$CD4^+$ T细胞在对疥疮的免疫反应中可能是必不可少的，可以提供保护，因为已经发现获得性免疫缺陷综合征(AIDS)患者如果感染疥螨往往会发展成结痂型疥疮。② 细胞因子在普通型疥疮和结痂型疥疮中的分布情况。结痂型疥疮感染者血清显示$CD8^+$和$\gamma\delta^+$ T细胞浸润增加，IgE产生增加，Th2细胞因子IL-4、IL-5和IL-13分泌增加，IL-10分泌减少，Th17细胞因子IL-17和IL-23的分泌增加。③ 调节性T细胞(Regulatory cells，简称Tregs)的作用。Tregs分泌的TGF-β

和IL-10抑制病理性炎症反应，在结痂型疥疮中已证实PBMCs和损伤皮肤中IL-10的分泌明显减少。

总之，目前的研究表明疥螨引发的免疫反应是复杂的，不同的临床表现之间有不同的特点，涉及多种细胞因子参与。

2. 病理特征

急性湿疹型疥疮组织学变化为表皮不规则肥厚、组织间水肿、细胞外渗、表皮内水疱形成。真皮改变类似多形红斑，其血管周围有纤维蛋白样物质沉积及炎性细胞浸润。有些疥疮表皮内病变轻微，仅显示有细胞外渗现象。结节型疥疮组织学变化显示表皮层的棘层肥厚，细胞内水肿；其次为角化不全，表皮内淋巴细胞浸润、组织间水肿和角化过度，浸润的细胞以嗜中性粒细胞和嗜酸性粒细胞或组织细胞为主，但表皮内嗜酸性粒细胞浸润少见。浸润可累及皮下脂肪组织，并可出现生发滤泡。真皮中以血管增生、血管周围和淋巴管周围炎症细胞浸润为显著。浸润扩散较深，呈衣袖样或斑片状。组织切片内一般不显示疥螨或虫卵，但病期1月内结节中偶然可以查见。

（四）临床表现（临床特征）

疥螨成虫侵入体表后，一般需经20～30天的潜伏期才会出现临床症状。感染疥螨后，最先出现的症状是皮肤瘙痒，患者常常难以入眠；继而在瘙痒部位同时伴有小丘疹、水疱或结痂；由于搔抓，可见遍体抓挠的痕迹，甚至血迹斑斑。初始皮疹多见于指缝、手腕皮肤柔软薄弱处，继而传播到身体其他部位。民间流传的"疥疮像条龙，先在手上行，腰中绕3圈，会阴扎大营"非常形象地说明了疥疮自身感染的方式。疥疮常见的类型分为经典型和非典型疥疮。

1. 经典型疥疮

经典型疥疮（classic scabies）是成人疥疮的常见形式，但初次感染者出现症状的时间在感染后4～6周发生，再感染者的潜伏期较短，常常只有数日。主要临床体征包括洞穴、红斑丘疹和剧烈瘙痒，且瘙痒常于夜间加重。原发性丘疹可发展为继发性疥疮病灶，如抓痕、皮炎和湿疹。患者通常表现为原发病变和继发性病变同时存在。由于瘙痒严重，患者抓破皮肤，致皮肤屏障开放，易继发细菌感染，表现为脓疱疮、疖肿、毛囊炎、甲沟炎等并发症。易感部位包括手指、手腕掌侧、手指侧面、肘部和膝盖的伸肌面、腰部、肚脐、腹部、臀部、腹股沟和生殖器。

2. 非典型疥疮

包括清洁型疥疮、结节型疥疮、婴幼儿疥疮、老年性疥疮、隐匿性疥疮、挪威疥疮、大疱性疥疮等。

（1）清洁型疥疮：为目前常见的类型，多见于卫生条件较好的城市患者和夏季患病者。由于卫生条件好，洗涤、更衣频繁，发病部位不典型，皮疹往往不太明显，数目也少，临床表现呈现不典型。此类患者一般无指间皮损，皮疹往往仅有散在分布的红色小丘疹及抓痕，症状常轻微，"隧道"难被发现，易被误诊为其他皮肤病。

（2）结节型疥疮（Nodular scabies）：又称疥疮炎性结节、疥疮后持续性结节，呈丘疹或结节，结节红棕色，奇痒，可持续数月至一年以上才消失，足跖部的疥疮也可表现为持续性的棕色瘙痒性结节。据不完全统计，结节性疥疮占疥螨病人的27.5%～59.05%。宋璞等（2016）发现在361例结节型疥疮患者中，2/3以上的患者皮损发生在阴囊、阴茎，其次在腹股沟，偶见于腋部及四肢，女性大阴唇和乳房亦有发生。有专家认为疥疮结节是疥螨抗原反复作用于皮肤高敏区导致的迟发性变态反应(李德成，1991)。

(3) 婴幼儿疥疮：主要指3岁以内婴幼儿所患的疥疮，多由母亲、家人或邻居的传染所致。婴幼儿皮肤细嫩，抗病能力差，易受外界感染因子的侵袭，其发病部位和临床表现均与成人有所不同，故疥螨除侵犯成人好发部位外，尤其是腋窝和肛周，还可累及儿童的头、颈、面、背部、踝部与掌跖等部位，形成蚕豆大小的褐色结节，可能与婴幼儿皮肤薄嫩，对疥螨发生强烈的异物反应有关。重者往往全身泛发，"隧道"也多见于掌趾部，易出现大疱及脓疱，其次才是指间、腹部及踝部。且易继发湿疹样变和化脓性感染，不容易找到疥螨隧道，此外继发湿疹样变化往往较成人明显而泛发，常易造成误诊。因此，要注意同婴儿湿疹、脓疱疮、药物性皮炎、大疱性荨麻疹、丘疹性荨麻疹等鉴别(刘德明，2009)。

(4) 老年性疥疮：年龄≥65周岁的人在新病例中占有相当一部分比例，老年人皮肤干燥，对疥螨及其代谢产物反应减弱，特别在一些免疫不健全的老年患者，可能皮肤症状不典型，这取决于螨增殖和皮肤角化过度情况。老年人容易发生皮肤瘙痒疾患，加之部分患者习惯搔抓或热水烫洗，使皮疹变得更加不典型。

(5) 隐匿性疥疮：此类多属于误诊误治或自行乱用药后的患者，多因使用皮质激素，如局部或全身应用了糖皮质激素，可使疥疮的症状和体征发生改变。病情轻重不一，其临床表现、部位及分布不典型，而伴发的疱疹样皮炎、毛囊角化病等皮肤病造成误诊。若患者原已患有皮肤瘙痒症、慢性湿疹、神经性皮炎、银屑病等，其疥疮则容易被漏诊。

(6) 挪威疥疮：是一种少见的严重的疥疮，由1844年挪威人Danielsser和Boeck首次报道此病而得名，因患处有大量鳞屑和结痂，所以本病又称为角化型疥疮(scabies keratotica)或结痂型疥疮(crusted scabies)。本病临床罕见，临床特点不同于一般疥疮，且具有高度接触传染性，表现以严重角化性银屑病样损害为特点，具有厚而鳞状的痂皮，常伴剧烈瘙痒，患者面部以及头发区有堆积的鳞屑及结痂，生殖器和臀部可有严重的皲裂和鳞屑，毛发干枯脱落，指间肿胀，手掌及指趾间角化过度，指甲增厚弯曲变形。其他部位则多以播散性红斑丘疹、结痂以及脱屑为主要皮损表现。在患处鳞屑内可检出达百位数的疥螨。挪威疥疮多发生于身体虚弱、免疫功能低下或长期卧床、行动不便的老年人，长期使用免疫抑制剂、皮质类固醇激素或接受放射治疗的患者，慢性淋巴性或粒细胞性白血病患者、麻风病人等亦多罹患。挪威疥疮不仅症状严重，而且整个病程发展缓慢，通常为1年左右，而后持续多年，有长达21年以上的，并且具有很强的传染性，国外报道过1起住院患者曾传给367个病员和医护人员的案例。

(7) 大疱性疥疮(bullous scabies)：它是疥疮的一种特殊表现，罕见。1974年，由Bcan首先报道1例类似于大疱性类天疱疮的疥疮，并命名。男性好发，通常发生在中位年龄为70岁的老年人中，有10例初次发病时年龄在60岁以下，中国中山大学附属第一医院也确诊过一例90岁的男性住院的病例，表现为疥疮的广泛性感染与出血性大疱，患者在双脚和手掌，有分散的丘疹和丘疹小泡分布，瘙痒剧烈，在出血大疱周围有直径约1 cm的红斑，大疱孤立、完整、且压力高，在大疱被针刺穿后，大疱的液体成分显示为血液(Li et al.，2019)。疥疮形成大疱的机制尚不完全清楚，但湿疹化、重叠感染、疥螨直接损伤或分泌溶酶、疥疮蛋白与基膜带抗原交叉反应等均被认为可能是大疱性疥疮的发病机制。大疱性疥疮的鉴别诊断包括天疱疮、大疱性类天疱疮、昆虫叮咬反应、大疱性脓疱疮、获得性大疱性表皮松解症等。

3. 疥疮的并发症

并发症较多，基本上可分为两个类型，一类为变态反应性并发症，另一类为继发感染和中毒性并发症。前者如湿疹、疥疮结节、荨麻疹等，病情不重，但治疗时间较长；后者如脓疱疮、肾炎、淋巴结炎、败血症及皮肤吸收外用药中毒等，病情较重。从疥疮发病到出现并发症的病期，一般为1～2周，最长的达半年，最短者仅1天。据童永良(1990)分析，疥疮并发症的原因与误诊及治疗不当有密切关系。因此，首次正确诊断与正规治疗疥疮，对预防其并发症的发生有着非常重要的临床及流行病学意义。

(五) 实验室检查

疥疮是一种常见的皮肤寄生虫病，在全球范围内发病率较高。由于缺乏诊断方法的标准化，疥疮的临床和流行病学研究受到了限制。2020年国际控制疥疮联盟(IACS)制定了根据显微镜发现疥螨各阶段或粪便颗粒、可视化和临床症状和体征的循证共识方法，制定可在各种环境中实施的常见疥疮诊断的共识标准，诊断共识标准包括三个诊断确定性级别和8个子类别。确诊疥疮(A级)需要直接看到疥螨或其产物，临床疥疮(B级)和疑似疥疮(C级)取决于对体征和症状的临床评估。2020年IACS标准代表了一套实用而稳健的诊断特征和方法。通过选择适当的诊断级别和子类别，该标准可在一系列研究、公共卫生和临床环境中实施，可为疥疮诊断提供更好的一致性和标准化。因此，要根据诊断标准，结合临床表现和体征，找到病原体才可确诊。

1. 典型病变和体征

(1) 隧道：是常见疥疮的特殊症状，深肤色的人可能很难看到洞穴，对于肤色较深的人来说，可能会在手腕、手指、手掌和脚底等皮肤较白的部位发现洞穴。“隧道”特征同前所述。除了皮肤镜，“墨水测试”可以帮助正确识别疥疮，这需要用喷水针筒或外科标记笔的墨水擦拭可疑的洞穴，然后用酒精擦拭去除多余的墨水，墨水进入角质层的痕迹可以表明洞穴的存在。

(2) 男性生殖器病变：在阴茎(干、冠、龟头、包皮)和/或阴囊上发现离散丘疹或较大的结节具有高度特异性，其表面可能光滑或粗糙。

(3) 典型病变：普通型疥疮单个病例的病变在外观方面差异很大，出现成组或聚集性病变，以及继发性变化的严重程度，如擦伤、脓疱化、湿疹化和地衣化(由于抓挠和摩擦而使皮肤变厚)。在形态学上，典型的疥疮病灶小，隆起，容易触诊。最常见的病变是实性的，直径2～3 mm(丘疹)，较大的结节状病变，通常为5～10 mm，偶尔为10 mm，更可能出现在身体的某些部位(腹股沟和生殖器、臀部、腋窝、妇女的乳房和婴儿的躯干)，甚至在疥螨被成功根除后也可能持续数月。这种颜色通常是红斑(粉色到红色)，但在肤色较深的人可能是色素沉着。婴儿中也可能出现小泡(小的、局限的、充满液体的病变)和脓疱(小的、局限的、黄色或白色的含有中性粒细胞的病变)，特别是在手掌和脚底，但在成人中不常见。除疥疮外，如果主要病变是囊泡、较大的水泡或脓疱，也应考虑其他诊断，若继发炎症可能掩盖真正病变。

(4) 非典型病变：没有典型形态的病灶，或在身体任何部位少于3个的病灶，被归为非典型病变。

2. 病原学检查

确认疥疮感染的诊断常见检查方法如下：

(1) 显微镜检查:是最常用的病原检测方法之一,具体操作有:① 在损伤部位滴加1~2滴液状石蜡,然后刮取皮屑、获取标本,经10%氢氧化钾溶解皮肤碎屑后,置于光学显微镜低倍镜下进行检测。② 直接将患处置于解剖镜低倍视野下,用手术刀挑破患处找出虫体。③ 针挑法:在指侧,掌腕皱纹及水疱、脓疱等处找到疥螨隧道。并仔细找到隧道的末端发现白色虫点,此处最易查出疥螨的皮疹。选用6号注射针头,持针与皮肤平面成10°~20°角,针口斜面向上。在隧道末端虫点处,距离虫点约1 mm垂直于隧道长轴进针,直插至虫点底部并绕过虫体,然后放平针干(成5°~10°角)稍加转动,疥螨即落入针口孔槽内,缓慢挑破皮肤出针(或直接退出)。移至有水(或10%KOH,NS)的玻片上,然后在显微镜下查疥螨。在患者皮肤中刮取的皮肤碎屑或疥螨"隧道"末端内检测出螨体、卵、卵壳碎片或螨的粪粒是显微镜检查法的诊断依据。此法特异性较好,但对于普通疥疮,由于其疥螨寄生数量较少,灵敏度较低。此外,一些其他因素也会影响灵敏度,例如临床表现、样本位点的数量、反复刮除和样品检测者的经验等。所以,在大多数病例中,即使检测结果是阴性,也不能立刻排除疥疮。

(2) 皮肤镜检查:皮肤镜(dermoscopy)是一种利用偏振光原理、非侵袭性的观察皮表至真皮乳头层结构的辅助工具,而且可进行显微图像分析。在放大20~40倍时,疥螨头部和两对前脚的典型形态类似一个悬挂式滑翔机的三角形形状,有时疥螨近圆形的躯体也能被鉴别,灵敏度可达91%,特异性可达86%,明显高于传统的显微镜检法。皮肤镜可作为诊断疥疮的一种新方法推广,并且具有无创、简单、准确和迅速的优势,应用前景良好,但是需要操作者熟练掌握其诊断技能。

(3) 共聚焦显微镜检查:反射式共聚焦显微镜(reflectance confocal microscopy,RCM)是一种新型的皮肤病诊断技术,能够扫描从皮肤表面直至真皮乳头及浅层约300 μm的皮肤深度,实现皮肤的无创、原位、实时和动态监测,在疥疮的病原学诊断中已有应用,但其敏感性和特异性有待提高。唐祯等(2020)采用RCM对67例临床疑诊为疥疮的患者进行诊断,结果有46例患者(68.66%)被诊断为疥疮,表明RCM可以为临床诊断疥疮提供较好的客观依据,但存在漏误诊,作者分析原因可能是因为部分皮疹镜下可表现为非特异性炎症改变,且无明显疥疮特征结构。另外,部分患者在外院经不规范疥疮治疗后好转,在该院就诊时皮损处于恢复期,疥螨可能不排出,导致RCM不能检出疥螨。5例RCM阳性者经诊断性治疗无效,考虑可能因为角质层局灶性增厚,折光增强,在RCM镜下误认为是隧道结构,甚至将结痂区域高折光物质认为是卵或螨体,因此RCM不能确诊疥疮,提示目前使用RCM检查可以作为诊断和鉴别诊断疥疮的有效辅助工具。

(4) PCR检测:PCR技术具有强特异性、高敏感性、简便快速等优点。虽然与显微镜检查法一样,PCR技术用于疥疮的诊断仍然依赖于样本中螨体或螨体碎片的存在,但是敏感性远远高于镜检法,是一种未来极具潜力的检测技术。随着分子生物学技术的不断发展,疥螨基因文库的建成和完善,抗原基因的进一步筛选,线粒体全基因DNA、基因组以及转录组测序的完成,为疥螨分子水平的鉴定提供了大量的技术支撑和基础数据,PCR技术有望成为一种灵敏性高和特异性高的检测手段而被广泛应用,尤其有助于非典型疥疮患者的诊断。

3. 免疫学检查

即疥疮的真皮内皮肤试验,目前尚未在临床开展,由于该法需要用整体螨提取物进行真皮内皮肤试验,但目前无法培养足够数量的人疥螨。同时,来自动物模型的整体螨提取物中含有宿主的异种混合物和尘螨等寄生虫抗原,在组分、效价和纯度上也有所改变,因此存在严重的交叉反应，所以不能确诊本病。因疥疮患者经常呈现给临床医生的是全身不明原因的皮肤瘙痒症，纯化具有良好特征重组体的标准化蛋白质的疥螨变应原在未来可能会被应用于疥疮皮肤试验和免疫治疗。

（六）诊断和鉴别诊断

1. 临床诊断

结合临床表现、症状和体征、接触史和实验室病原学检查即可确诊。

2. 鉴别诊断

疥疮的临床表现与多种皮肤病之间存在相似性，若合并其他皮肤疾病则极易误诊，必须注意鉴别诊断。据万红新（2021）报道，在81例疥疮误诊病例中，误诊为湿疹30例、荨麻疹7例、结节性痒疹7例、丘疹性荨麻疹8例、皮肤瘙痒症9例、过敏性皮炎11例、脓疱疮3例、尖锐湿疣2例、扁平苔藓1例、银屑病1例、汗疱疹2例。分析可能因个人卫生习惯良好、疾病早期使用糖皮质激素等药物、婴幼儿皮肤娇嫩、老年人对瘙痒反应不明显等，使疥疮症状表现不典型。

（1）皮肤瘙痒症：为一种仅有皮肤瘙痒而无原发损害的皮肤病，瘙痒常为阵发性，此外尚有烧灼、虫爬、蚁走等感觉。饮酒或吃辛辣食物、情绪变化、搔抓摩擦、被褥温暖，甚至某些暗示均可促使瘙痒发作或加重。最初患病时仅有瘙痒而无皮疹，进而由于搔抓出现条状表皮剥脱和血痂，久之可见苔藓样变及色素沉着等继发性病损。该病好发于四肢，不发生在指缝，皮损多干燥，无水疱，无集体发病，也不传染给其他人。该病一般老年人多见，冬季和夏季易发。

（2）寻常痒疹（Prurigo vugaris）：也称单纯性痒疹（Prurigo simplex），以中年男女多见，损害多发于四肢伸侧面，是孤立的圆形丘疹，绿豆至豌豆大小，数目不定，红褐色或灰黄褐色，表面干燥、较坚硬，丘疹顶部有微小的水疱，但常因水疱被抓破而消失，水疱破后表面留有浆液性结痂，损害分批出现，引起剧烈瘙痒，由于长期搔抓可出现抓痕、苔藓化及色素沉着，少数病例愈后残留点状结疤。多数患者自幼开始发作，病程长，常伴有腹股沟淋巴结肿大，指间与阴部罕见，无传染性。

（3）丘疹性荨麻疹：是一种好发于婴儿及儿童的瘙痒性皮肤病。皮损常为圆形或梭形的风疹块样损害，顶端可有针头到豆大的水疱，散在或成簇分布。好发于四肢伸侧，躯干及臀部。一般经过数天到1周余皮损可自行消退，留暂时性色素沉着斑。皮损亦可陆续分批出现，持续一段时间。本病瘙痒剧烈，可因反复搔抓而引起脓皮病等，有反复发作趋势。本病的病因比较复杂，多数认为与昆虫叮咬有关，如跳蚤、虱、螨、蠓、臭虫及蚊等。该病不传染，以夏秋季多见。

（4）急性湿疹：是一种常见的炎性皮肤病，可发生于任何部位，常见于头面、耳后、四肢远端及阴囊、女阴、肛门等处，对称分布。发病较快，初期为在红斑的基础上出现密集的粟粒大丘疹、丘疱疹或小水疱。病变界限不清，多对称分布，扩展成片，患部瘙痒。可有糜烂、渗出，呈多形性，瘙痒虽然剧烈，但该病无传染性。

（5）婴儿湿疹：是婴儿时期常见的一种皮肤病，属于变态反应性疾病，好发于婴儿头面部，皮疹为群集性或散在性小红斑及丘疹，初期为红斑，以后为小点状丘疹、疱疹，很痒，疱疹破损，渗出液流出，干后形成痂皮。厚薄不一，可有糜烂渗出、剧痒皮损常常对称性分布。患儿常烦躁不安,影响睡眠,食欲不佳,但不传染给父母及其他人。

(6) 播散性神经性皮炎:是神经功能障碍性皮肤病的一种临床表现。慢性病程,常多年不愈,治愈后也易复发,泛发全身各处,为多数弥散性苔藓样斑片,常对称发生,自觉阵发性剧痒,以夜晚神经过度兴奋时为著,常因此影响患者睡眠。无传染性。

(7) 体虱病:瘙痒主要在躯干部,叮咬处出现红斑,有时中心伴有一个出血点。也可出现丘疹或风团,在衣缝中可找到虱及虱卵,而且缺乏疥疮特有的"隧道"。

(七) 防治

疥疮的治疗原则和治愈标准为消灭疥螨、局部消除症状和体征、预防继发性细菌感染,一般以外用药物为主,根据并发症的情况作相应处理。治愈标准为全疗程正规用药后,旧皮损消失,无新皮损出现,检查疥螨虫体及卵均阴性,停药后两周无复发者为治愈,瘙痒和结节不应作为判断疗效的依据。

1. 治疗疥疮的药物

治疗疥疮的药物种类较多,其中根除疥疮的首选药物是外用氯菊酯和口服伊维菌素。

(1) 5%氯菊酯乳液或乳霜:氯菊酯(permethrin),又称扑灭司林,是疥疮的一线治疗药物,可杀死卵和幼虫,以及成年螨。氯菊酯作用于疥螨的神经细胞膜,破坏调节细胞膜极化的钠通道电流,导致延迟极化和随后的疥螨麻痹和死亡。每晚涂抹一次5%的氯菊酯,早上洗净。此药依从性好,可重复使用,尤其可防治螨卵孵化2~6天后导致的疾病复发。此药高效,毒性低,对皮肤的刺激性小,适合儿童使用。但在妊娠和哺乳期的安全性尚未得到证实。

(2) 伊维菌素:伊维菌素(ivermectin)是放线菌属所产生的大环内酯阿凡曼菌素B1a二氢衍生物,阿凡曼菌素是在农作物中广泛使用的杀虫剂,伊维菌素属于一种广谱抗寄生虫感染药物,对于人类疥疮,伊维菌素是唯一获得许可的口服杀螨剂,疗效可靠,安全性好,在治疗疥疮的药物中,是唯一可以系统应用的药物。近年来的大量报道证明口服伊维菌素治疗疥疮疗效令人满意。在一些研究中,单次口服伊维菌素200 μg/kg,10天后再服用第二次,已被证明非常有效。伊维菌素在监狱等封闭社区控制疥疮爆发方面非常有用,因为在这些地方很容易在监督下施用单剂,并避免了与局部治疗有关的依从性和应用不充分的问题。伊维菌素还可用于治疗艾滋病病毒和其他免疫功能低下相关者的疥疮患者,这些患者可能难以治愈,因为他们需要在数周内多次使用不同的外用药物或联合治疗。

(3) 莫西菌素:近年来,由Mounsey等人(2016)开展的莫西菌素用于疥疮病例的二期体外实验证实莫西菌素对疥螨高度敏感,并且在生物利用度方面优于伊维菌素。这种强的敏感性,加上生物利用度的提高,为莫西菌素治疗人类疥疮的开发提供了强有力的支持,研究者们最近正在考虑开发莫西菌素作为伊维菌素的替代品。

(4) 其他西药类外用药:① 10%~25%苯甲酸苄酯乳剂或霜:患疥疮处用清水或肥皂水洗净后涂抹复方苯甲酸苄酯霜,连用3天为1疗程,第4日复诊(必要者需再连用3天)。可达到100%的有效率。苯甲酸苄酯霜对皮肤无刺激性也无异臭,杀灭疥螨效果好,而且对婴儿和孕妇无危害。辅助外擦以抗炎抗过敏止痒制剂,不染衣被,易于患者接受,适用于临床疥疮治疗,值得临床推广。② 6%~10%凡士林硫磺霜:连续使用24小时到3天是安全且有效的。因为硫磺软膏毒性小,是儿童患者的首选药物,也可用于患疥疮的2个月以下的婴儿。③ 40%硫代硫酸钠溶液和4%稀盐酸溶液:先涂前者2次,待干后再涂后者2次。每日早、晚各1次，连用3～4天。④ 10%克罗米通乳剂或搽剂：克罗米通（crotamiton）乳剂或搽剂，每日早晚各涂1次，连用3天。可用于儿童疥疮患者。⑤ 10%复方灭滴灵软膏：使用10%复方灭滴灵软膏治疗丘疹水疱型疥疮平均3天治愈，脓疱糜烂型平均3.75天治愈，结节型平均6.5天治愈，总治愈率达95%。⑥ 20%氧化锌硫软膏擦拭患处也有一定疗效。

（5）中药类：许多中药有较好的杀虫效应，如20%的百部酊、10%白黎芦乳膏、中药复合煎剂（雄黄1份、硫黄2份、川椒2份、蛇床子2份、苦参2份、胆矾1份，磨碎成粉末，开水冲后搅匀用于患部擦洗）、消炎癣湿药膏（升药底、升华硫、蛇床子、樟脑、冰片等）等中药有较好的杀虫效果。

（6）昆虫生长调节剂和天然制剂：治疗疥疮的其他药物包括使用昆虫生长调节剂（如氟唑隆、氟拉胺）和天然产品（包括精油和新型植物产品）。如氟唑隆（Fluazuron）可阻断几丁质的合成，几丁质是包括疥螨在内的节肢动物外骨骼的主要成分，它可以阻止新的幼虫在卵中生长，但对成虫没有活性。氟拉胺（Fluralaner）是一种异噁唑啉体外杀虫剂，可抑制节肢动物神经系统。阿福唑兰纳（Afoxolaner），一种同样属于抗寄生虫异噁唑啉类的相关分子，在疥疮感染的猪模型中显示出了希望（Aho，2018）。茶树油被澳大利亚的土著部落使用，与氯菊酯和伊维菌素相比，它具有抗菌性能，并能缩短疥疮螨的存活时间（Walton，2014）。

（7）真菌杀螨剂：Charbel Al Khoury（2021）等发现一种广谱昆虫病原真菌即：球孢白僵菌（*Beauveria bassiana*）已成功用于植物病原节肢动物的控制，而且证明球孢白僵菌具有穿透疥螨卵壳并在其内增殖的能力。该研究表明杀真菌剂的开发可能对控制疥螨感染有意义。

注意在使用外用药治疗时，涂抹面积应超过疥疮炎症面积；治疗后，应观察2周，如无新皮损出现，方可认为痊愈。因疥螨卵在7～10天后才能发育为成虫。愈后无新发皮疹仍有痒者，可外涂复方炉甘石洗剂。值得重视的是，以前常用的1%丙体六六六乳剂（γ-666）或霜剂（又名疥灵霜或林丹），因有毒性不用于婴幼儿、孕妇、哺乳妇女及有癫痫发作或其他神经疾病的患者，但在一些不发达地区仍在使用此药治疗疥疮。

2. 局部消除症状和体征

（1）20%氧化锌硫软膏：本品为复方制剂，主要成分为升华硫、氧化锌。用于皮炎，湿疹。外用，涂搽于洗净的患处，一日2～3次。偶见皮肤刺激如烧灼感，或过敏反应如皮疹、瘙痒等。

（2）曲安奈德联合利多卡因局部封闭治疗疥疮结节：曲安奈德加2%利多卡因按1∶1稀释后局部注射，进针至结节的中心部位，视结节大小注入药液0.1～0.5 mL，使其充分浸润，直至结节变白、凸出。利多卡因可稀释曲安奈德，降低激素的副作用，且配合利多卡因局部封闭能缓解注射时的疼痛。

（3）止痒镇静与抗组胺药物的应用：疥疮瘙痒常使患者夜不能眠，经抗疥药物治疗后疥螨检查虽为阴性，但瘙疹和湿疹样变化，仍会持续一段时间。因此，适当内服或外用一些止痒镇静药物和抗组胺药物，以保证患者休息，防止搔抓引起的合并症，并减轻治疗药物的刺激反应。

（4）物理治疗：液氮冷冻的方法治疗疥疮结节，微波与液氮冷冻结合可缓解症状。微波治疗操作简单，易于掌握作用于皮损的深度，治疗时间短，术中不出血，痛苦小，术后无明显水肿及感染，且结痂愈合较快，是治疗疥疮结节的一种较好治疗手段。

局部用药时，应特别注意手指甲、脚趾甲、耳后区、腹股沟、指间间隙和腋窝区。结痂型疥疮的治疗方法与普通疥疮相同，但需要多次使用杀疥疮剂。在医疗条件允许的情况下，结痂型疥疮患者必须住进医院隔离病房，以治疗基础疾病。

3. 预防继发性感染

为防止继发性细菌感染，氯己定消毒剂等辅助治疗可能是必要的。可以局部使用抗生素，如莫匹罗星、梭链孢酸和瑞他帕林等，但可能会引起细菌耐药和接触过敏，应谨慎使用。严重继发细菌感染可用氯唑西林、克林霉素、第一代或第二代头孢菌素、大环内酯类药物等进行全身治疗，但应避免持续使用，以免产生耐甲氧西林的微生物。

二、其他疥螨的危害

动物疥螨感染人体已有报道，例如犬疥螨、兔疥螨、猪疥螨、牛疥螨、猫疥螨、狐狸疥螨等，出现皮肤小丘疹、脱屑、痂皮和苔藓化等，一般不形成隧道。人不是动物疥螨的适宜宿主，但动物疥螨可短暂寄生于人体。人类感染动物疥螨后症状不一，但多为自限性，一旦脱离接触5～15天后，一般可以实现不治自愈(杨维平，1998)。然而，鉴于许多研究报道动物疥螨尚未发现明显的宿主隔离，动物疥螨能够在人以及其他不同宿主之间相互传播。人类在开发自然的过程中，与动物接触更加频繁，感染疥螨的机会也增加，因此，加强对动物疥螨的重视和防护十分必要。

第六节　疥螨防制原则

疥疮患者长期皮肤瘙痒难忍、皮肤损害严重，甚至导致肾小球肾炎，使生活质量和健康受到严重影响。疥疮作为一种接触性传染性皮肤病，可在家庭及接触者之间传播流行，也是一种潜在的性传播疾病。因此，控制人群疥螨的感染，重在预防。

一、卫生宣传

要广泛深入地开展卫生宣传教育，普及疥疮的防治知识，使群众认识到疥疮的危害性、易感性，提高预防和治疗的主动性；改善居住条件，注意个人卫生，避免与患者接触，杜绝不洁性交，不使用患者的衣、被、毛巾等；要提高基层医务人员的业务素质，能够熟练准确地早期发现和治疗病人，及早消灭传染源；加强对旅店、招待所、浴池等服务行业及车船交通部门的卫生管理和监督；加强对学校、幼儿园、工矿企业等集体单位的卫生监督和监测，发现患者要立即隔离和彻底治疗；在防治人体疥疮的同时应防治动物疥疮。

二、环境防制

患者的内衣、床单、被套及毛巾、手套等物品，用沸水浇烫或蒸气消毒；在我国北方严寒的冬季将患者的内衣、被褥等物置于室外通风和冷冻一昼夜；或将被褥置室外晒晾1～2天，根据屈孟卿(1988)的实验观察,均能有效地杀灭离体疥螨。对患者的房间及罹患者的集体宿舍,在疥疮流行年代里对社会人群主要感染场所的公共浴池更衣间、旅店、招待所以及车船等处用杀螨剂进行处理。根据屈孟卿(1989)的实验证明,用80%敌敌畏乳油熏蒸,每立方米空间按20～30 mg投药。若密闭情况良好,在2小时内可100%杀灭离体疥螨。以上方法虽然简单,但确实是行之有效的阻断传播的重要措施。

三、个人防护

由于疥螨具有极高的传染性,因此应树立高度的防范意识,重视保护自己,保护家人。患者要避免过度的搔抓,要及时剪指甲,以防通过搔抓感染脓疥,擦药、洗澡及换衣服都要及时。若已有家庭成员感染疥螨,要立即采取隔离措施和彻底治疗,杜绝蔓延。患者所用的衣物如内衣、床单、被套及毛巾、手套等要用沸水浇烫,杀死离体疥螨。经常保持皮肤的清洁卫生,特别是皮肤皱褶处如腋下、肛门附近、会阴部、趾指间以及女性的乳房下和婴幼儿的颈部,最好常用温水洗涤淋浴,尤其是在夏天出汗过多或皮肤上尘埃附着及污垢过多时。适当的日光照射,可以改善皮肤的血液循环,加强组织的新陈代谢,是保持皮肤健康的一个重要措施。对日光高度敏感者,或患有光感性皮肤病及红斑狼疮的患者则应避免日晒,外出活动时,酌情采取一定的防光措施,如戴宽边帽、穿长袖衣和长脚裤等。

结语:

疥螨是寄生人体皮肤的常见寄生虫。尽管有关疥螨的研究已有很多,但对它的认识仍然非常有限,如人疥螨缺乏合适的体外培养方法,疥螨分类学还有争议,治疗特效药物有待研发。庆幸的是,随着显微摄像、免疫学以及分子生物学技术的不断发展,尤其是疥螨基因文库的建成和完善,抗原基因的进一步筛选,线粒体全基因DNA、基因组以及转录组测序的完成,为疥螨分子水平的分类鉴定、致病机制研究、疫苗研发、有效治疗药物的筛选等提供技术支撑和基础数据。免疫诊断、疫苗和免疫治疗的发展是控制疥疮的有前景的长期战略。对疥疮期间皮肤和外周血中发生的免疫反应的全面了解可以提供免疫干预的可能性。预期在不久的将来,可实现对寄生在不同宿主疥螨的亲缘关系分析,研制出疥螨基因工程疫苗,从而更加科学有效地预防和控制疥螨病。

(张　静　叶　彬)

参考文献

万红新,2021.疥疮81例误诊分析[J].河南医学高等专科学校学报,33(4):410-412.

叶欣,何鸿义,冯霞,等,2020.20%氧化锌硫软膏治疗疥疮120例疗效与安全性分析[J].中国皮肤性病学杂志,34(2):160-164.

唐祯,鲁建云,黄健,等,2020.反射式共聚焦显微镜在疥疮诊断中的应用[J].中国麻风皮肤病杂志,36(8):497-499,512.

李琳,2015.曲安奈德局部封闭治疗婴幼儿疥疮结节疗效观察[J].医药论坛杂志,36(9):50-51.

杨萍,吴黎明,钟剑波,2015.挪威疥3例报道及文献回顾[J].全科医学临床与教育,13(5):589-591.

黄淑琼,杨学军,彭露,等,2015.96例婴幼儿疥疮临床分析[J].皮肤病与性病,37(4):42.

戚世玲,肖阳娜,周芳,2015.挪威疥1例[J].皮肤性病诊疗学杂志(2):138-140.
范华,2012.中药外洗治疗疥疮110例[J].现代中医药,32(5):30.
刘欣,2010.感染人类的宠物螨病[J].中国比较医学杂志(Z1):153-155.
郭强,2007.疥疮348例临床分析[J].临床和实验医学杂志,12(6):125-126.
王冬梅,2007.液氮冷冻治疗疥疮结节300例[J].皮肤病与性病,29(2):33-34.
房迎华,王远,李德群,2007.复方苯甲酸苄酯霜治疗疥疮疗效观察[J].黑龙江医药科学,30(4):77.
冯柏秋,2005.口服伊维菌素治疗疥疮42例疗效观察[J].中国皮肤性病学杂志,19(7):445.
方玉莲,2004.婴儿疥疮52例临床分析[J].中国麻风皮肤病杂志,20(1):93,96.
古东,姚集建,2002.气象因素与疥疮发病的关系研究[J].皮肤病与性病,24(2):5-6.
段洪富,王丽,王军,2000.哈尔滨市养兔厂疥螨引起人疥疮流行的调查报告[J].哈尔滨医药,20(4):36-36.
杨维平,1998.人体寄虫感染与性传播疾病[J].江苏临床医学杂志,2(3):276-281.
刘旭,郭海仓,1995.百部酊治疗疥疮300例[J].甘肃中医学院学报,12 (3):27.
姜日花,王茁,刘兆铭,等,1995.犬疥螨引起疥疮21例[J].中华皮肤科杂志,28(5):334.
刘淑华,马元龙,王泽民,1994.疥疮结节隧道的临床及病理学研究[J].中国皮肤性病学杂志,28(1):8-9.
周宝璋,1992.猫疥螨致人疥病22例报告[J].皮肤病与性病,14(2):21-22.
屈孟卿,1991.疥螨的离体生态及疥疮病原的快速确诊治疗和阻断传播的研究[J].河南医学情报,4:1-2.
国庆芳,谢星宿,齐敦魁,等,1990.兔疥螨引起人疥疮的调查[J].济宁医学院学报(1):27-28.
童永良,1990.416例疥疮并发症的临床分析[J].中华皮肤科杂志,23(3):177-178.
屈孟卿,1989.雌性人疥螨感染能力的实验研究[J].河南寄生虫病杂志,2(1):15-16.
张尚仁,屈孟卿,王仲文,1988.三种检查疥疮病原体的方法评价[J].河南医科大学学报(3):249-250.
屈孟卿,1988.人疥螨的某些生物学特征与疥疮季节发病的关系[J].河南寄生虫病杂志,1(2):31-32.
王履新,赵巧玲,张新民,等,1986.门诊193例疥疮病的调查分析.石河子医学院学报,8(1) :34-35.
NÆSBORG-NIELSEN C, WILKINSON V, MEJIA-PACHECO N, et al., 2022. Evidence underscoring immunological and clinical pathological changes associated with *Sarcoptes scabiei* infection: synthesis and meta-analysis[J]. BMC Infect. Dis., 22(1):658.
CHARBEL A K, NEMER N, BERNIGAUD C, et al., 2021. First evidence of the activity of an entomopathogenic fungus against the eggs of *Sarcoptes scabiei*[J]. Vet. Parasitol., 298:109553.
CHARBEL A K, NEMER N, NEMER G, et al., 2020. *In vitro* activity of beauvericin against all developmental stages of *Sarcoptes scabiei*[J]. Antimicrob. Agents Chemother., 64(5):e02118-19.
ENGELMAN D, YOSHIZUMI J, HAY R J, et al., 2020. The 2020 international alliance for the control of scabies consensus criteria for the diagnosis of scabies[J]. Br. J. Dermatol., 183(5):808-820.
ENGELMAN D, CANTEY P T, MARKS M, et al., 2019. The public health control of scabies: priorities for research and action[J]. Lancet, 394:81-92.
LASTUTI N D R, MA'RUF A, YUNIARTI W M, 2019. Characterization of mitochondrial COX-1 gene of *Sarcoptes scabiei* from rabbits in East Java, Indonesia[J]. J. Adv. Vet. Anim. Res., 6(4):445-450.
LASTUTI N D R, ROHMAN A, HANDIYATNO D, et al., 2019. Sequence analysis of the cytochrome c oxidase subunit 1 gene of *Sarcoptes scabiei* isolated from goats and rabbits in East Java, Indonesia[J]. Vet. World, 12(7):959-964.
LI L Y, SUN H, LI X Y, et al., 2019. Hemorrhagic bulla: a rare presentation of scabies[J]. Ann. Transl. Med., 7(5):107.
RAO M A, RAZA N, FAHEEM M, et al., 2019. Comparison of efficacy of permethrin 5% cream with crotamiton 10% cream in patients with scabies[J]. J. Ayub. Med. Coll. Abbottabad, 31(2):236-232.
UEDA T, TARUI H, KIDO N, et al. The complete mitochondrial genome of *Sarcoptes scabiei* var. *nyctereutis* from the Japanese raccoon dog: Prediction and detection of two transfer RNAs (tRNA-A and tRNA-Y)

[J]. Genomics, 2019, 111(6):1183-1191.

BERNIGAUD C , FANG F , FISCHER K , et al., 2018. Efficacy and pharmacokinetics evaluation of a single oral dose of afoxolaner against *Sarcoptes scabiei* in the porcine scabies model for human infestation[J]. Antimicrob. Agents Chemother., 62(9):e02334.

LASTUTI N D R, YUNIARTI W M, HASTUTIEK P, et al., 2018. Humoral and cellular immune response induced by antigenic protein of *Sarcoptes scabie*i var. *caprae*[J]. Vet. World, 11(6):819-823.

LI C Y, SUN Y, XIE Y, et al., 2018. Genetic variability of wildlife-derived *Sarcoptes scabiei* determined by the ribosomal ITS-2 and mitochondrial 16S genes[J]. Exp. Appl. Acarol., 76(1):53-70.

SHUMAILA N, FARHANA RIAZ C, DILAWAR ABBAS R, et al., 2018. Genetic characterization of *Sarcoptes scabiei* var. *hominis* from scabies patients in Pakistan[J]. Trop. Biomed., 35(3):796-803.

ANDERSON K L, STROWD L C, 2017. Epidemiology, diagnosis, and treatment of scabies in a dermatology office[J]. J. Am. Board Fam. Med., 30(1):78-84.

ARLIAN L G, MORGAN M S, 2017. A review of *Sarcoptes scabiei*:past, present and future[J]. Parasites & Vectors, 10(1):297.

FRASER T A, SHAO R, FOUNTAIN-JONES N M , et al., 2017. Mitochondrial genome sequencing reveals potential origins of the scabies mite *Sarcoptes scabiei* infesting two iconic Australian marsupials[J]. BMC Evol. Biol., 17(1):233.

BHAT S A, MOUNSEY K E, LIU X, et al., 2017. Host immune responses to the itch mite, *Sarcoptes scabiei*, in humans[J]. Parasites & Vectors, 10(1):385.

HU L, ZHAO Y, YANG Y, et al., 2016. De novo RNA-Seq and functional annotation of *Sarcoptes scabiei canis*[J]. Parasitol. Res., 115(7):2661-2670.

LUO D Q, HUANG M X, LIU J H, et al., 2016. Bullous scabies[J]. Am. J. Trop. Med. Hyg., 95:689-693.

MOFIZ E, SEEMANN T, BAHLO M, et al., 2016. Mitochondrial genome sequence of the scabies mite provides insight into the genetic diversity of individual scabies infections[J]. PLoS Negl. Trop. Dis., 10(2):e0004384.

MOUNSEY K E, BERNIGAUD C, CHOSIDOW O, et al., 2016. Prospects for moxidectin as a new oral treatment for human scabies[J]. PLoS Negl. Trop. Dis., 10(3):e0004389.

ARLIAN L G, FELDMEIER H, MORGAN M S, 2015. The potential for a blood test for scabies[J]. PLoS Negl. Trop. Dis., 9:e0004188.

ANDRIANTSOANIRINA V, ARIEY F, IZRI A, et al., 2015 *Sarcoptes scabiei* mites in humans are distributed into three genetically distinct clades[J]. Clin. Microbiol. Infect., 21(12):1107-1114.

ANGELONE-ALASAAD S, MOLINAR M A, PASQUETTI M, et al., 2015. Universal conventional and real-time PCR diagnosis tools for *Sarcoptes scabiei*[J]. Parasites & Vectors, 8:587.

MAAN M A, MAAN M S, SOHAIL A M, et al., 2015. Bullous scabies:a case report and review of the literature[J]. BMC Res. Notes, 8:254.

RIDER S D , MORGAN M S, ARLIAN L G, 2015. Draft genome of the scabies mite[J]. Parasites & Vectors, 8:585.

ZHAO Y, CAO Z, CHENG J, et al., 2015. Population identification of *Sarcoptes hominis* and *Sarcoptes canis* in China using DNA sequences[J]. Parasitol. Res., 114(3):1001-1010.

AMER S, EL WAHAB T A, METWALY AEL N, et al., 2014. Preliminary molecular characterizations of *Sarcoptes scabiei* (Acari:Sarcoptidae) from farm animals in Egypt[J]. PLoS One, 9(4):e94705.

ALASAAD S, ROSSI L, HEUKELBACH J, et al., 2013. The neglected navigating web of the incomprehensibly emerging and reemerging *Sarcoptes* mite[J]. Infect. Genet. Evol., 17:253-259.

MAHMOOD W, VIBERG L T, FISCHER K, et al., 2013. An aspartic protease of the scabies mite *Sarcop-*

tes scabiei is involved in the digestion of host skin and blood macromolecules[J]. PLoS Negl. Trop. Dis., 7(11):e2525.

OLEAGA A, ALASAAD S, ROSSI L, et al., 2013. Genetic epidemiology of *Sarcoptes scabiei* in the Iberian wolf in Asturias, Spain[J]. Vet. Parasitol., 196(3/4):453-9.

ALASAAD S, OLEAGA Á, CASAIS R, et al, 2011. Temporal stability in the genetic structure of *Sarcoptes scabiei* under the host-taxon law: empirical evidences from wildlife-derived *Sarcoptes* mite in Asturias, Spain[J]. Parasites & Vectors, 4:151.

AYDıNGÖZ I E, MANSUR A T. Canine scabies in humans: a case report and review of the literature[J]. Dermatology, 2011, 223(2):104-6.

ROXANA STAN T, PIASERICO S, BORDIGNON M, et al., 2011. Bullous scabies simulating pemphigoid[J]. J. Cutan. Med. Surg., 15(1):55-7.

ROSSELL L G , REDONNET M S , MILLET P U, 2010. Bullous scabies responding to ivermectin therapy [J]. Actas Dermosifiliogr., 101(1):81-84.

WALTON S F, PIZZUTTO S, SLENDER A, et al., 2010. Increased allergic immune response to *Sarcoptes scabiei* antigens in crusted versus ordinary scabies[J]. Clin. Vaccine Immunol., 17(9):1428-1438.

ALASAAD S, SOGLIA D, SPALENZA V, et al., 2009. Is ITS-2 rDNA suitable marker for genetic characterization of *Sarcoptes* mites from different wild animals in different geographic areas? [J]. Vet. Parasitol., 159(2):181-185.

GU X B, YANG G Y, 2008. A study on the genetic relationship of mites in the genus *Sarcoptes* (Acari: Sarcoptidae) in China[J]. Int. J. Acarol., 34:183-190.

MONARI P, SALA R, CALZAVARA-PINTON P, 2007. Norwegian scabies in a healthy woman during oral cyclosporine therapy[J]. Eur. J. Dermatol., 17(2):173.

ANSARIN H, JALALI M H, MAZLOOMI S, et al., 2006. Scabies presenting with bullous prmphigoid-like lesion[J]. Dermatol. Online J., 12(1):19.

HAAS N, WAGEMANN B, HERMES B, et al., 2005. Cross reacting IgG antibodies against fox mite antigens in human scabies[J]. Arch. Dermatol. Res., 296(7):327-331.

ARLIAN L G, MORGAN M S, ESTES S A, et al., 2004. Circulating IgE in patients with ordinary and crusted scabies[J]. J. Med. Entomol., 41(1):74-77.

WALTON S F, HOLT D C, CURRIE B J, et al., 2004. Scabies: new future for a neglected disease[J]. Adv. Parasitol., 57:309.

WALTON S F, MCKINNON M, PIZZUTTO S, et al., 2004. Acaricidal activity of *Melaleuca alternifolia* (tea tree) oil: *in vitro* sensitivity of *Sarcoptes scabiei* var *hominis* to terpinen-4-ol.[J]. Arch. Dermatol., 140(5):563-566.

FISCHER K, HOLT D C, HARUMAL P, et al., 2003. Generation and characterization of cDNA clones from *Sarcoptes scabiei* var. *hominis* for an expressed sequence tag library: identification homologues of house dust mite allergens[J]. Am. J. Trop. Med. Hyg., 68(1):61-64.

BERRILLI F, D'AMELIO S, ROSSI L, 2002. Ribosomal and mitochondrial DNA sequence variation in *Sarcoptes* mites from different hosts and geographical regions[J]. Parasitol. Res., 88:772-777.

PENCE D B, UECKERMANN E, 2002. Sarcoptic manage in wild life[J]. Rev. Sci. Tech., 21(2):385-398.

SKERRATT L F, CAMPBELL N J, MURRELL A, et al., 2002. The mitochondrial 12S gene is a suitable marker of populations of *Sarcoptes scabiei* from wombats, dogs and humans in Australia[J]. Parasitol. Res., 88(4):376-379.

NAVAJAS M, FENTON B, 2000. The application of molecular markers in the study of diversity in acarology: a review[J]. Exp. Appl. Acarol., 24(10/11):751-774.

WALTON S F, CHOY J L, BONSON A, et al., 1999. Genetically distinct dog-derived and human-derived *Sarcoptes scabiei* in scabies-endemic communities in northern Australia[J]. Am. J. Trop. Med. Hyg., 61(4):542-754.

ZAHLER M, ESSIG A, GOTHE R, et al., 1999. Molecular analyses suggest monospecificity of the genus *Sarcoptes* (Acari:Sarcoptidae)[J]. Int. J. Parasitol. (29):759-766.

WALTON S F, CURRIE B J, KEMP D J, 1997. A DNA fingerprinting system for ectoparasite *Sarcoptes scabiei*[J]. Mol. Biochem. Parasitol., 85(2):187-196.

ARLIAN L G, VYSZENSKI-MOHER D L, 1996. Responses of *Sarcoptes scabiei* (Acari: Sarcoptidae) to nitrogenous waste and phenolic compounds[J]. J. Med. Entomol., 33(2):236-243.

VERALDI S, SCARABELLI G, ZERBONI R, et al., 1996. Bullous scabies[J]. Acta dermato-venereologica, 76(2):167-168.

ARLIAN L G, RAPP C M, VYSZENSKI-MOHER D L, et al., 1994. *Sarcoptes scabiei*: histopathological changes associated with acquisition and expression of host immunity to scabies[J]. Exp. Parasitol., 78(1): 51-63.

CHAKRABARTI A, 1990. Pig handler's itch[J]. Int. J. Dermatol., 29(3):205-206.

Arlian L G, Runyan R A, Achar S, et al., 1984. Survival and infectivity of *Sarcoptes scabiei* var. *canis* and var. *hominis*[J]. J. Am. Acad. Dermatol., 11(2, Pt1):210-215.

ARLIAN L G, RUNYAN R A, ESTES S A, 1984. Cross infectivity of *Sarcoptes scabiei*[J]. J. Am. Acad. Dermatol., 10(6):979-986.

CHAKRABARTI A, CHATTERJEE A, CHAKRABARTI K, et al., 1981. Human scabies from contact with water buffaloes infested with *Sarcoptes scabiei* var. *bubalis*[J]. Ann. Trop. Med. Parasitol., 75(3): 353-357.

KLOMPEN J S H. Phylogenetic Relationships in the Mite Family Sarcoptidae (Acari: Astigmata)[M]. Museum of Zoology, University of Michigan No. 180, 1992.

第九章　蠕形螨与疾病

蠕形螨（*Demodex* mites）又称毛囊螨（follicle mites），是一类小型永久性寄生螨类，隶属蜱螨亚纲（Acari）、真螨总目（Acariformes）、绒螨目（Trombidiformes）、前气门亚目（Prostigmata）、异气门总股（Eleutherengonides）、缝颚螨股（Raphignathina）、肉食螨总科（Cheyletoidea）、蠕形螨科（Demodicidae）。目前已知的寄生于人和哺乳动物的种类约达140个。寄生部位主要为毛囊和皮脂腺，包括睑板腺和耵聍腺等，引起蠕形螨病（Demodicidosis）。

早在18世纪中叶人类就已发现了蠕形螨，Berger于1841年11月2日曾向巴黎科学院呈递了一份保密报告，这个报告至1845年5月才公开，宣布在人外耳道内发现一种新的寄生虫，认为它是自由生活的节肢动物，属于缓慢类动物门（Tardigrada）。在Berger的报告保密期间，Henle于1841年12月向Zutich自然历史学会报告一种在外耳道毛囊内发现的分类不清的寄生虫，Gustov Simon 1842年3月在柏林发表论文，详细描述在面部毛囊中发现的这种人体寄生虫，并正确地鉴定这种寄生虫是毛囊脂螨（*Acarus folliculorum*）。因为这种螨形态变化很大，早期许多学者认为它是粉螨属（*Acarus*）外的另一属，现在应用的蠕形螨属（*Demodex*）是Richard Owen（1943）确定的。

Stanley Hirst于1919年首次出版蠕形螨属专著，当时记录了24种蠕形螨，寄生于7个目的哺乳类动物。随着新种的不断发现，目前已被描述的蠕形螨属约70个，分别寄生于11个目的哺乳动物，每一种哺乳动物至少寄生有一种蠕形螨。事实上，绝大多数哺乳动物有2种蠕形螨，少数有3种（蝙蝠及啮齿动物），或有4种（蝙蝠），蠕形螨少数种除外，绝大多数均有严格的宿主种属特异性。现存哺乳动物近4 500种，如果按照每种哺乳动物寄生有2种蠕形螨估算，目前约有9 000种蠕形螨，所以蠕形螨是一个很大的类群。因此，对新种的描述应精准，以免出现同种异名现象。

第一节　蠕形螨形态特征

就人体蠕形螨的形态而言，Simon 1842年最先描述毛囊蠕形螨（*Demodex follicularum*）具明显的多形态性，此后Wilson（1844），Hirst（1919）及Fuss（1933，1935，1937）都陆续进行了其形态描述，Akbulatova（1963）指出，毛囊蠕形螨存有2个亚种，即长毛囊蠕形螨（*D. folliculorum longus*）和短毛囊蠕形螨（*D. folliculorum brevis*）。1972年，Desch和Nutting根据形态和主要寄生部位将人体蠕形螨分为2种，即寄生在毛囊内的毛囊蠕形螨（*Demodex folliculorum* Simon，1842）和寄生在皮脂腺内的皮脂蠕形螨（*Demodex brevis* Akbulatova，1963）。

寄生于人体的蠕形螨形态基本相同，虫体长0.1～0.4 mm，雌螨大于雄螨，乳白色，半透明，蠕虫状，体表具环形皮纹。通常把蠕形螨分为3个体段，即：颚体、足体和末体（图9.1）。

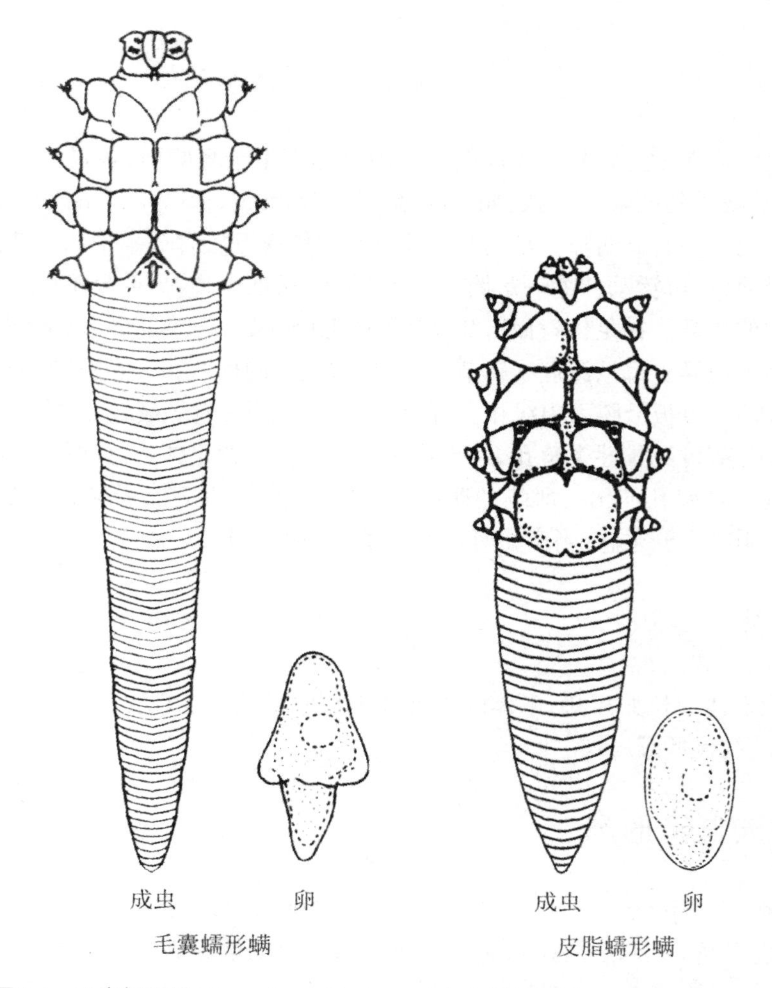

图 9.1　毛囊蠕形螨（*Demodex folliculorum*）和皮脂蠕形螨（*Demodex brevis*）

仿 李朝品（2019）

一、颚体

蠕形螨的颚体略呈梯形，宽度大于长度。颚体基部称为颚基，呈扁环筒状。从背面观可见颚基中部有一向前伸出的锥状突，在颚基背面两侧有1对背基刺（supracorxal spine），锥状突和背基刺的形状依螨种而异。颚体腹面观，中间是前窄后宽的卵圆形的口下板，口下板向前延伸至颚基背部形成膜状结构，称为基内叶（endite），口下板中央为口裂，呈细长状，口裂两侧为唇片，内为口前腔，口前腔内着生有细针状刺吸式口器，取食时伸出；在颚体腹面两侧可见触须1对，各分3节，基节较大，其他2节较小，第3节端部腹面有刺形须爪（毛）（papal claw or seta），须爪的数量依螨种而异，触须能弯曲活动，有助于运动、蜕皮和附着，并能破裂宿主的上皮细胞；在颚体腹面内有不同形状的咽泡（pharyngeal bulb），咽泡的形状是分类的特征之一，咽泡上方两侧有唾腺1对，在咽泡前方水平处有1对微刺形颚腹毛（subgnathosomal seta）。

二、足体

成螨具足4对，粗短，分节且能伸缩。足沿足体着生于腹侧面，各足之间的间隔基本一致，但也有少数螨种的间隔不一致，如袋鼯蠕形螨（Nutting et Sweatman，1970），足由前至后在足Ⅱ和足Ⅲ间有一明显间隙。足的基节部分与躯体腹壁融合成扁平的基节片，不能活动，其他各节呈套筒状，可活动伸缩。足跗节上有1对锚状爪形叉，每爪分3节，第4对足基节片的形状为分类的特征。在足体背面有2对背足体毛（dorsal podosomal setae），前后各1对，其排列和形态因种而异。每爪深埋于跗节，有一粗的硬化的柄壁，其内腔狭窄充满胞浆。在大多数种（腹面观）基节板沿腹面中线相会，而有的种在内侧缘有一裂缝。

雄螨足体背部可见雄性生殖孔，位于足体背面的两对背足体毛之间的一椭圆形突起上，阳茎可由体内经生殖孔伸出。雌螨的阴门位于腹面第4对足基节片之间的后方，为一狭长纵裂状开口。阴唇十分柔软，当产卵时可使大型卵顺利产出。

三、末体

蠕形螨的末体细长如指状，末体的长度及末端的形状都存在种内或种间的差异。末体圆柱形，表面具明显环形皮纹。

四、扫描电镜形态

我国学者（徐荫祺等，1982；丁晓昆等，1990～1992；樊培方等，1990～1996；佘俊萍等，2010～2011；袁方曙等，2005～2012等）对人和少数动物的蠕形螨应用扫描电镜进行了观察。

（一）颚体

毛囊蠕形螨颚体的背面包含背基刺与锥状突。皮脂蠕形螨颚体扁平，常见其弯向腹侧，与足体成一角度。颚体背面则为背基刺和针鞘。毛囊蠕形螨和皮脂蠕形螨颚体的腹面包括口下板、触须、基内叶等结构。颚体腹面基部还可见1对小突起，毛囊蠕形螨叫做颚基毛，皮脂蠕形螨叫做颚腹毛，呈乳突状。

1. 背基刺

毛囊蠕形螨背基刺位于颚体背面，共1对，柄着生在基部的陷窝内，Desch等描述背基刺结构为铆钉形，徐荫祺等（1982）报告扫描电镜下所见毛囊蠕形螨的背基刺则为双球形。皮脂蠕形螨背基刺呈蕈形，着生于陷窝内。

2. 锥状突

毛囊蠕形螨锥状突位于鄂体背面中部，是一较长向前伸出的突起。锥状突前端被一膜状构造所合抱，形成短的“吻”状，此膜状物为颚体腹面的口下板延伸而来。丁晓昆等（1992）将皮脂蠕形螨位于颚体背面前端正中央的突出叫做针鞘。

3. 口下板

蠕形螨颚体的腹面中间有口下板，口下板为包括颚体腹面触须间的整个结构，其前端有

1对突出物，为基内叶。徐荫祺等(1982)描述了毛囊蠕形螨口下板的结构，口下板呈细长杆状，与颚体背面的锥状突上下相对，口下板两侧为膜状，且呈弧状向前端及背面伸展卷曲，中间形成口裂，内有1对刺状螯肢。冯玉新等(2008)描述口下板呈前窄后宽的梨形，长约9 026.42 nm，宽约3 403.70 nm，周围是较平坦的外板，中部是唇样的内板，两唇中央有纵向裂隙，长约2 043.57 nm。侧面观口下板前端呈水平刀尖状，突出于颚体前下方。皮脂蠕形螨口下板结构，短而宽，呈宽椭圆形，长约3 536.64 nm，宽约3 122.36 nm。口下板中央也有一纵裂状的口裂，但其中未见到口针。丁晓昆等(1990)描述皮脂蠕形螨口裂椭圆形，位于口下板近前端，略突出于表面。冯玉新等(2008)观察发现蠕形螨口裂中有一粗大的锥状口针，宽约188.56 nm，可从口裂处伸出。口针可刺破组织细胞，触须肢爪可撕碎组织细胞。唇状的口裂吸附在受伤组织细胞表面，组织液和组织碎片被吸入口腔，推测这是一种特殊的刺吸式口器。这些锐性结构可损伤局部组织细胞，引起病变和继发感染。

4. 颚体其他结构

徐荫祺等(1982)报道，毛囊蠕形螨颚体腹面触须基部第1～2节的内侧与口下板侧膜相连，末节顶端，靠背侧有1对突起，着生于凹陷内，腹侧有3个较大的三角形皮刺状爪，呈弧状排列，皮刺略向背侧弯曲。丁晓昆等(1992)研究中描述，触须跗节腹侧爪是弯向腹侧，而不向背侧弯曲，似可作双向活动，起掘进作用。

(二) 足体

蠕形螨足体腹面有螨足4对，短小，位于足体腹面两侧。足体含有足节、足体和生殖器。

1. 足节

雌雄毛囊蠕形螨均有足4对，结构相似，呈圆锥形，较粗壮，每足分4节，各节均很短。徐荫祺等(1982)报道，足的基节略呈方块状固定覆盖于整个足体腹面，足末节端部有爪1对，呈锚状，足其他各节均可伸缩活动。足跗节可见内侧1个三叉爪和外侧1个双叉爪，叉爪均较钝，外侧双叉爪爪柄处有一指向后方的尖锐爪距。Desch等在光镜下测量此爪距长2 μm，丁晓昆等(1990)在扫描电镜中也观察到此爪距，并测得此距长度为1.6～2.5 μm。刘付红等(2010)报道，股节后侧有一指向后方的巨大刺状股距，长约3 850.98 nm。丁晓昆等(1990)报道，发现该股距形态变异很大，有的尖细，有的粗钝，且长短不一。皮脂蠕形螨较毛囊蠕形螨足细，无股距。足跗节上的叉爪数目和形状差异较大。叉爪尖锐，但均无爪距。

2. 足体

毛囊蠕形螨足体背部微微隆起，两侧有背足体毛。Desch等描述雌螨的背足体毛呈泪滴形，雄螨的呈圆锥形。徐荫祺等(1982)描述雌螨的背足体毛呈梭形，雄螨呈点状，丁晓昆和李芳(1990)描述雌螨右侧一根背足体毛呈梭状，较周围皮肤明显突出，其坐落方向与其周围皮纹的斜行方向一致，毛的前端可见小凹陷，雄螨的后1对背足体毛呈乳头状，周围无皮纹，后背足体毛顶端可见一暗色小凹陷。雌螨及雄螨前1对背足体毛较小，且突出不明显。刘莹和袁方曙(2005)利用环境扫描电镜发现，毛囊蠕形螨雌螨未见背足体毛，雄螨可见2对。

皮脂蠕形螨足体背面呈驼背状隆起，前半部光滑。从第3对足后缘水平起，在中央出现横纹，两侧呈弧形向后扩展至侧面，可见2对背足体毛。雌螨的背足体毛实为两侧微凹而中间略凸起的结构。刘莹和袁方曙(2005)利用环境扫描电镜观察皮脂蠕形螨，背部未见皮纹和背足体毛。

3. 生殖器

雄螨生殖器位于足体背面，雌螨生殖器位于足体腹面。关于毛囊蠕形螨，徐荫祺等(1982)描述雄螨生殖孔开口位于足体背面第1～2对足之间水平线的中央，孔缘较厚，呈卵圆形稍突出于表皮，生殖孔的后缘和两侧有数条皮纹环绕。雌螨生殖孔位于腹面第4对足基节之间的后方，为纵裂开口。刘付红等(2010)描述雄螨外生殖器位于背部4个点状背足体毛中央，基部为纵椭圆形，中央可见纵向裂缝状生殖口，长约5 434.38 nm，有些螨可见生殖口微微张开，阳茎呈毛笔头状，可从生殖口伸出。雌螨生殖孔位于腹面中央第4对足水平线正中，为纵向狭长裂隙长约8 031.16 nm，前方有一弧形皱褶，呈锚状。关于皮脂蠕形螨，丁晓昆等(1992)描述雌性生殖孔位于第4对腹侧板之后，为一纵裂口，孔缘较薄。刘付红等(2010)观察了50条皮脂蠕形螨，均未见雄性生殖孔。

（三）末体

蠕形螨末体简单呈长圆筒形，雌雄成螨末端均为钝圆柱状，具有明显环状皮纹，皮纹随螨体伸展而有变化。未充分伸展的末体，其皮纹呈瓦状叠缩；充分伸展的末体，其皮纹呈山嵴状突出于体表。纹间距平均长度为2.5 μm，环状纹之间可见细小而稀疏的纵纹。末体后端皮纹环形盘绕，图案类似人的"箕状指纹"。

第二节　蠕形螨生物学

人体蠕形螨的生物学较为复杂，现简要介绍其生活史、寄生特性、活动与传播等。

一、生活史

两种人体蠕形螨的生活史基本相同，可分为5期，即卵、幼虫、前若虫(protonymph)、若虫(nymph)和成虫。各期的发育必须在人体上进行。

（一）发育过程

两种人体蠕形螨发育过程相似，现以毛囊蠕形螨生活史为例介绍如下(图9.2)。雌螨一般产卵于毛囊内，1次只产1个卵。卵期一般约60小时，继而孵出6足幼虫。幼虫在毛囊内取食和发育，约36小时蜕皮1次，发育为6足前若虫。前若虫颚体似幼虫，可继续取食。约经72小时再蜕皮1次，发育为若虫。若虫形似成虫，惟生殖器官尚未发育成熟。若虫不食不动，约经60小时再蜕皮1次发育为成螨。雌雄成螨可间隔取食，约经120小时发育成熟后交配产卵。一般认为夏季繁殖快，完成一代约需350小时，即14.5天，冬季时间略延长。蠕形螨各发育时期均在宿主毛囊内，两性差别在未成熟时期不明显，一般来说前若虫期较短，幼虫和若虫期约相等。在同一宿主内，成螨数超出未成熟螨总数，表明成螨生活时间相对较长。雄螨交配后死亡，雌螨寿命2个月左右。

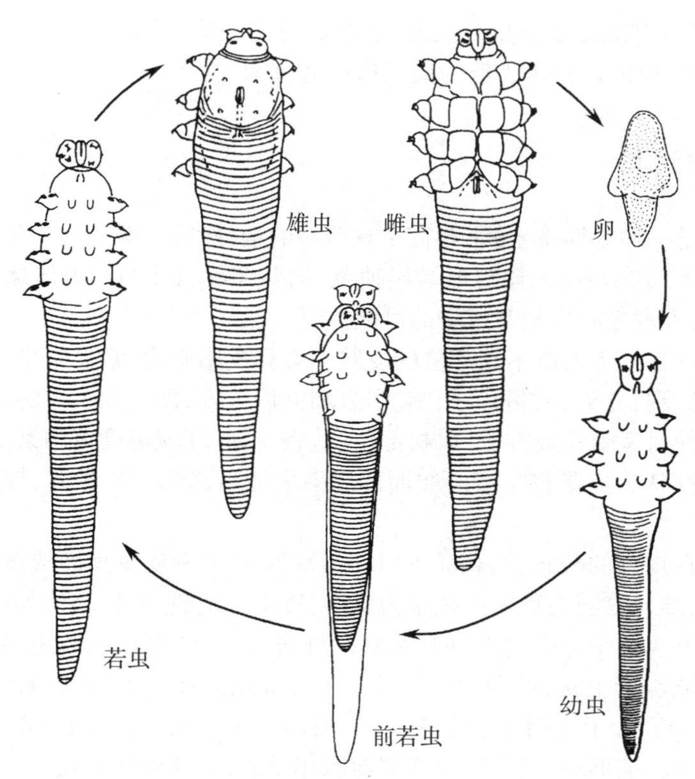

图9.2　毛囊蠕形螨(*Demodex folliculorum*)生活史(示意图)
仿 刘素兰(1983)

(二)食性与宿主

蠕形螨的食性特点决定其对宿主的选择,皮脂分泌旺盛的人群可以为蠕形螨提供丰富的营养,有利于蠕形螨的寄生。蠕形螨的食性特点以及适宜宿主简述如下:

1. 食性

人体蠕形螨主要以脂肪细胞、皮脂腺分泌物、角质蛋白质和细胞代谢产物为食。刘素兰(1981)认为人体蠕形螨除摄食上述物质外,还刺吸宿主上皮细胞内容物。樊培方等(1988)通过虎蠕形螨(*Demodex tigeris*)的超微结构及对宿主致病力的观察,认为蠕形螨的颚体锥状突、口下板和触须爪突,以及足爪等均能撕开裂解角质层,以供虫体吞食(此为虫体取食的主要方式),进而分泌消化酶形成食物空泡,围以食物膜消化角化物质,使吞入的碎片变为细小碎屑吸收。李朝品(1991)研究也证实这一点,人体蠕形螨的各期(除卵和若虫外)都要摄食,尤其嗜食脂肪细胞和皮脂腺溢出物。

2. 宿主

由于蠕形螨的食性特点,宿主的皮脂分泌量可影响蠕形螨的感染度,根据曲魁遵(1982)调查资料,新生儿绝对没有蠕形螨的感染,10岁以下儿童感染率很低,青春期开始明显升高,且男性高于女性,而男女均以40～60岁的年龄组最高。Riecher et Kopf(1969)研究表明,在皮脂腺发达的部位和皮脂腺分泌旺盛情况下蠕形螨的生存密度较高,该发现可以解释以下现象:皮脂腺分泌不旺盛的儿童极少感染蠕形螨;在肢体末端的某些部位其毛囊数量少、毛囊间距离大，几乎没有蠕形螨寄生。因此，皮脂腺分泌旺盛、毛囊发达的人群可以为蠕形螨提供一个适宜的生活环境，这类人群为蠕形螨的适宜宿主。

二、寄生特性

人体蠕形螨是一种专性寄生螨，对宿主有严格的选择性，一般认为人是人体蠕形螨唯一宿主。但符志军等(1983)用人体蠕形螨接种兔，杨莉萍等(1988)用人体蠕形螨接种幼犬均获成功，据此认为人畜之间有相互感染的可能性。

人体蠕形螨可寄生于人体不同部位的皮肤毛囊和皮脂腺内，常见寄生部位为颜面部，也可寄生于颈、肩背、胸、乳头、大阴唇、阴茎、阴囊和肛周等处，偶见在人舌的皮脂腺、毛细血管痣寄生。蠕形螨检出率受检查方法、取材部位、检查时间、环境温度等因素影响，出现多种不同结果。多数研究认为皮脂较丰富的颜面部感染率最高，如鼻尖、鼻翼、颏、眼睑、外耳道等部位。

关于蠕形螨在皮表的分布，李朝品等(1996)观察了30例皮炎型酒渣鼻患者的鼻、额、颊面表皮的蠕形螨，结果表明毛囊蠕形螨多为群居，寄生于毛囊内，以颚体朝向毛囊底部，各足紧靠在毛囊上皮上。一个毛囊内常有1～6只螨群居，甚至可达18只或更多。成虫和若虫多分布于毛囊和皮脂腺管上端，卵和幼虫以及少部分成虫则在毛囊、皮脂腺管内和皮脂腺内。皮脂蠕形螨常单个寄生于皮脂腺和毛囊内，并游离于毛囊间表皮，偶见2只在同一毛囊内。寄生在皮脂腺的皮脂蠕形螨，其颚体全部朝向腺体基底，末体朝向无定向。毛囊蠕形螨和皮脂蠕形螨可寄生于同一人体上，通常毛囊蠕形螨的感染率和感染度要明显高于皮脂蠕形螨。

三、生殖

关于蠕形螨的生殖生物学研究，Lebel和Desch (1979)根据大量的山羊蠕形螨(*D. caprae*)和松猴蠕形螨(*D.saimiri*)染色体有丝分裂计数显示，雄螨是单倍体，雌螨是二倍体，这也揭示了产雄单性生殖(arrhenotoky)现象的存在，那就意味着允许一只单雌螨，不论受精或不受精，都可在新宿主上繁殖后代。也就是说一个未受精的雌螨可产生单倍体的雄性子代，随后能使它们的母代受精，而母代又可产生二倍体的子代。如新宿主第一次感染的是一个受精的雌螨，它就可产生二倍体雌性子代，再依次产生单倍体雄性子代。如此，蠕形螨可大量繁殖，在宿主间广泛传播。

四、活动与传播

人体蠕形螨因足体较短，爬行较为缓慢，通常为8～16 cm/h。生活力较强，受宿主的体温、环境温度、湿度等条件变化的直接影响。毛囊蠕形螨在36～38 ℃时每分钟最快可达786.6 μm，皮脂蠕形螨在34～37 ℃时平均速度为每分钟67.2 μm，其传播方式，目前多数学者认为是直接或间接接触传播。

（一）活动

吴建伟和孟阳春(1990)研究显示，环境温度在20～46 ℃范围，两种离体蠕形螨活动能力随温度增高而增加，在30 ℃时，毛囊蠕形螨足的活动频率约为20 ℃时的2.66倍，皮脂蠕形螨为2.55倍，均可使螨的爬行速度加快。提示在人体皮温(33 ℃)环境下，螨的移行能力较强，接触传播极易发生；同时表明温度的升高可能具有激发螨传播的作用。谢禾秀等(1987)对于人体蠕形螨爬行的研究是一大进步，将两种蠕形螨移至1%琼脂平板上，观察到毛囊蠕形螨爬行路线无规律性，可任意绕圈爬行，爬行足迹呈车轮状，每步足迹距离基本相等，约为1.5 μm。皮脂蠕形螨爬行规律基本上只限于在原地绕圈爬行。关于爬行速度，毛囊蠕形螨在36～38 ℃时每分钟最快可达786.6 μm，皮脂蠕形螨在34～37 ℃时平均速度为67.2 μm。

（二）传播

目前，一般认为蠕形螨只有成虫期才具有传播力。李芳(1986)报道游离在皮肤表面的人体蠕形螨绝大多数是成虫期，且雌虫远多于雄虫。认为成虫期尤其是雌虫为感染期。李朝品等(1992)研究表明，两种人体蠕形螨成虫、若虫及少数幼虫均可出现在皮肤表面，成虫、若虫占绝对多数，为94.31%～98.57%，如与感染者接触，成虫、若虫及幼虫均能造成传播，但主要是成虫。而Spickett(1961)报道人体蠕形螨是以若虫和雄虫传播的。蠕形螨的足短爪强，可前后活动爬行，当宿主体温升高或降低到一定温度时，便从毛囊、皮脂腺中爬出，在体表或毛发上爬行，此时与感染者接触最易造成感染。Desch记述，观察活标本(特别是毛囊蠕形螨、皮脂蠕形螨、犬蠕形螨、山羊蠕形螨和牛蠕形螨)，见成螨活跃地爬行，未成熟螨不活跃，偶见足动。在解剖方面，未成熟螨的发育较成螨差，其分节和肌肉都是很幼稚的，因此，成螨在同一宿主与宿主毛囊间的传播是最适宜的时期。

第三节　蠕形螨生态学

环境中的温度、湿度、光线等因素对蠕形螨生命活动均有一定的影响，Zeytun等(2017)研究发现，在皮肤湿度小于50%、pH为5～6.5、温度为24～28 ℃的人群中，蠕形螨密度较高。蠕形螨的形态特征和食性决定其适合毛囊和皮脂腺内生存，并完成生活史各期的转变，但在其离开原宿主毛囊皮脂腺后，再次侵犯新宿主的这一过程，必然要受到外界诸因素的影响。因此，人体蠕形螨生态学的研究对于研究人体蠕形螨病的流行病学及蠕形螨的控制均有重要意义。

一、环境对蠕形螨的影响

蠕形螨寄生于人体毛囊和皮脂腺内，当外界环境发生变化时，会直接或间接影响蠕形螨的生命活动。

（一）温度

人体蠕形螨对温度较敏感，发育最适宜的温度为37 ℃，其活动力可随温度上升而增高，45 ℃其活动达到高峰，54 ℃为致死温度。由于蠕形螨具有较强的生活力，因此对低温和外界多种不良环境因素均有一定的抵抗力。

1. 人体体温对蠕形螨的影响

李朝品(1996)曾观察了人体体温对蠕形螨检出率的影响。实验选取了96例住院患者，体温≥38 ℃者48人，体温正常者48人。两组均在上午9时起开始检查，前者检出蠕形螨44例，检出率91.6%；后者检出蠕形螨32例，检出率66.7%。两组间差别具有显著意义。此后又观察了洗浴前后对蠕形螨检出率的影响，浴前、浴后各检查1次，浴室外温度11～12 ℃，浴室内温度(35±1) ℃，水温(45±5) ℃。浴前、浴后检出率分别为29.9%和60.9%，两者间差别具有显著意义。分析可能原因为宿主皮肤温度升高时，毛囊及毛囊口扩张，皮脂变稀，有利于螨在毛囊内及出入毛囊活动有关。反之，当宿主温度降低时，皮肤受寒冷刺激，立毛肌收缩，毛囊口紧闭，皮脂变稠，则不利于蠕形螨的活动。

2. 环境温度对蠕形螨的影响

螨的活动受环境温度影响较大，低温时活动较弱，消耗能量减少，虫体代谢减低，因此生存时间相对较长。4 ℃环境中可存活11天，5 ℃时成虫可活1周左右。赵亚娥等(2009)对不同温度条件下两种人体蠕形螨的存活力(存活时间和活动度)进行了系统的观察研究，结果显示，毛囊蠕形螨和皮脂蠕形螨均耐低温而不耐高温，体外最适宜的维持温度为5 ℃，体外培养最佳生长温度为16～20 ℃。温度在0 ℃以下和37 ℃以上对螨是有害的，致死温度为54 ℃，有效杀螨温度为58 ℃。毛囊蠕形螨在25～26 ℃时不仅存活时间长，而且活动良好，故此认为，25～26 ℃是毛囊蠕形螨生长发育的最适温度。当温度在8～10 ℃与16～18 ℃时虽然存活时间较长，但活动力较差。

（二）湿度

蠕形螨喜潮湿，怕干燥。陈国定(1985)在36 ℃条件下，分别比较干燥、相对湿度50%、相对湿度95%三种环境对两种人体蠕形螨的存活时间。结果显示，相对湿度95%时虫体存活时间最长，毛囊蠕形螨为94小时，皮脂蠕形螨为95小时。干燥条件下，毛囊蠕形螨最长可存活0.5小时，皮脂蠕形螨最长可存活2小时，可见蠕形螨适宜高湿的生活环境。吴建伟和孟阳春(1990)研究的结果显示，25 ℃时两种蠕形螨的生存时间与湿度梯度递增不呈直线关系，近似一指数曲线。相对湿度低于65%时，生存时间均在4小时左右，相对湿度达96%时生存时间显著增加，种间无差异，进一步证实蠕形螨仅适宜高湿环境生存。以往的实验研究也发现蠕形螨在湿润耵聍内以及感染者面部刮取的皮脂内均能存活一段时间，Daniel(1959)报道，离体的毛囊蠕形螨成虫在耵聍中能存活4个月以上，可见这种湿润的环境对其生存非常有利。因此，皮脂腺、毛囊发达，分泌旺盛的宿主可以为蠕形螨提供适宜的生存环境。

（三）光照

目前研究普遍认为蠕形螨具有负趋光性，夜间光线暗时其活动力增强，因此蠕形螨夜间比白天检出率高。曲魁遵(1982)的研究也证实了人蠕形螨属负趋光性,夜间爬出毛囊、皮脂腺,并可在皮肤表面爬行求偶,在毛囊口或皮脂腺口处交配。李朝品(1992)用透明胶纸法分别在白天和夜间检查。结果夜间的检出率比白天高,这可能与温度及光照有关,因此认为人体蠕形螨昼夜均可出现在人体皮肤表面,但以夜间居多。

(四) 季节

环境温度可以影响蠕形螨存活时间以及种群密度,因此蠕形螨具有一定的季节消长。刘素兰(1981)认为夏季蠕形螨寄生人体的密度最高。董文杰(2013)对内蒙古包头医学院大学生面部蠕形螨感染情况进行了调查,结果发现蠕形螨的感染有着季节消长的特点,春季、夏季蠕形螨检出率高,冬季、秋季蠕形螨检出率低。一方面与春季、夏季温度较高,毛孔扩张,适于螨活动,而秋季、冬季皮肤干燥,气温也偏低,毛孔收缩影响了蠕形螨的逸出有关;另一方面由于温度高,虫体发育繁殖快,蠕形螨逸出多,易检出。

二、化学试剂对蠕形螨的影响

两种人体蠕形螨对酸性环境的耐受力强于碱性环境,尤以皮脂蠕形螨为明显。蔺淑贞等(1982)对实验室常用的几种消毒药剂进行了杀螨实验,结果表明,75%酒精和3%来苏液15分钟才能杀死蠕形螨;0.1%新洁尔灭对其几乎无杀灭作用。关于蠕形螨虫体死亡的判断在此有必要阐明,因虫体离体后会逐渐衰弱,活动减弱甚至不活动,但不等于虫体死亡,因此建立一个判断虫体是否存活的标准在蠕形螨生态学、生物学以及药物防治研究领域都至关重要。

(一) 虫体死亡的判定

通常情况下,人体蠕形螨死亡的判断均以螯肢或足爪是否活动为依据,动者为活,反之为死,但每个学者的判断标准略有不同,目前还没有形成统一标准。赵亚娥等(2002)持续观察虫体螯肢或足爪1分钟,用解剖针刺激,仍不动者初定为死亡;常温下30分钟后再次观察足爪1分钟,仍未见活动者定为死亡。姜淑芳等(2012)认为虫体死亡一定时间后,虫体内容物完全分解,仅剩几丁质外壳,因此应以虫体颜色、内容物变化来判断虫体存活情况。崔春权等(2007)认为蠕形螨死亡特征包括:① 虫体收缩或变透明者。② 虫体破裂者。③ 虫体的颚体、4对足和末体无运动者。Clanner-Engelshofen等(2018)采用碘化丙啶染色观察并检测蠕形螨体内自体荧光,可以很容易识别死螨,停止移动的虚弱螨则检测不到这种荧光,可以说这是迄今为止最精确的检测蠕形螨死亡的方法。

(二) 化学试剂对蠕形螨存活时间的影响

贺霞凤和李立(1987)报道,在纯甘油内能活4小时,菜油内能活8小时,2%甲硝唑中活8小时,日常生活中使用的肥皂、香皂、化妆品不能杀死蠕形螨。姜淑芳(2002~2003)研究了不同介质中蠕形螨的存活情况,发现在液状石蜡中存活时间最长,细胞培养液IMDM、DMEM、50%甘油和70%甘油中的存活时间短于液状石蜡。进一步研究发现,环境温度15 ℃、高湿条件下的液状石蜡中,蠕形螨最长生存时间可达18天。由此可见,液状石蜡、

15 ℃、高湿环境可能为人体蠕形螨体外存活较适宜的条件。赵亚娥等(2011)对不同介质和温度条件下毛囊蠕形螨和皮脂蠕形螨的存活力进行了系统的观察研究后发现,两种人蠕形螨在16～22 ℃的血清中存活时间最长,可以作为人蠕形螨的体外保种条件。

第四节　中国重要蠕形螨种类

目前,已知的蠕形螨种和亚种有140余种,寄生于人体或各种哺乳动物体表或(和)内脏中,从而引起宿主皮肤病变和内脏病变等。

一、人蠕形螨

寄生于人体的蠕形螨包括毛囊蠕形螨和皮脂蠕形螨两种。Simon(1842)最先描述毛囊蠕形螨具明显的多形态性,Wilson(1844)、Hirst(1919)及Fuss(1933,1935,1937)也都分别对其进行了描述,指出毛囊蠕形螨存有两个亚种,即长毛囊蠕形螨(*Demodex folliculorum longus*)和短毛囊蠕形螨(*Demodex folliculorum brevis*)。现代分子生物学研究证实,人体蠕形螨只有毛囊蠕形螨和皮脂蠕形螨2个种。

(一) 毛囊蠕形螨

1. 种名

毛囊蠕形螨(*Demodex folliculorum* Simon,1842)。

2. 形态

包括卵、幼虫、前若虫、若虫和成虫5个生活史阶段的形态(图9.2)。

(1) 成虫:体细长,颚体较短呈梯形,颚体背面正中的锥状突呈短喙状;颚体背部两侧的背基刺呈双叶形短铆钉状,它的前端可被颚基腹面的口下板延伸来的基内叶所合抱;口下板呈卵圆形,口裂狭长,内藏口针1个;颚体两侧各有7个须爪,前3个分散,后4个集中;颚体腹部中央内部的咽泡呈马蹄形(图9.3)。在足体背面有2对粗短呈瘤状的背足体毛,雄性生殖孔被背足体毛围在中央,雌螨无背足体毛,雌螨生殖孔位于螨体腹面第4对足基节片之间的后方,为一椭圆形裂隙;足体腹面有足4对,足芽突状,短粗,足间距小,除足基节片外,其余各节均能活动;足股节有倒生粗大的尖股距;跗节末端钝圆,有三叉爪、双叉爪、单爪、爪距各一个;末体明显长于足体,约占虫体全长的2/3,呈指状,末端钝圆,体表覆有明显环形横纹。

(2) 卵:发育成熟的卵呈幼小蘑菇状,无色半透明,平均大小为104.7 μm × 41.8 μm,壳较薄,卵内可见分化程度不等的卵细胞或正在发育的幼胚。

(3) 幼虫:新生幼螨,体较短,大小为283 μm × 34 μm,可见足3对,各足分2节。咽泡明显,无颚腹毛,末体环纹不明显。长大的幼螨体逐渐狭长,足体前端明显膨隆,颚体位于其前下方,末体明显变长,足体与颚体活动明显。蜕皮的幼螨体内可见正在发育的若螨。

(4) 前若虫:前若虫是螨类生活史中的一特殊龄期,大小平均为356 μm×36 μm,比成虫细长,足3对,腹面足间有基节骨突3对,颚体似幼虫,能取食。

(5) 若虫:体进一步狭长,体长大于成螨,平均大小为392 μm × 42 μm。若虫颚体宽短,可见足4对。此期虫体不食不动，咽泡明显，末体环纹清晰。蜕皮的若虫体内含一正在发育的成虫。

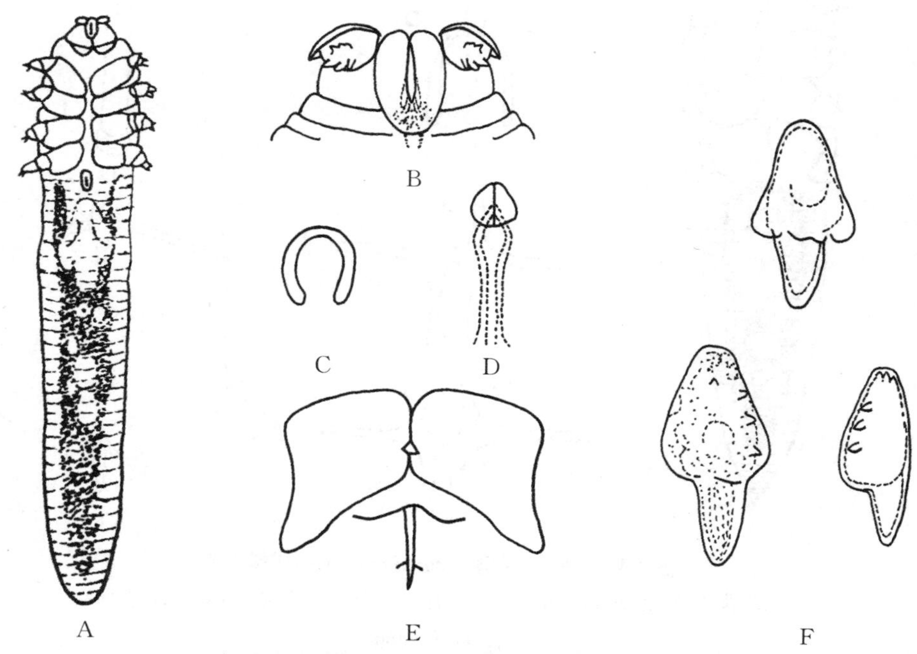

图9.3　毛囊蠕形螨（*Demodex folliculorum*）成螨形态

A. 雌螨；B. 颚体；C. 咽泡；D. 雄性阳茎；E. 第四基节片；F. 卵

引自 李朝品

3. 生活习性

毛囊蠕形螨寄生于毛囊内，以颚体朝向毛囊底部，各足紧靠在毛囊上皮上。一个毛囊内常有3～6只螨群居，多时可达20只。成螨和若螨多分布于毛囊皮脂腺管上端，卵和幼螨以及少部分成螨则在毛囊皮脂腺管内和皮脂腺内。

4. 宿主

人是毛囊蠕形螨的唯一宿主。

5. 与疾病的关系

毛囊蠕形螨感染临床表现，多为以丘疹、脓疱、结节等为主要症状的临床症候群，症状类似酒渣鼻、痤疮、毛囊炎、口周炎以及睑缘炎等。Diana等（2018）研究发现，毛囊蠕形螨是玫瑰痤疮，尤其是丘疹脓疱型玫瑰痤疮（papulopustular rosacea，PPR）患者的高风险致病因素。

6. 地理分布

全国各地均有报道。

（二）皮脂蠕形螨

1. 种名

皮脂蠕形螨（*Demodex brevis* Akbulatova，1963）

2. 形态

与毛囊蠕形螨形态相似（图9.4）。

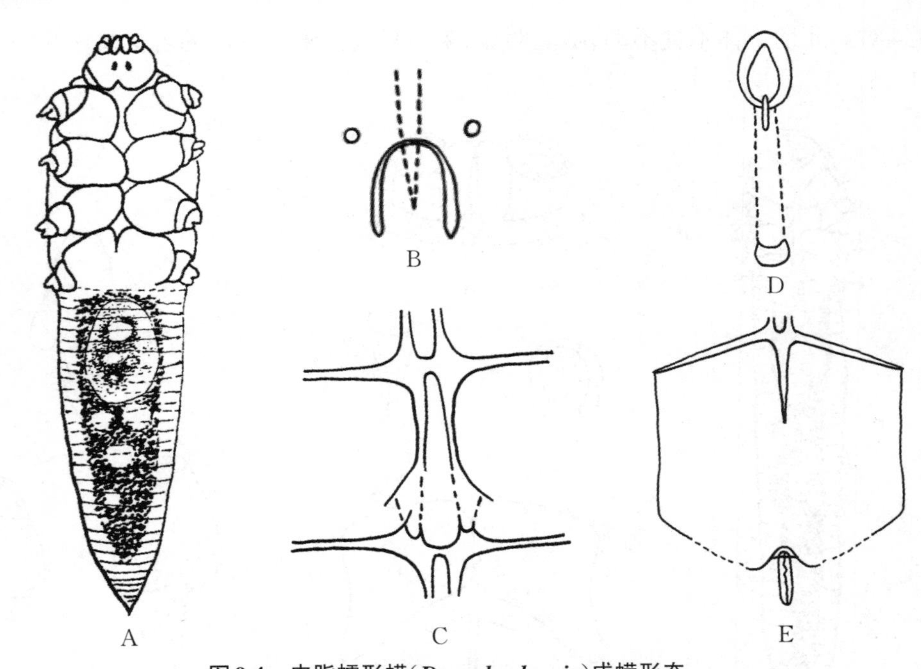

图9.4 皮脂蠕形螨(*Demodex brevis*)成螨形态

A. 雌螨;B. 咽泡;C. 雌螨第二基节片;D. 雄螨阳茎;E. 雌螨第四基节片

引自 李朝品

(1) 成螨:体粗短,足体和末体长度相当,比例约为1∶1。颚体呈宽而短的梯形,颚体背面的锥状突呈三角形,无基内叶;颚体背部两侧的背基刺呈豌豆状;颚体腹面的口下板宽短,纵裂形口裂内无口针;颚体两侧有5个棘状的须爪,内侧一个较粗大,略向内下方弯曲,分散排列;颚体腹部中央内部的咽泡呈倒酒杯状。足体背部未见背足体毛和雄性生殖孔;雌性生殖孔位于螨体腹面第4对足之后的腹中线上,较毛囊蠕形螨偏后,为纵向裂隙;足体腹面有足4对,足较细,股节上无股距,跗节末端熊掌状,有三叉爪、双叉爪、单爪各一个,无爪距。末体约占虫体全长的1/2,端部呈锥形。

(2) 卵:椭圆形,较毛囊蠕形螨卵略小。

(3) 幼虫:刚孵出的幼虫近似椭圆形,成熟幼虫有足3对,末体短小,呈锥状。

(4) 前若虫:大小约为184 μm×34 μm,结构特点与毛囊蠕形螨相似。

(5) 若虫:若虫较成虫小,颚体突出,有足4对。

3. 生活习性

皮脂蠕形螨常单个寄生于皮脂腺和毛囊内,并游离于毛囊间表皮。李朝品等(1996)研究发现皮脂蠕形螨在切片中极为少见,1个皮脂腺内仅见1个螨体的断面,有的在皮脂导管处,有的在腺体底部,颚体朝向仅见出入皮脂腺方向,末体朝向没有确定的方向,爬行速度弱于毛囊蠕形螨。

4. 宿主

人是皮脂蠕形螨的唯一宿主。

5. 与疾病的关系

皮脂蠕形螨寄生于毛囊深部和皮脂腺内,对组织破坏性大,纤维组织增生严重,易产生结节。Sarac等(2020)研究发现,虽然玫瑰痤疮发病相关性最大的是毛囊蠕形螨,但皮脂腺蠕形螨感染会明显增加玫瑰痤疮患者睑缘炎的发病率。

6. 地理分布

全国各地均有报道。

二、动物蠕形螨

现已知蠕形螨可寄生于11个目的哺乳动物,每一种哺乳动物可寄生一种或同时寄生多种蠕形螨。动物蠕形螨寄生于宿主的毛囊和皮脂腺内,引起家畜和珍稀动物的蠕形螨病,严重时可以导致动物死亡。诸如犬蠕形螨(*Demodex canis*)、山羊蠕形螨(*Demodex caprae*)、牛蠕形螨(*Demodex bovis*)、猪蠕形螨(*Demodex phylloides*)、鹿蠕形螨(*Demodex odocoilei*)、仓鼠蠕形螨(*Demodex criceti*)、地鼠蠕形螨(*Demodex hamster*)、猫蠕形螨(*Demodex cati*)、虎蠕形螨(*Demodex tigris*)、大熊猫蠕形螨(*Demodex ailuropodae*)等。

第五节 蠕形螨与疾病的关系

毛囊蠕形螨和皮脂蠕形螨的人群感染率几乎是100%,且绝大多数人感染蠕形螨后无症状,因此2种蠕形螨是否具有致病性众家说法不一。孟阳春、李朝品和梁国光(1995)在书中记述2种人体蠕形螨颚体发达,足爪锐利,虫体寄生和出入毛囊皮脂腺活动时,其螯肢、触须、足爪等必然造成机械性刺激;蠕形螨螨体及其分泌物、甲壳质颗粒等均属异物,亦有可能造成化学性甚至变应原性刺激,而使组织出现炎症反应。2种蠕形螨是否具致病性主要取决于虫种、感染度高低和人体的反应性,以及是否并发细菌感染等。近年研究表明人体蠕形螨感染与酒渣鼻、睑缘炎、寻常痤疮等多种皮肤病的发病有关,是一种螨源性皮肤病的病原螨。

一、人蠕形螨病及其防治

蠕形螨寄生可引起蠕形螨病。蠕形螨对人体的致病性经历了漫长的认识过程,人类发现蠕形螨已有180年的历史,起初很长一段时间内认为蠕形螨不具有致病性。直到1930年,Ayres首次报道在毛囊糠疹和酒渣鼻患者面部皮屑中检测到大量蠕形螨,提出蠕形螨感染可能与毛囊糠疹和酒渣鼻有关。经过国内外学者调查发现痤疮、酒渣鼻、睑缘炎、外耳道瘙痒、脂溢性脱发、乳头疮、皮肤疖肿与人类蠕形螨感染相关。

(一)病原学

目前认为寄生于人体的蠕形螨有2个种,即毛囊蠕形螨和皮脂蠕形螨。之前有学者提出的毛囊蠕形螨中华亚种、毛囊蠕形螨中国株和西班牙株,经分子鉴定技术已确认均为毛囊蠕形螨。

(二)流行病学

人群的感染呈世界性分布,除新生儿以外,各年龄组均可感染。国外人群感染率为

27%～100%。随着国内外有关人蠕形螨感染与毛囊糠疹、酒渣鼻、睑缘炎等皮肤病相关的病例报道越来越多。国内各地区相继对当地人群进行了调查，北京人群感染率为52 %，长春为70 %，上海为37.13 %～86.16 %，成都为36.11 %，内蒙古为27.12 %～48.13 %，大兴安岭为23.14 %，安徽为17.19 %，山东为60.158 %，广东为31.13 %。

1. 传染源

寄生在人体的蠕形螨有两种，即毛囊蠕形螨和皮脂蠕形螨，它们是导致人体蠕形螨病的病原体，其中毛囊蠕形螨约占90%，皮脂蠕形螨约占10%，少数呈混合感染。蠕形螨具有专性寄生特性，国外虽有少数与动物交叉感染的报道，但尚未发现自然感染人体蠕形螨的动物保虫宿主。因此认为，蠕形螨病的传染源是蠕形螨病患者或带螨者。目前，一般认为蠕形螨的成螨期才具有传播力(详见本章第二节描述)。

2. 传播途径

蠕形螨对酸碱度的适应范围较大，普通日用肥皂或市售各种化妆品均达不到除螨效果。蠕形螨常活动于人体毛囊口以及皮肤表面，在外界可存活1～4天，故蠕形螨可通过接触传播。其传播途径按其来源可分为异体传播(包括直接接触和间接接触)和自体传播。

(1) 异体传播：异体传播是指蠕形螨病患者或带螨者将蠕形螨传播给未感染人体的传播途径。其中，直接接触感染为主要传播途径，例如：哺乳、贴面、亲吻、握手等直接接触行为均可导致蠕形螨的传播。间接传播的最主要原因是蠕形螨感染者使用过的物品，例如毛巾、脸盆、梳子、化妆品及化妆用具等。因此，学校、旅馆、发廊、美容店及其化妆室等集体生活人群更容易发生蠕形螨间接传播。

(2) 自体传播：自体传播是指感染了蠕形螨的患者或是携带者自身的反复感染。蠕形螨患者往往伴有鼻、耳及皮肤等部位瘙痒，常用手揉鼻子、挖耳道、搔抓皮肤等，易造成蠕形螨从人体的一个部位传播到其他部位，导致感染转移及范围扩大。同时自身物品上残留的蠕形螨，也是造成自体传播的重要途径。

李朝品等(1992)报道，2种人体蠕形螨成虫、若虫及少数幼虫均可出现皮肤表面，成虫、若虫占绝对多数，为94.31%～98.57%，如与感染者接触，成虫、若虫及幼虫均能造成传播，但主要是成虫。

3. 易感人群

人群对蠕形螨具有普遍易感性，不分国籍、种族、性别、职业等。国内学者针对不同年龄分布、性别分布、皮肤状况、职业分布、感染季节等与蠕形螨感染率高低的关系作较详细调查，调查资料如下：

(1) 年龄分布：罗洋等(2022)调查显示从小孩到老人均有蠕形螨感染情况。在2015年至2020年期间对4 472例患者调查结果显示，随着年龄的增长，患病人数总体变化趋势呈现先升高后下降的趋势。

(2) 性别分布：商继科等(2010)在2008年的蠕形螨皮肤疾病患者1 008例的调研中，发现男性患者350例中检出率为79.71%，女性患者658例中检出率为76.13%，男、女检出率比较无统计学意义。

(3) 皮肤状况：赵亚娥等(2004)调查报道，油性或混合性皮肤的学生易患痤疮、酒渣鼻，且螨感染率(55.4%)明显高于中性和干性皮肤者(37.8%)。油性与混合性皮肤人群是蠕形螨的易感人群，且容易出现皮肤症状者。原因可能是油性与混合性皮肤分泌油脂多，有利于螨的生存与繁殖。张杰等(2014)对天津市某高校大学生面部蠕形螨感染情况进行了调查，发现油性皮肤感染(22.59%)明显高于干性皮肤及中性皮肤。阳性感染者中不同部位检出率有差异，特别是油脂分泌旺盛的鼻翼部位，检出率高达 81.75%。

(4) 职业分布：不同工种人群的蠕形螨感染率有所差异。李朝品等(1996)选定某些矿区，对矿工及其家属进行人体蠕形螨感染情况的调查，发现井下工人蠕形螨感染率显著高于地面工人及家属，其可能的原因是：① 井下温度较恒定，螨在恒温下活动能力强。② 井下光线较暗，而蠕形螨又具有负趋光性。③ 井下工人工作时接触密切，浴具、衣着交叉比地面工人多。

(5) 感染季节：冬季感染率明显低于春季、夏季和秋季，可能与冬季温度低，螨活动力降低，不利于传播和感染。

(三) 发病机制和病理

人蠕形螨寄生在人的毛囊和皮脂腺内(图 9.5)，主要以皮脂腺分泌物、角质蛋白质和细胞代谢产物以及上皮细胞内容物为食。目前蠕形螨的致病机制并不完全清楚，我国学者进行了探索性研究，认为蠕形螨致病性主要包括四方面：掠夺营养、机械性损伤、毒性与免疫损伤以及继发细菌感染。

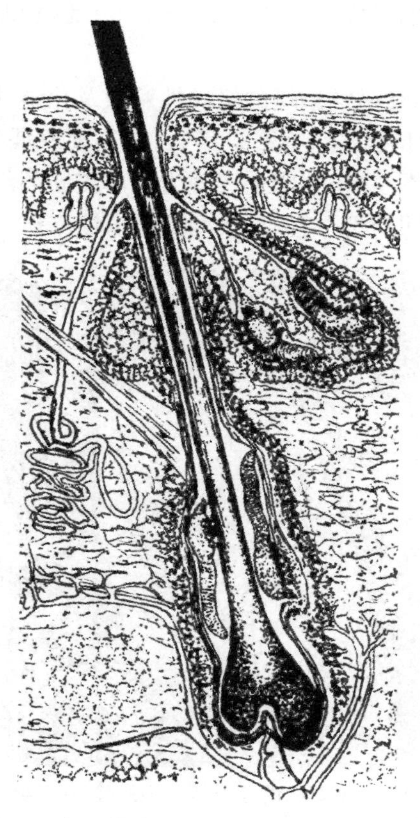

图 9.5　蠕形螨寄生在毛囊、皮脂腺中示意图

仿 李朝品(2006)

1. 发病机制

(1) 掠夺营养：蠕形螨寄生于宿主的毛囊和皮脂腺内，机械性刺吸毛囊上皮细胞和腺细胞的内容物，以宿主细胞的内容物或组织崩解物为营养来源，引起毛囊角质细胞和皮脂腺细胞代偿性增生，而这种长期刺激则可导致皮脂腺肿胀、增生、毛囊口扩张，临床出现皮肤毛孔粗大、油脂分泌增多等。

(2) 机械性损伤：蠕形螨虫体较小，肉眼难以观察，可自由出入毛囊、皮脂腺，并且成螨具有坚硬的螯肢、须肢、带刺的四对足等，它们在皮肤内活动时对人体毛囊和皮脂腺周围细胞组织造成破坏，使毛囊、皮脂腺失去正常的结构和功能，破坏上皮细胞和腺细胞，刺激真皮层毛细血管增生、扩张，真皮水肿，导致皮肤组织变性。Liang 等(2018)认为严重感染时可引起棘细胞和基底细胞增生，鳞状上皮角化过度，同时大量螨体、分泌物、排泄物堵塞毛囊口和腺管，皮脂外溢受阻，出现皮肤干燥、鳞屑增多、干眼以及睑板腺功能障碍等临床症状。

(3) 免疫损伤：螨的分泌物、代谢产物以及甲壳质颗粒等，亦可造成化学性或变应原性刺激，引起毒性与免疫损伤。这种免疫反应即人类皮肤自身的免疫系统的变态反应，是感染蠕形螨后导致宿主局部皮肤的非细菌性炎症反应，也是感染蠕形螨后导致人体出现皮肤免疫病理损害的重要原因，Zhao 等(2011～2014)研究了蠕形螨基因及人群感染因素，在今后会有更多蠕形螨病免疫相关基因被发现，为蠕形螨产生多肽或者抗原表达等免疫学研究提供帮助。许礼发等(2017)认为蠕形螨感染者皮肤上的固有免疫和适应性免疫共同参与了疾病的发生。

因此，认为蠕形螨的致病性是蠕形螨的机械性刺激及化学性作用的共同作用下产生的，宿主炎症反应加剧，毛囊内细胞增生，毛囊口扩大，可逐渐发展为毛囊或皮脂腺的袋状扩张和延伸，毛囊内角质栓形成(图9.6)，临床上表现为面部皮肤潮红、丘疹、皮肤异常油腻，毛囊口显著扩大，表面粗糙，甚至凹凸不平，呈现典型蠕形螨性皮损。

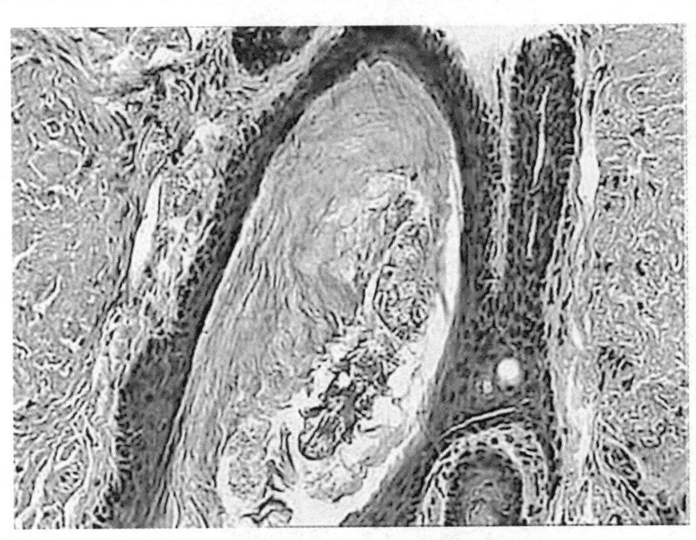

图9.6 毛囊内的蠕形螨和角质栓(HE 染色)

引自 李朝品(2006)

(4) 继发细菌感染：当皮肤外环境变化明显时，如温度过高过低时，蠕形螨会爬到皮肤表面，同时蠕形螨的交配也是在皮肤表面进行，所以毛囊扩大及蠕形螨进出活动的过程中，它就可以将皮肤表面的细菌、真菌或病毒等病原体粘连在自身丰富的绒毛上，带入毛囊及皮脂腺，导致病原微生物感染，从而继发毛囊炎或皮脂腺炎、疖肿等。

(5) 宿主免疫状况：蠕形螨是否致病也取决宿主个体免疫力的强弱，在多数情况下，蠕形螨寄生后，脸部仅有轻微瘙痒感，但并不会造成实质性的皮肤损害。蠕形螨作为人体皮肤环境的一部分，与皮肤表面的酸碱度，油脂分泌以及皮肤上存在的各种菌落共同调控了人体皮肤环境的稳态，因此正常的皮肤环境可以顺利排出或分解蠕形螨的代谢分泌产物。但是，当一些内外因素影响了皮肤的正常代谢，就会导致皮肤抵抗力的下降，新陈代谢能力的减弱，则容易出现临床症状，而在免疫功能正常的人群则不表现任何临床症状。因此，免疫功能低下可能是引发蠕形螨疾病的重要因素之一。

(6) 其他诱因：李家慧等(2021)认为面部清洁状态差、妆容厚、皮肤表面温度高、肌肤状态偏油均有可能刺激蠕形螨增殖而引起一系列临床症状的发生。

2. 病理

李朝品等(1996)对睑缘炎等外眼病患者睑缘皮肤进行了病理组织学观察，显示人体蠕形螨主要寄生在睫毛毛囊及睑板腺内，在真皮内未查见蠕形螨。螨在组织片中被切成纵、横等不同形状的断面。睫毛毛囊扩张，毛囊口扩大，有的呈漏斗状，有的呈不规则形，囊内角质增厚，部分毛囊栓塞。睑板腺导管高度扩张，腺体增生，腺腔内容物增多。有些区域表现为炎性细胞浸润，细胞间轻度水肿，真皮乳头层可见少量淋巴细胞为主的浸润，也可见单核巨噬细胞和嗜酸性粒细胞，尤以有螨寄生的毛囊之中最为显著。有些区域还可见棘细胞层增加，部分细胞核不规则，并伴有空泡变性。在组织切片还可见睑板腺导管极度扩张，整个腺体肥大，内有螨体断面，也可见有睑板腺角化、坏死。部分区域还可见真皮胶原纤维显著增生，胶原纤维玻璃样变。

李朝品(1999)对人体蠕形螨所致外耳道瘙痒症进行较系统的组织病理学研究，镜下所见与上述蠕形螨性睑缘炎病理损伤相似。切片显示毛囊口不规则扩张，呈漏斗状或不规则形袋状延伸。皮脂腺呈分叶状增生，腺腔内容物增多，腺细胞肥大，核深染。毛囊、皮脂腺开口及耵聍腺口等处均可见虫体和虫体碎片，螨断面周围有角化物质包绕，在有螨寄生的毛囊及皮脂腺耵聍腺周围有炎性细胞浸润，以淋巴细胞为主，真皮层毛细血管扩张增生。螨多位于毛囊球部、中部及近毛囊口处，在同一毛囊同时可见多个螨的断面，一般为1～3个，甚至可达9个。在耵聍腺内，虫体多数单个位于腺导管或腺小叶内，有时在同一导管可见2个虫体断面。同一耵聍腺内，多个导管可同时存在虫体断面，一般为1～5个，也可达11个。

(四) 临床表现

绝大多数人体蠕形螨感染者无自觉症状，或仅有轻微痒感或烧灼感。其危害程度取决于虫种、感染度和人体的免疫力等因素，并发细菌感染可加重症状。蠕形螨主要是感染面部，其次还有头皮、眼睑、外耳道、外生殖器等部位。蠕形螨病可分为原发性和继发性。原发性蠕形螨病指皮损由蠕形螨直接引发，包括毛囊糠疹、玫瑰痤疮样蠕形螨病、口周皮炎样蠕形螨病及睑缘炎等。继发性蠕形螨病如玫瑰痤疮发生于已有皮肤或系统疾病或免疫抑制状态的患者，皮肤病或系统疾病与蠕形螨病有高并发率，尽管蠕形螨不是发病的关键因素，但可能为炎症的触发或强化因素。

1. 蠕形螨感染致皮肤疾病

人蠕形螨感染相关性皮肤疾病皮肤损害表现多样，罗洋等(2022)对4 472例人蠕形螨感染相关性皮肤疾病临床特征进行了回顾性分析，通过统计得出的结果显示，纳入的4 472例患者中，相关皮肤疾病种类包括酒渣鼻、痤疮、激素依赖性皮炎、脂溢性皮炎、口周皮炎、毛囊炎、毛囊糠疹、颜面播散性粟粒型狼疮。其中以酒渣鼻、痤疮、激素依赖性皮炎多见。

(1) 酒渣鼻(rosacea)：亦称玫瑰痤疮，是一种好发于面中部、以持久性红斑与毛细血管扩张为主的慢性炎症性皮肤病。多发生在成年人，主要在鼻尖、额部、下颌、鼻翼等部位出现瘙痒、小丘疹、持久性潮红等临床症状。相关研究表明蠕形螨感染与酒渣鼻密切相关，美国国家酒渣鼻协会专家委员会(NRSEC)于2002年将酒渣鼻分为4个亚型：红斑毛细血管扩张型(erythematotelangiectatic rosacea，ETR)、丘疹脓疱型(papulopustular rosacea，PPR)、肥大增生型(phymatous rosacea，PHR)和眼型(ocular rosacea，OR)，同一患者可有不止1个亚型的表现，其中以红斑毛细血管扩张型最为常见。

曲魁遵(1987)根据临床表现及病因的不同，将酒渣鼻分为蠕形螨性酒渣鼻、细菌性酒渣鼻和增生性酒渣鼻(即鼻赘型)三种类型。蠕形螨性酒渣鼻又根据病原螨种的不同分为浅型酒渣鼻(毛囊蠕形螨皮炎)、深型酒渣鼻(皮脂蠕形螨皮炎)和混合型酒渣鼻(皮脂蠕形螨与毛囊蠕形螨混合感染)。

① 浅型酒渣鼻：临床上表现为鼻部皮肤先出现弥漫性潮红，在潮红的皮肤上逐渐出现与皮脂腺口一致的散在性或密集性红丘疹、斑丘疹、半球形小结节、脓疱及结痂、脱屑等，可成批发生，经久不愈，有痒感及烧灼感。以毛囊蠕形螨为主，皮脂蠕形螨较少，甚至没有。

② 深型酒渣鼻：临床上皮损往往局限于鼻部，也可以鼻部为中心，逐渐向周围蔓延，患部皮肤呈弥漫性潮红、暗红，久则紫红。在鼻部皮肤浸润性红肿的基底上，可出现散在性丘疹、大小不一的结节或脓疮，其特点为局部皮肤深部浸润性损害。鼻部皮脂定量检螨，螨数较少，其中皮脂蠕形螨比例较高。

③ 混合型酒渣鼻：临床表现为鼻部皮肤潮红、红丘疹、小结节、脓疱等，类似上述两种类型酒渣鼻的临床症状。从皮损部位可查见毛囊蠕形螨和皮脂蠕形螨。

蠕形螨性酒渣鼻若不及时进行适当的治疗，随病程的不断发展，最后可导致鼻赘型酒渣鼻，临床表现为鼻部皮肤过度肥厚如赘瘤。面部其他部位皮肤潮红，也可出现丘疹、脓疱、结节、脱屑及红肿肥厚等深部浸润性损害，皮肤异常性油腻，毛囊口显著扩大，甚至凹凸不平，状如橘子皮，皮面极度粗糙，轻轻挤压便有大量奶油状皮脂冒出。定量皮脂检螨，螨数较少，皮脂蠕形螨比例较高。此型杀螨药物疗效不佳，需采用物理疗法或手术矫形。

蠕形螨性酒渣鼻临床特点有：① 性别及年龄特点：蠕形螨性酒渣鼻一般男性多于女性，好发于中老年。② 皮损部位及特点：蠕形螨性酒渣鼻皮损部位以鼻尖为最多，其次鼻沟处，额、颏、颊等相对较少，其发病过程常以鼻为中心，向额、颏、颊部发展，首先皮肤潮红，继之以毛囊炎性红丘疹、斑丘疹、脓疱、结痂、毛细血管扩张及软组织肥厚等皮肤损害。③ 流行病学特点：部分患者与季节、饮食有关，春季及饮食辛辣食物症状加重，亦有部分女性患者，约1/3的病例，其症状在月经前期及经期加重，部分患者在发病期有灼烧感、刺痛和蚁行感等。④ 病程特点：本病发病缓慢，起初无自觉症状，部分有轻微痒感，各种类型酒渣鼻病程不一，浅型5年以内为多，深型10年左右，15年以上或不及时进行适当的治疗，随病程的不断发展，最终可导致鼻赘型酒渣鼻。⑤ 若杀螨药物疗效不佳，需采用物理疗法或手术矫形。

(2) 痤疮(acne)：赵亚娥等(2012)进行了蠕形螨感染和寻常痤疮之间的meta分析，分析表明寻常痤疮的发生与蠕形螨感染存在正相关，提示当寻常痤疮常规治疗无效时，应考虑检查蠕形螨并采取必要的杀螨治疗。陈诗翔等(2014)对275例痤疮患者皮肤进行蠕形螨数量和种类研究发现，蠕形螨镜检阳性患者237例(86.2%)，以毛囊蠕形螨感染为主。可见，痤疮患者多伴有蠕形螨感染，蠕形螨虫体容易堵塞毛囊和皮脂腺导管，引起炎症反应。

(3) 激素依赖性皮炎：临床症状主要为皮肤灼热、瘙痒、紧绷感、毛细血管扩张、红斑、脱屑等，表现为对糖皮质激素具有依赖性、反复发作等特点，严重影响患者容貌及身心健康。赵亚娥等(2011)对860例皮肤病患者现况调查分析发现，蠕形螨感染与酒渣鼻、激素依赖性皮炎、脂溢性皮炎和原发性皮炎的OR值分别为8.1、2.7、2.2和2.1，表明蠕形螨感染与以上多种皮肤病均有关联性。许凌晖等(2013)对64例面部激素依赖性皮炎患者行蠕形螨检测，面部激素依赖性皮炎患者蠕形螨感染明显高于面部皮肤病患者及面部无皮损患者。推测外用激素，改变了皮肤免疫学环境及皮肤屏障功能，使局部蠕形螨的密度增加而加重炎症反应。

2. 蠕形螨感染致外耳道病变

蠕形螨感染与外耳道的病变有关早有报道。Beger(1841)从外耳道耵聍中检出人体蠕形螨，证实蠕形螨感染可引起外耳道病变。已有研究表明，外耳道外1/3皮肤为复层鳞状上皮，有丰富的皮脂腺、汗腺、毛囊和特殊的耵聍腺，蠕形螨寄生在毛囊和皮脂腺周围，摄取脱落的鳞屑和耵聍，故外耳道也是蠕形螨寄生的良好环境。因螨的足可做挖刨运动，借助针状螯肢刺吸宿主细胞内的营养物质，这些机械性刺激可造成周围组织结构破坏，加之蠕形螨代谢产物可对皮肤造成化学性刺激，使皮肤组织产生炎症、嗜酸性细胞浸润、慢反应物质的释放等结果，导致外耳道瘙痒、中耳炎等疾病。

外耳道皮肤寄生的蠕形螨，主要是从头皮和面部迁移而来。李朝品(1991～1992)对于蠕形螨性外耳道瘙痒症的系列报道记载，蠕形螨性外耳道瘙痒症主要临床症状为瘙痒、耳痛、充血、油耳、耵聍块和耳闷、脱屑等。由于外耳道与环境相通，外界的灰尘、真菌等均可飘落到外耳道内，这些物质和分泌的皮脂可混合在一起形成耳垢，对皮肤产生刺激作用，引起瘙痒。同时进入外耳道的某些真菌可在外耳道皮肤上生长，真菌菌丝的生长对皮肤可产生机械性刺激，其代谢物可产生化学性刺激，同时真菌孢子、菌丝和代谢物均可作为变应原引起变态反应，这些物理的、化学的及变应原的刺激，也进一步导致外耳道瘙痒。此外，有些患者身体其他部位患皮肤癣症，这些癣菌的孢子或菌体可以随挖耳等因素进入外耳道生长。

3. 蠕形螨感染致眼部疾病

李朝品和段中汉(1996)报道了蠕形螨感染与睑缘炎发病的关系。田晔和李朝品(2004)对507例睑缘炎患者的眼睑调查显示，睑缘炎患者蠕形螨感染率(50.7%)显著高于其他眼病患者(11.7%)和无眼病志愿者。赵亚娥(2022)提出眼部蠕形螨感染不同于面部蠕形螨感染，造成的危害更加严重。在眼部，皮脂蠕形螨可寄生于深部的皮脂腺和睑板腺，毛囊蠕形螨主要寄生于浅表部睫毛根部的毛囊。蠕形螨引起的眼部病变主要有睑缘炎、睑板腺功能障碍、结膜炎、复发性麦粒肿，角膜血管形成和疤痕等。最新临床观察发现(Liang et al., 2017；Aumond et al., 2020)，眼蠕形螨病的发生与额部蠕形螨密度增加呈正相关。

(1) 蠕形螨性睑缘炎(demodactic blepharitis eiliaris)：俗称烂眼边，是发生在人体眼睑周围皮肤的慢性炎症，主要表现为眼睑发痒溃疡、畏光和刺痛、睫毛脱落和倒睫、眼部烧灼感和大量脓性分泌物，在严重的情况下，病变可以扩散到睑板腺，结膜，甚至角膜，影响患者的视功能，甚至造成视力损害。李朝品等(1990)报道人体蠕形螨可寄生于睫毛毛囊和皮脂腺内，可引起蠕形螨性睑缘炎。李朝品等(1996)对蠕形螨寄居的睑缘皮肤进行组织病理学观察，切片显示睫毛毛囊水肿、扩张，囊内角质增厚，炎症细胞浸润，睑板腺导管高度扩张，腺体增生、肥大，内有螨体断面。皮脂蠕形螨对细胞产生的破坏性十分明显，它产生的隧道可深达上皮，有人报道早期皮脂蠕形螨所致的炎症反应中，螨甚至可穿透真皮和毛细血管网。

高莹莹等(2005)研究发现毛囊蠕形螨会吞噬毛囊处的上皮细胞，诱导唾液腺分泌分解酶，使皮肤屏障遭到破坏、毛囊肿胀、睫毛脱落及乱睫形成；蠕形螨进入真皮层，可刺激四周角质细胞的增生；孙旭光(2015)研究发现当蠕形螨寄生在睫毛毛囊处时，毛囊会机械性扩张、受压而发生变形，甚至毛根坏死致使睫毛脱落，蠕形螨的足爪可以直接损害毛囊和皮脂腺，使睫毛根部过度角化。以上损害原因，致使我们在裂隙灯下能观察到睫毛根部有圆柱状或袖套状鳞屑，形成鳞屑性睑缘炎。脂样袖套状鳞屑是蠕形螨感染患者最常见的临床表现，也是目前公认的蠕形螨寄居眼部的特征性表现。此外高莹莹等(2009)还揭示了寄居睫毛的蠕形螨数量是导致鳞屑多寡的因素。侯小玉等(2022)认为蠕形螨睑缘炎发生的原因是过度增殖的蠕形螨对眼部的物理化学损伤，继发微生物感染和引起的免疫反应等综合因素所导致。

由于临床医生对寄生虫感染性疾病重视程度不够，临床上蠕形螨作为睑缘炎的病原体常被忽视。Tanrverdi等(2018)提出睑缘炎患者尤其是耐药的患者，在常规治疗之前寻找蠕形螨是十分必要的。

(2) 睑板腺功能障碍(meibomian gland dysfunction，MGD)：是一种弥漫性的、多个睑板腺腺体受累的慢性炎症反应性疾病，是睑板腺腺体分泌脂质的功能紊乱，造成脂质的质和(或)量改变，进而导致泪膜的稳定性下降和眼表炎症反应，从而产生一系列的眼部不适现象，严重时还可能伤及角膜而导致视力下降。MGD的诱发因素有很多，而蠕形螨感染近来引起了许多眼科学者的关注。程胜男等(2020)进行了眼部蠕形螨感染与睑板腺功能障碍的相关性分析，发现MGD组眼部蠕形螨感染阳性率明显高于非MGD组，MGD组的蠕形螨感染多为中重度和极重度，而非MGD组蠕形螨感染多为轻中度，提示可能轻度蠕形螨感染较少造成MGD，而中重度，特别是极重度蠕形螨感染可能与MGD的发生发展密切相关。

赵丹丹等(2022)认为蠕形螨感染所致MGD的发病机制主要为直接损害、免疫反应、病原微生物感染。寄生于睫毛的毛囊蠕形螨不断蚕食毛囊上皮和维持眼表稳定性的脂质，阻滞睑板腺分泌睑脂，机械性引起MGD。蠕形螨也能传播病毒和真菌，蠕形螨感染后的病灶为微生物的生存繁殖提供了更为适宜的生存场所，可进一步加重眼睑皮肤及腺体的损害。蠕形螨是多种细菌的载体，可释放游离脂肪酸等有毒介质，诱导炎症反应，最终引发MGD。

MGD的主要临床表现为眼睛干涩、眼痒、异物感、眼部分泌物增多、视物模糊、烧灼感等症状，常与其他眼表疾病相似，通常有睑缘炎性状改变、睑板腺分泌功能异常及睑板腺缺失等体征。蠕形螨感染性MGD患者眼部干痒症状较为明显。赵琼琼等(2021)报道MGD并发蠕形螨感染患者更易出现异物感、瘙痒感、干涩感、眼痛等症状，角结膜上皮损害更明显，综合治疗能降低蠕形螨感染率，改善眼部不适。

4. 蠕形螨感染致其他部位病变

蠕形螨感染不仅与酒渣鼻、睑缘炎、睑板腺功能障碍以及外耳道瘙痒有关，也与脱发、乳头疮、外阴瘙痒症以及肿瘤等的发生有一定关系。

(1) 脱发:李朝品等(1988,1992)对脱发与人体蠕形螨的关系作了探讨,认为人体蠕形螨(特别是毛囊蠕形螨)可能是脱发,特别是脂溢性脱发的主要病因之一,其致病性在于宿主自身的体质和反应性,并与虫体的数量有关。向熙瑞(1993)对秃发患者进行蠕形螨感染情况调查,结果提示脂秃可能与蠕形螨感染有关。蠕形螨寄生于毛囊和皮脂腺内,吸食表皮细胞内容物,对细胞造成严重破坏,使头皮毛发营养供应不足,同时蠕形螨的机械性刺激和分泌物的化学作用,引起脂溢性脱发。

(2) 乳头病变:孙静等(2002)在166例乳癌切除标本的乳头半连续切片中,发现蠕形螨的感染率是68.07%(113/166),其中50%患者有乳头瘙痒史,推测乳头瘙痒是蠕形螨感染所表现的症状,但乳癌与蠕形螨感染的因果关系尚不明确。

(3) 外阴瘙痒症:夏立照(1994)等在外阴瘙痒症484例病因分析的报道中,首次发现蠕形螨为外阴瘙痒症的致病病原体。

(4) 基底细胞癌(basal cell carcinomas,BCC):是皮肤常见的肿瘤,好发于体表暴露部位。Erbagci等(2002)收集了32例BCC患者和34例对照组病例,发现BCC组蠕形螨感染率为65.6%,而对照组蠕形螨感染率为23.33%,说明蠕形螨在参与诱导BCC发生发展中的作用不可忽视,但具体发病机制不明。

(五) 实验室检查

通过病原学检查找到蠕形螨是人体蠕形螨病的确诊依据。李朝品等(1989)采用直接刮拭法、挤压刮拭法和透明胶纸粘贴法对人体蠕形螨的检查方法进行了研究,认为3种方法中透明胶纸法检出率较高。除此之外,还有眼睑睫毛检查法、激光共聚焦显微镜法等。

1. 直接刮拭法

用皮肤刮铲或蘸水笔尖后钝端从受检部位皮肤,如鼻沟、鼻尖部、颊、颏等部位直接刮取皮脂。

2. 挤压刮拭法

双手拇指相距1 cm左右先压后挤,然后再刮取皮脂。

上述两种方法刮取的皮脂置于载玻片上,滴加适量70%的甘油,与之混匀,覆以盖片即可镜检,若要以皮脂定量计算感染度,可将刮取的皮脂放入特制的皮脂定量检螨器的定量槽内,然后取出置于载玻片上,按上述步骤涂片镜检,皮脂蠕形螨和毛囊蠕形螨分别计数。

3. 透明胶纸粘贴法

嘱被检对象于睡眠前进行面部清洁,待干后,取宽1.2 cm、长5 cm左右的透明胶带贴于受检部位皮肤上,次晨揭下,贴回载玻片,在光学显微镜下顺序观察计数,记录螨种。如不够透明可在胶带与玻片间滴加少许甘油,以提高检出率。目前也有人将透明胶纸粘贴法和挤压法结合应用,即在粘贴透明胶带的受检部位再辅以手法多次挤压后,再揭下胶带进行镜检,可提高检出率。

4. 眼睑睫毛检查法

主要用于蠕形螨性睑缘炎的诊断,毛囊蠕形螨通常藏匿于睫毛上的圆柱状皮屑中,因此可以在拔除睫毛后对其进行离体观察。在裂隙灯下选择带有圆柱状鳞屑的睫毛,每睑拔3根,共12根,置于滴有固定剂(10%氢氧化钾)的载玻片上,盖上盖玻片进行镜检。

5. 激光共聚焦显微镜法

近年来，国内外学者利用激光共聚焦显微镜对寄生虫（蠕形螨、疥螨等）进行检测。刘强和易敬林（2017）详细描述了操作方法：在被检测皮肤部位滴加1滴蒸馏水（折射率为1.33），将含有耦合剂的组织环置于被检测区域皮肤表面，使其与受检皮损相连，调整探头找到最佳成像角度后对皮肤组织进行成像，扫描4 mm×4 mm（XY水平方向）大小范围，扫描深度在300 μm以内的表皮及真皮浅层。选取鼻尖、鼻翼两侧、双侧脸颊等5处进行成像，最后取以上各个部位蠕形螨数量的平均值。赵亚娥（2022）认为此法具有敏感性高、无创、可重复、可计数等优势，尤其适合眼蠕形螨病多次随访检查，减轻患者多次拔取睫毛的痛苦。实时成像可直接打印出螨感染的图片，患者信任度更高。该法对蠕形螨的非侵入性检测和定量很有应用价值，然而检查费用相对较高，且更深的蠕形螨无法观察，尚未广泛推广使用。

6. 光学相干断层扫描仪（OCT）

王瑞博等（2020）报道OCT为一种无创高分辨率皮肤检测技术。其具有水平和垂直两种成像模式，是一种新的具有较高横向和纵向分辨率的成像技术，为蠕形螨的非侵入性和快速检测提供了可能。可用于毛囊蠕形螨的定量检测，以及治疗前后的对比。

7. 皮肤镜

可将皮肤放大数十倍，为直接观察皮肤表面的细菌和寄生虫提供了一种快速、经济、可靠的非侵入式手段。

8. 外耳道蠕形螨的检测

将外耳道消毒后，用无菌试管收集耵聍（包括鳞屑等外耳道分泌物），然后将耵聍置于载玻片上，滴加适量70%甘油与之混匀，静置5分钟，用解剖针将耵聍撕碎，覆以盖玻片，即可镜检，查见蠕形螨的各期均记为阳性。所收集的耵聍亦可作真菌培养和直接镜检分离真菌。

（六）诊断和鉴别诊断

人体蠕形螨病的诊断可从询问病史、观察临床症状和病原学检测进行确诊。

1. 询问病史与观察临床症状

关于人体蠕形螨病的临床诊断，首先应询问病史和观察临床症状。对于病史与蠕形螨病流行因素相符，且具有相应临床症状者，可作出初步诊断。人体蠕形螨病常见临床症状如下：蠕形螨病不仅会造成面部鼻、颊、颏和眉间等处的血管扩张，使患者皮肤出现不同程度的潮红、红斑、湿疹或散在的针尖大小的红色痤疮样丘疹，还可造成皮肤痒感和烧灼感等。因虫体阻塞皮脂腺开口，分泌的皮脂不能滋润皮肤表面，致皮肤干燥、毛孔增粗，易并发细菌感染，产生痤疮、酒糟鼻、脂溢性皮炎等局部皮肤损害；毛囊和皮脂腺的袋状扩张和延伸、内角质栓形成、毛孔扩大造成皮肤粗糙和毛发脱落。此外，蠕形螨还可寄生于头部、眼睑、外耳道、外生殖器等部位，造成睑缘炎、外耳道瘙痒、毛发脱落、外阴瘙痒等症状。

2. 诊断标准

当患者出现下列情况时，可考虑患人体蠕形螨病：① 出现相应部位临床表现。② 经过激素治疗和抗生素治疗等均无明显效果。③ 病变部位查到大量蠕形螨。④ 经过抗螨治疗症状明显减轻。

3. 蠕形螨性眼病的诊断

蠕形螨感染常导致蠕形螨性睑缘炎和蠕形螨感染性MGD，标准参考如下：

(1) 蠕形螨性睑缘炎:睫毛蠕形螨感染的诊断参考《我国蠕形螨睑缘炎诊断和治疗专家共识(2018)》中的诊断标准:双眼上下4个眼睑各取3根睫毛置于载玻片上,经光学显微镜检查,① 各期蠕形螨均计数在内。② 成人患者在4个眼睑中的任1个眼睑蠕形螨计数达到3条/3根睫毛。③ 小于上述标准为可疑阳性,结合临床表现,必要时同时行其他病原微生物检查,如细菌、真菌等。同时符合以上3条,可确诊蠕形螨性睑缘炎。仅有蠕形螨检出阳性,但无临床症状和体征者不诊断为蠕形螨性睑缘炎。

(2) 蠕形螨感染性MGD:MGD的诊断参考《我国睑板腺功能障碍诊断与治疗专家共识(2017年)》:眼部干涩、疼痛、发痒、异物感明显或眼部分泌物增多等,且具有以下任一眼部体征:睑缘充血或肥厚、睑缘毛细血管扩张、睑缘形态不规整、睑板腺口有脂帽或隆起、睑板腺口狭窄或堵塞、睑板腺分泌物异常,具有蠕形螨感染与MGD的双重诊断,即可确诊为蠕形螨感染性MGD。

4. 鉴别诊断

蠕形螨性酒渣鼻应与其他可致鼻部皮损的疾病相鉴别,蠕形螨性睑缘炎应与细菌性睑缘炎及其他外眼病相鉴别,蠕形螨性外耳道瘙痒症应与外耳道湿疹等其他疾病进行鉴别。

(1) 蠕形螨性酒渣鼻应与痤疮、皮脂溢出、脂溢性皮炎、黄褐斑、红斑狼疮、颜面播散性粟粒型狼疮、面部湿疹、面部过敏性皮炎、面部丘疹型结节病、面部肉芽肿、毛囊糠疹、白色糠疹、单纯性毛细血管扩张、鼻红粒病等进行鉴别。应特别注意与面部复发性毛囊炎相鉴别,在临床症状上很像酒渣鼻,鼻部潮红明显,也常自鼻部开始向鼻翼、颊内侧并向下蔓延至鼻唇沟、口周及颏部,损害以反复发生散在性毛囊炎、疖疮、大小脓肿为特点。有的病例鼻部潮红不甚明显,主要在口周及颏部出现毛囊炎、疖肿甚至化脓性损害,时轻时重,红肿严重时痛感明显。以上各种疾病在皮损部位的检查虽可发现蠕形螨,但螨数量较少,螨感染度多在正常人感染度数值之内,应用杀螨药物治疗虽可使螨数减少或转阴,但不能使症状、体征减轻或消失。

(2) 蠕形螨性睑缘炎应与细菌性睑缘炎及其他外眼病相鉴别,并注意蠕形螨和细菌混合感染的情况。对伴有较多分泌物的患者,除了蠕形螨检测,还可进行睑缘分泌物或睑板腺分泌物的微生物培养,已明确细菌、真菌或病毒感染的情况,从而指导临床治疗方向。

(3) 蠕形螨性外耳道瘙痒症应与外耳道湿疹、外耳道炎、外耳道疖等外耳道其他疾病进行鉴别。外耳道湿疹好发于外耳道及周围皮肤,临床特征为耳廓红肿伴小水泡,溃破可流黄色水样分泌物,分泌物流经之处,病变可扩大、发痒,出现浅表溃疡等。外耳道炎好发于软骨部外耳道皮肤,临床特征为耳痛,耳周淋巴结肿大,压痛,局部皮肤红肿,瘙痒等。外耳道疖好发于外耳道软骨部,耳道前臂,后下方,临床特征包括耳痛,同侧头痛,可见疖肿等。

(七) 防治

蠕形螨病的治疗目前尚无理想的特效药,近年来,许多学者针对蠕形螨病的治疗进行了各种尝试,包括西药研发、中草药的提取和复方制剂以及各种中西医结合疗法。

1. 治疗

国外学者治疗蠕形螨病多采用西药,常见的有1%和2%甲硝唑、伊维菌素、邻苯二甲酸二丁酯、2%和5%扑灭司林、10%克罗米通霜以及十二烷基苯磺酸钠等,由于蠕形螨要求治疗周期长,而这些西药长期使用会出现明显的副反应。国内学者更注重中草药的提取和复方制剂的制备，如百部、薄荷、樟脑、蒲公英、仙鹤草、大风子、陈皮等的提取物，以及茶树油、桉叶油、艾叶油和丁香油等多种植物精油的制备。

(1) 常用药物：

① 甲硝唑(Metronidazole)：又名灭滴灵，是目前常用的抗蠕形螨药物，主要通过抑制氧化还原反应，使虫体的氮链发生断裂而发挥作用。可口服甲硝唑片，也可配制成1%～2%甲硝唑溶液局部涂擦。但长期服用甲硝唑后可引起食欲减退、恶心、皮疹等不良反应。

② 伊维菌素(Ivermectin)：又名双氢除虫菌素，属半合成广谱口服抗寄生虫药，对人体蠕形螨病有较好的治疗效果。可口服用药，也可涂抹于患处，临床实验证实其具有较高杀螨及改善症状作用。但长期或大量使用后可出现共济失调、精神沉郁和视力障碍等不良反应。

③ 邻苯二甲酸二丁酯(Dibutyl phthalate)：商品名灭蚴宁，一般制备成膏剂或霜剂涂抹外用，我国学者(袁方曙等，2001；夏惠等，2004)做了大量研究探索，发现邻苯二甲酸二丁酯具有较好的杀螨效果，且局部用药无明显刺激和过敏反应。因此认为邻苯二甲酸二丁酯乳化液有望成为安全、高效的蠕形螨病治疗药物。

④ 扑灭司林(Permethrin)：又名二氯苯醚菊酯，对螨、虱等节肢动物具有致死作用，而对哺乳动物和人类基本无毒性或毒性很低。据Morsy等(2000)报道，应用2%扑灭司林乳膏治疗毛囊蠕形螨感染患者，效果满意。

⑤ 克罗米通霜(Cromiton cream)：有较强的杀螨作用，作用机理为经体表、呼吸器进入螨体，作用于神经系统，先出现痉挛，最后麻痹而死亡。涂抹于患处，主要适用于丘疹脓疱型蠕形螨性酒渣鼻、蠕形螨性毛囊炎。

⑥ 十二烷基苯磺酸钠(Sodium Dodecyl benzene sulfonat，SDBS)：臧运书等(2005)用不同浓度的2%SDBS治疗31例人体皮脂蠕形螨病，结果显示对于降低螨感染度和改善患者临床症状作用明显。杀螨机制可能是其通过毛囊管、皮脂腺的细胞膜浸透到皮肤组织，清除了寄生在较深部位的蠕形螨而发挥作用。

⑦ 天然提取药物：我国中草药资源丰富，品种繁多，且中药作为天然药物已被证实是绿色、安全、无污染、毒副作用小的药物。关于应用中药制剂抑杀人体蠕形螨，国内学者已有不少相关报道，均取得较好的杀螨效果。其中李朝品(1991)、李朝品和田晔(2005)及刘继鑫等(2015)都进行了相应的研究工作。李朝品(1991)用中药复方制剂百特药液治疗蠕形螨病的疗效及毒副作用进行实验研究，发现"百特药液"有较为理想的体外杀螨作用，后将此药液制成了霜剂、滴耳剂、药皂和香波，其杀螨效果优于其他实验药物。对于中草药目前研究较多且取得一定进展的有：百部、大黄、黄柏、藜芦、蒲公英、荆芥、苦参等，这些中草药常常制成配伍制剂，可以多种中药提取液按比例混合，也可以与西药按比例混合制成乳剂、软膏等。

⑧ 植物精油：近年来国内外研究发现多种植物精油具有较强的杀螨作用。赵亚娥(2006～2007)用桉叶油、艾叶精油和樟脑精油进行体外杀螨效果观察和机制探索，发现这三种精油均有显著的杀螨作用；刘继鑫等(2015)研究发现使用超临界二氧化碳萃取法提取的丁香精油，抑杀蠕形螨效果明显。目前研究发现具有较强杀螨效果的精油主要包括茶树油、花椒油、桉叶油、薄荷油、冬青油、樟脑油和艾叶油等。值得一提的是，茶树油制剂是目前已证实具有杀螨作用的眼部药物，临床常用茶树油眼贴及眼睑清洁湿巾进行杀螨治疗。

(2) 用药方式：可采用口服或局部涂抹药物两种方式，蠕形螨病的治疗疗程较长，故应以药物外用治疗为主，口服药物治疗时应注意可能发生的药物不良反应。

(3) 物理疗法：可先用热毛巾、热敷贴等与患处皮肤充分接触，时长数分钟，注意避免烫伤，热敷后可配合按摩，最后再擦洗局部皮肤以减少毛囊蠕形螨数量。陈迪等(2017)发现热敷、按摩及睑缘清洁有助于减少蠕形螨数量，改善患者眼部不适。Cheng等(2019)回顾性研究了强脉冲光疗法(IPL)治疗MGD及眼部蠕形螨感染，发现IPL对于MGD和眼蠕形螨感染患者显示出巨大的治疗潜力。此外艾灸也有一定的杀螨效果，有研究已证实艾叶具有良好的抗毛囊蠕形螨活性的功效，故可采用局部艾灸配合治疗，艾灸产生的温热效应能够使得眼睑周围皮肤温度升高，高温能够抑杀螨。

(4) 理化综合疗法：薛长贵等(1999)采用CO_2激光联合内服、外用等综合疗法治疗68例蠕形螨性酒渣鼻患者，总有效率达98.53%。王晓丽等(2002)对34例蠕形螨性酒渣鼻患者采用液氮冷冻配合内服中药的疗法治疗，有效率达94.1%。刘伟等(2015)对15例蠕形螨性酒渣鼻患者行5-氨基酮戊酸光动力治疗(ALA-PDT)，有效率达86.7%。

(5) 杀螨药物药效判定：面对众多的杀螨药物和护肤制剂，首先需要通过实验研究来确定其疗效及毒副作用。在判断药物杀螨效果时，除了观察临床症状是否减轻外，还有一套更加客观的病原学观察标准，通常可以参照以下三条标准来判定目的药物的疗效：① 治疗后蠕形螨的密度降到正常值以下。② 治疗后螨密度比治疗前明显降低。③ 蠕形螨形态在治疗前后有变化。

2. 预防

人体蠕形螨感染主要与个人卫生和环境卫生有关，因此预防感染要改善环境卫生条件，养成良好的卫生习惯，家庭中的毛巾、枕巾、被褥、脸盆等专用并勤洗、勤晒，减少传播机会。严格消毒美容、按摩等公共场所中的用具，不用公共盥洗器具，防止交叉感染。注意面部清洁卫生，经常用硫磺香皂、温热水洗面。同时，养成良好的饮食和作息习惯，有效提高机体免疫力，降低蠕形螨感染概率。

二、动物蠕形螨对人体的危害

关于动物蠕形螨对人体的危害，符志军等(1983)用人体蠕形螨接种兔，杨莉萍和易有云(1988)用人体蠕形螨接种幼犬均获成功。据此认为人畜之间有相互感染的可能性。王彦平等(1998)报道1例犬蠕形螨传播人体而引起皮炎的临床案例，说明犬蠕形螨可寄生于非正常宿主并致病，提示蠕形螨种间可能存在相互传播的情况。据赵岩和袁方曙(2007)研究发现，RAPD图谱显示山羊蠕形螨与人皮脂蠕形螨亲缘关系较近，因此推测人与患蠕形螨病的山羊密切接触，山羊蠕形螨有可能感染人体并致病。

第六节　蠕形螨防制原则

人体蠕形螨呈世界性分布，人群普遍易感，有效的预防和治疗蠕形螨病很有意义。防制措施主要涉及卫生宣传、物理防制和个人防护三个方面。

一、卫生宣传

加强卫生宣教,可借助网络、微信、宣传栏等多种方式加大卫生保健知识宣传力度,使人们全面了解蠕形螨的危害、流行环节和预防措施,从而降低蠕形螨感染率。加强在社区中有关蠕形螨防制知识的宣传和普及,做到人人了解蠕形螨的知识,有效预防,即使感染后也可以早发现早治疗。同时还要提醒临床医生在临床诊断上考虑蠕形螨感染的可能性,重视蠕形螨病,使患者能够得到及时有效的治疗,避免漏诊造成病情延误。对患者进行积极治疗的同时,还要治疗带螨者和身体其他部位的蠕形螨感染,以减少蠕形螨的传播机会。目前治疗人体蠕形螨病的常见药物见本章第五节。

二、物理防制

目前有关蠕形螨杀螨消毒方面的研究报道较少,赵亚娥(2005)采用三种环境条件对毛囊蠕形螨杀灭作用的实验研究发现,2%甲硝唑溶液对毛囊蠕形螨无体外杀灭作用;3种消毒液中,只有75%医用酒精对蠕形螨有杀灭作用,1%新洁尔灭和84消毒液(1:50)对蠕形螨均无效。54 ℃为致死温度,60 ℃为灭螨的最佳有效温度,故可采用高温法对蠕形螨感染者和带螨者的日用品和衣物等进行消毒。同时也可采用局部热敷法进行灭螨,但要注意避免烫伤。

三、个人防护

保护易感人群的有效措施主要包括以下几点:

(1) 改善生活环境:生活环境要注意日常通风,因为蠕形螨喜欢生活在潮湿的环境中,所以保持通风干燥有利于预防蠕形螨。

(2) 注意个人卫生:个人贴身物品如枕巾、毛巾、被单、内衣内裤等要注意定期清洗消毒,避免蠕形螨的感染寄生。卫生洁具要专人专用,不用公用毛巾和脸盆洗脸。要注重个人面部的清洁,尤其是面部油脂丰富的部位,要使用洗面奶或者专用的防螨、除螨药物。

(3) 有效切断传播途径:避免与蠕形螨病患者和带螨者的直接和间接接触,如亲吻、贴面、握手等。

(4) 注意饮食和作息健康:饮食要清淡健康,多食蔬菜水果,少吃或不吃刺激性或油脂重的食物。注意休息,避免疲劳,多运动,提高机体免疫力。

(5) 不可使用含激素的化妆品,激素含量正常的化妆品也尽量少用。

(6) 日常生活中,我们一旦怀疑自己感染了蠕形螨,一定要及早就医,不可讳疾忌医,早期治疗可以取得较好的效果。

(秦元华)

参考文献

孙旭光,2015.睑缘炎与睑板腺功能障碍[M].北京:人民卫生出版社:57-70.

孟阳春,李朝品,梁国光,1995.蜱螨与人类疾病[M].合肥:中国科学技术大学出版社:261-281.

丁晓昆,李芳,1990.毛囊蠕形螨的扫描电镜观察[J].寄生虫学与寄生虫病杂志,8(1):45-46,4.

丁晓昆,李芳,王彦平,1992.皮脂蠕形螨的扫描电镜观察[J].中国寄生虫学与寄生虫病杂志,10(3):225-226.

王彦平,李萍,邴国强,等,1998.犬蠕形螨致人体皮炎一例报告[J].白求恩医科大学学报,24(3):265.

王琪璘,王娜,王菁菁,等,2012.唐山市不同职业人群面部蠕形螨感染情况调查及影响因素分析[J].中国病原生物学杂志,7(10):789-791,783.

王瑞博,禹卉千,2020.无创成像技术在玫瑰痤疮中的应用[J].中国医疗美容,10(10):118-122.

田苗,陈长征,2019.激光共聚焦显微镜在睑缘炎患者蠕形螨感染诊断中的应用[J].武汉大学学报(医学版),40(4):621-624.

田晔,李朝品,邓云,2007.蒲公英提取物有体外抗毛囊蠕形螨活性及皮肤安全性的实验研究[J].中国寄生虫学与寄生虫病杂志,25(2):133-136.

冯玉新,郭淑玲,刘莹,等,2008.两种人体蠕形螨口器环境扫描电镜观察[J].中国病原生物学杂志,3(10):768-769,805.

亚洲干眼协会中国分会,海峡两岸医药交流协会眼科专业委员会眼表与泪液病学组,2018.我国蠕形螨睑缘炎诊断和治疗专家共识(2018年)[J].中华眼科杂志,54(7):491-495.

成慧,赵亚娥,彭雁,等,2008.人体蠕形螨感染与个人卫生习惯关系的Meta分析[J].中国媒介生物学及控制杂志,19(1):54-57.

向熙瑞,孙建华,1993.秃发与人体蠕形螨关系的探讨[J].临床皮肤科杂志,22(2):3.

刘继鑫,王克霞,李朝品,2007.人体蠕形螨感染的中药治疗[J].中国病原生物学杂志,2(1):77-78.

刘安怡,汪作琳,张振东,2016.女大学生面部痤疮与蠕形螨感染的关系调查分析[J].基层医学论坛,20(16):2173-2175.

刘祖国,梁凌毅,2018.重视蠕形螨性睑缘炎的诊治[J].中华实验眼科杂志,36(2):81-85.

刘雪莹,王数文,陶青,等,2019.芜湖市某医学院校大学生生活习惯及面部蠕形螨感染情况调查[J].中国媒介生物学及控制杂志,30(4):469-471.

许凌晖,郭燕妮,许天星,2013.面部激素依赖性皮炎与蠕形螨感染的相关性研究[J].中国麻风皮肤病杂志,29(8):551-552.

孙旭光,张晓玉,2016.重视蠕形螨感染与睑缘炎[J].中华实验眼科杂志,34(6):481-483.

孙彦青,于平,2005.大学生外耳道蠕形螨感染情况调查[J].中国寄生虫病防治,18(4):272.

孙静,刘会敏,何金,等,2002.毛囊蠕形螨感染的皮肤病理学研究[J].第二军医大学学报,23(8):880-882,934.

李家慧,戴镜郦,陈威,等,2021.我国人体蠕形螨的研究进展[J].现代医药卫生,37(17):2959-2963.

李朝品,田晔,2007.百特药液体外抑杀人体蠕形螨作用的实验研究[J].中国病原生物学杂志,2(5):374-376.

李朝品,2000.外耳道瘙痒症防治对策的研究[J].锦州医学院学报,21(5):14-16.

李朝品,1999.人体蠕形螨所致外耳道瘙痒症组织病理变化的研究[J].锦州医学院学报,20(5):12-14.

李朝品,王克霞,成云,1996.人群蠕形螨寄生生态的观察[J].中国寄生虫学与寄生虫病杂志,14(2):135-138.

李朝品,段中汉,李淮岗,1996.人眼睑缘蠕形螨寄生及致病性的探讨[J].中国人兽共患病杂志,12(1):47-48,46.

李朝品,武前文,1996.矿工人体蠕形螨感染情况的初步调查[J].张家口医学院学报,13(2):188-189.

李朝品,梁国光,1992.脱发与感染人体蠕形螨的关系[J].齐齐哈尔医学院学报,13(3):115-117.

李朝品,王克霞,成云,1992.人体蠕形螨寄生生态若干问题的研究[J].华东煤炭医专学报,3(1):228-230.

李朝品,1991.人体外耳道蠕形螨寄生及致病性的探讨[J].中国寄生虫病防治杂志,4(3):211-213.

李朝品,张荣波,董宪明,等,1991.外耳道瘙痒症淮南地区流行情况的调查[J].第四军医大学学报,12(5):325-327.

李朝品,黄玉芬,陈蓉芳,1989.人体蠕形螨检查方法的研究[J].皖南医学院学报,8(2):138,135.

杨莉萍,易有云,1988.蠕形螨病的动物感染初报[J].中国寄生虫学与寄生虫病杂志,6(2):138-139.

肖佳,郭爱元,黄健,等,2016.共聚焦激光扫描显微镜在蠕形螨检测中的应用[J].中国寄生虫学与寄生虫病杂志,34(4),366-369.

吴建伟,孟阳春,1990.离体蠕形螨活动和生存能力的研究[J].苏州医学院学报,10(2):94-97,168-169.

佘俊萍,张锡林,王光西,等,2011.三种显微技术对人毛囊蠕形螨的观察和研究[J].四川动物,30(1):47-49,162.

张杰,苏贺靖,代锐,等,2014.天津市某高校大学生蠕形螨感染情况的调查[J].中外医疗,33(7):52-53.

张荣波,李朝品,田晔,2006.黄柏提取物体外抑杀毛囊蠕形螨活性研究[J].中国药理学通报,22(7):894-895.

陈迪,李蕊,刘小伟,等,2017.睑板腺功能障碍患者睫毛蠕形螨感染治疗的相关研究[J].中华眼科杂志,53(3):193-197.

陈诗翔,徐敏丽,黄育北,2014.皮肤蠕形螨种类及数量在玫瑰痤疮的诊断价值[J].江苏医药,40(12):1447-1448.

陈雪峰,张晶,李亚敏,等,2020.839例常见外眼病患者蠕形螨感染情况分析[J].中国中医眼科杂志,30(1):30-33.

周楠,罗洋,2022.4472例人蠕形螨感染相关性皮肤疾病临床特征回顾性分析[D].兰州:兰州大学.

赵丹丹,吴佳俊,张富文,2022.蠕形螨感染性睑板腺功能障碍的研究进展[J].中国中医眼科杂志,32(6):492-496.

赵亚娥,2022.我国人体蠕形螨及蠕形螨病研究进展[J].热带病与寄生虫学,20(3):158-164.

赵亚娥,2016.人蠕形螨病:一种新现的螨源性皮肤病[J].中国寄生虫学与寄生虫病杂志,34(5):456-462,472.

赵亚娥,De Rojas Manuel,2013.蠕形螨的系统学研究进展[J].国际医学寄生虫病杂志,40(3):166-170.

赵亚娥,成慧,2009.毛囊蠕形螨与皮脂蠕形螨基因组DNA的RAPD分析和序列比对[J].昆虫学报,52(11):1273-1279.

赵亚娥,郭娜,2007.薄荷油体外抗蠕形螨效果及杀螨机制[J].昆虫知识,44(1):74-77,155.

赵亚娥,郭娜,穆鑫,等,2007.艾叶精油对离体蠕形螨的杀螨作用与杀螨机制探讨[J].中国人兽共患病杂志,23(1):19-22.

赵亚娥,郭娜,师睿,等,2006.新型天然杀螨药物樟脑精油的杀螨效果观察与机制分析[J].西安交通大学学报(医学版),27(6):544-547.

赵亚娥,郭娜,2005.三种环境条件对毛囊蠕形螨杀灭作用的实验研究[J].中国媒介生物学及控制杂志,16(5):372-374.

赵岩,袁方曙,2017.三种蠕形螨的形态学和RAPD研究[D].济南:山东大学.

赵琼琼,杜文杰,刘贤金,等,2021.睑板腺功能障碍并发睫毛蠕形螨感染的临床特征及其综合治疗分析[J].黑龙江医学,45(20):2182-2183.

胡铁中,2014.酒渣鼻与蠕形螨感染关系的META分析[J].中国中西医结合皮肤性病学杂志,13(4):

230-231.

钟原,2020.蠕形螨感染对睑缘炎及干眼发生的影响[J].中国现代药物应用,14(18):105-106.

侯小玉,秦亚丽,农璐琪,等,2022.蠕形螨睑缘炎发病机制的研究进展[J].中国中医眼科杂志,32(9):744-747.

姜淑芳,董丽娟,李同京,2003.人体蠕形螨体外存活条件的初步探讨[J].医学动物防制,19:136-137.

姚爱霞,田晔,王子文,等,2015.面部蠕形螨病治疗研究进展[J].中国病原生物学杂志,10(1):78-82.

袁方曙,郭淑玲,2001.人体蠕形取螨器检查方法介绍[J].中华皮肤科杂志,5(2):144-145.

袁方曙,郭淑玲,于安珂,等,1993.复方花椒霜剂治疗人体蠕形螨病临床试验研究[J].中国寄生虫病防治杂志,6(4):316-317.

夏立照,周世荣,夏玲玲,等,1994.外阴瘙痒症484例病因分析[J].中华妇产科杂志,29(3):170-171.

夏惠,胡守锋,马维聚,等,2004.邻苯二甲酸二丁酯乳化液治疗蠕形螨病的研究[J].中国寄生虫学与寄生虫病杂志,22(4):248-249.

顾艳萍,2009.中西医结合治疗面部蠕形螨感染176例疗效分析[J].中国病原生物学杂志,4(1):84.

徐荫祺,徐业华,谢禾秀,等,1982.毛囊蠕形螨扫描电镜的观察[J].昆虫学报(1):56-58,122-124.

徐娜,2014.蒙古族地区在校大学生蠕形螨虫感染状况调查与研究[J].中国实用医药(1):265-266.

高莹莹,黄丽娟,董雪青,等,2016.5%茶树油眼膏治疗蠕形螨相关鳞屑性睑缘炎[J].中华眼视光学与视觉科学杂志(1):50-53.

郭艳梅,张伟琴,周本江,等,2020.昆明市某医学院大学生面部蠕形螨感染状况整群抽样调查[J].现代医学与健康研究,4(12):90-92.

商继科,许淑珍,姜桂艳,等,2010.1103例健康人群及面部皮肤疾病患者蠕形螨调查分析[J].实用皮肤病学杂志,3(1):13-15.

董文杰,高静,杨美霞,等,2013.内蒙古包头医学院大学生蠕形螨感染情况调查[J].医学动物防制,29(11):1251-1252.

程胜男,黄渝侃,2020.眼部蠕形螨感染与睑板腺功能障碍的相关性分析[J].华中科技大学学报(医学版),49(1):67-71.

谢禾秀,刘素兰,徐业华,等,1982.蠕形螨的分类和一新亚种(蜱螨目:蠕形螨科)[J].动物分类学报(3):265-269.

谢翠娟,李兆瑞,于广委,等,2020.共焦显微镜观察睑缘蠕形螨形态及感染相关分析[J].临床眼科杂志,28(3):233-235.

蒲兴旺,刘刚,鲁开化,2018.人类蠕形螨虫与皮肤健康的临床研究进展[J].中国美容整形外科杂志,29(8):510-511,516-517.

路小欢,许礼发,郑海燕,等,2017.人体蠕形螨病的免疫学研究进展[J].中国病原生物学杂志,12(8):808-811.

臧运书,吴大军,宋建波,2005.十二烷基苯磺酸钠治疗蠕形螨病的实验和临床研究[J].中国病原生物学杂志,18(4):221-224.

Liu J X, Sun Y H, Li C P, 2015. Volatile oils of Chinese crude medicines exhibit antiparasitic activity against human *Demodex* with no adverse effects *in vivo*[J]. Exp. Ther. Med, 9(4):1304-1308.

ASKIN U, SECKIN D, 2010. Comparison of the two techniques for measurement of the density of *Demodex folliculorum*: standardized skin surface biopsy and direct microscopic examination[J]. Br. J. Dermatol., 162(5):1124-1126.

AUMOND S, BITTON E, 2020. Palpebral and facial skin infestation by *Demodex folliculorum*[J]. Cont. Lens Anterior Eye, 43(2):115-122.

BITTON E, AUMOND S, 2021. *Demodex* and eye disease: a review[J]. Clin. Exp. Optom., 104(3):285-294.

CHANG Y S, HUANG Y C, 2017. Role of *Demodex* mite infestation in rosacea: A systematic review and meta-analysis[J]. J. Am. Acad. Dermatol., 77(3):441-447.

CHENG A M, HWANG J, DERMER H, et al., 2021. Prevalence of ocular demodicosis in an older population and its association with symptoms and signs of dry eye[J]. Cornea, 40(8):995-1001.

CHENG S N, JIANG F G, CHEN H, et al., 2019. Intense pulsed light therapy for patients with meibomian gland dysfunction and ocular *Demodex* infestation[J]. Curr. Med. Sci., 39(5):800-809.

CLANNER-ENGELSHOFEN B M, RUZICKA T, REINHOLZ M, 2018. Efficient isolation and observation of the most complex human commensal, *Demodex* spp. [J]. Exp. Appl. Acarol., 76(1):71-80.

CLYTI E, NACHER M, SAINTE-MARIE D, et al., 2006. Ivermectin treatment of three cases of demodecidosis during human immunodeficiency virus infection[J]. Int. J. Dermatol., 45(9):1066-1068.

DESCH C, NUTTING W B. *Demodex folliculorum* (Simon) & *D. brevis* akbulatova of man: Redescription and revaluation[J]. J. Parasitol., 1972, 58(1):169-177.

DOLENC-VOLJC M, POHAR M, LUNDER T, 2005. Density of *Demodex folliculorum* in perioral dermatitis[J]. ACTA Dermato-Venereologica, 85(3):211-215.

EL-SHAZLY A M, HASSAN A A, SOLIMAN M, et al., 2004. Treatment of human *Demodex folliculorum* by camphor oil and metronidazole[J]. J. Egypt. Soc. Parasitol., 34(1):107-116.

ERBAGCI Z, ERBAGCI I, ERKILIC S, 2003. High incidence of demodicidosis in eyelid basal cell carcinomas[J]. Int. J. Dermatol., 42(7):567-571.

ESENKAYA TAŞBENT F, DIK B, 2018. A dog related *Demodex* spp. infestation in a student: a rare *Demodex* case[J]. Mikrobiyol. Bul., 52(2):214-220.

FORTON F M N, DE MAERTELAER V, 2022. Effectiveness of benzyl benzoate treatment on clinical symptoms and *Demodex* density over time in patients with rosacea and demodicosis: a real life retrospective follow-up study comparing low- and high-dose regimens[J]. J. Dermatol. Treat., 33(1):456-465.

FORTON F M N, DE MAERTELAER V, 2018. Papulopustular rosacea and rosacea-like demodicosis: two phenotypes of the same disease?[J]. J. Eur. Acad. Dermatol. Venereol., 32(6):1011-1016.

GUPTA G, DAIGLE D, GUPTA A K, et al., 2015. Ivermectin 1% cream for rosacea[J]. Skin Therapy Letter, 20(4):9-11.

HECHT I, MELZER-GOLIK A, SZYPER N S, et al., 2019. Permethrin cream for the treatment of *Demodex* blepharitis[J]. Cornea, 38(12):1513-1518.

HU L, ZHAO Y E, NIU D L, et al., 2019. Establishing an RNA extraction method from a small number of *Demodex* mites for transcriptome sequencing[J]. Exp. Parasitol., 200:67-72.

HU L, ZHAO Y E, NIU D L, et al., 2019. De novo transcriptome sequencing and differential gene expression analysis of two parasitic human *Demodex* species[J]. Parasitol. Res., 118(12):3223-3235.

HU L, ZHAO Y E, CHENG J, et al., 2014. Molecular identification of four phenotypes of human *Demodex* in China[J]. Exp. Parasitol., 142(1):38-42.

JACOB S, VANDAELE M A, BROWN J N, 2019. Treatment of *Demodex*-associated inflammatory skin conditions: A systematic review[J]. Dermatol. Ther., 32(6):e13103.

JING X, SHULING G, YING L, 2005. Environmental scanning electron microscopy observation of the ultrastructure of *Demodex*[J]. Microsc. Res. Tech., 68(5):284-289.

KOKACYA M H, KAYA O A, COPOGLU U S, et al., 2016. Prevalence of *Demodex* spp. among alcohol-dependent patients[J]. Cukurova Med. J., 41(2):259-263.

LIANG L, LIU Y, DING X, et al., 2018. Significant correlation between meibomian gland dysfunction and keratitis in young patients with *Demodex brevis* infestation[J]. Br. J. Ophthalmol., 102(8):1098-1102.

LUO Y, LUAN X L, SUN Y J, et al. Effect of recombinant bovine basic fibroblast growth factor gel on repair of rosacea skin lesions: A randomized, single-blind and vehicle-controlled study[J]. Exp. Ther. Med., 2019, 17(4):2725-2733.

MORSY T A, FAYAD M E, MORSY A T, et al., 2000. *Demodex folliculorum* causing pathological lesions in immunocompetent children[J]. J. Egypt. Soc. Parasitol., 30(3):851-854.

MURPHY O, O'DWYER V, LLOYD-MCKERNAN A. The efficacy of warm compresses in the treatment of meibomian gland dysfunction and*Demodex folliculorum* blepharitis[J]. Curr. Eye Res., 2020, 45(5): 563-575.

NIU D L, WANG R L, ZHAO Y E, et al., 2017. cDNA library construction of two human *Demodex* species [J]. Acta Parasitol., 62(2):354-376.

SARAC G, CANKAYA C, OZCAN K N, et al., 2020. Increased frequency of *Demodex* blepharitis in rosacea and facial demodicosis patients [J]. J. Cosmet. Dermatol., 19(5):1260-1265.

SPICKETT S G, 1961. A preliminary note on *Demodex folliculorum* Simon 1842 as possible vector of leprosy [J]. Leprosy Rev., 32:263-268.

TANRIVERDI C, DEMIRCI G, BALCI Ö, et al., 2018. Investigation of *Demodex* parasite existence in treatment-resistant chronic blepharitis cases[J]. Turkiye Parazitol. Derg,. 42(2) :130-133.

TENORIO-ABREU A, SÁNCHEZ-ESPAÑA J C, NARANJO-GONZÁLEZ L E, et al., 2016. Development of a PCR for the detection and quantification of parasitism by *Demodex folliculorum* infestation in biopsies of skin neoplasms periocular area[J]. Rev. Esp. Quimioter., 29(4):220-223.

VARGAS-ARZOLA J, SEGURA-SALVADOR A, TORRES-AGUILAR H, et al., 2020. Prevalence and risk factors to *Demodex folliculorum* infection in eyelash follicles from a university population of Mexico[J]. Acta Microbiologica et Immunologica Hungarica, 67(3):156-160.

WONG K, FLANAGAN J, JALBERT I, et al., 2019. The effect of blephadex eyelid wipes on *Demodex* mites, ocular microbiota, bacterial lipase and comfort: a pilot study[J]. Cont. Lens Anterior Eye, 42(6): 652-657.

ZHANG A C, MUNTZ A, WANG M T M, et al., 2020. Ocular *Demodex*: a systematic review of the clinical literature[J]. Ophthalmic Physiol. Opt., 40(4):389-432.

ZHAO Y E, YANG F, WANG R L, et al., 2017. Association study of *Demodex* bacteria and facial dermatoses based on DGGE technique[J]. Parasitol. Res., 116(3):945-951.

ZHAO Y E, CHENG J, HU L, et al., 2014. Molecular identification and phylogenetic study of *Demodex* caprae[J]. Parasitol. Res., 113(10):3601-3608.

ZHAO Y E, HU L, MA J X, 2013. Molecular identification of four phenotypes of human *Demodex* mites (Acari: Demodicidae) based on mitochondrial 16S rDNA[J]. Parasitol. Res., 112 (11):3703-3711.

ZHAO Y E, HU L, MA J X, 2013. Phylogenetic analysis of *Demodex caprae* based on mitochondrial 16S rDNA sequence[J]. Parasitol. Res., 112(11):3969-3977.

ZHAO Y E, MA J X, HU L, et al., 2013. Discrimination between *Demodex folliculorum* (Acari: Demodicidae) isolates from China and Spain based on mitochondrial cox1 sequences[J]. Journal of Zhejiang University-Science B, 14(9):829-836.

ZHAO Y E, HU L, WU L P, et al., 2012a. A meta-analysis of association between acne vulgaris and *Demodex* infestation[J]. Journal of Zhejiang University-Science B (Biomed & Biotechnol), 13(3):192-202.

ZHAO Y E, WU L P, HU L, et al., 2012b. Association of blepharitis with *Demodex*: a meta-analysis[J]. Ophthal. Epidemiol., 19(2):95-102.

ZHAO Y E, GUO N, WU L P, 2011a. Influence of temperature and medium on viability *Demodex folliculorum* and *Demodex brevis* (Acari: Demodicidae)[J]. Exp. Appl. Acarol., 54:421-425.

ZHAO Y E, GUO N, XUN M, et al., 2011b. Sociodemographic characteristics and risk factor analysis of *De-*

modex infestation (Acari:Demodicidae)[J]. Journal of Zhejiang University - Science B, 12(12):998-1007.

ZHAO Y E, WU L P, PENG Y, et al., 2010. Retrospective analysis of the association between *Demodex* infestation and rosacea[J]. Arch. Dermatol., 146(8):896-902.

ZHAO Y E, GUO N, WU L P, 2009. The effect of temperature on the viability of *Demodex folliculorum* and *Demodex brevis*[J]. Parasitol. Res., 105(6):1623-1628.

ZHU M Y, CHENG C, YI H S, et al., 2018. Quantitative analysis of the bacteria in blepharitis with *Demodex* infestation[J]. Front. Microbiol., 9:1719.

第十章 蒲螨和其他螨类与疾病

自然界中除常见的革螨、恙螨、粉螨、蠕形螨和疥螨外，还有一些其他与人类和动物息息相关的螨类，如蒲螨能够引起人体皮炎，跗线螨可引起人体肺螨症，叶螨能引起人类过敏，甲螨可作为绦虫中间寄主参与传播禽畜绦虫病等。因此，这些与疾病有关的螨类都应该引起人们的重视。本章简要介绍蒲螨、跗线螨、甲螨、肉食螨、瘙螨、羽螨、蜂螨、癣螨和叶螨。

第一节 蒲螨与疾病

一、蒲螨形态特征

蒲螨隶属于蜱螨亚纲(Acari)、真螨总目(Acariformes)、绒螨目(Trombidiformes)、前气门亚目(Prostigmata)、异气门总股(Eleutherengonides)、蒲螨总科(Pyemotoidea)、蒲螨科(Pyemotidae)、蒲螨属(*Pyemotes*)，该属常与昆虫相关联，通常是昆虫的捕食者。蒲螨按照形态特征以及生活史的不同可分为小蠹蒲螨组(*Pyemotes scolyti* group)和球腹蒲螨组(*Pyemotes ventricosus* group)。其中，不同的分组还可以被细分为约20个属，近120种。研究显示，蒲螨多呈现乳白色或黄色，成螨无翅，无触角，无复眼，其繁殖速度较快。蒲螨的生活史较短，其中卵、幼螨、若螨都在体内发育，出生后即为成螨。蒲螨分为雌雄两类，雌螨略大，体长约为200 μm。雄虫略小而圆，体长约为160 μm。蒲螨成虫分为颚体和躯体两个部分。颚体主要由1对螯肢、1对须肢和口下板组成。足4对，足Ⅰ跗节具1爪，无柄，其余足均具有爪2个。蒲螨的呼吸系统中，雌螨主要由假气门、气管和储气囊构成；雄螨无气门和假气门器，无气管，有储气囊。

蒲螨的分类研究方法主要是形态特征法，对于采集到的标本究竟属于哪一种，一般不能直接进行鉴别。考虑到蒲螨体型较小，可供分类的特征也较少，因此，对蒲螨的研究在很大程度上受到了制约。近几年，通过借鉴其他物种的分类方法，研究人员也开始对蒲螨进行鉴别研究。目前，作为研究昆虫分类鉴定和系统演化重要依据的分子生物学区分法，已成为一种应用较为广泛的方法。研究表明，蝇、蚊、蜂、蜱等都已通过不同基因的序列进行了生物学信息学分析。其中，较常见的方法主要包括线粒体的细胞色素C氧化酶亚基(cytochrome C oxidase subunit Ⅰ, COⅠ)和核糖体的内转录间隔(the internal transcribed spacer, ITS)的鉴定。COⅠ的遗传方式遵循严格的母系遗传原则，由于基因内部不存在内含子，结构也比较保守，因此其进化的速度较为缓慢。在螨的研究方面，吴浩彬等(2010)通过对比寄生蚌螨COⅠ，分析了5种寄生蚌螨的基因序列，证实宿主相关性与进化的亲缘性呈现正相关。孔里微等(2016)通过COⅠ分析了三种叶螨进化机制。此外，通过分析COⅠ的序列，谢霖等(2006)显示了不同类型的二斑叶螨的生物种类。吴太葆等(2007)对比了椭圆食粉螨的COⅠ基因顺序，结果表明，南昌和潮州的椭圆食粉螨未发现地理差异。2019年，叶清甜等基于线粒体COⅠ和12S rRNA基因的马六甲肉食螨分子系统地理学研究。结果显示，马六甲肉食螨线粒体COⅠ序列和12S rRNA序列的碱基组成的平均含量都具有较强的AT偏倚性，COⅠ序列片段一共有709 bp，碱基中有70个变异位点，共定义了50种单倍型，单倍型比例为19.53%。12S rRNA序列片段长度约为390 bp，碱基中有91个变异位点。两个序列的遗传分化都较高，且种群遗传距离系统发育树显示地理种群的遗传分化没有明显的地域特点。种群的遗传距离与种群之间的遗传分化都显示各地理种群之间没有显著的规律，且大多数地理种群未发生种群扩张现象。而COⅠ序列的分子生物学方差分析结果为种群之间的遗传变异占总变异的22.24%，而种群内部的遗传变异占总变异的77.76%。12S rRNA序列的分子生物学方差分析结果为种群之间的遗传变异占总变异的7.08%，而种群内部的遗传变异占总变异的92.92%，这表明遗传变异主要发生在地理种群内部，种群之间的遗传距离相对较小。两个序列的空间遗传结构分析都表明地理种群间的空间地理距离与遗传距离之间没有显著的相关性。因此，马六甲肉食螨很可能是由于受到长期的自然历史地理环境与近期人为干扰影响才形成本研究中所得的结果。

蒲螨研究方面，贺丽敏(2010)选用了9个蒲螨种群，研究COⅠ基因对蒲螨属种的鉴定及其系统发育的影响，结果显示，在蒲螨不同种群中的COⅠ基因片段均具有较强的AT偏倚性，且可以将球腹蒲螨群进行分组，其结果与生物学和生态学观察结果一致。

此外，核糖体的内转录间隔由于具有较快的进化速度，同样适用于研究种间的进化关系。研究显示，黄建华等(2020)利用ITS1显示了不同少毛钝绥螨的生物型之间的差异。赵习彬等(2019)人利用ITS序列研究了来自绵羊痒螨的亲缘关系，结果显示绵羊痒螨(兔亚种)可以因为不同兔种类、温度带和地域来源的不同而出现遗传变异。基于ITS基因序列分析，贾小勇等(2007)以水牛痒螨和兔痒螨为材料进行生物信息学分析，结果显示两者可能是痒螨属中的两个种。贺丽敏(2010)研究显示，ITS2基因可将不同蒲螨种群进行区分，其结果与COⅠ基因区分结果一致。

二、蒲螨的生物学与生态学

蒲螨中的小蠹蒲螨组以及球腹蒲螨组在生物学与生态学上有一定的区别。其中，小蠹蒲螨的雄螨可以出现多态现象，这与外界环境密切相关。在外界环境影响下，有的小蠹蒲螨雄螨与雌螨形态相同，而有的雄螨会发生第3对足变形，体躯和刚毛变长或须肢长度不同等情况。雌螨一般主要寄生在寄主(如小蠹虫)的幼体和蛹期，不寄生成虫。小蠹蒲螨组各种蒲螨均无毒素产生，以摄取寄主血淋巴为主。而球腹蒲螨组在寄生时，可以将口器刺入寄主，同时分泌特殊的蛋白类神经毒素，引起寄主的神经系统麻痹，造成寄主的永久性瘫痪乃至死亡，从而有利于蒲螨在寄主体上完成后代发育。通过释放毒素，球腹蒲螨组可以将比自身体型大16万倍的寄主致死，因此，球腹蒲螨对多种害虫，如鞘翅目、膜翅目和鳞翅目，均有较好的防控效果。

目前，蒲螨的人工饲养种类主要以球腹蒲螨为主。小蠹蒲螨组的蒲螨由于仅可以寄生小蠹虫，因此不宜人工饲养。马立芹等(2009)认为球腹蒲螨组成员的替代寄主很多，多为小型节肢动物的幼虫和蛹，其替代寄主主要为烟青虫蛹。近年来，国内球腹蒲螨已经开始大规模繁育，其繁育步骤包括：① 选择赤眼蜂蛹、青杨天牛幼虫、黄粉甲蛹、双条杉天牛等幼虫作为替代寄主。② 在培养皿中分别放入替代寄主和已经复壮的蒲螨种螨进行饲养。

人工饲养显示，蒲螨后代均经生殖孔产出，通常先产雄螨，后产雌螨。产出的雌螨一般在离开母体后，即开始寻找新的寄主寄生。平均每雌产螨量60余只，雌雄性比约为30:1。其中，小蠹蒲螨组新生雌螨在接触到寄主的情况下，约20分钟就开始向寄主运动，选择适宜的小蠹虫的幼虫和蛹寄生。在整个寄生过程中，幼虫反应相对强烈，而蛹则无明显反应。1只寄主通常可以受到1～2只螨的攻击。当寄主与培养皿相接触后，螨可以从培养皿爬到宿主体表上，通过反复叮刺，使得寄主麻醉。随着寄主的麻醉程度加深，螨不需要再次更换位置叮刺，可直接寻找有利位置取食。取食后24小时内其腹部末端开始膨大，形成膨腹体。膨大初期，螨尚能爬行，更换取食位置，当膨腹体长大后便失去爬行能力，一旦脱离寄主就无法再寄生上去。随着膨腹体的发育，其中出现不规则形的乳白色胚胎斑块，其余部分则由透明色渐变混浊，当表皮出现轻微褶皱时，若螨已发育为成螨，准备进行下一代的繁殖。

三、中国重要蒲螨种类

（一）赫氏蒲螨

赫氏蒲螨（*P. herfsi*）未孕与已孕雌螨大小差别很大。未受孕的赫氏蒲螨雌螨，体长在250 μm左右。该种雌螨体型扁平狭长、颜色呈现灰白色，表皮具光泽，螯肢呈针状。孕母螨体的体型呈球形，体长可达2 mm，呈极度膨大状（图10.1）。雄螨的躯体比较小只有150 μm，常吸附在雌螨上。赫氏蒲螨雌成螨及雄螨由于体形微小而不能采用常规解剖法观察其内部器官构造。因此，胡永瑶等（1990）通过整体制片法和石蜡切片法对该螨内部器官构造进行了显微观察，分析了呼吸系统、神经系统和消化系统的初步构造。结果显示，雌成螨须肢特

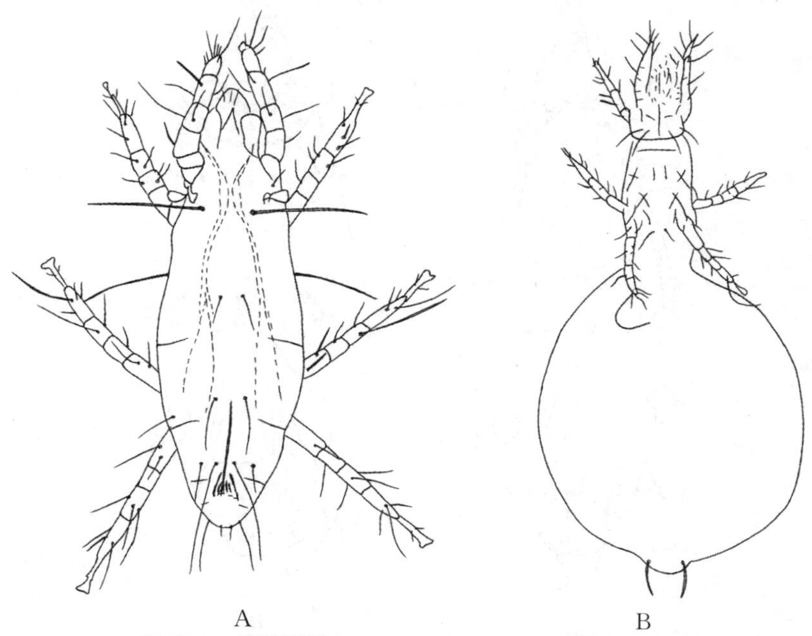

图10.1　赫氏蒲螨（*Pyemotes herfsi*）（♀）幼螨与孕螨

A. 幼螨背面；B. 孕螨腹面

仿 忻介六（1984）

化成细针，有气门和倒卵形假气门器。通过气门再与分布在体内的气管共同完成呼吸作用。与气门孔相连的2根粗大气管进入各自储气囊后，由中空、厚壁的储气囊再分出5根支管到达躯体各部，利用微气管完成气体交换作用。赫氏蒲螨雌螨中枢神经成团状，可以分出向上向下的两对神经索，并通过细分成多根细神经控制身体各部的活动。消化系统的构造是由中空螯肢口针、咽、食道、胃囊、后肠囊及紧接生殖孔的圆形囊组成。在末端有双瓣状生殖孔，足趾节特化成钩形爪，足Ⅱ、Ⅲ、Ⅳ趾节为双叶状爪垫，随着寄生吸血时间不同，末体部迅速膨大。雄成螨的螯肢完全退化、须肢发达，无气门和假气门器，前足体部背面有突起一对。赫氏蒲螨雄螨的外生殖器发达，阳茎呈竹管状。

胡永瑶等(1990)研究表明，棉铃虫幼虫的死亡时间与赫氏蒲螨的繁殖水平呈线性关系。随着幼虫的发育的时间推移，幼虫自身死亡比例越来越高。用棉铃虫蛾饲养时，每只赫氏蒲螨的子代数量约75只，其中，雌雄比例为18:1。用棉斑实蛾饲养时，赫氏蒲螨的子代数量约56只，雌雄比例为15:1。此外，赫氏蒲螨的寄生除可以造成幼虫在各个年龄阶段的存活量减少外，其形态颜色也会随之改变。

（二）麦蒲螨

麦蒲螨(*P. tritici*)作为球腹蒲螨组的代表之一，是粮仓中鳞翅目昆虫幼虫和蛹的主要寄生者，也同时可以侵害其他很多种害虫，通过注入毒素使其麻痹死亡。它能寄生鞘翅目、鳞翅目、膜翅目、双翅目、半翅目、脉翅目和捻翅目的约150种节肢动物。雌螨(图10.2)：呈纺锤形，体长 255～265 μm，宽 90～100 μm。颚体长 40～50 μm，宽 32～38 μm；有背毛2对，腹毛4对，感棒1对。雄螨(图10.3)：体长 170～187 μm，宽 90～109 μm，近椭圆形。颚体长20～27 μm，宽 25～33 μm。

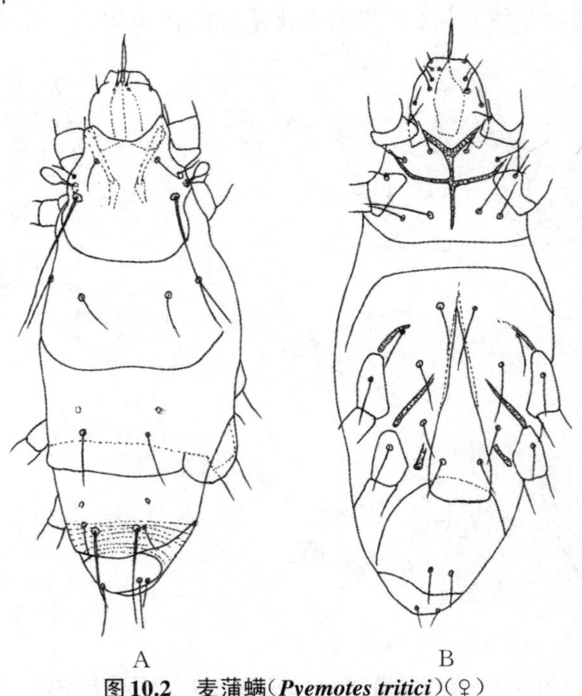

图10.2　麦蒲螨(*Pyemotes tritici*)(♀)

A. 背面观；B. 腹面观

仿 于丽辰(2010)

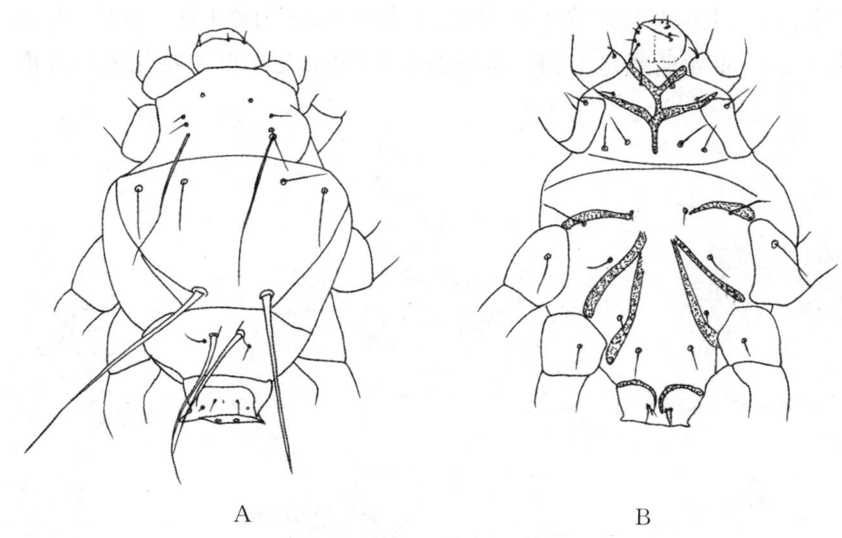

图 10.3 麦蒲螨(*Pyemotes tritici*)(♂)

A. 背面观;B. 腹面观

仿 于丽辰(2010)

麦蒲螨作为一种生物控制剂,已经在实验室进行繁育研究,目前主要采用烟草甲虫的蛹进行饲养。在(26±1)℃和相对湿度85%的条件下,每个雌性麦蒲螨均能产出250只幼螨,其中约90%是雌性。雄性产出比雌性要早1~2天,每只雄螨能在3天的时间里与超过50只的雌螨交配,因此,虽然雄性所占比例很小,但足够使母体所产雌性后代全部受精。蒲种群数量翻倍时间约为1天,说明在条件适宜的情况下麦蒲螨的种群增长率可以超过任何一种其潜在的寄主。

目前针对麦蒲螨的毒性研究表明,将麦蒲螨的组织匀浆后注入大蜡螟幼虫体内所引起的症状与被雌性麦蒲螨叮咬后一致,可以引起虫体麻痹。而将麦蒲螨的组织匀浆加热和用蛋白水解酶处理后,这种麻痹现象会消失,但如果只是使用透析处理,麻痹现象依然存在,证明其毒素成分显示为一种蛋白质。在后续工作中,两种在分子量和毒性反应都不一致的蛋白片段陆续被发现。其中,通过向大蜡螟幼虫注入高分子量的蛋白片段可以使其表现出肌肉松弛性麻痹,而在被注入低分子量的蛋白片段之后,则可以表现出肌肉收缩性麻痹。此后,将使肌肉收缩性麻痹的低分子量蛋白质进行提纯,其中一种被纯化的蛋白称作Txp-Ⅰ,另外一种成分被称作Txp-Ⅱ。Txp-Ⅱ较Txp-Ⅰ更稳定,可以用来作为一种麦蒲螨用来捕获猎物的神经毒素。

(三)小蠹蒲螨

小蠹蒲螨(*P. scolyti*)雌螨体色淡黄,体形为长纺锤形,体长约200 μm,宽约100 μm,没有吸血时,体分节,每节有1对或数对微小刚毛,足有4对(图10.4)。雌性无毒,存在两种形态,非携播形态和携播形态,携播态雌螨较非携播态具有更短而宽的身体,颜色偏暗的表皮,以及更厚更强壮的具爪的足,可利用昆虫或其他节肢动物作为传播工具,从而更好地适应在环境中的传播。非携播形态则体型相对较小,颜色相对较浅。雄螨身体近球形,体长约160 μm,宽130 μm。小蠹蒲螨的颚体长约为30 μm,宽20 μm,卵圆形。虫体有2对侧毛,躯干腹面被毛2对,感应棒1对。虫体背板后缘中央凹缘,毛多对,假气门器1对。有足4对,前后足体部各有2对(图10.5)。多数蒲螨足Ⅰ、Ⅱ、Ⅲ形态基本相同,足Ⅰ趾节特化成钩形爪,跗节有感

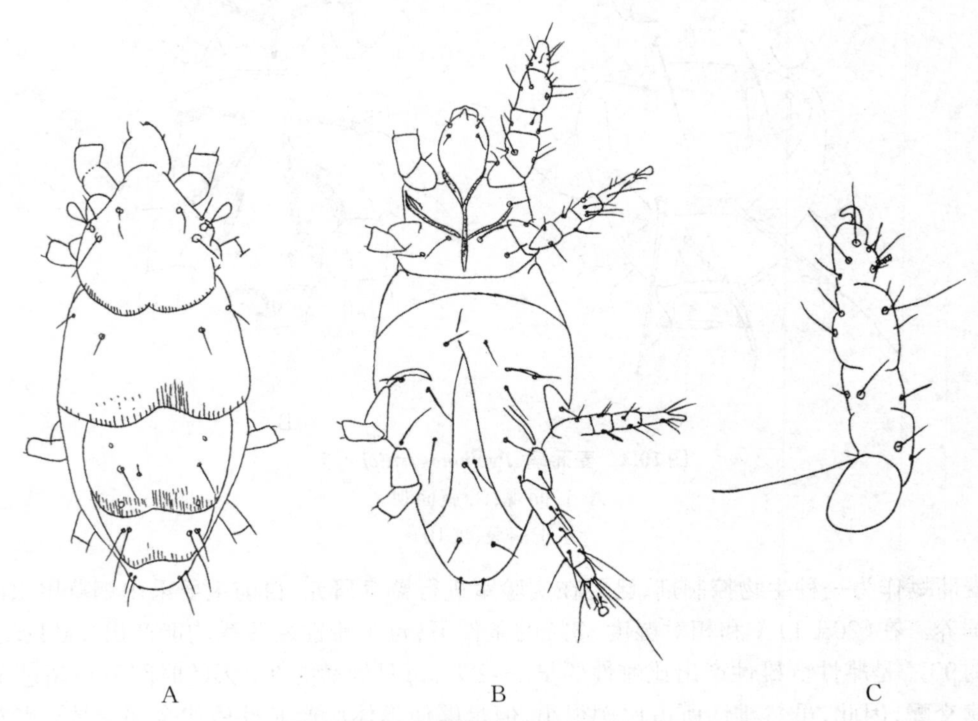

图10.4 小蠹蒲螨(***Pyemotes scolyti***)(♀)

A. 背面;B. 腹面;C. 足Ⅰ

仿 于丽辰(1997)

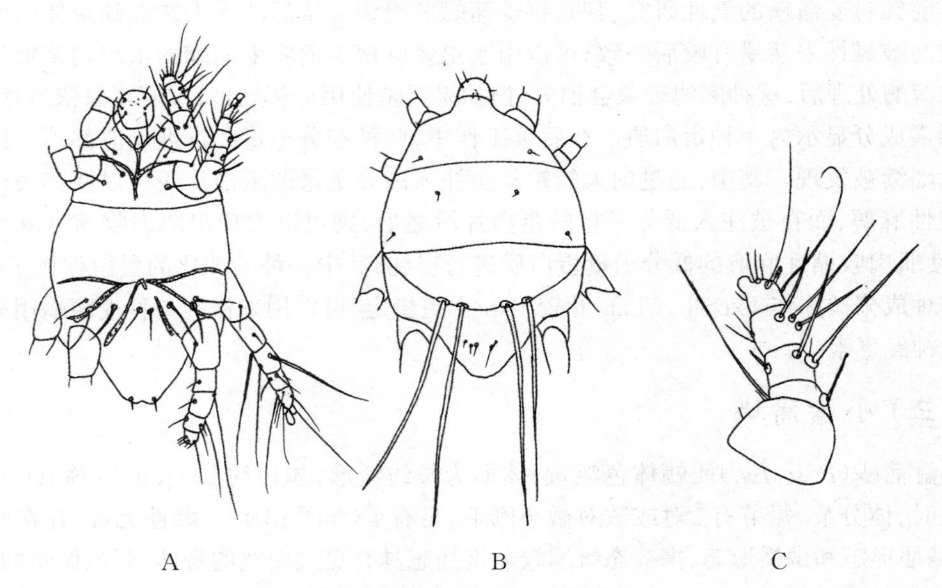

图10.5 小蠹蒲螨(***Pyemotes scolyti***)(♂)

A. 腹面;B. 背面;C. 足Ⅰ

仿 于丽辰(1997)

棒1根；足Ⅳ较前三足粗大。除有雌、雄螨外，还可见迁移性螨。迁移性螨的背部呈棕色，身体呈扁圆形，该螨通常出现在成虫羽化的5月初或7月初，当螨附生于新羽化成虫的腹面节间的毛后，即可随寄主迁往其他地方。在此期间，该螨在有可繁殖的寄主幼虫和蛹出现之前，一直伴随着寄主生活，不会膨大腹部，也不会影响寄主的寿命。但当寄主被人为杀死后，该螨会迅速脱落，18小时内如果没有新的寄主被提供，就会全部死亡。可见，迁移型螨需要从成虫体内获取营养才能维持生命。

小蠹蒲螨除寄生多毛小蠹外，还可以寄生皱小蠹、脐腹小蠹等。小蠹蒲螨对培养环境要求较高，气温高于30 ℃条件下，就会影响虫体成活。在常温26～29 ℃的多毛小蠹幼虫培养皿内，将1只小蠹蒲螨放入培养皿中，虫体爬行到寄主的幼虫身上平均需要约为2小时。小蠹蒲螨可以反复选择叮刺部位。在寄主被刺的早期，可以使虫体产生扭转、挣扎的症状，而在不断的被刺之下，则可以使寄主停止挣扎，进入麻痹。在3小时左右，蒲螨在寄体上更换取食的位置，经过1～2小时开始取食。每头寄主可同时寄生虫多只雌螨。小蠹蒲螨组通常寄生于小蠹虫的卵，幼虫和蛹。寄主的幼虫和蛹被小蠹蒲螨寄生后，雌螨体表就会显现出乳白色的膨腹体。雌螨腹腔膨大的直径平均500～600 μm，其最大直径可超过900 μm，且形态呈圆球形。雌螨从取食到产生后代，历时大约8天。

此外，还有茨氏蒲螨（*P. zwoelferi*）和博氏蒲螨（*P. boylei*），形态与赫化蒲螨相似。

四、蒲螨与疾病的关系

（一）蒲螨性皮炎

蒲螨通常寄生于昆虫体表，但偶尔也会寄生于人类体表。蒲螨皮炎是指因蒲螨叮咬或接触了螨的分泌物，引起的叮咬部位发生红肿瘙痒等症状的皮炎。蒲螨一般可见于农作物上，故患本病者多为农民。蒲螨对温度敏感，在新麦入库时正值酷暑，该时期蒲螨的数量一般都会有明显上升。因此，当保管员入仓检查小麦等粮食产物时，赫氏蒲螨可以对人体进行“叮咬”，将保管员叮咬得奇痒难耐，因此，又可称为“谷痒症”。蒲螨叮咬人体约20分钟后可以引起皮疹，其主要表现为丘疹或丘疱疹，也可出现荨麻疹或紫红色斑丘疹。皮疹的直径为1～6 mm，呈圆形或椭圆形，并可见叮咬后所产生的水疱。由于保管员主动多次反复地抓挠，叮咬部位的水泡常被破坏。少数人群可伴有全身症状，主要有发热、全身不适、倦怠、反胃、心动过速、头痛、关节痛、蛋白尿等。同时，患者还可出现局部淋巴结肿大、白细胞增高以及继发感染等症状。如果病人不断地接触蒲螨，症状就会加重。但是一旦脱离蒲螨环境，一般2～3天后症状可以逐步消退，5～6天后症状基本可以完全消失。皮炎一般发生在背部、腹部等。因为蒲螨体型较小，肉眼难以观察，且皮痒出现后蒲螨多已离开了宿主，所以在其环境中检查体外寄生虫的存在对于不明原因的皮炎尤其重要。

在欧洲地区多个农场的猪舍，均报道有工作人员因接触猪饲料被赫氏蒲螨感染，引起身体以及其他部位出现丘疹。Samsinák（1974）报道了在奥洛穆茨地区一个农场的猪舍中发生的由赫氏蒲螨引起的人类皮炎的新病例，其中有7名处理饲料的人被感染。这种疾病表现为丘疹性皮疹，尤其出现在躯体。当患者停止工作时，皮疹很快消失。同时在周围环境中发现了螨。2004年8月下旬，堪萨斯州卫生与环境部收到克劳福德县卫生署报告，他们大约

300名居民因不明原因的瘙痒性皮疹寻求治疗。9月初，堪萨斯州的3个邻近县和2个邻近的州也报告了此类病例。结果显示，赫氏蒲螨被确定为皮疹爆发的可能原因，研究显示该螨影响了大约54%的克劳福德县人口。

（二）其他

肺螨病是由不同螨类经呼吸道非特异进入人体，暂时"寄生"于呼吸系统，导致肺部发生病理变化而引起的一种疾病。螨类引起肺螨病的研究，至今已有半个多世纪，研究进程大致分为以下几个阶段。最初阶段，肺螨病的研究主要局限于动物的发病情况。20世纪30年代以后，人们对人体的肺螨病开始逐步认识。其间，目人平山（1935）以及野平（1936）在患者的痰中发现了螨的寄生。但当时有些学者持不同看法，他们认为这些螨是在检验操作中由器具带入的，或是外界无意混入的，或是从人体体表混入痰中的。直到井藤（1940）进行了相关的动物实验研究，结果显示那些螨可以通过一定途径进入呼吸道偶然寄生于人体。事实上，真正对人体肺螨病的研究起源于20世纪40年代至50年代后，佐佐学等（1950）都对致病因子的分类地位和螨的分类地位进行了大量的研究，其中包括许多关于肺螨病的研究报告。1956年，高景铭等报道过1例人体肺螨病，此后，1981年，黑龙江省魏庆云等在1例久治不愈的肺吸虫病的病人痰内也检到了螨类，继之又在牡丹江地区发现了41例肺螨病。随后，陈兴保（1989）也报告了病人痰内检出的螨类休眠体。研究显示，近年来引起肺螨病的病原包括20多个种，其中就包括赫氏蒲螨。同时赫氏蒲螨还可以引起尿路螨症。尿路螨是指在人类泌尿体系中寄生的螨引起的疾病。Miyake及Scariba早在1893年开始，就在尿路疾病患者中发现了蒲螨。随后几年间，李朝品等（2002）分析尿液样本，也发现了谷跗线螨以及赫氏蒲螨的存在。

五、蒲螨防制原则

蒲螨为农业和林业及仓储害虫的天敌，一般不需要大规模消灭，当发生严重危害人群健康的时候，可在局部范围内采取防制措施。为了杜绝蒲螨污染饲料，培养室及出菇室周边环境要注意卫生环境，要远离培养库、饲料间、鸡棚等。发现蒲螨后，可将蒲螨孳生的稻米、麦草及各种杂粮秸秆杆放在烈日下暴晒，必要时可使用长时间的高温发酵，达到彻底杀螨的目的。还可以通过使用胡椒基丁醚（Piperonyl butoxide）、杀螨特（Aramite solution）、马拉硫磷（malathion）等对蒲螨孳生环境进行喷洒，达到杀灭蒲螨的目的。

日常工作环境中如有螨类孳生，在工作结束后，洗澡并更换衣物，可降低皮炎发生的风险。有些药物对蒲螨有驱避作用，如苯甲酸苄酯（Benzyl benzoate）和邻苯二甲酸二甲酯（DiMethyl phthalate），将其涂在皮肤上，可驱避薄螨，避免其叮咬。蒲螨性皮炎患者，通常不需要治疗，离开蒲螨及其孳生物后，可行动痊愈。若皮炎症状严重，刺痒加剧，可在受累皮肤局部涂搽抗敏止痒药物，以缓解皮炎症状。局部皮炎严重者，或已经出现全身性皮疹，可口服抗组胺药物，并对症治疗。对蒲螨敏感的人群应避免与蒲螨接触，以防引发全身过敏症状。已发生蒲螨皮炎或皮疹的患者，应避免与蒲螨重复接触，谨防发生严重后果。

第二节　跗线螨与疾病

跗线螨隶属于真螨总目、前气门亚目、跗线螨总科(Tarsonemoidea)、跗线螨科(Tarsonemidae)。目前已报道超过500物种的跗线螨,按照其摄食行为可以划分食植物螨、食菌螨、腐食性螨、捕食性螨等。其中与人类相关的跗线螨主要包括谷跗线螨和侧多食跗线螨。

一、跗线螨形态特征

谷跗线螨作为跗线螨的代表虫种之一,雌螨体长为120~150 μm,宽为70~80 μm(图10.6)。虫体的躯体呈灰黄色,卵圆形,被光亮的表皮所遮蔽。颚体的长度比宽度大,前足体背板呈三角形,能够覆盖部分的颚体基部及假气门器。跗线螨有1对假气门器,形似棒状物。躯体背部有重叠覆盖的4个背板,有刚毛覆盖于背板上。跗线螨雌螨的成虫期有4对足,在螨体腹面的两侧各有2对足。其中Ⅰ、Ⅱ对足指向前方,Ⅲ、Ⅳ对足指向后方。足部具有典型的节肢动物特征,即可分为基节、股节、膝节、胫节5个部位。雄螨体长为100~120 μm,宽为60~70 μm。

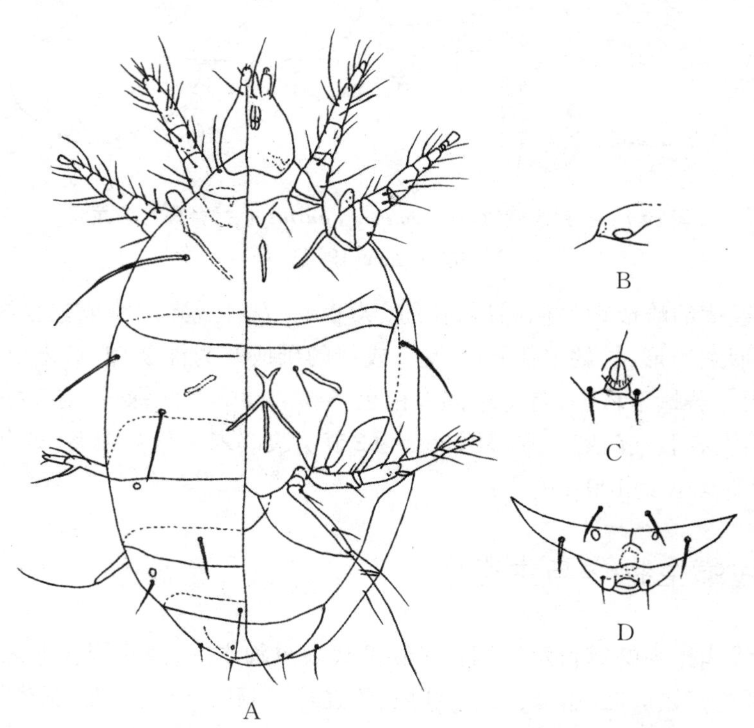

图10.6　谷跗线螨(*Tarsonemus granarius*)(♀)背面与腹面观

A. 虫体背面与腹面;B. 交配囊侧面;C. 交配囊腹面;D. 交配囊背面

仿Hughes(1976)

雄螨体形较小,行动灵活,故不像雌螨那样普遍存在。虫体的颚体能自由伸缩,其上的口器有刚毛(图10.7)。躯体主要由前足体背板、前背板、后背板所覆盖,表皮内突都很清晰。

雄螨的足Ⅰ～Ⅲ趾节和雌螨的趾节很像。足Ⅳ粗大，由基节、股节、膝节以及胫节4节组成。其中股节延长，外缘弓形，斜接于膝节，呈钳状，为识别雄螨的特点之一。同时，雄螨的基节宽大于长，跗节短，末端有1个粗大钩状爪。谷跗线螨的卵呈乳白色，表面平滑或具不同形态的突起或凹陷。

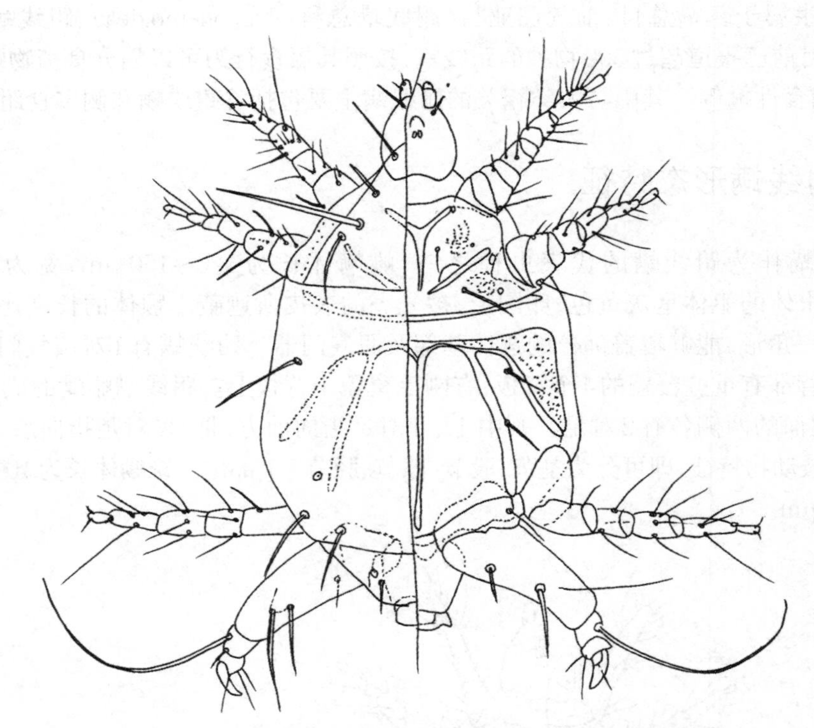

图10.7　谷跗线螨(*Tarsonemus granarius*)(♂)背面与腹面观

仿Hughes(1976)

侧多食跗线螨的雌成螨呈椭圆形，长约200 μm。发育成熟的雌成螨呈深琥珀色，半透明。雄成螨近似六边形，长约190 μm。发育成熟的雄成螨为深琥珀色，未成熟的雄成螨为淡黄色，半透明。若螨呈梭形，背部中间有白色条纹。幼螨呈淡绿色，有3对足。头胸部与成螨很相似，但没有假气门器。腹部明显分为2节。腹部末端呈圆锥形，具有1对刚毛。卵无色透明呈椭圆形，长约100 μm。

二、跗线螨生物学与生态学

侧多食跗线螨作为蜱螨目跗线螨科生物的代表虫种之一，在我国各地区都有分布。该螨可危害多种作物，如黄瓜、甜瓜、茄子、辣椒、西红柿、菜豆、豇豆、丝瓜、苋菜、芹菜、芥菜、萝卜、青菜、落葵等。研究表明，侧多食跗线螨对于贵阳地区的辣椒造成了很大的伤害，因此是一种危害较大的害螨。侧多食跗线螨通常在5月份产卵，卵孵化后变为幼螨，在叶脉的附近发育为若螨，若螨不食不动，蜕皮后变为成螨。成螨活动能力较强，可广泛互动于植物的叶片和茎上。一般来说，侧多食跗线螨的雄虫能够比雌虫更早进入到羽化期，因此可以携带雌若螨，待雌若螨成熟后就与之进行交配。

三、中国重要跗线螨种类

（一）谷跗线螨

谷跗线螨（*Tarsonemus granarius*）在春夏两季的繁殖能力较强，常见于我国南方地区。其发育过程主要包括卵、幼螨、若螨及成螨4个时期。卵孵化成3对足的幼螨后，可首先进入活动期，1～2天后，再由活动的幼螨阶段进入到静息期。静息期内，在幼螨皮下发育为若螨，当背部表皮裂开时，即可以羽化出雄螨或雌螨个体。谷跗线螨可营两性生殖和孤雌生殖，孕卵后雌螨体型会逐渐变大，但是不如蒲螨明显。研究显示，谷跗线螨主要是来自空调出风口滤网中，可使用无菌水充分洗涤虫体，滤纸吸干水分，液氮中冻存备用。

谷跗线螨嗜食青霉菌、曲霉菌、毛壳菌等真菌，因此储存食品以及药品的仓库是谷跗线螨常见的孳生地。陆联高（1994）曾对四川省某仓库进行螨类调查时发现了谷跗线螨。张宇和辛天蓉（2011）等发现跗线螨可以与多种其他螨类共同栖息在储存的谷物中，且跗线螨孳生数量与谷物存放时间长短、是否含有其他谷物残渣等有关。仇祯绪（1998）研究显示，谷跗线螨可以在多数中药中被检测出来，同时发现春秋两季为谷跗线螨的孳生高峰期。谷跗线螨也可寄生于仓库昆虫如玉米象的身体上，当这些昆虫在粮堆内大量繁殖时，谷跗线螨的数量也会大幅上升。

（二）其他

侧多食跗线螨（*Polyphagotarsonemus latus*）又名茶黄螨，属于世界性害螨，是一种全国性蔬菜生产上的重要有害生物，严重为害辣椒、茶树和黄瓜等80种植物。蔬菜中茄子的受害最为严重，其次为甜辣椒、西红柿等。侧多食跗线螨的生活周期较短，在29～32 ℃条件下，完成一个世代需要 4～6天。在 18～22 ℃条件下，完成一个世代需要 8～12天。侧多食跗线螨生长繁殖的最适温度为 22～28 ℃，相对湿度为80%～90%。当温度超过 30 ℃时，死亡率与温度成正比。

四、跗线螨与疾病的关系

谷跗线螨体型较小，体表光滑，可通过侵入人体引起相关疾病。近年来研究显示，在人的痰液中偶发性检出过谷跗线螨。赵玉强（2009）在对从事中药材以及粮食相关工作人员进行检测后发现，调查者的痰液中存在多种螨类，其中就包括谷跗线螨和粉螨。此外，在粪螨阳性患者的粪便中，也发现过谷跗线螨的存在。故该螨种可能为肺螨症、尿螨症的病原之一。赵学影（2011）通过石蜡切片，分析了谷跗线螨其内部的形态和结构以及交叉反应性变应原。结果显示，谷跗线螨交叉反应性抗原的存在位置主要包括口咽部、肠道、生殖腺和唾液腺等，提示这些部位存在可诱发人体IgE抗体的变应原。

五、跗线螨防制原则

目前,防治侧多食跗线螨主要依靠化学防治,但易产生抗性,再增猖獗和残留问题。农药残留不仅污染环境更对人畜健康造成了极大威胁,已经引起广大学者重视。应用植物抗虫性防治害虫是害虫综合治理的重要组成部分,而对植物的抗虫性鉴定、筛选和抗性评价及抗虫机制研究是选育和推广应用抗虫品种工作的基础。近年来,我国不断提高对农作物的品质和产量要求,选育优质高产、抗虫害的农作物已成为现今我国农作物生产亟待解决的问题。而那些受到跗线螨影响的家庭,则需要通过彻底进行室内清洁及通风、改善潮湿的居住环境等方式来处理跗线螨。由于室内不宜采用剧毒杀虫剂,因此对食品药品仓库的管理人员以及操作人员需要进行定期体检,如果发生症状可使用甲硝唑、伊维菌素等进行对症处理。

第三节　其他螨类与疾病

除了蒲螨以及跗线螨之外,还有其他多种螨类能够对人体造成危害。例如,甲螨可以作为禽畜绦虫病的中间寄主与该病的传播和流行紧密相关,叶螨能使人或多种动物产生过敏反应,肉食螨则可以捕食粉螨、山豆螨、介壳虫等多种小型节肢动物,瘙螨可寄生于多种动物的体表中,如熊猫等,并会导致皮癣的发生。

一、甲螨与疾病

甲螨属于疥螨目、甲螨亚目,多孳生在土壤中,故又称为土壤螨,是土壤动物中分布最广、种类和数量最为丰富的类群之一。甲螨约出现在泥盆纪,经由分类学及生态学上的研究,推测今日所谓的甲螨在演化上并非来自单一最近祖先。由于甲螨可以将腐败的植物组织消化后并排出体外,从而增加土壤肥力,改善土壤环境,因此,在温带森林的土壤中,甲螨的种类占有重要的地位。但并非所有的甲螨都生活于土中,部分甲螨可以水栖、树栖。甲螨的食性包含腐食性、寄生性、植食性、捕食性或取食苔藓、细菌及酵母菌等。2021年潘雪编写的世界甲螨名录中记录了世界甲螨163科1 300属及亚属11 207种及亚种。菌甲螨科作为甲螨亚目中数量最多、种类最丰富的种群之一,在多种自然环境中均有分布。

甲螨个体微小,成螨体长为300～700 μm(图10.8)。体色为黄褐色到深褐色,体壁骨化。前背板横梁退化或缺失。梁端无尖突,亚梁通常存在。后背板翅形体不可动或缺失。后背板八孔系统为孔区小囊,孔区或小囊通常4对(特殊为2、5、6对)。后背毛10～15对。生殖毛通常4对(特殊为1、3、5对)。生殖侧毛1对,肛毛2对,肛侧毛3对。

甲螨在卵后的后胚胎发育期包含有前幼螨期、幼螨期、前若螨期、第二若螨期、第三若螨期及成螨期共六期。前幼螨期甲螨静止不动。而在前幼螨期之后,前若螨期、第二若螨期、第三若螨期及成螨期都可以进行正常的活动及取食。大部分甲螨产出的卵其胚胎都已在发育期(卵生),但有些种类却有子宫发育的现象(也称为卵发育保留),即卵仍在胚胎发育中,继续发育至前若幼期形成才停止发育，或者有些种类是待幼螨发育后才产出(产幼现象)。甲螨与其他螨类相比较具有较低的生育率，较小个体如新小奥甲螨一次只产1颗卵，一周平均产12颗卵(且采用纯无性繁殖方式来繁衍后代)。而在较大个体的特殊种类则一次可分别产下6个直接发育为前幼螨的后代。许多影响因素如密度、食物、营养及气候等都会降低长叶懒甲螨、南极甲螨等的生育率。

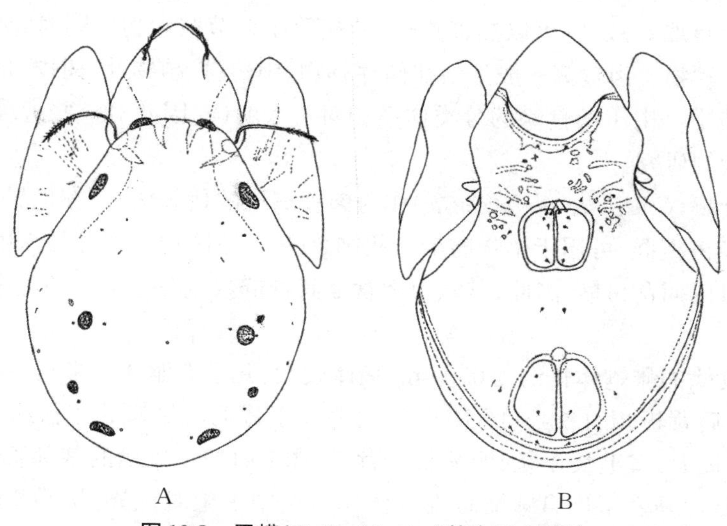

图10.8　甲螨(Oribatid mite)基本形态结构

A. 背面观；B. 腹面观

仿 潘雪和刘冬(2010)

甲螨雌雄性外表并无差异，需藉由生殖器来区别雌雄性，雌性具有大型、未骨质化的产卵管，而雄性可由骨质化的短型阳茎区别，一般生殖方式为间接生殖，即雄性由阳茎将精包挤压排出，雌性再将精包置入生殖口内受精，而雌性活动的区域，则会刺激雄性排出更多的精包。有些种类被发现有雌雄性直接经由生殖器的交合而达到受精，有些种类的雄性有求偶仪式，雄性通过准备食物来引诱雌性交尾。雌雄二型及特殊的行为证实交尾仪式确实存在，雄性在跗节纲毛的变异或侧后半体背板具有腺体皆是性行为的一种表现，并不是所有类群都具有性二型现象，仅在部分类群中出现。因为甲螨一般的生育率很低，如此等于可以产生一倍于二性生殖的生殖率，专产雌孤雌生殖普遍存在于甲螨，据统计约有10%的甲螨有此现象。

结果显示，某些甲螨可以作为绦虫的中间寄主。当终末宿主将绦虫的孕节和虫卵随粪便排至体外，被甲螨吞食后，可以发育成囊尾蚴、似囊尾蚴、多头蚴、棘球蚴等不同类型的绦虫幼虫。由于甲螨可生活在牧草上，容易在牛羊进食的过程中被一同吞食，因此，甲螨在绦虫病的传播中具有十分重要的作用。吞食后，绦虫可在终末宿主体内发育为成虫。林宇光(1992)发现多种甲螨能够作为扩张莫氏绦虫、立氏副裸头绦虫和横转副裸头绦虫等虫种的中间宿主。王丽真(1993)等研究认为，新疆甲螨在冬季为绦虫感染安全期，春季为绦虫感染上升期，夏季为甲螨活动盛期，秋季为甲螨数量下降期。

对于甲螨的迁移行为研究并不多，一般认为主要发生于成螨，因为成螨比未成熟个体更加灵活。一般甲螨的行动缓慢，通常会攀附于生活在腐木内的昆虫身上，以达到迁移的目的。迁移的目的通常是为了寻找新食物或找较适合的产卵环境，但一般距离不会太远。

二、肉食螨与疾病

肉食螨隶属于真螨总目、绒螨目、前气门亚目、异气门总股、缝颚螨股、肉食螨总科(Cheyletoidea),身体呈菱形,一般为无色、淡黄色或橙色,全世界已知将近200余种。肉食螨是害螨中的一个重要天敌,它可以捕食粉螨、叶螨等小型节肢动物。同时,某些肉食螨还可以捕食小型哺乳动物。肉食螨一般生活在储存谷物、中药材、植物叶、树皮、地面枯枝、落叶、动物巢穴等环境中。由于肉食螨的分类体系相对不太明确,因此对一些近缘近似物种的辨识仍有待进一步的研究。

马六甲肉食螨(*Cheyletus malaccensis*)作为肉食螨科的代表之一,在世界范围内分布,也是一个重要的经济类群,可用于生物防治。我国20多个地区均发现过马六甲肉食螨。由于马六甲肉食螨可以捕食粉螨,因此,马六甲肉食螨其种群数量在仓库等环境中明显比其他环境中的数量多。

马六甲肉食螨的雌螨体长约为650 μm,颚体较大,几乎有躯体一半长。气门沟M形,躯体的前背板大,后背板相对狭长(图10.9)。肩毛长于背毛。雄螨的体长约500 μm,喙短而钝,躯体的前背板大,肩毛长矛状,明显长于背毛(图10.10)。雄螨的基部膨大现象明显,但是支持毛不明显。马六甲肉食螨雌螨在群体的数量中占绝对优势,雄螨相较于雌螨偏少。因此马六甲肉食螨的分类鉴定以雌成螨的形态特征为主要依据。

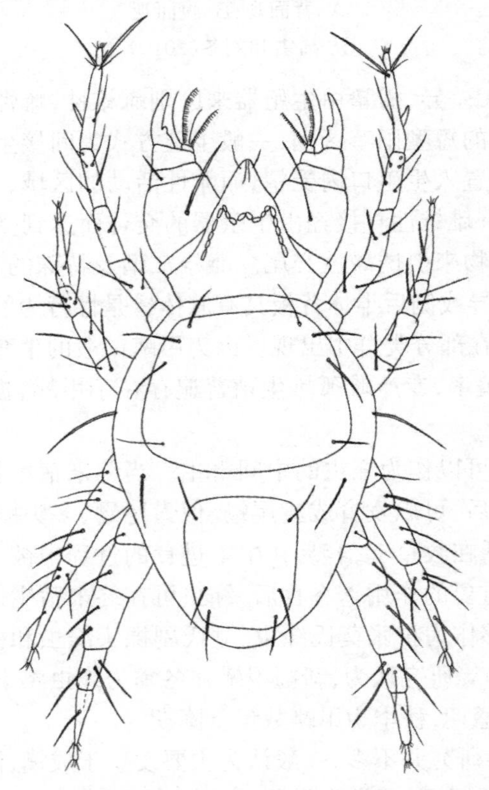

图10.9 马六甲肉食螨(*Cheyletus malaccensis*)(♀)背面观

仿Hughes(1976)

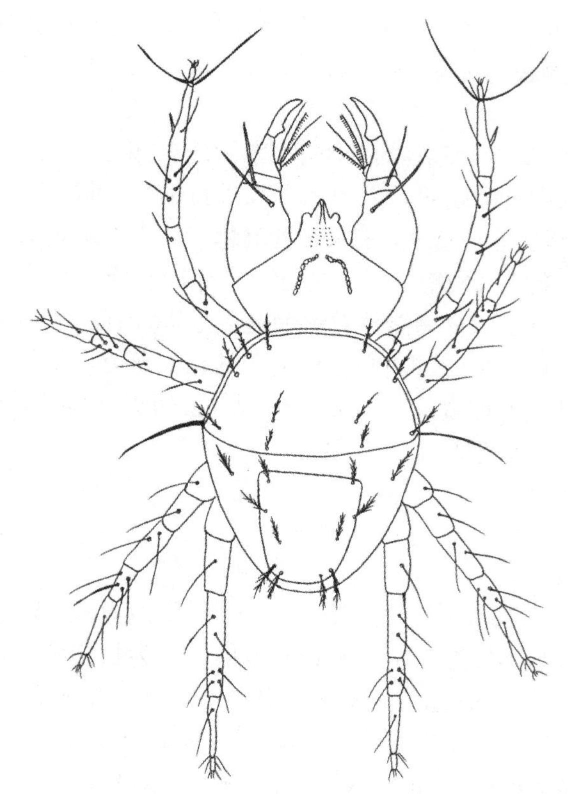

图10.10　马六甲肉食螨(*Cheyletus malaccensis*)(♂)背面观

仿 Hughes(1976)

原若虫的躯体长约420 μm,有足4对。虫体喙腹面、须肢腿节、胫节均有刚毛,跗节有内外梳毛。原若虫的气门片呈M形,躯体背面的有1块长方形的前背板。躯体背面刚毛的排列与幼虫相同。

当原若虫变为后若虫之前,也有1个静息期,叫静息原若虫。形态学研究显示,静息期虫体的第1、2对足向前直伸,第3、4对足向后直伸。虫体的躯体背面隆起,有明显的光泽。躯体背面的背板及刚毛的排列和原若虫相似。静息原若虫约1天后可变为后若虫。

后若虫躯体长约510 μm,有足4对。虫体喙腹面、须肢腿节、胫节均有刚毛,胫节有3条刚毛;跗节外梳毛与内梳毛约比原若虫的数量更多。虫体的气门片为M形,其躯体背面的前背板呈梯形,有刚毛5对,后体有刚毛8对。当后若虫变为成螨之前也有静息期,称为静息后若虫。和静息原若虫一样,不吃不动,但躯体背面比静息原若虫更为隆起,表面发亮呈玻璃状;前2对足向前直伸,并稍向内弯曲,在颚体前方呈交叉状。在静息后若虫的后期,可通过透明的外壳看到未来的成螨。静息后若虫蜕皮可变为成螨。

马六甲肉食螨的幼虫体长约300 μm,呈乳白色,足3对。虫体须肢腿节背面、膝节背面外缘以及胫节上分别存在刚毛,气门片分节不明显。躯体背面仅有梯形的前背板1块,上有4对刚毛,3对在前侧缘,1对在后侧缘。在前背板后缘外侧也可见1对刚毛。当幼虫变为原若虫之前会经历一段时间的静息期。静息期内的虫体不吃不动。形态学研究显示,静息期虫体的第1、2对足向前直伸,第3对足向后直伸;虫体的躯体背面膨大且隆起,乳白色,有光泽,形如纺锤。躯体背面仅有前背板一块;刚毛的排列与幼虫相同。躯体腹面刚毛的排列也如幼虫。1天后静息期可以发展为原若虫。马六甲肉食螨的卵呈椭圆形，长约为190 μm，宽约为130 μm，虫卵的一侧较为钝圆，另一侧较尖。虫卵的卵壳为半透明状，发育后期可通过卵壳里面的幼虫。

研究表明，在温度以及湿度适宜的环境下（17～25 ℃，相对湿度75%），肉食螨的产量与温度成正比。可以使用腐食酪螨对马六甲肉食螨进行饲养。每1只成螨1天可以大约捕食10只腐食酪螨，整个生活史能捕食100多只腐食酪螨。而当平均气温降低至0～8 ℃时，肉食螨的数量会大幅减少。每1只成螨1天可以大约捕食10只粗脚粉螨，因此肉食螨可有效地控制粗脚粉螨的数量。由于肉食螨能够对粉螨造成危害，因此，Collins在2012年报道了使用普通肉食螨防治珍贵草籽免受害螨和害虫破坏的相关研究。贺培欢等在2016年做了普通肉食螨对9种储粮害虫的捕食能力研究，研究发现，幼螨、原若螨、后若螨、雌成螨对9种储粮害虫均有不同程度的捕食能力。

三、瘙螨

瘙螨即痒螨，隶属于真螨总目、疥螨目、甲螨亚目、甲螨总股、无气门股、疥螨总科、瘙螨科（Psoroptidae）。虫体的体长为500～800 μm，虫体形态为长椭圆形，表面呈现灰白或淡黄色。瘙螨的颚体较大呈尖圆锥形，其上有细长的螯肢。雌虫生殖孔呈倒“U”形。足的第1、2、4对足跗节上具有分节或不分节的长柄吸盘，第3对足上各具1对长毛。雄虫的第1、2、3对足跗节具有长柄吸盘，第4对足正常或短小，末端无吸盘和长毛。生殖器位于第4基节之间。瘙螨科包括10个亚科的大类群，各种动物都有瘙螨寄生，形态上都很相似（图10.11）。瘙螨全部营寄生生活，主要寄生于畜禽和野生动物的体表皮肤，引起动物的相关螨病。少数瘙螨可寄生于人体，如犬耳螨引起人的耳螨病，对人类健康造成威胁。

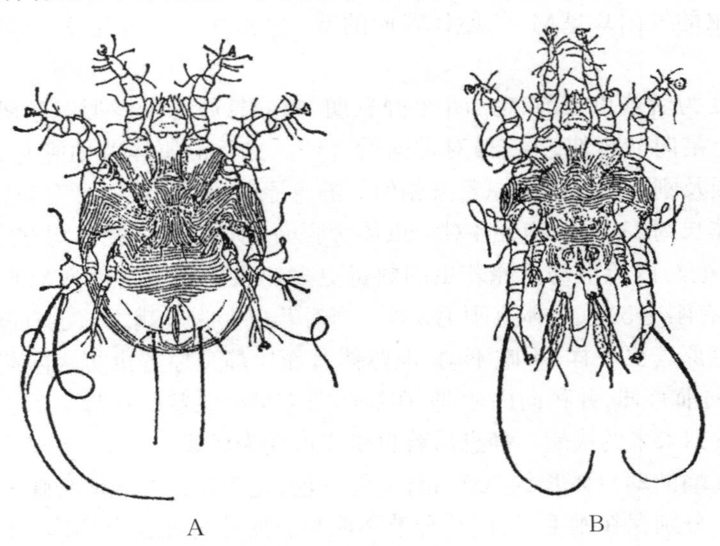

图10.11 牛瘙螨（*Psoroptes bovis*）

A. 雌螨；B. 雄螨

仿Baker等（1956）

瘙螨寄生于皮肤表面，全部发育过程都在动物皮肤表面进行。瘙螨的口器为刺吸式，寄生于皮肤表面，可吸取寄主的渗出液。发育过程包括卵、幼螨、若螨和成螨一共4个时期。其中雄螨有1个若螨期，雌螨有2个若螨期。雌螨多在皮肤上产卵，卵经孵化可发育为幼螨，采食后经过静止期后蜕皮成若一螨，再次采食后又经过静止期蜕皮成为雄螨或若二螨。雄螨通常以其吸盘与若二螨躯体后部的一对瘤状突起相接抓住若二螨。约48小时的接触后，若二螨蜕皮变为雌螨，雌雄螨交配后开始产卵。其整个发育过程需1～2周。

瘙螨主要寄生于动物体表温度较高的部位，如绵羊瘙螨首先寄生于绵羊背部、臀部等密毛部位，后可波及全身。瘙螨具有坚硬的角质表皮，对不利因素抵抗力强，其存活时间与种类、发育阶段、温度、湿度和阳光照射强度等多种因素有关。其中，在相同外界环境下，成螨存活时间比若螨长，雌螨存活时间比雄螨长，瘙螨的最长存活期2个月左右。

瘙螨病是由瘙螨科、瘙螨属的瘙螨寄生于动物皮肤表面引起的一种接触性、传染性皮肤病。传统分类学根据形态、寄生宿主等特征将瘙螨分为兔瘙螨、水牛瘙螨、马瘙螨等5个种。该病呈世界性分布，其中欧美许多国家、印度、澳大利亚、新西兰和我国大部分地区都有过本病的报道。许多动物包括马、水牛、黄牛、奶牛、绵羊、山羊、兔等动物体上都发现有瘙螨寄生。其中，瘙螨寄生在绵羊引起的疾病叫绵羊瘙螨病。因患病淋巴液渗出增多，又称"水骚"，表现为摩擦瘙痒，被毛凌乱，以后大块被毛脱落而露出病部。病变皮肤肿、红、热，有血液渗出。如有细菌继发感染则发生化脓，后结成黄色痂皮，皮肤增厚皱缩。

研究表明，群居动物患瘙螨病的发病率明显高于散养动物，因此，防治难度较大，需要针对不同时间段进行预防和治疗。其中，病畜以及携带者都是潜在的传染源。该病传播的重要因素是秋冬季节饲养环境潮湿、黑暗、拥挤、通风不良，因此在南方冬季阴雨天气中群居动物患瘙螨病的发病率明显高于其他时期。夏暖初春时节，瘙螨病的发病率较低，即使发病症状也较轻。流行病学研究发现，野生山羊冬季瘙螨的感染率可高达100%，夏季感染率却下降到27%。这种现象在牛身上也有出现。求其原因在于春末夏初，由于动物换毛、户外锻炼或放牧等原因，使通风好转，加之光照充足，对瘙螨的发育、生存极为不利。因此，可以造成瘙螨大量死亡，动物瘙螨病发病率低，瘙痒症状明显下降。而夏季气候干燥、炎热，也不利于瘙螨生存，此时的虫体多半处于潜伏期。秋季动物的被毛增厚，开始利于瘙螨生长。这时，从动物体表上遗留下来的瘙螨又开始复发。

瘙螨的治疗方法主要包括涂药疗法口服或皮下注射治疗或者可用药浴进行预防。其中，药浴是比较有效的措施。可使用敌百虫(Trichlorphon)溶液、辛硫磷(Phoxim)溶液和双甲脒(Amitraz)溶液等，每年春秋两季各进行2次药浴，药浴7天后应进行第2次药浴，巩固预防和治疗效果。

四、癣螨

癣螨隶属于真螨总目、疥螨目、甲螨亚目、甲螨总股、无气门股、疥螨总科、癣螨科，包括癣螨属、住毛螨属、克里尼卡属、睡鼠螨属、松鼠螨属、启示螨属。螨体由颚体和躯体组成，其中颚体位于躯体前方，足位于躯体腹面。躯体和足上生有很多刚毛，刚毛的数目因螨的种类不同而差异较大。

癣螨雌虫呈卵圆形，长约为300 μm，宽约为180 μm，未见眼和气门结构。虫体表面呈浅棕色，体表面有显著的纹路。虫体的颚体圆形，上有螯肢1对。足4对，前1、2对足较小，各节均有觫毛。第3、4对足相对较大,呈棕褐色,有钩爪样器官。雌虫的生殖孔位于腹面第4对足之间,呈三角形,体后端有1对长刚毛。雄虫比雌虫小,呈宽椭圆形,长约为200 μm,宽约为140 μm,体表横纹不如雌螨清晰。虫体有足4对,第1、2对足与雌螨差异不大;第3对足则高度变形,起固定作用;第4对足粗壮呈钩爪样结构(图10.12)。

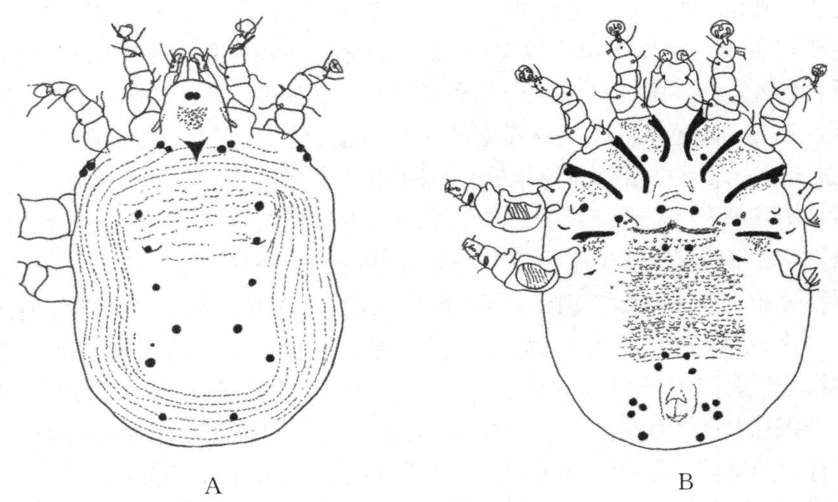

图10.12　癖螨科(Myocoptidae)形态及刚毛分布

A. 躯体背面;B. 躯体腹面;C. 足Ⅰ～Ⅳ

仿 Bochkov(2010)

若虫与成虫形态相似,但体稍小,且生殖器尚未显现,雄螨只有1个若螨期,而雌螨有2个若螨期,其前期若螨较小,后期若螨与成虫大小类似,已可以交配,有生殖毛2对。幼虫比成虫的体积小很多,长约为100 μm,宽约为80 μm,仅有3对足,生殖器官未发育。虫卵的卵壳较薄,呈长椭圆形,长约为200 μm,宽约为50 μm,可见显著的纹路。癖螨的活螨可在动物体表毛发上攀爬,所以研究者可以通过实时动态屏摄录直接镜检技术,并按照雌雄成虫以及幼虫的形态、大小、构造、颜色,或虫卵的大小、形态、颜色、内含物及卵壳特征等手段,对待检物体进行鉴定,判断是否为癖螨。

近年来研究表明,癖螨能够引起机体免疫紊乱,造成Th2免疫反应,改变炎症细胞因子,增加血清IgE表达水平,增加弓形虫等宿主感染其他病原体致死的机会。病理变化包括溃疡性皮炎、淋巴结病、高丙种球蛋白血症、继发性淀粉样变、淋巴细胞减少症、粒细胞增多、脾肥大等。目前,常使用伊维菌素(Ivermectin)作为动物体外寄生虫的驱杀药物使用。

五、叶螨

叶螨隶属于蛛形纲、蜱螨亚纲、真螨总目、叶螨总科,是一类非常重要的农业害虫,农业生产中常见的害螨多来自叶螨总科的叶螨属,如二斑叶螨(图10.13)、截形叶螨等。叶螨两性、孤雌均可繁殖。

叶螨雌成螨呈椭圆形,体长为240～590 μm,宽为280～350 μm,越冬期体表呈橙红色,而生长期个体的体色为黄绿色,足4对。雄成螨呈菱形,体长为260～400 μm,宽为140～250 μm,体型比雌成螨略小,体色为淡绿色、黄绿色或深绿色,行动较为灵活,足4对。

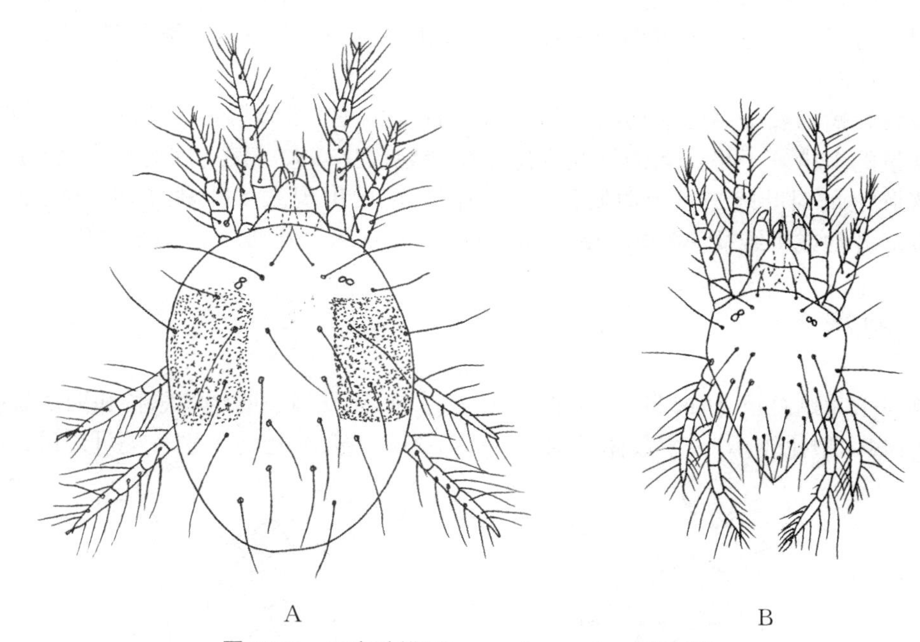

图 10.13　二斑叶螨(*Tetranychus urticae*)背面观

A.(♀)背面;B.(♂)背面

仿 忻介六(1984)

第一若螨形态呈椭圆形,体长为 210～290 μm,宽为 100～190 μm,体表呈深绿色,体壁两侧可见斑块,足4对。第二若螨比第一若螨体型略大,体长为340～360 μm,宽210～230 μm,体表颜色以及斑块与第一若螨类似,足4对。

幼螨身体呈半球形,体型较小,体长为 150～210 μm,宽为 120～150 μm,体色开始呈淡黄色,取食后变黄绿色,体壁两侧各有深绿色斑块,足3对。卵呈圆球形,长120～140 μm,表面光滑,开始为白色,孵化前逐渐变为橙色。

叶螨主要以口针刺吸为害植物叶片,寄主多达100种,常见的包括禾本科(玉米)、锦葵科(棉花)、豆科(大豆、绿豆、红豆、菜豆等)、茄科(马铃薯、茄子、番茄、辣椒等)和葫芦科(黄瓜、南瓜、西瓜、冬瓜等)作物。叶螨因具有繁殖速度快、寄主适应性强、抗药性发展快等特点,给其防制带来了极大的挑战,每年全球杀螨剂用量价值高达4亿美元。

由于叶螨个体小,多聚集于叶片背面,为害初期的症状不明显,易被忽视,经常出现"小虫成大灾"现象。长期以来,生产中防治叶螨主要采用化学防治的方法,化学杀虫(螨)剂的大量使用使叶螨成为抗药性最强的害虫之一。叶螨不仅是我国的重要害虫,也是其他国家的重要害虫,在设施农业上的为害尤为严重。以加拿大安大略省为例,该省有超过600 hm^2的温室蔬菜,叶螨是其中的番茄、黄瓜、辣椒等最重要的害虫。叶螨的破坏性影响也给欧洲南部的农业生产带来了巨大的问题。叶螨已经成为目前影响农作物产量与质量的重要害虫之一。

由于叶螨与动物具有相同或不同的变应原,因此会产生交叉反应。目前,已有多篇论文报道了人对二斑叶螨的敏感性。Astarita(1996)检测了暴露于受感染的温室环境中的叶螨过敏患者过敏症状的发作,并跟踪了其呼气流速峰值,该研究用二斑叶螨提取物进行了支气管激发,并观察了大多数二斑叶螨过敏患者的反应。这表明叶螨敏感性具有临床相关性,但这可能因所考虑的位置和人群而异。Kim(2003)研究显示,人体对二斑叶螨过敏的比率随着年龄的增长而增加。

大多数叶螨均属于高温活动型,因此,温度的高低决定了叶螨各虫态的发育周期、繁殖速度和产量的多少。干旱炎热的气候条件往往会导致叶螨大爆发。因此,一定要在高温干旱季节来临之前对叶螨进行及时防治。当周围环境中出现大量叶螨时,可以使用哒螨灵(Pyridaben)乳油或甲维盐(Methylamino abamectin benzoate)乳油混合后喷雾防治。

六、羽螨

羽螨属于真螨总目、疥螨目、甲螨亚目、甲螨总股、无气门股的翅螨总科和羽螨总科。羽螨(图10.14)体型比较小,大多数体长都在300~700 μm范围,也有个别种类可超过2 mm,颚

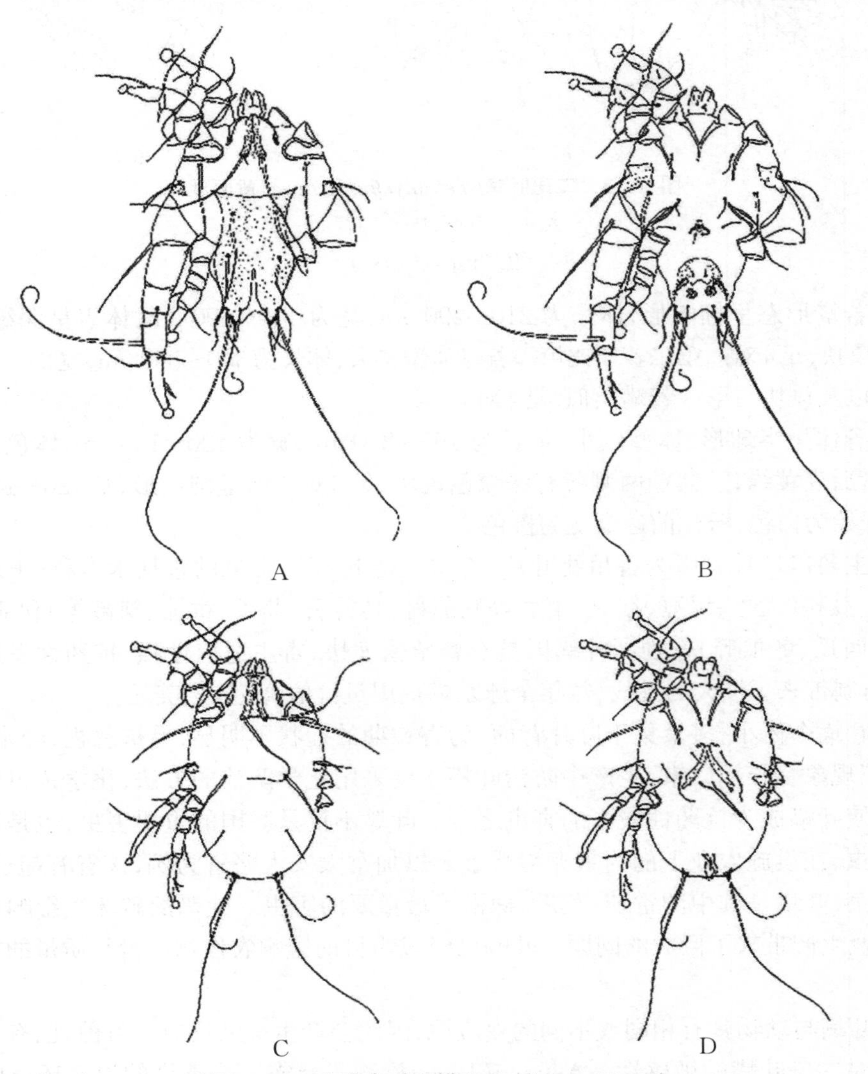

图10.14　家鸡麦氏羽螨(*Megninia cubitalis*)

A. 雄螨背面;B. 雄螨腹面;C. 雌螨背面;D. 雌螨腹面

引自 王梓英(2023)

体具有螯肢、助螯器和须肢以及毛1对。背部结构包括前背板，其中前背板的雄螨与雌螨的前背板骨片形状通常一致，从顶毛位置起延伸到胛毛后。幼螨3对足，若螨、成螨4对足。足基节与体躯融合，具有转节、股节、膝节、胚节、跗节和前跗节。

羽螨可寄生在鸟类的羽毛中、羽叶上、羽管内、皮肤中，羽蝶的整个生活周期包括卵前幼螨、幼螨、第一若螨、第二若螨和成螨，很多学者认为羽螨存在第二若螨阶段（或称为休眠体），其中颈下螨科羽螨的第二若螨时期就存在于宿主的皮下。羽螨的食性较杂，可取食皮屑及碎片、羽毛基部的液体基质、宿主分泌的油脂、寄生的真菌孢子类（比如担子菌、半知菌和子囊菌）等，多数翅螨总科的羽螨有较强的特异性，只寄生在某个属或者某种鸟的身上。羽螨总科的螨类则对宿主的选择范围比较广。羽螨中的一些种类，也能引起人类的过敏反应，如隶属于羽螨总科麦食螨科的屋尘螨和粉尘螨，是人类过敏疾病的主要过敏原，可对人类健康造成潜在危害。对于羽螨的预防除了包括清理圈舍环境以及杂草以外，还可使用有机磷或灭虫菊酯等。对已患病的鸡类等家禽可使用阿维菌素（avermectin）以及伊维菌素（ivermectin）等药物进行防治。

羽螨寄生在鸟类（包括家禽）和哺乳类体表，是鸟类和家禽的害螨。目前虽无羽螨侵袭人的报道，但羽螨存在侵袭人的风险。

七、蜂螨

蜂螨是指与蜜蜂饲养业和野生种群相关的螨类，目前已报道100多种，可分为寄生性和非寄生性蜂螨。寄生性蜂螨对世界养蜂业危害巨大，严重阻碍了养蜂业的健康发展，虽然目前暂无感染人的报道，但对从事蜂螨研究或与蜂螨接触的人员存在一定的潜在危害。迄今已报道13种蜂螨，隶属于寄螨总目、中气门目、革螨股、皮刺螨总科，分别为瓦螨科（Varroidea）的瓦螨属（*Varroa*）（又称为大蜂螨）、真瓦螨属（*Euvarroa*），厉螨科（Laelapidae）的热厉螨属（Tropilaelaps，又称为小蜂螨）；以及真螨总目、绒螨目、前气门亚目、异气门股、跗线螨总科、跗线螨科（Tarsonemidae）的蜂盾螨属（*Acarapis*），其中危害最严重的是狄斯瓦螨（*V. destructor*）、梅氏热厉螨（*T. mercedesae*）和武氏蜂盾螨（*A. woodi*）。

蜂螨具有明显的雌雄二态性，各阶段雄螨均小于雌螨。身体不分节，由颚体、躯体、足组成。颚体位于前腹侧，形成口器，主要由须肢和螯肢组成，螯肢较长或较短，有的隐藏于背板下。躯体包括一个大背板和腹板，其中背板覆盖整个背面，腹板主要包括胸板、腹殖板、肛板等。成螨有足4对，若螨足3对。整个身体（包括足）都密布有刚毛。

大蜂螨（图10.15）作为蜂螨的代表虫种之一，生活史需要经历5个时期，分别为卵、幼虫、前期若螨、后期若螨和成螨。其中雌螨和雄螨形态有所不同。雌螨呈横椭圆形，体形长1.11～1.17 mm，宽1.6～1.77 mm。背板明显隆起，棕褐色，有光泽。腹板较平，略凹。雄螨呈卵圆形，体形长800～900 μm，宽700～800 μm。背板一块，覆盖体背全部及腹面的边缘部分。前期若螨又称为第一若螨，近圆形，乳白色，长为500～600 μm，宽为500 μm。体表着生稀疏的刚毛，具有4对粗壮的附肢。体形随时间的增长变为卵圆形。前期若螨已能够吸食蜜蜂蛹的血淋巴。后期若螨又称为第二若螨，初期雌螨心形，长为700～800 μm，宽为800～900 μm。后期螨横向生长成横椭圆形，背部出现褐色斑纹，体形增长至长1.1 mm，宽1.4 mm。卵呈现乳白色，卵圆形，大小约为600 μm×400 μm。卵膜薄而透明。幼虫通常在卵内发育，可见3对足。完成幼虫发育后破壳而出成为若虫。

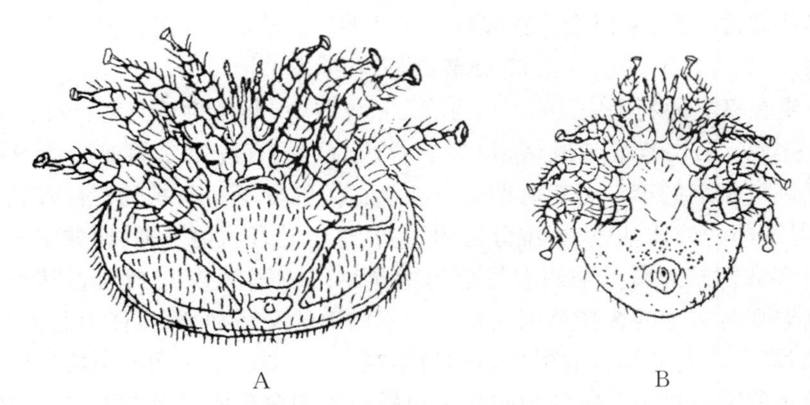

图10.15 狄斯瓦螨（***Varroadestructor*** **Anderson et Trueman，2000**）

A. 雌；B. 雄

仿 瞿守睦（1983）

大蜂螨雌螨和雄螨的发育期略有差别。雌螨发育期7～8天，其中卵期发育2天，前期若螨期4天，后期若螨期1～2天。雄螨发育期6～7天，其中卵期发育2天，前期若螨期3天，后期若螨期1～2天。雌螨将卵产在工蜂和雄蜂的幼虫巢房内，但由于雄蜂幼虫和蛹的个体大，发育期长，雌螨更喜欢将卵产在雄蜂巢房中。通常在一个巢房内产1～7粒卵。若螨和成螨以巢房内的幼虫和蛹的血淋巴为食。雌性成螨也常附着在蜜蜂成虫体外寄生和扩散。雄螨不取食，与雌螨交配后立即死亡。雌螨一生有3～7个产卵周期，可产30多粒卵。在一个产卵周期内，在工蜂幼虫巢房内产卵1～5粒，在雄蜂幼虫巢房内产卵1～7粒。

大蜂螨生存能力强，在蜂巢外的常温环境下能够存活7天，在－10 ℃低温环境下，能生存2～3天。雌螨在夏季生存2～3个月，冬季5个月以上。大蜂螨的生活史比较复杂，一般分滞留期、卵黄形成前的活动期、首次卵黄形成的活跃期、第二次卵黄形成的活跃期以及成熟交配期5个阶段。

由于目前所有的治螨药物对大蜂螨的消灭效果都不好，甲酸（formylic acid）也如此，因此，近年来一直都在寻找其他解决方法。谷芳倪（2019）把多次施药的间隔日改为间隔3天，5次为一个疗程，即5天用药1次，施药时间分别为第1天、第5天、第9天、第13天、第17天。王海洲（2018）用塑料模具把活动巢框模块化，把模块化蜂巢制作成生物诱杀器，利用大蜂螨的生物学特性和蜜蜂繁殖规律，有计划地诱杀大蜂螨，同时收获雄蜂蛹。这对减少大蜂螨对蜂群的危害，同时提高蜂农的经济效益具有现实的指导意义。

（郑敬彤）

参 考 文 献

于丽辰，梁来荣，敖贤斌，等，1997. 我国新天敌资源-小蠹蒲螨形态与生物学研究[J]. 蛛形学报，6(1)：46-52.

马立芹，温俊宝，许志春，等，2009. 寄生性天敌蒲螨研究进展[J]. 应用昆虫学报，46(3)：366-371.

王敦清，孙玉梅，王灵岚，等，1985. 熊猫痒螨各虫期形态的研究（真螨目：瘙螨科）[J]. 武夷科学，(1)：99-104.

王梓英，王进军，2012. 羽螨分类系统沿革及其中国一新纪录科和三新纪录种[J]. 动物分类学报，37(4)：

875-884.
仇祯绪,滕斌,王慧,1998.中草药中的螨情况调查[J].中国寄生虫病防治杂志,11(2):159-160.
孔里微,2016.三种叶螨的线粒体基因组进化机制研究[D].南京:南京农业大学.
刘洁,2014.麦蒲螨寄主选择行为和生防应用初探[D].北京:北京林业大学.
孙荆涛,崔佳蓉,周佳怡,等,2022.叶螨适应寄主的分子遗传机制研究进展[J].南京农业大学学报,45(5):938-947.
苏晓会,2014.中国部分地区羽螨总科分类研究[D].重庆:西南大学.
李英,2010.山羊痒螨病的防制[J].农村养殖技术(18):27.
李小玲,2021.中国特鲁螨属羽螨分类研究[D].重庆:西南大学.
李朝品,陈兴保,李立,1985.安徽省肺螨病的首次研究初报[J].蚌埠医学院学报,10(4):284.
李朝品,1986.人体肺螨病的研究进展[J].蚌埠医学院学报,16(1):56-61.
李朝品,李立,1990.安徽人体螨性肺病流行的调查[J].寄生虫学与寄生虫病杂志(1):43-46.
李朝品,李立,1988.肺螨病病原学的研究[J].昆虫知识(5):44-45.
李朝品,武前文,吕友梅,1996.三起大学生蒲螨皮炎流行报告[J].中国学校卫生,17(1):56-57.
李常挺,陶立,彭昊,等,2022.一例水牛痒螨病的诊治报告[J].广西畜牧兽医,38(3):117-118.
杨倩倩,李志红,伍祎,等,2012.线粒体COⅠ基因在昆虫DNA条形码中的研究与应用[J].应用昆虫学报,49(6):1687-1695.
杨彪,胡永瑶,1990.危害家蚕的赫氏蒲螨(Pyemotesherfsi)研究-Ⅰ.赫氏蒲螨超微形态的电镜观察[J].四川蚕业,5(2):1-8.
吴煜,2022.环链虫草对二斑叶螨的酶活及基因影响[D].贵阳:贵州师范大学.
吴太葆,夏斌,邹志文,等,2007.椭圆食粉螨线粒体DNA COⅠ基因片段序列分析[J].蛛形学报,16(2):79-82.
吴浩彬,谢彦海,文春根,等,2010.5种寄生蚌螨COⅠ基因片段序列及系统发育分析[J].蛛形学报,19(2):81-86.
谷芳伣,2019.蜂螨用药新方案[J].中国蜂业,70(10):38.
沈兆鹏,2006.中国重要储粮螨类的识别与防治(三)辐螨亚目革螨亚目甲螨亚目[J].黑龙江粮食(4):31-35.
沈兆鹏,1975.中国肉食螨初记和马六甲肉食螨的生活史[J].昆虫学报,18(3):316-324.
张宇,辛天蓉,邹志文,等,2011.我国储粮螨类研究概述[J].江西植保(4):139-144.
张宏飞.羊螨病的发病症状、诊断和防治方法[J].新农业,2022,(19):59-60.
陈欣如,燕顺生,李如松,等,1999.BALB/c小鼠寄生螨及对其皮肤的损伤[J].地方病通报(1):53-55.
陈燕南,范成,张锋,等,2022.一种对甲螨无形态损伤的DNA提取技术[J].环境昆虫学报(3):751-755.
郅军锐,关惠群,2001.侧多食跗线螨的生物学和生态学特性[J].山地农业生物学报(2):106-109.
周冰峰,2020.蜂螨的分类与防治[J].科学种养(9):48-51.
赵习彬,2019.我国绵羊痒螨(兔亚种)线粒体COⅠ、COⅡ和核糖体ITS序列的遗传多样性分析[D].成都:四川农业大学.
赵学影,2012.谷跗线螨的形态学观察、抗原定位及精氨酸激酶基因的克隆与序列分析[D].蚌埠:蚌埠医学院.
赵学影,赵振富,孙新,等,2013.谷跗线螨扫描电镜的形态学观察[J].中国人兽共患病学报(3):248-252,261.
赵秋宇,2022.智利小植绥螨与杀螨剂联合防治草莓二斑叶螨的研究[D].泰安:山东农业大学.
段辛乐,2011.二斑叶螨对甲氰菊酯和螺螨酯的抗性机理及两种药剂的亚致死效应研究[D].兰州:甘肃农业大学.
贺丽敏,焦蕊,许长新,等,2010.mtDNA中COⅠ基因序列在蒲螨属(Pyemotes)鉴定中的应用[J].河北农业科学,14(1):46-50.
贺培欢,张涛,伍祎,等,2016.普通肉食螨对9种储粮害虫的捕食能力研究[J].中国粮油学报,31(11):

112-117.
贾小勇,2008.水牛痒螨和兔痒螨形态学比较及ITS-2序列分析[D].成都:四川农业大学.
夏斌,龚珍奇,邹志文,等,2003.普通肉食螨对腐食酪螨捕食效能[J].南昌大学学报:理科版(4):334-337.
顾勤华,1999.普通肉食螨的生活史研究[J].生物灾害科学(3):14-15.
高正琴,贺争鸣,岳秉飞,2017.鼠癣螨(Myocoptes musculinus)分子鉴定和感染调查[J].实验动物科学(4):50-54.
高新菊,2012.二斑叶螨对甲氰菊酯的抗性分子机理研究[D].兰州:甘肃农业大学.
郭华伟,周孝贵,姚惠明,2021.一种茶树害螨-茶跗线螨[J].中国茶叶,43(5):29-31.
黄建华,孙强,杨迎青,等,2020.少毛钝绥螨的生物学特性及rDNA ITS序列分析[J].植物保护,46(1):208-218.
崔玉宝,2005.蒲螨与人类疾病[J].昆虫知识,20(5):592-594.
梁志杰,2022.东北黑蜂保护区蜂螨的防治方法[J].蜜蜂杂志(4):43-45.
谢霖,2006.中国二斑叶螨和朱砂叶螨种群分子遗传结构的研究[D].南京:南京农业大学.
潘雪,刘冬,2021.2020 - 2021年世界甲螨亚目新增分类单元以及近15年中国发表甲螨新种概况-纪念中国甲螨学开创100周年[J].生物多样性,8(18):1-20.
潘程莹,胡婧,张霞,等,2006.斑腿蝗科Catantopidae七种蝗虫线粒体COⅠ基因的DNA条形码研究[J].昆虫分类学报,28(2):103-110.
COLLINS D J, 2012. A review on the factors affecting mite growth in stored grain commodities[J]. Experimental and Applied Acarology, 56(3):191-208.
SAMSINAK K, CHMELA J, VOBRAZKOVA E, 1979. Pyemotes herfsi (Oudemans, 1936) as causative agent of another mass dermatitis in Europe (Acari, Pyemotidae)[J]. Folia Parasitol(Praha)., 26(1):51-54.

第十一章　医学蜱螨标本采集与制作

医学蜱螨标本在医学节肢动物的教学和科研工作中具有重要地位，因其可以长期甚至永久保存，因此在医学节肢动物展览、示范、教育、鉴定、考证等领域具有不可比拟的优势。为了尽量保持标本原貌，并达到长期保存的效果，医学蜱螨标本在采集与制作方面需要严格的操作流程。

第一节　医学蜱螨标本采集

在采集医学蜱螨标本之前，首先应了解采集对象的发育规律和生活习性，采集方法因采集对象的种类及习性不同而不尽相同。

一、蜱标本采集与保存

蜱是专性寄生的节肢动物类群，以硬蜱和软蜱为具有医学意义的主要种类。蜱的寄生宿主种类多样化，而且栖息地广泛。蜱标本采集与保存方法比较相似，所涉及的具体方法也比较简单。

（一）蜱标本采集

蜱标本可从宿主动物体表采集，也可从自然界蜱类的栖息场所采集。

1. 动物体表采集

蜱的个体较大，通过肉眼观察其寄生宿主体表即可发现。检查时，应注意查看宿主动物的耳廓、腋窝、腹部、股内侧、尾根等皮肤柔嫩处。检查发现蜱后，可用镊子小心捏取。寄生在宿主体上的蜱，常将假头深刺入皮肤，如强行拔下，其口器可能折断而留于皮肤中，致使标本不完整和残缺不全，且留在宿主皮下的口器还会引起局部炎症，因此取蜱时务必小心，切不能强行拔取。

2. 栖息地采集

(1) 直接采集：对于畜舍、鼠类洞穴、禽舍以及鸟巢等栖息场所的蜱，可直接采集。采集时，直接检查各种栖息场所，检查发现蜱后用镊子捏取，也可以将附有虫体的附着物一同取下置于培养皿中检查。对所采集的标本要做好记录和标记。

(2) 布旗法采集：对于灌丛和草地等生境的游离蜱，可用人工布旗法进行采集。将一块长45～100 cm，宽25～100 cm的白棉布制成布旗，一边穿入木棍，在木棍两端系以长绳，以便拖拽(图11.1)。将布旗放在草地或灌丛上轻轻拖动，每步行20步检查布旗两面有无蜱类附着在旗面上(同时检查身上衣裤是否有蜱附着)，若发现有蜱附着，就用小(竹质、木质)镊子轻轻夹取放入指形管内，做好记录和标记再放入较大容器中。

图11.1　布旗法采集蜱
引自 李朝品(2019)

(3) 其他环境采集:对于野外栖息场所的蜱,也可以用宿主动物引诱采集。将牛、羊、犬等体型较大的宿主动物拴系在一个固定的位置,或将关在笼内的兔、鼠等实验动物放置在野外不同栖息场所引诱蜱的侵袭。每隔一定时间检查宿主动物身上的蜱,然后采集。此外,近年也有用特制的二氧化碳诱捕器采集蜱的报道。

(二) 蜱标本保存

蜱标本保存比较简单,可以将现场采集到的活蜱进行活体保存和人工饲养,也可将所采集的蜱放入70%乙醇或其他固定液进行固定保存。

1. 活体保存

准备大小合适的消毒洁净玻璃瓶,玻璃瓶底部放入消毒的细沙或脱脂棉,细沙或脱脂棉上覆盖滤纸,将反复折叠后的滤纸条放入玻璃瓶中,容器口用棉塞或绢纱封闭。将活蜱放入瓶中,每隔3~5天向细沙或脱脂棉滴加无菌水,保持相对湿度在85%~95%,温度在15~22 ℃。

2. 固定保存

固定处理使虫体在短时间内迅速死亡,不至于造成虫体组织损伤和改变,可保持虫体标本原有的姿态,防止腐烂和自溶,保证虫体内部结构完整。固定应尽早,经固定处理后的标本可以长久保存。采集的活蜱如果体内饱食畜血,应在固定前放置一定时间,待虫体内畜血消化后进行固定。固定前还应将虫体上的污物洗净。具体固定和保存方法如下:

(1) 液体固定保存:可选择以下几种方法:① 先将蜱投入开水中数分钟,让其肢体伸展便于后续观察,然后保存于70%乙醇内。为防止乙醇蒸发而使蜱的肢体变脆,可以加入数滴甘油。② 将蜱投入60~70 ℃的70%乙醇中固定,24小时后保存于5%甘油乙醇(70%)中。③ 用5%~10%福尔马林和布勒氏(Bless)液固定保存。

(2) 湿封制保存:用新鲜采得的病料散放在一块玻璃上,铺成薄层,病料四周应涂少量凡士林,防止蜱爬散,为了促使蜱活动加强,可将玻璃稍微加温,然后用低倍镜检视,如发现虫体的爬行活动,即时用分离针尖挑出单独的虫体,放置在预先安排好的其上有一滴布勒氏(Bless)液的载玻片上,移到显微镜下判定其需要的背或腹面,然后盖1/4的小盖玻片,再用分离针尖轻压小盖片,并做圆周运动,尽量使其肢体伸直。待自然干燥约1周时间,再在小盖片上加盖普通盖片,用加拿大胶封固,即可永久保存标本。

二、螨标本采集与保存

螨种类众多，因篇幅有限，此处仅介绍与医学关系密切的革螨、恙螨、粉螨、疥螨、蠕形螨等种类标本的采集与保存。

（一）螨标本采集

1. 革螨标本采集

（1）体表寄生革螨采集：体表寄生革螨宿主动物范围十分广泛，但最常见的宿主是啮齿动物（鼠类）。寄生于鼠类体表的革螨与医学关系最密切，现以此为例介绍鼠体革螨的采集方法。

① 宿主动物诱捕：采集鼠体革螨前，先要诱捕鼠类等宿主动物。采集宿主动物的工具多种多样，诱捕鼠类等小型哺乳动物，一般用鼠夹或鼠笼进行（图11.2）。

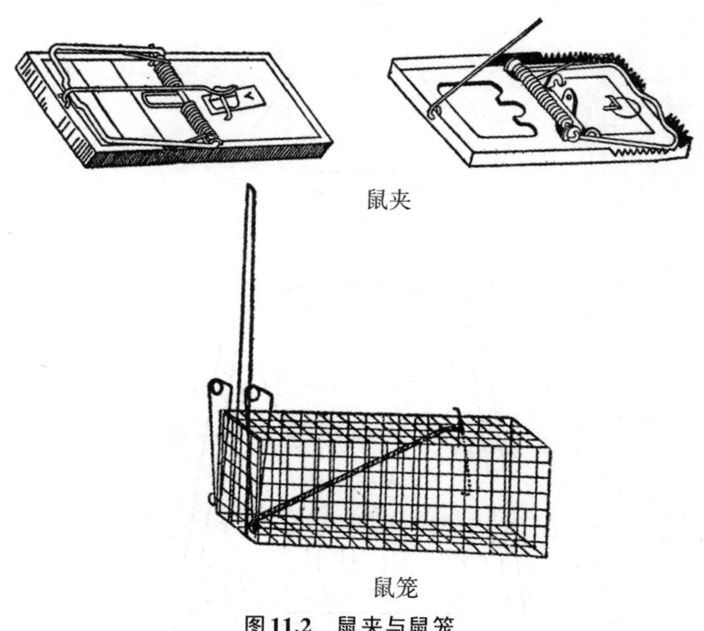

图11.2　鼠夹与鼠笼

引自 李朝品（2019）

② 死革螨采集：如果不需要采集活的革螨，就将现场捕获并装在密封布袋的宿主动物投入一个密闭的容器内，然后投入若干浸透了乙醚的棉球进行麻醉，直到宿主动物和革螨都被麻醉致死。

③ 活革螨采集：制作一个适合携带活螨的采集管，采集管底部垫有一层用蒸馏水完全浸透的棉花，棉花上铺有1～2层滤纸，以保持一定湿度。准备一套“大方盘套小方盘”的简单装置（大方盘内注水）。将所捕获的鼠类等宿主动物机械处死或从鼻腔注入乙醚麻醉致死，置于较小方盘内，从头到尾检查2～3遍，用眼科镊或蘸水毛笔采集鼠体全部革螨，同时检查掉落方盘内、残留在布袋上以及逃逸到大方盘水中的革螨。所采集的活革螨放入采集管内，管口用棉球纱布塞子塞紧，注明编号等标记带回实验室备用。

（2）腔道寄生革螨采集：寄生于宿主动物腔道（如鼻腔等）的革螨如果不需要保存完整的宿主动物标本，则用剪刀剪开鼻腔后轻轻刮取鼻黏膜上的革螨。如果需要保存完整的宿主动物标本，则用棉签插入宿主鼻腔采集革螨。

（3）动物巢穴革螨采集：

① 直接采集法：将巢穴内容物全部装入白布袋中扎紧袋口带回实验室备用，参照在“活革螨采集”中的操作步骤。

② 电热集螨法：很多螨类对温度比较敏感，具有避热和趋湿的生物学特性，电热集螨法就是利用螨类的这一特性设计的（图11.3）。将动物巢穴内容物放入中央的铁丝网上，集螨器下端接上事先盛有清水或固定液的集螨瓶，用黑布袋套住集螨瓶和漏斗下方，并紧扎在漏斗上。然后打开25～40瓦白炽灯照明烘烤，逐渐升温干燥，利用螨类避热、趋湿的特点，使其向下移动，通过铁丝网的筛子网眼，落入集螨瓶中。将集螨瓶中所收集的革螨倒入培养皿，分离革螨与其他杂物，用毛笔蘸取革螨放入70%乙醇固定保存，同时检查并采集残留在黑布袋上的革螨。

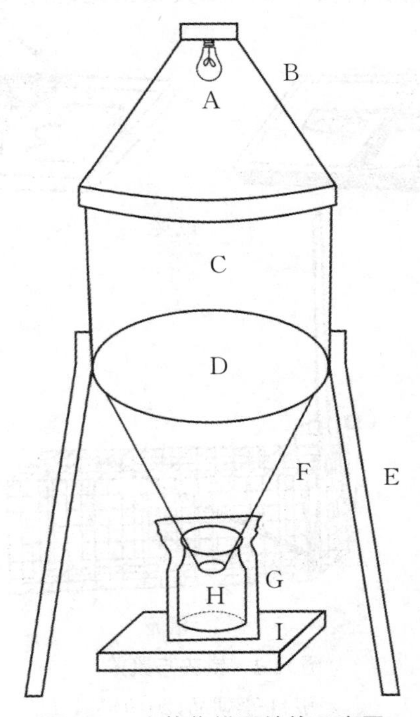

图11.3　电热集螨器结构示意图

A. 电灯泡；B. 顶盖；C. 箱室；D. 铁丝网；E. 支架；F. 漏斗；G. 黑布袋；H. 集螨瓶；I. 木块

引自 李朝品（2019）

2. 恙螨标本采集

（1）鼠体恙螨采集：恙螨幼虫通常寄生于鼠类的耳廓和外耳道内，其他部位如肛周、会阴部、腹股沟等皮肤薄嫩处也常有发现。

① 死恙螨采集：参照“死革螨采集”方法，将宿主动物和恙螨麻醉致死，然后采集死的恙螨幼虫。

② 活恙螨采集：参照“活革螨采集与保存”方法。

（2）孳生地恙螨采集：对孳生地的恙螨，可以用宿主诱集法、光诱集法和漂浮集螨法等方法进行采集。

① 宿主诱集法：参照“革螨宿主动物诱捕”方法。

② 光诱集法：取大小适宜的一张不透光厚纸或不透光塑料布，中央开一个窗并加盖透明胶纸，铺于恙螨幼虫的可能孳生地并压紧四周，1～2小时后检查透明胶纸上的恙螨幼虫。当不透光厚纸或不透光塑料布覆盖地面时，光线通过透明胶纸透入地面，恙螨幼虫可爬到胶纸上。

③ 漂浮集螨法：选择野外恙螨幼虫的可能孳生地，取一定量的表层泥土(约500 cm^3)，置于盛有2/3容量清水的玻璃缸内，铁勺搅拌后静置片刻，泥土中的恙螨(各个时期)及其他节肢动物会漂浮在水面上。借助放大镜，仔细检查水面的漂浮物，收集各个时期的恙螨。

3. 粉螨标本采集

(1) 仓储环境的粉螨样本采集：对于仓库等较大场所，一般采取平行跳跃法选取采样点，每个采样点再分为上、中、下三层采样；对于像饲料等堆积体积较小的样本，一般在其表层下2～3 cm处采样；采集时，用一次性洁净塑料袋从仓库和储藏室采集储藏物，用60目/吋或80目/吋的分样筛过筛，留取分样筛的上面部分；对于储藏物包装袋(箱)等，可将其置于搪瓷盘上拍打后，用毛笔或吸尘器收集。

(2) 人居环境的粉螨样本采集：采集床尘或屋尘时，可使用带有过滤装置的真空吸尘器采集。床尘按每张床铺用吸尘器抽吸0.25 m^2持续2分钟为标准，屋尘按1 m^2地面用吸尘器持续抽吸2分钟为标准；将所采集的灰尘用60目/吋或80目/吋的分样筛过筛，留取分样筛的上面部分；如果是纤维织物可先拍打后，用毛笔或吸尘器收集。

4. 疥螨标本采集

(1) 针挑法：选用经消毒处理的6号针头，针口斜面向上，针与皮肤呈10°～20°角，于距螨点约1 mm处垂直进针，直插至螨点底部并绕过螨体，然后稍加转动并放平针杆(呈5°～10°角)，疥螨即可落入针口孔内，缓慢挑破皮肤或直接退出针头，移至滴有一滴甘油或10%氢氧化钾溶液的载玻片上镜检。

(2) 刮皮法：选择新发的、未经搔抓的无结痂的炎性丘疹，用消毒的圆头外科手术刀片，蘸少许矿物油，滴在炎性丘疹表面，然后用刀片平刮6～7次直至刮破丘疹顶部的角质层部分使油滴内有细小血点为止。将连刮6～7个皮疹的刮取物移至载玻片上镜检确诊。该法除可检出各期螨体，还可见螨卵及螨排出的棕褐色、外形不规则的粪便。

(3) 解剖镜镜检法：观察感染者皮损处螨隧道及其内的螨轮廓和所在部位，用消毒的尖头手术刀挑出淡黄色或淡棕色螨体于4×10或2.5×10解剖镜下镜检并进行后续标本制作。该法的检出率高于刮皮法。

5. 蠕形螨标本采集

(1) 面部皮肤蠕形螨采集：采集部位于待检者额部、鼻翼两侧以及下颌部，采用透明胶纸法或刮拭法采集。透明胶纸法主要采集成虫，而刮拭法可采集到各期的蠕形螨。

① 刮拭法：刮拭法是快速获检面部皮脂蠕形螨的方法，分为直接刮拭法和挤压刮拭法。主要是利用蘸水笔尖、皮肤刮铲及一次性刺血针等工具刮取面部皮脂，置湿盒中于37 ℃环境下孵育，供后续分离蠕形螨用。

② 透明胶纸法：因人体蠕形螨夜间在毛囊口和皮肤表面活动，故可利用透明胶纸将蠕形螨黏在透明胶纸上进行标本采集。采集的标本置湿盒于37 ℃孵育，供后续分离蠕形螨

用。一般采取直接黏取法,也有报道采用挤黏结合法。

(2) 外耳道蠕形螨标本采集:将外耳道消毒后,以医用耳勺采集轻刮外耳道,采集耵聍至无菌试管,然后将采集的耵聍置于载玻片上,滴加适量70%甘油与之混匀,静置5分钟,用解剖针把耵聍撕碎,分离蠕形螨待用。

(3) 眼睑蠕形螨标本采集:从患者眼睑拔下附有套管样分泌物的眼睫毛镜检,在眼睑和睫毛的毛囊内可获取各生活史阶段的蠕形螨。

(二) 螨标本保存

参照"蜱标本保存"所述方法。

第二节　医学蜱螨标本制作

医学蜱螨标本制作是教学中的一项基本技术,也是开展蜱螨区系分类和生态研究中的必备技术。

一、蜱标本制作

在蜱的标本中,最常见的是浸制标本和玻片标本,针插标本很少使用。

(一) 浸制标本

将蜱标本置于盛有75%乙醇溶液的小瓶或指形管中保存。若要蜱标本保持肢体伸展状态,可先将活蜱用70~80 ℃的热水杀死,再将其取出放入75%的乙醇溶液中保存;或直接用加热到70~80 ℃的乙醇溶液将活蜱杀死保存。为使蜱标本保存时间延长,乙醇保存液的容量要比标本体积多3~5倍,以免标本因乙醇浓度及量不足而受损。浸泡一段时间后,应更换新的75%乙醇溶液或向保存液内加入适量浓度高的乙醇。可使用磨砂口瓶保存标本减少乙醇挥发,并在保存液中加入5%甘油,以防标本脆化。制好的标本必须加上标签,注明采集地点、时间、宿主、生境及海拔高度等。标签用优质墨汁或铅笔书写,以免日久褪色。

(二) 玻片标本

成蜱制作玻片标本,用70~80 ℃的75%乙醇溶液杀死固定后,置于5%~10%氢氧化钠溶液中加温处理数分钟进行消化,同时也可脱去部分色素而透明。消化后用蒸馏水充分漂洗干净,漂洗更换洗涤液时,可用吸管吸去旧的蒸馏水,避免损伤或丢失已消化透明的蜱标本。冲洗后用70%~100%梯度浓度乙醇逐级脱水,各级乙醇停留5分钟,脱水后用冬青油或二甲苯透明。将已脱水透明好的蜱标本置于载玻片中央,展肢后滴加树胶,加盖玻片即可。

二、螨标本制作

（一）革螨和恙螨标本制作

革螨和恙螨标本包括标准玻片标本、临时玻片标本和永久玻片标本等不同类型。

1. 标准玻片标本

标准玻片标本是革螨及恙螨标本制作与保存最常用的方法，通常采用氯醛胶进行封片。在教学和科研活动中，一般都主张制备标准玻片标本。

(1) 氯醛胶准备：制作标本前配制氯醛胶封固液（水溶性胶），通常的氯醛胶封固液有霍氏液和柏氏液等，目前最常用的是霍氏液。

(2) 浸泡洗涤：将固定和保存在70%乙醇内的螨倒入事先盛有清水或蒸馏水的培养皿内浸泡洗涤30～60分钟或数小时，并去除杂物。

(3) 封片：在洁净的载玻片正中央滴加2～3滴封固液，用解剖针将洗涤后的螨挑入封固液中，在体视显微镜下摆正位置，头端朝后，腹面朝上，肢体伸展，然后盖上盖玻片。为了使螨的肢体充分伸展，可在盖上盖玻片后，将封制螨的载玻片在酒精灯上来回晃动1～2次适当加热，但注意不能加热过度，以免标本被烧焦。

(4) 干燥和透明：将封制好的玻片标本置于40～45 ℃烤箱内烘干，直至封固液烤干为止，一般需要5～7天。

(5) 保存：烘干的玻片标本经鉴定后，在玻片两侧各贴上一个标签，标签上写明采集的宿主动物及拉丁文学名、采集地点、采集时间、采集人、革螨名称及拉丁文学名、鉴定时间和鉴定人等信息。

2. 临时玻片标本

如果现场采集的螨数量很大，难以按照上述程序制作标准玻片标本时，可以用氯醛胶封固液，将所采集的螨制作成氯醛胶临时玻片标本。

(1) 临时封片：对于现场采集的大量螨，可以经过短暂浸泡洗涤后，参照“标准玻片标本制作”的基本步骤，将若干螨混合封固在一张玻片上，制成临时玻片标本，玻片两端用油性记号笔标注标本序号即可。

(2) 临时封片洗脱：经过分类鉴定后，如果需要对部分螨种类进行长期保存，可以将临时封片置于事先盛有清水或蒸馏水的培养皿内浸泡数小时（陈旧标本需1～2天），直到临时封片的封固液彻底溶解和盖玻片自然脱落后，将革螨取出，按照“标准玻片标本制作”的制作程序重新封片，制成标准玻片标本。

3. 永久玻片标本

(1) 脂溶性胶封片：对于个体较大且几丁质外骨骼较发达的螨，可用脂溶性胶（加拿大树胶、中性树胶等）封片，即经过氢氧化钠溶液消化、逐级梯度乙醇脱水、二甲苯透明、封片、干燥等过程。

(2) 双盖片封片：对于个体较小且几丁质外骨骼不发达的革螨，可用以下方法制成永久玻片标本：① 用小砂轮或玻璃刀将一张盖玻片切割为1/4的小盖片。② 按照“标准玻片标本”制作的方法和步骤，将革螨用氯醛胶封固液（水溶性胶）封片，加盖小盖片，每张玻片封固

1个革螨，然后在40～45℃烤箱内烘干。③ 在烘干的标本上加上2～3滴脂溶性胶，加盖玻片后烘干即可。

4. 染色标本

将70%乙醇固定的螨移至水中漂洗5～10分钟后，用1%的酸性品红溶液或石炭酸品红溶液染色6～12小时，蒸馏水漂洗脱色后用氯醛胶封片。

（二）粉螨标本制作

粉螨标本的采集与制作是粉螨分类鉴定和生态调查研究的必备技术。

1. 封固剂选择

封固剂一般具有两种作用：① 可以将标本封固在载玻片和盖玻片之间，防止标本与空气接触，避免标本被氧化脱色，同时还可防止标本受潮或干裂。② 在封固剂下标本的折光率和玻片折光率相近，从而在镜下可以清晰地观察标本。封固剂有临时封固剂和永久封固剂。

(1) 临时封固剂

① 乳酸(lactic acid)：50%～100%乳酸。

② 乳酸苯酚(lactophenol)。

配方：苯酚20 g、乳酸20 g(16.5 mL)、甘油40 g(32 mL)、蒸馏水20 mL。

配法：将20 g苯酚加入20 mL蒸馏水中，加热使其溶解，然后加入乳酸16.5 mL、甘油32 mL，用玻璃棒搅拌均匀即可。

③ 乳酸木桃红(lactic acid and lignin pink)。

配方：乳酸60份、甘油40份、木桃红微量。

配法：将60份乳酸与40份甘油混合，加入微量木桃红搅拌均匀。螨类的标本不需要染色，但为了观察螨类的微细结构，对于那些表皮骨化程度很低的螨类，往往采用乳酸木桃红染色。

(2) 永久封固剂

① 水合氯醛封固剂。

a. 福氏(Faure)封固剂。

配方：水合氯醛50 g、阿拉伯树胶粉30 g、甘油20 mL、蒸馏水50 mL。

配法：将30 g阿拉伯树胶粉放入50 mL蒸馏水中，加热并搅拌使之充分溶解，然后加入水合氯醛50 g、甘油20 mL混匀，配好的封固剂经绢筛过滤或负压抽滤去除杂质，装入棕色瓶中备用。改良的福氏封固剂除以上成分外，需再加入碘化钠1 g、碘2 g。

b. 贝氏(Berlese)封固剂。

配方：水合氯醛16 g、冰醋酸5 g、葡萄糖10 g、阿拉伯树胶粉15 g、蒸馏水20 mL。

配法：将15 g阿拉伯树胶粉放入20 mL蒸馏水中，加热并搅拌使之充分溶解，然后加入水合氯醛15 g、冰醋酸5 g和葡萄糖10 g，搅拌使之充分混匀，配好的封固剂经绢筛过滤或负压抽滤去除杂质，装入棕色瓶中备用。

c. 普里斯氏(Puri)封固剂。

配方：水合氯醛70 g、阿拉伯树胶粉8 g、冰醋酸3 g、甘油5 mL、蒸馏水8 mL。

配法：将8 g阿拉伯树胶粉放入8 mL蒸馏水中，加热并搅拌使之充分溶解，然后加入水合氯醛 70 g、冰醋酸 3 g、甘油 5 mL，搅拌使之充分混匀，装瓶备用。

d. 霍氏(Hoyer)封固剂。

配方：水合氯醛 100 g、甘油 10 mL、阿拉伯树胶粉 15 g、蒸馏水 25 mL。

配法：将 15 g 阿拉伯树胶粉放入 25 mL 蒸馏水中，加热并搅拌使之充分溶解，然后加入水合氯醛 100 g、甘油 10 mL 混匀，配好的封固剂经绢筛过滤或负压抽滤去除杂质，装入棕色瓶中备用。

水合氯醛胶封固液经过一段较长时间之后，往往易产生结晶现象，这种晶体常会遮盖螨体上的一些微细结构，导致螨体结构在镜检时不易分辨，因此，采用多乙烯乳酸酚封固液可避免这种现象发生。

② 多乙烯乳酸酚封固剂。

配方：多乙烯醇母液 56%、乳酸 22%、酚 22%。

配法：先配制多乙烯醇母液，再配制成多乙烯乳酸酚封固剂。

多乙烯醇母液配方：多乙烯醇粉 7.5 g、无水酒精 15 mL、蒸馏水 100 mL。

多乙烯醇母液配法：将 7.5 g 多乙烯醇粉加入无水乙醇 15 mL，摇匀，再加入 100 mL 蒸馏水，水浴加热，充分溶解后再摇匀，即成多乙烯醇母液。

多乙烯乳酸酚封固剂配法：取多乙烯醇母液 56 份，加入苯酚 22 份，加热使苯酚溶解，再加入乳酸 22 份，充分摇匀装入棕色瓶备用。

③ 聚乙醇氯醛乳酸酚封固剂(又名埃氏 Heize 封固剂)。

配方：多聚乙醇 10 g、1.5% 酚溶液 25 mL、水合氯醛 20 g、95% 乳酸 35 mL、甘油 10 mL、蒸馏水 40～60 mL。

配法：先将多聚乙醇放入烧杯中，加蒸馏水，加热至沸腾，加乳酸搅匀，再加入甘油，冷却至微温，再在此液中加入水合氯醛和酚，成为水合氯醛酚混合液，将这些混合液加入上述微温的混合液中，搅匀，用抽气漏斗缓缓过滤，将滤下的封固液保存在棕色瓶内备用。

④ C-M(Clark and Morishita)封固剂。

配方：甲基纤维素(methocellulose)5 g、多乙烯二醇[碳蜡(carbowax)]2 g、一缩二乙二醇(diethylene glycol)1 mL、95% 乙醇 25 mL、乳酸 100 mL、蒸馏水 75 mL。

配法：将甲基纤维素 5 g 加入到 25 mL 95% 乙醇中，溶解后依次加入多乙烯二醇 2 g、一缩二乙二醇 1 mL、乳酸 100 mL 和蒸馏水 75 mL，混合后经玻璃丝过滤，然后放入温箱(40～45 ℃)，3～5 天后达到所希望的稠度时即取出，如果发现过于黏稠，可加入 95% 乙醇稀释，以降低黏稠度。

2. 标本制作

在标本制作的各个环节中要注意保持粉螨的完整，尤其是粉螨的背毛以及足上刚毛等都是鉴定的重要依据。

(1) 活螨观察：把收集到的样本放在平皿中铺一薄层后，置于体视显微镜下观察粉螨的运动方式，取一载玻片，在其中央滴一滴 50% 的甘油，用零号毛笔挑取粉螨放入甘油中，加盖玻片，于 100 倍显微镜下观察。

(2) 临时标本：在载玻片中央滴 2～3 滴临时封固剂，用解剖针挑取粉螨放入封固剂中，取盖玻片从封固剂的一端成 45°角缓缓放下，以免产生气泡。然后将载玻片放在酒精灯上适当加热使标本透明，冷却后置于镜下观察。

(3) 永久标本:在载玻片中央滴1~2滴永久封固剂,用解剖针挑取2~3只螨置于封固剂中,轻轻搅动,清除粉螨躯体和足上黏附的各种杂质;取一新的洁净载玻片,中央滴加1~2滴永久封固剂,将洗涤后的粉螨放入其中,在显微镜下调整好粉螨的姿态,然后取盖玻片并使其一端与封固剂的一侧成45°角缓缓放下,封固剂的量以铺满盖玻片而不外溢为准。为达到良好的标本观察效果,要对标本进行加热处理,使之透明,制作好的玻片标本须进行干燥处理。

(4) 玻片标本的重新制作:玻片标本保存一段时间后,特别是保存10年以上的标本,会出现气泡或析出结晶,使一些分类特征看不清楚,需要重新制作。方法是:在一个表面皿中加满清水,将玻片标本有盖玻片的一侧向下平放在表面皿上,使标本全部浸在水中,而载玻片两侧的标签不会沾水而损坏,几天后封固剂软化并溶于水中,盖玻片和标本脱落入表面皿中,将标本反复清洗,再按一般方法重新制片。

(三) 疥螨和蠕形螨标本制作

疥螨是皮肤寄生螨类,能够引起丘疹、水疱、结节和脓疱等皮肤损害,夜间剧烈瘙痒。蠕形螨是小型永久性寄生螨,以人的毛囊和皮脂腺内容物为食,具有低度致病性。疥螨和蠕形螨标本的采集、制作、保存方法对于螨病的诊断、教学及科普均具有重要意义。

1. 疥螨标本制作

疥螨标本主要包括半永久性标本和永久性标本等不同类型。将采集的疥螨标本先用70%乙醇或2%中性戊二醛固定4~5天,然后再进行制片。通常标本无需染色,必要时可用0.5%复红水溶液染色,染色至适当深度后用贝氏液封闭。常用的疥螨制片方法有两种:

(1) 半永久性标本:将保存在70%乙醇(或2%中性戊二醛)内的螨取出,在生理盐水中洗涤后用贝氏(Berlese)液或霍氏(Hoyer)液等水溶性封固剂制片。于载玻片正中滴1滴封固液,用蘸上封固剂的解剖针尖轻轻接触虫体腹部背面的末端粘取虫体置于封固液正中,调整所需的螨体体位及位置后轻轻盖上盖玻片,避免产生气泡。由于封固剂中含有可吸收水分的水合氯醛和甘油可使标本返潮、混浊,因此须用干漆或聚乙烯醇在盖玻片四周封片。

(2) 永久性标本:将固定后的标本浸泡在10%的氢氧化钠或氢氧化钾水溶液中4~8小时,然后水洗3次,每次10~20分钟,后经60%~100%乙醇梯度脱水(每级脱水10分钟),然后用冬青油透明。挑取螨体后应在解剖镜下观察,选取形态完整或有典型特征的标本置于载玻片上,用中性加拿大树胶封片,水平置于50~60 ℃的干燥箱内烤干后保存。为防止标本在操作中丢失,水洗、脱水、透明等过程均需采用离心沉淀方法收集螨体。

2. 蠕形螨标本制作

蠕形螨标本根据使用目的不同,可采用临时标本、永久性标本、染色标本等标本制作方法。

(1) 临时标本:将刮拭法取出的皮脂置于洁净无划痕的载玻片上,滴加1滴70%甘油混匀,覆以盖玻片即可。如是透明胶纸法采集的标本,将采集后的胶纸紧密平整的贴于洁净无划痕的载玻片上即可,亦可揭开胶纸滴加少许70%甘油后再贴平胶纸。

(2) 永久性标本:

① 虫体收集和清洗:虫体的收集可直接从皮脂中用挑螨工具挑取,亦可经过溶解皮脂

和离心富集后挑取，获得表面清洁、形态典型的螨。溶解皮脂可使用2%～10%洗洁精或液体石蜡，作用时间长短与皮脂多少有关。清洗时要注意避免损伤虫体的形态和保持虫体的完整性。挑螨可采用零号解剖针，或者制成虫体悬液后用接种环采取。

② 虫体固定和脱水：人体蠕形螨的几丁质外壳较柔软，需通过固定使其不易变形。固定剂可采用2.5%戊二醛，固定时间视虫体多少而定，通常为1～2小时。取出虫体后先用磷酸盐缓冲液冲洗，再以30%～90%乙醇进行梯度脱水各10～15分钟，最后移入无水乙醇中，使其完全脱水。

③ 透明和封片：挑取经梯度脱水后结构完整的虫体，加入甘油，置于恒温箱，37 ℃透明24小时后，挑取结构完整的虫体标本置载玻片上，覆以盖玻片，水平置于37 ℃恒温箱干燥后以中性树胶等封固剂封片。

(3) 染色标本：取经清洗、固定的蠕形螨洗脱沉渣于试管中，分别用1% 酸性品红、油红O或苏丹Ⅲ进行常规染色，经分色冲洗后用甘油明胶封片。

(4) 透明胶纸封片标本：透明胶纸法采集蠕形螨，在显微镜下检查蠕形螨，标出结构完整的虫体所在位置，按15 mm×15 mm大小裁出含虫体的小块胶纸，再将胶纸重新贴回载玻片适当的位置上。擦去标记后将适量的中性树胶滴加在载玻片的小块胶纸上，盖上盖玻片，让其自然干燥或置60 ℃温箱干燥，待干燥后在镜下重新标记虫体，修整标本，贴上标签即可。

（张　伟）

参考文献

王治明，2010.螨类标本的采集、鉴定、制作和保存[J].植物医生，3:49-51.

邓国藩，姜在阶，1991.中国经济昆虫志(第三十九册)·蜱螨亚纲·硬蜱科[M].北京:科学出版社.

邓国藩，1993.中国经济昆虫志(第四十册)·蜱螨亚纲·皮刺螨总科[M].北京:科学出版社.

石华，王玥，韩华，等，2013.蜱媒疾病风险评估中标本采集方法的探讨[J].中华卫生杀虫药械，19(4):308-310.

朱琼蕊，郭宪国，黄辉，等，2013.云南省黄胸鼠体表恙螨地域分布分析[J].中国寄生虫学与寄生虫病杂志，31(5):395-399.

刘敬泽，杨晓军，2013.蜱类学[M].北京:中国林业出版社.

孙恩涛，谷生丽，刘婷，等，2016.椭圆食粉螨种群消长动态及空间分布型研究[J].中国血吸虫病防治杂志，28(4):422-425.

李永祥，刘振忠，郑志红，2002.蠕形螨标本的制作与染色[J].中国人兽共患病杂志，18(2):12.

李典友，高本刚，2016.生物标本采集与制作[M].北京:化学工业出版社.

李朝品，沈兆鹏，2016.中国粉螨概论[M].北京:科学出版社.

李朝品，2019.医学节肢动物标本制作[M].北京:人民卫生出版社.

李朝品，2008.人体寄生虫学实验研究技术[M].北京:人民卫生出版社.

李朝品，2009.医学节肢动物学[M].北京:人民卫生出版社.

李朝品，2007.医学昆虫学[M].北京:人民军医出版社.

李朝品，2006.医学蜱螨学[M].北京:人民军医出版社.

吾玛尔·阿布力孜，2012.土壤螨类的采集与玻片标本的制作[J].生物学通报，47(1):57-59.

吴观陵,2013.人体寄生虫学[M].4版.北京:人民卫生出版社.

陈琪,姜玉新,郭伟,等,2013.3种常用封固剂制作螨标本的效果比较[J].中国媒介生物学及控制杂志,24(5):409-411.

陈静,王康,南丹阳,等,2016.芜湖市某高校学生宿舍床席螨类和昆虫孳生状况调查[J].中国血吸虫病防治杂志,28(2):151-155.

柴强,洪勇,王少圣,等,2018.淮北某面粉厂皱皮螨孳生情况调查及其形态观察[J].中国血吸虫病防治杂志(1):76-77,80.

徐天森,舒金平,2015.昆虫采集制作及主要目科简易识别手册[M].北京:中国林业出版社.

殷凯,王慧勇,2013.关于储藏物螨类两种标本制作方法比较的研究[J].淮北职业技术学院学报,12(1):135-136.

郭娇娇,孟祥松,李朝品,2018.安徽临泉居家常见储藏物孳生粉螨的群落研究[J].中国血吸虫病防治杂志(3):325-328.

彭培英,郭宪国,宋文宇,等,2015.西南三省39县(市)大绒鼠体表寄生虫感染状况分析[J].现代预防医学,42(16):3016-3021.

廖肖依,肖芬,2012.昆虫标本的采集、制作和保存方法[J].现代农业科技,6:42-43.

黎家灿,1997.中国恙螨.恙虫病媒介和病原研究[M].广州:广东科技出版社.

GE M K, SUN E T, JIA C N, et al., 2014. Genetic diversity and differentiation of *Lepidoglyphus destructor* (Acari: Glycyphagidae) inferred from inter-simple sequence repeat (ISSR) fingerprinting[J]. Syst. Appl. Acarol., 19(4):491.

GUO X G, SPEAKMAN J R, DONG W G, et al., 2013. Ectoparasitic insects and mites on Yunnan red-backed voles (*Eothenomys miletus*) from a localized area in southwest China[J]. Parasitol. Res., 112 (10): 3543-3549.

GUO X G, DONG W G, MEN X Y, et al., 2016. Species abundance distribution of ectoparasites on Norway rats (*Rattus norvegicus*) from a localized area in southwest China[J]. J. Arthropod-Borne Dis., 10(2): 192-200.

HUANG L Q, GUO X G, SPEAKMAN J R, et al., 2013. Analysis of gamasid mites (Acari: Mesostigmata) associated with the Asian house rat, *Rattus tanezumi* (Rodentia: Muridae) in Yunnan Province, Southwest China[J]. Parasitol. Res., 112(5):1967-1972.

PENG P Y, GUO X G, JIN D C, 2018. A new species of *Laelaps* Koch (Acari: Laelapidae) associated with red spiny rat from Yunnan province, China[J]. Pakistan. J. Zool., 50 (4):1279-1283.

PENG P Y, GUO X G, REN T G, et al., 2015. Faunal analysis of chigger mites (Acari: Prostigmata) on small mammals in Yunnan province, southwest China[J]. Parasitol. Res., 114(8):2815-2833.

PENG P Y, GUO X G, SONG W Y, et al., 2015. Analysis of ectoparasites (chigger mites, gamasid mites, fleas and sucking lice) of the Yunnan red-backed vole (*Eothenomys miletus*) sampled throughout its range in southwest China[J]. Med. Vet. Entomol., 29(4):403-415.

PENG P Y, GUO X G, JIN D C, et al., 2018. Landscapes with different biodiversity influence distribution of small mammals and their ectoparasitic chigger mites: a comparative study from southwest China[J]. PLoS One, 13(1):e0189987.

PENG P Y, GUO X G, JIN D C, et al., 2017. New record of the scrub typhus vector, *Leptotrombidium rubellum*, in southwest China[J]. J. Med. Entomol., 54(6):1767-1770.

PENG P Y, GUO X G, JIN D C, et al., 2017. Species abundance distribution and ecological niches of chigger mites on small mammals in Yunnan province, southwest China[J]. Biologia, 72(9):1031-1040.

PENG P Y, GUO X G, REN T G, et al., 2016. An updated distribution and hosts: trombiculid mites (Acari: Trombidiformes) associated with small mammals in Yunnan province, southwest China[J]. Parasitol. Res.,

115(5):1923-1938.

PENG P Y, GUO X G, REN T G, et al., 2016. Species diversity of ectoparasitic chigger mites (Acari: Prostigmata) on small mammals in Yunnan province, China[J]. Parasitol. Res., 115(9):3605-3618.

PENG P Y, GUO X G, SONG W Y, et al., 2015. Communities of gamasid mites on *Eothenomys miletus* in southwest China[J]. Biologia, 70(5):674-682.

PENG P Y, GUO X G, SONG W Y, et al., 2016. Ectoparasitic chigger mites on large oriental vole (*Eothenomys miletus*) across southwest, China[J]. Parasitol. Res., 115(2):623-632.